第八届
中国油气管道完整性管理技术
交流大会论文集

中国石油学会石油储运专业委员会　编

中国石化出版社
·北京·

图书在版编目(CIP)数据

第八届中国油气管道完整性管理技术交流大会论文集 / 中国石油学会石油储运专业委员会编. — 北京 ：中国石化出版社，2023.10

ISBN 978-7-5114-7334-9

Ⅰ. ①第… Ⅱ. ①中… Ⅲ. ①石油管道-完整性-管理-学术会议-文集 Ⅳ. ①TE973-53

中国国家版本馆 CIP 数据核字(2023)第 191645 号

中国石化出版社出版发行

地址:北京市东城区安定门外大街 58 号
邮编:100011 电话:(010)57512500
发行部电话:(010)57512575
http://www.sinopec-press.com
E-mail:press@sinopec.com
北京科信印刷有限公司印刷
全国各地新华书店经销

*

880 毫米×1230 毫米 16 开本 46 印张 1379 千字
2023 年 10 月第 1 版　2023 年 10 月第 1 次印刷
定价:280.00 元

《第八届中国油气管道完整性管理技术交流大会论文集》

编　委　会

序

油气管道是能源输送的“命脉”，输送介质具有易燃、易爆、易中毒、高温、高压、有腐蚀等危害特点，并容易引发泄漏、火灾、爆炸等安全事故。为了减少油气管道事故，2000年美国管道与危险品安全管理局颁布了危险液体管道高后果区完整性管理规定，在油气管道领域推行完整性管理。我国油气管道完整性管理的研究与实践始于本世纪初。2009年，中国石油管道公司经过多年研究实践，发布了我国第一套自主研发的管道完整性管理企业标准《管道完整性管理规范》，标志我国完整性管理研究进入实质应用阶段。2015年，我国发布了国家标准GB 32167—2015《油气输送管道完整性管理规范》，至此，完整性管理取代风险管理成为我国油气管道安全管理的主要模式。

目前，完整性管理已成为全球油气管道行业预防事故发生、实现全生命周期安全管理并持续改进的系统管理体系，其内容包括数据采集与整合、高后果区识别、风险评价、完整性评价、风险消减与维修维护、效能评价，贯穿油气集输、油气长距离输送、油气储存与调配各环节的设计、施工、运行、监控、维修、更换等全生命周期。

当前，管道规模不断扩大，管道及设施老龄化日益严重，且随着“双碳”目标下掺氢管道输送与二氧化碳管道输送等新的储运方式的出现与发展，管道的完整性管理将面临新的严峻挑战与难题。

为深入探讨管道系统完整性管理面临的问题及解决方案，该论文集较为系统地介绍了我国管道完整性管理现状、技术瓶颈、成果总结和发展需求，内容涉及油气管道线路完整性管理、油气集输管道完整性管理、油气站库完整性管理、油气管道数字化与智能化、燃气管网完整性管理等方面的关键技术、管理实践与未来发展方向，对推动我国管道完整性管理发展、保障管道安全高效运行具有十分重要的意义。

该论文集内容丰富且系统，注重多学科交叉，理论联系实际，内容丰富，图文并茂。特向参与论文撰写和为编辑出版做出积极贡献的同志们表示衷心的感谢，并将该论文集推荐给广大从事油气管道与站库业务的技术与管理人员，它也可作为从事氢气、液氨、甲醇、二氧化碳储运等相关科技人员的参考文献。

中国石油大学(北京)教授
中国工程院院士

前　言

油气管道是国家能源的大动脉，是保障油气资源畅通输送的生命线。管道的完整性直接影响管道的安全运行，管道一旦发生事故，不但会带来严重的生命财产损失，还可能造成严重的环境污染和恶劣的社会影响。为了实现管道事故的事前预防，构建良好的安全屏障，在国家相关部委的大力指导下，国内油气企业联合相关专业机构和科研院所开展管道完整性管理技术研究和应用，我国管道完整性管理技术水平不断提升，管道完整性管理体系日趋完善，对管道安全运行的支撑作用日益体现。

随着 GB 32167《油气输送管道完整性管理规范》、GB/T 42033《油气管道完整性评价技术规范》等标准的发布实施，管道完整性管理进入全面推广应用时期，油气企业的管道完整性管理工作进入了深化应用阶段，油气管道完整性管理工作需要从量的转变为质的提升，管道完整性管理的核心环节——管道的风险管控工作需要不断提升精细化水平。

为了全面总结交流管道完整性技术理论研究最新进展、技术进步和成果，分享行业最佳实践，共同探讨管道完整性管理进入深化应用阶段之后面临的新问题和新挑战的解决办法，助力我国油气管道完整性管理水平再上新台阶，中国石油学会石油储运专业委员会、石油工业标准化技术委员会油气储运专标委、国家石油天然气管网集团有限公司生产部、国家石油天然气管网集团有限公司科技部、中国石油天然气股份有限公司油气和新能源分公司、中国石油化工股份有限公司油田勘探开发事业部、中海石油(中国)有限公司勘探开发部等单位联合，定于 2023 年 10 月在成都市召开“第八届中国油气管道完整性管理技术交流大会”。

此次会议以“勇迎完整性管理深化应用时期的新问题与新挑战，助力能源通道安全、平稳、高效运行”为主题，搭建管道行业科技交流平台，让与会代表深入了解我国油气管道管理性技术的最新研究进展，分享管道完整性管理成功经验探讨新技术、新设备、新材料的发展方向，助力我国油气管道完整性管理的新技术应用与升级、标准体系建立与完善、科技成果发布与转化及国际交流与对标。

本次大会得到了国家有关部委、中国石油学会、国家管网、中国石油、中国石化、中国海油、中国航油、延长石油以及高等院校和科研院所等各单位和领导的大力支持和帮助，大会共有 17 个议题和标准解读，共征集 320 余篇学术论文，优选高质量论文 104 篇公开版论文集。主要涵盖：国内外管道完整性管理对标与差异化发展讨论、管道完整性管理标准体系建设与标准制修订建议、管道完整性合规性管理、管道完整性管理与智慧管网的融合并进、数字化转型背景下的完整性管理的深入推进、建设期管道完整性管理、新建管道完整性管理、服役中后期管道完整性管理、管道报废评价与废弃处置、油气站场完整性管理、油气田集输系统完整性管理、储罐完整性管理、城镇燃气管道完整性管理、LNG 接收站完整性管理、地下储库完整性管理、公共管廊完整性管理、海底管道完整性管理等。

论文聚焦油气管道完整性管理的应用与实践，整体反映和代表了当前我国完整性管理最新技术成果、经验总结与技术发展方向，具有较高的学术水平和借鉴意义。

本书编委会

2023 年 10 月

目　录

第一篇　油气管道线路完整性篇

第二篇　油气站库完整性篇

第三篇　油气集输管道完整性篇

第四篇 燃气管网完整性篇

第五篇 数字化智能化篇

第一篇　油气管道线路完整性篇

油气管道线路是国家的重要能源基础设施，保障管道安全平稳运行对于能源供给安全和国计民生意义重大。历经二十余年发展，我国油气管道完整性管理的关键技术已达到国际先进水平。但是，我国油气管道具有建设时间跨度长、管道规格多、地质环境复杂、地区等级变化快、高后果区密集等特点，完整性管理面临数据采集、缺陷检测监测、应急决策等诸多难题和挑战。本篇《油气管道线路完整性》系统总结和梳理了我国近年来在油气管道检测监测、风险管控、应急与维抢修、决策支持、完整性管理体系建设方面的最新成果和实践，对于推动我国油气管道完整性管理技术的发展具有理论和实践指导作用。

油气管道智能风险决策模型的建立与应用

张华兵　范　壮

（河北大学）

摘　要　针对当前油气管道风险评价模型中各风险因素逻辑关系难以厘清的难题，将机器学习算法引入管道风险评价领域，建立油气管道智能风险决策模型。研究了管道风险因素层次体系，依据油气管道智能风险决策模型建立的需求，确定了4层输入变量体系和5个输出参数，明确了风险数据处理方法。基于随机森林算法，通过不断优选，设定了模型参数，构建了油气管道智能风险决策模型。根据实际管道，标注案例数据，对模型进行训练，并进行精度检验。检验发现模型精度基本可以满足使用要求。分析了偏差产生原因，提出了模型改提高建议。

关键词　油气管道；风险评价；智能风险决策；评价模型

1　引言

油气管道风险评价通过系统的识别管道风险因素，确定管道风险大小，评价管道风险可接受性，提出针对性的管控措施，指导管道管理。现有管道风险评价方法根据结果的量化程度，分为定性、半定量和定量等三类。这三类方法都试图分析各层级风险因素之间的逻辑关系，建立相应的模型，并持续修改完善，实现管道风险评价的目的。

这些评价模型在应用过程中，由于管道面临风险因素的复杂性，使得管道风险评价工作一直存在无法准确厘清各风险因素之间的逻辑关系而进行了大量简化和假设，评价存在主观性，及结果准确性不好验证，有时偏离认知，结果指导性需要提高等问题。而随着管道风险数据的大量积累，及人工智能算法的不断成熟，本文将机器学习算法引入管道风险评价领域，建立油气管道智能风险决策模型，来解决现有评价方法存在的问题。

2　可行性分析与算法比选

机器学习需要依托大量的已有管道风险管控数据进行，目前国内已经具备相应条件。我国管道完整性管理自2016年起，至今已全面实施7年，积累了大量管道风险管控案例的结构化数据。这些数据相比传统的管道风险评价方法依托的管道失效数据，量级是其十倍以上。以国际上最知名的天然气管道失效数据管理组织EGIG为例，其收集到了1970至2019年欧洲天然气管道1411起失效记录。而国内某区域级别的管道企业，仅2022年管道风险评价找出风险管段1118处。随着时间的积累，相信数据量会持续快速增加，更好的满足机器学习的数据要求。

目前机器学习算法有多种，包括线性回归、神经网络、支持向量机、随机森林等，这些算法已经在数据拟合与趋势预测、图像识别、信号分析等领域成功应用。对于管道风险评价工作，其模型算法要求适应多参数输入和多参数输出，对结构化数据能够高效处理，并且需要能够处理数值、字符、选项等多种类型的数据，结果方面则需重点关注准确性而不太要求性能。通过从各算法的原理上进行比选，最终选择随机森林算法。

随机森林算法是最常见的也是最强大的监督学习算法之一，它既能解决回归问题，也能很好的解决分类问题，随机森林算法由一定数量的决策树组成，决策树通过信息增益、Gini算法等方法来构造，决策树数量越多，随机森林算法的鲁棒性越强精确度越高。随机森林中，通过构建大量而非单一的树，每一棵树都会根据属性得出一个分类结果，以投票的形式保存下来，随机森林选出票数最高的分类结果，令其为整个森林的分类结果。在回归问题中，每一颗决策树的输出进行平均得到结果。随机森林算法也被称为集成学习算法，由一定数量的弱的学习机器组成一个强的学习机器，每个分类器都是一个弱学习机器，组合在一起就变成了强学习机器，实现高效降低方差。

3　变量选择与数据处理

采用层次分析法对油气管道风险因素进行识别，将输入数据中油气管道风险因素分为四个层级，分别为A层策略层、B层准则层、C层指标层、D层数据层。前三层结构如图1所示。

此外输入参数还考虑了管道基本参数，这些基本参数包括壁厚、管径、设计系数、运行压力、设计压力、管材屈服强度、运行年限、输送介质等。

使用数据统计软件对变量的名称、类型、宽度、小数位、标签、值、缺失、列、对齐、测量和角色说明。其中测量类型分为标度、有序、名义三种类型。

输入参数中，标度一般为数值类型，如管径、壁厚、压力、最小规定屈服强度、埋深、土壤电阻率、阴保电位等。有序为可分类有等级大小的变量类型，比如高、中、低，或有、无等字符串类型，名义为无等级大小的字符串类型的变量类型，如输送介质中的天然气、成品油、原油，或地形地貌中的高山、中低山、平原等。

输出参数中，将管道风险等级、主导风险因素、建议管控措施分类、管控效果和实施费用等作为变量。同时不断积累各类管道风险管控措施对应的方案，将来实现方案的推送。

4　模型构建和应用

使用编程语言，设定随机森林算法的参数，包括树的数量、是否有放回的采样、允许单个决策树使用特征的最大数量、树的最大深度、分割内部节点所需的最少样本数量、叶子节点包含最少的样本数和杂质度等，最终完成模型算法构建。具体参数设定见表1。

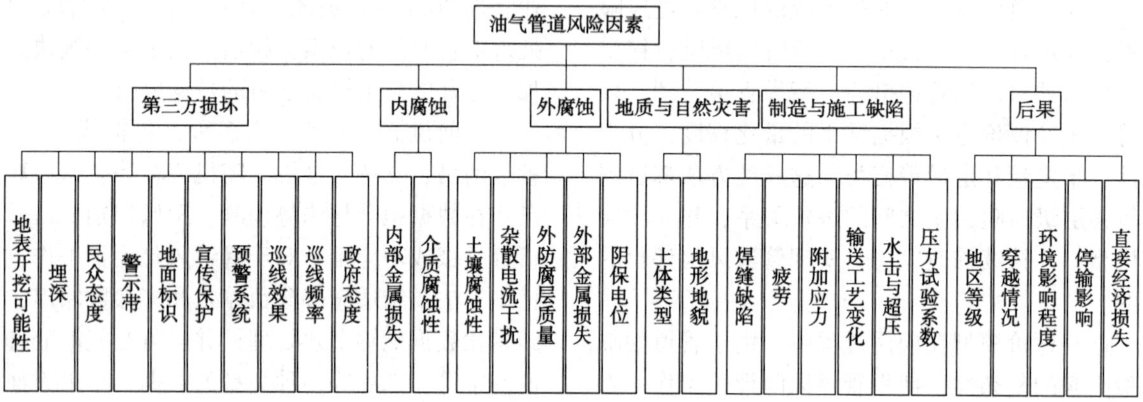

图1　油气管道风险因素层次结构

表1　模型参数设定

参数分类	参数名	参数解释	值	解释
集成学习	n_estimators	树的数量	int	整数
	bootstrap	是否有放回的采样	False	否
			True	是
决策树相关	max_features	允许单个决策树使用特征的最大数量	Auto/None	无限制
			sqrt	总特征平方根
			log2	取log2
			0.2	总特征的20%
	max_depth	树的最大深度	None	无限制
			int	整数
	min_samples_split	分割内部节点所需的最少样本数量	int	整数，默认为2
			float	百分数
	min_samples_leaf	叶子节点包含最少的样本数	int	整数，默认为1
			float	百分数

续表

参数分类	参数名	参数解释	值	解释
决策树相关	min_impurity_decrease	杂质度	float	百分数，默认为 0.0
	min_weight_fraction_leaf	样本权重和	float	百分数，默认为 0.0
	max_leaf_nodes	最大叶子节点数	None	
			int	整数
	min_inpurity_split	树停止增长的阈值	None	
			float	百分数
学习过程	n_jobs	并行使用的进程数	int	整数
			None	
	verbose	显示输出的详细参数	1	输出
			0	不输出
	oob_score	是否使用袋外样本来估算繁华精度	False	否
			Ture	是
	random_state	随机种子	int	整数
			None	
	class_weight	各个 label 的权重	None	
			list or dicts	多分类问题，按照分类结果 y 给出一个 list 或 dict 值
			balanced	使用 y 值自动调整权重
	criterion	选择节点计算属性方式	gini	gini 系数
			entropy	信息增益
	splitter	选择属性方式	best	随机选择属性
			random	选择不纯度最大的属性

对某条约 200 公里长的输油管道，根据其实际风险情况，筛选出 200 条典型风险数据，按照前述方法进行数据处理，标注其输入参数和输出参数的数据层数值。

对构建的模型，采用标准的案例数据进行训练和验证，并不断优化。对树的数量的取值范围为 1 到 200 逐个搜索，其对应的学习曲线如图 2 所示，取值 94 时，基于随机森林的风险判定模型的准确率最高。

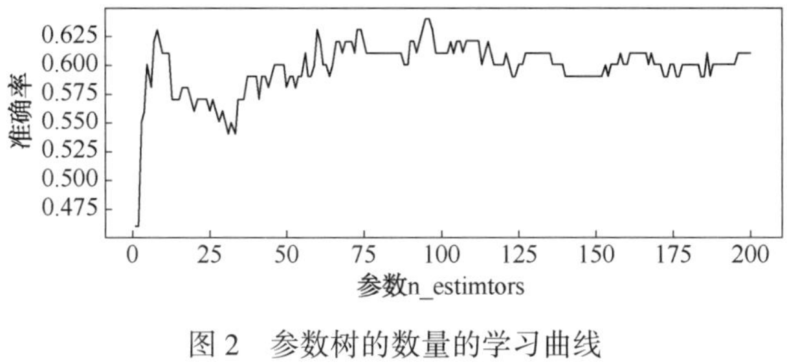

图 2　参数树的数量的学习曲线

同样对树的最大深度、最大叶子节点数等参数进行优化，确定了最佳模型参数。确定每个参数的取值后，创建决策树模型，生成多个决策树，集成学习构建基于随机森林的风险判定模型。

使用五折交叉验证，得到如下结果，模型的平均准确性为 90.12%。如表 2 所示。

表 2　五折交叉验证和测试精度评估

子集	样本数		误判数	准确性/%
	训练	测试		
A	160	40	15	90.63
B	160	40	16	90.00
C	160	40	17	89.38
D	160	40	15	90.63
E	160	40	16	90.00
平均值				90.12

分析模型准确性未进一步提高的原因，并提出相应改进建议：

（1）200 条案例数据本身一致性较差，导致机器学习到错误信息。这是解决方法是需要具备相当丰富经验的专家对案例数据进行仔细校准，或者也可采用其它更准确的精细评价方法，对案例数据进行修正；

（2）由于案例数据的处理和标注工作量较大，本文仅处理了 200 条案例数据，这些数据量不够，需要更大的数据对模型进行训练；

（3）本文仅对随机森林模型的树的数量、允许单个决策树使用特征的最大数量、树的最大深度等部分参数进行优化比选，优化比选时，使用的案例数据量也较少，需要采用更大的数据量，对更多的模型参数设定进行优化。

根据荷兰发布的紫皮书 PGS 3《Guidelines for quantitative risk assessment》，量化风险评价的结果误差可能达到数量级。相比之下，本文建立的评价模型精度已基本可用。

5 结论与展望

通过上述研究，本文形成如下结论：

（1）研究了管道风险因素层次体系，依据油气管道智能风险决策模型建立的需求，建立了输入参数和输出参数，明确了风险数据处理方法。

（2）基于随机森林算法，通过不断优选，设定了模型参数，构建了油气管道智能风险决策模型。

（3）根据实际管道，标注案例数据，对模型进行训练，并进行精度检验。检验发现模型精度基本可以满足使用要求。分析了偏差产生原因，提出了模型改提高建议。

本文建立的模型，需要更多精确的管道风险管控案例数据来进行训练，不断提高其精度。同时可收集更多风险管控的细节信息和具体方案，让模型的输出指导性更强。在应用过程中，该模型可不断学习，积累目前可用的所有管道风险管控经验，变得更智能，推送更精确更有意义的结果。

参 考 文 献

[1] 张华兵主编. 油气输送管道完整性管理技术一级水平[M]. 北京：石油工业出版社，2018，5.

[2] 11th Report of the European Gas Pipeline Incident Data Group(period 1970-2019)(Doc. number VA 20. 0432 17th of December 2020)[R]2020，12.

[3] 李航. 机器学习方法[M]. 北京：清华大学出版社，2022，4.

[4] 王勋，乔佳，于燕平，等. 基于决策树分类算法燃气管道隐患评估[J]. 煤气与热力，2022，42(10).

[5] Publication Series on Dangerous Substances(PGS 3) Guidelines for quantitative risk assessment [R], 2005，12.

管道弯头重叠腐蚀缺陷力学-电化学相互作用规律研究

张　鹏[1]　赵　明[2]　刘思铭[3]　许　田[3]　刘　为[2]　宋文琦[2]

(1. 西南石油大学土木工程与测绘学院；2. 西南石油大学油气藏地质及开发工程全国重点实验室；3. 西南石油大学机电工程学院)

摘　要　油气管道弯头上腐蚀缺陷严重威胁管道安全平稳运行。建立了弯头外表面含重叠腐蚀缺陷受力学-电化学(M-E)相互作用影响的三维(3D)模型，研究了内压和缺陷几何形状对M-E相互作用规律的影响，并得到了弯头的失效压力。结果表明，重叠腐蚀缺陷的存在导致底层缺陷转角处应力集中，增强了M-E效应，促进了底层缺陷的腐蚀溶解，加速了底层缺陷的生长；随着内压的增加，整体应力水平增大，弯头在18MPa左右时破裂失效；随着内压或缺陷几何形状的变化，机械应力场和电化学腐蚀场的变化规律相同；顶层缺陷和底层缺陷的长度变化引起的M-E相互作用规律与缺陷深度变化时相同。本文补充了弯头腐蚀缺陷的完整性评价模型，结合直管段重叠腐蚀缺陷的研究结果，为管道系统完整性管理提供指导。

关键词　弯头；重叠缺陷；腐蚀；失效；有限元分析

管道是长距离油气资源输送的安全、经济、高效方式。由于埋地管道周围环境复杂，管道外表面容易受到腐蚀，腐蚀缺陷会导致管壁变薄，降低管体结构的爆破能力。管道腐蚀严重时会发生穿孔泄漏等安全事故，严重威胁管道的完整性和可靠性。在管道系统中，弯头用于改变管道的走向，由于具有一定的曲率，导致弯头上应力分布不均，弯头的防腐涂层更容易脱落，导致局部发生力学-电化学腐蚀，使得弯头成为管道系统中的薄弱部分。

从目前的研究来看，用于腐蚀直管段的评估标准和模型有很多。如ASME B31G；DNV RP-F101；CSA Z662；Qin等人建立的X100管道缺陷扩展失效压力预测模型；Zhao等人建立的含凹痕腐蚀的X80管道模型等。用于弯头的评估模型很少，且这些研究全部针对完整弯头或含单个缺陷的弯头展开。如，Kim等人通过各种壁厚减薄几何形状以及不同的壁厚减薄位置对弯头破裂压力影响进行了实验研究；Shuai等人建立了含单个腐蚀缺陷的X100弯头失效压力预测模型。对于弯头上复杂缺陷评估的研究有限，而形状复杂的腐蚀缺陷在弯头上十分常见，所以进行弯头复杂缺陷评估对管道系统完整性至关重要。

在这项工作中，建立了基于多物理场耦合模型，模拟了X80弯头在pH接近中性的碳酸氢盐溶液(即NS4溶液)中重叠腐蚀缺陷在不同内压、不同几何形状下的M-E相互作用及其对弯头影响，包括弯头失效压力、von Mises应力和电化学腐蚀速率。结合前人对直管段上重叠腐蚀缺陷的评估，旨在丰富管道系统完整性评价。

1　力学及电化学特性

1.1　管材力学性能及失效判据

本文采用各向同性硬化塑性的X80管材钢的本构关系模型，图1为本团队通过单轴拉伸试验得到的X80钢真实应力应变曲线，表1为有限元模型采用的X80钢材料属性。硬化函数(σ_{yhard})定义如式(1)所示：

$$\sigma_{yhard}=\sigma_{exp}\left(\varepsilon_p+\frac{\sigma_e}{E}\right)-\sigma_{ys} \tag{1}$$

式中，σ_{exp}为实验应力-应变曲线；ε_p为塑性应变；σ_e为von Mises应力，MPa。

表1　X80钢材料属性

杨氏模量(E)	泊松比(μ)	屈服强度(σ_{ys})	极限抗拉强度(σ_u)
210GPa	0.3	589MPa	786MPa

管材失效判据采用行业内通用的管道失效压力评估准则，该准则由于精度较高，适用于评估含有单一缺陷或复杂缺陷的管道，目前被广泛认可并应用于管道的失效压力预测。根据该准则，

当弯头上某一点的最大 von Mises 应力达到极限抗拉强度，那么弯头就会失效。

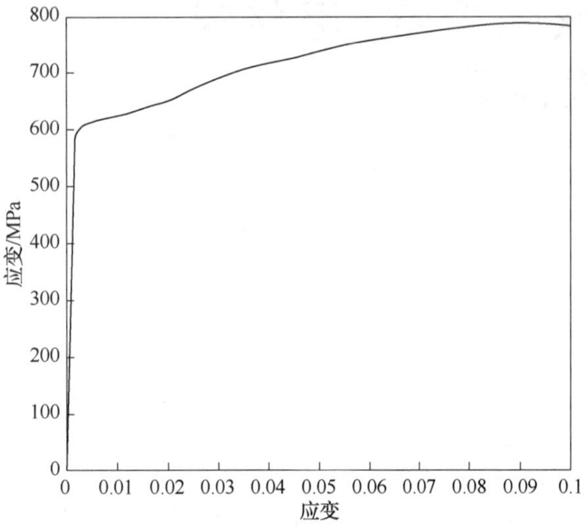

图 1 单轴拉伸试验得到的 X80 钢的真实应力-应变曲线

1.2 电化学特性

假设弯头外表面防腐涂层脱落导致缺陷区暴露于 NS4 溶液中，在溶液中腐蚀表面发生的反应包括阳极铁的氧化反应和阴极析氢反应，如式(2)和(3)：

$$Fe \longrightarrow Fe^{+}+2e \tag{2}$$

$$2H^{+}+2e \longrightarrow H_2 \tag{3}$$

钢在溶液中腐蚀表面反应受活化控制，电化学动力学方程如式(4)~(6)：

$$i_a = i_{0,a}\exp\left(\frac{\eta_a}{b_a}\right) \tag{4}$$

$$i_c = i_{0,c}\exp\left(\frac{\eta_c}{b_c}\right) \tag{5}$$

$$\eta = \varphi - \varphi_{eq} \tag{6}$$

式中，i_a和 i_c分别为阳极和阴极电荷转移电流密度；$i_{0,a}$和 $i_{0,c}$分别为阳极和阴极交换电流密度；η_a和 η_c分别为阳极和阴极过电位；b_a和 b_c分别为阳极和阴极 Tafel 斜率；φ 为电极电位；φ_{eq}为平衡电极电位。

根据能斯特方程，阳极和阴极平衡电极电位如式(7)和(8)：

$$\varphi_{a,eq} = \varphi_{a,eq}^{0} + \frac{RT}{2F}\ln(\alpha_{Fe^{2+}}) \tag{7}$$

$$\varphi_{c,eq} = \varphi_{c,eq}^{0} + \frac{RT}{F}\ln(\alpha_{H^{2+}}) \tag{8}$$

式中，$\varphi_{a,eq}^{0}$和 $\varphi_{c,eq}^{0}$分别为阳极和阴极标准平衡电位；R 为理想气体常数，其值为 8.314J/Kmol；T 为环境温度，其值为 298.15K；F 为法拉第常数，其值为 96485.34C/mol；$\alpha_{Fe^{2+}}$和 $\alpha_{H^{2+}}$分别为 NS_4 溶液中的亚铁离子和氢离子浓度。有限元模型的初始电化学参数如表 2 所示，其中 *SCE* 表示饱和甘汞电极。

表 2 有限元模型的初始电化学参数

电化学反应	i_0/(A/cm²)	b/(V/decade)	φ_{eq}/(V, *SCE*)
阳极	2.353×10^{-7}	-0.207	-0.644
阴极	1.457×10^{-6}	0.118	-0.859

1.3 力学—电化学耦合

弯头钢结构的弹塑性变形和电化学的协同作用导致阳极反应的平衡电位变化如式(9)：

$$\varphi_{a,eq} = \varphi_{a,eq}^{0} - \frac{\Delta P_m V_m}{zF} - \frac{RT}{zF}\ln\left(\frac{\upsilon\alpha}{N_0}\varepsilon_p + 1\right) \tag{9}$$

式中，ΔP_m为引起弹性变形的超压，MPa，等于钢结构屈服强度的 1/3；V_m为钢的摩尔体积，其值为 $7.13\times10^{-6}m^3/mol$；z 为电荷数，其值为 2；υ 为方向相关因子，其值为 0.45；α 为系数，其值为 $1.67\times10^{15}m^{-2}$；N_0为初始位错密度，其值为 $1\times10^{8}cm^{-2}$。

2 有限元模型的建立

2.1 模型

利用 COMSOL® 5.6 有限元软件建立了含重叠腐蚀缺陷的 90°弯头三维 M-E 相互作用模型如图 2(a)所示。弯头模型的外径 D 为 762mm，壁厚 t 为 11.72mm，弯曲半径 $R=5D$，为了解决非线性问题，选择 MUMPS 求解器进行求解，并采用 0.0001 的相对容差来保证数据收敛性和准确性。Shuai 等人的研究表明弯头内侧的失效压力更低，当缺陷出现在弯头内侧时弯头更容易出现事故，所以本文的腐蚀缺陷也建立在弯头内侧。考虑到模型几何形状和载荷的对称性，同时为了节省计算成本，对含重叠腐蚀缺陷弯头的二分之一进行模拟。根据 Zhang 等人的研究发现缺陷宽度对 M-E 相互作用规律的影响有限，所以本文研究的几何形状只包括长度和深度。弯头上重叠腐蚀缺陷分为顶层缺陷和底层缺陷，顶层缺陷参数为长度 l_1和深度 d_1，底层缺陷参数为长度 l_2和深度 d_2，重叠腐蚀缺陷的几何形状如图 2(b)所示。

在固体力学和电化学边界条件设置中，弯头两端及 1/2 模型弯头两边处设为固定约束条件，

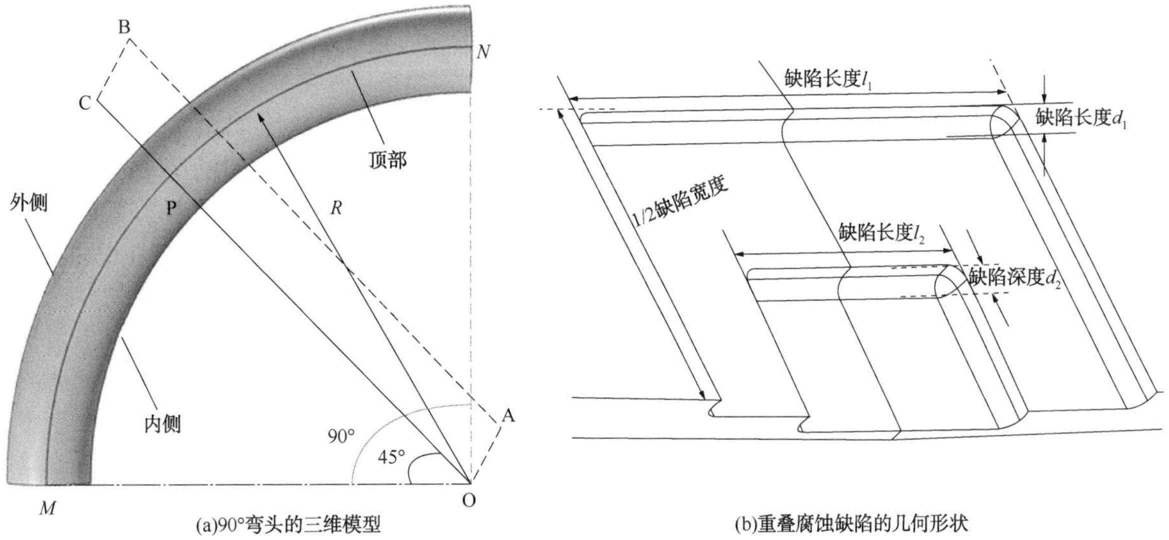

图 2 (a)90°弯头的三维模型；(b)重叠腐蚀缺陷的几何形状

外表面设为自由边界条件，内表面设为电隔离边界条件，弯头内表面施加值为 p 的均匀压力载荷。所设置的边界条件如图 3 所示。在网格划分中，为提高计算精度同时节省计算成本，在腐蚀缺陷及缺陷邻近区域进行局部网格细化处理，其余区域进行网格稀疏处理。由于二阶四面体单元适合用于处理复杂的三维几何图形，因此网格基于二阶四面体单元构建。

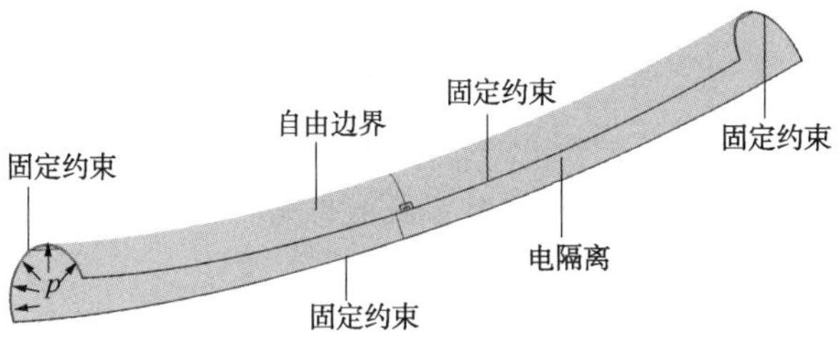

图 3 边界条件

2.2 网格无关性验证

网格无关性验证结果如图 4 所示。可以看出，当单元数超过 70000 后，最大 von Mises 应力和最大阳极电流密度随着单元数增加几乎不发生变化。因此，得到了重叠腐蚀缺陷及缺陷邻近区域网格划分结果，模型中的最小网格尺寸为 1mm，最大网格尺寸为 10mm。

2.3 模型验证

采用理论结果和模拟结果进行对比的验证方法。在弯头的对称截面 O-A-B-C 与中心线 M-N 相交处存在一个特殊节点 P，如图 2(a)所示。在该点处，不存在因应力分布不均引起的额外变形，通常采用直管段的理论模型计算 P 点的环向应力来验证弯管的应力条件。直管段环向应力

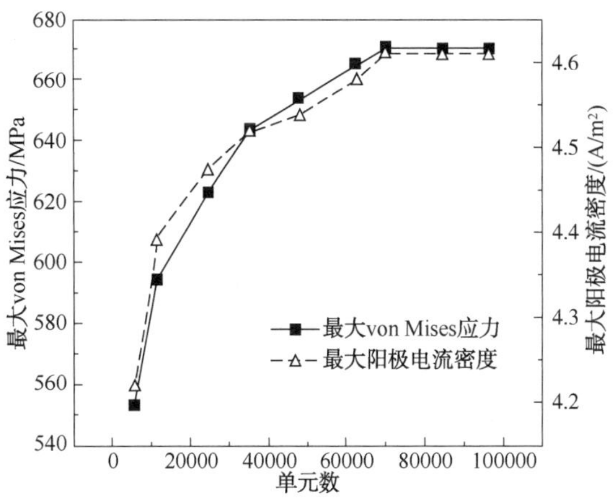

图 4 网格无关性验证结果

计算如式(10)：

$$\sigma_\theta=\frac{pD}{2t} \tag{10}$$

式中，σ_θ为环向应力，MPa。

根据 Gutman 的研究，弹性应力对弯头腐蚀缺陷区阳极电流密度影响的理论结果如式(11)：

$$i'_a=i_a\exp\left(\frac{\Delta PV_m}{RT}\right) \tag{11}$$

式中，i_a和 i'_a分别为无应力钢和有应力钢的阳极电流密度，ΔP 为超压，计算如式(10，12，13)：

$$\Delta P=(\sigma_\theta+\sigma_z)/3 \tag{12}$$

$$\sigma_z=\frac{pD}{4t} \tag{13}$$

式中，σ_z为轴向应力，MPa。

表 3 列出了不同内压下位置 P 处理论计算和数值模拟得到的环向应力和阳极电流密度对比结

果。可以看出，每种工况下模拟结果与理论值的差异均在5%以内，表明有限元模型是可靠的。

表3　模拟结果与理论值对比结果

内压/MPa		4	6	8	10	12
环向应力/MPa	理论值	130.04	195.05	260.07	325.1	390.1
	模拟值	128.15	191.45	257.66	319.79	383.78
	差异/%	-1.45	-1.85	-0.93	-1.63	-1.62
阳极电流密度/($\times10^{-2}$A/m^2)	理论值	2.663	2.923	3.21	3.525	3.87
	模拟值	2.542	2.78	3.067	3.446	3.747
	差异/%	-4.54	-4.89	-4.46	-2.24	-3.19

3　结果

3.1　内压对弯头的影响

图5为内压作用下腐蚀缺陷处von Mises应力和阳极电流密度分布云图。图6为最大von Mises应力和最大阳极电流密度变化曲线。从图5(a)中可以看出，随着内压的增加，应力水平逐渐增大。应力从底层缺陷长度位置及转角处逐渐向底层缺陷内部及顶层缺陷内扩展，顶层缺陷转角处应力逐渐增大并向缺陷宽度两侧扩展。应力集中分布在底层缺陷长度位置和顶层缺陷转角位置，最大局部应力出现在底层缺陷转角处。图5(b)中阳极电流密度变化规律与von Mises应力变化规律相同，从阳极电流密度分布云图可以更

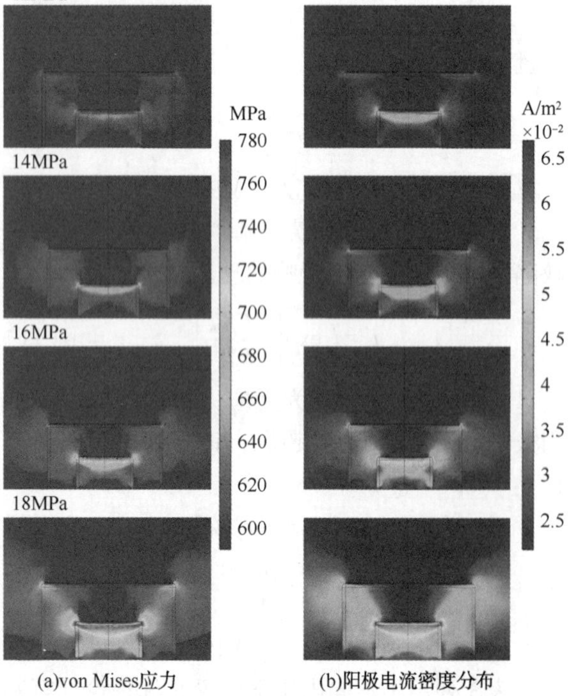

(a)von Mises应力　　(b)阳极电流密度分布

图5　内压作用下重叠腐蚀缺陷处

明显的看到这种M-E相互作用的发展。从图6中可以看出，最大von Mises应力和最大阳极电流密度近乎同步增长。在内压18MPa左右时，最大von Mises应力超过780MPa，接近极限抗拉强度，说明弯头在内压18MPa左右时将爆裂失效。同时，18MPa内压下腐蚀弯头上的最大阳极电流密度约为未腐蚀区域的3倍，说明高压下M-E相互作用导致的腐蚀溶解速度更快。由于最大应力集中和最快的腐蚀溶解均发生在底层缺陷的转角处，那么该位置将是弯头的最薄弱位置，在M-E相互作用下该位置更容易发生壁厚减薄，甚至穿孔泄漏，管道管理者应该注意这一现象，及时排查底层缺陷转角处的危险，防止缺陷进一步发展。

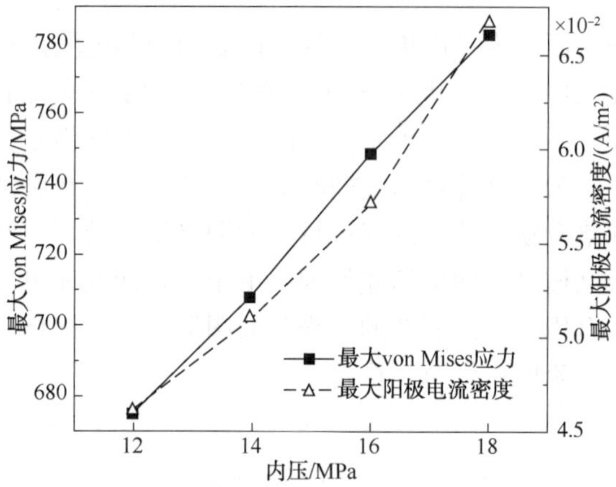

图6　内压对重叠腐蚀缺陷弯头的影响

3.2　缺陷几何形状对弯头的影响

3.2.1　缺陷长度

图7为顶层缺陷长度变化时腐蚀缺陷处von Mises应力和阳极电流密度分布云图。图8为最大von Mises应力和最大阳极电流密度变化曲线。从图7(a)中可以看出，随着顶层缺陷长度的增加，应力从底层缺陷长度位置向底层缺陷内部扩展，从底层缺陷转角位置逐渐向顶层缺陷扩展，同时顶层缺陷转角处应力水平逐渐增大并向缺陷周围扩展。应力集中出现在顶层缺陷转角处和底层缺陷转角处，最大局部应力出现在底层缺陷转角处。从图7(b)中看出阳极腐蚀溶解过程与von Mises应力发展过程变化规律相同。从图8中发现最大von Mises应力和最大腐蚀速率增长随着顶层缺陷长度的增加逐渐变缓(即曲线斜率逐渐减小)。腐蚀缺陷由底层缺陷转角处进一步扩张，导致弯头腐蚀缺陷深度增加同时底层缺陷面积扩大，弯头更容易失效，管道管理者应

特别注意顶层缺陷长度增加时腐蚀弯头的安全情况。

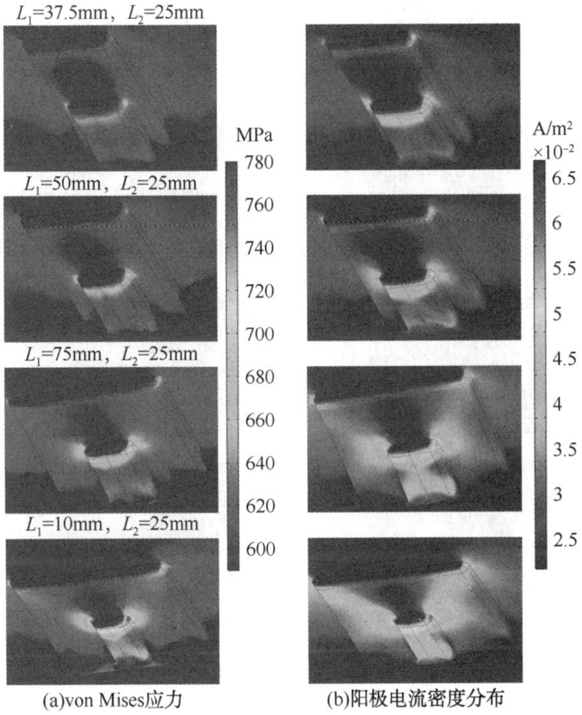

图 7　顶层缺陷长度变化时重叠腐蚀缺陷处

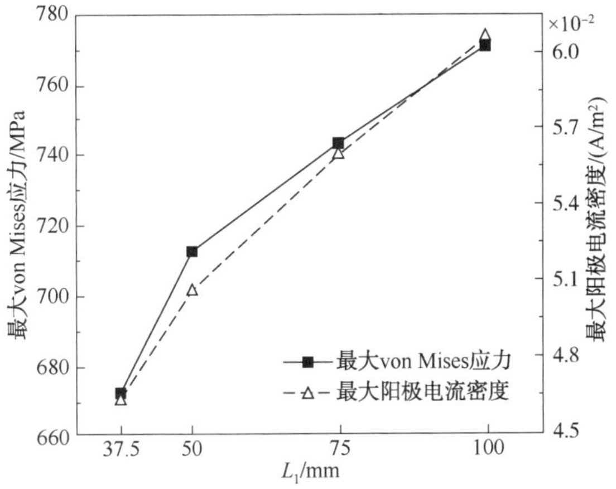

图 8　顶层缺陷长度对重叠腐蚀缺陷弯头的影响

图 9 为底层缺陷长度变化时腐蚀缺陷处 von Mises 应力和阳极电流密度分布云图。图 10 为最大 von Mises 应力和最大阳极电流密度变化曲线。从图 9(a) 中可以看出，随着底层缺陷长度的增加，应力水平逐渐增大，应力主要由底层缺陷长度位置向底层缺陷内部扩展。应力集中出现在底层缺陷长度处和底层缺陷转角处，顶层缺陷的应力集中水平几乎不发生变化，最大局部应力出现在底层缺陷转角处。从图 9(b) 中看出腐蚀溶解变化过程与 von Mises 应力变化过程相同。从图 10 中发现最大 von Mises 应力和最大腐蚀速率增长随着底层缺陷长度的增加逐渐变缓，当底层缺陷增加到 50mm 时，二者几乎不再随着底层缺陷长度的增加而增大，说明底层缺陷长度 50mm 是一个底层缺陷长度临界值。

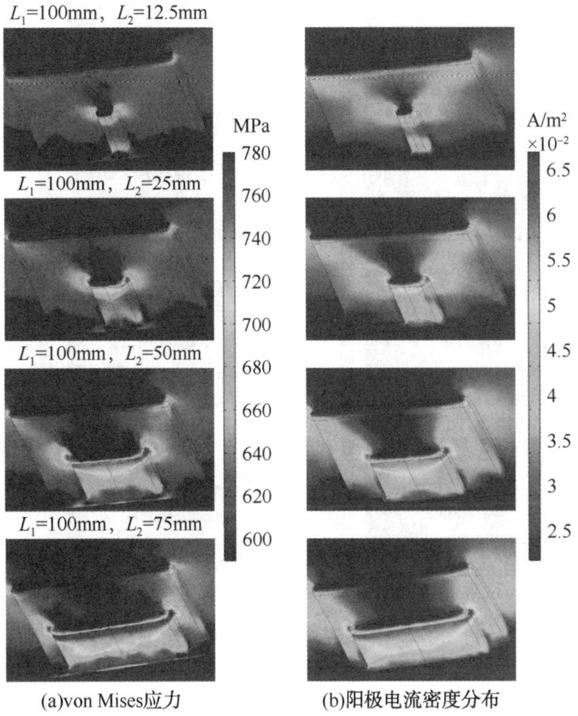

图 9　底层缺陷长度变化时重叠腐蚀缺陷处

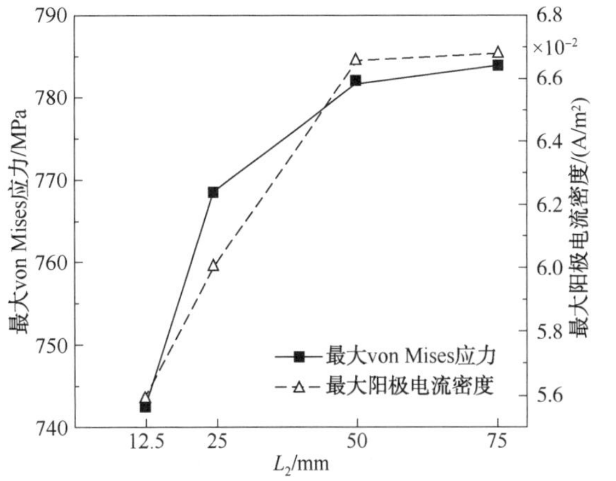

图 10　底层缺陷长度对重叠腐蚀缺陷弯头的影响

3.2.2　缺陷深度

图 11 为顶层缺陷深度变化时腐蚀缺陷处 von Mises 应力和阳极电流密度分布云图。图 12 为最大 von Mises 应力和最大阳极电流密度变化曲线。从图 11 中可以看出，随着顶层缺陷深度变化，von Mises 应力和阳极电流密度变化规律与顶层缺陷长度变化时相同，最大局部应力同样

出现在底层缺陷转角处。从图 12 中发现最大 von Mises 应力和最大腐蚀速率随着顶层缺陷深度的增加同步增大。

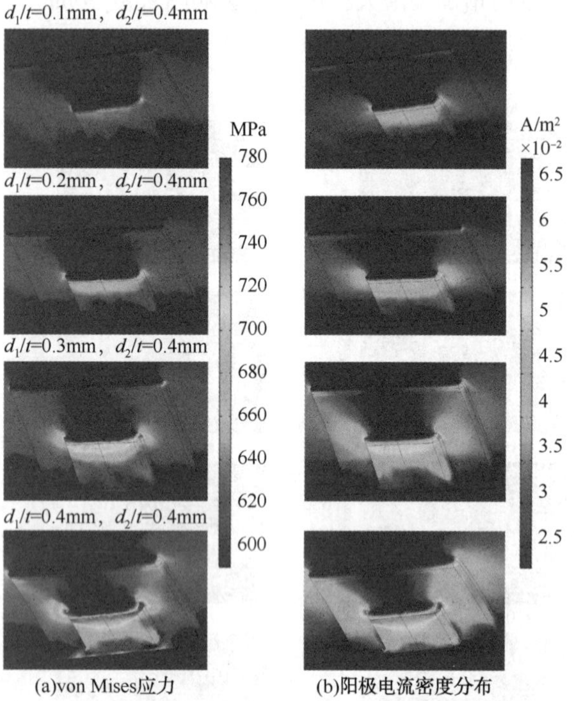

图 11　顶层缺陷深度变化时重叠腐蚀缺陷处

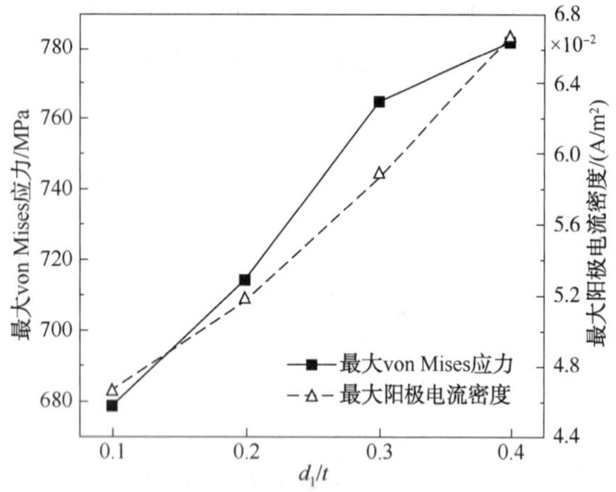

图 12　顶层缺陷深度对重叠腐蚀缺陷弯头的影响

图 13 为底层缺陷深度变化时腐蚀缺陷处 von Mises 应力和阳极电流密度分布云图。图 14 为最大 von Mises 应力和最大阳极电流密度变化曲线。从图 13 中可以看出，随着底层缺陷深度变化，von Mises 应力和阳极电流密度变化规律与底层缺陷长度变化时相同，最大局部应力也出现在底层缺陷转角处。从图 14 中的曲线变化规律可以看出，当底层缺陷深度变化时同样出现一个临界深度，底层缺陷深度临界值为壁厚的 30%。

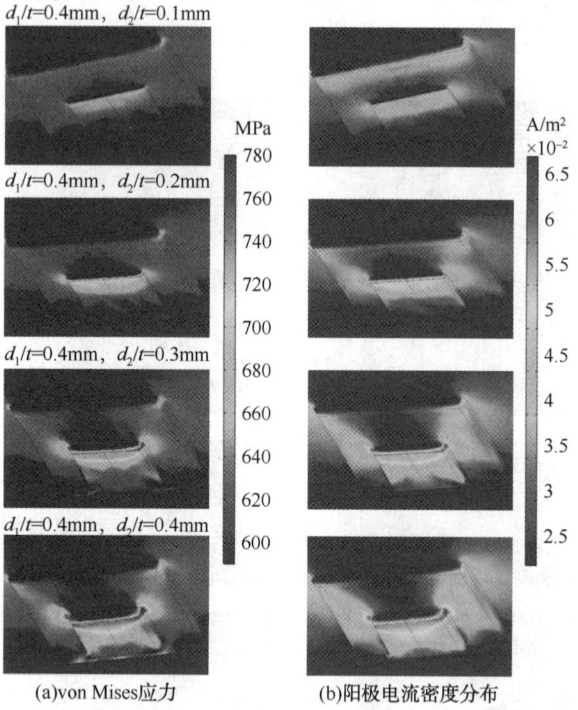

图 13　底层缺陷深度变化时重叠腐蚀缺陷处

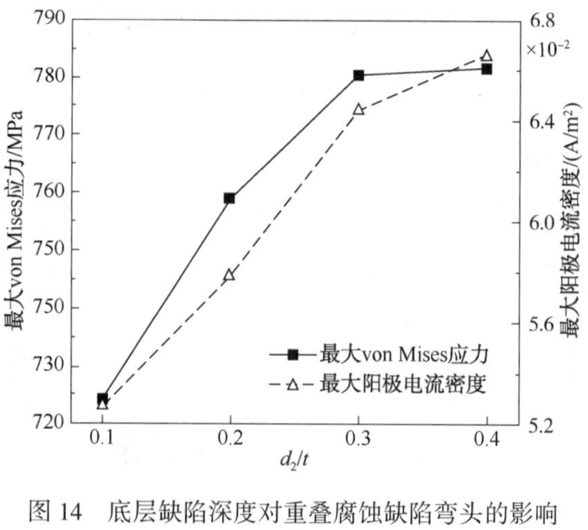

图 14　底层缺陷深度对重叠腐蚀缺陷弯头的影响

4　结论与展望

建立了力学-电化学耦合模型，模拟了 X80 弯头内侧重叠腐蚀缺陷在碳酸氢盐土壤溶液中 M-E 相互作用对弯头的影响。通过研究发现，随着内压或缺陷几何形状的变化，机械应力场和电化学腐蚀场的变化规律相同；随着内压的增加和缺陷长度及深度的增大，缺陷整体应力水平增大；顶层缺陷和底层缺陷的长度变化引起的 M-E 相互作用规律与缺陷深度变化时相同；弯头上重叠腐蚀缺陷的存在导致底层缺陷转角处出现应力集中，M-E 相互作用增强，底层缺陷转角处腐蚀速率增强，加速了底层缺陷的生长。

本文对于弯头上重叠腐蚀缺陷的研究结果与 Sun 和 Cheng 对直管段上含重叠腐蚀缺陷的研究结果相符合。最大应力总是出现在底层缺陷转角处，M-E 相互作用导致底层缺陷转角处腐蚀加剧，底层缺陷逐渐扩展，腐蚀深度和面积增加，弯头的爆破能力降低，同时容易发生穿孔泄漏等事故，严重威胁管道安全。

弯头腐蚀缺陷评估对于丰富管道系统完整性十分关键。由于缺陷在弯头上的不确定性，包括缺陷形状的不确定性、缺陷位置的不确定性、缺陷数量的不确定性等，以及现有的研究方法，包括数值模拟法和实验法，具有一定的局限性。未来的研究建议针对复杂缺陷采用数值模拟结合实验的方法，研究弯头上复杂缺陷的 M-E 相互作用规律，进而完善管道系统完整性。

参　考　文　献

[1] 袁文强，郎宪明，曹江涛，蔡再洪，郑浩. 基于声波法的管道泄漏检测技术研究进展[J]. 油气储运，2023，42(02)：141-151. DOI：10.6047/j.issn.1000-8241.2023.02.003.

[2] 吕林林，王杰，祁庆芳，郭策，贺蓉蓉，孙小伟. 基于 KPCA-IGOA-ELM 的油气混输管道腐蚀速率预测模型[J]. 油气储运，2023，42(07)：785-792. DOI：10.6047/j.issn.1000-8241.2023.07.007.

[3] 谢飞，李佳航，王国付，王新强，郭大成，姜锦涛. 天然气管道内腐蚀直接评价方法的改进[J]. 油气储运，2022，41(02)：219-226. DOI：10.6047/j.issn.1000-8241.2022.02.012.

[4] 吴明，谢飞，陈旭，王丹，孙东旭. 埋地油气管道腐蚀失效研究进展及思考[J]. 油气储运，2022，41(06)：712-722. DOI：10.6047/j.issn.1000-8241.2022.06.013.

[5] KHALAJESTANI M K，BAHAARI M R，SALEHI A，SHAHBAZI S. Predicting the limit pressure capacity of pipe elbows containing single defects[J]. Applied Ocean Research，2015，53：15-22. DOI：10.1016/j.apor.2015.07.002.

[6] QIN G J，CHENG Y F，ZHANG P. Finite element modeling of corrosion defect growth and failure pressure prediction of pipelines [J]. International Journal of Pressure Vessels and Piping，2021，194：104509. DOI：10.1016/j.ijpvp.2021.104509.

[7] ZHAO J，LV Y R，Cheng Y F. A new method for assessment of burst pressure capacity of corroded X80 steel pipelines containing a dent[J]. International Journal of Pressure Vessels and Piping，2022，199：104742. DOI：10.1016/j.ijpvp.2022.104742.

[8] KIM J W，LEE S H，PARK C Y. Experimental evaluation of the effect of local wall thinning on the failure pressure of elbows[J]. Nuclear Engineering and Design，2009，239(12)：2737-2746. DOI：10.1016/j.nucengdes.2009.10.003.

[9] SHUAI Y，ZHANG X，HUANG H，FENG C，CHENG Y F. Development of an empirical model to predict the burst pressure of corroded elbows of pipelines by finite element modelling[J]. International Journal of Pressure Vessels and Piping，2022，195：104602. DOI：10.1016/j.ijpvp.2021.104602.

[10] WU Y，DU Z H，LI L Y，TIAN Z X. A new evaluation method of dented natural gas pipeline based on ductile damage[J]. Applied Ocean Research，2023，135：103533. DOI：10.1016/j.apor.2023.103533.

[11] XU L Y，CHENGY F. Corrosion of X100 pipeline steel under plastic strain in a neutral pH bicarbonate solution [J]. Corrosion Science，2012，64：145-152. DOI：10.1016/j.corsci.2012.07.012.

[12] XU L Y，CHENG Y F. Reliability and failure pressure prediction of various grades of pipeline steel in the presence of corrosion defects and pre-strain[J]. International Journal of Pressure Vessels and Piping，2012，89：75-84. DOI：10.1016/j.ijpvp.2011.09.008.

[13] 李明，李秉军，何永志，王雷，梁昌晶. 某埋地碳钢管道腐蚀失效分析[J]. 焊管，2021，44(08)：30-35.

[14] YANG Y，CHENG Y F. Stress Enhanced Corrosion at the Tip of Near-Neutral pH Stress Corrosion Cracks on Pipelines [J]. Corrosion，2016，72(8)：1035-1043. DOI：10.5006/2045.

[15] BAGOTSKY V S. Fundamentals of electrochemistry[M]. United States：Wiley-Interscience，2006.

[16] XU L Y，CHENG Y F. Development of a finite element model for simulation and prediction of mechanoelectrochemical effect of pipeline corrosion [J]. Corrosion Science，2013，73：150-160. DOI：10.1016/j.corsci.2013.04.004.

[17] QIN G J，CHENG Y F. A review on defect assessment of pipelines：Principles，numerical solutions，and applications[J]. International Journal of Pressure Vessels and Piping，2021，191：104329. DOI：10.1016/j.ijpvp.2021.104329.

[18] SHUAI Y，WANG X H，LI J，WANG J Q，WANG

T T, HAN J Y, et al. Assessment by finite element modelling of the mechano-electrochemical interaction at corrosion defect on elbows of oil/gas pipelines[J]. Ocean Engineering, 2021, 234: 109228. DOI: 10.1016/j.oceaneng.2021.109228.

[19] ZHANG S, ZHOU W. Assessment of effects of idealized defect shape and width on the burst capacity of corroded pipelines[J]. Thin-Walled Structures, 2020, 154: 106806. DOI:10.1016/j.tws.2020.106806.

[20] GUTMAN E M. Mechanochemistry of Materials[M]. Ipswich: Ebsco Publishing, 1998.

[21] WANG Y C, XU L Y, SUN J L, CHENG Y F. Mechano-electrochemical interaction for pipeline corrosion: A review[J]. Journal of Pipeline Science and Engineering, 2021, 1(1): 1-16. DOI:10.1016/j.jpse.2021.01.002.

[22] SUN J L, CHENG Y F. Modelling of mechano-electrochemical interaction at overlapped corrosion defects and the implication on pipeline failure prediction[J]. Engineering Structures, 2020, 212: 110466. DOI:10.1016/j.engstruct.2020.110466.

掺氢天然气管道完整性管理方案探讨

陈利琼　李姝璇

（西南石油大学石油与天然气工程学院）

摘　要　氢能被誉为“21世纪终极能源”，是实现各国政府净零排放的必然选择。利用现有天然气管道进行掺氢输送是目前国内外公认的最有效方式。但氢气的掺入会改变气体性质，引入氢脆、氢腐蚀等安全问题，需对掺氢后的管道的安全性重新进行评价。目前我国虽未有针对掺氢天然气管道完整性管理的相关规范，但天然气管道的完整性管理已十分成熟，因此本文以GB 32167—2015《油气输送管道完整性管理规范》中天然气管道完整性管理内容为基础，从数据采集、高后果区识别、风险评价、完整性评价、风险消减与维修维护五个方面，围绕掺氢后可能带来的新的安全问题，明确掺氢后需重点关注的风险，讨论输气管道掺氢后完整性管理内容的变化及添加，为掺氢天然气管道完整性管理提出建议，以指导掺氢管道安全运行。

关键词　天然气管道；掺氢；规范；完整性管理

氢能源作为世界公认的清洁能源，与其他能源相比具有热值高、零污染、储量丰富的优点。在2030年“碳达峰”及2060年“碳中和”目标的大背景下，中国需持续推进产业结构和能源结构调整，大力发展可再生能源，而氢能从中扮演着不可或缺的角色，它可以从根源上减少碳的排放，而不是一味地进行碳抵消。不仅如此氢能也是各国政府实现净零排放承诺的关键选择。

建设全新的氢气专用管道和基础设施成本较高，氢气运输基础设施不足制约着氢能的发展。而将氢气掺入现有的长输天然气管道进行掺氢输送，可以省去纯氢长输管道建设成本，加速能源整合利用，是目前国内外公认的、氢气长距离、大规模且低成本输送的有效方式。

天然气管道掺入氢气后，气体理化性质均会发生变化，氢聚集成氢分子会导致管道产生氢脆、氢鼓泡、氢致开裂、氢腐蚀，导致管材失效，不仅如此氢气的最小点火能量远低于天然气且爆炸极限范围宽（为4%～75.6%体积分数），因此掺氢天然气泄漏后更容易发生燃爆，事故后果往往更为严重。

目前我国针对掺氢天然气管道输送进行了大量研究，并建立了试点应用项目，但氢能产业仍处于发展初期，标准规范建设尚未形成完整体系，制取、储存、运输、管理等领域的标准规范仍不健全。而天然气管道拥有成熟的管道完整性管理规范，GB 32167—2015《油气输送管道完整性管理规范》中明确了管道的数据采集、高后果区识别、风险评价、完整性评价、风险消减与维修维护、效能评价等完整性管理内容，掺氢天然气管道完整性管理也将以GB 32167—2015中的天然气管道完整性管理部分为基础，围绕这几个方面进行讨论。

1　数据采集

数据采集部分不仅包括数据采集，还包含数据移交、数据存储与更新。

（1）添加采集数据

由于氢气的掺入，天然气管道属性及运行工况会发生较大的改变，除原有的管道外部环境及管道施工相关数据外，管道属性、管道监测维护管理数据均需要更新。首先需要更新的就是管道内部的气质组分，需在原有基础上添加掺氢比、掺氢温度、氢气流速、掺氢压力、掺混位置、混合气热值等数据。由于掺氢会引发管道氢脆等损伤，因此还需采集管道材质、型号、壁厚、投产时间、防腐层、管道途经的地区等级等数据。

（2）阴极保护

阴极保护数据也尤为重要，尤其对于高强度钢，相比低强度钢对氢更为敏感，此时应防止管道材料出现阴极“过保护”问题，导致进一步析出氢使氢浓度增加，还需关注管道外部杂散电流的影响。此外，氢易在缝隙处聚集，因此应格外关注管道的环焊缝、阀门、弯管、三通等管道设施的数据采集。

(3) 智慧油田

数字化油田是油田生产发展的必然趋势，其基础是高效的应用软件及完善的数据库，但目前，天然气管道掺氢运行在我国仍处于起步阶段，运行数据样本量少，现有数据则更为珍贵，准确具体的数据采集是必要的。

2 高后果区识别

GB 32167—2015 中对输气管道高后果区管段识别进行了明确的分级，表 1 以现有高后果区管段识别分级为基础，对掺氢后的天然气管道高后果区等级进行讨论。

在对掺氢天然气管道高后果区识别及分级前，建议对掺氢比范围进行分级后再识别。

随着山区建设步伐加快，农村建设、山区开发等使管道周围环境发生变化。GB 32167—2015 中规定天然气管道高后果区识别时间间隔最长不超过 18 个月，建议掺氢运行后缩短识别时间间隔。

表 1　输气管道掺氢运行前后高后果区管段识别分级建议

管道类型	识别项	分　级
输气管道	a) 管道经过的四级地区，地区等级按照 GB 50251 中相关规定执行	Ⅲ级
掺氢天然气管道	a′) 四级地区系指四层及四层以上楼房(不计地下室层数)普遍集中、交通频繁、地下设施多的地段 交通便利促进了人口流动，很多管道沿线为村镇，存在人口周期性流动导致房屋空置的现象，可在考虑建筑物层数的同时，对人口数量进行动态跟踪	—
输气管道	b) 管道经过三级地区	Ⅱ级
掺氢天然气管道	b′) 三级地区为户数在 100 户或以上的区段，包括市郊居住区、商业区、工业区、发展区以及不够四级地区的人口稠密区 交通便利促进了人口流动，很多管道沿线为村镇，存在人口周期性流动导致房屋空置的现象，可在考虑户数的同时，对人口数量进行动态跟踪	—
输气管道	c) 如管径大于 762mm，并且最大允许操作压力大于 6.9MPa，其天然气管道潜在影响区域内有特定场所的区域，潜在影响半径按照式(1)计算	Ⅱ级
掺氢天然气管道	c′) 氢气相比天然气具有更小的点火能和更宽的爆炸极限，且扩散速率更快，上述管径边界和压力边界，需通过进一步研究来确定是否适用于掺氢天然气管道 潜在影响半径公式 $r=0.099\sqrt{d^2p}$ 中系数 0.099 仅适用于天然气管道，掺氢天然气管道计算潜在影响半径时需修正系数	根据掺氢管道失效后果，决定是否提升高后果区等级
输气管道	d) 如管径小于 273mm，并且最大允许操作压力小于 1.6MPa，其天然气管道潜在影响区域内有特定场所的区域，潜在影响半径按照式(1)计算	Ⅰ级
掺氢天然气管道	d′) 识别项内容同 c′	—
输气管道	e) 其他管道两侧各 200m 内有特定场所的区域	Ⅰ级
掺氢天然气管道	e′) 相比于天然气，掺氢后天然气管道失效后果可能更为严重，建议距离范围重新界定	—
输气管道	f) 除三级、四级地区外，管道两侧各 200m 内有加油站、油库等易燃易爆场所	Ⅱ级
掺氢天然气管道	f′) 识别项内容同 e′	—

识别时还应考虑不同管材对氢的敏感性，低压管道重点考虑管材的抗氢脆性，而高压管道需考虑管材的氢腐蚀。

掺氢天然气管道高后果区管段识别等级或与输气管道的分级不同，分级时需考虑掺氢带来的额外的失效模式及后果，高后果区等级或有提升。

3 风险评价

(1) 风险评价优先顺序

同一高后果区等级的天然气输送管段和天然气掺氢输送管段，需对天然气掺氢输送管段优先进行完整性评价并优先实施风险消减措施；

(2) 风险评价方法

管道风险评价方法按照结果的量化程度可以分为定性方法、半定量方法和定量方法三类。定性评价方法通常较为简便，但具有较强的主观性，需具备充足的经验来进行判断。定量评价方法相对来说较为复杂，需采用大量计算公式和经验模型，从而得到较多数据信息。

除传统评价方法外，还有动态风险评价方法

（贝叶斯网络、BP 神经网络、系统动力学等），动态评价可以反映管道的动态风险变化，解决掺氢天然气管道风险因素多、风险状态随时间动态变化等问题。

近年来，大数据技术蓬勃发展，管道数字化管理是必然趋势，管道完整性管理利用管道历史数据资料构建统一的管道大数据库，通过挖掘处理管道数据并与 GIS 技术、机器学习及相关算法相结合的方式，实现管道的风险评价和风险预警，该方法可有效解决风险研究方法中主观性过强的问题。

（3）危害因素识别

与时间相关的危害因素中，分析内腐蚀、外腐蚀及应力腐蚀开裂时，除常见的 CO_2、H_2S 腐蚀外，高温高压管道还需考虑掺氢带来的氢腐蚀，可将掺氢比作为变量对腐蚀进行研究；

固有因素中，焊缝、弯头、阀门、法兰、三通等氢易聚集的结构都应作为评价重点。其中最主要的是焊缝，焊缝在焊接时金属微观结构改变，变化后的微观结构导致氢捕获能力更高、氢富集能力更强，因此更加容易产生裂纹。

（4）失效可能性及失效后果分析

氢气的密度约是天然气的 12.5%，分子体积较天然气小得多，向空气扩散系数约是天然气的 3.81 倍。天然气管道掺氢运行后管道失效可能性随着掺氢比上升而增加，管道开裂可能性上升，泄漏气体易燃、易爆性上升，且泄漏气体扩散速度加快，在泄漏量大的情况下，管道失效后果更为严重。

目前对于掺氢天然气管道泄漏后果的研究包括实验、理论研究、数值模拟计算。实验建立的物理模型受空间、多因素影响及成本的限制，研究具有较多局限性，而理论研究及数值模拟计算大部分仍使用天然气的模型，还需进一步的研究修正。

4 完整性评价

（1）完整性评价周期

GB 32167—2015 中仅对输油管道高后果区完整性评价周期进行规定，其最大时间间隔不超过八年，目前掺氢的天然气管道大多为在役管道，且部分管道管龄较长，管道状态下降，掺氢前建议对管道进行完整性评价，掺氢运行后建议立即对管道高后果区重新进行识别分级。

（2）检测

管道完整性评价方法主要有三种，分别是内检测评价法、压力试验法和直接评价法。目前我国大部分天然气管道服役时间较长，距上一次检测时间较长，而近几年管道内检测技术也有了长足的发展，建议天然气管道掺氢运行之前进行管道内检测以判断管道是否适合掺氢运行。

氢气泄漏检测是保障掺氢天然气管道安全运行的重要技术。目前氢气检测的设备主要有便携式的氢气检测仪、泵吸式的氢气检测仪、在线式氢气检测报警器等。

5 风险消减与维修维护

（1）日常管理与巡护

人工巡护掺氢天然气管道时，可携带便携式氢气检测仪对重点关注部位进行检测，且需加强巡检频率。

（2）氢脆风险控制

当天然气管道掺氢输送气时，选用恰当的掺氢比、运行工况、管材强度，并关注管道的服役年限，可以降低氢脆风险。目前防止氢脆的主要措施有改变微观相组织、气体抑制剂、阻氢涂层、添加钒、铜等金属元素等，其中改变微观相组织和添加钒、铜等金属元素这两种方法需在管道制造时材制造时进行，阻氢涂层一般也是在管道施工建设时涂装，这些方法并不适用于在役管道。目前来看，天然气管道掺氢运输时添加气体抑制剂是针对在役管道的一种可实施的方案，国内主要使用 CO 作为抑制性气体。

6 建议与展望

（1）目前国内外学者对氢脆进行了大量研究，但仍未探明氢脆机理，明确氢脆机理可以更有效地制定氢脆解决方案，从而保障掺氢天然气管道安全运行。

（2）目前针对管道掺氢比的研究尚未有定论，掺氢比的确定需要考虑管材性能、运行工况，与此同时还需兼顾下游需求，还需要进行大量的研究，最终形成规律性结果，在不同运行工况时迅速准确地确定掺氢比范围。

（3）掺氢天然气管道大多为在役管道，在今后新的管道修建中，可将掺氢运行作为天然气管道常态化运行模式，在管道设计时，选取更适合掺氢运行的管材及制作方式、抗氢性能好的管道内部涂层、避免高温高压的运行工况、敷设在地区等级较低的区域。

（4）继续推进掺氢示范项目，为管道掺氢运行提供大量数据支撑的同时带动能源行业的发展。

参 考 文 献

[1] 孟翔宇，陈铭韵，顾阿伦等．“双碳”目标下中国氢能发展战略［J］．天然气工业，2022，42（04）：156-179.

[2] 李敬法，苏越，张衡等．掺氢天然气管道输送研究进展［J］．天然气工业，2021，41（04）：137-152.

[3] 陆大敏．氢致金属疲劳的失效分析与细观模型预测方法研究［D］．广西大学，2021．DOI：10.27034/d.cnki.ggxiu.2021.001682.

[4] 伍其兵，张行，张萌等．基于知识图谱的掺氢天然气管输研究现状与演进趋势［J］．油气储运，2022，41（12）：1380-1394.

[5] 高桂飞，李慧玲，张平平等．站场区域阴极保护对线路阴极保护干扰的缓解方法［J］．腐蚀与防护，2022，43（05）：56-61.

[6] 彭元文，万骏，田晓岚．智慧油田数据采集与远程监控分析［J］．中国管理信息化，2022，25（18）：130-132.

[7] 唐柳怡，魏然然，王峰等．高钢级管道安全评价指标体系构建［J/OL］．油气储运：1-15［2023-09-24］．http://kns.cnki.net/kcms/detail/13.1093.TE.20230913.1954.002.html.

[8] 张继信，黄东阳，尤秋菊等．基于动态贝叶斯网络的城市综合管廊燃气泄漏动态风险评价［J/OL］．安全与环境学报：1-11［2023-09-24］．DOI：10.13637/j.issn.1009-6094.2022.1554.

[9] 张玉媛，郭新然，周云奕等．智能管道大数据总体设计及几个关键技术探讨［J］．物联网技术，2023，13（07）：64-68．DOI：10.16667/j.issn.2095-1302.2023.07.016.

[10] 许未晴，鲁仰辉，孙晨等．天然气掺氢输送系统氢脆研究进展［J］．油气储运，2022，41（10）：1130-1140.

[11] 宋鹏飞，单彤文，李又武等．天然气管道掺入氢气的影响及技术可行性分析［J］．现代化工，2020，40（07）：5-10．DOI：10.16606/j.cnki.issn0253-4320.2020.07.002.

[12] 赵媛．输气管道完整性管理实践与思考［J］．石化技术，2023，30（08）：77-79.

[13] 朱永强，宋维，李雨霞等．输氢管线钢防止氢脆研究进展［J］．表面技术，2022，51（11）：126-137+163．DOI：10.16490/j.cnki.issn.1001-3660.2022.11.011.

基于改进 AMSAA 模型天然气管道可靠性增长方法

宋文琦[2]　张　鹏[1]　肖博文[2]

（1. 西南石油大学土木工程与测绘学院；2. 西南石油大学石油与天然气工程学院）

摘　要　天然气管道完整性是确保天然气管道系统可靠性运行的基础。为了在天然气管道投产前减少设计和制造的缺陷，尽早对天然气管道采取纠正从而达到提高使用寿命、运行可靠性和安全性问题、减少后期维修费用的目的，提出了天然气管道可靠性增长预测方法。本文分析常用可靠性增长模型并结合天然气管道可维修、小子样的特点，选择 AMSAA 模型，结合点估计、趋势检验、拟合优度检验、区间估计和标准差，得出天然气管道可靠性增长模型并预测可靠性增长。通过实例结果验证发现，预测 MTBF 达到 2000h 时所需要的试验时间为 317954611.3h，未来第 51 次故障预测区间为[848.4609，939.6226]，误差精度为 1.25%，AMSAA 模型作为天然气管道可靠性增长试验具可行性；改进 AMSAA 模型更具优势，MTBF 的置信度为 0.90 时的双侧置信区间为[22.18，37.65]分析预测精确度，提高了预测准确度和预测精确度。

关键词　天然气管道；可靠性增长；AMSAA 模型；改进 AMSAA 模型；MTBF

目前，天然气管网处于发展的黄金时期，管道输送的需求越来越高，天然气管道系统完整性和可靠性变得尤为重要。管道的高效安全运行关系着企业自身发展和国家能源的供应安全。天然气管道作为重要的能源基础设施，直接关系到社会经济发展和人民生活质量。为保障天然气管道系统的完整性和可靠性，减少故障次数并延长管道使用寿命，因此开展天然气管道可靠性增长预测方法研究有重要意义，可降低天然气管道系统的维护成本，提升天然气管道运行维护管理水平。开展可靠性增长研究能增强产品竞争力，提高能源供应的稳定性与安全性，保障能源经济的可持续发展。图 1 为天然气管道消费量与天然气管道里程图。

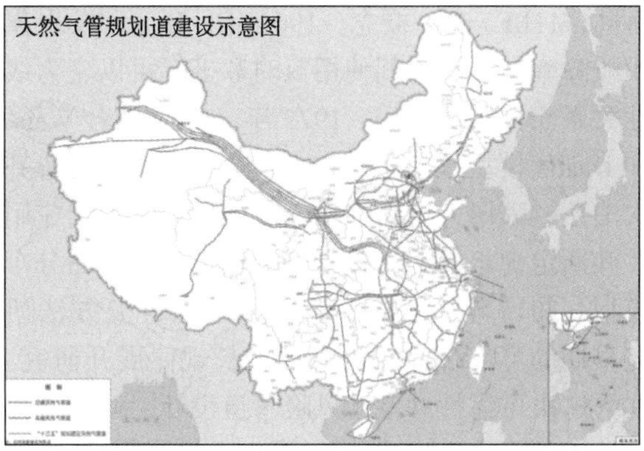

图 1　天然气消费量与天然气管道里程图

1　天然气管道系统概述

天然气管道系统由天然气管网、计量站、储气库及配气站组成。天然气作为清洁能源，被广泛投入使用，通过天然气管道系统进行输配，对比其他运输方式具有受外界因素影响小，使用寿命长，便于管理维修等特点，具有高效、安全、环保等优势，是天然气运输的最佳方式。

2　可靠性增长方法概述

2.1　可靠性增长概念

根据 GB/T 15174—2017《可靠性增长大纲》，

可靠性增长指通过不断地消除产品在设计或制造中的薄弱环节，使产品可靠性随时间而逐步提高的过程。可靠性增长试验是实现可靠性增长的正规途径，是在研发阶段，通过试验、分析数据、改进，再进行试验的循环迭代过程，旨在于产品投产前尽早采取纠正措施，通过克服设计和制造等缺陷提高产品可靠性，提升产品的平均无故障时间(Mean Time Between Failures，MTBF)。有无可靠性增长要求时寿命周期费用比较(图2)，可见投入可靠性增长后期的收益对比无增长试验的收益要高。

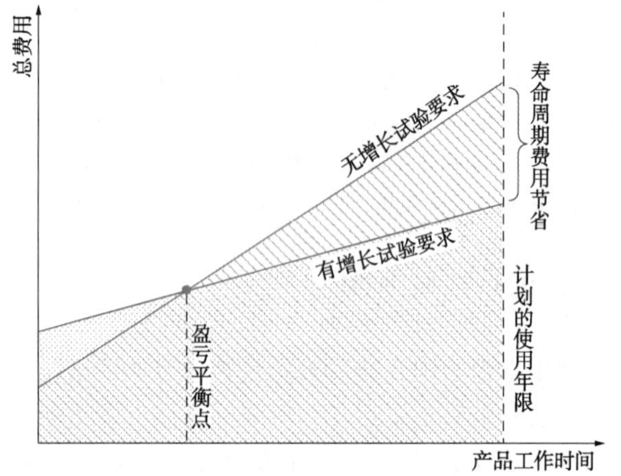

图2 有无可靠性增长要求时寿命周期费用比较图

2.2 可靠性增长研究现状

可靠性增长相关研究最早由国外学者 Weiss 于上世纪 50 年代开展，其首次提出无故障工作时间(MTBF)这一概念。1964 年，Duane 发现累积故障率与试验时间使用双对数坐标可以变为线性关系而被广泛使用。1975 年，Crow 结合 Weiss 和 Duane 模型提出了 AMSAA 模型，其采用非齐次泊松过程研究可靠性增长。此后，学者们应用贝叶斯定理等方法，提出了变点模型和伽马分布模型。2015 年，Timashev 运用马尔科夫方法研究早期的可靠性，对可靠性增长规律展开研究，并为解决可靠性和基于风险管道设计、运行和预测性维护提供了思路。2022 年，Xing 等提出了高度加速应力可靠性增长测试(HARGT)，并在通信系统验证了方法的有效性。

国内最早的可靠性增长研究在上世纪八十年代，周广涛查阅国外可靠性增长相关资料，结合实践综述 16 种可靠性增长研究。到 1989 年，周源泉研究了 AMSAA 模型，提出 AMSAA-BISE 模型，对多台同步纠正可靠性增长的问题进行解决。梅文华在 2003 年研究提出了“加速可靠性增长试验”心得可靠性增长试验方法，还提出了“可靠性增长率”的概念，为可靠性增长研究提供了理论基础。樊胜利等人比较分析了 Duane、AMSAA、Compertz 和 Dirichlet 模型的参数确定方法差异。近年来，在各个领域可靠性增长广泛应用。例如，刘飞在 2006 年提出了一种基于多传感器信息融合的复杂系统可靠性分析方法，通过多种信息员建立完备的系统模型。柴振海等人在 2017 年展开了自行火炮的可靠性增长研究。张志刚等人在 2014 年基于剩余寿命断电器利用 AMSAA 模型展开了研究。2017 年，林家祥进行可修复输气管道可靠性增长利用伽马模型预测。2019 年，赵静一等人在航天领域对航天电子器件的可靠性增长展开研究。

结合国内外研究可以发现，可靠性增长已在航空、电子、能源、军事等领域展开较多研究，但针对天然气管道可靠性增长的相关研究非常罕见，目前提高天然气管道可靠性的方法多集中在投产运行后故障发生规律研究和预防故障发生技术研究，鲜有研究在天然气管道研发阶段尽早采取纠正提高天然气管道可靠性。

2.3 可靠性增长模型

可靠性增长模型通常用于设计和维护过程中给予产品或系统的改进方向和建议，以提高产品或系统可靠性。常用模型包括 Duane 模型、AMSAA 模型、Compertz 模型、Bonis 模型、G-O 模型和 Bayes 模型等，目前已广泛应用于航空、电子、能源、军事等领域。表 1 为常见可靠性增长模型对比表。

表1 常见可靠性增长模型对比表

可靠性增长模型	关系式	式　中	模型特点
Duane 模型	$\lambda_c(t)=N(t)/t=1/\theta(t)$ $\ln\theta_c(t)=-\ln a+m\ln t$	失效次数 $N(t)$，试验时间 t，累积失效率 $\lambda_c(t)$，a 为尺度参数，$a>0$；m 为增长率，$0<m<1$	最早有效跟踪可靠性增长的模型，具普遍意义

续表

可靠性增长模型	关系式	式　中	模型特点
AMSAA 模型	$P\{N(t)=n\}=\frac{[v(t)]^n}{n!}e^{-v(t)}$ $\theta(t)=\frac{1}{\lambda(t)}=\frac{t^{1-b}}{ab}$	失效次数 $N(t)$，失效率 $\lambda(t)$，$\theta(t)$ 为平均失效时间，$v(t)$ 为均值函数 $EN[t]\triangleq v(t)=at^b$	Duane 模型改进而来，适用于关联失效较为复杂的统计分析，不需要区分系统性失效和残余性失效
Gompertz 模型	$R(T)=ab^{c^T}$	R 在 T 时期的可靠度，T 时期序号，a、b、c 为模型参数	特点是开始增长速度很慢，随后加快，某点后速度又减慢，适用于成败型与指数寿命型试验数据
Bonis 模型	$R_j=R_\infty-Fa^{j-1}$	F 为在试验以前初期不可靠性，a 为增长系数，j 为阶段数，R_j 第 j 次试验后的可靠性，R_∞ 最高固有可靠性	改进型的指数模型曲线，适用于一次使用的产品
G-O 模型	$\lambda(t)=\lambda_0\times[1+\beta(t/T)^{k-1}]$	$\lambda(t)$ 表示时间 t 时刻的失效率，λ_0 为初始失效率，T 为使用寿命，β 和 k 是模型参数，反映失效率的增长速度和曲率	是 NHPP 模型中最常用的一种，适用于对失效率随时间变化具有非线性趋势的产品
Bayes 模型	$f(t\mid\lambda_k)=\lambda_k e^{-\lambda_k t}$	第 k 个阶段内的试验结果为 $(z_k,\ \tau_k)$，z_k 表示第 k 个阶段内的累积故障次数，t_k 表示第 k 个阶段内的累积试验时间	模型系统可能有两种状态，不维修状态和维修状态

综合常用模型对比，结合天然气管道非一次性可修复、可靠性增长数据呈指数增长、结构复杂价格昂贵属于小子样产品特点，为实现预测目的，本文选用 AMSAA 模型展开天然气管道可靠性增长研究分析。首次将 AMSAA 模型应用到天然气管道领域中，预测第 51 次失效时间与天然气管道平均无故障时间达到 2000 小时所需要的试验时间，并分析试验数据与模型计算对比结果精度较高具有适用性，得出结果有助于在研发阶段及投产前对天然气管道采取纠正，减少设计和制造的缺陷，提高管道使用寿命，减少后期维修费用。

3 基于 AMSAA 模型的复杂天然气管道系统可靠性增长方法

3.1 AMSAA 模型预测

3.1.1 趋势检验与参数估计

验证天然气管道可靠性是增长状态，需要进行趋势检验。这里采用的是 Laplace 检验方法，该方法不受可靠性增长模型的影响，为天然气管道可靠性增长提供依据。

Laplace 检验统计量为

$$\mu=\left[\sum_{j=1}^{M} i_j/MT-\frac{1}{2}\right]\sqrt{12M} \qquad (1)$$

式中，M 取值与 n 相关，n 为故障总数，采用定时截尾时，$M=n$；采用定数截尾时，$M=n-1$。

3.1.2 AMSAA 模型

AMSAA 模型在可修天然气管道开发期$(0,\ t]$时间段发生失效次数 $N(t)$，可以用一个带有均值函数 $EN[t]\triangleq v(t)=at^b$ 及瞬时强度 $\lambda(t)=\mathrm{d}EN(t)/\mathrm{d}t=abt^{b-1}$ 的非齐次 Poisson 过程描述。

$$P\{N(t)=n\}=\frac{[v(t)]^n}{n!}e^{-v(t)}(n=0,\ 1,\ 2,\ \cdots) \qquad (2)$$

非齐次 Poisson 过程中$\{N(t);\ t\geqslant 0\}$，满足幂律过程 $\lambda(t)=abt^{b-1}$。可修天然气管道建设完成后则不再改进或纠正设计，即时刻 T 之后，其失效分布可以用指数分布描述，即

$$\lambda(t)=abT^{b-1} \qquad (3)$$

天然气管道能达到的 MTBF 为

$$\theta(t)=\frac{1}{\lambda(t)}=\frac{t^{1-b}}{ab} \qquad (4)$$

可修复天然气管道的可靠性增长试验，产品的故障时间依此为 t_1，t_2，…，t_{50}，有 $0=t_0<t_1<t_2<\cdots<t_n$。a，b 的极大似然估计为：

$$\hat{a}=\frac{n}{t_n\hat{b}} \qquad (5)$$

$$\hat{b}=n/\sum_{j=1}^{n}\ln\frac{t_n}{t_j} \tag{6}$$

式中，a 为尺度参数，b 为增长参数。

天然气管道发生一系列故障在开发期$(0,T]$内，失效时间满足 $0<t_1<t_2<\cdots<t_n\leqslant T$。失效间隔随着 j 的增加，会根据不同的增长系数 b 值而产生变化，同时也反应了产品处在不同的可靠性增长中。当 $b=1$ 时，$\lambda(t)=a$，产品由非齐次 Poisson 过程变化为齐次 Poisson，产品的可靠性稳定不增不降；在 $0<b<1$ 时，间隔越长失效概率会增加，即失效间隔随机增加，$\lambda(t)$ 单调下降，产品可靠性处于增长中；在 $b>1$ 反之，失效变得频繁，即失效间隔减小，处于可靠性下降。

基于 AMSAA 可靠性增长模型，可预测天然气管道系统规定时间内系统可达到的可靠度性水平，同时也实现预测系统达到规定的可靠性水平需要的试验时间。在保持试验条件强度不变的情况下，可绘制出 AMSAA 模型可靠性增长曲线，可用于预测系统可靠性，如式子(7)所示，试验进行到 $t(t\geqslant t_n)$，MTBF 预测值为：

$$\hat{\theta}=\frac{t}{n\cdot\hat{b}} \tag{7}$$

根据故障时间 t_1，t_2，t_3，…，t_n 可以对天然气管道可靠性进行预测，有针对性的展开可靠性工作，监控管道的运行，对天然气管道的故障控制起到积极的作用，式(8)为对天然气管道未来第 n 次故障的置信区间预测。

$$[t_{n+v,L},\ t_{n+v,U}]=\left\{t_n\exp\left[\frac{(n-2)y_1}{n(n-1)\bar{b}}\right],\ t_n\exp\left[\frac{(n-2)y_2}{n(n-1)\bar{b}}\right]\right\} \tag{8}$$

3.2　改进 AMSAA 模型

AMSAA 模型在利用式子(4)进行天然气管道可靠性预测时，由于天然气管道系统为小子样复杂系统，常常面临数据匮乏的情况，因此会影响对可靠性增长的预测精准度。在可靠性增长过程中，随着故障的暴露得到及时的纠正会使系统可靠性在每次纠正后得到提高，因此，将试验时下一次故障暴露时间的预测值作为试验仿真数据处理，结合试验数据与仿真数据预测系统可靠性水平，实现对 AMSAA 可靠性增长模型优化改进。

改进预测方法第一步：输入天然气管道可靠性增长试验数据组 t_1，t_2，…，t_n；

第二步：将尺寸参数 a，增长参数 b 与失效截尾的 $\hat{\theta}$ 求解；

第三步：将系统的平均寿命 $\hat{\theta}$ 与系统的目标值寿命 θ_D，进行比较，即 $\hat{\theta}<\theta_D$ 进入循环；

第四步：根据故障次数 $N(t)$ 与试验时间关系 $N(t)=\hat{a}t^{\hat{b}}$，令 $N(t)=n+1$ 变换为 $t_{n+1}=\left(\frac{n+1}{\hat{a}}\right)^{\frac{1}{\hat{b}}}$，预测出下一次故障时间 t_{n+1}，并将该数据作为仿真数据联合已有试验数据得到一组新的可靠性增长试验数据 t_1，t_2，…，t_n，t_{n+1}；

第五步：将 $n+1$ 值代入 n 中，用新的可靠性试验数据，重新计算尺寸参数 a，增长参数 b 与失效截尾的 $\hat{\theta}$ 求解，重复进行循环计算；

当系统的平均寿命 $\hat{\theta}$ 大于系统的目标值寿命 θ_D，即 $\hat{\theta}>\theta_D$ 停止试验。通过图 3 流程可编制天然气管道可靠性增长预测程序，便于计算提高效率。

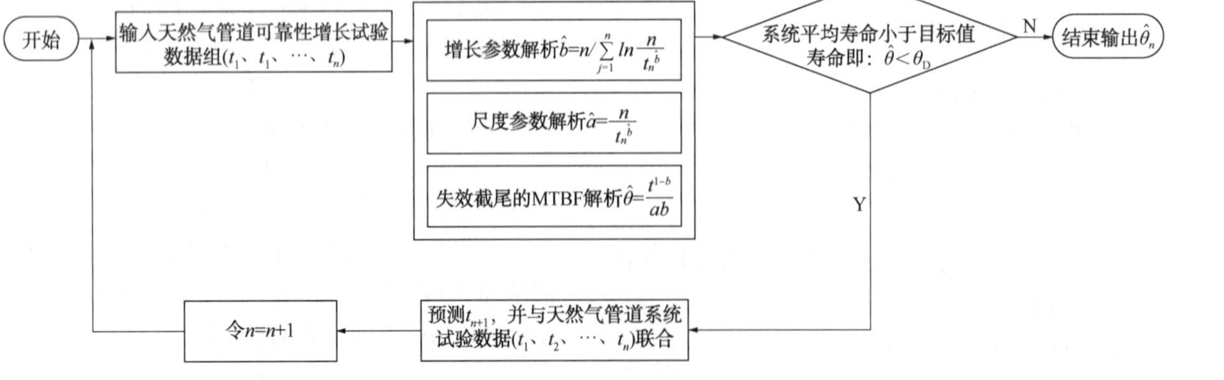

图 3　改进 AMSAA 模型预测流程图

3.2.1 拟合优度检验

对天然气管道可靠性增长 AMSAA 模型采用 Crame'r-Von Mises 拟合优度检验，在定数截尾试验下，天然气管道可靠性增长模型 Crame'r-Von Mises 检验如下，计算拟合优度检验统计量 $C^2(M)$：

$$C^2(M)=\frac{1}{12M}+\sum_{j=1}^{M}\left[\left(\frac{t_j}{T}\right)^{\bar{b}}-\frac{2j-1}{2M}\right]^2 \tag{9}$$

在 AMSAA 模型失效截尾区间估计系数$[\rho_1, \rho_2]$表中查得 ρ_1，ρ_2。MTBF 的置信水平为 0.90 的非随机化置信区间$[\theta_L, \theta_U]$为

$$\theta_L=\rho_1\bar{\theta}(t_n) \tag{10}$$

$$\theta_U=\rho_2\bar{\theta}(t_n) \tag{11}$$

3.2.2 增长参数区间估计

对失效截尾天然气管道试验展开增长参数的区间估计，取 $\theta(t_n)$ 的置信水平 $\gamma=0.90$，增长参数 b 的置信区间$[b_L, b_U]$为

$$b_L=\frac{\bar{b}}{2(n-2)}\chi^2_{\frac{1-\gamma}{2}}(2n-2) \tag{12}$$

$$b_U=\frac{\bar{b}}{2(n-2)}\chi^2_{\frac{1+\gamma}{2}}(2n-2) \tag{13}$$

式中，$b_U<1$，表明天然气管道处于可靠性增长中。

3.3 预测精确度

在同一置信水平下，通过置信区间长度反映了预测的精确度。n 个试验数据，k 个仿真数据，AMSAA 模型预测得到系统的 MTBF 的置信区间长度为：

$$d=(\rho_2-\rho_1)\hat{\theta} \tag{14}$$

通过改进的 AMSAA 模型预测方法获得系统双侧 MTBF 的置信区间长度：

$$d'=(\rho_2'-\rho_1')\hat{\theta}' \tag{15}$$

其中，$\hat{\theta}'$为改进后的系统 MTBF。

4 案例分析

针对某公司天然气管道具有可修复、小子样数据的特点，利用 AMSAA 模型分析执行可靠性增长试验。表 2 为某天然气管道可靠性增长试验有效数据，排除人为失效次数，有效试验失效次数共 51 次。

表 2 某天然气管道可靠性增长试验有效数据汇总

序号	失效时间/h	序号	失效时间/h	序号	失效时间/h	序号	失效时间/h
1	2	14	65	27	290	40	628
2	4	15	88	28	307	41	643
3	10	16	98	29	329	42	684
4	14	17	104	30	356	43	731
5	17	18	105	31	372	44	735
6	19	19	121	32	373	45	755
7	21	20	196	33	393	46	792
8	25	21	216	34	403	47	802
9	39	22	219	35	465	48	805
10	41	23	256	36	521	49	832
11	43	24	260	37	556	50	847
12	45	25	281	38	572	51	883
13	47	26	283	39	621		

4.1 AMSAA 模型预测天然气管道可靠性增长

4.1.1 趋势检验与参数估计

本试验采用定数截尾，故障总次数 $n=50$，故，$M=n-1=49$，将 M 与失效时刻 t_j代入式(1)中，得趋势检验统计量 $\mu=-3.019$。取显著性水平 $x=0.20$，在趋势检验统计量μ 的临界值$\mu_{1-x/2}$表中查得趋势检验统计量的临界值 $\mu_{1-x/2}=1.282$。因$\mu<-\mu_{1-x/2}$，故认为在显著性水平 0.10 时，天然气管道可靠性具有明显的增长趋势。代数据计算得，极大似然估计的 b、a 和 MTBF 分别为 $\hat{b}=0.6075$，$\hat{a}=0.8323$，$\hat{\theta}(t_n)=27.8848$，MTBF 为 $\theta(t)=1.978t^{0.3925}$。AMSAA 模型预测第

51 次失效时间为 894.0h，与实际相差 11h，误差为 1.25%。

4.1.2　拟合优度检验

将 $M=N-1=49$，$t_n=847$h，以及失效时间 t_j 代入式(8)，得 $C^2(49)=0.05287$。取显著性水平 $a=0.20$，查表 Crame'r-Von Mises 拟合优度检验临界值 $C^2(M, a)$ 表，临界值为 $C^2(49, 0.20)=0.128$，因 $C^2(49)<C^2(49, 0.20)$，表明拟合优度检验以显著性水平 0.20 不拒绝 AMSAA 模型，可以采用 AMSAA 模型拟合试验数据。

4.1.3　增长参数区间估计

取 $\theta(t_n)$ 的置信水平 $\gamma=0.90$，增长参数 b 的置信区间 $[b_L, b_U]=[0.4841, 0.7689]$，表明天然气管道处于可靠性增长中。在 AMSAA 模型失效截尾区间估计系数 $[\rho_1, \rho_2]$ 表中查得 $\rho_1=0.723$，$\rho_2=1.398$。MTBF 的非随机化置信区间 $[\theta_L, \theta_U]=[21.0007, 40.607]$，MTBF 的值在 21.0007h 到 40.6071h 之间。

4.1.4　预测天然气管道可靠性增长

对于 $v=1$，查 AMSAA 模型预测区间估计系数表得 y_1 和 y_2 的值为 $y_1=0.0513$，$y_2=3.0892$。由公式(8)得：

$$[t_{n+v,L}, t_{n+v,U}]=[848.4609, 939.6226] \tag{16}$$

对比第 51 次真实试验数据 883h，在该预测区间之内，预测结果可接受。对天然气管道 MTBF 达到 1000h 所需要研究时间展开预测。天然气管道失效强度：

$$\lambda(t)=0.9805\times 0.5832\times t^{0.5832-1}=0.5718t^{-0.4168} \tag{17}$$

如果保持相同的试验条件和改进强度，那么，总共进行约 317954611.3h 的研究试验，可以使天然气管道的 MTBF 达到 2000h。

4.2　改进 AMSAA 模型预测

通过改进的 AMSAA 模型预测天然气管道系统第 50 次故障的时间为 860.6h 和第 51 次故障时间为 889.4h，实际第 50 次故障 883h 位于两次故障之间，由公式(16，17)可知，基于 AMSAA 模型预测，在置信度为 90% 的情况下，MTBF 的值应当在 21.00h 到 40.61h 之间。

为了验证和对比改进的 AMSAA 模型与原模型的预测结果，在表 1 中数据，试验进行到 $t_{48}=805$h，预测试验截尾天然气管道系统可靠性。通过预测天然气管道系统第 50 次故障预测时间为 860.5h，第 51 次故障系统预测值为 889.1h，实际第 51 次故障的失效时间 t=883h 在第 50 次和 51 次预测值之间说明两次故障之间的天然气管道系统可靠性没有变化。系统可靠性为 $\hat{a}=0.8439$，$\hat{b}=0.6048$，$\theta=28.5412$，MTBF 的置信度为 0.90 时的双侧置信区间为 $[\hat{\theta}'_L, \hat{\theta}'_U]=[22.18, 37.65]$。

4.3　预测精确度

基于 AMSAA 模型预测方法得到天然气管道系统 MTBF 的置信区间长度为 $d=\theta_U-\theta_L=19.61$，改进 AMSAA 模型预测方法得系统 MTBF 的置信区间长度为 $d'=\theta'_U-\theta'_L=15.47$，通过对置信区间长度对比可知，改进的方法预测区间长度更小，说明预测精度更高更接近试验结束时天然气管道系统 MTBF 的估计值，精确度更高。

由图 4 可知 AMSAA 模型与改进 AMSAA 模型误差对比图可看出，改进的 AMSAA 模型的误差是小于 AMSAA 模型，说明改进的模型具有更高的准确度和预测精确度，对天然气管道可靠性增长预测研究具有重要意义。

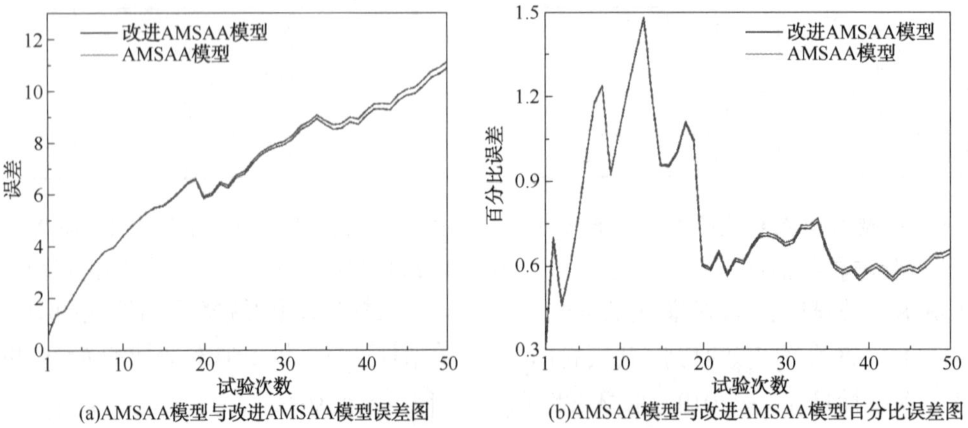

(a)AMSAA模型与改进AMSAA模型误差图　(b)AMSAA模型与改进AMSAA模型百分比误差图

图 4　AMSAA 模型与改进 AMSAA 模型精确度对比图

5 结论

基于 AMSAA 模型得到天然气管道可靠性增长的 MTBF 为 27.8848h，预测 MTBF 达到 2000h 时所需要的试验时间为 317954611.3h，第 51 次故障预测区间为［848.4609，939.6226］，真实试验值在该范围具有适用性。改进的 AMSAA 模型得到天然气管道可靠性增长的 MTBF 为 28.5412h，对比原模型置信区间长度较短，提高了预测精确度。AMSAA 模型可对天然气管道可靠性增长进行预测，为天然气管道可靠性增长提供有力依据，改进 AMSAA 模型具有更高的预测准确度和预测精确度，更适合用于天然气管道可靠性增长。

参 考 文 献

［1］王馨艺，王森，冯瑶，张宗杰. 基于事故工况下的天然气干线管道供气可靠性评价［J］. 油气储运，2019，38(04)：392-397.

［2］胡健，孙金花. 能源消耗弹性控制下的区域能源安全动态评价［J］. 安全与环境学报，2016，16(05)：25-30.

［3］GB/T 15174—2017，可靠性增长大纲［S］

［4］周广涛. 可靠性增长模型综述与研究［J］. 系统工程与电子技术，1986(02)：14-24.

［5］H. K. Weiss. Estimation of reliability growth in a complex system with a Poisson-type failure［J］. Operations Research，1956，4(5)：532-545.

［6］J. T. Duane. Learning curve approach to reliability monitoring［J］. IEEE Transactions on Aerospace，1964，2(2)：563-566.

［7］L. H. Crow. Reliability analysis for complex，repairable systems［J］. Reliability and Biometry，1974，13(6)：379-410.

［8］TIMASHEV S A B V. Markov approach to early diagnostics，reliability，assessment，residuallife and optimal maintenance of pipeline systems［J］. Structural Safety，2015，56(5)：68-79.

［9］Xing H，Yang J. A highly accelerated stress reliability growth test method［J］. Quality and Reliability Engineering International，2022.

［10］Y. Q. Zhou，Z. X. Weng. AMSAA-BISE model［C］. 3rd Japan-China Symposium on Statistics，Tokyo，Japan：Soka University，1989：179-182.

［11］梅文华. 可靠性增长试验［M］. 北京：国防工业出版社，2003.

［12］樊胜利，魏超，柏彦奇. 武器装备系统可靠性增长模型现状研究［J］. 装备学院学报，2012，23(05)：104-108.

［13］刘飞. 固体火箭发动机可靠性增长试验理论及应用研究［D］. 长沙：国防科学技术大学，2006.

［14］柴振海，乔梁，史宪铭. 自行火炮可靠性增长理论与技术［M］. 北京：国防工业出版社，2017.

［15］张志刚，赵伟，顾国梁，王景芹. 断路器可靠性增长技术的研究［J］. 电气传动，2014，44(10)：64-68+73.

［16］林家祥，张志霞，刁玉平. 可维修天然气管道系统可靠性增长的数学预测模型［J］. 油气储运，2016，35(05)：478-481.

［17］赵静一，朱明，王启明，等. FAST 液压促动器液压系统管路可靠性增长试验研究［J］. 机械工程学报，2019，55(16)：197-204.

［18］吕勋. 基于 NHPP 的软件可靠性模型研究［D］. 哈尔滨工程大学，2017.

［19］许栋. 基于贝叶斯参数推断的产品全寿命周期可靠性增长动态规划方法［D］. 电子科技大学，2021.

［20］康锐著. 可靠性数据分析［M］. 北京；国防工业出版社，2011.

合规管理在管道完整性管理的探索及实践

朱 振 薛朝霞 陈水明 温子涵 马文甲

（国家管网集团广东省管网有限公司）

摘 要 管道完整性管理规范及相关技术一直以来指引我国各油气管道公司进行合乎法律规定及行业规范的业务工作，合理控制管道运行风险，确保管道质量安全水平达标。合规管理作为风险管控的基础，能够进一步保障管道的安全可靠性能，保障安全生产，达到减少和预防管道事故发生的目的。进行完整的合规管理，既要精准识别关于管道完整性管理的国家法律法规、标准规范等适用要求，还要对照公司制度辨识相应的管理制度或流程是否符合，更要在理论制度与实际执行中做到始终与适用要求保持一致，做到真正的、科学的、合理的合规管理。本文结合生产实际，以合规管理的思路，系统分析管道完整性合规性管理的现实难题和合规风险，并提出解决问题的适当建议，以期服务于管道完整性管理，确保管道的安全稳定。

关键词 管道完整性；合规管理；第三方施工管理；高后果区管理

1 管道完整性管理与合规管理

1.1 管道完整性管理❶

管道完整性是指管道处于安全可靠的服役状态，即管道在结构和功能上是完整的、管道处于风险受控状态、管道的安全状态可满足当前运行要求。

管道完整性管理是指对管道面临的风险因素不断进行识别和评价，持续消除识别到的不利影响因素，采取各种风险消减措施，将风险控制在合理、可接受的范围内，最终实现安全、可靠、经济地运行管道的目的。

1.2 合规管理

2022年国务院国资委颁布实施的《中央企业合规管理办法》规定，合规管理，是指企业以有效防控合规风险为目的，以提升依法合规经营管理水平为导向，以企业经营管理行为和员工履职行为为对象开展的一系列管理活动，包括建立合规制度、完善运行机制、培育合规文化、强化监督问责等各形式的管理行为。❷

文中还表示，安全生产是合规风险较高的业务领域，应当针对此领域制定合规管理具体制度或者专项指南。❸ 因此，管道企业必须建立完备的合规管理制度。

1.3 合规性评价

合规性评价旨在企业为履行遵守法律法规和行业标准要求的承诺，对照其业务管理现状，对其所适用的法律法规和其他要求的遵守情况定期评价的一种管理活动。❹ 合规性评价需要保证客观、全面、充分，在遵守法律法规的同时，能够帮助企业了解目前存在的差距，降低合规风险。

合规风险与安全风险、质量风险、进度风险、成本风险一样同为工程项目的管理目标，其中，合规风险管理要求全过程符合国家法律法规、标准规范、地方政策以及公司各级单位管理体系和管理制度的有关要求。❺

2 管道完整性的合规管理

按照合规管理总体框架及要求，要做好管道的完整性管理，首先必须要识别管道完整管理所应遵循的国家法律法规、部门规章、技术标准及企业要求。上述要求在日常管道管理业务的应用与执行，既能全面落实企业合规管理的客观要求，更是利用合规管理体系化思维全面提升管道管理业务的先锋实践。

公司合规管理部门每年组织管道部门开展管道完整性管理合规性评价工作，收集、获取、更

❶ 见GB 32167—2015，油气输送管道完整性管理规范[S].

❷ 参见《中央企业合规管理办法》第三条

❸ 参见《中央企业合规管理办法》第十八条

❹ 参见《职业健康安全管理体系要求及使用指南》、《环境管理体系要求及使用指南》等标准要求。

❺ 参见王树财，孙杨，石磊等．管道工程建设项目全目标、全流程风险管理[J]．价值工程，2022，41(29)：1-4.

新有关管道完整性管理相关的法律、法规、标准及其他要求(以下简称“适用要求”)，并对其有效性与适用性进行识别，确定是否适用于公司。识别工作完成后，再根据法律法规条款逐条进行辨识，同时填写《适用的法律法规及其他要求识别及合规性评价表》，将适用要求中的每项条款识别到规章制度中，将存在缺漏的管理制度条款完善成熟，确保公司管理制度完全满足于国家法律法规、标准规范等要求。

2.1 法律法规等适用要求的识别情况

经公司相关部门辨识，涉及管道完整性管理的国家法律法规、标准规范等适用要求主要有6部，分别是《中华人民共和国石油天然气管道保护法》(以下简称《管道保护法》)《中华人民共和国特种设备安全法》《油气输送管道完整性管理规范(GB 32167—2015)》《输气管道系统完整性管理规范(SY/T 6621—2016)》《管道系统完整性管理实施指南(SY/T 6975—2014)》和《压力管道定期检验规则——长输管道(TSG D7003—2022)》。相关信息见表1。

2.2 法律法规等适用要求的辨识情况

公司根据以上辨识出的法律法规等适用要求与集团公司的要求，结合制定出公司管理制度，主要有《管道完整性管理办法》《高后果区管理办法》《陆上管道巡护管理办法》《管道环焊缝质量风险排查治理管理办法》等12项制度性文件，建立了相对完善的管道保护管理制度。相关信息见表2。

表1　管道完整性管理适用要求的识别情况

名　　称	发布日期	实施日期	时效性
《中华人民共和国石油天然气管道保护法》	2010-06-25	2010-10-01	现行有效
《中华人民共和国特种设备安全法》	2013-06-29	2014-01-01	现行有效
《油气输送管道完整性管理规范》	2015-10-13	2016-03-01	现行有效
《输气管道系统完整性管理规范》	2017-11-15	2018-03-01	现行有效
《管道系统完整性管理实施指南》	2016-01-07	2016-06-01	现行有效
《压力管道定期检验规则——长输管道》	2022-12-30	2023-03-01	现行有效

表2　广东省管网管道完整性管理适用要求的辨识情况(部分)

法律法规及其他要求	对应管理制度或流程	制度文号
《油气输送管道完整性管理规范》	《管道完整性管理办法》	Q/GDPN 20701
《中华人民共和国石油天然气管道保护法》	《管道定期检验与内外检测管理办法》	Q/GDPN 20703
《油气输送管道完整性管理规范》	《输气管道高后果区管理办法》	Q/GDPN 20705
《中华人民共和国石油天然气管道保护法》	《管道第三方施工管理办法》	Q/GDPN 20707
《中华人民共和国石油天然气管道保护法》	《陆上管道巡护管理办法》	Q/GDPN 20708

2.3 符合性评价

根据制定的管理制度要求，公司按照管理制度规定开展管道完整性管理及日常巡护工作，全方位引入无人机、光纤预警、视频监控、GPS巡检等技术手段，同时按照《油气输送管道完整性管理规范》等完整性管理适用管理的要求，定期开展高后果区识别及风险评价工作，并及时对高后果区进行更新，采取相应的安全防护措施。经符合性排查，发现个别新建管道存在投用后3年内未组织对其开展完整性评价的问题，挖掘了潜在风险。

3 管道完整性合规性管理的相关实践

3.1 第三方施工管理实践

3.1.1 从严制定合规管理标准

《管道保护法》是保障国家能源安全、推进能源转型和发展清洁能源的顶层设计，与此同时，各企业在实践过程都有其自身的第三方施工管理要求，且都严于国家推荐标准和行业标准。对于定向钻施工与管道交叉或并行的第三方施工管理，集团公司制度要求并行间距不得小于10m，交叉角度不得小于30°，而广东省管网制定的《管道第三方施工管理办法》要求更为严格——定向钻第三方施工与管道并行间距不得小于15m，交叉角度不得小于60°。对于并行间距，管道行业标准SY/T 6968—2013《油气输送管道工程水平定向钻穿越设计规范》规定最小不应小于8m，公司和集团公司的制度要求均比要求更为严格，严格遵守法律法规和行业标准，并且严于法律要求和行业规范，确保在合规范围内进行业务工作，符合合规要求。

3.1.2　加强针对性工作方法

对不同规格的施工采取针对性工作方法，对于小型第三方施工管理执行“双快一保”工作法，即“快速服务，快速通过，确保管道光缆安全”。对于大型第三方施工则按照“六步法”，即“联合勘查-开挖验证-方案审查-签订协议-全程监护-联合验收”六个步骤进行闭环管理，确保管道和光缆的安全。

3.1.3　建立健全监护制度

建立健全第三方施工旁站监护制度。可在第三方施工现场设置监控系统，将旁站监护小视频定期(即至少每天上午、下午各1段，每段至少10s)发送至作业区管道保护工作群备案，保存期限为施工通过验收之日起6个月。同时，建立第三方施工现场智能全景摄像机(xiaovv)监控摄像头，对现场实施24h监控管理。

3.2　高后果区管理实践

3.2.1　建立高后果区风险消减奖励制度

对于第三方出资的搬迁工作，即将管道保护距离内既有的人口密集场所和易燃易爆物品的生产、经营、存储场所或者管道进行改线，消除或降低原高后果区风险的，对其执行高后果区风险消减奖励。奖励依据《员工奖励管理办法》，采取资金奖励形式，由管道管理部门提出申请，经相关部门和主管领导审核后审批，按照审批意见执行。奖励机制能够大幅提升高后果区管理人员对高后果区风险管理的认识和意识，充分做好管道后果区管理，进一步严格控制人员密集型高后果区的增量。

3.2.2　制定了高后果区管控要求

制定明确的高后果区增量管控及升级预防措施，明晰高后果区建设期和运行期的风险管控要求，加强第三方损坏风险管控措施，这些管控措施都能够便于日常工作有序、精准地执行。

3.2.3　建立高后果区管理质量监督制度

各作业区、各站队可按照就近原则定期组织交叉互查工作，由公司管道业务主管部门进行抽查，并形成督查记录。现场质量督查工作结束后，各基层站队应当及时对暴露的问题进行整改，并将整改结果报管道管理部备案。管道管理部门负责编制质量督查总结报告，形成闭环。检查考核融汇于日常工作中，使得高后果区管理人员逐步将高后果区管理入心入脑，最终达到高效有序开展工作的效果。

3.3　管道内检测方面实践

《油气输送管道完整性管理规范》中的强制性条款规定：(1)新建管道应在投用后3年内完成完整性评价；(2)宜优先选择基于内检测数据的适用性评价方法进行完整性评价。

实际工作中，受客观影响，部分运行管道存在无法按照规定时间开展管道内检测作业的情形。例如，广东省管网公司一期工程广惠干线惠州-增城段干线，由于处于管网末端，下游用户惠州燃气、丰达电厂用气量较低，日均总用气量仅为55万方左右/天，远远不满足该段管道清管和内检测气量需求(500万方/天~800万方/天)，因此无法开展管道内检测。为解决此类问题，公司在开展管道内检测气量上下游系统的同时，恰当利用管道外检测、阴保数据分析等技术以合理控制管道的风险。目前，该段管道已完成2轮管道外检测，并基于外检测结果出具定期检验报告，最近一轮管道外检测于2021年完成，发现疑似防腐层破损点21处，其中属于“一类”必挖点有10处，已全部完成开挖验证，无严重金属损失缺陷，保障了生产安全。

3.4　政府主管部门协调方面

在于政府相关部门联动合作时，存在着行政审批难、协商受阻碍等实现困难，广东省管网公司为保障工作顺利开展，积极配合广东省能源局、广东省公安厅等政府主管部门的工作，强化沟通与协调，有效改善了在管道保护工作和第三方施工联合管控中“走过场、当看客”的工作心态。

广东省能源局在《广东省能源局关于印发2023年能源安全生产工作要点的通知》中规定，各级管道保护主管部门要以实行“可能影响石油天然气管道保护施工作业审批”这一行政审批事项为抓手，加强第三方施工管理，严把管道保护范围内第三方施工审批关。省级油气保护牵头单位广东省公安厅在《2023年全省油气田及输油气管道安全保护工作要点》强调，各油气保护联席成员单位要统筹规划联动，加强前期规划设计阶段的衔接协调，合理采取油气管道避让措施，确保协同安全发展；各级公安机关要积极构建警企联动保障油气安全的工作格局，会同有关主管部门加强对油气管道企业安全防范工作的检查指导，建立健全案事件情况信息共享、打防工作协同开展，确保油气管道安全的长效机制。企业应当及时掌握政策动向，主动出击，积极协调，切实寻求并利用好政府的支撑力量。

4 管道完整性合规性管理探索

广东省管网公司根据《油气输送管道完整性管理规范》的相关规定，成立由公司领导牵头，管道保护部门组织、各部门协同开展的管道完整性推先组织机构，逐步进行多层次管道完整性相关的探索工作。在国家能源局第一阶段管道完整性管理推先评审活动中，广东省管网公司获得结果为“A档”的优异成绩。

4.1 建立全过程管理的管道完整性管理制度

广东省管网公司根据《管道保护法》《油气输送管道完整性管理规范》等国家法律和标准规范，制定并发布了12项完整性管理制度文件、10项操作规程及管理手册，其中包括管道完整性管理制度、办法和细则，涵盖管道巡护、地质灾害管理、第三方施工管理、光缆管理、管道数据收集及整合、阴极保护、高后果区管理、管道完整性评价、管道缺陷管理等全过程管理。

4.2 开展“管道24小时受控”研究与实践

为进一步保障管道安全，“管道24小时受控”目标应运而生，多种科技手段与人工巡检相结合，力求实现管道风险24小时安全受控，主要探索的科技手段包括但不限于：有无人机辅助管道巡检、光纤预警系统、智能阴保系统、管道腐蚀速率监控、管道地质灾害监测和深埋段管道检测等等，上述技术可以大幅度提升管道保护效率，帮助运维中心实时掌握管道安全动态，从而科学制定管道风险管控措施，最终达到实现管道24小时安全受控的目标。

4.3 开展地铁动态直流杂散电流干扰问题研究和治理

自2011年起，广东省管网公司约100公里管道阴极保护电位受地铁动态直流杂散电流的影响，发生异常。针对以上问题，公司于2015～2017年开展阴保整改，后干扰得到有效缓解。2019年5月，随着地铁新线路的投运，管道电位波动值达到31V，超过标准要求的近100倍，对于该段管道受地铁杂散电流严重干扰的情况，公司制定出具有针对性的管道阴极保护整改方案编制，并通过专家的一致评审。方案主要运用增加阴极保护站及锌带排流的原则，采取智能监测设备进行监控。2017年至今，公司与地铁运营方以多种联合形式共同开展工作，陆续完成受干扰段管道保护协议签署、沟通协调联络机制建立、定期赴地铁公司交流拜访等工作。这个过程中，时刻向管道主管部门报告受干扰情况，以便公司采取具体措施保障管道安全运营。

4.4 开展高压直流接地极干扰问题研究和治理

经统计，广东省管网公司一、二期工程周边共有接地极6个，受影响管道主要集中在一期工程鳌头首站至石角阀室段与鳌头首站至广州分输站段，共计约95公里。在无相关标准及相应研究成果可借鉴的情况下，公司依次进行了理论研究、模拟实验、现场测试及模型分析，从而提出消减管道腐蚀的整治方案。国家能源局也牵头制定《牛从直流单极闭锁故障下入地电流对油气管道安全影响的处置方案》，并建立协调应对机制，形成技术论文成果，指导后续工程建设。

5 管道完整性合规性管理的经验总结

5.1 加强对国家法律法规和标准规范的深入研究

强化对管道相关的法律法规和标准规范的具体识别和深入分析，包括建设、运营、维护和监管方面的法律法规，以及管道设计标准、材料选用标准、施工和安装规范、管道运行、检测和监测标准等等。设置法律法规识别程序并进行合规性审查，❶ 通过深入研究了解其要求和适用，通过掌握理论规范以向公司制定管道完整性管理措施提供指导。及时更新公司的法律资料库，把握当地政府的政策动向。

5.2 提升管道完整性工作实践运用和经验总结

在开展管道完整性工作实践中，受限于客观

❶ 魏然然，张华兵，杨玉锋等．油气输送管道建设期合规风险管控指标研究[J]．中国石油和化工标准与质量，2019，39(05)：4-5.

条件影响，部分管道完整性管理相关工作可能无法完全满足规范性要求，在管道完整性管理实践中要根据工作实践情况，通过风险分析、专家论证等方式寻求替代或者制定风险防控方案，并善于从实践中总结管道完整性相关经验做法。此外，除了学习国内优秀企业的业务经验，还应当加强学习国际级行业内管道完整性管理优秀单位和企业的先进经验和做法，并结合公司实际情况灵活运用到企业的实践中。

5.3　推进建设管道完整性管理数字化合规体系

以国家法规标准和行业规范为依据确定合规性指标，将数字化技术融入管道完整性管理当中，按照规范要求，采集并整合高后果区、风险评价、完整性评价、效能评价、失效管理等数据，将评价转化为具体量化的表达，配备相应审核机制，进行全过程、多方位审核、监督，推进建设管道完整性管理数字化合规体系，加强合规风险管控，推动建设智能合规评价管理，深层次确保管道项目不超过合规的范围。

6　结束语

合规性管理不仅代表着遵守法规和标准的要求，更代表着企业对社会责任的履行。合规及实践是保障企业运营安全和稳定的关键。随着科技的不断进步、社会需求的变化和管道使用的日渐损耗，新问题、新关系会不断涌现，而管道完整性合规性管理的效果却无法直观、快速的体现，因此应着重加强管道系统的安全性和可持续性的实际工作，持续提升管理能力，向国际一流水平看齐！

参考文献

[1] GB 32167—2015，油气输送管道完整性管理规范[S].
[2] GB/T 45001—2020，职业健康安全管理体系要求[S].
[3] GB/T 24001—2016，环境管理体系要求及使用指南[S].
[4] 王树财，孙杨，石磊等. 管道工程建设项目全目标、全流程风险管理[J]. 价值工程，2022，41(29)：1-4.
[5] 魏然然，张华兵，杨玉锋等. 油气输送管道建设期合规风险管控指标研究[J]. 中国石油和化工标准与质量，2019，39(05)：4-5.

清管器实时在线跟踪定位算法研究

孟　佳[1]　周　浩[2]

[1. 国家石油天然气管网集团有限公司科学技术研究总院分公司；2. 中国石油大学(北京)]

摘　要　清管作业是保证管道清洁和提高输气效率的重要措施，利用技术手段实现清管器在线实时跟踪定位是智慧管道的发展趋势。清管器在运行过程中与焊缝的碰撞及摩擦会产生随时间推移匀速扩散的振动信号，基于相位敏感型光时域反射技术的清管器跟踪定位系统采集到的时空图是分布式光纤传感器所获取振动信息的时间和空间分布。其横轴代表空间位置，即像素的横坐标反映了振动的空间位置。清管器振动信号的时空分布图整体呈倒“V”字型，且其顶点位置为清管器与焊缝接触时的位置。为准确定位倒“V”字型顶点，本文采用 YOLO 目标检测算法对清管器运行过程中的振动信号特征进行识别，通过对 YOLOv3 网络进行适应性改进获得了一个能够精确识别清管器信号的目标检测模型，为清管器实时在线跟踪定位提供了新方法，提高了跟踪定位的便捷性与准确性。

关键词　清管器；跟踪定位；YOLO 算法

清管器是由管道输送介质推动，用于清理管道的专用工具。在清管过程中，若发生清管器卡堵，如不及时取出清管器，则会导致管道输运中断，严重时甚至造成管道破裂，带来巨大的经济损失和环境污染。因此，实时监测清管器的位置对于安全高效清管至关重要。目前多采用基于相干瑞利的光时域反射技术(Phase - sensitive Optical Time-domain Reflectometer，Φ-OTDR)进行清管器在线跟踪定位，本文将探讨一种新的清管器跟踪定位算法。

基于 Φ-OTDR 的清管器跟踪定位系统采集到的时空图是分布式光纤传感器所获取振动信息的时间和空间分布。其横轴代表空间位置，从左到右分别代表分布式光纤传感器的起点和终点，即像素的横坐标反映了振动的空间位置。纵坐标代表时间序列，如分布式光纤传感器接收端记录了 1s 的振动信息，分辨率为 1ms，那么就将产生 1000 行像素，分别代表 0s 到 1s 的整个管道沿线的振动情况，即像素的纵坐标反映了振动的发生时间。时空图的像素亮度代表着振动强度。综上，由时空图像素的横纵坐标以及其亮度，即可记录管线沿线一段时间内的振动情况。

清管器皮碗与焊缝接触后产生的振动信号为随时间推移匀速扩散的振动，具有明显特征，如图 1 所示，信号整体呈倒“V”字型，且其顶点位置为清管器与焊缝接触时的位置。

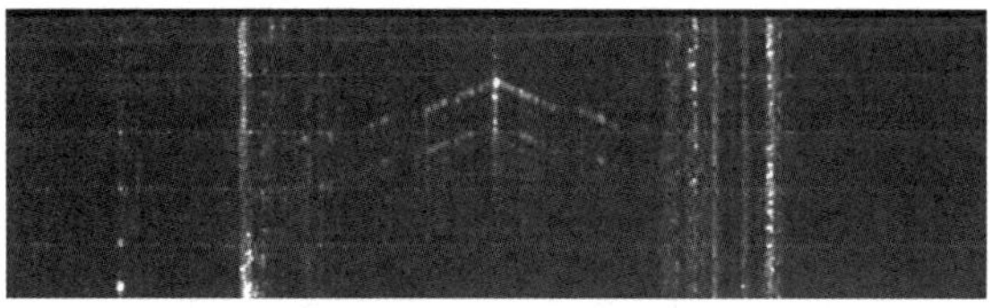

图 1　清管器振动信号

1　YOLO 目标检测

当前的目标检测算法可根据网络结构分为两类：one-stage 网络和 two-stage 网络。其中 two-stage 网络首先将可能存在物体的目标框进行输出，随后由分类网络对目标框内的物体进行分类，从整体来看该网络存在明显的双层结构因此被称为 two-stage 网络。而 one-stage 网络则会在网络末端直接将物体的目标框以及分类结果进行输出，检测速度要远远优于传统的 two-stage 网络。考虑到目标检测场景较为简单，因此选用检测速度更优的 one-stage 网络 YOLO(You Look Only Once)进行信号识别。YOLO 网络由 Joseph Redmon 等人于 2016 年提出，是 one-stage 网络的开篇之作，经过两次升级后的 YOLOv3 网络被广泛应用于各种工业场景之中。

1.1　主干网络

YOLOv3 主干网络 Darknet53 主要由多个不同尺寸的残差网络构成，经过主干网络后分辨率为 256×256 的输入矩阵会被降采样为 8×8、16×16、32×32 的特征矩阵，如图 2 所示。

	Tvpe	Filters	Size	Output
	Convolutional	32	3×3	256×256
	Convolutional	64	3×3/2	128×128
1×	Convolutional	32	1×1	
	Convolutional	64	3×3	
	Residual			128×128
	Convolutional	128	3×3/2	64×64
2×	Convolutional	32	1×1	
	Convolutional	128	3×3	
	Residual			64×64
	Convolutional	256	3×3/2	32×32
8×	Convolutional	128	1×1	
	Convolutional	128	3×3	
	Residual			32×32
	Convolutional	512	3×3/2	16×16
8×	Convolutional	258	1×1	
	Convolutional	512	3×3	
	Residual			16×16
	Convolutional	1024	3×3/2	8×8
4×	Convolutional	512	1×1	
	Convolutional	1024	3×3	
	Residual			8×8

图 2　YOLOv3 主干网络 Darknet53

主干网络中每个卷积层后均包含一个 BN(Batch Normalizing)层以及 Relu(Rectified Linear)层，其中 BN 层通过对整个批次的输入进行批归一化，起到加快网络收敛、防止梯度爆炸或梯度消失以及避免过拟合的作用，其计算过程见图 3。Relu 为激活函数，如图 4 所示。相较于传统的 Sigmoid 等激活函数，Relu 激活函数的运算速度更快，且更贴近真实的生物神经元信息编码方式，同样能够防止梯度爆炸或梯度消失。

Input：Values of x over a mini-batch：$B=\{x_1 \cdots m\}$；
Parameters to be learned：γ，β
Output：$\{y_i=\mathrm{BN}_{\gamma,\beta}(x_i)\}$

$\mu_B \leftarrow \frac{1}{m}\sum_{i=1}^{m} x_i$　　// mini-batch mean

$\sigma_B^2 \leftarrow \frac{1}{m}\sum_{i=1}^{m}(x_i-\mu_B)^2$　　// mini-batch variance

$y_i \leftarrow \frac{x_i-\mu_B}{\sqrt{\sigma_B^2+\epsilon}}$　　// normalize

$y_i \leftarrow \gamma x_i+\beta \equiv \mathrm{BN}_{\gamma,\beta}(x_i)$　　// scale and shift

图 3　Batch Normalizing 计算流程

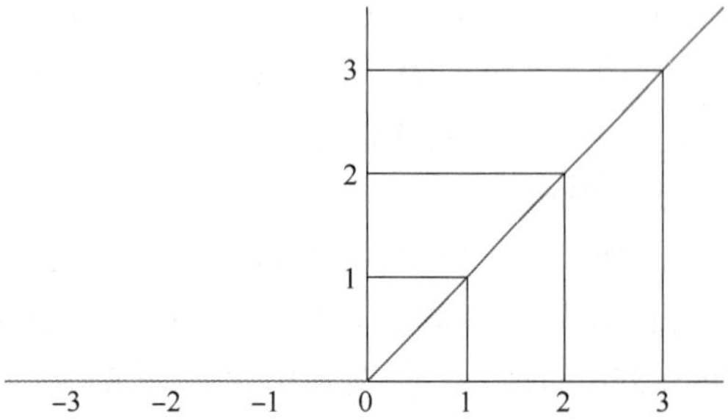

图 4　Relu 激活函数

1.2　网络输出

在 YOLOv3 网络中，主干网络输出的三种尺度的特征矩阵会通过上采样相互组合，最终通过检测头输出三个尺度下的网络输出。以 416×416 的输入尺寸为例，其输出的特征矩阵尺寸分别为 13×13、26×26 及 52×52。在输出的特征矩阵中，如果目标框的中心落在某个网格内部，则该网格负责输出该目标框的全部信息(位置、大小、类别)。

1.3　输出定义

在目标检测中，网络对目标框的输出被定义为相较于某一固定尺寸的相对值，该固定尺寸被称为锚框(Anchor)。因为若使用目标框的像素绝对值作为网络输出，则网络可能会输出一个较大的数值，Sigmoid 激活函数无法满足要求，其它如 Relu 等激活函数，虽然其输出范围满足要求，但过大的网络输出往往会造成梯度爆炸或网络不收敛等问题。因此使用锚框的相对值作为输出可大大提高网络的收敛速度，避免梯度爆炸或消失。

在 YOLOv3 中，关于目标框的尺寸输出包含四个参数 t_x、t_y、t_w、t_h，其与目标框的实际值 b_x、b_y、b_w、b_h 的对应关系如图 5 所示，其中 p_w、p_h 为锚框的宽高，C_x、C_y 为网格坐上角对应的像素位置。

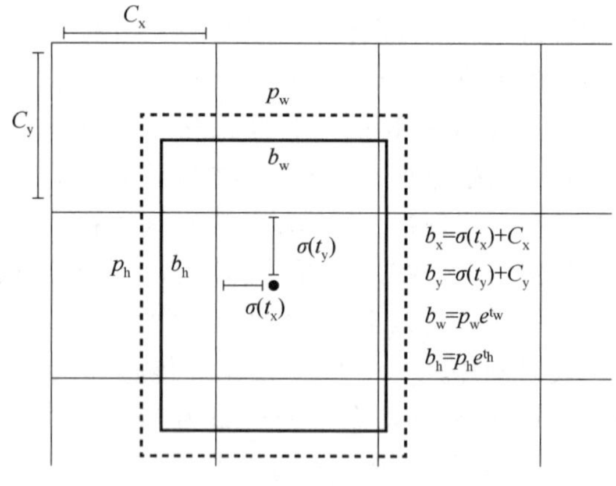

图 5　YOLOv3 锚框定义

为了能够适应多种尺度的目标检测，YOLOv3 每个尺度的特征矩阵输出相对于三个锚框的预测结果，每个预测结果均包括四个目标框的尺寸输出，预测结果的置信概率以及各个类别的置信概率。因此特征矩阵中的每个网格均包含 3×(4+1+C)个数值，其中 C 为类别总数。

1.4　损失函数

损失函数用于评估预测结果与真实值之间的

差距，同时根据损失函数的输出结果可获得各参数的梯度信息，用以通过反向传播算法对网络参数进行优化更新。YOLOv3 损失函数主要包括预测框损失、类别损失及置信度损失。其中预测框损失使用均方误差进行计算，类别损失及置信度损失使用交叉熵函数进行计算，总体损失函数的计算公式为：

$$Loss=\lambda_{coord}\sum_{i=0}^{S^2}\sum_{j=0}^{B}I_{ij}^{obj}[(x_i^j-\hat{x}_i^j)^2+(y_i^j-\hat{y}_i^j)^2]+\lambda_{coord}\sum_{i=0}^{S^2}\sum_{j=0}^{B}I_{ij}^{obj}[(\sqrt{w_i^j}-\sqrt{\hat{w}_i^j})^2+(\sqrt{h_i^j}-\sqrt{\hat{h}_i^j})^2]+\sum_{i=0}^{S^2}\sum_{j=0}^{B}I_{ij}^{obj}(C_i^j-\hat{C}_i^j)^2+\lambda_{noobj}\sum_{i=0}^{S^2}\sum_{j=0}^{B}I_{ij}^{noobj}(C_i^j-\hat{C}_i^j)^2+\sum_{i=0}^{S^2}I_{ij}^{obj}\sum_{c\in classes}[P_i^j(c)-\hat{P}_i^j(c)]^2 \quad (1)$$

2　数据集的构建

在进行模型训练前，首先需要进行数据集的构建，数据集可分为两个部分：数据和标签。其中数据部分使用图片形式进行保存，标签部分包含对应图片中的信号目标框的大小、位置及类别信息。由于清管器信号持续时间较长，因此需要累积数秒的信号作为训练数据，使用 10s 的累积数据制作数据集并使用不同比例进行缩放得到的图片如图 6 所示。

其中图 6(a)为最初使用的数据集，使用该尺寸进行训练和预测得到的定位结果精度相对较低。使用大尺寸进行训练和预测虽会降低运算效率，但考虑到应用情景中保证运算速度小于 1s，即可满足算法的实时性，因此改用图 6(b)所示尺寸进行训练和预测。

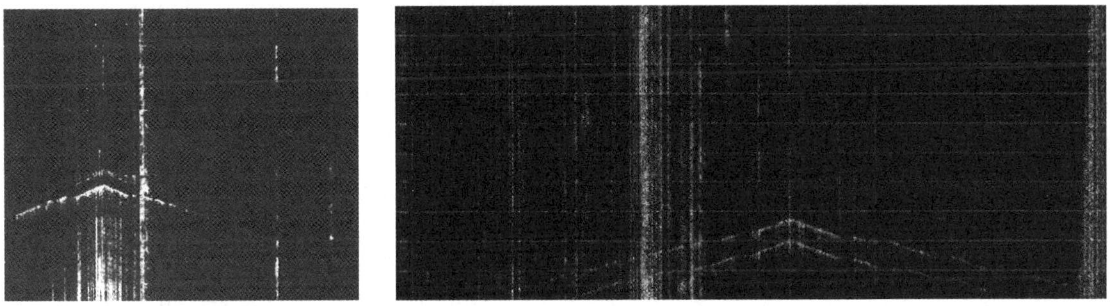

(a)500×400像素　　(b)2500×1000像素

图 6　累积时空图

3　网络改进

YOLOv3 网络主要应用于多类别(80 种以上)情况下的目标检测，而应用场景仅限于对清管器信号的识别，且对预测结果的定位精度有更高的要求，因此在 YOLOv3 的基础上对网络进行了一定改进。

3.1　网络层数缩减

在训练过程中，由于训练参数的设置以及数据集的不同，可能导致两种不良状态的训练结果：欠拟合、过拟合。欠拟合和过拟合均会导致模型预测准确度低，其中欠拟合的主要成因是训练迭代次数过小或网络参数过少，模型未能学习到足够的特征；而过拟合的主要成因为迭代次数过多、网络参数过多以及数据集过少，模型仅学习到了某些特定特征，泛化性能较差。

由于本应用场景中涉及的预测类别较少，因此需要减小模型参数的数量以避免发生过拟合。因此对原有的网络结构的深度(网络层数)、宽度(网络输出通道数量)进行的缩放，对深度乘以 0.33 的系数、对宽度乘以 0.5 的系数，最终网络参数的大小为 14.13Mb。

3.2　锚框修改

YOLOv3 中，锚框均设置为长宽相等的正方形，而本场景所构建的数据集中的目标框均为宽大于高的长方形，为了提高模型的收敛速度及定位精度，对锚框的设置进行了修改，一级尺度(最小尺度)下的锚框设置为[10，13]、[16，30]、[23，33]，二级尺度(中等尺度)下的锚框设置为[30，61]、[45，62]、[59，119]，三级尺度(最大尺度)下的锚框设置为[90，116]、[156，198]、[326，373]。

同时考虑到三个锚框可能不足以适应所有的目标框的大小，还对锚框设置了三个不同的缩放比例，在各尺度下的各锚框均会乘以这三个缩放比例获得更多尺寸锚框。同时，在任意尺度下对应的锚框数量由原始 YOLOv3 中的 3 个提升到了 9 个，进一步提高预测框的定位精度。

3.3　网络模块改进

在 YOLOv3 网络结构的基础上，对部分网络模块进行替换改进，以提高网络的运行速度及准确率。网络的第一层为一个用于降采样的 CNN 层，使用 Focus 结构对其进行替换，Focus 结构通过对原始数据进行空间域间隔采样实现整体降采样，相较于原本的 CNN 层并不会对预测结果的准确率造成明显影响，但会提高网络的运行速度。

YOLOv3 中卷积模块后接的激活函数为 Relu 函数，该函数能够提高网络的收敛速度。但当输入的数值小于 0 时，由于 Relu 的输出为 0，梯度消失会造成神经元的“坏死”。为了解决这一问题，近年来有学者提出了 Leaky Relu 激活函数，见图 7。通过赋予原始 Relu 负半轴一个小的梯度解决神经元“坏死”问题。使用 Leaky Relu 对原本的激活函数进行替换，提高网络在训练中的鲁棒性。

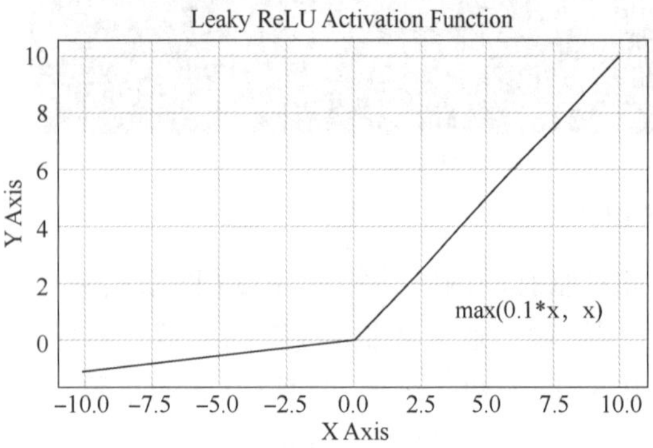

图 7　Leaky Relu 激活函数

YOLOv3 的残差模块中通过将 CNN 的输出与模块输入进行直接结合实现原始特征的保留，近两年有学者在该残差模块的基础上进行了一些改进，本文引用部分改进内容对原本的残差模块进行优化：在残差模块的直连分支中增加了一个卷积模块，使网络获得了对原始特征进行学习的能力。

3.4　损失函数改进

在目标检测领域预测框与目标框的交并比（Intersection over Union，IoU）是评估预测框效果的重要指标，其计算方式如图 8 所示，通过计算预测框与目标框相交结果与相并结果之比，该数值越接近 1 则预测框越准确。

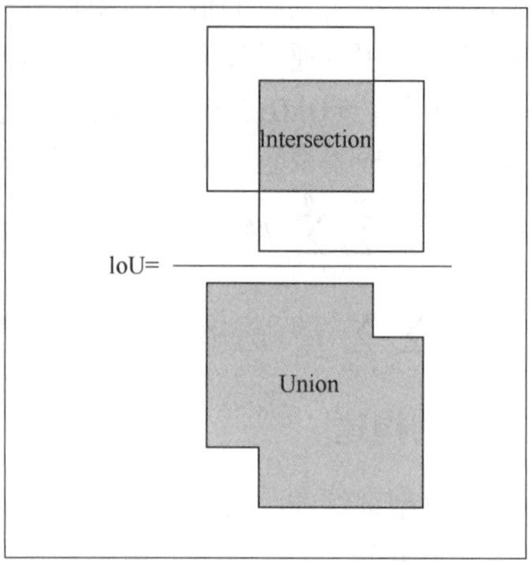

图 8　IOU 计算示意图

IoU 除了用于评估预测框效果还可以用于损失计算，有学者提出了一种新型目标框位置损失计算方式：GIoU 损失，该损失函数可有效提升模型的目标框位置准确率。其计算公式为：

$$L_{GIoU}=1-GIoU \tag{2}$$

其中，GIoU 为一种新式 IoU 计算方式，其计算公式为：

$$GIoU=IoU-\frac{|C/(A\cup B)|}{C} \tag{3}$$

其中，A、B 分别为目标框和预测框，C 为可将 A、B 包含在内的最小封闭矩形。

使用 GIoU 损失函数替换 YOLOv3 原本的均方差损失函数，可进一步提高预测框的定位精度。

4　数据增强

在深度学习领域中数据增强是一种增加训练数据集数量的常用方法，对于目标检测，常用的数据增强方法有：镜像反转、随机旋转、随机剪切、图片混叠及噪声注入。在本文的应用场景中，信号相对于整体图像的位置、角度均为重要的形态特征，因此镜像反转和随机旋转并不适用。随机剪切常用于提升网络通过少量特征进行分类的能力，同样不适用与本文研究的场景。

因此使用图片混叠及噪声注入的方法进行数据增强。噪声注入即为对图片中的所有像素点注入随机噪声（数量级要小于有效信号强度）；图片混叠即为将数个图片进行随机缩放后进行拼接。在训练过程中使用数据增强可大大提高网络的泛化能力，避免过拟合出现。

5 训练结果

对模型进行 300 个 epoch 的训练，训练过程中记录了训练集目标损失 train/obj-loss、训练集分类损失 train/class-loss/c、测试集目标损失 val/obj-loss、测试集分类损失 val/class-loss、验证查准率 metrics/precision、召回率 metrics/recall、metrics/mAP-0.5 及 metrics/mAP-0.5：0.95 此八项指标的变化趋势，见图 9。

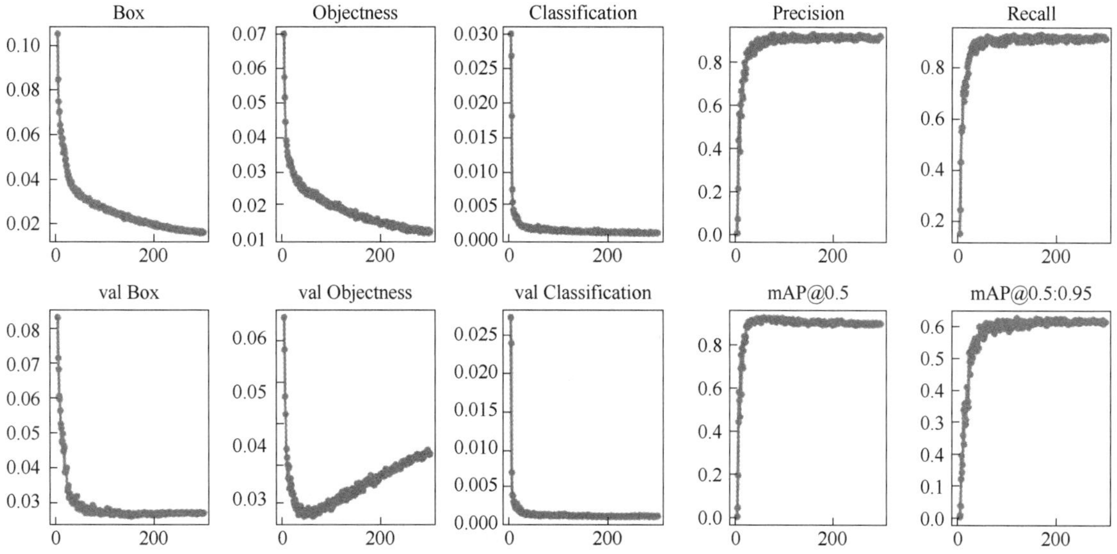

图 9 训练过程参数变化

从图中可以清楚地看出，随着训练时间的增加，训练数据和验证数据的准确性增加，而训练集目标损失、训练集分类损失、测试集目标损失、测试集分类损失等参数值均在减少，同时验证查准率、召回率 metrics/recall、metrics/mAP-0.5 及 metrics/mAP-0.5：0.95 有了大幅提升，该模型最佳 mAP@0.5 为 0.901，使用 0.8 的置信度阈值得到的准确率为 94.3%、召回率为 93.1%。

6 结论

为实现清管器在线跟踪定位，本文采用 YOLO 目标检测算法对清管器运行过程中的振动信号特征进行识别。通过对 YOLOv3 网络进行适应性改进获得了一个能够准确识别清管器信号的目标检测模型，通过训练，得到了模型最佳值。

参 考 文 献

[1] BAO X Y, CHEN L. Recent progress in distributed fiber optic sensors [J]. Sensors, 2012, 12 (7): 8601-8639.

[2] TAN D J, TIAN X Z, SUN W, et al. An oil and gas pipeline pre-warning system based on Φ-OTDR [J]. Proceedings of SPIE - The International Society for Optical Engineering, 2014: 9157.

[3] 庞洪晨，崔记芳，王安琪. 光纤监测技术在天然气管道清管跟踪中的应用[J]. 石化技术，2019，26(11)：358+338.

[4] 李惠，蒋权. 基于 YOLOv3 及迁移学习的河道船舶目标检测算法[J]. 广西科学院学报. 2023，39(03)：331-339.

[5] 张震宇，刘阳，刘福才. 基于 YOLOv3-spp 的车轮毂表面缺陷检测算法研究与分析[J]. 计量学报，2023，44(09)：1375-1382.

[6] 尹腾，沈向前，钟未，等. 基于改进 YOLOv3 算法的汽车底盘故障动态维修方法分析[J]. 现代交通技术，2023(18)：65-68.

土壤含水率对光纤振动信号感知的影响

孟 佳[1] 马云宾[1] 沙 洲[2]

(1. 国家石油天然气管网集团有限公司科学技术研究总院分公司；
2. 天津大学精密仪器与光电子工程学院精密测试技术及仪器国家重点实验室)

摘 要 基于Φ-OTDR的光纤预警系统对振动信号的感知能力在不同季节，不同土壤环境下有一定的差异，影响监测效果。不同季节、不同土壤环境主要表现为土壤含水量不同。本文通过理论分析，揭示了土壤含水量改变会影响系统振动感知能力的原因。同时，使用两种不同型号的光缆作为传感介质，通过试验，得到了不同土壤含水量下，基于Φ-OTDR的光纤预警系统对重物自由下落造成的振动产生的响应信号，经过数据预处理，将有效信号做对比分析，总结出土壤干燥、土壤湿润和土壤泥泞三种条件下，光纤预警系统振动感知能力的变化规律。为实际应用中，根据不同季节或不同土壤环境，对基于Φ-OTDR的光纤预警系统感知灵敏度进行调整提供了依据，有利于提升该系统应用效果。

关键词 光纤预警；土壤含水量；振动感知

管道光纤安全预警技术是长输油气管道分布式多地形全天候实时监测的最佳技防手段，适用于管道第三方威胁事件的监测预警。光纤预警技术的推广应用，在很大程度上可改变管道安全的管理方式，将传统的事后报警记录变成事前监测预防，在确保管道安全的同时，还可降低管道安全保护人员的劳动强度，是管网数字化、智能化的核心技术手段及效果的体现。目前管道光纤安全预警多采用基于相干瑞利的光时域反射技术(Phase-sensitive Optical Time-domain Reflectometer，Φ-OTDR)。该技术利用分布式光纤对振动敏感的特性，当外界振动作用于传感光纤时，光弹效应导致光纤内传输信号的相位变化，使得光强发生变化。通过解调光强变化，即可实现振动事件的实时监测及多振动事件精确定位。

实际应用中发现，光纤预警系统对振动信号的感知能力在不同季节，不同土壤环境下有一定的差异，影响监测效果。不同季节、不同土壤环境主要表现为土壤含水量不同。因此，需要研究不同的土壤环境下，基于Φ-OTDR的光纤预警系统对振动信号感知能力变化规律。

1 理论基础

目前对机械与振动的计算主要有两种理论，质量弹簧阻尼理论和弹性半空间理论。在分布式光纤传感系统工作过程中，振源冲击力对光缆的作用范围较广，土壤振动信号的作用效果分布在冲击力附近的一段光缆上。而质量弹簧阻尼理论一般用于计算基础单元的振动，因此弹性半空间理论更适合对光纤传感中的振动信号进行分析。在弹性半空间的波动理论中，有三种不同类型的波，纵波(P波)横波(S波)以及另一种弹性波瑞利波(R波)。地表冲击力作用于土层后，产生的振动波在地表附近主要以R波形式传递，该振动作用于光缆并导致光缆的受迫振动。

根据弹性半空间理论的基本解，在振源竖向简谐力的作用下，土壤振动信号在各点的纵向振动幅值为：

$$A_1=\frac{F}{4\pi G}\left[\frac{2(1-\mu)}{\sqrt{x^2+Z^2}}+\frac{Z^2}{(x^2+Z^2)^{3/2}}\right] \tag{1}$$

式中，F为集中竖向简谐力；G为土壤剪切模量；μ为土壤泊松比；Z为光纤所埋的深度；x为光纤上的任一点的横坐标。

R波纵向振动方程为：

$$w(x,t)=A_1Nw(z)\cos[\omega(t-Nx)] \tag{2}$$

其中$N=\frac{2\pi}{\lambda}=\frac{\omega}{v_R}$，$\varepsilon=\frac{v_S}{v_R}$，$\sigma=\frac{v_S}{v_P}$，

$$w(z)=\frac{2\varepsilon\sqrt{\varepsilon^3-\sigma^2}}{2\,\varepsilon^2-1}e^{-\frac{Nz}{\varepsilon}\sqrt{\varepsilon^2-1}}-\frac{\sqrt{\varepsilon^3-\sigma^2}}{\varepsilon}e^{-\frac{Nz}{\varepsilon}\sqrt{\varepsilon^2-\sigma^2}} \tag{3}$$

式中，v_R、v_S和v_P分别为弹性半空间理论中瑞利波、横波以及纵波的波速；λ为瑞利波波长；ω为瑞利波角频率。

由于传感光纤通常浅埋于地表，四周为土

层，土壤振动信号的激励主要作用在竖向平面。在实际的分布式光纤振动传感系统中，埋地光纤振动的阻尼不仅来自于光纤自身，还有周围土层给它的阻力。根据结构阻尼下系统强迫振动微分方程可得，在不考虑有阻尼自由振动幅值随时间衰减为零的暂态振动的影响，则该系统强迫振动的稳态解为：

$$z(x,\ t)=\frac{k_zA_1Nw(z)}{m\sqrt{(k_l-m\,\omega^2)^2+\frac{2a^2}{\pi^2}}}\times$$

$$\cos[\omega(t-Nx)+\varphi] \qquad (4)$$

$$\varphi=\frac{a}{\pi(k_l-m\omega^2)} \qquad (5)$$

式中，φ 为力和位移点之间的相位差；a 为一常数；k_z为土壤的振动刚度；k_l为光纤的振动刚度。

假设土壤振动信号的作用范围为x_m，则纵向振动引起的光纤总的形变差为：

$$\Delta L(t)=4a\int_0^{x_m}\left[-\frac{\partial^2 z(x,\ t)}{\partial x^2}\right]x\mathrm{d}x \qquad (6)$$

因此土壤湿度的改变会影响 v_R、v_S和 v_P等振动信号传播参数，导致 φ-OTDR 的响应发生变化。

2 试验过程

为寻找普适性规律，试验中选择两种型号的光缆同时埋入土层进行测试，两种光缆的类型分别为 GYTA53 型光缆何 GJA 型光缆。GYTA53 光缆的结构是将 250μm 光纤套入高模量材料制成的松套管中，缆芯的中心用一根金属加强芯起填充保护作用。从形态上看，GYTA53 型光缆较粗，下文简称为“粗缆”。GJA 防水尾缆使用 Φ900μm 的单芯光缆作为子单元，使用非金属中心加强芯填充保护。GJA 型光缆较细，下文简称“细缆”。

试验场地为长方形土池，光路长度为 1km，使用了两个 500m 的光纤盘与测试光缆熔接而成，测试光缆长度为 10m，如图 1 所示。试验中将粗缆和细缆两种光缆平行排布，两根光缆可以同时接受到振动信号作用，从而在输出端可以同时观察到两根缆上的响应信号，便于比较两种缆对振动信号的感知效果。通过向土池内浇水来改变土壤的含水量，分别使土壤处于干燥状态、湿润状态和泥泞状态。

图 1　试验光路

1）土壤干燥状态

测试开始时，土壤经过阳光多日持续性照射，处于干燥状态，如图 2 所示。本试验在距离传感光纤垂直距离 0.5～6m 的范围内开展，以 0.5m 为一个间隔，在每个距离上沿着土壤边沿，用 2kg 的重物作为振动激励源，在 1m 高度自由落下，撞击土层产生振动。由于随着物体的撞击，土壤会逐渐夯实，从而前后的数据会产生较大差异，为避免这一情况，试验前对土壤进行了初步的夯实，保证了试验过程中土壤的疏松程度短时间内不会发生较大的变化。同时，对土壤中的石块和体积较大的土块进行了清理，避免重物撞击到石块产生异常振动从而导致数据异常。

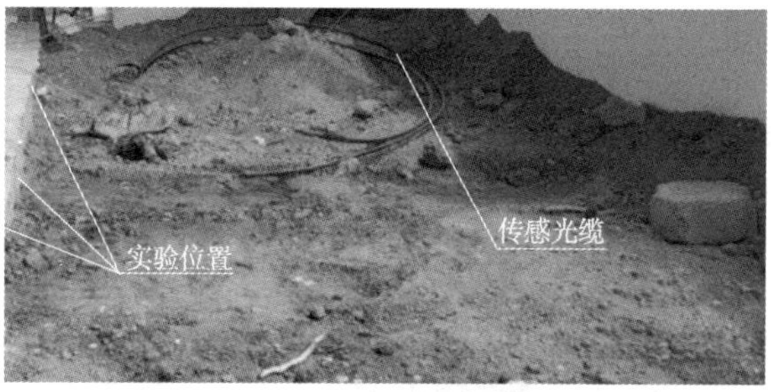

图 2　干燥土壤

在试验过程中，在每个距离上由一名试验人员提起重物使其沿土池边缘自由落下，另一名试验人员观察光纤预警系统是否有冲击响应，并检查相关参数设置是否正常，以确保光路的畅通和试验程序的流畅。试验人员以 5s 的间隔以 1m 高度重复使重物自由落下，为确保试验数据的可靠性，重物反复下落 50 次。实时存储采集到的数据，以便后续的数据分析，一个位置试验结束后，间隔 5min 开始下一个位置的试验。

2）土壤泥泞状态

该部分测试的目的是模拟大雨过后土壤泥泞状态下，光纤预警系统对振动信号的感知状况。试验采用浇水的方式增加土壤含水量，使水分充分浸透土壤以营造泥泞的土壤环境，尽可能模拟大雨后的土壤情况。浇水后的土壤表面湿滑，可以直接踩出明显的脚印，且水渗入土壤底层，土壤间水分可见，如图3所示。

图3　泥泞土壤

按照土壤干燥状态下的试验方式，收集光纤预警系统的振动响应，用于后续的数据分析。

3）土壤湿润状态

除土壤干燥状态和泥泞状态之外，还有一种常见的情况，即土壤湿润状态。这种情况是介于之前两种情况之间的一种土壤状态，其含水量高于干燥土壤但又低于泥泞土壤，常出现于春秋季节，包括凌晨时分、小雨时节等，是一种非常普遍的土壤条件。

土壤的湿润状况下的试验安排泥泞土壤试验之后，让浇水后的土壤自然蒸发，在蒸发一段时间之后，土壤表面不再出现明显的脚印，但仍旧保留一定水分，表层之下的土层保持湿润状态，如图4所示。

图4　湿润土壤

该土壤条件下的试验方法与前面两种情况完全一致，采集试验数据用于和土壤干燥、土壤泥泞两种状况下的数据做比较。

3　数据预处理

为了更好地衡量冲击响应的大小，计算每组数据还原后波形的峰值-均值比（简称“峰均比”），即读取图中最高点对应的电压值，再计算图中所有采样点的均值，利用二者比值衡量信号灵敏度、信噪比的高低。峰均比计算公式如下：

$$k_i=\frac{\max(\{|x_i|\})}{\sum\{|x_i|\}} \tag{7}$$

式中，k_i表示当前工况下第i组曲线的峰均比，x_i为一个二进制文件，表示当前工况下第i组数据，是过去1s内响应信号的采样数据。利用式(7)计算出当前工况下各组数据的峰均比之后，按照下式计算各组峰均比均值，作为当前工况下的典型值。

$$k=\frac{\sum k_i}{n} \tag{8}$$

式中，n表示当前工况下采集到的数据组数，k表示当前工况下的典型值。

在计算完每组数据的峰均比及其典型值后，可以绘制出同一土壤状态下不同程度冲击造成的响应之间的对比图、同一位置不同土壤状态下的冲击响应之间的对比图、同一土壤状态下同一程度的振动造成的不同距离上冲击响应之间的对比图等，从而进一步分析振动在土壤中传播的规律。

4　异常数据剔除

数据经过预处理后发现，在进行每次试验的时候，由于重物撞击到硬物、风吹动延长光纤等外界因素，存在个别值大大超出了平均水平，也就是说数据中存在异常值，需要对异常数据进行剔除。

剔除异常值的依据是莱伊特准则。即以x_i代表每个数据，计算出每组数据的平均值$\bar{x}$，再计算出这组数据的标准差$s(x_k)$，当某数据与均值的差的绝对值高于该组数据标准差的三倍时，即$|v_{\mathrm{d}}|=|x_{\mathrm{d}}-\bar{x}|>3s(x_k)$时，该数据应视为异常值。

由于莱伊特准则只是一个近似的数据处理方式，因此有些数值尽管偏大，但依旧不会作为异常值处理，为了更好地保证用于数据处理的数据具有代表性，将剔除异常值后的该组数据进行排序，去除掉数值最大的三个数，再取剩余数据的前五个的均值作为这组数据的最终结果，用于最后的数据分析。

由于获取的试验数据总量足够大，因此可以认为上述数据预处理对最终的试验结论不会产生影响。利用莱伊特准则剔除异常值后，需要对每组数据进行滤波处理才能得到用以计算的正确波形，设置滤波方式为带通滤波器，通带频率为20～200Hz。

设置好滤波器后，可以观察到正确的时域曲线。利用曲线中的脉冲将数据区分为振动点数据与静止点数据，以便于后续进一步分析。观察到的响应信号曲线如图5所示。

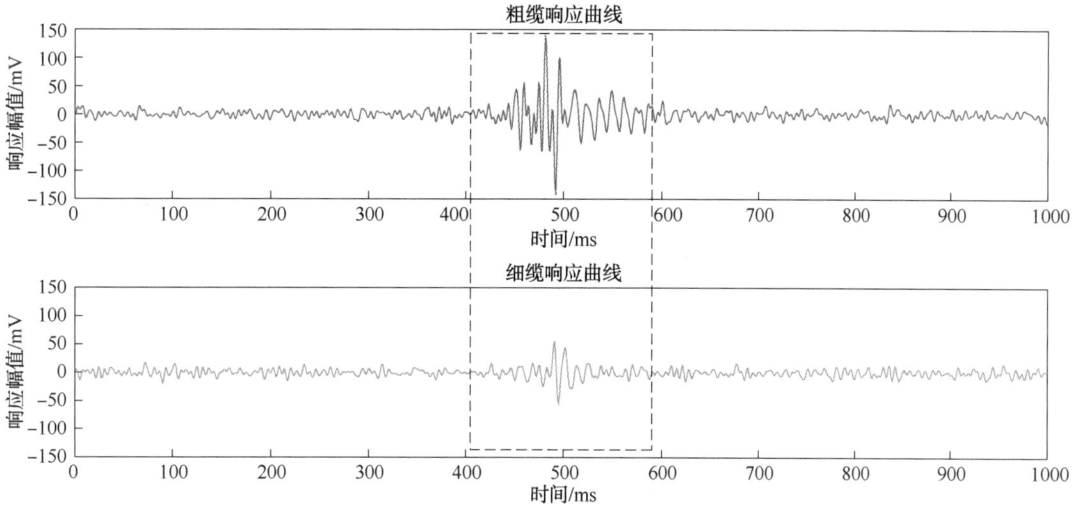

图5 受到振动信号时的粗缆和细缆时域响应信号

图中所示为任意一组数据的时域波形图，包括粗缆和细缆的数据，图中黑色虚线框内存在明显的脉冲，脉冲幅值远高于本底噪声幅值，因此该组数据为振动点数据。同时粗缆与细缆对振动信号几乎同步产生响应，但是粗缆的响应幅值远高于细缆，这一点后续将结合具体的数据来说明。

5 数据分析

1）土壤干燥状态

在土壤干燥状态下，撞击试验的测量范围为距离传感光缆0.5～6m，以0.5m为一个间隔，每个距离测得的数据为50组，选取其中振动点对应的数据，经过数据预处理后得到的记录见表1。

表1 土壤干燥状态下振动感知数据记录

距离/m	粗缆/mV	细缆/mV
0.5	23.0075	7.07475
1	23.21425	7.44675
1.5	22.1275	7.367
2	19.82575	6.87175
2.5	19.36275	4.34875
3	19.334	5.39325
3.5	18.7185	5.24075
4	18.4525	4.4085
4.5	18.87075	4.818

续表

距离/m	粗缆/mV	细缆/mV
5	14.981	4.1855
5.5	13.7175	3.8875
6	12.64725	4.267

2）土壤泥泞

在土壤泥泞状态下，由于部分位置不易造成泥泞状态，因此撞击试验的测量范围为距离传感光缆1～5.5m，每个距离测得的数据为50组，选取其中有效的振动数据，整理出的结果见表2。

表2 土壤泥泞状态下振动感知数据记录

距离/m	粗缆/mV	细缆/mV
1	23.7618	8.2506
1.5	22.9316	8.5236
2	20.9046	8.1714
2.5	20.3114	7.1096
3	20.5572	6.736
3.5	19.5856	7.3836
4	19.413	5.0222
4.5	19.1338	4.9236
5	15.997	4.6934
5.5	15.2228	4.4464

3）土壤湿润

湿润土壤的测试范围也为距离传感光缆1～

5.5m，采用同样的方法获得该条件下光纤预警系统振动感知数据，见表3。

表3　土壤湿润状态下撞击试验数据记录

距离/m	粗缆/mV	细缆/mV
1	24.2562	8.133
1.5	23.8052	8.1282
2	20.8918	7.2018
2.5	20.0326	6.3148
3	20.862	6.0098
3.5	20.2432	5.8932
4	19.562	5.3226
4.5	18.9044	5.6624
5	17.1696	5.5368
5.5	14.6864	5.3058

6　结论

根据试验数据，绘制出不同土壤含水量下，光纤预警系统对于重物下落的振动冲击响应，见图6。

通过数据分析并综合比较可以得出以下结论：

1）对于同一时刻、同一土壤含水量下的振动，无论振动强弱，粗缆的冲击响应普遍要远高于细缆。

2）使用粗缆作为传感光缆，在光缆径向0~5m的范围内，系统对振动信号都有良好的传感能力，信号的信噪比和灵敏度保持在一个动态区间内。从整体趋势上，随着径向距离增加灵敏度相应地减小，且在0~1.5m范围内冲击响应有最高的灵敏度，在径向距离超过4.5m之后，灵敏度有明显的下降。

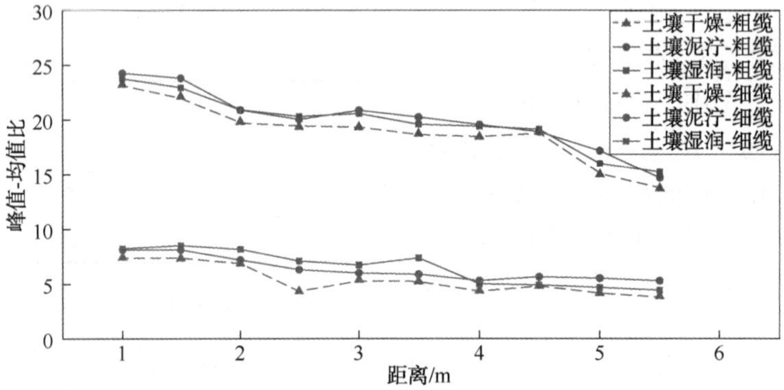

图6　不同土壤含水量下粗缆、细缆的振动冲击响应

3）使用细缆作为传感光缆，在光缆径向0~5m的范围内，响应信号的信噪比和灵敏度保持在一个动态区间内，且在0~2m范围内冲击响应有最高的灵敏度，在径向距离超过2m之后，灵敏度有明显的下降。

4）土壤含水量会引起冲击响应的改变。土壤干燥状态下的响应小于土壤泥泞状态下和土壤湿润状态下的响应，即土壤湿度的增加提升了振动传感系统的灵敏度，这与夯实的土壤比松散的土壤更有利于振动信号的传播原理类似。

根据上述结论，可以在不同季节对基于光纤预警系统的感知灵敏度进行调整，提升该系统应用效果。

参 考 文 献

[1] 钟翔，赵世松，邓华夏，等. 基于脉冲调制的Φ-OTDR研究综述[J]. 红外与激光工程，2020，49(10)：193-202.

[2] 张智娟. 郭文翰. 基于Φ-OTDR的光纤传感技术原理及其应用现状[J]. 计算机工程与设计，2019(1)：12-19.

[3] 顾海明，周勇军. 机械振动理论与应用[M]. 南京：东南大学出版社，2007.

[4] 贾启芬，刘习军. 机械与结构振动[M]. 天津：天津大学出版社，2007.

[5] 韩清凯，翟敬宇，张昊. 机械动力学与振动基础及其数字仿真方法[M]. 武汉：武汉理工大学出版社，2016.

[6] 程建华，洪文，胡本田，等. 统计学原理与应用[M]. 北京：人民邮电出版社，2013.

[7] 赵丽，胡翮. 统计学基础[M]. 南京：南京大学出版社，2017.

Φ1219mm 超高清磁电复合内检测器牵拉试验研究

王亚楠　富　宽　段金尧　黄　杰　陈攀宇

（国家石油天然气管网集团有限公司科学技术研究总院分公司）

摘　要　近年来，高钢级管道环焊缝开裂已成为长输天然气管道主要失效形式之一。针对大口径高钢级管道环焊缝裂纹、针孔等微小缺陷检测难题，研发了适用于 Φ1219mm 管道的超高清磁电复合内检测技术和装备。为了验证超高清磁电复合内检测器对管道本体及环焊缝缺陷的全面检测能力，通过搭建含有环焊缝开口裂纹、针孔等各类缺陷的 1219mm 牵拉试验管道，开展超高清磁电复合内检测器牵拉试验研究。试验管道共制作缺陷 214 处，牵拉试验共检出缺陷 202 处，检出率达 94.4%。牵拉试验结果表明：Φ1219mm 超高清磁电复合内检测器可有效检测开口宽度≥0.3mm，深度>3mm 的环焊缝裂纹缺陷；对宽度≥0.5mm，深度≥20%的管体裂纹可全部检出；对宽度≥1mm，深度≥20%的内部螺旋焊缝裂纹缺陷和深度≥40%的外部螺旋焊缝裂纹缺陷可全部检出，深度 20%的外部螺旋焊缝裂纹缺陷可部分检出；对 Φ3mm 以上内部针孔等微小缺陷可全部检出，可检测 Φ10mm 以上深度≥10%的外部针孔缺陷；对内外金属腐蚀可全部检测。

关键词　超高清；磁电复合；环焊缝裂纹；牵拉试验

近年来，我国长输油气管道里程不断增加，并且逐渐向大口径、高压力、高钢级方向发展。然而，受现场焊接施工、运行环境、技术认知等因素影响，环焊缝一直是管道的薄弱部位，环焊缝开裂已成为管道主要失效形式之一。油气管道环焊缝开裂具有启裂后易扩展、易发生爆炸等特点，一旦发生环焊缝失效，将对管道沿线周边人员、环境等造成严重威胁和极大经济损失。

在役管道内检测应用最广泛的是漏磁检测技术，主要用于检测金属损失等体积型缺陷，只能检出环焊缝中部分体积型缺陷，但不能区分缺陷类型，尺寸量化准确率不高。KinderMorgan、TransCanada 等管道运营公司与检测服务商合作进行了环焊缝缺陷漏磁检测研究，实际检测效果未能达到预期效果。

超声裂纹检测技术在检测管体轴向裂纹或直焊缝裂纹方面相对较为成熟，能够检出细小裂纹，包括应力腐蚀裂纹、疲劳裂纹等缺陷。但该技术对于管道表面清洁度要求较高，无法应用于管壁结蜡严重或油品杂质较多的输油管道。此外由于超声波需要液体作为耦合剂，不适用于输气管道内检测。管道公司曾与 PII 合作进行了环焊缝超声波裂纹内检测适用性研究，并在漠大线进行了现场试验。牵拉试验表明，环向超声波内检测技术可以有效探测人工加工的较为规则环焊缝裂纹。但实际管道中应用受到现场环焊缝成型不规则，余高不均、排焊、返修等影响，以及数据分析模型缺少大量真实缺陷样本支撑，该技术对于缺陷类型分类、量化以及内外部区分还存在较大误差，离工业应用还存在较大距离。

电磁超声内检测技术在检测轴向裂纹和应力腐蚀裂纹(SCC)具有较好效果，但对于环焊缝裂纹仅做了理论研究。

电磁涡流技术是利用电磁感应原理，通过测量被检工件内感生涡流的变化来评定导电材料及其工件的某些性能，从而发现缺陷的无损检测方法。美国 JENTEKSensor 公司的基于绕组磁力计阵列的电磁涡流技术已被证实可识别油气管道轴向裂纹并判定裂纹尺寸。南京航空航天大学、上海材料研究所等在远场涡流检测技术的机理研究和设备研制上取得了较大突破。目前该检测方法一般用于无损检测，可以有效检测工件、模具等表面裂纹检测，尚未开发研制成专用传感器在管道内检测中应用。

交流磁场在工件中感应出均匀的交变电流，材料中的缺陷、裂纹、疲劳损伤将改变其周围感应电流的分布，从而改变其表面感应磁场的分布，通过检测工件表面由裂纹引起的磁场扰动，实现对裂纹的检测。该技术尚未开发研制成专用传感器在管道内检测中应用。

综上所述，国内外主流的三轴高清漏磁+几何、超声波等内检测技术，可以检测并量化管体体积型、几何变形缺陷。然而，对于环焊缝微小缺陷、平面型裂纹缺陷，检出率则较低。

针对大口径高钢级管道环焊缝缺陷检测难题，国家管网集团研究总院研制了针对 Φ1219mm 口径管道的超高清磁电复合内检测器。该内检测器由机械载体部分和电气部分组成，机械载体由漏磁节和多功能节组成，可实现对环焊缝裂纹、针孔等微小缺陷、常规金属缺失和几何缺陷的综合检测。检测器电子系统支持 5k 采样频率，运行速度 5m/s 时轴向采样间距为 1mm，可满足 3840 路漏磁通道、160 路涡流通道、3 路里程轮通道、144 路 ID/OD 通道、144 路几何通道和集成于采集电路板上的姿态传感器及温度等传感器信号的同时采集。

在此，在使用含有环焊缝裂纹、针孔等各类缺陷的 1219mm 牵拉试验管道内，使用超高清磁电复合内检测器进行了牵拉试验，通过对牵拉信号进行分析，了解超高清磁电复合内检测器对投产前管道本体及环焊缝缺陷的全面检测能力。

1　检测原理

1.1　漏磁检测技术

漏磁内检测技术是目前应用最广泛、技术最成熟的管道缺陷检测技术。漏磁内检测技术是利用永磁体通过钢刷将管壁进行磁化，永磁体、钢刷、管道、磁轭形成磁回路。当管壁没有缺陷时，如图 1 所示，磁力线被约束在管道内，磁通与材料平行，传感器未采集到信号；当管壁存在缺陷时，如图 2 所示，磁通发生畸变，部分磁力线穿出管道，产生漏磁，漏出的部分被磁敏传感器采集，形成漏磁信号。

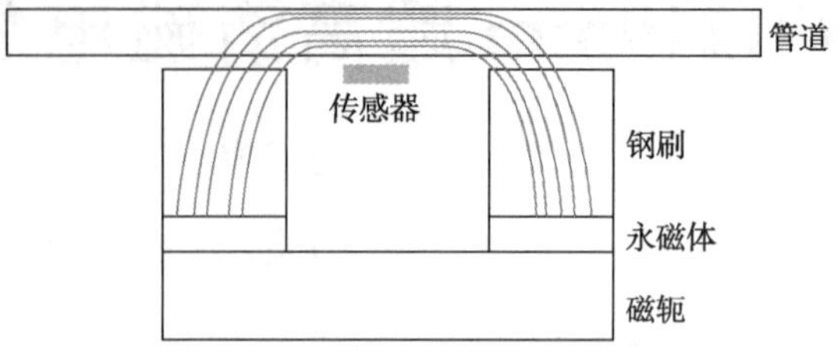

图 1　管壁无缺陷时磁力线分布

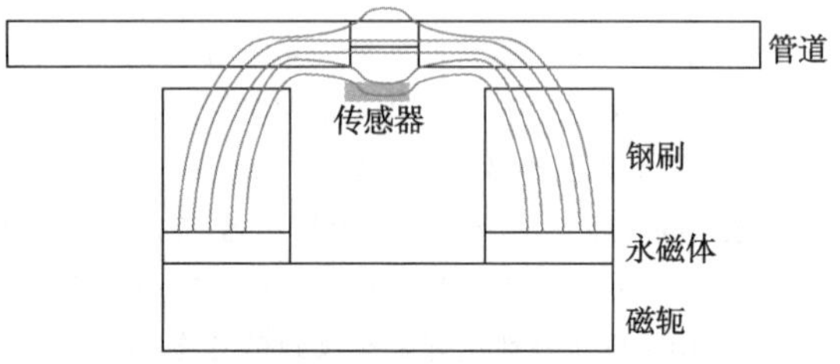

图 2　管壁有缺陷时磁力线分布

1.2　涡流检测技术

涡流检测利用交流电磁场激励使管道产生感应涡流，当有缺陷存在时，会改变涡流的分布，进而影响涡流探头的接收信号，从而实现管道的缺陷检测。由于趋肤效应，传统涡流检测的穿透深度较浅，只能检测表面缺陷，因此有学者提出了脉冲涡流等方法以提高穿透深度，但存在灵敏度差异、信号处理复杂的问题。

2　牵拉试验设计

2.1　试验管道

牵拉试验管道全长 102m，其中加速段 38m，缺陷段 13m，减速段 51m。

牵拉试验管道缺陷段共长 13.1m，初始段为螺旋管段。如图 3 所示，螺旋管段长 3m，包含 18 个不同方位不同大小的轴向沟纹缺陷。

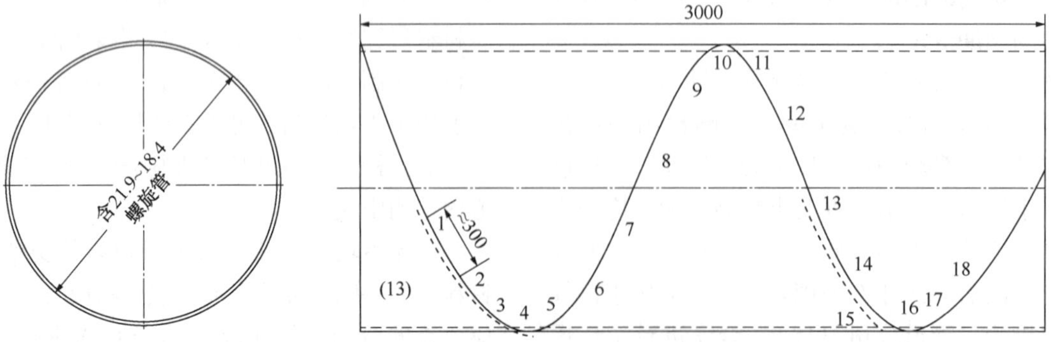

图 3　螺旋管段

如图 4 所示，后续管段总长 10.1m。1~3 管段每段长 0.75m，包含 30 处针孔缺陷，针孔直径分别为 3mm、5mm、8mm、10mm，按缺陷深度分为管道壁厚的 20%、40%、60%、80% 和

100%；30 处环焊缝裂纹缺陷，按缺陷位置可分为内部焊趾和内部焊缝中间两种，按缺陷深度分为管道壁厚的 20%、40%、60%、80%四种。

4~9 管段每段长 0.5m，包含 40 处环焊缝裂纹缺陷，分别为管道壁厚的 10%、20%、30%、40%、50%、60%、80%；24 处管体裂纹缺陷，包含 12 处内裂纹缺陷和 12 处外裂纹缺陷。

11 管为金属损失管，长 3.6m，包括针孔、坑状金属损失、一般金属损失、环向沟槽等缺陷 64 处。

12 管为支管段，包含 6 个针孔缺陷与 2 个坑状金属损失缺陷。

实际缺陷共 214 个，如表 1 所示，一般金属损失 9 个、轴向沟槽 6 个、环向沟槽 7 个、环向沟纹 8 个、坑状金属损失 14 个、针孔 44 个、轴向沟纹 126 个；18 个缺陷位于螺旋焊缝处，70 个缺陷位于环焊缝处。

实际缺陷遍布管道各个方位，如图 5 所示，基本实现管壁周向全覆盖。

根据《钢质管道内检测技术规范（27699－2023）》，如图 6 所示，将实际缺陷分为 7 种，牵拉管段每种缺陷均有涉及，大多数为轴向沟纹（裂纹）与针孔。

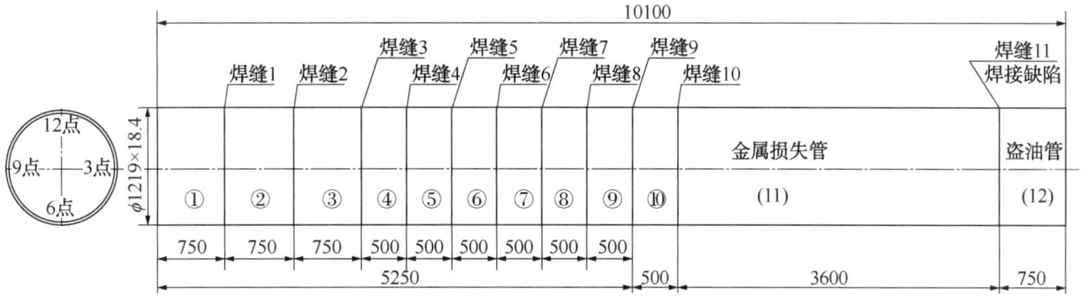

图 4　牵拉试验管段

表 1　实际缺陷分类

缺陷类型 \ 管段	螺旋管段	1	2	3	4	5	6	7	8	9	金属损失管	支管	共计
一般金属损失											9		9
轴向沟槽											6		6
环向沟槽											7		7
轴向沟纹	18	14	8	8	12	12	12	12	12	4	14		126
环向沟纹											8		8
坑状金属损失											12	2	14
针孔		10	10	10							8	6	44
共计	18	24	18	18	12	12	12	12	12	4	64	8	214

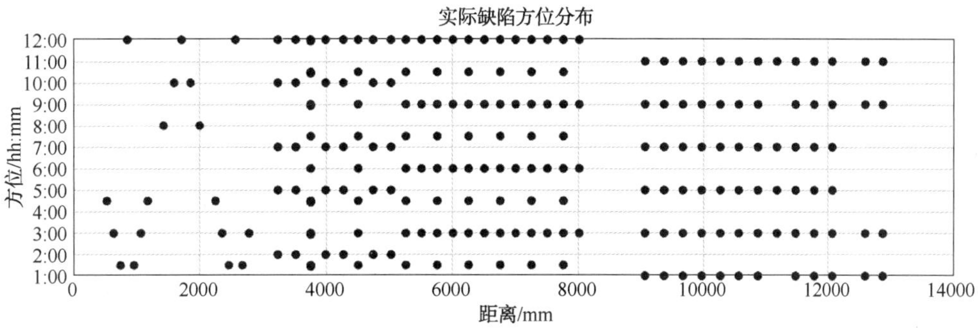

图 5　实际缺陷方位分布

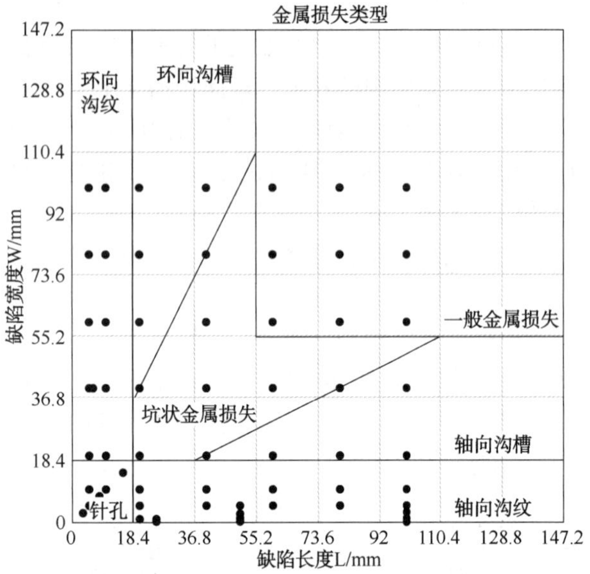

图 6　实际金属损失类型

2.2　试验过程

为验证超高清磁电复合内检测器的检测性能，在大兴牵拉试验场对该内检测器进行了牵拉试验。牵拉试验管道全长 102m，其中加速段 38m，缺陷段 13m，减速段 51m。管节口径均为 1219mm，壁厚为 18.4mm。非缺陷段使用法兰连接，缺陷段管节焊接环焊缝连接，并在环焊缝上加工了裂纹缺陷。通过 10t 卷扬机牵引钢丝绳牵拉内检测器的方式对 1219mm 多物理场综合内检测器进行了牵拉测试，共牵拉 9 次，其中速度 0.5m/s 牵拉 2 次，1m/s 牵拉 2 次，2m/s 牵拉 2 次，3m/s 牵拉 2 次，4m/s 牵拉 1 次，牵拉结束后检测器运行姿态正常，牵拉数据完整，信号质量和缺陷信号重复性较好，检测器运行速度对检测数据影响很小(图 7)。

图 7　Φ1219mm 口径超高清磁电复合内检测器牵拉试验

3　牵拉试验数据分析

3.1　牵拉试验结果

表 2 所示，牵拉试验共检测到 202 处缺陷，其中轴向沟纹最多，占 57.4%。

图 8 所示，根据《钢质管道内检测技术规范(GB 27699—2023)》，将检测到的缺陷分为 7 种，与实际缺陷分布规律基本相同。

表 2　牵拉试验检测结果

缺陷类型＼管段	螺旋管段	1	2	3	4	5	6	7	8	9	金属损失管	支管	共计
一般金属损失											9		9
轴向沟槽											6		6
环向沟槽											7		7
轴向沟纹	16	13	8	8	12	12	12	11	8	4	12		116
环向沟纹											8		8
坑状金属损失											12	2	14
针孔		10	10	10							6	6	42
共计	16	23	18	18	12	12	12	11	8	4	60	8	202

3.2　数据分析

表 3 为检测结果与实际缺陷的比较。实际缺陷共 214 处，检测到 202 处，检出率达 94.4%。有 10 处轴向沟纹、2 处外部针孔未检测到。

图 9 为未检测到的缺陷分类，未检测到轴向沟纹 10 处，其中 9 处为外部裂纹；未检测到外部针孔缺陷 2 处，针孔直径分别为 5mm、10mm。

3.2.1　焊缝缺陷检测数据分析

表 4 为实际焊缝缺陷与检测焊缝缺陷数量对比，焊缝缺陷共 88 个，检测到 80 个，检出率达 90.9%，验证了内检测器检测焊缝缺陷能力。

根据缺陷信号尺寸及深度，对焊缝缺陷进行量化，深度为管道壁厚 100%的缺陷被评价为重度缺陷，深度为管道壁厚 40%~90%的缺陷被评价为中度缺陷，深度为管道壁厚 10%～40%的缺陷被评价为轻度缺陷。

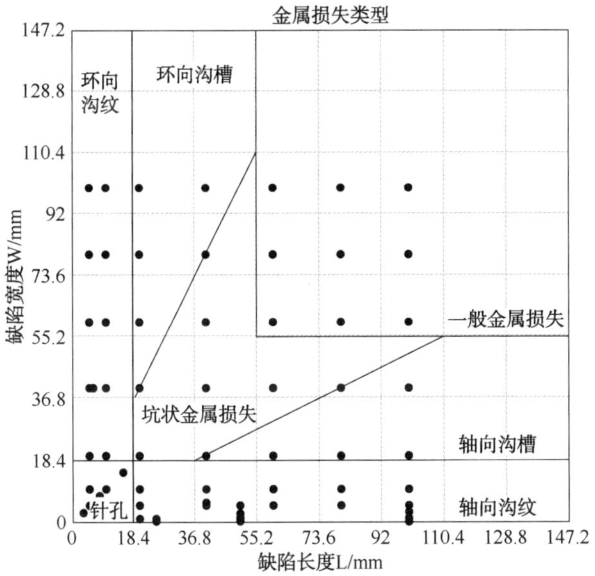

图 8　检测到的金属损失类型定义

表 3　检测结果与实际缺陷的比较

缺陷类型	实际缺陷数量	检测缺陷数量	差值
一般金属损失	9	9	
轴向沟槽	6	6	
环向沟槽	7	7	
轴向沟纹	126	116	-10
环向沟纹	8	8	
坑状金属损失	14	14	
针孔	44	42	-2
共计	214	202	-12

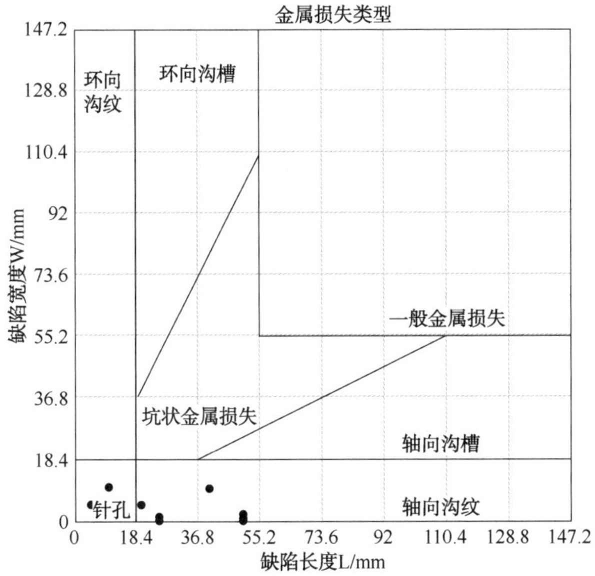

图 9　未检测到的缺陷分类

表 4　内检测器检测焊缝缺陷能力

缺陷类型	实际缺陷数量	检测缺陷数量	差值
螺旋焊缝缺陷	18	16	-2
环焊缝缺陷	70	64	-6

牵拉管道前 3m 为螺旋焊缝管道，包含 18 个螺旋焊缝缺陷，如图 10 所示，内检测器检测到 16 个缺陷，检出率达 88.9%，所有内部缺陷全部检出，位于焊缝中心的两个外部缺陷未检测到。螺旋焊缝无重度缺陷；中度缺陷 13 个，全部检出；轻度缺陷 5 个，检出 3 个，检出率 60%。检测器对宽度≥1mm，深度≥20%的内部螺旋焊缝裂纹缺陷和深度≥40%的外部螺旋焊缝裂纹缺陷可全部检出，深度 20%的外部螺旋焊缝裂纹缺陷可部分检出。

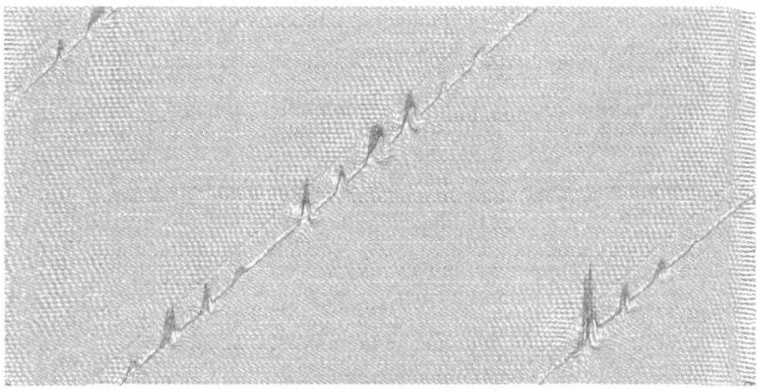

(a)螺旋焊缝缺陷曲线图

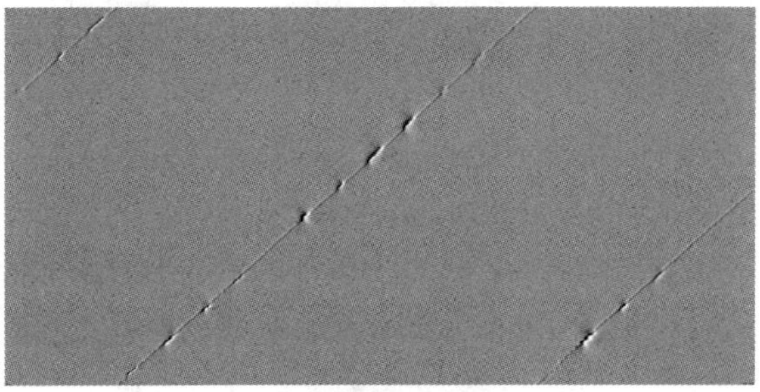

(b)螺旋焊缝缺陷灰度图

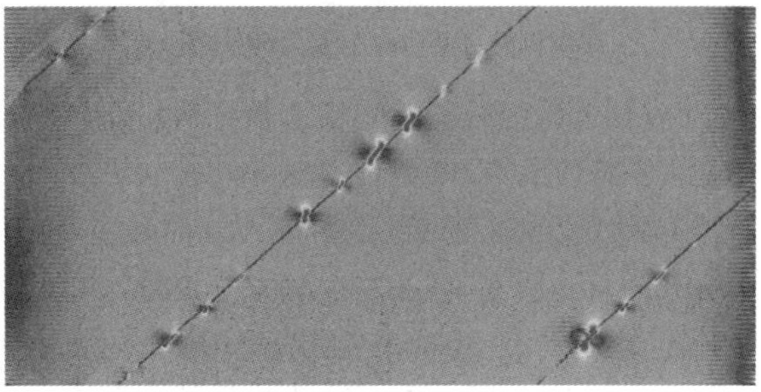

(c)螺旋焊缝缺陷伪彩图

图 10　螺旋焊缝缺陷漏磁信号图

1～9 管段长 5.25m，包含 70 个环焊缝缺陷(图 11)，按缺陷位置可分为外部焊趾、外部焊缝中间、内部焊趾和内部焊缝中间四种，其中内部环焊缝裂纹 54 处，外部环焊缝缺陷 16 处；按缺陷深度分为管道壁厚的 10%、20%、30%、40%、50%、60%、80%七种环焊缝缺陷。对于内部环焊缝裂纹缺陷，Φ1219mm 口径超高清磁电复合内检测器可以检测其中 53 处环焊缝裂纹缺陷，检出率达 98.1%，最小可检测长 25mm 开口 0.3mm 深度 3mm 的内部环焊缝裂纹缺陷；对于外部环焊缝裂纹缺陷，复合内检测器可以检测到 11 处，检出率为 68.8%，最小可检测开口 0.5mm 深度 20%壁厚的外部环焊缝裂纹缺陷。

环焊缝缺陷中，无重度缺陷；轻度缺陷 26 个，检出 24 个，检出率 92.3%；中度缺陷 44 个，检出 40 个，检出率 90.9%。

综上所述，焊缝轻度缺陷共 31 个，检出 27 个，检出率 87.1%；中度缺陷 57 个，检出 53 个，检出率 93.0%。

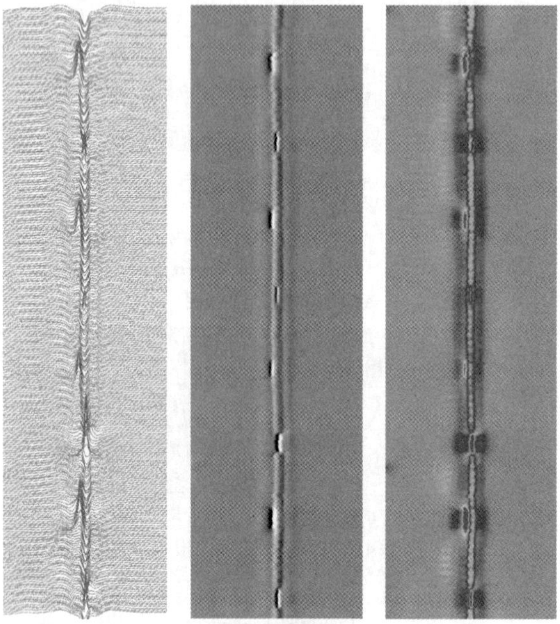

(a)漏磁信号　(b)灰度图　(c)伪彩图

图 11　环焊缝 1 缺陷检测结果

3.2.2　1-3 管段针孔缺陷检测数据分析

1-3 管段共有 30 处针孔缺陷(图 12)，针孔直径分别为 3mm、5mm、8mm、10mm，按缺陷深度分为管道壁厚的 20%、40%、60%、80%和 100%，检出针孔 30 个，检出率 100%，说明内检测器对 Φ3mm 以上内部针孔缺陷可全部检出。

3.2.3　管体裂纹缺陷检测数据分析

4-9 管段共有 24 处管体裂纹缺陷(图 13)，包含 12 处内裂纹缺陷和 12 处外裂纹缺陷，按缺陷深度分为管道壁厚的 20%、40%、60%、80%四种，内检测器检出 24 处缺陷，检出率达 100%。

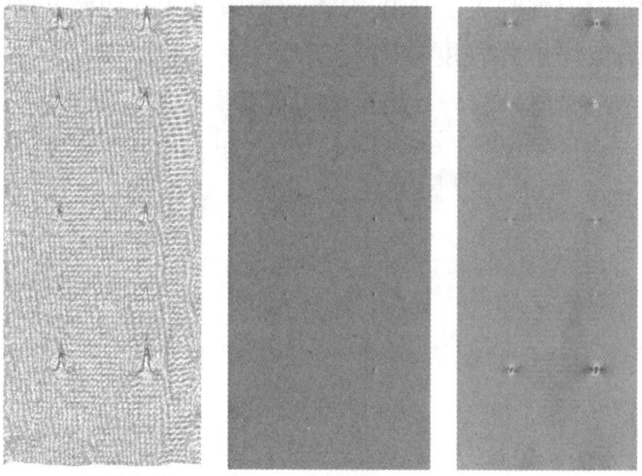

(a)漏磁信号　(b)灰度图　(c)伪彩图

图 12　1-3 管段针孔缺陷漏磁信号

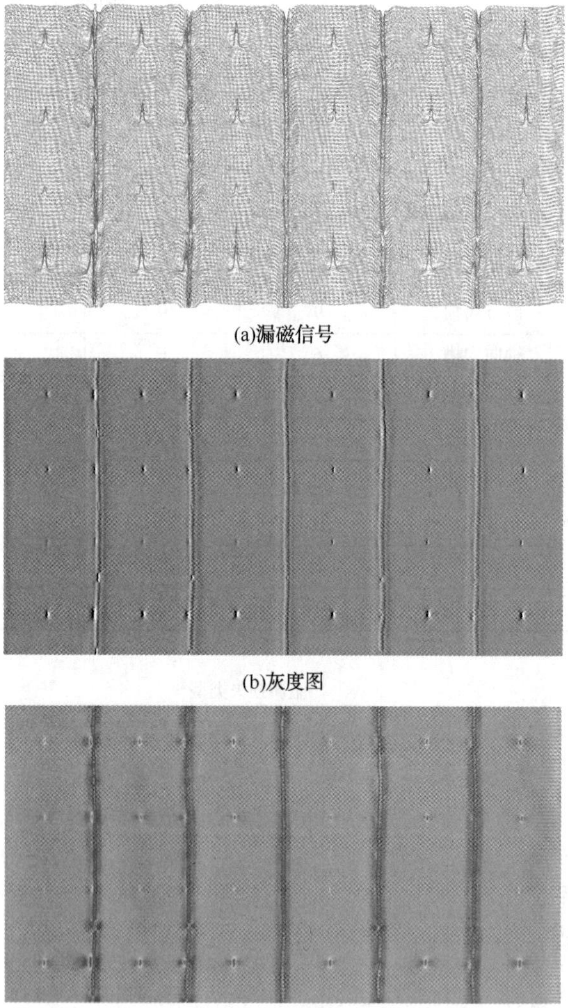

(a)漏磁信号

(b)灰度图

(c)伪彩图

图 13　4-9 管体裂纹缺陷漏磁信号

3.2.4　金属损失缺陷检测数据分析

金属损失管段长 3.6m，共有 64 个缺陷(图 14)，其中包括 8 个针孔、12 个坑状金属损失、7 个环向沟槽、8 个环向沟纹、9 个普通金属损失，6 个轴向沟槽、14 个轴向沟纹，检测出 60 个缺陷，检出率达 93.8%，2 个轴向沟纹与 2 个外部针孔缺陷未检出。

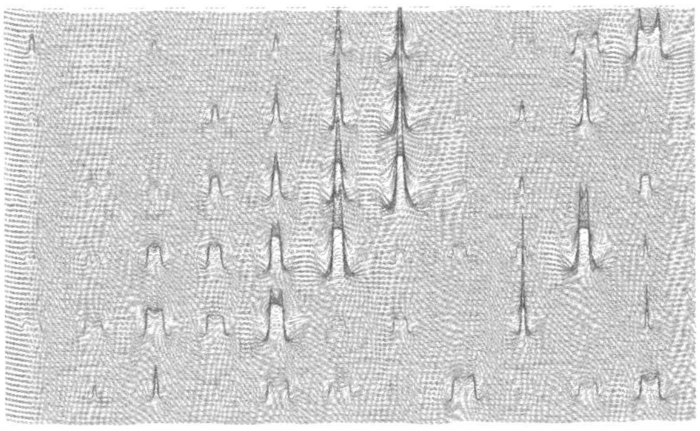

图 14　4-9 管段金属损失漏磁信号

3.2.5　支孔缺陷检测数据分析

支管段长 0.75m，有 6 个针孔缺陷与 2 个坑状金属损失缺陷(图 15)，直径分别为 5mm、10mm、15mm、20mm，内检测器全部检出，检测率为 100%。

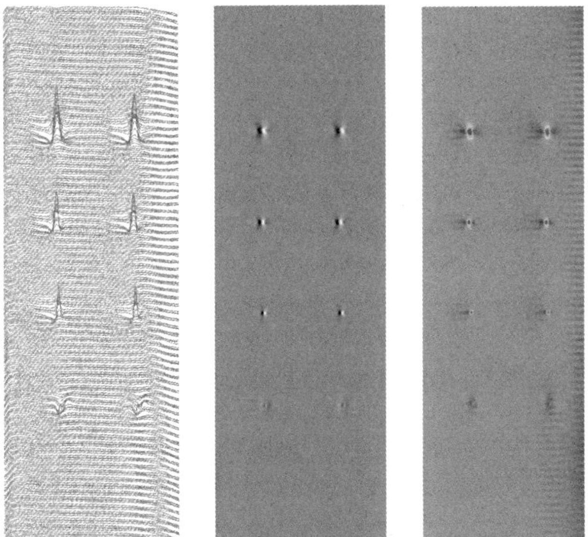

图 15　支孔漏磁信号

4　结论

(1) 实际缺陷共 214 处，检测缺陷 202 处，总检出率达 94.4%。

(2) 环焊缝裂纹类缺陷共 70 个，检测到 64 个，检出率达 91.4%，最小可检测宽度 0.3mm、长度 25mm、深度 3mm 的环焊缝裂纹，可有效检测开口宽度≥0.3mm，深度>3mm 的环焊缝裂纹缺陷。

(3) 螺旋焊缝缺陷 18 个，检测到 16 个，检出率达 88.9%，最小可检测宽度 1mm、长度 50mm、深度 20% 的螺旋焊缝裂纹缺陷。对宽度≥1mm，深度≥20%的内部螺旋焊缝裂纹缺陷和深度≥40%的外部螺旋焊缝裂纹缺陷可全部检出，深度 20%的外部螺旋焊缝裂纹缺陷可部分检出。

(4) 1-3 管段针孔缺陷共 30 个，检测到 30 个，检出率达 100%，可实现对 Φ3mm 以上内部针孔缺陷的全面检测。

(5) 管体裂纹缺陷与支孔全部检出，检出率达 100%。

(6) 金属损失管中缺陷共 64 处，检测出 60 个缺陷，检出率达 93.8%，未检测到的缺陷均为深度 10%的外部缺陷。

综上所述，适用于 Φ1219mm 管道的超高清磁电复合内检测器对环焊缝裂纹、螺旋焊缝裂纹、针孔、管体裂纹等各类缺陷检出率较高，有力验证了超高清磁电复合内检测器对投产前管道本体及环焊缝缺陷的全面检测能力，为降低环焊缝失效风险提供了有效保障。

参　考　文　献

[1] 王海涛，李仕力，陈杉，等. 高钢级天然气管道环焊缝断裂问题探讨[J]. 石油管材与仪器，2020，6(2)：49-52. DOI:10.19459/j.Cnki.61-1500/te.2020.02.010.

[2] 燕冰川，富宽，张海亮等. 环焊缝裂纹型缺陷漏磁内检测牵拉试验研究[J]. 油气田地面工程，2023，42(04)：69-75.

[3] 王富祥，玄文博，陈健等. 基于漏磁内检测的管道环焊缝缺陷识别与判定[J]. 油气储运，2017，36(02)：161-170.

[4] 吴霄. 油气管道漏磁内检测技术研究与应用[C]//中国城市燃气协会安全管理工作委员会. 2022 年第五届燃气安全交流研讨会论文集(下册)，2023：3. DOI:10.26914/c.cnkihy.2023.008255.

[5] 孙静，孙谨，章卫文等. 长输管道内检测技术研究进展[J]. 石油和化工设备，2023，26(02)：30-33.

[6] 吴志平，玄文博，戴联双等. 管道内检测技术与管理的发展现状及提升策略[J]. 油气储运，2020，39(11)：1219-1227.

[7] GOLDFINE N J，LOVETT J T，SHEIRETOV Y，ZOMBOP J. Dielectrometers and magnetometers suitable for in-situ inspection of ceramic and metallic coated components [C]. Oakland: Conference on Nondestructive Evaluation of Aging Maritime Applications，1995：2459.

[8] GOLDFINE N, ZILBERSTEIN V, CARGILL J S, SCHLICKER D, SHAY I, WASHABAUGH A, et al. Meandering winding magnetometer array eddy current sensors for detection of cracks in regions with fretting damage [J]. Materials Evaluation, 2002, 60(7): 870-877.
[9] Chen P, Li R, Fu K, et al. Research and Method for In-line Inspection Technology of Girth Weld in Long-Distance Oil and Gas Pipeline[J]. Journal of Physics: Conference Series.
[10] 欧正宇，韩赞东，岑佶松等. 埋地管道检测技术现状与展望[J]. 测控技术，2023，42(06)：1-9. DOI:10.19708/j.ckjs.2022.11.323.
[11] 李春雨，马义来，张莉莉，等. 基于脉冲涡流的管道内检测系统设计[J]. 无损检测，2018，40(7)：65-68.

海底管道临界悬跨长度分析及监测装置设计

梁 鹏 庞洪林 曾 欢 张梦玥 祝海凤

[中海石油(中国)有限公司天津分公司]

摘 要 针对海底管道悬跨形成的原因及危害进行分析，指出局部冲刷和海底沙坡两种因素容易形成海底管道悬跨，悬跨会使管道内部应力幅值将增大，从而导致管道屈曲或者变形，此外管道还会产生涡激振动，严重时将导致管道断裂，给安全生产造成重大损失。对海底管道临界悬跨长度进行简要分析，工程上海底管道的临界悬跨长度计算主要考虑2个方面：管道动态许用悬跨长度，管道静态许用悬跨长度，选择较小值作为最终的临界悬跨长度。同时根据工程实际提出了一种临界悬跨长度监测装置，定期监控海管悬跨的长度并与该海管的临界悬跨长度相比较，一旦超过临界悬跨长度的80%，可发生报警提醒作业人员进行悬跨治理，降低海底管道发生疲劳破坏的危险，提高海管运行安全性。

关键词 海底管道；冲刷；临界悬跨；检测装置

海底管道上海上油田的生命线，在海上油气田开发中发挥着关键作用，维护海底管道的安全是保证海洋油气田开发和保护海洋环境的重要保障。海底管道长期处在复杂的海底环境中，随着海洋环境的变化和人类海洋活动的增加，海底管道因波浪和海流的冲刷等因素作用产生悬空，从而可能导致管道疲劳或者破坏。本文针对海底管道形成悬跨的原因及危害、临界悬跨长度进行分析，并提出了一种海底管道临界悬跨长度监测装置，降低海底管道因悬跨发生疲劳破坏的危险，提高海管运行安全性。

1 海底管道悬跨的原因及危害

海底管道的局部冲刷会造成海底管道的悬跨（图1）。Bijker和Mao等人的研究表明在海流的作用下，管道附近会产生漩涡，这些漩涡会引起海床沉积物的悬浮和运移，同时海管上下游会产生压力差，压力差引起渗流，带走管道下方的泥沙。对于砂质海床会发生管涌，粘质海床会发生流土。Sumer给出了砂土海床上产生冲刷坑的临界条件公式，可以计算管道路由不同位置处产生冲刷坑的临界流速，根据区域底流和土质特征可初步判断最容易出现冲刷坑的位置。局部冲刷的极限平衡状态是冲刷扩展进程终止，冲刷坑尺度不再变化时的状态，重点关注冲刷坑的最大深度和沿管道轴向的扩展长度，决定了冲刷引起的最大悬跨高度和长度。局部冲刷是一个复杂的"水-管-土"耦合作用过程，从局部冲刷的启动到极限平衡状态需要经过一段时间，这个时间的长短是评价冲刷强弱的一个重要指标。

海底沙波是一种起伏并且剖面成波状的海床形态。针对南海北部经过沙波区的多条管道，并造成了不同程度的悬跨，包括东方1-1气田海管、番禺/惠州天然气海管、陆丰油田群海管等，刘极莉等做了相关应对措施的研究。沙波的存在预示着较强的水动力作用和泥沙搬运能力，沙波的起伏形态使铺设的海管与海床间不可避免地存在间隙，导致水流速度在间隙处放大，引起局部冲刷的加速扩展从而形成管道悬跨。

图1 海底管道悬跨

海底管道悬跨现象是海底管道安全运营的重大隐患。如果悬跨长度超过临界值，由于管道下部缺少海床支撑，在管道自身重力和海流冲击力的双重作用下，管道内部应力幅值将增大，从而导致管道屈曲或者变形。此外管道还会产生涡激振动，严重时将导致管道断裂，给安全生产造成重大损失，同时带来环境污染等一系列社会效应。

2　海底管道临界悬跨长度分析

最大允许悬跨长度分析是海底管道疲劳评估的重要内容，目前根据 DNV-RP-F105 规范的悬跨长度进行计算。DNV-RP-F105 展示了疲劳评估的简要流程，其主要流程分为 3 步：首先进行悬跨管道数据和特征收集。其次运用疲劳筛选标准对波流联合作用条件下涡激振动和直接波浪荷载引起的疲劳进行筛选，若满足疲劳筛选标准的要求，说明悬跨的疲劳寿命满足设计要求，不必进行具体的疲劳寿命计算；反之，则需要进行具体的疲劳寿命计算。最后进行极限状态校核(ULS)，极限状态校核主要考虑环向应力、轴向应力、等效应力，分别跟材料的安全许用应力(考虑材料屈服极限和安全系数)进行比较。海底管道自由炫酷分析流程如图 2 所示。

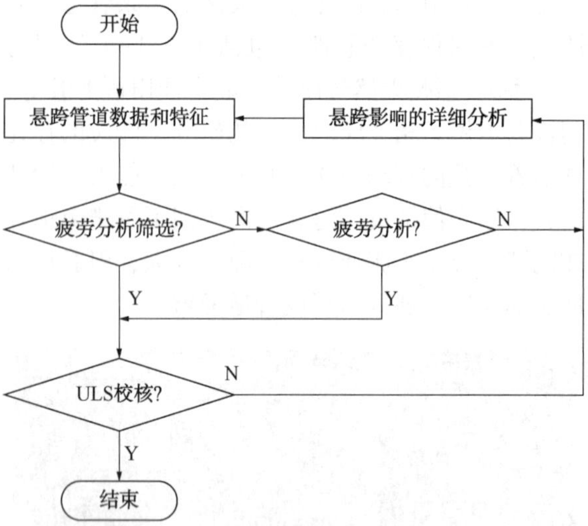

图 2　海底管道自由悬跨分析流程

工程上，海底管道的临界悬跨长度计算主要考虑 2 个方面：管道动态许用悬跨长度，管道静态许用悬跨长度。计算出这 2 种情况下的许用悬跨长度，选择较小值作为最终的临界悬跨长度。

动态许用悬跨长度的确定需要考虑以下情况：由波浪或水流拖曳力引起的管道顺流向涡激振动的起振悬跨长度；由圆柱扰流引起的旋涡脱落产生的管道横流向起振悬跨长度。静态许用悬跨长度的确定需要考虑以下情况：悬跨段的轴向应力达到材料临界应力(考虑安全系数)时的管道临界悬跨长度；悬跨段的等效应力达到材料临界应力(考虑安全系数)时的管道临界悬跨长度。

3　临界悬跨长度监测装置设计

一种海底管道临界悬跨长度监测装置可有效解决无法判断海底管道悬跨长度和危险程度的问题。利用多波束扫测传感器对悬跨海管下方海床具体形态进行扫描，定期监控海管悬跨的长度并与该海管的临界悬跨长度相比较，一旦超过临界悬跨长度的 80%，可发生报警提醒作业人员进行悬跨治理，降低海底管道发生疲劳破坏的危险。

图 3 为海底管道临界悬跨长度监测装置示意图，图 4 为海底管道临界悬跨长度监测装置原理图。图 3 中各标号对应的为：1 为海底管道、2 为固定支架、3 为缓冲垫圈、4 为 9 点方向螺栓孔、5 为临界悬跨长度监测系统、6 为水上接收装置、7 为海床、8 为海平面。该监测装置包括：固定支架、缓冲垫圈、9 点方向螺栓孔、临界悬跨长度监测系统和水上接收装置。

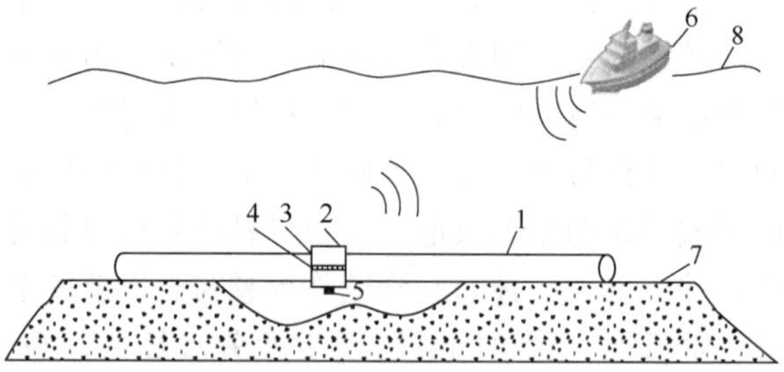

图 3　海底管道临界悬跨长度监测装置示意图

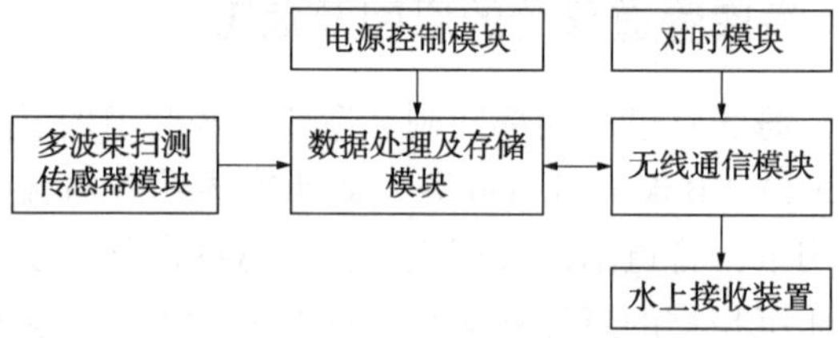

图 4　海底管道临界悬跨长度监测装置原理图

固定支架通过 9 点方向螺栓孔，使用螺丝固定在悬跨海底管道外侧。固定支架与海底管道之间设置有缓冲垫圈，起到缓冲减震、保护海底管道不被刮伤的作用。临界悬跨长度监测系统封装成盒子，固定在固定支架的 6 点方向，包括多波束扫测传感器模块、数据处理及存储模块、无线通信模块、电源控制模块、对时模块。多波束扫测传感器模块与数据处理及存储模块、电源控制模块、无线通信模块相连接，数据处理及存储模块作为主要交互中心对来自多波束扫测传感器模块的数据进行处理和存储，电源控制模块为多波束扫测传感器模块、数据处理及存储模块、无线通信模块提供电源。多波束扫测传感器单元有发射换能器阵列、接收换能器阵列以及信号转换器组成。发射换能器阵列、接收换能器阵列、信号转换器通过电子线路进行连接后，通过防水密封集成在悬跨长度监测装置盒中。发射换能器阵列主要实现向悬跨区域发射宽扇形波束，接收换能器阵列对反射回的探测波束进行接收。接收换能器阵列接收的探测信号为声波信号，并通过信号转换器将声波信号转换成电信号，向数据处理及存储模块发送。

数据处理及存储单元通过电子线路与多波束传感器单元连接。数据处理及存储单元有微处理器、IO 电路、存储器组成，微处理器采用 STM32F427VIT6 的高性能 ARM 芯片作为处理单元，能高性能处理多波束扫测传感器采集的数据。IO 电路通过电子线路与多波束扫测传感器模块连接，采集扫测电信号形成扫测数据。扫测数据通过微处理器进行信息过滤、处理后，将数据传输至存储器进行数据存储形成悬跨区域数据。存储器还用于存储临界悬跨长度监测系统水下部分各单元模块自身状态信息，用于系统自检，确保临界悬跨长度监测系统的健康状态。

无线通信模块实现水下临界悬跨长度监测系统与水上接收装置进行无线通信。无线通信模块将数据处理及存储模块存储的悬跨区域数据及系统监控数据通过声波的形式传送至水上接收装置。无线通信模块采用声波换能器以声波的形式，将数据传输至水上接收装置。对时模块用于水下临界悬跨长度监测系统与水上接收装置通信的对时功能。应理解，每次水下临界悬跨长度监测系统与水上接收装置通信时，对时模块进行对时工作，通过两次的对时结果及时更新水下临界悬跨长度监测系统的内部计时，达到数据精准存储的目的。

装置还包括电源控制模块，电源控制模块与数据处理及存储模块连接，电源控制模块根据数据处理及存储模块的信号为多波束扫测传感器模块、数据处理及存储模块及无线通信模块供电。水上接收装置 6 位于巡逻船或者临近的海上平台上。

4 结论

海底管道因波浪和海流的冲刷等因素作用产生悬空，从而可能导致管道疲劳或者破坏。本文针对海底管道悬跨形成的原因及危害进行分析，对海底管道临界悬跨长度进行简要分析。同时根据工程实际提出了临界悬跨长度监测装置，定期监控海管悬跨的长度并与该海管的临界悬跨长度相比较，一旦超过临界悬跨长度的 80%，可发生报警提醒作业人员进行悬跨治理，降低海底管道发生疲劳破坏的危险，提高海管运行安全性。

参考文献

[1] E. W. Bijker, W. Leeuwestein. Interaction between pipelines and the seabed under the influence of waves and currents[J]. Seabed Mechanics, 1984(1): 515-529.

[2] Mao Y. Seabed scour under pipelines[C]//Proceedings of 7th International Symposium on Offshore Mechanics and Arctic Engineering, Houston Texas, 1988: 33-48.

[3] Yee-Meng Chiew. Mechanics of local scour around submarine pipelines[J]. Journal of Hydraulic Engineering, 1990, 116(4): 515-529.

[4] Jensen B L, Sumer B M, Jensen H R, et al. Flow around and forces on a pipeline near a scoured bed [C]//Proceedings of 7th International Symposium on Offshore Mechanics and Arctic Engineering, Houston, Texas, 1988: 39-48.

[5] B. M. Sumer, Fredsøe J. Scour below pipelines in waves [J]. Journal of Waterway, Port, Coastal and Ocean Engineering, 1990, 116(3): 307-323.

[6] 张靖，拾兵，赵恩金，等. 复杂波浪条件下海底管线冲刷深度实验研究[J]. 动力学研究与进展 A 辑，2015，30(2)：123-128.

[7] 刘极莉，孙祥杰，于志兵，等. 穿越沙波区的海底管道冲刷研究[J]. 管道技术与设备. 2022(4)：7-11.

[8] 孙青，闫庆勋，于洋. 南海管道悬跨动态发展特征及防治措施[J]. 化学工程与装备. 2023(2)：92-935.

[9] DNV-RP-F105. Free Spanning Pipelines[S]. 2017.

埋地钢质管道交流干扰防护技术标准在阴极保护中的应用与研究

娄 政 张伟峰

（中国石化中原油田油气储运中心）

摘 要 随着我国近几年经济的飞速发展，管道与交流输电线路、交流/直流电气化铁路、变电站等其它电气设施交叉、接近或共用公共走廊的现象越来越普遍，杂散电流干扰管道的情况越来越多，杂散电流干扰对埋地管道造成的危害也越来越大，对企业和民生造成的危害是不可估量的，及时发现存在杂散电流干扰的管道，通过有效的治理措施，对该段干扰的管道进行治理使其达到管道保护标准，才能及时消除隐患确保管道安全平稳运行。本文选取陕西省咸宝复线(咸阳-宝鸡)为研究对象，此段管道全长138千米，沿途设输气场站2座、线路截断阀室7座，管道采用外加强制电流方法进行阴极保护。通过对埋地钢制输气管道交流杂散电流进行检测、分析和评估，探析《埋地钢质管道交流干扰防护技术标准》在输气管道阴极保护中的应用与研究。

关键词 埋地钢制管道；杂散电流；电流检测；阴极保护

1 概况

天然气管道与高铁、高压输电线路等近距离并行时，会产生电磁感应耦合，此时电流在传导线、回流线流动，周围产生交变磁场，在磁场作用下管线中的电荷交替地流向管线的两端，所产生的杂散电流强度与干扰电流的大小及并行长度成正比，与管线和电流之间的间距成反比。目前，国内外对于交流干扰的防护措施主要为“堵、排、测”，即对干扰源进行控制、对被干扰结构进行防护排流和加强干扰严重区域的监测。因此排流位置的选取、地床形式及与管道距离等参数的设计对于杂散电流的排流显得至关重要。本文选取陕西省咸宝复线输气管道与铁路、高铁存在平行及交叉区域的9根测试桩，对其交流杂散电流进行检测，通过数据分析，得出对应检测结果。

2 标准内容提要

针对交流腐蚀的安全评价主要是依据GB/T 50698—2011《埋地钢质管道交流干扰防护技术标准》3.0.5规定：当管道上的交流干扰电压不高于4V时，可不采取交流干扰防护措施；高于4V时，应采用交流电流密度进行评估，交流电流密度计算公式如下所示。

$$J_{AC}=\frac{8V}{\pi\rho d} \tag{1}$$

式中，J_{AC}为评估的交流电流密度（A/m^2）；V为交流干扰电压有效值的平均值（V）；ρ为土壤电阻率（Ω·m）；d为破损点直径（m）。

注：1. ρ值应取交流干扰电压测试时，测试点出与管道埋深相同的土壤电阻率实测值；

2. d值按发生交流腐蚀最严重考虑，取0.0113。

交流干扰程度如表1所示：

表1 交流干扰程度判断

交流干扰程度	弱	中	强
交流电流密度/（A/m^2）	<30	30~100	>100

引用于“GB/T 40377—2021《金属和合金的腐蚀交流腐蚀的测定防护准则》”。

标准给出可接受的交流干扰水平如下：

（1）第一步，管道平均交流电压应降低到15V以下。

（2）第二步，为了实现有效的交流腐蚀缓解，既要符合ISO 15589-1中的阴极保护电位要求，又要同时满足如下条件中的一项：

① 平均交流电流密度低于30A/m^2；

② 在平均直流电流密度低于1A/m^{2}或极化电位EIR-free正于-1.15V(CSE)，且极化电位

EIR-free 负于-0.90V(CSE)时，平均交流电流密度可大于或等于 30A/m² 且小于 100A/m²。

考虑到本次检测的管道输送介质为天然气，附近存在电气化铁路及高压线等，若管线腐蚀穿孔发生天然气泄露将产生严重后果，因此针对管线腐蚀安全的评价限值，选择交流电流密度 30A/m²。综上所述，管道腐蚀评价指标：交流干扰电流密度低于 30A/m²；人身安全评价指标：交流干扰电压低于 15V。

3 评价指标

3.1 交流干扰程度评价指标

电气化铁路及高压输电系统对管线的电磁影响主要分为常态运行时对管线和附近人员的持续影响，及故障时的瞬时影响。其对管线造成的交流危害主要有两种，一种是管道对地电压升高，附近有施工、检测或维修人员触碰到管线裸露位置发生触电，给人员生命安全带来威胁。另一种是由于电磁耦合造成管道对地产生交流电压，管道内部产生交流杂散电流，管道沿线存在或大或小的破损点，电流由破损点流入附近土壤时将发生腐蚀。为了保证人身安全和管道阴极防护在有效范围内，管道交流电压应小于 15V。

3.2 阴极保护有效性判定准则

由 GB/T 21448—2017《埋地钢制管道阴极保护技术规范》可知，无 IR 降阴极保护电位 EIRfree 应满足式 E1≤EIRfree≤EP 的要求。阴极保护电位宜满足表 2 的要求。

表 2　金属材料在土壤及水中的自然电位、最小保护电位和限制临界电位

金属	环境条件	自然电位 ECOR/V	最小保护电位 Ep/V	限制临界电位/V
碳钢、低合金钢	一般土壤和水环境	-0.65～-0.40	-0.85	E_1^a
	40℃<T<60℃土壤和水环境	-	E_p^b	E_1^a
	T>60℃的土壤和水环境	-0.80～-0.50	-0.95	E_1^a
	T<40℃，100Ω·m<ρ<1000Ω·m 含氧的土壤和水环境	-0.50～-0.30	-0.75	E_1^a
	T<40℃，ρ>1000Ω·m 含氧的土壤和水环境	-0.40～-0.20	-0.65	E_1^a
	存在硫酸盐还原菌(SRB)腐蚀风险缺氧土壤和水环境	-0.80～-0.65	-0.95	E_1^a

注：所有电位相对于铜/饱和硫酸铜参比电极(CSE)

3.2.1　E1 限制临界电位

管道防腐层的限制临界电位 E1 不应比-1.20V(CSE)更负，并应防止防腐层出现阴极剥离、起泡、管体氢脆现象。

3.2.2　100mV 阴极电位负向偏移准则

当表 2 的阴极保护准则无法达到时，可采用阴极电位负向偏移至少 100mV 的准则。但此准则不适用于温度大于 40℃的环境、含硫酸盐还原菌的土壤、存在干扰电流、平衡电流和大地电流的情形、存在外部应力腐蚀风险的情形以及管道连接处或由多种金属组成的部件。

3.3 直流干扰程度评价指标

由 AS 2832.1《Cathodic protection of metals Part 1: Pipes and cables》可知，涂层性能良好的结构或已证实对杂散电流的响应为快速极化和去极化的构筑物(表 3)，应遵循以下准则：

(1) 电位正于保护准则的时间不应超过测试时间的 5%；

(2) 电位正于保护准则+50mV(对黑色金属结构电位为-800mV)的时间不应超过测试时间的 2%；

(3) 电位应正于保护准则+100mV(对黑色金属结构电位为-750mV)的时间不应超过测时间的 1%；

(4) 电位正于保护准则+850mV(对黑色金属结构电位为 0mV)的时间不应超过测试时间的 0.2%。

由 GB 19285—2014《埋地钢质管道腐蚀防护工程检验》可知，管道遭受直流干扰影响时，管地电位波动值(最大或者最小电位与无干扰时电位差值)大于 200mV，应采取杂散电流排流保护或其他防护措施。

表 3

杂散电流干扰腐蚀危害程度	弱	中	强
管地电位波动值/mV	<50	50～350	>350

4 标准的实施

4.1 电位检测

首先采用万用表测量管地电位、交流电压，

对管道电位进行初步判断，确认干扰情况，测量方法见图1。

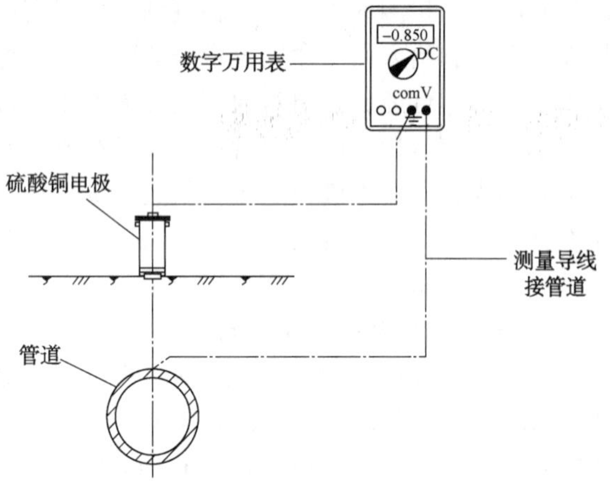

图1 电位测量方法

采用uDL2对测试桩进行24小时电位监测，检查片面积为1cm²，采集管道通电电位、试片断电电位、交流电压等数据。咸宝复线(557~639)测试桩分布见图2。

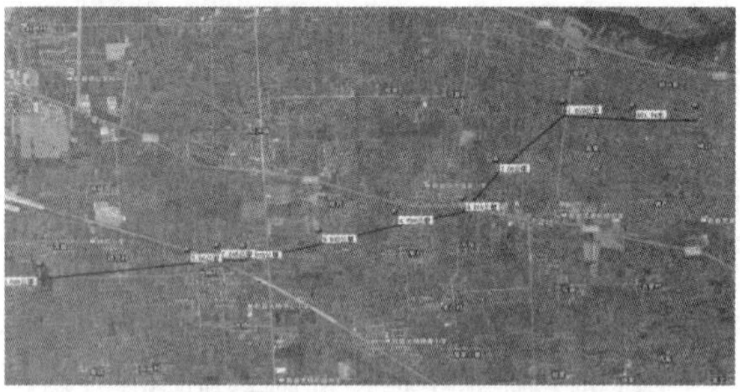

图2 咸宝复线(557—639)测试桩分布

万用表普测部分测试桩交流电压超过4V，但峰值不高，现场勘测中，交流电压偏高的位置，多与高压线存在并行及交叉情况，可以确定交流干扰源主要为高压输电线路，初步判断交流干扰强度不高。具体数据需要通过uDL2检测。

注：uDL2是一款高精度、双通道数据记录仪，可以与阴极保护试片(探头)配合使用。

4.2 检测设备(表4)

表4

序号	设备名称	型号规格	数量	备注
1	万用表	Fluke15B+	2台	测量电位
2	接地电阻测试仪	ZC-8	2台	测量土壤电阻率和接地电阻
3	数据记录仪	uDL2	10台	测量24小时电位数据
4	便携式参比电极	硫酸铜	8只	—
5	试片	1cm²	10套	测试断电电位
6	PCM	—	1套	探测

4.3 电位分析

通过uDL2采集24小时电位数据，对管道受干扰成程度进行分析(图3)。

563号测试桩，与交流高压线并行，距离约600m。通过uDL2数据整理，直流断电电位正于-0.85V时间占比为31.1%，大于5%，阴保不达标。

交流电压均值为1.12V，峰值达到3.12V，实地测量土壤电阻为3.9Ω。交流电流密度均值为5.16A/m²，峰值为14.361A/m²，均小于30A/m²。

交流电压峰值不超过4V，且交流电流密度在合理范围内(小于30A/m²)，故不需要做排流措施(图4)。

571号测试桩，与交流高压线并行，距离约600米。通过uDL2数据整理，直流断电电位正于-0.85V时间占比为98.6%，小于5%，阴保达标。

交流电压均值为1.05V，峰值达到1.92V，实地测量土壤电阻为6.6Ω。交流电流密度均值为2.86A/m²，峰值为5.22A/m²，均小于30A/m²。

交流电压峰值不超过4V阴保达标，且交流电流密度在合理范围内(小于30A/m²)，故不需要做排流措施(图5)。

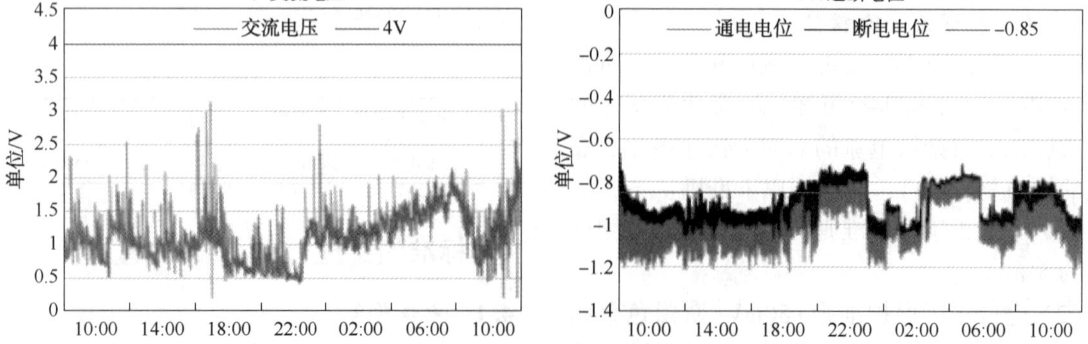

图3 563号桩电位分析

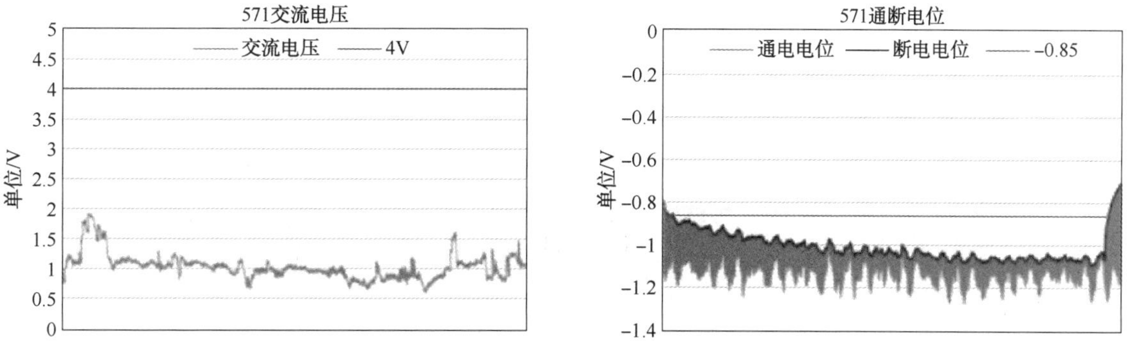

图 4　571 号桩电位分析

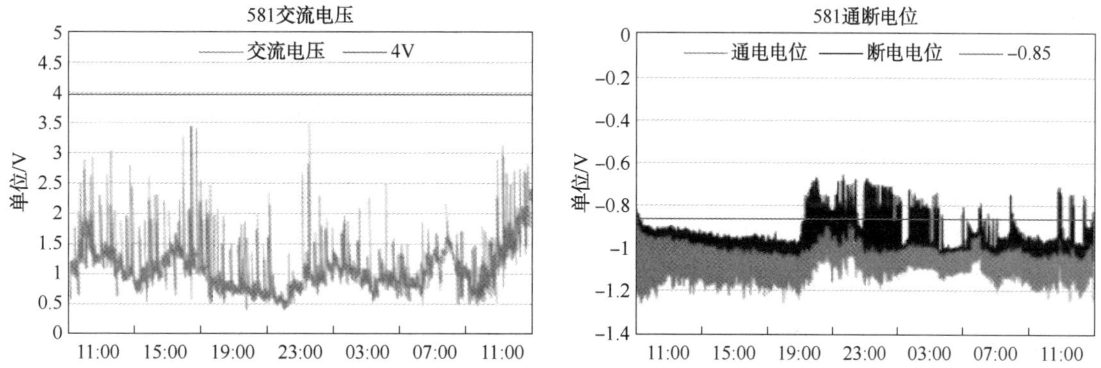

图 5　581 号桩电位分析

581 号测试桩，与交流高压线并行，距离约 200m。通过 uDL2 数据整理，直流断电电位正于-0. 85V 时间占比为 90. 38%，大于 5%，阴保不达标。

交流电压均值为 1. 13V，峰值达到 3. 51V，实地测量土壤电阻为 3. 5Ω。交流电流密度均值为 5. 8A/m²，峰值为 18A/m²，均小于 30A/m²。

交流电压峰值不超过 4V，且流电流密度在合理范围内(小于 30A/m²)，故不需要做排流措施(图 6)。

593 号测试桩，与交流高压线并行，距离约 300m。通过 uDL2 数据整理，直流断电电位正于-0. 85V 时间占比为 86%，大于 5%，阴保不达标。

交流电压均值为 2. 6V，峰值达到 5. 57V，实地测量土壤电阻为 5. 4Ω。交流电流密度均值为 8. 64A/m²，峰值为 18. 52A/m²，均小于 30A/m²。

虽然交流电压峰值超过 4V，但交流电流密度在合理范围内，不需要做排流措施(图 7)。

601 号测试桩经现场踏线勘察该点位管道与交流高压线并行，距离约 400m，通过 uDL2 设备 24 小时监测数据可看到该点位直流断电电位正于-0. 85V 时间占比达到 91. 61%，大于 5%，阴极保护不达标。

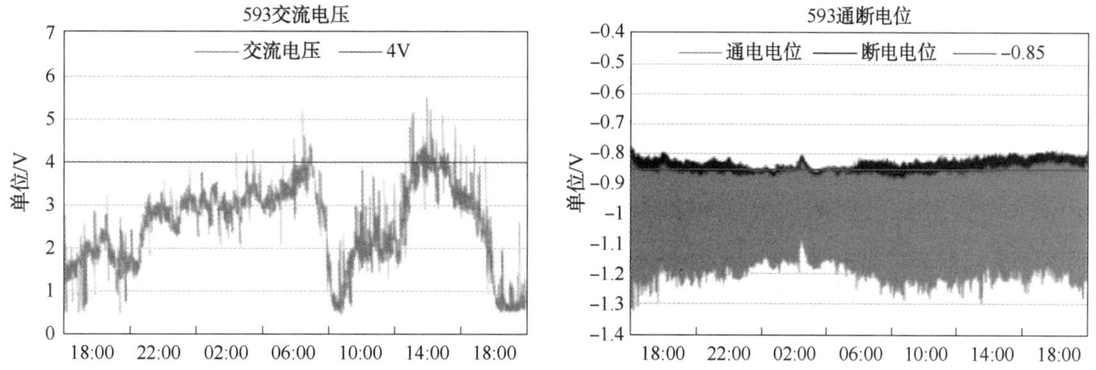

图 6　593 号桩电位分析

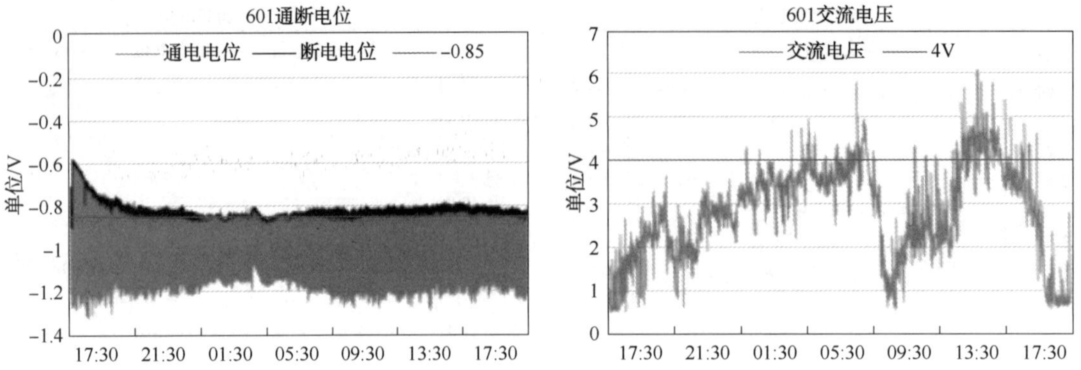

图 7　601 号桩电位分析

交流电压均值为 2.81V，峰值为 5.82V，经现场测量土壤电阻为 2.9Ω，交流电流密度均值为 17.39A/m²，峰值 36.03A/m²，属于中度交流干扰，建议采取防护措施治理(图 8)。

610 号测试桩与交流高压线并行但距离稍远，约 700m。管道直流断电电位正于-0.85V 时间占比为 0%，小于 5%，阴保达标。

交流电压均值为 2.24V，峰值达到 5.7V，实地测量土壤电阻为 1.8Ω。交流电流密度均值为 22.34A/m²，峰值为 56.85A/m²，峰值交流电流密度大于 30A/m²。

交流电压峰值超过 4V，峰值交流电流密度大于 30A/m²，属于中等强度交流干扰，建议增加排流设施(图 9)。

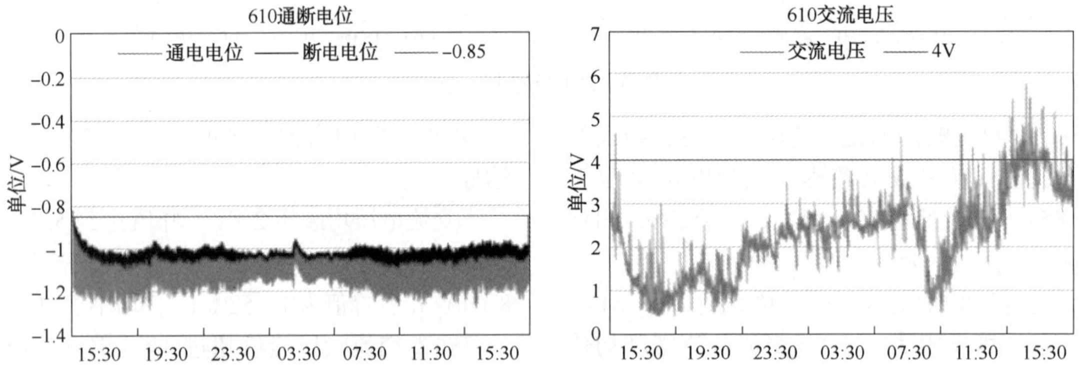

图 8　610 号桩电位分析

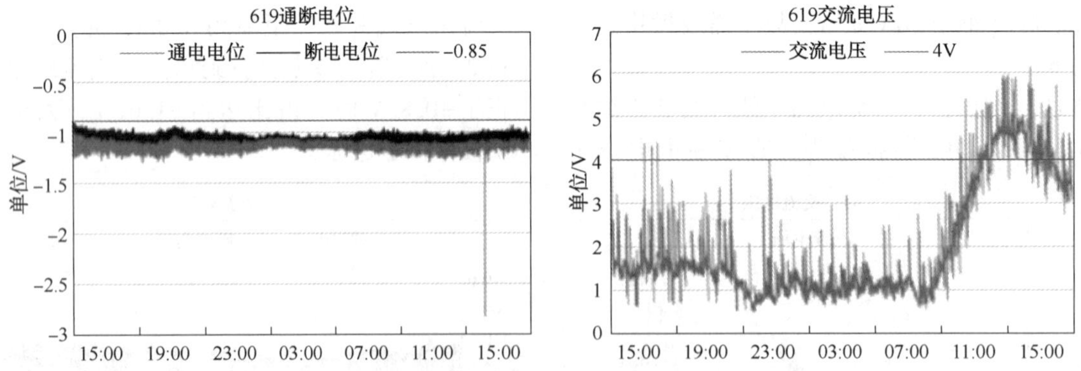

图 9　619 号桩电位分析

619 号测试桩附近多交流条高压线与管道并行，垂直距离约 5m，现场万用表空气中测量交流电压 3V 左右，通过 uDL2 设备 24 小时监测数据显示管道直流断电电位正于-0.85V 时间占比为 0%，小于 5%，阴保达标。

交流电压均值为 1.98V，峰值达到 5.6V，实地测量土壤电阻为 1.7Ω。交流电流密度均值为 20.91A/m²，峰值为 59.13A/m²，峰值交流电流密度大于 30A/m²。

交流电压峰值超过 4V，峰值交流电流密度大于 30A/m²，属于中等强度交流干扰，建议增加排流设施(图 10)。

627 号测试桩位于高铁线路附近，距离约 150m，通过 uDL2 设备 24 小时监测数据显示管道直流断电电位正于-0.85V 时间占比为 0%，小于 5%，阴保达标。

交流电压均值为 1.28V，峰值达到 4.99V，实地测量土壤电阻为 2.9Ω。交流电流密度均值为 7.92A/m²，峰值为 30.89A/m²，峰值交流电流密度大于 30A/m²。

交流电压峰值超过 4V，峰值交流电流密度大于 30A/m²，属于中等强度交流干扰，建议增加排流设施(图 11)。

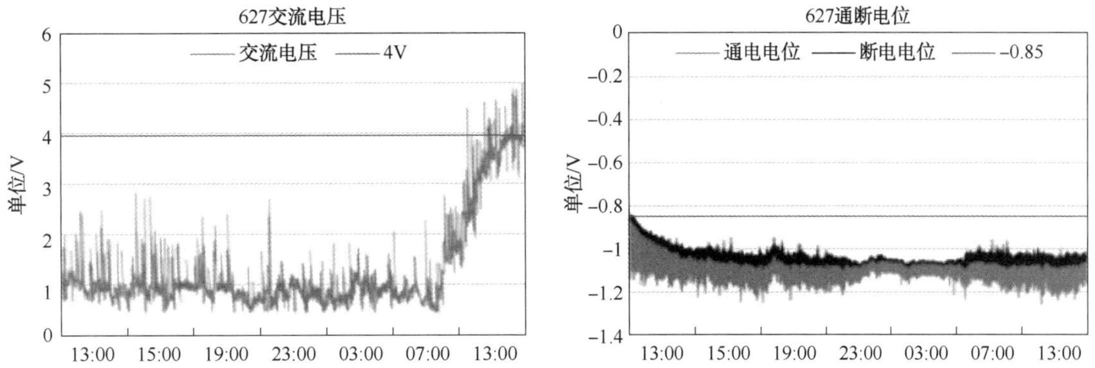

图 10　627 号桩电位分析

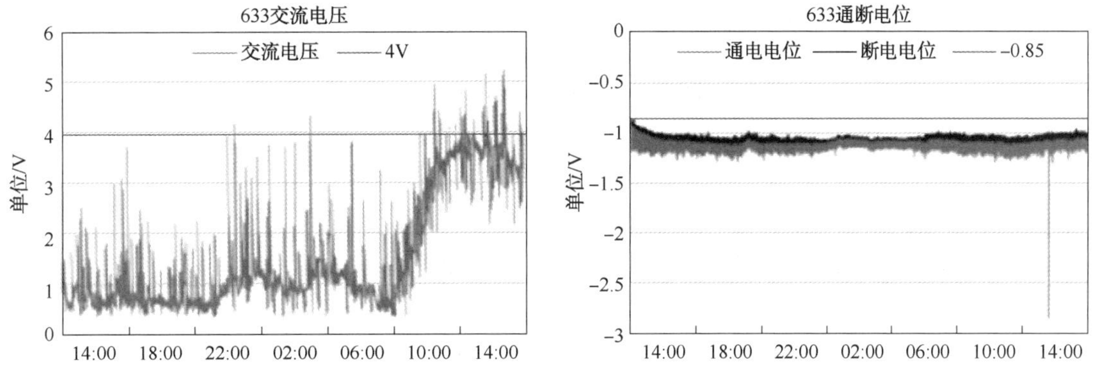

图 11　633 号桩电位分析

633 号测试桩位于高铁和高压线路附近，距离约 100m，通过 uDL2 设备 24 小时监测数据显示管道直流断电电位正于-0.85V 时间占比为 0%，小于 5%，阴保达标。

交流电压均值为 1.57V，峰值达到 5.26V，实地测量土壤电阻为 1.7Ω。交流电流密度均值为 16.58A/m²，峰值为 55.54A/m²，峰值交流电流密度大于 30A/m²。

交流电压峰值超过 4V，峰值交流电流密度大于 30A/m²，属于中等强度交流干扰，建议增加排流设施。

5　电位数据汇总分析

5.1　直流电位分析

对咸宝复线选取的测试桩数据进行分析后(图 12)，将通电电位及断电电位数据进行汇总，见表 5。

表 5　通电电位及断电电位数据汇总

测试桩编号	通电电位最小值/V	通电电拉最大值/V	通电电位平均值/V	断电电位最小值/V	断电电位最大值/V	断电电位平均值/V	断电电位正于-0.85V 时间占比
563	-1.23	-0.66	-0.97	-1.06	-0.66	-0.9	31.10%
571	-1.26	-0.71	-1.11	-1.08	-0.71	-1	3.20%

续表

测试桩编号	通电电位最小值/V	通电电拉最大值/V	通电电位平均值/V	断电电位最小值/V	断电电位最大值/V	断电电位平均值/V	断电电位正于-0.85V 时间占比
581	-1.24	-0.65	-1.03	-1.04	-0.65	-0.94	9.62%
593	-1.31	-0.77	-1.08	-0.87	-0.77	-0.83	86.00%
601	-1.31	-0.57	-1.1	-0.89	-0.58	-0.81	91.61%
610	-1.3	-0.82	-1.12	-1.08	-0.82	-1.02	0.00%
619	-2.81	-0.87	-1.11	-1.1	-0.87	-1.02	0.00%
627	-1.25	-0.83	-1.09	-1.09	-0.83	-1.04	0.00%
633	-2.82	-0.84	-1.1	-1.1	-0.85	-1.03	0.00%

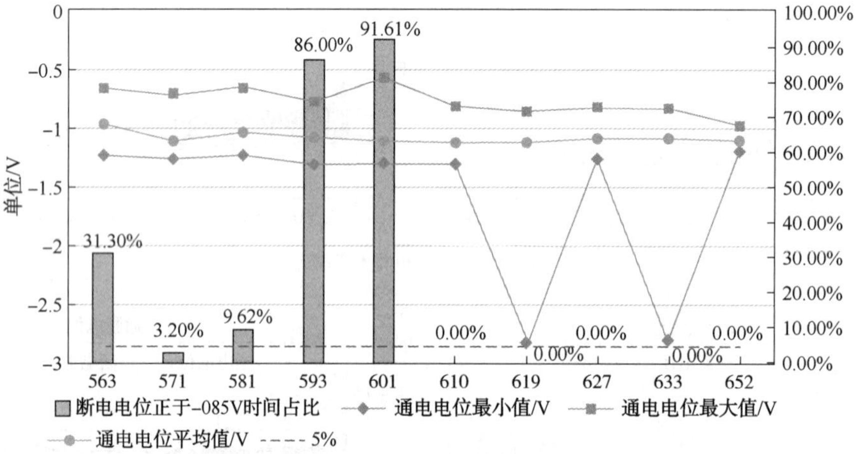

图 12　咸宝复线通电电位及阴保有效性图像

其中咸宝复线 563、581、593、601 处测试桩电位断电电位正于-0.85V 时间超过 5%，应对其采取排流措施。

5.2　交流干扰分析与总结

依据 GB/T 50698—2011《埋地钢质管道交流干扰防护技术标准》给出管道交流干扰评价指标：

(1) 管道腐蚀评价指标：交流干扰电流密度低于 30A/m^2；

(2) 人身安全评价指标：交流干扰电压低于 15V。

通过对汇总数据(表 6，图 13～图 14)分析发现，咸宝复线 601、610、619、627、633 测试桩交流电压超过 4V，最大交流电流密度超过 30A/m^2，应采取排流措施。

表 6　咸宝复线交流电压及交流电流密度统计

测试桩编号	交流干扰最大值/V	交流干扰平均值/V	交流干扰最小值/V	土壤电阻/Ω	土壤电阻率/(Ω·m)	交流电流密度/(A/m^2)(最大值)	交流电流密度/(A/m^2)(平均值)	交流电流密度/(A/m^2)(最小值)
563	3.12	1.12	0.42	3.9	48.984	14.36	5.16	1.93
571	1.92	1.05	0.63	6.6	82.896	5.22	2.86	1.71
581	3.51	1.13	0.42	3.5	43.95	18.00	5.80	2.15
593	5.57	2.6	0.54	5.4	67.824	18.52	8.64	1.80
601	5.82	2.81	0.53	2.9	36.424	36.03	17.39	3.28
610	5.7	2.24	0.45	1.8	22.608	56.85	22.34	4.49
619	5.6	1.98	0.5	1.7	21.352	59.13	20.91	5.28
627	4.99	1.28	0.45	2.9	36.424	30.89	7.92	2.79
633	5.26	1.57	0.4	1.7	21.352	55.54	16.58	4.22

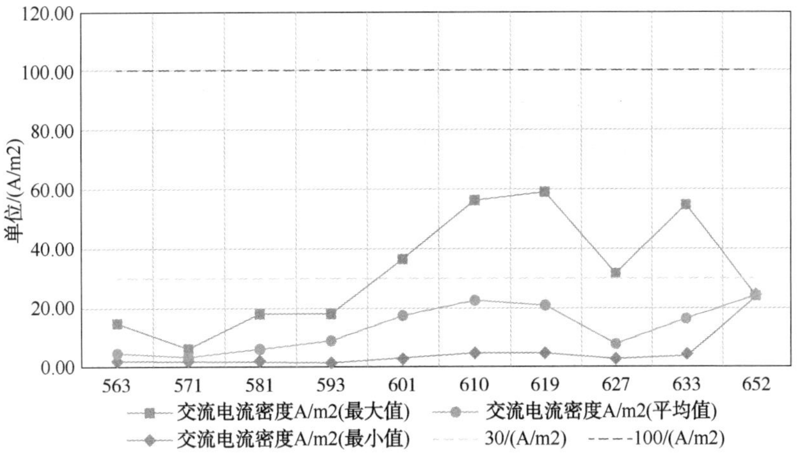

图 13　咸宝复线交流电流密度图像

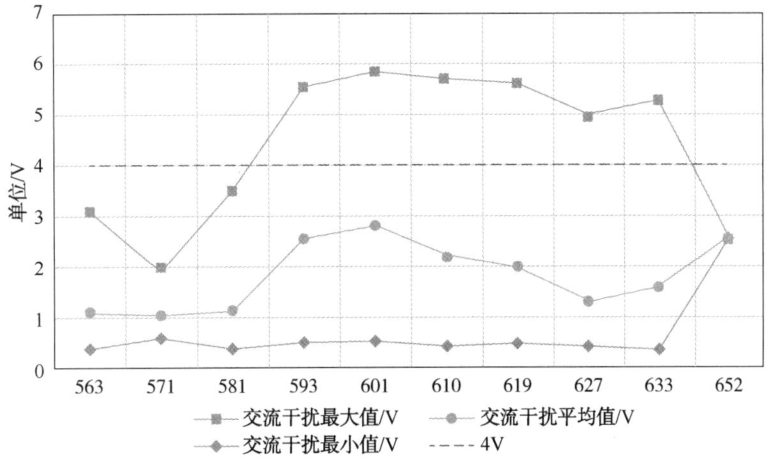

图 14　咸宝复线交流电压图像

参 考 文 献

[1] 王海峰. 埋地钢制管道腐蚀机理分析及应对措施[C]. //第八届石化装置工程风险分析技术应用研讨及经验交流会论文集. 2013：236-239.

[2] 杨旭晖. 高压输电线对埋地钢制管道影响及保护措施. 中文科技期刊数据库(全文版)工程技术，2021(11)：0066-0068.

[3] 闫茂成，石薇，王彬彬. 埋地阴极保护管线的交流干扰腐蚀. 装备环境工程，2021，18(4)：1-8.

[4] 曹威. 长输管道交流腐蚀防护技术现状综述. 石油和化工设备，2019，22(9)：99-101.

[5] 康甜甜，刘波，王树立，刘朝阳，姜英豪，周昊，杨燕. 埋地管道交流腐蚀与阴极保护研究进展. 常州大学学报：自然科学版，2016，28(1)：67-72.

[6] 黄建芳，王建华，刘强. 交流杂散电流对埋地钢质管道腐蚀危害实验. 后勤工程学院学报，2014，30(1)：47-51.

焊接残余应力对含裂纹 X80 管道环焊缝拉伸应变能力的影响

赵前坤[1,2]　曹宇光[1,2]　李仕儒[1,2]　甄　莹[1,2]　张　旭[1,2]

[1. 中国石油大学(华东)，储运与建筑工程学院；2. 中国石油大学(华东)，山东省油气储运安全重点实验室]

摘　要　含裂纹环焊缝管道的断裂性能和应变能力总是受到焊接残余应力的影响，而现有的拉伸应变能力评估模型很少考虑焊接残余应力的影响。有鉴于此，本文采用基于焊缝几何结构的热源计算模型模拟 X80 管道的焊接过程，并进一步利用 Gurson-Tvergaard-Needleman(GTN)模型建立焊接残余应力和拉伸载荷共同作用下含裂纹环焊缝管道的动态断裂模型。利用此断裂模型研究焊接残余应力对 X80 环焊缝管道的拉伸应变能力的影响。结果表明，焊接残余应力的存在促进裂纹在其尖端处的起裂趋势；X80 环焊缝管道的拉伸应变能力受到焊接残余应力的负向作用而下降，当裂纹深度达到焊缝厚度的 32.5%且裂纹长度大于 60mm 时，焊接残余应力所导致的拉伸应变能力下降率超过 25.3%。因此，在环焊缝管道的应变能力评估中，对于满足该尺寸的裂纹，焊接残余应力的负面影响不应被忽视。

关键词　焊接残余应力；环焊缝管道；拉伸应变能力；焊接模拟；断裂有限元分析

随着我国对石油与天然气需求的不断增长，长输管道正朝着大口径、薄壁和高等级钢的方向发展，其中 X80 管道占据高钢级管网的大部分。长输管道通过多层多道焊接进行敷设，最常采用的根焊方式为 SMAW 焊、STT 焊和半自动 GMAW 焊，其他焊道可通过半自动或全自动焊完成。焊接过程中产生的残余应力是集中于环焊缝中的自平衡力，直接影响到焊接部件的疲劳强度、承载能力和使用寿命。例如，在循环载荷和焊接残余应力的共同作用下，管道中的环焊缝通常是疲劳裂纹的起裂点。Mokhtarishirazabad 等研究了焊接接头的焊接残余应力分布和断裂行为，他们发现拉伸残余应力有助于裂纹的扩展。因此，在环焊缝管道的完整性评估中考虑焊接残余应力的影响是必要的。

拉伸应变能力的准确预测在基于应变设计和评估中起着至关重要的作用，其表示管道在不失去完整性的情况下能够承受的极限拉伸应变水平，即抗拉伸断裂能力。现有环焊缝管道的拉伸应变能力研究集中于含裂纹环焊缝的拉伸断裂上，包括基于 J 积分的应变评估模型、基于裂纹尖端张开位移(CTOD)的应变评估模型和基于应力强度因子的失效准则。Wang 等利用 GTN 模型模拟了含裂纹 X80 环焊缝管道的延性起裂和扩展行为，并进一步提出了包含裂纹尺寸、焊缝材料匹配和热影响区软化等参数的拉伸应变能力预测方程。ExxonMobil 公司搭建了全因子矩阵以捕捉影响因素的相互作用对应变能力的影响，其中包含管道尺寸、裂纹尺寸、错边量和材料性能等因素。然而，在现有环焊缝管道的应变能力评估中，通常忽略了焊接残余应力的影响，其会导致分析结果与实际结果之间存在偏差。因此，焊接残余应力对含裂纹环焊缝管道的拉伸应变能力的影响值得探究。

鉴于以上背景，本文利用基于焊缝几何结构的热源计算模型来模拟大口径 X80 管道的 6 层 6 道焊接过程，并通过实验测试数据验证焊接温度场和残余应力场的有限元结果。随后，利用子模型技术传递焊接残余应力场，并进一步采用 GTN 模型来模拟焊接残余应力和拉伸载荷共同作用下的裂纹扩展行为。最终，利用所建立的考虑焊接残余应力的断裂模型来探究焊接残余应力对含裂纹 X80 环焊缝管道拉伸应变能力的影响，为环焊缝管道的完整性评估提供新的参考。

1　考虑焊接残余应力的动态断裂模型

使用 ABAQUS 软件模拟焊接残余应力场中含裂纹环焊缝管道的裂纹扩展，整个数值建模过程如图 1 所示，即依次进行焊接温度场、焊接残余应力场和动态断裂的模拟。

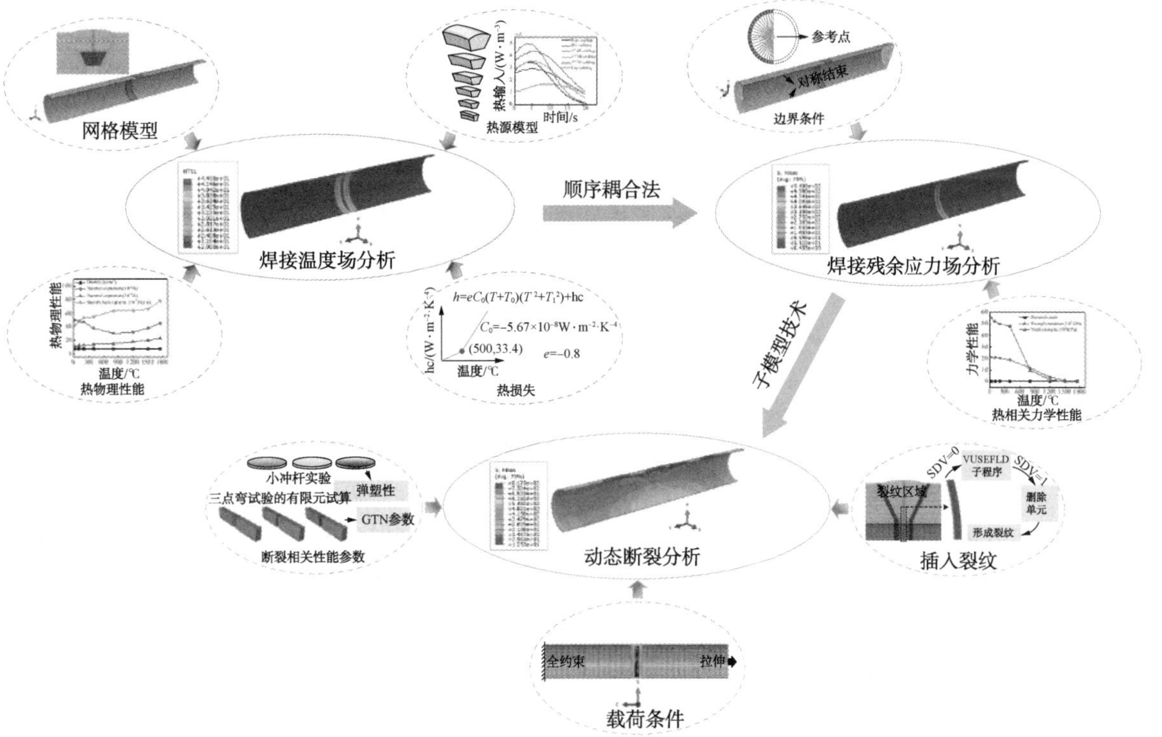

图 1　考虑焊接残余应力的环焊缝管道动态断裂模型的数值建模过程

1.1　焊接温度场分析

本文将一根采用 6 层 6 道焊接工艺的 X80 环焊缝管道作为研究对象，管道的外径 D 和壁厚 t 分别为 1219mm 和 18.4mm。根部焊道采用 GMAW 半自动焊，热、填充和盖面焊道均使用 FCAW-S 半自动焊。表 1 为具体的焊接工艺参数。基于焊缝的实际尺寸和结构对称性，建立二分之一的环焊缝管道有限元模型，如图 2 所示。焊缝顶部宽度与底部宽度分别为 21.5mm 和 5mm。焊缝余高为 1.5mm，焊缝厚度 W(从焊缝外表面到焊缝内表面的最大距离)为 20mm。为了调和数值计算精度和效率之间的矛盾，采用过渡网格划分法将环焊缝及其周围区域的网格加密。由于在后续的断裂分析中需要在焊缝中心插入裂纹，因此采用 1∶2 过渡法将裂纹周围区域网格的最小径向和轴向长度均划分为 0.25mm，以确保收敛性。在远离焊缝的母材区，沿管道环向采用 1∶3 过渡法将环焊缝及其周围区域网格的最小环向长度划分为 3mm。

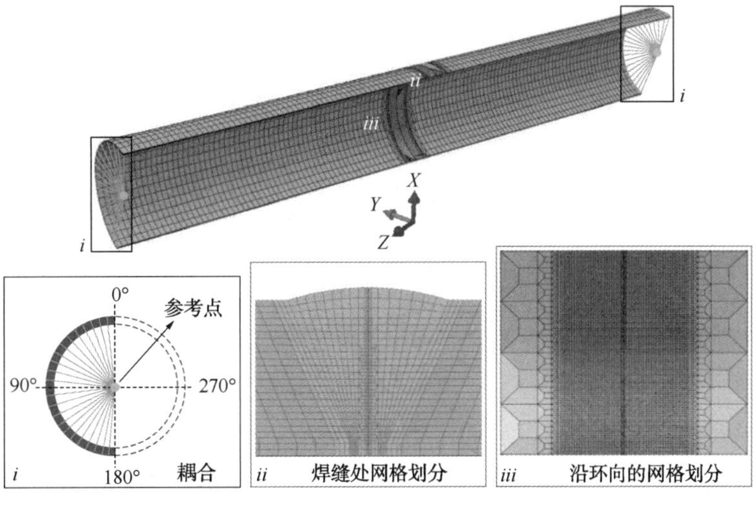

图 2　二分之一环焊缝管道有限元模型

选择 DC3D8R 热分析单元模拟 X80 管道的 6 层 6 道焊接过程。基于焊缝几何结构[图 3(a)]，利用高斯分布函数来描述移动电弧焊的热输入变化，从而开发适用于大口径管道的高效焊接模拟方法。在考虑热输入变化的热源计算模型中，每一点的热流密度 q 随焊接时间 t 的变化表示为

$$q(t)=\frac{UI\eta}{V_{\mathrm{P}}}\exp\left\{\frac{-3[v(t-t_{\mathrm{h}})]^{2}}{4l^{2}}\right\} \tag{1}$$

式中，U 为电压；I 为电流；η 为焊接热效率；V_{P} 为热源作用体积；v 为焊接速度；l 为热源的环向长度；t_{h} 为加热时间。将每层焊缝等分成 72 块热源，每块热源的长度为 2.5°(以角度表示)，并采用生死单元技术来实现热源的运动，从而模拟焊料的实际移动。根据每层焊缝的几何尺寸和相应的焊接工艺参数(表 1)，计算出每层热源的环向长度和作用体积以构建如图 3(b)所示的热源计算模型。假设从第 1 至第 5 层焊缝的冷却时间设定为 1000s，第 6 层焊缝的冷却时间为 5000s。

表 1　X80 管道 6 层 6 道焊接工艺参数

焊道	焊接电流/A	焊接电压/V	焊接速度/(mm/s)
1	120~130	17~18	3.18
2	200~210	21~22	3.43
3	240~250	21~22	2.30
4	250~260	21~22	2.56
5	250~260	21~22	2.06
6	200~210	19~21	1.36

为了简化焊接温度场的数值计算，假设焊缝金属与母材的热物理性能相同，X80 钢的热物理性能参数如表 2 所示。焊接部件对外界的散热主要依靠热对流和热辐射，其中焊缝及其附近区域在高温时依靠热辐射，在低温时依靠热对流。采用综合散热系数 h_{c} 来描述热边界条件，h_{c} 的表达式为

$$h_{\mathrm{c}}=\begin{cases}0.0668T, & 0\leqslant T\leqslant 500℃\\ 0.231T-82.1, & T\geqslant 500℃\end{cases} \tag{2}$$

式中，T 为焊接部件的温度。假设初始环境温度为 20℃，且 Stefan-Boltzmann 常数设置为 $-5.67\times10^{-8}\mathrm{W/m^2\cdot K^4}$。

表 2　X80 钢的热物理性能参数与热相关力学性能参数

温度/℃	20	100	200	400	800	1000	2000
泊松比	0.284	0.308	0.312	0.316	0.322	0.329	0.331
比热容/(J/g·℃)	0.423	0.473	0.536	0.662	0.914	0.983	1.160
密度/(g/mm³)	7.81	7.79	7.77	7.72	7.61	7.55	7.50
热传导系数/(W/mm·℃)	54.42	54.01	52.75	47.71	27.55	33.17	40.00
线膨胀系数/(℃⁻¹)	1.10	1.15	1.22	1.35	1.48	1.41	1.34
温度/℃	20	400	500	600	800	900	1000
弹性模量/GPa	210	187	142	138	118	97	55
屈服强度/MPa	590	385	113	108	80	40	27

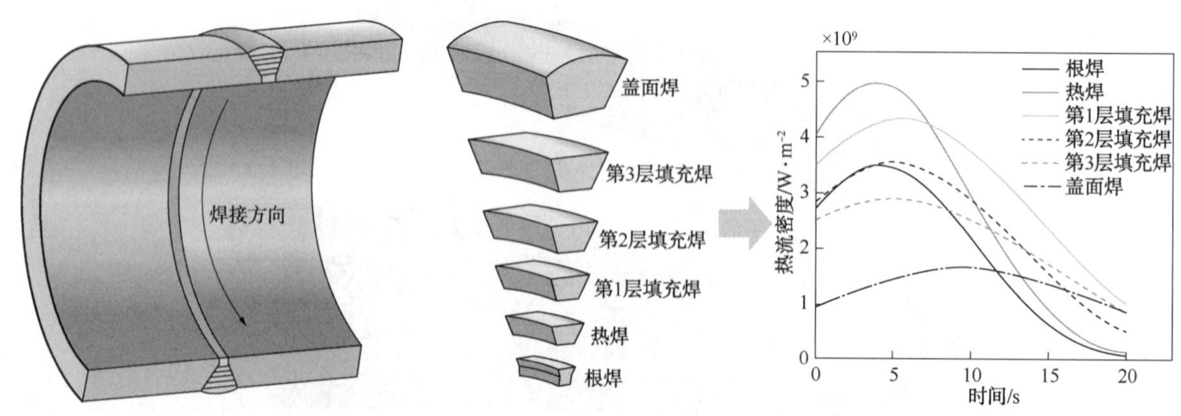

(a)焊缝几何结构　　　　(b)热源计算模型

图 3　基于焊缝几何结构的热源计算模型

1.2　焊接残余应力场分析

采用顺序耦合法来模拟 X80 环焊缝管道的焊接残余应力场，即在力学分析中使用与焊接温度场分析中相同的网格模型，并将所有节点的温度热循环作为热载荷加载到力学模型中。将单元类型设置为减缩积分实体单元 C3D8R，且在有限元分析中忽略固态相变和高温蠕变对计算结果的影响。将表 2 中 X80 钢的热相关力学性能参数赋予整个管道模型以简化数值计算。在管道两端的中心分别设置一个参考点，且在参考点与相应管端截面之间建立耦合以施加边界条件。对管道模型的两个对称截面施加沿 Y 轴方向的对称约束，并对两个参考点均施加全固定约束以防止焊接过程中管道的过度刚性移动所导致的计算不收敛。

1.3　动态断裂分析中的材料参数

对于大多数金属材料，GTN 损伤模型可以描述初始微孔成核直至材料最终断裂的塑性损伤行为，其被广泛应用于模拟具有材料非均匀性的焊接接头的断裂过程。因此，本文采用 GTN 模型构建考虑焊接残余应力的含裂纹环焊缝管道的动态断裂模型。开展小冲杆试验和三点弯试验以获取母材、焊缝金属和热影响区的弹塑性力学性能参数和 GTN 参数，其中小冲杆试验中的圆片试样和三点弯试验中的单边缺口弯曲(SENB)试样均取样于一根外径为 1219mm，壁厚为 18.4mm 的 X80 环焊缝管道，如图 4 所示。在小冲杆试验中，从管道的母材、焊缝金属和热影响区内分别取样并加工成三个圆片试样，每个试样的直径和壁厚均为 10mm 和 0.5mm。对于三点弯试验，根据 ASTM 准则设计了三个 SENB 试样，即具有母材、焊缝金属和热影响区中心裂纹的 SENB 试样，其中 SENB 试样的加工尺寸如图 5 所示。

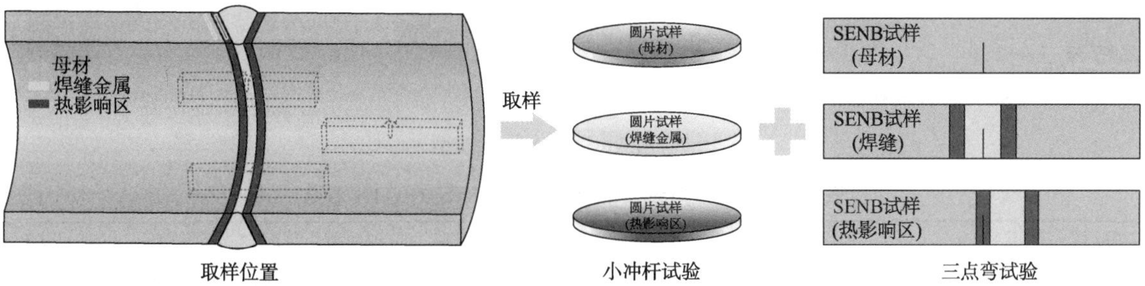

图 4　小冲杆试验和三点弯实验中圆片试样和 SENB 试样

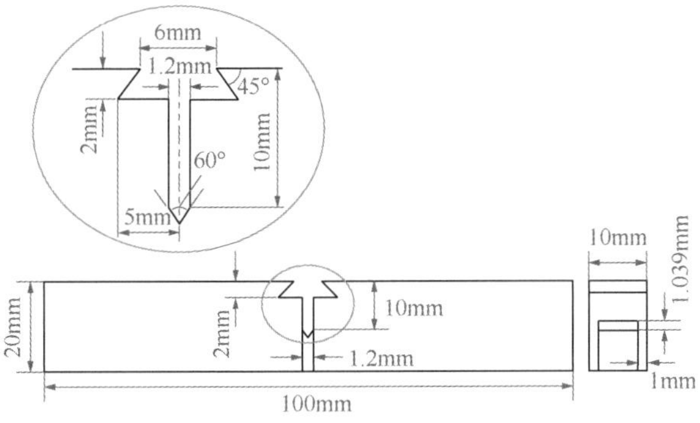

图 5　SENB 试样的加工尺寸

表 3　母材、焊缝金属和热影响区的力学性能

材料	弹性模量/GPa	屈服强度/MPa	抗拉强度/MPa
母材	576.5	700.8	212.8
焊缝金属	607	782.4	215.4
影响区	629.2	811.7	214.2

表 3 为利用小冲杆试验测得的相应区域的力学性能。采用 Hollomon 本构模型来描述环焊缝材料的应力-应变关系，通过 Cao 等提出的经验关联方法进一步拟合母材、焊缝金属和热影响区的真实应力-塑性应变曲线，如图 6 所示。

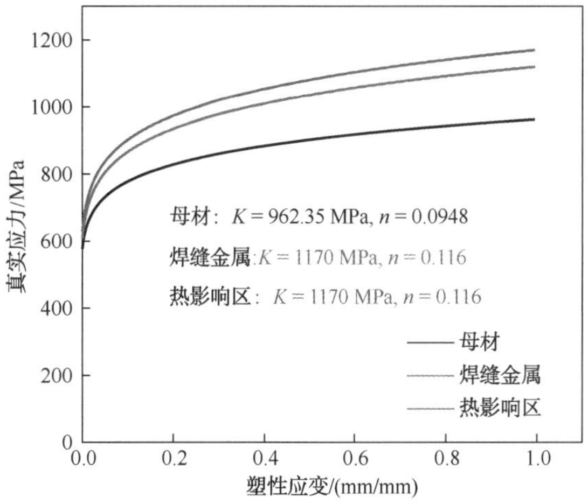

图 6　母材、焊缝金属和热影响区的真实应力-塑性应变曲线

利用三点弯试验的有限元反演试算来标定母材、焊缝金属和热影响区的 GTN 参数，所建立的具有母材、焊缝和热影响区中心裂纹的 SENB

试样如图7所示。对于具有焊缝和热影响区中心裂纹的SENB试样，焊缝区的宽度为8mm，热影响区的宽度为2mm。这三个SENB试样的初始裂纹长度均为10mm，且裂纹扩展区内的单元尺寸为0.25mm×0.25mm×0.25mm。将加载辊和支撑辊设置为弹性模量极大的弹性体，以减小裂纹扩展中由于接触刚度过大而导致的数据波动。对两个支撑辊的下表面施加全固定约束，且对加载辊施加沿Y轴负方向位移载荷。SENB试样和辊模型均采用减缩积分实体单元(C3D8R)，并利用显示动力分析进行求解计算。通过三点弯试验的有限元反演试算所标定的相应区域的GTN参数如表4所示。图8为使用表4中的GTN参数的有限元模型获得的载荷-位移曲线与试验曲线之间的对比。可以看出，有限元曲线的下降阶段存在一些波动，且某些剧烈波动处的载荷值与对应的试验载荷值存在偏差，而有限元曲线的其他部分基本与试验曲线相吻合，这表明所标定的GTN参数是可靠的。

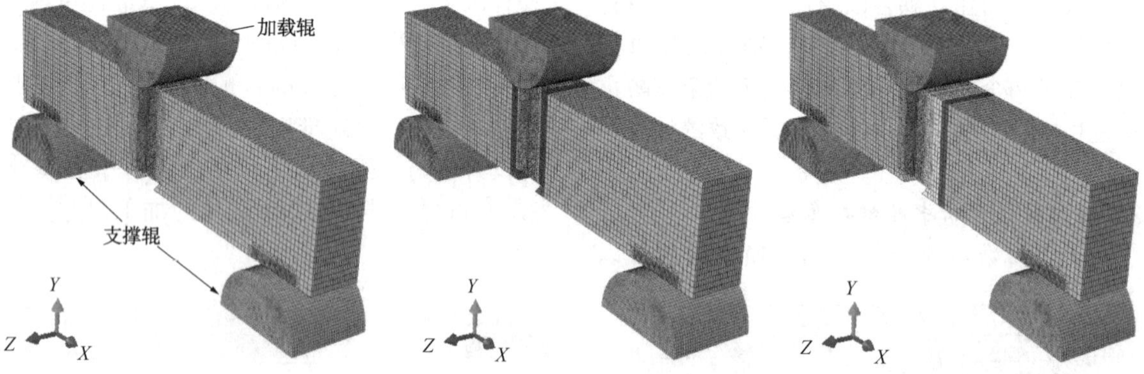

(a)SENB试样(母材) (b)SENB试样(焊缝) (c)SENB试样(热影响区)

图7 SENB试样有限元模型

表4 通过三点弯试验的有限元试算标定的GTN参数

材料	q_1	q_2	q_3	ε_N	S_N	f_0	f_N	f_c	f_F
母材	1.2	0.75	3	0.3	0.1	0.0015	0.00005	0.05	0.1
焊缝金属	1.5	1	3	0.3	0.1	0.0015	0.005	0.05	0.1
热影响区	1.5	0.65	3	0.3	0.1	0.0025	0.0005	0.05	0.1

注释：q_1、q_2和q_3为相邻孔隙之间的修正系数；ε_N和S_N分别为平均等效塑性应变和标准方差；f_0为初始孔隙体积分数；f_N为两相成核体积分数；f_c为临界孔隙体积分数；f_F为最终失效时的孔隙体积分数。

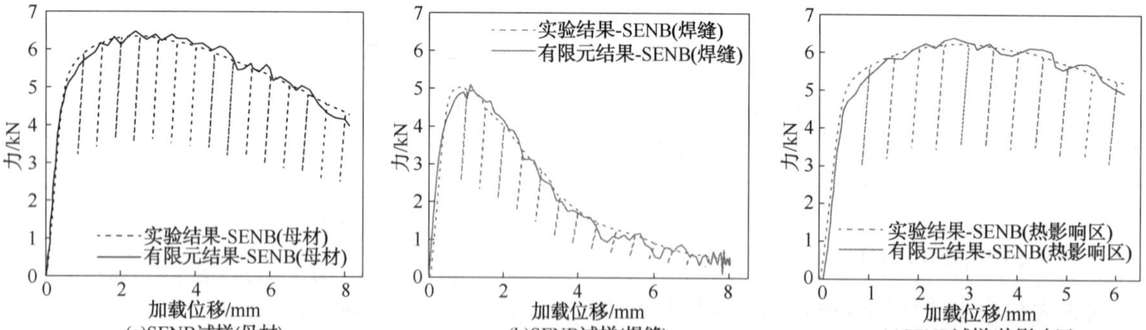

(a)SENB试样(母材) (b)SENB试样(焊缝) (c)SENB试样(热影响区)

图8 通过试验与数值模拟获得的载荷位移曲线的对比

1.4 焊接残余应力场传递和裂纹插入

图9为利用子模型技术构建的考虑焊接残余应力的动态断裂模型，子模型的网格情况与焊接模拟中环焊缝管道模型一致。首先将焊接残余应力场作为预定义场传递到子模型中，随后将母材、焊缝金属和热影响区的弹塑性力学性能(表3和图6)和GTN损伤参数(表4)分配给子模型中的相应区域。假设子模型中的缺陷为一个位于焊缝内表面中心的直角形环向裂纹。采用本工作开发的USFELD子程序去改变裂纹区域(以蓝色

区分)单元的解相关状态变量(SDV)，从而插入裂纹。该方法的原理为，一旦执行断裂有限元分析，子程序立即将裂纹区域单元的 SDV 从 0 改变为 1，以删除裂纹区域单元。对管道子模型的两个对称截面施加关于 Y 轴的对称约束，且对子模型的两端分别施加完全固定约束和位移拉伸载荷以模拟管道在拉伸载荷和焊接残余应力共同作用下的断裂过程。

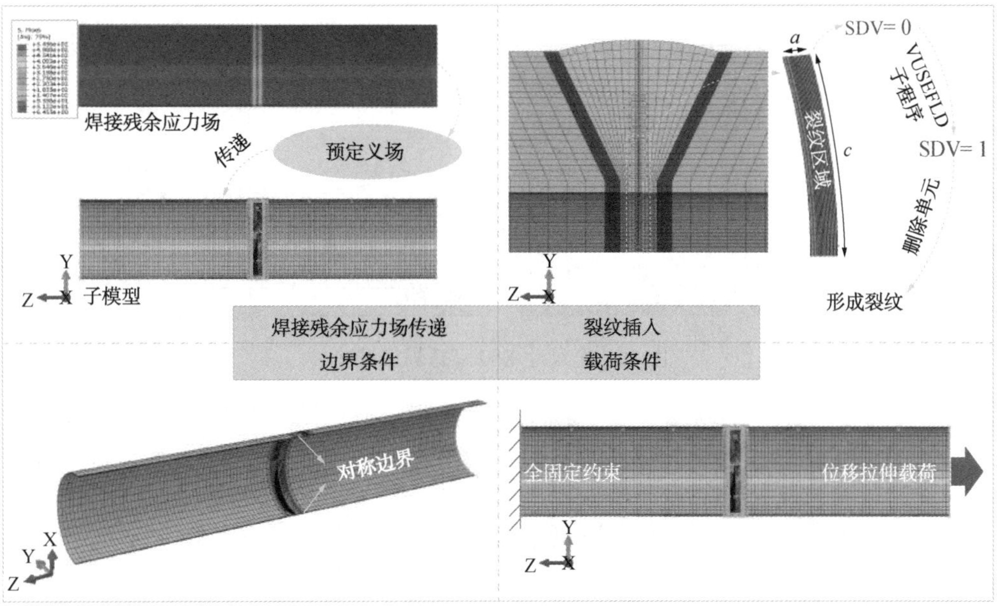

图 9　焊接残余应力场传递、裂纹插入、边界条件及载荷条件

1.5　考虑焊接残余应力的断裂模型的验证

1.5.1　与全尺寸管道焊接实验的对比

由于本文建立的焊接数值模型是基于 Zhao 等开展的全尺寸 X80 管道焊接试验(图 10)建立的，因此采用此焊接试验所测得的热循环曲线和残余应力去验证有限元结果。焊接前，将一个热电偶点焊进距离根焊和管道内壁皆 2mm 的位置以获得该点的热循环曲线；焊接后，在管道外壁上距离焊缝中心线 5mm、20mm、35mm 和 60mm 的位置处钻孔并铺设玫瑰花形应变片，以测试相应位置处的残余应力。

图 11(a)为通过有限元模拟和热电偶测试获得的热循环曲线的对比，其中包括从第 1 到第 6 层焊接中模型 90°横截面的温度云图。可以看出，每层焊缝的温度场呈对称分布，熔池的温度均超过 X80 钢的熔点(1530℃)，焊缝及其附近区域的温度下降梯度明显高于远离焊缝区域的温度下降梯度。热循环模拟曲线上共有 6 个峰值，每个峰值代表热源到达每层 90°横截面时测试位置处的最高温度。第 1 层焊接过程中的模拟曲线基本贴合试验曲线，最高温度的模拟值和测试值分别为 1231.4℃ 和 1294.5℃，模拟误差为 4.87%。因此，利用所建立的焊接模型模拟的温度场结果是可靠的。

图 11(b)为通过数值模拟和盲孔法测试获得的管道外表面上残余应力分布的对比。可以看出，残余应力模拟曲线与测试数据的分布规律基本一致，最小误差为 5.33%，最大误差为 17.54%。存在较大误差的原因为焊接模型忽略焊道的实际加工长度，即为了实现缓冷效果，每层焊道的长度均比上一层焊道的长度短 50mm。综上所述，对比结果可为适用于大口径管道的焊接数值模型提供验证。

1.5.2　与全尺寸管道弯曲实验的对比

选择国家管网开展的全尺寸 X80 管道弯曲试验来验证含裂纹环焊缝管道的断裂有限元模型。图 12 为全尺寸管道弯曲实验装置。管道试样的外径和壁厚分别为 1219mm 和 18.4mm。裂纹的深度和长度为 11mm 和 40mm。焊缝几何尺寸与本文取样的焊缝几何尺寸一致。在开展试验之前，使用焊后热处理消减环焊缝中的残余应力。整个试验过程分为两个步骤：第一步，管道被缓慢施加内压直至其达到 10MPa；第二步，通过加载臂施加位移载荷以实现管道的两点弯曲。在管道外表面铺设应变片以测得不同位置的轴向应变历程，其中选取 3 个位置与有限元结果进行对比，即管道 0°轴线上距离裂纹中心 1.5D 处的 1 号应变计和位于 30°和 60°焊缝外表面中心的 2 号和 3 号应变计，如图 13 所示。

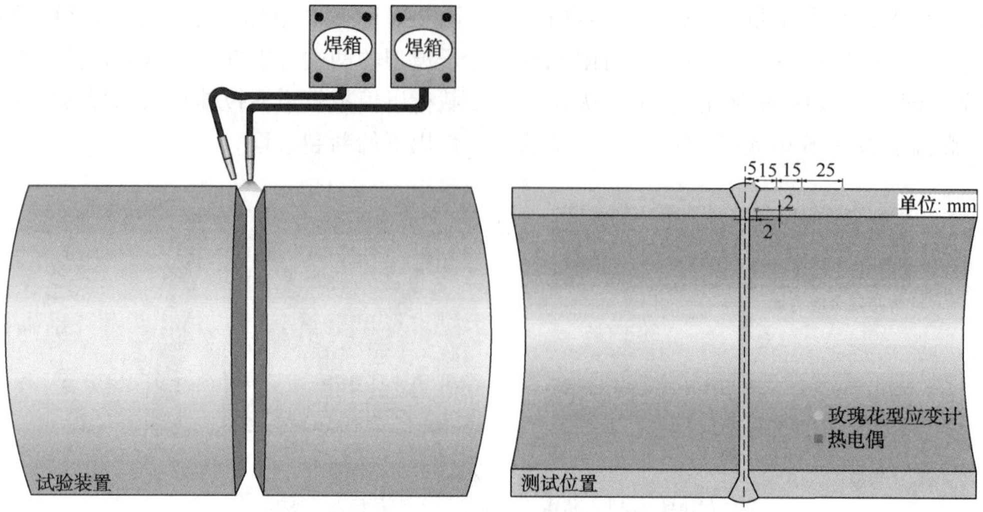

图 10　全尺寸 X80 管道焊接试验

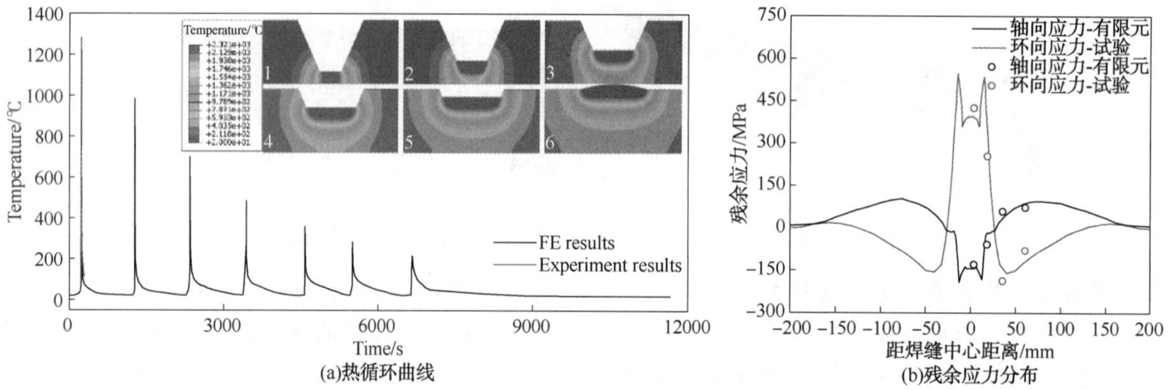

图 11　焊接有限元模型的验证

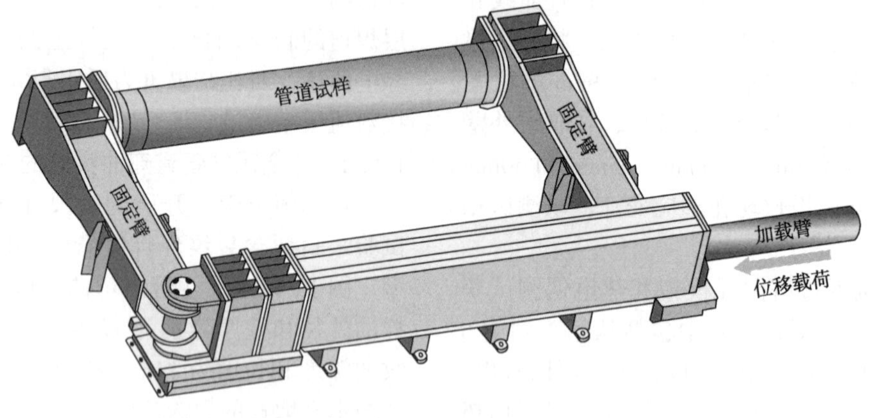

图 12　全尺寸 X80 管道弯曲试验装置

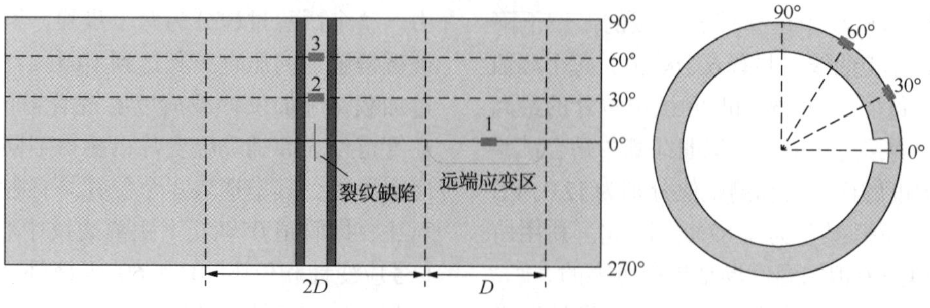

图 13　应变计铺设位置

根据载荷和结构的对称性简化全尺寸管道弯曲试验的加载过程，建立了二分之一的含裂纹环焊缝管道的有限元模型，如图14(a)所示。将图6中的材料本构关系和表4中的GTN损伤参数分配给母材、焊缝金属和热影响区。遵循实验加载步骤，首先对管道的内表面施加10MPa。加压后，对管道右端面上的所有节点施加165.3MPa的拉伸应力以等效内压产生的轴向应力。基于Feng等推导的载荷保守值，对管道模型的耦合点施加沿负X轴方向18×10^4kN·m的弯矩和沿Z轴方向30×10^4kN的轴向力。由于断裂有限元分析的时长与实际载荷的持续时间不一致，因此采用最长时间将时间无量纲化，其中试验中的最长时间表示管道试样发生泄露所对应的时间，有限元中的最长时间定义为裂纹穿透焊缝所对应的时间。图14(b)为通过试验和断裂模型获得的三个位置处的轴向应变历程。可以看出，这三条有限元曲线的变化规律与相应试验曲线的变化规律一致。管道泄漏时弯矩的试验值和模拟值分别为16.5×10^4kN·m和18.4×10^4kN·m，误差为11.52%。对于位于远端应变区(管道0°轴线上距离裂纹中心1*D*至2*D*范围)内的1号应变计，管道泄露时轴向应变的试验值和有限元值为0.83%和0.79%，误差为4.82%。对于位于焊缝区的2号和3号应变计，管道泄漏时轴向应变的误差分别为10.59%和15.38%。从以上对比结果可知，采用GTN损伤模拟方法建立的动态断裂有限元模型是可靠的。

1.6 拉伸应变能力的确定

含裂纹环焊缝管道的拉伸应变能力表示管道破裂前所能承受的极限远端应变，其中远端应变为远端应变区内的平均轴向应变。远端应变区(图15)指的是0°轴线的管道外壁上距离裂纹中心1*D*到2*D*之间的范围。参照相关研究，以裂纹发生起裂作为管道失效判据来确定拉伸应变能力，以确保其具有一定的保守性。

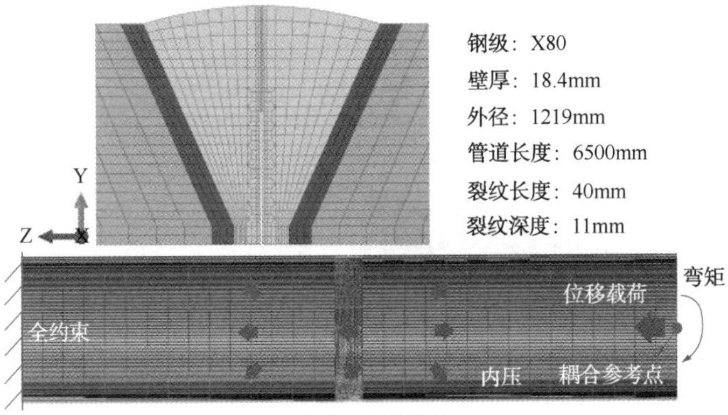

(a)二分之一管道模型

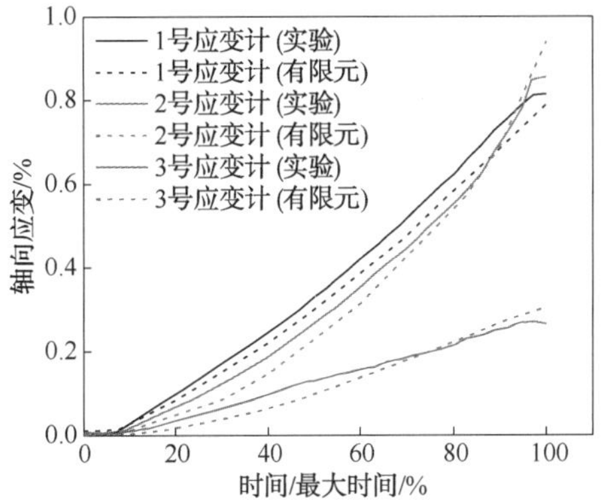

(b)3个位置处的轴向应变对比

图14　含裂纹环焊缝管道动态断裂有限元模型的验证

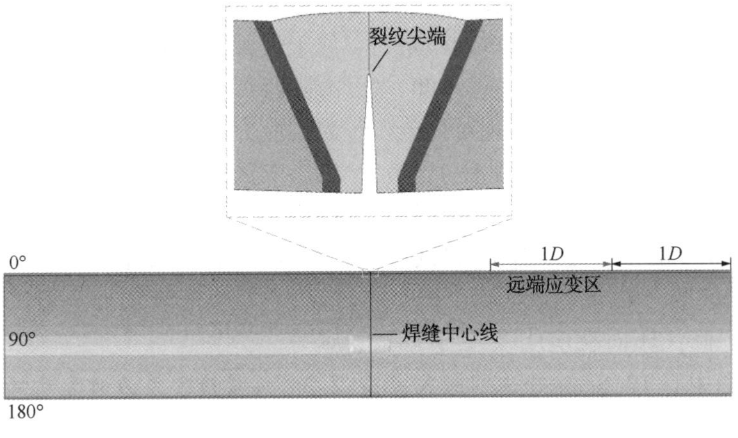

图15　含裂纹环焊缝管道的远端应变区

本文模拟焊接残余应力存在与否两种情况下环焊缝管道的起裂应变状态，并探究焊接残余应力对管道拉伸应变能力的影响。此外，在焊缝内表面中心建模9个不同尺寸的环向裂纹缺陷，其中 3 个裂纹深度系数（a/W）为 0.175、0.325 和 0.5，3 个裂纹长度 $2c$ 为 60mm、120mm 和 180mm。

2 有限元分析结果与讨论

2.1 焊接残余应力分布

图 16 为环焊缝管道的 Mises 应力［图 16（a）］、轴向应力［图 16（b）］和环向应力［图 16（c）］云图。由于受到焊接热循环和管道约束的影响，焊缝区和热影响区内的残余应力显著高于母材区的残余应力，且呈现对称分布形式。Mises 应力的范围为 2.8～545.5MPa，其中较高的 Mises 应力位于环焊缝处，而远离焊缝区域的 Mises 应力几乎为 0；轴向残余应力的范围 −185.2～223.3MPa，其中焊缝内表面上的轴向应力为拉应力，而根焊内的轴向应力为压应力；环向残余应力的范围为 −237.5～618.1MPa，其中焊缝区和热影响区内的环向应力为拉应力，而靠近热影响区的母材区内的环向应力为压应力。

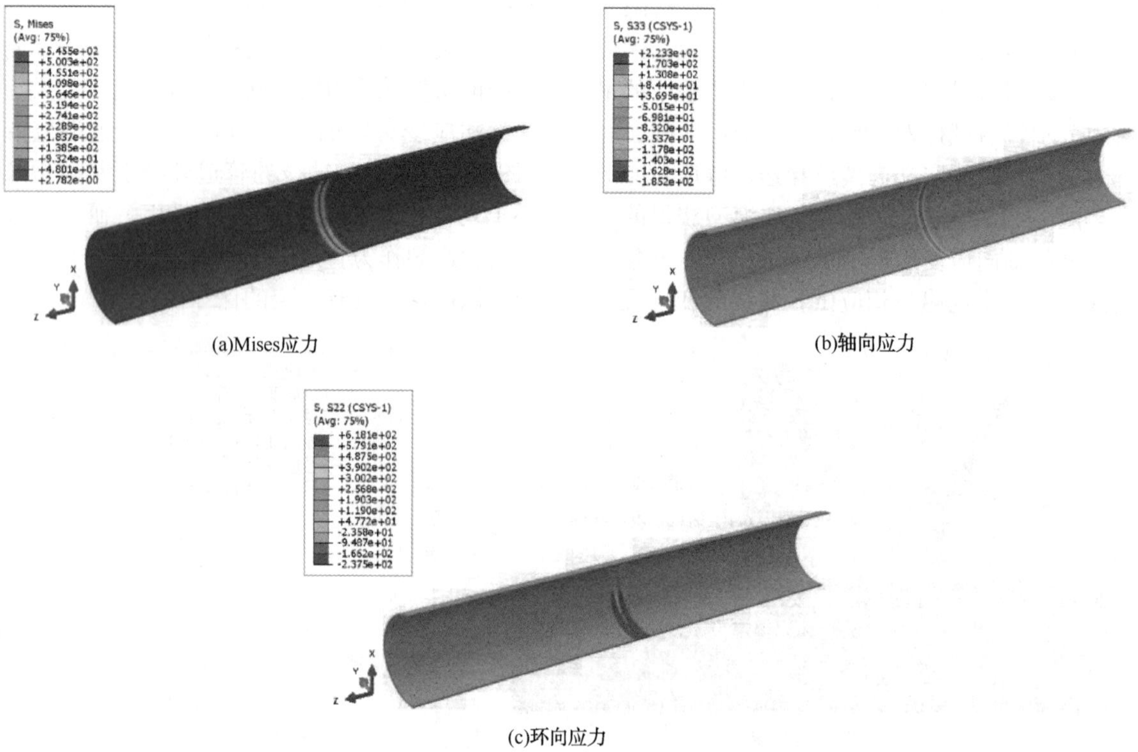

(a)Mises应力　(b)轴向应力

(c)环向应力

图 16　X80 环焊缝管道焊接残余应力场

选择管道模型 90°横截面的内、外表面路径来分析焊接残余应力的分布规律，所提取的残余应力分布曲线如图 17 所示。根据图 17（a）可知，管道内表面上的残余应力分布曲线均呈现对称分布，且 Mises、轴向和环向应力曲线分别有 4、2 和 2 个峰值。轴向应力在距焊缝中心 14.4mm 处达到最大且为 223.3MPa 的拉应力。对于距焊缝中心 14.4mm 以外的区域，轴向拉应力随距焊缝中心距离的增加而下降；环向拉应力集中于环焊缝处，且在距焊缝中心 12.5mm 处达到最大，环向拉应力峰值为 618.1MPa。根据图 17（b）可知，相较于管道内表面，管道外表面上的 Mises 应力分布规律变化不大，而轴向和环向应力的分布规律发生显著变化。轴向应力呈现拉-压应力的分布形式，其中压应力峰值（−185.2MPa）位于焊趾处。对于焊趾以外的区域，轴向压应力随距焊缝中心距离的增加而下降并进而转变为拉应力，其中轴向拉应力峰值为 104.1MPa；热影响区内的环向拉应力高于焊缝区内的环向拉应力，其中最大环向拉应力为 546.4MPa。对于热影响区以外的区域，环向拉应力随距焊缝中心距离的增加而急剧降低，进而转变为压应力。

2.2 焊接残余应力对应变能力的影响

图 18 为焊接残余应力存在与否两种条件下含不同尺寸裂纹环焊缝在起裂时的最大主应变云图。可以看出，焊缝外表面的拉伸应变几乎为 0，且拉伸应变集中在裂纹尖端处。在基于应变

评估中，通常将管材的应变达到 0.5%作为其进入塑性的指标。不同尺寸的裂纹尖端周围的塑性应变区面积均受到焊接残余应力的负向作用而减小。因此，焊接残余应力的存在加剧起裂时裂纹尖端处的应变集中，从而促进裂纹尖端处的开裂倾向。

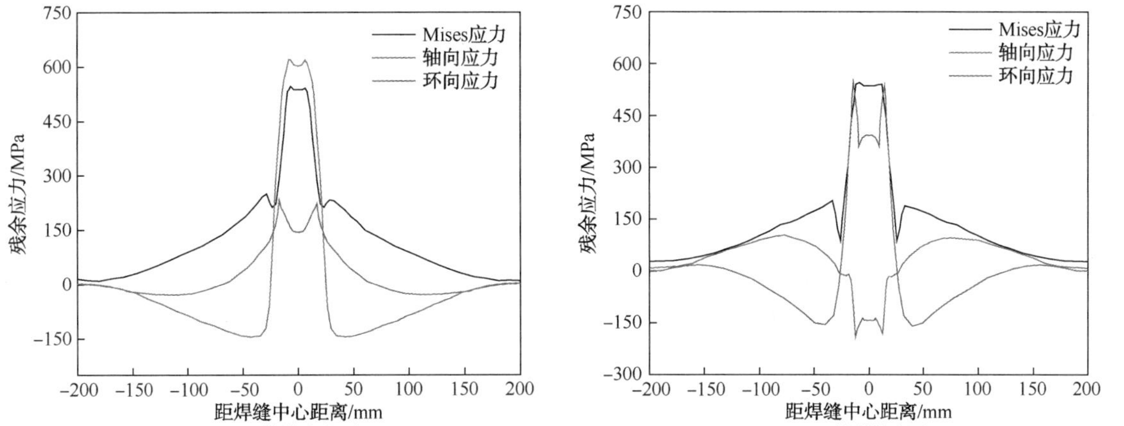

(a)管道内表面　(b)管道外表面

图 17　X80 环焊缝管道焊接残余应力分布曲线

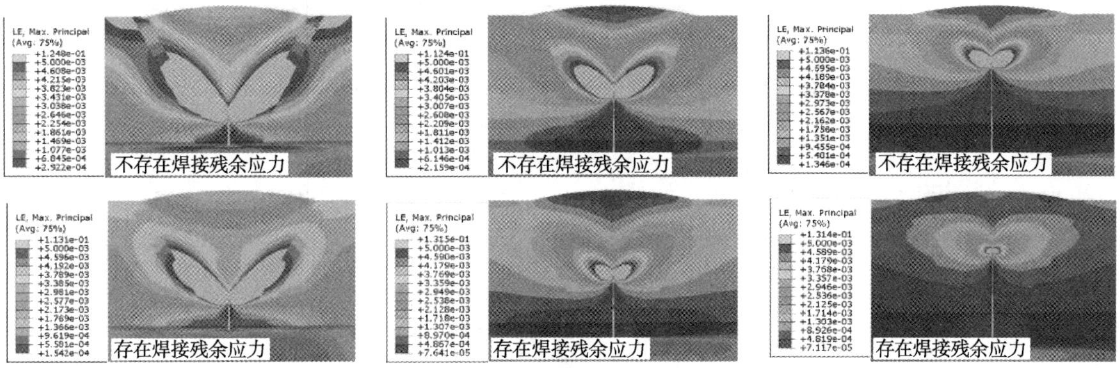

(a)$a/W=0.175$, 2c = 60mm　(b)$a/W=0.325$, 2c = 120mm　(c)$a/W=0.5$, 2c = 180mm

图 18　两种条件下含不同尺寸裂纹环焊缝起裂时的应变分布

图 19 为起裂时圆周角为 0°的管道外表面上的轴向应变分布曲线。可以看出，对于含不同尺寸裂纹的环焊缝管道，最大拉伸应变均位于焊趾处。由于受到裂纹尖端处的应变集中和管端约束的影响，裂纹和管端的附近区域存在显著的应变波动。相比之下，远离裂纹和管端的远端应变区内的轴向应变较为稳定，且远端应变区的拉伸应变由于受到焊接残余应力的影响而整体下降。

图 20 为两种条件下含裂纹环焊缝管道的拉伸应变能力的对比。可以看出，管道的拉伸应变能力受到焊接残余应力的影响而降低，且残余应力对应变能力随裂纹长度的变化规律的影响不大。裂纹深度的增加显著提高焊接残余应力所导致的应变能力下降率，且裂纹长度对焊接残余应力负作用的影响随裂纹深度的增加而加剧。对于 $a/W=0.175$ 的裂纹，随着 $2c$ 从 60mm 增加至 180mm，焊接残余应力导致的应变能力下降率从 12.1%增加至 15.2%；当 $a/W=0.5$ 时，裂纹长度对残余应力负作用的提高相对明显，表现为随着 $2c$ 从 60mm 增加至 180mm，由焊接残余应力导致的应变能力下降率从 26.6%增加至 43.4%。当 a/W 和 $2c$ 分别大于 0.325 和 60mm 时，由焊接残余应力导致的应变能力下降率超过 25.3%。因此，对于符合此尺寸的裂纹，在应变能力评估中不应忽视焊接残余应力的负向作用。

3　结论

本文利用基于焊缝几何结构的热源计算模型模拟并分析了 X80 管道的焊接残余应力分布特征。随后，采用子模型技术传递焊接残余应力场，并进一步使用 GTN 模型模拟了含裂纹环焊缝管道在焊接残余应力和拉伸载荷共同作用下的动态断裂过程。基于此断裂模型，研究了焊接残余应力对 X80 环焊缝管道的断裂行为和拉伸应变能力的影响。可以得出以下结论：

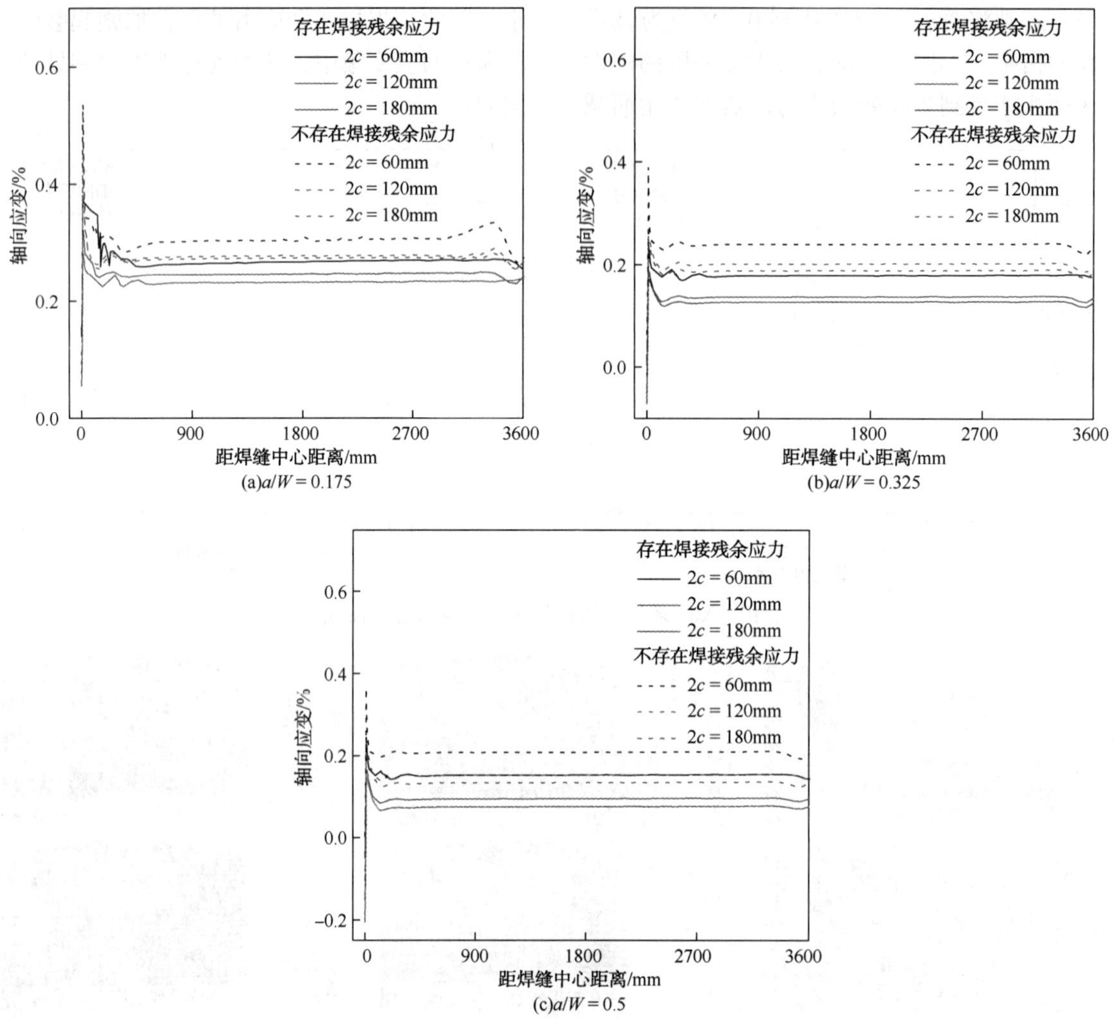

图 19　两种条件下含不同尺寸裂纹环焊缝的轴向应变-距焊缝中心距离曲线

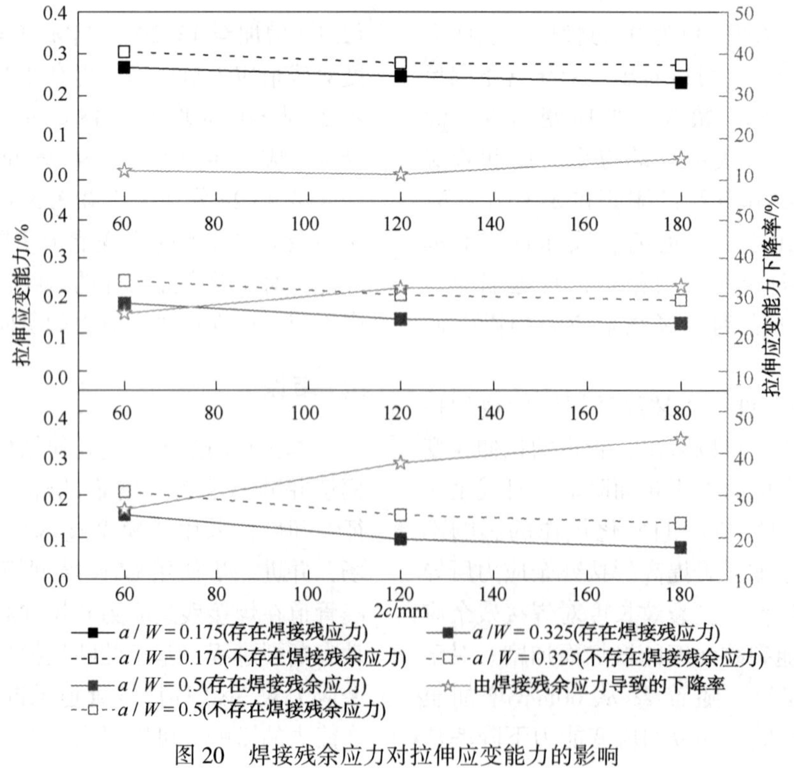

图 20　焊接残余应力对拉伸应变能力的影响

（1）X80 管道在焊接过程中产生的残余应力集中于环焊缝处，根部焊缝中的轴向残余应力为拉应力且峰值为 223.3MPa，对环向裂纹的扩展具有促进作用。环焊缝中的环向残余应力均为拉应力，且焊缝内表面的环向拉应力超过 X80 钢的屈服强度。

（2）焊接残余应力减小起裂时裂纹尖端周围的塑性应变区面积，其加剧裂纹尖端处的应变集中且促进含裂纹 X80 环焊缝管道的开裂趋势。环焊缝管道的拉伸应变能力受到焊接残余应力的负向作用而下降，当裂纹深度达到焊缝厚度的 32.5%且裂纹长度大于 60mm 时，焊接残余应力所导致的拉伸应变能力下降率超过 25.3%。因此，在环焊缝管道的应变能力评估中，对于满足此尺寸的裂纹，焊接残余应力的负面影响不应被忽视。

参 考 文 献

[1] 冯耀荣，吉玲康，李为卫等. 中国 X80 管线钢和钢管研发应用进展及展望[J]. 油气储运，2020，39(06)：612-622.

[2] Qi L H，Jin Z L，Zhang J M，Wang Y L，Hu M J. Influence factors of X80 pipeline steel girth welding with self-shielded flux-cored wire[J]. Materials Science and Technology，2017，33(5)：592-601.

[3] Fang X Y，Zhang H N，Ma D W，Wu Z J，Huang W. Influence of welding residual stress on subsurface fatigue crack propagation of rail[J]. Engineering Fracture Mechanics，2022，271：108642.

[4] Moshayedi H，Sattari-Far I. Interaction of welding residual stresses and warm pre-stressing on brittle fracture of a pipe containing an internal semi-elliptical crack[J]. Engineering Failure Analysis，2015，52：116-128.

[5] Biswal R，Al Mamun A，Mehmanparast A. On the performance of monopile weldments under service loading conditions and fatigue damage prediction[J]. Fatigue Fracture Engineering Material Structure，2021，44：1469-1483.

[6] Mokhtarishirazabad M，Simpson C，Kabra S. Evaluation of fracture toughness and residual stress in AISI 316L electron beam welds[J]. Fatigue Fracture Engineering Material Structure，2021，44：2015-2032.

[7] Nourpanah N，Taheri F. Development of a reference strain approach for assessment of fracture response of reeled pipelines[J]. Engineering Fracture Mechanics，2010，77：2337-2353.

[8] Østby E. 2007. Proposal for a strain-based fracture assessment procedurefor offshore pipelines[C] //In：Proceedings of the 17th International Offshore Polar Engineering，Cupertino，2007.

[9] Russian Code M-02-91. Method for determination of allowable equipment and pipe metal defects during NPP operation[S]. Russian Code，1991.

[10] Wang X，Shuai J，Zhang S Z，Ren W，Zhu X M. Numerical study on the strain capacity of girth-welded X80 grade pipes[J]. Petroleum Science，2022，19(5)：2399-2412.

[11] Tang H，Fairchild D，Panico M. Strain Capacity Prediction of Strain-based Pipelines[C] //In：Proceedings of 10th International Pipeline Conference. American Society of Mechanical Engineers，2014.

[12] 张宏，吴锴，冯庆善等. 高钢级管道环焊缝断裂韧性与裂尖拘束关系[J]. 石油学报，2023，44(02)：385-393.

[13] 刘川，张建勋，张林杰. 基于焊缝形状的二维焊接温度场模拟热源模型[J]. 材料热处理学报，2008，2：177-180.

[14] Gurson A L. Continuum theory of ductile rupture by void nucleation and growth . 1. Yield criteria and flow rules for porous ductile media[J]. Journal of Engineering Materials and Technology-Transactions of the ASME，1977，99(1)：2-15.

[15] Tvergaard V，Needleman A. Analysis of the cup-cone fracture in a round tensile bar[J]. Acta Metallurgica，1984，32：157-169.

[16] ASTM E1820-11. Standard test method for measurement of fracture toughness[S]. American Society for Testing and Materials. 2009.

[17] Hollomon J H. Transactions of the American Institute of Mining[J]. Metallurgical and Petroleum Engineers，1949，16：268-290.

[18] Cao Y G，Zu Y Z，Zhen Y，et al. Determination of the true stress-strain relations of high-grade pipeline steels based on small punch test correlation method [J]. International Journal of Pressure Vessels and Piping，2022，199：104739.

[19] Zhao WM，Jiang W，Zhang HJ. 3D finite element analysis and optimization of welding residual stress in the girth joints of X80 steel pipeline[J]. Journal of Manufacturing Processes，2021，66：166-178.

[20] Feng Q S，Chang Q，Jia H D，Wu Y，Dai L S. Study on numerical simulation method of fracture behavior of pipeline girth weld[J]. ASME Journal of Pressure Vessel Technology，2023，145：041801.

储输系统高效设备管理体系创新实践

于宏盛 张玉龙 辛冠莹 李文婷 胡博洋 陈 容

（中国石油长庆油田公司）

摘 要 油田储输系统设备管理工作对维检修任务的响应速度、闭环管理、维修数据分析要求高，管理内容既包括输油泵、加热炉、电机等生产设备，也包含空气源热泵、污水处理装置、净化水处理装置等生活设备，按照油田公司低成本战略要求，在维检修业务逐渐采用承包商业务外包的管理模式，管理人员进一步压减的背景下，亟待建立一套信息化程度高、管理高效的设备管理体系。

关键词 无代码；高效；闭环；设备管理体系

2022年以来，技术管理部创新构建"轻应用"高效设备管理体系，突破了设备维修的传统管理理念，面对大部制改革后业务范围拓展、管理人员压减的新形势，主动作为，积极探索高效管理手段，利用WPS"轻应用"软件，搭建高效设备管理软件，包含数据看板、基础信息、设备维保、备件管理、经典案例分享五大模块，实现PC端与移动端双平台应用。扁平化管理为基层工作减负提供了帮助，为长庆油田设备系统管理创新提供了"二输方案"。

1 "轻应用"高效设备管理体系创新实践背景

（1）"轻应用"高效设备管理体系创新是贯彻落实油田公司"精简机构、提质增效"发展要求的迫切需要

大部制改革后，全处污水处理装置、净化水处理装置、空气能热泵等生活设备的管理，统一归入技术管理部设备管理范畴，设备管理工作量倍增。同时，受大部制改革岗位调整影响，基层兼职设备管理人员缩减一半。另外，设备修旧利废提质增效降控指标新增130万元，提质增效降控难度剧增。面对困难和压力，输油二处迫切需要建立一套高效管理模式，为设备管理提质增效提供管理手段和数据支撑，真正实现向管理要效益的目的。

（2）"轻应用"高效设备管理体系创新是推进储输系统设备低运营成本、高可靠性管理的必然选择

输油二处现有5个作业区、21个驻点、8类193台设备，设备平均分散在33各站点1000多公里管线上，配备9个承包商、18个现场维修人员、1个处级设备管理岗，平均每月跟踪处理20个维修单、18个维护单、28个保养单，维保责任重大、时间任务紧张、人员力量配备相对薄弱，稍有疏忽，轻则生活供用水受到影响，重则管线停输凝管，甚至导致上游单位大面积停产减产等恶性事故发生。因此，依托现有的先进的信息管理技术，建立一套高效设备管理体系，是储输系统设备低低运营成本、高可靠性管理的必然选择。

（3）"轻应用"高效设备管理体系创新是激发员工工作潜力的有效载体

二输内部存在人员数量逐年递减、人均年龄逐年递增、等靠要思想滋生、设备新度系数逐年下降、部分设备超负荷运行等瓶颈问题。这些问题严重制约着设备高效管理和高质量发展，设备管理问题还需要从内部着手，内部解决，寻求专业支撑，寻求符合实际，能够突破"痛点"的技术力量。在经过大量的市场调研和分析测评后，技术管理部最终选定依托WPS"轻应用"软件，业务人员利用业余时间采用"无代码"编程技术，从无到有搭建一套属于输油二处自己的高效设备管理软件，将设备管理方面的管理经验通过高效设备管理体系进行系统梳理，将全处设备管理的智慧和理念进行集中展现。

2 "轻应用"高效设备管理体系创新实践内涵

"轻应用"高效设备管理体系以满足处部、基层单位、承包商三个价值主体的核心诉求为基本出发点，贯穿整个设备维保体系，构建"维保

数据实时更新、基础信息详实可靠、维保全程闭环管理、备件领用关联维修、案例分享贴近实际”五大模块的设备高效管理体系，突出“二级单位设备管理岗直管现场、三级单位设备管理岗简化流程、承包商维保信息高效录入”三大运行特点，利用信息化手段实现信息、资源的全方位共享共用，设备维保的全过程控制，质量、成本的全节点把控。

（1）五大模块

开发建立了数据看板、基础信息、设备保养、指标查看、备件管理五大功能模块，从设备选型、生产制造、安装调试、日常维保、报修维修、验收结算等进行全过程信息采集，设备信息实时共享，基础数据自动统计，关键指标智能分析，重点环节精准管控，维保过程闭环管理，实现高效管控和无纸化办公。

模块一：数据看板模块

搭建数据看板模块，维保数据实时更新，数据看板包含维护查看、报修查看、保养查看三项内容。

维护查看：重点查看每日维护记录、每月维护次数、累计维护次数等信息(图 1)。

报修查看：重点查看本月维修次数、本周维修次数、故障(等级、类别、原因)分布、各类设备故障次数、未完成的维修等信息(图 2)。

保养查看：重点查看保养时间分布、保养次数、保养记录等信息(图 3)。

模块二：基础信息模块

建立集中、完善、详实、可靠的设备基础信息档案和台帐，包括部门、安装地点、设备类型等详细信息，确保基础数据信息有迹可查、有据可依。同时起到为其他功能模块提供关联信息的作用(图 4~图 6)。

模块三：设备维保模块

开发设计设备维护单、设备报修单、设备保养单 3 类维保业务工单，报修、派工、维护、保养、验收等进行工作过程把关和实时在线录入，维保全程实现闭环管理。

设备维护单：设备维护单使用对象为污水处理装置、净化水处理装置等生活设备，此类设备的维护主要依托承包商队伍，二级单位设备管理岗在系统中按照合同内容设定维护计划、维护方案，承包商通过手机 APP 功能在维修现场依据计划与方案录入维护时间、定位、现场维修质量照片、模块化的维护记录以及包含二输现场人员签字验收的维修作业票信息，实现第一时间的维护记录更新，二级单位设备管理岗可以实时掌控各项维保工作进度及维保质量(图 7)。

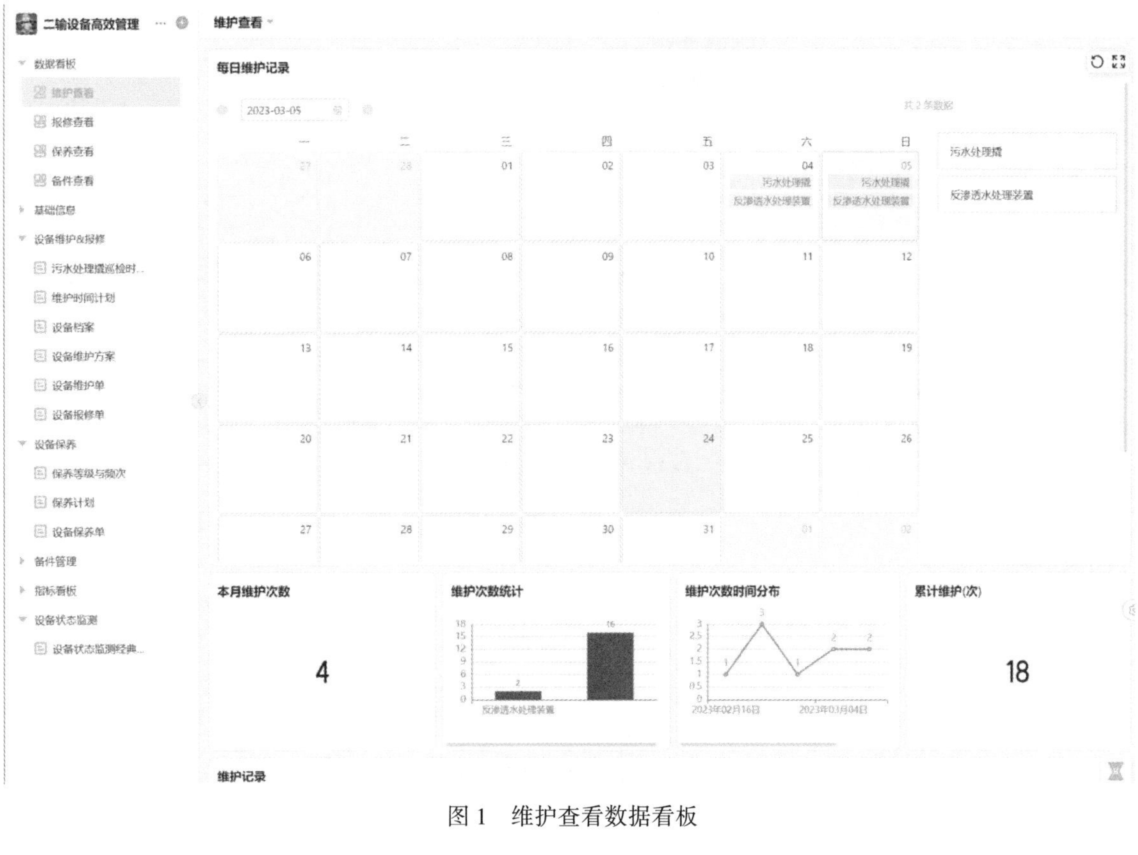

图 1　维护查看数据看板

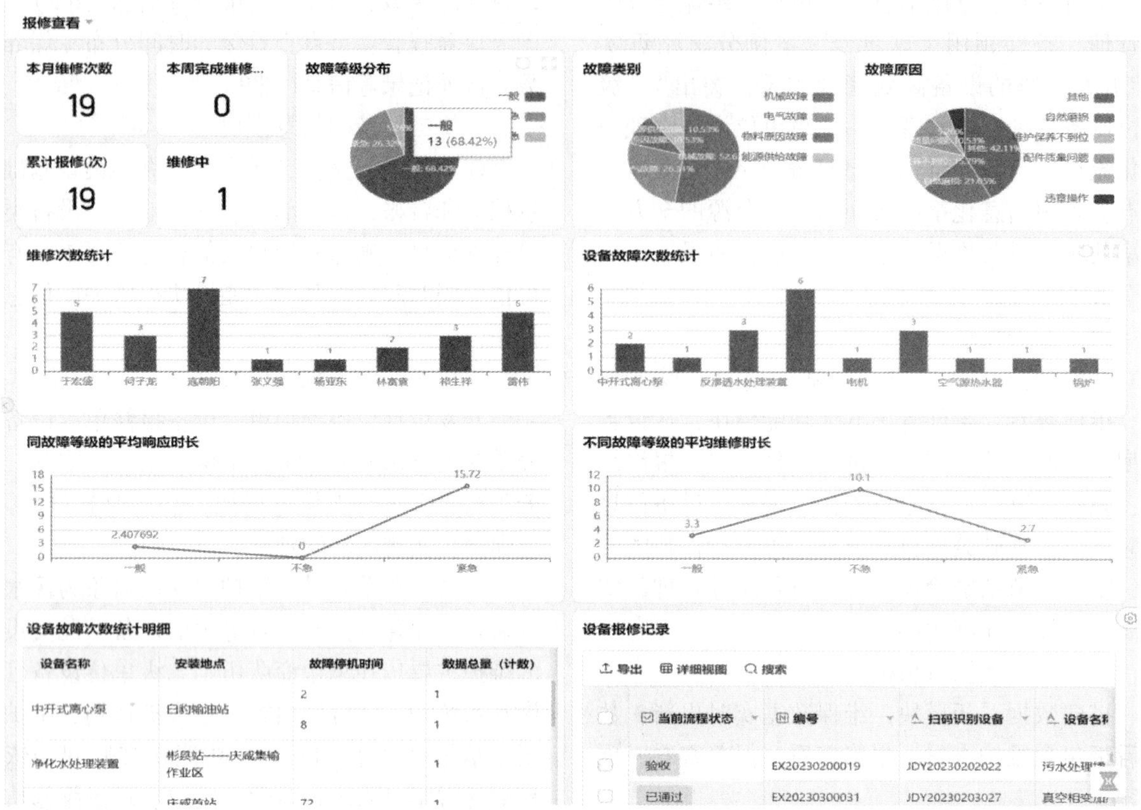

图 2　报修查看数据看板

图 3　保养查看数据看板

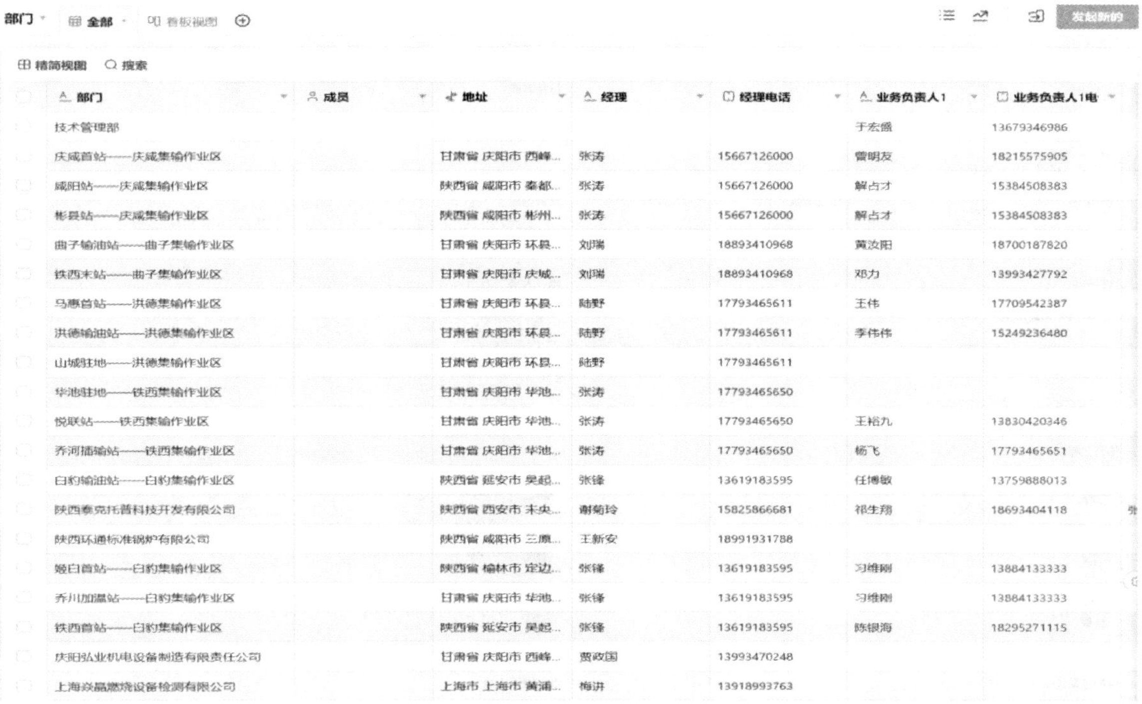

部门　全部　看板视图

精简视图　搜索

部门	成员	地址	经理	经理电话	业务负责人1	业务负责人1电
技术管理部					于宏盛	13679346986
庆咸首站——庆咸集输作业区		甘肃省 庆阳市 西峰...	张涛	15667126000	訾明友	18215575905
咸阳站——庆咸集输作业区		陕西省 咸阳市 秦都...	张涛	15667126000	解占才	15384508383
彬县站——庆咸集输作业区		陕西省 咸阳市 彬州...	张涛	15667126000	解占才	15384508383
曲子输油站——曲子集输作业区		甘肃省 庆阳市 环县...	刘瑞	18893410968	黄汝阳	18700187820
铁西末站——曲子集输作业区		甘肃省 庆阳市 庆城...	刘瑞	18893410968	邓力	13993427792
马惠首站——洪德集输作业区		甘肃省 庆阳市 环县...	陆野	17793465611	王伟	17709542387
洪德输油站——洪德集输作业区		甘肃省 庆阳市 环县...	陆野	17793465611	李伟伟	15249236480
山城驻地——洪德集输作业区		甘肃省 庆阳市 环县...	陆野	17793465611		
华池驻地——铁西集输作业区		甘肃省 庆阳市 华池...	张涛	17793465650		
悦联站——铁西集输作业区		甘肃省 庆阳市 华池...	张涛	17793465650	王裕九	13830420346
乔河插输站——铁西集输作业区		甘肃省 庆阳市 华池...	张涛	17793465650	杨飞	17793465651
白豹输油站——白豹集输作业区		陕西省 延安市 吴起...	张锋	13619183595	任博敏	13759888013
陕西泰克托普科技开发有限公司		陕西省 西安市 未央...	谢菊玲	15825866681	祁生翔	18693404118
陕西环通标准锅炉有限公司		陕西省 咸阳市 三原...	王新安	18991931788		
姬白首站——白豹集输作业区		陕西省 榆林市 定边...	张锋	13619183595	习维刚	13884133333
乔川加温站——白豹集输作业区		甘肃省 庆阳市 华池...	张锋	13619183595	习维刚	13884133333
铁西首站——白豹集输作业区		陕西省 延安市 吴起...	张锋	13619183595	陈银海	18295271115
庆阳弘业机电设备制造有限责任公司		甘肃省 庆阳市 西峰...	贾政国	13993470248		
上海焱晶燃烧设备检测有限公司		上海市 上海市 黄浦...	梅讲	13918993763		

图 4　部门信息

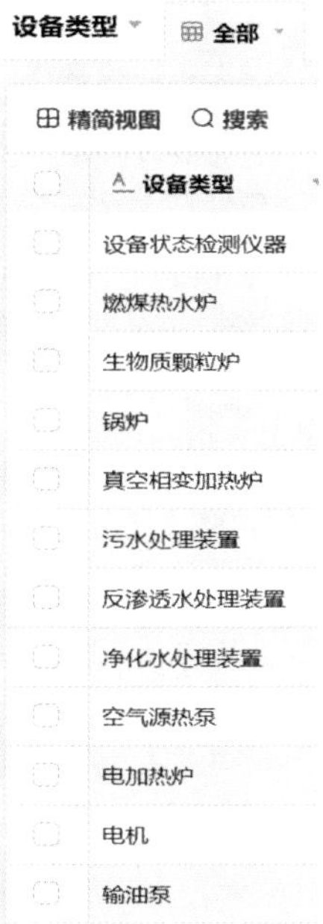

设备类型　全部

精简视图　搜索

设备类型
设备状态检测仪器
燃煤热水炉
生物质颗粒炉
锅炉
真空相变加热炉
污水处理装置
反渗透水处理装置
净化水处理装置
空气源热泵
电加热炉
电机
输油泵

图 5　12 类设备类型

设备档案　全部

详细视图　搜索　设备图片:已填写

编号	设备图片	设备名称	安装地点	自编号	所属单位	设备状	规格型号	设备类型	
JDY20230220183		中开式离心泵	庆咸首站	1#喂油泵	庆咸集输作业区	完好	ZSY550-80A	输油泵	160
JDY20230220184		中开式离心泵	庆咸首站	2#喂油泵	庆咸集输作业区	完好	ZSY550-80A	输油泵	160
JDY20230210123		反渗透水处理装置	白豹站	3T/H	白豹集输作业区	完好	PJT-RO-3T/H	净化水处理...	3T/H
JDY20230218141		反渗透水处理装置	彬县站——庆咸集...	$5m^3/h$-雷光	庆咸集输作业区	损坏	PJT-RO-0.5T/H	净化水处理...	$5m^3/$

图 6　193 台设备档案

设备维护单

设备编号 *
可扫码，测试请输入：JDY20220704005
JDY20230202022

设备名称
污水处理罐

规格型号
DFHY-STMBR-03

设备类型
污水处理装置

安装地点
马莲河2#阀室——庆城集输作业区

维护时间
2023-03-05 14:54:32

维护人员
寇朝阳

维护定位
甘肃省庆阳市宁县中村乡040乡道

拍照上传 *
IMG_20230305_132837.jpg
IMG_20230305_132847.jpg
IMG_20230305_135411.jpg
IMG_20230305_135529.jpg
IMG_20230305_140457.jpg
IMG_20230305_143738.jpg

维护方案名称 *
2023年污水处理装置巡检计划

规定维护次数 *
1

维护记录

	维护项目	维护方法	检查结果（数值请选其他）*
1	药剂更换	药剂更换量（L）	其他: 添加反洗药剂40L
2	MBR膜清洗	填写：在线清洗或拆解冲洗	其他: 在线清洗
3	维修更换	填写维修更换内容	其他: 培养微生物菌种8kg

维护结果 *
正常

维修作业票上传 *
完整，甲方人员签字即可
IMG_20230305_145218.jpg

设备状态 *
完好

本次维护总结
在线清洗模组件，检查膜池和调节池液位浮球，培养微生物菌种，调试设备正常运行。

图7　设备维护单

设备报修单：设备报修单使用对象为所有生产、生活设备维修，部分依托承包商队伍配合使用、部分依托内部员工配合使用。报修单共设有报修、派单、维修、验收4个流程。

三级单位设备管理岗在即时通报送故障发现时间、故障描述、现场照片，维修完成后在纸质的维修作业票上签认合格或不合格(图8)。

承包商或生产保障大队维修中队通过手机APP功能录入维修记录(图9)。

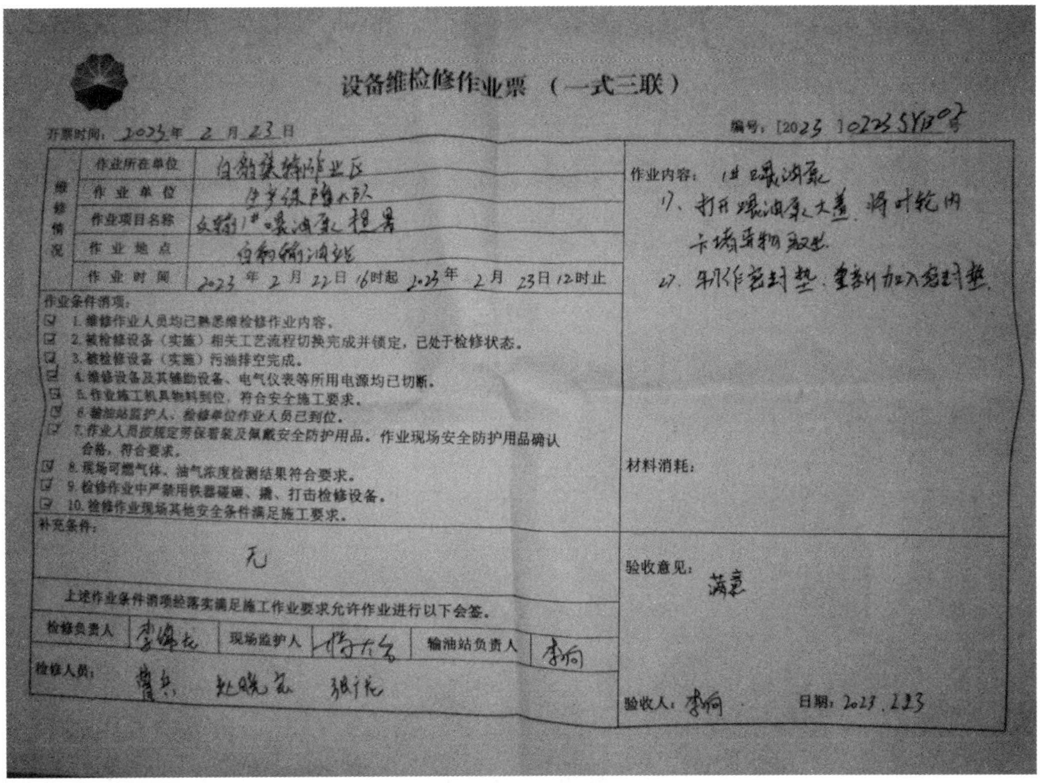

图8　站队验收合格的维修作业票

图9　维修记录

二级单位设备管理岗在PC端或通过手机APP录入报修、派单、验收3个流程的记录(图10~图12)。

设备保养单：设备维护单主要使用对象为加热炉、电机等重点生产设备，此类设备的保养主要依托承包商队伍，二级单位设备管理岗在系统中按照合同内容设定保养等级、频次、计划，承包商依据维修计划与方案开展现场维修结束后，通过手机APP功能录入保养时间、保养记录、现场维修质量照片、模块化的维护记录以及包含二输现场人员签字验收的维修作业票信息，第一时间进行保养记录更新，二级单位设备管理岗能够实时掌控各项保养工作进度及维保质量(图13)。

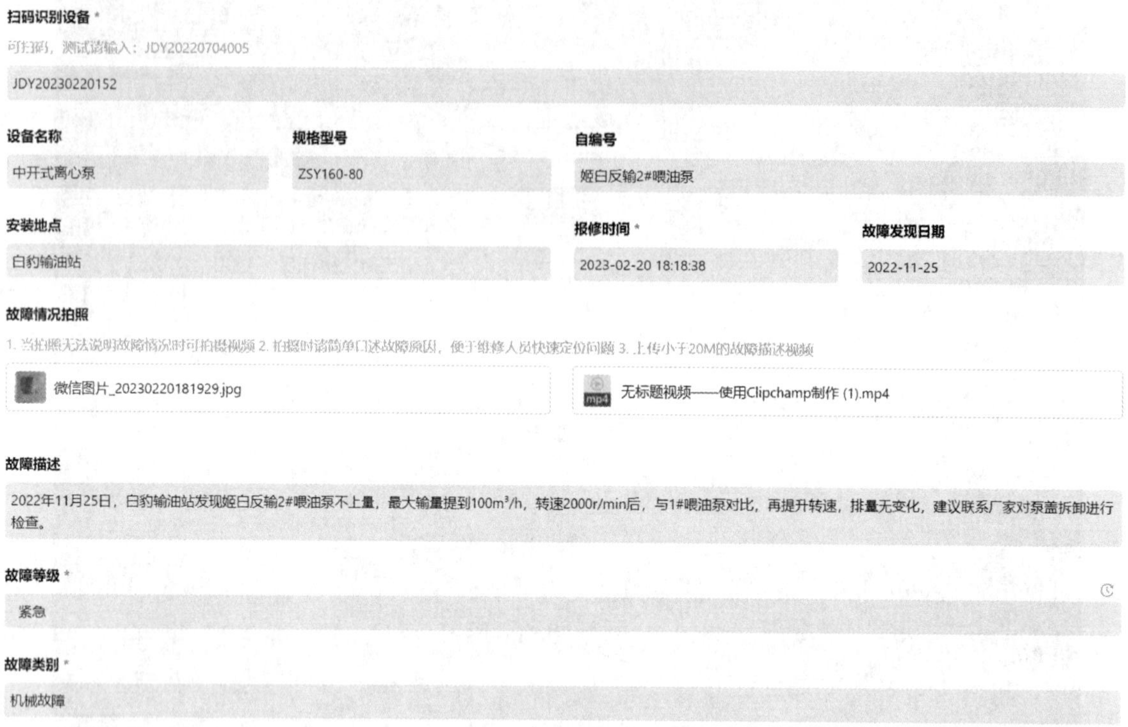
扫码识别设备 *
可扫码，测试请输入：JDY20220704005
JDY20230220152
设备名称
中开式离心泵
规格型号
ZSY160-80
自编号
姬白反输2#喂油泵
安装地点
白豹输油站
报修时间 *
2023-02-20 18:18:38
故障发现日期
2022-11-25
故障情况拍照
1. 当拍照无法说明故障情况时可拍摄视频 2. 拍摄时请简单口述故障原因，便于维修人员快速定位问题 3. 上传小于20M的故障描述视频
微信图片_20230220181929.jpg
无标题视频——使用Clipchamp制作 (1).mp4
故障描述
2022年11月25日，白豹输油站发现姬白反输2#喂油泵不上量，最大输量提到100m³/h，转速2000r/min后，与1#喂油泵对比，再提升转速，排量无变化，建议联系厂家对泵盖拆卸进行检查。
故障等级 *
紧急
故障类别 *
机械故障

图 10　报修记录

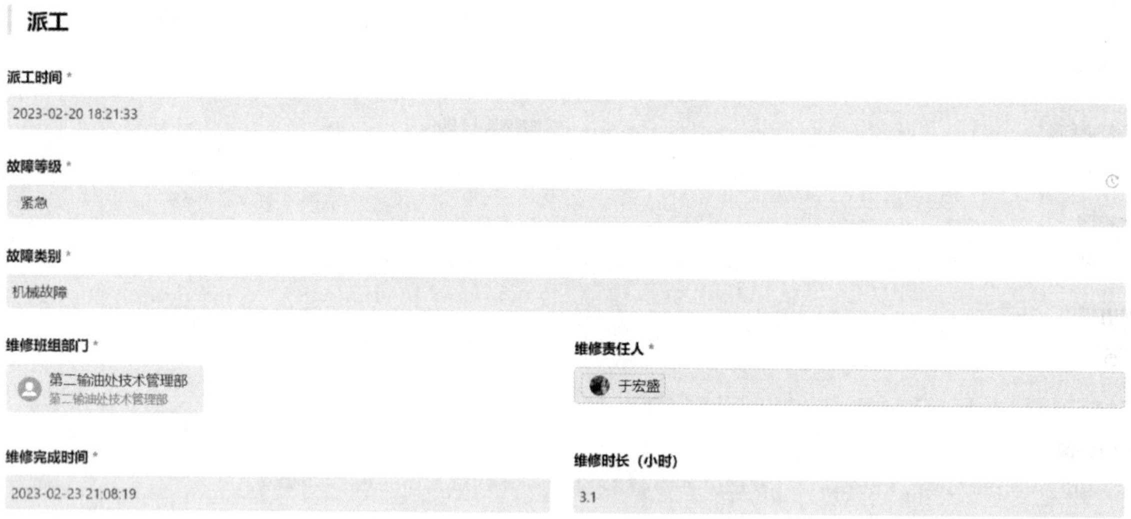
派工
派工时间 *
2023-02-20 18:21:33
故障等级 *
紧急
故障类别 *
机械故障
维修班组部门 *
第二输油处技术管理部
第二输油处技术管理部
维修责任人 *
于宏盛
维修完成时间 *
2023-02-23 21:08:19
维修时长（小时）
3.1

图 11　派工记录

验收
验收确认时间 *
2023-02-23 21:11:26
设备状态 *
正常运行
故障响应时间
72.0
故障停机时间
单位小时
8

图 12　验收记录

设备保养单

扫码识别设备 *

可扫码，测试请输入：JDY20220704005

JDY20230207099

设备图片

mmexport1677409481099.jpg　mmexport1677409286034.jpg

设备名称	规格型号	安装地点
电机	YBPT-280M-4W	马惠首站

设备类型

电机

自编号

1#喂油泵电机

保养负责人 *	保养等级
杨亚东	暂无内容
保养频次	**间隔天数**
1次/年	365.0
本次保养时间 *	**下次保养时间** *
2023-02-26	2024-02-26

保养内容及要求

拆解的检查、检测及保养内容：

(1)检查电机是否存在缺润滑、加注过量或润滑油路堵塞的情况，如存在问题现场进行处理并记录，告知现场监护人员

(2)检查紧固螺栓及机座接地。检查电动机的紧固螺栓是否拧紧，接线是否符合要求，外壳是否可靠接地或接零，螺栓紧固位置是否符合相关标准，如存在问题现场进行处理并书面通知输油站现场值班干部；

(3)检查电机、风机伺服电机振动、温度是否超标，是否有异响，判断轴承是否完好，并做好数据记录。如存在问题第一时间通知输油站现场值班干部及技术管理科设备管理人员，如现场能处理及时处理；

(4)检测电动机运行电压、电流、功率因数、转速和频率，判断电动机是否工作在设计参数允许范围内。

(5)检测电动机运行中机壳温度或绕组温度，判断电动机的温升是否正常；

(6)测量各绕组冷态直流电阻；

(7)90kW（含）以上以变频器为供电电源的电动机检测轴电流及轴电压；

(8)检测定子绕组对机壳绝缘电阻；

(9)检查电动机安装（同轴度、皮带轮共面度）及紧固情况，测量电动机机座的振动；

(10)检查电动机外壳和端盖是否有裂缝现象；

(11)检查风扇是否有裂缝，风扇与轴的连接键是否松动，风罩是否完好，防松装置是否可靠；

(12)检查轴承油质、油量，补充或更换润滑脂；

(13)检查电动机引线的连接、引线与接线板的连接是否紧固，绝缘包扎是否完好；

(14)检查处理电动机外壳的接地线；

(15)检查清扫电动机的开关、保护、信号、通风、冷却等附属装置；

(16)检查电机转动是否灵活，是否存在卡位、窜动及不正常的现象等，如存在问题第一时间通知输油站现场值班干部及技术管理科设备管理人员，如现场能处理及时处理；

(17)使用激光对中仪检查电机对中情况，做好数据记录，如超标查明引起对中数据变化的原因并及时调整；

(18)对电机、风机伺服电机进行空载检查，检查润滑是否正正常，轴承运行状态是否良好，检查电机、风机伺服电机振动、温度是否超标，是否有异响，并做好数据记录，检查电压、电流值。电压与额定电压的偏差不超过±5%，三相电压不平衡度不超过0.5%，电流不得超过额定值，三相电流不平衡度不超过10%。

(19)90kW（含）以上以变频器为供电电源的电动机检查联轴器销子、紧固螺栓及机座接地。检查联轴器销子、紧固螺栓是否拧紧，接线是否符合要求，外壳是否可靠接地或接零，螺栓紧固位置是否符合相关标准，如存在问题现场进行处理并书面通知输油站现场值班干部；

(20)保养后检测第6条。

(2)检查转子由一侧到另一侧的轴向游隙；

(3)电机轴承维护保养：检查电机前、后轴承，清洗陈旧润滑脂（包括注、排油通道）加新润滑油脂；检测轴承磨损程度，若轴承过度磨损则更换新轴承；

(4)检查定子线圈(磁极线圈)和槽楔的绝缘是否松动，线圈、铁芯是否松动变色，以及与转子有无磨擦现象，必要时进行刷漆、干燥、焊接、绑扎等绝缘处理；

(5)防爆电动机需要检查接合面是否因裂纹磨损、腐蚀等原因而失去防爆性能，必要时测量防爆间隙；

(6)电机定子维护保养：清理、清除电机定子通风散热风道内的积尘和污物；清理、清除机座内部及定子绕组上的粉尘和油污；测量定子绕组的直流电阻；测量定子绕组相间绝缘电阻及绕组对地的绝缘电阻。

(7)对电动机其它拆解件进行清洗、防腐、油漆。

(8)轴承盖的修理：轴承盖上裂纹：堆焊后打磨；严重时更换；轴承盖镗孔磨损：更换；轴承盖凸缘及轴承配合处有磨损凹痕：锉平、刮平；严重时更换。

(9)电机端盖的检查维护：电机端盖止口与机壳配合间隙超过下表允许范围时需新加工止口。

电机端盖止口外径允许配合间隙

图 13　保养记录

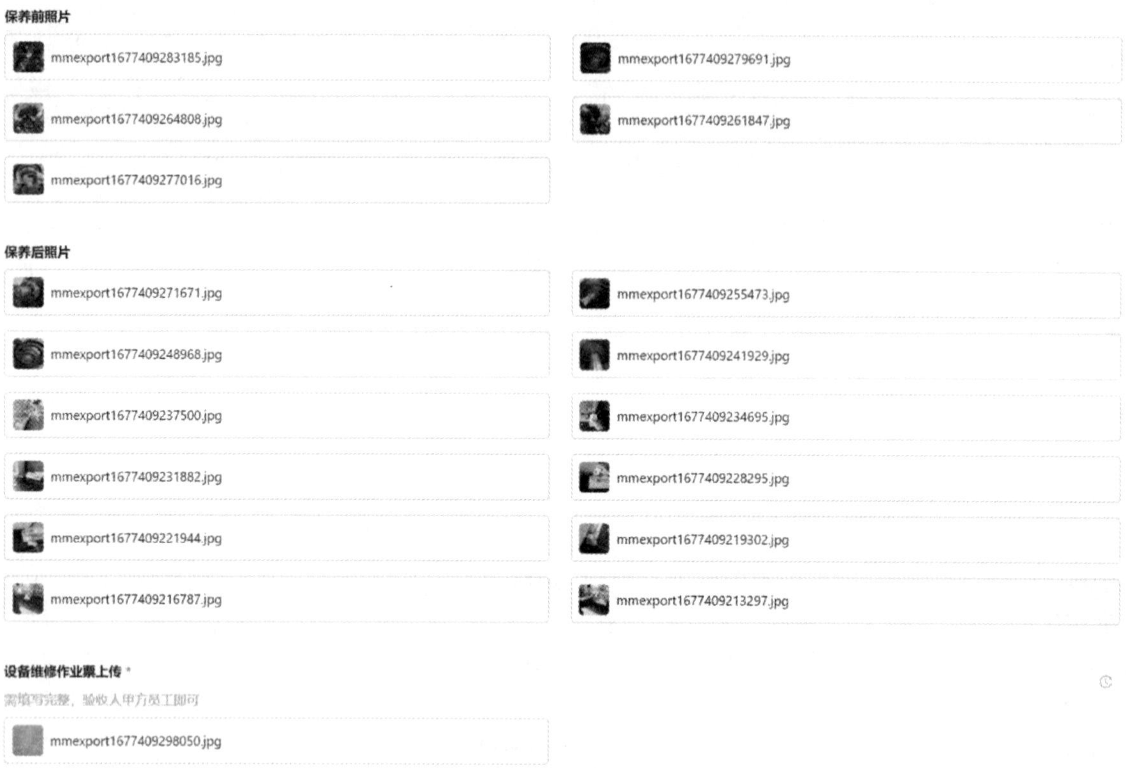

图 13　保养记录(续)

模块四：备件管理模块

建立备件台帐，一方面便于优化备件管理，实现高效调拨，另一方面，备件领用模块与设备维修单关联，系统自动统计备件消耗数量和备件使用金额，同时，为下一步的备件储备决策提供数据支撑(图 14、图 15)。

备件名	对应设备类型	规格型号	单位	单价（元）	生产厂家	备注
膜组件整套更换（...	污水处理装置	30m³/d		50800	日本三菱	膜池
膜组件整套更换（...	污水处理装置	30m³/d		76800	日本三菱	膜池
膜组件整套更换（...	污水处理装置	5m³/d		15300	日本三菱	膜池
反洗泵	污水处理装置	威乐SZ055-P380		2160	威乐	设备间
膜组件整套更换（...	污水处理装置	5m³/d		18900	日本三菱	膜池
单组MBR平板膜	污水处理装置	1组（工作面积1m²）		823	日本三菱	膜池
膜组件整套更换（...	污水处理装置	10m³/d		21600	日本三菱	膜池
膜组件整套更换（...	污水处理装置	10m³/d		27000	日本三菱	膜池
污水提升泵	污水处理装置	人民WQ6-16-0.75		1620	人民	污水调节池
膜组件整套更换（...	污水处理装置	15m³/d		28800	日本三菱	膜池
膜组件整套更换（...	污水处理装置	15m³/d		37800	日本三菱	膜池
回流泵	污水处理装置	人民WQ6-16-0.55		1430	人民	膜池
膜组件整套更换（...	污水处理装置	20m³/d		36900	日本三菱	膜池
膜组件整套更换（...	污水处理装置	20m³/d		51300	日本三菱	膜池
抽吸泵	污水处理装置	威乐SZ055-P380		2160	威乐	设备间

图 14　污水处理装置备件台账

图 15　与维修工单关联的备件领用单

模块五：案例分享模块

采用事实数据案例，从系统数据中筛选有代表性和指导性的故障维修记录，开展案例分享。一方面，能够为今后同类型故障诊断制定维修策略提供数据支撑；另一方面，采用贴近实际的现场案例开展员工培训工作，员工更容易理解和掌握(图 16、图 17)。

（2）两大优势

成本低廉：开发投资小、易于开展；维护简单、个人即可实施；无需专业编程人员，开发周期短。

操作简单：可以快速构建应用，并适应企业和个人的各种需求变化，用户短时间就能完成系统的开发、测试和部署，并能够随时调整或更新，短时间内达到使用标准。

（3）三大特色

“无代码编程”：软件开发人员就是业务人员，该软件模块架构、系统测试等所有工作均经过多层级测试，正式运行 3 个月，功能正常。

图 16　经典案例清单

设备状态监测经典案例

00002202302...
编号

已通过
流程状态

于宏盛
申请人

2-14 11:58
申请时间

案例名称
轴承损伤案例-庆咸首站2#鲁尔泵电机轴承损伤案例

故障发现时间
2016-06-06

案例收集人
于宏盛

故障设备名称 *
2#外输泵（鲁尔泵）

设备所在单位 *
第二输油处庆咸首站

离心泵故障类型
BD13 Bearing - inner ring broken轴承内圈损坏

故障描述
初次预警：2016年6月6日，设备在线监测平台中显现设备状态预警。诊：通过冲击脉冲检测技术判断为轴承内圈故障引发的平台预警.1、 在线监测系统显示该泵电机驱动端轴承报警，查看在线监测的数据后发现，轴承内圈故障征兆已出现，系统内置的智能诊断判断内圈状态为21，刚刚触发轻度黄色报警；2、 在线监测系统监测结果表面该电机驱动端轴承冲击脉冲值为12，距离黄色报警线20尚有距离，所以总体判断轴承正常，完全可以使用，按以往经验判断，仅仅是内圈出现一些微小裂纹，肉眼未必看得到；）。处：轴承故障超早期，进行记录及关注即可。
监测参数变化：2017年1月4日，设备在线监测平台中发现关注的重点参数数值变化。诊：轴承内圈冲击脉冲监测数值增大，数据特诊图出现典型朕兆。预计可运行时间为持续运行90天，间歇运行150天。处：停机倒泵准备维修，做备用泵应急使用。策：检查易损件储备；预约西门子厂家技术指导；制订维修方案。评：设备在线监测平台中预警消除，现场观察无参数异常。

故障征兆图谱
2016年6月6日电机驱动端轴承故...

图谱分析
1、BPFI指轴承内圈损伤值，数值为21，达到黄色预警限值。
2、冲击脉冲频谱与轴承内圈损坏特征曲线重合；
从以上信息分析得出轴承内圈损伤的故障判断。

现场故障影像上传
2017年1月4日电机驱动端轴承故障征兆图.jpg

维修策略率类型 *
MA16 Planned maintenance计划维修　MA18 轴承更换　MA21 观察使用

维修策略 *
2016年6月6日，轴承故障超早期，进行记录及关注即可；
2017年1月4日，停机倒泵准备维修，做备用泵应急使用。检查易损件储备；预约西门子厂家技术指导；制订轴承更换维修方案。

维修记录
更换电机前后端轴承2付，用时1天，产生维修费用2万元，包含材料、厂家技术服务费、承包商维修费。拆卸后，发现在轴承内圈外侧与滚珠相连接的部位，出现了微小凹痕，与在线监测平台故障征兆图中故障朕兆吻合。

维修影像资料上传
2017年6月6日设备维检修作业票....
实际发现轴承内圈疲劳剥落位置.j...

思考
现场维修感受，今后工作思路
轴承故障得以在隐患初期被发现，能够有效降低设备事故发生的概率。西门子现场技术人员预测：不采取预防性维修，一旦出现抱轴、跑外圆等功能性故障则必须返厂维修，不考虑天价维修费用，仅维修周期就需要约半年时间。

潜在节约维修费用（万元）
28

节约依据
预防维修：维修费2万（轴承材料费）；
事后维修：维修费30万（出现进一步故障，返厂）

提升运行可靠性天数
事后维修时间-预防性维修时间（天））
180

图 17　经典案例内容

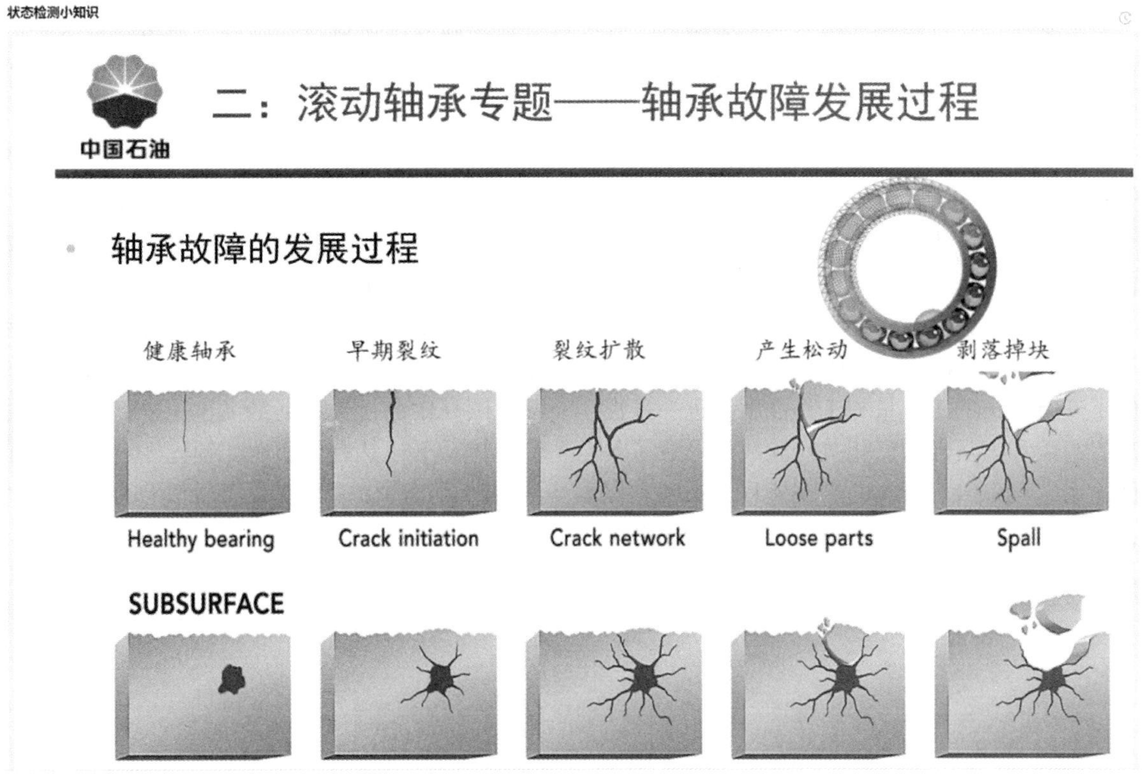

图 17　经典案例内容(续)

高度自由的定制开发：软件是设计人员智慧的结晶，高度自由的定制开发可以保证设计人员每一个好的设计理念能够第一时间在软件中得到呈现，随时修改完善，满足个性化需求。

兼容性强：公司现有的大部分软件存在内外网隔离、PC 端与移动端不兼容的问题，数据采集、分析带来诸多不便，而“轻应用”高效设备管理系统可以做到 PC 端与移动兼容，适配程度副高。

3　“轻应用”高效设备管理体系创新实践取得的成效

“轻应用”高效设备管理体系，突破了设备系统的传统管理理念，管理效率发生了根本性转变。通过三个月的管理实践，不仅有效解放了人力资源、促进了设备维保的精细化管理，维修响应时间、维保质量、运行可靠性均有大幅提升。

(1) 经济效益

“轻应用”高效设备管理体系的实施，有效降低了设备“欠维修”与“过维修”发生概率，提升了对承包商和内部维修人员维保质量的把控，实现了设备管理工作的“四下降”和运行效率“四提升”。

“四下降”：

一是实现管理人员数量下降。二级单位设备管理人员压减 2 人，基层设备兼职管理人员压减 13 人，人员数量下降约 50%。

二是实现工作量下降，承包商无效工作量压缩 30%，基层设备兼职管理人员工作量压缩 60%。

三是实现维修费下降，由于维护、保养均能按计划保质保量完成，以往的“欠维修”造成的生活设备维修费用预计每年可节约 10 万元。另外，维修派单改单一把关为多级把关，加强维修派单层级审批，严格把关报修内容的真实性，对于达不到维修标准的设备不予维修或延缓保养周期，每年可节约潜在维修费用约 10 万元。

四是经济风险下降，所有维护保养实现全过程详细写实，确保了每一笔支出有迹可查，每一次保养有据可依，各级管理人员在验收结算环节均可调阅现场记录，进一步筑牢了拒腐防变堤坝。

“四提升”是指：

一是维保能力提升，特别是生活设备中一些跑、冒、滴、漏“老顽疾”得到了及时治理。

二是基层满意度提升，基层的每一个报修均

可以实现闭环处理，基层维修满意度大幅提升。

三是运行可靠性提升，得益于高效设备管理体系，设备故障停机时间有效缩短，设备运行可靠性大幅提升。

四是承包商工作效率提升，承包商在系统中方便查阅设备的安装地点、现场联络人、性能参数等信息，移动端维保记录录入后无需重复统计工作量等信息，提升了承包商的工作效率。

（2）管理效益

“轻应用”高效设备管理体系的实施，有效降低了现有人员的工作量和工作强度，进一步促进现有组织和人员转型，相关经验成果形成了具有储输系统设备管理特点的管理流程、制度和标准，具有推广应用价值，为下一步公司储输系统设备精细化管理提升提供了有益借鉴。

破解改革难题。输油处人员少，设备管理人员配置长期不足，通过“轻应用”高效设备管理业务层面的变革，极大降低现有人员工作量，提前适应“无人值守”或“少人值守”模式下的设备维保管理，推动设备维保管理扁平化变革。

形成“精细化管理样板”。“轻应用”高效设备管理体系，精细到每一次维修的响应时间、维修时间、现场维修影像资料的管理，在公司储输系统设备管理中属首次，目前已经在输油二输内部范围高效运行，数据量飞速积累，在现有设备管理体系下，具有创新性、领先性、适用性和经济性，真正为储输系统设备管理创新提供了“精细化管理样板”和“二输方案”。

管道放空回收技术应用研究综述

高仕玉　贾彦杰　李　霞　周代军　李　振　古　丽　舒浩纹　冯兰婷

（国家管网集团西南管道公司）

摘　要　天然气在能源结构中比例持续升高，甲烷排放及其环境影响日益受到各方关注，甲烷减排及放空回收可以获得良好的环境、社会、经济效应。介绍了天然气工业甲烷放空来源，总结了管道行业天然气减排措施，分析了不同的放空回收手段，得出在线回注是切合管道行业实际的回收方案的结论。调研了国内外管道企业、服务商、设备制造商技术现状，总结了天然气回收关键指标，指出目前国内天然气回收实施存在效率提升、撬装化、经济敏感分析等瓶颈技术，认为放空回收潜力规模巨大，是未来管道企业的必然选择。研究表明回收经济性受多因素影响，移动回收技术在国内应用还需要深入做经济性和适应性研究，同时需要政府、管道企业、装备企业等多方努力共同推动。

关键词　管道天然气；放空回收；移动式压缩回收车；在线回注；经济敏感分析

进入二十一世纪以来，天然气行业快速发展，天然气消费量在一次能源消费中的比重已达25%左右。在碳中和的全球愿景驱动下，天然气作为能源结构转型过程中重要的过渡能源，将持续保持增长态势，预计到2040年有望超过石油短暂成为第一大能源。然而，在天然气生产、处理、输配的全过程中，因工艺操作、维修、设备故障及缺陷等多方面原因，会导致各种计划性和非计划性放空，使得大量天然气被排放到大气中。天然气主要成分甲烷是一种强温室气体，其在100年尺度范围内的增温潜势约为二氧化碳的28倍。若不能有效控制天然气放空量，不但会造成大量的能源浪费，还将削弱天然气带来的气候效益。鉴于此，国家发改委发布的《天然气发展“十三五”规划》明确提出天然气生产企业要加强油田伴生气回收利用，管道企业要研究移动压缩机回收管道计划性维检修放空气，减小放空量，避免浪费。在“双碳”目标提出后，天然气行业甲烷减排需求更为迫切。

本文通过调研国内外天然气计划性放空回收利用现状，总结国内外现有回收技术利弊，从技术层面、经济层面分析管道气回收项目关键制约因素，结合管道企业运行情况，提出管道天然气计划性放空实施建议，为放空回收技术进一步研发和推广应用提供决策参考。

1　管道天然气放空回收技术概述

放空天然气的回收按照回收和转运方式分为在线回注和非管输储运。在线回注指的利用压缩机等设备提高气体压力迫使待回收气体进入在用输气管道，或者将高压放空气体导入到压力较低的管道的回收方式。目前较为成熟的在线回注方案主要利用压缩机进行增压回注管线，国内外也有采取喷射器引流增压回收的应用。在线回注方案无需再次考虑回收后天然气的运输和二次利用问题，最切合管道放空实际特点的，技术成熟，经济性佳，是目前国内外管道气回收最广泛采用的技术方案。

非管输储运指的是利用压缩（CNG）、液化（LNG）、吸附（ANG）、水合物（NGH）、地下储气（UNGS）、近临界流体等方法进行存储、运输及再利用。其中，CNG回收方式技术、设备成熟，成本较低，在车用燃料和油气田边缘气体回收领域应用较多，相较其他非管输储运方式，有较强的适应性。CNG回收方式将管道放空气增压到20~25MPa，再通过管束车运输，单车运气量可达4000~8000Nm^3，适用于站场放空量较小的工况使用，不适用于管道气大规模放空和短时间内完成回收的时间要求。

2　国外研究现状

国际上相关国家和组织开展了一系列天然气减排或回收相关政策及技术研究，取得了一些积极成效。美国环境保护总署（EPA）在1993年发起了“天然气之星”项目，旨在为美国油气行业提供一个实施甲烷减排技术研究和措施的框架，实现油气高效利用和环境保护。世界银行 2002 年发起“全球减少燃气燃烧合作伙伴关系”组织(GGFR)，致力于开展回收技术研究，传播成功案例，促进油田伴生天然气的回收使用。

与此同时，许多企业也在管道天然气放空回收方面投入了较大的研发成本，在移动式放空回收装置的制造和应用方面已较为成熟。加拿大 TC 能源公司自上世纪 70 年代就开始了较为系统的甲烷排放管理与气候变化应对策略，系统性的研发和采用了减少天然气泄漏和回收放空天然气的方案。目前拥有 8 套往复式和离心式移动式压缩回收装置，最大功率达 3MW，压比 5：1，流量达到 $210\times10^4Nm^3/d$，平均每年开展近 30 次管线回收作业，避免 610 万元的经济损失。同时应用超音速射流器回收干气密封泄放气体，单台燃驱压缩机组每年减少 1600 吨二氧化碳当量温室气体排放。俄气 2009 年启动管线放空移动回收项目，2010 年在 Ust-Buzuluksk 管线上 12km 的 DN1200 管段，进行了先导测试，经过 93.83 小时的回收，管存压力从 4.37MPa 降至 1MPa，燃料消耗 $6604Nm^3$，回收天然气 $57.367\times10^4Nm^3$，价值 3.56 万欧元，减少放空罚款 1.5 万欧元。荷兰 Gasunie 设立了“减少碳足迹”项目，2006~2009 年，开展 18 次回收作业，完成约 750 万标方天然气回收，价值 180 万欧元，加上回收天然气的奖励，共获得收益 405 万欧元，远高于投资 150 万欧元，效益可观。

奥地利压缩机制造企业 LMF 公司，针对管道放空设计了 4 型的车载移动式回收装置，功率范围为 100~700kW，具备全自动独立运行能力，采用两级压缩切换专利技术，兼具大流量和高压比特性，余压低至 0.1~0.7MPa，最大压比为 12：1。欧洲开放网格公司自 2010 年开始先后共购入 LMF 公司的 2 台移动回收车，2010 年至 2016 年共开展了 65 次放空回注作业，回收天然气总计 3400 万标方，避免了 78 万吨当量二氧化碳的排放。意大利 CII Guatelli 公司作为油气服务提供商，采购了 2 台奥地利 LMF 公司产移动回收车，2013~2015 年为意大利 SNAM、法国 GRTgaz、奥地利 TAG 等公司共进行了 25 次回收服务，回收天然气 1153 万标方，减少了 16 万吨当量二氧化碳排放。此外，德国鲁尔天然气、哈萨克斯坦 Intergas Central Asia 天然气，乌克兰 Ukrtransgaz、德国 Fangmann 等公司也采购了 LFM 移动回收车用于放空气回收。

3　国内研究现状

建国以来我国的天然气工业主要集中在川渝地区，随着上世纪 90 年底末陕京管道和本世纪初期西气东输等长输管道工程的陆续建成投产，国内天然气工业和管道运输才进入快速发展期。国内天然气回收相关研究和应用主要集中在油气田边缘气体、火炬气回收利用；管道行业放空回收的相关研究和实际应用起步较晚，案例较少，相关研究较多的停留在方案设计层面。管道企业中仅西气东输管道公司较为系统地完成了站场、管道天然气回收研究和应用。

2012 年，西南油气田输气管理处李晶等人以威青线改线工程为背景，分析了输气管道放空模式、特点和现状，提出回收时间、安全性、工艺流程、移动性能、经济性等技术要求，综合对比了常见的放空回收方法，得出了加压回收是切合管道实际的结论，提出了基于移动式撬装压缩机组的输气管道放空天然气回收实施方案。同年，西安工业大学王洪喜等人以西气东输管道 2003~2008 年期间的放空现状为背景，提出了站场放空回收的基本工艺流程(图 1)，回收系统通过节流装置与放空管线连接，将节流后的天然气增压后重新注入输气管道或者分输管道，并论证了技术和经济可行性，建议在设计阶段就考虑放空回收工艺，从根本上解决放空量大的问题。西南石油大学蒲丽珠等人在对国内外管道放空设置方式调研分析的基础上，也建议对于常规可控的放空工况，在设计时就考虑设置配套的回收工艺。2015 年，CPE 西南分公司李瑜等人根据站场和阀室各自的放空特点，分别提出了固定式和移动式压缩装置对放空气进行回收的方案，并通过算例从理论上分析了回收方案的经济性，在实际应用时还需进一步论证。

西气东输管道公司在管道放空气回收方面开展了专门的研究，涉及回收工艺、技术决策模型、商务模式、设备选型等多个方面，研制的基于往复式压缩机组的移动回收装置在现场测试中的回收率达到 43%，实现了国内首次长输管道放空气回收。此外，对于干气密封系统的放空气回收，西气东输公司也采用了相似的工艺和装置。耿欢等人介绍了国内首个干气密封放空气回收整体解决方案，通过一套基于变频电驱往复压缩机的增压回注装置，对干气密封放空气进行4级增压后注入管道压缩机入口，回收工艺流程如图2所示。该装置于2016年在西气东输二线某压气站投运，取得了良好的经济效益和环保效益。

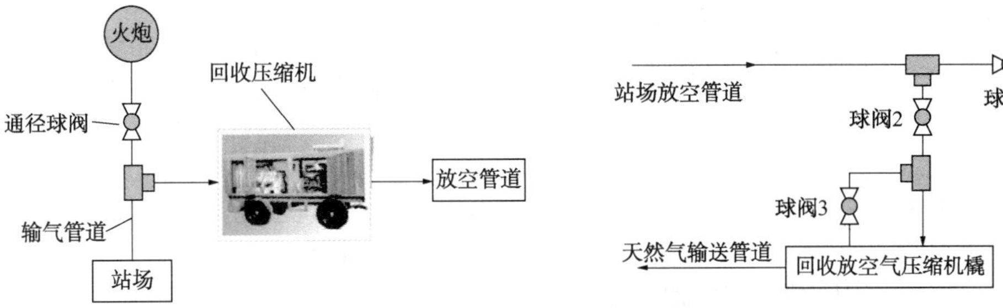

图1　站场放空回收装置示意图和工艺流程图

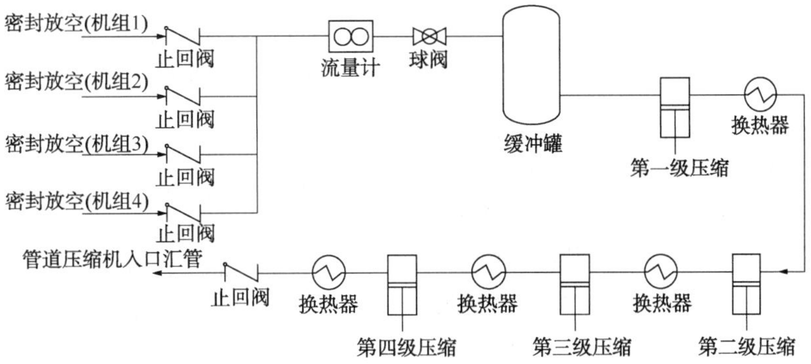

图2　干气密封放空天然气回收系统工艺流程图

4　放空回收关键瓶颈技术分析

天然气移动回收技术在国外已经应用近40年，有大量的移动压缩回收装置，在放空回收的决策模型、运营模式、经济评价等已经形成体系化。国内管道天然气回收起步晚，应用少，且管道地理分布、运营模式等存在较大差异，相关环保监管政策尚不明晰，移动压缩回收装置大规模应用还存在一定的技术瓶颈，还需要在工况适应性上做大量研究；在回收规模运营模式、政策导向不确定的情况下回收装置经济性存在较多不确定因素。

4.1　回收综合效率提升技术

管道天然气回收需要在有限的作业时间内达到较高的回收率，一是要提高设备流量缩短作业时间，二是要提高压比达到较高的回收率。但是由于压缩机的特性，设计流量和压比具有一定互斥性，不能同时提高。回收率由最高压比确定，回收压比的提高，通常通过提高压缩级速、设备功率等技术手段实现，势必导致设备回收流量、移动性能降低，回收作业时间增加，增加投资成本。如何使回收设备在回收期间尽量保持较大的回收流量，同时保证在回收后期具有较大的压比是国内外回收设备制造商研究的重点。多机并联，大小机型组合，离心与往复式设备配合，管线压缩机与移动压缩机组合使用等技术均有研究价值。国外管道公司回收实测回收率达90%~95%，流量大$8.75\times10^4 Nm^3/h$，在国内天然气实测回收率在43%左右，仍有提升空间。

4.2　回收装置撬装化技术

管道回收地点的不确定性要求回收装置必须具备移动转场、快速安装、自动化运行能力的同时满足回收性能指标要求；管道、阀室及站场地理条件复杂要求回收装置具有较强的适应性；外部后勤支持缺乏要求回收装置下具备较高的自持能力。国外已经实现往复式压缩机组和燃驱离心式压缩机组一体化车载成撬，经过大面积的推广应用，撬装化技术的经济性和可靠性已经得到验证。国内目前已经有成型的车载往复式回收车，装机功率较小；回收能力更大的的燃驱离心式回收车目前仍是空白，无相关研发厂家。

4.3　经济敏感分析和决策模型研究

放空回收设备一次投资成本大，闲置时间

长，回收市场规模不确定性大，回收经济性受国内长输管道和站场特点、设备投资及性能、放空条件、可回收时间、特殊工艺要求、下游保供需求、管道线路检修作业、放空回收规模等多种因素影响。如何建立一般或通用条件下、特殊环境和工况下各因素作用下经济敏感性分析和决策模型，制定最优回收策略与运营模式是放空回收的重点和难点。

4.4 工艺安全和可靠性技术

移动回收装置工况条件严苛、安装环境复杂、装配调试时间紧张，有限的回收作业时间内，设备的可靠性、安全性和稳定性是回收目标实现的保障。

5 结语

天然气在能源消费结构中的比例逐渐扩大，管道天然气放空造成的环境和经济影响日益显著，温室气体减排政策和碳排放指标日趋严格，放空管道天然气放空回收将是未来管网运营公司的必然选择。减少天然气泄漏及放空是一个系统工程，回收经济性敏感，受管道企业内外环境多因素影响，需要在国家政策层面顶层设计引导，工程技术层面积极研究，油气运营管理企业加强放空管理，提高回收水平，实现环境效益和经济效益多赢。

移动车载压缩机在欧美管道运营企业放空回收中的大面积应用并取得了良好的经济、环境和社会效益，表明移动回注方案切实可行。国外广泛采用的移动往复式回收车在国内管道行业推广应用仍需做大量经济性研究与适应性改造。对于国内输气主干管道回收时间窗口受限的情况，大功率大流量、多机并联、车载离心压缩机等技术路线是未来的回收研究和发展方向。

随着国家管网公司的成立，一张横跨东西，纵贯南北，覆盖全国，联通海外，互联互通，统一调度的全国性油气管网即将形成，全国范围内的管道天然气放空回收潜力巨大，建议在国家层面尽快出台天然气回收鼓励政策，管道运营公司、装备企业在回收经济效益评价、回收运营模式、回收设备关键技术等方面开展研究，多方努力，推动天然气管输行业的清洁发展。

参 考 文 献

[1] BP 世界能源统计年鉴(2021)[EB/OL]. https://www. bp. com/zh_ cn/china/home/ news/reports/statistical-review-2021. html, 2021-07-08.

[2] 马新华，张国生，唐红君，等. 天然气在构建清洁低碳能源体系中的地位与作用[J]. 石油科技论坛，2022，41(1)：18-28.

[3] 朱子涵，车明，朱瑞娟，等. 城市燃气行业甲烷减排意义及综合治理建议[J]. 煤气与热力，2021，41(11)：6-9.

[4] 汪维，高霁，秦虎，等. 甲烷的温室效应及排放，控制[J]. 城市燃气，2020，(542)：4-9.

[5] 国家发展改革委. 天然气发展"十三五"规划[EB/OL]. https://www. ndrc. gov. cn/xxgk/zcfb/tz/201701/t20170119_ 962876. html，2016-12-24.

[6] World Bank Group. Global gas flaring reduction partnership-gas flaring definitions[EB/OL]. http://documents. worldbank. org/curated/en/755071467695306362/Global-gas-flaring-reduction-partnership-gas-flaring-definitions，2016-06-29.

[7] Solomon S，D. Qin，et al. IPCC，2007：Climate Change 2007：The Physical Science Basis. Contribution of Working Group I to the Fourth Assessment Report of the Intergovernmental Panel on Climate Change[M]. United Kingdom and New York，USA：Cambridge University Press，2007：32-33.

[8] Hladun A R，Wong F & Dunn S A. The Performance of Portable Evacuation Compressors in Gas Transmission Service[C]. ASME 1981 International Gas Turbine Conference and Products Show. Texas，USA，1981.

[9] Botros K K，Geerligs J，Imran H，et al. Development of a Supersonic Ejector for Capturing Very Low-Pressure Vent Gases and Re-Injection Into a High-Pressure Gas Stream[C]. 2006 International Pipeline Conference. Alberta，Canada，2006.

[10] Ishkov A，Akopova G & Evans M. Understanding methane emissions sources and viable mitigation measures in the natural gas transmission systems：Russian and U. S. experience[C]. International Gas Union Research Conference. Seoul，Republic of Korea，2011.

[11] Ishkov A，Akopova G & Evans M. Studies of greenhouse gas emissions at Gazprom：Accounting，Control and the best available technologies for emissions reduction[C]. The 25th World Gas Conference. Kuala Lumpur，Malaysia，2012.

[12] Rotink M，Dijk van G. Recompression of natural gas；saving the environment and money[C]. The 24th Word Gas Conference. Buenos Aires，Argentina，2009.

[13] Hadick C. Mobile Compressor - responsible use of primary energies，avoidance of climate harming

methane emissions[C]. The 11th Pipeline Technology Conference. Berlin, Germany, 2016.

[14] 李晶, 杨建明, 贾勇, 等. 输气管道放空天然气回收方案探讨[J]. 四川环境, 2012, 31(S1): 73-75.

[15] 蒲丽珠, 陈利琼, 杨文川. 天然气管道放空设置方式探讨[J]. 天然气与石油, 2014, 32(01): 50-52+10.

[16] 李瑜, 姚林, 李海润, 等. 长输天然气管道放空气回收利用[J]. 管道技术与设备, 2015, (05): 55-57.

[17] 耿欢, 周书仲, 任永磊. 干气密封放空天然气回收系统设计[J]. 油气储运, 2018, 37(05): 591-596.

管道应力监检测技术在储气库的应用

杨　文　杨青松　温　欣　骆登茂　李晓容

（中国石油长庆油田公司）

摘　要　本文分析了残余应力产生的原因和造成的危害，简要介绍了残余应力的检测方法及原理，并对比分析了不同应力检测方法的检测空间分辨率、检测深度以及适应性，结果表明超声波法最适合在役管线的应力检测。该方法是一种无损检测方法，能够对在役管线进行安全、快速、可靠的检测，不影响管线正常工作运行。利用超声波法对储气库集注站管线开展应力检测，结果表明所有检测点应力值均小于管线屈服强度，处于安全范围内，其中压缩机除油器进出口管线应力值相对较大，是集注站应力检测和监测的重点。应变法是一种成熟可靠的应力监测方法，适合长期监测管道应力。参考应力检测结果，重点选取了集注站10个点利用应变法开展应力在线监测。

关键词　应力；检测；监测；超声波法；应变法；储气库

1　残余应力简介

物体由于各种外部因素(外力、温度场变化、机加工处理等)而产生变形时，在内部产生相互作用的内力，这种单位面积上的内力称为应力。当这些外部因素去除后，在物体内部仍存在的自相平衡的内应力被称为残余应力。

1.1　残余应力分类

按照残余应力平衡的范围不同，通常将残余应力分为三类。第Ⅰ类内应力，又称为宏观残余应力，它是工件不同部分的宏观变形不均匀性引起的，故其应力平衡范围包括整个工件。第Ⅱ类内应力，又称微观残余应力，它是由晶粒或亚晶粒之间的变形不均匀性产生的，其作用范围与晶粒尺寸相当，即在晶粒或亚晶粒之间保持平衡。第Ⅲ类内应力，又称点阵畸变，其作用范围是几十至几百纳米，应力的平衡范围为单位晶胞，它是由于工件在塑性变形中形成的大量点阵缺陷(如空位、间隙原子、位错等)引起的。

有关第Ⅰ类内应力的测量技术最为完善，对材料性能的影响也研究得最为透彻。一般提到残余应力时，只要不特别说明，均是指第Ⅰ类内应力，即宏观残余应力。

1.2　残余应力产生原因

产生残余应力的原因可以归结为三类。第一类是不均匀的塑性变形，第二类是不均匀的温度变化，第三类是不均匀的相变。

（1）不均匀的塑性变形

在机加工过程中常出现，是不均匀的外力作用的结果，比如弯曲、拉拔等。当施加外力时，物体的一部分出现塑性变形，卸载后，塑性变形的部分，限制了与其相邻部分变形的恢复，因此出现了残余应力。

（2）不均匀的温度变化

金属材料在高温下其性能将能发生很大的变化，如屈服极限、弹性模量等都随着温度的升高而下降。如果构件上温度场的温度阶梯较大，则屈服极限和弹性模量的分布也是不均匀的，因此在高温下出现的热塑性也是不均匀的。例如焊接时，形成了一个在热源附近温度很高、周围区域温度低的具有梯度的不均匀温度场，导致各部分塑性变形不一致，因此产生残余应力。

（3）不均匀的相变

金属的金相组织发生相变时，会出现体积的突然膨胀，如果这种膨胀是均匀的，则如同构件热膨胀一样，没有约束的情况下不产生应力。由于构件的组织分布不均匀，造成构件各部分相变时间不同，有的部位相变已完全结束，而有的部位相变尚未开始，从而引起构件各部分的体积变化不均匀，因此使各部分出现互相约束而产生残余应力。

1.3　残余应力的危害

（1）残余应力会引起构件变形，影响加工精度和安装质量

残余应力对构件变形的影响包括两个方面：

一是构件抵抗静、动载荷的变形能力，另外就是载荷卸除后变形的恢复能力。残余应力在这两方面对构件的影响相当大。残余应力是一个不稳定的应力状态。构件受外力时，与残余应力相互作用，使构件某些局部呈塑性变形，截面内应力重新分布；当外力去除时，整个构件发生变形。因此，残余应力明显地影响构件加工后的精度，进而影响安装质量。

（2）残余应力会降低受压构件稳定性承载力

受压构件在外载作用下，其截面实际应力是外荷载应力与残余应力的叠加，部分截面会因残余应力的存在提前屈服而进入塑性状态。这部分截面提前退出工作，导致有效截面减小，惯性矩下降，整体稳定性降低。

（3）残余应力会降低结构的刚度

当外载荷产生的应力与结构中某区域的残余应力之和达到屈服强度时，这一区域的材料就会发生局部塑形变形，丧失了进一步承受外载荷的能力，造成结构的有效截面积减小，结构的刚度也随之降低。

（4）残余应力导致构件发生疲劳断裂

焊缝周围存在严重的应力集中和数值较大的焊接残余拉应力，使得在交变载荷作用下应力循环发生偏移。应力循环的平均值增加，会诱导疲劳裂纹的萌生和扩展甚至导致疲劳破坏。

2 残余应力检测方法

残余应力的检测经过多年的发展，如今已形成无损、微损伤和有损伤等三类检测方法。其中，有损伤与微损伤检测法又可称为机械检测法，其测量原理是通过材料移除过程中完全或部分释放应力时产生的位移来推断出原始应力。机械法依赖于变形量的测量，而变形量是由于材料在移出试样的过程中导致残余应力的释放所形成的。切片法、轮廓法、盲孔法、环芯法和深孔法是常用的有损伤与微损伤检测法。无损检测法又可称为物理检测法，包括X射线衍射法、中子衍射法、超声波法、磁性法和涡流法，这些方法通常是测量一些与应力有关的物理参数。下面介绍几种常用检测方法。

2.1 常用检测方法

（1）盲孔法

盲孔法是目前应用最广泛的残余应力测量方法，而且是已经标准化的测量方法，由Mathar在1934年首次提出，其后经过不断发展完善而形成系统的分析理论。它是在存在残余应力的板材上钻孔，根据孔周围的变形求出残余应力的方法。盲孔法对材料破坏性小且打孔、测量操作都十分方便，可以更广泛地应用于各种零部件和构件的实际测量中；钻孔直径小，可以测量较小范围内的应力，适于测量梯度变化比较大的残余应力场，如焊接应力场。盲孔法属于破坏性检测方法，因而限制了在一些领域的应用，比如压力容器和石油管道等应力的在役检测。

（2）X射线衍射法

该方法测定的是表面5~20μm内的表面应力，其检测的基本原理是基于布拉格方程，通过测量衍射角变化得到晶格间距变化，根据胡克定律和弹性力学原理，计算出残余应力。X射线衍射法检测区域仅限于材料表面和亚表面的晶格结构，检测时要求对材料表面要化学清洗致裸露出晶体，检测结果的准确性受晶粒尺寸、表面粗糙度和表面曲率等因素影响较大，也受到仪器设备体积重量制约和操作复杂性的限制。

（3）中子衍射法

其检测原理与X射线法相同，不同的是中子具有很强的穿透能力（尤其对于重金属材料），最深可达30cm，因此可以检测较大固体材料内部的残余应力。但是中子源的流强较弱，测量时间长，中子衍射测量需要样品的体积大，空间分辨率较差，中子反应堆建造和运行费用昂贵，只有少数国家如美国、英国、德国和中国等拥有，很难普及，无法在工业现场实时大规模测量。

（4）磁性法

磁性法又称为巴克豪森噪声法，该方法是指当铁磁性材料中存在残余应力时，铁磁材料的磁性输出巴克豪森噪声（BN值）会受到影响。如果在磁畴中应力和磁场产生同向的效应，BN值将增大；如果在磁畴中应力和磁场产生相反的效应，BN值将会减小，导致较大的测量误差。BN值的大小与杂质含量和晶格位错等有关，这种方法只适用于铁磁材料，检测精度受材料显微结构的影响较大，还受位移间隙、表面粗糙度、材料剩磁和环境磁场等因素的影响，目前定量校准和残余应力量化检测困难，实际现场应用也受到一定限制。

（5）涡流检测法

涡流检测法是建立在电磁感应原理基础上。

在检测时，将接通有交流电的线圈靠近被测金属，通过电磁感应作用，交流线圈产生的交变磁场在被测金属内建立涡流，该涡流也会在被测金属内部产生自己的磁场，该涡流磁场反过来影响线圈的电压、阻抗以及磁场强弱的改变。由此可见，涡流检测法主要是根据材料形变、电阻率和磁导率等的变化进行测试。残余应力的存在会导致被测件电阻率、磁导率发生改变。用涡流检测残余应力目前还处于不成熟阶段，一般只见于实验室环境下，且只能检测能产生涡流效应的导电导磁材料，适用范围窄，受外界环境影响较大，检测精度较低。

（6）超声波法

超声波法的原理主要就是利用材料的声弹性理论，也就是说材料加载应力的变化会导致超声波在材料内部传播速度的变化，速度快慢取决于超声波入射的波型、传播方向和材料内部应力等情况。一般来说，我们会事先确定好入射波形及传播方向，后面只需要通过准确测定超声波在材料内传播速度的变化，就能得出残余应力的变化。

2.2 检测方法对比

对于在役管道，应力检测需选用无损检测方法。从技术指标、有无执行标准、现场检测适应性等方面对比上述 5 种无损应力检测方法（表 1）。结果表明，相比其他残余应力无损检测方法，超声波法具有检测速度快、人体无辐射伤害、成本低、拥有较佳的空间分辨率和较大范围的检测深度、可实现现场手持便于携带、能够完成表面及次表面宏观残余应力大小与拉压状态的检测等诸多优势。

表 1　5 种残余应力无损检测方法对比表

技术	优势	劣势	指标	标准
X 射线衍射法	普遍使用、有完善的检测标准、检测精度较高、受外界环境干扰小	多用于实验室、小型构件、检测深度浅。有一定辐射，需要清洗工件表面	一次检测时间：10min～1h 空间分辨率：25μm^2～25mm^2 检测深度：5～20μm 最佳精度：5～30MPa	GB/T 7704—2008 ASTM E915-10 EN 15305—42008
中子衍射法	较好检测空间分辨率和深度，实现 3 维分布	基于实验室的专业设施，防护条件严格，设备成本高	一次检测时间：20min～2h 空间分辨率：0.5mm^2～50cm^2 检测深度：70μm～30cm 最佳精度：5～50MPa	GB/T 26140—2010 1SO/TS 21432—2005
磁性法	快速、很高的敏感性、手持式	只适合铁磁材料、需要区分由应力引起特征信号、定性的，不能检测出具体数值，受材料磁性影响	一次检测时间：lsec～10min 空间分辨率：10mm^2～50cm^2 检测深度：5～100μm 最佳精度：不确定	水利行业标准： SL 565—2012
涡流法	快速、高效、成本低	需要标定、对检测激励频率要求高、检测深度不够、定性的	一次检测时间：lsec～10min 空间分辨率：10mm^2～50cm^2 检测深度：20～200μm 最佳精度：不确定	暂无
超声波法	普遍使用、快速、低成本、量化、较佳分辨率和渗透力、手持式	需要标定和耦合	一次检测时间：lsec～3min 空间分辨率：20mm^2～100cm^2 检测深度：10μm～1m 最佳精度：±20MPa	GB/T 32073—2015

3 应力监测技术

应力监测是指采用监测仪器对管道的应力变化进行监测的技术手段。应力监测有多种方法，对于需要长期监测管道应力的情况，应变法是一种成熟可靠且经济的技术，在工程上应用广泛。

每种材料的应变与应力的关系是一定的(图1)，当应力值在比例极限范围内，应力 σ 与应变 ε 呈线性关系，即 $\sigma=E\times\varepsilon$，常数 E 被称为纵弹性系数或扬氏模量，不同的材料有其固定的扬氏模量。通过测量应变可以计算出应力大小。

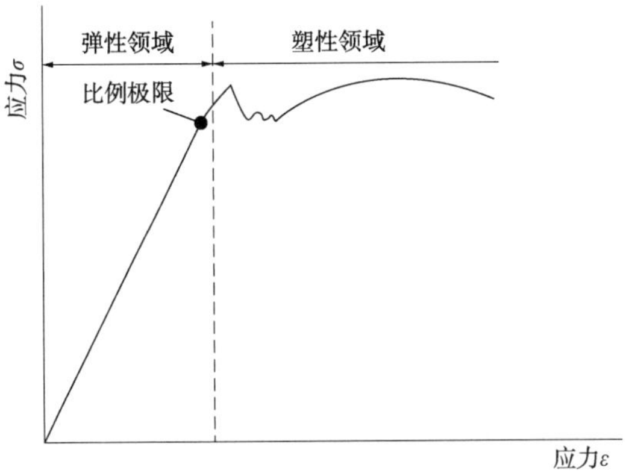

图1　应力与应变关系图

4　应力监检测的现场应用

某储气库是长庆气田第一座含硫储气库，它具有高压注采、压力交变、大气量强注强采的特点，在应急调峰和保障供气安全方面具有不可替代的作用。

集注站内管线的应力主要是管内天然气造成的工作应力，以及制管、焊接、安装时产生的应力。在注气期，4500kW 大功率压缩机运行时还会造成相邻管线振动，导致管线应力增大。鉴于储气库的重要作用，有必要检测集注站内管线应力，确保其在允许范围内。为此，2022 年我们选用超声波法应力检测技术在该储气库开展现场应用。结合储气库运行特点，检测分为三个阶段开展，包括注气初期低排气压力大排量阶段、二级气缸单作用调节后阶段、注气末期高排气压力低排量阶段。检测位置为振动较大的部位，包括压缩机进出口管线、除油器进出口管线以及北部高架廊桥。所检测的管线材质均为 L360QS，屈服强度 360MPa。

4.1　超声波法应力检测技术的现场应用

（1）检测设备

本次检测采用 URS-XSM04 型超声波法应力检测设备，它由测量单元、探头系统、上位机等组成。该设备输入电压 220V，最低采样速率 2Gs，探头采用高分辨、收发探头一体应力检测探头，发射接收晶片距离 8mm 以内，探头中心频率 3.5~7MHz。本次现场检测，应力测量重复性设置为：单点重复检测采集 8 次，其中去除粗大误差 2 次，剩余 6 次求平均给出最终值。

（2）检测点设置

压缩机除油器进出口管线各检测 5 处管环应力，其中进口管线 3 处管环，出口管线 2 处管环。北部高架廊桥检测 6 处管环应力。压缩机进出口管线检测 6 处应力，其中进口管线 4 处，出口管线 2 处(图 2、图 3)。

（3）点钟及坐标系规定

为清晰标记检测位置，沿管道气流方向、顺时针旋转方向对被检管环依次定义为：0 点钟、3 点钟、6 点钟、9 点钟，各点钟分别对应 0 度、90 度、180 度、270 度。检测应力方向为轴向应力。

图 2　压缩机除油器进出口管线及北部高架廊桥应力检测位置示意图

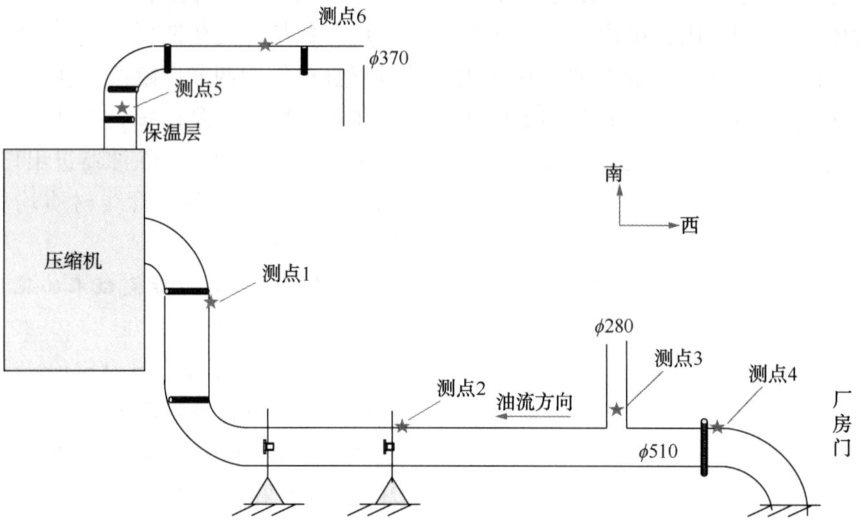

图3　压缩机进出口管线应力检测位置示意图

(4) 应力检测结果

注气初期低排气压力大排量阶段，2#压缩机组运行，开展第1次应力检测，对象为2#压缩机除油器进出口管线和北部高架廊桥。检测结果(表2)表明，2#压缩机除油器进出口管线的应力值范围较大，最小应力值为68.82MPa，最大应力值为263.07MPa，各点钟应力差值较大，表现为震荡特征；北部高架廊桥应力值较低，普遍低于140MPa，最大应力值为173.16MPa。第1次检测2~4#管环3点钟应力值略大于0.7倍管线屈服强度，其余应力值均小于0.7倍管线屈服强度，处于安全范围内。

二级气缸单作用调节后阶段，2#、3#压缩机组运行，开展第2次应力检测，对象为2#、3#压缩机除油器进出口管线。检测结果(表3)表明，2#压缩机除油器进出口管线应力最小值为93.24MPa，最大值为177.6MPa；3#机组除油器进出口管线应力最小值为51.06MPa，最大值为200.91MPa，应力范围波动略大。第2次检测应力值均小于管线0.7倍管线屈服强度，处于安全范围内。

表2　第1次检测2#压缩机除油器进出口管线及北部廊架应力值(MPa)

点钟	2#压缩机-管环编号					北部廊架-管环编号					
	2-1#	2-2#	2-3#	2-4#	2-5#	G-1#	G-2#	G-3#	G-4#	G-5#	G-6#
0	187.59	123.21	137.64	68.82	118.77	128.76	69.93	73.26	86.58	94.35	139.86
3	104.34	263.07	157.62	94.35		73.26	106.56	106.56	130.98	126.54	148.74
6	188.7	198.69	208.68	200.91		114.33	81.03	68.82	137.64	100.5	173.16
9	204.24	159.84	207.57	219.78	148.74	92.13	124.32	111	113.22	108.78	137.64

表3　第2次检测2#、3#压缩机除油器进出口管线应力值(MPa)

点钟	2#压缩机-管环编号					3#压缩机-管环编号				
	2-1#	2-2#	2-3#	2-4#	2-5#	3-1#	3-2#	3-3#	3-4#	3-5#
0	164.28	122.1	108.78	79.92	68.82	92.13	91.02	98.79	51.06	84.36
3	177.6	148.52	93.24	155.4		180.48	124.32	85.47	102.12	
6	133.2	117.66	99.9	111		94.35	200.91	168.72	120.99	
9	175.38	117.66	95.46	124.32	53.28	116.55	132.09	135.42	133.2	79.92

注气末期高排气压力低排量阶段，1#压缩机组运行，开展第3次检测，对象为1#压缩机除油器进出口管线，同时检测了压缩机进出口管线6处应力值。检测结果(表4、表5)表明，1#压缩机除油器进出口管线应力值最小值为87.69MPa，最大值为223.11MPa，各点钟应力较为均匀。压缩机进口管线测点的应力值低，压缩机出口管线测点的应力值变大，最高应力值为97.125MPa，总体应力水平很低。第3次检测的应力值均小于0.7倍管线屈服强度，处于安全范围内。

(5) 应力分析

对比3次检测的应力平均值(图4)，发现压缩机进出口管线应力值最低，其次是北部高架廊桥，最高的是除油器进出口管线。

表4　第3次检测1#压缩机除油器进出口管线应力值(MPa)

点钟	1#压缩机-管环编号				
	1-1#	1-2#	1-3#	1-4#	1-5#
0	183.15	159.84	125.43	125.43	96.57
3	95.46	155.4	150.96	133.2	
6	179.82	223.11	189.255	127.65	
9	219.78	134.31	95.46	135.42	87.69

表5　第3次检测1#压缩机进出口管线应力值(MPa)

点钟	1#压缩机进出口管线					
	进口管线				出口管线	
	1#	2#	3#	4#	5#	6#
0	28.86	43.29	6.105	23.31	97.125	78.81

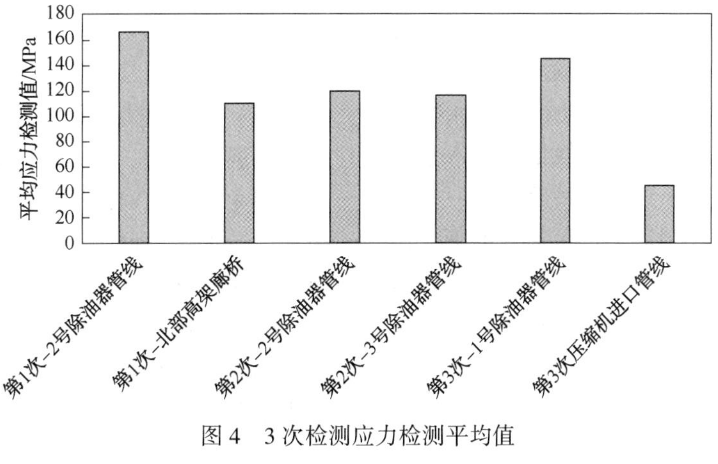

图4　3次检测应力检测平均值

从应力值分布情况看(图5)，第1次检测时2#压缩机除油器进出口管线应力多分布在以160MPa为中心，半径±40MPa的范围内；第2次检测时，2#压缩机除油器除油器进出口管线应力多分布在以120MPa为中心，半径±40MPa的范围内，3#压缩机除油器除油器进出口管线应力多分布在以110MPa为中心，半径±40MPa的范围内；第3次检测时，1#压缩机除油器除油器进出口管线应力多分布在以140MPa为中心，半径±40MPa的范围内。可以看出，对于除油器进出口管道，第1次检测2#压缩机单独运行时应力值最高，第3次检测1#压缩机单独运行时应力值次之，第2次检测室2#、3#压缩机同时运行时应力值最低。

4.2　应力在线监测

本次应力在线监测选用DH1250(K)电阻式表面应变计来测量管线的表面应变，它是一种高精度电阻应变计，通过软件处理将测得的应变数据转换成应力。

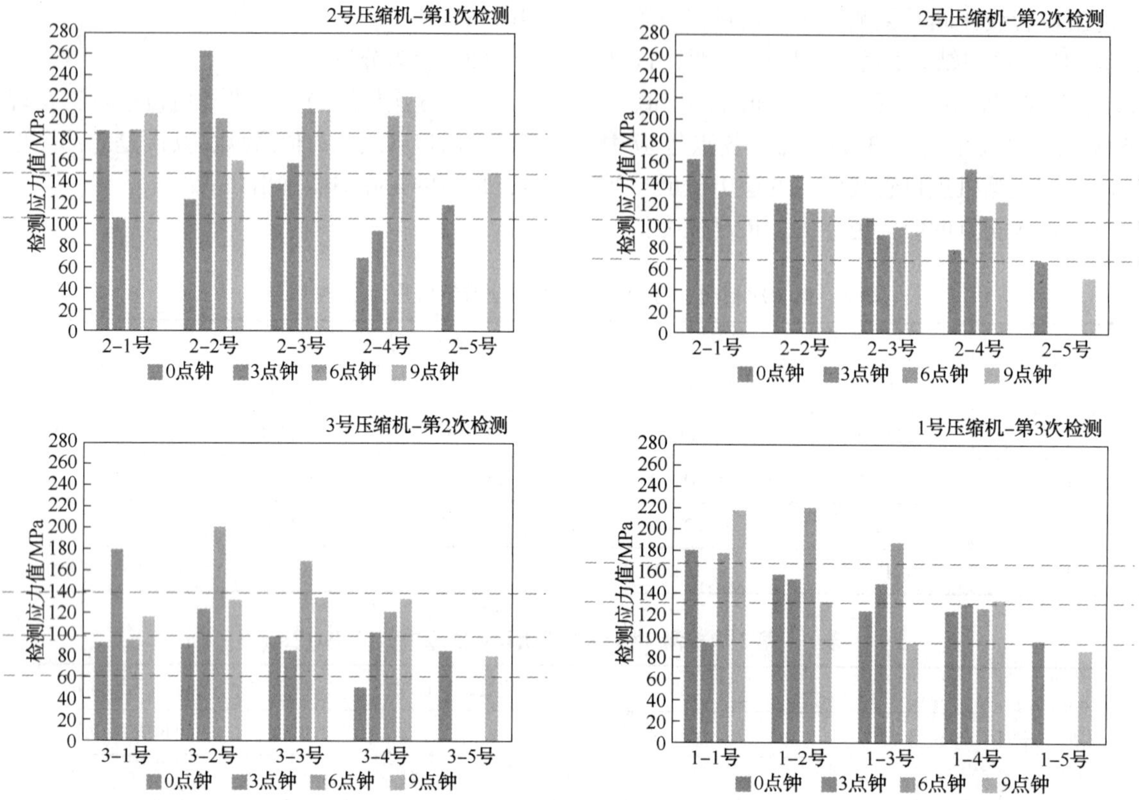

图 5　除油器进出口管线应力值分布图

（1）应力在线监测系统简介

系统由前端传感器、采集器、控制器和软件构成，每个采集器支持 4 路信号输入，采集器和采集器、采集器与控制器之间均采用 RS485 总线通讯，每台控制器支持 4 路总线信号输入，每一路总线最多支持 8 个采集器。传感器的应变检测数据通过采集器、控制器传输至监控电脑，由监测软件进行数据储存、处理、分析、预警，实现应力的实时在线监测、预警(图 6、图 7)。

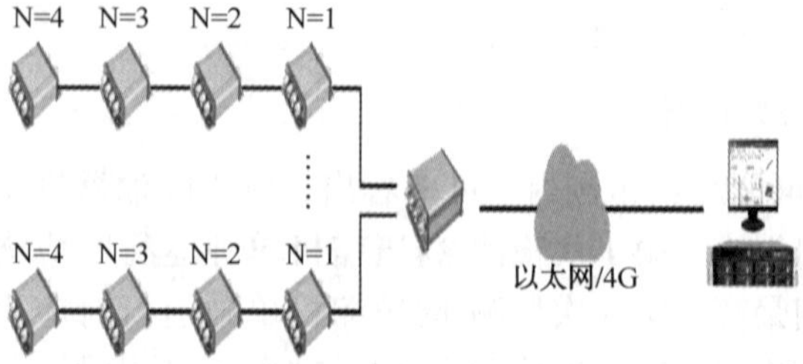

图 6　应力检测系统简图

（2）检测点设置

根据应力检测数据并结合管线振动情况，选取应力较大和振动较大的位置，同时为扩大覆盖面，共选取了 10 个点开展应力在线监测（图 8、图 9）。

5　结论

（1）残余应力一般由不均匀的塑性变形、不均匀的温度变化、不均匀的相变 3 种原因产生，残余应力的存在对结构的刚度、疲劳强度、受压稳定性、加工精度等均有不利影响，检测残余应力对于保障结构安全运行非常有必要。

（2）超声波法是一种无损应力检测方法，检测时不影响管线正常生产运行，且有较佳的空间分辨率和较大范围的检测深度，现场检测方便快捷。应力在线监测系统利用应力与应变关系来实时、在线、长期地监测管线应力，可进行应力变化规律的研究。

（3）某储气库集注站管线应力检测结果表明，所有检测点的应力均小于屈服强度，处于安全范围内。其中压缩机进出口管线、北部高架廊桥应力值较低，压缩机除油器进出口管线应力值相对较大，其中注气初期低排气压力大排量阶段最大、注气末期高排气压力低排量阶段次之、二级气缸单作用调节后阶段最小。因此，集注站应力监检测的重点是除油器进出口管线。应变法是可靠的应力监测技术，适合管道长期应力监测。

（4）在储气库建设过程中，建议在焊接过程中严格避免强力组对造成应力集中，在保障焊接质量、满足焊接规程的前提下可降低施焊温度以减小焊接残余应力，在安装管卡、支撑时松紧程度尽量一致以避免应力突变。同时，为全面掌握储气库管线全周期应力变化情况，建议在建设期配套安装应力在线监测系统，重点监测压缩机本体以及与压缩机相连的管线。

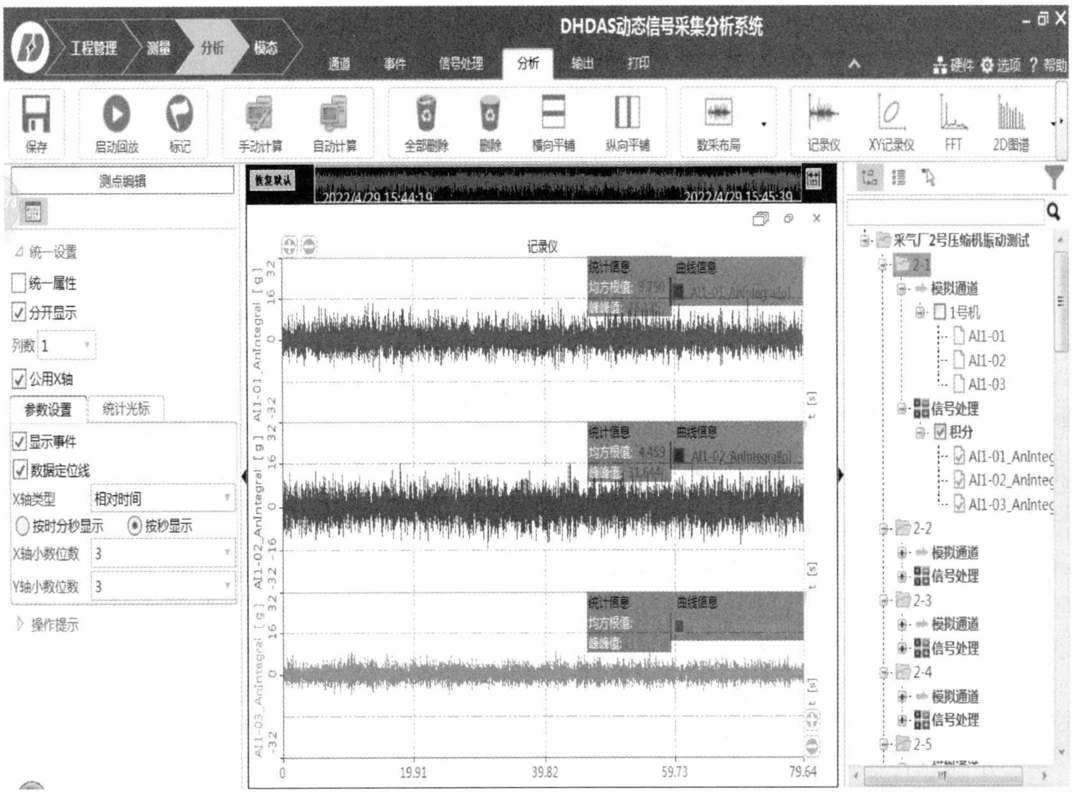

图 7　应力监测软件平台

图 8　传感器现场安装图

图 9　传感器现场安装图

参　考　文　献

［1］马碧涛. 残余应力对压痕实验中压力-压痕深度曲线的影响［D］. 哈尔滨：哈尔滨工业大学，2007.

［2］牟犇，武梦龙. 牟在根，等. 外加强环式 H 型钢梁-方钢管角柱节点抗震性能［J］. 工程科学学报，2018，40(8)：1005-1006.

［3］王元清，乔学良，贾连光，等. 不同连接方式的不锈钢梁柱节点的抗震性能有限元分析［J］. 沈阳建筑大学学报，2018，34(1)：1-10.

长输管道清蜡技术应用效果研究

魏澳博　张建昌　陈浩英　张　泰　张　妮

（中国石油长庆油田公司）

摘　要　含蜡原油长输管道在长期运行过程中，管道内壁出现蜡沉积现象，这使得管道内径减小，管道沿程摩阻增加，生产能耗增加，生产能力下降。因此定期对管道结蜡进行清理对保证管道安全平稳运行具有及其重要意义。本文通过分析原油管道蜡沉积机理，确定影响管道结蜡的主要因素，建立含蜡原油结蜡厚度计算模型；并以长庆油田分公司第三输油处吴定管道为例，通过对比吴定管道高温大排量热洗及机械清管前后平稳运行时管道结蜡厚度、运行能耗以及运行安全；以此对比两种长输管道清蜡技术的整体效果，以确定长输管道最优的管道蜡沉积清理方法。

关键词　蜡沉积；热洗；清管

1　管道清蜡技术现状

原油管道的结蜡是指原油管道在运行过程中，管道内壁上逐渐沉积了一定厚度的蜡、胶质、凝油、砂和其他机械杂质的混合物。使得管道的有效流通面积减小，在保持输量不变的条件下，必然导致两站间管道的压降上升。因此，对结蜡现象如不加以有效治理和控制，则必然造成原油管道的输量不断下降而压力不断上升，最终导致管道发生初凝直至凝管事故。

现阶段，常见的管道清蜡方式主要分为3种，即：化学添加剂法、管道高温大排量热洗法及清管器清蜡法。但因化学添加剂在长输管道中使用剂量较大，且费用较高。因此，接下来将对热洗法及机械清管法进行对比。

2　管道结蜡原因分析

2.1　结蜡机理分析

原油在管道内流动过程中不断向周围环境散热，当壁温低于析蜡点时，蜡晶开始在管壁处析出；当油流主体温度低于析蜡点时，油流主体中也有蜡分子结晶析出。如果油流和管壁之间存在温差，溶解的蜡分子和析出的蜡晶颗粒将以以下三种方式向管壁移动，沉积在管壁上：(1)溶解蜡分子的径向扩散；(2)蜡晶颗粒的剪切弥散；(3)蜡晶颗粒的布朗运动。

2.1.1　溶解蜡分子的径向扩散

原油在沿管道流动过程中不断向周围环境散热，造成油流主体与管壁之间的温差，即在油流横截面上存在径向温度梯度，而蜡在原油中的溶解度又是温度的函数。温度降低使得溶解解蜡分子浓度降低，使油流主体和管壁间蜡分子形成了浓度梯度。由于浓度梯度的存在，溶解的蜡分子将通过分子扩散向管壁移动。当蜡分子扩散到固-液界面时，如果壁温低于析蜡点，蜡分子将从原油中结晶析出，借助于分子间作用力粘附在管壁上。扩散到管壁处的蜡分子是否能沉积下来，要看蜡分子与固体间的作用力大还是油流的冲刷作用力大。

因此，如果壁温在析蜡点以下，当油温较高、油壁温差较大，特别是油温处于析蜡高峰区时，蜡分子扩散是引起结蜡最主要的机制。

2.1.2　蜡晶颗粒的迁移

随着原油温度降低，原油中的蜡分子将析出，形成小的蜡晶颗粒，由于油流主体和管壁之间存在温差，管中沿径向不同位置蜡晶颗粒浓度不同，从管中心到管壁浓度逐渐增加。但由于靠近管壁处的蜡晶颗粒沉积在管壁上，实际上靠近管壁处蜡晶的浓度是很低的。蜡晶颗粒浓度差的存在，蜡晶颗粒将以两种不同的方式向管壁迁移，即剪切弥散和布朗运动。

(1) 剪切弥散。

当流动为层流或在紊流的粘性底层时，由于存在速度梯度，悬浮在油流中的蜡晶颗粒除了沿流线方向运动外，还在油流剪切作用下以一定的角速度旋转，结果使蜡晶颗粒逐渐由速度高处向速度低处迁移，即向管壁迁移。当它达到壁面时，其线速度和角速度将逐渐减小，最终停止不动，并借助于范德华力沉积在管壁上。

(2) 布朗运动。

由于分子的热运动，悬浮于油流中的蜡晶颗粒不停地做无规则的布朗运动，结果使得原油中的蜡晶颗粒分布更加均匀。由于近壁处蜡晶颗粒已沉积下来，虽温度较低，但蜡晶颗粒浓度并不高，使得蜡晶颗粒借助于布朗运动向管壁处迁移。据研究，一般情况下布朗运动产生的结蜡量要比分子扩散少得多。

2.2 影响管道结蜡的因素

2.2.1 原油组成

原油的组成是决定管道结蜡的内在因素。在其他条件相同的情况下，原油中高碳数烃类含量高，即俗称的含蜡量高，一般结蜡就比较严重；而含量低的原油在管道中结蜡相对就比较轻。对于含蜡量相同的原油，如果蜡的碳数分布不。样，其结蜡规律也不相同。吴定管道所输原油为陕北地区所产含蜡量较高原油，因此结蜡情况较为严重。

2.2.2 油温及油壁温差

试验研究表明，在接近析蜡点温度的高温或接近凝点的低温下输送原油时，管道中的结蜡均较轻微。如果管道的运行温度区间处于所输原油的析蜡高峰区间，则管道的结蜡较严重。结蜡高峰区的存在是由于此温度区间正是原油中高碳数烃类溶解度曲线最陡的部分，管道横截面上浓度梯度大，而油流粘度相对不大，因而分子扩散作用强，且由于蜡晶的大量析出，使蜡品颗粒之间相互碰撞的机会增多，蜡品间容易互相粘结而沉积在管壁上；同时，蜡晶浓度迅速增加，也会使剪切弥散作用加强，故形成了结蜡高峰区。

当壁温高于油温时，蜡分子因浓度差而迁移的方向是由管壁向油流中心，故因分子扩散而引起的结蜡速率为负值；剪切弥散作用也被油流的热运动削弱，阻碍了蜡晶往管壁沉积。因此，即使油温在结蜡高峰区，只要壁温高于油温，管内壁几乎没有结蜡。利用这个技术理可以预防和减少管道结蜡。

2.2.3 管壁处剪切应力

原油结蜡是一个动态平衡过程，蜡晶在往管壁上沉积的同时，由于油流的冲刷作用，不是所有扩散到管壁的蜡分子都能结晶析出并沉积下来，即使沉积下来的蜡，也有可能被油流冲刷下来。因此，结蜡过程是一个沉积与冲刷同时存在的动态过程。在这个过程中，油流对结蜡层的冲刷力对结蜡速率有重要影响，而单位面积上的冲刷力就是管壁剪切应力。因此，管壁剪切应力是影响结蜡速率的一个重要因素。随着管壁剪切应力的增加，结蜡速率会降低。因为管壁处剪切应力增大，意味着油流对结蜡层的冲剧作用增强，沉积的结蜡层剥趋势增强，造成结蜡速率降低。

2.2.4 管壁状况

壁材质和粗糙度对结蜡有显著影响。由于管壁和涂层表面的结构和性质不同，在蜡结晶过程中，内壁所提供的结品核心多少和难易程度也不同，在其他条件相同的情况下，玻管的结蜡量要比钢管少得多。钢管涂上有机硅树脂后，结蜡量也显著减少。管道刚开始行时，蜡直接沉积在管壁(或涂层)上，随着结蜡量的增加，蜡就要沉积在已有的蜡层上，表面发生了变化，结蜡规律也不相同。

2.2.5 运行时间

现场实践和研究表明，随着运行时间的延长，虽然结蜡层总厚度在缓慢增加，但结蜡速率却在逐渐较小。当输量比较稳定且大于某一范围时，刚清完管的管道内结蜡厚度增长较快，以后逐渐减慢，直至厚度接近稳定，在运行参数上表现为摩阻不再继续增大。，在运行周期相同及原油组分相同的的情况下，油温壁温温差、管壁处剪切应力和管壁状况为影响管道结蜡的主要因素。

3 管道结蜡厚度模型建立

确定两种方法清管效果最直观的方法是通过对比两种管道清理方法清管前后的蜡沉积厚度，因此计算蜡沉积厚度为主要任务。

通过以上原因分析，确定了影响管道结蜡的主要因素但在原油输送过程中，仅当原油温度低于析蜡点温度时蜡晶才会析出，随之输油管道沿程温度的降低，原油管道蜡沉积分布并不均匀；而随着管道沿线埋地温度变化以及油品输送工艺的调整，管道内沉积物厚度变化规律会更加复杂。因此可通过利用蜡沉积厚度变化对管道整体水力学特性的影响。根据流体动力学原理反算出的管道全线的平均蜡沉积厚度，以此来反应两种管道清理方法的作用效果。

流体管道摩阻公式为：

$$h_l=\beta\frac{Q^{2-m}\nu^m}{d^{5-m}} \tag{1}$$

反推出管道平均结蜡厚度为：

$$\delta=\frac{1}{2}\left[d-\left(\beta Q^{2-m}\nu^m\frac{L}{h_l}\right)^{\frac{1}{5-m}}\right] \tag{2}$$

$$\beta=\frac{8A}{4^m\cdot\pi^{2-m}\cdot g} \tag{3}$$

式中，δ 为蜡沉层的平均厚度，m；L 为蜡沉积管段长度，m；d 为管段有效内径，m；ν 为管道运动粘度，m^2/s；Q 为体积流量，m^3/s；m 为常数，当流态为层流时 $m=1$；当流态为紊流时，$m=0.25$；h_l 为管道全线的沿程摩阻，可利用全线压降通过伯努利方程计算得出。

4　清蜡技术效果对比

通过对比吴定管道两次不同清管技术使用效果，以此来分析管道高温大排量热洗及机械清管两种技术在长输管道上的应用。

4.1　吴定线概况

第三输油处吴定线吴定首站至油房庄段管道全长 82.74km，管道规格 Φ323.9×6.4mm，工作压力范围为 4~5.0MPa，流量范围 270~300m^3/h，当前输送介质温度 35~45℃，管道外壁采用环氧粉末防腐、黄夹克保温。管道起点高程为 1613m，终点高程 1532m，全线最高点位于定边县杨井镇乔洼村处，高程 1840m，最低点位于石台子沟穿越处，高程 1423m。全线设截断阀室 4 座、最高点压力信号采集点 1 座，用于事故状态下截断管内原油和检测最高点压力参数。吴定管道所输原油，油品物性经过化验后，标准状况下密度为 0.838kg/m^3。

4.2　管道结蜡厚度对比

吴定管道最近进行的一次高温大排量热洗，及管道机械清管分别为 2021 年 8 月 28 日——8 月 30 日热洗，及 2022 年 4 月 24 日——6 月 17 日共 13 次通球清管，利用站控 SCADA 系统所采集压力温度等数据计算出热洗及清管前后平稳运行时管道结蜡厚度(表 1)。

通过对管道热洗及清管前后蜡沉积厚度的对比，发现热洗前后管道平均蜡沉积厚度由 13.594mm 降至 11.627mm，而机械清管前后平均蜡沉积厚底由 17.881mm 降至 2.788mm，相比较来说，机械清管对管道结蜡的清理效果更好。

机械清管后吴定线出战压力由 5.02MPa，下降至 4.11MPa，运行压力降大幅降低，更有利于管道的运行安全。

4.3　能耗对比

根据吴定首站站控室 SCADA 系统数据，获取相同排量下喂油泵及外输泵转速电压电流等数据，以此分析两次管道清理后节能情况(表 2)。

表 1　吴定线清管前后及热洗前后的平均结蜡层厚度计算表

	出站温度/℃	进站温度/℃	平均温度/℃	运动粘度/(m^2/s)	出站压力/MPa	进站压力/MPa	运行排量/(m^3/s)	沿程摩阻/m	平均蜡沉积厚度/mm
热洗前	50	30.06	36.71	0.0001096	4.2	1.488	266.568	428.88	13.594
热洗后	50	30.06	36.71	0.0001096	4.01	1.488	266.56	405.91	11.627
清管前	37.86	30.81	33.16	0.0001198	5.02	1.26	279.45	555.59	17.881
清管后	37.56	32.58	34.24	0.0001198	4.11	2.02	287.86	353.68	2.788

表 2　吴定首站清管及热洗前后泵的运行参数对比

	喂油泵转速/(r/min)	喂油泵电流/mA	外输泵转速/(r/min)	外输泵电流/mA
热洗前	1130	126	2450	36
热洗后	1170	116	2430	34
清管前	1170	123	2590	35
清管后	1157	120	2497	37

通过对管道热洗及清管前后泵运转参数对比，发现机械清管后外输泵的转速由 2590r/min 下降至 2497r/min，下降幅度较大，更有利于节省电能损耗，降低原油外输动力费用，降低原油

外输运行成本，达到提质增效的最终目标。

因此从清蜡效果、管道运行安全，及节能降耗，提质增效方面看，机械清管效果远好于管道高温大排量热洗，因此机械清管为更适合吴定管道的清蜡措施。

5 结论

（1）通过对管道结蜡因素的分析可从以下几个方面控制减少管道结蜡

① 在生产允许的条件下合理控制油温，避免输油温度处于析蜡高峰区

② 合理改变管道中原油流速，以增大管壁出的剪切应力，从而减少结蜡

③ 确定合理的管道清蜡周期。

（2）通过对比两种管道清蜡技术可知，管道机械清管，在清蜡效果、长期运行能耗、运行成本及安全性等方面，均优于管道高温大排量热洗，因此管道机械清管技术更适合于长输管道蜡沉积清理。

参 考 文 献

[1] 杨筱蘅. 输油管道设计与管理[M]. 中国石油大学出版社(山东)，2006：231-232.

[2] B. P. 蒂索，D. H. 韦尔特，熊寿生等. 原油的组成、分类及地质因素对原油组成的影响[J]. 石油地质实验，1978(04)：50-116.

[3] 黄启玉，李瑜仙，张劲军. 普适性结蜡模型研究[J]. 石油学报，2008，29(3)：459-462.

[4] 杨筱蘅，张国忠. 输油管道设计与管理[M]. 东营：中国石油大学出版社，2006

[5] 全青，吴海浩，高歌，等. 不同温度下单相含蜡原油的蜡沉积规律[J]. 油气储运，2014，33(8)：852-856.

[6] 谢英，袁宗明，肖燕. 在役埋地热油管道低输量运行的经济研究[J]. 油气储运，2008，27(4)：10-13.

[7] 艾云超. 蜡沉积对原油管道安全输量的影响[J]. 油气田地面工程，2012，31(9)：89-90.

[8] 成庆林，王旭旭，李贤丽，等. 含蜡原油管道运行条件对清管周期的影响[J]. 油气田地面工程，2013，32(4)：5-6.

电缆铝热焊温度场及残余应力场的数值模拟

沈　楠

（中国石油长庆油田公司）

摘　要　在役输油管道与电缆采用铝热焊技术时，铝粉焊剂量多选用经验值，焊接过程中产生的温度与残余应力的不确定性给管道施工和其安全运行带来严重威胁。针对该问题，采用数值模拟软件 ANSYS 对铝热焊接过程进行分析，首先利用 solidworks 软件建立了铝热焊有限元模型，然后在 ANSYS 中对材料的相变过程及非线性问题进行处理，最后仿真得到不同铝粉焊剂量和不同壁厚管道之间的温度场及残余应力场变化关系。实验验证表明，ANSYS 仿真结果与实验焊接结论相同。根据 ANSYS 数值模拟分析结果可对在役管道铝热焊接过程中的安全操作流程提供建议，从而降低在役施工风险。（图 13，表 6，参 20）

关键词　铝热焊接；数值模拟；温度场；残余应力场

在役管道焊接安全性分析一直是管道修复研究的重点。而对在役管道焊接安全性研究的焦点主要集中在两个方面，一是管壁因焊接导致的局部过热而发生烧穿的可能性；二是焊接过后冷却速度过快，导致管壁残余应力变大，易发生氢致开裂现象。两者可通过温度场及残余应力场的数值模拟来进行分析，现有文献已对相关的问题展开了丰富的研究，分析了在不同的管道修复工艺情况下的焊接安全性。

韩双等针对 6mm 壁厚管线在役焊接时建立了手工电弧焊熔池模型，并利用 SYSWELD 软件分析了相同焊接线能量输入下管壁发生烧穿时的临界压力。齐丽华等运用 ANSYS 软件对 X80 油气输送管道采用半自动焊接工艺时环焊缝的组织进行了安全性分析，得出管壁焊接接头在焊后残余应力等综合应力作用下发生起裂的可能性。李斌等以 X70 管线钢自动焊为研究目标，利用 ANSYS 软件分析了不同焊接参数下的管道焊接接头的温度场及残余应力场分布规律，为管道采用自动焊时的安全焊接参数的选择提供了参考。对常见的在役管道焊接安全性研究虽已较为丰富，但仍需深入扩展。如对属于半自动焊接形式的铝热焊接而言，由于焊接热源的建立存在差异性，上述研究便很难真实模拟铝热焊接过程。而焊接人员在对管道进行铝热焊接修复工作时，仅凭借经验值来选取焊剂量，这样就无法判断管道在焊接过程中是否会发生烧穿和氢致开裂现象，易造成安全隐患。

现有关于在役管道采用铝热焊接方式时的安全性研究相对较少，尤其是针对不同壁厚管道进行铝热焊接过程中的焊接量选择，缺乏理论分析和实验数据。何波、江俊志等虽然利用有限元软件模拟了铝热焊接过程，但都对铝热焊剂的用量以及焊件尺寸未进行考虑。故本文根据现有研究的不足以及实际工况操作的需要，选择针对不同壁厚管道在不同焊剂量状况下的焊接安全性展开研究。利用 ANSYS 软件对在役管道与电缆铝热焊过程进行数值模拟分析，进而得到不同铝粉焊剂量和不同壁厚管道之间的温度场及残余应力场变化关系，有望为在役管道铝热焊接过程中的安全操作提供技术支持。

1　焊接仿真模型的建立

对铝热焊接过程中的温度场和残余应力场分析是一种复杂的热应力耦合的求解过程，其焊接产生的温度场和残余应力场之间有着耦合作用。本文考虑两者之间的弱耦合作用，即仅分析温度场对残余应力场分布产生的影响。

1.1　铝热焊接模型的假设

铝热焊接是一种非稳态过程，焊接开始前，待焊母材为固态，在高温的熔融态铝热剂加入后，母材吸收其带入的热量局部熔化，经与铝热剂融合冷却而形成焊接接头。此焊接模型中热量传递需考虑的问题主要包括：一、铝热剂反应后生成的热量带入母材；二、母材外表面与四周环境的热辐射和热对流；三、熔池边界固态金属对外界的热传导；四、熔池表面的自由蒸发散热。为了描述焊接问题及进行焊接仿真，需对模型做出如下假设：

（1）材料为理想塑性材料且各向同性；

（2）铝热焊接热源按照二维传热集中作用于焊件的一定区域；

（3）焊件初始温度分布均匀。

和温度有关的力学参数在微量时间内表现为线性变化，且研究力学性能时不考虑黏性和蠕变的影响。

1.2　铝热焊接简化模型与参数

本文将以钢和铜两种材料的铝热焊接为例，利用上述建立的数学模型，借助有限元软件 ANSYS 来对铝热焊接过程中的温度场和残余应力场进行模拟分析。其简化的分析模型中(图 1)，钢管的尺寸为 ϕ273mm×6mm，在钢管表面上焊接铜线，焊接后形成铜柱的尺寸为 ϕ40mm。

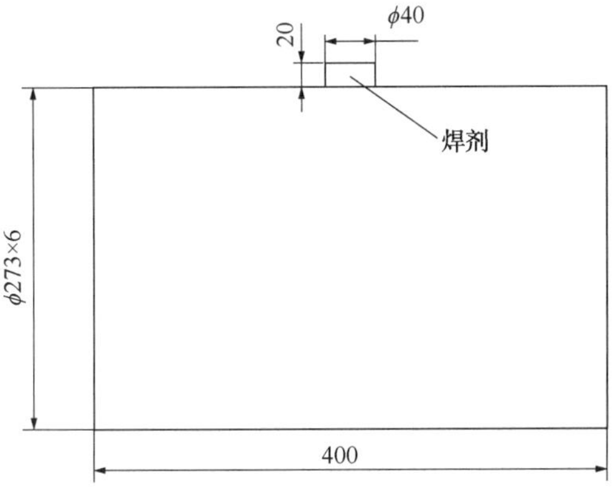

图 1　焊接模型简图

同时对钢管壁厚和铝热焊剂用量分别设置了不同参数进行数值模拟试验(表 1)。

表 1　管道焊接静态试验参数

试验组别	管壁厚度/mm	铝热焊剂用量/g
1	6	10
2	6	15
3	6	20
4	7	10
5	7	15
6	7	20
7	8	10
8	8	15
9	8	20

铝热焊剂主要由金属氧化物和铝粉组成，两者通过氧化还原反应放出热量产生熔融金属用于焊接，仿真时将反应热量转换为热流密度加载于焊接表面进行模拟分析。钢管和铜的初始温度皆为环境温度 25℃，两种材质的部分物理参数随温度变化而变化(表 2、表 3、表 4)，材质的热物理参数影响其温度场和残余应力场的分布。

表 2　钢的材料性能参数(1)

材料	温度/℃	弹性模量/Pa	屈服极限/Pa	切变模量/Pa
钢	20	2.09×10^{11}	2.35×10^{8}	6.97×10^{10}
	500	1.72×10^{11}	1.60×10^{8}	5.73×10^{10}
	1000	0.05×10^{11}	0.12×10^{9}	0.17×10^{10}
	1500	0.01×10^{11}	0.001×10^{9}	0.03×10^{10}
	2000	0.001×10^{11}	0.0001×10^{9}	0.003×10^{10}

表 3　钢的材料性能参数(2)

材料	密度/(kg·m^{-3})	泊松比	传热系数/W·(m·k)$^{-1}$	线胀系数/℃$^{-1}$	比热容/J·(kg·℃)$^{-1}$
钢	7800	0.3	50.2	1.06×10^{-5}	502

表 4　铜的材料性能参数

材料	密度/(kg·m^{-3})	泊松比	传热系数/W·(m·k)$^{-1}$	线胀系数/℃$^{-1}$	比热容/J·(kg·℃)$^{-1}$
铜	8900	0.34	397	1.75×10^{-5}	390

1.3　有限元模型与网格划分

焊接模型在结构上是对称性的，为了便于计算分析，利用 ANSYS 模拟仿真时，可沿轴方向取长度 500mm，对称面的 1/4 作为有限元模型进行分析，建模完成后再将表 2、表 3 和表 4 中的部分材料参数赋予模型。本文中焊接温度场与应力场分析属于间接热应力耦合分析，ANSYS 提供自动单元类型转换，首先选用温度分析单元再将其转换为结构单元。建模时，热分析单元采用 SOLID70，应力分析时将转化为相应的结构单元 SOLID185。模型主要采用六面体网格划分，对焊接区域附近使用较细的网格，网格大小尺寸为 0.005mm，而在远离焊接区域使用较大的单元尺寸(图 2)。

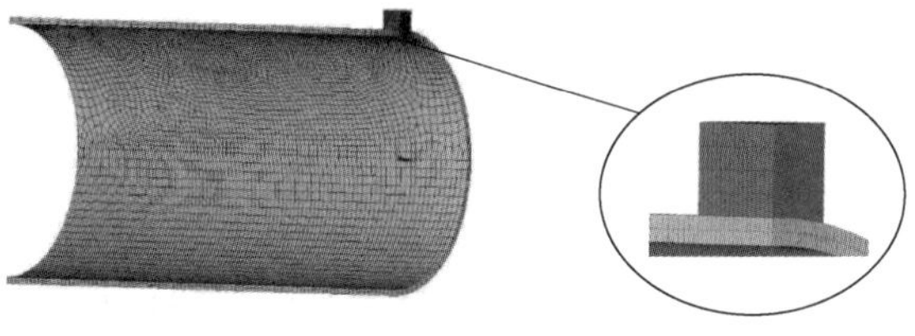

图 2　有限元网格划分

1.4　焊接模型仿真中关键问题的处理

由前分析可知铝热焊接过程中温度场是非线性热传导问题，材料的非线性以及模型结构中自由度数目的庞大导致利用 ANSYS 进行求解时收敛较为困难，为了提高数值模拟的精度和稳定性，需要处理一些关键性的影响因素。

1.4.1　相变过程的处理

在铝热焊接过程中，由于金属相变的存在会导致包括潜热吸收与释放在内的热量转换，进而影响到焊接温度场的分布以及由温度变化而引起的对应力应变场的分析。为了处理潜热在相变过程中对焊接温度场造成的影响，可通过估计潜热即利用各单元的平均温度来分析单元有无受到潜热的影响。然后再将单元吸收或者释放的潜热平均分配到各单元节点上，这就相当于在单元内部施加了瞬时热源。ANSYS 热分析最主要的功能之一即是分析金属相变问题，其有专门的方法来处理相变潜热。一种情况是已知材料的相变潜热，则在材料温度达到相变临界点时，将相变潜热换算为材料的热焓然后输入至 ANSYS 中；另一种情况是已知焊接母材相变前后材料的密度和比热容随温度的变化趋势，然后通过定义焊接材料随温度变化而变化的热焓值来考虑熔融潜热造成的影响。材料从固态转变为液态的相变过程中，其焓值呈逐渐递增的变化趋势。热焓指单位体积或质量的物质所包含的全部热量，其是与温度相关的连续函数，可表示为：

$$\Delta H = \int_0^T \rho C_p(\tau)\,d\tau \tag{3}$$

式中，H 为热焓，kJ/kg；ρ 为材料密度，kg/m^3；C_p 为材料比热容，J/(kg·K)。

1.4.2　非线性问题的处理

由于铝热焊接过程的温度场求解是包括了材料相变过程的瞬态非线性分析，这增加了求解的收敛性难度。为加快求解速度，ANSYS 提供了线性搜索选项，其中 Newton-Raphson 方法可用于线性模拟。该方法可提高有限元计算结果的收敛性，有利于加速 ANSYS 求解过程中对相变问题的处理。

1.4.3　边界条件的设置

对在役管道铝热焊接过程进行有限元仿真时，需考虑焊接热源边界条件以及边界换热条件等边界情况。焊接热源边界条件即在仿真时加载合适的焊接热源，这对焊接温度场模拟结果的准确性有着重要影响。铝热焊接是通过金属在模具中的氧化还原反应来实现的，其化学反应产生的热量均匀分布于焊接区域，故本文对在役管道焊接进行有限元模拟时选用均布热源模型；边界换热条件即在仿真时设置焊件表面与外界的热量交换条件，在焊剂模型的计算中，其模型边界上的材料与环境介质之间的热交换已知，可以按照对流和辐射来进行处理。

2　数值模拟结果

2.1　铝热焊温度场分布

根据模型参数和仿真要求，在 ANSYS 中分别建立三种不同壁厚的焊接模型，并将铝热焊剂用量换算为热流密度施加于焊接区域进行仿真。铝热焊接是通过铝粉剧烈的氧化还原反应产生热量完成焊接任务的，其反应时间一般只需 3~5s 便能完成，而与铝热剂数量无关。参考胡士信等研究结论，在 ANSYS 中仿真时，将焊接过程的载荷步设置为 5s，步长设置为 1，使反应热量充分施加于管壁焊接处。在铝热焊接完成后需经冷却过程方可取出模具，对于各类型的管材，为避免焊接过后出现氢致开裂现象，一般需一个 800℃降至 500℃的最短冷却时间。故为研究冷却后钢制管材残余应力分布情况，将冷却时间设置为 200s，时间步长设置为 10。

对于焊接温度场的研究，主要关心的是焊接区域的最高温度，因为它影响着管道运行的安全性，可能会导致管道被烧穿的状况发生。相同壁厚管道用不同量的铝热焊剂进行焊接时，随着焊剂量的增加，焊接 5s 后的最高温度也越高。管道壁厚为 6mm，焊剂量为 10g、15g、20g 时，焊接区域的最高温度分别为 1466.86℃[图 3(a)]、2122.26℃[图 3(b)]和 2777.65℃。当焊剂量相同时，随着管道壁厚的增加，焊接区域的最高温度越来越低，这是因为管道截面积的增大导致传热更快，使得中心最高温度越低。管道壁厚 7mm，焊剂为 20g 时，焊接区域最高温度达到 2718.95℃；管道壁厚 8mm，焊剂为 20g 时，焊接区域最高温度达到 2692.61℃(表 5)。

为了进一步观察管道内外壁的温度变化趋势，以管道壁厚 6mm，焊剂量为 20g 时的焊接过程为例，选择管道内外壁焊接区域沿轴向处的六点(图 4)，绘制出每个点在焊接过程中的温度变化曲线(图 5)。其中外壁从右至左各点分别命名为 TEMP_ 1、TEMP_ 2、TEMP_ 3；内壁从右至左各点分别命名为 TEMP_ 4、TEMP_ 5、TEMP_ 6。

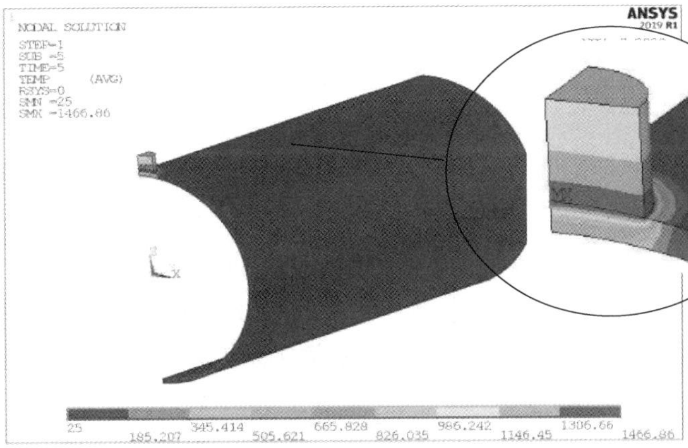

(a)焊剂10g，焊接5s后温度场云图(壁厚6mm)

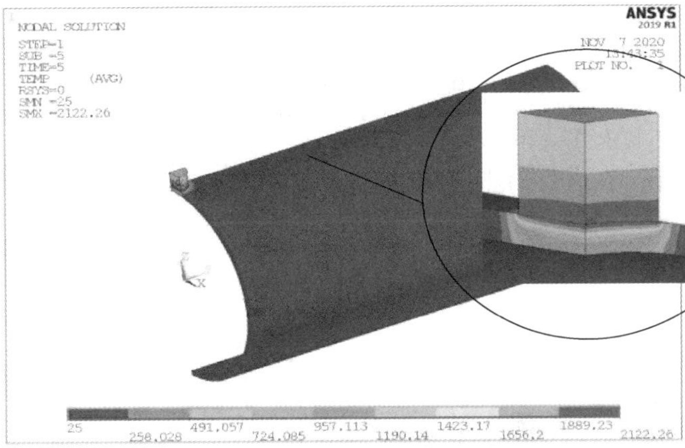

(b)焊剂15g，焊接5s后温度场云图(壁厚6mm)

图3　壁厚6mm管道在焊剂10g/15g时焊接5s后温度场云图

表5　各参数下管道焊接5s后的最高温度

序号	管道壁厚/mm	焊剂量/g	焊接区域最高温度/℃
1	6	10	1466.86
2	6	15	2122.26
3	6	20	2777.65
4	7	10	1411.21
5	7	15	2077.53
6	7	20	2718.95
7	8	10	1422.32
8	8	15	2057.46
9	8	20	2692.61

从曲线图中可以看出在焊接的前0~5s内，管道外壁温度上升较快，在到达一定的峰值后，又随着时间由高到低，最后趋于稳定。在管道外壁中各点的最高温度相近，其中远离焊接区域中心点TEMP_ 1处的温度较低；而在焊接内壁中，各点的最高温度比外壁相对要低，内壁最高温度约为400℃，且同样远离焊接区域中心的温度是最低的，内壁最低温度约为250℃。Battelle通过热分析计算后指出，管道内壁温度不超过982℃时，焊接修复管道不会发生烧穿失稳现象。由此，根据ANSYS仿真结果可知，在铝粉焊剂量为10g、15g和20g时，针对6~8mm管道进行铝热焊接时不会出现烧穿现象。

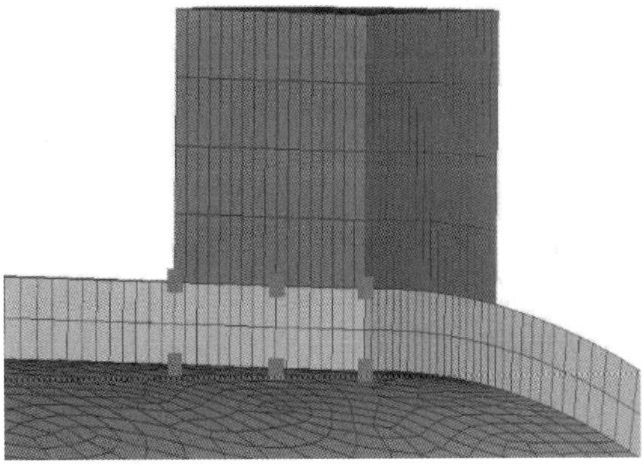

图4　管道内外壁观察点示意图

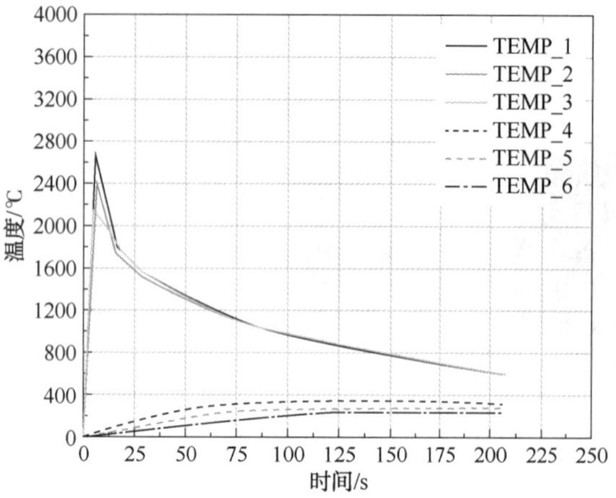

图 5　焊剂 20g 时各点温度变化曲线(壁厚 8mm)

2.2　铝热焊残余应力场分布

焊接过程产生的温度场与应力场之间有着弱耦合作用，使得铝热焊接之后管道内分布着焊接残余应力，其影响着管道的运行安全，故需分析焊接残余应力在管道中的分布。在进行铝热焊残余应力计算时，需要先对模型施加位移约束条件，防止刚性位移在计算过程中产生进而影响计算结果的准确性。同时施加的约束又不能限制焊接过程中管道自由变形和正常的应力释放。因此对管道内外壁及轴向两端沿 Z 轴限制位移。此外还需根据焊接特点，定义管道和焊剂的材料属性，具体包括泊松比、线性膨胀系数、屈服极限、随温度变化的弹性模量以及切变模量等。

设置好分析参数后，需将温度场分析结果作为应力场体载荷施加于节点上。温度场分析完成时会生成一个 . rth 热载荷文件，在 ANSYS 中通过命令流的方式将其加载于管道上。应力求解完成以后，可通过处理器读取每个时间子步的分析结果，其中残余应力在计算的最后子步是最大的，也是分析的重点。以管道壁厚 6mm，焊剂量为 10g 的焊接过程为例，经历加热和冷却过程以后，管道中最大残余应力为 74. 50MPa(图 6)。

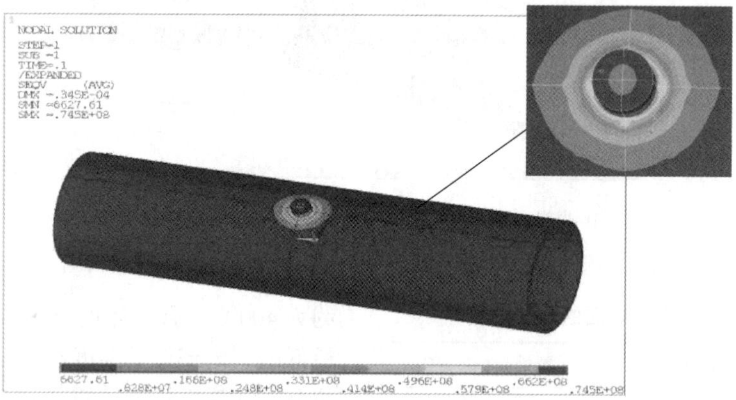

图 6　焊剂 10g，焊接 200s 后残余应力云图(壁厚 6mm)

为分析不同工艺参数下的管道在焊接过程中的安全性，在相同焊剂量 20g 情况下，分析管道壁厚为 6mm、7mm 和 8mm 时焊接过程中管道残余应力的分布情况。当壁厚 6mm 时，焊接过后的最大残余应力为 142. 00MPa[图 7(a)]；沿轴径外表面方向取一母线作出残余应力变化曲线图[图 7(b)]，距离焊接中心区域 20mm 即焊接接头与管道外缘接触表面有最大残余应力为 97. 40MPa。

当壁厚 7mm 时，焊接过后的最大残余应力为 150. 00MPa(图 8)；当壁厚 8mm 时，焊接过后的最大残余应力也为 150. 00MPa(图 9)。从仿真结果可知，相同壁厚管道随着焊剂量的增加，焊后残余应力值越高；当焊剂量相同时，随着管道壁厚的增加，焊接区域的残余应力逐渐增加并趋于稳定。

结合 GB 50253—2014《输油管道工程设计规范》5. 2. 1 中对材料属性的要求可知，不同工艺参数下的钢管在焊接过程中产生的最大残余应力均小于钢材的最低屈服强度及抗拉强度，管道在焊接过程中不会出现断裂和烧穿现象。

3　试验验证

为了验证数值模拟仿真结果的准确性，根据表 1 中的数据设计了九组焊接试验，对焊接结果进行烧穿分析。采用线切割切取各参数下接头的横截面，并制成金相试样，对其横截面宏观形貌进行拍摄，观察各参数下的熔深和裂纹情况(表 6)。

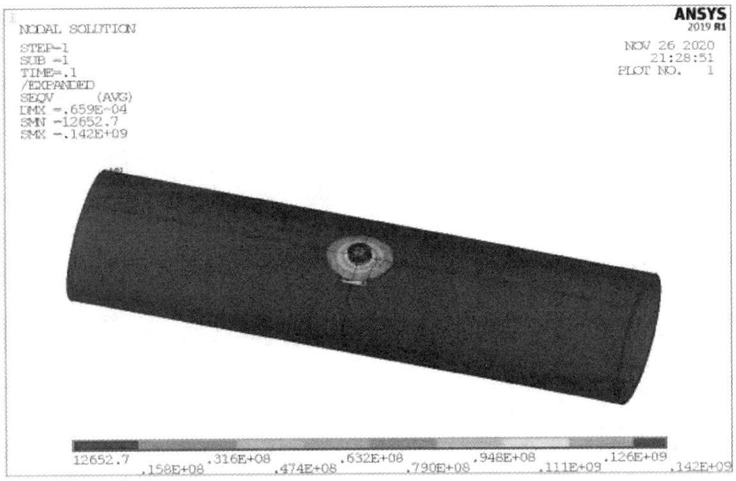

(a)焊剂20g，焊接200s后残余应力云图(壁厚6mm)

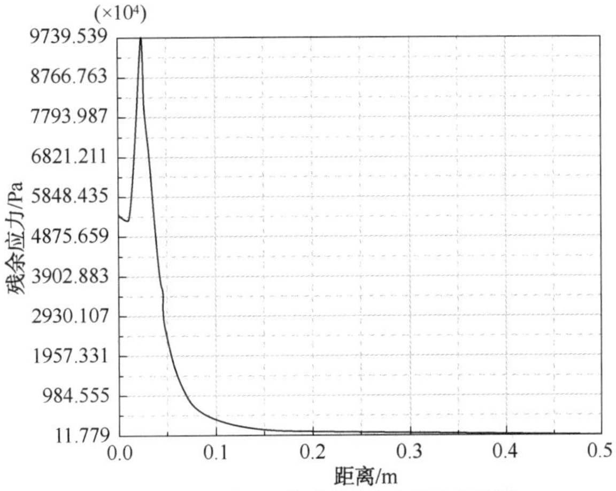

(b)沿轴径外表面母线处残余应力分布曲线图

图 7　焊剂 20g，各方向处残余应力分布图(壁厚 6mm)

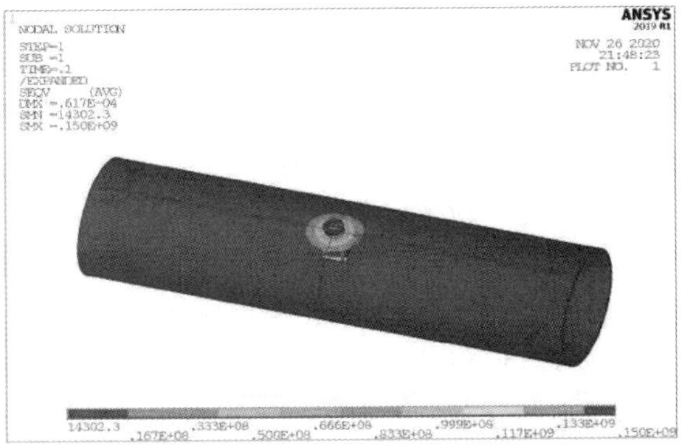

图 8　焊剂 20g，焊接 200s 后残余应力云图(壁厚 7mm)

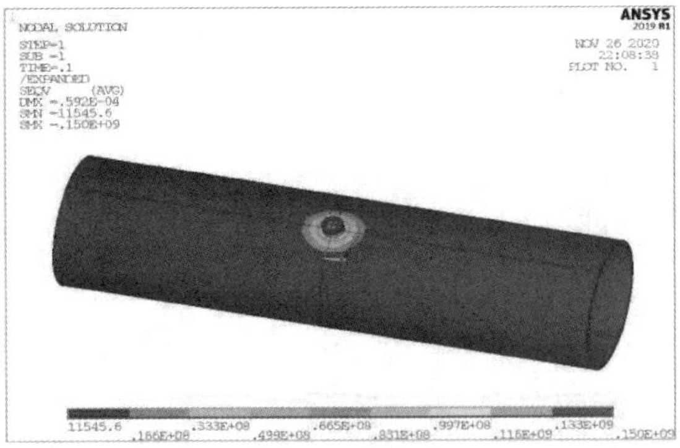

图 9　焊剂 20g，焊接 200s 后残余应力云图(壁厚 8mm)

在本组试验中，主要观察易产生裂纹的 3#、6#和 9#试样的横截面。其中 3#试样(图 10)的熔深为 306μm，熔深较小，而且横截面的表面质量较好，没有发现气孔、缩松等缺陷；6#试样(图 11)的熔深为 406~534μm，6#试样虽然熔深较大，但是基本上是均匀熔化，宏观照片的质量较好，未发现气孔、缩松等缺陷；9#试样(图 12)的熔深为 323μm，在同组 7#、8#、9#试样中，9#试样的焊接质量较好，熔深较低，没有发现气孔、缩松、热裂纹等焊接缺陷。

不同试验组中均有不同程度的“融合”，最大为 534μm，电缆线“浸入”管体表面，并形成明显的融合线。按照在役管道1~3mm腐蚀裕量评估，该种焊接融合程度不会影响管道安全使用。为进一步观察试样组织，选取易产生裂纹的3#试样进行显微观察，焊缝处的熔深较小，而且缺陷较少，质量较高，该试验结果也符合数值模拟仿真结论。

表6 各参数下的焊接熔深厚度

试验组别	管壁厚度/mm	焊剂量/g	熔深厚度/μm
1	6	10g	145μm
2	6	15g	288μm
3	6	20g	306μm
4	7	10g	221μm
5	7	15g	211~389μm
6	7	20g	406~534μm
7	8	10g	356~552μm
8	8	15g	303μm
9	8	20g	323μm

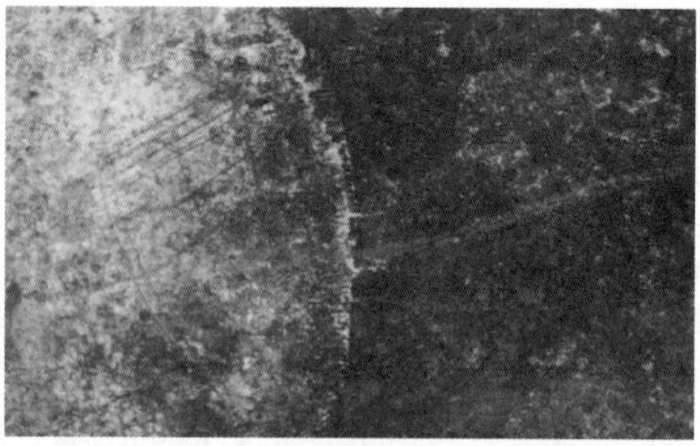

图10 6mm管道的焊缝金相照片(500×)

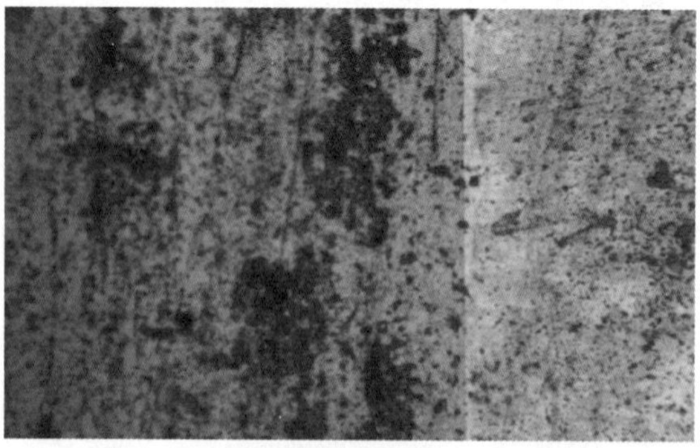

图11 7mm管道的焊缝金相照片(500×)

4 结论

在数值模拟中，研究了不同工艺参数下的钢管与铜进行铝热焊接时的温度场和应力场变化规律：

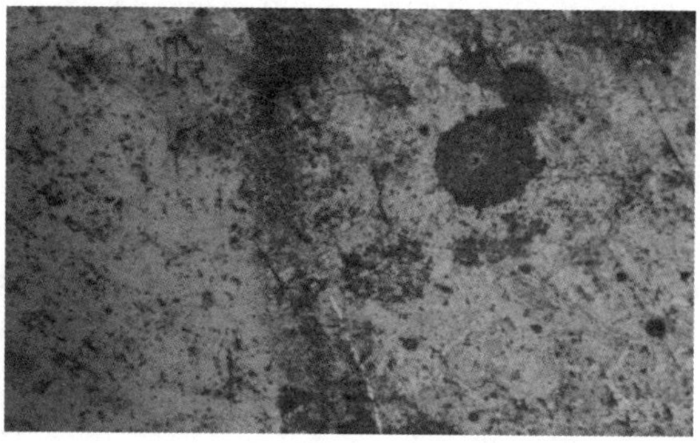

图12 8mm管道的焊缝金相照片(500×)

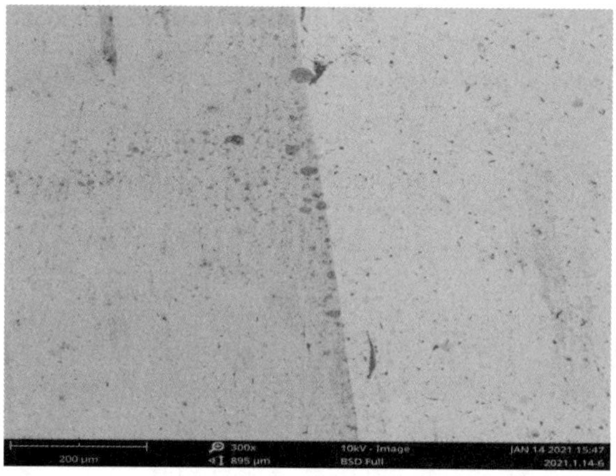

图13 3#试样焊缝横截面显微图

（1）相同壁厚管道时，随着焊剂量的增加，焊接区域中心温度越高；焊剂量相同时，随着管道壁厚的增加，焊接区域的最高温度越低。

（2）随着管道壁厚的增加，在焊缝处的残余应力值最大可达到150.00MPa，小于材料屈服极限，铝热焊接过程不会出现烧穿，裂纹等现象。模拟值与实际焊接情况基本吻合。

基于此判断在铝粉焊剂量为10~20g时，对6~8mm的管道进行在役铝热焊接时是安全可靠的，为管道进行铝热焊等工程应用提供理论支持。通过ANSYS软件分析铝热焊接过程的温度场与应力场分布，可为实际工程运用提供仿真分析思路，进而有效减少操作风险。同时，该方法建立的有限元模型精度方面存在一定局限性，网格划分的精确性可进一步提升，且模型未考虑不同流动介质的影响。后续可进一步优化模型，研究包括介质等多种因素对焊接温度场及应力场分布的影响。

参 考 文 献

[1] 高强，张培强，王勇. 油气管线在役焊接烧穿的影

响因素及研究现状[J]. 现代制造技术与装备，2008(01)：22-23+42.
[2] 付威，吕宇玲. 油气管道在役焊接烧穿及氢致开裂预测[J]. 热加工工艺，2018，047(023)：241-245.
[3] 张东亮，王泽根，岑康. 油气管道在役焊接的安全性研究[J]. 油气储运，2009，28(012)：71-74.
[4] 兰晓冬，周洪军，丁辉. 油气管道在役焊接修复技术研究[J]. 天津科技，2015，000(004)：45-47.
[5] 韩双. 油气输送管道在役焊接试验与数值模拟[D]. 山东：中国石油大学(华东)，2014：1-70.
[6] 齐丽华，王磊，高雄雄，等. CAW-S工艺条件下X80环焊接头性能及安全运行影响因素研究[J]. 焊管，44(8)：1-6.
[7] 李斌，张珍珍，卢大伟. 油气管道焊接参数的模拟计算与试验研究[J]. 热加工工艺，2016(17)：54-58.
[8] 何波，孙长青，陈威. 铝热焊的温度场及残余应力场有限元分析[J]. 焊接技术，2010，39(1)：20-22.
[9] 江俊志. 钢轨线上铝热焊新技术与新设备研究[D]. 四川：西南交通大学，2014：1-71.
[10] 薛小龙，王志亮，桑芝富，等. 压力管道在线焊接的数值模拟[J]. 机械强度，2007，29(1)：118-123.
[11] 陈威，高一翔，朱磊，等. 自蔓延反应喷涂锻造温度场和残余应力的数值模拟[J]. 热加工工艺，2012，(23)：75-77.
[12] 黄志强，汤海平，丁雅萍，等. 天然气管道在役焊接温度场数值模拟[J]. 焊接学报，2018，39(06)：33-38+134.
[13] 姬庆玲. 基于ANSYS的焊接温度场和应力的数值模拟研究[J]. 时代农机，2016，000(01)：53-53+55.
[14] 商跃进，王红. 有限元原理与ANSYS实践[M]. 清华大学出版社，2012：230-235.
[15] SINGH B, SINGHAL P, SAXENA K K, et al. Influences of latent heat on temperature field, weld bead dimensions and melting efficiency during welding simulation[J]. Metals and Materials International, 2020(3).
[16] 吴家洲，张华，张奇奇，等. 激光穿孔焊接过程热流场数值模拟[J]. 激光与红外，2018，048(001)：24-29.
[17] 漆文，罗潇雨，方洪渊. 铝热剂焊接温度场的模拟及焊缝组织分析[J]. 热处理技术与装备，2016，37(005)：46-49.
[18] 孙启平. X70管线钢在役焊接安全性及可靠性评价[D]. 山东：中国石油大学(华东)，2015：1-79.
[19] 胡士信，李云涛，张俊义. 电缆铝热焊接技术[J]. 焊接，1989，(10)：20-23.
[20] 卢玉秀. 油气管线在役焊接承压能力的理论分析与数值模拟[D]. 山东：中国石油大学(华东)，2016：1-77.

不同因素对滑坡碎屑流运动及力学特性的影响

麻宏强[1,3]　钟　朋[1]　丁瑞祥[2]　王圣寻[1]　张　婷[1]　马芸丽[1]

(1. 华东交通大学土木建筑学院；2. 中国石油大学(华东)储运与建筑学院；
3. 华东交通大学轨道交通基础设施性能监测与保障国家重点实验室)

摘　要　本文采用离散元法，基于线性平行粘结模型，建立了滑坡碎屑流运动数值模拟模型，通过试验验证对模型参数进行标定，误差在±15%以内。研究了碎屑流的运动特征和对坡面的作用力。结果表明，滑坡碎屑流在坡面的运动过程中的剖面呈半椭圆状变化，碎屑流的平均速度随着运动距离的增大而增大，增大速率逐渐减小。当运动时间达到4s后，碎屑流对致灾区的作用压强曲线近似呈现出两端压强较低，中间较大的抛物线形状。此外，进一步探究了颗粒级配对碎屑流运动特征和其对坡面作用力的影响规律。结果表明，在同一山体坡度下，当碎屑流颗粒粒径符合同一均值下的正态分布时，方差对碎屑流的运动特征影响较小，对于埋地管道而言，若方差较小时，可适当在工程允许范围内缩短绕行半径以节约成本。在进行管道设计时，对于坡度较大且可能发生滑坡碎屑流的山体，应该增加绕行半径，防止管道遭到破坏。本研究可为天然气埋地集输管道穿越滑坡致灾区的敷设提供理论依据。

关键词　滑坡碎屑流；离散单元法；运动形态；机械性能

1　前言

滑坡作为一种常见的地质灾害，往往会造成人员伤亡、经济损失等灾难性后果。滑坡碎屑流是一种典型的由滑坡引起的次生自然灾害。目前，我国建有大量的天然气集输管网，这些天然气集输管道会穿越我国中西部大量滑坡碎屑流频发区域。滑坡碎屑流的发生会对管道的运行安全产生严重威胁，这对揭示滑坡碎屑流的运动特性提出了迫切需求。

对于滑坡碎屑流的形成机理已经有大量学者做了研究，引发滑坡碎屑流的原因主要有两种。一种是由于山体侵蚀堆积形成了小型滑坡体，在降雨或地震等灾害的诱发下浅层土体被破坏，形成了滑坡碎屑流。如Iverson等人认为碎屑流的发生对土壤孔隙度的依赖性是至关重要的，孔隙率相对较小的变化能深刻影响碎屑流的行为。此外Gabet等人基于临界状态理论，认为在特定场地中，碎屑流的产生对土壤的含砂量也很敏感。Tang等人实地勘测并测量了由滑坡堆积侵蚀发育而成的碎屑流，确定了其位置和形态特征，从而获得关于碎屑流的表面积和体积的信息。另一种是大规模滑坡直接转化为碎屑流，这种形式的碎屑流占主导地位。高速度的大型滑坡运动很容易转化为高速远程碎屑流。如Blikra等人通过现场调查、地质雷达剖面和挖掘等方式，研究了Norwegian fjord地区的碎屑流空间和时间分布。Yilmaz等人通过现场调查、地质数据分析和实验室试验的方法，研究了诱发Kuzulu滑坡以及其碎屑流的因素。有部分学者对滑坡碎屑流的运动机理进行了研究。如Rutherford等人认为滑坡碎屑流是由于滑坡体的基地存在高剪切率，导致其在重力作用下出现出流态化。Okura等人研究了碎屑量对运动距离的影响关系，得出了碎屑量越大运动距离越远的结论。Deline等人描述了某地区不同时期发生的雪崩碎屑流灾害，总结了它们的运动范围、运动距离等特征；分析了碎屑流与冰山之间由于发生、运动、沉积等的相互作用。随后，Manzella等人提出实验室实验在改进滑坡碎屑流建模方面发挥着重要作用，因为它们有助于更好地理解运动机理，并确定影响速度和沉积特征的参数。Yang等人基于实验进行了测试，以碎屑流的传播机制，并通过分析图像记录来确定影响运动速度的因素。综上所述，目前对于滑坡碎屑流的研究主要是针对其形成机理及运动机理，对于碎屑流在运动过程中对山体表面的作用力鲜有涉及。在实际工程中，为避免滑坡对埋地天然气管道造成破坏，会在滑坡区进行绕行敷设，这不仅增加了敷设成本，也难以避免因滑坡产生的碎屑流对埋地管道造成破坏。因此，有必要对滑坡碎屑流致灾区的山体坡面受力特性进行研究，为天然气埋地管道的敷设提供理论及数据支持。

本文采用离散元法，基于线性平行粘结模型，建立了滑坡碎屑流运动数值模拟模型，通过试验验证对模型参数进行标定。探讨了滑坡碎屑流在运动过程中的形态变化、速度变化等运动特征，分析了基于运动形态的作用压强特点。研究了不同颗粒级配和不同坡度影响下，碎屑流的运动特点和对坡面平均作用压强的变化规律。

2 数理模型

2.1 物理模型

本文建立了滑坡碎屑流运动离散元二维模型，模型由山体和滑坡碎屑流离散元模型组成，取山体坡面的长为 x 方向，垂直于坡面向上为 y 方向，如图 1 所示。其中，山体坡面长 1000m，坡度为 38°。滑坡碎屑总体量为 3925m^2；颗粒数量约为 20000；粒径为 0.02～0.38m，呈正态分布；重力加速度取 9.81m/s^2，其余参数通过对实验室试验结果的反分析确定。

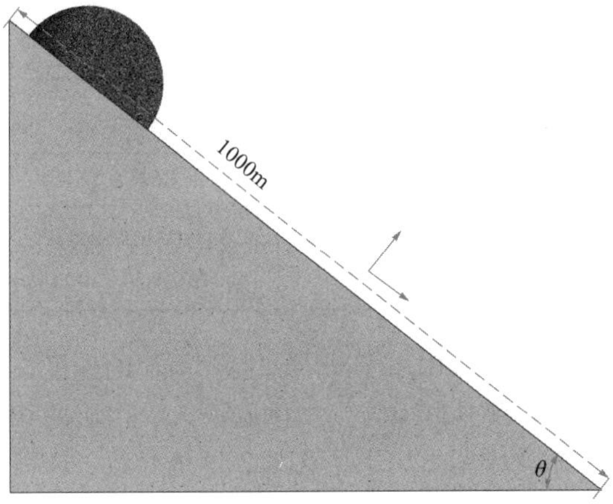

图 1　滑坡碎屑流运动二维模型示意图

2.2 数学模型

本文基于离散元法，通过不同尺寸的球形颗粒构建 LDF 离散元模型。使用线性平行粘结模型来模拟滑坡碎屑流的运动过程中的相互作用，许多前人的研究已证明该模型适用于滑坡碎屑流运动过程的模拟。平行粘结是在两个接触块之间的有限尺寸的力学行为，类似于环氧树脂。对于平行粘结模型的微观参数，颗粒的变形特性可以用颗粒刚度来模拟，接触键的失效特性可以用键合强度来模拟。

2.2.1　力-位移定律

线性平行粘结模型通过力-位移定律更新接触力和力矩。用下式表示：

$$F_c = F^l + F^d + \bar{F} \tag{1}$$

$$M_c = \bar{M} \tag{2}$$

式中，F^l 为线性力，N；F^d 为阻尼力，N；$\bar{F}$ 为平行粘结力，N；$\bar{M}$ 为平行粘结力矩，N · m。

平行粘结力可分解为法向力和剪切力，平行粘结力矩分解为扭转和弯矩，用下式表示：

$$\bar{F} = \bar{F}_n \hat{n}_c + \bar{F}_s \tag{3}$$

$$\bar{M} = \bar{M}_t \hat{n}_c + \bar{M}_b \tag{4}$$

式中，$\bar{F}_n$ 和 $\bar{F}_s$ 分别为平行粘结力的法向力和剪切力，N；$\bar{F}_n > 0$ 时，表现为张力；$\bar{M}_t$ 和 $\bar{M}_b$ 分别为扭矩和弯矩，N · m；$\hat{n}_c$ 为接触面法向方向。

平行粘结剪力和弯矩位于接触面上，并在接触面坐标系中表示为：

$$\bar{F}_s = F_{ss} \hat{s}_c + \bar{F}_{st} \hat{t}_c \tag{5}$$

$$\bar{M}_b = \bar{M}_{bs} \hat{s}_c + \bar{M}_{bt} \hat{t}_c \tag{6}$$

式中，$\hat{s}_c$ 和 $\hat{t}_c$ 分别为接触面坐标系的 s 轴方向和 t 轴方向。

平行粘结表面之间的间隙定义为表面的累积相对法向位移，用下式表示：

$$\bar{g}_s = \sum \Delta\delta_n \tag{7}$$

式中，$\Delta\delta_n$ 为相对法向位移增量。

2.2.2　参数更新

（1）粘结截面特性参数

$$\bar{R} = \bar{\lambda} \begin{cases} \min(R^{(1)},\ R^{(2)}) & \text{ball-ball} \\ R^{(1)} & \text{ball-facet} \end{cases} \tag{8}$$

$$\bar{A} = \pi \bar{R}^2 \tag{9}$$

$$\bar{I} = \frac{1}{4}\pi \bar{R}^4 \tag{10}$$

$$\bar{J} = \frac{1}{2}\pi \bar{R}^4 \tag{11}$$

式中，$\bar{R}$ 为截面半径，m；$\bar{A}$ 为截面面积，m^2；$\bar{I}$ 是平行键截面的转动惯量，m^4；$\bar{J}$ 是平行键横截面的极惯性矩，m^4。

（2）平行粘结法向力和剪切力

$$\bar{F}_n = \bar{F}_n + \bar{k}_n \bar{A} \Delta\delta_n \tag{12}$$

$$\bar{F}_s=\bar{F}_s-\bar{k}_s\bar{A}\Delta\delta_s \quad (13)$$

式中，$\Delta\delta_n$为相对法向位移增量，m；和分别为法向和切向粘结刚度，N/m³。

（3）扭矩和弯矩

$$\bar{M}_t=\bar{M}_t-\bar{k}_s\bar{J}\Delta\theta_t \quad (14)$$

$$\bar{M}_b=\bar{M}_b-\bar{k}_n\bar{I}\Delta\theta_b \quad (15)$$

式中，$\Delta\theta_t$ 为相对扭转-旋转增量；$\Delta\theta_b$ 为相对弯曲-旋转增量。

（4）平行粘结周边的最大法向应力 $\bar{\sigma}$($\bar{\sigma}>0$ 时为张力)和剪切应力 $\bar{\tau}$

$$\bar{\sigma}=\frac{\bar{F}_n}{\bar{A}}+\bar{\beta}\frac{\|\bar{M}_b\|\bar{R}}{\bar{I}} \quad (16)$$

$$\bar{\tau}=\frac{\|\bar{F}_s\|}{\bar{A}}+\bar{\beta}\frac{|\bar{M}_t|\bar{R}}{\bar{J}} \quad (17)$$

式中，$\bar{\beta}$ 为力矩贡献因子。

（5）如果超过拉伸强度极限 $\bar{\sigma}>\bar{\sigma}_c$，则在拉伸状态下破坏粘结：

$$\{F_n, F_{ss}, F_{st}, M_t, M_{bs}, M_{bt}\}=0 \quad (18)$$

如果粘结未在张力下断裂，则判断剪切强度，剪切强度可表示为

$$\bar{\tau}_c=\bar{c}-\sigma\tan\bar{\varphi} \quad (19)$$

式中，σ 为作用于平行粘结键横截面上的平均正应力，可表示为

$$\sigma=\frac{\bar{F}_n}{\bar{A}} \quad (20)$$

如果超过剪切强度极限，则在剪切中破坏粘结：

$$\{F_n, F_{ss}, F_{st}, M_t, M_{bs}, M_{bt}\}=0 \quad (21)$$

2.3 参数标定

离散元法的参数主要包括材料的本征参数和接触参数。颗粒的本征参数表示各种材料的自身属性，与外界条件无关；离散元法描述碰撞的过程就是接触的产生和发生作用的过程，因此接触参数直接影响了颗粒运动的结果。然而，目前没有很好的方法对接触参数进行直接测量，因此需要通过间接测量的方法对参数进行标定。本文通过试验验证对接触参数进行标定，建立了接触参数标定离散元模型，分析了数值模拟与试验数据的对比结果。模拟结果与实验数据误差在±15%以内，可满足工程要求。最终颗粒本征参数和接触参数见表 1。

表 1 用于模拟的模型参数

参数	密度/(kg/m³)	阻尼比	颗粒刚度/(N/m)	粘结强度/(N/m²)	摩擦系数
值	2.5E+03	0.2	2.0E+08	5.0E+04	0.2(ball-ball) 0.5(ball-facet)

3 结果与讨论

3.1 滑坡碎屑流运动特征及作用力变化

为了研究滑坡碎屑流运动过程中的形态变化，分别截取了滑坡开始后 0s、4s、8s 三个时间点的运动形态进行研究，图 2 为滑坡碎屑流不同时刻的运动形态。从图中可以看出，碎屑流在运动过程中沿 y 轴方向逐渐减薄，沿 x 轴方向逐渐摊开，出现摊薄效应。在运动初期，剪切层附近的颗粒发生滚动旋转，并且由于滑体与山体坡面的摩擦力大于滑体内部的摩擦力，滑体沿 y 方向产生速度梯度，导致碎屑流上层颗粒首先沿着 x 方向向下运动，而下层颗粒运动速度相对较慢，这就造成了碎屑流在运动过程中堆积厚度逐渐变薄。在运动后期，随着碎屑流逐渐变薄，其内部的剪切作用逐渐减弱，但碎屑流的速度在持续增大，颗粒间 x 方向的间隙增大，上层的细颗粒在振动作用下向下层移动，这也导致了摊薄效应的发生。

通过观察可以发现，碎屑流在坡面的运动过程中呈半椭圆状变化，其 x 方向轴长逐渐增大，y 方向轴向逐渐减小。图 3 为椭圆轴长随时间的变化规律，从图中可以看出，其 x 方向轴长逐渐增大，y 方向轴长逐渐减小。对于 x 方向轴长，当运动时间小于 8s 时，x 方向轴长增大且增大速度逐渐加快。这是因为此时碎屑流处于碎屑化阶段，整个滑体处于不稳定状态，滑体开始破碎并呈现出碎屑化的状态，势能逐渐转化为动能，摊薄效应显著。此外，由于碎屑流最前方的颗粒在碰撞作用下，在坡面跳跃并迅速运动离开坡

面，主流区域的碎屑流体量逐渐减小，这在一定程度上也抑制了 x 方向轴长的增大速率继续增大。对于 y 方向轴长，当运动时间小于 8s 时，y 方向轴长迅速减小。这是因为此时碎屑流处于碎屑化阶段，摊薄效应显著。

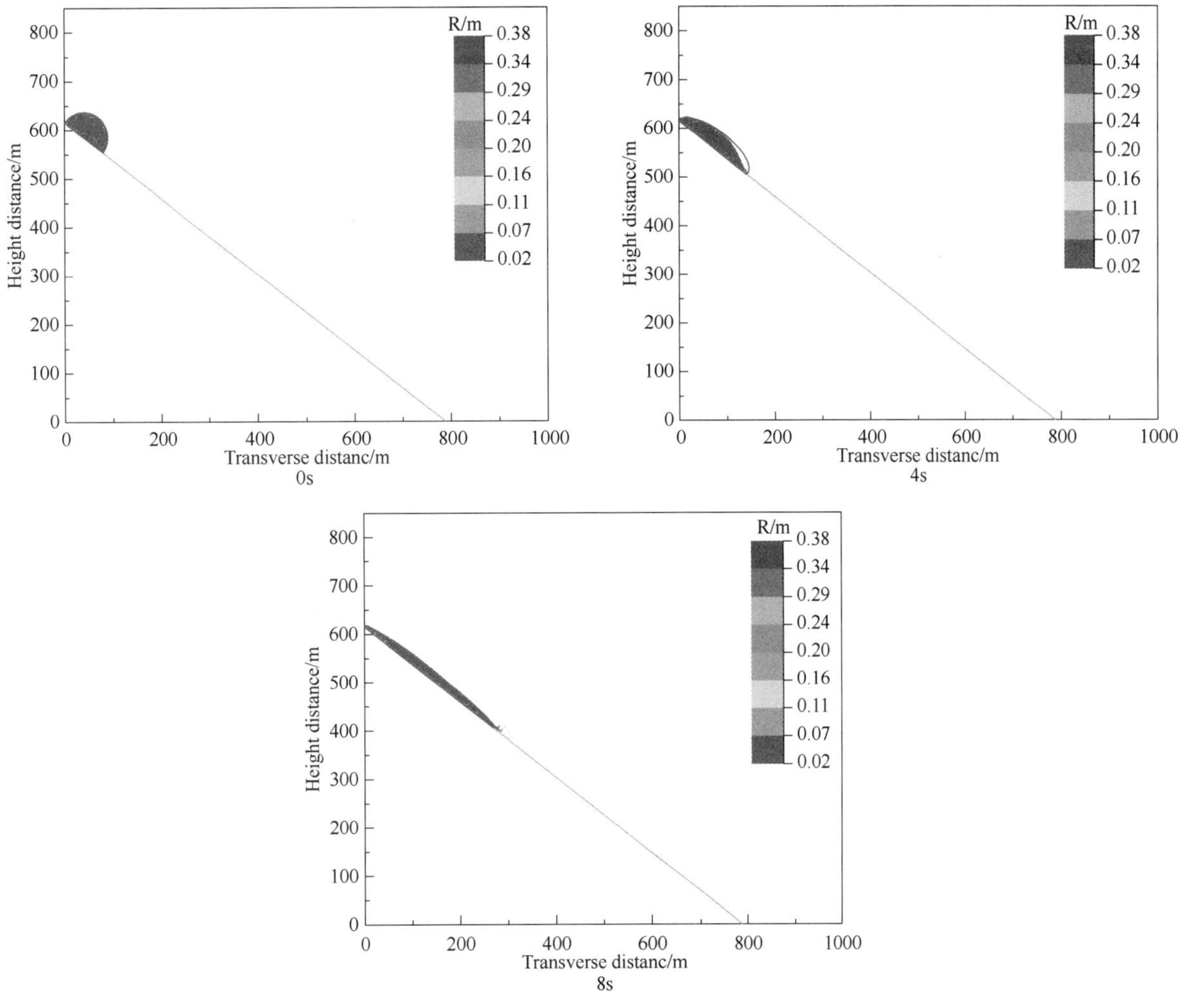

图 2　滑坡碎屑流运动形态随时间变化

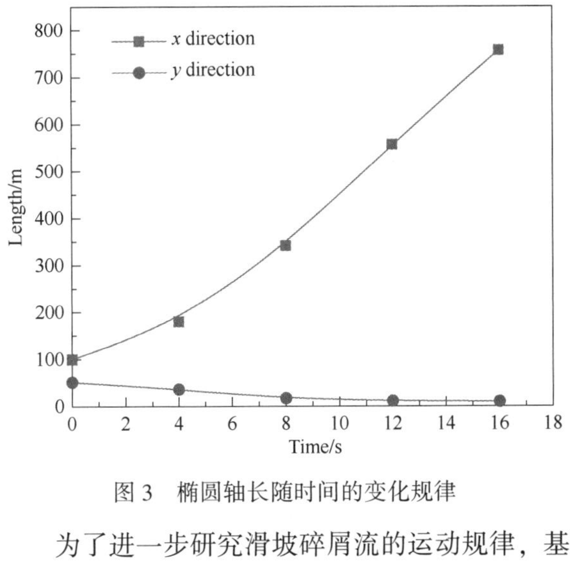

图 3　椭圆轴长随时间的变化规律

为了进一步研究滑坡碎屑流的运动规律，基于碎屑流的形状变化，将碎屑流的半椭圆区域视为整体，椭圆 x 方向轴长的中间视为碎屑流的中间位置，以中间位置的运动距离作为碎屑流的运动距离。图 4 为碎屑流中间位置和整体的平均速度随运动距离的变化规律。从图中可以看出，碎屑流的中间位置和整体的平均速度随着运动距离的增大而增大，增大速度逐渐减小。这是因为，一方面，碎屑流在运动过程中，势能转变为动能，运动速度自然会逐渐增大；另一方面，由于碎屑流前缘的颗粒拥有更快的速度，因此会快速脱离主流区域，而主流区域的颗粒速度却没有迅速增大，这就造成碎屑流主流区域内的颗粒平均速度的增大速率逐渐减小。其次，在碎屑流流动过程中发现，由于上部颗粒的挤压作用，后部颗粒出现了向后运动的趋势，这也是导致平均速度的增大速率逐渐减小的一个原因。从图中还可以发现，碎屑流的运动距离小于100m时，整体的平均速度大于中间位置的平均速度，这是因为滑坡体处于碎屑化阶段，破碎的颗粒脱离滑坡体向下运动，中间位置的颗粒还未完全破碎，速度较小。碎屑流的运动距离大于100m时，整体的平均速度小于中间位置的平均速度，这是因为碎屑流进入流态化阶段，由于上部的颗粒具有较小的摩擦阻力，相较于靠近坡面的颗粒会先从滑坡体中脱离出来，由于运动过程中的碰撞和挤压作用，碎屑流后部的颗粒会出现沿坡面向上的运动趋势，从而导致碎屑流整体的平均速度逐渐小于中间位置的平均速度。

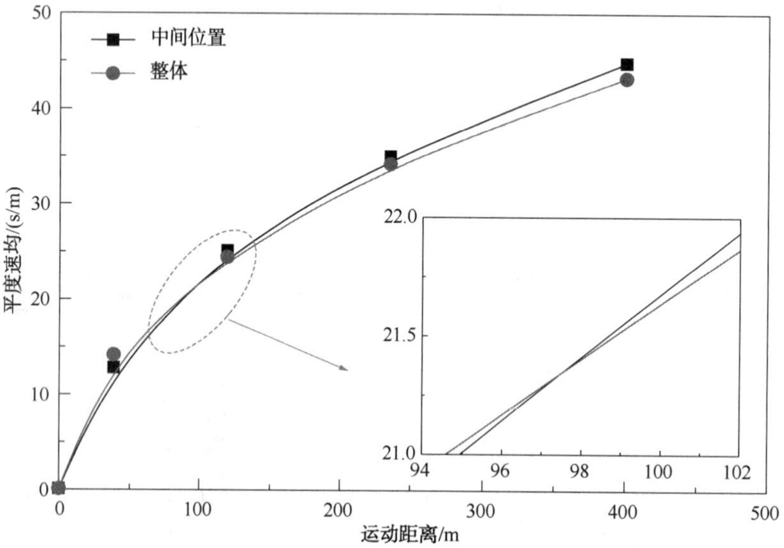

图4　运动速度随距离的变化规律

3.2　颗粒级配的影响规律

为了进一步探究滑坡碎屑流的运动特征和作用力的影响因素，改变了碎屑流颗粒级配，研究其形态和作用力变化规律。碎屑流颗粒粒径呈正态分布，保持颗粒粒径的平均值不变，改变分布的方差，如图5所示，其中σ^2为正态分布的方差。。

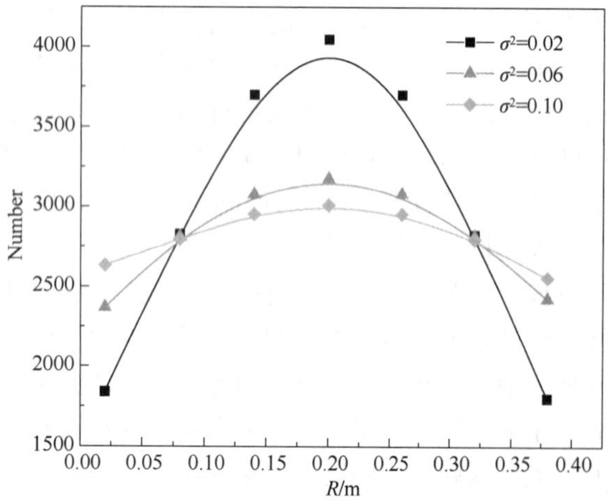

图5　碎屑流颗粒级配

图6(a)和(b)分别为不同方差下碎屑流运动形态x和y方向轴长随时间的变化规律。从图中可以看出，方差对轴长的影响很小，可以忽略不计。这是因为，碎屑颗粒粒径处于同均值的正态分布下，接近均值粒径的颗粒仍是占大多数；通过改变分布的方差，虽然影响了大粒径和小粒径颗粒的数目，但对整体颗粒的平均粒径影响较小，因此对于运动形态的影响也较小。

为了进一步探究不同颗粒级配下，滑坡碎屑流在运动过程中对沿途致灾区的冲击特性，图7(a)为不同方差下碎屑流致灾区沿x方向对坡面的平均压强随运动距离的变化规律，从图中可以看出，平均压强随运动距离的增大而逐渐减小，这是因为随着碎屑流沿坡面向下的运动过程是一个不断耗能的过程，碎屑流所具有的能量在不断减少；同时，碎屑流与坡面的接触面积逐渐增大，从而导致平均压强逐渐减小。当运动距离小于75m时，滑坡体处于碎屑化阶段，在坡面逐渐展开，但由于此时滑坡体内部作用力不稳定，因此在不同的级配下其对坡面的作用压强没有显示出明显的规律。当运动距离达到75m小于325m时，碎屑流处于流态化阶段，从图中可以看出，方差越大，平均压强越大。这是因为方差越大，较大粒径的颗粒越多，碎屑流蕴含的能量越大，对坡面的作用力也越大。当运动距离达到325m时，从图中可以看出，方差越大，碎屑流对坡面的作用压强越小。这是因为此时碎屑流的速度越来越快，颗粒反序现象更加显著，大颗粒以更快的速度越过主流区域，造成主流区域碎屑量减小，大颗粒越多时，这种现象更加明显；因此，对于具有大颗粒较多的工况，滑坡碎屑流致灾区的平均作用压强反而会降低得更快。

图7(b)为不同方差下碎屑流致灾区沿 y 方向对坡面的平均压强随运动距离的变化规律，从图中可以看出，平均压强也随运动距离的增大而逐渐减小。同样地，当运动距离小于75m时，对于不同级配下碎屑流对坡面的作用压强没有显示出明显的规律。当运动距离达到75m小于325m时，方差越大，碎屑流对坡面的作用压强越大。当运动距离达到325m时，方差越大，碎屑流对坡面的作用压强越小。

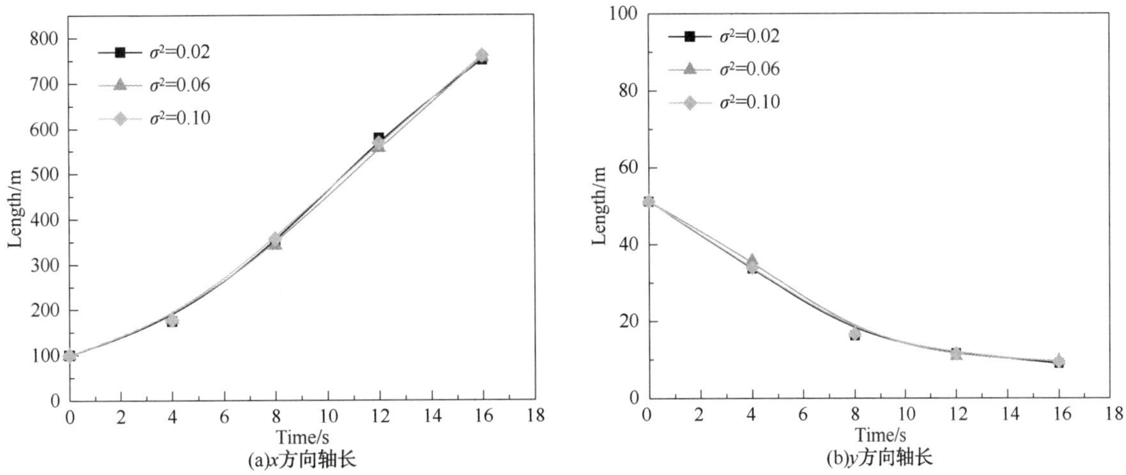

图6　不同方差下半椭圆轴长随时间变化规律

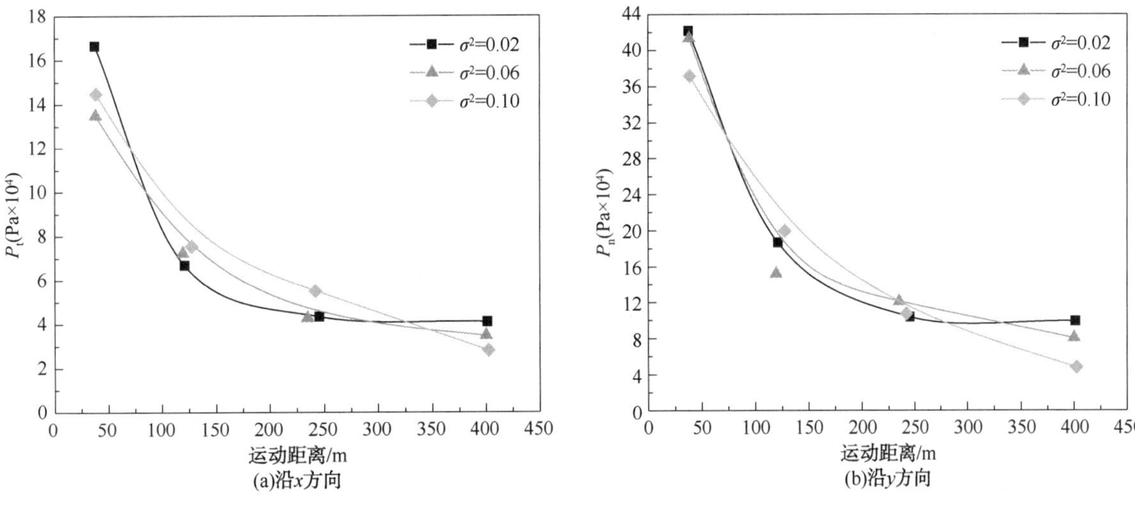

图7　不同方差下碎屑流对坡面的平均压强

综上所述，当碎屑流颗粒粒径符合同一均值下的正态分布时，在运动过程的中期，方差越大，平均压强越大。在运动过程的后期，方差越大，碎屑流对坡面的作用压强越小。对于埋地管道而言，若滑坡体的碎屑颗粒粒径符合正态分布，且方差较小时，可适当在工程允许范围内缩短绕行半径。

4　结论

本文采用离散元法，基于线性平行粘结模型，建立了滑坡碎屑流运动数值模拟模型，通过试验结果对模型参数进行标定，误差在±15%以内。研究了碎屑流的运动特征和其对坡面的作用力，并且进一步探究了颗粒级配和山体坡度对碎屑流运动特征和作用力的影响规律。得到了以下结论：

（1）滑坡碎屑流在坡面的运动过程中的坡面形状呈半椭圆状变化，其 x 方向轴长逐渐增大，y 方向轴长逐渐减小。碎屑流的中间位置和整体的平均速度随着运动距离的增大而增大，增大速率逐渐减小。

（2）当运动时间达到 4s 后，碎屑流半椭圆区域 x 方向轴线上的作用压强曲线近似呈现出两端压强较低、中间较高的抛物线形状。相较于 x 方向的摩擦力，山体坡面受到的 y 方向的压力更大。

（3）当碎屑流颗粒粒径符合同一均值下的正态分布时，方差对碎屑流的运动特征影响较小。碎屑流在坡面运动过程的初期，方差对坡面受到的平均压强的影响没有明显规律；在运动过程的中期，方差越大，平均压强越大。在运动过程的后期，方差越大，碎屑流对坡面的作用压强越小。对于埋地管道而言，若滑坡体的碎屑颗粒粒径符合正态分布，且方差较小时，可适当在工程允许范围内缩短绕行半径以节约成本。

参 考 文 献

[1] Froude M J, Petley D N. Global fatal landslide occurrence from 2004 to 2016[J]. Natural Hazards and Earth System Sciences, 2018, 18(8): 2161-2181.

[2] Wang H, Liu S, Xu W, et al. Numerical investigation on the sliding process and deposit feature of an earthquake-induced landslide: a case study[J]. Landslides, 2020, 17(11): 2671-2682.

[3] Farin M, Mangeney A, Roche O. Fundamental changes of granular flow dynamics, deposition, and erosion processes at high slope angles: Insights from laboratory experiments: GRANULAR FLOW DYNAMICS, DEPOSITION, AND EROSION PROCESSES[J]. Journal of Geophysical Research: Earth Surface, 2014, 119(3): 504-532.

[4] Chen X zhang, Cui Y fei. The formation of the Wulipo landslide and the resulting debris flow in Dujiangyan City, China[J]. Journal of Mountain Science, 2017, 14(6): 1100-1112.

[5] Iverson R M, Reid M E, Iverson N R, et al. Acute Sensitivity of Landslide Rates to Initial Soil Porosity[J]. Science, 2000, 290(5491): 513-516.

[6] Gabet E J, Mudd S M. The mobilization of debris flows from shallow landslides[J]. Geomorphology, 2006, 74 (1-4): 207-218.

[7] Tang C, van Asch T W J, Chang M, et al. Catastrophic debris flows on 13 August 2010 in the Qingping area, southwestern China: The combined effects of a strong earthquake and subsequent rainstorms [J]. Geomorphology, 2012, 139-140: 559-576.

[8] Iverson R M, Reid M E, LaHusen R G. DEBRIS-FLOW MOBILIZATION FROM LANDSLIDES[J]. Annual Review of Earth and Planetary Sciences, 1997, 25 (1): 85-138.

[9] Yin Y. Recent catastrophic landslides and mitigation in China[J]. Journal of Rock Mechanics and Geotechnical Engineering, 2011, 3(1): 10-18.

[10] Blikra1 L H, Longva O, Braathen A, et al. ROCK SLOPE FAILURES IN NORWEGIAN FJORD AREAS: EXAMPLES, SPATIAL DISTRIBUTION AND TEMPORAL PATTERN[M]//EVANS S G, MUGNOZZA G S, STROM A, et al. Landslides from Massive Rock Slope Failure: Vol. 49. Dordrecht: Springer Netherlands, 2006: 475-496.

[11] Yilmaz I, Ekemen T, Yildirim M, et al. Failure and flow development of a collapse induced complex landslide: the 2005 Kuzulu (Koyulhisar, Turkey) landslide hazard[J]. Environmental Geology, 2006, 49(3): 467-476.

[12] Evans S G, Hungr O, Clague J J. Dynamics of the 1984 rock avalanche and associated distal debris flow on Mount Cayley, British Columbia, Canada; implications for landslide hazard assessment on dissected volcanoes[J]. Engineering Geology, 2001: 23.

[13] Hungr O. ROCK AVALANCHE OCCURRENCE, PROCESS AND MODELLING [M]//EVANS S G, MUGNOZZA G S, STROM A, et al. Landslides from Massive Rock Slope Failure: Vol. 49. Dordrecht: Springer Netherlands, 2006: 243-266.

[14] Rutherford G K, Van Loon G W. Tailings and soils [J]. International Journal of Rock Mechanics and Mining Sciences & Geomechanics Abstracts, 1982, 19(6): 131.

[15] Okura Y, Kitahara H, Sammori T, et al. The effects of rockfall volume on runout distance[J]. Engineering Geology, 2000, 58(2): 109-124.

[16] Deline P. Interactions between rock avalanches and glaciers in the Mont Blanc massif during the late Holocene[J]. Quaternary Science Reviews, 2009, 28 (11-12): 1070-1083.

[17] Manzella I, Labiouse V. Flow experiments with gravel and blocks at small scale to investigate parameters and

mechanisms involved in rock avalanches [J]. Engineering Geology, 2009, 109(1-2): 146-158.

[18] Yang Q, Cai F, Ugai K, et al. Some factors affecting mass-front velocity of rapid dry granular flows in a large flume[J]. Engineering Geology, 2011, 122(3-4): 249-260.

[19] Cundall P A. A computer model for simulating progressive large-scale movements in blocky rock systems [J]. Proc. int. symp. on Rock Fracture, 1971, 1 (ii-b): 11-18.

[20] Cundall P A, Strack O D L. A discrete numerical model for granular assemblies [J]. Géotechnique, 1979, 29(1): 47-65.

黄土梁峁地区集输油管道高后果区识别技术研究

牛振宇 田开庆 申芙蓉

（长庆工程设计有限公司）

摘 要 高后果区识别是完整性管理中重要的工作之一，油气管道高后果区识别需要通过一定的规则来确定，长输油气管道目前执行标准《油气输送管道完整性管理规范》（GB 32167—2015）（以下简称 GB 32167），油气田管道可参照执行，也可执行《油气集输管道和厂站完整性管理规范 第 3 部分 高后果区识别和风险评价》（Q/SY 01039.3—2019），两个规范对高后果区识别核心要求一样，但略有区别。虽然规范对高后果区识别有定量的判定标准，但高后果区识别也有需要根据管道实际人为判断的情况，尤其像长庆油田所处的黄土梁峁地区，集输油管道数量庞大，敷设环境复杂，在高后果区识别过程中不但要执行规范，还应结合实际对高后果区识别结果进行修正。

关键词 高后果区；黄土梁峁；完整性管理；敏感区域

长庆油田所处的陕甘宁等革命老区是典型的黄土梁峁地区，人口密集，水系发达、沟壑纵横，敏感保护目标众多且保护范围逐年扩大，涉及多条河流、水库及水源保护区、各类自然保护区。油田管道的管理运行受诸多因素的影响，如打孔盗油、新能源施工作业、交通设施建设、市政规划扩展等因素发生的管道泄漏，如此多的高后果区管理难度较大，运行成本高，随着新“两法”的深入推进，高后果区管道管理运行水平需进一步提升，合理优化、研究黄土梁峁地区集输油管道高后果区识别迫在眉睫。

1 执行标准

2015 年，GB 32167 的颁布，是我国油气管道技术发展史上的一个里程碑，标志着管道完整性管理从企业自主研发阶段提升到国家正式推广层面。2016 年，国家能源局等五部委联合发文，要求各油气管道管理单位建立完善油气输送管道完整性管理体系。

GB 32167 是国内目前完整性管理中级别最高的标准规范，油气管道高后果区识别主要依据该规范中“6 高后果区识别”执行。该章节给出了输油管道高后果区识别的 6 条识别项，各项中有具体的量化要求，对每个识别项按照严重程度进行了分级，提出了高后果区识别的基本要求以及管理建议。

该规范明确了适用范围，适用遵循 GB 50251 或 GB 50253 设计的输送油气介质的陆上钢质管道的完整性管理。油田集输管道一般都未遵循 GB 50251 设计，一般遵循 GB 50350 开展设计。在 GB 32167 刚刚颁布之后，由于集输管道没有具体的高后果区识别执行标准，一直在参考 GB 32167 执行，直到 2019 年企业标准 Q/SY 01039 系列规范的发布，中石油在油气集输管道上有了自主的企业标准，该标准第 3 部分《高后果区识别和风险评价》对油气田管道高后果区识别从识别一般准则到识别报告的编写都进行了明确规定，其中核心的识别准则，与 GB 32167 基本一致，区别是 Q/SY 01039.3 未进行高后果区严重程度分级，将识别项由 6 项合并为 4 项（表 1）。

Q/SY 01039.3 对油田管道识别准则规定如下：

管道经过区域符合如下任何一条的区域为高后果区：

1）管道经过的三级地区、四级地区。

2）管道两侧各 200m 内有聚集户数在 50 户或以上的村庄、乡镇等。

3）管道两侧各 50m 内有高速公路、国道、省道、铁路及易燃易爆场所等。

4）管道两侧各 200m 内有湿地、林地、河口等国家保护区或水源、河流、大中型水库等。

此外，Q/SY 1180.2《高后果区识别规程》、SY/T 6975《管道系统完整性管理实施指南》等规范也对油管道高后果区识别有相似的规定，与 GB 32167 规则基本相同。

表 1　GB32167 规定输油管道高后果区管段识别分级表

管道类型	识别项	分级
输油管道	a) 管道中心线两侧各 200m 范围内，任意划分长度为 2km 并能包括最大聚集户数的若干地段，四层及四层以上楼房(不计地下室层数)普遍集中、交通频繁、地下设施多的区段	III 级
	b) 管道中心线两侧 200m 范围内，任意划分 2km 长度并能包括最大聚集户数的若干地段，户数在 100 户或以上的区段，包括市郊居住区、商业区、工业区、发展区以及不够四级地区条件的人口稠密区	II 级
	c) 管道两侧各 200m 内有集聚户数在 50 户或以上的村庄、乡镇等	II 级
	d) 管道两侧各 50m 内有高速公路、国道、省道、铁路以及易燃易爆场所等	I 级
	e) 管道两侧各 200m 内有湿地、森林、河口等国家自然保护区	II 级
	f) 管道两侧各 200m 内有水源、河流、大中型水库	III 级

2　识别因素分类

高后果区识别的目的是为了更好的管控管道安全运行，避免管道在高后果区泄露发生事故。集输油管道高后果区泄露事故对外界的影响主要取决于周边人口、设施的分布以及环境的脆弱程度，其危害体现在重大人员伤亡、重要基础设施毁坏以及严重环境污染三个方面，因此，集输油管道高后果区的属性分类应考虑人口密集程度、聚散程度，建筑、场所用途，以及周边设施、环境保护、发生灾害的严重程度等因素，可划分为人口密集区、重要设施区和环境敏感区三类。

3　识别准则

3.1　人口密集区

针对人口密集区，Q/SY 01039. 3 规定管道经过的三级地区、四级地区、管道两侧各 200m 内有聚集户数在 50 户或以上的村庄、乡镇等。

集输油管道设计规范没有地区等级的概念，集输油管道的强度设计主要依据设计系数确定管道壁厚，提升本质安全。输气管道设计规范有地区等级划分的标准，GB 32167 和 Q/SY 01039. 3 中输油管道高后果区识别规则确定时引入了地区等级的概念，是借鉴输气管道设计规范地区等级划分的概念。

输气管道设计规范 4. 2. 2 条规定“沿管线中心线两侧各 200m 范围内，任意划分成长度为 2km 并能包括最大聚居户数的若干地段，按划定地段内的户数应划分为四个等级。”“当划分地区等级边界时，边界线距最近一幢建筑物外边缘不应小于 200m。”

三级地区规定：户数在 100 户或以上的区段，包括市郊居住区、商业区、工业区、规划发展区以及不够四级地区条件的人口稠密区。四级地区规定：四层及四层以上楼房(不计地下室层数)普遍集中、交通频繁、地下设施多的区段。

按以上的规范划分标准，针对人口密集区，集输油管道在高后果区识别时，可画一个 400m×2000m 矩形框，在管道中心线上沿轴向任意移动，矩形框的两条 400m 的短边距离框内外最近建筑物不应小于 200m，统计框内的户数，满足哪个条件就划为哪个等级，简单易操作。

规范提出“当划分地区等级边界时，边界线距最近一幢建筑物外边缘不应小于 200m。”，是因为考虑到管道有潜在影响范围。管道线路通过建筑物后的这段管道，发生事故时仍可能影响到建筑物内人员安全，因此规定在超过建筑物后，向前继续延伸 200m，见图 1。

居民类的构建筑物具体的高后果区边界确定时，按照规范要求，管道中心线两侧 200m 范围内的构建筑物，应在管道中心线上画一个 200m 半径的圆，当圆弧与构建筑物相接时，圆心距为高后果区的长度(如图 2 中理论长度)。这样的识别方法很严谨，但是实际操作起来难度很大，需要将管道路由、构建筑物和两者的相对关系严格按照比例绘制，再用上述办法画圆，按照比例推算圆心位置，确定高后果区长度。在建设期识别过时有图纸可依托，基本可实现，但在运行过程中，当构建筑物与原设计图纸发生变化后，生产运行单位就需要重新调绘管道周边信息，按照比例绘制图纸，精度要求高，难度大，不易实现。

在实际的高后果区识别过程中，可建议从构建筑两侧，端点位置向管道做垂线，两条垂线各向外延长 200m 的距离就是此段高后果区，此方法简单可行，识别效率高，准确度高。

高后果区识别工作只是管道完整性管理工作中很小的一部分，高后果区识别工作主要是确定管道企业的重点管理管段，无论高后果区识别工作做的多么细致，对管道完整性管理水平提升和管道安全水平提升的贡献也很有限。当识别完之后，要对高后果区管段进行深入细致的风险评价和完整性评价(检测评价)，然后根据风险评价和完整性评价结果开展针对性的风险管控，原则上高后果区识别结果中不会包含风险管控建议。所以说高后果区识别怎么精确，对后续高后果区的管理工作影响不大，高后果区识别工作最重要的是不要遗漏高后果区。

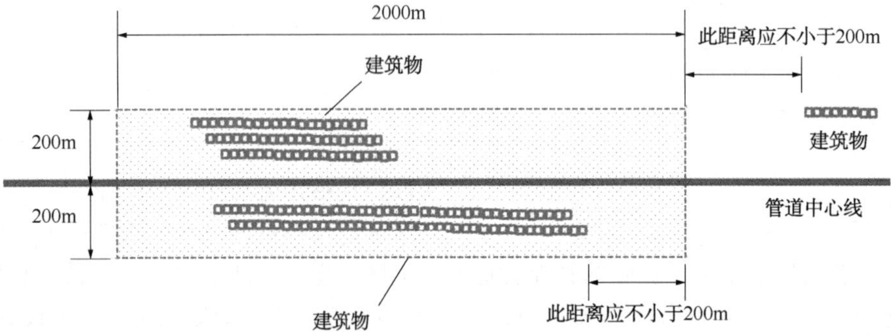

图 1　居民区构建筑物高后果区识别示意

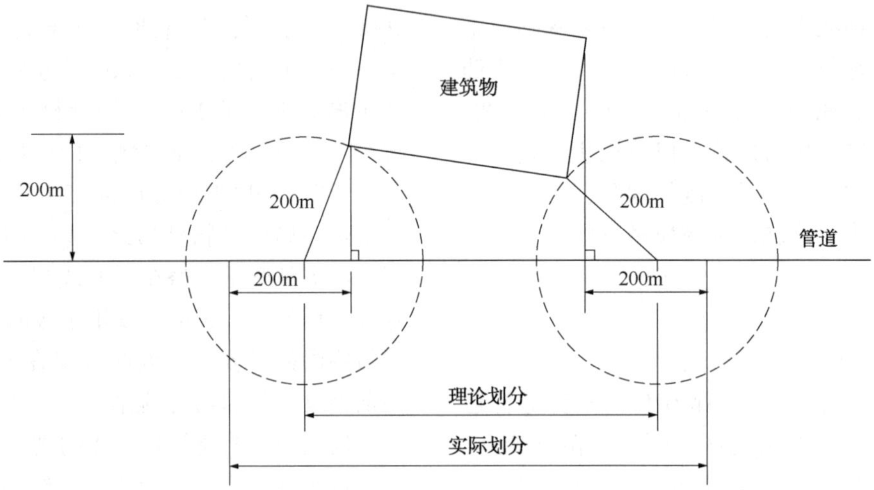

图 2　高后果区识别端点确定示意

3.2　重要设施区

重要设施区一般主要指管道两侧各 50m 内有高速公路、国道、省道、铁路及易燃易爆场所等。

1) 交通道路

管道与交通道路的关系基本可分为穿(跨)越、并行两种情况。当识别交通道路这一类高后果区时，按照识别规则，将管道中心线左右平移 50m，在这 100m 范围内出现的高速公路、国道、省道、铁路即可确定为高后果区。较高等级的交通道路设计一般都有用地边界线，所以交通道路的认定应以用地边界线为准，不能以路面或路边排水沟为界，无等级公路，比如村村通道路等，没有用地边界线，建议以路边排水渠外侧为界。

2) 易燃易爆场所

易燃易爆场所一般指空气湿度低，存放着火点较低物体、容易发生爆炸物体的场所。如油库、化工企业、加油加气站、燃气供气场站、燃气储备站、城市燃气设施、烟花爆竹仓库及常年零售点、民用爆炸物品储存仓库及使用场所等。

易燃易爆场所属于建筑物，参照 GB 32167 中 6.1.1.2 高后果区边界设定为距离最近一幢建筑物外边缘 200m 规定，将管道中心线左右平移 50m，在这 100m 范围内出现的易燃易爆场，参照图 2 的边界确定方法确定高后果区长度。

易燃易爆场所中，有一种特殊情况是油气田

建设的油气站场。高后果区识别的目的是提升管道管理水平，防止管道发生事故对易燃易爆场所造成影响，同时也应考虑易燃易爆场所发生事故对管道运行造成影响。这种情况下，应分两种情况进行考虑，一是油气站场与管道属于同一生产运行管理部门，那可不划为高后果区，因为完整性管理在全面实施时不光针对管道，站场也实施了完整性管理，所以同一企业的管道和站场可不划为高后果区；若油气站场属于第三方管理时，由于管理方法和理念，管理水平不一，应划为高后果区，告知第三方管理单位，管道和站场相互的潜在影响以及可能的后果。

3.3 环境敏感区

环境敏感区域一般指湿地、林地、河口等国家保护区、水源、河流、大中型水库等。环境敏感区一般不属于构建筑物，所以在高后果区识别时，将200m内的环境敏感区域两端向管道做垂线，两个垂足之间的距离就是高后果区长度(图3)。

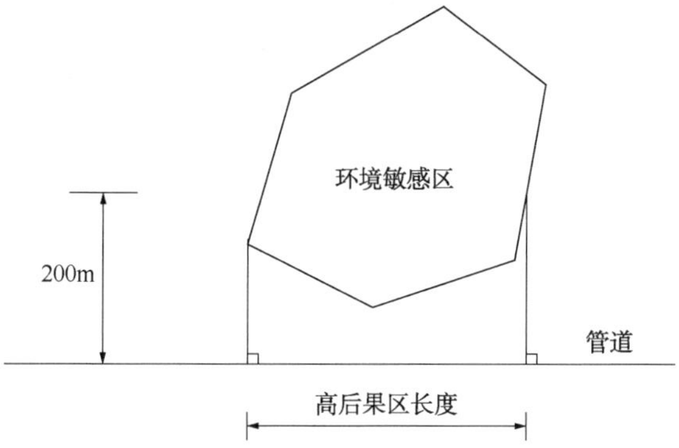

图3 环境敏感区高后果区识别示意图

3.4 其他情况

集输油管道的输送介质一般为含水油或净化油，可以总称为危险液体或油品，液体的流动性决定了当管道发生泄露时，油品会沿地势由高向低流动，若发生火灾、爆炸，后果不堪设想。所以规范规定了一般情况下的高后果区识别的准则，但是也要求规范使用者在特殊情况下需要主观判断，优化调整识别准则。规范规定输油当管道附近地形起伏较大时，可依据地形地貌条件、地下管涵等判断泄漏油品可能的流动方向，对识别表中的距离进行调整。那么如何调整是我们作为高后果区识别人员需要研究的内容。在长庆油田沟壑纵横、水系发达的情况下，较多管道在高后果区识别时都需要人为优化调整。

长庆油田主要产油区地处黄土高原腹地，以黄土梁峁为主，属黄土高原水土流失区，受流水、重力、风力等作用，逐步形成了沟壑纵横，梁峁密布，地形支离破碎的复杂地貌，海拔高度900~1900m。按照高后果区判定准则中的管道中心线两侧各200m范围，几乎所有的冲沟穿越、河流穿越管道爬坡段都不能完全划入高后果区，那么结合规范要求和危险液体的流动性，识别者可以根据冲沟两侧的坡度大小、输送介质的流动性，测算某一处发生泄露油品流入河流或者敏感区的时间，再结合从泄露到监测报警的时间、管理单位应急抢险队伍距离该点的路程、到达现场处置的时间等综合判断，若在油品泄露至河流或敏感区域之前，应急抢险队伍可到达，并处置妥当，不会造成较大不良影响，那该处可不判定为高后果区，否则，就应该判定为高后果区(图4)。

3.5 高后果区合并

当识别出高后果区的区段相互重叠或相隔不超过50m时，应作为一个高后果区段管理。高后果区识别确定后，需要运行管理单位提升管理方法，采取管理措施或技术措施，降低高后果区管道泄露的可能性。若小于50m的高后果区分开管理，必将大大增加高后果区数量，管理单位的管理成本，为了提高管理效率和降低管理难度和成本，所以间隔小于50m的高后果区应合并为一个高后果区管理，便于采取技术手段和管理方法。比如提高巡线频次，可以减少巡线人员；加装视频监控设备，可以多范围覆盖，减少视频监控的数量等(图5)。

3.6 高后果区拆分

规范对高后果区合并有具体规定，但是对高后果区拆分未进行规定。按照长庆油田生产运行管理经验，油区居民区集中，交通道路发达，工业区建设不断增长，黄河流域水系多，在进行高后果区识别划分时，连续的高后果区累计长度较长，一般可以2km左右人为拆分为一个高后果区，目的也是为了便于管理，提高效率，当拆分时，可以分类，比如说某段管道经过的先是居民区，再是交通要道，再是环境敏感区，那就把居民区划分为一个，要道划分为一个，敏感区划分为一个；若全部是居民区，那就在2km左右，人为找一个分界点，比如说道路，田坎等作为分界点，敏感区也一样。

图 4　长庆油田典型地貌

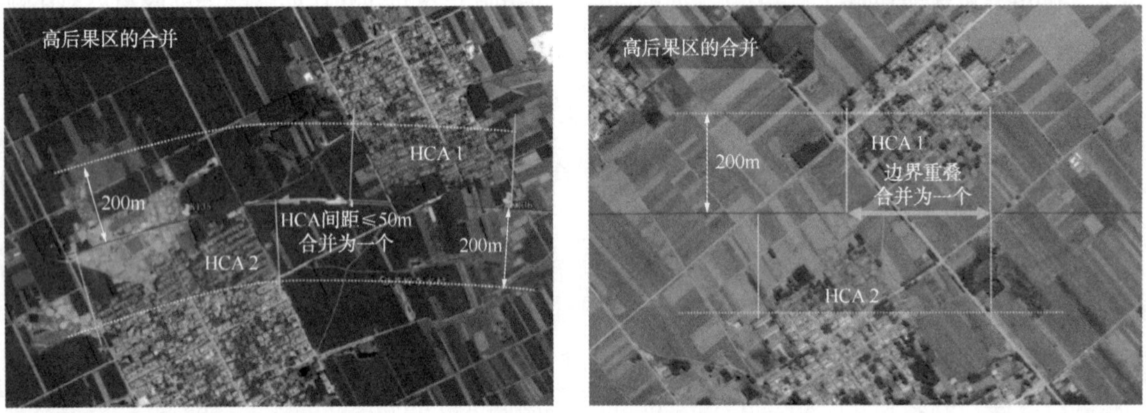

图 5　高后果区合并示意图

4　结束语

长庆油田地处特殊区域，随着经济发展，新农村的建设、工业设施以及高速公路、高铁以及其他道路有了飞速发展，伴随国家对黄河流域生态环境的保护力度加大，对集输油管道高后果区识别带来的难度极大。对油田集输管道的高后果区识别进行深入研究十分必要，探索适合油田发展的技术方法，提升管道管理水平，减少管道事故发生，让管道与人文自然环境和谐共处。

参　考　文　献

[1] GB 32167—2015，油气输送管道完整性管理规范[S].

[2] Q/SY 01039. 1—2019，油气集输管道和厂站完整性管理规范　第 1 部分　总则[S].

[3] Q/SY 01039. 2—2020，油气集输管道和厂站完整性管理规范　第 2 部分　管道数据治理[S].

[4] Q/SY 01039. 3—2019，油气集输管道和厂站完整性管理规范　第 3 部分　高后果区识别和风险评价[S].

[5] GB 50251—2015，输气管道工程设计规范[S].

[6] GB 50253—2014，输油管道工程设计规范[S].

利用 CDEGS 开展 110kV 交流输电线路对油气管道电磁干扰影响研究

王志勇　智秉瑞　么子云　聂银杉

（山西国化能源有限责任公司）

摘　要　电力工程建设过程中，会出现与油、气管道平行接近或交叉穿越等情况。高压交流输电线路在运行时会对邻近金属油气管道产生交流干扰，对管道的运输与运营安全造成威胁。为更加准确评估高压交流输电线路对金属管道电磁干扰的影响程度，利用实测数据，在 CDEGS 平台建立高压交流输电线路对油气管道电磁干扰仿真模型，本文将投用后现场实测数据与模拟数据进行对比，研究高压交流输电线路对邻近金属油气管道的影响规律，对减小交流干扰影响、保障金属油气管道的安全运行有一定的工程指导价值。

关键词　110kV 高压交流输电线路；油气管道；电磁干扰；CDEGS

近年来，随着我国科学技术的发展，电力设备在居民生活中逐渐普及，用户对电力的需求不断增加，推动了 110kV 高压交流输电线路的建设和发展。目前，根据我国许多地区的实际需求，电力部门在一定程度上加大了对电力系统的改造。电力工程建设过程中，受环境和建设成本等因素的影响，会选择与金属油气管道相近的传输走廊，导致两者在一定范围内会出现平行接近或交叉穿越，从而使管道受到高压交流输电线路的交流干扰影响。

目前，国外已经发生了管道受到高压交流输电线路干扰的案例。Wakelin 等人指出，加拿大于 1991 年建成一条天然气管道，壁厚为 6.35mm，经过 11 年运行，该条管道发生了多处腐蚀破坏。经研究，该条管道与一条 345kV 交流输电线路并行长度 5300m，同时与两条 115kV 交流输电线路并行长度 9400m，在安装交流排流和投用阴极保护装置的情况下，管道交流干扰电压仍高达 80V。国内开展管道交流腐蚀研究时间相对较晚，但对管道受到高压交流输电线路干扰的防治意识在逐渐提高。因此，研究高压交流输电线路对金属油气管道的交流干扰影响尤为重要。通过研究，采取经济有效的防护措施，降低危害，保障金属油气管道安全、平稳运行。

1　高压交流输电线路对金属油气管道干扰分析

1.1　影响产生及干扰特点

埋地金属油气管道与高压交流输电线路邻近敷设时，交流输电线路主要通过以下三种方式对管道产生交流干扰影响。

（1）电容耦合干扰

管道表面涂覆有防腐绝缘层，使得交流输电线路与管道系统间形成电容，这个电容由交流输电线路对管道耦合电容和管道对地电容串接而成。交流输电线路形成的电场通过该电容与管道实现电联系，对管道造成影响，引起管道对地电位升高。电位变化值取决于交流输电线路的运行电压以及相导线与管道之间的电容。

管道施工期间，管道往往架设在绝缘性能良好的垫块上（如枕木），此时管道处于非接地状态；若与高压交流输电线路长距离并行，就会出现明显电容耦合干扰。当管道埋地或放在地上及管沟内，管道接地良好，电容耦合干扰影响可以忽略不计。

（2）电阻耦合干扰

高压输电线路接地体电流流入地下形成干扰地电场，通过接地体和管道之间的电阻传递交流能量对管道造成影响，引起管道和相邻区域地电位之间出现电位差，称为电阻耦合干扰。该干扰对管道影响程度是接地体接地电阻、入地电流和管道相对接地体距离的函数。

地电场随距离衰减很快，影响范围非常有限，一般与输电线路近距离交接的管段才会出现这种干扰。而且由于只有在系统故障（单相短路或雷电）时，输电电力系统接地体才有电流通过，阻性干扰持续时间往往很短，基本是瞬时或间歇的，所以不用考虑交流腐蚀、氢损伤、极性逆转等需要长时间积累才会出现的危害。不过，高压输电线路故障时通过接地体的电流往往很大，严重时可达数千安培，如此大的泄露电流会在接地体周边形成极强高压电场，将管道与接地极间土壤电离形成脉冲电弧而烧损管道防腐层，击穿管道绝缘法兰和阴极保护设备，情况严重时甚至熔化管壁金属造成穿孔。因此，仍须对这种干扰给予一定关注。

(3) 电感耦合干扰

交流电流流过输电线路时，在导线周围产生了交变磁场，与输电线路邻近金属管道处于交变电磁场中切割磁力线，根据法拉第电磁感应定律，管道上会感应出交变电压，产生出感生电流，称为电感耦合干扰。对于三相输电系统，若三相电流相等，且三相导线与管道轴线距离相等，则在管道上产生的综合感应电压为零。但大多数情况中，三相导线与管道是不对称的，电感耦合不可避免。只要输电线路上有电流，无论是电力线路处于正常负荷状态还是故障状态，管道上都会出现感应影响，而且这种影响持续时间很长，是强电线路对管道交流干扰影响的主要方式。

在过高交流干扰电压长期作用下，埋地金属管道会发生交流腐蚀甚至形成穿孔，防腐层可能老化剥离，金属管壁也可能产生氢脆。对于使用外加电流阴极保护的管道，阴极保护设备不能正常工作甚至损坏。而对于使用牺牲阳极保护的管道，过高的交流电压会阳极性能下降，缩短其使用寿命，甚至出现“极性逆转”现象(使管道成为阳极)，从而加速管道腐蚀。

这些影响所造成的干扰与多个参数有关，且电感耦合干扰属于长期稳态干扰，影响相对缓慢，有时间累计效应。

1.2 目前电磁干扰影响计算方法

计算电磁干扰的传统方法是采用等效电路法将整个系统等效为不同的电器元件，如：电阻、电容、电感等，然后利用经典电工理论进行求解。为了求解方便，这种方法存在过度简化计算参数、计算公式繁琐、计算精度低等问题，因此逐渐被数值模拟技术取代。

数值模拟技术所应用的工程理论和物理系统从根本上讲是基于积分或微积分形式的麦克斯韦方程组。目前，求解麦克斯韦方程组的方法较多，本文拟采用的数值模拟软件 CDEGS 是基于矩量法(MoM)进行求解的。通过矩量法将干扰系统进行离散化处理，并利用迭代法进行数值计算，得到该目标边界条件下麦克斯韦方程的数值解。

为此，本文运用 CDEGS 软件中的 HIFREQ 模块建立 110kV 高压交流输电线路与金属油气管道干扰仿真模型，对油气管道的电磁干扰进行仿真计算。

2 110kV 高压输电线路对油气管道干扰仿真计算

2.1 基于 CDEGS 的高压交流输电线路对金属管道干扰模型建立

(1) 输电线路建模参数

本文研究目标中，交流输电线路为 110kV，该电力线路在敷设过程中涉及架空和埋地两种方式，因此对管道的影响更为复杂。

该高压交流输电线路全长 6.015km，其中单回路架空线路长度 0.015km，单回路电缆线路长度 6.0km。电缆型号为 ZRC-YJLW03-Z 1×1600 型，材质为铜芯交联聚乙烯绝缘皱纹铝套聚乙烯护套纵向阻水电力电缆，最外侧为铠装和外护套保护。电缆通过安装绝缘接头分为多段，具体接地方式见于表 1。该交流高压输电线路稳态额定运行允许载流量为 999A(图 1)。

表 1　输电线路的接地方式

位置	220kV 变电站	N1	N2	N3	N4	N5	N6
接地方式	直接接地	交叉互联保护接地	交叉互联保护接地	直接接地	交叉互联保护接地	交叉互联保护接地	直接接地
位置	N7	N8	N9	N10	N11	110kV 变电站	
接地方式	交叉互联保护接地	交叉互联保护接地	直接接地	交叉互联保护接地	交叉互联保护接地	直接接地	

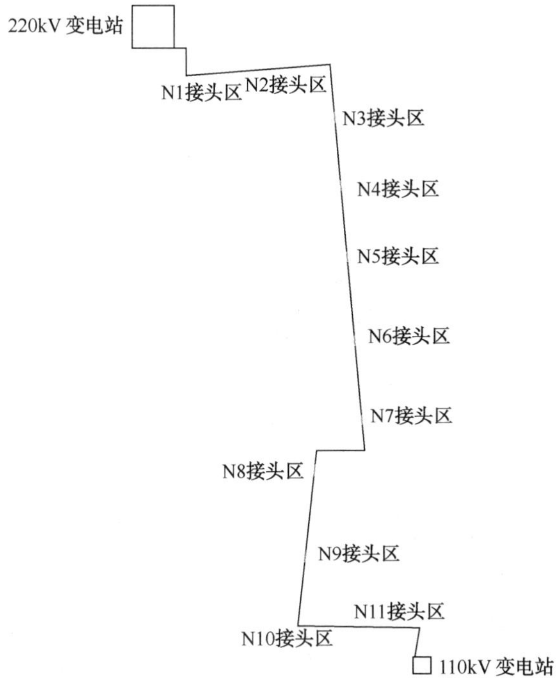

图 1　110kV 输电线路路由图

（2）管道建模参数

本次建模管道主要为受上述高压交流输电线路干扰影响的管段，影响管道长度约 25.7km，管径 508mm，壁厚 8mm，材质为 L415M，防腐层是 3PE。管道与高压交流输电线路交叉并行段的平均埋深为 2.5m，土壤环境电阻率为 14.26Ω·m。具体模型见于图 2。

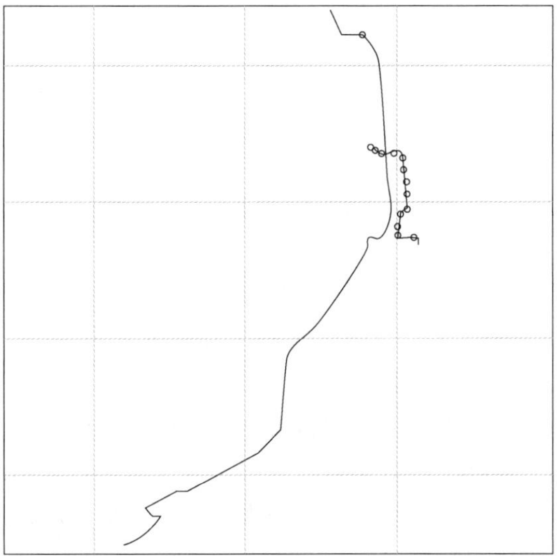

图 2　模型建立

2.2　常态干扰预测及评价

高压交流输电线路正常工作时，模拟其对管道的影响。因为高压交流输电线路的电流不平衡度直接决定管道受到的电磁感应干扰程度，同时实际运行中不能确定具体的不平衡度大小，所以本次建模中高压交流输电线路稳态运行时分别设置 A 相、B 相、C 相不平衡度为 0%～4%，以此计算管道受交流干扰的程度，模拟运算结果如图 3～图 6 所示。

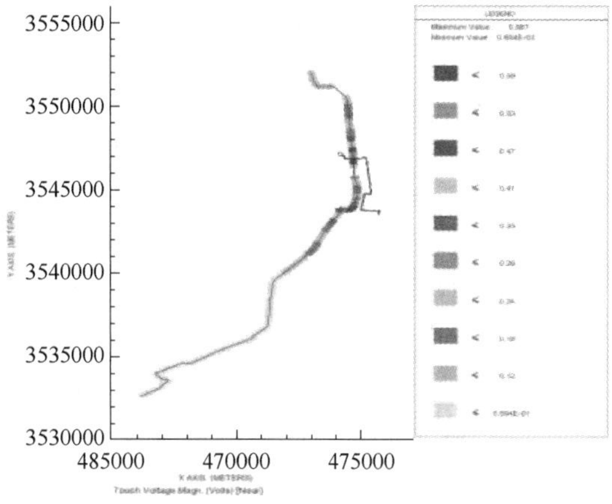

图 3　无不平衡度时干扰电压云图分布

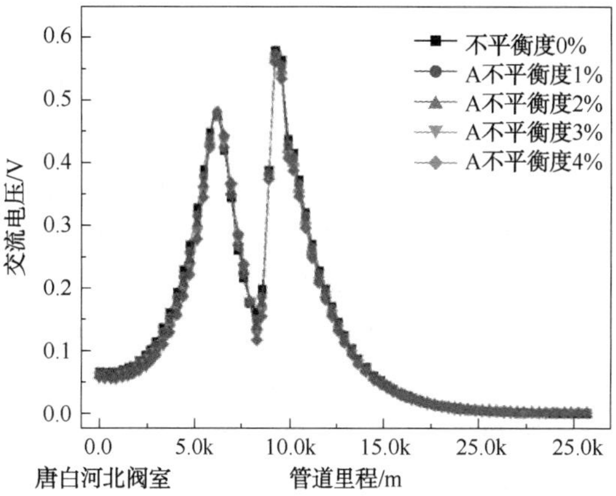

图 4　A 相不同不平衡度交流干扰电压分布

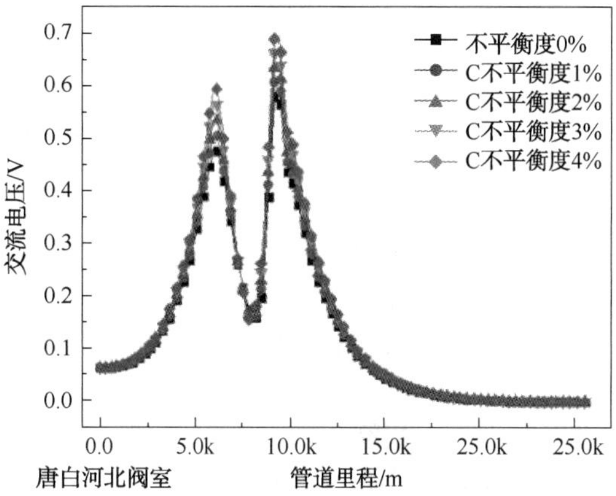

图 5　C 相不同不平衡度交流干扰电压分布

通过模拟运算，高压输电线路稳态正常运行时，当管道在不平衡度为 4%时受到影响最大。其中 C 相不平衡度为 4%时，干扰出现最大值，

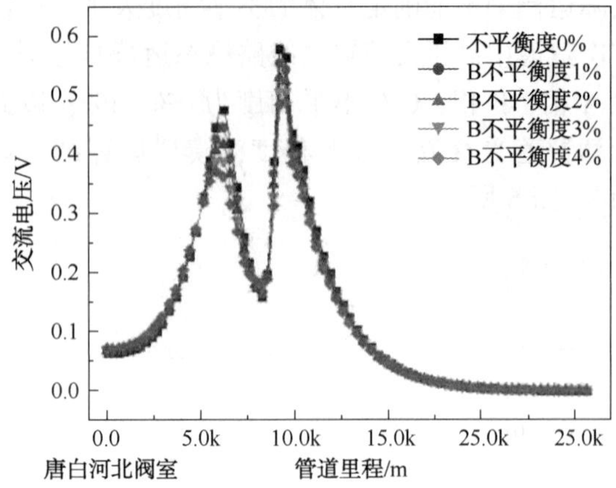

图 6　B 相不同不平衡度交流干扰电压分布

最大交流干扰电压为 0.692V，最大交流电流密度为 10.94A/m^2。电压未超出 NACE SP 0177 规定的 15V 人身安全电压限值，电流密度未超出 GB/T 50698 规定的 30A/m^{2}的腐蚀安全限值，交流干扰程度为“弱”，可不采取交流干扰防护措施。

2.3　故障态干扰预测及评价

由于加工工艺、施工工艺或运行年限等原因，电缆外绝缘层会发生静电击穿，此时会发生单相短路故障，该故障也是电缆最常见的故障形式，为更好对管道进行防护，运用 CDEGS 软件模拟故障态时的干扰对管道安全运行的影响。

经模拟计算，当接口井发生短路故障，管道沿线干扰接触电压及涂层电压分布如图 7 所示。不同故障位置最大干扰电压存在明显区别，当 N1 接口井故障时干扰出现最大值，最大接触电压为 61.10V，最大涂层电压为 61.14V，但接触电压及涂层电压均未超出限值要求，可不采取交流干扰防护措施。

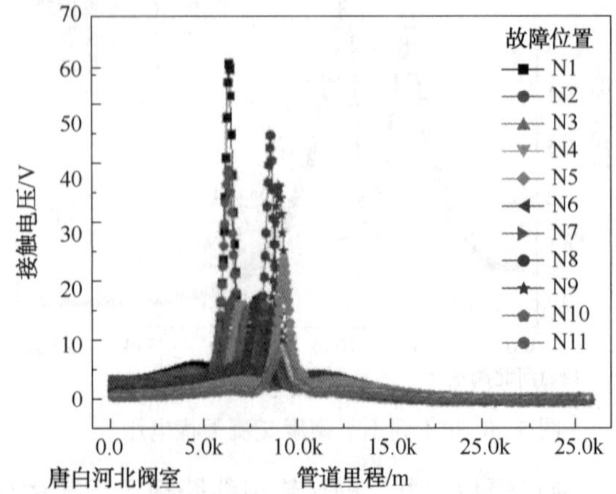

图 7　接口发生短路接地故障接触电压分布

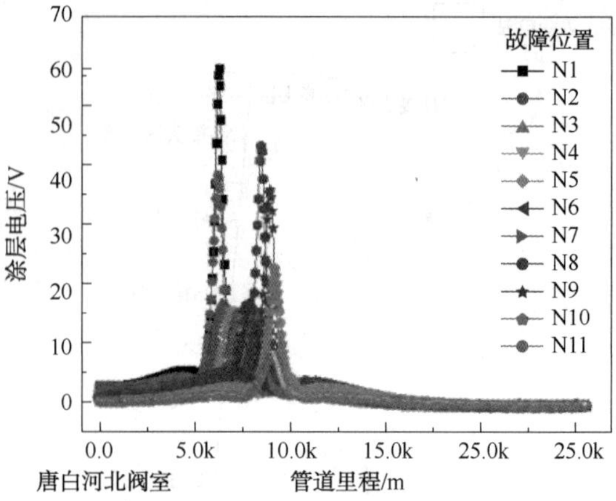

图 8　接口发生短路接地故障涂层电压分布

3　现场实测 110kV 高压交流输电线路对油气管道影响

高压交流输电线路运行后，对受影响管段的交流干扰电压、交流电流密度进行 24h 不间断监测，采集监测频率 1 秒/次。记录监测周期内，交流电压的最大值、最小值及平均值以及平均交流电流密度如图 9。

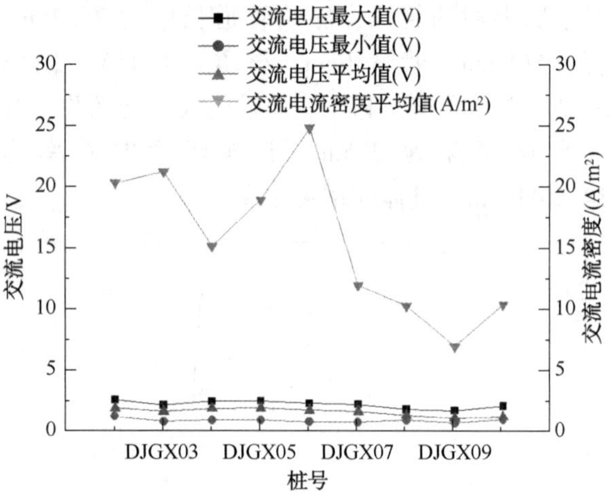

图 9　评价管段交流电压及交流密度曲线图

通过对比现场实际检测结果和模拟评价结果，数据变化趋势整体一致，管道在交叉处受到的影响最大，交叉并行段对于远离高压线的管道段，受到干扰的影响程度大，现场实测数据相对于模拟数据数值较大，但根据标准，结果均显示对管段干扰弱。

通过对模拟参数分析，模拟的数值偏小，主要因为在建模过程中未添加实际环境的除新建的 110kV 高压线外其他的交流干扰，同时土壤模型建立太过单一，选用了平均土壤电阻率，实际的土壤环境较为复杂，土壤电阻率会受水含量变化而变化，但整体上，模拟高压交流输电线路单一的干扰源对埋地金属管道的影响具有一定的实际意义。

4 结论

本文利用 CDEGS 软件建立 110kV 高压交流输电线路对油气金属管道电磁干扰的仿真模型，并通过实测数据对计算模型进行验证，为评估高压交流输电线路对沿线埋地油气金属管道的电磁干扰程度提供了有力手段。

利用建立的仿真模型可以考虑到短路故障态等低少数情况发生时对管道的影响，为油气管道保护提供有力依据。

通过 CDEGS 仿真模型，分析高压交流输电线路对埋地油气金属管道电磁干扰程度的各方面因素，比如管道与高压线的位置关系、接地位置、土壤电阻率、其他交流干扰源等，为管道保护工作提供科学依据。

参考文献

[1] Wakelin R, Sheldon C. Investigation and mitigation of AC corrosion on a 300 mm diameter natural gas pipeline [C]. New Orleans: NACE Corrosion Congress, 2004, paper 04205.

[2] 张俊义，王富才，张彦敏. 高压输电线与埋地管道相互影响的安全问题[J]. 油气储运，2006，25(4)：47-49.

[3] 孟成. 高速铁路故障状态对埋地管道的干扰影响[J]. 腐蚀与防护，2022(002)：043.

油气管道横穿滑坡成灾机理研究

阿发友[1,2]　敬天全[3]　杨大慎[4]　熊华勇[3]　陈腾辉[1]

(1. 昆明理工大学国土资源工程学院；2. 自然资源部高原山地地质灾害预报预警与生态保护修复重点实验室；3. 国家石油天然气管网集团有限公司华南分公司贵州输油部；4. 国家管网集团西南管道有限公司)

摘　要　滑坡灾害是油气管道面临的最严重的地质灾害类型之一，据调查，滑坡与管道相互交切关系可分为管道纵穿滑坡、管道横穿滑坡和管道斜交滑坡三种类型。这种不同的交切关系是影响管道滑坡灾害的重要因素之一，因此，有必要对不同交切关系条件下油气管道的受力特征和变形破坏特征进行研究，对油气管道滑坡灾害防治具有重要意义。本文作者采用 FLAC3D 数值模拟软件，建立横穿滑坡油气管道管-土完全耦合相互作用理想模型，分析滑坡作用下管道埋深、滑体位移、管道埋设位置对管道变形及受力影响，并列举典型管道横穿滑坡案例进行分析研究。结果表明：横穿滑坡管道在滑坡作用下受到滑体的推挤拉压，主要发生弯曲变形和剪切破坏两种破坏形式；横穿滑坡管道位移和应力受滑体位移和管道埋深的影响显著，管道位移和应力总是随着滑体最大位移的增加而增加，随着管道埋深的增加而减小；管道横穿滑坡中部时管道位移和应力最大，是管道穿越滑坡最危险部位。

关键词　滑坡；油气管道；横向穿越；成灾机理；数值模拟

1　前言

管道运输作为陆上油气重要的运输方式之一，具有安全、绿色、高效的优势是区别于其他运输方式的显著特点，成为全球最主要的油气运输方式之一，管道安全影响全球各国经济的平稳健康发展。但是，油气管道作为长距离线状工程，穿越各种各类地质环境，尤其在山区面临的地质灾害具有多样性、复杂性和普遍性的特点，给油气管道安全防控带来了很大挑战。以中国为例，截至 2021 年，中国油气管网里程已达 15 万公里，预计 2025 年，中国油气管道里程将达 24 万公里。由于管道建设里程的不断增加和山区地质灾害的易发性，地质灾害已经成为管道安全运营的重要威胁。据不完全统计，截至 2014 年中国的兰成渝输油管道、中贵输气管道、西气东输管道沿线地质灾害多达 282 处，其中滑坡灾害 107 处，占比达 38%。由此可见，滑坡是威胁管道安全运营的主要地质灾害之一。在滑坡的作用下，管道受到土体的推挤、拉压或者复合作用而产生变形变位，甚至管道的破裂对管道的运营管理工作带来了极大的挑战(表 1)。

表 1　国内外滑坡导致管道灾害案例

管道名称	时间	事故原因	管道破坏影响
厄瓜多尔管道	1983.03	地震导致滑坡	管道断裂
巴西成品油管道	2001.02	暴雨引发滑坡	管道断裂石油泄漏
西气东输子长段	2007.07	暴雨导致滑坡	管道被推挤变形
川气东送白杨坪段	2007.08	坡体缓慢蠕动	管道被推挤
青岛输油管道	2013.11	潮汐运动管道腐蚀	石油泄漏爆炸，62 人遇难
川气东送崔家坝段	2016.07	暴雨导致滑坡	管道被推挤变形
贵州晴隆沙子段	2017.07	持续降雨引发滑坡	天然气泄漏爆炸，8 人遇难

管道穿越滑坡的方式对研究管道在滑坡作用下的变形破坏特点十分重要。因此前苏联学者勃洛达夫金最早根据管道与滑坡滑向之间的关系将其分为管道与滑坡滑向斜交和平行两种类型，该方法分类简单，但是并未将滑坡的特点表现出来。在勃洛达夫金的基础上，林冬等在 2009 年

经过科学归纳，建立了管道滑坡分类体系，根据管道与滑坡的交切关系将管道穿越滑坡命名为管道横穿滑坡、管道纵穿滑坡和管道斜穿滑坡三种类型(图1)，目前该命名方法已被广泛使用。

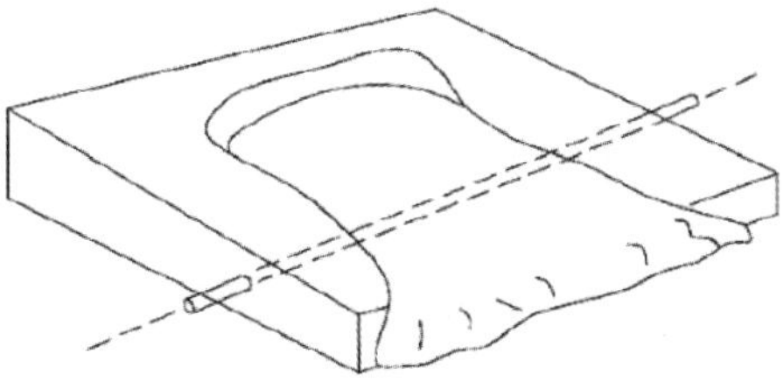

(a)横穿滑坡

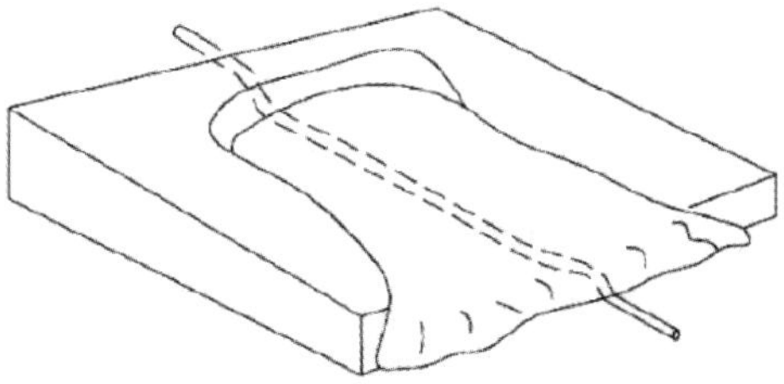

(b)纵穿滑坡

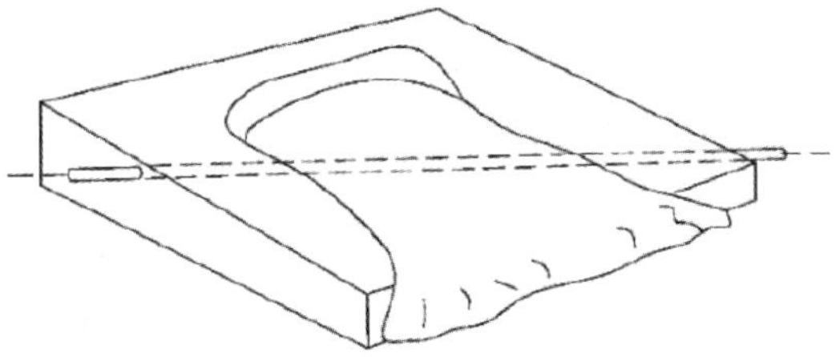

(c)斜穿滑坡

图1 管道穿越滑坡方式

管道在滑坡作用下的响应状态及管-土相互作用分析是研究管道-滑坡成灾机理的基础。自20世纪70年代，国内外学者分别采用解析法、数值模拟和模型试验三种方法对管道滑坡的力学响应状态及管-土相互作用规律做了大量研究，虽然近年来发展迅猛，但尚未取得明显的共识。Rajani等在1995年首次采用解析法对管道受力及变形特征进行了分析，指出随着滑坡变形的加剧，管道偏移将不断增加。在Rajani的基础上O' Rourke建立了管-土相互作用的弹塑性模型，并得出管道所受最大应力随管道埋深、土体粘聚力、土体密度及内摩擦角的增加而增大的结论。Cocchetti等在O' Rourke建立的管-土相互作用的弹塑性模型的基础上将管道假设为梁单元，并将非线性理论用于管-土接触相互作用研究。YUN Long等分析管道变形破坏特点时采用基于Winkler模型的弹性地基梁法。Audibert通过试验方法研究了不同管径对管道侧土压力的影响，认为管径越小，管道受侧土压力影响越大。Francesco Calvetti等用滑轮钢丝绳模拟管道的轴向力系统，然后用下沉土箱模拟滑坡。Georgiadis等进行了管道与滑坡滑向垂直作用下管道的响应状态分析实验，认为管道受力的决定性因素是滑体的滑动速度。Yoshizaki、Karimain等通过一系列实验，研究管道在回填土及滑体作用下的受力规律，认为在滑体滑动过程中，密度较轻的回填材料可以明显降低滑体对管道的影响破坏。Hiroshi Yatabe采用Abaqus建立管道滑坡模型，并且分析了弯管在地面大变形下的位移变化规律。Allen Jay Evans等建立管道横穿滑坡模型，并假设管材为线弹性材料、管-土之间的相互接触采用共节点技术传递管道与滑体之间的作用力，分析管道的变形破坏特点。周晓莹等创建了管道与滑坡滑向垂直管道-滑坡模型，对滑坡和管道分别采用莫尔-库伦和Ramberg-Osgood本构模型，分析了不同因素下管道变形破坏特点。

从以上研究可以看出，前人对管道在滑坡作用下的响应状态及管-土相互作用做了大量研究。但是，对于在滑坡易发区铺设管道时，不同管道埋深、不同滑体位移、不同埋设位置、管道与滑坡滑向的交切关系对管道力学响应状态的影响研究尚不深入。因此，本文采用FLAC3D数值模拟软件，建立横穿滑坡管道管-土完全耦合相互作用理想模型，分析滑坡作用下管道埋深、滑体位移、管道埋设位置对管道变形及受力影响，并列举典型管道横穿滑坡案例进行分析研究，为管道-滑坡风险评价和防治提供依据。

2 管道埋深和滑体位移对横穿滑坡管道的影响

由于FLAC3D能够进行土质、岩石和其他材料的三维结构受力特性模拟和塑性流动分析，被广泛应用于岩土工程领域。因此，本研究使用FLAC3D6.0数值模拟软件建立横穿滑坡管道-滑坡理想模型，并进一步分析在滑坡作用下管道埋深、滑体位移和埋设位置对管道的受力及变形影响。

2.1 理想模型的构建

本次主要研究横穿滑坡作用下管道的力学响应状态，根据滑坡和管道的相互关系并考虑模型的边界效应，建立滑坡宽度为60m，高度为45m，滑体厚度为2~10m，坡度为30~45°的管道-滑坡理想模型(图2)。管道埋深分别取1m、1.5m、2m、2.5m、3m、3.5m、4m七种情况，滑体最大位移分别取1m、2m、3m、4m四种情况进行分析。建模和模拟计算过程中，管道相关参数不变。

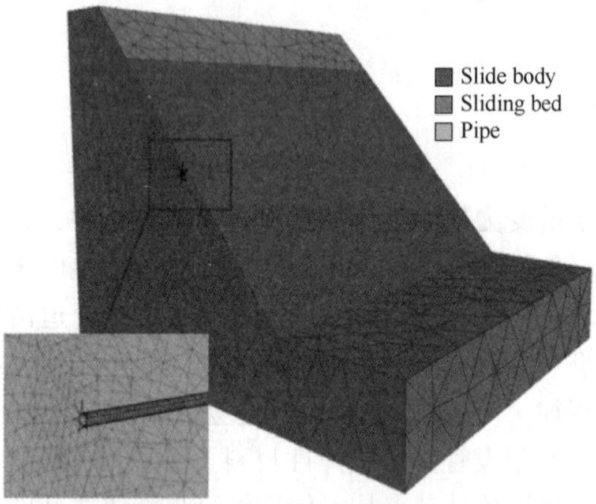

图2　管道-滑坡完全耦合理想模型

将滑坡分为滑体、滑床两类材料并采用三角形网格单元进行划分，建模过程中将管道及管周滑体网格进行加密。在计算过程中滑坡采用摩尔-库伦本构模型，模型四周及底部使用法向约束的速度边界条件，坡体采用自由边界。

管道模型是在滑坡模型的基础上使用FLAC3D6.0软件中的SHELL单元建立。由于管道与滑体之间的刚度相差较大，为了减少由于刚度差异而产生较大的误差，在管道与滑坡之间建立接触面(图3)。在计算过程中管道采用弹塑性本构模型。

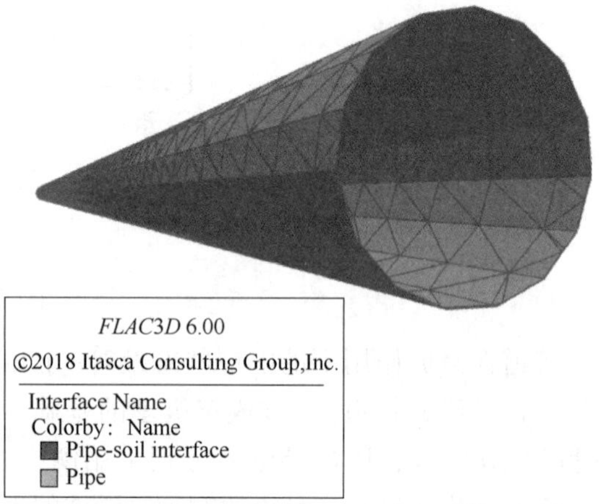

图3　管道及管-土接触面模型图

2.2 岩土参数

滑坡岩土体物理力学相关参数见表2，管道的相关参数见下表3，接触面相关参数见表4。

表2　滑坡岩土力学基本参数

材料类型	天然重度/(kN/m^3)	内聚力/kPa	内摩擦角/°	弹性模量/MPa	泊松比
滑体	18.00	20.40	12.00	60.00	0.30
滑床	24.00	25.00	20.00	80.00	0.28

表3　管道相关参数

材料类型	管材密度/(kg/m^3)	弹性模量/MPa	泊松比	钢级	屈服强度/MPa
管道	7850	210000	0.3	X70	483

表4　管-土接触面相关参数

材料类型	法向刚度/(MPa/m)	切向刚度/(MPa/m)	内摩擦角/°	粘聚力/kPa	抗拉强度/MPa
管-土接触面	4038	4038	15	0	0

2.3 管道埋深和滑体位移对管道受力的影响

本次研究管道埋深、滑体位移对管道力学响应状态的影响。因此，分别建立滑体最大为1m、2m、3m和4m时，对应的7种不同管道埋深管-土耦合模型，研究不同滑体位移及管道埋深对管道位移及应力的影响。

(1) 管道力学响应随滑体位移的变化

为了分析管道力学响应随滑体位移的变化，

在分析模拟结果中随机选择管道埋深为2m不变的管-土耦合模型进行分析。

图4为管道埋深2m，不同滑体位移情况下滑体合位移云图。从云图可以看出，滑体合位移云图整体分布特征一致，但由于管道的存在，滑坡位移连续性分布特征被打破，管道埋设位置滑体位移较上下两侧变小，以管道为中心向两侧递增，但总体上滑体中部位移总体大于滑坡后缘和前缘。

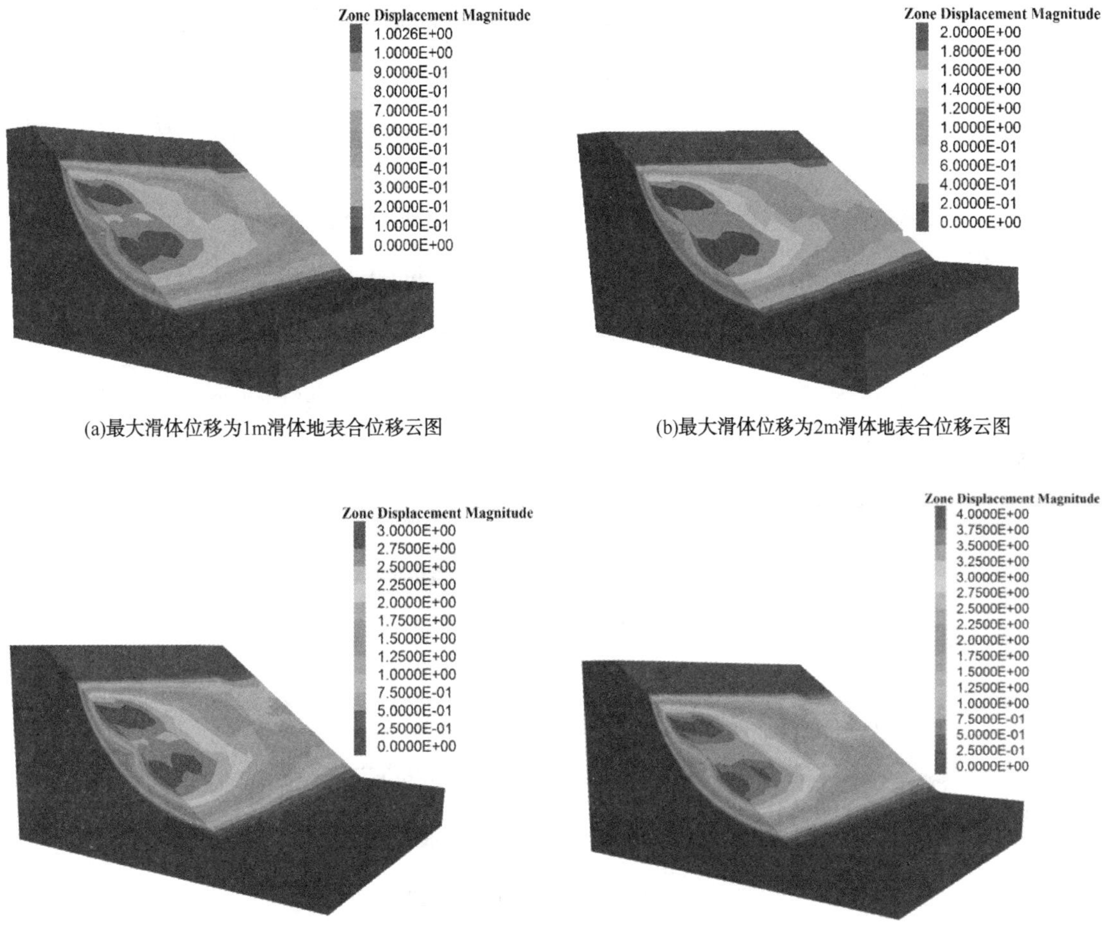

(a)最大滑体位移为1m滑体地表合位移云图

(b)最大滑体位移为2m滑体地表合位移云图

(c)最大滑体位移为3m滑体地表合位移云图

(d)最大滑体位移为4m滑体地表合位移云图

图4 管道埋深2m—不同滑体位移情况下滑体合位移云图

图5为管道埋深2m，不同滑体位移情况下管道合位移云图。从云图可以看出，不同滑体位移作用下，管道合位移云图和剪应力云图整体分布特征保持一致。管道位移大小分布与滑体位移大小分布保持一致，即滑体位移大的位置，管道位移也相对较大，滑体位移小的位置，管道位移也相对较小。

(2) 管道力学响应状态随埋深的变化

为了分析管道力学响应随管道埋深的变化，在分析模拟结果中随机选择滑体最大位移为2m不变的管-土耦合模型进行分析。

图6为滑体位移2m，不同管道埋深情况下滑体合位移云图。从云图可以看出，与图4类似，滑体合位移云图整体分布特征一致，但由于管道的存在，滑坡位移连续性分布特征被打破，管道埋设位置滑体位移交上下两侧变小，以管道为中心向两侧递增，但总体上滑体中部位移总体大于滑坡后缘和前缘。随着管道埋深的增加，对地表滑坡位移连续性分布的影响减小。

图7为滑体位移2m，不同管道埋深情况下管道合位移云图。从云图可以看出，横穿滑坡作用下，不同管道埋深管道合位移云图整体分布特征保持一致，与图5类似。管道位移大小分布与滑体位移大小分布保持一致，即滑体位移大的位置，管道位移也相对较大，滑体位移小的位置，管道位移也相对较小。

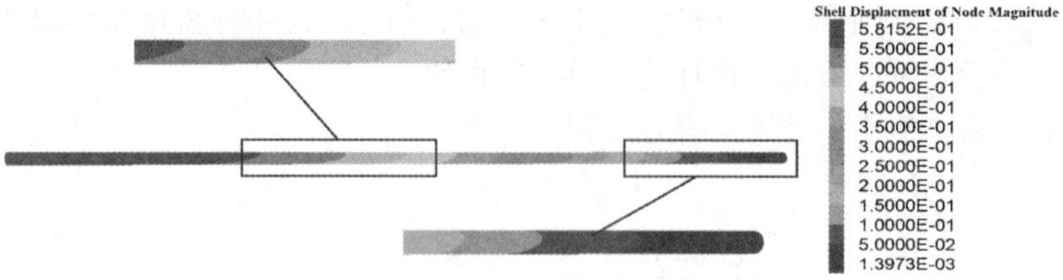

(a)滑体位移为1m时管道合位移云图

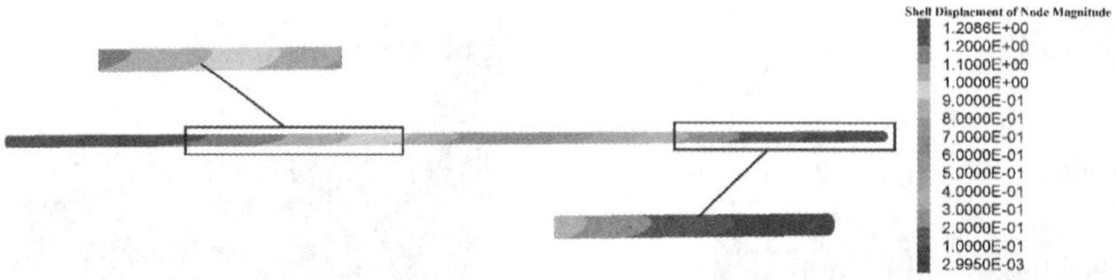

(b)滑体位移为2m时管道合位移云图

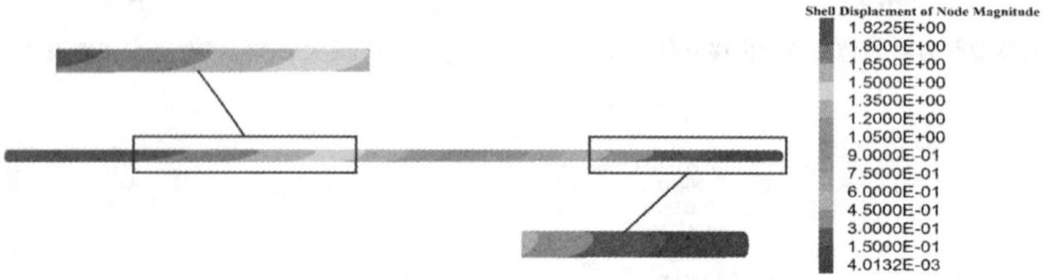

(c)滑体位移为3m时管道合位移云图

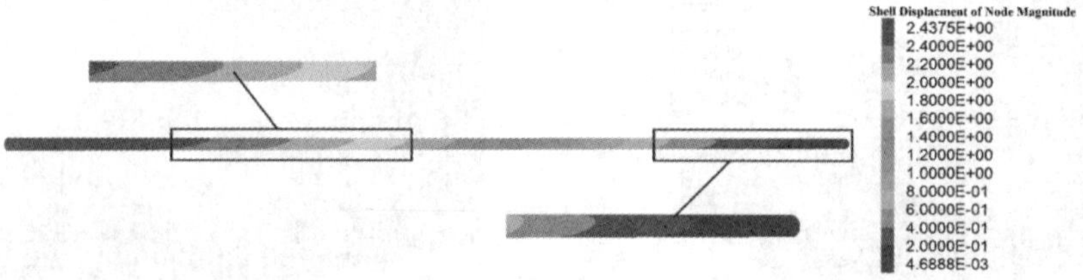

(g)滑体位移为4m时管道合位移云图

图5　管道埋深2m—不同滑体位移情况下管道合位移与应力云图

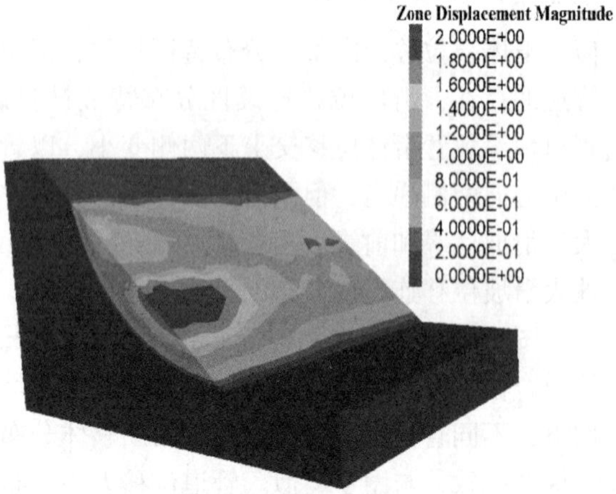

(a)管道埋深为1m滑体地表合位移云图

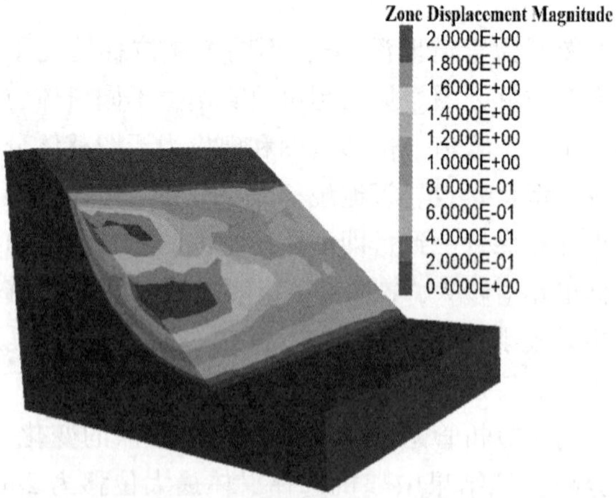

(b)管道埋深为1.5m滑体地表合位移云图

图6　滑体位移2m—不同管道埋深情况下滑体合位移云图

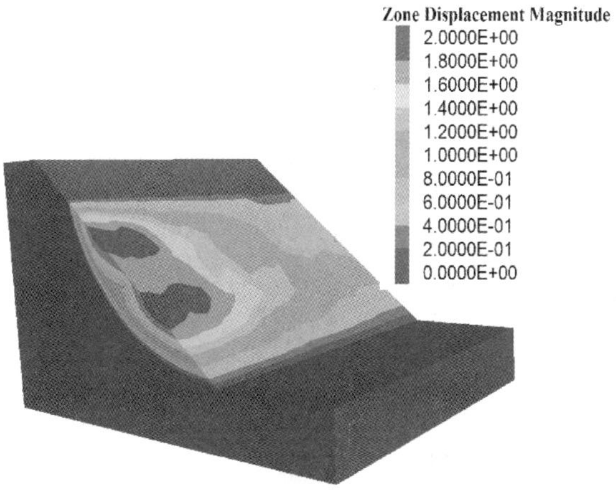

(c)管道埋深为2m滑体地表合位移云图

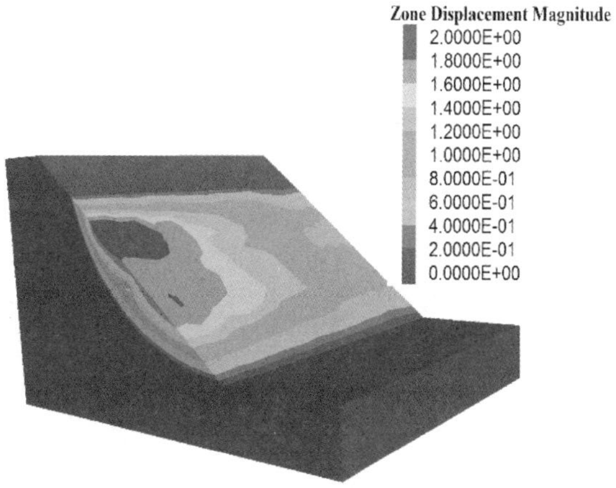

(d)管道埋深为2.5m滑体地表合位移云图

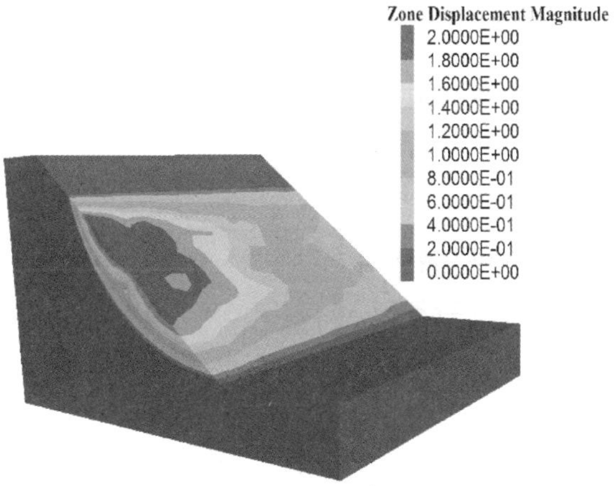

(e)管道埋深为3m滑体地表合位移云图

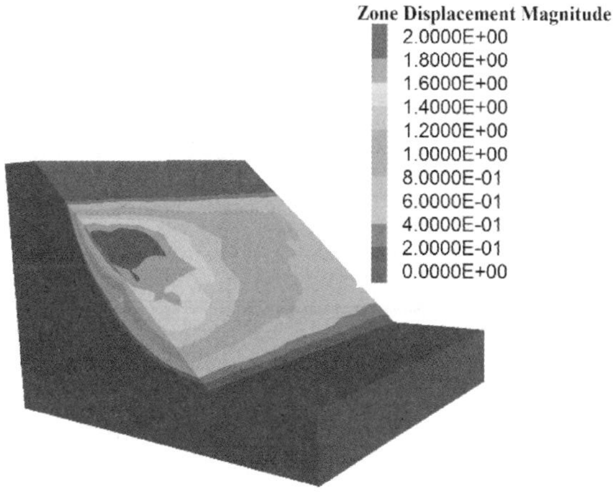

(f)管道埋深为3.5m滑体地表合位移云图

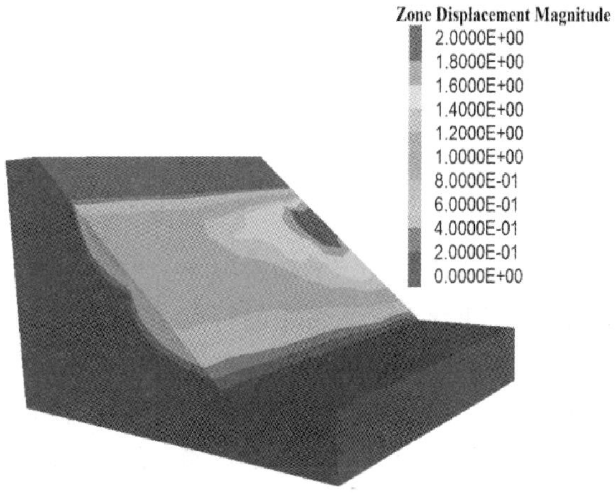

(g)管道埋深为4m滑体地表合位移云图

图 6　滑体位移 2m—不同管道埋深情况下滑体合位移云图(续)

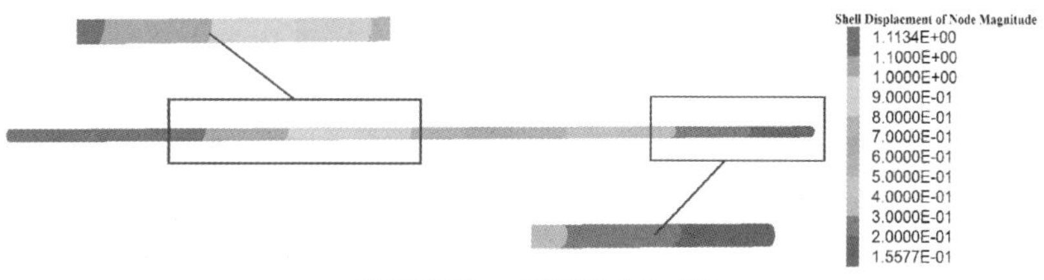

(a)管道埋深为1m时管道合位移云图

图 7　滑体位移 2m—不同管道埋深情况下管道合位移和应力云图

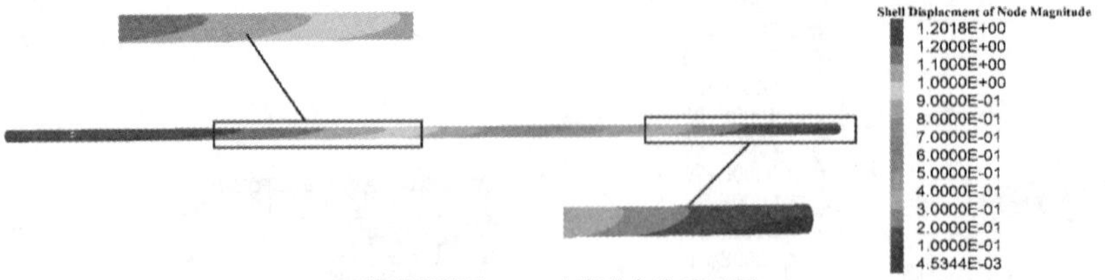

(b)管道埋深为1.5m时管道合位移云图

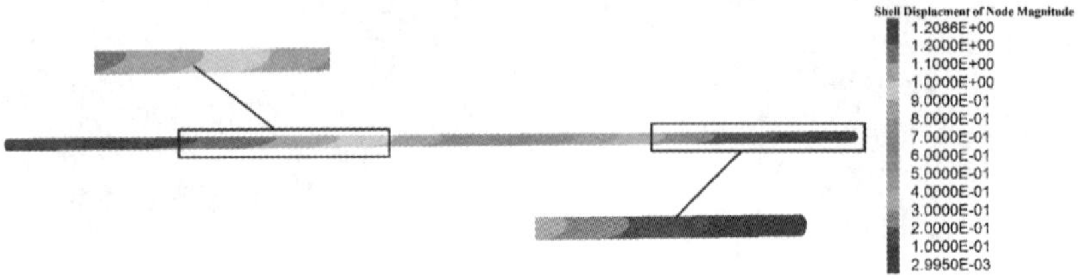

(c)管道埋深为2.0m时管道合位移云图

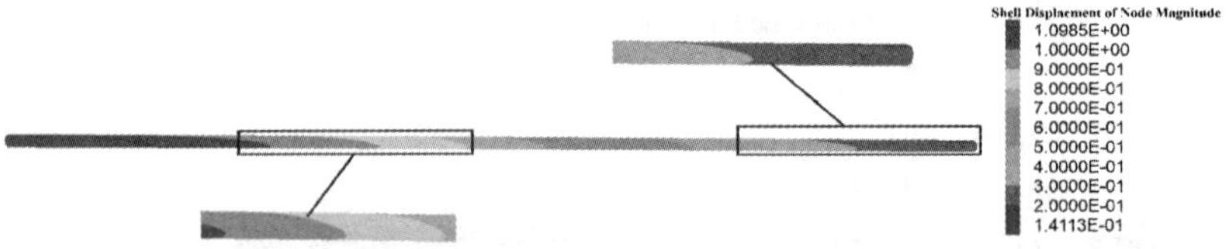

(d)管道埋深为2.5m时管道合位移云图

(e)管道埋深为3m时管道合位移云图

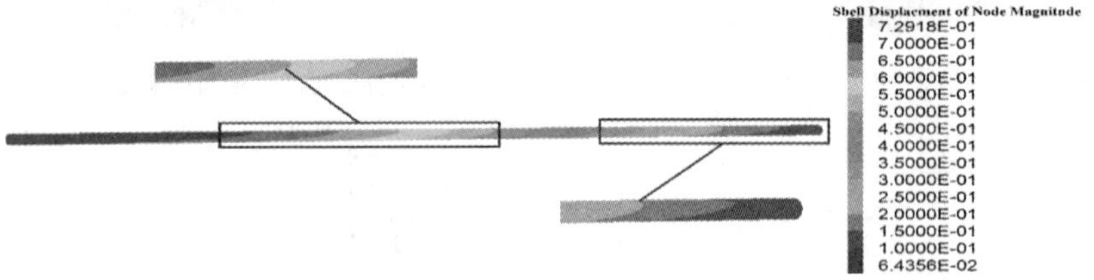

(f)管道埋深为3.5m时管道合位移云图

图7　滑体位移2m—不同管道埋深情况下管道合位移和应力云图(续)

从表5、表6和图8可以看出，管道位移受滑体位移影响显著，且随埋深的不同而变化明显，主要表现为两个方面：首先在滑坡最大位移处，管道同时产生最大位移，在滑坡位移最小处，管道同样产生最小位移；其次，管道位移及应力随着管道埋深的不同而变化，管道位移和应力随着埋深的增加先增加后减小，但总体表现出减小的特点，主要原因是随着埋深的增加，滑体对管道推挤作用增强，但当埋深增加到接近滑动面时，由于滑坡深部滑体位移变小，对管道的推挤作用减弱，故管道埋深为2~4m时，位移和应力随着埋深的增加而减小。

表5　不同滑体位移—不同管道埋深情况下管道最大位移统计表(mm)

管道埋深/m ＼ 滑体位移/m	1	1.5	2	2.5	3	3.5	4
1	521.08	546.43	581.52	514.22	493.56	351.88	326.73
2	1113.4	1201.8	1208.8	1098.5	1116.5	729.18	598.26
3	1700.3	1839.7	1822.5	1617	1567.7	1133.2	939.09
4	2219	2473.1	2437.5	2149.8	2081.9	1529.3	1289.6

表6　不同滑体位移—不同管道埋深情况下管道最大应力统计表(Pa)

管道埋深/m \ 滑体位移/m	1	1.5	2	2.5	3	3.5	4
1	2.61e9	3.51e9	3.57e9	2.72e9	2.82e9	2.69e9	3.29e9
2	3.15e9	4.55e9	4.57e9	3.04e9	3.55e9	3.07e9	3.93e9
3	4.55e9	6.03e9	6.64e9	4.27e9	4.54e9	3.38e9	4.64e9
4	5.9e9	6.97e9	8.31e9	5.54e9	5.97e9	4.02e9	5.33e9

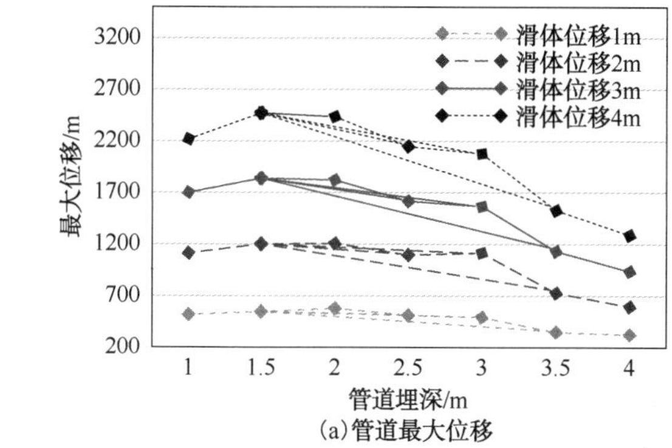

(a)管道最大位移

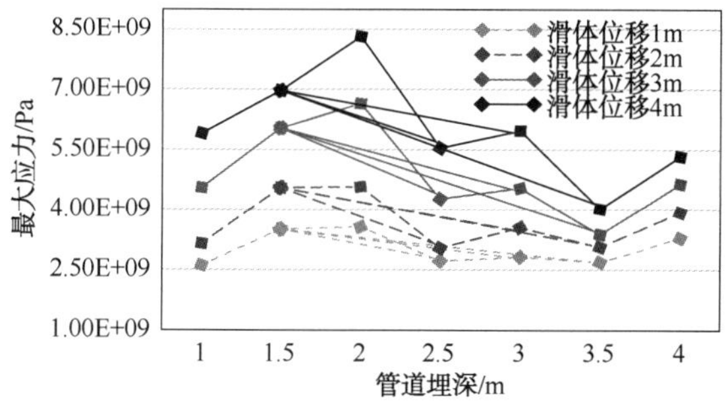

(b)管道最大应力

图8　不同埋深—不同滑体位移作用下管道最大位移及应力变化曲线

3　不同埋设位置对管道力学响应状态的影响

滑体不同部位其受力特征和运动速率是不一致的，因此，管道穿越不同的滑体位置，将影响管道的变形破坏。本次研究考虑管道横穿滑坡位置为滑体上部、中部及下部三个位置，对比不同埋设位置对管道力学响应状态的影响。分析过程中管道滑坡模型和参数保持不变，滑体最大位移取1m，管道埋深取2m。

图9为管道横穿滑坡不同位置地表合位移云图，从图可以看出，由于管道的存在破坏了滑坡体的完整性和连续性，不同穿越位置滑坡地表位移发生较大变化，尤其管道横穿滑体中部时滑坡位移的完整性和连续性变化最为明显，但整体上均保持滑体中部最大，上部和下部位置较小的特点。图10为管道横穿滑坡不同位置管道位移云图，从图可以看出，管道位移分布与滑体位移分布保持一致，横穿滑体下部与上部时管道最大位移集中于中部，而横穿滑体中部时管道位移分布不对称，但均保持与滑体位移一致的特点。表7为不同穿越位置管道最大位移和应力统计表，从表可以看出，横穿滑体中部时管道应力和位移最大，横穿滑体下部时次之，横穿滑体上部时最小。说明管道横穿滑体中部时危险性最大，横穿滑坡上部时管道相对较为安全。

表7　不同穿越位置管道最大位移和应力统计表

管道横穿位置/m	滑坡后缘	滑坡中部	滑坡前缘
管道最大位移/mm	3.2260	505.01	17.597
最大应力/Pa	1.64e8	3.16e9	5.0E8

4　管道横穿滑坡典型案例分析

以中国国家管网贵州输油部贵阳站(GZ097)管道滑坡为典型案例，使用FLAC3D建立管道-滑坡完全耦合模型，分析滑坡的稳定性及横穿滑坡管道在滑坡作用下的位移和应力特征。

4.1　滑坡区地质环境条件

研究区地处于息烽县城以西，属中低山构造剥蚀地貌。场地总体上南东高北西低，滑坡区地面高程一般为1000～1135m，地形整体坡度5°～30°。

滑坡区地层主要为第四系滑坡堆积层(Q_4^{del})和残坡积层(Q_4^{el+dl})，基岩主要为为侏罗系中下统自流井组($J_{1-2}zl$)泥岩、砂岩等。基岩强风化层钻探揭露厚度0.8~2m，中等风化层钻探揭露最大单层厚度为29.0m。

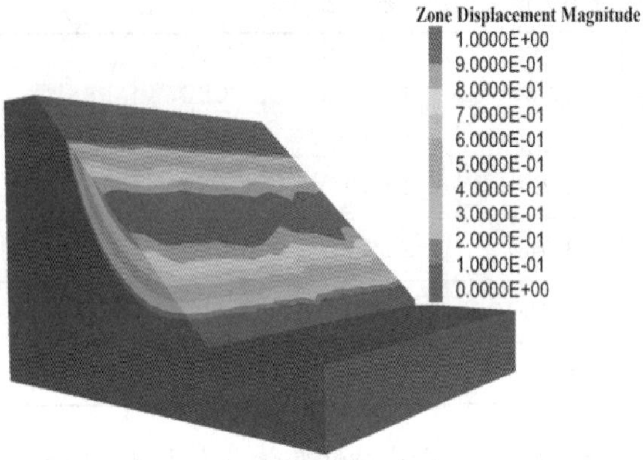

(a)横穿滑体下部

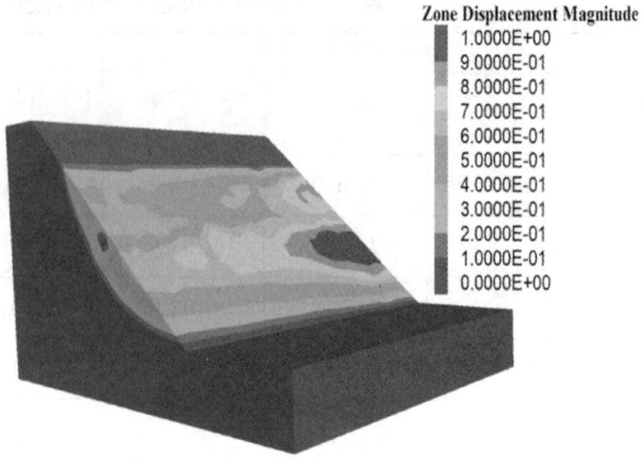

(b)横穿滑体中部

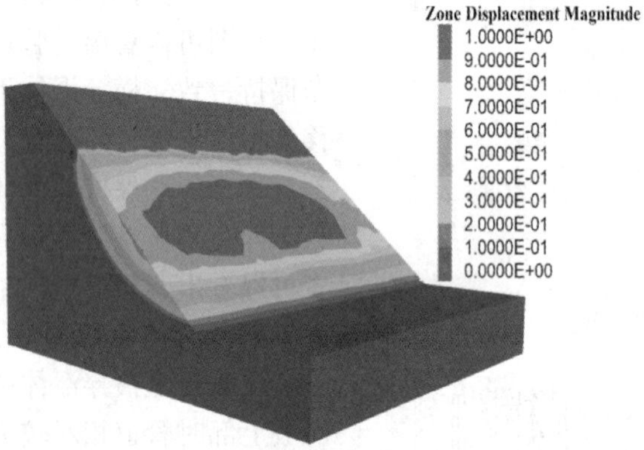

(c)横穿滑体上部

图 9　管道横穿滑坡不同部位滑体地表合位移云图

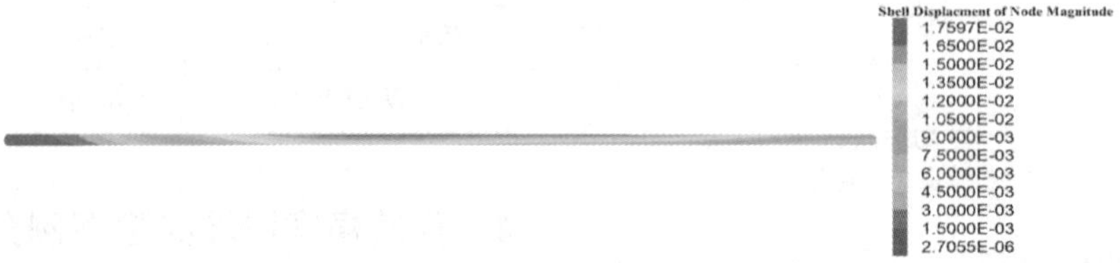

(a)横穿滑体下部

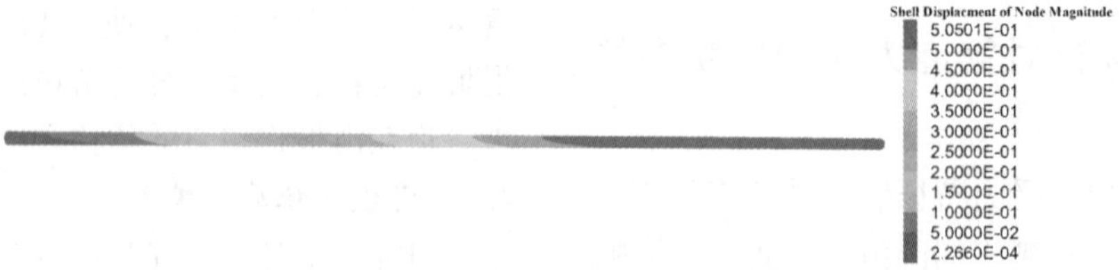

(b)横穿滑体中部

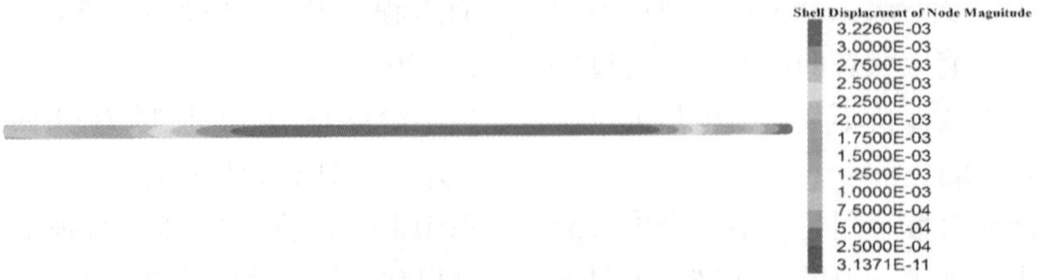

(c)横穿滑体上部

图 10　管道横穿滑坡不同部位滑体地表合位移云图

4.2 滑坡的基本特征及稳定性

该滑坡总体为一个老滑坡堆积体，老滑坡堆积体处于稳定状态，在老滑坡中部斜坡发育新滑坡。新滑坡位于老滑坡堆积体中部，整体形态呈“舌形”。滑坡滑动方向 260°~277°，滑坡滑带位于第四系残坡积层（Q_4^{el+dl}）中，因此滑床主要物质成分为含碎石粉质粘土。滑坡长 280m，宽 130m，潜在最危险滑面埋深 6~8m，体积约为 $30\times10^4m^3$，滑坡属于中型牵引式土质滑坡。输油管道横穿滑坡敷设（图 11），图 12 为滑坡典型工程地质剖面图。

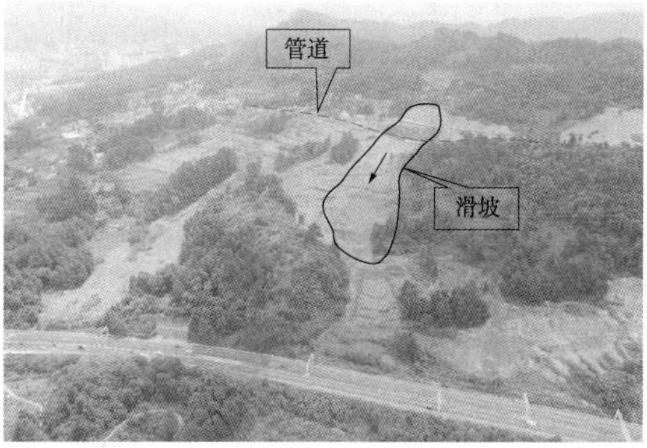

图 11　滑坡全貌照片

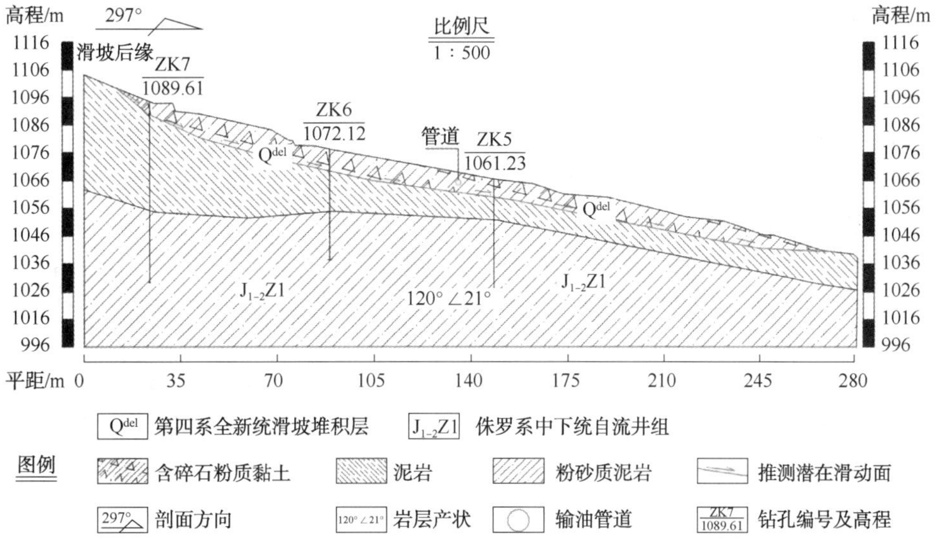

图 12　滑坡典型工程地质剖面图

根据现场调查，滑坡后缘边界较清晰（图 13），拉张裂缝比较明显，形成约 1.2m 的滑坡后壁。滑坡侧缘裂缝明显，剪切裂缝贯穿长度约 35m。

(a)左侧缘剪切裂缝　　(b)右侧缘剪切裂缝

图 13　滑坡变形照片

(c)后缘张拉裂缝　　(d)滑坡后壁

图 13　滑坡变形照片(续)

4.3　管道-滑坡数值模拟分析

(1) 模型的建立

根据滑坡工勘报告，考虑边界条件之后模型尺寸长为 214m、宽 187m、高 87m。滑体、滑带和基岩部分采三角形网格单元划分，为了提高计算精度及数值模拟计算的准确性，对管道网格、管道周边滑体和滑带网格进行局部加密。模型有 33033 个三角形节点，181339 个三角形单元组成，如图 14 所示。

管道位于滑坡中部横穿滑体，管道埋深平均约 2.5m。在建模和计算过程中忽略管材、管径等参数对管道力学响应状态的影响。管材类型为 X70 管型钢，壁厚为 14.6mm。管道使用 *FLAC3D* 中的 SHELL 单元建立管-土完全耦合模型。为了提高数值计算的准确性，在管道表面建立管土接触面用以提供管道与滑体之间的滑动。

(2) 岩土参数

计算参数根据工勘报告并经过多次反演试算之后得出。计算参数如表 8、表 9 和表 10 所示。

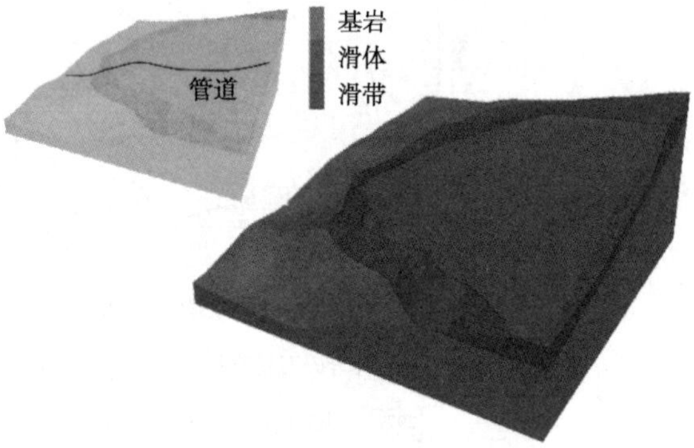

图 14　滑坡-管道相互作用模型

表 8　天然工况下滑坡岩土力学参数

材料类型	天然重度/(kN/m^3)	内聚力/kPa	内摩擦角/°	弹性模量/MPa	
滑体	18.85	16.50	13.20	60.00	0.23
滑带土	23.50	15.20	11.55	80.00	0.25
基岩	25.00	25.00	18.74	90.00	0.29

表 9　管道力学参数

材料类型	管材密度/(kg/m^3)	弹性模量/MPa	泊松比	钢级	屈服强度/MPa
管道	7850	210000	0.3	X70	483

表 10　管-土接触面相关参数

接触面参数	内聚力/kPa	内摩擦角/°	膨胀角/°	法向刚度 *Kn*/(MPa/m)	切向刚度 *Ks*/(MPa/m)	抗拉强度/kPa
数值	0	0	0	4038.5	4038.5	0

(3) 管道-滑坡稳定性分析

根据滑坡模型使用 *FLAC3D6.0* 软件采用强度折减法计算滑坡的稳定性。如图 15 所示，滑坡稳定性系数为 0.951，天然工况下处于不稳定状态，此时滑坡表层滑体已经从蠕动变形阶段转换为滑动阶段，深层滑体处于蠕动变形至滑动的临界阶段。根据工勘报告可知，滑坡最大位移为1.49m，与数值分析计算结果1.27m较吻合，综合现场变形情况和数值模拟结果可知，天然工况下该滑坡处于不稳定状态，需要综合采用工程措施对该滑坡进行治理以减小其对输油管道的威胁。

（4）管道受力特征分析

由管道滑坡稳定性计算结果可知，天然工况滑坡安全稳定性系数为0.951，处于不稳定状态，坡体变形明显，此时管道受到管周土体推挤作用产生较大位移。如图16所示，滑坡作用下管道的最大位移为0.62m，主要分布在滑坡侧缘，与滑体地表位移云图基本重合。由此可知，横穿滑坡作用下管道主要受到滑体的推挤作用而产生变形变位。工勘报告显示，管道实际位移约为0.5m，与数值模拟结果相近。

图17为管道在滑坡作用下竖直应力变化云图，结果显示管道受到滑体的推挤或拉压作用而产生拉应力和压应力。在滑体最大位移处产生管道最大拉应力8.5146*E*7Pa，在管道位移较小处产生管道最大压应力1.6477*E*8Pa，输油管道的抗拉强度为9.86*e*6Pa，此时管道最大拉应力大于输油管道极限抗拉强度，管道局部发生破坏，与现场管道状态吻合。

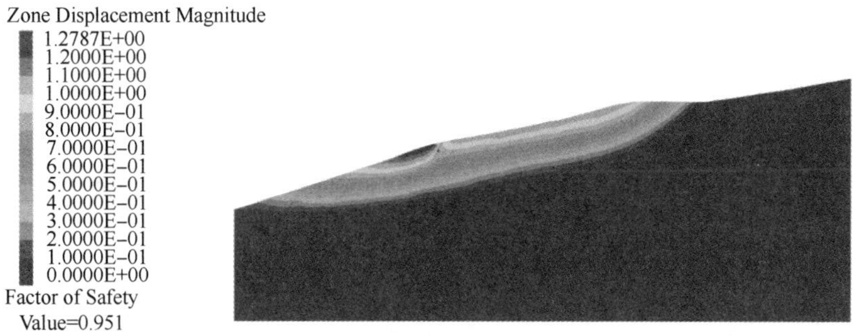

图15　滑坡稳定性图

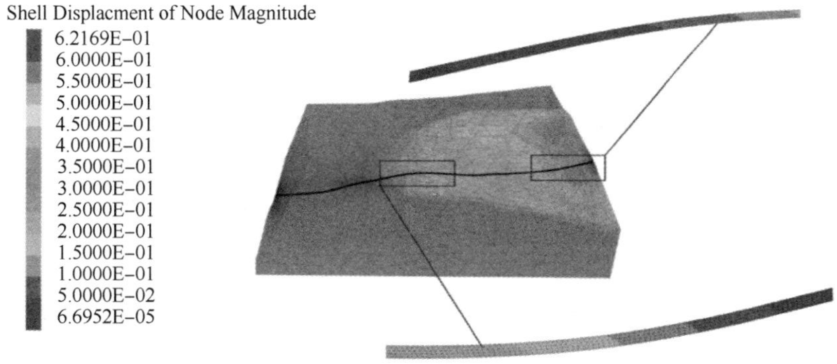

图16　管道位移图

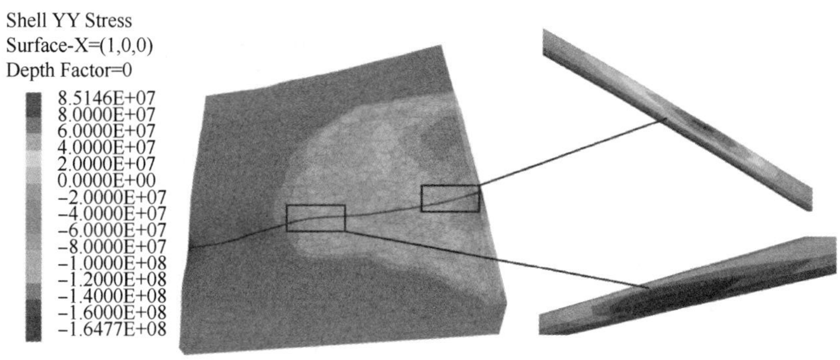

图17　竖直向管道应力图

为了进一步分析管道在滑坡过程中位移变化情况，分别在管道模型上设置9个监测点，监测滑坡作用下管道的位移变化趋势，监测点布置情况如图18所示。根据数值模拟结果，提取管道位移监测数据，经过处理得到管道位移变化曲线(图19)。由图可知，随着滑坡的发育，管道位移整体呈现增加趋势，滑体位移较大处管道位移增加明显，在滑体位移较小处，管道位移变化较小。

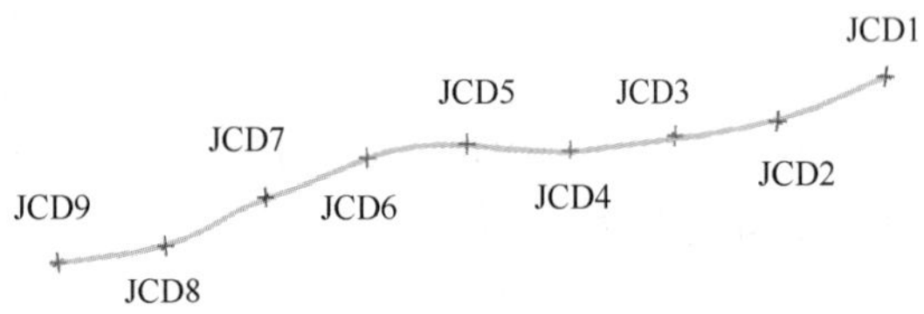

图18　管道模型监测点布置图

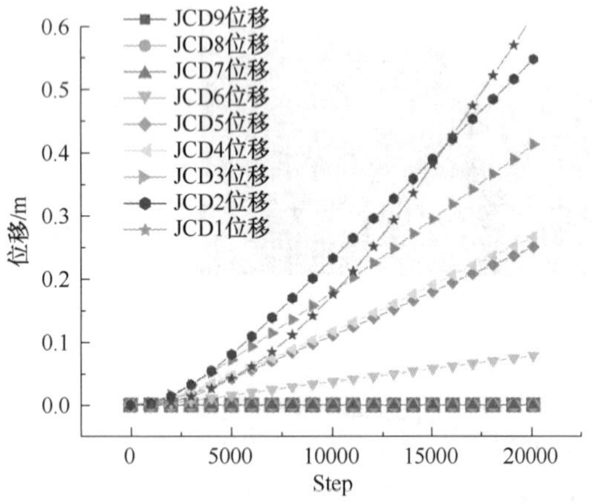

图19　管道位移变化监测曲线

根据以上数值模拟分析结果可知，该滑坡的安全稳定性系数小于0.951，处于不稳定状态，滑坡区域部分土体已经发生明显滑动，导致管道发生明显变形变位，查阅规范可知，管道位移大于规范最大允许位移值，应力处于极限平衡状态，因此该滑坡直接威胁管道安全，有必要对该管道滑坡进行治理。

5　结论

本文作者采用FLAC3D数值模拟软件，建立横穿滑坡油气管道管-土完全耦合相互作用理想模型，分析管道在不同滑坡位移、不同管道埋深和不同埋设位置条件下的受力变形特点。并列举典型管道横穿滑坡案例进行分析研究。主要得到以下结论和认识：

(1) 横穿滑坡管道在滑坡作用下受到滑体的推挤拉压，主要发生弯曲变形和剪切破坏两种破坏形式。

(2) 滑坡作用下横穿滑坡油气管道的位移和应力受滑体位移及管道埋深的影响显著。整体上管道位移与滑体位移分布保持一致，即滑体位移最大处，管道同时产生最大位移，在滑坡位移最小处，管道产生最小位移；其次，管道位移及应力随着管道埋深的不同而变化，管道位移和应力随着埋深的增加先增加后减小，总体表现出减小的趋势。

(3) 滑坡作用下不同位设位置横穿滑坡油气管道的位移和应力明显不同。横穿滑体中部时管道应力和位移最大，横穿滑体下部时次之，横穿滑体上部时最小。说明管道横穿滑体中部时危险性最大，横穿滑坡上部时管道相对较为安全。

参　考　文　献

[1] 李秋扬，赵明华，张斌，等. 2020年全球油气管道建设现状及发展趋势[J]. 油气储运，2021，40(12)：1330-1337+1348.

[2] INTERSTATE NATURAL GAS ASSOCIATION OF AMERICA. INTERSTATE NATURAL GAS PIPELINE EFFIFICIENCY[EB/OL]. (2010-11-01)[2018-06-30]. HTTP://WWW. INGAA. ORG/11885/REPORTS/10927. ASPX.

[3] EGIG. THE 10TH REPORT OF THE GAS PIPELINE INCIDENTS OF EUROPEAN GAS PIPELINE INCIDENT DATA GROUP: VA 17. R. 0395[R]. GRONINGEN: EGIG, 2018: 10-30.

[4] 高鹏. 2021年中国油气管道建设新进展[J]. 国际石油经济，2022，30(03)：12-19.

[5] Qingwen, M., Chenghua, W. & Jiming, K. Dynamical mechanisms of effects of landslides oN LONG DISTANCE OIL AND GAS PIPELINES. *WUHAN UNIV. J. NAT. SCI.* 11, 820-824(2006).

[6] Novotný, J. Stability problems in road and pipeline constructions and their mitigation—EXAMPLES FROM SAKHALIN AND AZERBAIJAN. *J. MT. SCI.* 8, 307-313(2011).

[7] Borfecchia, F., De Canio, G., De Cecco, L. et al. Mapping the earthquake-induced landslide hazard around the main oil pipeline network of the Agri Valley (Basilicata, southern Italy) by means of two GIS-based modelling approaches. Nat Hazards 81, 759-777 (2016).

[8] Zhang, SZ., Li, SY., Chen, SN. et al. Stress analysis on large-diameter buried gas pipelines under catastrophic landslides. Pet. Sci. 14, 579-585

(2017).
[9] 朱朝军. 川气东送管道工程白杨坪地段滑坡的治理[J]. 油气田地面工程, 2010, 29(07): 4-5.
[10] 张佳璐. 兰成渝输油管道剑阁段滑坡稳定性及治理监测研究[D]. 西南石油大学, 2017.
[11] 席莎. 滑坡区埋地管道变形破坏的临界判据与敏感区段研究[D]. 中国地质大学(北京), 2018.
[12] Soviet Russia] П. П. Бородавкин, Feng Liang Version. Buried Pipeline. Petroleum Industry Press, 1980.
[13] 林冬, 许可方, 黄润秋等. 油气管道滑坡的分类[J]. 焊管, 2009, 32(12): 66-68.
[14] Rajani B B, Ronertson P K, Morgenstern N R. Simplified design methods for pipelines subject to transverse and longitudinal soil movements[J] Canadian Geotechnical Journal, 1995, 32(2): 309-323.
[15] O'Rourke M J, Liu X, Flores-Berrones R. Steel Pipe Wrinkling due to Longitudinal Permanent Ground Deformation [J]. Journal of Transportation Engineering, 1995, 121(5): 443-451.
[16] Cocchetti G C, Prisco C P D, Galli A G, et al. Soil-pipeline interaction along unstable slopes: a coupled three-dimensional approach. Part 1: Theoretical fonnulation[J]. Canadian Geotechnical Journal, 2007, 46(11): 1289-1304(16).
[17] Cocchetti G C, Prisco C P D, Galli A G, et al. Soil-pipeline interaction along unstable slopes: a coupled three - dimensional approach. Part 2: Numerical analyses[J]. Canadian Geotechnical Journal, 2009, 46(11): 1289-1304.
[18] YUN Long, KANG Le. Reliability analysis of high pressure buried pipeline underlandslide[J]. Applied Mechanics and Materials, 2014, 501/502/503/504: 1081-1086.
[19] Audibert J M E. Nyman K J. Soil restraint against hori zontal mo - tion of pipes [J]. Journal of the Geotechnical Engineering Divi-sion, 1977, 103(10) 1119-1142.
[20] Calvetti F, di Prisco C, Nova R, et al. Experimental and numeri-cal analysis of soil-pipe interactior[J]. Journal of Geotechnicaland Geoenvironmental Engineering, 2004, 130(12): 1292-1299.
[21] Georgiadis M. Landslide drag forces on pipelines[J]. Soils and foundations, 1991, 31(1): 156-161
[22] Yoshizaki K, Sakanoue T. Experimental study on Soil-pipeline interaction using eps back fill[C]. New pipeline technologies security and safety baltimore; ASCE, 2003: 1126-1134
[23] Karimain S A. Response of buried steel pipelines subjected to longitudinal and and transverse ground movement [D]. Teheran: University of Tehran, Iran, 2003.
[24] YATABE H, FUKUDA N, MASUDA T, et al. Analytical Study of Appropriate Designfr High-Grade Induction Bend Pipes Subjected to Large Ground Deformation[J]. Journal ofoffshore Mechanies and Arctic Engineering. 2004, 126(4): 376-383.
[25] EVANS A. J. Three-Dimensional Finite Element Analysis of Longitudinal Support inBuried Pipes [D]. Utah State University. 2004.
[26] 周晓莹, 郭永华, 吕晓华等. 地质滑坡条件下不同因素对油气管道危险性影响分析[J]. 工业安全与环保, 2012, 38(05): 42-44.
[27] Fa-you, A., et al., "Investigating the Effect of the Rock-Socketed Depth of the Hinged Cable-Anchored Pile on the Earthquake Response Characteristics of Supporting Structures," Advances in Civil Engineering, vol. 2022, 2022.
[28] Wu, J. J., et al, "A simplified method for the determination of vertically loaded pile-soil interface parameters in layered soil based on FLAC3D," Frontiers of Structural and Civil Engineering, vol. 10, no. 1, pp. 103-111, 2015.

天然气大管径长输管道全自动焊接换管施工工艺优化研究

周顺青[1]　李凌铎[2]　陈小勇[2]　吴春华[3]　张　蕾[4]

（1. 潮州中石油昆仑燃气有限公司；2. 中国石油天然气销售广东分公司；
3. 中国石油天然气销售江西分公司；4. 清远中石油昆仑燃气有限公司）

摘　要　西气东输一、二线、西部管道和中缅管道等大口径长输管道已投产运行多年，因地质、环境等原因造成管道部分焊口出现各类缺陷，需进行焊接换管。目前国内在役管道换管动火连头施工基本还停留在手工焊或半自动焊，在役大口径天然气管道的全自动焊接换管技术在国内还未使用，本文通过对西部管道一处存在裂纹的焊口进行全自动焊接换管优化研究，论证了可行性，针对存在问题探索对策，并进行技术应用，取得了良好的效果。

关键词　大口径；在役；全自动；焊接换管

1　焊接方式优选

1.1　焊接时间

对手工焊、半自动焊和组合自动焊功效进行了研究统计，自动焊焊接施工含根焊 DR 检测在内一次合格最长时间 29.5h，组合自动焊焊接时间最短(表 1)。

1.2　焊接速度

对各种焊接方式所采用的焊接设备、焊接工艺与焊接速度进行对比分析。通过对比，全自动焊接的设备要求较低，焊接工艺简易，速度较快，具有一定优势(表 2)。

表 1　不同焊接方式施工统计表

施工项目	焊接方式		
	手工焊时间/h	半自动焊时间/h	组合自动焊时间/h
短接下料	2	2	2
坡口建工	2	2	1
组对	2	2	2
焊接	26	24	10
合计	32	30	15

表 2　不同焊接方式统计表

焊接方式	设备配置	焊接工艺	焊接速度
手工焊接	根焊：MPS-500 外焊：MPS-500	氩弧焊打底+手工电弧焊填充盖面	根焊：3~8cm/min 外焊：6~14cm/min
半自动焊接	根焊：D7-500(N) 外焊：XG-90LN	STT 打底+半自动填盖	根焊：6~12cm/min 外焊：9~18cm/min
全自动焊接	根焊：DC400 外焊：CPP900-W1	氩弧焊打底+全自动焊填充盖面	根焊：3~8cm/min 外焊：14~23cm/min

1.3　焊接环境

施工环境对施工速度的影响，手工焊和半自动焊在无风条件可以在非密闭空间进行施工，而自动焊则需要采用专用防风棚进行焊接施工。

2　焊接问题分析

对大口径在役管道停输换管施工种“管口组对”和“焊接”速度缓慢原因进行了认真分析，得出导致焊接缓慢的主要影响因素有 8 个，次要因素有 8 个(图 1)。

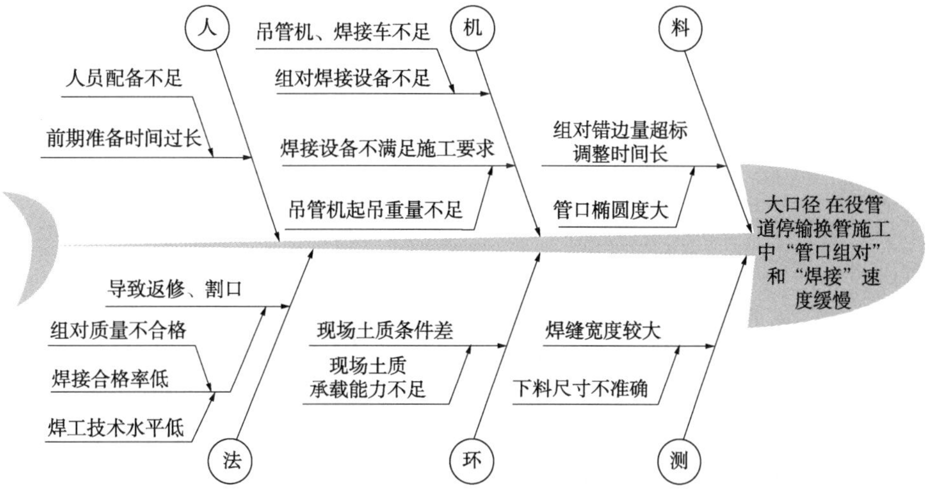

图 1　问题分析图

3　焊接优化对策

3.1　方案优化

按半自动焊接工艺规程要求，人工加工的坡口无法满足自动焊施工要求，应采用坡口机进行施工，同时进行椭圆度测量，采用精加工椭圆度计量尺对管口椭圆度进行测量，椭圆度计量尺由1/4 圆 Ø1219 精制钢板做成。坡口型式：V 型，坡口面角度为 22°～25°，钝边为 0.8～2.0mm。采用坡口机进行施工，坡口机加工前应对已分离两端管道进行对中和调平，采用水平尺配合激光对中仪进行整体调整，充分考虑坡口机自身重量的影响，连续 5 道口坡口尺寸误差小于 0.1mm，平面度误差小于 0.05mm。试验表明，在椭圆度测量完成后，对管道进行上下调整，通过位置调节，可以有效保证坡口质量。

根据钢的线膨胀系数为 0.0000118（1/℃），按照连接管道外露可自由膨胀收缩长度为 300m 计算，在温差 40℃时，考虑管道的热胀冷缩，管道的膨胀量为 141.6mm。一般组对施工安排在气温降低时，采用外对口器固定后，等待气温升高时，即在胀缝的过程中进行点焊和根焊。

根据冷切割长度确定下料长度，同时由于管道受温度影响比较大，下料过程中必须确定整体施工时间，根据时间确定焊接时间以确定下料长度。为避免管道热胀冷缩对组对间隙造成影响，下料、组对时间宜控制在气温相对稳定的夜间进行。下料切割前采用水平调节法对管道进行水平调节，同时采用激光平直仪进行管材轴线水平调节，保证整管全部保持在 1mm 水平倾斜范围内。调整完成后必须进行整体固定，然后再次复检，以保证短节整体的水平不会发生变化。固定完成后利用直角卡尺对管材管口里面进行测量，分析管口垂直度，确定调整的准确性。

自动焊动火连头施工要求下料尺寸精确到毫米级。下料切割前采用水平调节法对管道进行水平调节，同时采用激光平直仪进行管材轴线水平调节，保证整管全部保持在 1mm 水平倾斜范围内。调整完成后必须进行整体固定，然后再次复检，以保证短节整体的水平不会发生变化。固定完成后利用直角卡尺对管材管口里面进行测量，分析管口垂直度和管道水平面之间的夹角，确保调整的精准度。

3.2　消磁方式优化

组对完毕后，测量管口磁场，若磁场强度小于 2mT，不影响焊接作业，则不需要消磁处理。若磁场强度大于 2mT，首先可以采取加热的方式适当降低磁场在管口形成的微量磁性，如磁性能让超标则采用缠绕线圈切割磁场进行消磁。在磁性消除不明显时则需要用专业消磁机进行消磁处理，消磁机通过强制电流对磁场进行干扰起到消磁作用，让切割管口磁力消失保证焊接焊鋈的正常凝结，此种消磁方法为通用方法，相对操作消磁时间较长。

采用消磁机配合高强门式磁铁在小范围对环向磁性进行干扰起到部分消磁的作用，从而在分段小范围内保证管道的正常焊接。根据磁性大小分布门式强磁铁的多少和间距，门式磁体一般采用连续排列式进行安装，间距越小对管口环向磁性干扰越强，焊接所受到的磁性影响效果越小。

排列间距一般根据现场测定的磁性大小控制在5~20cm之间。现场施工时可以根据测定的磁性大小对门式磁铁位置进行上下调整。实施后，冷切和坡口后的管口磁性消除明显，消磁速度平均提升85%。

3.3 焊接工艺优化

选取焊工后，进行工位选择，同时依据所焊点位的熟练程度进行焊接点位划分，特别时针对仰脸位置的6点位收口处和焊接区域搭接处。管道自动焊连头施工采用的焊接方法为：钨极氩弧焊和药芯焊丝气保护焊。焊接工艺首选氩弧焊打底+全自动焊填充盖面。根焊氩弧焊焊丝采用大西洋ER55-Ni1，填充和盖面自动焊焊丝采用神钢DW-A70L E101T1-GM，手工焊焊条采用伯乐E10018-GH4R。

条件允许时可两道焊口同时进行焊接，根焊采用三人对焊，根焊焊工三人，一人焊接仰焊段为4~8点位，另外两人分别焊接0~4点、8~12点位。三名根焊焊工施焊位置成“品”字型分布于焊缝上，这样有利于焊接过程中通过焊缝间隙互相观察已焊段落外观成型情况，如发现根部成型不良及时处理，以保证焊缝根部质量。

用卡具将地线与被焊钢管牢固接触，不应产生电弧灼伤母材。引弧应在坡口内或已完成的焊缝表面进行，不应在钢管表面引弧。严禁在坡口以外的管壁上引弧，相邻焊道的引弧或收弧处应相互错开30mm以上。根焊结束与热焊开始的时间间隔小于等于15min。

采用全自动上向填充焊时应注意控制每一层的填充厚度，每层的填充厚度保持在3mm以内，以保证焊接接头的力学性能。严格按照焊接工艺规程控制焊接参数，以保证焊接热输入在合理范围内。在焊接平焊位置时应适当加快焊接小车行走速度(增加15%~20%)减小焊接摆幅(减小0.2~0.4mm)，以避免裹渣引起焊接缺陷。在焊接小车行走到4点位置时，应时刻观察焊接药皮状态及时清理，避免药皮脱落引起熔池铁水坠落造成缺陷。焊接起弧和收弧位置应仔细打磨，去除因电流电压不稳可能产生缺陷的部分，一般去除2~3cm。在焊接过程中发现的层间焊接缺陷，应将缺陷完全去除，并采用原焊接工艺进行修补，每处修补长度应大于50mm。修补前应确认层间温度满足焊接工艺规程要求。

在焊接过程中可根据焊道的开口宽度适当增加或减小摆宽。在焊接排焊层时每一层的第一道排焊摆宽比第二道排焊道小。中断焊接，当重新开始焊接时的层间温度冷却至焊接工艺规程要求的最低温度以下时，应重新将焊口加热至预热温度。层间加热温度为100~150℃。焊缝余高为0~2.0mm，超过2.0mm且不大于3.0mm的局部长度不得大于50mm，盖面焊缝坡口上口每侧宜增宽1.0~2.0mm。

4 应用效果

对西气东输二线KP1196+20m处管道缺陷环焊缝隐患治理工程采取施工，在优化时间内共焊接30口，有效的提高了对口和施工速度，提高了焊接质量(图2)。完工时间比预计提前2天，计算节约成本63.47万元。

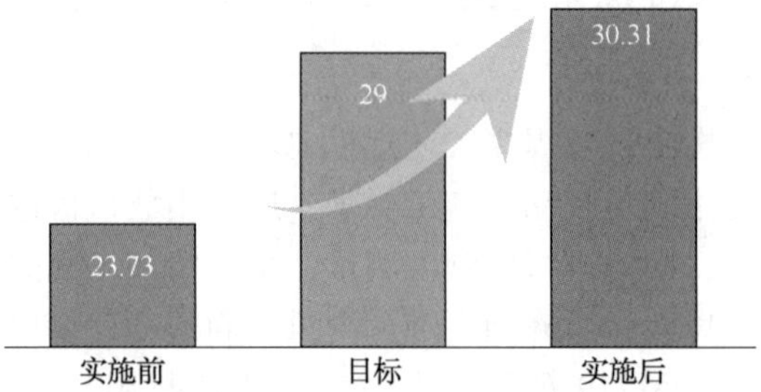

图2　单位时间内实施效果对比图(单位：口)

5 结论

此项技术的顺利应用，施工效率高，施工速度快，质量好，应力少，效率高，机械化程度高，人工劳动强度低，施工过程中安全操作性好，环保效果更好。

本文对大口径在役管道停输换管施工在方式优选，问题分析，对策研究等方面进行了深入的研究，并总结了大口径在役管道停输换管在自动焊施工中的关键技术，为该项技术的推广和应用提供了经验。

参考文献

[1] 邓都都，沈立娜，等. 基于PLC的金刚石钻头高频焊接自动控制系统设计. 制造业自动化. 北京机械工业自动化研究所有限公司，2022，44(11).

[2] 陈自振. 大口径含氢天然气长输管道内环缝自动焊接技术研究. 湘潭大学学报(自然科学版). 湘潭大学，2022，44(05).

[3] 梁先盛. 自动焊接在机械焊接中的运用探究. 机械管理开发. 山西经济和信息化出版传媒中心. 2022，37(06).

基于实物试验的 B 型套筒服役可靠性验证试验

许 彦[1,2] 杨锋平[1,2] 郭 磊[3] 吴明畅[3] 白 强[1,2]

(1. 中国石油集团工程材料研究院有限公司；2. 北京隆盛泰科石油管科技有限公司；
3. 国家管网集团联合管道有限责任公司西气东输分公司)

摘 要 本文调研了 B 型套筒修复可靠性研究进展，目前 B 型套筒服役可靠性尚未得到充分验证，尤其是针对地质非稳定区(有外部载荷)B 型套筒的承载及密封问题，国内外未见报道。本文设计验证试验，通过在环焊缝预制穿透性裂纹，模拟环焊缝完全失效后的套筒承载及密封情况，采用内压+弯矩试验，模拟地质非稳定区(有外部载荷)B 型套筒的承载情况，验证了套筒结构的服役可靠性。

关键词 B 型套筒；服役可靠性；验证试验；弯矩试验

在役焊接修复是管道缺陷以及泄漏抢修工作中的主要修复方式之一，也是管道修复的重要发展方向，其直接影响着管道运行的连续性与安全性。B 型套筒修复技术，作为常用的在役管道焊接修复方法，不仅修复时间短，而且投资费用低、环保，具有广阔的发展前景。现有关于 B 型套筒的研究已基本解决了套筒几何尺寸不合理、角焊缝延迟开裂等突出问题，解决了 B 型套筒应用中面临的问题，满足高强度管道环焊缝缺陷修复的需求，但在 B 型套筒修复可靠性方面，尤其是地质非稳定区(有外部载荷)B 型套筒的承载及密封问题未获得充分验证。本文针对 B 型套筒修复服役可靠性开展技术研究。

1 B 型套筒修复可靠性研究进展

美国交通运输部法规第 192.715 章节、ASME PCC—2、GB 32167、GB/T 36701、SY/T 6649 等国内外法规标准规定 B 型套筒修复技术是永久性修复方法，其中针对可靠性验证试验方法，ASME PCC—2《压力设备和管道维修》中提出了循环试验方法，主要考虑压力循环和温度波动，当压力循环超过 400 周次，每次压力变化超过设计压力的 20%，应进行疲劳试验；另外，当套筒与钢管间平均温差小于 100℉(37.7℃)，循环次数小于 200 次，不需要进行疲劳分析，否则进行疲劳评估；其中，试验测试主要采用严密性试验方法，在套管与钢管间隙打压，试验压力应保证内管不坍塌。以上法规、标准和手册均规定 B 型套筒是永久性修复手段，但其 B 型套筒服役可靠性方法尚无严格要求。

国内首次 B 型套筒修复应用于西二线枣阳支线，其干线为 ϕ1219mm X80/L555 12MPa，支线为 ϕ508×7.9mm X52/L360 9.6MPa，在无成熟的文献资料、标准、生产经验可供借鉴情况下，采用循环水压试验进行了验证。美国、加拿大等国家采用全尺寸爆破和循环试验验证了低钢级 B 型套筒修复效果，针对陆上高压油气输送管道腐蚀、压痕等缺陷的修复技术进行试验研究，采用 A 型套筒、B 型套筒、复合材料修复进行 X42 钢管修复，其修复 75%壁厚深度腐蚀缺陷，采用循环试验，复合材料经过 198550 周次疲劳循环后，管体腐蚀区域发生疲劳失效，预估寿命 58 年；A 型套筒和 B 型套筒经过 302465 周次疲劳循环后，管体腐蚀区域仍然未发生疲劳失效，预估寿命 90 年。另外，国外在 X80 钢管上进行了 B 型套筒修复验证试验，水压试验的试验压力为 15MPa(1.5 倍运行管道压力)，保压时间为 10min，未发生泄漏；宽板拉伸试验结果显示，其强度符合要求；有限元分析在拉伸载荷作用下，屈服和颈缩发生在远离套筒的位置；在压缩载荷作用下，屈曲发生在靠近套筒的位置。工程材料研究院联合西南管道公司，借鉴绝缘接头验证试验方法，采用了较少周期内压循环试验和弯曲试验验证了 X70 钢级 B 型套筒修复管道的严密性、循环承压能力、弯曲承载能力，验证了 B 型套筒修复缺陷的适用性，但是 B 型套筒服役可靠性尚未得到充分验证，尤其是针对地质非稳定区(有外部载荷)B 型套筒的承载及密封问题，国内外未见报道。

2　材料及试验

试验采用厚度为 28mm 的 X65 钢级 B 型套筒修复含穿透型缺陷 ϕ1219mm×18.4mm X80 管道环焊缝，对修复结构进行一定周次的轴向拉伸(或弯曲载荷)+内压循环试验(模拟地质非稳定区)，以考察修复结构的可靠性。管道环焊缝处预制穿透性裂纹：裂纹长度占周长 1/12(对应圆弧长度 30°)。弯曲+内压循环试验示意图见图 1，裂纹位于管道底部中心位置。其中，环焊缝焊材为 BOEHLER FOX EV PIPE E7016 Φ3.2mm/E10018-G Φ4.0mm，执行西气东输二线管道工程主线路焊条电弧焊焊接工艺，套筒焊接焊材为 BOHLER FOX EV60 E8018-C3 Φ3.2/4.0mm，执行现有 B 型套筒手工焊焊接工艺。

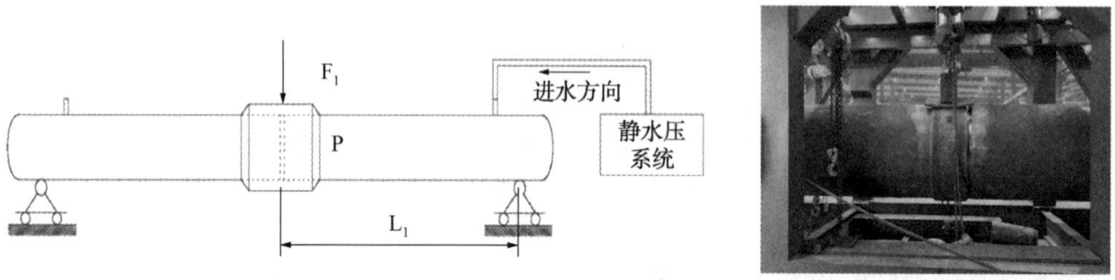

(a)示意图　　(b)试验图

图 1　弯曲+内压循环试验示意图

一方面，开展内压载荷+弯矩循环试验，将具有穿透型缺陷的环焊缝采用 B 套管进行修复后，封堵两端，对管道充水并进行打压，直至到达管道设计压力；对管道进行带压三点弯曲试验，将管道的两端置于支架上，缓慢增加载荷到管道的中间位置，直至到达 0.72 倍轴向应力等效弯矩，稳压、稳载预设时间段后，重复 5 个循环周次弯矩试验，观测是否存在泄漏现象。

另一方面，开展弯矩载荷+水压循环试验，将具有穿透型缺陷的环焊缝采用 B 套管进行修复后，封堵两端，对管道充水并进行打压，直至到达管道设计压力；对管道进行带压三点弯曲试验，将管道的两端置于支架上，缓慢增加载荷到管道的中间位置，直至到达 0.72 倍轴向应力等效弯矩，稳压、稳载预设时间段后，重复 20 个循环周次内压循环试验，其中低压 3MPa、高压 1.0 倍设计压力，观测是否存在泄漏现象。

整个试验过程采用光斑追踪方法进行应变监测。

采用三点弯曲进行弯矩试验，其弯曲载荷计算方法见表 1，对应出液压机推力。

表 1　弯曲载荷计算方法

符号	意义	计算公式	单位	数值	
σ	试验要求的管道纵向应力	$\sigma=n\sigma_s$	MPa	399.6	555
σ_s	管材屈服强度	/	MPa	555	555
n	计算系数	/		0.72	1
σ_1	试验介质产生的拉应力	$\sigma_1=KP*d^2/(D^2-d^2)$	MPa	保守计算，预估为 0	
P	设计压力	/	MPa	10	10
D	管子外径	/	mm	1219	1219
d	管子内径	/	mm	1200.6	1200.6
W	抗弯截面模数	$W=3.14(D^2-d^2)/32D$	mm^2	10491066.3	10491066.3
σ_2	弯矩需要产生的纵向应力	$\sigma_2=\sigma-\sigma_1$	MPa	399.6	555
L	支座间距离	最小 5 倍管径	mm	7830	7830
M	纵向应力产生的弯矩	$M=W\sigma_2$	Nmm	4192230109	5822541818
F	纵向施加的力	$F=4M/L$	T	218.5	303.5

3 试验结果

（1）内压载荷+弯矩循环试验

整个试验过程水压保持为10MPa，进行弯曲循环试验，每次循环弯矩最大载荷不低于0.72倍轴向应力，弯曲试验5个周次，试验结果如图2所示，弯矩最大推力414.8T，对应轴向应力为1.37倍屈服强度，观测试验件弯曲挠度最大值为18.8mm，套筒修复结构件未发现泄漏和塑性变形。

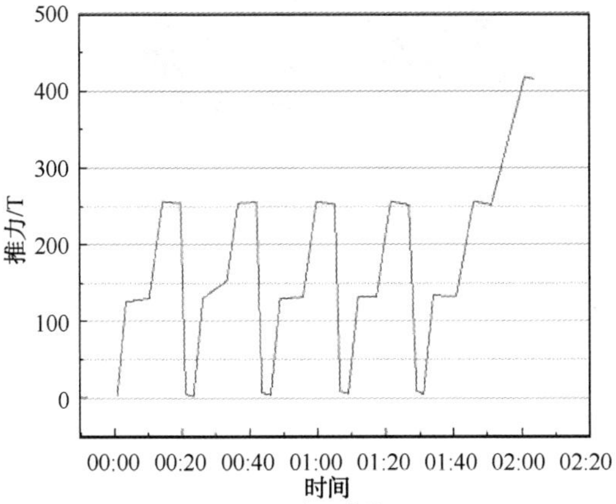

(a)内压曲线

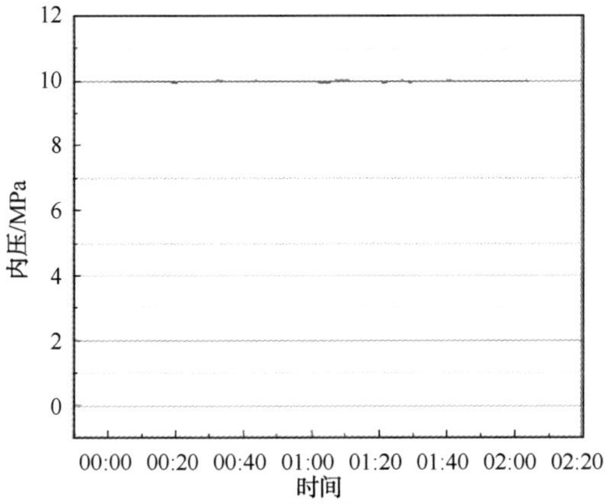

(b)推力曲线

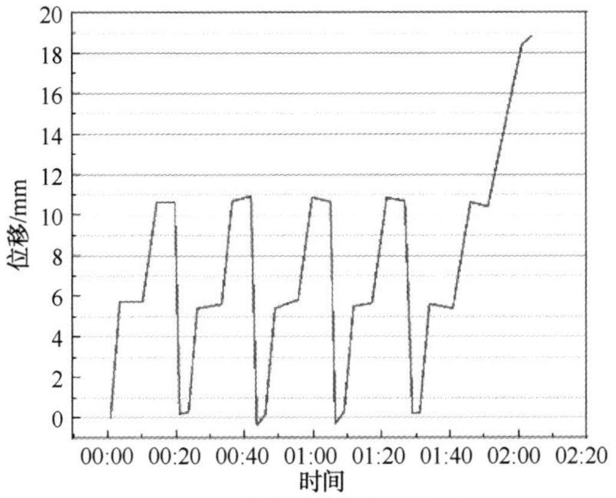

(c)弯曲挠度位移曲线

图2　内压载荷+弯矩循环试验结果

（2）弯矩载荷+水压循环试验

整个试验过程保持保持弯矩载荷产生轴向载荷不低于为0.72倍屈服强度，进行水压循环试验，循环20周次，每次循环内压(低压3MPa，高压10MPa)，试验结果如图3所示，最大推力285.8T，观测试验件弯曲挠度最大值为14mm，套筒修复结构件未发现泄漏和塑性变形。

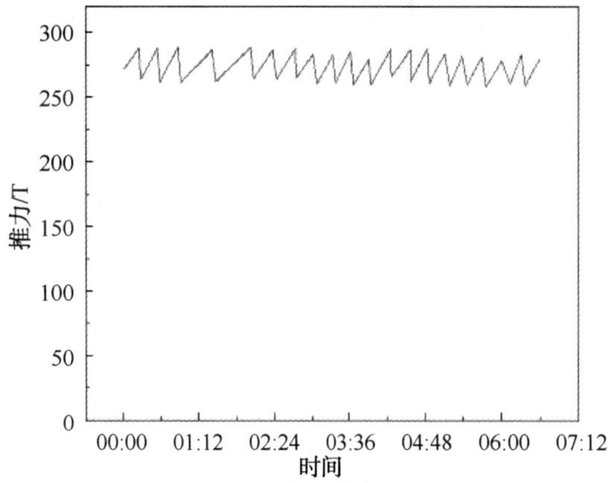

(a)推力曲线

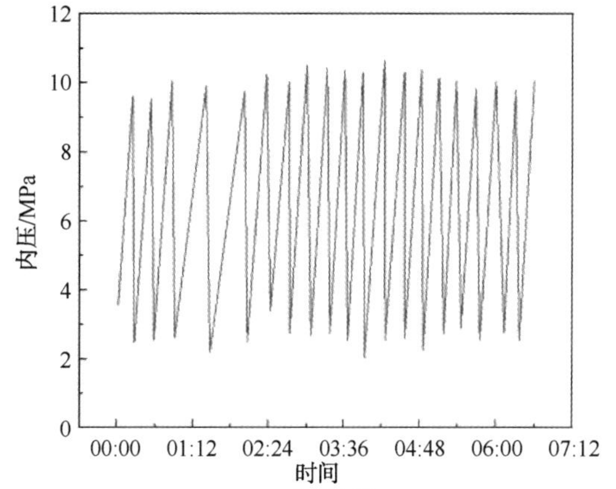

(b)内压曲线

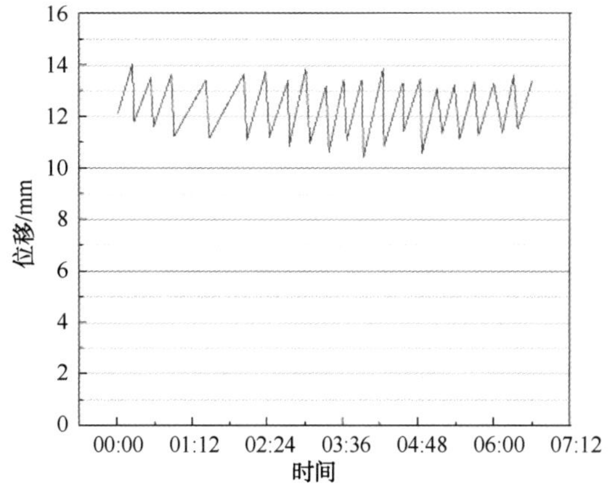

(c)弯曲挠度位移曲线

图3　弯矩载荷+水压循环试验结果

（3）应变监测

采用光斑测试方法，监测试验过程中套筒修

复结构件的应变变化，试验结果如图 4 所示，监测区域最大应变量 0.1%。

(a)测试位置

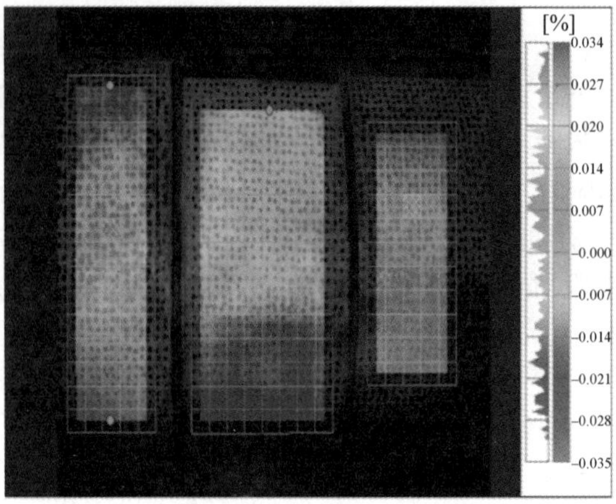

(b)测试结果

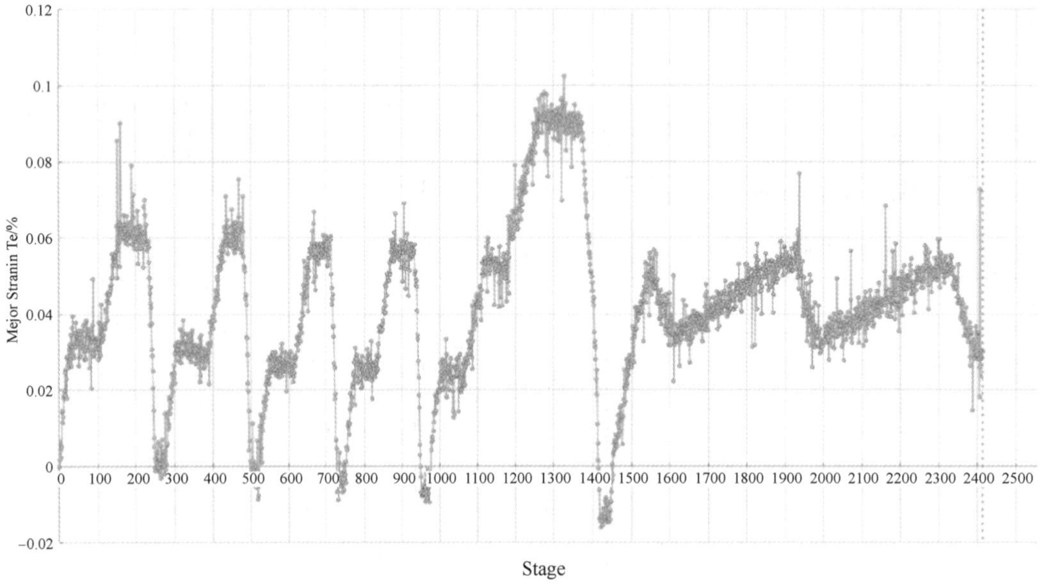

(c)应变测试曲线

图 4　应变场测试结果

4　结论

(1) 国内外相关法规标准均规定了 B 型套筒是永久性修复手段，并且采用水压爆破、内压循环试验和宽板拉伸试验等方法验证了 B 型套筒修复管道缺陷的适用性，但是地质非稳定区(有外部载荷)B 型套筒的承载及密封问题未获得充分验证。

(2) 通过在环焊缝预制穿透性裂纹，模拟环焊缝完全失效后的套筒承载及密封情况，试验方法更为严苛。通过内压+弯矩试验，模拟了非稳定区(有外部载荷)B 型套筒的承载情况，验证了套筒结构的服役可靠性。

参　考　文　献

[1] 赵新伟，王高峰，杨锋平，等. 管道环焊缝修复用高强度 B 型套筒及应用关键技术[J]. 油气储运，2022，41(10)：1141-1149.

[2] 张鸿博，吴宇轩，胡博，等. B 型套筒角焊缝缺陷相控阵超声检测数值模拟[J]. 油气储运，2022，41(08)：931-938.

[3] 刘琰，吴宇轩，杨锋平，等. B 型套筒角焊缝缺陷相控阵超声检测定量方法[J]. 应用声学，2023，42(01)：145-153.

[4] 冼国栋，杨锋平，魏国昌，等. 在役 X80 级管道 B 型套筒等强设计程序和方法思考[J]. 中国石油和化工标准与质量，2022，42(01)：110-112.

[5] 黄磊，李亮，李汝江，等. B型套筒搭接焊缝的相控阵超声检测[J]. 无损检测，2021，43(05)：49-53.

[6] 许彦，刘迎来，聂向晖，等. 高匹配搭接角焊缝力学性能及应用效果分析[J]. 焊接学报，2022，43(10)：101-105+119.

[7] Xu Y，Liu Y，Yang F，et al. Study on Distribution of Heat Treatment Temperature Field of Long distance Oil and Gas Pipeline with High Steel Grade[C]//Journal of Physics：Conference Series. IOP Publishing，2023，2499(1)：012016.

[8] Xu Y，Liu Y，Feng Z，et al. Research on Preheating Temperature Field Test of Natural Gas Pipeline in Service Welding under Extreme Condition[C]//MATEC Web of Conferences. EDP Sciences，2021，353：01001.

[9] Xu Y，Liu Y，Nie X，et al. Research on the influence of heat treatment temperature on bearing capacity of high steel grade pipeline during in-service welding[C]//MATEC Web of Conferences. EDP Sciences，2021，353：01020.

以醇烃液三相分离系统为例进行完整性管理体系的改进

姜新慧　廖柯熹　何腾蛟　覃　敏　陈思佳

（西南石油大学）

摘　要　油气田站场工艺复杂、介质多样，存在超压、泄露等危险，对站场的安全生产构成了威胁，因此安全仪表系统的功能至关重要。本文以安全完整性等级(SIL)评价为基础，创新性地建立了安全仪表系统(SIS)采、识、检、维、防、评的完整性管理六步环节。通过制定标准化数据采集表单，完成数据对齐与收集，并对数据进行整合分析；采用结合失效后果的概率修正风险图表法对系统的SIL等级进行评估，并对安全仪表系统进行测试、维护、风险预防与减缓和效能评价。最后选取DN处理站的醇烃液三相分离系统为案例进行了现场应用分析。研究表明，本文提出的安全仪表系统完整性管理的六步环节，能够满足油气田站场安全完整性等级需要的风险评估，提高了站场设备的内在安全性。

关键词　安全仪表系统；完整性管理；SIL评价；醇烃液三相分离系统

中国油气管道完整性管理已有20多年的发展历程，逐步形成了符合国情的管道完整性管理体系。建立了完善的管道完整性管理的标准、体系、技术体系，但我国设备完整性管理发展应用时间尚短。

石油化工生产工艺复杂、高度连续，工艺介质具有高温、高压、易燃、易爆、有毒等特点。设备往往大规模和高度自动化，如果发生某些不可预测的故障，可能会导致巨大的经济损失、环境污染和灾难性的安全事故。国际石化、化工、炼油和石油工业正试图实施可靠性计划，以提高工厂安全性，同时努力保持工厂可用性。因站场完整性管理涉及设施复杂多样，所以多使用专业化定制技术。站场完整性技术包括站场可靠性评价、站场风险评价、站场RBI(基于风险的检测)、站场RCM(可靠性维护)、RBM(基于风险的维护)、RAM(基于评价的维护)、SIL(站场安全技术等级)、QRA(定量风险评价)等技术。

使用安全仪表系统，能够保证将安全等级控制在可接受的风险范围内，可以减轻生产设施，环境和资产中人类生命安全的风险，也是保障设备设施长期安全、稳定工作的基础。因此，迫切需要对油气田站场的安全仪表系统进行完整性管理，建立科学可行的完整性管理模式，及时有效地消除安全隐患。

对于油气管道所属站场和终端的完整性管理，国内外尚未提出系统的理论和方法，API 1160、API 353、ASME－B31.8S也未提及该方面。

总体而言，目前尽快制定适合站场的安全仪表系统完整性管理技术规范体系。考虑到具体情况，需要研究站场完整性专业化定制技术在国内的适用性问题，建立标准规范等支持体系。

1　安全仪表完整性管理方法

本文建立了安全仪表系统数据采集与整合、安全完整性等级评价、检验测试、维修维护、预防与减缓措施、效能评价与审核六步规范化管理方案。

1.1　数据采集与整合方法

建立了安全仪表系统的数据采集表单，包括基础信息、介质信息、运行参数、检测数据、维修维护数据和失效数据。

数据采集方式包括根据表单现场采集数据方式以及自动化数字采集技术、在线状态监测技术、环境监测技术等技术，并对数据进行整理与清洗，包括格式标准化、异常数据的清理或修正、缺失数据的补齐等。

1.2　安全完整性等级评价

安全完整性等级(SIL)是安全仪表功能可靠性的一种表征，它是以IEC 61508、IEC 61511及GB/T 20438中所涉及的需求失效概率(PFD)

为基准的。标准中将反应失效概率划分为四个范围，并对应其相应的 SIL 等级，对油田安全仪表系统开展 SIL 半定量风险评价，流程图见图 1。

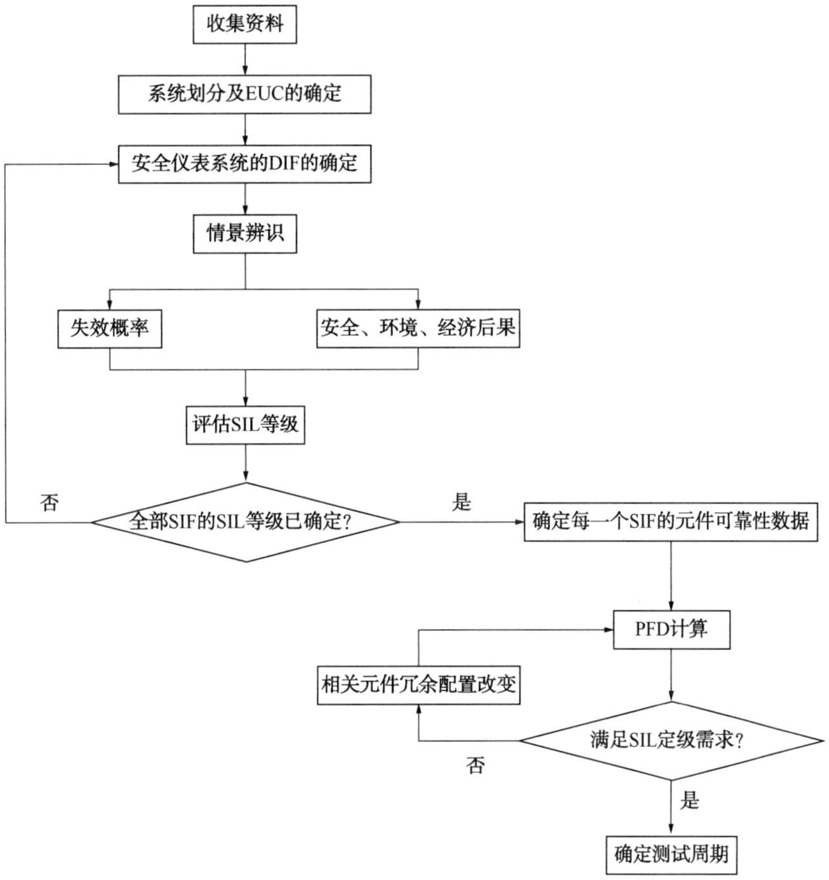

图 1　SIL 评价流程图

SIL 评价主要包含两个方面的内容：

(1) SIL 等级的评估

根据 Q/SY TZ 0396 中的风险评估矩阵，用修正图表分析法对 SIL 等级评估。

主要包含四步，分别是：①系统划分及 EUC 的确定；②确定安全仪表系统的安全仪表功能(SIF)；③情景辨识；④确定 SIF 所需要的 SIL 等级。

其中确定 SIL 等级是在评估了所有原因发生的频率以及造成的不同的后果后，以安全、环境、经济三个修正风险图表法中最高的 SIL 等级作为最终 SIL 等级。三种失效后果的概率及风险图表如图 2、图 3 所示。

(2) SIL 等级的校核以及测试周期的确定：针对现有安全仪表系统的配置，定量计算其 PFD 大小，验证是否现有的配置能够满足所需 SIL 等级的要求，并确定相应的测试周期。

1.3　检验测试方法

对安全仪表系统进行站控制单元调试、安防系统调试等 4 项进行系统测试，如图 4 所示。在进行功能测试期间，要确保安全保护措施、测试工具、报警显示测试、量程校验等满足条件。

1.4　维修维护方法

根据 SHS 07002《检测仪表》等要求，对安全阀、压力表等安全装置进行维修维护措施(图 5)。

1.5　预防与减缓措施

要重视对安全仪表的日常巡查与定期检查，检查期间明确仪表、温度器、报警器的运行状态，其中压力表风险控制措施如表 1 所示。

1.6　效能评价与审核

效能评价可以根据 GB 32167、Q/SY 1180.8 进行评价，通过内部审核、管理评审、外部审核技术，基于安全仪表系统完整性管理工作，开展关键指标的效能测试。效能评价指标见表 2。

W1：低：10年(以上)发生一次
W2：中：1到10年发生一次
W3：高：1年内发生多次

CA：造成多人重伤
CB：造成1人死亡
CC：造成2-4人死亡
CD：造成5人及以上人员死亡

PA：在一定条件(警报，时间足够逃避)下可能避免
PB：几乎不可能(无逃避警告)

FA：极少处在危害区域，人员暴露在危害区域的时间与正常工作时间的比率小于10%
FB：经常处在危害区域

(a)安全

W1：低：10年(以上)发生一次
W2：中：1到10年发生一次
W3：高：1年内发生多次

CA：轻度破坏，不是很严重但必须上报管理层
CB：在站场内造成重大破坏
CC：重大破坏，影响至站场外，但没有长期后果影响
CD：重大破坏，影响至站场外，有长期后果影响

PA：在一定条件(警报，时间足够逃避)下可能避免
PB：几乎不可能(无逃避警告)

F：不使用

(b)环境

W1：低：10年(以上)发生一次
W2：中：1到10年发生一次
W3：高：1年内发生多次

CA：轻度损失，经济损失小于2小时的生产损失
CB：中等损失，经济损失2到8小时的生产损失
CC：重大损失，经济损失8到24小时的生产损失
CD：灾难性损失，经济损失大于24小时的生产损失

(c)经济

图2　失效后果

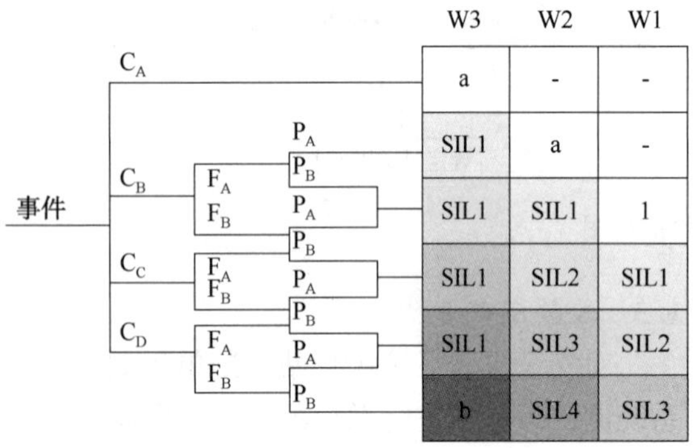

(a)安全

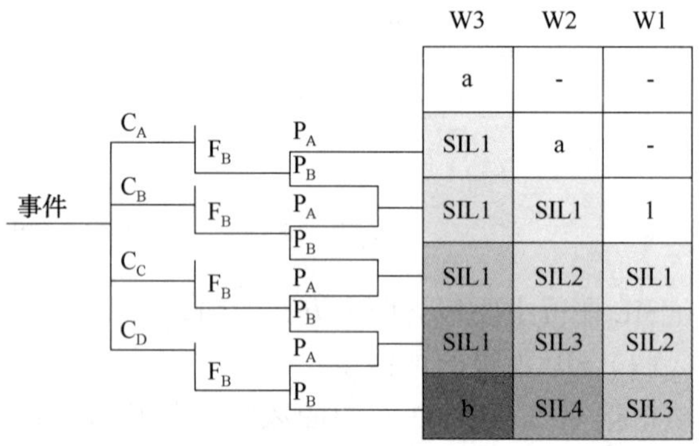

(b)环境

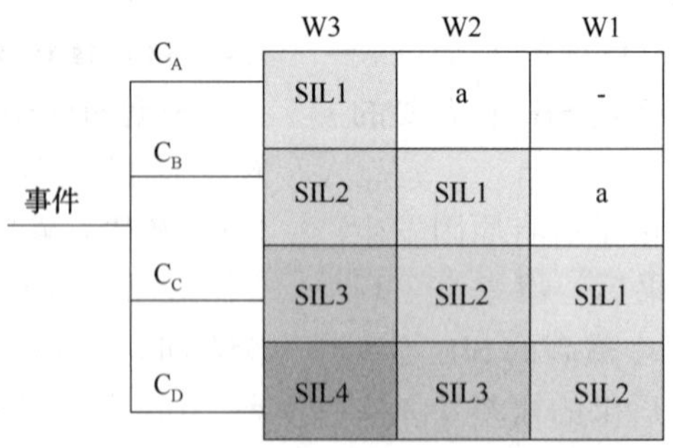

(c)经济

图3　失效概率风险图

注：-：无安全需求；a：无特殊安全需求；b：一个SIF不足以满足需求

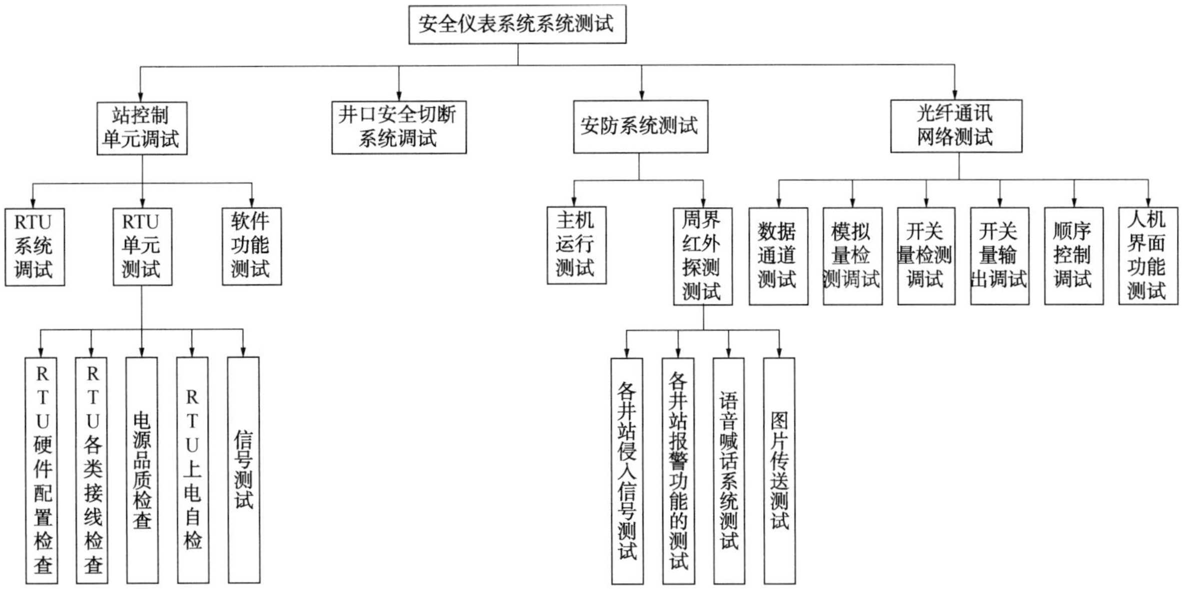

图4　系统测试项目

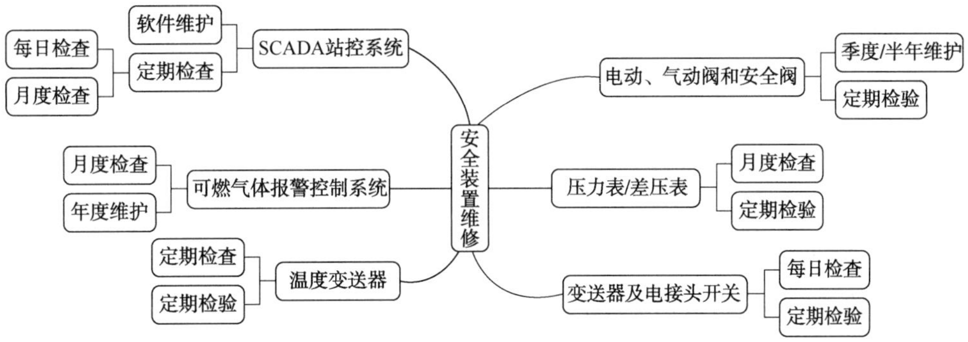

图5　系统测试项目

表1　压力表风险控制措施

序号	检查类型	检查项目
1	月度检查	表玻璃应保持无色透明压力表的表盘分度应清晰完整，各部件完整无锈蚀、无松动、无指针过幅摆动和无渗漏； 检查检验标签是否在有效期内； 在测量范围内，指针偏移应平稳，无跳动和卡住现象； 检查压力表能否回零； 检查压力表引到管、仪表阀门和连接部位不渗漏、不堵塞； 检查压力表仪表阀是否处于开启状态，差压表平衡阀是否处于关闭状态
2	定期检验	用于安全防护的压力表需送当地技术监督局或授权检定机构检定，鉴定周期一般为半年

表2　效能评价指标

指标分类	指标名称	指标定义	指标计算公式	指标单位	备注
投入指标	安全仪表系统评估费用	SIL 费用	站场用于 SIL 的费用	万元	

续表

指标分类		指标名称	指标定义	指标计算公式	指标单位	备注
产出指标	数量控制指标	安全仪表系统评估覆盖率	SIL 包含的安全仪表设备台数与站场安全仪表设备总台数之比	SIL 包含的安全仪表设备台数/站场安全仪表设备总台数	%	
	质量控制指标	评价结果准确性	SIL 结果准确情况	满分 100 分，具体见评分表	分	
		评价完成及时率	在规定时间完成风险评价及报告编制等工作等情况	按照规定时间完成提交报告记为 100%；比规定时间推迟 1 周提交报告的记为 80%；比规定时间推迟 2 周提交报告的记为 60%；比规定时间推迟 3 周提交报告的记为 40%；比规定时间推迟 4 周及以上的记为 20%。	%	
	效果控制指标	SIS 认知情况	对安全仪表系统的风险识别和分析情况	对 SIS 及相应的 SIF 进行了全面的识别，20 分；对工艺流程进行了准确的 HAZOP 分析，40 分；准确地确定了 SIS 的目标 SIL 等级，40 分。	分	
		SIL 等级验证情况	选择适用的分析方法来验算 SIF 的 SIL 等级的情况	明确系统操作模式要求级别，20 分；确定系统冗余结构，30 分；采用恰当的方法对 SIL 等级进行了准确验算，50 分。	分	
		评价结果决策贡献率	评价结果中被采纳的建议占建议总项数的比例	被采纳的评价结果建议项数/评价结果建议总项数	%	

2 醇烃液三相分离系统完整性管理实施方案

本文选取 DN 处理站醇烃液三相分离系统为对象进行现场应用。

2.1 数据采集与整合

通过自动化数字采集技术、在线状态监测技术、环境监测技术、无人机数据采集系统、人工智能数据采集系统、失效识别与统计软件等进行 DN 处理站醇烃液三相分离系统检测、失效等数据的采集。

2.2 安全完整性等级评价

（1）系统划分及 EUC 确定

根据 DN 轻烃回收系统 PID、工艺说明，SIL 分析的流程及评估范围系统划分，选择醇烃液三相分离系统作为划分的系统。其中，DN 处理站的醇烃液三相分离系统所保护的 EUC 为：

EUC01：醇烃液三相分离器

（2）安全仪表系统 SIF 的确定

根据 DN 处理站轻烃回收系统 PID，确定了醇烃液三相分离系统的 SIF，回路统计见表 3，详细的因果关系见图 6。

（3）情景辨识及 SIF 的 SIL 等级确定

确定 DN 处理站醇烃液三相分离系统安全仪表功能后，进行相应的情景辨识，如表 4 所示。

根据统计结果，在 SIF 联锁回路中，有 SIL1 回路 2 个，SIL2 回路 1 个。

（4）SIL 验证计算

DN 处理站醇烃液三相分离系统根据 SIF 系统的配置，PFD 数值及 SIL 定级验算表如表 5、表 6 所示。

5）SIL 等级验收结果

根据系统需要配置的 SIS 的 SIL 等级与目前配置的 SIS 的 SIL 等级验证对比后，DN 处理站醇烃液三相分离系统安全仪表功能的 SIL 等级全部达到需要的 SIL 等级。

表 3　醇烃液三相分离系统安全回路

序号	系统	SIF 名称	功能描述	安全仪表系统组成
1	轻烃回收系统	醇烃液三相分离器 V-27204 压力高高	关闭切断阀	PT-27214、SDV-27205
2		醇烃液三相分离器 V-27104 压力高高	关闭切断阀	PT-27114、SDV-27105
3		燃料气罐压力高高	关闭入口切断阀	PT-3402、SDV-3401

3	2	1	序号			
燃料气罐压力	2#醇烃液三相分离器出口压力	1#醇烃液三相分离器出口压力	事件			
PT-3402	PT-27214	PT-27114	设备或仪表位号			
压力≥0.75MPa	压力≥2.55MPa	压力≥2.55MPa	逻辑组合			
燃料气罐压力	2#醇烃液三相分离器出口压力	1#醇烃液三相分离器出口压力	逻辑关系			
				设备或仪表位号	执行设备	执行结果
		O		YV-27105	V27104出口压力控制阀	关闭
	O			YV-27205	V27204出口压力控制阀	关闭
O				YV-3401	V3402出口压力控制阀	关闭

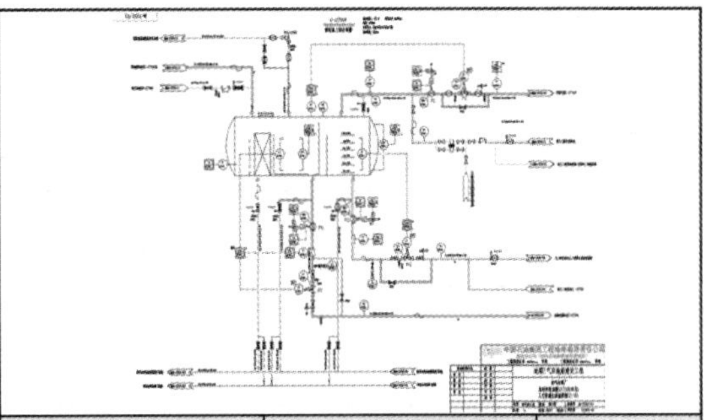

图 6　醇烃液三相分离系统 SIS 系统因果关系图

表 4　醇烃液三相分离系统 SIL 定级结果分析表

序号	SIF 名称	功能描述	后果描述	SIL 完整性等级
SIF1	醇烃液三相分离器 V-27204 压力高高	关闭切断阀 SDV-27205	造成醇烃液三相分离器 V-27204 破坏	SIL1
SIF2	醇烃液三相分离器 V-27104 压力高高	关闭切断阀 SDV-27105	造成醇烃液三相分离器 V-27104 破坏	SIL1
SIF3	燃料气罐压力高高	关闭入口切断阀 SDV-3401	造成燃料气罐破坏，从而造成泄漏点更大量的油气泄漏	SIL2

表 5　醇烃液三相分离系统 SIL 验算 PFD 表

序号	安全仪表系统	PFDsensor	PFDlogic	PFDactuator	PFDSIF
1	醇烃液三相分离器 V-27204 压力高高	4. 38E-5	1. 20E-4	1. 69E-3	3. 79E-4
2	醇烃液三相分离器 V-27104 压力高高	4. 38E-5	1. 20E-4	1. 69E-3	3. 79E-4
3	燃料气罐压力高高	4. 38E-5	1. 20E-4	1. 19E-3	1. 35E-3

表 6　醇烃液三相分离系统 SIL 定级验算表

序号	SIF 名称	SIL 完整性等级	SIL 验算
SIF1	醇烃液三相分离器 V-27204 压力高高	SIL1	SIL1
SIF2	醇烃液三相分离器 V-27104 压力高高	SIL1	SIL1
SIF3	燃料气罐压力高高	SIL2	SIL2

2.3　检验测试

查阅记录可知，DN 处理站醇烃液三相分离系统最近 1 次定期检验于 2022 年 9~10 月完成，检测结果显示安全状况良好，因此对还需该系统的安全仪表功能进行安防系统测试及顺序控制调试。

2.4 维修维护

2023年5月10日，对DN处理站醇烃液三相分离系统进行日常定期检修，发现该系统调节阀存在膜片失效，存在阀门振动风险，并进行调节阀膜片更换（表7、表8）。

2.5 预防与减缓措施

醇烃液三相分离系统通过日常巡检进行风险控制，最近一次巡检日期为6月10日，结果如表9所示。

表7　系统日常定期维修

序号	系统名称	日常维修	结果	开始时间	结束时间
1	醇烃液三相分离系统	醇烃液三相分离器	调节阀密封膜片失效	2023年5月10日	2023年5月10日

表8　故障/问题维修结果

序号	系统名称	失效位置	失效描述	发现时间	修复措施	修复时间
1	醇烃液三相分离器	调节阀密封膜片	膜片失效	2023年5月10日	膜片更换	2023年5月10日

表9　日常巡检表

序号	巡检内容	巡检标准	巡检结果
1	压力变送器表头	屏幕清晰，数据显示正常	良好
2	快速接头	连接牢靠、无松动	良好
3	仪表接地线	接地牢靠、无松动	良好

2.6 效能评价与审核

根据标准对DN处理站醇烃液三相分离系统进行效能评价，等级为良好。

3 总结

针对油气田站场工艺复杂、设备大规模和高度自动化的特点，建立了基于SIL的安全仪表系统完整性业务流程。

（1）以安全完整性等级（SIL）评价为基础，创新性地建立了安全仪表系统（SIS）采、识、检、维、防、评的完整性管理六步环节。

（2）该方法应用于DN处理站醇烃液三相分离系统，发现该系统需要配置的SIL等级与目前配置的SIL等级一致，效能评价结果为良好。

参考文献

[1] 董绍华. 中国油气管道完整性管理20年回顾与发展建议[J]. 油气储运，2020，39(03)：241-261.

[2] 李鹤林. 油气管道运行安全与完整性管理[J]. 石油科技论坛，2015，26(2)：18-25.

[3] 董绍华，韩忠晨，张余. 管道设计与完整性管理失效控制案例分析[C]. 廊坊：CIPC2013中国国际管道会议，2013：252-259.

[4] 吴志平，蒋宏业，李又绿，等. 油气管道完整性管理效能评价技术研究[J]. 天然气工业，2013，33(12)：131-137.

[5] 陈祖志，姜海一，范兵. 设备完整性管理相关概念辨析[J]. 中国特种设备安全，2023，39(4)：52-59.

[6] Wang Q. F., Liu W. B., Zhong X, et al. Development and application of equipment maintenance and safety integrity management system[J]. Journal of Loss Prevention in the Process Industries, 2011, 24(4)：321-332.

[7] Michel H., Mufeed A. Improving industrial process safety & availability [J]. Reliability Engineering, 2028：1021-1026.

[8] 王煜彤，周靖伟，王维，等. 大数据分析在油气田资产设备管理中的应用[J]. 科技创新导报，2022，19(15)：131-135.

[9] Stanly J. J., Abdullah I., Al Shehri. Framework for Life Cycle Management of Safety Instrumented System (SIS) in Manufacturing Facilities of Large Corporation [A]. 2022 4th International Conference on Applied Automation and Industrial Diagnostics (ICAAID) [C], 2022.

[10] 何舟. 油气田企业设备设施完整性管理推进及作用发挥[J]. 中国航班，2023，(11)：83-86.

[11] Liao K. X., Qin M., He G. X., et al. Improvement of integrity management for pressure vessels based on

risk assessment-A natural gas separator case study[J]. Journal of Loss Prevention in the Process Industries, 2023, 83: 105087.

[12] API 1160-2013. Managing System Integrity for Hazardous Liquid Pipelines[S].

[13] API 353 - 2006. Managing Systems Integrity of Terminal and Tank Facilities, First Edition[S].

[14] ASME-B31. 8S-2014. Supplement To ASME-B31. 8, Managing System Integrity Of Gas Pipelines[S].

[15] IEC 61508 Ed. 2. 0 en: 2010 CMV. Functional safety of electrical/electronic/programmable electronic safety-related systems-Parts 1 to 7 together with a Commented version (see Functional Safety and IEC 61508)[S].

[16] BS PD CLC IEC/TR 61511-4. Functional safety-Safety instrumented systems for the process industry sector Part 4: Explanation and rationale for changes in IEC 61511-1 from Edition 1 to Edition 2[S].

[17] GB/T 20438. 7—2017. Functional safety of electrical/electronic/programmable electronic safety-related systems—Part 7: Overview of techniques and measures[S].

[18] Sliwin'ski M. Safety integrity level verification for safety-related functions with security aspects[J]. Process Safety and Environmental Protection, 2018, Vol. 118: 79-92.

[19] Q/SY TZ 0396—2014. 工艺安全分析管理规范[S].

[20] SHS 07002—2004. 检测仪表[S].

[21] GB 32167—2015. 油气输送管道完整性管理规范[S].

[22] Q/SY1180. 8—2013. 管道完整性管理规范第 8 部分：效能评价[S].

某原油管道环焊缝疲劳特性试验研究

张　皓[1]　许明鉴[2]　郭智波[3]

（1. 中国石油集团石油管工程技术研究院；2. 延安职业技术学院；3. 中国石油长庆油田分公司第一采油厂）

摘　要　随着油气管道完整性管理的日益精细化，环焊缝的疲劳承载能力越来越受到各个油田公司的重视。相较于输气管线，输油管线因其介质的不可压缩性，压力波动明显偏大。含缺陷原油管道环焊缝是否会在疲劳载荷作用下性能发生劣化，从而在相较其静强度更低的压力下泄漏失效，成为管道运行方关心的主要问题。基于某原油管道材质和运行参数，还原在役管道环焊缝并预制典型缺陷，利用对比试验比较实物疲劳试验前后含缺陷环焊缝的承载能力，得出当前运行状态下的原油管道压力逆转敏感性强弱及管道的疲劳寿命，为管道运营方的管理提供参考。

关键词　原油管道；疲劳试验；水压爆破

某原油输送管道位于我国西部边境。管道全长 246km，管径 ϕ813mm，壁厚分为 8.7mm、10.3mm 和 11.9mm 三个规格，材质为 X60 螺旋焊管，设计压力 6.3MPa。

2014 年该原油管线壁厚为 8.7mm 的管段某环焊缝发生泄漏，经失效分析判定该焊缝存在内表面长 90mm，外表面长 52mm 的穿透型裂纹，其起裂源为焊缝内表面在焊接时形成的焊接热裂纹。资料调研表明，裂纹在服役过程中发生扩展的一个主要原因是管道内压变化而导致的循环载荷。为研究该管线环焊缝存在非穿透性原始缺陷时疲劳载荷对其承压能力的影响(即压力逆转现象)，本研究模拟现场最严苛的疲劳工况，通过环焊缝裂纹小试样疲劳试验和实物水压爆破对比试验判断存在原始缺陷的环焊缝对疲劳载荷的敏感性，为管道服役管理提供参考。

1　试验准备

1.1　试验用钢管

因该原油管道建成服役时间较长，库内现存管道较少等原因，未能获取与在役管道同一批次的钢管。为满足实验要求，采购了宝世顺钢管厂生产的 ϕ813×8.8mm 的 X60 PSL2 螺旋埋弧焊管，与该原油线在役管道参数基本一致。并通过理化性能检测对比确认其性能与在役管道的差别。采购的钢管有两根，分别为 100252 号和 103167 号。

对两根备选试验用钢管进行了壁厚检测和理化性能检测，检测结果表明两根钢管的壁厚、化学成分、金相、硬度及夏比冲击功等指标均满足相关标准要求，与本研究相关性最大的屈服及抗拉强度检测结果与 2014 年泄漏环焊缝相邻管段的对比见表 1，通过对比发现，100252#管与该管线在役管道的性能最为接近，因此选取 100252#管为本研究的试验用管。

表 1　采购钢管与在役钢管性能对比

钢管	100252#		103167#		2014 年泄漏管段
	参数	较在役管道	参数	较在役管道	参数
管体屈服强度/MPa	473	3.05%	447	-2.61%	459
管体抗拉强度/MPa	559	1.27%	543	-1.63%	552
螺旋焊缝抗拉强度/MPa	586	-4.72%	572	-6.99%	615

1.2　试验用环焊缝

为保证试验用环焊缝焊接质量与在役管道的一致性，本试验严格以该管线线建设时期的焊接工艺为指导，进行焊材购买、管段切割、开坡口、管道组对及环焊缝焊接。为保证压力逆转实验中疲劳前后的管段承压能力对比具有可比性，从同一根管道(100252#)上截取两段同样长度的管段。这两截管段分别沿轴向从中线截断，并按照给定的环焊缝焊接工艺进行焊接。焊接完成的两节管段分别标记为1#、2#。此外，还焊接一段环焊缝用于环焊缝疲劳小试样试验。焊接完成后的环焊缝经磁粉、超声和射线检测，未发现超标缺陷。

1.3　缺陷制作

根据2014年该原油管线失效钢管案例中环焊缝缺陷参数，为模拟现场环焊缝最易开裂的部位，在环焊缝与母材熔合线处制作一环向长度90mm，轴向宽度2mm，深度为环焊缝厚度50%t即5.5mm的预制缺陷，制作缺陷时保证1#、2#管段的缺陷位置及尺寸一致。

缺陷制作是采用预制的模具加工环焊缝内表面裂纹缺陷。预制的模具为下窄上宽的“刀刃”状，最宽处2mm，根部最窄处0.8mm，如图1所示。

将1#、2#管环焊缝(避开与螺旋焊缝的丁字口)内表面打磨至要求的平整度，用电火花切割法在焊缝与母材的熔合线上加工缺陷。缺陷加工过程及结果见图2。缺陷制作完成后，在1#、2#管段两端焊上封头，以备下一步疲劳试验和水压爆破。

图1　加工缺陷用模具尺寸

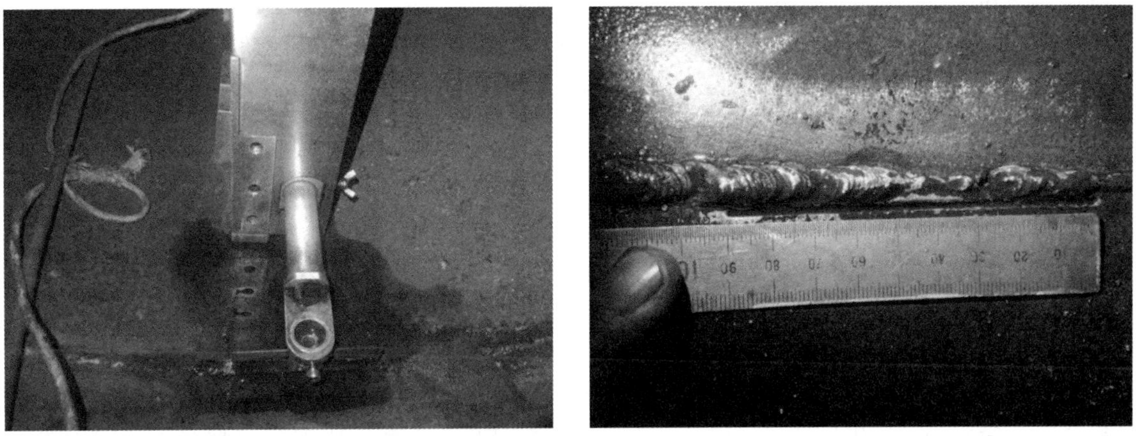

图2　缺陷制作

2　环焊缝开裂试验研究

2.1　裂纹扩展判据

该原油管线设计压力为6.3MPa，提压后最高压力可达到6.74MPa；可查询到的最小运行压力为0.82MPa。为模拟最严苛的运行工况，本试验将疲劳压力最大值定为6.74MPa，最小值定为0.82MPa。现计算此疲劳工况下官道上的原始裂纹缺陷是否会发生扩展。

该原油管线失效环焊缝及本次试验加工的环焊缝缺陷均为环向裂纹，因此在进行疲劳裂纹扩展计算时采用SY/T 6477—2014《含缺陷油气输送管道剩余强度评价方法》中环向半椭圆形表面裂纹，在内压和轴向力作用下的应力强度因子见公式(1)：

$$K_I=G_0\left[\frac{pR^2}{R_0^2-R_i^2}+\frac{F}{\pi(R_0^2-R_i^2)}\right]\sqrt{\frac{\pi a}{1000Q}} \quad (1)$$

式中，R_0为钢管外半径；R_i为钢管内半径；p为钢管承受的内压；a为裂纹深度；$2c$为裂纹环向长度；Q为鼓胀系数。

$$G_0=A_{0,0}+A_{1,0}\beta+A_{2,0}\beta^2+A_{3,0}\beta^3+A_{4,0}\beta^4+A_{5,0}\beta^5+A_{6,0}\beta^6 \quad (2)$$

其中：$A_{i,0}$在SY/T 6477中查表可得；$\beta=\frac{2\varphi}{\pi}$；

$$Q=1.0+1.464\left(\frac{a}{c}\right)^{1.65} \quad 当\ a/c\leqslant1.0\ 时$$

$$Q=1.0+1.464\left(\frac{c}{a}\right)^{1.65} \quad 当\ a/c\geqslant1.0\ 时 \quad (3)$$

将相关参数代入式(2)、式(3)可得，$G_0=1.51$，$Q=1.0456$。

在式(1)中，轴向力的变化主要由内压变化而产生，内压作用下轴向力的计算公式为：

$$\sigma_t=\frac{pD}{4t} \quad (4)$$

式中，p为钢管内压；D为钢管外径；t为钢管壁厚。

将相关参数代入式(4)中，计算可得：

当$p=6.74$MPa时，$\sigma_{t\max}=155.67$MPa；

当$p=0.82$MPa时，$\sigma_{t\min}=18.94$MPa；

计算结果代入式(1)中，可得：

$K_{\max}=32.55\text{MPa}\cdot\text{m}^{1/2}$，$K_{\min}=14.89\text{MPa}\cdot\text{m}^{1/2}$；

则$\Delta K=K_{\max}-K_{\min}=17.66\text{MPa}\cdot\text{m}^{1/2}$。($\Delta K_{\text{th}}=9.97\text{MPa}\cdot\text{m}^{1/2}$)

可知$\Delta K>\Delta K_{\text{th}}$，因此当疲劳最大内压为6.74MPa、最小内压为0.82MPa时，疲劳裂纹会发生扩展。

进一步计算可知，当管道最大内压为6.74MPa时，若最小内压小于3.55MPa，则$\Delta K>\Delta K_{\text{th}}$，裂纹会扩展；若最小内压大于3.55MPa，则$\Delta K<\Delta K_{\text{th}}$，裂纹不会发生扩展。

2.2 疲劳周次计算

2.2.1 运行压力调研

调研获取了该管线首发站历史4个月的出站压力，结合高程、里程与水力摩阻计算可得该管线0~3#阀室的管线运行压力。由管线内压变化统计可知，该管线出站压力基本分布在3.5~5.5MPa范围内，最低压力为0.82MPa。由上一章节应力强度因子及ΔK的计算可知，小应力幅的疲劳载荷对疲劳裂纹的扩展无作用。为了研究该管线提压后管线对疲劳载荷的敏感性，以及保证实验的可行性，需将不规则的管线压力变化通过一定的方法转化为规则的疲劳载荷，其中规则的疲劳载荷应力幅定为$p_{\max}=6.74$MPa，$p_{\min}=0.82$MPa。下面介绍疲劳载荷周次计算常用的雨流计数法。

雨流计数法又可称为“塔顶法”，是由英国的Matsuiski和Endo两位工程师提出的，距今已有50多年。雨流计数法主要用于工程界，特别在疲劳寿命计算中运用非常广泛。把应变-时间历程数据记录转过90°，时间坐标轴竖直向下，数据记录犹如一系列屋面，雨水顺着屋面往下流，故称为雨流计数法。雨流计数法对载荷的时间历程进行计数的过程反映了材料的记忆特性，具有明确的力学概念，因此该方法得到了普遍的认可。

计数规则如下：

(1) 雨流依次从载荷时间历程的峰值位置的内侧沿着斜坡往下流；

(2) 雨流从某一个峰值点开始流动，当遇到比其起始峰值更大的峰值时要停止流动；

(3) 雨流遇到上面流下的雨流时，必须停止流动；

(4) 取出所有的全循环，记下每个循环的幅度；

(5) 将第一阶段计数后剩下的发散收敛载荷时间历程等效为一个收敛发散型的载荷时间历程，进行第二阶段的雨流计数。计数循环的总数等于两个计数阶段的计数循环之和。

由于统计到的出站压力及计算得到的管线压力没有0.82~6.74MPa的全循环，因此需人工设定一个[0.82，6.74]的全循环，并将统计到的出站压力数据按照图3所示流程进行计算：

将数据代入matlab程序计算可得：统计得到的该管线管线压力波动换算到[0.82，6.74]应力幅下单月最大的疲劳周次$N_{\max}=2$，即单月的0.82~6.74MPa应力幅有2次。如图4所示。

2.2.2 实物试验疲劳压力周次

考虑到该管线完整性管理中规定的8年/次内检测年限，在一个内检测周次内，管道疲劳周次为192次。本次预制的疲劳裂纹初始深度为5.5mm，环向长度为90mm，参照内检测器灵敏度手册应为可检出缺陷，故将疲劳周次定为192

次。另考虑内检测及日常管理中的部分不可控因素，为保险起见，乘以 2 倍的安全系数，最终将实验疲劳周次定为 384 次。

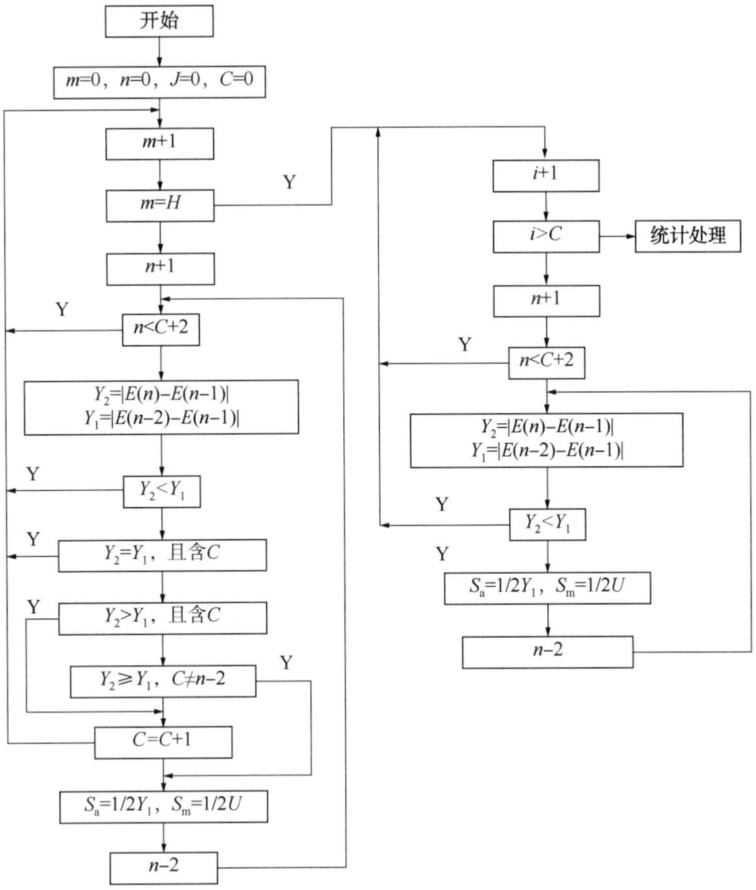

图 3　雨流法实时计数模型程序设计逻辑流程图

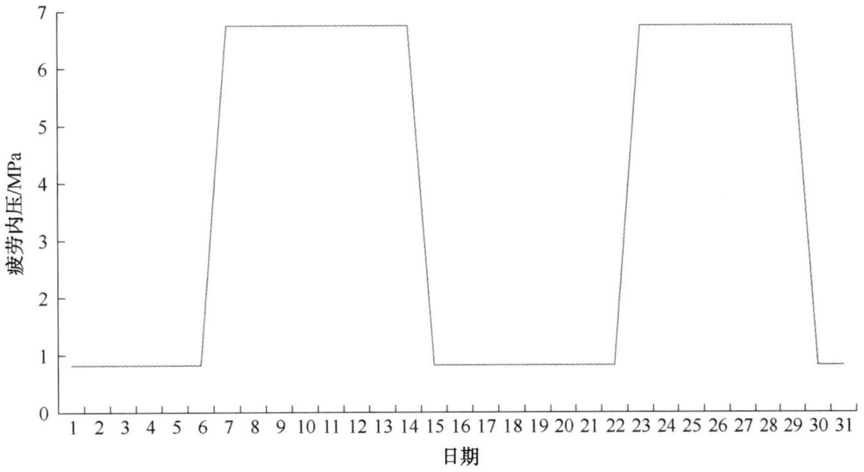

图 4　雨流计数法转换后的管道疲劳内压

3　实物疲劳及水爆试验

本次疲劳试验为对比型实验，即先将 1#管按照程序进行爆破，测定其爆破压力。再将 2#管按照疲劳程序进行 384 周次的内压疲劳，实验过程中随时观察其有无发生疲劳性穿透裂纹，若疲劳周次完成后环焊缝仍未泄漏，则将 2#管道内压降为 0MPa 后按照 1#管的程序进行爆破，测定其爆破压力，并记录相关数据。

为保证环焊缝的焊接质量满足实验要求，实

验开始前分别对1#、2#管进行了超声、射线和磁粉无损检测，检测合格后在进行试验。此外，对疲劳试验后的2#管进行超声及射线检测，在2#管爆破前先判断原始缺陷处疲劳裂纹是否发生扩展。

3.1 1#管水压爆破

经无损检测，1#管环焊缝焊接质量良好，无超标缺陷。

依据SY/T 5992—2012《输送钢管静水压爆破试验方法》，利用水压爆破试验系统，对1#管段进行水压爆破。水压爆破的步骤如下：

①：缓慢升压至2.02MPa(30%提压后管线最高压力)，保压15min；

②：缓慢升压至4.04MPa(60%提压后管线最高压力)，保压15min；

③：缓慢升压至6.74MPa(100%提压后管线最高压力)，保压30min；

④：缓慢升压至8.43MPa(125%提压后管线最高压力)，保压30min；

⑤：缓慢升压至爆破，记录爆破压力。

实验获得的压力-时间曲线见图5。

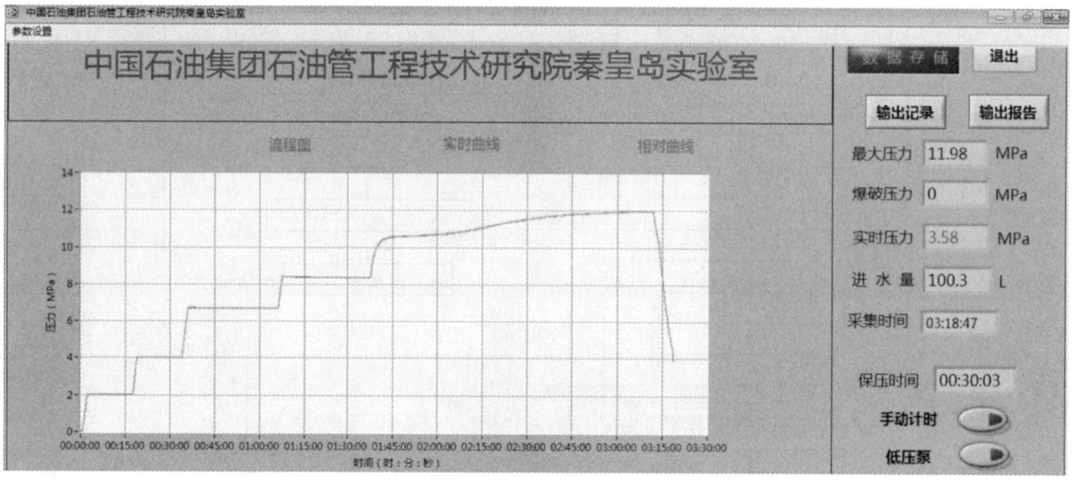

图5　1#管水压爆破压力-时间曲线

可以看出，1#管在2.02MPa和4.04MPa标准静水压试验压力条件下分别保压15min，在6.74MPa和8.43MPa标准静水压试验压力条件下分别保压30min，均未发生泄漏；加压至9.8MPa时，管体发生屈服；继续加压至11.98MPa时，1#管在环焊缝缺陷处泄漏失效。根据钢管的抗拉强度和壁厚，计算可得爆破压力预计为11.7MPa，1#管实际爆破压力较理论计算值高2.4%。

3.2 2#管疲劳试验

在实验前，对2#管环焊缝进行无损检测，检测结果表明2#管环焊缝质量良好，无超标缺陷。

疲劳试验程序如下：

① 将试验管灌满水并加压至2MPa，观察有无泄露现象；

② 泄压至0.82MPa，准备开始疲劳试验；

③ 将管道内压加载至6.74MPa，保压2min，观察有无泄漏状况；

④ 将管道内压泄压至0.82MPa，保压30s，重新开始升压；

⑤ 重复③~④过程，直至达到384周次。

在升压及6.74MPa保压时，应时刻注意关注压力曲线，观察环焊缝有无因疲劳裂纹而发生的泄漏现象。

疲劳试验完成后，对2#管道进行了第二次超声及射线检测。检测结果表明，2#管缺陷在宏观尺度上未发生明显变化，需打爆后再对疲劳裂纹进行进一步的观察分析。

3.3 2#管水压爆破

将2#管按照1#管水压爆破程序进行爆破，得到的压力—时间曲线如图6所示。

可以看出，2#管在2.02MPa和4.04MPa标准静水压试验压力条件下分别保压15min，在6.74MPa和8.43MPa标准静水压试验压力条件下分别保压30min，均未发生泄漏；加压至

9.8MPa 时，管体发生屈服；继续加压至 12.05MPa 时，2#管在环焊缝缺陷处泄漏失效，爆破共历时 2h13min。2#管实际爆破压力较理论计算值高 2.9%。

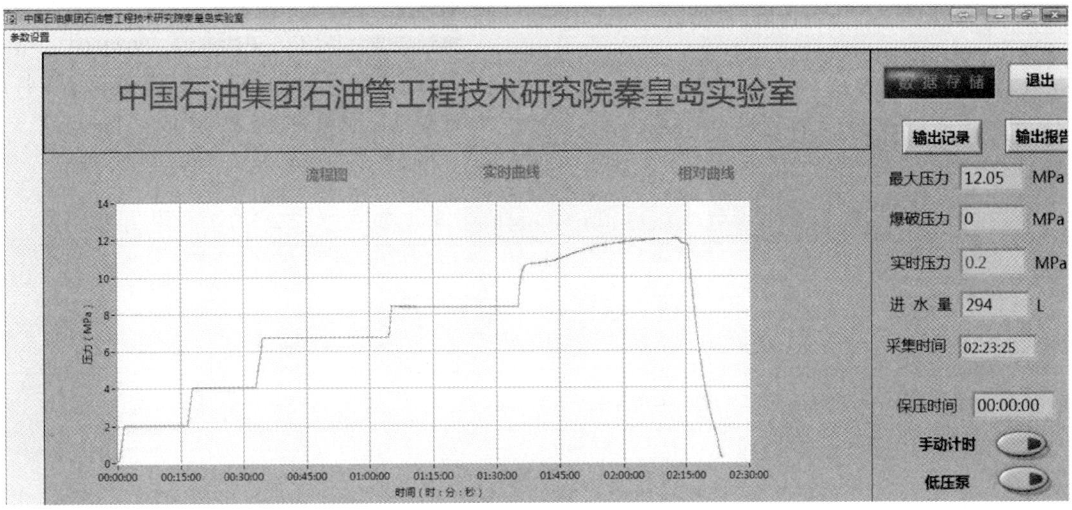

图 6　2#管爆破压力-时间曲线

3.4　环焊缝疲劳寿命分析

现计算当前疲劳载荷幅下该管线环焊缝的疲劳寿命。由公式可得：

$$\Delta K=K_{max}-K_{min}=G_0(\pi/1000Q)^{1/2}\Delta\sigma a^{1/2} \quad (5)$$

为简化计算过程，令 $\Phi=G_0(\pi/1000Q)^{1/2}\Delta\sigma$，则 $\Delta K=\Phi a^{1/2}$，结合 Paris 公式，有：

$$da/dN=C(\Phi a^{1/2})^m \quad (6)$$

对公式两边积分可得：

$$N=\frac{2}{(2-m)C\Phi^m}\int_{a_0}^{a_c}\frac{da}{a^{m/2}} \quad (7)$$

即：

$$N=\frac{2}{(2-m)C\Phi^m}\left[a_c^{(2-m)/2}-a_0^{(2-m)/2}\right] \quad (m\neq 2) \quad (8)$$

由管材适用性评价可知，$a_c=7.3$mm（管道公称壁厚按该管线 8.7mm 计算）。

对于该管线环焊缝 $C=1.96\times10^{-15}$，$m=8.03$，代入式(8)中可得：

$N=4837$ 周次

需要说明的是，此处计算所得的周次 N 仅考虑了环焊缝预制缺陷在内压疲劳载荷下的疲劳寿命，管线在实际运行中的腐蚀、地层移动、过载、地形起伏附加的弯矩及焊缝的残余应力等对环焊缝的疲劳扩展都有一定的促进作用，因此有必要考虑一定的安全系数。现分别取安全系数为 2~7，相应的管道疲劳寿命见表 2。

表 2　各安全系数下的管道疲劳寿命

安全系数	疲劳周次（向下取整）	环焊缝可使用年限（对应疲劳周次 2 次/月）
2	2419	101.7
3	1612	67.1
4	1209	50.3
5	967	40.2
6	806	33.5
7	691	28.7

4　结论

（1）无损检测结果表明，1#、2#管环焊缝焊接均无超标缺陷，可以正常试验。2#管在疲劳试验完成后缺陷尺寸未发现可通过无损检测探测到的改变；

（2）在 384 个周次的疲劳试验过程中，2#管未发生泄漏；

（3）未进行疲劳试验的 1#管爆破压力为 11.98MPa，进行了 384 周次疲劳的 2#管爆破压力为 12.05MPa，两根管的爆破压力基本一致，差别仅 0.5%。说明在当前疲劳周次下该管线管道环焊缝的承压能力无明显变化，亦即该原油管道环焊缝压力逆转现象不明显。

（4）仅考虑管道内压疲劳载荷的情况下，该管线含预制缺陷的环焊缝的疲劳寿命为 4837 周次，在安全系数取 7 时可运行约 28.7 年。

参 考 文 献

[1] 弹塑性. 断裂力学工程应用指南. 陕西省，西北工业大学，2001-01-01.

[2] 赵新伟，罗金恒，路民旭，等. 管线钢断裂和疲劳裂纹扩展特性研究[J]. 石油学报，2003(05)：108-112.

[3] 钟勇，肖福仁，单以银，等. 管线钢疲劳裂纹扩展速率与疲劳寿命关系的研究[J]. 金属学报，2005(05)：523-528.

[4] 周恩蓬，林孝彩. 基于雨流计数法的锚泊线与海床接触疲劳分析[J]. 天津航海，2020(03)：10-12.

[5] 钟勇，单以银，霍春勇，等. 管线钢疲劳特性研究进展[J]. 材料导报，2003(08)：11-15.

延迟投产管道内腐蚀原因分析及完整性管理方法研究

任国琪　张　良　张　皓　邓　波　吴　峰

（中国石油集团工程材料研究院有限公司）

摘　要　目前，国内已发生多起建成未投产输油管道在放置一段时间后，在即将投产前的试压过程中发生泄漏的事故。经分析，管道泄漏形式均为内腐蚀穿孔。产生内腐蚀的原因为管道建成试压扫水后，未进行干燥处理且封存及后续管理措施不到位，使得管道内壁发生腐蚀。经国内外相关标准对比分析，发现国内现有施工方法的不足，并结合国内外相关标准和及施工单位先进做法，从管道清洁处理措施、压力试验、干燥和封存、延迟投产期间检测和监测四个方面给出延迟投产管道内腐蚀防控方法，为延迟投产管道的失效预防和完整性管理提供参考。

关键词　内腐蚀；延迟投产；清洁处理；试压；干燥；封存

已建成并封存放置的管道短时间发生内腐蚀穿孔是当前困扰管道顺利投产运行的新问题，封存放置的管道内腐蚀防护要求日益强烈。当前，因上、下游资源市场变化、建设周期加长或已建完待投产的管道日益增多，特别是某些成品油管道建成后不能及时投产，陆续出现了一些管道因内腐蚀穿孔的情况，造成管道不能及时投产，并浪费了大量的人力物力予以整改。

1　延迟投产管道失效案例及失效原因

国内某成品油管道工程在完成线路施工后22个月后，在投运前再次试压时，发现试压压力下降，经排查，发现管道存在漏点，漏点位置泄漏情况如图1所示。

图1　内腐蚀穿孔管道现场形貌

通过对泄漏管道的失效分析可知，泄漏失效管段内表面存在明显腐蚀，在管道底部（泄漏点所在位置左右两侧4点到8点位置）存在一层较厚的灰黑色物质，局部存在较深的腐蚀坑，而其余部位呈红褐色和黑色，说明管道管底位置存有少量余水。腐蚀坑内灰黑色物质主要成分除了管体化学成分外，检测出较高的O、Cl等元素，说明管底4点到8点位置存在Cl^-腐蚀。Cl^-的存在加速了腐蚀穿孔的发生，管道内壁腐蚀形貌如图2所示。相关后续内检测及换管处理等费用将大于1000万元。

对失效案例和管线施工现场调查结果进行分析，使延迟投产管道发生内腐蚀的主要原因有：

（1）管道清管不彻底，管内存在杂质；

（2）试压水水质不洁净，含有腐蚀性离子；

（2）试压后扫水不净，导致试压水残留于钢管内，造成腐蚀，

（3）对输油管道是否进行干燥没有相应标准规；

（4）若管道延迟投产，没有相应的处理方式和腐蚀控制措施。

2　延迟投产管道内腐蚀预防相关标准对比

以下分别对管道清洁处理措施、压力试验、干燥及封存、管道延迟投产期间检测与监测的相关国内外标准进行对比分析，给出更优化的延迟投产管道内腐蚀预防措施

2.1　管道清洁处理措施

对于清管前管道的处理，国内标准暂无相关规定，国外标准方面俄罗斯标准 OP－16.01－

60.30.00-KTH—2004《石油管道建筑安装工程竣工后清管以及强度、密封性试验》规定：清管前应向管道注入其容量10%~15%的水，以便润湿和冲刷管内杂质。

图2 管道内壁腐蚀形貌

对于封存前管道清洁处理措施，相较于国外标准，国内标准规定较为详细。其中CDP-G-OGP-OP-027-2012-1《油气管道清管、试压及干燥技术规定》对于清管器的选择，清管施工方法，清管次数、清管质量控制均有详细规定。考虑俄罗斯管道铺设地区地势平坦，我国管道分布地区存在大落差山区地带，若清管前注入过多的水，可能造成空压机无法推动清管器的现象。对于处于平原地区的管道，建议首次清管前可向管道注入其容量10%~15%的水，处于大落差地区的管道，首次清管前可向管道注入100~200m的水，以便润湿和冲刷污染物，注水时必须通过过滤器进行过滤，防止泥沙、异物进入管道。国内现行标准规定在首次清管后，进行测径作业，可能造成由于管内杂质较多，对测径清管器造成损坏。建议在清管合格后，再进行测径作业。

2.2 管道压力试验

现行国内外标准对于试压水的过滤方式未做出相关规定，通过调研国内某管道施工单位采用海水试压案例，对试压水的过滤方式做出要求。试压水的过滤应采用筛网型过滤器和滤料型过滤器联合使用，滤网型过滤器的滤网密度不小于40目。滤料型过滤器的过滤材料宜采用石英砂、无烟煤、陶土粒、聚酯纤维球等，

过滤材料应满足以下要求：

(1) 有足够的机械强度，水流经过时不会磨损或破碎；

(2) 有足够的化学稳定性，且不溶于水。

若管线建设于干旱地区，且绵延距离较长，无法在分段试压时进行新的试压水补充，需要进行管段间倒水作业。对于管段间倒水作业，管道分段水压试验后，应立即将水排出或倒入下一段管道，管道内水停留时间不得超过两周。

为了保证试压水的水质，在注水管段泄压之后，进行管段间倒水前，应对已试压管段水质进行化验，水质应满足现有国内现行标准对试压水质的要求，并出具水质化验报告。若水质化验结果不达标，应添加化学药剂进行处理，加药泵应连接到倒水管道上；在倒水作业时，应对已试压管段试压用水进入下段管段前进行过滤，过滤后的水质应符合总悬浮物和悬浮物颗粒直径的要求。

对于添加化学药剂的试压水，在排放时，应采取相应措施避免试压水对环境造成污染。若试压水不能达到环保排放要求，应开挖蒸发池并在底部铺设塑料布进行试压水排放，在蒸发池周围200m的区域内建立安全警示区，同时在蒸发池周围20m处设立隔离栏杆，防止非工作人员和动物进入。蒸发池中的水完全蒸发后，收集和处理留下的沉淀物和塑料布，并恢复地貌。

2.3 管道干燥和封存

对于管道延迟投产封存介质的选择，国内标准仅有对天然气管道干燥后的封存的相关规定：CDP-G-OGP-OP-027-2012-1《油气管道清管、试压及干燥技术规定》中规定：对于采用水试压后的天然气管道，应立即进行扫水、干燥。干燥施工完成后应将管段置于微正压(50~70kPa)的干空气或氮气，保持管道密闭，并应对管道进行密封和标识。SYT 4114—2016《天然气输送管道、液化天然气站(厂)干燥施工技术规范》中规定对天然气管道干燥后，应向管道内注入露点不低于-40℃，压力为50~70kPa的干空气或氮气，

保持管道密闭，并应对管道进行密封和标识。

国外标准对于管道的封存规定了试压后采用试压介质直接封存的的相关要求：澳大利亚标准AS 2885.1—2012《气体与石油液体管道第一部分：设计与施工》规定，管道试压后延迟运行，如果试压后未吹扫介质，介质中应添加防腐剂，或者试压介质选用缓蚀性介质，并采取措施防止由于热膨胀引起超压；若试压后吹扫介质，管道应用惰性气体进行干燥，防止管道发生内腐蚀。英国标准 BSPD8010-1—2004《Code of practice for pipelines—Part 1 Steel pipelines》规定，管道试压完后投产延迟，试压介质应不进行吹扫，如干燥的惰性气体、粗制柴油和水，以防止管道内部发生腐蚀，如果用水，应保证排除管道中的空气或水中不含腐蚀性物质。管道应保持较小的正压力，并定期进行密封性检查，直至管道投产。

综合国内外标准分析、并借鉴国内施工单位分段清管测径、水压试验和预干燥程序，对于预计延迟投产的原油和成品油管道，应在分段水压试验、扫水后两周内进行分段预干燥处理，且分段预干燥处理完成后，应对管道进行全线真空干燥。

分段预干燥处理应满足如下技术要求：

（1）应采用干空气对管道进行分段预干燥，管道分段长度不宜超过30km；

（2）为了提高干空气干燥的效率，在干空气吹扫前运行1~3枚泡沫清管器进行深度扫水，将残留水推成水膜。如果清管器到达收球筒时，表面无水，深度扫水完成；

（3）用水露点低于-40℃的干空气对管道进行吹扫，干空气的温度不高于50℃；

（4）应在管道出气位置放置露点仪对排出空气水露点进行监测，露点议的读数为0~5℃时，停止干空气吹扫；

（5）干空气吹扫完成后，关闭管道两端的快开盲板和出气阀门，向管道内注入干空气至0.01~0.03mPa，进行4h的静置稳定后对管内空气进行露点检测，若在4h内露点不高于5℃，干空气吹扫作业完成，否则继续对管道进行干空气吹扫；

（6）管道的全线真空干燥施工应按照SY/T 4114真空干燥操作方法进行；

（7）干燥施工达到合格标准后，应向管道内注入水露点不低于-40℃的氮气，保持管内微正压（高于当地大气压0.05~0.07MPa），并对管道进行密封和标识。

2.4 管道延迟投产期间检测和监测

关于新建管道延迟投产期间侧检测与监测，国内标准仅有GB/T 21448—2008《埋地管道阴极保护技术规范》规定：新管道在埋地后6个月内投入运行，若不能投运的，应采取临时阴极保护措施。

澳大利亚、英国、俄罗斯的相关标准有较为详细要求。

澳大利亚标准 AS 2885.3—2012《气体与石油液体管道第三部分：运行和维护》规定：管道试压后投产延迟，若试压液体允许留在管道内，向液体中注入缓蚀剂，或采用缓蚀液体充满管道，并采取措施防止由于热膨胀引起超压；试压液体若被排空，对管道进行干燥或用惰性气体吹扫，防止延迟期间产生加速腐蚀；投产前，应对腐蚀控制系统进行检测；杂散电流、整流器和排流管路的检测间隔不超过2个月，管道电位和阴极保护系统的检测间隔不超过12个月；如果管道腐蚀状况不可接受，应考虑重新试验的可能性。

英国标准 BSPD 8010-1—2004《管道的操作规程　第1部分：地上钢制管道》规定：管道试压完后投产延迟，试压介质应不进行吹扫，如干燥的惰性气体、粗制柴油和水，以防止管道内部发生腐蚀且，管道应保持较小的正压力（0.016MPa），并定期进行密封性检查，直至管道投产；如果用水，应保证排除管道中的空气或水中不含腐蚀性物质。

俄罗斯标准 РД93.010.00-К Т Н-114—2007《干线输油管道建筑安装工程施工和验收规范》、РД16.01-60.30.00-К Т Н-103-1—2005《新建和运行输油管道的液压试验》、РД153-39.4р-118—2002《现役干线石油管道线路压力试验规程》规定，管道在铺设和回填之后30日内需将新管段接入电化学保护设备。管道试压和管内充满原油后10d以上，应进行压力0.5MPa、持续时间6h的密封性检查，检查结果不合格应重新进行液压试验。试压结束到投入运行前超过6个月，应重新进行压力试验。新建输油管道从液压试压文件批准日期起1年以后投入使用，应当进行二次压力试验。

综合国内外标准及国内延迟投产管道腐蚀情

况调研分析，制定出以下检测和监测测推荐做法：

（1）管道试压结束到投入运行前放置超过 6 个月以上，在投产前应重新进行严密性试验。

（2）应设置监测点，定期对管道壁厚进行测量，判断是否发生内腐蚀及其发展趋势。监测点应设置在预计可能残留积液的位置，如高程相对低洼位置。

（3）应定期监测管道内部压力，确定其密封性完好。

（4）管道延迟投产超过 6 个月以上的，在投产前可根据管道内腐蚀情况确定是否开展内检测，基于内检测结果确定管道维修更换策略和检测周期。

（5）预计延迟投产超过不超过 24 个月的管道，应在管道铺设和回填之后一个月以内投用临时阴极保护系统，临时性阴极保护宜采用牺牲阳极法；若管道延迟投产超过 24 个月，应投用永久阴极保护系统。

（6）延迟投产管道投入运行生产后应立即拆除临时阴极保护设施，投用永久阴极保护系统。

3　总结

（1）对于管道清管前的清洁处理，可提前向管道内注入一定量的水，以便润湿和冲刷管内杂质，提升清管质量。

（2）对于管道压力试验，给出试压水的过滤方法，以及试压水水质不满足标准要求时的处理方式。

（3）对于管道的干燥和封存，提出分段预干燥+全线真空干燥的干燥方法。

（4）参照国外标准给出管道延迟投产期间的检测及监测推荐做法。

参 考 文 献

[1] 池强. X42 输油管道泄漏分析[J]. 失效分析与预防，2017，(1)：54-61.

[2] 代晓东. 国内外油气管道清管技术现状[J]. 石油工程建设，2017，(1)：1-5，17.

[3] 马志宇. 国内外油气管道清管技术的现状和发展趋势[J]. 石油库与加油站，2016，(6)：14-19.

[4] 高发光. 利用海水作管道试压介质的技术要求[J]. 油气储运，2007，(12)：57-60.

[5] 李连星. 国外油气管道投产技术标准先进性综述[J]. 石油规划设计，2015，(4)：8-10，39.

[6] 王力. 澳大利亚管道运行管理标准 AS 2885. 3—2012 剖析[J]. 天然气与石油，2014，(2)：19-22.

[7] 马伟平. 中俄油气管道运行标准差异分析[J]. 油气储运，2013，(4)：411-415.

基于有限元-未确知测度理论的滑坡作用下管道风险预警研究

刘思铭[1] 张 鹏[2] 李 虎[3] 唐雪梅[4] 刘 为[5] 李一苗[2] 杨 钦[6]

(1. 西南石油大学机电工程学院；2. 西南石油大学土木工程与测绘学院；
3. 四川省时空纵横科技信息有限公司；4. 什邡市住房和城乡建设局；
5. 西南石油大学石油与天然气工程学院；6. 中国石油四川销售分公司)

摘 要 管道是实现油气资源长距离高效运输的重要基础设施。然而，山地油气管道的安全性和可靠性容易受到滑坡的影响。滑坡是油气管道中最严重的地质灾害之一，滑坡引起的管道泄漏或破裂可能导致油气泄漏，造成资源浪费和环境污染，甚至造成人员伤亡。滑坡发生的全过程中，往往伴随着许多未确知性，迄今为止，对考虑了未确知性的滑坡作用下管道风险预警的研究很少。因此，本文提出了一种结合有限元分析与未确知测度理论的山地油气管道风险预警方法。建立三维管道-土体有限元模型并进行模拟。基于有限元分析结果结合未确知测度理论，构建未确知测度函数及矩阵。结合有限元计算结果与随机森林算法计算指标权重。结合未确知测度综合评估向量与兰式距离识别准则，计算管道风险警度，确定管道预警等级。所提出的方法已通过一个在役管道的案例研究得以实施。结果表明，3 处穿越滑坡区管道的预警等级分别为Ⅲ、Ⅱ、Ⅲ级，与管道实际运行情况一致。并与传统风险预警方法进行对比，本方法具有更好的效果，可以更准确的对管道风险状况进行预警，帮助运营者更好的管控风险，做出有效的决策，促进管道完整性管理的进步。

关键词 山地油气管道；滑坡；有限元分析；未确知测度；随机森林；兰式距离识别准则

1 引言

油气资源是维护社会稳定与人民正常生活的重要资源，管道被广泛用于将油气资源从产地输送到最终用户。滑坡是引发山区埋地管道失效的高频率地质灾害，是山区埋地管道防灾减灾的重点研究工作之一，其中顺向层推移式土质滑坡的稳定性最差、最易变形。山体滑坡引发地面运动，导致管道严重拉伸、弯曲、破裂，甚至爆炸。这些事件对管道完整性构成严重威胁，造成人员伤亡、财产损失和生态危害等严重后果。2003 年，加拿大不列颠哥伦比亚省发生山体滑坡，导致天然气管道被切断，使鲁珀特王子的居民 45 天没有天然气供暖。2015 年，中国深圳发生重大滑坡，导致天然气管道破裂爆炸。该事件造成的直接经济损失总计为 12179 万美元。同样，2018 年在中国贵州发生的降雨引发的山体滑坡导致天然气管道泄漏和爆炸。结果，这一不幸事件造成 1 人死亡，23 人受伤，直接经济损失 297 万美元。此外，另一个滑坡引发的事件是 2022 年厄瓜多尔石油管道破裂，造成原油在雨林中泄漏。鉴于滑坡对管道完整性造成的巨大风险，许多研究人员开展了关于滑坡存在下管道安全问题的研究。Umer 等人建立了纵向穿越滑坡区管道的极限轴向应变方程，通过与数值模拟结果的比较，证明了方程的有效性。Chaudhuri 等人推导了受滑坡影响的管道位移和变形的解析解。然而，解析方程依赖于简化和假设，这限制了其在实际工程中的适用性。除了理论研究外，学者们还进行了室内实验，进一步探索滑坡。Calvetti 等人采用土箱试验模拟了滑坡条件下管道的力学行为，研究发现采用土弹簧不能准确地描述埋地管道与土壤的相互作用。Feng 等人的全尺寸实验研究表明，管道应力与滑坡位移之间的关系可以用指数函数来描述，然而，非滑坡区域的范围有限，阻碍了对滑坡影响下管道变形的准确描述。随着计算机技术的发展，数值模拟方法已被用于分析与滑坡有关的管道安全问题。Zhang 等人采用等效边界弹簧有限元模型模拟了水平滑坡作用下管道的力学行为，结果表明管道末端的约束对轴向位移和轴向应变有显著影响。在 Liao 等人的一项数值研究中，他们采用光滑颗粒流体力学(SPH)和有限元分析的混合方法来研究受滑坡影响的管道的力学行为，结果表明，缺陷相互作用对管道应力的显著影响。

但是，由于地下工程特有的地质条件复杂性及地质勘察手段局限性，获取准确全面的数据比较困难，且评价指标权重偏于主观，导致滑坡成为诸多不确定性因素共同作用的结果，再加上管道与土体耦合问题的不确定性，使得滑坡作用下管道的预警变为一个复杂多变且充斥着不确定性的问题，而随着科学发展，学者们发现这种不确定性信息确实决定了最终的预警结果。然而，根据上述风险预警的研究发现，大多忽略了评价指标间的不确定性因素，该因素会增大评估难度，且对结果会造成一定影响，故现有评估方法无法处理好由于未确知性产生的负面影响，因此，寻求系统合理的方法来分析和处理风险预警中的各种不确定性问题，十分迫切。

综上所述，本文提出了一种基于有限元-未确知测度-集对论的滑坡作用下管道风险预警方法。首先，建立了管道-土体三维有限元模型，分析了滑坡位移、滑坡宽度、滑坡后缘裂缝距离对管道力学行为变化规律的影响。其次，根据有限元分析结果，结合未确知测度理论，建立各指标未确知测度函数并得到多指标未确知测度矩阵。结合有限元模拟结果与随机森林模型，计算指标重要度，进而确定指标权重。最后，根据多指标未确知测度矩阵和各指标权重矩阵计算得到管道风险预警向量，结合集对理论，得到管道预警区间，并计算管道风险度，确定管道预警等级。

2　有限元分析

2.1　模型建立

裂缝距离是指推移式滑坡后缘裂缝位置，到管道水平的距离，如图1所示。滑坡位移、滑坡宽度被认为是滑坡对管道力学行为影响的重要因素，在此前的研究中，过去的研究往往忽视了滑坡裂缝距离对管道力学行为的影响，本文主要考虑裂缝距离、滑坡位移、滑坡宽度对管道力学行为的影响开展研究。

依据文献证明结果可知，管道后方土体大于5D时，后方土体对管道的偏移影响可忽略，因此模型后方土体长度拟取10m，高度取6m，管道埋深取1.5m。由于非滑坡区的土体和管道会因为滑坡区的变形也发生相对微弱变形，为了保证非滑坡区微弱变形的影响区域，非滑坡区宽度应大于滑坡区宽度的1/4。管道本构模型根据文献中采用同种管材实验获得的应力应变数据，土体本构模型采用摩尔库伦模型。管材选用API X80，其材料参数与滑坡区、非滑坡区土体材料参数如表1与表2所示。

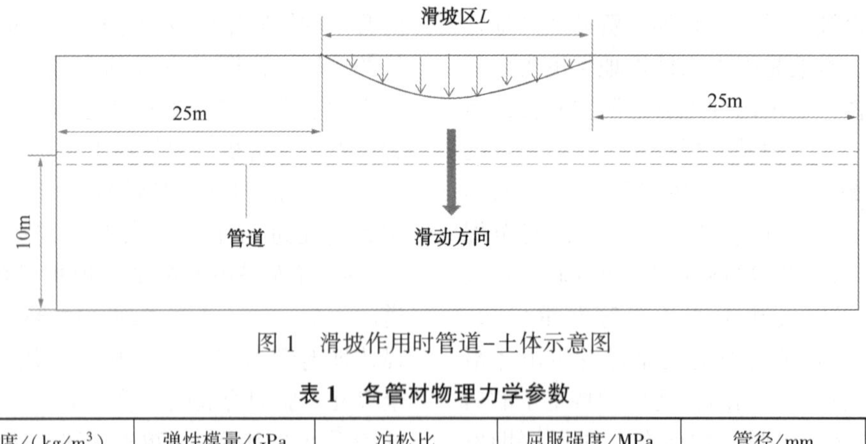

图1　滑坡作用时管道-土体示意图

表1　各管材物理力学参数

管材	密度/(kg/m^3)	弹性模量/GPa	泊松比	屈服强度/MPa	管径/mm	壁厚/mm
X80	7850	207	0.3	555	1016	18.2

表2　土壤参数

岩土参数	土壤容重 γ/(kN/m^3)	弹性模量/MPa	泊松比	土壤内摩擦角 φ/°	粘聚力 c/kPa
滑坡区域	20	32.5	0.4	10	15
非滑坡区域	20	32.5	0.35	25	20

建立3个分析步分别用于计算管道自重、内压和土体位移，管道与土体间的相互作用模型选用非线性接触模型，接触采用面-面接触，选取管道外表面为主表面，法向方向采用硬接触，切向方向选用“罚”，摩擦系数与土体性质相关，由文献可知黄土与管道间摩擦系数可取0.4。

位移荷载于边界条件栏施加，通过在管道滑坡区中部建立局部坐标系，以其为坐标，对滑坡区后方施加位移分布方式为四次抛物线形式的位移荷载。整个管土模型底面选为固定约束，模型除去滑坡区的侧面四周选为与该面垂直的面约束。

对于管道轴向和土体模型，将管道滑坡区网格按0.5倍的模型尺寸进行网格个数的施加，无滑坡区域按0.75倍的模型尺寸施加网格个数进行施加，选择将管道厚度方向的网格划分为4层。模型尺寸与网格尺寸选定后的管-土有限元模型如图2所示。

2.2 模型验证

由于滑坡-管道全尺寸室外试验，受天气变化、人为活动、周期长、成本高等不利因素的影响，鲜有开展，可根据成都理工大学建立的横向穿越滑坡管道全尺寸试验的研究结果，以试验模型中坡体及管道的基本参数为基础建立管道横向穿越滑坡区管土相互作用模型，结合滑坡位移函数对土体的不均匀运动进行了模拟，验证了管土相互作用有限元模型的准确性。试验所用管材为L245NB管，管道长取30m，埋设深度1.5m，运行压力2.5MPa，管道直径为ϕ325，壁厚8mm，其余力学参数如表3所示。

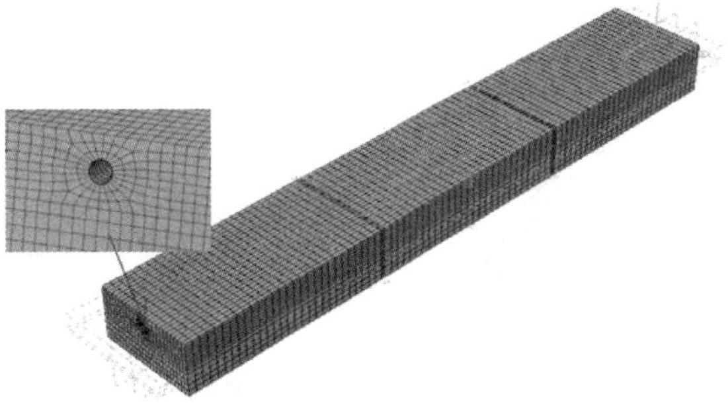

图2　管-土模型网格示意图

根据土体是否滑动可将土体分为滑动区和固定区，根据试验数据可确定不同区域土体的材料参数，滑坡模型尺寸为30m×15m×7m，滑体尺寸为10m×10m×5m，土体材料性质如表4所示。

表3　试验管道参数表

管材	密度/(kg/m^3)	泊松比	弹性模量/GPa	屈服强度/MPa	极限抗拉强度/MPa
L245NB	7850	0.3	206	350	485

表4　试验土体参数表

土质	容重/(kN/m^3)	粘聚力	内摩擦角/°	泊松比	弹性模量/MPa
粘土	18.95	13.73	14.95	0.35	18.19

二者位移曲线变化趋势较为一致，管道位移量均为先增后减，整体沿管道中轴处对称分布，且在滑坡区中部管道变形情况最为严重。大尺度试验中管道最大位移量为0.84m，而有限元计算结果中管道最大位移量为0.82m，最大位移量相差约为2.44%，误差可以接受。因此，本文建立的模型是可靠的(图3)。

2.3 结果与讨论

管道极限滑坡位移为管道应力达到许用应力时的滑坡位移荷载，根据X80管道的屈服强度为555MPa和许用应力为499.5MPa。

2.3.1 滑坡裂缝

滑坡处于蠕滑变形阶段时，滑坡体后缘会慢慢形成裂缝。当裂缝与管道的距离不同时，管道的应力、位移、所能承受的极限滑坡位移值都存在差异，因此需建立不同裂缝距离下的管-土模型进行分析。滑坡位移为1.5m，滑坡宽度为20m，取滑坡裂缝距离为1m、3m、5m、7m、9m进行分析。

图4为不同裂缝距离与位移荷载下管道的应力变化曲线。由图4可知，管道应力与裂缝距离呈正相关关系。当DCTLP小于3m时，随着位移荷载的增加，管道的应力在达到屈服应力之前呈线性增加，从DCTLP为4m开始呈抛物线型变化，且随着裂缝位置的增加，管道的应力随位移荷载变化的变化速率不断变小，曲线的斜率不

断减小，从裂缝距管道 6m 开始，随着位移荷载的增加，管道应力变化曲线存在一段近似水平的无增长期，这是因为裂缝距管道较远，裂缝处受到位移荷载产生的变形需要推动裂缝与管道之间的土体发生足够变形才能使管道应力增长，可视作是裂缝与管道间的土体消耗了一部分位移荷载，且随着裂缝位置的增加，这种消耗也不断增加。

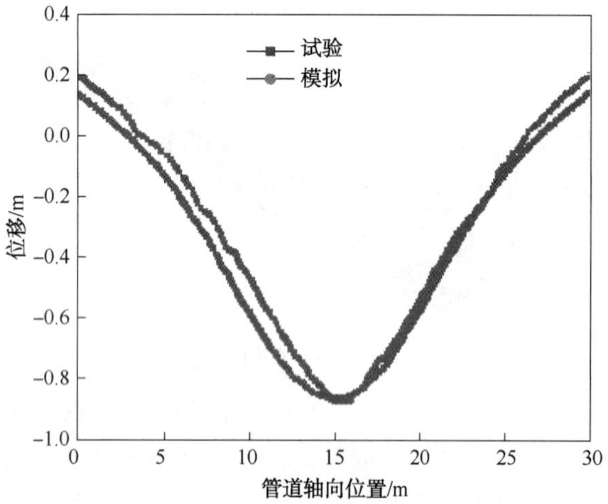

图 3　试验和模拟管道位移对比结果

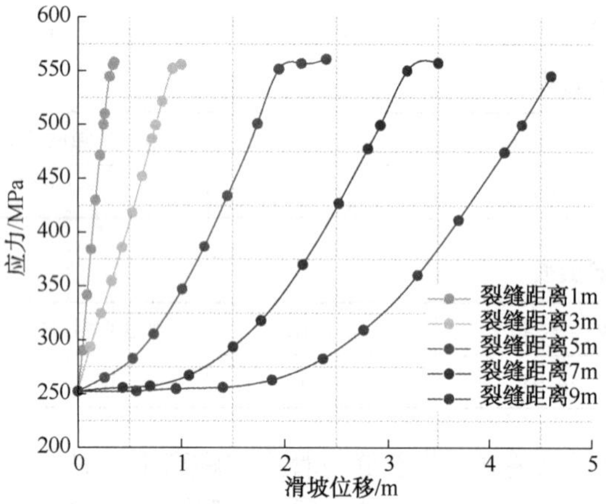

图 4　不同滑坡裂缝距离与位移荷载下管道的应力曲线图

2.3.2　滑坡宽度

滑坡位移为 1.5m，滑坡裂缝距离为 3m，取滑坡宽度为 10m、15m、20m、25m、30m 进行分析(图 5)。

图 5 为不同滑坡宽度下管道应力变化曲线。由图可知，在滑坡宽度 10m 到 30m 时，随着位移荷载的增加，管道应力不断增大，且增速不断增长，曲线斜率不断变大，管道应力变化曲线由直线型变化为幂函数型。

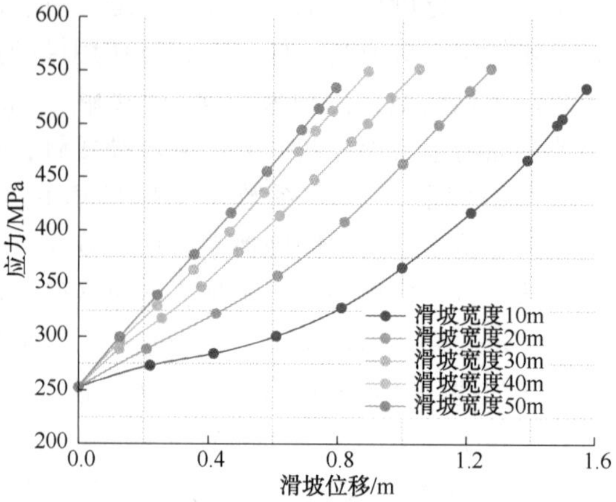

图 5　不同滑坡宽度与位移荷载下管道的应力曲线图

2.3.3　滑坡位移

滑坡裂缝位置距管道 3m，滑坡宽度为 10m 时分析位移荷载从 0 增加至 2m 过程中的管道应力、位移和土体位移变化规律。提取位移荷载为 0.5m、1m、1.5m、2m 时管道轴向迎滑坡面与背滑坡面中部的轴向路径应力、管道中部的环向路径应力和管顶轴向的位移。

管道内轴向应力分布如图 6 所示。当滑坡位移为 0.5m 时，管道背滑面中部的应力近似等于无滑坡时的管道应力。最大应力位于非滑坡区距滑坡边缘 3.8m 处。在滑坡中段，管道背滑面应力最大，滑坡中段管道应力变化区为 10m，非滑坡段内应力无变化。当滑坡位移为 1m 时，背滑面最大应力出现在滑坡中部，靠近滑坡边缘的管道最大应力出现在非滑坡区域内 4.6m 处。在迎滑面上，最大应力在滑坡中部，大于背滑面，非滑坡段内应力变化最小。当滑坡位移为 1.5m 时，后滑面的最大应力出现在中部，应力影响区为 11m。非滑坡区域内靠近滑坡边缘处管道最大应力为 6.2m，应力影响区为 15m。在迎滑面上，最大应力出现在中部，达到 441.4MPa。非滑坡区域内靠近滑坡边缘的管道最大应力为 6.2m，应力影响范围为 15.2m。当滑坡位移为 2m 时，滑坡中部管道的迎、背滑面均存在超过管道屈服应力的应力。迎滑面应力略高，最大达到 555.7MPa，存在 2.4m 和 0.8m 的应力屈服区。在非滑坡段内，背滑面应力大于迎滑面，最大应力为 342.2MPa，发生在距滑坡边缘 7.9m 处。综上所述，随着滑坡位移的增大，管道前滑面和后滑面的应力不断增大。管道承受的最大应力在正向滑动面中部，在非滑坡区，背滑面的管道的应力较大。当管道达到许用应力时，非滑坡段的受影响区域延伸至15.2m，为滑坡区域的监测和控制提供了可靠的依据。在这种情况下，基于有限元模拟的结果，随着位移荷载的增加，管道迎滑坡面与背滑坡面应力都不断增大，管道最大应力在迎滑坡面中部，背滑坡面对于非滑坡区段管道应力影响区域较大，当管道达到许用应力时，非滑坡区影响区域达15m，故工程中不仅需对滑坡区土体进行治理，还需对靠近滑坡区的一段土体进行治理。

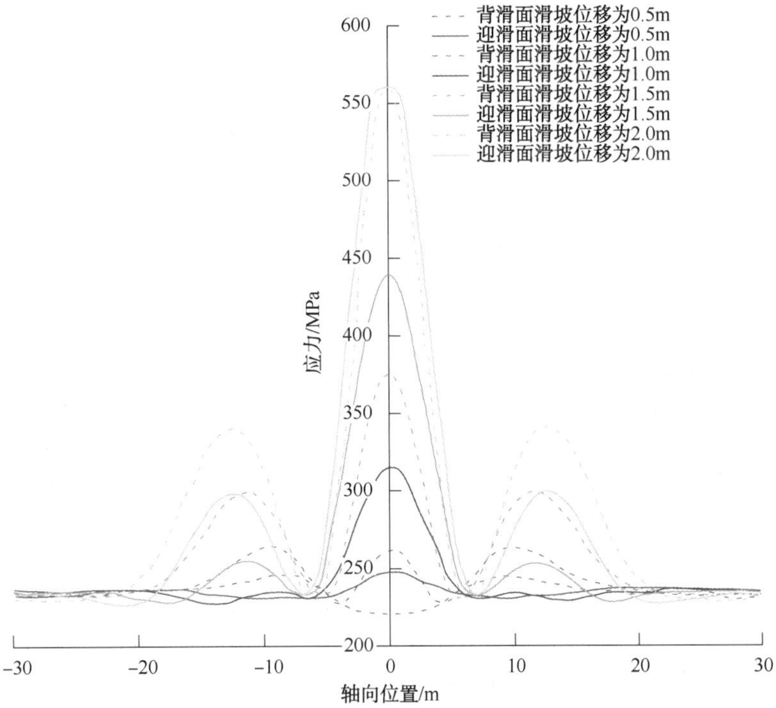

图6 不同滑坡位移下管道轴向应力的分布

3 基于有限元-随机森林-兰氏距离的未确知测度风险预警

在对滑坡作用下油气管道进行风险预警时，由于滑坡所涉及大量不确定性信息，如滑坡参数、土壤力学特性和环境条件等，很难精确的通过力学分析对其安全状况进行评估，且由于国内管道地质灾害数据库建设落后监测技术不先进的问题，造成管道风险预警中基础数据不完备而无法实现全定量评价。此时基于有限元模拟结果，建立未确知函数，将不确定性信息纳入评估模型中，提升评估结果的准确性和可靠性，为管道运营者提供更全面的安全管理和决策支持。

3.1 建立指标单测度未确知函数

考虑到长输管道的实际情况和运行风险的性质，将滑坡作用下管道安全情况分为5个等级：C_1(Ⅰ)级，极安全；C_2(Ⅱ)级，安全；C_3(Ⅲ)级，相对安全；C_4(Ⅳ)级，较危险；C_5(Ⅵ)级，危险，即为5个预警等级。未确知测度函数多种多样，直线型未确知测度函数与其他形式函数相比具有结构简单、计算简便的特点而被广泛应用，本文采用直线型。未确知测度函数又分为极大型测度函数和极小型测度函数，极大型测度函数是指安全等级随着指标取值增大而提升，如滑坡裂缝距离。根据有限元模拟的计算结果，建立来了滑坡裂缝距离未确知测度函数，如图7所示。

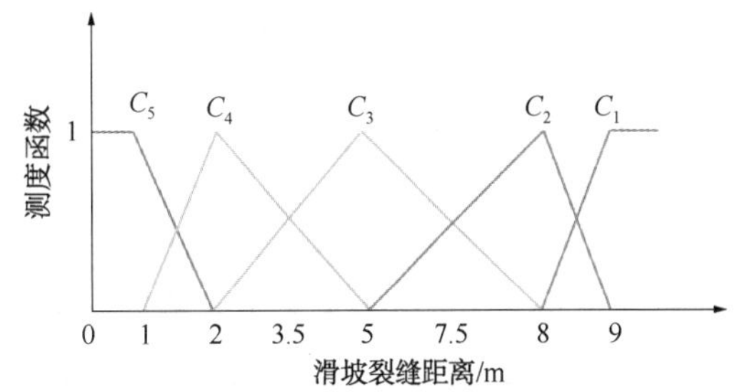

图7 滑坡后缘距离测度函数

极小型测度函数是指安全等级随着指标取值减小而降低，如滑坡位移、滑坡宽度。根据有限元模拟的计算结果，建立来了滑坡位移、滑坡宽度的未确知测度函数，分别如图8、图9所示。

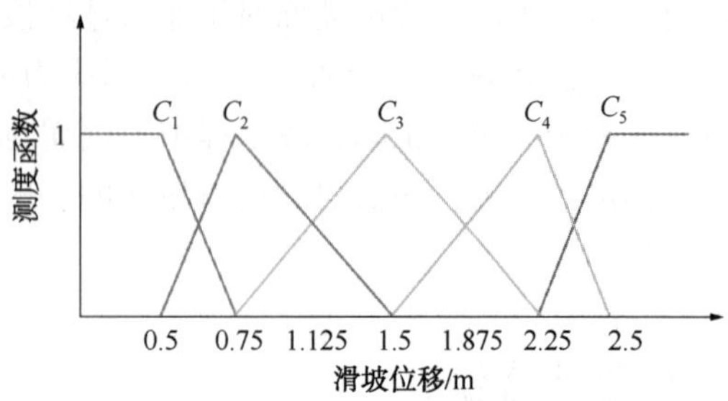

图 8　滑坡位移测度函数

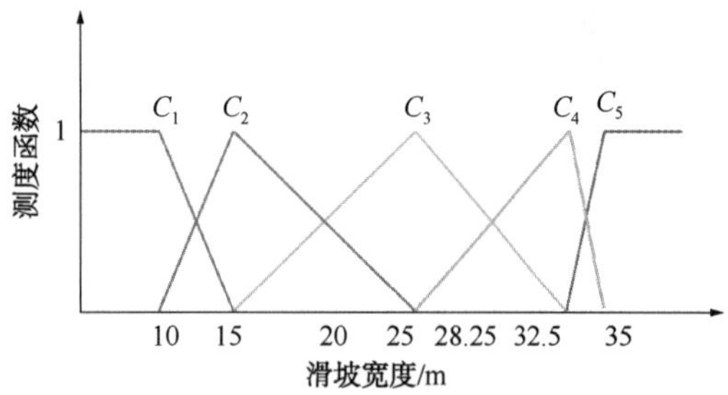

图 9　滑坡宽度测度函数

3.2　综合测度矩阵与评估向量

在对管道安全性进行评价时，滑坡作用下管道安全性有关的所有评价因素就是组成因素空间的集合，记作 X。设其评价管道 X 有 n 个评价对象，分别为 X_1，X_2……，X_n，则评价对象空间 $X=\{X_1, X_2, \cdots, X_n\}$。若任意 X_i有 m 个评价等级 Y_1，Y_2，…，Y_m，则形成评价空间 $Y=\{Y_1, Y_2, \cdots, Y_m\}$。对于评价空间 Y 中的第 k 个评价等级 Y_k，若存在 $Y_k>Y_{k+1}(k=1, 2, \cdots, m-1)$（或 $Y_k<Y_{k+1}$），即满足 $Y_1>Y_2>\cdots>Y_m$（或 $Y_1<Y_2<\cdots<Y_m$），则称 $\{Y_1, Y_2, \cdots, Y_m\}$ 是评价空间 Y 的有序分割集。

将取值 X_i属于评价等级 Y_k 的程度，记作 $\mu_{ik}=\mu(\mu_i\in Y_k)$，且 μ 需满足如式(1)的条件：

$$\begin{cases} 0\leqslant\mu(\mu_i\in Y_k)\leqslant 1 \\ \mu(\mu_i\in Y)=1 \\ \mu\left|X_i\in\bigcup_{i=1}^{k}Y_i\right|=\sum_{i=1}^{k}\mu(X_i\in Y_i) \end{cases} \tag{1}$$

式中，μ 为未确知测度；$i=1, 2, \cdots, n$；$k=1, 2, \cdots, m$。式(2)表示未确知测度 μ 的“非负有界性”、“归一性”、“可加性”。由此建立单指标未确知测度评价矩阵 $(\mu_{ik})_{l\times m}$：

$$(\mu_{ik})_{l\times m}=\begin{bmatrix} \mu_{11} & \mu_{12} & \cdots & \mu_{1m} \\ \mu_{21} & \mu_{22} & \cdots & \mu_{2m} \\ \vdots & \vdots & \ddots & \vdots \\ \mu_{l1} & \mu_{l2} & \cdots & \mu_{lm} \end{bmatrix} \tag{2}$$

设 w_i为评价因素 X_i的指标权重，则任意评价因素 X_i的多指标未确知测度 μ_{ik}满足下式(3)-(4)：

$$0\leqslant\mu_{ik}\leqslant 1 \tag{3}$$

$$(\mu_{ik})_{n\times p}=w_i(\mu_{ik})_{m\times p} \tag{4}$$

因此得评价对象的任意评价因素 X_i 的多指标未确知测度评价矩阵如式(5)所示：

$$(\mu_{ik})_{n\times p}=\begin{bmatrix} \mu_{11} & \mu_{12} & \cdots & \mu_{1p} \\ \mu_{21} & \mu_{22} & \cdots & \mu_{2p} \\ \vdots & \vdots & \ddots & \vdots \\ \mu_{n1} & \mu_{n2} & \cdots & \mu_{np} \end{bmatrix} \tag{5}$$

则由 μ_k 组成多指标综合未确知测度评价向量(μ_1，μ_2，…，μ_p)，μ_k 计算公式(6)如下所示：

$$\mu_k=\sum_{i=1}^{n}\mu_{ik},\ k=1, 2, \cdots, p \tag{6}$$

3.3　基于 FEM-RF 法确定指标权重

滑坡裂缝距离、滑坡宽度、滑坡位移三个指标的权重，可以通过每个指标对管道应力变化的贡献程度，即特征重要度来确定。随机森林算法能够有效地实现对各列数据重要特征度的计算，寻找数据中的规律和特征，且随机森林可以在数据少或数据缺失时，仍能使结果保持高精度。本文采用随机森林算法并在代码编写中使用袋外数据 OOBPredictorImportance（Out-of-Bag）参数可以开启特征重要度计算，以衡量每个特征对模型结果的贡献程度，使用袋外数据进行误差估计可无需要额外的验证集或测试集进行交叉验证，避免数据浪费，计算效率更高且模不受过拟合的影响。图 10 展示了采用随机森林算法进行特征重要度计算时的迭代情况，其中横坐标代表迭代次数，纵坐标代表 Out-of-Bag Mean Squared Error（OOB MSE）值。

如图 10 所示，在迭代次数小于 25 时，模型误差下降幅度较高，并且在该阶段已经达到了较低的值，约为 0.09。这表明随机森林模型在此阶段已经较为稳定，并且已经能够对特征重要度进行较为准确的计算。然而，当迭代次数超过 100 时，随机森林模型的 OOB MSE 逐渐趋于稳定，并且一直保持在 0.09 以下。这意味着在此时，随机森林模型已经达到了较高的精度，并且能够可靠地进行特征重要度计算。结果表明，在使用滑坡管道力学响应数据时，随机森林模型在迭代次数超过 100 时，已经能够很好地平衡模型的复杂度和准确性，因此可以作为一个合理的迭代次数选择。图 11 展示了采用随机森林模型计算得出的不同变量的特征重要度值。

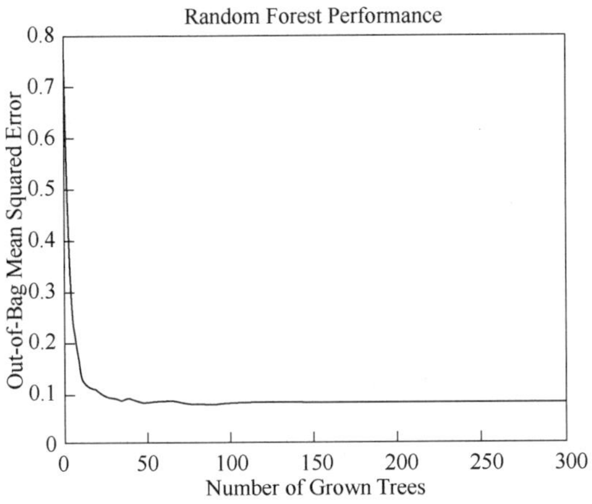

图 10　随机森林算法迭代情况

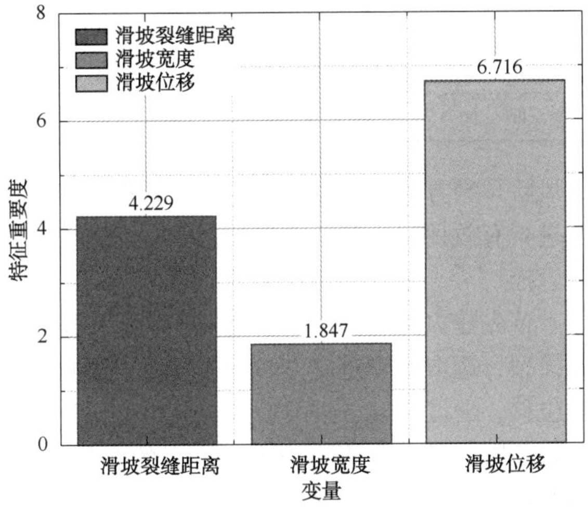

图 11　各变量特征重要度值

如图 11 所示，采用随机森林算法进行特征重要度计算结果显示滑坡位移、滑坡裂缝距离、滑坡宽度的特征重要度分别为 6.716、4.229、1.847，归一化得到三个指标的权重分别为：0.525，0.331，0.144。

3.4　基于兰式距离的预警等级识别准则

在过去的研究中，学者通过未确知测度判断结构安全等级往往是结合最大隶属度原则和置信度识别准则进行判定，这种方法的 λ 取值不唯一，通常需要人为选择，使得评估结果不准确。距离计算方法可以消除常规分析方法的人为主观因素的影响，核心思想是通过样本的总体特征信息构建函数对未知样本进行判别，计算样本到总体的距离，最小距离对应的就是所要求的等级。靳颜宁等提出用欧式距离进行改进，但忽略了量纲的影响，并且容易产生随机波动。因此本文利用兰氏距离判别方法对置信度准则进行优化，可消除欧式距离忽略量纲影响所产生的负面影响，人为主观因素选择 λ 的不确定性，从而对管道结构风险预警等级进行评估。欧式距离计算方式如式(11)所示。

$$D_r(\mu_k)=\frac{1}{a}\sum_{g=1}^{a}\frac{|\mu_{kg}-\mu_{kh}|}{|\mu_{kg}+\mu_{kh}|} \tag{11}$$

式中，a 为风险预警最高等级数，5；μ_{kg} 为 μ_k 中任意一分量；μ_{kh} 为 μ_k 中除了 μ_{kg} 的其余分量。待评价对象的预警等级为式(8)所示。

$$r=min\ D_r(1\leqslant k\leqslant a) \tag{8}$$

4　案例分析

4.1　通用信息

管道从滑坡后部横穿而过，埋深约为 1m。滑坡后缘以斜坡陡坎为界，滑坡平面形态呈圈椅状，滑坡体所在坡面地形起伏不大，自然坡度约 15°~30°，坡向 260°，滑坡体宽度 20~28m，平均宽度 25m，纵向长 50~62m，平均长度 60m，滑坡体厚度 2.6~3.6m，平均滑体厚 3.0m，总体积约 $0.6\times10^4m^3$，属小型滑坡。滑坡区属构造剥蚀低中山斜坡地貌，上陡下缓，剖面形态整体呈折线形，滑坡坡面在纵向上，呈阶梯状，阶坎高 0.5~2.5m。滑坡滑体以马兰黄土为主，滑带为土体内软弱带，根据现场调查分析，该滑坡为一沿土体内软弱带滑动的浅层土质滑坡。

将所提出的方法应用于中国西南山区某长输天然气管段，该管段存在 3 处穿越滑坡区情况。根据调查报告，整体坡度约为 18.3°，横向平均宽度约 80m，平均滑体厚 3.0m，5 处滑坡均为沿土体内软弱带滑动的浅层土质滑坡。

根据管道运营数据和模拟结果可知，在无外荷载作用情况下，管道应力总大于 250MPa，且通过失效准则可知，管道许用应力为 499.5MPa，故可将管道应力范围划分为 5 个区间，如表 5 所示。

通过无人机与监测设备，获取 5 处穿越滑坡区管道的相关参数，建立有限元模型，计算所得管道最大应力及预警等级与现场评估管道预警等级如表 6 所示。

通过结果可以得到，有限元模拟结果与现场专家评估结果一致，故可采用有限元评估结果为验证依据。

4.2 评估结果与讨论

将评价结果与模糊综合评估(FCE)模型、应力风险预警及置信度准则的评估结果进行对比，如表7所示。

表5 管道应力预警等级

预警等级	Ⅰ	Ⅱ	Ⅲ	Ⅳ	Ⅵ
应力区间	[250, 300)	[300, 350)	[350, 400)	[400, 450)	[450, 499.5]

表6 评估结果验证

管道序号	滑坡位移/m	滑坡宽度/m	管道与后缘裂缝距离/m	有限元模拟所得管道应力/MPa	现场评估预警等级
1	0.963	11.875	3.226	381.900(Ⅲ)	Ⅲ
2	0.480	18.575	2.871	316.400(Ⅱ)	Ⅱ
3	0.881	22.394	3.012	379.900(Ⅲ)	Ⅲ

表7 方法对比

管道序号	该方法预警等级	FCE	应力风险预警等级	置信度准则	
				$\lambda=0.6$	$\lambda=0.7$
1	Ⅲ	Ⅳ	Ⅲ	Ⅲ	Ⅲ
2	Ⅱ	Ⅱ	Ⅱ	Ⅲ	Ⅲ
3	Ⅲ	Ⅲ	Ⅲ	Ⅲ	Ⅲ

本文将此方法评估的结果与传统的模糊综合评判法的评估结果进行比对。模糊综合评判法在1号管道安全等级评估上高于本方法评估的结果，有限元模拟的最大应力为381.9MPa，根据监测数据计算管道应力为392.1MPa，远低于失效应力，但接近于0.8倍失效应力，且根据专家现场调研与地质环境监测结果显示，地下水位与地表位移明显缓慢增加，滑坡进入初加速阶段，有进一步发展为中加速阶段的趋势，需要加强关注，这与评估结果一致，模糊综合评判法评估结果过于激进，这是因为模糊综合评判法在权重计算及评估时过于主观，且无法考虑各指标间相互影响，导致评估结果不准确。本文还将集对论风险预警准则与未确知测度常用的评估准则置信度识别准则($\lambda=0.6$、$\lambda=0.7$)进行了对比。置信度识别准则的λ需要人为确定，主观影响太大，导致结果不准确。

6 结论

风险预警在保障穿越滑坡区管道完整性的过程中起着至关重要的作用。山区油气管道长期受到滑坡威胁，严重情况下将导致管道失效破坏，造成安全事故和经济损失，因此，本研究提出了一种基于有限元技术结合未确知测度、兰氏距离的风险预警方法，可对滑坡作用下管道的安全状况进行有效评估，帮助管道运营者对管道进行安全管控。

首先建立滑坡作用下管道-土体的三维有限元模型，选取对管道应力影响大且便于监测的滑坡位移、滑坡宽度、滑坡后缘裂缝距离作为主要影响参数，研究了管道应力随三者的变化规律，据此选取可反应变化规律的直线型测度函数。其次，根据有限元模拟结果，建立三个指标的未确知测度函数，求取测度矩阵，结合有限元模拟结果与随机森林算法求取指标权重，得到未确知测度综合评估向量。最后，通过兰氏距离识别准则，评估管道预警等级。将提出的风险预警方法应用于案例研究。结果表明：3处穿越滑坡区管道的预警等级分别为Ⅲ、Ⅱ、Ⅲ级，与管道实际运行情况一致。并与传统风险预警方法进行对比，发现本方法在处理数据未确知性，具有更好的效果，可以更准确的对管道安全状况进行预警，帮助运营者更好的管控风险，做出有效的决策。

参考文献

[1] Lu H, Xu Z, Zang X, et al. Leveraging Machine Learning for Pipeline Condition Assessment[J]. Journal

of Pipeline Systems Engineering and Practice, 2023, 14(3): 04023024.

[2] Zhang L, Xie Y, Yan X, et al. An elastoplastic semi-analytical method to analyze the plastic mechanical behavior of buried pipelines under landslides considering operating loads[J]. Journal of Natural Gas Science and Engineering, 2016, 28: 121-131.

[3] Shi Y, Zheng J, Wang C, et al. A safety management system for natural gas pipeline in subsidence area of coal mine[J]. Energy Sources. Part A, 2022, 44(3): 5766-5783.

[4] Qin G, Xia A, Lu H, et al. A hybrid machine learning model for predicting crater width formed by explosions of natural gas pipelines[J]. Journal of Loss Prevention in the Process Industries, 2023, 82: 104994.

[5] Lu H, Xi D, Qin G. Environmental risk of oil pipeline accidents[J]. Science of The Total Environment, 2023, 874: 162386.

[6] Lu H, Xu Z, Cheng Y, et al. An inventory of greenhouse gas emissions due to natural gas pipeline incidents in the United States and Canada from 1980s to 2021[J]. Scientific Data, 2023, 10(1): 282.

[7] Vasseghi A, Haghshenas E, Soroushian A, et al. Failure analysis of a natural gas pipeline subjected to landslide[J]. Engineering Failure Analysis, 2021, 119: 105009.

[8] Schwab J, Marten G, Andrée B. The Khyex River landslide of November 28, 2003, Prince Rupert British Columbia Canada[J]. Landslides, 2004, 1: 243-246.

[9] Niu C, Zhang H, Liu W, et al. Using a fully polarimetric SAR to detect landslide in complex surroundings: Case study of 2015 Shenzhen landslide[J]. ISPRS Journal of Photogrammetry and Remote Sensing, 2021, 174: 56-67.

[10] Cheng Z, Gong W, Tang H, et al. UAV photogrammetry-based remote sensing and preliminary assessment of the behavior of a landslide in Guizhou, China[J]. Engineering Geology, 2021, 289: 106172.

[11] Poma P, Usca M, Fdz-Polanco M, et al. Landslide and environmental risk from oil spill due to the rupture of SOTE and OCP pipelines, San Rafael Falls, Amazon Basin, Ecuador[J]. 2021, International Journal on Advanced Science, Engineering and Information Technology, 11: 1558-1566.

[12] Umer Z, Alberto G, Stefano M. An analytical procedure for modelling pipeline-landslide interaction in gas pipelines[J]. Journal of Natural Gas Science and Engineering, 2020, 81: 103474.

[13] Chaudhuri C, Choudhury D. Buried pipeline subjected to seismic landslide: A simplified analytical solution[J]. Soil Dynamics and Earthquake Engineering, 2020, 134: 106155.

[14] Calvetti F, Di P, Nova R. Experimental and numerical analysis of soil-pipe interaction[J]. Journal of Geotechnical and Geoenvironmental Engineering, 2004, 130, (12): 1292-1299.

[15] Feng W, Huang R, Liu J, et al. A Large-scale field trial to explore landslide and pipeline interaction[J]. Soils and Foundations, 2015, 55(6): 1466-1473.

[16] Zhang L, Fang M, Pang X, et al. Mechanical behavior of pipelines subjecting to horizontal landslides using a new finite element model with equivalent boundary springs[J]. Thin-Walled Structures, 2018, 124: 501-513.

[17] Liao Y, Liu C, Wang T, et al. Mechanical behavior analysis of gas pipeline with defects under lateral landslide[J]. Proceedings of the Institution of Mechanical Engineers, Part C: Journal of Mechanical Engineering Science, 2021, 235(23): 6752-6766.

[18] 张伯君. 山体滑坡区域内长输埋地油气管道强度研究[D]. 浙江大学, 2013.

[19] 王海兰, 马廷霞, 徐洪敏, 等. X80 输气管线悬空状态下的安全评价[J]. 科学技术与工程, 2014, 14(34): 174-179+189.

[20] Chan P D S. Soil-Pipeline Interaction in Slopes[M]. University of Calgary, 1999.

[21] 靳颜宁, 李夕兵, 刘彭金, 等. 基于改进的未确知聚类模型的岩爆倾向性预测[J]. 安全与环境学报, 2017, 17(1): 12-16.

一种基于消极-积极因素分析的油气管道耦合风险指数评价方法

黄婧婷 陈利琼

（西南石油大学石油与天然气工程学院）

摘 要 随着油气资源在全球范围内的广泛应用，油气管道的长度也日益增长，与此同时，管道失效导致的安全事故数量也不断增加。通过调研，我们发现传统对于管道风险评价的分析方法对于事故中多种因素存在的情况往往只做单纯的叠加/相减，并没有考虑因素间耦合的效果。基于此，本文提出了一种评估管道耦合风险的改进指数法，在现行指数法基础上，结合专家意见，充分考虑影响因素间的逻辑关系，形成油气管道耦合风险的指数改进评估法。该方法结合事故统计分析、系统安全评估法和专家意见，构建管道失效可能和后果评估指标体系，包括指标结构、指标权重和指标赋值准则。通过区分导致管道失效事故的消极与积极因素，进一步考虑因素间的逻辑关系及其间耦合作用对于管道失效的影响，从而客观评估管道综合风险，为风险缓解决策指明方向，避免管道或不利中间事件的发生，有效降低管道事故发生概率。

关键词 管道失效；风险评价；指数法；耦合作用

管道运输作为一种安全、高效且经济的运输手段，在全世界的油气行业中被广泛运用，截至2021年底，全球在役的管道总里程约有202万公里。在带来便利的同时，诸多风险也随之而来，一旦管道发生失效事故，可能导致的安全、经济、环境等后果会十分严重。由此，管道的风险评价已成为目前全世界共同关注的重点研究课题之一。

Yang Yang等人将指数法与层次分析法结合，并引入一种基于图嵌入和聚类算法的数据驱动模型，针对城市燃气管道后果因素建立风险评价模型，旨在减少贝叶斯决策过程中专家打分存在的主观性；Jin Xu等人采用改进的kent指数法对泄露影响因子进行研究，在kent指数管道风险评估模型的基础上，定性地引入5个补偿系数对原模型进行修正，使其能够更客观的对管道风险进行反映；S C Gyarino采用基于Kent Muhlbauer模型的指数法对输油管道进行风险评估，在基于风险表征结果的基础上，通过关注平均风险值对选定的研究管道进行风险评估，并分析措施对于管道受损情况的缓解效果；Akbarinia Golam Reza同样采用基于Kent Muhlbauer模型的指数法对城市输气管道与输气设备存在的风险进行评估，并根据评估获得的结果划分5个area，采取不同的控制手段；Huseyin Murat Cekirge将指数法与多变量分析结合，针对原油管道对环境的威胁与影响风险进行分析。其中参数的取值是根据杠杆估计结果与风险的定性评估确定。

近年来，专家学者们研究出许多评价管道风险的方法，指数法作为常用的方法之一，拥有评价逻辑清晰、过程简洁且可针对大规模连续性系统进行分析的优点。美中不足的是，指数法运用的过程中，针对不同因素只有简单的叠加关系，并未考虑其间的相互作用，而在实际工况中，因素间耦合作用对于风险的影响是客观存在的。同样，常用于评价管道风险的软件RISKSORE也是更多地考虑导致管道失效的不利因素，而往往忽略管道公司所采取的防护和控制措施对风险的降低作用，若是单纯运用传统的指数法与软件分析所得出的结果会与真实情况产生偏差。因此，传统方法亟需被加以改进，以更好地适应实际，为管道运营商的高效管理提供科学依据。

1 耦合风险指数评价方法

管道的失效往往是多种因素共同作用的结果。这些因素中，有些属于消极因素，是导致管道失效风险增大的客观因素；另一些属于是积极因素，原本是为了避免管道事故或是不利中间事件的发生，在设计、施工和运营等阶段便采取了针对的预防控制措施，但由于实施时没有达到预期的结果而使其为消极因素事件的发生提供了条件。消极因素是风险高的客观原因，积极因素则是降低风险的客观原因，也是管道安全管理的落脚点。根据普遍对于工程风险的认知，认为"风险高"是较之"风险低"是更为不利的情况，将消极因素对风险的贡献设置为"正"，而积极因素对是对消极因素的消减作用，对风险的贡献为"负"。

当两个或两个以上消极因素共同作用在管道上时，各因素通过相互作用而彼此影响，从而产生比直接叠加更大的破坏力。当多个消极因素作用均超过一定限度时，耦合作用发生；且单因素的作用越大，耦合作用也越大。故而，再计算存在有耦合作用的所有因素对管道风险值的贡献时，除了单因素指标值叠加外，还应加上耦合作用的修正指标值。

2 基于消极-积极因素的管道风险评价指标体系

2.1 管道失效可能性评估指标体系

2.1.1 可能性评估指标结构

针对管道失效原因主要对比分析了美国PHMSA，加拿大Z662-07，欧洲CONCAWE，欧洲EGIG 4个数据库中记录的管道失效事故。由于各国与各组织对于管道事故的界定、统计及运行管理水平之间存在部分差异，致使导致管道失效的因素归纳虽然较为全面，但事故原因的分类上却并不相同，根据对以上数据库的对比分析，将油气管道失效原因归为6大类，分别统计近些年不同类别原因导致的事故数，结果如表1所示。

表1　各国油气管道事故原因统计表

因素 对象	腐蚀	第三方破坏	自然灾害	制造安装 缺陷设备故障	误操作	其他原因
美国管道	18	26	7	29	5	13
美国危险液体管道	22.8	10.8	8	40.5	6	11
欧洲热油管道	79.1	7.7	4.4	6.6	2.2	—
欧洲等温管道	17.2	38.1	13.1	26.3	5.4	—
英国管道	38	21.8	3.6	27.1	5.7	3.6
合计平均	35.1	20.9	7.2	25.9	4.86	—

统计中设备缺陷中的大部分缺陷表现为焊接缺陷，也是各管道公司的关注重点。而随着世界各国油气管道安全管理水平的提高，误操作和不明原因引起的管道事故较少，且在其他类别中都会有涉及，在此不进行单独评估。故将焊接缺陷、腐蚀、第三方破坏和自然灾害设定为本指标体系的一级指标。因此，在一级指标设定的基础上，构建"四类三级"失效可能性指标结构，并将每类一级指标进一步划分为消极与积极因素两部分。结果如图1所示。

2.1.2 指标赋值准则与权重

其中，4大类因素中的消极因素和积极因素均为一级指标，其代码分别为Ni和Si，二级因素，三级因素代码为Ni-j，Ni-j-k，和Si-j，Si-j-k。

将失效可能性指标框架中的一级消极因素指标Ni和积极因素指标Si均设置为100分，一二级指标可以根据三级指标的分值计算得到，而三级指标即基础指标则根据管段的实际情况，参照评估细则得到分值。

本研究中针对基本指标的评估细设置原则包括有：全面性原则、可量化原则、客观性原则、数据可采集性原则、直观实用性原则、方便使用原则和尊重现场原则。根据指数法思想，每个细则需要赋予一定的分值，在此以指标权重的方式进行赋值，评估细则赋值原则为：

（1）对于消极因素，每一评估细则在[0，1]之间赋值权重。所涉及的不利程度越高，权重越大，不利程度越低，权重越小。

（2）消极因素中，单选项的，不利程度最高的细则权重赋值为"1"，无影响的赋值0，"无"权重赋值为"0""其他""不清楚"一般按最不利情况赋值。

（3）消极因素中，多选项的，各因素权重总和为1，当超过1时，按1计算。“其他”“不清楚”则按一般情况赋值。

（4）消极因素中，对于描述为影响很小的细则，考虑到小概率事件也会发生，其赋值设置为0.1或0.2，而不做0考虑。

（5）对于积极因素，每一评估细则在[0，1]之间赋值权重。．所涉及的对于抑制不利事件发生的贡献越大，权重越大，贡献越下，权重越小。

（6）积极因素中，单选项的，抑制不利事件最高的细则权重赋值为“1”，没有相应措施的赋值0，“无”权重赋值为“0”，“其他”按一般情况赋值。

（7）积极因素中，多选项的，各因素权重总和为1，当超过1时，按1计算。“其他”则按一般情况赋值。“不清楚”按0赋值。

（8）征求现场管理人员和工作人员意见，对权重赋值进行调整。

据此，建立油气管道失效可能性评估指标体系。

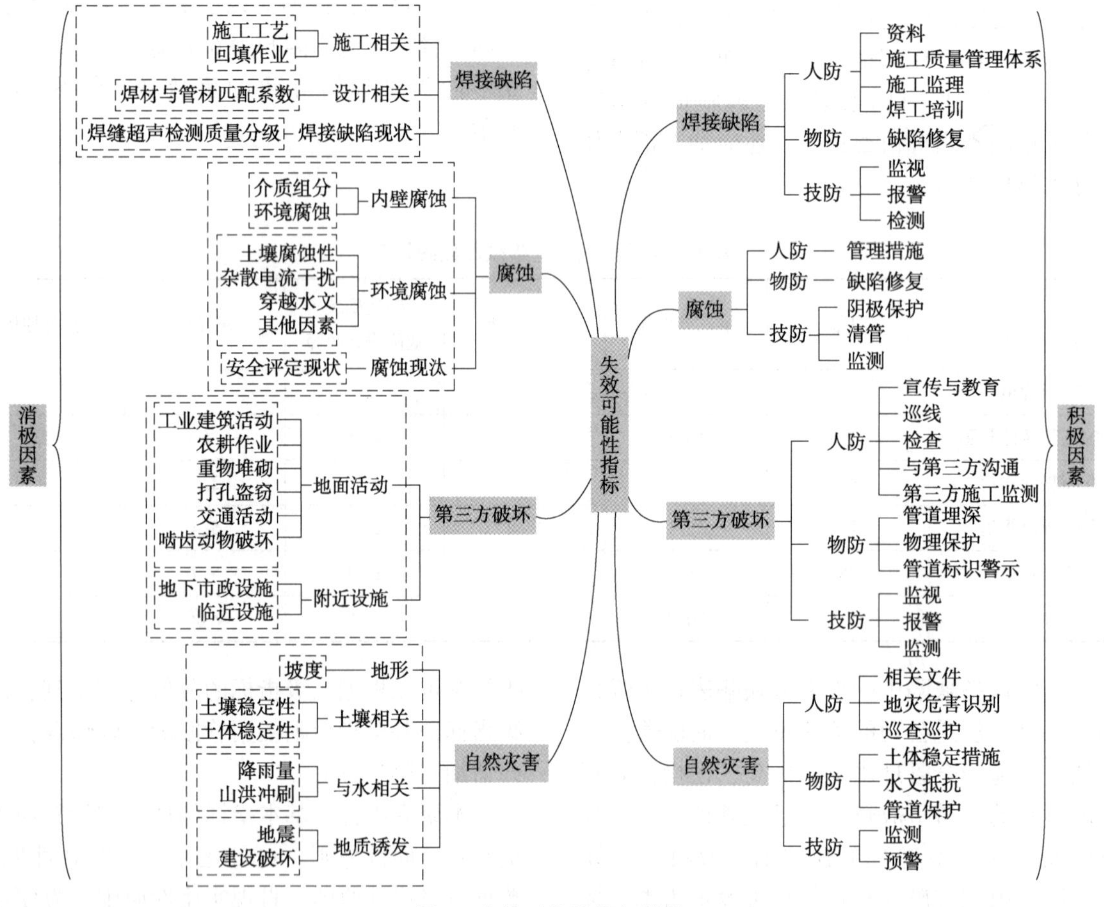

图1　失效可能性指标结构

2.2　管道失效后果评估指标体系

2.2.1　可能性评估指标结构

分析油气管道失效情景可知，同样的泄露事件在不同的情况下所导致的失效后果不同，其影响因素包括：泄漏量的大小、管道泄漏后是否着火、不同自然环境对事故的后果的承受度、不同人文条件对事故的承受度、不同地区和管道用户对事故的承受度、消防条件、维抢修条件和应急条件。如：泄漏量越大，且着火爆炸时，危害更大；而=消防可以有效避免或减小火灾爆炸给人员和建筑物带来的损失；维抢修修复管道，可减小泄漏量和事故对企业带来的经济损失

一方面，当油气介质意外泄漏，失控的介质作用于周围承灾体，导致承灾体损失。另一方面，但当意识到危害较大时，管理者必将采取相应的事故控制措施，保护承灾体免受或少受灾害，从而使事故后果尽可能减小。

可见，介质危害和事故控制的对象都是承灾体，只是前者是消极作用，后者起着积极作用。因此，参考已有风险评价指标体系，结合研究地区特点，构建了失效后果评估指标体系，如图 2 所示。

其中，客观存在的介质危害性、承灾易损性和应急处置均为一级指标，其代码分别为 U1、U2、U3。其余代码规则与失效可能性指标同。

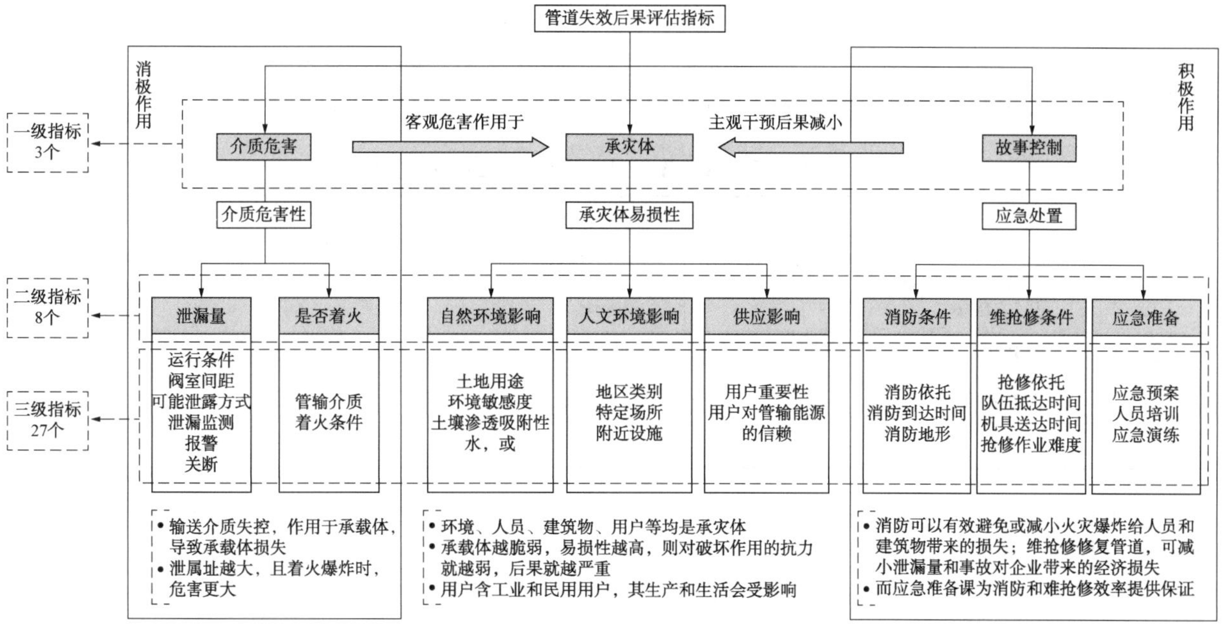

图 2　管道失效后果评估指标体系

3　耦合风险计算方法

3.1　风险计算方法

3.1.1　基础指标分值计算

基础质指标分值取决于基础指标（三级指标）的总分值以及管道情况对应的细则所对应的权重。

设指标选项论域为：$U=\{u_1, u_2, \cdots, u_m\}$，则对应的指标选项的权重序号集 A 为 U 上的集合，对应权重集为 B，则有：

$$A=\{a_1, a_2, \cdots, a_m\}, A\in U$$

$$B=\{\lambda_{N_{i-j-k-1}}, \lambda_{N_{i-j-k-2,}}, \cdots, \lambda_{N_{i-j-k-m,}}\}, B\in U$$

该因素共有 m 个选项，a 为被选用选项的序号。

设三级指标分配的总分值为 S_{i-j-k}，则序号为 i–j–k 的消极因素（P_N）和积极因素（P_S）三级指标分值分别为：

当选项为单选时：

$$P_{N_{i-j-k}}=S_{N_{i-j-k}}\lambda_{N_{i-j-k-a}} \quad (3.1)$$

$$P_{S_{i-j-k}}=S_{S_{i-j-k}}\lambda_{S_{i-j-k-a}} \quad (3.2)$$

当选项为多选时，因素权重为所有选项所对应权重之和，但不得大于 1。

$$P_{N_{i-j-k}}=S_{N_{i-j-k}}\sum_{\forall a\in A}\lambda_{N_{i-j-k-a}} \quad (3.3)$$

$$P_{S_{i-j-k}}=S_{S_{i-j-k}}\sum_{\forall a\in A}\lambda_{S_{i-j-k-a}} \quad (3.4)$$

$$\sum_{\forall a\in A}\lambda_{N_{i-j-k}}\leqslant 1, \ \sum_{\forall a\in A}\lambda_{S_{i-j-k}}\leqslant 1 \quad (3.5)$$

3.1.2　二级指标分值计算

代码为 Ni–j 的指标二级指标分值为：

$$P_{N_{i-j}}=\sum_{k=1}^{n1}P_{N_{i-j-k}} \quad (3.6)$$

$$P_{S_{i-j}}=\sum_{k=1}^{n2}P_{S_{i-j-k}} \quad (3.7)$$

式中，k 为序号为 i–j 的二级指标所包含的三级指标的序号，而 $n1$ 和 $n2$ 分别为消极因素和积极因素的三级指标数量。

3.1.3　一级指标分值计算

一级指标对应的消极因素和积极因素指标分值分别为：

$$P_{N_i}=\sum_{j=1}^{L1}P_{N_{i-j}} \quad (3.8)$$

$$P_{S_i}=\sum_{j=1}^{L2}P_{S_{i-j}} \quad (3.9)$$

式中，j 为序号为 i 的一级指标所包含的二级指标的序号，而 $L1$ 和 $L2$ 分别为消极因素和积极因素的二级指标数量。

3.1.4　大类因素指标分值计算

大类因素指标分值与一级消极指标和积极指

标有关。

消极因素增加风险，而积极指标削减风险，故一级指标分值为消极因素指标分值减去积极因素缓解分数。由于积极因素是作用在消极因素上的，削减的是消极因素的致灾程度，对消极灾因素的削减程度处于(0，1)之间。因每大类的一级指标分值都为100，但无论采取多少措施，风险都不能被消灭，故设置缓解程度为 $P_{Si}/200$。

这样大类因素指标分值为：

$$P_i=\left(1-\frac{P_{Si}}{200}\right)\times P_{N_i} \tag{3.10}$$

3.2 耦合系数确定方法

本文对于耦合的影响只考虑两个大类之间的耦合作用，下表2为失效因素耦合作用矩阵。

表2 失效因素耦合作用对失效可能性的修正值代码

i_1 \ i_2		1	2	3	4
		第三方破坏	自然灾害	焊接缺陷	腐蚀
1	第三方破坏	—	P_{1-2}	P_{1-3}	P_{1-4}
2	自然灾害	—	—	P_{2-3}	P_{2-4}
3	焊接缺陷	—	—	—	P_{3-4}
4	腐蚀	—	—	—	—

由表2分析可知，破坏因素即两类外力与两类缺陷，其耦合作用包括：

(1) 带焊接缺陷管道在第三方破坏下的失效；

(2) 带腐蚀缺陷管道在第三方破坏失效下的失效；

(3) 在自然灾害和第三方破坏共同作用下的管道失效；

(4) 带焊接缺陷的管道在自然灾害作用下的失效；

(5) 带腐蚀缺陷的管道在自然灾害作用下的失效；

(6) 同时有腐蚀缺陷和焊接缺陷的管道失效。

对带缺陷管道在外力作用下的失效研究比较多，总结发现带缺陷(焊缝和腐蚀)会明显降低管道抵抗外力(第三方破坏和自然灾害)的能力，也就是当缺陷和外力风险都较高时，两者的耦合作用是较大的。

但对于两类外力相互之间和两类缺陷相互之间的研究较少，且同类因素是从同一角度增大风险，故两者的作用可以单纯的加和，耦合作用可以忽略，P_{1-2} 和 P_{3-4} 等于0。则因素间耦合作用如图3所示。

参考公开发表标准、文献等，设置耦合作用指标修正取值原则如下：

(1) 当两者的消极因素指标值均大于45分时，应考虑两者的耦合作用。

(2) 设定耦合作用是对风险指标($\lambda_{i1}P_{Ni1}+\lambda_{i2}P_{Ni2}$)的增加，增加程度为$\frac{\lambda_{i1}P_{Ni1}+\lambda_{i2}P_{Ni2}}{100}$，则耦合作用指标为：

$$P_{i1-i2}=\frac{\lambda_{i1}P_{Ni1}+\lambda_{i2}P_{Ni2}}{200}\times(\lambda_{i1}P_{Ni1}+\lambda_{i2}P_{Ni2})=\frac{(\lambda_{i1}P_{Ni1}+\lambda_{i2}P_{Ni2})^2}{200} \tag{3.11}$$

当多组耦合作用存在时，一起事故中总有一组耦合用起主导作用。因此，当多组耦合存在时，只考虑耦合最大的一组的作用。则：

$$P'=max\ P_{i1-i2} \tag{3.12}$$

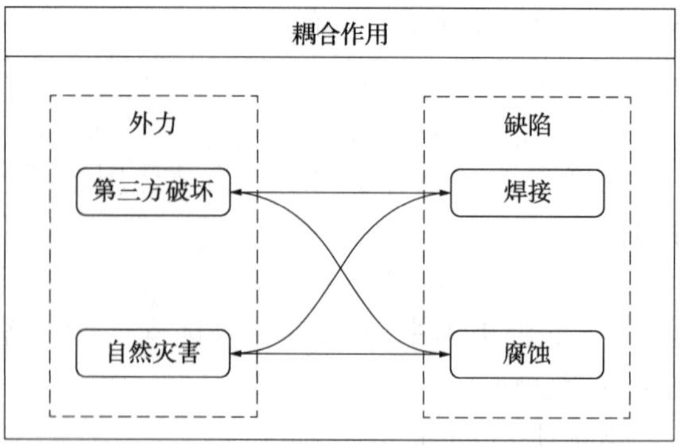

图3 管道失效因素间耦合作用示意图

3.2.1 失效可能性及后果指标分值计算

失效可能性指标分值按照以下公式计算：

$$P=\lambda_i\left[\left(1-\frac{P_{Si}}{200}\right)\times P_{N_i}\right]+P' \tag{3.13}$$

式中，λ_i 为第 i 类失效消极因素的指标权重，$\sum_{i=1}^{n}\lambda_i=1$；本研究取均值0.25。

失效后果各级指标分值与失效可能性指标计算方法一样。

由于应急处置在一定程度上减轻的是由介质危害和承灾体易损性决定的后果严重程度，故管道失效后果计算方法为：

$$C=\left(1-\frac{C_{U3}}{200}\right)\times(\lambda_{U1}C_{U1}+\lambda_{U2}C_{U2}) \quad (3.14)$$

式中，C 为管道失效后果值；C_{U1}，C_{U2}，C_{U3}分别为介质危害性 \ 承灾体易损性和应急处置的指标分值；λ_{U1}，λ_{U2}分别为介质危害性和承灾体易损性的权重，二者之和为1。

3.2.2　管道风险指标分值计算

管道风险是P和C的函数，可以用一定的运算符号将可能性与后果结合起来，则风险指标分值计算公式为：

$$R=F(P,\ C)=F\left(\begin{matrix}(\lambda_i\left(\left(1-\frac{P_{Si}}{200}\right)\times P_{N_i}\right)+\max\left(\frac{(\lambda_{i1}P_{Ni1}+\lambda_{i2}P_{Ni2})^2}{200}\right),\\ F\left(1-\frac{C_{U3}}{200}\right)\times(\lambda_{U1}C_{U1}+\lambda_{U2}C_{U2})\end{matrix}\right) \quad (3.15)$$

一般，可以两者采用相乘或相加来计算风险分值。应用结果表明，应该根据实际评估结果分布情况选择合适的算子，以使得风险分析结果符合正态分布且能反应管道实际情况(管理者的现场经验和明显优先性排序)，本研究采用“+”算子。

4　结论

本文提出了一种基于消极与积极因素的油气管道风险评价方法，并建立了风险评价体系。提出的方法和体系考虑了因素间的逻辑关系以及耦合作用对于管道失效的影响，能够帮助提高油气管道综合风险评价的科学与可行性。

(1) 提出了一种用于评估油气管道综合风险的改进指数法。方法结合事故统计分析、系统安全评估和专家打分法，构建管道失效可能性评估“四类三级”及失效后果评估“三类三级”指标体系，并给出指标分值设置、基础指标评估细则和赋值的原则和方法。

(2) 分析了因素间的逻辑关系及其对管道失效的耦合作用，建立了管道综合风险评估模型和计算过程，大大提高油气管道综合风险评估的科学性和可行性，客观地评估管道综合风险，避免管道或不利中间事件的发生，能够有效减小管道事故的发生概率。

参　考　文　献

[1] Yang, Yang; Li, Suzhen; Zhang, Pengcheng. Data-driven accident consequence assessment on urban gas pipeline network based on machine learning.[J]. Reliability Engineering & System Safety, 2022, Vol. 219: 108216.

[2] S C Gyarino; D W Handani; E Pratiwi; F I Prastyasari; I M Ariana. Risk Assessment of Balikpapan–Samarinda Oil Distribution Pipeline Using Kent Muhlbauer Method[J]. IOP Conference Series: Earth and Environmental Science, 2022, Vol. 972: 012080.

[3] Akbarinia, Golam Reza; Gilani, Neda; Mohhamadzadeh, Sasan; Alizadeh, Seyed Shamseddin. Application of Kent Muhlbauer Method to Risk Assessment of Urban Gas Pipelines[J]. Journal of Pipeline Systems Engineering and Practice, 2022, Vol. 13(1): 1-7.

[4] Jin Xu; Bi Lin Shao; Qiong Wu. Research on Compensation Correction of Leak Impact Factor of Kent Index Method[J]. Applied Mechanics and Materials, 2014, Vol. 509: 105-110.

[5] Huseyin Murat Cekirge. Quantitative Risk Assessment for Crude Oil Pipelines[J]. International Journal of Environmental Monitoring and Analysis, 2015, Vol. 3(3): 147-153.

物探技术在天然气管道山体滑坡抢险中的实例应用

马哲斌[1]　任承豪[2]　夏景生[1]　陈小勇[1]

（1. 中国石油天然气股份有限公司天然气销售广东分公司；
2. 中国石油集团东方地球物理有限责任公司综合物化探处）

摘　要　某天然气支线管道3#阀室发生地质滑坡，在地灾抢险过程中采用微动和高密度电法两种物探方法，结合钻井探测资料，预测滑坡体富含水区域、滑移面位置、基岩形状和深度，为滑坡体排水、抢险措施制定、抢险方案编制提供指导。本文介绍了微动和高密度两种物探方法原理、算法和每条探测线取得的成果，为同类地灾抢险提供借鉴和参考。

关键词　微动；高密度电法；富含水；基岩

1　物探原理

1.1　微动方法原理

微动是地球浅表一直存在的天然微弱振动，震源主要来源于气压、风速、海浪、潮汐变化等自然现象以及车辆行驶、机器运行、日常生活、生产等人类活动，前者称为长波微动，频率小于1Hz，后者属于常时微动，频率大于1Hz，属于高频信号源。

微动由体波和面波组成的复杂振动，其中面波（瑞雷波）能量约占总能量的70%以上。由于面波的频散特性，微动信号具有振幅、频率随时间、空间发生显著变化的特点，因此在一定时空范围内满足统计稳定性，可用平稳随机过程来描述，这为人们利用微动信号开展地下结构探测奠定坚实的理论基础。

微动探测法（Microtremor Survey Method，简称MSM）是利用地震台阵记录微动信号的垂直分量估算面波相速度的方法，通过对瑞雷波频散曲线进行反演，获得观测台阵下方介质S波速度结构，达到探测目的。该方法的研究最早起始于20世纪50年代，目前已被广泛应用于地质结构分层和隐伏断裂构造探测、地热调查、煤矿采空区探测、岩溶勘查、城市地质调查等多个领域，并取得了较好的效果，尤其在城市强干扰条件下，常规地球物理方法难以取得有效的资料，而微动方法表现出独特的优势。

微动探测工作流程采用任意离散观测台阵布设方式进行数据采集，并采用空间自相关法或频率波数（$F-K$）算法从微动信号提取波速频散曲线，然后直接绘制相速度等值线图，或者计算视横波速度，再经过插值、平滑等处理步骤获得二维视速度剖面，如图1所示。

1.2　高密度电法方法原理

高密度电法是综合物探方法中浅层地电探测的有效方法之一，其以岩、土体的导电性差异为物理基础，通过观测和研究人工建立的地下稳定电流场的分布规律从而达到解决地质问题的目的。高密度电法和常规电法一样，通过A、B电极向地下供电流 I，在 M、N 极间测量电位差 ΔV，从而可求得该点（M、N 的中点）的视电阻率 $\rho = K \cdot \Delta V/I$，$K$ 为装置系数，工作原理见图2。

高密度电法兼具剖面法与电测深法的效果，并具有点距小、数据采集密度大的特点，它将所测得的大量数据利用现代的反演技术直接反演成真电阻率剖面图，可直接用于地下岩土分布的分析和解释，能反映岩、土体的位置和走向，能较直观的反映不同性质岩、的界限情况及异常体的位置、埋深等地质信息。

2　应用

共布微动测线4条，测线总长度350m，坐标点179个；共布高密度电法测线3条，测线总长度880m，坐标点176个，测线具体位置见图3。

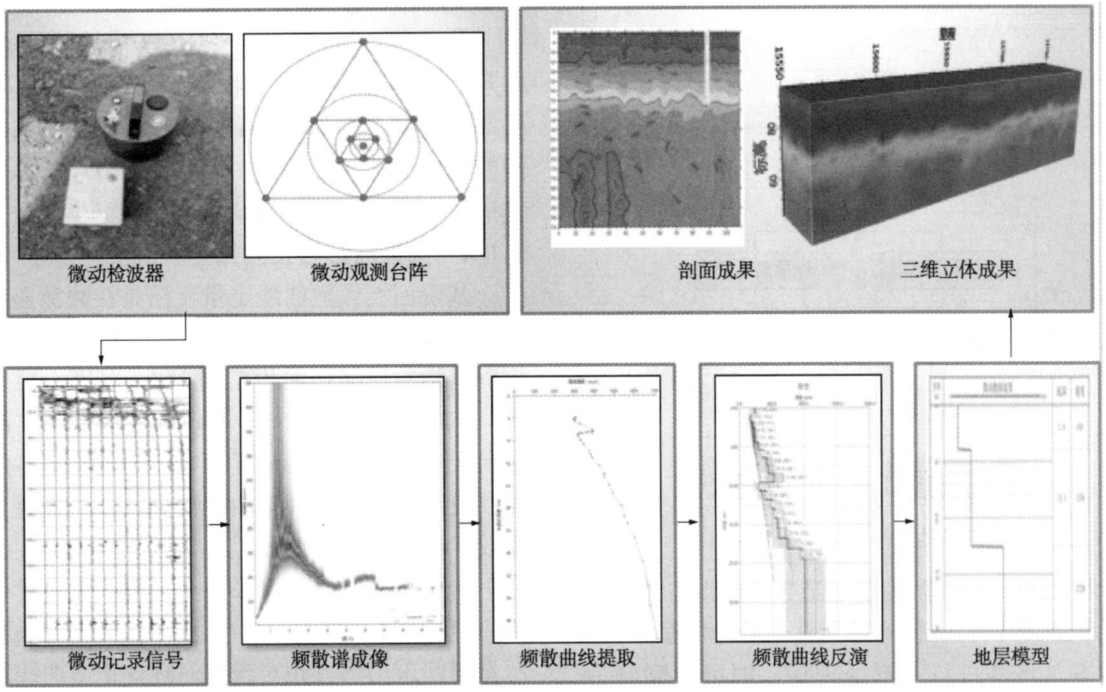

图 1　微动探测工作流程

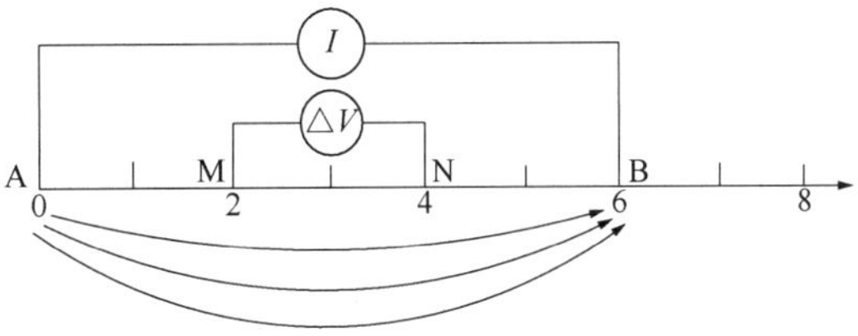

图 2　高密度电法探测原理图

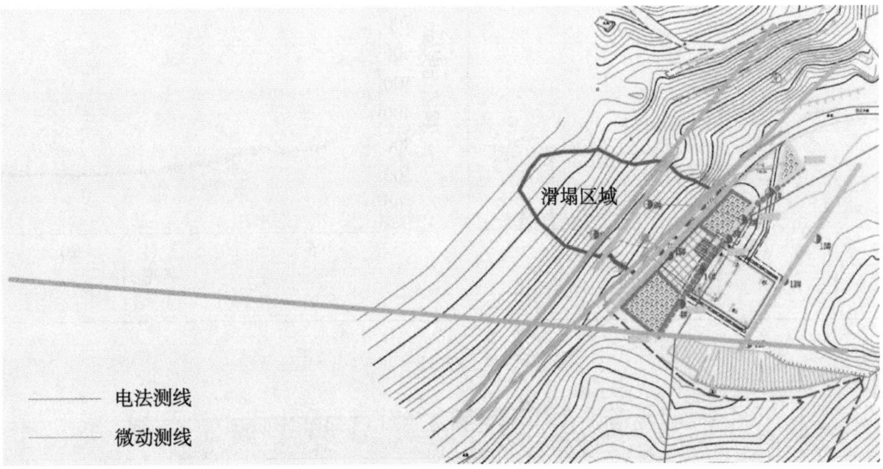

图 3　物探工程测线完成示意图

3　算法

3.1　微动处理技术及流程(图 4)

3.1.1　预处理

对外业采集数据记录点位置归算为实际的点号坐标，检查记录参数是否正确，检查采集记录是否达到探测深度要求，对外业采集记录不符合要求的点及时安排补测。

3.1.2　提取相速度频散曲线

从台阵获取的微动信号记录通过空间自相

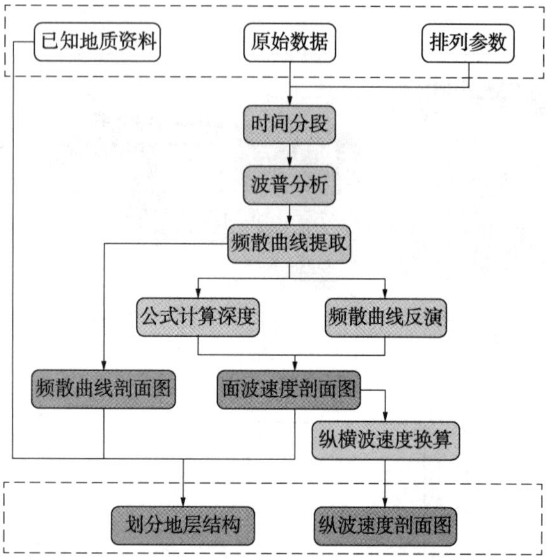

图 4　微动勘探数据处理流程图

关，拟合第一类零阶贝塞尔函数，获得与频率对应的相速度 $V(f)$，便可得到整个微动数据的 f-V 频散点，将其进行光滑处理后，即可得到频散曲线。

3.1.3　视横波速度计算

视横波速度与地下界面起伏变化、局部异常体分布范围相对较吻合，面波相速度与视横波速度转换按下式：

$$V_{s,i}=\left(\frac{T_i\cdot V_{r,i}{}^4-T_{i-1}\cdot V_{r,i-1}{}^4}{T_i-T_{i-1}}\right)^{1/4}$$

其中 V_s 为视横波速度，V_r 为面波的相速度，T 为周期，i 为频散分析提取的频散点序号。

按照测点里程号坐标、深度、视横波速度值绘制视横波等速度断面图，对地层分层、地质构造进行初步解译，为后续定量反演提供依据。

3.1.4　频散曲线正反演拟合

基阶面波频散曲线定量反演是在频散速度分析、视横波速度分析基础上，结合已有地质、钻探资料构建反演初始模型（层数、厚度、层速度等），通过正演计算出理论频散曲线，与实测频散曲线进行对比，用最优化方法反复修正各层参数，使实测曲线与理论曲线得到最佳的拟合，获得较准确的地层结构和速度参数。

本次频散曲线反演采用全局非线性最优化方法-遗传算法，图 5 为微动法频散曲线反演窗口示意图，采用均方相对误差对理论正演曲线与实测曲线拟合度进行评价。由于计算方法、地质条件复杂性导致反演结果存在多解性，实际处理时结合需要地质、钻探资料等进行综合解译，以提高精度和准确度。

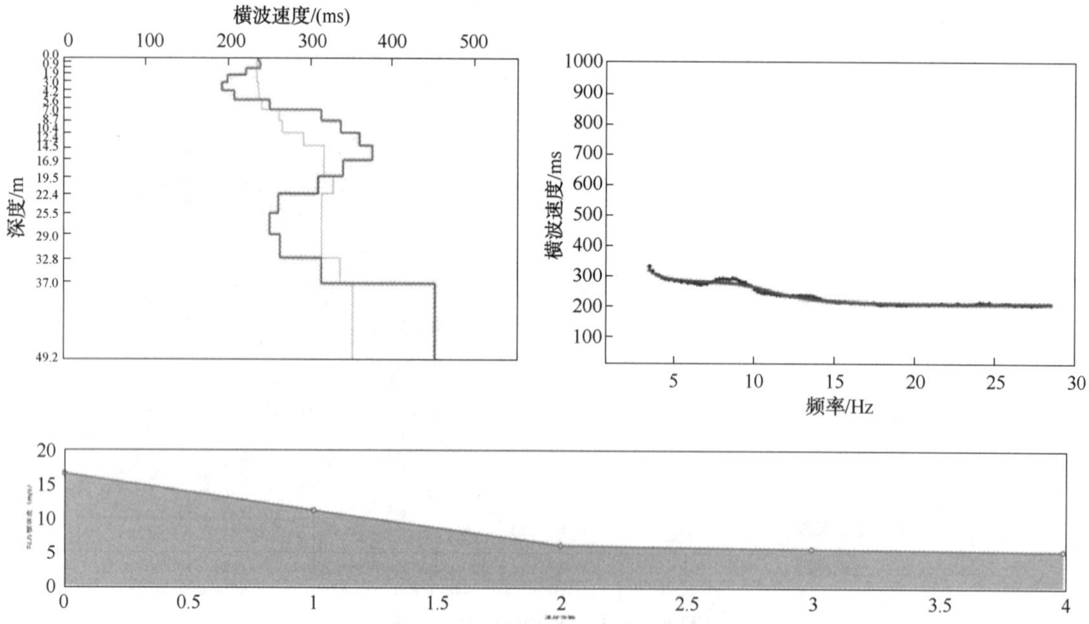

图 5　微动法频散曲线反演示意图

3.2　高密度电法处理技术

本次高密度电法资料处理使用 EarthImager 软件，首先将现场观测数据传输到计算机上，通过回放显示，数据编辑、滤波、带地形反演等一系列数字处理方法，最终得到电阻率反演断面。该软件在方法上考虑了地形因素，反演结果中去除了地形影响；此外输出剖面中包含有高程，能直观地展示出地形起伏形态。资料处理流程见图 6。

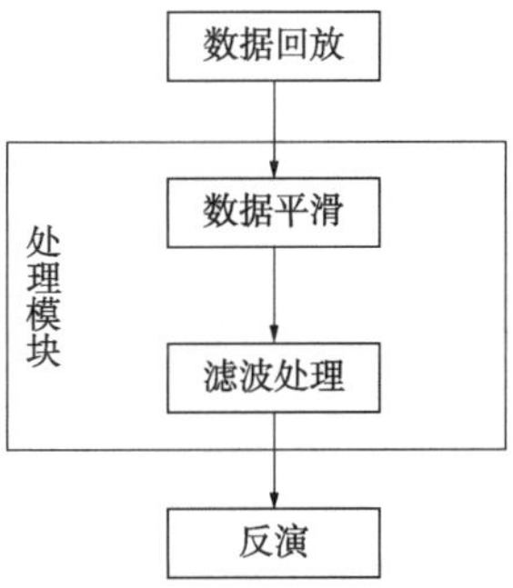

图 6　高密度电法资料处理流程

以平滑约束最小二乘法为基础，平滑约束最小二乘法满足下式

$$(J^TJ+mF)d=JTg$$

$$F=f_xf_x^T+f_zf_z^T$$

式中：式中 f_x 为水平平滑滤波，f_z 为垂直平滑滤波，J 为雅可比偏导数矩阵，J^T 为雅可比偏导数矩阵的转置形式，μ 为阻尼因子，d 为模型扰动矢量，g 为模型误差矢量。使用这种方法的优点之一就是阻尼因子和平滑滤波系数可以调整以适合不同的数据类型。在该系统中还使用常规的高斯——牛顿(Gauss-Newton)法，它比拟牛顿法慢许多，但是它在处理电阻率值相差很大(达到 10∶1)的区域所采集到的数据时，能够得到较好的反演结果。该系统的第三个优点就是用高斯——牛顿法先进行 2 到 3 次迭代，然后使用拟牛顿法再进行迭代计算。在大多数情况下，这种折衷的办法可以提供最好的结果。

4　成果

4.1　微动成果及认识

4.1.1　WD01 测线成果

从 WD01 线剖面可看出，软土层厚度在 4~9m，两端薄，中间厚，底面平缓，软土层底部在 5~7m 处有一个明显的低速带，在剖面上呈现蓝色连续的界面。该测线范围基岩起伏变化较大，从剖面看出剖面左侧较深，深度可达 30m 左右，右侧较浅基本在 23~36m 之间，右侧基岩速度明显高于左侧速度，部分地段在基岩面上方的 5m、20m 左右深度可能存在孤石(图 7)。

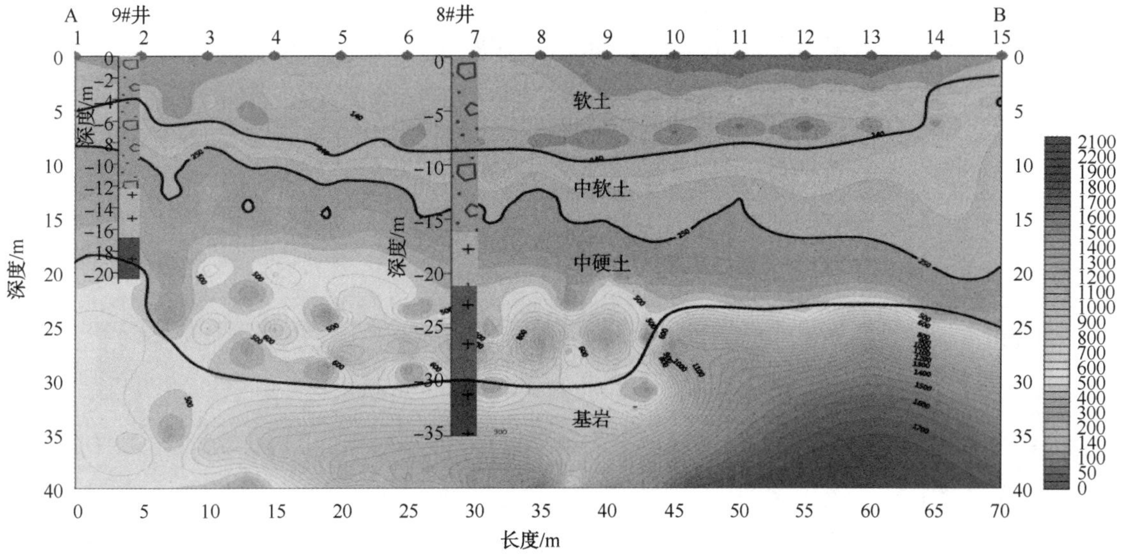

图 7　WD01 线微动解释剖面

4.1.2　WD02 测线成果

WD02 线为沿公路内侧横穿滑坡体的测线。从 WD02 线剖面看出，软土层总体厚度较 WD01 线厚，测线两端厚度浅，中间厚度，底面平坦，该线大部分区域软土厚度在 9m 左右。基岩面起伏变化较大，预测最大深度在 10 号钻孔位置。基岩面深度在 25~35m 之间(图 8)。

4.1.3　WD03 测线成果

WD03 线为沿公路外侧的横穿滑坡体的测线，该测线探测深度 20m，主要为了解软土厚度，从剖面可看出软土厚度在 7m 左右，靠西侧剖面上 25m 处略深，10m 左右(图 9)。

4.1.4　WD04 测线成果

WD04 线为阀室平台外侧的剖面。从 WD04 线剖面看出，软土层总体厚度较前几条线薄，基本在 5m 左右。基岩面较深，大都超过 30m，起伏变化较大(图 10)。

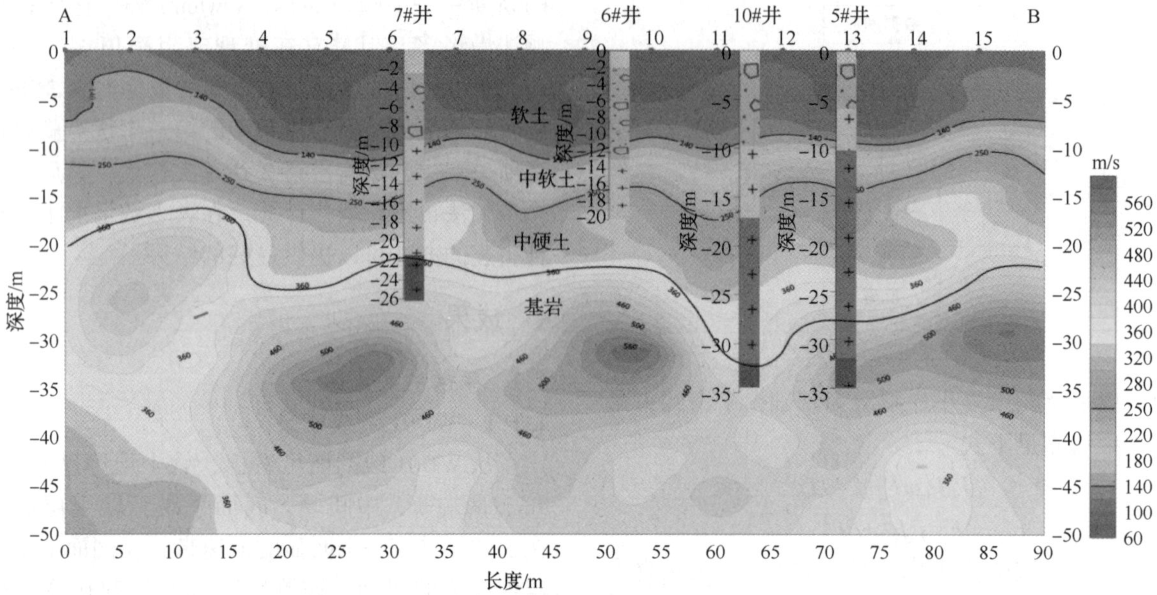

图 8　WD02 线微动解释剖面

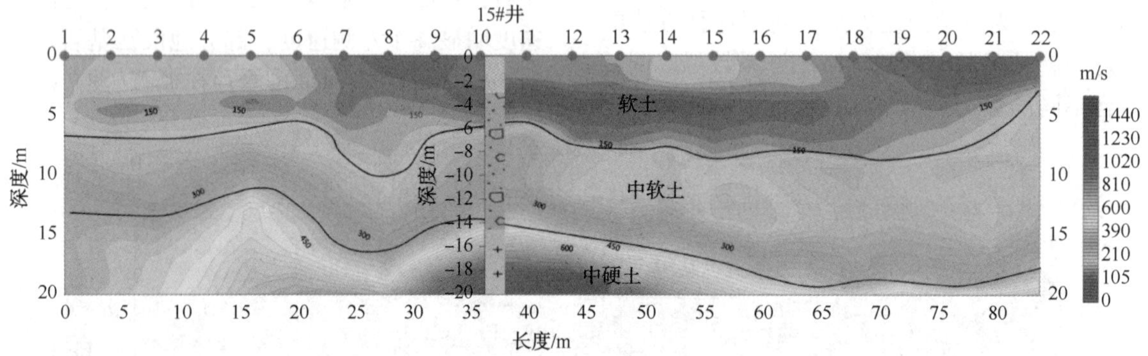

图 9　WD03 线测线微动解释剖面

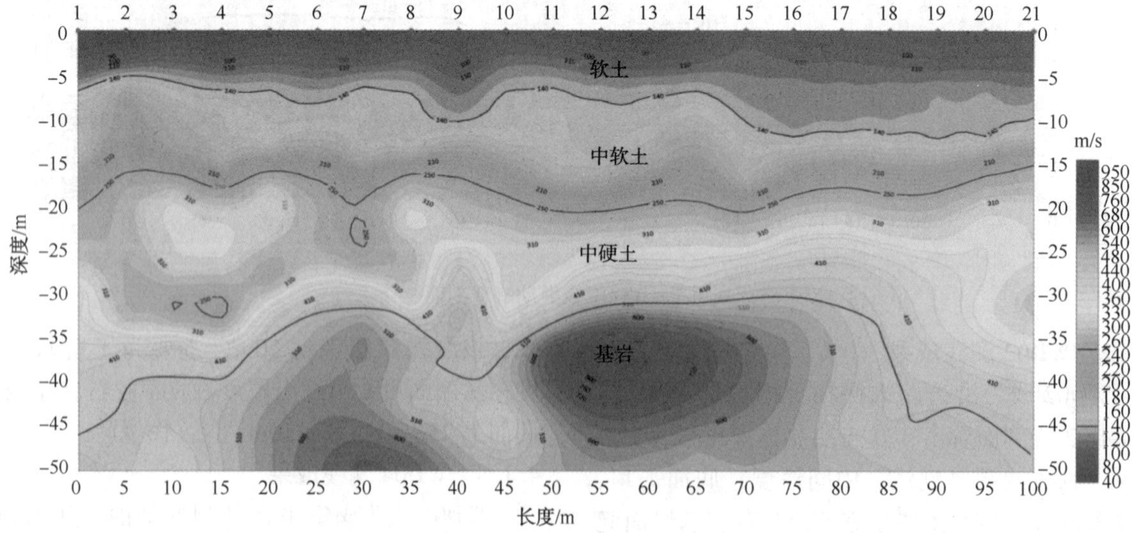

图 10　WD04 线微动解释剖面

综合微动剖面整体分析，从山上往下，纵向上整体上基岩面深度逐渐变深，横向上推测最深处为窄沟状，在基岩上方局部地段深度在 5m、20m 左右有孤石，钻探时要注意不要误认为进入基岩。软土层厚度基本在10m内，推测最厚为公路下方。

4.2 电法成果及认识

4.2.1 定性分析

从电法剖面上看分两套电性层(图11)。

(1) 第一电性层　电阻率在5~100Ω·m，相对疏松的黏土层、砂质黏土层；富水时电阻率降低，电阻率小40Ω·m。

(2) 第二电性层　电阻率在100~5000Ω·m，弱风化层、岩性基底；电阻率越高、风化程度越低。

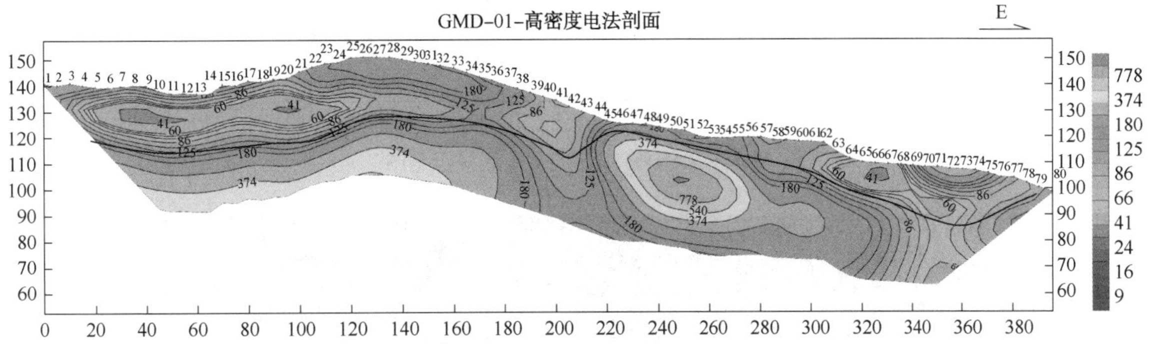

图11　GMD01线测线位置示意图

4.2.2 富水区域分析

推测富水区域9个，关联性为：①、②之间可能有关联；⑤、⑧为同一个富水区域，⑧位置更低、更厚；⑥、⑨为同一个富水区域；在低洼处，⑧、⑨可能合为一个富水区。其中区域⑧电阻率最低，地势低洼，特别是靠西位置，结合微动剖面，该区域速度最低，预测水最富集，为重点排水区域(图12~图15)。

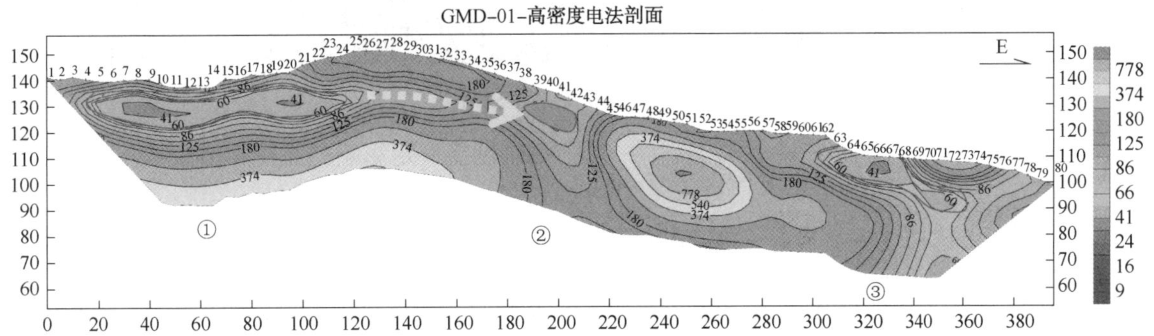

图12　GMD01线测线富水区域示意图

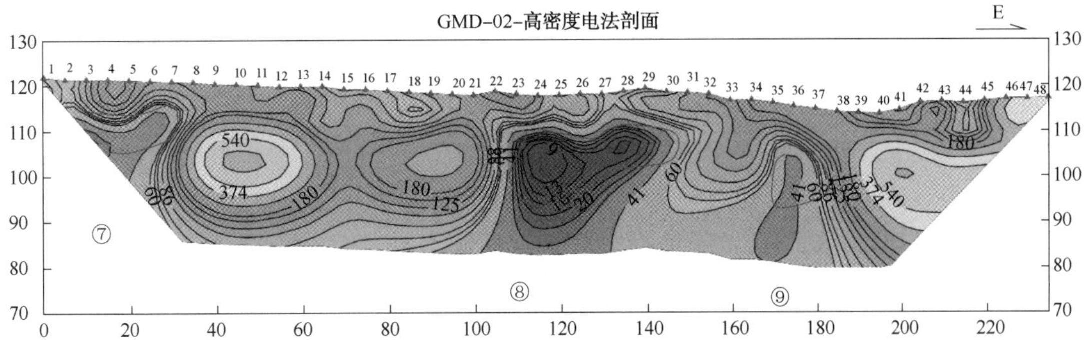

图13　GMD02线测线富水区域示意图

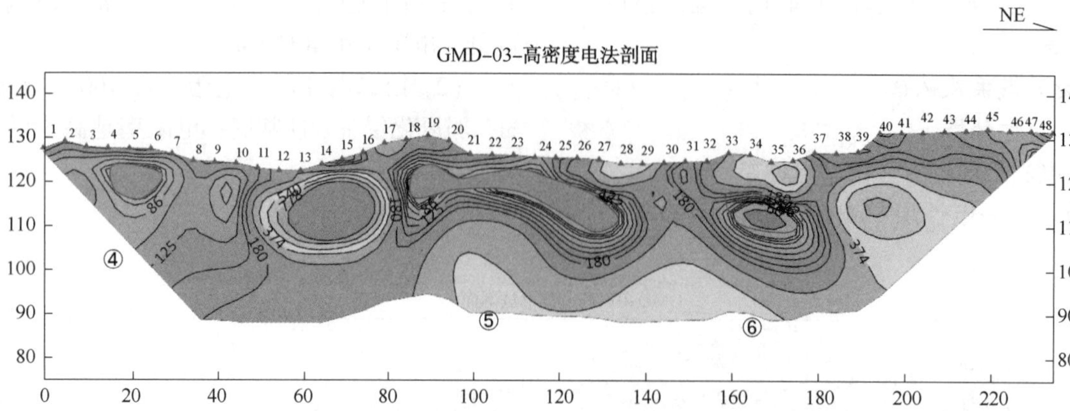

图 14 GMD03 线测线富水区域示意图

图 15 富水区域分布预测图

5 认识

微动勘探和电法勘探结论基本一致，在电阻率低区域对应横波速度低。

本次探测基本完成预期目标，大致刻画出软土层厚度和基岩面深度以及富水区域分布，受地形、地表植被等影响，物探测线部署较稀疏，探测精度受一定影响，需要和钻探结合更具有参考意义。

参 考 文 献

[1] 黄伟，马浩，赵海娇. 微动探测法与对称四极电测深法在找水中的应用——以三里河为例[J]. 西部矿探工程，2023，035(005).

水下钻爆隧道内管道应力分析及建议

韩桂武　熊　健　王洪波

（中国石油天然气管道工程有限公司）

摘　要　钻爆法隧道作为一种隧道方法，由于其技术成熟、断面可调、造价低廉等特点成为油气长输管道穿越大型河流常规方案之一。在隧道贯通之后，虽然岩体在自稳作用下能够处于安全的状态，但由于岩体节理裂隙分布及承压水作用下难以保证隧道内的干燥，通常水下隧道内管道运营采取了充水运营的方式。本文收集到某油气管道隧道在后期运营中发现管道出现较严重的管道位移、管箍变形和螺栓脱落等情况。根据管道安装的实际工况采用有限元的计算方法，通过管道的模拟，考虑内压、温差、水浮力荷载和管箍约束等因素，考虑充水运营、抽水检查和再次充水三种工况，对管道不同工况进行模拟计算，计算结果显示虽然管道处于安全的应力状态，但是弯头附近的支座螺栓出现应力超标的情况。数值计算结果解释了问题出现的原因，并作为依据提出了管道修复的建议。

关键词　在役管道；钻爆隧道；有限元分析；管道应力；管道支座

1　前言

钻爆法隧道作为油气管道的专用通道的常见方法之一，具有技术成熟、转向灵活、断面可调等技术特点，在地质条件较好的水下隧道采取斜巷掘进还可以省去竖井的施工。钻爆隧道穿越大型河流形成长输油气管道的专用通道，类似的工程很多，包括忠武线汨罗江隧道、西一线延水关黄河隧道、西二线中卫黄河隧道等工程。由于隧道衬砌为现场浇筑，隔水性差，上述钻爆隧道都采用了管道安装充水运营的方式。根据《油气管道架空部分及其附属设施维护保养规程》（SYT 6068—2014）总则规定：II～III 等养护的架空工程结构定期检测宜为 6～10 年，在 2019 年将西二线中卫黄河备用隧道进行抽水并进行结构性检查，发现大量的管道支架变形、螺栓失效的问题，本文以西二线某大型河流穿越钻爆隧道工程为例，分析支座失效原因并给出了治理建议。

2　工程概况

2.1　隧道结构

西二线某大型河流穿越隧道采用“斜巷+平巷+斜巷”的穿越形式，西岸斜巷设计倾角 25°，长为 310m；平巷段长 434.8m；东岸斜巷设计倾角 20°，长 453m。隧道水平长 1141m，总长 1197.8m。隧道穿越地层主要为寒武系香山群磨盘井组浅变质灰绿色长石石英砂岩、千枚状板岩和绢云母化千牧岩。穿越围岩级别划分为Ⅳ～Ⅴ级，其中Ⅳ级围岩段位于隧道中段，水平长 886.70m，斜长 918m；Ⅴ级围岩段位于隧道进出口段，其中西侧进口段水平长 183.6m，斜长 202m，东侧出口段水平长 71.10m，斜长 76m（图 1）。

隧道断面形状考虑围岩物理力学特性、地应力大小及方向，根据不同的围岩级别分段采取不同的衬砌结构。由于本隧道为岩质隧道，遵循新奥法（NATM）原则，采用钻爆法施工，尽量利用围岩的自承能力，隧道内平巷段断面和斜巷段围岩采用直墙圆弧拱形，净宽 4500mm，拱高 2250mm。由于岩体裂隙发育且承水高压，隧道隧道总用水量可达到 720～900m^3/d，施工过程中采取了水泥、水玻璃双液注浆封堵裂隙水的方法。

2.2　管道安装

隧道内采用双管敷设，包括西二线输气管道和西一线备用管道。其中西二线管道外径 D1219mm，壁厚 26.4mm，管材为 X80 直缝埋弧焊钢管，热煨弯管段壁厚为 33mm。设计压力为 12MPa，夏季运行压力 8～9MPa，冬季运行压力 9～11MPa，运行温度为 40℃左右。西一线备用管道外径 D1016mm，尚未运营。根据现场调研并结合竣工资料，确定西二线输气管道实际设置固定墩 4 个，分别位于隧道外两侧和隧道内斜巷段各 1 个。隧道内支墩个数 67 个，支墩采用不锈钢材质，支墩间距约 16～18m 不等（图 2）。

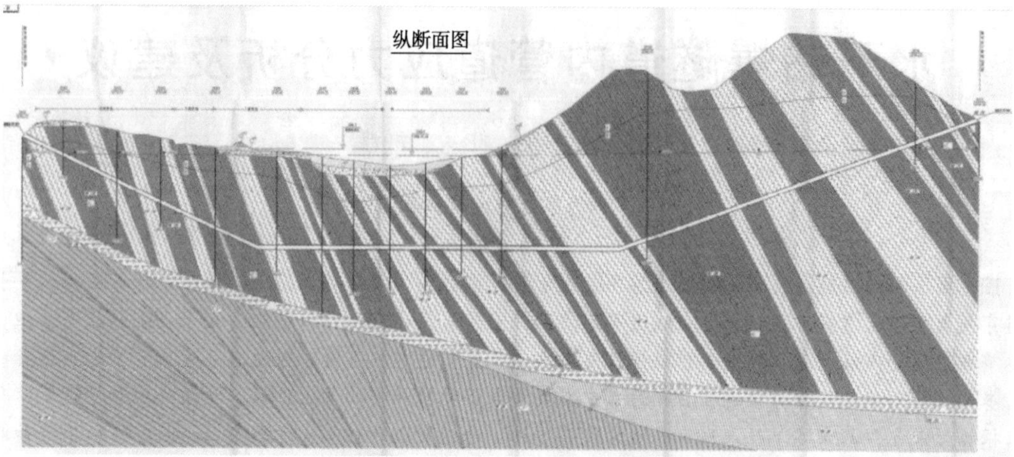

图 1　西二线中卫黄河隧道纵断面示意图

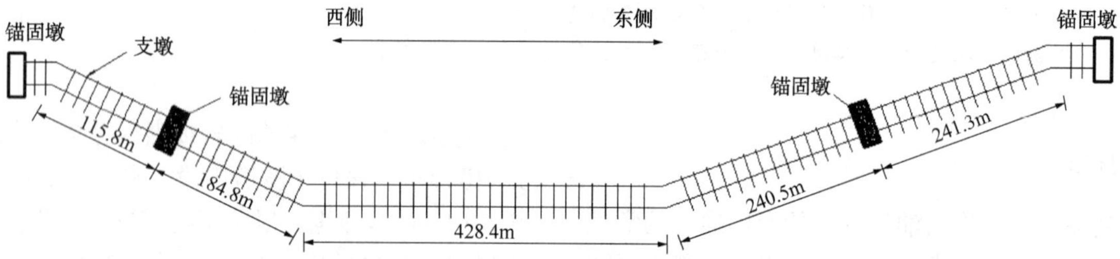

图 2　西二线管道安装纵断面示意图

锚固墩、支墩均采用 C25 混凝土现浇，钢筋保护层为 40mm。管箍为不锈钢材质，热镀锌。锚栓材质为 Q235Az，螺帽采用双螺帽，螺栓露头 100mm，下部为爪式，均镀锌，锚固在基岩内的长度不小于 1000mm，每个管箍由两个螺栓与支墩固定，每个螺栓受拉承载力不小于 26.9kN，螺栓孔为 ϕ80mm(图 3)。

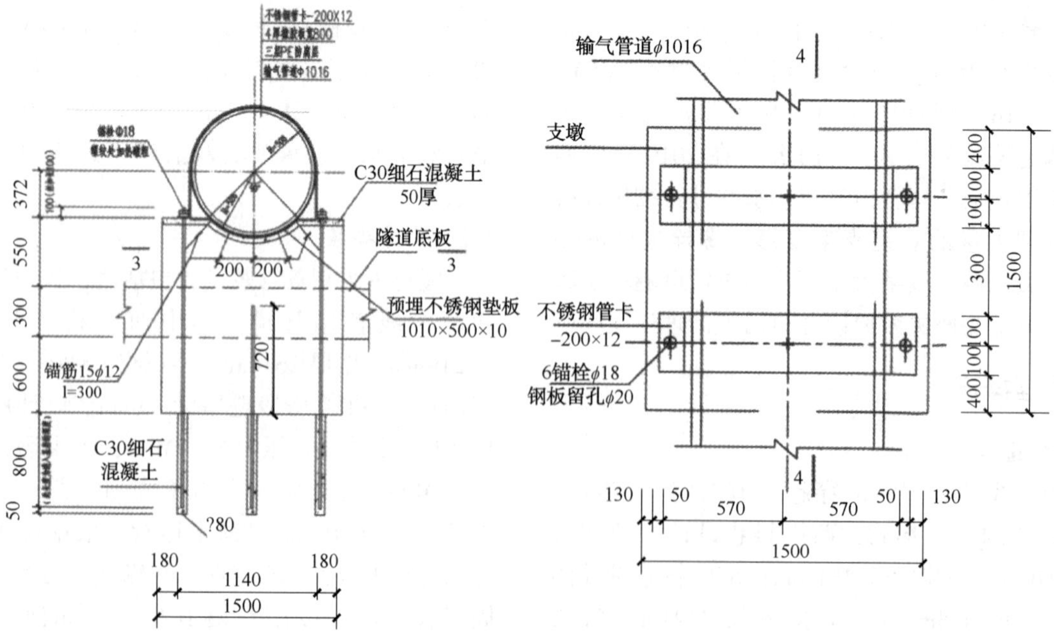

图 3　管道支墩设计图

3　管箍失效

隧道在抽水完成之后进入隧道检查，检测共发现28处管道支座上的管箍出现不同程度的变形、螺栓脱落等失效，其中尤以西侧进口段的靠近隧道洞口的支墩变形最大。该段多处管箍出现明显向洞内倾斜变形特征，造成了多处管箍螺栓脱落、弯曲或崩断的情况，这说明管道在管道安装之后出现非常大的位移，由于管箍的约束而产生了强烈的相互作用，导致多个螺栓的弯曲或崩断等情况。统计发现靠近锚固墩位置的管箍未损坏，随着离锚固墩距离的增加管箍损坏数量也相应增加，这说明锚固墩对管道起到一定固定作用。根据支座翘起的情况可以判断管道的变形量非常大，可达30~50cm，如图4所示。

图4　隧道西侧进口处弯头附近管箍失效(抽水后)

4　应力分析

现场检查结果表明管道在安装完成后在多年的运营期间发生大的变形，并带动约束管箍的变形或失效，这与管道安装的初始位置、输送压力、温度变化、支座数量、约束条件和充水状态等有关；是一种复杂的力学行为。有必要采用对管道的应力状态和管卡的失效极限能力进行校核的判定。

针对正在运营的西二线管道采用初步理论分析和有限元仿真技术方式相结合的方式，对管道充水、管道抽水和管道再次充水的三种工况进行分析计算。计算可以根据锚固墩位置将计算模型分成3段，也可以统一建模计算。

4.1　计算假定及参数

计算需要根据实际工况进行一定假定，同时又必须保留重要特征的真实性：

（1）不考虑管道的局部缺陷和残余应力；

（2）单位管道竖向荷载为管道自重、水浮力和支座支撑力；

（3）支座无法限制管道的轴线位移，即管道可以沿着轴向发生位移错动，不考虑支座与管道的横向摩擦力；

（4）锚固墩位置处的管道处于完全约束状态；

操作工况的荷载包括内压和温度变化产生的膨胀力。

4.2　隧道充水运营

隧道充水工况是管道正常运营工况，此时管道处于漂浮的状态；通过核算，管道漂浮力大于管道的自重力，两力方向相反合力向上的，约为0.50倍的管道重力。计算过程首先要对管道的整体应力状态进行校核，还要对整体支座的受力状态进行核算。

（1）管道应力校核

以西侧井口上段的管道为例，说明管道的应力状态(图5)：

① 管道受端头登应和管道热涨效应，该段管道位移最大处位于中间弯头处，最大值为46.5mm，管道整体有向弯头挤压的趋势；

② 由于弯头的一定的补偿作用，管道最大组合应力值相应减小，最大组合应力值同样位于

弯头部位，最大应力值 365MPa 要小于管道允许的极限组合应力 $0.9\sigma_s=499$MPa；

③ 可见管道在操作工况下管道受力处于安全的状态。

（2）支座约束力和螺栓强度校核

得到锚固墩及支座的约束力见表 1。

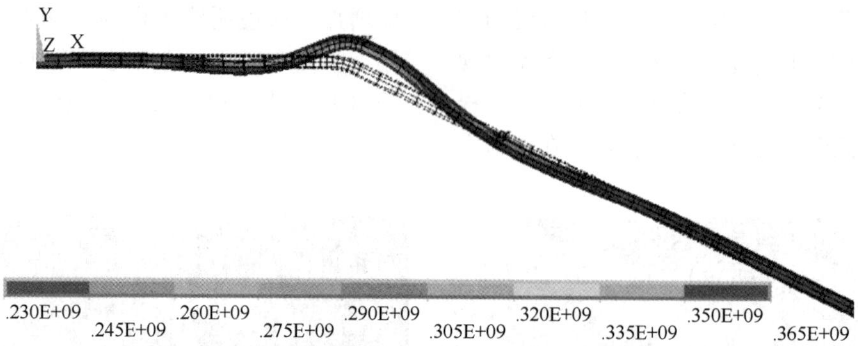

图 5　西侧井口附近段管道应力分布

表 1　西侧井口支墩提供外力值(单位：N)

节点号	横向外力	竖向外力	支座形式	备注
1	0.63E+007	−0.21E+006	上部锚固墩	弯头上侧
2	0.00E+00	0.73E+006	支座	弯头上侧
14	0.00E+00	−0.28E+007	支座	弯头上侧
50	−0.34E+006	−0.86E+006	支座	弯头下侧
62	80610	0.17E+006	支座	弯头下侧
74	−52089.	−0.11E+006	支座	弯头下侧
86	−17695	−37948	支座	弯头下侧
98	−26610	−57065	支座	弯头下侧
110	−24297	−52105	支座	弯头下侧
122	−24906	−53412	支座	弯头下侧
134	0.41E+006	−0.26E+006	斜井锚固墩	弯头下侧

其中力的方向规定，横向作用力沿着 X 轴正向为正，竖向作用力沿着 Y 轴正向为正，出了锚固墩对管道提供比较的约束力之外，在弯头附近的 2~3 个支墩范围内同样给与管道提供了非常大的约束力。支座提供的外力，既有竖向向上的力也有向下的力，根据支座的特点，支座向上的力由支座底部的混凝土基座提供，支座向下的力由钢螺栓传递至底板提供。由于锚固墩体积较大，可以稳固的约束管道本文不再考虑锚固墩的约束力和结构的校核。对于支墩而言，体积较小，且两侧仅有两条不锈钢管箍和 4 个 ϕ18mm 螺栓固定。参考《钢结构设计规范》(GB 50017—2017)表 4.4.6 条，确定 Q235 螺栓的抗拉强度取值 140N/mm²，抗剪强度可取 70N/mm² 计算。

当 4 个 Q235 级的螺栓起作用情况下，螺栓最大提供的拉力为 1.42×10^5N 的力。根据表 1 所示，14 号节点提供拉力值为 2.8×10^6N、50 号节点提供拉力值为 8.6×10^5N、74 号节点提供拉力值为 1.1×10^5N，三个值均大于或者接近螺栓最大提供的拉力，因此该节点处的管道支座螺栓不能确保处于安全的状态。这也就解释了为什么在管道弯头附近，管道出现了大的变形并带动了管箍的变形或破坏。

当混凝土基座提供向上支撑力情况下，可提供的最大支撑力为 4.52×10^7N，大于表 1 所示的 2#节点 7.3×10^5N 的混凝土基座提供最大的支撑力，说明基座混凝土的强度可以满足要求。

4.3　隧道抽水检查工况

隧道在检查期间，内部水将抽净，管道承受浮力消失，管道支座多数提供管道自重，但是在弯头附近仍然出现大的位移和应力集中现象，整体管道应力分布如图6所示。

4.4 隧道再次充水工况

管道和支座在修复完毕之后，需要重新充水运营，此时水浮力重新起作用，管道重新漂浮于水中；但由于支座的约束作用，管道避免漂浮水面上方与隧道内壁发生碰撞。需要着重注意的一点，支座的管箍在修复过程中，不要求将变形的管道重新强迫至最初的安装状态；即管道原有的变形状态将得到保留，着对后期管道的运营是有利的。

本工况与上一工况的区别就在于，水浮力的作用，其他的内压、温度及约束状态基本不变。分析管道受力的变化，对管道整体进行建模并校核支座螺栓受力。

由图7、图8可见，管道产生最大22.1MPa的附加应力，并产生2.4mm最大的位移量。管道支墩的螺栓受力最小为4.97×10^{4}N，最大为9.97×10^{4}N，均小于4个Q235级的ϕ18螺栓起作用情况下，螺栓14.2×10^{4}N的拉力极限值。可见，仅仅是浮力发生变化，管道在螺栓作用下是可以保证安全运作的。

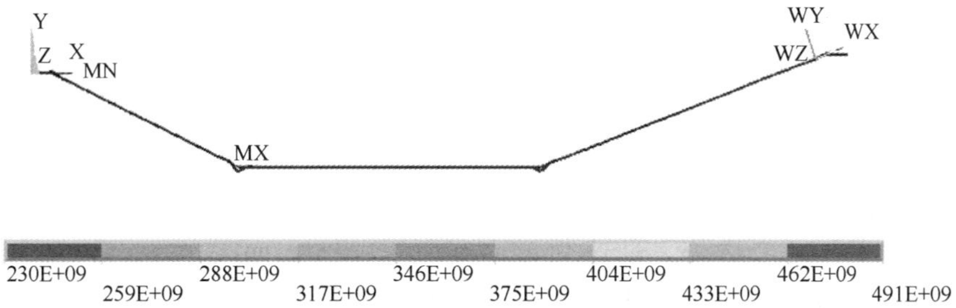

图6　隧道抽水工况管道整体应力分布

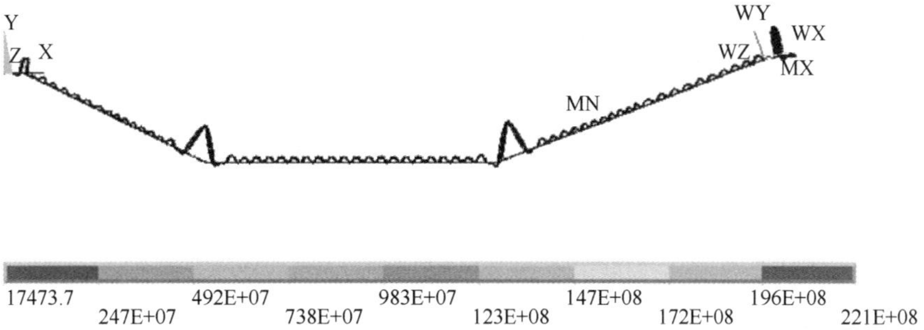

图7　隧道再次充水后管道应力的增加值/Pa

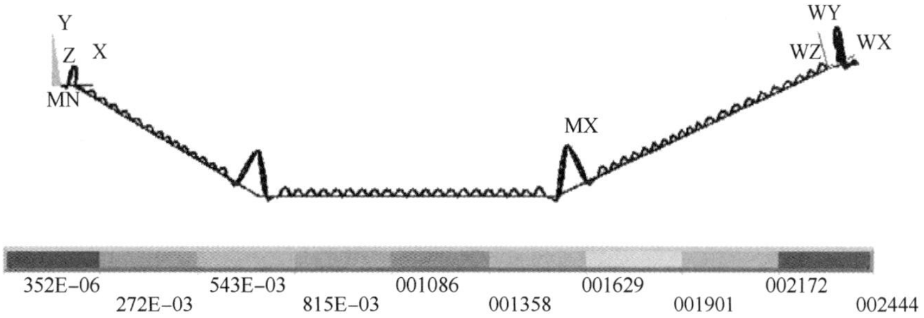

图8　隧道再次充水后管道变形增加值/m

5 计算结果分析

通过对隧道内充水运营、抽水检修和重新充水运营的三个阶段的管道应力和支座约束反力的模拟计算，可以得出如下分析结论：

（1）在三种不同工况下的管道应力校核都是安全的，即管道都处于安全的运营状态；

（2）在充水运营阶段，管道收到内压、温差、自重和水浮力、支座约束等综合作用，表现为在弯头处管道处于大的位移，从而引起上下游

2~3个约束支座发生连带的变形；

（3）数值计算表明弯头上下游管道受力不均，出现大的应力集中情况，通过应力校核发现支座的螺栓出现应力超载的失效情况；

（4）鉴于管道位移是一种自适应的协调应力释放行为，支座修改过程中保留管道现有的位移状态，在此基础上校核隧道重新充水的工况，表明支座螺栓不会超标，能够正常承担对管道的约束作用。

6　管道修复建议

根据以上应力分析计算结果，对管道支座的修复方案提出建议，原则上应对是保存管道原有的变形状态，通过其自适应的协调能力来缓解应力集中的问题。修复建议包括：

（1）建议支座与管道垫层间距保持在10~15mm间隙，给予管道后期一定自适应能力；

（2）采用8.8级高强度螺栓，设计强度（400MPa），螺栓直径为D24mm，螺栓长度足够长，建议每个螺栓上面安装2个螺母，并且螺栓头应该高出螺母2mm以上；

（3）管箍可以继续采用原设计中的200mm×12mm不锈钢管箍，但是由于现场管道变形、施工误差等原因造成的管箍长度不够或者形状与现场安装不匹配，需要更换；

（4）管箍与管道之间采用4mm橡胶板垫层，垫板长度2.5m且内侧与管道外层粘接，保证橡胶板不发生滑移；

（5）植入螺栓需要进行拉拔试验，拉拔力不小于20吨力，破坏性拉拔力实验可以在管道附近增加布置螺栓作为专门作为检测强度应用。

参　考　文　献

[1] 国家能源局，《油气管道架空部分及其附属设施维护保养规程》(SYT 6068—2014)，[S].

[2] 四川石油勘察设计研究院，《中卫黄河隧道穿越工程中卫黄河隧道穿越竣工文件》，2006. 02.

[3] 唐永进.《压力管道应力分析》[M]，中国石化出版社，2009. 01.

[4] 朱新朋，麻亚东.《石油化工管道设计应力分析基础上的柔性设计》[J]，建筑工程技术与设计，2019，(35).

[5] ANSYS公司.《ANSYS软件用户操作手册》(VER14.5)，[M]. 2014.

[6] 中国石油天然气集团公司.《油气输送管道跨越工程设计规范》(GB/T 50459—2017)，[S].

[7] AMERICAN NATIONAL STANDARD. ASME B31. 8-2003 Gas Transmission and Distribution PipingSystem，[S].

[8] 中华人民共和国住房和城乡建设部.《钢结构设计规范》(GB 50017—2017)，[S].

基于油气管道水平开孔特殊性的改造与应用

姜修才　王　琥　马　宁　马万飞　章海鹏　常灵志

（中国石油管道局工程有限公司维抢修分公司）

摘　要　本文基于油气管道水平开孔作业中所存在的中心钻偏心、筒刀下坠等原因，致使所开孔不正的特殊性问题开展研究，通过在待开孔的管道或罐体外表面预焊接加装漏斗型的中心钻定位块、再在开孔筒刀中心钻U型环的外侧预包套加装弹性胶套，以及在开孔筒刀外壁上预设加装扶正块等方式进行改造，辅助提升中心钻、开孔筒刀的对中性，且减小带压开孔过程中中心钻本体、中心钻上的U型环和开孔筒刀的摩擦力，使得水平带压开孔的质量几近等同于垂直带压开孔。相关成果在多个工程中得到了成功运用，实践证明经过针对性的改造，油气管道水平开孔特殊性的问题完美解决，其改造方法简单、可靠，成本低廉，有着较好的工程推广应用价值。

关键词　管道维修改造；带压开孔；水平开孔；主轴坠轴；辅助支撑

1　前言

带压开孔封堵改造技术是油气管道维修改造领域最为常见的技术，该技术包括在管道保持密闭状态下进行操作，通过机械切削的方式在管道上实施圆形孔的开孔作业，并通过该开孔处引入封堵头以实现对管内介质流动的密封和阻止（图1）。这种技术应用广泛，并已被证明是一种有效的管道维修方法，通过带压开孔技术，能够实现管道不停输条件下的改线、换线、移线、换/加阀等维修改造作业，可以对油气管道进行必要的的维护和修复，使管道正常运行和安全性能的持续得以保障。

图1　标准的带压开孔封堵改造技术工艺

最常见的带压开孔方式是竖直开孔，而实际生产中常会碰到斜开孔、水平开孔、倒立开孔等诸多特殊需求，这些特殊开孔相比竖直开孔有很多相似的、需要特殊对待和注意的地方，本论文以水平开孔为例介绍其特殊性，并对实际应用中存在的问题进行了探讨及总结。

2　水平开孔工程简介

2020年的《昆仑中科管线四通开孔工程》是一个非常典型的油气管道不停输水平带压开四通孔的项目（图2），因为要实现新旧管线的互通，且由于管道埋深较浅，开孔角度需按水平开孔进行，即是通过在DN600在役管线上焊接ϕ610－

ϕ325-ϕ325 开孔四通并进行水平带压开孔，新旧管线连头。水平开四通孔工艺难度较大，相关参数要求精准度较高，风险点较多。

依据不停输开孔封堵施工工艺，在挡条四通、短节组对焊接并检测合格后，安装夹板阀，组装开孔机。在组装开孔机时，考虑到由于开孔角度为水平开孔，开孔过程中随着主轴伸长筒刀会受自身重量的影响，产生“下坠”现象，与管内壁产生摩擦，故选用了加装扶正块的筒刀进行开孔，提高了筒刀的对中性。在密封试验合格后，操作开孔机完成了开孔。

图 2　昆仑中科管线水平开四通孔的工程案

由于本次项目采用水平开四通孔，具有一定风险，所以项目部在现场施工之前，特意在车间多次进行开孔模拟实验，在实验过程中发现主轴伸出过长旋转过程中容易发生摩擦，研究后决定采用在筒刀外壁均匀加装聚四氟乙烯的办法，以保证发生摩擦时不磨损筒刀从而起到支撑的作用。

3　水平开孔存在的问题

通过水平开孔的试验及现场施工操作过程，发现水平带压开孔相比常规竖直开孔开孔作业，存在着以下两点问题。

3.1　中心钻偏心

随着开孔机主轴的水平伸长，开孔机主轴端部就如同《材料力学》中的悬臂梁一样会出现明显的下坠(图 3)，从而会使主轴相连接的开孔中心钻与管道预定开孔中心点的初始定位产生较大偏心误差，随着旋转切削的不断进行，中心钻受力不均将越发明显，宜引发中心钻 U 型挂环碾坏和中心钻体碾碎/断裂的风险(图 4)。

3.2　筒刀下坠致开孔不正

随着开孔机主轴的伸长，筒刀同样会出现明显的下坠、致使开孔位置会下偏(图 5)，继而会引发开孔机机振、筒刀螺旋线性摆动、扫膛等现象，及至引起卡刀、个别刀齿崩裂、开孔终止尺寸上下不一、清根不齐等问题(图 6)，影响后续的封堵、下塞柄作业。

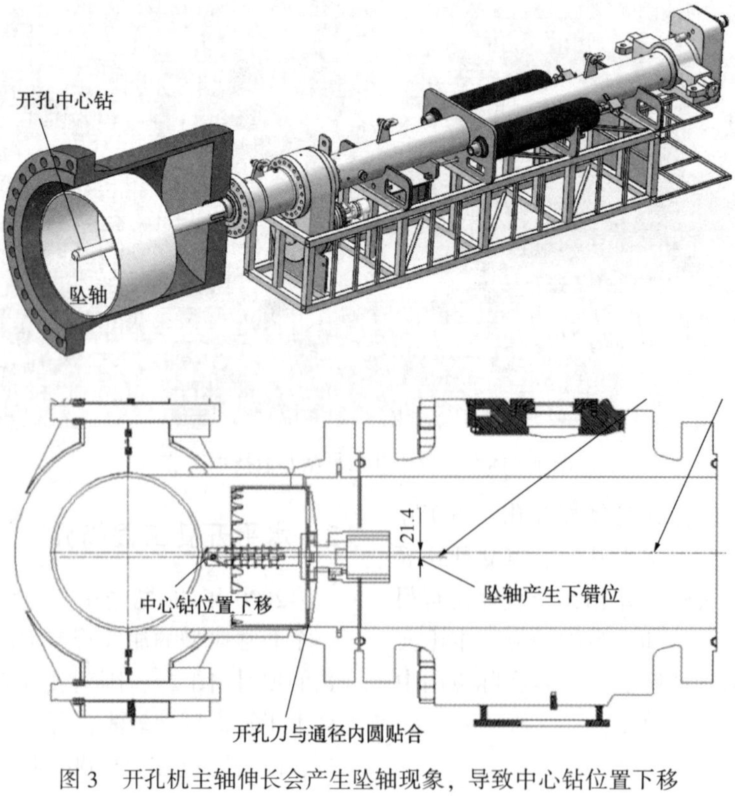

图 3　开孔机主轴伸长会产生坠轴现象，导致中心钻位置下移

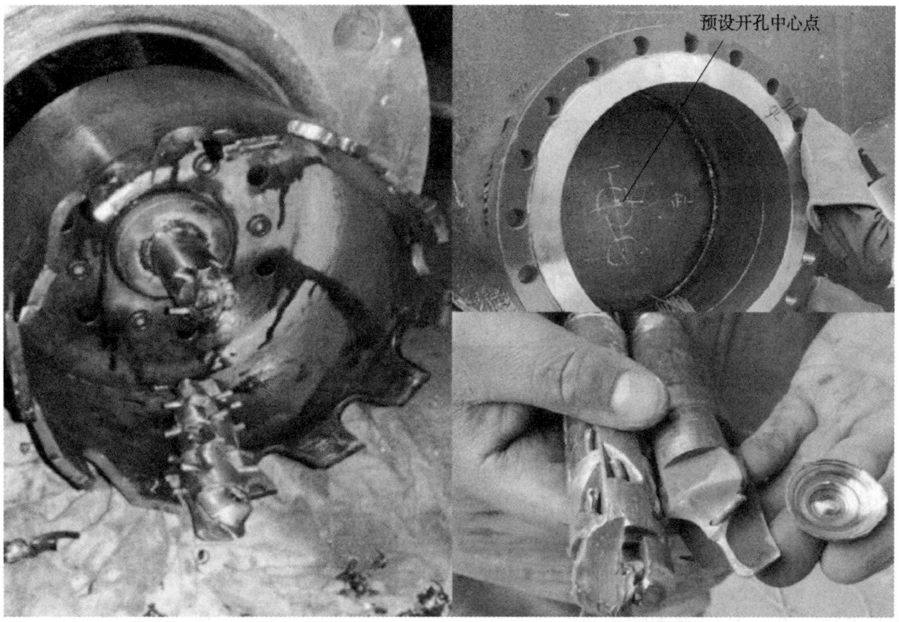

图 4　水平开孔主轴端部下坠明显，引发中心钻风险

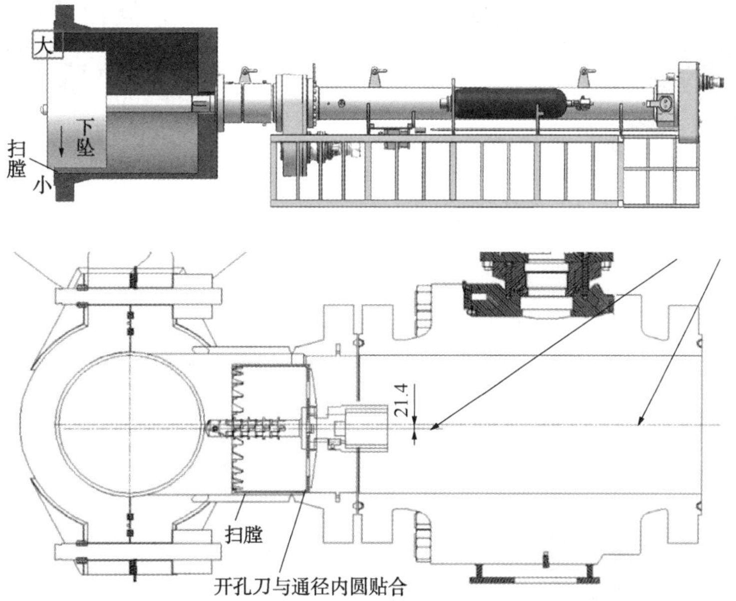

图 5　开孔机主轴伸长会使筒刀下坠，导致筒刀位置发生偏移

图 6　水平开孔筒刀下坠、开孔不正、扫膛、刀齿崩坏

4　优化解决方案及方法

针对水平开孔的特点及在操作中所可能产生的问题，分别对筒刀和中心钻提供了以下三种优化解决方案：

4.1　加装漏斗型中心钻定位块

首先通过测量确定中心钻在管道上的开孔位置，然后再将漏斗型定位块的钢制外套焊接在开孔的中心位置上，焊接完毕后安装漏斗型聚四氟乙烯定位滑块(图7)。加装漏斗型定位块后，在水平开孔过程中，中心钻水平伸出旋转时通过定位块上的内倒角设计，可以很容易滑入和对正中心点，从而解决水平开孔时中心钻偏心的问题。

4.2　加装U型环弹性胶套

待开孔机中心钻组装完毕后，提前将弹性胶套套在一段U型挂环上(图8、图9)，在开孔过程中，中心钻旋转切削钻入管壁，弹性胶套在外力作用下逐步向中心钻尾端移动，前端U型挂环在弹性胶套的束缚下逐步进入钻孔，从而解决了水平开孔时中心钻在切削过程中U型挂环与钻孔相互摩擦、剪切的问题。

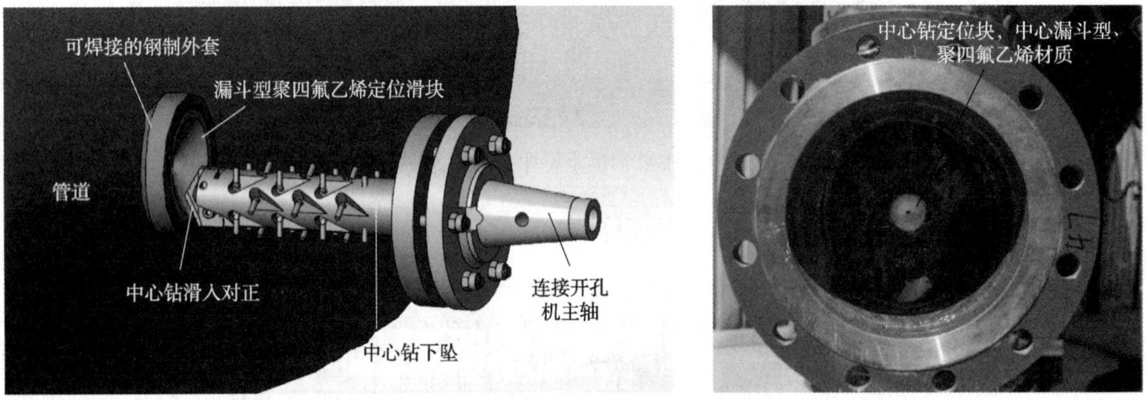

图7　加装漏斗型中心钻定位块纠偏

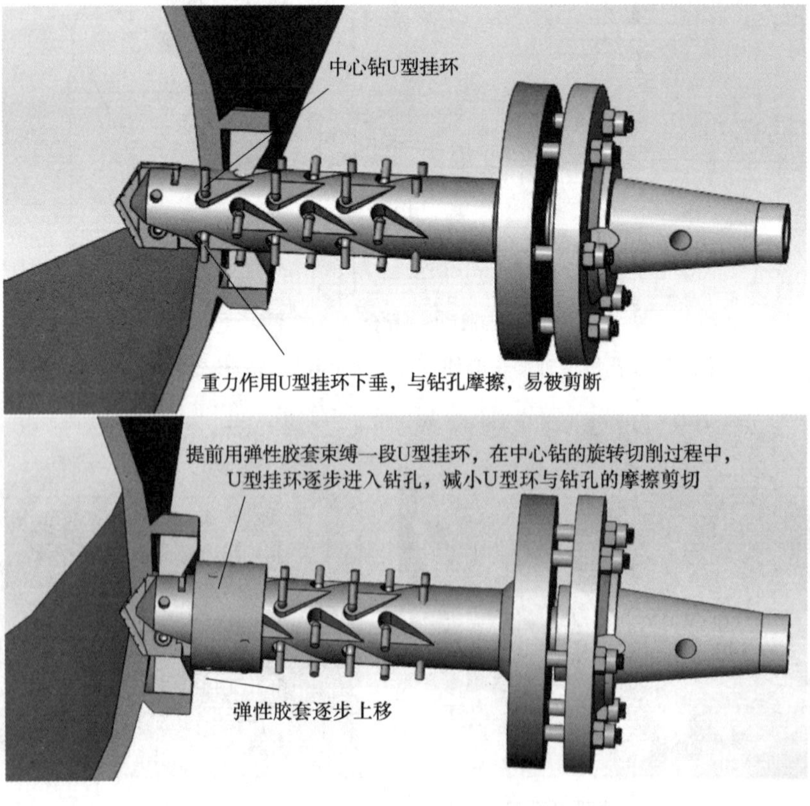

图8　加装U型挂环弹性胶套减小摩擦、剪切力

图 9　加装弹性胶套的实际应用效果展示

4.3　筒刀外壁加装扶正块

即在筒刀外壁根部均匀加装扶正块(图 10)，扶正块的材质同样为聚四氟乙烯。通过加装扶正块，既能起到扶正支撑的作用，又能够提高筒刀的对中性，减小与开孔内腔的摩擦扫膛，解决开孔不正的问题(图 11)。

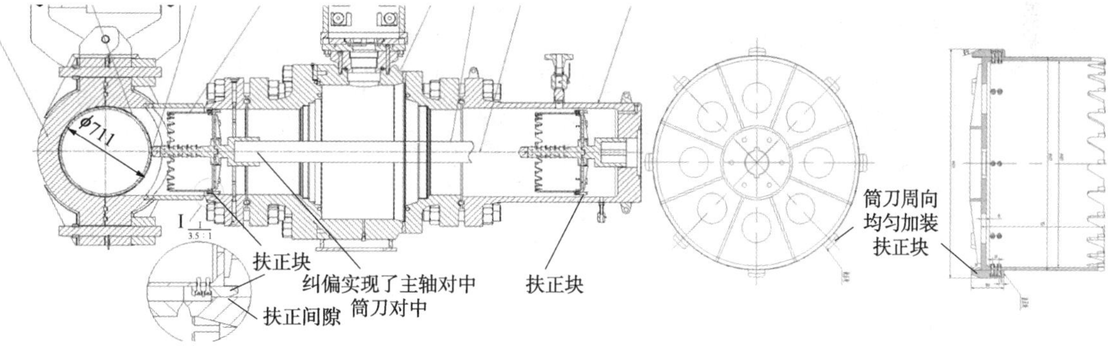

图 10　筒刀外加装扶正块，纠偏筒刀开孔不正问题

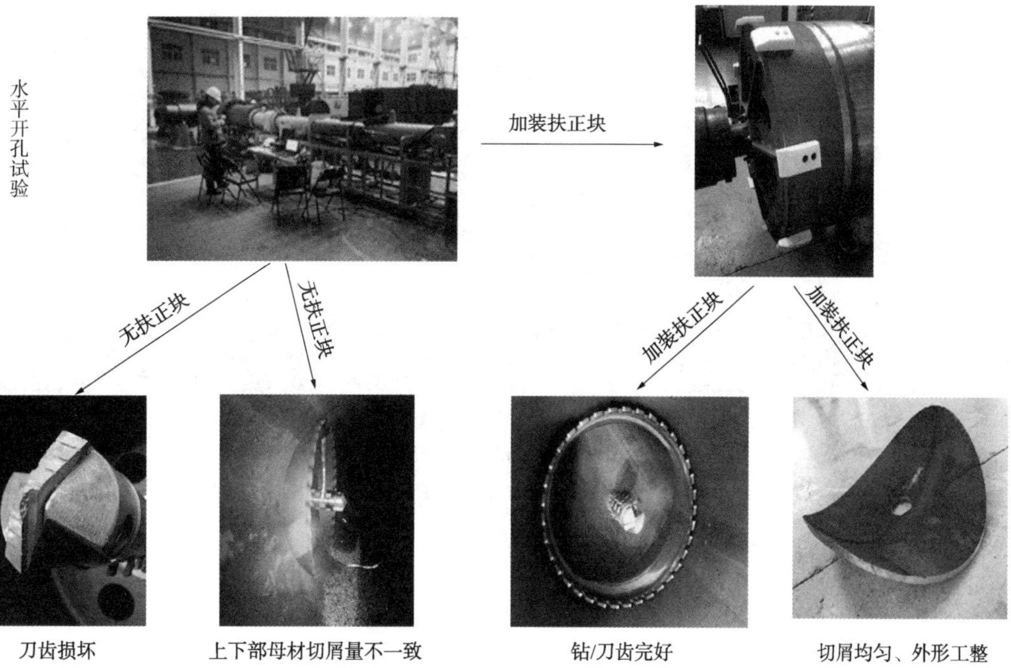

图 11　筒刀外不加装扶正块与加装扶正块的水平开孔效果对比

5 油气管道水平开孔的应用

通过对油气管道水平开孔技术特点的研究与改进，成功解决了油气管道水平开孔过程中存在的特殊问题，而随着开孔封堵相关产业市场的不断扩大，除了常规的竖直开孔以外，油气管道水平开孔技术已经应用于更多环境和领域下的开孔作业。如：水平管水平开孔加阀接支线(图12)；立管水平开孔加阀接支线(图13)；储罐水平开孔加阀(图14)；海底管道水平开孔加阀(图15)。

图12 水平管水平开孔加阀接支线

图13 立管水平开孔加阀接支线

图 14　储罐水平开孔加阀

图 15　海底管道水平开孔加阀

6　总结

通过对油气管道水平开孔技术的探讨与实际应用的研究，我们获得如下总结：

方法一：加装漏斗型中心钻定位块、U 型挂环弹性胶套，可解决中心钻偏心的问题；

方法二：加装筒刀外扶正块，可提高筒刀对中性，解决开孔不正的问题。

（1）以上两种方法都可以单独的解决水平开孔过程中悬臂轴下坠引发的中心钻偏心和开孔不正的问题，可以单独或者组合使用；

（2）实际应用中，加装漏斗型定位块和 U 型弹性胶套较适用于 DN650 及以下陆上偏小口径管道的水平开孔纠偏校正，其方法简单，易于实施；

（3）实际应用中，加装筒刀外扶正块较适用于 DN700 及以上陆/海偏大口径管道的水平开孔纠偏校正，其方法也很直接，特别适用于海底管道不能用方法一焊接中心钻定位的场景；

（4）对于开孔要求精度高、且口径大的管道水平开孔，也可将以上方法组合应用，为水平开孔的顺利实施提供多重保障。

总之，虽然水平开孔相比垂直开孔存在坠轴、摩擦力大等多种问题，但本文从中心钻和筒刀双重角度采取应对措施，最终解决了该问题，并广泛的应用于了实际现场。

参 考 文 献

[1] 李婷婷. 管道带压开孔技术简介[J]. 油气田地面工程，2009，28（1）：1. DOI：10. 3969/j. issn. 1006-6896. 2009. 01. 044.

[2] 朱荣国，吕正东，朱崇沈. 管道带压开孔技术的应用及注意事项[J]. 安徽建筑，2014，21(004)：95-96. DOI：10. 3969/j. issn. 1007-7359. 2014. 04. 045.

[3] 董琴琴. 基于 ABAQUS 下悬臂梁的静力学分析及拓扑优化[J]. 四川职业技术学院学报，2022(004)：032.

[4] 欧治雨. 探讨 C616 车床精车外圆产生螺旋线波纹的原因及解决办法[J]. 电子制作，2013(18)：1. DOI：CNKI：SUN：DZZZ. 0. 2013-18-017.

[5] 矫峰，李丕鹏，刘继荣. 焦家金矿井下装矿站计量漏斗定位装置的改造[J]. 矿山机械，2013，41(7)：2. DOI：CNKI：SUN：KSJX. 0. 2013-07-042.

野山至甘泉原油管道内检测适用性研究与评价

袁瑞华 王 炯 张小倚 郑 凯 丁 勇

[陕西延长石油(集团)管道运输公司]

摘 要 随着国家石油石化天然气工业标准不断提高，安全、环保管控要求越来越严。为了防止油气管道运行期间出现渗漏、泄漏、起火、爆炸、污染等意外事件发生，保障企业高质量安全、环保发展，输油输气高危管道务必定期做内检测，对其检测出的问题或缺陷必须在规定时间内分析、评价、开挖验证、修复，使油气管道无安全环保隐患正常运行。本次检测采用漏磁与几何及外检测相结合的复合法、现场实验法、比较法，通过智能内检测器(漏磁检测器和几何检测器)对野山至甘泉长93.7km原油管道进行一次全面内检测。检测数据分析结果、结论表明：内检测识别出111处环焊缝异常点；在不考虑错边量、轴向载荷和压力波动情况下，假定环焊缝缺陷深度为公称壁厚的1/4时，内检测识别出111处环焊缝异常点中，1处在设计压力9MPa条件下不可接受，其余110处可接受。内检测识别出48处与金属损失相关的环焊缝；在不考虑错边量、轴向载荷和压力波动的情况下，采用金属损失特征尺寸等效环焊缝缺陷尺寸时，在内检测识别出48处与金属损失相关的环焊缝中，2处与金属损失特征相关的环焊缝在9MPa下不可接受，其余46处可接受。建议对111处环焊缝异常点和48处与金属损失特征相关的环焊缝进行再开挖检测并评价修复，并优先考虑不可接受异常点和处。

关键词 野山至甘泉；原油管道；复合检测；适用性；风险管控；漏磁检测；几何检测

1 前言

随着国家石油石化天然气工业标准不断提高，安全、环保管控要求越来越严。为了防止油气管道运行期间出现渗漏、泄漏、起火、爆炸、污染等意外事件发生，保障企业高质量安全、环保发展，输油输气高危管道务必定期做内检测，及时提前发现油气管道运行中存在的问题或隐患，依据油气管道内检测数据分析结果，对油气管道内检测发现的问题或隐患分轻重缓急、一一对应评价、开挖验证、修复。因此，油气管道定期做全面智能内检测工作很有必要，其意义在于实现企业高质量安全、环保发展，让油气管道与自然、生态、社会、人类、经济和谐友好发展。本次输油管道内检测主要采漏磁与几何及外检测相结合的复合检测方法，这次检测方法的创新，使得管道缺陷位置和数量更为准确，让数据更可信，保证后期评价、开挖验证地点和问题更准确，避免徒劳白费开挖，浪费人力、物力、财力。

文中重点对野山至甘泉管道内检测识别出的111处环焊缝异常点及内检测识别出的48处与金属损失相关的环焊缝进行了详细的评价，并给出了建议。

野山至甘泉管道2009年建成投产，输送介质为原油，长93.7km，钢管类型为ERW焊管，管径为406mm，壁厚包括6.4mm、7.1mm、7.9mm、8.74mm和9.53mm，钢级为X60，设计压力为9MPa，最大运行压力为6.3MPa，设置有阴极保护。

2 评价参数和对象

本次适用性评价对象为野山至甘泉原油管道内检测的数据。管道适用性评价中所使用的基本参数和依据说明如下：

钢管类型：ERW焊管；钢级：X60；管径：406mm；管道公称壁厚：6.4mm、7.1mm、7.9mm、8.74mm和9.53mm；设计压力：9MPa；最大运行压力(MAOP)：6.3MPa；输送介质：原油；设计系数：0.72，依据GB 50253－2014选取；屈服强度：415MPa，依据GB/T 9711－2011取值；抗拉强度：520MPa，依据GB/T 9711-2011取值。

3 环焊缝异常点评价

本次内检测共检测出环焊缝异常点111处和

48 处与金属损失(30 处外部金属损失、18 处内部金属损失)相关的环焊缝，具体信息如表 1 和表 2 所示。

表 1　环焊缝异常特征信息列表

序号	上游环焊缝	相对距离/m	绝对距离/m	说明	壁厚/mm	长度/mm	时钟方位/时：分
1	620	0.0	462.1	环焊缝异常	7.10	230	05：15
2	630	0.0	474.1	环焊缝异常	7.10	170	05：00
3	800	0.0	633.4	环焊缝异常	6.40	45	07：15
4	820	0.0	657.4	环焊缝异常	6.40	65	06：00
5	840	0.0	681.5	环焊缝异常	6.40	30	03：30
6	850	0.0	693.5	环焊缝异常	6.40	80	04：15
7	850	0.0	693.5	环焊缝异常	6.40	15	07：15
8	860	0.0	705.5	环焊缝异常	6.40	135	04：45
9	870	0.0	717.5	环焊缝异常	6.40	310	05：45
10	880	0.0	729.6	环焊缝异常	6.40	75	06：00
11	890	0.0	741.6	环焊缝异常	6.40	200	05：15
12	910	0.0	765.7	环焊缝异常	6.40	30	05：30
13	910	0.0	765.7	环焊缝异常	6.40	10	06：30
14	930	0.0	789.7	环焊缝异常	6.40	10	04：30
15	2090	0.0	1978.5	环焊缝异常	7.10	130	05：15
16	2100	0.0	1990.8	环焊缝异常	7.10	70	01：45
17	2120	0.0	2015.6	环焊缝异常	7.10	70	02：00
18	2490	0.0	2410.2	环焊缝异常	7.10	65	06：30
19	2640	0.0	2595.8	环焊缝异常	7.10	65	06：30
20	2660	0.0	2620.6	环焊缝异常	7.10	100	06：30
21	8840	0.0	8938.2	环焊缝异常	6.40	85	03：00
22	9000	0.0	9101.3	环焊缝异常	6.40	5	06：00
23	9830	0.0	9779.4	环焊缝异常	7.10	50	02：00
24	9830	0.0	9779.4	环焊缝异常	7.10	30	04：00
25	9870	0.0	9827.5	环焊缝异常	7.10	25	05：15
26	15980	0.0	15029.8	环焊缝异常	6.40	100	05：15
27	16300	0.0	15261.1	环焊缝异常	6.40	50	08：00
28	16470	0.0	15416.7	环焊缝异常	6.40	25	03：45
29	16560	0.0	15503.0	环焊缝异常	6.40	30	08：45
30	16580	0.0	15527.1	环焊缝异常	6.40	40	08：30
31	16580	0.0	15527.1	环焊缝异常	6.40	15	09：45
32	16630	0.0	15574.8	环焊缝异常	6.40	60	08：45
33	17910	0.0	16573.1	环焊缝异常	6.40	20	05：45
34	17950	0.0	16604.0	环焊缝异常	6.40	60	06：45

续表

序号	上游环焊缝	相对距离/m	绝对距离/m	说明	壁厚/mm	长度/mm	时钟方位/时：分
35	17980	0.0	16634.8	环焊缝异常	6.40	35	06：45
36	18130	0.0	16764.1	环焊缝异常	7.10	85	09：45
37	18130	0.0	16764.1	环焊缝异常	7.10	100	06：15
38	18140	0.0	16766.8	环焊缝异常	7.10	130	06：30
39	18300	0.0	16875.1	环焊缝异常	6.40	15	06：00
40	19500	0.0	17739.2	环焊缝异常	6.40	60	05：45
41	19860	0.0	18088.5	环焊缝异常	6.40	30	07：00
42	20080	0.0	18238.1	环焊缝异常	6.40	50	06：45
43	20080	0.0	18238.1	环焊缝异常	6.40	25	05：00
44	20790	0.0	18815.2	环焊缝异常	6.40	85	12：00
45	20790	0.0	18815.2	环焊缝异常	6.40	20	05：45
46	20790	0.0	18815.2	环焊缝异常	6.40	15	06：45
47	21910	0.0	19725.7	环焊缝异常	6.40	25	11：00
48	22270	0.0	20108.1	环焊缝异常	6.40	15	06：00
49	23190	0.0	20864.9	环焊缝异常	6.40	70	07：00
50	23190	0.0	20864.9	环焊缝异常	6.40	30	11：30
51	23190	0.0	20864.9	环焊缝异常	6.40	25	02：15
52	23260	0.0	20919.1	环焊缝异常	6.40	40	03：45
53	23850	0.0	21390.1	环焊缝异常	6.40	35	05：30
54	23870	0.0	21402.8	环焊缝异常	6.40	60	05：30
55	24130	0.0	21605.1	环焊缝异常	6.40	65	06：30
56	24420	0.0	21846.3	环焊缝异常	6.40	35	04：30
57	25080	0.0	22462.3	环焊缝异常	6.40	25	06：15
58	25250	0.0	22563.0	环焊缝异常	6.40	30	04：00
59	25300	0.0	22608.4	环焊缝异常	6.40	40	06：15
60	25300	0.0	22608.4	环焊缝异常	6.40	30	08：30
61	25300	0.0	22608.4	环焊缝异常	6.40	20	04：15
62	25300	0.0	22608.4	环焊缝异常	6.40	14	07：15
63	25310	0.0	22609.3	环焊缝异常	6.40	40	06：15
64	25310	0.0	22609.3	环焊缝异常	6.40	20	05：00
65	25310	0.0	22609.3	环焊缝异常	6.40	14	07：45
66	26090	0.0	23271.3	环焊缝异常	6.40	35	06：00
67	26650	0.0	23730.3	环焊缝异常	6.40	25	06：30
68	27130	0.0	24148.6	环焊缝异常	6.40	30	07：30
69	27760	0.0	24743.0	环焊缝异常	6.40	50	05：30
70	28020	0.0	25008.0	环焊缝异常	6.40	40	05：45

续表

序号	上游环焊缝	相对距离/m	绝对距离/m	说明	壁厚/mm	长度/mm	时钟方位/时：分
71	28070	0.0	25037.6	环焊缝异常	6.40	10	08：45
72	31700	0.0	28763.2	环焊缝异常	6.40	15	05：45
73	31710	0.0	28775.0	环焊缝异常	6.40	15	06：00
74	32340	0.0	29457.9	环焊缝异常	6.40	15	06：00
75	34720	0.0	31795.5	环焊缝异常	6.40	60	05：00
76	35000	0.0	32024.5	环焊缝异常	6.40	70	12：00
77	35130	0.0	32167.9	环焊缝异常	6.40	35	04：30
78	36290	0.0	33375.5	环焊缝异常	6.40	15	06：00
79	37110	0.0	34244.7	环焊缝异常	6.40	30	08：15
80	38960	0.0	36208.1	环焊缝异常	6.40	40	04：00
81	39430	0.0	36668.0	环焊缝异常	6.40	15	06：15
82	39480	0.0	36728.1	环焊缝异常	6.40	55	06：00
83	44980	0.0	41918.5	环焊缝异常	6.40	30	05：45
84	48470	0.0	45230.8	环焊缝异常	8.74	10	07：00
85	50150	0.0	46846.2	环焊缝异常	7.10	20	05：30
86	51190	0.0	47882.2	环焊缝异常	7.10	40	06：00
87	51910	0.0	48538.5	环焊缝异常	7.10	20	05：45
88	52080	0.0	48702.8	环焊缝异常	6.40	25	08：15
89	52110	0.0	48725.8	环焊缝异常	7.10	50	10：45
90	52170	0.0	48776.8	环焊缝异常	7.10	20	06：15
91	52190	0.0	48800.9	环焊缝异常	7.10	20	06：30
92	52610	0.0	49194.3	环焊缝异常	7.10	30	05：00
93	52910	0.0	49507.9	环焊缝异常	7.10	30	04：45
94	53480	0.0	50083.5	环焊缝异常	7.10	50	06：00
95	54810	0.0	51422.7	环焊缝异常	7.10	15	07：00
96	56660	0.0	53274.7	环焊缝异常	9.35	25	01：45
97	57780	0.0	54457.7	环焊缝异常	7.10	60	06：45
98	59240	0.0	56059.3	环焊缝异常	7.10	15	09：00
99	59340	0.0	56139.7	环焊缝异常	8.74	10	06：00
100	64080	0.0	60894.7	环焊缝异常	6.40	70	03：00
101	64240	0.0	61025.8	环焊缝异常	7.10	70	05：00
102	65530	0.0	62298.7	环焊缝异常	7.10	30	04：00
103	74340	0.0	71501.3	环焊缝异常	8.74	35	10：45
104	76650	0.0	73949.9	环焊缝异常	7.10	20	07：00
105	85060	0.0	82526.3	环焊缝异常	7.10	55	05：00
106	85280	0.0	82711.5	环焊缝异常	7.10	20	05：45

续表

序号	上游环焊缝	相对距离/m	绝对距离/m	说明	壁厚/mm	长度/mm	时钟方位/时：分
107	85310	0.0	82747.5	环焊缝异常	7.10	20	05：45
108	85360	0.0	82807.6	环焊缝异常	7.10	10	05：45
109	85390	0.0	82843.6	环焊缝异常	7.10	10	06：00
110	87050	0.0	84628.1	环焊缝异常	7.10	10	05：00
111	89170	0.0	86919.3	环焊缝异常	7.10	10	05：15

表 2　与金属损失相关的环焊缝信息列表

序号	上游环焊缝	相对距离/m	绝对距离/m	说明	壁厚/mm	峰值深度/%壁厚	长度/mm	宽度/mm	时钟方位/时：分
1	100	0.0	8.0	外部金属损失	9.53	15.0%	27	15	06：15
	100	0.0	8.0	外部金属损失	9.53	18.0%	45	21	04：30
2	110	0.0	13.1	*外部金属损失	7.10	21.0%	84	137	10：00
	110	0.0	13.1	*外部金属损失	7.10	21.0%	28	59	01：00
	110	0.0	13.1	*外部金属损失	7.10	42.0%	95	91	03：00
	110	0.0	13.1	*外部金属损失	7.10	17.0%	28	47	06：00
3	130	0.0	24.5	*外部金属损失	7.10	27.0%	26	22	12：15
	130	0.0	24.5	*外部金属损失	7.10	27.0%	38	33	05：15
	130	0.0	24.5	*外部金属损失	7.10	22.0%	19	11	12：30
4	150	0.0	27.0	外部金属损失	7.10	10.0%	13	16	05：30
	150	0.0	27.0	外部金属损失	7.10	16.0%	27	17	06：30
5	190	0.0	66.0	外部金属损失	7.10	11.0%	132	75	06：00
6	1810	0.0	1696.2	外部金属损失	7.10	7.0%	170	201	11：30
7	1850	0.0	1737.2	外部金属损失	6.40	4.0%	83	78	05：45
8	2030	0.0	1933.4	外部金属损失	6.40	15.0%	27	15	02：45
9	5080	0.0	5163.7	外部金属损失	6.40	19.0%	27	29	02：45
10	5880	0.0	5966.9	外部金属损失	6.40	21.0%	27	11	02：00
	5880	0.0	5966.9	外部金属损失	6.40	13.0%	27	11	11：45
11	7740	0.0	7793.1	外部金属损失	6.40	7.0%	109	127	05：00
12	8470	0.0	8598.4	外部金属损失	7.10	2.0%	27	38	07：30
13	9010	0.0	9113.3	外部金属损失	6.40	9.0%	21	6	01：30
	9010	0.0	9113.4	外部金属损失	6.40	7.0%	18	13	02：15
14	10530	0.0	10478.1	内部制造缺陷	6.4	2.0%	25	28	04：15
15	12860	0.0	12336.2	外部金属损失	6.40	8.0%	58	32	06：45
16	14730	0.0	13936.8	外部金属损失	6.40	18.0%	27	22	05：45
17	14880	0.0	14032.3	外部金属损失	6.40	17.0%	27	42	05：45
18	20190	0.0	18354.9	外部金属损失	6.40	2.0%	45	37	12：15
19	22180	0.0	20029.9	外部金属损失	6.40	19.0%	27	39	12：45
20	33230	0.0	30266.8	外部金属损失	6.40	21.0%	27	41	05：15
21	38480	0.0	35650.9	外部金属损失	6.40	4.0%	27	23	10：00
22	38510	0.0	35687.0	外部金属损失	6.40	15.0%	27	89	10：45

续表

序号	上游环焊缝	相对距离/m	绝对距离/m	说明	壁厚/mm	峰值深度/%壁厚	长度/mm	宽度/mm	时钟方位/时：分
23	48480	0.0	45242.9	内部制造缺陷	8.7	5.0%	38	46	12：30
24	60950	0.0	57859.2	外部金属损失	8.74	10.0%	27	36	03：15
25	61330	0.0	58235.4	外部金属损失	7.10	7.0%	27	18	07：45
26	62120	0.0	58914.3	外部金属损失	7.10	11.0%	27	11	11：15
27	63910	0.0	60770.9	外部金属损失	6.40	1.0%	27	111	08：45
28	63970	0.0	60834.3	外部金属损失	6.40	3.0%	55	299	12：45
29	64060	0.0	60880.8	*外部金属损失	6.40	13.0%	179	517	03：30
30	64830	0.0	61612.5	内部金属损失	7.10	1.0%	25	49	07：15
	64830	0.0	61612.5	内部金属损失	7.10	2.0%	25	21	04：15
31	65400	0.0	62200.0	内部金属损失	7.10	1.0%	25	16	07：15
	65400	0.0	62200.0	内部金属损失	7.10	1.0%	25	36	05：15
32	66010	0.0	62830.4	内部金属损失	7.10	1.0%	58	62	05：15
33	66330	0.0	63196.6	外部金属损失	7.10	5.0%	45	47	06：30
34	66370	0.0	63244.2	外部金属损失	7.10	10.0%	178	561	03：00
	66370	0.0	63244.2	外部金属损失	7.10	13.0%	203	353	09：15
35	66400	0.0	63279.6	外部金属损失	7.10	1.0%	36	38	02：30
36	66410	0.0	63291.6	外部金属损失	7.10	1.0%	64	72	06：15
37	66420	0.0	63303.2	外部金属损失	7.10	13.0%	154	250	09：00
38	67170	0.0	63948.2	内部金属损失	7.10	1.0%	25	39	05：45
39	67750	0.0	64593.6	内部金属损失	7.10	1.0%	25	44	06：00
	67750	0.0	64593.6	内部金属损失	7.10	1.0%	40	21	05：00
40	68120	0.0	65000.0	内部金属损失	7.10	9.0%	25	23	06：45
41	69230	0.0	66034.6	内部制造缺陷	7.1	1.0%	47	30	08：15
42	76960	0.0	74181.4	外部金属损失	7.10	18.0%	27	15	03：30
	76960	0.0	74181.4	外部金属损失	7.10	16.0%	36	24	04：00
43	86020	0.0	83578.9	内部金属损失	7.10	1.0%	32	32	05：30
44	87800	0.0	85512.7	内部金属损失	7.10	1.0%	105	26	06：00
45	89210	0.0	86967.4	内部金属损失	7.10	1.0%	25	11	05：30
46	91810	0.0	89883.5	内部金属损失	7.10	1.0%	25	16	06：45
47	94240	0.0	92586.0	内部金属损失	7.10	1.0%	85	31	06：30
48	94700	0.0	93087.6	内部金属损失	8.74	1.0%	24	29	06：45

3.1 环焊缝异常点适用性评价

从表1可知，内检测未能明确环焊缝异常点的缺陷类型，且缺陷尺寸只有环向长度，缺陷深度未能表征，而缺陷深度是适用性评价的重要参数，因此，按照内检测数据难以对环焊缝异常进行评价。鉴于该管道环焊缝异常点较多，本文假定环焊缝缺陷深度为公称壁厚的1/4且均为内表面缺陷，依据SY/T 6477—2017中环向半椭圆内表面裂纹型缺陷评价方法进行适用性评价，以给现场管道安全管理提供技术参考。

评价参数具体选取如下：管径：406mm；管道公称壁厚：6.4mm、7.1mm、8.74mm和9.53mm；设计压力：9MPa；最大运行压力（MAOP）：6.3MPa；管材屈服强度：依据GB/T 9711—2011取415MPa；管材抗拉强度：依据GB/T 9711—2011取520MPa；

环焊缝最小要求CVN值：27J，参考GB/T 9711—2011；设计系数：按照GB 50253—2014

《输油管道工程设计规范》中输油站外一般管段，取0.72；试压系数：按照GB 50253—2014《输油管道工程设计规范》中输油站外一般管段，取1.25；残余应力：依据SY/T 6477—2017附录D《垂直于焊缝的残余应力计算方法》计算确定，按照焊后未热处理计算，且不考虑沿壁厚方向残余应力分布因子；错边量：本报告不考虑焊缝错边情况；轴向载荷：本报告不考虑轴向载荷；缺陷深度：对于环焊缝异常点，取壁厚的1/4，其中壁厚为6.4mm的管段取1.6mm，壁厚为7.1mm的管段取1.78mm，壁厚为8.74mm的管段取2.19mm，壁厚为9.53mm的管段取2.38mm；缺陷环向长度：对于环焊缝异常点，按内检测报告实测值；分安全系数：断裂韧性分安全系数取1.43，一次应力分安全系数取1.2，缺陷尺寸分安全系数取值为1.08。等效环焊缝缺陷评价结果见表3、图1。

表3　等效环焊缝缺陷评价结果

序号	上游环焊缝	绝对距离/m	壁厚/mm	缺陷长度/mm	缺陷深度/mm	时钟方位/时：分	载荷比/Lr	韧性比/Kr	是否可接受
1	56660	53274.7	9.35	25	2.38	01：45	0.265	1.183	否
2	620	462.1	7.10	230	1.78	05：15	0.384	0.803	是
3	630	474.1	7.10	170	1.78	05：00	0.376	0.802	是
4	800	633.4	6.40	45	1.6	07：15	0.400	0.682	是
5	820	657.4	6.40	65	1.6	06：00	0.403	0.707	是
6	840	681.5	6.40	30	1.6	03：30	0.397	0.652	是
7	850	693.5	6.40	80	1.6	04：15	0.405	0.719	是
8	850	693.5	6.40	15	1.6	07：15	0.395	0.581	是
9	860	705.5	6.40	135	1.6	04：45	0.413	0.732	是
10	870	717.5	6.40	310	1.6	05：45	0.441	0.732	是
11	880	729.6	6.40	75	1.6	06：00	0.404	0.716	是
12	890	741.6	6.40	200	1.6	05：15	0.423	0.732	是
13	910	765.7	6.40	30	1.6	05：30	0.397	0.652	是
14	910	765.7	6.40	10	1.6	06：30	0.395	0.529	是
15	930	789.7	6.40	10	1.6	04：30	0.395	0.529	是
16	2090	1978.5	7.10	130	1.78	05：15	0.370	0.802	是
17	2100	1990.8	7.10	70	1.78	01：45	0.362	0.773	是
18	2120	2015.6	7.10	70	1.78	02：00	0.362	0.773	是
19	2490	2410.2	7.10	65	1.78	06：30	0.361	0.767	是
20	2640	2595.8	7.10	65	1.78	06：30	0.361	0.767	是
21	2660	2620.6	7.10	100	1.78	06：30	0.366	0.795	是
22	8840	8938.2	6.40	85	1.6	03：00	0.406	0.722	是
23	9000	9101.3	6.40	5	1.6	06：00	0.394	0.416	是
24	9830	9779.4	7.10	50	1.78	02：00	0.359	0.748	是
25	9830	9779.4	7.10	30	1.78	04：00	0.356	0.705	是
26	9870	9827.5	7.10	25	1.78	05：15	0.356	0.687	是
27	15980	15029.8	6.40	100	1.6	05：15	0.408	0.730	是
28	16300	15261.1	6.40	50	1.6	08：00	0.400	0.688	是
29	16470	15416.7	6.40	25	1.6	03：45	0.397	0.634	是
30	16560	15503.0	6.40	30	1.6	08：45	0.397	0.652	是
31	16580	15527.1	6.40	40	1.6	08：30	0.399	0.674	是

续表

序号	上游环焊缝	绝对距离/m	壁厚/mm	缺陷长度/mm	缺陷深度/mm	时钟方位/时：分	载荷比/Lr	韧性比/Kr	是否可接受
32	16580	15527.1	6.40	15	1.6	09：45	0.395	0.581	是
33	16630	15574.8	6.40	60	1.6	08：45	0.402	0.701	是
34	17910	16573.1	6.40	20	1.6	05：45	0.396	0.614	是
35	17950	16604.0	6.40	60	1.6	06：45	0.402	0.701	是
36	17980	16634.8	6.40	35	1.6	06：45	0.398	0.665	是
37	18130	16764.1	7.10	85	1.78	09：45	0.364	0.786	是
38	18130	16764.1	7.10	100	1.78	06：15	0.366	0.795	是
39	18140	16766.8	7.10	130	1.78	06：30	0.370	0.802	是
40	18300	16875.1	6.40	15	1.6	06：00	0.354	0.621	是
41	19500	17739.2	6.40	60	1.6	05：45	0.402	0.701	是
42	19860	18088.5	6.40	30	1.6	07：00	0.397	0.652	是
43	20080	18238.1	6.40	50	1.6	06：45	0.400	0.688	是
44	20080	18238.1	6.40	25	1.6	05：00	0.397	0.634	是
45	20790	18815.2	6.40	85	1.6	12：00	0.406	0.722	是
46	20790	18815.2	6.40	20	1.6	05：45	0.396	0.614	是
47	20790	18815.2	6.40	15	1.6	06：45	0.395	0.581	是
48	21910	19725.7	6.40	25	1.6	11：00	0.397	0.634	是
49	22270	20108.1	6.40	15	1.6	06：00	0.395	0.581	是
50	23190	20864.9	6.40	70	1.6	07：00	0.403	0.712	是
51	23190	20864.9	6.40	30	1.6	11：30	0.397	0.652	是
52	23190	20864.9	6.40	25	1.6	02：15	0.397	0.634	是
53	23260	20919.1	6.40	40	1.6	03：45	0.399	0.674	是
54	23850	21390.1	6.40	35	1.6	05：30	0.398	0.665	是
55	23870	21402.8	6.40	60	1.6	05：30	0.402	0.701	是
56	24130	21605.1	6.40	65	1.6	06：30	0.403	0.707	是
57	24420	21846.3	6.40	35	1.6	04：30	0.398	0.665	是
58	25080	22462.3	6.40	25	1.6	06：15	0.397	0.634	是
59	25250	22563.0	6.40	30	1.6	04：00	0.397	0.652	是
60	25300	22608.4	6.40	40	1.6	06：15	0.399	0.674	是
61	25300	22608.4	6.40	30	1.6	08：30	0.397	0.652	是
62	25300	22608.4	6.40	20	1.6	04：15	0.396	0.614	是
63	25300	22608.4	6.40	14	1.6	07：15	0.395	0.571	是
64	25310	22609.3	6.40	40	1.6	06：15	0.399	0.674	是
65	25310	22609.3	6.40	20	1.6	05：00	0.396	0.614	是
66	25310	22609.3	6.40	14	1.6	07：45	0.395	0.571	是
67	26090	23271.3	6.40	35	1.6	06：00	0.398	0.665	是
68	26650	23730.3	6.40	25	1.6	06：30	0.397	0.634	是
69	27130	24148.6	6.40	30	1.6	07：30	0.397	0.652	是
70	27760	24743.0	6.40	50	1.6	05：30	0.400	0.688	是
71	28020	25008.0	6.40	40	1.6	05：45	0.399	0.674	是

续表

序号	上游环焊缝	绝对距离/m	壁厚/mm	缺陷长度/mm	缺陷深度/mm	时钟方位/时：分	载荷比/Lr	韧性比/Kr	是否可接受
72	28070	25037.6	6.40	10	1.6	08：45	0.395	0.529	是
73	31700	28763.2	6.40	15	1.6	05：45	0.395	0.581	是
74	31710	28775.0	6.40	15	1.6	06：00	0.395	0.581	是
75	32340	29457.9	6.40	15	1.6	06：00	0.395	0.581	是
76	34720	31795.5	6.40	60	1.6	05：00	0.402	0.701	是
77	35000	32024.5	6.40	70	1.6	12：00	0.403	0.712	是
78	35130	32167.9	6.40	35	1.6	04：30	0.398	0.665	是
79	36290	33375.5	6.40	15	1.6	06：00	0.395	0.581	是
80	37110	34244.7	6.40	30	1.6	08：15	0.397	0.652	是
81	38960	36208.1	6.40	40	1.6	04：00	0.399	0.674	是
82	39430	36668.0	6.40	15	1.6	06：15	0.395	0.581	是
83	39480	36728.1	6.40	55	1.6	06：00	0.401	0.695	是
84	44980	41918.5	6.40	30	1.6	05：45	0.397	0.652	是
85	48470	45230.8	8.74	10	2.19	07：00	0.284	0.928	是
86	50150	46846.2	7.10	20	1.78	05：30	0.355	0.663	是
87	51190	47882.2	7.10	40	1.78	06：00	0.358	0.732	是
88	51910	48538.5	7.10	20	1.78	05：45	0.355	0.663	是
89	52080	48702.8	6.40	25	1.6	08：15	0.356	0.687	是
90	52110	48725.8	7.10	50	1.78	10：45	0.359	0.748	是
91	52170	48776.8	7.10	20	1.78	06：15	0.355	0.663	是
92	52190	48800.9	7.10	20	1.78	06：30	0.355	0.663	是
93	52610	49194.3	7.10	30	1.78	05：00	0.356	0.705	是
94	52910	49507.9	7.10	30	1.78	04：45	0.356	0.705	是
95	53480	50083.5	7.10	50	1.78	06：00	0.359	0.748	是
96	54810	51422.7	7.10	15	1.78	07：00	0.354	0.621	是
97	57780	54457.7	7.10	60	1.78	06：45	0.360	0.760	是
98	59240	56059.3	7.10	15	1.78	09：00	0.354	0.621	是
99	59340	56139.7	8.74	10	2.19	06：00	0.284	0.928	是
100	64080	60894.7	6.40	70	1.6	03：00	0.403	0.712	是
101	64240	61025.8	7.10	70	1.78	05：00	0.362	0.773	是
102	65530	62298.7	7.10	30	1.78	04：00	0.356	0.705	是
103	74340	71501.3	8.74	35	2.19	10：45	0.357	0.720	是
104	76650	73949.9	7.10	20	1.78	07：00	0.355	0.663	是
105	85060	82526.3	7.10	55	1.78	05：00	0.360	0.754	是
106	85280	82711.5	7.10	20	1.78	05：45	0.355	0.663	是
107	85310	82747.5	7.10	20	1.78	05：45	0.355	0.663	是
108	85360	82807.6	7.10	10	1.78	05：45	0.354	0.565	是
109	85390	82843.6	7.10	10	1.78	06：00	0.354	0.565	是
110	87050	84628.1	7.10	10	1.78	05：00	0.354	0.565	是
111	89170	86919.3	7.10	10	1.78	05：15	0.354	0.565	是

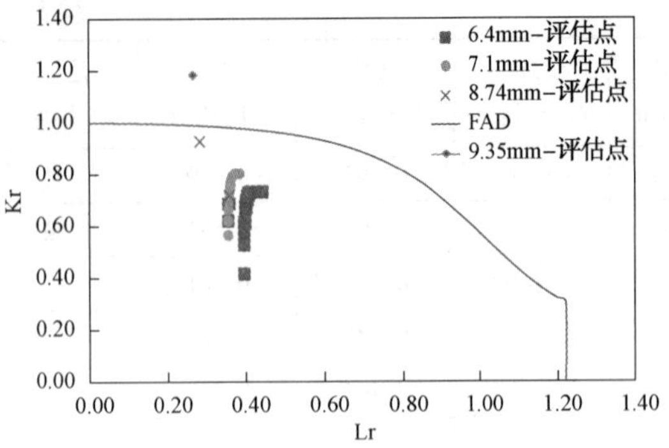

图 1　环焊缝异常点等效缺陷评价结果

从表 3 和图 1 评价结果可知，在不考虑错边量、轴向载荷和压力波动情况下，假定环焊缝缺陷深度为公称壁厚的 1/4 时，内检测识别出 111 处环焊缝异常点中，1 处在设计压力 9MPa 条件下不可接受，其余 110 处可接受。但需强调的是，由于缺乏环焊缝缺陷深度信息，以上环焊缝缺陷评价仅为管道运营方提供参考，考虑到环焊缝可能会发生环向开裂失效，。

3.2　与金属损失相关的环焊缝适用性评价

依据 SY/T 6477—2017 中环向半椭圆表面裂纹型缺陷评价方法对 39 处与金属损失相关的环焊缝进行适用性评价。为保守期间，按内表面裂纹型缺陷评价，并依据如下规则对缺陷进行等效处理：

（1）对于与单个金属损失相关的环焊缝，环焊缝缺陷深度取与环焊缝相关的金属损失深度，缺陷长度取其宽度，其余参数与环焊缝异常点评价所取参数相同。

（2）对于同一焊缝存在多个内部或外部金属损失特征的情况，缺陷深度取最深的峰值深度，缺陷长度取与环焊缝相关的多个金属损失宽度之和。

（3）对于同一焊缝同时与内部、外部金属损失特征相关的情况，缺陷深度取内部最深的峰值深度与外部最深的峰值深度之和，缺陷长度取与环焊缝相关的多个金属损失宽度之和。

与金属损失相关的环焊缝等效缺陷评价结果见表 4、图 2。

表 4　与金属损失相关的环焊缝等效缺陷评价结果

序号	环焊缝编号	绝对距离/m	说明	壁厚/mm	深度/mm	长度/mm	时钟方位/时：分	载荷比/Lr	韧性比/Kr	是否可接受
1	100	8	外部金属损失	9.53	36	1.7154	04：30	0.260	1.295	否
2	110	13.1	* 外部金属损失	7.1	334	2.982	03：00	0.439	1.007	否
3	130	24.5	* 外部金属损失	7.1	66	1.917	12：15	0.362	0.817	是
4	150	27	外部金属损失	7.1	33	1.136	06：30	0.355	0.692	是
5	190	66	外部金属损失	7.1	75	0.781	06：00	0.357	0.576	是
6	1810	1696.2	外部金属损失	7.1	201	0.497	11：30	0.360	0.428	是
7	1850	1737.2	外部金属损失	6.4	78	0.256	05：45	0.395	0.279	是
8	2030	1933.4	外部金属损失	6.4	15	0.96	02：45	0.394	0.645	是
9	5080	5163.7	外部金属损失	6.4	29	1.216	02：45	0.396	0.529	是
10	5880	5966.9	外部金属损失	6.4	22	1.344	02：00	0.396	0.551	是
11	7740	7793.1	外部金属损失	6.4	127	0.448	05：00	0.398	0.391	是
12	8470	8598.4	外部金属损失	7.1	38	0.142	07：30	0.353	0.207	是
13	9010	9113.3	外部金属损失	6.4	19	0.576	01：30	0.354	0.501	是
14	10530	10478.1	内部制造缺陷	6.4	28	0.128	04：15	0.393	0.189	是
15	12860	12336.2	外部金属损失	6.4	32	0.512	06：45	0.394	0.458	是
16	14730	13936.8	外部金属损失	6.4	22	1.152	05：45	0.395	0.651	是
17	14880	14032.3	外部金属损失	6.4	42	1.088	05：45	0.397	0.688	是
18	20190	18354.9	外部金属损失	6.4	37	0.128	12：15	0.394	0.189	是
19	22180	20029.9	外部金属损失	6.4	39	1.216	12：45	0.397	0.540	是

续表

序号	环焊缝编号	绝对距离/m	说明	壁厚/mm	深度/mm	长度/mm	时钟方位/时：分	载荷比/Lr	韧性比/Kr	是否可接受
20	33230	30266.8	外部金属损失	6.4	41	1.344	05：15	0.398	0.587	是
21	38480	35650.9	外部金属损失	6.4	23	0.256	10：00	0.394	0.279	是
22	38510	35687	外部金属损失	6.4	89	0.96	10：45	0.401	0.660	是
23	48480	45242.9	内部制造缺陷	8.7	46	0.435	12：30	0.285	0.607	是
24	60950	57859.2	外部金属损失	8.74	36	0.874	03：15	0.284	0.910	是
25	61330	58235.4	外部金属损失	7.1	18	0.497	07：45	0.353	0.425	是
26	62120	58914.3	外部金属损失	7.1	11	0.781	11：15	0.353	0.483	是
27	63910	60770.9	外部金属损失	6.4	111	0.064	08：45	0.394	0.131	是
28	63970	60834.3	外部金属损失	6.4	299	0.192	12：45	0.398	0.237	是
29	64060	60880.8	* 外部金属损失	6.4	517	0.832	03：30	0.431	0.595	是
30	64830	61612.5	内部金属损失	7.1	70	0.142	04：15	0.353	0.207	是
31	65400	62200	内部金属损失	7.1	36	0.071	05：15	0.353	0.143	是
32	66010	62830.4	内部金属损失	7.1	62	0.071	05：15	0.353	0.143	是
33	66330	63196.6	外部金属损失	7.1	47	0.355	06：30	0.354	0.348	是
34	66370	63244.2	外部金属损失	7.1	914	0.923	09：15	0.404	0.649	是
35	66400	63279.6	外部金属损失	7.1	38	0.071	02：30	0.353	0.143	是
36	66410	63291.6	外部金属损失	7.1	72	0.071	06：15	0.353	0.143	是
37	66420	63303.2	外部金属损失	7.1	250	0.923	09：00	0.369	0.649	是
38	67170	63948.2	内部金属损失	7.1	39	0.071	05：45	0.353	0.143	是
39	67750	64593.6	内部金属损失	7.1	65	0.071	05：00	0.353	0.143	是
40	68120	65000	内部金属损失	7.1	23	0.639	06：45	0.402	0.701	是
41	69230	66034.6	内部制造缺陷	7.1	30	0.071	08：15	0.353	0.143	是
42	76960	74181.4	外部金属损失	7.1	39	1.278	03：30	0.356	0.759	是
43	86020	83578.9	内部金属损失	7.1	32	0.071	05：30	0.353	0.143	是
44	87800	85512.7	内部金属损失	7.1	26	0.071	06：00	0.353	0.143	是
45	89210	86967.4	内部金属损失	7.1	11	0.071	05：30	0.353	0.143	是
46	91810	89883.5	内部金属损失	7.1	16	0.071	06：45	0.353	0.143	是
47	94240	92586	内部金属损失	7.1	31	0.071	06：30	0.353	0.143	是
48	94700	93087.6	内部金属损失	8.74	29	0.0874	06：45	0.283	0.251	是

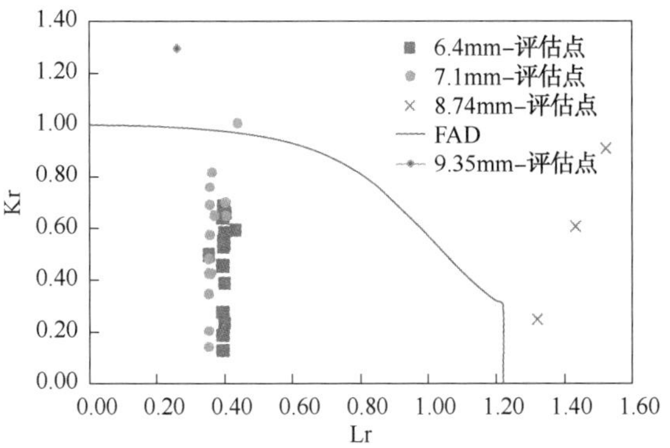

图 2　与金属损失相关的环焊缝等效缺陷评价结果

按照以上原则确定 48 处等效环焊缝内表面缺陷，如表 4 所示。从表 4 和图 2 评价结果可知，在不考虑错边量、轴向载荷、压力波动的情况下，与金属损失相关的环焊缝有 2 处在设计压力 9MPa 条件下不可接受。

4　结论

（1）在不考虑错边量、轴向载荷和压力波动的情况下，假定环焊缝缺陷深度为公称壁厚的 1/4 时，野山至甘泉管道内检测识别出的 1 处环焊缝异常点在 9MPa 下不可接受，其余 110 处可接受。

（2）在不考虑错边量、轴向载荷和压力波动的情况下，采用金属损失特征尺寸等效环焊缝缺陷尺寸时，2处与金属损失特征相关的环焊缝在9MPa下不可接受，其余46处可接受。

（3）以前油气管道内检测方法已满足不了油气管道完整性管理要求，油气管道内检测必将结合其外检测，因为外检测在辅助内检测查找缺陷位置、数量及开挖验证等方面发挥重要作用。

5　建议

（1）环焊缝异常点：由于缺少环焊缝缺陷深度信息，在假定环焊缝缺陷深度为公称壁厚的1/4时，不考虑错边、轴向载荷和压力波动情况下，1处环焊缝异常点在设计压力9MPa下不可接受，其余均可接受，但考虑到环焊缝环向开裂的危害性，可能会发生环向开裂失效，建议对111处环焊缝异常点进行开挖检测并评价。

（2）与金属损失相关的环焊缝：按照金属损失特征等效的环焊缝缺陷尺寸，在不考虑错边、轴向载荷和压力波动情况下，2处与内部金属损失相关的环焊缝在设计压力9MPa下不可接受，但考虑到环焊缝环向开裂危害性，建议对48处与金属损失特征相关的环焊缝开挖检测并评价，并优先开挖评价结果为不可接受的环焊缝。

参　考　文　献

[1] GB 50253—2014《输油管道工程设计规范》[S].

[2] GB/T 9711—2011《石油天然气工业管线输送系统用钢管》[S].

[3] SY/T 6477—2017《含缺陷油气输送管道剩余强度评价方法》[S].

[4] SY/T 6996—2014《钢质油气管道凹陷评价方法》[S].

[5] SY/T 6151—2009《钢质管道管体腐蚀损伤评价方法》[S].

[6] API 579—12016《Fitness-For-Service》[S].

[7] TSG D7003—2010《压力管道定期检验规则-长输管道》[S].

基于 TOPSIS 的降雨诱发输气管道事故应急抢修方案制定

温 凯[1] 金 凤[1] 李洪河[2] 张 静[2] 宫 敬[1]

[1. 中国石油大学(北京); 2. 国家管网集团徐州维抢修中心]

摘 要 近年来，降雨所致的山体滑坡、洪水等地灾极易在山地、雨季高发，由此导致的油气输送管道失效受到生产单位的重视，因降雨所导致的地质灾害具有不可逆性，后果严重且抢维修过程困难，为管道完整性的管理造成困难。基于降雨量的可预测性，本文提出基于 TOPSIS 思想的降雨诱发油气管道事故应急抢修方案优选方法。首先通过建立有限元模型，对降雨可能诱发的管道事故进行模拟作为先验知识；然后采用 AHP-模糊评价方法建立事故等级模型，以不同条件下的事故等级作为应急抢修方案的决定性因素；最后基于 TOPSIS 的思想优选确定应急抢修方案，包括维抢修方法(进场道路施工方法、抢修区施工方法和管道维抢修施工方法)、维抢修物资以及维抢修人员的确定等。应用上述方法，以某山地预报依 100 毫升每天的降雨情况可能导致埋地输气管道事故为背景，演示了基于 TOPSIS 的降雨诱发输气管道事故应急抢修方案制定过程。及时制定有效的应急抢修方案，是保障管道快速恢复的关键，本方法对我国油气管道完整性的智能化建设做出了贡献。

关键词 TOPSIS；降雨；输气管道；应急抢修方案

我国地质环境复杂多样，降雨诱发的各种地质灾害发生会导致土壤的移动变化，对油气管道的安全运行提出了严峻的挑战。通常发生地质灾害时响应的窗口期很短，能否快速抢险对管道本身的运行、公众安全和环境保护起到决定性影响，因此，超前、快速的制定合理的油气管道事故应急抢修方案对保障管道的安全运行极为重要。为了更好的管理应急抢修案例、更快的应急抢修速度，需要构建管道应急抢修平台，为了提高平台处理问题的能力，应急抢修系统中需要包含事故模拟、安全评价、应急抢修方案等方面的技术。

在地灾诱发的管道事故模拟方面，早在 1977 年 Kunert 等人通过给管道施加位移载荷模拟山体滑坡并结合管道的埋设深度、土体的性能等因素研究管道屈曲规律。Kokavessis 和 Anagnostidis 用非线性接触模型(材料和结构非线性)，利用有限元原理模拟，得到在永久位移作用下对埋地管道的影响。国内在该方面的研究起步较晚：焦中良等人利用有限元数值模拟软件 ABAQUS 模拟了当发生滑坡地质灾害时，不同影响因素下管道的受力情况，分析了影响管道受力的关键性因素。周立国等人建立管道在挖掘载荷作用下的有限元模型，研究了管道埋深、内压与管土间摩擦因数对管道力学性能的影响。刘啸奔等人基于 ANSYS 非线性有限元软件建立了地表荷载作用下的含缺陷管道模型，提出含缺陷的燃气管道安全评价模型。

在油气管道事故等级评价中常采用的方法为风险评价的方法。1987 年，美国 Amoco 管道公司开始使用专家打分法对油气管道进行安全评价。20 世纪 80 年代风险评价的概念被各学者引入国内，1994 年，西南石油大学对鲁宁管道开展了管道风险评价，标志着我国管道风险评价开始进入人们的视线；易云兵等人将管道风险评价的各种方法进行了整理并对比之后，针对我国的实际情况给出了相关具有建设性的意见；08 年赵建平等人将故障树和模糊综合评价法用于分析埋地管道的第三方破坏风险，应用了工程实例说明我国的管道风险评价技术日趋成熟；2017 年陈利琼等人同时使用了故障树分析法和专家打分法，以此建立油气管道失效概率模型。

在管道事故应急抢修方案的制定过程中，目前施工方法的选择均采用专家选择施工方法或者抢修人员根据现场情况凭借经验自行决定，存在维修抢修滞后或者由于经验决策不足造成极大人员安全问题。因此，在管道应急抢修方案制定过程中尚有以下问题亟待解决：①管道应急抢修方案制定与实际情况无法快速匹配；②管道应急抢修方案由于多种因素(设备缺少、调度慢等)无法快速应用于现场，缺少备用方案。为解决上述问题，本研究将上述应急抢修系统中的事故模拟以及事故等级评价作为应急抢修方案的先验知识，提出一种基于 TOPSIS 思想的降雨诱发管道事故应急抢修方案优选方法(图 1)：根据天气预报的降雨区域、降雨量等信息，结合调管道本身和周边环境等基础信息，对预发事故进行模拟得到管道失效状态；通过等级评价预估事故的严重程度，进而优选施工方法、抢修人员以及物资设备，制定应急抢修方案并指导现场。

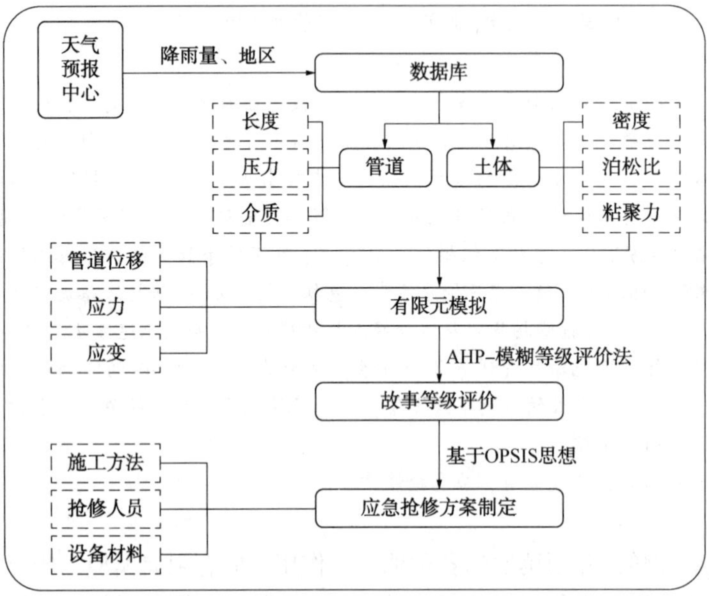

图 1　降雨诱发管道事故应急抢修方案制定

1　有限元模拟

有限元模拟是降雨诱发管道事故应急抢修方案制定过程中的首要部分，为事故等级评价提供基础信息，给施工方法的优选提供定量的管道状态信息。针对不同的降雨情况，模拟基于降雨量改变模型中土体性质的管道状态。

1.1　有限元模型

根据管道所在山区及埋地管道信息，利用有限元软件 ANSYS Workbench 建立有限元模型。管土相互作用模型根据建模方式以及假设内容的不同可分为三类：弹性地基梁、土弹簧以及非线性模型。非线性模型所包含的非线性行为有很多，比如管道和土体之间，滑坡体与非滑坡体之间、管道本身的非线性变形等，因此非线性模型更能映射现实状况，所以本研究选择非线性接触模型。

1.2　管道失效分析

本文依据应力失效准则对管道进行失效分析，应力失效判断公式为以下式(1)和式(2)。

$$\sigma_c < [\sigma] = f\sigma_s \quad (1)$$

$$\sigma_{\mathrm{Mises}} < [\sigma] = f_1\sigma_s \quad (2)$$

式中，$[\sigma]$为管道的许用应力，Pa；f 为强度设计系数；σ_s 为管材的屈服应力，Pa；σ_{Mises} 为管道前部或后部的 Mises 组合应力，Pa；f_1 为安全系数，取 0.9。

在第四节依降雨量为 100mm/d 的某山地进行了具体事故的有限元模拟。

2　事故等级评价

事故等级评价是降雨诱发管道事故应急抢修方案中的一部分，对应急抢修方案的生成过程中物资以及人员的调配至关重要，同时为现场的应急抢修难度提供基础评价信息。在降雨预报之前，建立事故等级评价模型；在降雨预报之后，基于事故模拟及专家判断结果对事故进行等级评价。

2.1　评价模型

事故等级评价模型采用基于敏感性分析的 AHP-模糊等级评价方法建立。其中，在利用层次分析法建立判断矩阵时，部分指标的重要性取值采用敏感性分析的结果进行定量判断，剩余指

标采用定性的方法判断

2.2 模糊评价法

模糊评价法是基于专家打分，通过模糊矩阵运算得到事故等级的方法。模糊等级评价流程如下所示：

(1) 事故等级赋值：对事故等级进行赋值，事故等级赋值表如表 1 所示；

表 1　事故等级赋值

事故等级	特大级	重大级	较大级	一般级	低级
数值(V_i)	5	4	3	2	1

(2) 建立专家评价集：专家根据各自的经验以及对事故的分析，对各个风险指标进行打分，形成多个向量，多个向量形成一个矩阵，这个矩阵的集合称为专家评价集；矩阵形式为：

$X=(X_1, X_2, X_3, \cdots X_n)$，其中 n 代表 n 个专家；

(3) 计算模糊评价矩阵 $T_i(i=1, 2, 3, 4, 5)$：在建立的专家评价集 X 中，以风险指标为基准，不同专家会对风险指标打不同的分数，统计打相同分数的专家数量，之后除以总的专家人数，得到的数值就是基于各个风险指标的从属度，最后进行统一化即可得到模糊矩阵；

(4) 计算隶属度 R_{Bi}：进行模糊矩阵运算得到每一个二级指标 Bi 的隶属度 R_{Bi}，即隶属向量。模糊矩阵运算的计算公式如下式(3)所示：

$$R_{Bi}=W_{Bi}gT_{Bi} \tag{3}$$

同理，采用同样的方法计算一级指标 A 的模糊评价矩阵 T_A 和隶属度 R_A，公式如式(4)：

$$R_A=W_AgT_A$$

式中，W_g 为各因素的权重集合的模糊集

(5) 计算事故等级 V：隶属度 R_A 对应的是一个矩阵，其中的数值分别对应事故等级赋值表中的各个等级，因此，为了使最终得到的事故等级合理，对隶属度 R_A 结合事故等级赋值表进行加权平均，得到最后的事故等级值 V，事故等级值 V 的计算方法如下式(5)所示：

$$V=\sum_{i=1}^{5}T_iV_i \tag{5}$$

将事故等级值 V 与表 1 相对应，即可得到事故的等级。在第四节依降雨量为 100 mm/d 的某山地进行了具体的事故等级评价。

3 事故应急抢修方案制定

管道事故应急抢修方案直接指导了现场的操作。在降雨预报之前，明确所有施工方法、物资设备以及抢修人员；在降雨预报之后，基于事故结果对事故应急抢修方案进行制定。

3.1 应急抢修方案

应急抢修方案(图 2)包括施工方法、应急人员以及设备材料。其中，施工方法根据事故现场区域划分为三类：进场道路施工方法、抢修区施工方法以及管道施工方法；应急人员根据职责的不同分为五类：安全环保员、抢修实施员、应急协调员、综合保障组、物资装备组以及技术支持组。

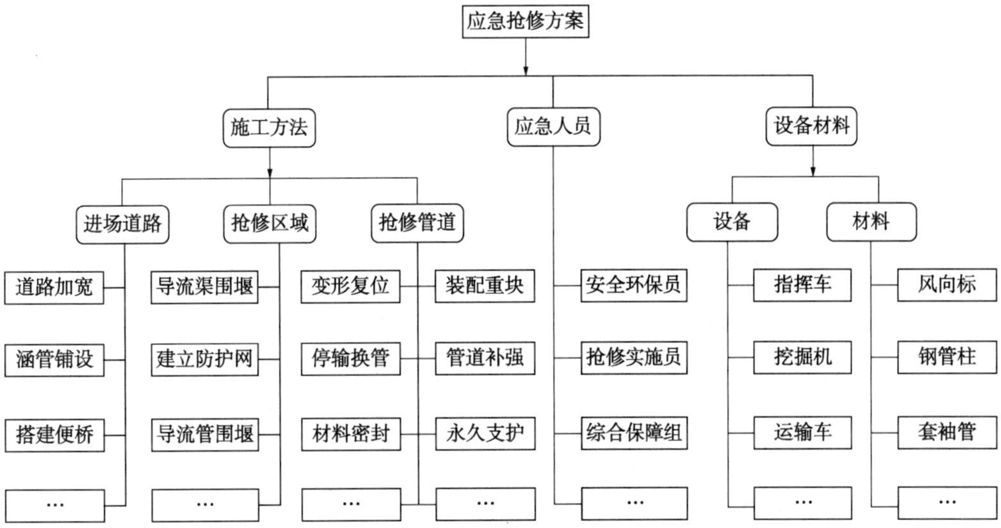

图 2　应急抢修方案内容

基于应急抢修方案内容，建立了应急抢修方案制定流程(图 3)：首先基于不同推荐方法，依

据事故不同特征分别确定不同施工方法，之后基于施工方法、事故等级评价结果等信息确定设备材料，再基于各企业人员的分配确定抢修人员，最后将所有内容整合制定应急抢修方案。

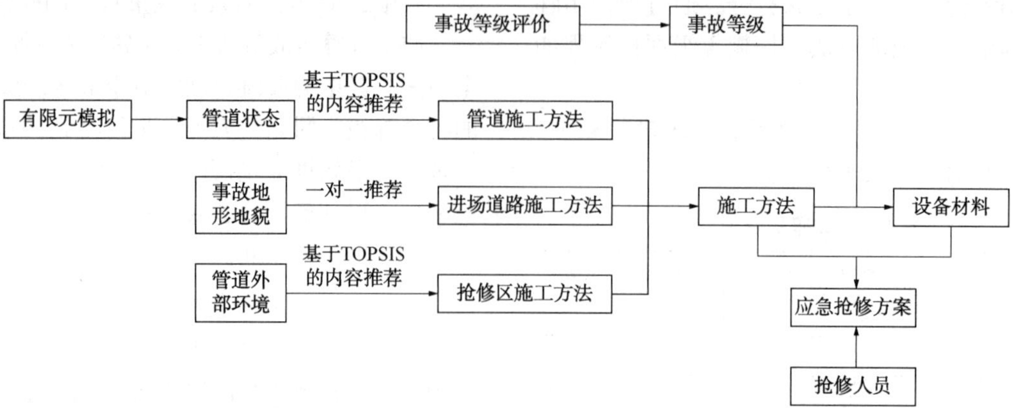

图 3　应急抢修方案制定流程

3.2　基于 TOPSIS 的智能推荐算法

该算法首先应用于电商行业，推荐过程为基于商品的固有特征属性将相似或者同类商品精确推荐给各个客户。本文以推荐管道维抢修施工方法为例，结合基于内容推荐算法的特点，通过一般步骤如下给出推荐过程：

3.2.1　定义管道破坏类型及管道维抢修施工方法

管道破坏类型及管道维抢修施工方法都属于定性指标，因此首先定义管道破坏类型为 $X_j=(X_1, X_2, \cdots, X_j)$，管道维抢修施工方法为 $I_i=(I_1, I_2, \cdots, I_j)$，之后依据下文的步骤将管道破坏类型及管道维抢修施工方法量化。

3.2.2　确定管道维抢修施工方法对管道破坏类型的重要性值

首先按照管道破坏类型对管道维抢修施工方法的重要性由高到低进行排序，之后根据 Gaussian 函数(式(6))，得到各个维抢修施工方法 $I_i(i=1, 2, \cdots, m)$关于各个管道破坏类型 X_j 的重要性取值 $x_{ij}(i=1, 2, \cdots, m)$，即得到管道破坏类型的模糊隶属度。

$$x_{ij}=\frac{r_j}{2\sqrt{\alpha\mid L_i\mid(r_j-1)}}(j=1, 2, \cdots, n) \tag{6}$$

式中，$\mid L_i\mid$ 为维抢修施工方法 I_i的特征个数；r_j为特征 X_j所在的排序位置，$1\leqslant r_j\leqslant\mid L_i\mid$；α 为常数，α>1。

3.2.3　确定管道维抢修施工方法之间的相似度

管道维抢修施工方法之间的相似程度与管道破坏类型之间的差异值有关联，因此首先基于正(负)理想解对各个管道破坏类型之间的差异值进行计算。根据重要性 x_{ij} 的取值，可以获得关于各个管道破坏类型 X_j的正(负)理想解：如果某种管道破坏类型最适合该维抢修作业施工方法，则称其为(正)理想解 x_j^*(式(7))；如果某种管道破坏类型最不适合该维抢修作业施工方法，则称其为负理想解 x_j^0(式(8))。

$$x_j^*\begin{cases}\underset{i}{mia}\,x_{ij}, & x_j\text{为效益型特征属性}\\ \underset{i}{min}\,x_{ij}, & x_j\text{为成本型特征属性}\end{cases}\quad j=1, 2\cdots, n \tag{7}$$

$$x_j^*\begin{cases}\underset{i}{mix}\,x_{ij}, & x_j\text{为效益型特征属性}\\ \underset{i}{min}\,x_{ij}, & x_j\text{为成本型特征属性}\end{cases}\quad j=1, 2\cdots, n \tag{8}$$

得到了正(负)理想解以及各个管道破坏类型的重要性取值之后，就可以计算各个管道破坏类型的重要性值到正(负)理想解的距离，即差异值，将其分别称为到正理想解的距离 d_{ij}^* 和到负理想解的距离 d_{ij}^0，解析式如下式(9)所示：

$$d_{ij}^*=\mid x_{ij}-x_j^*\mid;\ d_{ij}^0=\mid x_{ij}-x_j^0\mid;\quad i=1, 2\cdots, m \tag{9}$$

之后计算相似度 $S_j(I_k, I_i)$，本文中的相似度是管道维抢修方法 I_k和 I_i之间对于管道破坏类型 X_j的相似度，其中，I_i代表的是一个管道维抢修施工方法，I_k代表的是与 I_i相比较的管道维抢修施工方法，X_j代表的是一个管道破坏类型。计算相似度所使用的计算方法为欧几里得距离公式，解析式如下式(10)所示：

$$S_j(I_k, I_i)=1-\sqrt{\frac{1}{2}(d_{ij}^*-d_{kj}^*)^2+\frac{1}{2}(d_{ij}^0-d_{kj}^0)^2},\quad 0\leqslant S_j(I_k, I_i)\leqslant 1 \tag{10}$$

计算得到相似度之后按照由大到小的顺序进

行排序，其顺序即为推荐顺序。

4　案例分析

假设天气预报预测某山区即将发生小雨一小时后预测降雨量会增加 100mm/d，可能会发生滑坡事故，山区里埋有埋地输气管道。本文基于上述事故，演示了基于 TOPSIS 的油气管道应急抢修预案智能化生成过程。

4.1　事故有限元模拟

为节省计算时间，利用对称性，模型为实际山区的 1/2，采用文献[16]中的数据建立有限元模型(图(4))：管道参数如表 2 所示；土体参数如表 3 所示；山区长 60 m，宽 40 m，高 20 m，山体倾斜角度为 30°，管道埋深为 1 m；为了尽可能对实际工况进行模拟，设置边界条件：①土体底面设置竖直方向(y 轴)位移约束；②管道两端设置固定约束；③管内压力设置 4 MPa；④滑坡位移设置 250mm。

表 2　管道参数

输气管道	壁厚/mm	外径/mm	屈服强度/MPa	弹性模/GPa	泊松比
X70	21	1016	540	210	0.3

表 3　土体参数

土体	密度/(kg/m^3)	粘聚力/kPa	内摩擦角/°	弹性模量/MPa	泊松比
粘性土	1750	9	20	8.1	0.35

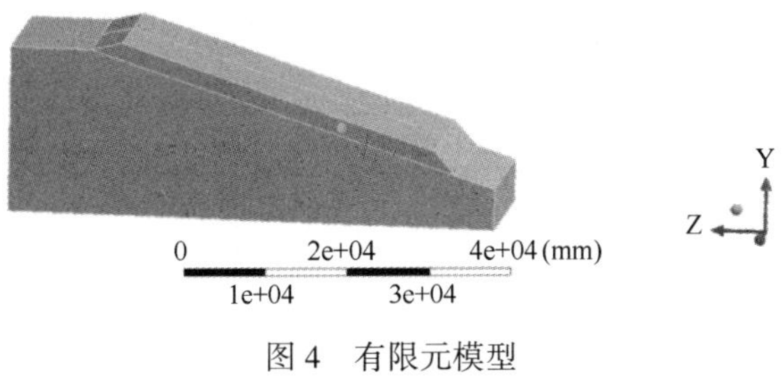

图 4　有限元模型

天气预报一小时后降雨量为 100mm/d，而降雨量的改变会影响土体参数(粘聚力、内摩擦角等)，滑坡体粘聚力、内摩擦角以及弹性模量与降雨量无直接关系，与土体含水率有关，因此需要先计算不同降雨量条件下土体的含水率，再对滑坡体粘聚力、内摩擦角以及弹性模量进行计算。通过经验公式(11-14)得到更新后的土体参数(表 4)。

含水率：

$$\Delta W_{0-10}=0.012+2.1951nP \tag{11}$$

黏聚力：

$$c=0.0453w^2-4.051w+87.7154 \tag{12}$$

内摩擦角：

$$\varphi=0.0002w^2-0.5705w+32.3611 \tag{13}$$

弹性模量：

$$E=e^{3.82-0.07w} \tag{14}$$

表 4　更新后土体参数

岩性	粘聚力/kPa	内摩擦角/°	弹性模量/MPa	泊松比	密度/(kg/m^3)	位移/mm
滑坡体	51.36	26.57	22.46	0.35	2000	1500
非滑坡体	87.72	32.36	45.60	0.32	1800	0

基于更新后的土体参数进行模拟后，分别得到如下图 5(a)、图 5(b)所示的管道位移云图和管道应力云图。由图 5(a)可知，当降雨量为 100mm/d 时，管道的最大位移为 1074.7mm，因此管道发生了巨大位移；由图 5(b)可知，管道的最大应力为 1535.5MPa，基于管道应力失效准则，管道的临界失效应力为 432MPa，因此管道已经失效。

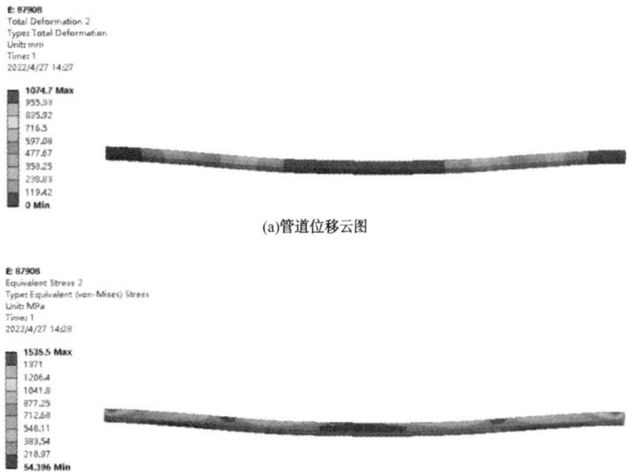

(a)管道位移云图

(b)管道应力云图

图 5

4.2　事故等级评价

天气预报某山地一小时后降雨量为 100mm/d，此时管道已经失效，需基于事故等级评价模型对预发事故进行等级评价，得到事故等级。

首先专家根据各自的经验，对各个风险指标打分，形成专家评价集，然后基于形成专家评价集求解模糊评价矩阵 T_A 和 T_B，进行模糊矩阵运算得到隶属度 R_A 和 R_B，最后进行加权平均得到事故等级值 V 为 3.5933，对照表 1 事故等级为重大级。因此当降雨量为 100mm/d 时，事故等级为重大级。

4.3 进场道路施工方法推荐

进场道路施工方法的推荐采用一对一推荐方法。进场道路施工方法随着事故地形地貌的改变而改变，因此得到推荐结果(图6)。

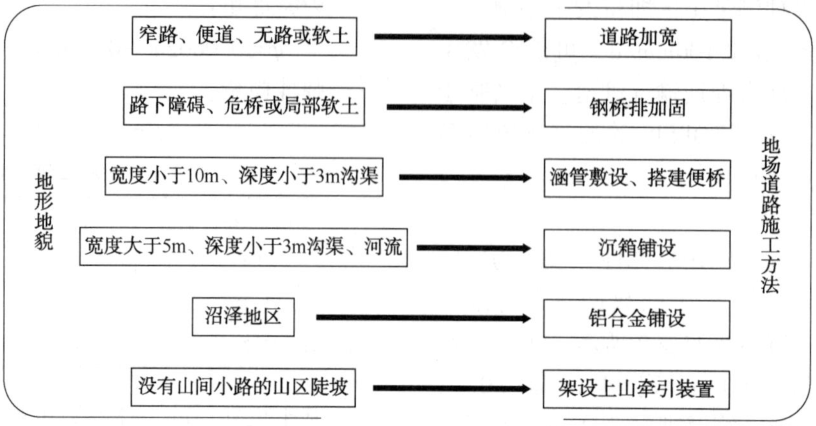

图6　进场道路施工方法推荐结果

因为预发事故地形地貌为山区，当降雨量为100mm/d时，进场道路施工方法应选择架设上山牵引装置。

4.4 基于 TOPSIS 的施工方法推荐

4.4.1　抢修区施工方法推荐

抢修区施工方法的推荐采用基于内容的推荐算法[20]。抢修区施工方法随着管道外部环境的改变而改变，对管道外部环境及抢修区施工方法进行分类(图7)。其中，将 $X_{1j}(j=1，2，3\cdots7)$ 定义为管道外部环境，$I_{1i}(i=1，2，3\cdots7)$ 定义为抢修区施工方法。

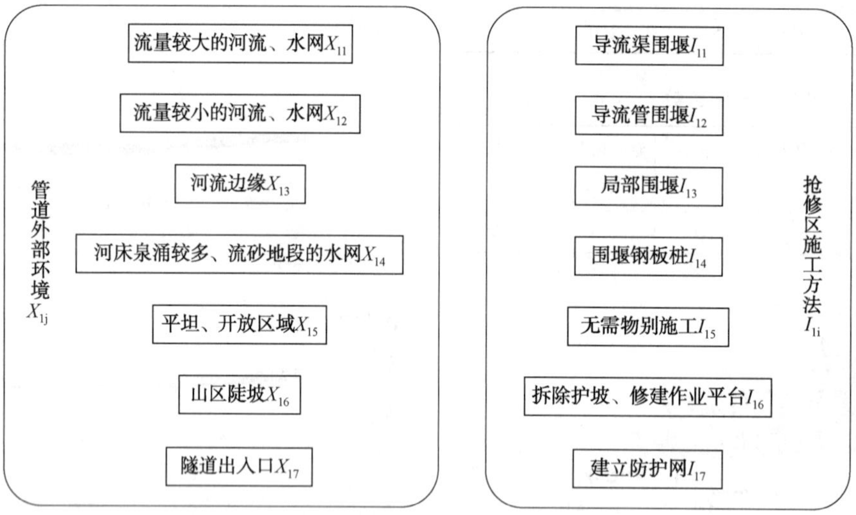

图7　管道外部环境及抢修区施工方法分类

按照管道外部环境对于抢修区施工方法的重要性由高到低按序排位：①导流渠围堰 I_{11}：$X_{11}>X_{14}>X_{12}>X_{13}$；②导流管围堰 I_{12}：$X_{12}>X_{11}>X_{14}>X_{13}$；③局部围堰 I_{13}：$X_{13}>X_{12}>X_{11}>X_{14}$；④导流渠围堰 I_{14}：$X_{14}>X_{11}>X_{12}>X_{13}$；⑤无需特别施工 I_{15}：X_{15}；⑥拆除护坡、修建作业平台 I_{16}：X_{16}；⑦建立防护网 I_{17}：X_{17}。

以导流渠围堰(I_{11})为例，该施工方法对各个管道外部环境的重要性值过程为：基于Gaussian 函数，取 $\alpha=1.5$，由于管道外部环境对于导流渠围堰 I_{11} 的重要性排序为 $X_{11}>X_{14}>X_{12}>X_{13}$，因此计算得到导流渠围堰($I_{11}$)对各个管道外部环境的重要性值：$X_{11}=1$；$X_{12}=0.3273$；$X_{13}=0.3563$；$X_{14}=0.3086$；$X_{15}=0$；$X_{16}=0$；$X_{17}=0$。

同理，可得到剩余抢修区施工方法(I_{12}、I_{13}、I_{14})对各个管道外部环境的重要性值。由于施工方法 I_{15}、I_{16}、I_{17} 仅有一个管道外部环境与其对应，因此无需通过 Gaussian 函数计算。经过总结，得到每个抢修区施工方法对应的 α 值(表5)以及所有抢修区施工方法(I_{11}、I_{12}、$I_{13}\cdots I_{17}$)对各个管道外部环境的重要性值(表6)。

表 5　每个抢修区施工方法对应的 α 值

	I_{11}	I_{12}	I_{13}	I_{14}	I_{15}	I_{16}	I_{17}
α	1.5	1.5	1.5	1.5	—	—	—

表 6　抢修区施工方法对管道外部环境的重要性值

	X_{11}	X_{12}	X_{13}	X_{14}	X_{15}	X_{16}	X_{17}
I_{11}	1	0.3273	0.3563	0.3086	0	0	0
I_{12}	0.3086	1	0.3563	0.3273	0	0	0
I_{13}	0.3273	0.3086	1	0.3563	0	0	0
I_{14}	0.3086	0.3273	0.3563	1	0	0	0
I_{15}	0	0	0	0	1	0	0
I_{16}	0	0	0	0	0	1	0
I_{17}	0	0	0	0	0	0	1

之后根据抢修区施工方法对管道外部环境的重要性值，获得关于各个管道外部环境的正理想解和负理想解。因此由表 6 可知，各正理想解均为 1，负理想解均为 0。

再计算各个重要性值到正(负)理想解的距离，分别称为到正理想解的距离 d_{ij}^{*}(表 7)和到负理想解的距离 d_{ij}^{0}(表 8)。

表 7　到正理想解的距离

d_{ij}^{*}	X_1	X_2	X_3	X_4	X_5	X_6	X_7
I_1	0	0.6727	0.6437	0.6914	1	1	1
I_2	0.6914	0	0.6437	0.6727	1	1	1
I_3	0.6727	0.6914	0	0.6437	1	1	1
I_4	0.6914	0.6727	0.6437	0	1	1	1
I_5	1	1	1	1	0	1	1
I_6	1	1	1	1	1	0	1
I_7	1	1	1	1	1	1	0

表 8　到负理想解的距离

d_{ij}^{0}	X_1	X_2	X_3	X_4	X_5	X_6	X_7
I_1	1	0.3273	0.3563	0.3086	0	0	0
I_2	0.3086	1	0.3563	0.3273	0	0	0
I_3	0.3273	0.3086	1	0.3563	0	0	0
I_4	0.3086	0.3273	0.3563	1	0	0	0
I_5	0	0	0	0	1	0	0
I_6	0	0	0	0	0	1	0
I_7	0	0	0	0	0	0	1

最后基于欧几里得距离公式，得到抢修区施工方法间的相似度(表 9)。

表 9　抢修区施工方法间的相似度

	I_{11}	I_{12}	I_{13}	I_{14}	I_{15}	I_{16}	I_1
I_{11}	1	0.802457	0.802457	0.802457	0.572543	0.572543	0.572543
I_{12}		1	0.802457	0.80780	0.572543	0.714286	0.572543

续表

	I_{11}	I_{12}	I_{13}	I_{14}	I_{15}	I_{16}	I_1
I_{13}			1	0.810743	0.572543	0.572543	0.572543
I_{14}				1	0.572543	0.572543	0.572543
I_{15}					1	0.714286	0.714286
I_{16}						1	0.714286
I_{17}							1

根据重要性排序以及相似度数值大小，对不同管道外部环境条件下应推荐的抢修区施工方法进行定量排序(表10)。

由表10可知，预发事故管道外部环境为山区(X_{16})，因此当降雨量为100mm/d时，抢修区施工方法选择拆除护坡、修建作业平台施工方法(I_{16})。

表10　基于管道外部环境的抢修区施工方法推荐顺序

管道外部环境	抢修区施工方法推荐顺序
流量较大的河流、水网 X_{11}	$I_{11}>I_{12}=I_{13}=I_{14}$
流量较小的河流、水网 X_{12}	$I_{12}>I_{14}>I_{11}=I_{13}$
河流边缘 X_{13}	$I_{13}>I1_{4}>I_{11}=I_{12}$
河床泉涌较多、流砂地段的水网 X_{14}	$I_{14}>I_{13}>I_{12}>I_{11}$
平坦、开放区域 X_{15}	I_{15}
山区陡坡 X_{16}	I_{16}
隧道出入口 X_{17}	I_{17}

4.4.2　管道施工方法推荐

管道维抢修施工方法的推荐采用基于内容的推荐算法。管道维抢修施工方法随着管道破坏类型的改变而改变，对管道破坏类型及管道维抢修施工方法进行分类(图8)。其中，将 $X_{2j}(j=1, 2, 3\cdots13)$ 定义为管道破坏类型，$I_{2i}(i=1, 2, 3\cdots13)$ 定义为管道维抢修施工方法。

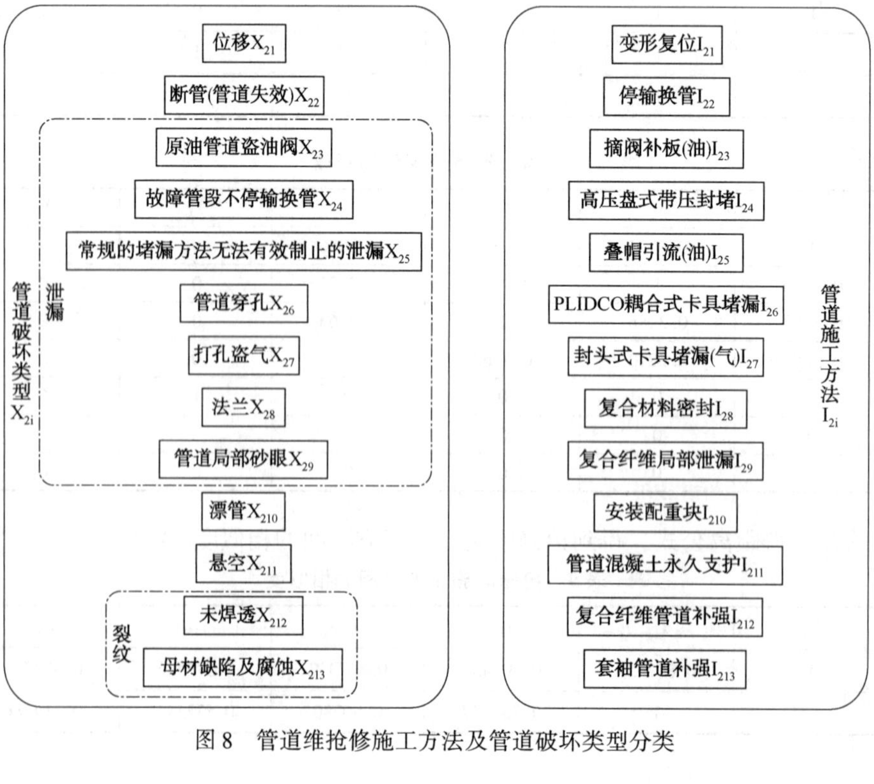

图8　管道维抢修施工方法及管道破坏类型分类

之后的推荐步骤与抢修区施工方法的推荐步骤一致，得到基于管道破坏类型的管道维抢修施工方法推荐顺序（表 11）。由事故模拟结果可知，当降雨量为 100mm/d 时，管道已失效（X_{22}），因此管道维抢修施工方法选择停输换管（I_{22}）。

表 11　基于管道破坏类型的管道维抢修施工方法推荐顺序

管道破坏类型		管道维抢修施工方法推荐顺序
位移 X_{21}		I_{21}
断管（管道失效）X_{22}		I_{22}
泄漏	原油管道盗油阀 X_{23}	$I_{23}>I_{25}>I_{24}=I_{26}=I_{29}$
	故障管段不停输换管 X_{24}	$I_{24}>I_{26}>I_{25}>I_{23}$
	常规的堵漏方法无法有效制止的泄漏 X_{25}	$I_{25}=I_{24}=I_{26}=I_{29}>I_{22}$
	管道穿孔 X_{26}	$I_{26}>I_{29}>I_{24}>I_{25}>I_{27}>I_{23}$
	打孔盗气 X_{27}	$I_{27}>I_{29}=I_{24}=I_{26}$
	法兰 X_{28}	I_{28}
	管道局部砂眼 X_{29}	$I_{29}>I_{26}>I_{24}>I_{25}>I_{27}>I_{23}$
漂管 X_{210}		I_{210}
悬空 X_{211}		$I_{211}>I_{21}$
裂纹	未焊透 X_{212}	$I_{212}>I_{213}$
	母材缺陷及腐蚀 X_{213}	$I_{213}>I_{212}$

5　结论

本文提出一种基于 TOPSIS 思想的降雨诱发油气管道事故应急抢修方案制定方法。将基于 TOPSIS 思想的内容推荐算法应用于施工方法的推荐，具有以下意义：①当管道损伤形式、管道外部环境具有两种或两种以上时，可以使应急抢修更为合理；②在已知最优的施工方法，但是遇到不可抗力（设备材料缺少或调度很慢）等因素不能快速及时进行施工时，若后续推荐的维抢修施工方法也合理，则可按照推荐顺序优先使用之后的施工方法；③通过特征属性对施工方法重要性和各个方法之间的相似度进行计算排序，使推荐结果更加客观合理；④对维抢修施工方法的排序以定量的形式展现，直观清晰，调控中心的操作人员一目了然。

但也有以下不足：①在确定施工方法时，对其特征属性重要性的取值时主观性较强，误差可能会较大，可通过对专家设置重要性取值来避免；②各施工方法及其对应的特征属性有时考虑的不全面，可能会有遗漏。

参　考　文　献

[1] 邹永胜，梁俊，高建章等．山地油气管道智能化建设架构与方法［J］．天然气与石油，2020，38（03）：102-107.

[2] 刘汉强．油气长输管道事故风险研判与应急响应机制研究［D］．中国石油大学（北京），2016.

[3] 司伟平．天然气管道应急救援技术研究［D］．中国石油大学（北京），2016.

[4] Kennedy RP，Chow AW，Williamson RA. Fault movement effects on buried oil pipeline［J］. ASCE Journal of Transportation Engineering. 1977；103：617-33.

[5] Kokavessis NK，Anagnostidis GS. Finite element modelling of buried pipelines subjected to seismic loads：soil structure interaction using contact elements. In：Proceedings，ASME PVP conference，Vancouver，BC，Canada，2006.

[6] 焦中良，谷海威，郭杰，等．滑坡条件下埋地管道的应力分析［J］．煤气与热力，2014，34（12）：11-16.

[7] 周立国，姚安林，徐涛龙，周雪，尚卯．挖掘载荷下燃气 PE 管道损伤分析［J］．中国安全科学学报，2017，27（03）：59-64.

[8] 刘啸奔，王宝栋，张东，张宏．地表载荷作用下含缺陷燃气管道安全评价［J］．中国安全科学学报，2021，31（10）：127-135.

[9] 李浩然．河南省天然气输送管道安全管理及对策研究［D］．郑州大学，2018.

[10] Ming Li，Liangliang Liu，Ying Li，Yingcheng Xu，Emilio Jimenez Macias. Evaluating the Risk of Natural Gas Pipeline Operation Management in Intuitionistic

Fuzzy Linguistic Environments[J]. Mathematical Problems in Engineering，2018，2018.
[11] 张希祥，张强，杨玉锋，魏然然，刘硕．管道风险评价技术现状和启示[J]．当代化工研究，2021(13)：19-20.
[12] 易云兵，姚安林，姚林，杨眉．油气管道风险评价技术概述[J]．天然气与石油，2005(03)：16-19+64.
[13] 李卫杰，张晓刚，陈利琼，赵家常，吕果，何刚．群组 AHP 方法在某高含硫原料气管道本质安全风险分析中的应用[J]．全面腐蚀控制，2017，31(02)：38-42.
[14] 江鹏辉，杨豪，彭斌，等．基于模糊层次综合法的加油站现状评价模型及应用[J]．工业安全与环保，2008，34(02)：58-61.
[15] 肖建勇．海洋平台安全风险分析方法研究[D]．天津大学，2003.
[16] 赵彬，周景春，张存岭，陈若礼．降水与土壤含水量关系分析[J]．农业灾害研究，2013，3(07)：14-17.
[17] 姬猛，李文菊，郭涛，杨志勇．黄土滑坡与降雨关系的模型试验研究[J]．铁道科学与工程学报，2017，14(12)：2585-2592.
[18] 张兰阁．堆积层滑坡降雨增载弱化复合动力效应及稳定性演化规律研究[D]．青岛理工大学，2019.
[19] 刘玲．基于 Topsis 思想的内容推荐算法研究[J]．数学的实践与认识，2012，42(16)：113-119.

高掺氢比高钢级管道焊缝材料轴向本构关系确定方法研究

余佳莹[1] 张 东[1] 孙 晁[2] 燕冰川[2] 王 昊[1] 刘啸奔[1]

[1. 中国石油大学(北京)·油气管道输送安全国家工程研究中心·石油工程教育部重点实验室·城市油气输配技术北京市重点实验室；2. 国家管网集团北方管道有限责任公司]

摘 要 环焊缝是管道本体的薄弱环节，尤其在涉及氢气输送技术时，氢气与环焊缝材料的相容性成为关键制约因素。然而，针对掺氢管道结构安全评价，目前仍缺乏氢环境下环焊缝材料轴向应力应变本构关系开展进一步的定量评价。因此，提出了一种基于有限元模型与优化算法的高掺氢比(30%)环境下高钢级管道环焊缝材料本构关系确定方法。通过开展30%掺氢比、高压力(10MPa)、高钢级(X80)管道环焊缝材料含缺口试样慢应变速率拉伸试验研究，并利用核极限学习机(Kernel based Extreme Learning Machine，KELM)与改进灰狼优化算法(IGWO)获得了高掺氢比条件下环焊缝材料真实应力应变本构关系。该方法具有较好的准确性，与试验数据相比，相对均方根误差 RMSE 小于 5×10^{-4}。本研究建立了适用于高掺氢比、高压力和高钢级管道环焊缝材料的应力应变本构关系，为评估掺氢管道结构安全性提供了重要的参考依据。

关键词 氢致劣化；高钢级；环焊缝；应力应变本构关系

管道输氢因成本低、能耗小而具有较高的可行性，利用现有天然气管道，以掺氢天然气的方式输氢是最经济的氢能输送方式。但是管道输氢面临的氢脆问题严重影响管道的安全运行，制约氢气管道的发展。国内外油气管道安全事故统计分析结果表明，环焊缝失效是油气管道失效的主要形式。而氢气也对管道连接处的焊缝造成不可忽视的影响：由于焊缝处金属微观结构的特殊性，焊缝对氢的捕获能力、富集能力高于母材，更容易产生缺陷。但对于高钢级管道全自动焊环焊缝，无法仅通过力学试验获得其轴向真实应力应变本构关系，缺乏氢环境环焊缝材料轴向应力应变本构关系支撑掺氢管道结构安全评价。因此，确定高钢级管道全自动焊环焊缝真实应力应变本构关系，对掺氢天然气输送技术的发展具有重要意义。

针对氢环境下管材应力应变本构关系的研究，国内外学者开展了氢环境下多种钢材的力学试验，通过纯氢或掺氢高压环境下 X52、X60、X70 等不同钢级管材的拉伸试验，可以发现氢气不会改变材料的杨氏模量、屈服强度、抗拉强度，但纯氢环境下材料表现出强烈的延性降低，以及低钢级管材氢脆敏感性更低。同时，国内外学者对焊接接头的氢脆敏感性也开展了一定的研究。张体明等人、Davani 等人的试验研究表明，氢环境下 X80 管线钢焊接热影响区材料的变形量和断面收缩率降低。国内浙江大学的郑津洋等人在 10Mpa 的氢气/氮气混合气体环境下开展 X70 管线钢焊接接头的拉伸试验，发现与母材相比，掺氢工况对 X70 焊接接头拉伸性能有明显的影响，在掺氢环境中表现出明显的脆性断裂特征。

但国内外管线钢存在差异，国外开展的试验研究难以真实反映国内管线钢的氢致力学性能劣化行为，同时，拉伸试验仅能得到相对准确的颈缩前的应力应变数据，无法获得完整的载荷-位移曲线。针对焊缝材料氢致劣化现象的研究较少，仅通过试验无法获得焊缝材料真实应力应变本构关系，进而无法进行掺氢管道结构安全评价，制约掺氢天然气输送技术的发展。

本文设计了一种测试氢环境焊缝材料应力应变本构关系的试验方案，开展了高掺氢比(30%)、高压力(10MPa)、高钢级(X80)管道焊缝材料含缺口试样慢应变速率拉伸试验研究。基于 MATLAB-PYTHON-ABAQUS 联合仿真确定了氢环境 X80 管线钢焊缝材料轴向应力应变本构关系，利用核极限学习机(Kernel based Extreme Learning Machine，KELM)和改进灰狼优化算法

(IGWO)，以试验载荷-位移曲线为反演目标，得到了掺氢比30%时焊缝材料真实应力应变本构关系。本文建立了高掺氢比、高压、高钢级管道焊缝材料应力应变本构关系，为掺氢管道结构安全评价提供了重要参考。

1 本构关系确定方法

为探究焊缝区材料真实应力应变本构关系，基于 MATLAB-PYTHON-ABAQUS 开展联合仿真。利用 KELM 回归算法获得 Ramberg-Osgood 本构参数与载荷位移曲线之间的映射关系，以试验载荷-位移曲线与预测载荷-位移曲线 25 个关键点的相对均方根误差 RMSE 作为目标函数，通过 IGWO 优化算法寻找最优 Ramberg-Osgood 本构参数，使得目标函数值不高于预先设定的误差值，进而得出焊缝材料真实应力应变本构关系。具体步骤如下：

STEP1：选择 X80 管线钢为试验材料，设计一种测试氢环境焊缝材料应力应变本构关系的试验方案，以环焊缝为中间区域沿管道轴向制作含缺口圆棒试样，开展高掺氢比环境下 X80 管道焊缝材料含缺口试样慢应变速率拉伸试验，测得 X80 管道焊缝材料的载荷-位移曲线；

STEP2：建立完全参数化氢环境下 X80 管道焊缝材料数值仿真模型，基于 PYTHON 开发载荷-位移曲线自动提取程序，实现包含偏移系数、硬化指数、屈服强度及载荷-位移曲线的数据库的智能化建立。

STEP3：利用核极限学习机(Kernel based Extreme Learning Machine，KELM)算法建立 Ramberg-Osgood 本构参数与载荷-位移曲线之间的回归模型，利用改进的灰狼优化算法(IGWO)反演与试验数据符合的最优本构参数，得到焊缝材料真实应力应变本构关系。

2 缺口圆棒拉伸试验

选取中俄东线 API-5L X80 管线钢某道焊口为试验材料。环焊缝采用全自动焊工艺，以环焊缝为中间区域沿管道轴向制作含缺口圆棒试样，取样方式如图 1 所示。参考 ASTM G142-2016《Determination of Susceptibility of Metals to Embrittlement in Hydrogen Containing Environments at High Pressure，High Temperature，or Both》及拉伸试验设备对试样夹持长度、夹具对试样尺寸的要求，设计如图 2 所示的含缺口圆棒试样。

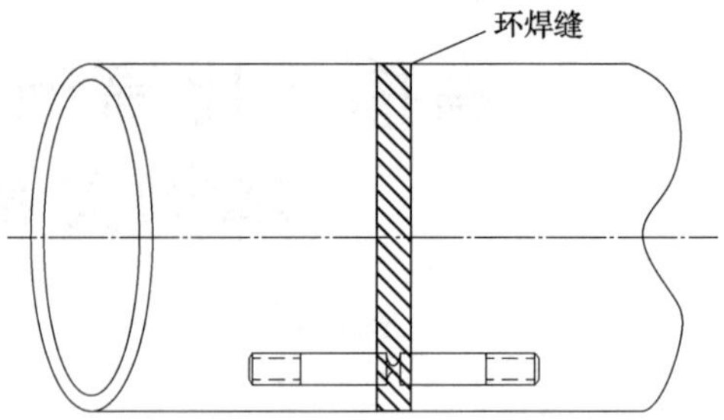

图 1 试样取样方式

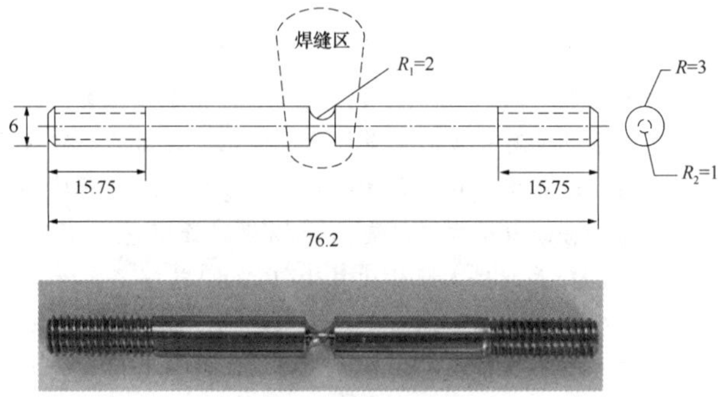

图 2 含缺口圆棒试样

试验流程参考 ASTM G142-2016，拉伸试验机选用由美国 CORTEST 公司生产的慢应变速率腐蚀试验拉伸机(图 3)。试验总压设置为 10MPa，氢分压设置为 3MPa，对应的掺氢比为 30%，其余组分为氮气。

图 3 慢应变速率腐蚀试验拉伸机

试验温度设置为 35℃，以 1×10^{-4}mm/s 的位

移速率开展氢环境下 X80 管线钢焊缝材料含缺口圆棒试样慢应变速率拉伸试验，得到了高掺氢比环境下试样的载荷-位移曲线(图 4)、应力-位移曲线(图 5)。

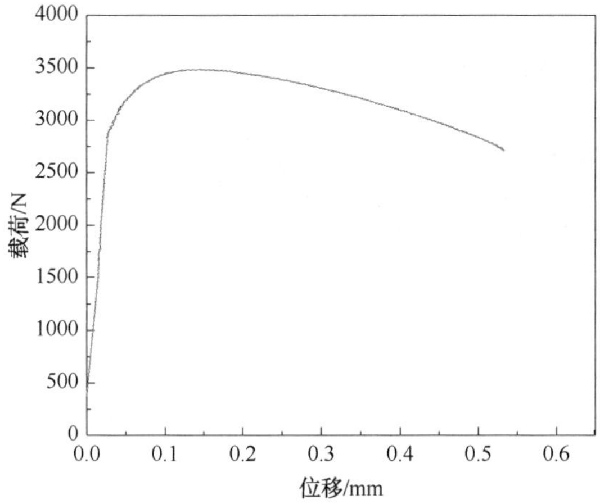

图 4　30%掺氢比 X80 管线钢焊缝材料含缺口试样载荷-位移曲线

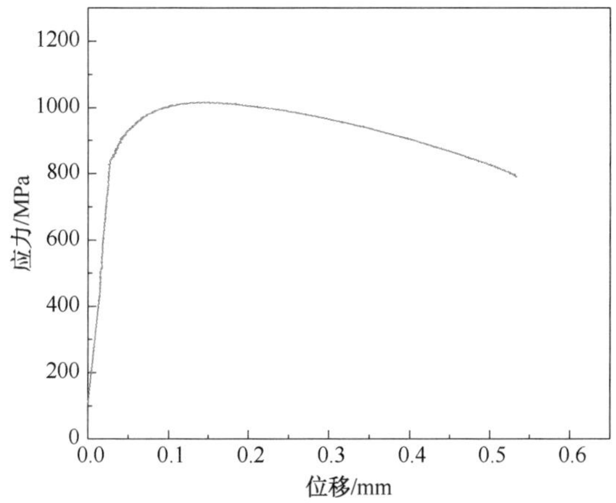

图 5　30%掺氢比 X80 管线钢焊缝材料含缺口试样应力-位移曲线

3　数值仿真模型

因通过试验数据无法得到准确的氢环境下管道焊缝材料应力应变本构关系，利用非线性有限元软件 ABAQUS 对氢环境下管道焊缝材料含缺口圆棒试样慢应变速率拉伸试验进行建模重构。本文中 X80 管线钢焊缝材料含缺口圆棒试样为轴对称试样，因后续本构关系确定方法中需要多次调用数值仿真模型进行计算，考虑模型计算效率及其对称性，采用轴对称单元模拟 X80 管线钢焊缝材料含缺口圆棒试样的慢拉伸过程。

3.1　几何模型

模型尺寸设计的含缺口圆棒试样尺寸相同。其中模型宽度为 3mm(试样平行段直径 6mm)，夹持区长度为 15.75mm，焊缝区长度为 4mm，几何模型总长度为 38.1mm，为试样总长度的一半。

3.2　材料模型

选用油气管道设计与评价领域常用的 Ramberg-Osgood 本构模型描述材料的应力应变本构关系，其关系式如下：

$$\varepsilon=\frac{\sigma}{E}+\alpha\frac{\sigma}{E}\left(\frac{\sigma}{\sigma_y}\right)^{n-1} \tag{1}$$

其中 ε 为管材应变；σ 为管材应力，MPa；E 为弹性模量，MPa；α 为屈服偏移量；n 为硬化指数；σ_y 为管材屈服强度，MPa。

因试样为含缺口圆棒试样，由试验结果分析初步确定母材区域未发生塑性变形，处于弹性阶段，因此，母材区域材料仅赋予弹性属性，即仅设置弹性模量为 200GPa，泊松比为 0.3。而焊缝区域已发生塑性变形，需要准确、完整的材料本构关系描述其应力应变行为，由式 1 可知，材料的本构关系由 E、α、n、σ_y 四个变量决定，其中弹性模量 E 取经验值 200GPa，另外三个变量的数值未知，需通过试验所得载荷-位移曲线由数值仿真模型反演得出。

3.3　边界与网格

在非线性有限元软件 ABAQUS 中，U_1、U_2、U_3 分别表示 x、y、z 三个方向的平动自由度，UR_1、UR_2、UR_3 分别表示沿 x、y、z 轴上的转动自由度，数值设置为 0 表示约束相应的自由度。针对试样拉伸方式，将夹持区与约束控制点 RP_1 耦合，控制其 x 方向的平动及沿 z 轴上的旋转自由度，施加 y 方向的位移；对缺口右端位置施加 YSYMM 对称边界条件，即 $U_2=UR_1=UR_3=0$。

模型单元各区域采用二次减缩积分单元(CAX8R)，考虑到缺口位置应变集中现象，对试样中心区域焊缝材料的网格进行加密处理，网格尺寸为 0.1mm，其余部分网格尺寸为 1mm。数值仿真模型计算结果示意图如下(图 6)。

4　材料本构关系确定

4.1　算法介绍

极限学习机(Extreme Learning Machine，ELM)是一种单隐层前向神经网络的训练算法，极限学习机网络结构由输入层、隐含层、输出层组成，各层神经元之间为全连接。该算法对输入层与隐含层之间的连接权值及隐含层神经元的阈值进行随机赋值，并且在训练过程中无需调整，避免了反复迭代过程，具有快速收敛、泛化性能好等优点。

图 6　数值仿真模型计算结果示意图

若共有 Q 个训练样本，样本输入为 n 个变量，输出为 m 个变量，隐含层神经元个数为 l，随机设定输入层第 i 个神经元与隐含层第 j 个神经元之间的连接权值 w_{ij}，构成 $l\times n$ 的连接权值矩阵 w，随机设置第 j 个隐含层神经元的偏置 b_j，构成 $l\times 1$ 的偏置矩阵 b，假设隐含层神经元的激活函数为 $g(x)$，则隐含层输出矩阵 H 为：

$$H=\begin{bmatrix} g(w_1\cdot x_1+b_1) & g(w_2\cdot x_1+b_2) & g(w_1\cdot x_1+b_l) \\ g(w_1\cdot x_2+b_1) & g(w_2\cdot x_2+b_2) & g(w_l\cdot x_1+b_l) \\ \vdots & & \\ g(w_1\cdot x_Q+b_1) & g(w_2\cdot x_Q+b_2) & g(w_l\cdot x_Q+b_l) \end{bmatrix}_{Q\times l} \tag{2}$$

设隐含层第 j 个神经元与输出层第 k 个神经元间的连接权值为 β_{jk}，构成 $l\times m$ 的连接权值矩阵 β。则网络的输出为：

$$H\beta=T' \tag{3}$$

其中 T' 为矩阵 T 的转置。

根据 Huang 等人提出的定理，连接权值 β 可由下式计算：

$$\beta=H^{+}T' \tag{4}$$

其中 H^{+} 为 H 的广义逆矩阵。

核极限学习机是基于 ELM 的改进算法，将核函数引入到其中，代替随机矩阵 HH' 以提高模型的预测效果，同时，增加正则化系数 C 和单位矩阵 I 以提高网络的稳定性，则 KELM 的输出函数为：

$$f(x)=H\beta=\begin{bmatrix} K(x,x_1) \\ \vdots \\ K(x,x_n) \end{bmatrix}\left(\frac{I}{C}+\Omega_{ELM}\right)^{-1T} \tag{5}$$

灰狼优化算法（Grey Wolf Optimizer，GWO）是一种群智能优化算法，于 2014 年由 Mirjalili 等人提出，具有简单、控制参数少、易于实现等优点。该算法以自然界种灰狼的社会领导和狩猎行为为灵感，将三只领头狼 α、β、δ 视为最优解，领导狼群走向有希望的区域，以找到全局最优解。

但 GWO 存在种群多样性不足而存在易陷入局部最优、开发与探索不平衡、过早收敛等问题，Nadimi-Shahraki 等人提出了一种改进灰狼优化算法（I-GWO），以基于维度学习的狩猎（DLH）搜索策略模拟自然界中狼的个体狩猎行为，增强局部和全局搜索之间的平衡，保持种群的多样性。

在狩猎阶段，在 GWO 的搜索策略获得候选解 $X_{i-\mathrm{GWO}}(t+1)$ 的基础上，增加基于维度学习的搜索策略，即通过计算灰 0000 狼 i 当前位置 $X_i(t)$ 与 $X_{i-\mathrm{GWO}}(t+1)$ 的欧氏距离 $R_i(t)$，在此基础上确定该灰狼个体的邻域范围，通过学习邻域范围内其他狼的信息为该灰狼个体产生另一个候选解 $X_{i-\mathrm{DLH}}(t+1)$：

$$R_i(t)=\|X_i(t)-X_{i-\mathrm{GWO}}(t+1)\| \tag{6}$$

$$N_i(t)=\{X_i(t)\mid D_i(X_i(t),X_j(t))\leqslant R_i(t),\ X_j(t)\in Pop\} \tag{7}$$

$$X_{i-DLH,d}(t+1)=X_{i,d}(t)+rand\times(X_{n,d}(t)-X_{r,d}(t)) \tag{8}$$

其中，$N_i(t)$ 表示灰狼 i 领域范围内的属于种群 Pop 其他狼集合；$X_{n,d}(t)$、$X_{r,d}(t)$ 分别表示从 $N_i(t)$ 和 Pop 中随机挑选的灰狼第 d 维的信息，根据求解问题的维度，对于每一维分别计算。

在选择与更新阶段，首先比较候选解 $X_{i-\mathrm{GWO}}(t+1)$、$X_{i-\mathrm{DLH}}(t+1)$ 的适应度值，选择适应度更优的候选解，然后比较当前位置 $X_i(t)$ 与候选解的适应度值，选择保留当前位置或更新位置。

4.2 反演结果

以氢分压 3MPa 慢拉伸试验所得载荷-位移曲线为反演目标，通过 KELM-IGWO 算法开展高掺氢比环境下 X80 管线钢焊缝材料应力应变本构关系确定。其中，算法参数取值如表 1 所示。反演所得载荷-位移曲线与试验载荷-位移曲线对比如图 7 所示，对应最优 Ramberg-Osgood 本构参数列于表 2 中，所得应力应变曲线如图 8 所示。从图 7 可以看出，本方法确定的载荷-位移曲线与试验所得载荷-位移曲线吻合度较高，其 RMSE 均小于 5×10^{-4}，说明反演方法具有较高的准确性。

表 1　算法相关参数取值

算法组合	回归算法参数取值	优化算法参数取值
KELM-IGWO	$C=2^{25}$，核参数 $P_h=361291$	灰狼个数 N=60，Maxiter=100，允许误差 10^{-4}

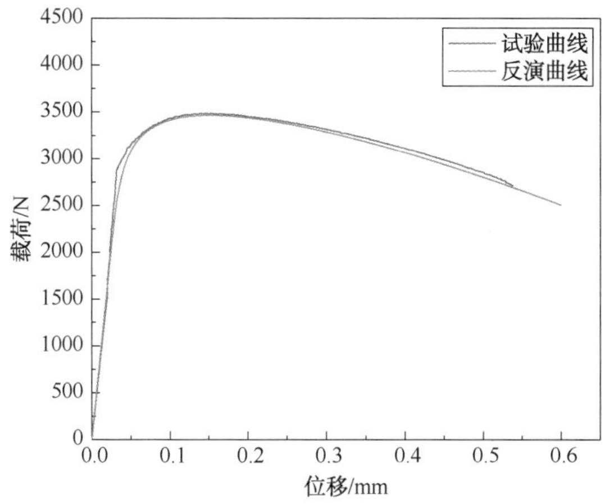

图 7　氢分压 3MPa 试验曲线与反演曲线对比

表 2　高掺氢比环境下 Ramberg-Osgood 本构参数

总压	氢分压	α	n	σ_y
10MPa	3MPa	0.38	11.40	691MPa

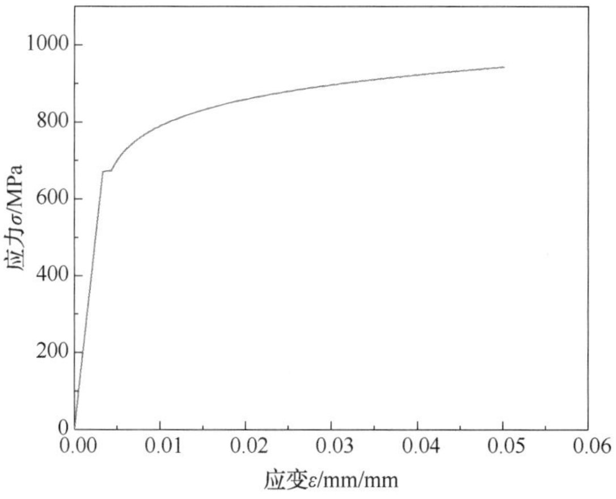

图 8　高掺氢比环境下 X80 管线钢焊缝材料应力-应变曲线

将方法确定的参数代入 Ramberg-Osgood 本构模型中，得到 30% 掺氢比环境下 X80 管道焊缝材料应力应变本构关系如下：

$$\varepsilon=\frac{\sigma}{E}+0.38\frac{\sigma}{E}\left(\frac{\sigma}{691}\right)^{10.4} \tag{9}$$

其中 ε 为管材应变；σ 为管材应力，MPa；E 为弹性模量，MPa。

5　结论

本文设计并开展了 30% 掺氢比环境下管道焊缝材料慢应变速率拉伸试验，提出了高掺氢比环境下管道焊缝材料应力应变本构关系确定方法，建立了高掺氢比（30%）、高压（10MPa）、高钢级（X80）管道焊缝材料应力应变本构关系。通过本方法可得 30% 掺氢比条件下 X80 管道焊缝材料的 Ramberg-Osgood 本构参数，所得曲线与试验曲线吻合度较高，误差在工程可接受范围内，给出了焊缝材料本构关系模型，可用于 X80 管线钢高掺氢比工况的结构安全评价。可基于本文提出的方法开展不同掺氢比、不同钢级材料本构关系测试，完善掺氢天然气对管线钢焊缝材料力学性能影响的相关数据库，健全不同掺氢比下管材性能的劣化规律。

参 考 文 献

[1] HANLEY E S, DEANE J P, GALLACHÓIR B Ó. The role of hydrogen in low carbon energy futures - a review of existing perspectives [J]. Renewable and Sustainable Energy Reviews, 2018, 82 (Part 3): 3027-3045.

[2] 程玉峰. 高压氢气管道氢脆问题明晰[J]. 油气储运, 2023, 42(01): 1-8.

[3] 陈小伟, 张对红, 王旭. 油气管道环焊缝面临的主要问题及应对措施[J]. 油气储运, 2021, 40(09): 1072-1080.

[4] 许未晴, 鲁仰辉, 孙晨, 等. 天然气掺氢输送系统氢脆研究进展[J]. 油气储运, 2022, 41(10): 1130-1140.

[5] Stalheim D, Boggess T, Marchi C S, et al. microstructure

and mechanical property performance of commercial gradeapi pipeline steels in high pressure gaseous hydrogen. 2010.

[6] Briottet L, Moro I, Lemoine P. Quantifying the hydrogen embrittlement of pipeline steels for safety considerations [J]. International journal of hydrogen energy, 2012, 37 (22): p. 17616-17623.

[7] 李玉星，张睿，刘翠伟，等．掺氢天然气管道典型管线钢氢脆行为[J]．油气储运，2022，41(06)：732-742.

[8] Huang G, Zheng J Y, Meng B, et al. Mechanical Properties of X70 Welded Joint in High-Pressure Natural Gas/Hydrogen Mixtures [J]. Journal of Materials Engineering and Performance, 2020, 29(3).

[9] 张体明，王勇，赵卫民，等．模拟煤制气环境下X80管线钢及HAZ的氢脆敏感性[J]．焊接学报，2015，36(09)：43-46+115.

[10] Davani R, Miresmaeili R, Soltanmohammadi M. Effect of thermomechanical parameters on mechanical properties of base metal and heat affected zone of X65 pipeline steel weld in the presence of hydrogen [J]. Materials ence & Engineering A, 2018, 718(MAR. 7): 135-146.

[11] Huang G B, Zhu Q Y, Siew C K. Extreme learning machine: a new learning scheme of feedforward neural networks [C]. IEEE international joint conference on neural networks, Budapest, Hungary, 2004, 2: 985-990.

[12] Huang G B, Zhu Q Y, Siew C K. Extreme learning machine: Theory and applications [J]. Neurocomputing, 2006, 70(1-3): 489-501.

[13] Huang G B. An Insight into Extreme Learning Machines: Random Neurons, Random Features and Kernels [J]. Cognitive Computation, 2014, 6(3): 376-390.

[14] MIRJALILI S, MIRJALILI S M, LEWIS A. Grey wolf optimizer [J]. Advances in Engineering Software, 2014, 69: 46-61.

[15] Nadimi-Shahraki M H, Taghian S, Mirjalili S. An improved grey wolf optimizer for solving engineering problems [J]. Expert Systems with Application, 2021 (Mar.): 166.

关于海底管道铺设的若干思考

钱洪波 李 明 曲宏涛 韩 影

（天津大港油田集团工程建设有限责任公司）

摘 要 海底管线是海上油气输送的“大动脉”，被喻为海洋油气生产系统的“生命线”。中国自1985年在渤海埕北油田建成第一条海底输油管道以来，已在不同海域铺设海洋油气管道超9000km。特别是近年来随着国内油气行业大跨度的发展，以及临海工业的发展，大口径、深水域管道铺设不断增多。针对大口径海底管道的铺设，铺设方式主要为S-Lay铺管船法、岸拖、浮拖等。海底管道铺设作业时应根据管径、海况、水深等因素来确定具体的管道铺设方式，以确保现场作业能够以最快速度、最经济的方式方完成。管道铺设时，亦要根据自然条件，详细分析管道受力，建立数字模型和物理模型，辨析其中的风险并制定应对措施，再确认施工方案，然后再根据已制定方案，进一步论证经济的可行性。

关键词 海底管道；铺设方式；浮拖法；可行性

1 前言

海底管线是海上油气输送的“大动脉”，被喻为海洋油气生产系统的“生命线”。自1954年美国Brown&Root海洋工程公司在墨西哥湾铺设了第一条海底管道以来，全球各大海域已经形成庞大的海底管道网络。北溪2号天然气管道是目前世界上最长的海底输气管道，总长1222km（759英里）。从波罗的海海底通过，水深约68m。中国自1985年在渤海埕北油田建成第一条海底输油管道以来，已在不同海域铺设海洋油气管道超9000km。在30多年的海上施工实践中，科研技术人员持续进行技术积累，不断攻关核心技术，在焊接工艺、施工技术、装备能力等方面都取得了长足进步。目前，国内海管铺设规格实现了从2英寸到48英寸海管的全尺寸覆盖，并涵盖了单层管、双层管、子母管等几乎全部海管类型。

目前海底管道平管铺设方法主要有三种：铺管船法、拖拉法和浮游法。每种方法均具有一定的适用性和相应的特点，各工程项目根据具体的路由、水深、地质、周围建构筑物等特点，选用不同的施工方法完成管道铺设工作（表1）。

表1 海底管道铺设方法

海底管道铺设方法			
	铺管船法	拖拉法	浮游法
详细分类	S-Lay、J-Lay和Reel-Lay	底拖法和浮拖法	水面浮游法和近水面浮游法
特点和适用范围	较强的抗风浪能力、广泛的适应性、灵活机动、流水线作业、作业效率较高等等。目前铺管船已经发展到了第四代，即箱体式铺管船、船型式铺管船、半潜式铺管船和动力定位式（DP）铺管船。	外输海底管道的登陆一般采用拖拉法。根据拖拉时海管的状态，拖拉法分为底拖法和浮拖法。此外，海管登陆拖拉时，有时需要根据登陆点场地情况、自有设备情况、海管拖拉长度、拖拉力大小等因素综合考虑是采用陆地绞车直接拖拉或是利用铺管船船艉锚机进行反拖。	浮游法在东南亚比较常见。根据浮游时海管的状态，浮游法可以分为水面浮游法和近水面浮游法。浮游法考虑因素较多，风险较大。

2 已建工程案例分析

目前，国内已铺设了多条海底管道。特别是近年来随着国内油气行业大跨度的发展，以及临海工业的发展，大口径、深水域管道铺设不断增多。

针对大口径海底管道的铺设，铺设方式主要为S-Lay铺管船法、岸拖、浮拖等，根据现场水深、海流、管道登陆场地等情况进行综合考虑，联合使用。

当前，国内大口径管道主要铺设了陵水 17-2 气田开发工程项目海底管线工程、青岛市胶州湾海底天然气管线工程、浙江舟山液化天然气(LNG)接收及加注站连接管道项目(海底管道)、黄泽山-鱼山原油管道工程、连江县可门经济开发区污水处理厂尾水排海工程(一期)等工程。

海底管道铺设需提前进行全施工周期的受力分析和风险分析及应对措施，并进行数字模拟，必要条件下考虑搭建物理模型，确保海底管道铺设安全顺利。

以青岛市胶州湾海底天然气管线工程为例。该工程海域整体水深较浅，大部分路由水深小于 5m，国内已有的铺管船资源均不能全路由进行连续铺设。另外，该项目地处胶州湾湾内，外海风浪、海流进入能量极弱，而且受胶州湾跨海特大桥阻隔，风浪进一步消减，湾内整体海况较好。结合现场海况，通过数字模拟并搭建物理模型，全路由分析管道铺设各项受力，确定采用了分段浮拖、海上连头与浮拖作业同时进行的方式，成功完成了国内第一条全路由浮拖的海底管道铺设。

一旦铺设方案选用不当，必定会造成重大的质量、安全事故。国内某污水处理厂尾水深海排放工程，海底管线由 2 根 D1321×20.1 钢管并行构成。现场使用一艘长约 80m，宽度 16m，型深 3.5m 的自航驳改造的一艘简易船，进行 S-Lay 铺管船法铺管。由于没有针对该船进行受力分析，也没有相应的数字模拟，直接造成在管道铺设过程中，管道断裂，造成质量事故，损失极大。

3　不同管道铺设方式选用的依据

在青岛市胶州湾海底天然气管线工程上，现场开展了详细的设计计算，结合计算数据进行方案论证，最终确认采用全路由“分段浮拖+海上连头”方案。

3.1　环境概述

(1) 水深

工程区水深总体上自北向南逐渐变深，管道路由区域水深在 0~12.1m 之间。

(2) 波浪

由于胶州湾水域相对封闭，水域内的波浪主要由风形成；一般情况下，波高较小，波浪周期也较小。

(3) 海流数据

在项目路由所在的 H1 和 H2 观测站处，一年一遇的表层设计流速分别为 94cm/s 和 96cm/s。

(4) 潮位

影响工程海域潮汐变化的潮波系统为：黄海南部的日潮潮波系统和海州湾以东的半日潮潮波系统。以半日潮波为主，日潮波较弱。

青岛沿海海域主要受海州湾外逆时针旋转的半日潮潮波系统的控制，潮波自东北向西南传播，潮时递增，平均潮差逐渐增大。

3.2　管道浮拖分析

(1) 总体概述

鉴于本工程海域整体水深较浅的现状，铺管船无法连续进行 S-Lay 铺管，需乘潮施工，影响进度。另外，管道路由穿越大桥，中线距离桥墩最近 14.75m，且穿越路由水面距桥底面不足 23m，国内现有铺管资源很难满足该铺管需求。通过使用 OFFPIPE、ANSYS 等计算分析软件对浮筒浮力、管段拖拉力、单位长度海管浮拖水平荷载、管道连头等进行计算分析，对管道连头-混凝土强度、管道连头-局部屈曲、后挖沟应力等进行校核分析，并通过经济对比结合实地调研，现场决定采用比较经济实用的管道浮拖法进行铺管作业。

(2) 计算分析

结合管径、风、浪、流、水深等因素进行分析，拖拉分析计算中将下列参数分别进行假设：浮拖时时管道拖拉速度；管道在海水中的运动粘度系数；预设后拽力；拖拉力安全系数；波激水质点速度；拟选浮筒可提供提供的有效浮力；浮筒浮力储备系数；浮拖管道中心水深；海底管道安装期海流和波浪组合工况等。

管道全路由水深条件相对较好，施工时控制作业条件可确保管道完全漂浮于水中，不与海床接触，因此在进行管道拖拉力计算时，与海床接触长度取为 0。

部分位置，滩涂裸露，即使涨潮也不能保证浮拖管道不与海床接触区域，在管段浮拖拖拉力计算中，将“与海床接触长度”作为变量，再计算该变量不同取值下的拖拉力。

表 2　拖拉力计算结果(t)

浮拖管段长度/m	管道与海床接触长度/m															
	0	100	200	300	400	500	600	700	800	900	1000	1100	1200	1300	1400	1500
540	16	—	—	—	—	—	—	—	—	—	—	—	—	—	—	—
1550	27	69	112	154	196	239	281	323	366	408	451	493	535	578	620	662

(3) 计算结论

本工程浮拖使用单个有效浮力 3t 以上的浮筒，浮筒沿管道轴向均匀绑扎。根据浮力计算，每 5m 管道长度布置 1 个浮筒。

根据拖拉力计算结果，现场选用满足要求的拖拉力工作船，并采取措施确保管道浮拖作业时，不会与海床接触；浅滩段管段施工时根据拖拉力计算结果(表 2)选取岸上拖拉绞车并视设备能力确定浮拖时允许的管道与海床接触长度，进而在适合的潮汐条件下开展浮拖作业。

(4) 连头分析

本工程连头作业与浮拖作业同时施工，管段浮拖就位后直接进行连头作业，拖船返回拖拉下一管段。

管道连头分析中，使用 OFFPIPE 计算管道应力应变，确定吊绳张力和长度，并计算着地点位置，将舷吊模拟为真实的悬链舷吊(图 1)。

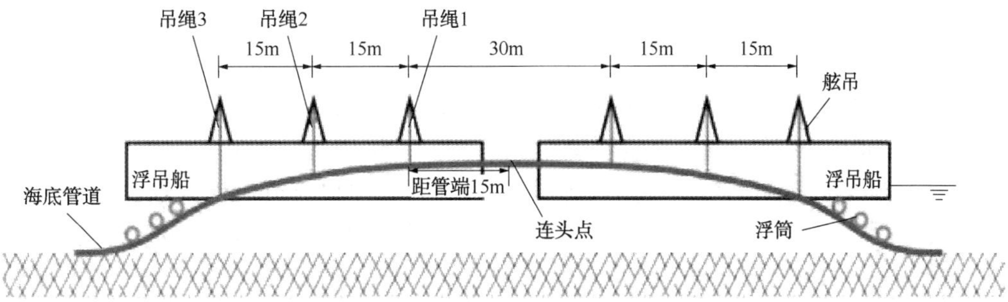

图 1　舷吊连头示意图

根据拟定数据进行舷吊提升分析，包括钢管线性性能，模拟使用恒密度和弹性模量；管道路由水深等详细数据(表 3)。

表 3　路由水深最大位置舷吊提升分析

舷吊号	舷吊长度/m	吊索标高/m	吊索张力/kN	管道末端与水平面夹角/°	管道末端标高/m	上弯段最大管道应变/%	垂弯段最大管道应力/%
1	3.998	0.702	189.430	1.90	1.25	0.1526	52.14
2	4.696	0.004	220.000				
3	5.838	-1.138	220.000				
许用应力/应变						0.25	87
状态						合格	合格

4　结论

海底管道铺设时，需根据管径、海况、水深等因素，应用专业软件进行数字模拟，必要条件下建立物理模型，通过详细分析论证存在的风险并制定应对措施，最终确定经济合理的管道铺设方式，以确保现场作业能够以最快速度、最经济的方式完成。

参　考　文　献

[1] 孙起伟．海底管道铺管施工安装方法研究[J]．中国石油和化工标准与质量，技术研究，2012-07-01，(P105)．
[2] 成红武．浮拖法铺设海底管道的关键问题研究[D]．大连理工大学，2011 年．
[3] DNVGL - ST - F101，Submarine pipeline systems，Edition October 2017.
[4] 中国船级社，海底管道系统规范，2021.
[5] AQ 2079—2020，海洋石油生产设施发证检验通则．

海底管道热煨弯管海上连接施工工艺探讨

曲宏涛　李　明　韩　影　钱洪波

（天津大港油田集团工程建设有限责任公司）

摘　要　随着我国海洋工程的迅速发展，海底管道建设逐渐增多，管径也越来越大。在施工过程中，由于设计路由选定限制，管道转折点角度较大，无法使用铺管船进行常规的弹性铺设，只能采用热煨弯管海上连接的方式进行贯通，特别是大管径管底管道，难度很大。本文以青岛市胶州湾海底天然气管线工程为例，阐述了大管径热煨弯管海上连接的施工技术，阐明了作业过程中的创新点和难点，对今后类似工程具有一定的借鉴价值。

关键词　热煨弯管海上连接；海底管道海上对接；海上连头；海底管道铺设

1　引言

青岛市胶州湾海底天然气管线工程海域段位于山东省青岛市胶州湾北部近海海域，热煨弯管连接地点在里程值 KP8.54 处，海上自然环境变化复杂，风、浪、流及潮汐等因素对管道的抬管、组对、焊接、下沉等影响较大，如何保证海上船舶的稳定、保证组对及焊接质量是本文重点内容。

2　工程概况

青岛市胶州湾海底天然气管线工程海底管道全长 12.31km，管道设计压力为 4.0MPa，路由最大水深为 12.1m，热煨弯管两端连接的管道尺寸为 D914×20.62mm，材质为 X65MO，直缝埋弧焊管道。管道防腐层为加强级 3LPE，外侧涂敷厚度为 100mm、密度为 3040kg/m^3 的混凝土配重层，单根管道空气中重量约 17t。热煨弯管尺寸为 D914×23.83mm，材质为 X65MO，长度为 7.85m，角度为 70.5°，连接点的水深达到了 10m，弯管具体参数见表 1。

表 1　热煨弯管参数表

管径	材质	壁厚	接管壁厚	弧长	短节长度	弯管角度 θ	弯曲半径 R	里程
914mm	X65MO	23.83mm	20.62mm	6748mm	1000mm	70.5°	5484mm	KP8.54

3　海洋水文

工程海域（胶州湾）的潮汐为规则半日潮，平均潮差 278.52cm；涨潮流流向集中在 NNE～E，落潮流流向集中在 S～SW。各层平均流速在 32.2～33.9cm/s 之间，差别较小；最大落潮流流速均为 46cm/s；最大涨潮流流速为 62cm/s。

4　工艺流程及操作要点

4.1　工艺流程

施工准备→船舶就位→管道抬管→测量弯管焊接位置→破除配重层→管道切割→管口打磨→管道组对及焊接→管道检测、防腐→管道下放→海上连接完成

4.2　操作要点

4.2.1　施工准备

根据海上对接管道吊装分析报告，施工前对两艘平板驳船进行改造，主作业船及辅作业船各安装 3 台舷吊。舷吊采用卷扬机、吊架及滑轮组组成。卷扬机固定在船舶甲板适当位置，额定起重量为 120kN；吊架采用 DN600 钢管进行焊接，与甲板进行铰接；滑轮组 1 套，额定起重量为 720kN；卷扬机上配备 Ø28 钢丝绳，通过 15t 的导向滑轮与吊架及滑轮组进行连接形成吊装系统。同时每艘作业船上配置 1 台 150t 履带吊辅助吊装作业。

4.2.2　船舶就位

船舶就位前根据对接点位、桩位、船舶性能

等进行锚位设计。安排潜水员到对接管端处系标志浮漂，天气窗口良好时按照锚位设计图进行船舶定位，起抛锚时由专业测量人员使用 GPS 定位系统进行测定，并严格监控其位移情况，做好记录。为增加船舶整体的稳定性，主作业船舶沿着管道纵方向就位，共抛 8 口锚，锚缆长度 500m。辅助连头船舶船尾抛 4 口锚，锚缆长度 600m，船头位置采用两根直径 70mm 缆绳与主作业船管墩进行连接，形成一个整体。具体形式见图 1。

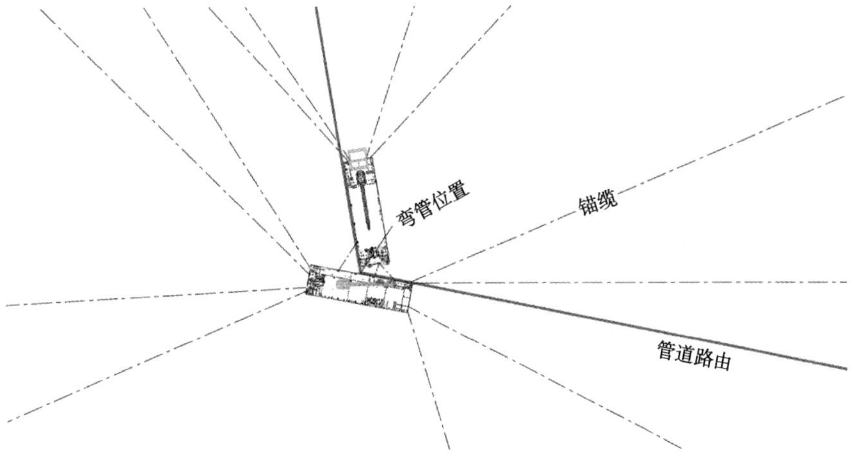

图 1　船舶抛锚及绑靠示意图

抛锚定位完毕后，起动锚机将锚缆绞紧，确认船锚无溜锚现象，根据事先系好的标志浮漂精确调整船位，使作业小平台处于管道焊接位置上。

.2.3　管道拾管、切割

本工程先采用作业船 150t 履带吊及 3 台舷吊进行起管作业，由潜水员水下将管端吊点与履带吊吊索具进行连接，管端起吊高度达到舷吊系挂吊带时，由 3#舷吊(吊装末端)连接海底管道，达到一定的吊装力后顺序进行 2#及 1#舷吊(吊装首端)的起吊工作，起管过程中，速度要均匀，当高度达到 1m 时，应暂停 1～2min，使管线释放起吊应力，再起吊 1m，反复操作，直至管线起到对接高度。最后协调配合履带吊及舷吊将管道吊装出水面并调成水平状态。采用测量设备对弯管焊接位置进行定位，搭接部分的混凝土配重层先使用切割锯环管道纵横向切出缝隙，缝隙深度距离管道防腐层 2cm，再采用电镐进行振动剥离，严禁对防腐涂层损伤。管道切割采用链条式切割机，按照焊接工艺评定坡口角度进行设定，切割前先在焊口外侧进行加热渗透，再逐渐向焊接位置进行滑行，以免损伤管口。

4.2.4　管口打磨、组对

管道切割完成后，按照焊接规程进行管道坡口打磨，调节履带吊及舷吊各吊点的起吊高度，使管口调整到水平位置，弯管一端焊接前组对时选择平潮时间窗口期，弯管另一端焊接前组对时选在距离低潮 2～3 小时，利用退潮时水位下降实现管道合拢。组对前清理管内的杂物，管道端部不得有超过 0.5mm 深的机械伤痕。距管端 100mm 范围内的管内，外壁及坡口表面，应进行清理，达到无泥、无水、无油，呈金属光泽。管道端部应无裂纹、无重皮。管道组对采用外对口器进行精确调整焊缝及管口错边，满足焊接工艺规程要求。

4.2.5　热煨弯管焊接、检测

弯管焊接采用熊谷 MPS-500 进行氩弧根焊，熊谷 A305 进行填充盖面焊，坡口型式为 V 型，坡口面角度(α)为 23.5±1.5°，对口间隙为 2～4mm，接头设计及焊道顺序见图 2、图 3。

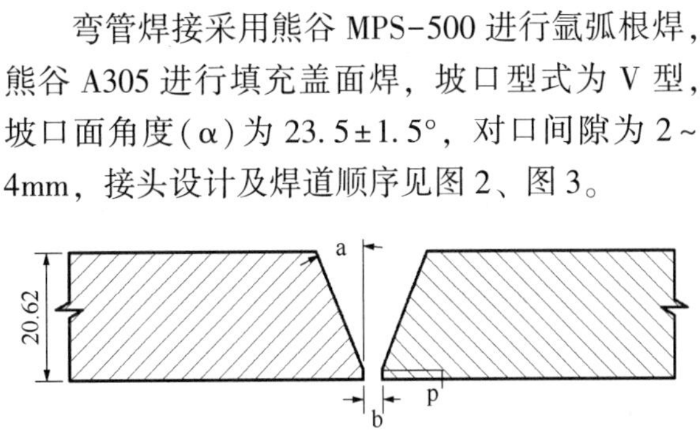

图 2　接头设计

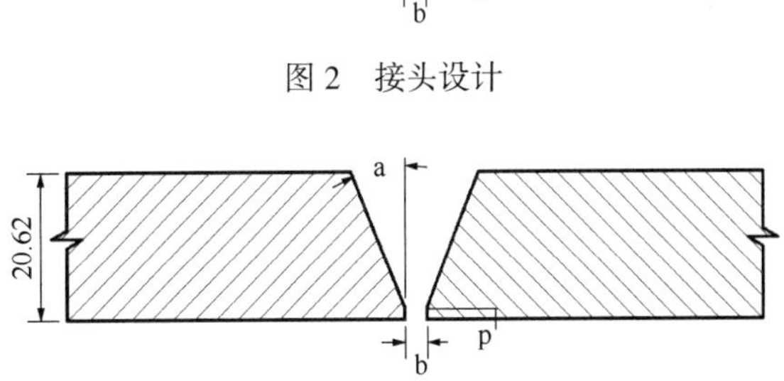

图 3　壁厚 20.62mm 焊道顺序

焊接前应对坡口及内外表面进行清理，清除管道边缘25mm范围内的油、漆、锈、毛刺等污物，并进行预热处理，距管口25mm处的圆周上均匀测量4点，温度控制在60～150℃之间，焊接根焊结束与热焊开始的时间间隔小于10min，具体焊接工艺参数如下(表2)。

表2　焊接工艺参数表

焊道	焊接方法	填充材料		焊接方向	极性	电流/A	电压/V	送丝速度/(in/min)	焊接速度/(cm/min)
		类型	规格						
根焊	GTAW	ER70S-G	2.4mm	上向	DCEN	100-150	11-16	/	6-10
热焊	FCAW-G	E81T1-Ni1M JH4	1.2mm	上向	DCEP	180-250	21-26	200-300	18-24
填充	FCAW-G	E81T1-Ni1M JH4	1.2mm	上向	DCEP	180-240	21-26	200-300	16-22
盖面	FCAW-G	E81T1-Ni1M JH4	1.2mm	上向	DCEP	180-240	21-26	200-300	15-22

焊接完成后进行自然冷却，焊道表面温度降低到150℃以下时开始喷淋，水流量50～150L/min，焊道温度降至50℃以下，开始进行射线、磁粉及超声波检测。

4.2.6　防腐补口

检测合格后将焊缝及其附近的毛刺、焊渣、油和污物清理干净，采用喷砂设备除锈达到Sa2.5级，并将钢管补口处及防腐涂层表面预热到70～90℃，管体达到预热温度后，立即进行环氧底漆的涂敷。把充分搅拌好的环氧底漆从管顶位置分多次倾倒至管体表面(前次底漆涂刷均匀后再倒下次底漆)，使用配套的涂装工具同时分别在管体两侧迅速辊涂，涂覆应均匀且覆盖整个补口钢管表面，自然固化。

底漆检查合格后，采用加热设备对管体区进行预热，底漆温度至90～100℃时停止加热，并对搭接区3LPE进行补充预热，温度至110～120℃时停止加热，立即安装热收缩带。安装时避免热收缩带与钢管粘连，减少气泡的产生。采用火焰加热器自中间沿周向均匀加热热收缩带，加热至两边与管体无缝隙完全包覆到管体及搭接区表面，再整体烘烤，以确保热收缩带均匀且充分收缩。在加热热收缩带过程中，火焰一定要覆盖固定片，如发现固定片与热收缩带分离时，趁热拍打或滚压贴合。

4.2.7　管道下沉

弯管防腐完成后进行管道下沉工作，解除所有固定管线的固定点，将管线缓慢下降。沉管过程必须由专人统一指挥，按照计算结果调整管道的横向间距，使各吊点均匀下放，让管道平稳下沉。当管线下放高度达到2m时，应暂停1～2min，使管线释放应力，再下放1m，反复操作，直至管线沉入海底。潜水员水下检查海管在海床面上的状况，符合要求后解除吊带，完成热煨弯管海上连接施工。

5　实践中的经验教训

5.1　管线切割长度要精确计算

管线切割长度要根据涨落潮水情况定，即涨水时切割预留量要大一些，保证两管头有一定的搭接；反之，切割预留量要小一些。这需要长时间测量及计算分析涨落潮每个时间段焊口位置管口之间距离或者搭接长度，以防管道切割量大，发生无法焊接的情况，后果很严重。本项目一共进行两次切割，第一次切割时，在高潮前3个小时，切割位置与下放管口在一个断面即可。第二次切割在高潮前1个小时进行，切割后两管端位置的距离正好是高潮后2小时的管道合拢长度。

5.2　管口组对质量要严控

管口组对是热煨弯管海上连接的重中之重，直接关系管道的焊接。管道切割、打磨并清理结束，进行管道的精确调平工作，使用舷吊进行，同时采用千斤顶、小型吊带以及手拉葫芦配合，测量合格后，等待退潮使焊接管道合拢，此时管道组对人员必须一直坚守在平台。两管端距离10公分时，采用外对口器将两端道进行连接，并进行紧固，使管道形成一个整体，同时采用千斤顶将管道向外支撑，手拉葫芦+吊带将管道向船舷内进行拉结，使管道处于平稳状态。组对人员使用测量尺进行管口的垂直度检查，若有偏差，采用舷吊进行微调，同时测量焊缝间距，直至满足焊接规范要求。

5.3　焊接时需要将管端临时固定

船舶在海上由于风、浪、流、潮汐等因素影响，一直处于运动状态，并且两艘船舶协调作业，浮动更大，对焊工的技术要求很高，不仅要克服管道的相对运动，还要克服落潮时管道合拢的速度。本项目管道焊接时必须掌握好时间点，与组对工作要完美衔接，两名焊接人员采用氩弧焊按照焊接工艺迅速进行打底焊接，防止管道继续合拢，将管口破除挤压变形，也防止两端管道运动错开或焊缝变宽。完成后将外对口器进行拆除，其他保证管道稳定的辅助措施继续保持，进行填充盖面焊。焊接期间必须设置严密的防风措施，以免影响焊接质量。

5.4 船舶的定位及焊接时间确定很关键

拾管前船身需要根据实际沉管位置进行调整，必须使管道与船舷平行，且使管道正好处于靠船构件边缘，同时将焊口位置位于焊接平台中心位置，便于操作。焊接时间段要选择良好的天气窗口期，船舶的相对运动小，焊接的难度会降低，若管道发生挤压或者拉开，就至少等待一个潮水的时间。

6 结束语

本次大管径海底管道热煨弯管海上连接施工工艺在公司属于首例，涉及的工序较多，其施工质量主要依靠施工前期精心筹备和施工过程控制，各种受力分析数据也很重要，是本次施工成功的关键。整个过程施工人员熟悉每一道工序的工艺流程，责任分工明确，按照质量目标及检验标准严格把控每一个施工步骤的操作流程，虽然过程中出现了些小问题，但都能及时的得到解决，达到了预期的各个目标。通过本次施工，我公司形成了一套较为成熟的热煨弯管海上连接施工工艺，为以后类似项目提供借鉴。

参 考 文 献

[1] 张捷，陈伟鹏．海底管道安装分析及铺设工艺[J]．石油和化工设备，2020，23(6)：28-31.
[2] 梁涛，郗祥远，马礼海．管道连头焊接质量控制[J]，金属加工：热加工，2019，11：40-42.
[3] 马文龙，付海兴．海上长管道起浮、对接、沉放施工工艺探讨[J]，中国建筑金属结构，2020.02：70-71.
[4] 伦冠德，刘衍聪，尹鹏，曲杨．海洋工程管道对接方法及技术[J]．石油机械，2011，39(10)：150-153.
[5] 钱孟祥，王雷，韩清国等．浅海海底管道铺设海上连接装置：中国，02255321.5[P].2003.12.3.
[6] SY/T 10037—2018，海底管道系统[S].

地震液化作用下管道结构响应规律分析

施　宁[1,2]　周　浩[1,2]　李春伟[3]　余光伟[3]　关连旭[3]

［1. 国家管网集团科学技术研究总院分公司智能化研究中心；
2. 中国石油大学(北京)安全与海洋工程学院；3. 国家管网集团北方管道有限责任公司］

摘　要　管道的布置范围广泛会穿越强震区而导致管道发生大变形风险，由于管道属于浅埋地下结构，地震引起的场地液化大变形是管道结构全生命周期内的主要影响因素。由于场地地震液化致灾机理的复杂性，按照现行管道结构抗震规范设计的管道结构在地震中仍受到了大量的破坏，这表明抗震设计理论和方法还需进一步的研究和发展。针对河北某天然气管道开展了现场钻探以及原位测试试验，分析了地震强度、地下水高度、场地条件等对场地地震液化的影响规律、通过应力本构模型改进了 SPH 方法的运动方程，建立用于地震液化大变形的数值计算方法。明确了近远场地震作用下场地液化大变形引起的管道结构上浮加速度、位移和应力变化规律。

关键词　大变形；管道结构；场地液化；地质灾害

地震是地球上常见的自然灾害之一，其强烈的地震波会对地下管道结构产生严重的影响。地震作用下管道结构的响应规律研究，对于保障管道结构的安全运行和设计具有重要意义。地震作用下管道结构的响应规律研究可以帮助我们了解管道结构在地震中的动力响应特性，包括应力分布、变形、位移等。通过研究管道结构的响应规律，可以评估其抗震性能，为地震设计和抗震加固提供依据。由于场地地震液化致灾机理的复杂性，按照现行管道结构抗震规范设计的管道结构在地震中仍受到了大量的破坏，这表明抗震设计理论和方法还需进一步的研究和发展。基于此，本文采用理论分析、数值模拟和室内试验相结合的方式，开展了场地地震液化大变形作用下管道结构的地震动力特性研究。

1　液化机理

液化是指土体在地震作用下，由于振动力的影响而表现出类似液体性状的现象。根据不同的定义，液化可以被描述为物质转化为液体的行为或过程。液化的发生需要同时满足两个基本条件：一是振动作用足以破坏土体的结构，即振动荷载较大或土体的结构强度较小，且循环次数较多；二是在土体结构破坏后，土颗粒发生移动的趋势是压实而不是膨胀。如果振动强度较小，幅值小或持续时间短，不会导致土体结构破坏，孔压上升、变形增大和强度降低的现象不会发生。只有当动荷强度超过破坏加速度或动荷循环次数达到破坏振次时，孔压的上升达到可能的最大值，即全部覆盖压力时，才会发生液化。在液化过程中，土体的骨架结构发生破坏，应力进行重分配，压力传递给孔隙水承担，导致孔隙水压力骤然升高。饱和砂土在超孔隙水和自重的共同作用下，随着应力循环次数的增加，孔隙水压力逐渐上升，土粒悬浮于孔隙水中，骨架正应力为零，使砂土表现出液体的特性，无法承受剪切力，即发生砂土液化。

2　河北某管道场地液化试验

河北某管道管道工程经过河北省唐山市丰润区境内，需要穿越液化场地，因此我们选择唐山市丰润区场地的液化场地类型作为研究对象，分析液化的影响因素。所经地貌为冲洪积平原，属华北平原的一部分，地形平坦开阔，高烈度地震区，抗震设防烈度为 8 度，设计基本地震加速度值为 0.2g，设计地震分组为第二组，场地类别为Ⅱ类。

本次勘察工作在布设了 6 个地震波速孔，现场钻孔最大深度为 100m。通过现场打钻进行取样(图 1)。

通过分别对 6 个钻孔进行整理，并采用波速测试仪现场进行波速测试，得到了 6 个钻孔波速分布数据。场地土动力学参数即土的动剪切模量比和阻尼比，其结果对土层地震反应分析结果有重要影响。因此采用 GCTS 动态空心圆柱扭剪仪和 GCTS 共振柱实验设备[5]，进行试样的动剪切模量和阻尼比测试。

图 1　现场钻孔取样

通过室内共振柱试验和动三轴试验确定了该场不同深度土样的动剪切模量和阻尼比(图 2)。

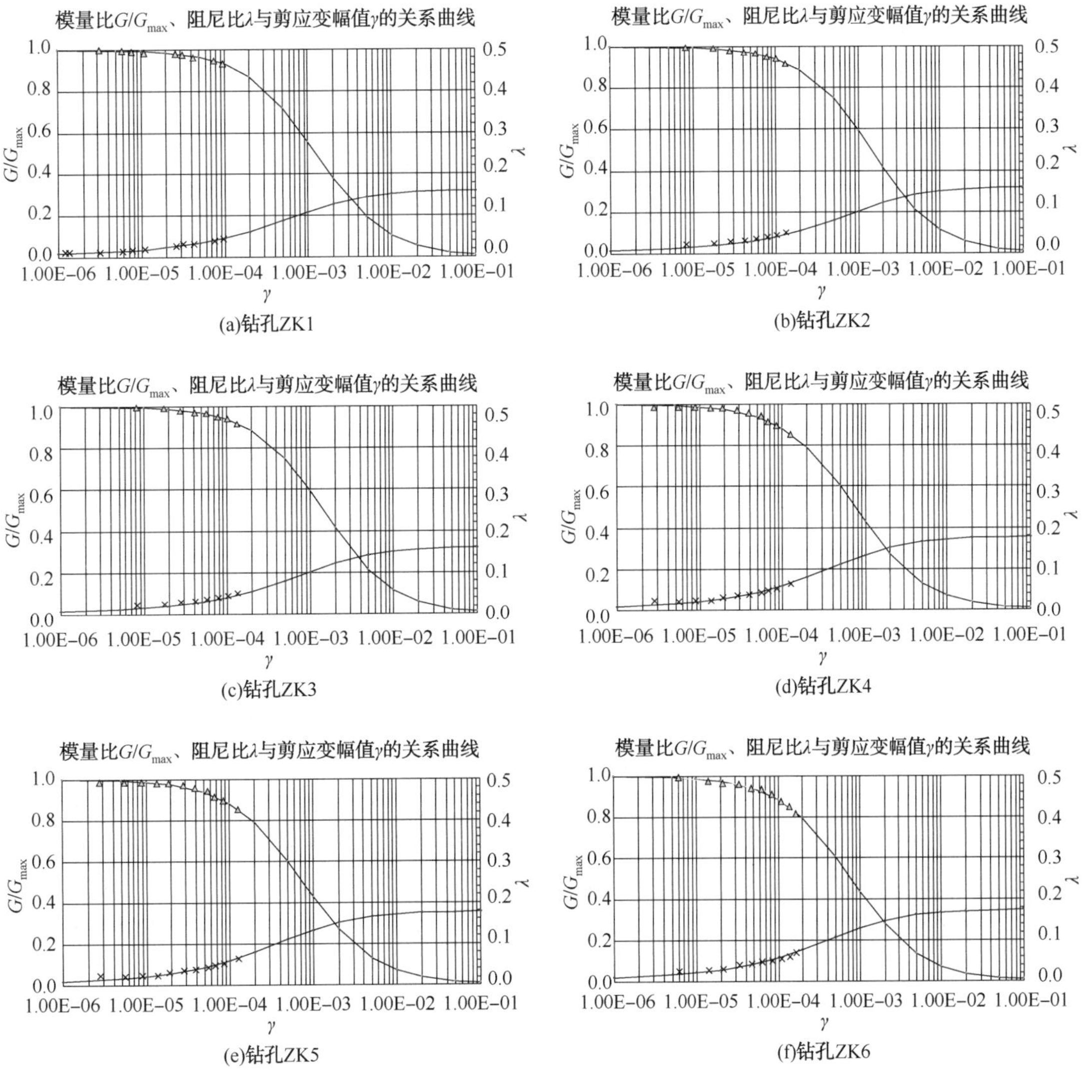

图 2　不同钻孔的动剪模量比和阻尼比与动剪应变关

根据《油气输送管道线路工程抗震技术规范》(GB/T 50470—2017)(2017 年版)，采用标准贯入试验法对钻孔内各土层进行液化计算判定；按《工程场地地震安全性评价》(GB 17741—2005)的要求，根据场地反应分析得到的该场地地震动参数值，换算得到相应烈度及对应的加速度分档并按上述液化判定的公式计算出该拟建工程场地土层的液化结果；根据《油气输送管道线路工程抗震技术规范》(GB/T 50470—2017)(2017年版)，对存在液化土层的地基要计算液化指数。

通过以上方法对该场地ZK1进行了液化判别，如表1所示。

表1 场地液化判别结果部分

峰值加速度（对应烈度/加速度分档）				113 Gal（Ⅶ度/0.1g）		标贯基准值No			6
钻孔编号	土类名称	锤击深度(m)	地下水位(m)	上覆非液化土层厚(m)	实测值 $N_{63.5}$	临界值Ncr	判定结果	液化指数	液化等级
Ⅶ度/0.1g	粉细砂(3)2	3	4.70	1.10	13	4.9	不液化		
		4.5	4.70	1.10	14	6.0			
		6	4.70	1.10	17	6.9			
	粉细砂(4)2	7.5	4.70	1.10	20	7.7	不液化		
		9	4.70	1.10	22	8.4			
		10.5	4.70	1.10	26	8.9			
		12	4.70	1.10	32	9.4			
Ⅷ度/0.3g	粉细砂(3)2	3	4.70	1.10	13	10.7	不液化		
		4.5	4.70	1.10	14	12.9			
		6	4.70	1.10	17	14.9			
	粉细砂(4)2	7.5	4.70	1.10	20	16.6	不液化		
		9	4.70	1.10	22	18.1			
		10.5	4.70	1.10	26	19.4			
		12	4.70	1.10	32	20.4			
Ⅸ度/0.4g	粉细砂(3)2	3	4.70	1.10	13	13.2	液化	2.88	轻微
		4.5	4.70	1.10	14	15.9		0.48	轻微
		6	4.70	1.10	17	18.3			
	粉细砂(4)2	7.5	4.70	1.10	20	20.5	液化		
		9	4.70	1.10	22	22.3			
		10.5	4.70	1.10	26	23.8	不液化		
		12	4.70	1.10	32	25.1			

由表1可知，当地震基本烈度为Ⅶ度(0.1g)和Ⅷ度(0.3g)时，场地内存在的饱和(3)2、(4)2层粉细砂层均为非液化土层。当地震地震基本烈度为≥Ⅸ度(0.4g)时，场地10m深度范围内存在的(3)2层粉细砂及20m深度范围内的(4)2层粉细砂层均具有发生轻微~中等液化的可能性。

3 地震液化大变形的数值计算方法

为了确定地层信息，开展了现场钻孔，深度为40m，从而确定了场地的地层信息(图3)。并且通过动态空心圆柱扭剪试验及共振柱试验，确定了不同深度粘土层的动力学参数动剪切模量和阻尼比(图4)。

通过不同深度粘土层的动力学参数动剪切模量和阻尼比并采用无网格方法和有限元方法相结合的方式，建立结构一土接触的相互作用模型，对管线进行了上浮反应分析。

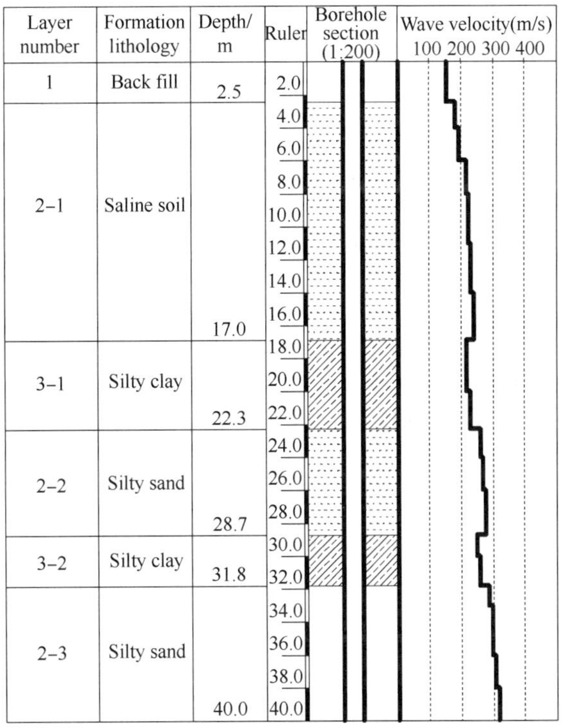

图 3　场地分层柱状图

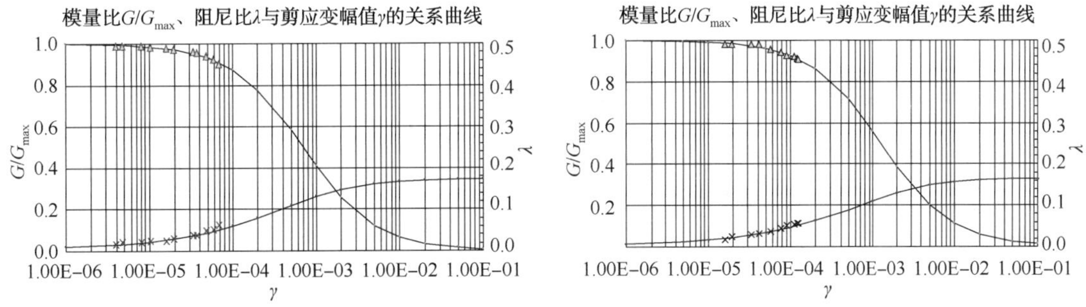

(a)土动剪切模量比和阻尼比　　(b)砂动剪切模量比和阻尼比

图 4　动力学参数

表 2　不同土层土体的物理力学参数

土层	密度/(kg/m³)	弹性模量/Mpa	渗透系数/(m/s⁻¹)	泊松比 ratio	黏聚力/Kpa	内摩擦角/°
回填土	1700	377	3×10^{-6}	0.38	5	27
粉质砂土 2-1	1920	629	1×10^{-5}	0.38	0	28
粉质黏土 3-1	1830	322	2.1×10^{-7}	0.35	19.8	20.2
粉质砂土 2-2	2130	613	1.2×10^{-5}	0.4	0	37
粉质黏土 3-2	1900	322	1.7×10^{-7}	0.35	29.9	20.2
粉质砂土 2-3	1950	420	9.6×10^{-6}	0.39	0	30
管道结构	7850	206000	—	0.25	—	—

3.1　计算模型

在 SPH 法中，如果将一个连续体视为质量为 m 的体积元(粒子)的集合体，则物理量 ϕ 通过将 n 个外围粒子的值相加来表示如下。

$$\phi(r)=\sum_{b=1}^{n} m_b \frac{\phi(r_b)}{\rho(r_b)} W(r'-r_b,\ h) \qquad (1)$$

式中，ρ 是密度；r' 和 r_b 是位置向量；W 是核函数；b 为粒子数；h 为影响半径；n 在影响半径 h 内表示粒子数；m_b 为粒子质量。

在 SPH 方法中控制方程是以下连续性方程和运动方程。

$$\frac{du^i}{dt}=\frac{1}{\rho}\frac{\partial\sigma^{ij}}{\partial x^j}+g^i+F^i_{fsi} \tag{2}$$

$$\frac{D\rho}{dt}+\rho\frac{\partial u^i}{\partial x^i}=0 \tag{3}$$

式中，ρ 是密度；u^i 是速度；g^i 为重力加速度；x^j 是位置向量 j 方向分量；σ^{ij} 为固体/流体应力张量；F^i_{fsi} 为固体与液体相互作用项。

为了能模拟地震作用下饱和土体的动力行为，我们采用有效应力法进行加速度的求解。致密砂土在不排水剪切过程中反复剪切引起的孔隙水压力变化，分为达到相变角前的部分和剪切引起的正剪胀性所导致的水压力减小的部分。需要单独考虑，在此项研究中，有效应力的本构模型，我们采用了社本模型。

有效应力模型的应力－应变关系采用 Ramberg-Osgood 模型，其可用于非线性分析的三参数模型。在液化过程中，有效应力会随着循环剪切的进行而发生变化。因此，我们可以用以下公式(4)的增量形式来表示应力-应变关系。

$$d\gamma=\frac{d\tau}{G_0}\left(1+\alpha\beta\left|\frac{\Delta\tau}{G'_0}\right|^{\beta-1}\right) \tag{4}$$

式中，γ 表示剪切应变；τ 表示剪切应力；$\Delta\tau$ 表示剪切应力卸载时的平均剪切应力增量。该关系由增量显示表示，如下面的等式所示。α 和 β 分别表示由方程(5)和(6)给出，G_0 切弹性系数。另外，G_{0i} 在骨架曲线上的值为 G_0，在滞回曲线上的值为 $2G_0$。

$$\alpha=\left(\frac{2}{\gamma_{rf}}\right)^{\beta-1} \tag{5}$$

$$\beta=\frac{2+\pi h_{max}}{2-\pi h_{max}} \tag{6}$$

$$G_0=G_{0i}\left(\frac{\sigma'_m}{\sigma'_{mi}}\right)^m \tag{7}$$

$$\gamma_{rf}=\gamma_{rfi}\left(\frac{\sigma'_m}{\sigma'_{mi}}\right)^{mr} \tag{8}$$

式中，σ'_m 为有效围压，σ'_{mi} 为初始有效围压；γ_{rf} 为 σ'_m 中的标准应变；h_{max} 是最大衰减常数，m、m_r 表示初期剪切刚度及标准剪切应变围压依赖性的常数，可取 0.5。

根据图 5 中不同时时间上的有效应力路径的状态，分别计算超孔隙水压力。首先，有效应力路径触及相变线时，在此期间的超静孔隙水压由

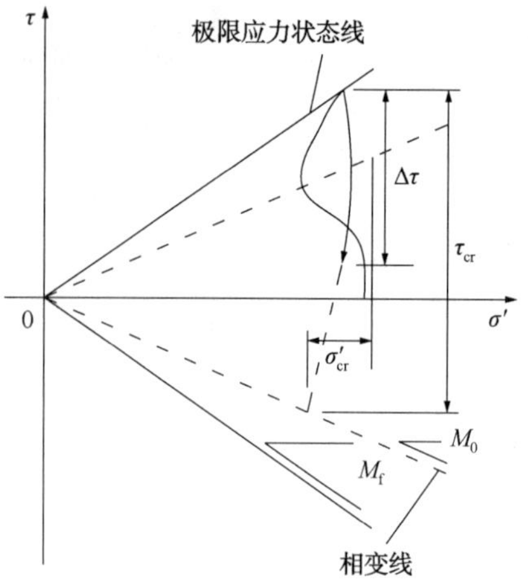

图 5　有效应力路径

下式(9)给出。

$$\frac{u}{\sigma'_{mi}}=\frac{2}{\pi}\text{arcisn}(R_n 1/2_{\alpha f}) \tag{9}$$

式中，αf 是确定超静孔隙水压力上升程度的参数；R_n 是表示液化累积损伤程度的参数，通过以下方法计算，如式(10)～式(12)。

$$R_n=\sum\left(\frac{1}{n_i}-\frac{1}{n_{i-1}}\right) \tag{10}$$

$$n_i=2\left(\frac{\Delta\tau}{2\sigma'_{mi}C_1}\right)^{1/c} \tag{11}$$

$$C_1=\left(\frac{1}{20}\right)^C R_{20} \tag{13}$$

式中，R_{20} 表示循环次数为 20 次的超静孔隙水压力比达 100% 的剪切应力比；n_i 为 $\Delta\tau$ 产生的针对 R_{20} 的等效循环次数，C 为以双对数轴形式表示的达到液化时的剪切应力比与循环次数的斜率。

但是，社本模型中，在发生循环剪切现象的阶段，超静孔隙水压力上升程度的变化以及循环剪切的进行，要小于以往的试验结果，所以本研究采用初始有效围压 σ'_{mi} 替代公式(8)的有效围压 σ'_m。

在大变形分析中，目标物体中发生的刚性旋转有时是不能忽略的。由于简单地将柯西应力对时间微分得到的应力速度不具有客观性，因此存在应力值因坐标轴的旋转而明显变化的问题。因此，Gray 等引入 Jaumann 应力速度来消除这种明显的应力变化。Jaumann 应力速度用 $\hat{\sigma}'_{mi}$ 表示，并可按以下公式(13)计算得出。

$$\widehat{\sigma}_{\alpha\beta}=\dot{\sigma}_{\alpha\beta}-\omega_{\alpha\gamma}\sigma_{\gamma\beta}+\sigma_{\alpha\gamma}\omega_{\gamma\beta} \tag{13}$$

式中，$\hat{\sigma}'_{\alpha\beta}$是 Cauchy 应力增量，$\omega_{\alpha\beta}$是一个自旋张量，其中。

$$\omega_{\alpha\beta}=\frac{1}{2}\left(\frac{\partial v_\alpha}{\partial x_\beta}-\frac{\partial v_\beta}{\partial x_\alpha}\right) \tag{14}$$

由于岩土体结构存在阻尼，因此地震波传播过程中会存在衰减行为，在地震工程学领域广泛使用的有限元法的地震响应分析中，大部分情况下使用瑞利衰减。在有限元法中，瑞利衰减矩阵[C]使用α_R和β_R，定义如式(15)所示。

$$[C]=\alpha_R[M]+\beta_R[K] \tag{15}$$

其中，[M]表示质量矩阵；[K]表示刚度矩阵。在有限元法中，质量矩阵中有匹配质量矩阵和集中质量矩阵，当分析对象的物体具有材料非线性时，公式(15)中的刚度矩阵[K]对应于切线刚度矩阵。在集中质量矩阵中，矩阵的对角分量为正值，所有非对角分量均为零。因为对角分量的值是分配给相应节点的质量，所以在 SPH 方法中可以认为是对应粒子的质量。

在有限元方法中，公式(15)的衰减矩阵作用于节点速度矢量。即，当时间 t 处的节点速度矢量为$\{v_t\}$时，由瑞利衰减引起的衰减力矢量如式(16)所示。

$$[C]\{v_t\}=\alpha_R[M]\{v_t\}+\beta_R[K]\{v_t\} \tag{16}$$

公式(16)的右边第二项满足公式(17)。

$$[K]\{v_t\}\approx[K]\frac{\{u_t\}-\{u_{t-\Delta t}\}}{\Delta t}=\frac{\{f_t\}-\{f_{t-\Delta t}\}}{\Delta t} \tag{17}$$

式中，$\{u_t\}$、$\{f_t\}$分别表示时刻 t 处的节点位移矢量、恢复力矢量；Δt 表示时间增量。由此，公式(18)的右边第二项可以解释为在从要素的应力状态得到的节点力的时间增量乘以系数β。

为了在 SPH 方法中引入瑞利衰减，运动方程的右边增加衰减项，如式(18)所示。

$$\ddot{u}(z)=\frac{1}{\rho(z)}\frac{d\tau(z)}{d(z)}+\alpha_R v_\alpha+\beta_R\frac{\Delta g\alpha}{\Delta t} \tag{18}$$

3.2 计算流程

通过连续性方程计算颗粒密度的时间变化率，不区分液体颗粒和固体颗粒，以评估固体颗粒受到的力和液体颗粒和固体颗粒相互作用时的密度增加。根据泊松方程计算液体和固体颗粒的压力，并根据压力和速度计算每个颗粒的加速度。在运动方程的计算中，液体和固体的压力项和粘度项以及固体的偏差应力项是分开计算的。液体和固体的相互作用项 F_{fsi}，通过使用液体颗粒和固体颗粒的压力计算加速度来确定如下(式19)：

$$F_{fsi}(r_a)=-\frac{1}{\rho(r_a)}\sum_{b=1}^{m}m_b\frac{P(r_b)}{\rho(r_b)}\nabla_a\cdot W(r_a-r_b,\ h) \tag{19}$$

对于粘度项和偏差应力项，分别仅将液体颗粒和固体颗粒加在一起。根据获得的值，更新每个粒子的密度、速度和位置等物理量。为了处理固-流耦合问题，需要改变流体区域和固体区域之间的时间步长。在这里，如式(20)所示，我们决定为每个流体程序在 N 步中执行固体程序。

$$\Delta t_f=N\times\Delta t_s \tag{20}$$

式中，Δt_f 表示流体程序的时间步长，Δt_s 表示固体程序的时间步长。

综上，基于以上计算方法，通过 Python 语言进行编程保存为脚本文件后即可实现在 Abaqus 中的调用，具体的计算流程见图 6。

3.3 模型的建立

通过改进的 SPH 方法，建立管土动力相互作用的 SPH-DEM 模型，其中在该模型中土体和地下水采用 SPH 模拟，管体结构采用 FEM 方法模拟，数值模型如图 7 所示。

SPH-DEM 数值模型的计算参数如表 3 所示。

表 3　模型参数

SPH 参数	数值	备注
粒子直径 (m)	7.5×10^{-3}	
粒子密度 ρ_{dem}(kg/m^3)	1.98×10^3	模拟场地土
	1×10^3	模拟地下水
粒子间距 dp (m)	7.5×10^{-3}	—
粘性系数 μ (pa·s)	5×10^{-4}	—
粒子数量 (10^4)	800	—
时间增量 (s)	0.005	总的时间步 35000
计算时间 (s)	50	—

4 地震液化大变形作用下管道响应规律分析

(1) 管道位移影响分析

为了确定近远场地震作用下管道结构不同位置的上浮位移，首先对管道结构不同位置设置了监测点(图 8)。

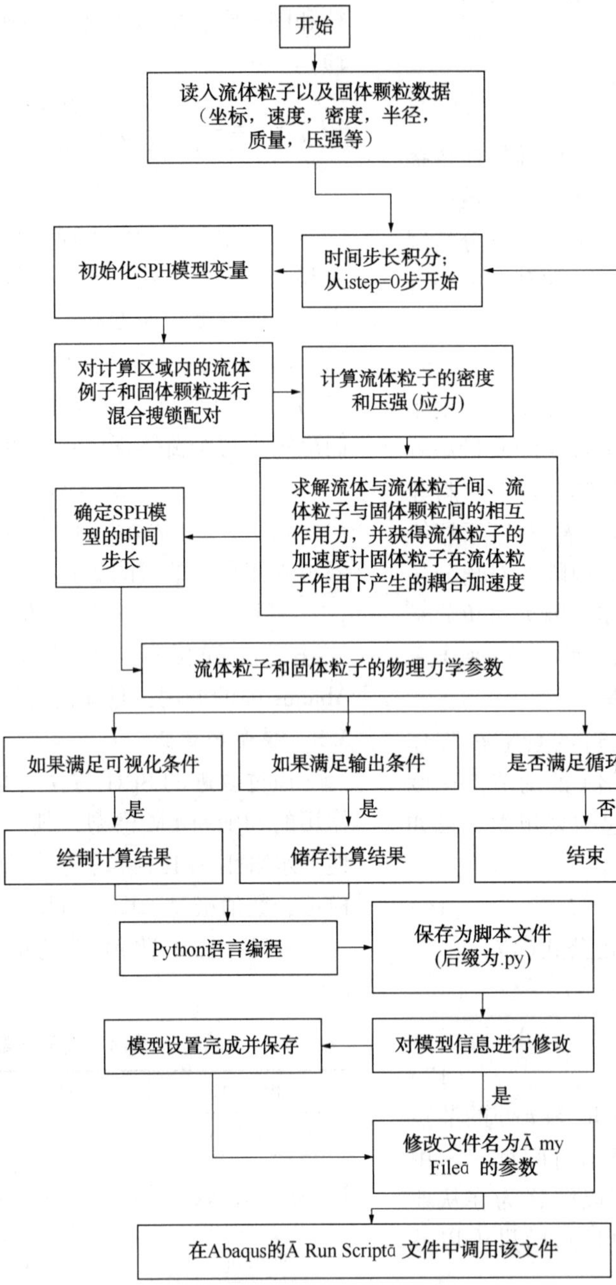

图 6　计算流程

图 7　不同颗粒密度的 SPH-DEM 模型

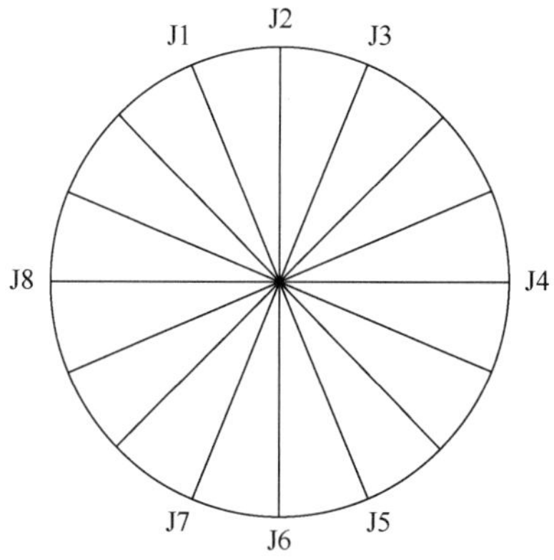

图 8 管道结构监测点示意图

首先分析了近远场地震作用下管道结构的位移响应规律，分别提取了地震作用后管体的变形云图(图 9)。

由上图可知，近远场地震作用下管道结构的最大位移均出现在管道底部，且近场地震作用下的位移大于远场地震作用下的位移，近场地震作用时最大位移为 8.7cm，比远场地震作用增大了 36%左右。因此，在近远场地震作用下由于场地地震液化上浮作用，其中在管道底部会产生直接的上浮压力，因此，在管道底部的位移要大于其它位置的位移。

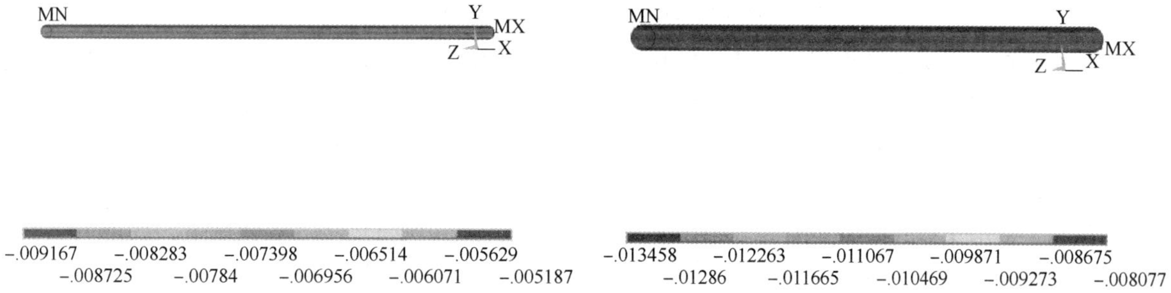

(a)远场地震作用T1-II-1　(b)近场地震作用T2-II-1

图 9 近远场地震作用下管道顶部和底部变形情况

为了确定近远场地震作用下管道结构不同位置节点位移的地震动力响应时程，分别提取了不同监测点的位移时程(图 10)。

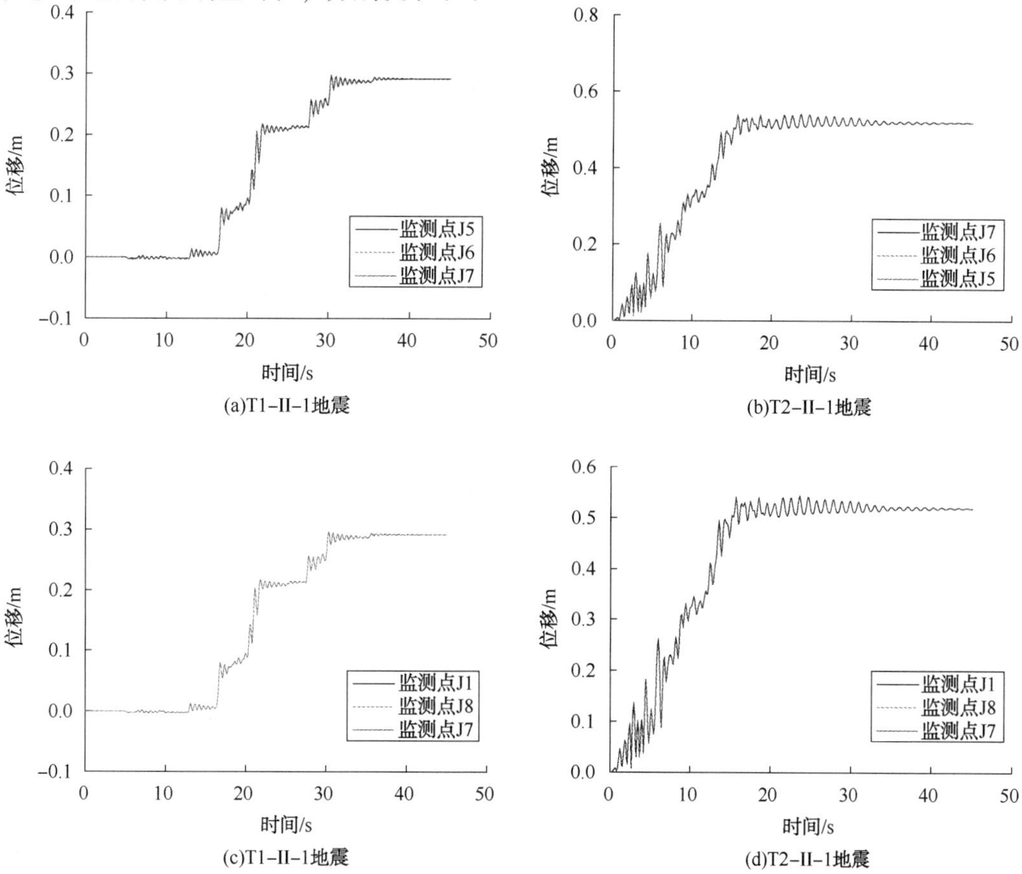

(a)T1-II-1地震　(b)T2-II-1地震

(c)T1-II-1地震　(d)T2-II-1地震

图 10 近远场地震作用下不同监测点位移时程

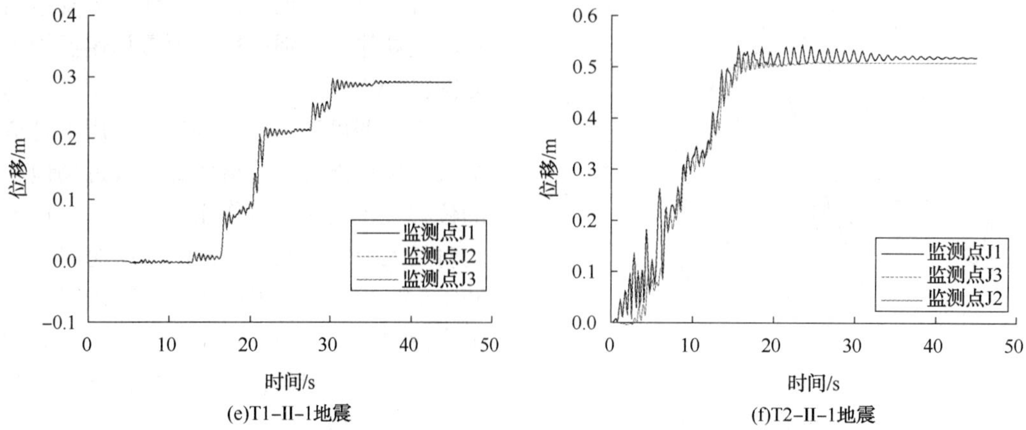

图 10　近远场地震作用下不同监测点位移时程(续图)

由上图可知，远场地震作用下，管道结构的上浮位移较小，可以忽略。随着地震持续作用，场地土壤发生液化，导致管道结构上浮位移急剧增加，最终趋于稳定。而在近场地震作用下，管道结构周围土壤发生液化，导致管道结构上浮位移急剧增加，直到达到一定恒定值后保持不变。此外，近场地震作用下管道结构的上浮位移影响大于远场地震作用，最大上浮位移可达到远场地震作用下的 1.8 倍，因此在工程防护中需要重视近场地震作用的影响。

（2）管道上浮加速度影响分析

为了明确近远场地震作用下，场地发生砂土液化后管道结构的上浮加速度变化，分别提取了管道结构不同位置的上浮加速度，如图 11 所示。

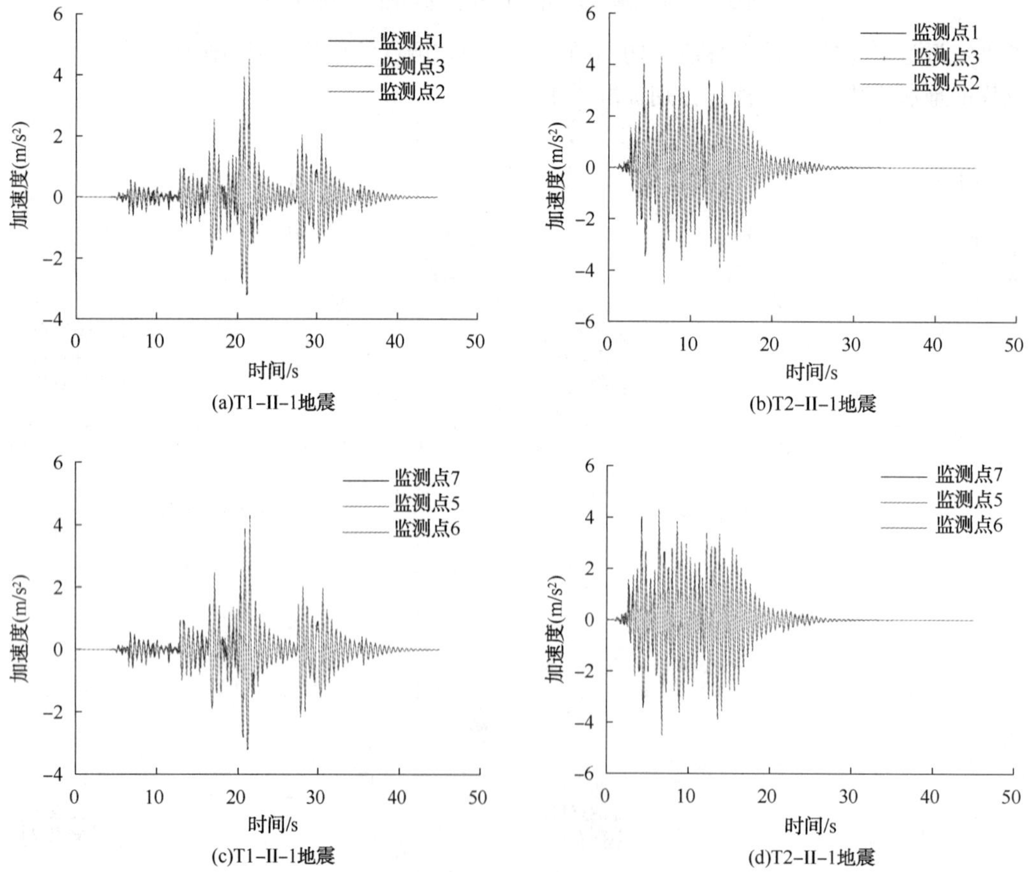

图 11　近远场地震作用下不同监测点加速度时程

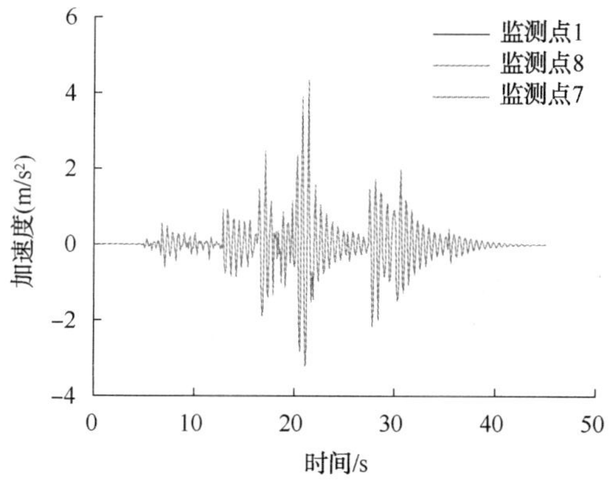

(e)T1–II–1地震

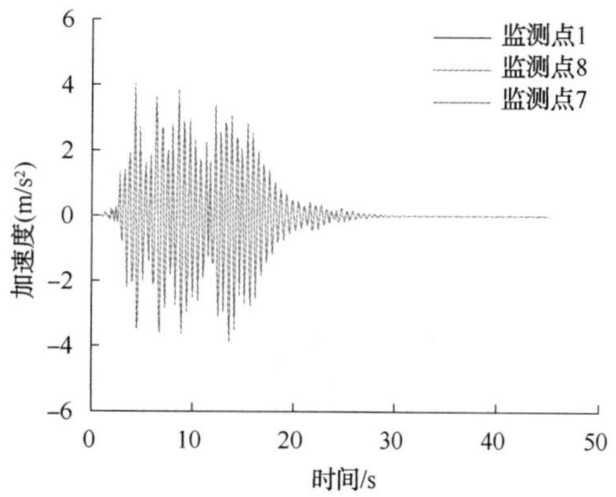

(f)T2–II–1地震

图 11　近远场地震作用下不同监测点加速度时程(续图)

由上图可知，管道结构在近场和远场地震作用下的上浮加速度存在明显差异。在底部位置，上浮加速度显著高于顶部和侧面位置。此外，在近场地震作用下，管道结构的上浮加速度大于远场地震作用下的上浮加速度。最大上浮加速度分别为 5.1m/s^2 和 4.3m/s^2，因此在工程防护中应重视近场地震作用对管道结构的振动影响。管道结构的振动响应不仅受地震波强度影响，还受结构自振频率、阻尼特性和质量等因素的影响。因此，在设计和分析管道结构时，除考虑地震影响外，还需综合考虑结构的固有特性和其他外力的作用。

(3) 管道上浮应力影响分析

为了确定场地液化后管道结构的 Von Mises 应力的大小，分别提取了管道结构顶部(图 12)、侧面(图 13)和底部(图 14)不同单元的应力。

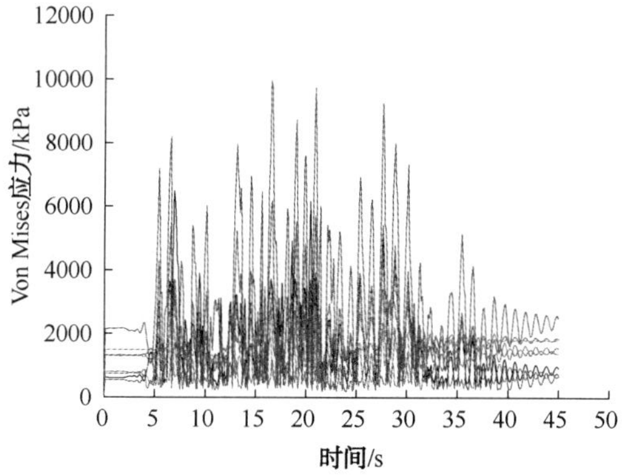

(a)T1–II–1地震

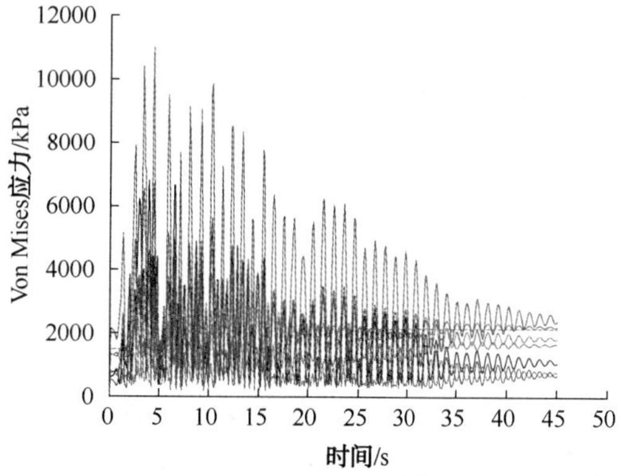

(b)T2–II–1地震

图 12　近远场地震作用顶部不同位置的 Von Mises 应力

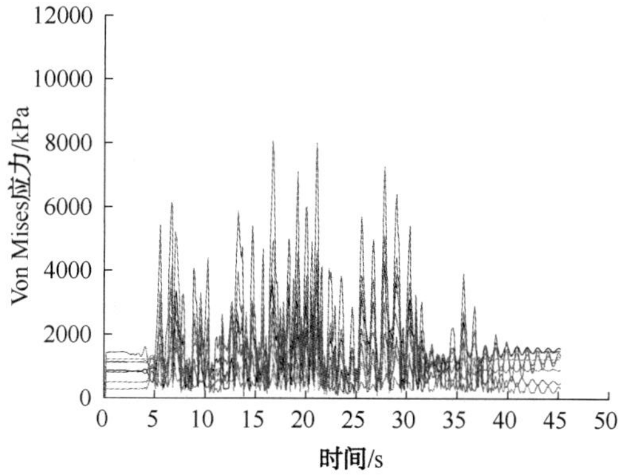

(a)T1–II–1地震

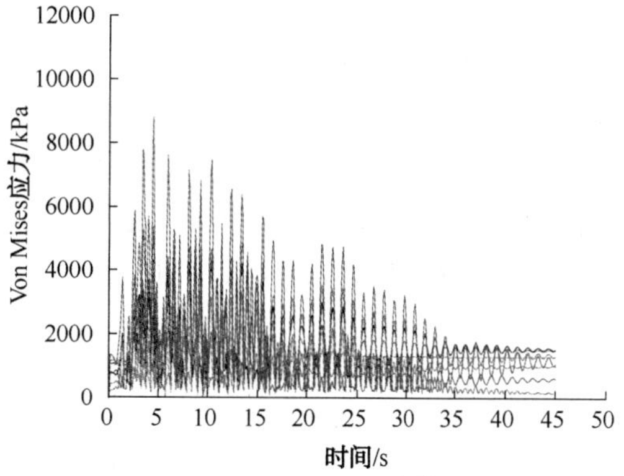

(b)T2–II–1地震

图 13　近远场地震作用底部不同位置的 Von Mises 应力

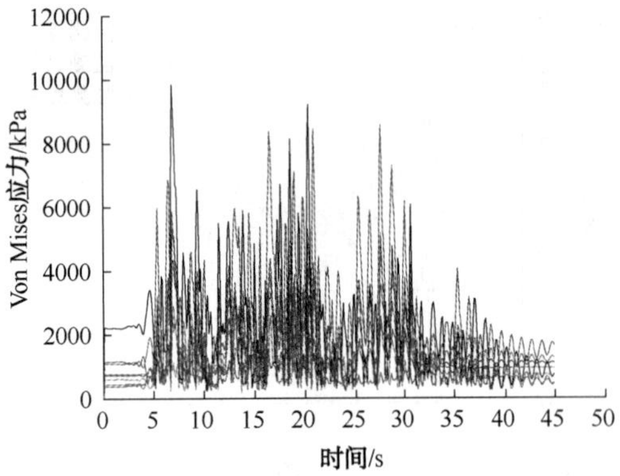

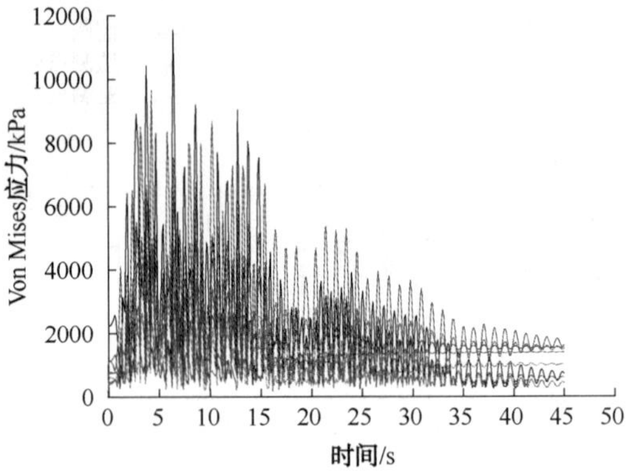

图 14 近远场地震作用侧面不同位置的 Von Mises 应力

由图 12～14 可知，近远场地震作用下管道结构的 Von Mises 应力在侧面位置处最大，其次为顶部位置，底部位置最小。远场地震作用下管道结构的应力最大为 9862kN，近场地震作用下管道结构的应力最大为 11189kN；因此在近场地震作用下管道结构的 Von Mises 应力要大于远场地震作用。因此，为了确保管道结构的安全性，可以采取一些抗震设计和加固措施，如增加管道壁厚度、采用高强度材料、加装支撑和减震装置等，以提高管道结构的抗震性能并减小 Von Mises 应力的大小。此外，合理的地震工程设计和定期的检测维护也是确保管道结构安全的重要措施。

5 总结

（1）开展了现场钻探以及原位测试试验工作，分析了地震强度、地下水高度、场地条件等对场地地震液化的影响规律；地震烈度的大小是影响液化的主要因素。实际地震时震动强度越大，相同条件下的饱和粉、砂土层就越容易液化；地下水埋深直接影响粉、砂土层的饱和度，故埋深越小液化的可能性越大。地震时由于液化土层埋深较大，未能突破上覆土层到达地表，致使液化现象未被观察到；场地条件特别是地层岩性对砂土液化的发生起着重要作用，当地层中存在软土时，由于其对地震动有放大作用，会导致震害加重形成高烈度异常区。

（2）基于有效应力本构模型改进了 SPH 方法的运动方程，建立了用于场地地震液化大变形的数值计算方法，构建了基于 SPH-FEM 耦合方法的液化场地土-管道结构动力相互作用模型，研究发现远场地震作用对管道结构的上浮影响小于近场地震作用产生的上浮影响，远场地震作用下管道结构的最大上浮位移为 0.3m，而近场地震作用下管道结构的最大上浮位移可达到 0.54m，其为远场地震作用下的 1.8 倍。

参 考 文 献

[1] 张陵，郭惠勇，孙清等．长输管道抗震研究的进展与趋向[J]．西安交通大学学报，2001，35(2)：203-209.

[2] 陈国兴，金丹丹，常向东等．最近 20 年地震中场地液化现象的回顾与土体液化可能性的评价准则[J]．岩土力学，2013，34(10)：2737-2755+2795. DOI：10.16285/j.rsm.2013.10.005.

[3] Chian S C，Tokimatsu K，Madabhushi S P G. Soil Liquefaction-Induced Uplift of Underground Structures：Physical and Numerical Modeling [J]. Journal of Geotechnical and Geoenvironmental Engineering，2014，140(10)：31-40.

[4] 陈国兴，左熹，杜修力．土-地下结构体系地震反应的简化分析方法[J]．岩土力学，2010，30(1)：1-7.

[5] 汪云龙，袁晓铭，李晓飞．GDS-RCA 型共振柱仪常规实验可靠性研究[J]．地震工程与工程振动，2014，34(01)：95-99.

[6] 中华人民共和国住房和城乡建设部．GB50111—2006)(2017 年版) GB/T 50470—2017 油气输送管道线路工程抗震技术规范[S]．北京：中国计划出版社，2017.

[7] 中华人民共和国国家质量监督检验检疫总局 中国国家标准化管理委员会．GB 17741—2005 工程场地地震安全性评价[S]．北京：中国标准出版社，2006.

[8] Gray，J. P.，Monaghan，J. J.，Swift，R. P.：SPH elastic dynamics[J]. Computer Methods in Applied Mechanics and Engineering，2001，190(49)：6641-6662.

[9] 刘华北，宋二祥．可液化土中地铁结构的地震响应[J]．岩土力学，2005，26(3)：382-391.
[10] 吕西林，任红梅，李培振．地震作用下可液化土的数值模拟与试验验证[J]．建筑科学与工程学报，2009，26(4)：1-6.
[11] 社本康広，時松孝次，有泉浩蔵．一次元有効応力解析の実地盤に対する適用性[J]．日本建築学会構造系論文報告集，1992，433：113-119.
[12] Jennings，P．C．．Periodic response of a general yielding structure[C]．Proc. Of ASCE，EM2，1964：131-163.
[13] 唐亮，凌贤长，徐鹏举，苏雷，张效禹，张勇强．液化场地桩-土地震相互作用振动台试验数值模拟[J]．土木工程学报，2012，45(S1)：302-310.
[14] Varun，Dominic Assimaki，Abdollah Shafieezadeh. Soil-pile-structure interaction simulations in liquefiable soils via dynamic macroelements：Formulation and validation[J]. Soil Dynamics and Earthquake Engineering，2013，47：92-107.
[15] 柯国敏．液化土中埋地管线的响应分析[D]．大连：大连理工大学，2010.

不同土壤性质下管土相互作用模型适用性分析研究

孔天威　杨钊晗　李　磊　黄　微　郭　瑞　吴夏童　刘啸奔

[1. 中国石油大学(北京)·油气管道输送安全国家工程研究中心·
石油工程教育部重点实验室·北京城市油气输送技术重点实验室]

摘　要　油气管道敷设难以避免会穿越存在土体位移的地区，常用的管土相互作用数学模型有 ALA-ASCE、GB/T 5047 及 PRCI 中所提出的。目前数学模型基于小口径管道全尺寸试验和桩土拉拔试验得到，并且试验土壤性质单一，因此上述模型对于不同土壤性质下的管土相互作用适用性尚不明确。本文进行管土相互作用全尺寸试验，建立有限元数值仿真模型进行试验反演及模型验证，基于开发的数值仿真模型探讨了上述三种管土相互作用数学模型在计算水平侧向、垂直向上土壤极限抗力的适用性。主要得到如下结论：ALA-ASCE、GB/T 50470 和 PRCI 在计算砂性土壤水平侧向极限抗力时存在较大正向偏差，在计算垂直向上极限抗力时 ALA-ASCE 存在较大正向偏差，GB/T 50470 存在较大负向偏差，PRCI 结果较为准确；在计算粘性土壤时，三种模型计算得到的水平侧向土壤极限抗力偏差值整体小于砂性土，误差值多在±20%内，在计算垂直向上极限抗力时，GB/T 50470 和 PRCI 结果优于 ALA-ASCE；目前并无一种适用条件更为广泛的模型，亟需开发一种考虑全面、适用性范围更广、计算精度更高的管土相互作用数学模型。

关键词　管土相互作用；土壤极限抗力；有限元；适用性；CEL

管道是运送油气资源的重要设施，随着我国管道行业的迅猛发展，国内长输管道铺设难以避免的穿越不同地质环境，以西气东输二线、中缅管为例，由地质灾害引发的永久地面变形成为油气长输管道安全运行的重要威胁，同时不同地理区域土壤性质存在较大差异，因此获取准确的管土相互作用关系成为管道工程设计及运维过程中的重要一环。

国内外学者针对管土相互作用关系开展了大量研究，1961 年，Hansen 采用刚性桩开展了砂土条件下的横向加载试验。研究中，对砂土中木桩进行了一系列试验，确定了其横向极限抗力，提出了刚性桩承载力模型。Audibert 和 Nyman 基于设计的管土相互作用试验将 Hansen 提出的刚性桩承载力模型首次推广到管道侧向土阻力研究中，试验用土为砂性土，并基于试验数据提出了管土相互作用土壤水平极限抗力的计算方法，该计算方法被美国土木工程师协会(ASCE)和美国生命线联盟(ALA)编入管道设计指南。美国学者 L-C Peng 通过总结美国管道机械工程师 40 余年所积累的经验，基于土壤的摩擦角试验对四个方向的土弹簧公式进行了分析研究。我国推荐标准 GB/T 50470《油气输送管道线路工程抗震设计规范》则参考了 ALA-ASCE 模型和美国学者 L-C Peng 的研究，制定了一套用于计算管土相互作用的数值模型；Yimsiri 研究了砂性土壤中的横向和向上的管土相互作用，利用有限元建模分析不同管道埋深比情况下的管土作用效果，绘制了深埋管道的设计简图；Trautmann 和 O'Rourke 对不同埋深比下的钢管进行了系统的研究，考虑的不同密实度的砂土对管土相互作用的影响，给出了不同土体密实度条件下管道极限土阻力；PRCI 总结了 Yimsiri 与 Trautmann 和 O'Rourke 的研究成果，在《Guidelines for Constructing Natural Gas and Liquid Hydrocarbon Pipelines Through Areas》中提出了一套用以计算管土相互作用的数学模型。

上述表明，已有研究成果及管土相互推荐模型大多基于单一土壤性质获得，目前数学模型对不同土壤类型的适用仍需要深入研究。本文针对上述不足，建立有限元数值仿真模型，开展管土相互作用全尺寸试验对模型进行验证，对比分析了 ALA - ASCE - 2001、GB/T50470 - 2017 与 PRCI-2009 中推荐计算管土相互作用模型对不同土壤类型的适用性，研究结论对于岩土工程设计和管道施工有较大参考意义。

1 管土相互作用试验

1.1 管土相互作用试验介绍

试验台架初步参考欧盟 GIPIPE 项目全尺寸试验尺寸比例，经过有限元建模分析，对试验台架尺寸进行调整，设定管道外径为 219mm，箱体内部尺寸为 3504mm×1000mm×1650mm(长×宽×高)，经过有限元数值仿真模拟验证，该尺寸可以有效避免管道分别在水平侧向位移和垂直向上位移为 500mm 时的边界效应。管道长度为 1000mm，壁厚 10mm，管道中间穿入一根长 1500mm，直径为 90mm 的实心钢柱用以带动管道同时防止变形过大影响试验结果，钢柱与管道间采用钢环间接连接钢柱和管道，钢柱两端伸出试验箱体并与加载机构相连，管道构件经过有限元验证并做保守取值，强度满足试验要求。本试验台架可实现管道水平侧向测试和垂直向上测试。

现有公开文献表明，在管土相互作用试验中，常见的管道加载速度多为每分钟毫米量级，为保证试验处于准静态过程，试验加载速率选择 5mm/min。

试验用土选择北京某地黄土，土壤经过漏网筛除较大石砾和杂质，采用卷扬机运送至箱体，土壤厚度每隔 150mm 厚压实一次，利用土壤硬度计在土箱内不同地方选点测量，保证土壤硬度均匀(图 1)。

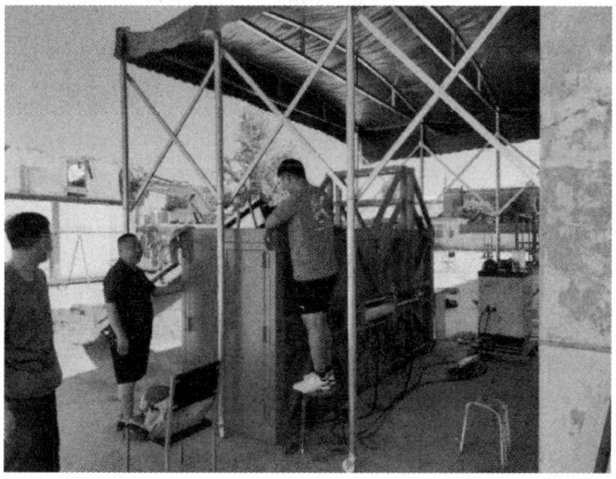

(a)试验台架示意图

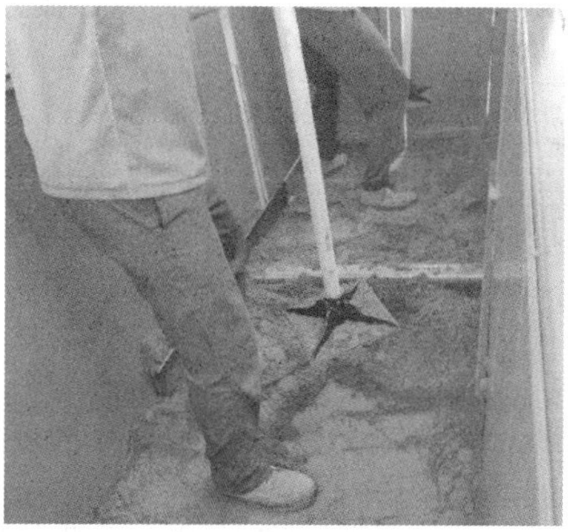

(b)土壤夯实图

图 1 管土相互作用试验台架及试验过程

1.2 土壤参数获取

利用环刀对压实后的土壤进行取样，采用常规土壤直剪仪进行直剪试验，分别施加垂直载荷 100kPa、200kPa、300kPa、400kPa，开展固结快剪试验，采用每分钟 4 转~6 转的均匀速度旋转手轮，当剪切应力的度数稳定或者有显著后退时，表示试样已剪损，继续剪切至剪切变形达到 4mm 时试验停止，记录过程数据。通过直剪试验测得土壤内摩擦角为 31.6°；土壤凝聚力为 11.8kPa(图 2)。

(a)环刀取样图

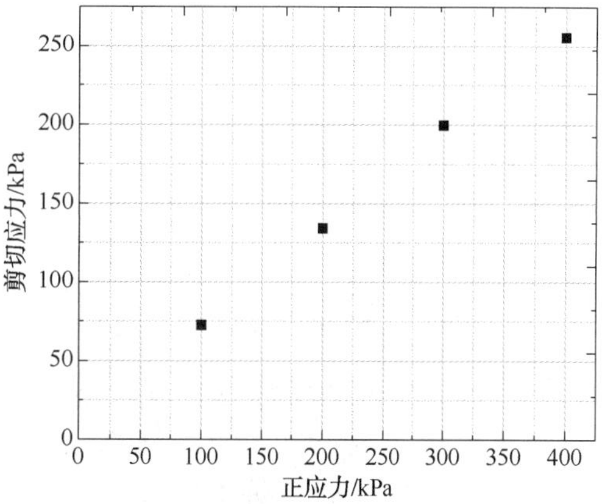

(b)直剪试验强度曲线图

图 2 土壤直剪试验

采用密度盒测定土样密度，将取到的原状土样端口切削平整，试验前称量密度盒质量，，装土后称取切土后整体质量，两者做差可得到土样质量；密度盒内径为8cm，高为10cm，根据密度盒尺寸可以得到其容积并最终计算得到土样密度。本试验进行两次平行测定，取其算术平均值，测得土壤密度为1658kg/m^3。

1.3 试验结果

开展了水平侧向和垂直向上两次试验，管径D=219mm，水平侧向试验管中心埋深为1.5D，管道位移为500mm，测得单位长度管道加载时载荷位移曲线，考虑挡土板和箱体内壁及土壤的摩擦力，后期进行消除；垂直向上试验管中心埋深为2.5D，竖向位移为1.5D，在初始状态对管道重力进行消除，后期同样消除挡土板摩擦力的影响。

土壤纵向应力由公式(1)计算

$$\sigma_z = mgh \tag{1}$$

式中，σ_z 为垂向地应力，Pa；m 为土壤密度，kg/m^3；g 为重力加速度，取 9.8m/s^2；h 为深度，m。

土壤侧向应力由公式(2)计算得到

$$\sigma_x = \sigma_y = \frac{v}{v}\sigma_z$$

式中，σ_x、σ_y 为土壤侧向地应力，Pa；v 为泊松比。

考虑箱体和挡土板的摩擦系数为0.25，挡土板和土壤的摩擦系数为0.5，根据挡土板尺寸和箱体开口尺寸算得横向挡土板的摩擦力为1.52kN，垂向挡土板的摩擦力为1.779kN，将初始管土界面载荷位移曲线按照比例减小用以对摩擦项进行消除，最终得到水平侧向和垂直向上管土界面载荷位移曲线如下图所示。同时，值得一提的是，针对垂直向上土壤极限抗力，三个数学模型采用双折线进行表征，及土壤达到屈服位移时极限抗力将成为水平直线，这与现实情况存在严重不符(图3~4)。

(a)试验过程图

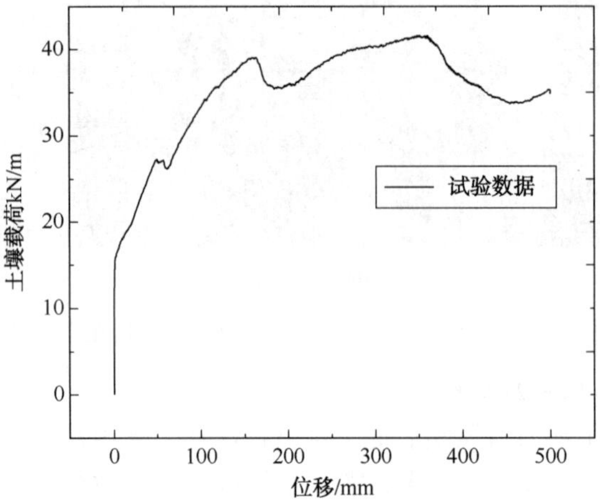

(b)管土界面载荷位移曲线图

图3 管径219mm 埋深1.5D 水平侧向试验图

(a)试验过程图

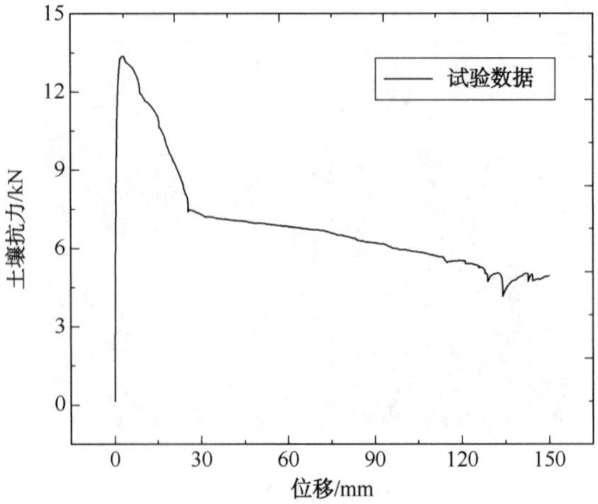

(b)管土界面载荷位移曲线图

图4 管径219mm 埋深2.5D 垂直向上试验图

2　管土非线性有限元模型建立

2.1　模型建立

本文基于非线性有限元软件 ABAQUS 建立了管土相互作用数值仿真模型，由于本研究仅关注管道和土壤之间的相互作用力，因此管道采用离散刚体建模；对于土体，传统的 Lagrangian 模型无法模拟土体大变形，因此本文采用允许材料在网格内移动的 Couple Eulerian - Lagrangian (CEL)模型来模拟土体，以期模拟土体大变形。管道直径为 D，在侧向位移为 2.5D 时，设置管道侧向移动方向土体长 12D，管后侧土体 4D，管底土壤为 3.5D；当管中心埋深 H 超过 3.5D 时，管后侧土体尺寸为 H+0.5D，管底土壤尺寸为 H；管土接触面利用"Surface to Surface"进行表征，法向采用硬接触，切向利用罚函数进行模拟，摩擦系数为 0.3。土体采用 Mohr-Coulomb 本构模型进行表征。Mohr-Coulomb 本构模型主要用于定义单调载荷作用下的颗粒状材料的塑性特性，在岩土工程中应用广泛。

土壤在靠近管道位置进行网格加密处理，网格尺寸为 0.1D，保证求解的精度，在远离管道位置划分粗网格，网格尺寸为 0.3D，提高求解的效率。管道周向网格个数设置为 48，轴向尺寸为 0.1D。模型上部 2.5D 区域不填充欧拉材料，下部区域填充欧拉体材料用于模拟土壤。模型上表面自由，平行于管道轴向的两个侧面限制 Y 方向平动和 X、Z 方向转动，其余各面限制所有方向的平动和转动。

对于水平侧向移动，施加管道位移时，不限制管道位移方和垂向约束，保证管道能够向上或向下移动，以模拟真实的管土相互作用情况，其余方向的平动和转动则被限制；对于垂直向上移动，除管道位移方向外，限制其余方向的平动和转动。模型中所有载荷分两步加载：第一步，施加模型重力并进行地应力平衡；第二步，施加管道位移模拟管土相互作用(图 5)。

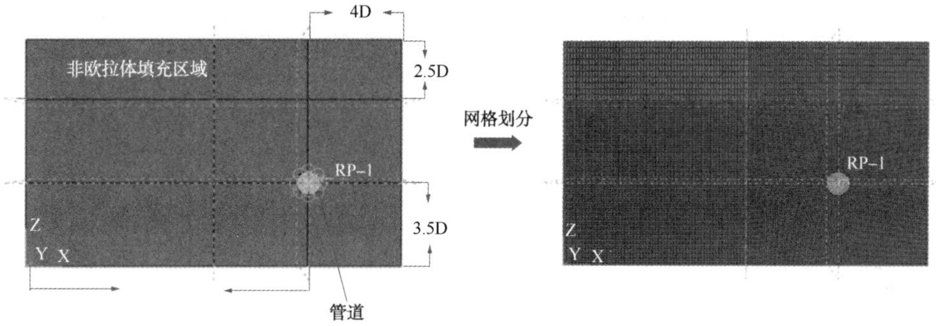

图 5　有限元模型示意图

2.2　模型验证

本文依托前期所进行的管土相互作用全尺寸试验结果来验证有限元模型的准确性。将有限元模拟结果和试验结果进行对比，由于水平侧向试验载荷位移曲线存在一定波动，当曲线处于平稳时进行对比；垂直向上试验选取载荷峰值对比，可以看出，有限元模型计算结果和试验结果最大误差小于 10%，证明本文所建数值仿真模型精确度较高(图 6)。

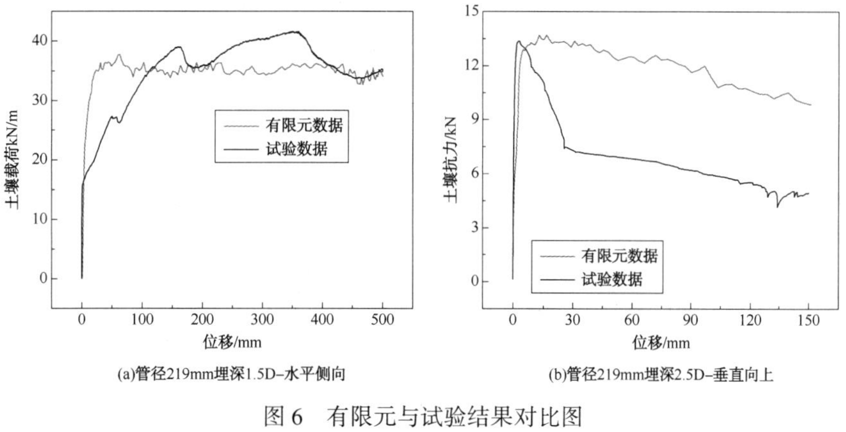

图 6　有限元与试验结果对比图

3　管土相互作用模型适用性分析

对比 ALA-ASCE-2001、GB/T 50470-2017 和 PRCI-2009 设计指南或标准中推荐管土数学模型得到的水平侧向和垂直向上土壤极限抗力结果和有限元模拟结果的差异，对比不同管土相互作用模型的适用性。土壤类型选取砂性土和粘性土，具体参数见表 1。计算管径为：254mm、508mm、864mm、1016mm、1219mm、1422mm；针对水平侧向，计算管中心埋深取：1D、2D、3D、4D、5D，针对垂直向上，计算管中心埋深取：2D、4D、6D、8D、10D。

表 1　不同土壤参数表

土壤类型	杨氏模量/Mpa	泊松比	密度/(kg/m^3)	内摩擦角/°	膨胀角/°	凝聚力/kPa
松砂土	8	0.25	1735	30	1	2
中砂土	15	0.3	1837	32	2	3
硬砂土	35	0.35	1939	34	4	6
软粘土	2	0.4	1531	22.5	0.1	40
中粘土	7	0.4	1830	22.5	0.1	80
硬粘土	15	0.4	2143	27.5	0.1	145

3.1　*砂性土壤极限抗力*

根据表 1 中砂性土壤参数，计算不同管径和不同管中心埋深的水平侧向和垂直向上的土壤极限抗力，将有限元模拟结果和不同数学模型计算得到的结果进行对比，以有限元模拟得到的结果作为基准值，数学模型计算得到的结果与有限元结果的偏差百分比作为数学模型结果的偏差值进行绘图。得到图 7~图 9 不同标准推荐模型结果的偏差图。

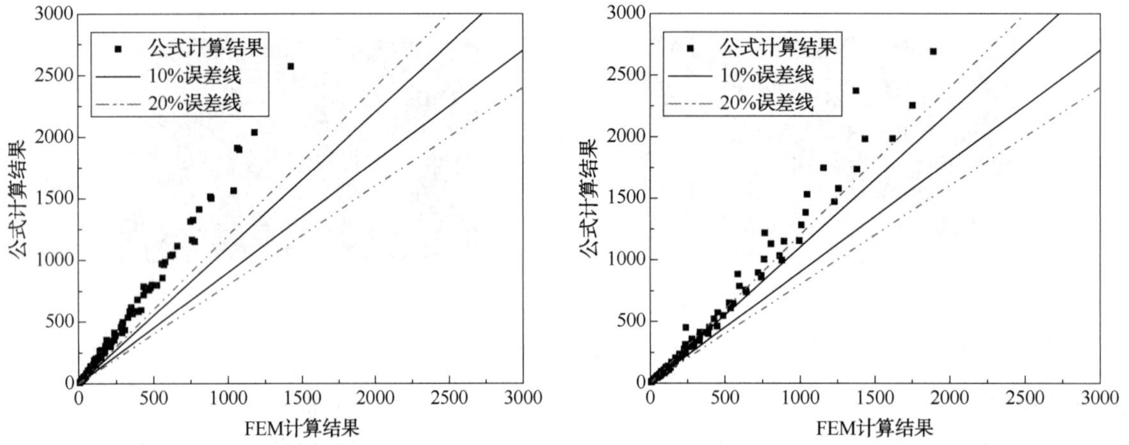

(a)水平侧向　　(b)垂直向上

图 7　ALA-ASCE 模型结果偏差图

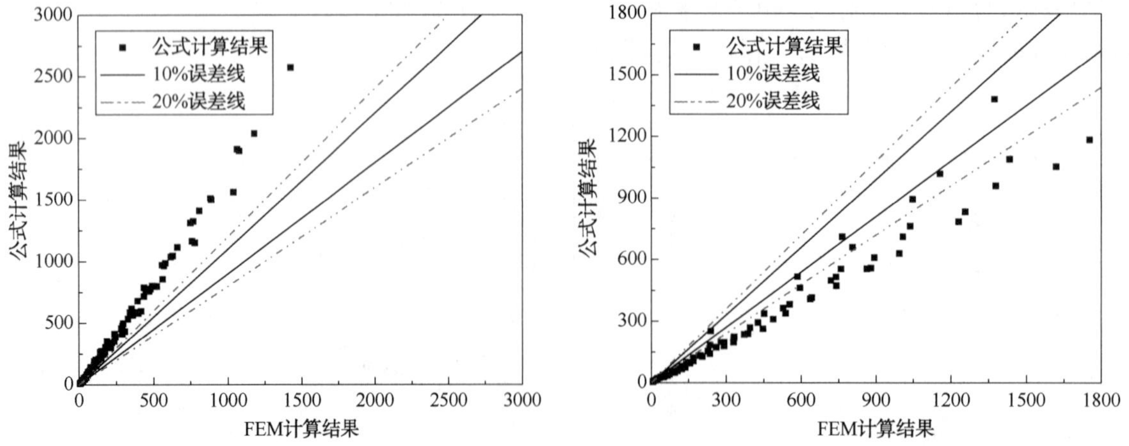

(a)水平侧向　　(b)垂直向上

图 8　GB/T 50470 模型结果偏差图

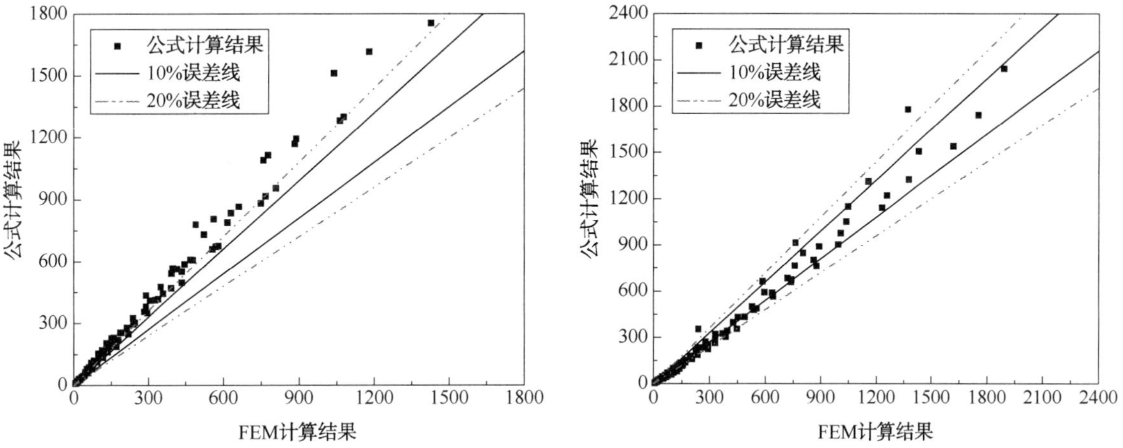

(a)水平侧向　　(b)垂直向上

图 9　PRCI 模型结果偏差图

从计算结果可以看出，三种模型对于砂性土壤的适用性存在一定差别。ALA-ASCE 模型在计算砂性土时，无论水平侧向还是垂直向上，结果均偏大；GB/T 50470 模型在计算水平侧向时和 ALA-ASCE 结果一致，在计算垂直向上时结果偏小；PRCI 模型计算水平侧向时结果偏大，但小于 ALA-ASCE 和 GB/T 50470，在计算垂直向上土壤极限抗力时结果偏差较小，偏差多在±20%范围内。

3.2　粘性土壤极限抗力

根据表 1 中粘性土壤参数，计算不同管径和不同管中心埋深的水平侧向和垂直向上的土壤极限抗力，将有限元模拟结果和不同数学模型计算得到的结果进行对比，以有限元模拟得到的结果作为基准值，数学模型计算得到的结果与有限元结果的偏差百分比作为数学模型结果的偏差值进行绘图。得到图 10～图 12 不同标准推荐模型结果的偏差图。

从计算结果可以看出，ALA-ASCE 模型在计算粘性土时，水平侧向结果和垂直向上结果多分布于±20%区间内，但是垂向结果偏差为正的概率更大；GB/T 50470 模型在计算水平侧向时和 ALA-ASCE 结果一致，但在计算垂直向上时偏差结果较小；PRCI 模型计算水平侧向时结果相较于 GB/T 50470 和 ALA-ASCE 结果偏大，在计算垂直向上土壤极限抗力时结果偏差小于 ALA-ASCE 结果，与 GB/T 50470 结果相近。

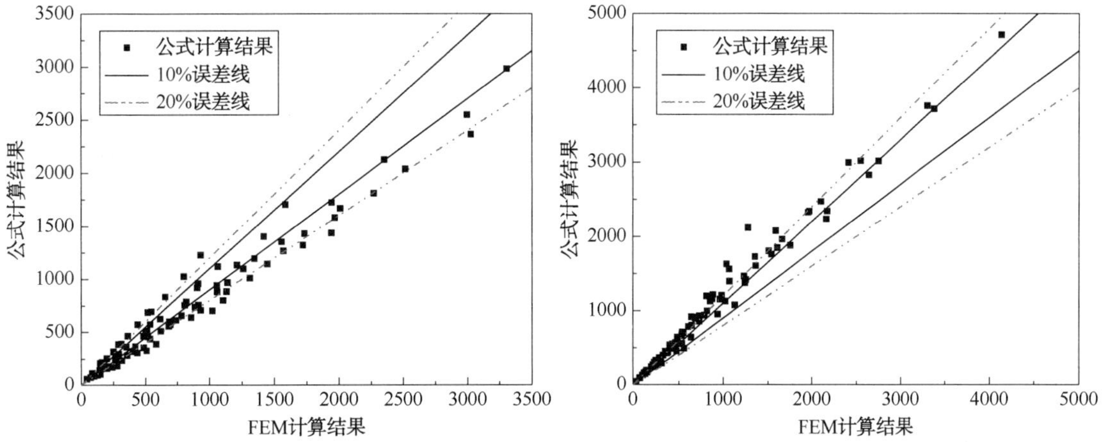

(a)水平侧向　　(b)垂直向上

图 10　ALA-ASCE 模型结果误差图

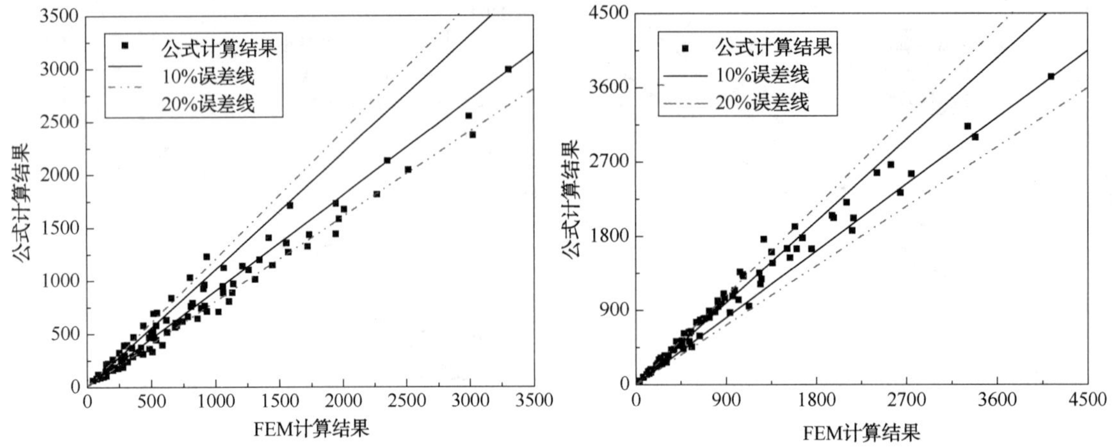

(a)水平侧向　　(b)垂直向上

图 11　GB/T 50470 模型结果误差图

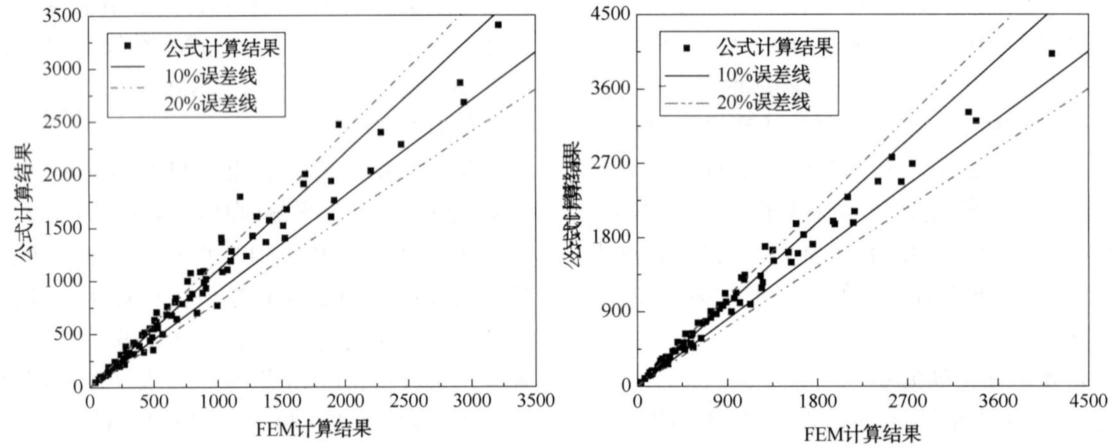

(a)水平侧向　　(b)垂直向上

图 12　PRCI 模型结果误差图

4　结论

采用 ABAQUS 建立 CEL 管土相互作用数值仿真模型，并对所进行的管土相互作用全尺寸试验进行反演，验证数值模型的准确性。利用数值仿真模型进行大变形管土相互作用有限元分析，探究 ALA-ASCE-2001、GB/T 50470-2017 和 PRCI-2009 标准中给出的不同管土相互作用数学模型对于砂性土和粘性土的适用性，主要结论可总结如下几点：

（1）大位移管土相互作用时，ALA-ASCE、GB/T 50470 和 PRCI 模型在计算土壤向上极限抗力时采用双折线模型将会存在较大误差，真实极限抗力将存在一个衰减过程；

（2）ALA-ASCE、GB/T 50470 和 PRCI 模型在计算砂性土壤性质下管土相互作用水平侧向极限抗力时存在较大正向偏差，在计算垂直向上极限抗力时 ALA-ASCE 存在较大正向偏差，GB/T 50470 存在较大负向偏差，PRCI 结果较为准确；

（3）在计算粘性土壤时，三种模型计算得到的水平侧向土壤极限抗力误差值整体小于砂性土，偏差值多在±20%内；在计算垂直向上极限抗力时，GB/T 50470 和 PRCI 标准结果优于 ALA-ASCE；

（4）在计算不同性质土壤的极限抗力时，不同模型的计算精度也有较大差异，目前并无一种适用条件更为广泛的模型，亟需开发一种考虑全面、适用性范围更广、计算精度更高的管土相互作用数学模型。

参　考　文　献

[1] 刘啸奔，张宏，吴锴．逆断层作用下 X80 埋地管道的非线性屈曲分析[J]．油气储运，2017，36(01)：98-107.

[2] 潘禹臣，汤明高，倪文涛等．中缅天然气管道沿线地质灾害风险评价[J]．人民长江，2022，53(10)：108-115.

[3] Hansen，J. b.，"The Ultimate Resistance of Rigid Piles Against Transversal Forces，" Bulletin12，Danish Geotechnical Institute，Copenhagen，Denmark，1961.

[4] Audibert J M，Nyman K J. Soil restraint against horizontal motion of pipes [J]. Journal of the Geotechnical Engineering Division，1977，103(10)：1119-1142.

[5] Nyman D J. Guidelines for the seismic design of oil and gas pipeline systems[M]. American Society of Civil Engineers，1984.

[6] Alliance A L. Guidelines for the design of buried steel pipe；proceedings of the American Society of Civil Engineers，F，2001 [C].

[7] LiangChuan Peng. Pipe Stress Engineering Hou[M]. Houston，Texas，USA：ASME PRESS. 2009.

[8] GB/T 50470—2017，油气输送管道线路工程抗震技术规范[S].

[9] Yimsiri. Lateral and upward soil-pipeline interactions in sand for deep embedment conditions，Journal of Geotechnical and Geoenvironmental Engineering，American Society of Civil Engineers，vol. 130，no. 8. 2004.

[10] Trautmann C H. Behavior of pipe in dry sand under lateral and uplift loading[J]，1983.

[11] Trautmann C H，O´Rourke T D. Lateral force-displacement response of buried pipe [J]. Journal of Geotechnical Engineering，1985，111(9)：1077-1092.

[12] Guidelines for Constructing Natural Gas and Liquid Hydrocarbon Pipelines Through Areas[R]. Pipeline Research Council Internation，2009.

[13] Spyros A. Karamanos. Geohazards and Pipelines[M]. Cham，Switzerland：Springer Nature Switzerland AG. 2021.

[14] Karimian S A. Response of buried steel pipelines subjected to longitudinal and transverse ground movement [D]. Doctoral dissertation. University of British Columbia，2006.

[15] Wu J，Kouretzis G，Suwal L，et al. Shallow and deep failure mechanisms during uplift and lateral dragging of buried pipes in sand [J]. Canadian geotechnical journal，2020，57(10)：1472-1483.

[16] 化建国，郑建国．工程地质手册[M]．北京：中国建筑工业出版社，2018.

油气管道环焊缝成型异常交变励磁检测系统研制及实验

黄　杰[1,2]　李　睿[2]　富　宽[2]　王亚楠[2]　段金尧[2]　陈攀宇[2,3]

[1. 中国石油大学(北京)机械与储运工程学院；2. 国家石油天然气管网集团有限公司科学技术研究总院分公司；3. 中国石油大学(北京)安全与海洋工程学院]

摘　要　油气管道环焊缝异常检测技术作为目前国内外管道行业关注的热点问题之一，在石油与天然气等能源的运输中发挥着重要作用。本文基于交变励磁检测技术的理论研究，设计研制了环焊缝成型异常内检测传感及电子系统；通过对该系统采集到的环焊缝成型检测数据进行处理，对检测系统的环焊缝错边、根部内凹、成型高度异常的检测能力进行了测试，并对几种典型信号进行了对比，实验结果表明该检测系统可以在15mm的提离高度下实现最小0.5mm错边量的有效识别。

关键词　油气管道；内检测；环焊缝成型异常；系统研制；交变励磁检测

1　介绍

管道作为继铁路、公路、航空、水运之后的第五大国民经济运输方式，是衔接油气上下游工业发展的关键环节，在石油与天然气长距离运输中发挥着重要作用。近年来，我国油气管网规模不断扩大，仅2021年，我国新建成油气管道里程约5414km。截至2021年底，中国大陆建成油气长输管道里程累计达到15.0×10^{4}km，其中天然气管道里程约8.9×10^{4}km，原油管道里程约3.1×10^{4}km，成品油管道里程约3.0×10^{4}km，根据《中长期油气管网规划》，预计到2025年底我国管网规模将达到24×10^{4}km。根据美国运输部管道和危险材料安全管理局(PHMSA)的数据显示，2003-2022年间，在美国各省，可称为重要管道事故的数量为12785起。2005年，美国阿拉斯加州北部发生一次严重的原油泄漏事故，约6500桶原油从管道中流入附近的苔原地带，造成了触目惊心的污染事件，而事故的起因就是管道的一个焊缝出现了裂缝。2018年，中缅天然气管道晴隆段发生泄漏燃爆事故，造成1人死亡、23人受伤，直接经济损失2145万元。经调查，因现场焊接质量不满足相关标准要求，在组合载荷的作用下造成环焊缝脆性断裂，导致管内天然气大量泄漏，与空气混合形成爆炸。

常见的管道环焊缝缺陷为裂纹、错边、咬边和未焊透等，这些缺陷的存在严重降低了管道强度。作为目前最为有效的维护管道完整性和安全性的方法，管道内检测是确定管道运行状况、保证管道运行能力的有力手段。目前常用的内检测技术分别为漏测检测、涡流检测、超声检测以及交变励磁检测技术。漏磁检测技术是目前业内广泛接受的安全可靠的管道检测技术之一，占据着检测市场大约90%的设备总量。不同于超声检测只能用于液体管道，漏磁检测技术可用于一定壁厚范围内(30mm内)石油与天然气管道内外体积型缺陷的检测，对于管道清洁度的要求也不如超声检测那么高。相较于磁粉、渗透等方法，由于漏磁场检测是用磁传感器检测缺陷，MFL更易于实现自化。通过计算机对缺陷信号进行判断，可以从根本上解决渗透以及磁粉检测中人为因素的干扰。漏磁检测作为应用最成熟的油气管道内检测技术在环焊缝检测方面依旧有其固有的局限性，受检测速度和提离距离影响大，检测效果并不理想甚至无法检出。交变励磁检测作为一种新型快速在线检测技术对体积型缺陷检出率高，受外界干扰小，能够解决由于腐蚀引起的管道失效，可以有效弥补常规检测对于环焊缝成型异常的短板。

本文基于交变励磁检测原理，在第二节介绍了交变磁场作用下的管道焊接区域磁畴偏转、磁畴壁移动规律；第三部分通过对管道环焊缝成型异常模型进行数值模拟，探究环焊缝成型高度异常响应信号的变化规律；第四节介绍了管道环焊缝成型缺陷检测电子系统组成以及设计原理；第五节介绍了环焊缝成型异常试件实验研究结果，并将其与仿真结果进行对比分析，验证了仿真实验方案的可行性，为日后缺陷样本库的形成奠定实验基础；第六节总结了现有的结论和成果。

2　交变励磁检测技术理论分析

交变励磁检测技术是在涡流检测技术上发展而来的一种检测方法。其原理是通过检测材料微观磁性变化来识别试件表面缺陷。

交变励磁检测技术原理如图 1(a)所示，铁磁性材料未被磁化时，相邻磁畴内部原子磁矩转向不同且相互抵消，不显磁性；当线圈中存在交变电流 I_1时，如图 1(b)所示。根据安培定律，激励线圈将产生垂直于试件表面的交变磁场 H_1。根据法拉第电磁感应定律，试样表面会产生感应涡流(EC)，同时激发出涡流磁场 H_3以阻碍交变磁场 H_1的变化，其数值可以通过公式(1)、(2)计算：

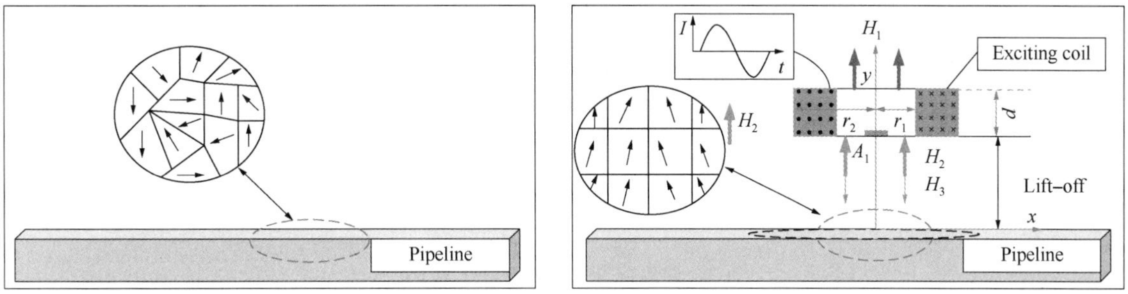

(a)　　　　(b)

图 1　空间磁场梯度检测技术原理图

$$\nabla \times \left(\frac{A}{\mu}\right) = J_0 + J_e \tag{1}$$

其中 μ 表示被检测金属的磁导率，A 表示磁矢量电势，J_0表示激励线圈中的电流密度，J_e表示被测金属试样的感应涡流，可以表示为：

$$J_e = -\sigma \frac{\partial A}{\partial t} \tag{1}$$

在交变磁场 H_1的激励作用下，金属内部磁畴发生旋转，诱发出与交变磁场 H_1方向相同磁化磁场 H_2。在检测点 A_1处放置的磁性芯片感应到空间中复合磁通信号 B，其数值由式(3)确定：

$$\vec{B} = \vec{B_1} + \vec{B_2} + \vec{B_3} \tag{3}$$

式中，B 表示复合磁场的磁通密度，B_1为交变磁场 H_1的磁通密度，在激励参数已知的条件下可以通过 Biot-Savart 定律计算得到；B_2为磁化磁场 H_2的磁通密度，可以通过公式(4)计算得到；B_3为涡流磁场 H_3的磁通密度，其数值可由公式(5)确定：

$$B_2 = \frac{\mu_0 J_C}{2}\int_0^{\infty} \frac{\chi(\lambda_0 r_1,\ \lambda_0 r_2,\ )}{\lambda_0^2}(\mathrm{e}^{-\lambda_d} - \mathrm{e}^{-\lambda_0(d+h)})$$
$$R(\lambda_0)\mathrm{e}^{-\lambda_y}[J_1(\lambda_0 x)x_0 + J_0(\lambda_0 x)y_0]d\lambda_0 \tag{4}$$

其中，μ_0是真空中的磁导率；J_C是等效的理想单匝线圈电流密度；$J_1(\lambda_0)$是一阶贝塞尔函数；λ_0是积分变量；$R(\lambda_0)$是与待测材料的电导率和磁导率相关的物理量。H_1是激励线圈在试样处产生的磁场强度，d 是线圈与试样之间的距离，r_1表示励磁线圈的内径，r_2表示励磁线圈的外径。

涡流磁感应强度 B_3可表示为：

$$B_3 = \begin{cases} \mu_0(H_1 + \chi H_g) & H_g = H_w \\ \mu_0[H_1 + \chi(H_w - H_y)] & otherwise \end{cases} \tag{5}$$

式中：χ 为磁化率；H_1为激励线圈产生的磁场强度(A/m)；H_g为被测试件磁场强度(A/m)；H_w为被测试件缺陷时的磁场强度(A/m)；H_y为缺陷导致被测试件所减小的磁场强度(A/m)。

通过上述原理分析可知，交变磁场 H_1不会因缺陷存在而发生改变。但是，缺陷会阻碍涡流形成回路，使局部涡流磁场对应的磁通密度增加，从而导致涡流磁场 H_3增大，使磁化磁场 H_2减小。综合来看，焊缝缺陷的存在会引起空间中的复合磁通量发生畸变(减小)，通过提取转化后畸变信号的特征量可以实现被检测管道环焊缝成型缺陷关键尺寸的反向求解。

3　传感及电子系统研制

为了探究环焊缝成型异常与磁场信号关系，本文设计研发了一套管道焊缝成型缺陷检测系统(图 2)，该系统主要包括信号发生模块、阵列检测探头、信号调理模块、A/D 转换模块、数据采集模块、数据存储模块、里程及重锤模块。其中阵列检测探头负责收集焊缝异常信号，并通过信号放大/滤波模块和 A/D 转换将电压信号转化为数字信号，并通过数据采集模块对多通道的数字信号进行并行的采集并存储。

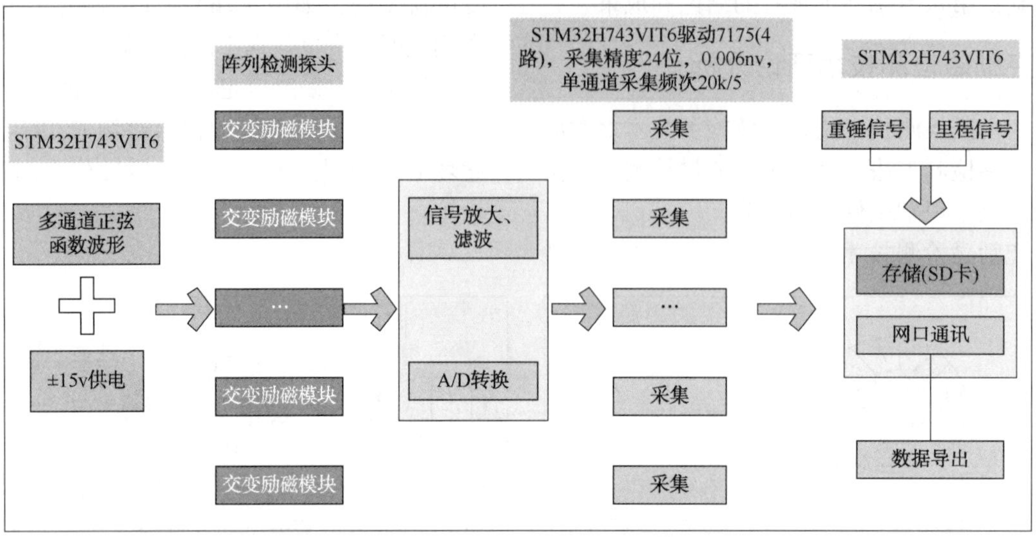

图 2　焊缝成型内检测电子系统框图

3.1　阵列探头设计

环焊缝成型检测探头如图 3 所示，激励线圈由漆包线圈缠绕制成，用于产生交变磁场。其核心模块是一种用于获取磁场信号的新型磁性传感器-TMR 磁敏元件，两侧是强磁体层，中间是约 1nm 的薄绝缘体的势垒层。当固定层的磁化方向被固定，自由层的磁化方向根据外部磁场方向而变，元件的电阻也随之而变，并将磁场信号转化为电压信号输出。

图 3　焊缝成型检测探头

该传感器可在 5V 供电的条件下，感知与 TMR 元件垂直方向的磁场信息，磁场检测灵敏度达到 5×10^{-4} V/Oe，线性感知磁场的量程为±750Oe，本底噪声为 50nT。

3.2　信号发生模块设计

阵列检测探头需要输入 1kHz 的正弦电源型信号，单个正弦波由 100 个点组成，信号点更新的频次达到 100K。正弦型信号发生电路模块如图 4 所示，选用具备 2 MB Flash、1MB RAM、480MHz CPU、ART 加速器、一级缓存、外部存储器接口和以及大量外设功能的 STM32H743VIT6 芯片，支持双精度和单精度数据处理指令与数据类型。STM32H7 MCU 支持全套 DSP 指令和存储器保护单元（MPU），可增强应用的安全性。

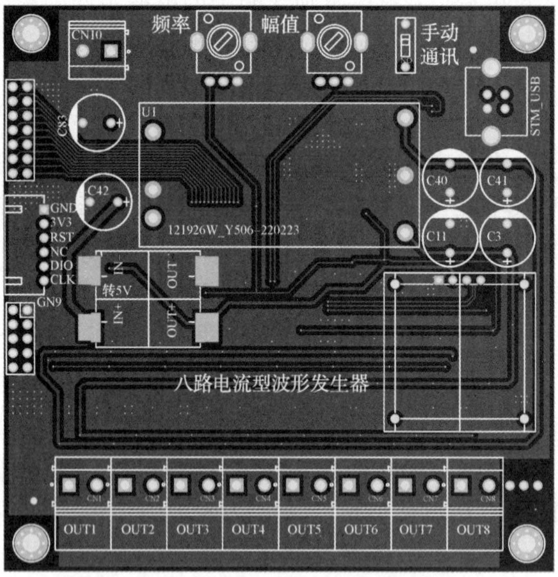

图 4　信号发生电路 PCB 图

实测信号点更新频率可达 200K，且幅值、频率可调。能配合高频定时器，按照正弦波形输出 DAC 信号。

3.3　信号调理模块设计

信号调理电路作为焊缝成型异常检测核心模块之一，可以将来自磁敏元件的微弱信号进行滤波放大处理，提高缺陷信号辨识度。

该放大滤波电路选用低噪声运算放大器 SGM722 和高精度电容、电阻，其中：C101 = C102 = C106 = C_1 = 100nF，C103 = C104 = C107 = C_2 = 560pF，C100 = C105 = 1u，R101 = R102 = R106 = R109 = R_1 = 10kΩ，R103 = R104 = R107 = R_2 = 180kΩ，R100 = R105 = 51R，放大滤波电路板。

高通滤波网络由 R101&C101、R102&C102、R106&C106 组成，其高通截止频率(f_2)可表示为：

$$f_1 = \frac{1}{2\pi R_1 C_1} \tag{6}$$

低通滤波网络由 R103&C103，R104&C104，R107&C107 组成，其低通截止频率(f_2)可表示为：

$$f_2 = \frac{1}{2\pi R_1 C_1} \tag{7}$$

实验采用 500Hz 的正弦交流激励，由式(6)和式(7)可得，该放大滤波电路高通截止频率为 200Hz，低通截止频率为 1000Hz，满足实验要求。其增益可表示为：

$$Av = \left(\frac{R103}{R101}\right)^2 = \left(\frac{R104}{R102}\right)^2 = \left(\frac{R107}{R106}\right)^2 \tag{8}$$

代入相关参数计算可得，实际放大倍数为 324 倍。利用 multisim 软件对调理电路进行电路仿真(图 5 所示)，通过调节电路中的 RC 值可以实现改变调理电路的带宽以及中心频率的目的，同时可以改变电路的放大倍数，使输出的模拟量信号具备可采集的范围内，同时对于焊缝成型异常具有明显的模拟信号响应。

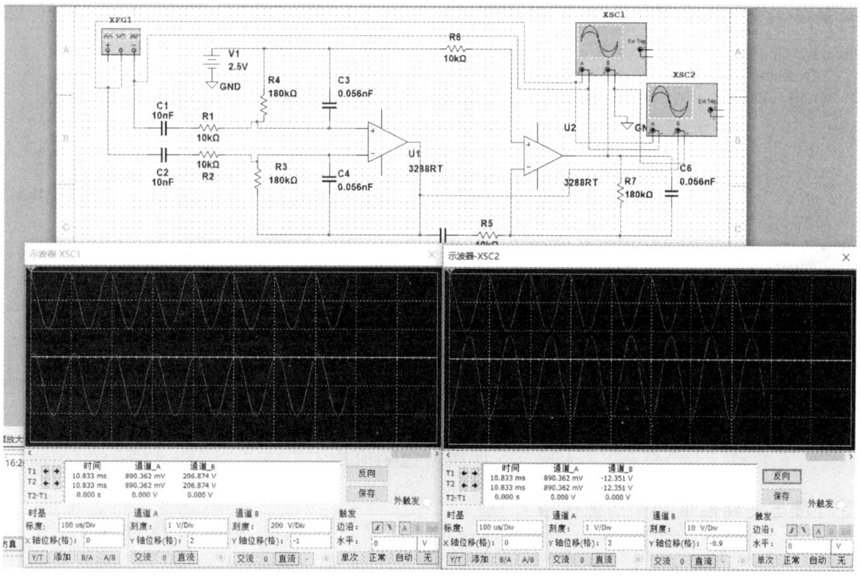

图 5　信号调理电路仿真分析

3.4　实验平台搭建

如图 6 所示三轴联动实验平台可实现 X-Y-Z 三轴的联动。其 X、Y、Z 三方向有效行程分别为 1500mm、900mm、300mm，步进电机空载最快可达 930mm/s，满载可达 500mm/s，模组精度为 0.02mm。

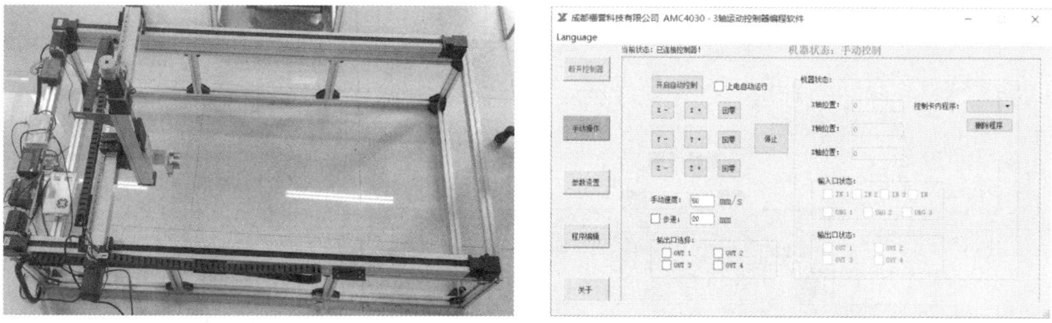

(a)X-Y-Z三轴联动实验平台实物图　　(b)实验平台控制软件

图 6　三轴联动实验平台和控制软件

4 环焊缝成型异常信号分析

考虑到1219mm管道的曲率比激励线圈半径大5倍，曲率对检测信号的影响很小，本次实验将管道模型近似用平板模型代替；由于管道的轴对称以及探头沿管道周向等距密排的特性，环焊缝成型高度异常以及根部内凹检测采用的是1/4管道(X52钢)进行实验。以上缺陷均为人工制造缺陷，其中错位缺陷是在45#钢的平板试件上实现的。

4.1 错边检测实验

为了探究研制的环焊缝成型检测探头对于错边的检测能力及响应信号随错边量的变化规律，实验中设置探头与被测试件间的提离距离(TL)分别为5mm、10mm、15mm，分别对错边量为0.5mm和1mm的试件进行扫查。

通过图5和表1可以看出，探头由管道焊接低侧扫查至高一侧时，探头的输出量增加，信号产生畸变，畸变程度与提离高度和错边量密切相关。当探头TL值从5mm增大至15mm，探头错边量的输出信号畸变量分别减小了93.87%和92.51%。由此可见对于同一错边量的扫查，探头输出信号的畸变量随着TL高度的增加而减小；同一TL高度下，探头的输出信号畸变程度随着错边量的增加而增加。

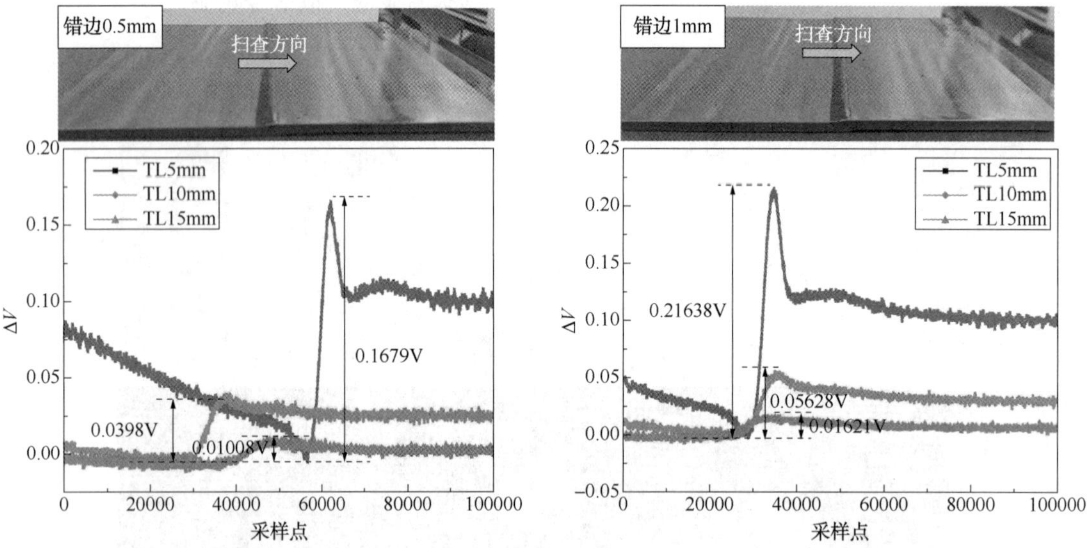

图7 焊接错边响应信号

表1 畸变程度与提离高度和错边量关系

错边量	TL	畸变信号ΔV
0.5mm	5mm	164.5mV
	10mm	51.9mV
	15mm	10.08mV
1mm	5mm	216.38mV
	10mm	56.28mV
	15mm	16.21mV

4.2 成型高度异常检测实验

为了保证仿真模拟与实验的一致性，仿真模型按照真实实验参数进行等比例建模，所用材料和实验相同。考虑到管道的轴对称以及探头沿管道周向等距密排的特性，仿真实验采用了2D有限元分析模型如图8所示。

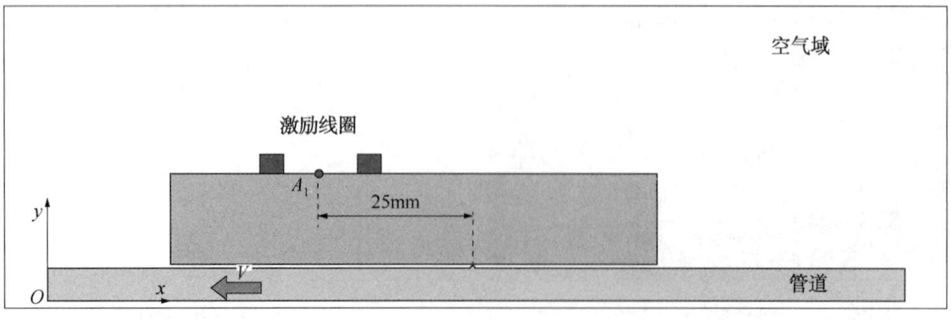

图8 简化仿真模型

通过图 9 可以看出，经过高度为 0.5mm、1mm、1.5mm、2mm 的环焊缝仿真信号会产生明显变化：随着环焊缝成型高度由 0.5mm 增加到 2mm，B_y 信号呈现出“先增后减”的变化趋势，变化程度随成型高度逐渐增大，该信号趋势和仿真结果高度吻合，并且随着环焊缝成型高度的不同信号凸起的程度也不同。对于①、②、③、④号焊接成型响应信号的畸变量 ΔV 分别为 0.1751V、0.2230V、0.0442V、0.2653V。受到试件加工的误差影响，管道内表面基线值不同，导致环焊缝成型信号未呈现出预期的规律性改变，但可以发现不同的环焊缝成型高度会导致成型高度异常响应信号不同。

结果表明仿真模拟对于焊缝成型异常检测实验的开展具有指导作用，通过仿真与实验结果的对比，可以提高仿真精度和实验的准确性，有望为后期环焊缝成型异常缺陷库的建立奠定基础，解决环焊缝成型高度异常检测的难题。

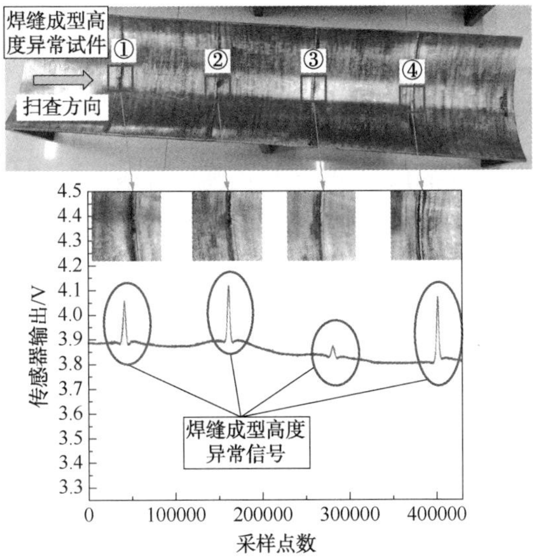

(a)焊缝高度异常实验

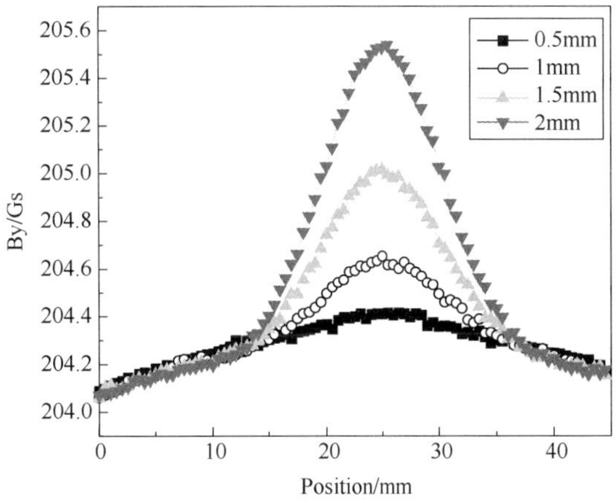

(b)焊缝高度异常仿真

图 9　环焊缝成型高度异常响应信号

4.3　根部内凹检测实验

通过图 10 可以看出，探头沿着管道轴线方向扫查，经过环焊缝根部内凹处信号跳动，但探头未呈现出明显的规律性改变。分析原因一方面是环焊缝成型异常检测探头基于磁畴磁化原理研制，检测的是一定范围内管道内壁磁畴、磁化偏转程度的矢量和；同时由于环焊缝表面“鱼鳞纹”、热影响区域的存在导致环焊缝区域的电磁特性复杂。因此该探头对于环焊缝根部内凹缺陷的识别能力有待于进一步提升。

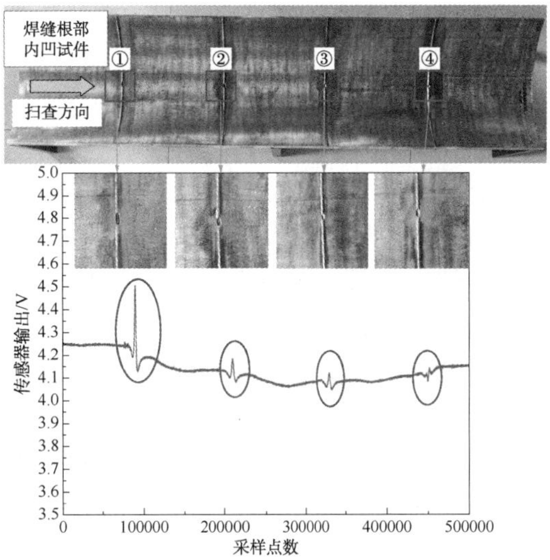

图 10　环焊缝成型异常-根部内凹缺陷响应信号

4.4　典型焊缝成型异常响应信号比对分析

图 11 所示(a)、(b)、(c)分别为错边、根部内凹、焊缝高度成型异常的响应信号。可以看出对于错边来说，信号的响应特征呈现出“阶梯”状态，与探头距离近的一侧由于探头与管壁间的磁化感应明显，因此该侧的响应信号幅值明显高于另外一侧。对于根部内凹缺陷来说，由于焊缝根部附近的金属缺失，导致探头经过该区域时，磁化作用减弱，信号出现向下的延伸，明显低于输出信号的基线值。对于焊缝成型高度来说，探头经过此区域时，响应信号出现凸起，并且焊缝成型高度不同，探头与管道内表面间的距离不同，当成型高度偏大时，探头与焊缝内表面的距离较小，探头磁化作用增加导致响应信号增

强；当成型高度偏小时，探头与焊缝内表面的距离增加，探头磁化作用降低导致响应信号减弱。

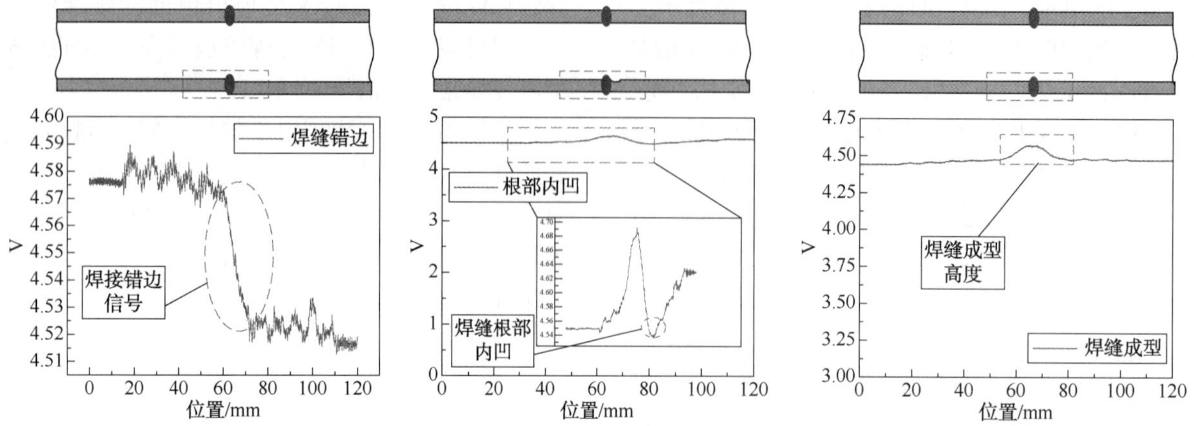

图 11　焊缝成型异常信号对比

因此通过对周向阵列布置的探头进行比对分析，结合典型焊缝缺陷的响应信号特征可以实现焊缝错边、根部内凹、成型高度异常的检测与识别。

5　总结

本文提出了一种基于交变励磁检测技术的油气管道环焊缝成型异常检测方法。该方法利用自行设计的探头和电子系统，通过感知管道内壁磁畴的变化，实现了对环焊缝错边、咬边、成型高度异常等缺陷的识别。本文通过数值模拟和实验对比验证了该方法的可行性和有效性，并分析了探头输出信号与缺陷特征的关系。本文的主要贡献有：

（1）设计了一种新型的环焊缝成型异常检测探头，采用 TMR 磁敏元件作为磁场传感器，开发了一套完整的环焊缝成型异常检测电子系统，包括信号发生模块、信号调理模块、数据采集模块等，能够实现对探头输出信号的生成、放大、滤波、转换和存储。

（2）进行了数值模拟和实验的对比研究，验证了该检测系统对不同类型和程度的环焊缝成型异常的检测能力，发现探头输出信号的畸变程度与提离高度和缺陷量呈现出一定的规律性。

（3）提出了一种基于信号特征的缺陷识别方法，通过对比分析周向阵列布置的探头输出信号，结合典型焊缝缺陷的响应信号特征，可以实现对环焊缝错边、根部内凹、成型高度异常等缺陷的定性识别。

未来的工作方向有：

（1）优化探头结构和参数，提高探头对根部内凹等微小缺陷的灵敏度和分辨率。

（2）建立环焊缝成型异常缺陷库，通过仿真和实验收集不同类型和程度的环焊缝成型异常响应信号，为后续的机器学习和智能识别提供数据支持。

（3）考虑管道曲率对检测信号的影响，通过有限元分析或实验方法研究管道曲率对磁场分布和信号响应的影响规律，提高检测结果的准确性和可靠性。

参　考　文　献

[1] 李梦雪，吴志煜，王春艳．交变磁场测量法在表面裂纹无损检测中的应用[J]．计测技术，2016(02 vo 36)：42-45+57.

[2] 胡媛媛，罗飞路．交变磁场测量系统数值仿真分析[J]．仪表技术与传感器，2003(06)：48-50.

[3] 齐玉良，陈国明．交流电磁场检测数值仿真及其信号敏感性分析[J]．石油大学学报(自然科学版)，2004(03)：65-68+140-141.

[4] 周燕，董怀荣，周志刚，谢慧．油气管道内检测技术的发展[J/OL]．石油机械，2011(03 vo 39)：74-77. DOI：10. 16082/j. cnki. issn. 1001-4578. 2011. 03. 025.

[5] 郑玲慧，任尚坤，王景林，ACFM 技术的表面裂纹识别和尺寸反演算法研究[J/OL]．测控技术，2020(05 vo 39)：80-85+106. DOI：10. 19708/j. ckjs. 2020. 05. 014.

[6] 宋生奎，宫敬．油气管道内检测技术研究进展[J]．石油工程建设，2005(02)：10-14+2.

[7] 王景林，任尚坤，张丹，张文君．基于 ACFM 检测技术的表面裂纹特征评价方法研究[J]．中国测试，2019(01 vo 45)：40-46.

[8] FENG Q，LI R，NIE B，等．Literature Review：

Theory and Application of In-Line Inspection Technologies for Oil and Gas Pipeline Girth Weld Defection[J/OL]. Sensors, 2016, 17 (12): 50. DOI: 10.3390/s17010050.

[9] LI D, WANG C, CHEN J. Corrosion inspection of small-diameter pipelines with ultrasonic pigs[C]//WEN T. ISTM/2001: 4TH INTERNATIONAL SYMPOSIUM ON TEST AND MEASUREMENT, VOLS 1 AND 2, CONFERENCE PROCEEDINGS. 2001: 179-182.

[10] 杨理践，耿浩，高松巍．长输油气管道漏磁内检测技术[J/OL]．仪器仪表学报，2016.

[11] ABBASI Z, YUHAS D, ZHANG L, 等. The Detection of Burn-Through Weld Defects Using Noncontact Ultrasonics[J/OL]. MATERIALS, 2018, 11(1).

[12] BIN ALI K, ABDALLA A N, RIFAI D, 等. Review on system development in eddy current testing and technique for defect classification and characterization[J/OL]. IET CIRCUITS DEVICES & SYSTEMS, 2017, 11(4): 338-351.

[13] 杨宾峰．脉冲涡流无损检测若干关键技术研究[J]. 2006.

[14] 武新军，张卿，沈功田．脉冲涡流无损检测技术综述[J/OL]．仪器仪表学报，2016(08 vo 37): 1698-1712.

[15] 宋凯，康宜华，孙燕华，武新军．漏磁与涡流复合探伤时信号产生机理研究[J]．机械工程学报，2009(07 vo 45): 233-237.

[16] 常俊杰，卢超，小仓幸夫．非接触空气耦合超声检测原理及应用研究[J]．无损探伤，2013, 37(4): 6-11.

[17] 王洪博．复合材料构件的超声无损检测关键技术研究[D/OL]．北京理工大学，2014. https://kns.cnki.net/KCMS/detail/detail.aspx? dbcode = CDFD&dbname = CDFDLAST2015&filename = 1014086742.nh&v=.

[18] 金虹．漏磁检测技术在我国管道腐蚀检测上的应用和发展[J]．管道技术与设备，2003(01): 43-46.

[19] PENG X, ANYAOHA U, LIU Z, 等. Analysis of Magnetic-Flux Leakage (MFL) Data for Pipeline Corrosion Assessment[J/OL]. IEEE TRANSACTIONS ON MAGNETICS, 2020, 56(6)[2020-06-12]. DOI: 10.1109/TMAG.2020.2981450.

[20] WILLEMS H, JASKOLLA B, SICKINGER T, 等. A New ILI Tool for Metal Loss Inspection of Gas Pipelines Using a Combination of Ultrasound, Eddy Current and MFL[C/OL]//2010 8th International Pipeline Conference, Volume 1. Calgary, Alberta, Canada: ASMEDC, 2010: 557-564[2023-09-03]. https://asmedigitalcollection.asme.org/IPC/proceedings/IPC2010/44205/557/363167. DOI: 10.1115/IPC2010-31387.

[21] DAI L S, FENG Q S, SUTHERLAND J, 等. Application of MFL on Girth-Weld Defect Detection of Oil and Gas Pipelines[J/OL]. Journal of Pipeline Systems Engineering and Practice, 2020, 11(4): 04020047. DOI: 10.1061/(ASCE)PS.1949-1204.0000497.

[22] 戴光，李鹏，李良，鲁鑫，郑克耀．基于脉冲涡流检测的管道腐蚀仿真与实验研究[J]．化工设备与管道，2016(02 vo 53): 63-66+75.

[23] 张继楷，杨芸，康宜华，雷啸锋．TMR 传感器及其在电磁检测中的应用[J]．无损检测，2016(12 vo 38): 36-39+67.

[24]《中长期油气管网规划》发布[J]．天然气工业，2017, 37(07): 114.

冻土对天然气长输管道可靠性的影响

孟祥岩　赵正开　高　翔　韩松松　刘　亚　王立学　白　莲

（国家管网集团北京管道有限公司）

摘　要　冻土区域对天然气管道造成诸多不利影响，以冻胀和融沉为首的问题可能会导致管线变形破坏，造成管道整体运行可靠性降低。本文从原理出发，分析冻土区域对天然气管道的影响，结合冻土区条件的特殊属性，以历史年份冻土区域输气管道建设的技术难点及挑战为出发点，对冻土区域分析、管道设计难点、可靠性三方面展开研究。并结合中俄东线天然气管道环境特点，从工程实际出发考虑热敏感性、热稳定性、结构强度三要素，有针对性的提出冻土灾害防控措施，对今后国内外冻土工程可靠性和完整性给予一定理论支持。

关键词　冻土；管道可靠性；天然气管道；中俄东线

我国多年冻土区天然气管道研究主要围绕输油管道展开，而输气管道与输油管道在设计上有着本质性的差别，天然气管道在运行过程中往往保持高压力、过站升温快等特点需要深入分析。冻土区或季节性冻土区的冻胀和融沉会引发各种地质灾害，如地表侵蚀、融沉和冻融。埋地管道受冻胀和融沉的影响会发生屈曲变形，从机理上说是力与力之间相互作用的结果。因此，对埋地管道冻土相互作用的评估是寒冷地区管道工程的重要设计考虑因素，从原理角度出发，分析冻土区域对天然气管道的影响，得出综合性评价，才能更好的应用于工程实际情况，从根本上保障冻土区域长距离输气官道的可靠性。

1　冻土区域分析

冻土分布系统是一个由固态颗粒、冰、液态水和气四大基本成分所组成的非均质、各向异性的多相复合体。冻土分布上的水受温度的波动在液体水和冰间往返变化，这使得冻土的热力学特性中显示出了强烈的温度敏感性和流变性。我国冻土区域分布见图1。

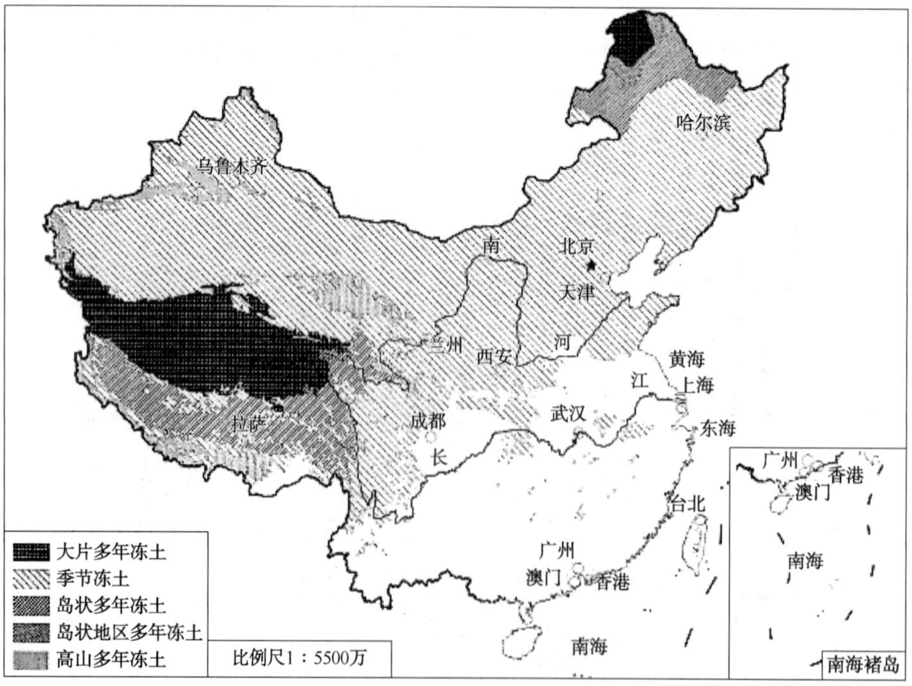

图1　我国冻土分布

在寒区埋设的输气管道必然会改变改变管道周土壤的水热状况。当正温气体穿过多年冻土区域时，管道周围冻土将发生融化，导致管道基土产生融沉变形；当负温气体穿过季节性冻土时，管道周围土壤将发生冻结，使管基土产生冻胀变形。由于埋地管道周围地质条件及基土温度场的差异，这种变形是非连续的，这对输气管道的正常运行构成严重威胁。因此，冻土问题严重危害着埋地天然气管道的可靠性。

1.1　冻土的力学特性

冻土的力学性质受矿物成分、粒度分布、含冰量和未冻水等内部因素以及温度、加载速率、应力路径、应力-应变历史和应力水平等外部因素的影响，这些因素彼此相互耦合，影响着土壤的冻胀与融化固结。

侯等人于对不同粗粒含量的冻土进行了一系列三轴蠕变试验，提出了描述冻土应力应变关系的蠕变模型。冻土的应力应变关系为研究埋地管道与冻土的相互作用提供了可能性，研究冻土应力应变关系必须明确冻土的力学特性。当冷冻天然气管道被埋在连续或不连续的永久冻土中，并在各种土壤类型中穿越很长的距离时，产品通常被冷冻以防止冻土融化。然而，当管道穿过不连续冻土中的未冻土层时，冷冻天然气管道会导致管道周围的初始未冻土层冻结，并导致冻胀引起的管道向上移动，因此在寒冷地区设计冷冻天然气管道时，在冻结/未冻结土壤或具有两种不同霜冻敏感性的土壤之间的界面附近的不同冻胀可能是一个关键问题。冻土的抗拔力，作为管道位移的函数，在管道大位移时达到峰值，然后减小到残余值。当较高温天然气管道埋在冻土中时，高于冻土熔点的运行温度会导致管道下方土壤的融化和沉降，沉降量受冻土层范围、冻土层深度、冻土层的相对湿度影响。差异融化沉降将导致管道弯曲和弯曲应变，这取决于沉降量和沉降发展的横向距离。因此埋地天然气长输管道穿越不连续冻土时，管输气体低温及高温工况都会对冻土及初始未冻土产生影响，导致管道可靠性下降。

1.2　冻胀和融化沉降

冻融作用会影响土壤的孔隙比，齐吉琳等建议了基于冻融循环的临界孔隙比，得到响应的冻融后土密度变化双向趋势；冻融作用也会影响土壤的渗透性，Eigenbrod 发现大多数土壤冻融后渗透系数增大约两个量级；冻融作用还会影响土壤的界限含水量，研究发现最初数次冻融循环内液限明显降低，进一步冻融后变化不明显。随着环境温度的变化，当土壤温度达到 0℃时，温度降低土壤中的水分逐渐发生相变，冻胀随之产生，土壤向上膨胀。这种位移不仅发生在埋地管道中，也发生在埋地管道下，管道应变发生在稳定冻胀界面处。防冻土壤的强度决定了埋地管道稳定性的，周围土壤的抗拔力直接影响到管道上移的位移量。当冻稳定土的抗拔力较弱时，埋地管道将承受较小的弯曲应变。如果预测的冻胀引起的管道应变小于埋地管线钢的应变能力，则在管道设计中不考虑缓解措施；否则，需要采取缓解措施。多年冻土中埋地管道的差异冻胀见图2，多年冻土中埋地管道的差异融沉见图3。

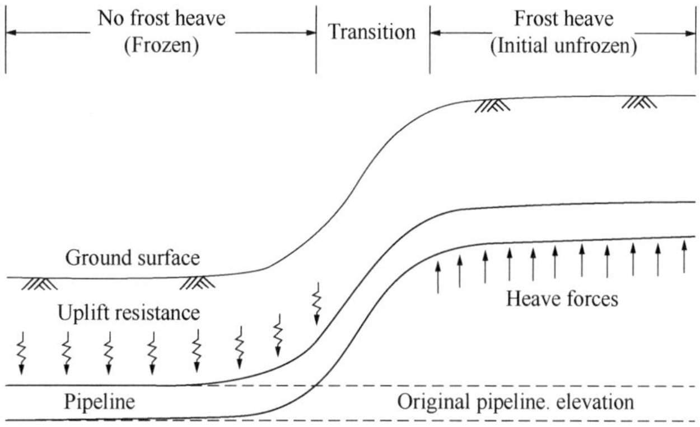

图2　多年冻土中埋地管道的差异冻胀(Nixon et al., 1990)

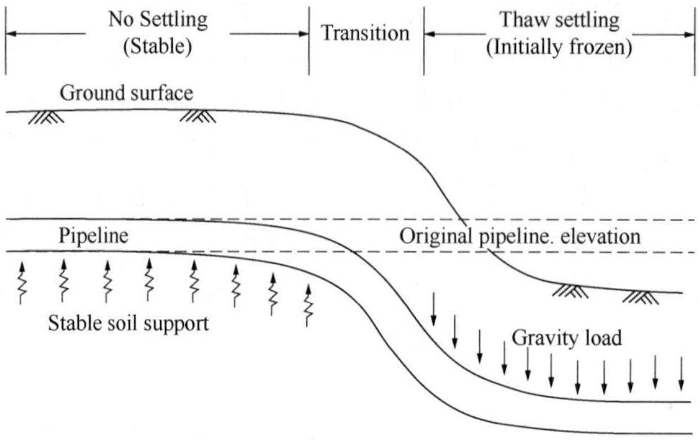

图 3　多年冻土中埋地管道的差异融沉(Nixonet al.，1990)

当温度升高，含冰土壤逐渐融化，土壤的体积会因为水的相变而产生变化。沉降融化，土壤与土壤中的水分达到一个新的平衡，当冻土内的冰快速融化时，孔隙水会产生较大的压力，这种压力会降低管道下部土壤的承受力、管道四周的额外浮力，致使管道沉降。因此在高寒地区铺设的埋地天然气管道需要采取保温隔热措施以环节冰的快速融化。土壤的应力、热和含水量变化历史影响着冻土中冰透镜体的形成，冰含量和融化深度都会影响总的融化沉降量。

1.3　多种物理场的耦合作用

上文中提到，冻土地区土壤孔隙水的相变易受到土壤温度与土壤水力条件的影响，这反过来会引发机械变形。水力和机械条件的任何变化都通过平流和土壤中冰和水含量的变化反馈到热力过程中。

因此在寒区管道工程稳定性分析中，首先应针对不同的冻土条件，研究管道周围土体的冻、融范围及变化规律，进而确定地基土的冻、融变形量。其次开展管道与地基土的作用分析，研究地基土的冻、融变形对管道应力状态的影响，最后有针对的进行防治。

2　冻土区域设计难点

不论在敷设形式、输送温度控制等方面，多年冻土区内天然气埋地管道均与输油管道存在很多差异。多年冻土区与非连续冻土区热力影响因素不同对管道稳定性提出了巨大挑战；冻土的力学特性彼此相互耦合；冻胀融沉的影响；多种物理场耦合的作用给了冻土地区埋地天然气管线的可靠性工作提出了很大挑战。

2.1　管内介质温度过低

国内大多埋地天然气管道的输气温度在 20～50℃，即使是在沿线某压气站停运的情况下，也不会存在下游输气温度超过管材耐温极限的情况。但多年冻土区域的埋地管道不同，它需要使用冷却输送工艺，以防止输送温度高于冻土层温度而造成冻土融化后产生管道沉降。根据设计经验，管道设计输送温度应控制在 0℃以下，但考虑到埋地管道焦耳—汤姆逊效应发生的可能性，冷管温度进一步降低达到管材金属最低设计温度，产生破裂。需要采取相应措施避免此类情况的发生。

针对管内介质温度过低，可以采取多种组合措施进行预防。各措施的优缺点见表 1。

表 1　技术方案对比

技术方案	缺点	优点
提高失效压气站上游压气站出站温度	过分提高压气站的出口温度，很容易引起冻土融化和管道融沉	不增加投资
在可能超低温管段选用高性能管材	增加投资	保证管道继续在高输量下运行
降低管道输量	需精确计算某压气站失效后管道的最高允许输量，计算结果受季节、失效压气站位置等因素影响，逻辑控制不好实现；降低管道全年输量由于输量降低，其他压气站运行低负荷，当低负荷超限，引发其他压气站失效离心压缩机由于进气量降低；容易引发喘振，需要采取站内打回流操作，造成能量浪费； 燃驱压缩机在低负荷运行，污染物排放容易超标	不增加投资

续表

技术方案	缺点	优点
增设加热站，当压气站失效停机，加热站投用	增加投资	保证管道继续在高输量下运行

2.2 天然气模拟软件精确度下降

利用 SPS 软件可以很好的模拟天然气长输管道沿程温降情况，软件采用总传热系数法，对录入的管壁、防腐涂层、保温层参数，土壤参数等进行计算获得总传热系数。但局限在于，软件仅将管道四周土壤对管输温度的影响考虑在内，相反的无法模拟管输温度对周围土壤温度场的影响。

SPS 在模拟含有冻土层的长输管道时无法考虑冻土的相变潜热、管土的相互作用、多种物理场的耦合作用等，因此模拟结果不准确。模拟某地区天然气输气管网沿线参数，压气站进站压力为 9.2Mpa，冬季首站进站温度为−10℃，埋地温度场温度在−5℃附近。软件在模拟热力计算时，仅通过录入的相关数据(钢管性质、防腐层参数、保温层参数、土壤导热系数、土壤热容量、覆土深度等)进行计算，未能考虑地表覆盖层性质、植被影响、冻土性质(含水量、未冻水含量、湿度)等因素。因此，模拟结果并不可靠。管线模型及模拟结果见图 4~6 所示。

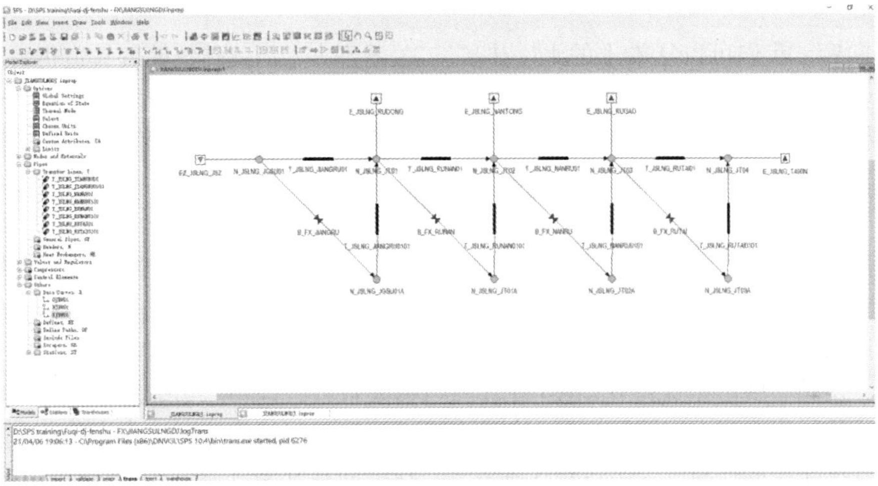

图 4　管网模型图

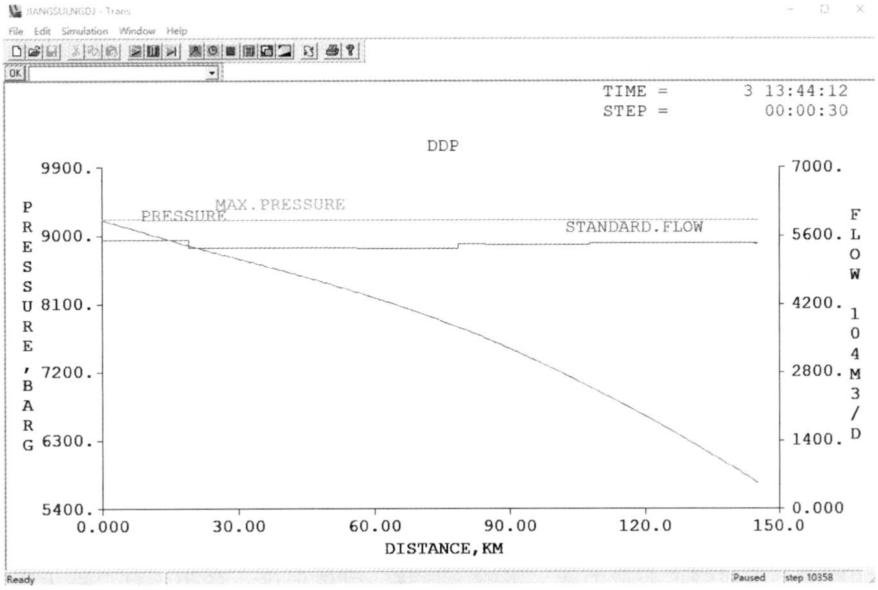

图 5　冬季水力坡降图

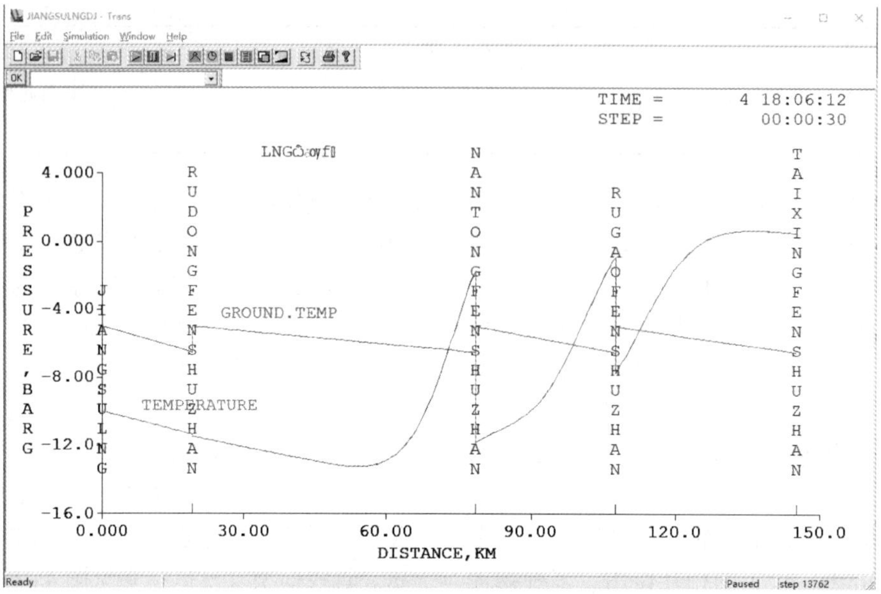

图 6　冬季温降图

针对这种问题，我们可以从冻土的水、热、力耦合模型结合温度控制线开展模拟研究。将管道与冻土结合构造热力相互作用新模型，分析在冻土层的影响下，管道周围融化、冻结圈形成和发展进程，以及在冷输天然气埋地管道影响下，对冻土层稳定性的影响程度。从而理清在工程条件和气候作用下管道和冻土之间的相互影响。

针对多年连续冻土区域，为防止冻土层融化致使管线沉降，出站温度尽量保持 0℃以下的低温。在夏季允许管输温度存在小范围波动，但这种波动不能改变冻土层的性质。为了达到这种效果，一方面应充分利用来气低温特性对压缩机出口气流进行二次冷却，另一方面需适当提高压缩机进入口气流温度，满足来气预热需求。针对多年非连续冻土区域，由于冻土位置的不确定性和不连续性，需通过踏勘的形式确定融沉可能性管段，和连续冻土区域一样，应保持这些区域的冬季管输运行温度在零点以下，夏季可允许又小浮动波动。针对零星冻土区域，输气温度应尽量控制，但不做强制要求。

2.3　设计方法的局限性

目前国内管道大多数设计遵循基于应力的设计，即保证外载荷产生的管道应力或等效应力小于或远小于管材本身的最小屈服应力，但对于特殊地质灾害，例如地震、滑坡、融沉等，基于应力设计的原则不可用。对于冻土区域管道可能受到冻胀、融沉的影响，造成管道变形失效，影响管道运输安全。另一方面由于天然气性质与温度关系不大，因此传统输气管道仍采用埋地敷设的方式，但对于冻土区域埋地敷设，若管道埋深大于冻土层厚度，受低温影响，管道周围容易形成一层冻结圈，管道会因冻结圈的形成受到法向冻胀力，造成破坏。因此，不仅设计上难点较多，铺设方式的选择也是一项考验，传统的敷设方式可能不适用。

针对上述问题，国内已经开展了基于应变的管道设计，即当处于适用极限状态的管材已经超过屈服极限而处于塑性变形阶段时，管材的应力应变曲线比较平缓，如仍采用应力作为控制参量，微小的应力误差将产生较大的应变误差，很容易使管道达到临界极限状态。因此将应变作为控制参量是适宜的。设计时基于规范，综合分析即可。

管道的敷设方式多种多样，就冻土区域管道来说，可选择的方式有：架空、地面敷设和直埋敷设，结合上文的受力分析特点，推荐选用设保温层后直接敷设的方法，并且针对可能发生冻胀的区域采用基于应变的设计方法开展设计。

3　冻土区域管道可靠性分析

冻土区域的天然气管道会受到冻胀融沉的潜在威胁，使得管道系统整体可靠性存在一定风险。因此需要在冻土区域设置多点的长期监测机制，随时监测管道应力应变发展状况、管道位移、管体温度、各类不良自然灾害的发展情况和发展态势，发现灾害苗头后迅速采取工程措施降低或消除潜在风险，通过场与场之间的联合监测(力场、温度场)为保障冻土区域管道可靠性提供数据支撑。目前随着管道监测技术的不断提升，逐步形成了“四位一体”的管道系统监测、评价、预警技术，针对星、空、地、管道本体四位一体化的实时监测和评估、预警系统，及时处置问题，防微杜渐，效果较好。

4　中俄东线管道冻胀与融沉问题研究

位于中国东北地区的中俄东线管道呈南北走向，自北向南进入黑龙江省，沿途存在岛状多年冻土区。容易受到冻胀融沉导致管体变形破坏。该地区全区年平均气温 -1.3~0.4℃，最冷时间点出现在 1 月份，平均气温 -25.4~-23.8℃；7 月最热，平均气温 19.4~21.3℃，年最大温差接近 50℃，冻土层最大深度近 3m。调查发现该地区冻土属于区域非连续性多年冻土，冻土区域多发在地表积水、沼泽化湿地、低洼等地带。但该地区生态环境破坏较严重，已造成三相热平衡破坏(大气圈、活动曾、冻土层)，区域内生态系统失调，冻土区域的不确定性增加。

基于以上考虑在模拟计算方面首先应开展不同年平均温地温条件下管道周围冻土场的数值模拟研究，还应对不同管壁厚度及不同输送压力条件下，管道遭受不同程度的差异性冻融变形作用时受力状态进行研究；在工程实践方面，综合考虑管道保温、增大管壁厚度、地基土换填、主动冷却升温措施等共同为管道完整性及可靠性保驾护航。此外，还需周期性的开展必要场地冻土专项勘察，收集冻土区域的地表温度、冻土层温度、地下水位、大气环境温度等项目数据，为设计后施工提供数据支撑。

5　结论

本文从冻土对管道影响的机理出发，分析出冻土区域的力学特性、冻胀和融化沉降管道、多种物理场的耦合作用时导致管道失稳的因素。结合冻土区特殊环境条件，纵观多年冻土区的油气管道建设技术及挑战并结合实际分析了大体解决方案。最后以中俄东线天然气管道环境特点，从工程实际出发，有针对性的提出冻土灾害防控措施，对今后国内外冻土工程可靠性给予一定理论支持。

参　考　文　献

[1] LI H W, LAI Y M, WANG L Z, YANG X S. Review of the state of the art: interactions between a buried pipeline and frozen soil[J]. Cold Regions Science and Technology, 2019, 157.

[2] LIU X Y, LIU E L, ZHANG D, ZHANG G, YIN X, SONG B T. Study on effect of coarse-grained content on the mechanical properties of frozen mixed soils[J]. Cold Regions Science and Technology, 2019, 158.

[3] HOU F, LAI Y M, LIU E L, LUO H W, LIU X Y. A creep constitutive model for frozen soils with different contents of coarse grains[J]. Cold Regions Science and Technology, 2018, 145.

[4] YANG Z H, STILL B J, GE X X. Mechanical properties of seasonally frozen and permafrost soils at high strain rate[J]. Cold Regions Science and Technology, 2015, 113.

[5] RAJANI, B., MORGENSTERN, N., 1993. Uplift of model steel pipelines embedded in poly - crystalline ice. Can. Geotech.[J]. 30 (3), 441-454.

[6] NIXON, J.F., SORTLAND, K.A., JAMES, D.A., 1990. Geotechnical aspects of northern gas pipeline design.[C]//In: Proceedings of the 5th Canadian Permafrost Conference, pp. 299-307.

[7] NIXON, M., SAIYAR, M., BECKER, D., PINKERT, S., 2016. Pipeline Uplift Resistance in FrozenSoil - Numerical Study.[C]// GeoVancouver At Vancouver CB, Canada.

[8] JINH J, HAO J Q, CHANG X L, ZHANG J M, YU Q H, QI J L. Zonation and assessment of frozen-ground conditions for engineering geology along the China - Russia crude oil pipeline route from Mo´he to Daqing, Northeastern China, Cold Regions Science and Technology, Volume 64, Issue 3, 2010, Pages 213 - 225, ISSN 0165-232X.

[9] 李欣泽，金会军．多年冻土区天然气管道工程：技术挑战和应对方案[J]．地球科学进展，2019，34(11)：1131-1140.

[10] 李欣泽，金会军，吴青柏．多年冻土区天然气管道压气站失效情境下应对方案研究[J]．地球科学进展，2020，35(11)：1127-1136.

[11] 黄龙，盛煜，胡晓莹，等．冻土区管土相互作用研究综述[J]．冰川冻土，2017，39(1)：112-122.

[12] LUO D L, JIN H J, HE R X, et al. Characteristics of water-heat exchanges and inconsistent surface temperaturechanges at an elevational permafrost site on the Qinghai-Tibet Plateau[J]. Journal of Geophysical Re-

search: Atmospheres, 2018, 123 (18): 10 057-10 075.

[13] LUO D L, JIN H J, JIN X Y, et al. Elevation-dependent thermal regime and dynamics of frozen ground in theBayan Har Mountains, northeastern Qinghai-Tibet Plateau, southwest China [J]. Permafrost and Periglacial Processes, 2018, 29(4): 257-270.

[14] ZHANG Z Q, WU Q B, LIU Y Z, et al. Characteristics of water and heat changes in near-surface layers under influence of engineering interface [J]. Applied Thermal Engineering, 2017, 125: 986-994.

[15] 路建国，张明义，张熙胤，等．冻土水热力耦合研究现状及进展[J]. 冰川冻土，2017，39(1)：102-111.

[16] ZHOU Z W, MA W, ZHANG S J. Effect of freeze-thawcycles in mechanical behaviors of frozen loes [J]. Cold RegionsScience and Technology, 2018, 146: 9-18.

[17] ZHANG Z Y, ZHOU Y W, ZHANG J Y. Assessment on design factors of china´s natural gas pipeline based on reliability-based design method. Proceedings of the 11th international pipeline conference, 2016, vol 2.

[18] HALL W J, NYMAN D J, JOHNSON E R, et al. Performance of theTrans-Alaska pipeline in the november 3, 2002 denali faultearthquake[M] Advancing Mitigation Technologies and DisasterResponse for Lifeline Systems, 2003: 522-534.

[19] KOUI K, WEI Z, HUANG S L. Frost heave predictions ofburied chilled gas pipelines with the effect of permafrost [J]. Cold Regions Science and Technology, 2008, 53 (1): 382-396.

[20] 吕宏庆，蒲小波，薛洪江．多年冻土区管道的设计技术研究[J]. 后勤工程学院学报，2010，26(2)：25-28.

[21] LIU B, LIU X J, ZHANG H. Strain-based designcriteria of pipelines [J]. Journal of Loss Prevention in theProcess Industries, 2009, 22(6): 884-888.

[22] ZHOU J, HORSLEY D, ROTHWELL B. Application of strain-based design for pipelines in permafrost areas [C]//2006 International Pipeline Conference. American Society of Mechanical EngineersDigital Collection, 2006: 899-907.

[23] 金会军，Brewer M C. 阿拉斯加北极地区的工程设计和施工经验及教训[J]. 冰川冻土，2005，27(1)：140-145.

[24] KONUK I. Arctic pipeline design challenges and current practices: Ice scour[C]//ASME 2009 28th International Conference on Ocean, Offshore and Arctic Engineering. American Society ofMechanical Engineers, 2009: 155-162.

[25] HE R X, JIN H J. Permafrost and cold-region environmentalproblems of the oil product pipeline from Golmud to Lhasa on the Qinghai-Tibet Plateau and their mitigation[J]. Cold Regions Science and Technology, 2010, 64(3): 279-288.

[26] WANG Y P, JIN H J, HAO J Q, et al. Pipe-layingtechnology in a subarctic permafrost region—A case study for the China-Russia crude oil pipeline from Mo´he to Daqing, Northern Northeast China [C]//Proceedings of the 68th Canadian Geotechnical Conference and 7th Canadian Permafrost Conference. Quebec, Canada, 2015.

[27] 李国玉，马巍，王学力，等．中俄原油管道漠大线运营后面临一些冻害问题及防治措施建议[J]. 岩土力学，2015，36(10)：2 964-2 972.

[28] 董鹏，郑大海，黄建忠，等．漠大多年冻土区埋地输油管道周围温度场监测[J]. 油气储运，2018，37(5)：533-540.

[29] WANG F, LI G Y, MA W, et al. Permafrost thawing alongthe China-Russia Crude Oil Pipeline and countermeasures: Acase study in Jiagedaqi, Northeast China [J]. Cold RegionsScience and Technology, 2018, 155: 308-313.

[30] 富元晖，马贵阳，杜明俊，等．冻土区埋地热油管道冻融危害及防护措施研究[J]. 当代化工，2017，46(3)：493-495.

[31] WANG Y P, JIN H J, LI G Y. Investigation of the freeze-thaw states of foundation soils in permafrost areas along the China-Russia Crude Oil Pipeline (CRCOP) route using the ground penetrating radar [J]. Cold Regions Science and Technology, 2016, 126: 10-21.

[32] 任海宾，陈光联，黄文杰，吕宝辉．中俄东线岛状多年冻土现状及退化原因[J]. 油气储运，2017，36(12)：1347-1352+1360.

[33] 张艳，吴青柏，刘建平．小兴安岭地区黑河-北安段多年冻土分布特征[J]. 冰川冻土，2001，23(3)：312-317.

基于负压波的液体管道泄漏时延估计算法研究对比

王寒玄　徐　强　邹遂丰　刘添宇　马小俊

(西安交通大学动力工程多相流国家重点实验室)

摘　要　管道运输业在国民经济生活中起着举足轻重的作用。由于其特殊性，管道一旦发生泄漏，就会对生产，经济，环境产生极大影响，严重危害国家的能源安全。因此管道泄漏检测技术是管道完整性管理系统中不可缺少的一部分。在众多管道泄漏检测技术中，基于负压波的管道泄漏检测技术由于其原理简单，成本低廉，可靠性强的特点得到广泛关注，已在国内外输油管路上得到了大量应用。根据负压波检漏的原理，对于单相介质的管道，已知压力波传播速度的情况下，通过求解不同位置处传感器压力信号的时间延迟，可对泄漏点进行定位。因此，时间延迟计算的精度显著影响泄漏点定位的精度。本文设计实验，研究对比了常见的两种计算负压波时间延迟的方法：互相关法和小波变换法，比较其精度，分析了影响精度的因素和改进方向。对工业现场选用何种方法计算时间延迟有一定的指导意义，也对实验室条件下更精确地测算负压波传播速度有一定帮助。

关键词　管道泄漏检测；负压波；小波变换；互相关；泄漏定位

管道运输与航空、公路、铁路、水运并称五大运输手段，具有众多优点，包括成本低，损耗少，占地小，安全性高，运输量大，供给稳定等等。目前，管道运输在工业、农业、国防等各行各业中得到广泛应用，在国民经济生活中起着越来越重要的作用。以油气输送管道为例，目前全世界大型输油管道总长已超过 200 万 km，并且以每年 4~5 万 km 的速度递增。自建国以来，我国油气管道运输经历了从初始发展(1958–1969)到快速发展(1970–1987)，再从稳步发展到加快发展四个阶段。根据相关报道，管道总里程从 1958 年的 0.02 万 km 增加到 2008 年的 6.4 万 km 米再到 2019 年的 13.9 万 km：其中天然气管道约 8.1 万 km，原油管道约 2.9 万 km，成品油管道约 2.9 万 km。《中长期油气管网规划》指出到 2025 年油气管网总长将达到 24 万公里，实现“全国 100 万人口以上城市成品油管道基本接入，50 万人口以上城市天然气管道基本接入”。

由于管道运输封闭性好，安全性高，运输量大等特点，管道运输成为油气运输的最佳载体，以我国为例，目前管道运输已经成为我国陆上油气运输的主要方式，贯通东南西北，连接陆路与海洋的油气战略通道正在逐步建立。也正因此，管道一旦发生泄漏，就会对生产，经济，环境产生极大影响，严重危害群众的人身安全和国家的能源安全。

由于但不限于老化，腐蚀，机械损失，突发的自然灾害，人为的打孔偷油等原因，管道泄漏不可避免，只能预防和快速动作响应，以降低损失。因此对于管道泄漏的预防及泄漏的及时报警，定位具有重要的现实意义。

众多管道泄漏检测技术中，基于负压波的管道泄漏检测技术由于其原理简单，成本低廉，可靠性强的特点得到广泛关注，已在国内外输油管路上得到了大量应用。

求解不同位置处压力信号的突变点，进而求解其时间延迟是负压波法应用的关键。工业现场通过时延计算的数值来定位泄漏点，而实验室条件下则通过时延计算的数值来计算负压波的传播速度。

研究者们对适用于负压波法的时间延迟计算算法已有了大量研究，主要包括两大类，即互相关法，以及用于求解信号突变点的小波变换法。

但极少有学者专门研究对比不同算法求解时延估计的精度，和与时延估计算法相匹配的降噪算法。

本文设计实验，研究对比了常见的两种计算负压波时间延迟的方法：互相关法和小波变换法，比较了两种方法计算时间延迟的精确度，分析了影响精确度的因素，指明了算法改进的方向。对工业现场选用何种方法计算时间延迟有一定的指导意义，也对实验室条件下更精确地测算负压波传播速度有一定帮助。

1　负压波法原理介绍

当管道上某处突然发生泄漏时，通常来说管内压力大于管外压力，于是管道内部流体由于管道内外压力差从泄漏点快速流失，导致泄漏处压力减小，此时泄漏点两侧的压力不变，于是泄漏点两侧流体由于压力差向泄漏点移动，又引起两侧区域的压力降低，最终产生自泄漏点而始，向上，下游传播的压力波，又因为泄漏会导致压力减少，因此被称为负压波。

根据此原理，泄漏瞬间会在泄漏点产生压力突降并最终稳定于一个更低的压力值的暂态过程，该过程就是负压波，如图 1.1 所示。负压波向上下游以公式(1)~(2)的速度传播。

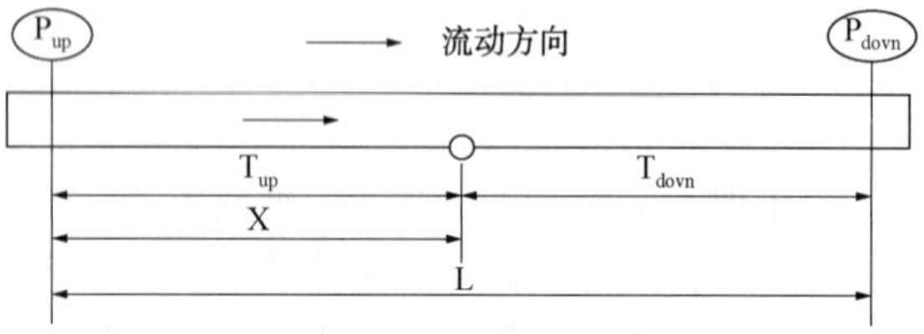

图 1　负压波原理图

$$T_{up}=\frac{X}{v-v_o} \tag{1}$$

$$T_{down}=\frac{L-X}{v+v_o} \tag{2}$$

式中，T_{up}为上游传感器检测到压力突降的时间点，s；T_{down}为下游传感器检测到压力突降的时间点，s；X 为泄漏点距离上游传感器的距离，m；v 为负压波传播速度，m/s；v_o为管内流体流速，m/s；L 为上下游传感器距离，m。

由公式(3)可以进一步求得两个端点传感器检测到压力突降的时间差。

$$\Delta T=T_{up}-T_{down}=\frac{X}{v-v_o}-\frac{L-X}{v+v_o} \tag{3}$$

$$X=\frac{1}{2v}[L(v-v_o)+(v2-v2_o)\Delta T] \tag{4}$$

因为 v 通常是 v_o的数百倍，于是忽略 v_o，得到：

$$X=\frac{1}{2}[L+v\Delta T] \tag{5}$$

因此，在工业现场，在已知负压波传播速度的情况下，通过求取 ΔT，可以计算泄漏点位置 X，而在实验室条件下，通过求取 ΔT，可以测算负压波的传播速度。显然，ΔT 的求取是负压波法应用的一个核心问题。

2　实验方法

2.1　实验系统

本文实验在西安交通大学动力过程多相流国家重点实验室的油气水三相实验环路上完成，如图 2 所示。该系统主要由工质储存装置，工质供给装置，计量检测与控制装置，实验管段以及分离装置组成。系统本身包含油气水三相供给，但由于本次实验仅包含纯水，故仅介绍水相供给装置。自来水由离心泵从水箱中泵出，最大流量为 30m^3/h。

实验管段由 114m 的水平管，18.7m 的倾斜管以及 16.3m 的立管组成。除可视段由有机玻璃制成外，其余部分均有 304 不锈钢管制成。管道内径为 50mm，壁厚为 3~4mm。

本次实验所用到的泄漏点与压力传感器全部位于水平管，因此单独给出水平管局部图(图 2)。

泄漏装置由全通径球阀接上电磁阀接上全通径球阀接上变径接头接上钢丝软管的形式组成，如图 4 所示。两个全通径球阀均为常开状态，电磁阀为常闭状态。通过改变变径接头的口径实现泄漏口径的控制。需要泄漏时，远程打开电磁阀，关闭泄漏时，远程关闭电磁阀。泄漏点漏出的液体由钢丝软管输运到桶中经由天平进行测量，之后倒回水箱。天平采集数据，并经由 RS485 串口通讯至上位机进行保存。

2.2　实验工况范围

本次实验工质为纯水，入口水相质量流量为 1-18m^3/h(恒定)。泄漏点选取为泄漏点 2，泄漏口径为 3mm，4mm，6mm，8mm，10mm。采样频率为 5000Hz。由于实验时间较短(单次实验为 60~100s)，将实验视为绝热实验，实验温度为 20℃(恒定)(表 2)。

表 2　实验环路及工质参数

管道长度	149m
管道直径	50e-3m
液相密度	998.203kg/m3
出口压力	1Atm
管壁厚度	3.5mm
液相体积模量	2.18e9Pa
管壁弹性模量	1.94020e11Pa
实验温度	293.15
负压波传播速度	1356m/s

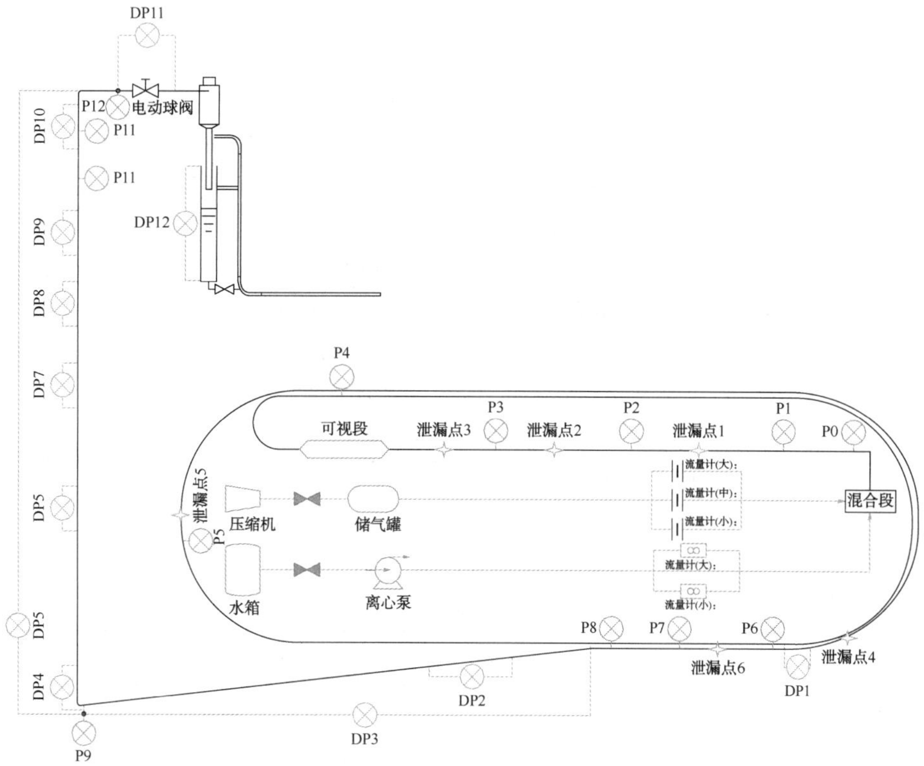

图 2　实验系统整体图

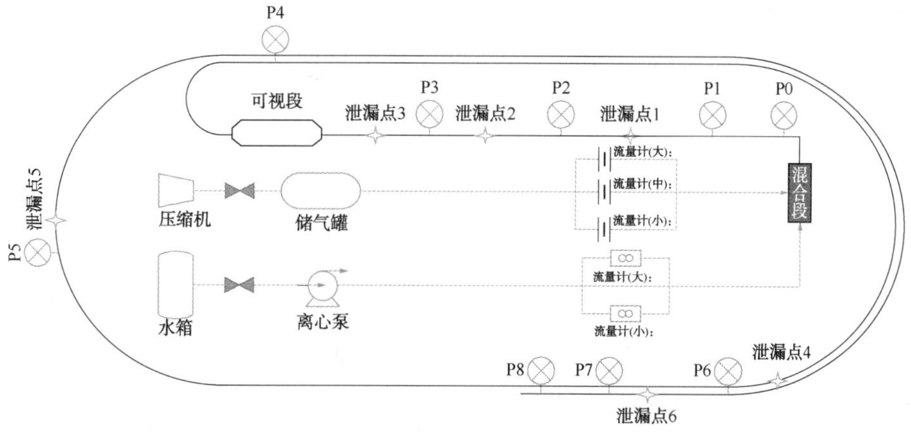

图 3　实验系统水平环路局部图

图 4　泄漏装置实物图

2.3 实验测量系统

实验采集测量系统由两部分组成，第一部分为压力及流量数据采集测量系统，压力数据由KellerPAA25绝压压力传感器测量，压力精度为0.5级，该压力传感器频率响应较高，在5000Hz的采样频率下可以正常工作。水相流量通过两个不同流程的电磁流量计进行实时测量，大量程的流量计型号为上海横河-AE204MG，量程为0-42.5m³/h，精度为0.5级，小量程的流量计型号为上海横河-AE115MG，两成为0-6.36m³/h，精度为0.5级。根据实验水相流量，合理选用流量计进行计量。采集机箱为NI9189，为了避免数据采集时产生的时间误差，采集卡为NI9253同步采集卡：同步采集卡可以有效避免因不同通道循环采样产生的时间误差。

第二部分为天平采集测量系统，天平对泄漏液体进行称重，并将数据经由RS485串口通讯到上位机进行保存，天平的频率响应不足以响应5000Hz的采样频率，对于未响应的时刻按照上一时刻的值进行估算。

表3　测量仪表参数

测量仪器	测量参数	型号	量程	精度等级
大量程水相流量计	液相流量	上海横河-AE204MG	0~42.5m³/h	0.5
小量程水相流量计	液相流量	上海横河-AE115MG	0~6.36m³/h	0.5
压力传感器	绝对压力	Keller PAA25(absolute)	0~5bar	0.5

3 时间延迟计算方法介绍

ΔT的求取是负压波法应用的一个核心问题。ΔT的求取精度会显著影响泄漏点定位的精度和负压波传播速度测算的精度。

$$v(T)=\sqrt{\frac{K(T)/\rho(T)}{1+\frac{K(T)}{E}\frac{D}{e}C}} \tag{6}$$

式中，K，ρ，v均为与温度T相关的参数；K为液体的体积模量，Pa；ρ为液体的密度，kg/m³；E为管道材质的弹性模量，Pa；D为管道内径，m；e为管道壁厚，m；C为与管道约束条件相关的修正参数，本文取1。

以本文实验为例，实验环路及工质具体参数如表1所示，根据公式(6)求解负压波传播速度，为1356m/s。采样率为5000Hz，故泄漏点定位的分辨率为0.2712m。时间延迟的计算结果每产生一个误差即产生一个分辨率的定位误差，而在几十万上百万的数据中，凭借人工选定来求解ΔT，不仅不够客观，无法应用于工业现场，误差也通常在几十，数百左右，对于泄漏点定位而言，就是几十米甚至上百米的误差，若是测算负压波传播速度，其相对误差就会更大，这在实验室条件下是完全不能接受的。因此有必要对现有的时延估计算法进行对比分析。

本文主要对比研究了主流的两种计算时延的方法，互相关法和小波变换法，在以下章节详细说明。

3.1 互相关法

互相关法是常见的求解两组相似的时间序列的时间延迟的方法，适用于信号本身相关性较强，而噪声相关性较弱的情况。以负压波法为例，检测到的负压波均来源于一个泄漏点，信号具有较强的相关性，因此可以使用互相关法。

对于两组时间序列$X(t)$和$Y(t)$，互相关函数$R_{xy}(\tau)$的连续形式如式(7)所示：

$$R_{XY}(\tau)=\lim_{T\to\infty}\frac{1}{T}\int_0^T Y(t)X(t-\tau)d\tau \tag{7}$$

互相关函数$R_{xy}(\tau)$指代的是当时间序列$X(t)$向右平移τ秒后，两组时间序列的相关系数，也即相似程度。相关系数位于-1-1之间，绝对值越大，说明相关性越强，时间序列越相似，正数表明正相关，负数表明负相关。因此，互相关函数$R_{xy}(\tau)$曲线的峰值位置τ_0就是所要求取的时间延迟ΔT。

3.2 小波变换法

小波变换是常见的用于求解信号突变点的方法，其原理简单解释如下：信号突变的位置往往具有较高的高频分量，例如一个理想的阶跃信号理论上包含所有频率的分量，而离散小波变换可以将一个时域信号拆分成不同频带下的多个时域信号，因此拆分之后，信号突变点比信号其余部分有着更强的高频分量，于是可以通过信号的高频分量的峰值位置来求解信号的突变点位置。

本文采用小波函数‘db5’，尺度为6的离散小波变换对原始信号进行分解，如图所示小波变换可以较好地将信号突变点定位到真实突变点附近，其肉眼效果较好，说明精度可能高于人工操作。

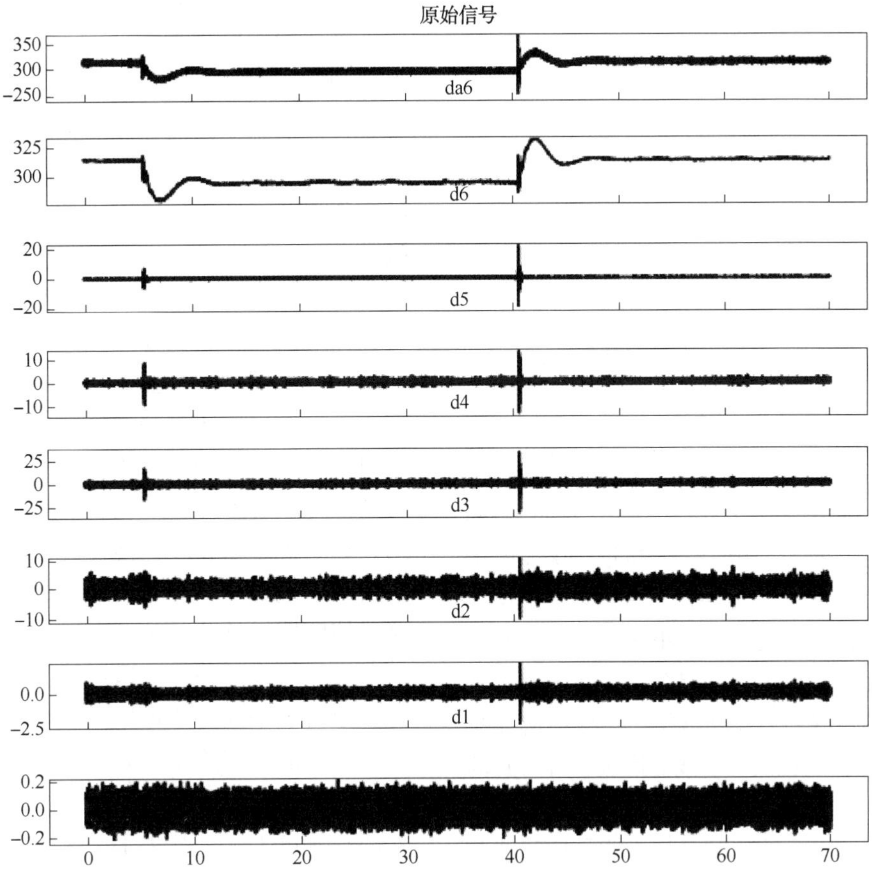

图 5　离散小波变换效果图

4　结果对比与讨论

本文实验包含 180 个工况，每组工况包含 8 组传感器，(每两个行程包含泄漏点的传感器为一组)共计 1440 组传感器数据。对上述所有实验数据进行处理，分别选用互相关法和小波分析法求解每组传感器的泄漏点定位位置并与真实泄漏点位置进行比较，求其差值，并排除由于各种原因导致的极端坏值。由于数据量较大，仅展示部分数据。在上述过程中，为了避免降噪算法带来的误差，两个方法均对原始数据进行处理。

表 4　两种方法定位误差的均值标准差展示

	均值/m	标准差/m
互相关法	0.73	28.37
小波变换法	-13.40	32.55

如表 4 所示，是本文所有实验数据下，采用互相关法和小波变换对同一泄漏点进行定位的定位误差均值和标准差的展示。互相关法在均值和标准差方面均优于小波变换法，这说明从整体数据来看，利用互相关法求解得到的时间延迟更精确也更稳定。

进一步地，本文给出泄漏口径 6mm 下的互相关法和小波变换法定位误差的概率密度函数，以展示两种方法更细节的定位误差来源，如图 6~图 7 所示。

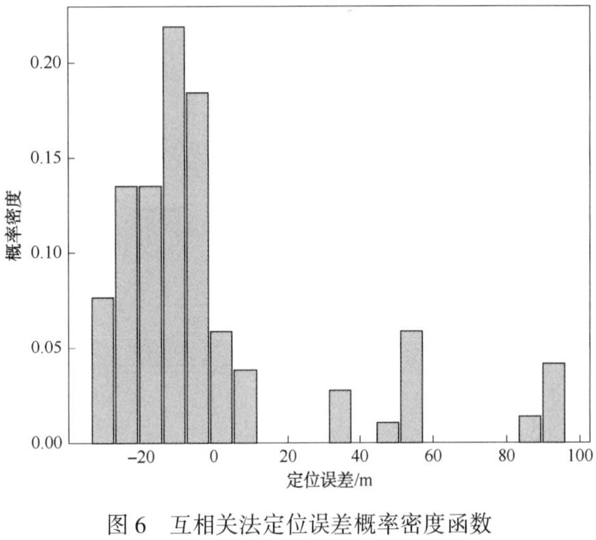

图 6　互相关法定位误差概率密度函数

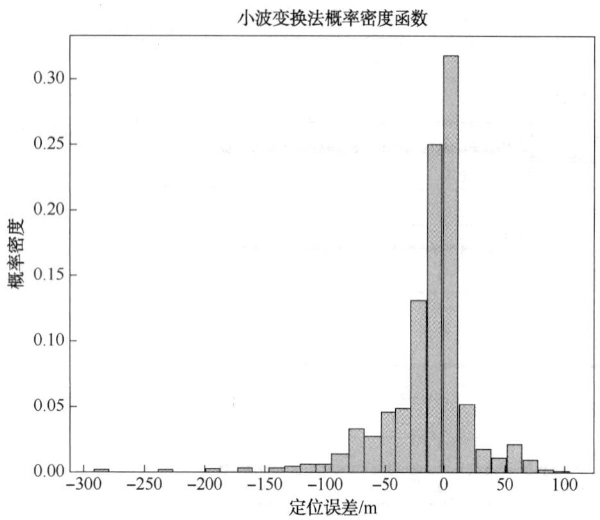

图 7　小波变换法定位误差概率密度函数

如图所示，两种方法均有定位误差接近 100m 的情况，但小波变换存在定位误差接近-300m 的情况，该情况在互相关法中不存在。互相关法定位误差大量集中在-20～0m 之间，而小波变换法虽然定位误差接近 0m 的情况更多，但存在大量定位误差在-50～100m 的情况，因此降低了小波变换法在整体情况下的表现，这也说明小波变换法求解得到的数值更不稳定，偏差更大。此外，两种方法的主峰都出现在定位误差 0m 的左侧，这可能是传感器和泄漏点位置的测量误差和负压波传播速度的误差导致的，由于实验温度实际不恒定，管道法兰的存在会降低负压波传播速度，以及有机玻璃，管道老化等原因，导致实际负压波传播速度与计算得到的结果之间存在差异。

综上所述，小波变换法的定位误差更发散，这可能是因为不同频率的压力波在管道内传播的速度不同导致的突变点畸变引起的，同时，选用的小波基函数以及分解尺度也是影响小波变换性能的因素：‘db‘族的小波基函数会导致重构信号时产生相位误差同样会降低小波变换法求解突变点的精度；影响小波变换性能的噪声可能分布于不同的频带，因此小波变换 的精度同样受到分解尺度的影响。而互相关法定位泄漏点的精度较高，出现极端坏值的概率小，但同样有着不小的定位误差，这可能是因为信号本身包含相关性较高的噪声导致的，因此可以认为，对压力信号进行合适的降噪能够有效提高互相关法的计算精度、此外，互相关法在 40～60m，80～100m 的定位误差区间都出现了显著的尖峰，而小波变换法在该位置处也有明显的尖峰，这是因为部分传感器组总是计算出较大的正定位误差，这可能是因为这些传感器组在管线上排布的空间位置导致的，这些传感器相较其他传感器有更大的噪声或者信号中包含一部分空间相关的噪声进而影响了这些传感器组计算的精度。

为了研究两种方法适用的流量范围，本文进一步分析了不同方法定位误差均值绝对值和标准差与入口液速的关系，如图 8～图 9 所示。

如图 8～图 9 所示，互相关法的定位误差在大部分流量工况下都优于小波变换法，并且可以注意到，两种方法定位误差的大趋势都是随着入口流量增加而减少，这可能是因为随着入口流量增加，相同口径下泄漏产生的负压波幅值更大，影响更强，因此增强了信噪比，提升了两种方法的表现。同时，随着入口流量增加，互相关法定位误差减少的幅度大于小波变换法，这说明相较小波变换法，互相关算法的性能更易受到信噪比的影响。

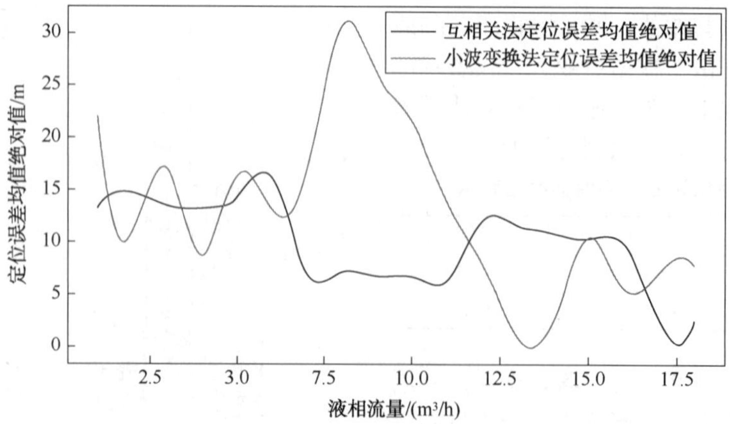

图 8　两种方法定位误差均值绝对值随液相流量变化的关系

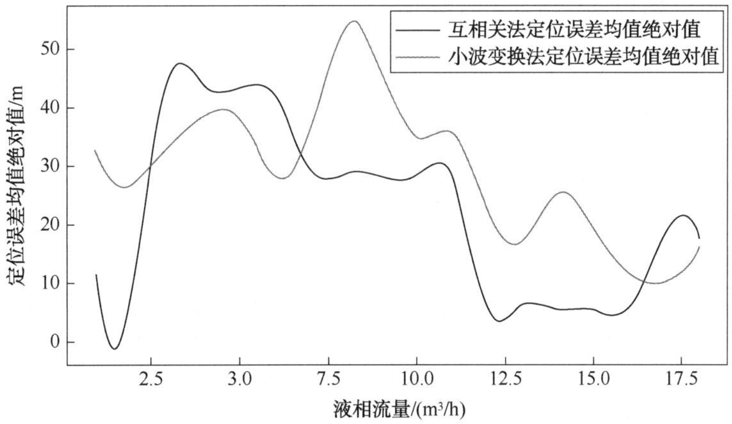

图 9　两种方法定位误差标准差随液相流量变化的关系

图 10 展示了不同方法定位误差均值绝对值与泄漏口径的关系，图 11 展示了不同方法定位误差标准差与泄漏口径的关系。如图所示，在小泄漏口径下小波变换法的定位误差均值略优于互相关方法，在中大泄漏口径下互相关方法的定位误差均值显著由于小波变换法，对于定位误差的标准差，在全部泄漏口径下小波变换法均不如互相关法。

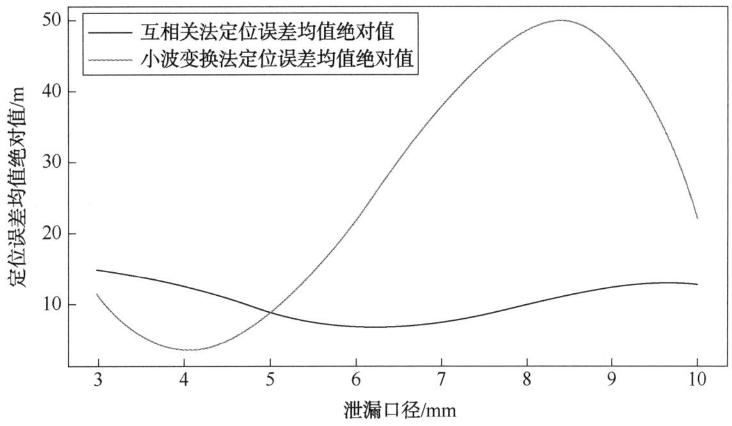

图 10　两种方法定位误差均值绝对值随泄漏口径变化的关系

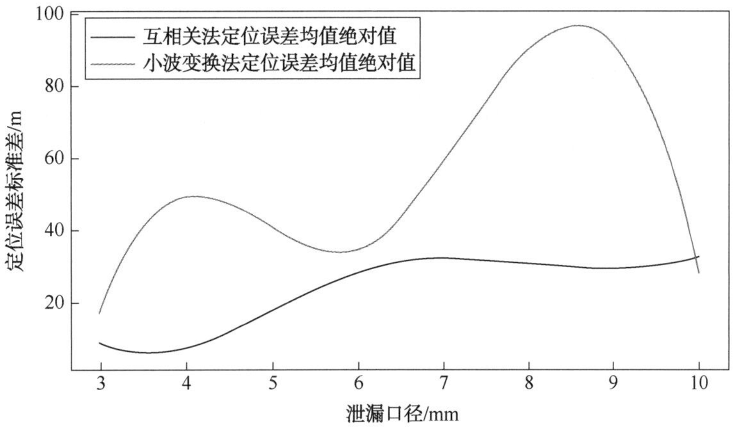

图 11　两种方法定位误差标准差随泄漏口径变化的关系

5　结论

本文针对负压波法定位泄漏点位置的重点问题：时间延迟的计算进行了分析，设计了实验，对比了当前主流的两种求解负压波时间延迟的方法，互相关法和小波变换法定位泄漏点的表现，分析了定位误差随入口液相流量和泄漏口径变化的关系，指出互相关法定位泄漏点的精度和稳定性均优于小波变换法，在大部分入口液相流量和泄漏口径下，互相关法定位泄漏点的精度均优于小波变换，而在所有入口液相流量和泄漏口径下，互相关法定位泄漏点的稳定性都更优于小波变换。影响互相关法性能的因素是信号中包含相关性强的噪声，而影响小波变换性能的因素可能是小波基函数和小波分解尺度的选用，部分小波基函数在重构信号时会引入相位畸变，进而影响定位突变点的精确度。互相关法性能受信噪比的影响要大于小波变换法，因此对信号进行合适的降噪处理之后，相较小波变换法，互相关法性能提升的程度会更大。本文研究的结论，对工业现场选用何种方法计算时间延迟有一定的指导意义，也对改进两种算法，以便在实验室条件下更精确地测算负压波传播速度有一定帮助。

参 考 文 献

[1] 靳世久，王立宁，李健．瞬态负压波结构模式识别法原油管道泄漏检测技术[J]．电子测量与仪器学报，1998(01)：59-64.

[2] 张宇．输油管道泄漏检测新方法与关键技术研究[D]．天津大学，2009.

[3] 陈华波，涂亚庆．输油管道泄漏检测方法综述[J]．管道技术与设备，2000(01)：38-41.

[4] 张其莘，赵静．油气管道运输发展现状及问题分析[J]．石化技术，2016，23(10)：252-253.

[5]《中长期油气管网规划》发布[J]．天然气工业，2017，37(07)：114.

[6] 戚爱华．我国油气管道运输发展现状及问题分析[J]．国际石油经济，2009，17(12)：57-59.

[7] 陈克勤．基于负压波的气体管道泄漏检测定位精度影响因素研究[D]．哈尔滨工业大学，2009.

[8] 李彦荣．基于负压波和流量检测管道泄漏定位系统研究[D]．北京交通大学，2008.

[9] 吴希明，李江丰，严谨，等．海底油气管道泄漏检测与定位技术研究进展[J]．石油工程建设，2022，48(03)：1-7.

[10] 袁满，高宏宇，路敬祎，等．油气管道泄漏检测技术综述[J]．吉林大学学报(信息科学版)，2022，40(02)：159-173.

[11] 哈里特贾·南迪密什·基米尔维拉·古德，郁振山．油气管道泄漏检测的现状与未来[J]．现代职业安全，2019(04)：15-16.

[12] 崔谦．油气管道泄漏检测方法的研究及应用[D]．天津大学，2005.

[13] 陆地．基于负压波原理的原油管道泄漏检测系统应用[J]．石油化工自动化，2018，54(02)：69-70.

[14] 冉小俊，张建昌，赵生祥．基于负压波的原油管道泄漏监测系统的失效及预防[J]．石油化工应用，2012，31(07)：99-101.

[15] 葛传虎，王桂增，叶昊，等．基于广义相关分析的泄漏定位[J]．信息与控制，2009，38(02)：194-198.

[16] 韩建，牟海维，王永涛，等．相关分析法在输油管道泄漏检测和定位中的应用研究[J]．核电子学与探测技术，2007(01)：154-156.

[17] 胡琼，范世东．液体管道负压波检漏技术的研究现状与发展趋势[J]．管道技术与设备，2009(04)：21-24.

[18] 刘恩斌，李长俊，彭善碧．应用负压波法检测输油管道的泄漏事故[J]．哈尔滨工业大学学报，2009，41(11)：285-287.

[19] 石光辉，齐卫雪，陈鹏，等．负压波与小波分析定位供热管道泄漏[J]．振动与冲击，2021，40(14)：212-218.

[20] 许永勃．输油管道负压波法泄漏检测技术研究[D]．西安石油大学，2018.

基于新型涂层技术作为管道防腐防护层的抗阴极剥离性能研究

陈 阵[1] 刘 刚[2] 祖 越[2] 梅 安[2] 周永涛[2] 霍军明[2] 张云超[2]

（1. 北京安科科技集团有限公司，2. 国家管网集团北京管道有限公司）

摘 要 能源输运安全一直是我国重点关注的对象。其中，埋地管道完整性的研究是安全领域的一个重要分支。因此，涂层和阴极保护作为两大保护埋地管网的屏障一直以来都有大量的研究。考虑到在运输安装过程中可能会对管道造成机械性损伤，涂层抗阴极剥离的性能变得格外重要。目前长输管线常用的3PE、FBE、3LPP等材料均有不同程度的问题，因而，一种新型无溶剂环氧玻璃钢的出现为解决该问题提供了可行的潜在选择。本文对于该新型涂层的抗阴极剥离性能进行了测试，发现完全满足SY/T 5918—2017标准中对无溶剂液体环氧材料阴极剥离性能的要求。与此同时，我们针对阴极剥离程度和时间进行建模，发现二者基本呈现出抛物线方程的形式（$x=c*t^a$），指数a接近0.5，剥离速率应由离子迁移控制。同时对阴极发生的析氢反应所造成的的影响也进行了分析。综合来看，本文展示了一种新型材料的抗阴极剥离性能，论证了其对管道完整性的正面影响。这种新型涂层技术和服役评价将进一步创新和完善，推动涂层将朝着更加智能化、环保化的方向发展，以适应不断变化的应用场景和市场环境。

关键词 阴极剥离；管道涂层；无溶剂环氧玻璃钢；腐蚀及腐蚀防护；管道完整性

1 背景介绍

化石能源，尤其是石油天然气的应用，在现代社会中占据着重要的地位，是现代社会不可或缺的组成部分。作为性价比最高、最安全的运输石油天、然气的方式，管道的存在满足了我们日常必需的能源需求。例如，自2000年启动西气东输工程建设以来，我国已建成西气东输、北气南下、缅气东进、海气登陆的四大天然气进口供应格局和“三横三纵”的国内天然气管网架构。截至2020年年底，国内长输天然气管道总里程为1.1×104 km、城市燃气管网为7.0×10^4km，支撑了我国天然气消费量达到3.28×10^{11} m^3。因此，对于我国来说，能源输运安全属于重中之重。埋地管网长期完整性更是对人民生命与财产有着极高的经济意义。

对于钢制管道来说，当其接触到潮湿的土壤或空气时，会发生腐蚀。因此，为了减缓腐蚀的发生，人们使用了两种管道保护的方式：涂层和阴极保护。其中，涂层的存在给需要保护的钢制管道和腐蚀环境（如潮湿泥土等）之间创造了一个物理的和电化学的屏障，可以有效减缓腐蚀的发生。但是涂层在施工过程中很容易发生破损，破损点处的管道接触到腐蚀性环境后会发生局部腐蚀的情况。因此，第二道防线，也就是阴极保护，可以有效控制和降低破损点出的腐蚀破坏。阴极保护指的是在管道上外加一个阴极电流，是其避免成为阳极，因此可以有效保护管道、减少腐蚀的影响。对于现有的埋地管道而言，阴极保护中本应提供保护作用的阴极电流；然而，涂层缺陷点附近与钢制管道在一些情况下粘接性能下降，进一步导致阴极剥离的发生。

涂层完整性是直接影响管道完整性的一个重要因素，在安装、施工和运行中涂层性能的情况研究非常重要。因此，国内外均有大量针对涂层研发、使用及服役性能的相关研究。

2 常用涂层的发展历程及现存问题

涂层类型在很大程度上决定了其对于阴极剥离的抵抗性。自1940年起就有针对埋地管道的外防腐层出现，其发展历程如图1所示。早期的埋地管道外防腐层主要为沥青玻璃布、煤焦油瓷漆、环氧煤沥青、聚烯烃胶黏带等类防腐层，这些防腐层都有一些缺点。随着时代的进步，防腐涂层在向高性能、环境友好等方向发展。目前国内外长输埋地管道外防腐层多为熔结环氧粉末防腐层(fusion bonding epox，简称 FBE)、三层结构聚乙烯防腐层(3 layer polyethylene，简称-3PE)、三层或者多层结构聚丙烯防腐层(three-or multi-layered polypropylene，简称 3/MLPP)等，其它的诸如无溶剂环氧涂层、聚烯烃胶黏带等防腐层也有一定应用。

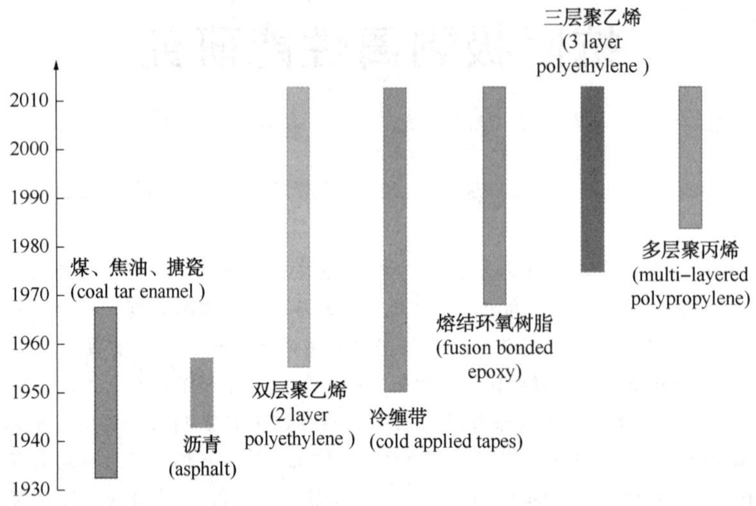

图 1　管道防腐涂层的发展历程

FBE 是 20 世纪 60 年代美国开发出的热固性防腐材料，是由固态环氧树脂、固化剂及多种助剂经混炼、研磨加工而成，其具有优异的附着力、绝缘性能、抗土壤应力、抗老化、抗阴极剥离、耐温、耐细菌等性能，因而该防腐材料在 20 世纪 70 年代开发出无底漆配方后，迅速得到推广应用，以至于成为 20 世纪 90 年代后长输管道的首选防腐材料。我国在 20 世纪 80 年代开发出了粉末涂料及相关外涂敷作业线，并在一些大型管道工程中得到应用。FBE 涂层的缺点在于涂层一般较薄，抗外力损伤性能较差，现场防腐层破损点较多。

3PE 防腐层的发展稍晚于 FBE 防腐层，是欧洲在总结挤塑 PE 防腐层和 FBE 防腐层的基础上，于 20 世纪 80 年代发展起来的高性能防腐层。3PE 防腐层最先由德国曼内斯曼公司发明，结构为 FBE 底层、共聚物胶黏剂中间层、聚乙烯(PE)外层：FBE 涂层作为防腐层，其与钢管表面的黏结力极强；胶黏剂采用乙烯基二元共聚物、三元共聚物或聚乙烯接枝聚合物，含有可与环氧树脂官能团反应的基团，能够和底层产生化学键结合，并与外层的聚乙烯完全相容；挤出涂敷施工时使三层形成一个整体。3PE 防腐层兼有 FBE 优异的防腐性能、黏结性能、抗阴极剥离性能和聚乙烯优良的机械性能、绝缘性能及强抗渗透性，从而成为当今常用涂层材料；但是整体长期服役性能仍有待提高。

3LPP 或者 MLPP 与 3PE 具有相同的结构，均属于三层结构聚烯烃防腐层(3PE)，区别在于外层材料采用聚丙烯(PP)代替聚乙烯(PE)。3PE 防腐层设计温度多为 80-100℃，比如 2000 年俄罗斯建设的黑海海底管道(蓝流管道)、2007 年国内建设的文昌油田群海底管道、2010 年建设的乍得 H 区块-恩贾梅纳原油输送管道等，输送介质均为高凝原油，介质运行温度均超过 80℃，因而管道外防腐层采用的均为 3LPP 防腐层，防腐层厚度要求与 3PE 防腐层大致相同。然而，3LPP 和 MLPP 长期抗腐蚀性能及高温(如 100℃以上)服役性能存在一定问题。

现代油气运输行业中管道涂层所追求的不仅仅是良好的长期防腐性能，对于运输和安装过程中的抗机械损伤性能的要求也逐渐提高。但是目前情况中，FBE 与 3PE 等主流涂层的抗外力损伤能力不理想，3LPP 虽然抗外力损伤能力稍强，但仍存在补口部位脱粘和滑脱等问题。因此急需一种可以兼顾防腐与抗外力损伤的涂层。无溶剂环氧玻璃钢作为一种新型网状立体超高聚合物，是以改性高分子环氧树脂为基体，玻璃纤维为增强体，经过复合工艺而制成的防腐防护涂层，有望满足目前有关管道防腐的亟待解决问题。因此，本文对一种新型无溶剂环氧玻璃钢的性能进行了初步研究，主要针对其对阴极剥离的抵抗性的评估。同时，对相应的导致阴极剥离的速率和机理进行了分析。

3 新型无溶剂环氧玻璃钢防腐性能初步评估

阴极剥离实验根据 SY/T0315 标准进行，其实验装置如下图 2。图 2(a)中展示的是阴极剥离实验示意图，图 2(b)中是实际测试中阴极剥离实验的展示。测试溶液是 3 wt.%氯化钠，测试电压是 1.5V vs SCE，测试时间分别是 48h 和 30d。测试材料为加强型，厚度为 1.5mm 的无溶剂环氧玻璃钢材料。

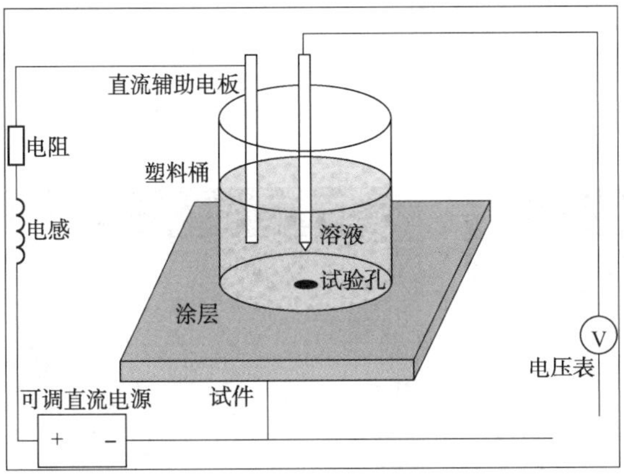

(a)

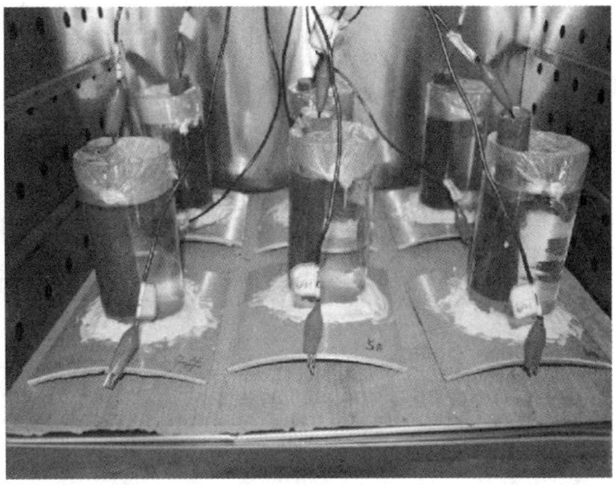

(b)

图 2 阴极剥离实验

在分别进行了 48h 和 30d 后，可以观察到如图 3 所示的涂层表面变化情况。根据测试区涂层和周围未测试区涂层的对比情况来看，图 3(a)和(b)在浸泡了 30d 后，涂层表面没有明显褪色，而图 3(c)和(d)可以看出涂层轻微程度的褪色。图 3(e)和(f)均可看出涂层褪色成都明显，尤其是图(e)褪色是最明显的，这说明浸泡测试后，涂层发生了一定的变化。结合以往研究，这种现象是由于水在图层表层吸附，并与涂层发生物理或化学结合。水吸收可能会导致链间键断裂如聚合物网络中的氢键，通过渗透压来放松应力，从而导致涂层膨胀，在环氧树脂的分子结构中产生不可逆的变化。

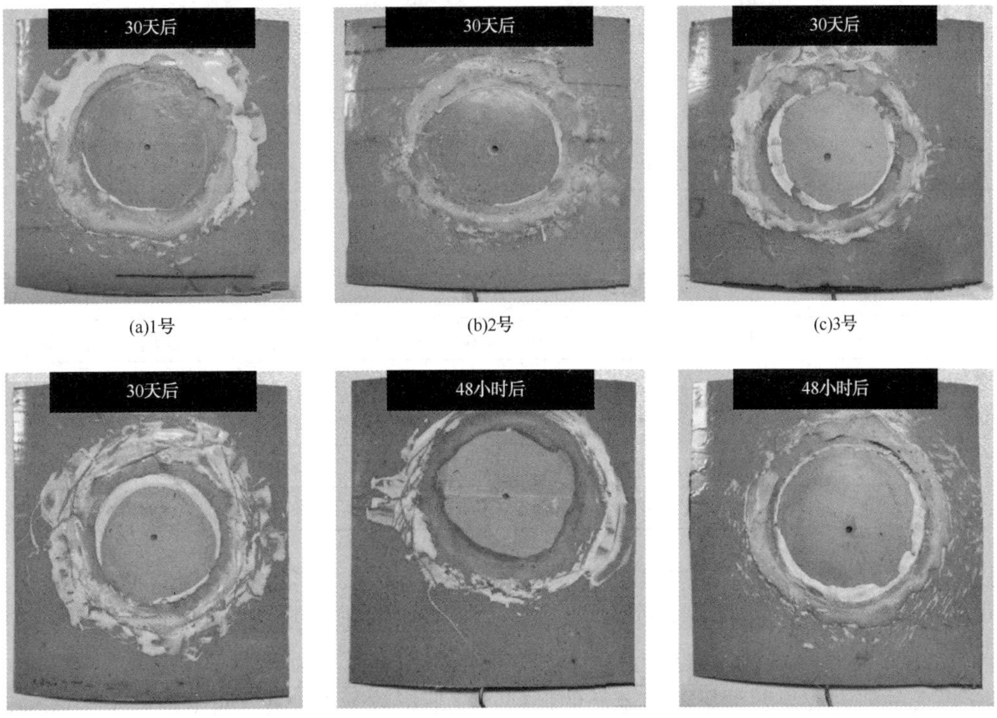

(a)1号 (b)2号 (c)3号

(d)4号 (e)5号 (f)6号

图 3 阴极剥离实验后实验样品表面形貌分析

在进行米字切割后，对涂层进行剥离，并将相应剥离点处的剥离长度数据记录在表1中。考虑到涂层是一层一层缠绕涂覆上的，可以观察到基本上6个样品表层涂层均被掀起的现象，但是底层涂层和钢材的粘接面并未受到明显影响，因此有效阻止了侵蚀性离子Cl-的扩散，均达到了高效防腐的目标。结合图3和图4，可以看出涂层褪色和阴极剥离点图层厚度有一定关联。对于实验时长为30d的试样(图4(a)-(d))，可以看出阴极剥离情况基本在10mm左右，而实验时长为48h的试样(图4(e)-(f))，可以看到阴极剥离情况基本在4mm左右。依据SY/T 5918-2017标准，埋地钢制管道外防腐层、保温层修复技术规范中对无溶剂液体环氧材料阴极剥离性能的要求即48h小于等于8mm，30d小于等于15mm，所有实验涂层样品完全超过标准性能要求(表1)。

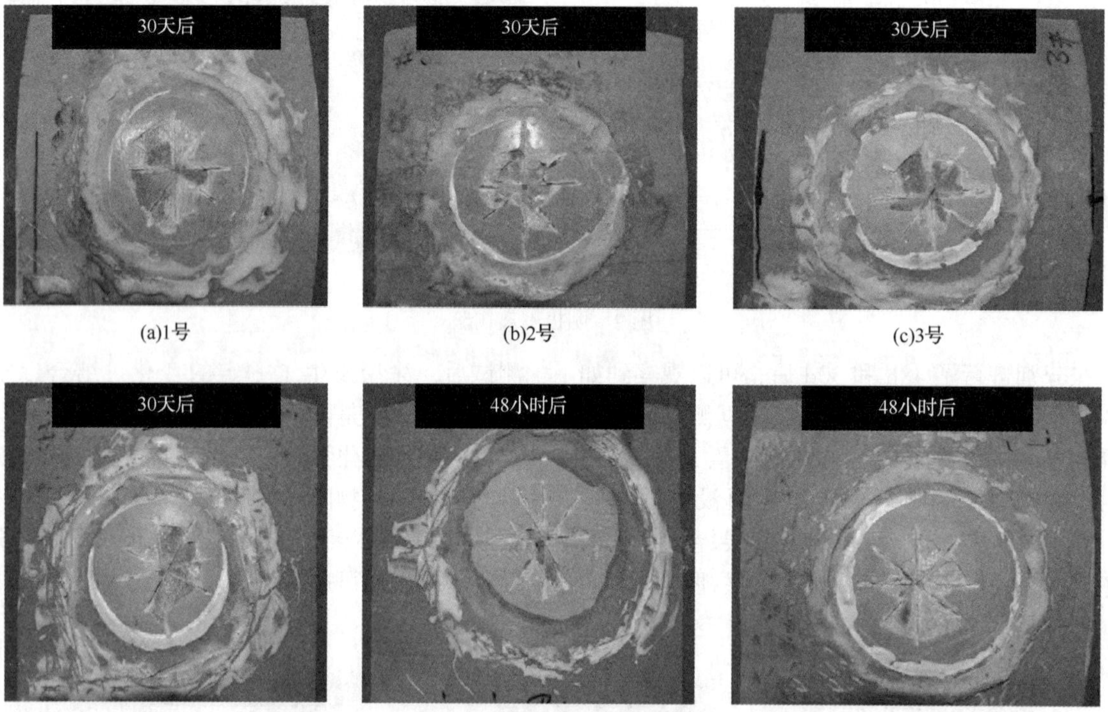

(a)1号　(b)2号　(c)3号

(d)4号　(e)5号　(f)6号

图4　阴极剥离实验完成后，剥离米字形切口后样品形貌

表1　阴极剥离实验后剥离情况统计

材料	测试位置	测试时间	剥离点长度(mm)								
			1	2	3	4	5	6	7	8	平均值
无溶剂环氧玻璃钢加强型厚约1.5mm	1#	30天	20.12	15.05	5.58	3.45	13.22	5.07	14.11	15.49	11.51
	2#	30天	10.74	12.88	6.40	12.61	10.10	10.36	10.27	6.13	9.94
	3#	30天	17.55	13.09	14.80	6.20	10.69	6.55	14.45	12.02	11.92
	4#	30天	0	2.62	18.27	14.41	9.70	12.79	18.04	0	9.48
	5#	48小时	0	2.85	0	0	1.90	15.90	8.58	5.54	4.35
	6#	48小时	0	0	0	0	7.8	13.28	7.31	0	3.55

我们进一步量化分析了阴极剥离点距离与与阴极保护测试时间的关系，如图5所示，二者基本呈现出抛物线方程的形式，指数接近0.5。根据Knudsen等人的研究成果，如果剥离遵循的抛物线动力学中的指数为0.5，表明其对应于时间的平方根，剥离速率应由离子迁移控制。如果氧还原完全受到活化控制，而不是受到阳离子传输的限制，那么剥离速率由电化学势决定，这种情况下指数为1。通过测试在钢上的各种商业和模型环氧涂层的剥离速率，发现指数值基本在0.5

和 1 之间。因此，新型无溶剂环氧玻璃钢防的剥离速率主要由剥离速率应由离子迁移控制，即扩散控制。这种情况下，金属表面的阴极反应 - 氧还原反应受到抑制，取而代之的是析氢反应（反应 1）。通常情况下，当阴极保护电压低于-1.1V（相对于 Al/AgC 电极）时，析氢反应主导阴极反应。考虑到本次实验的电压为 1.5V，也表明主导反应应该是析氢反应。这也解释了涂层底层和钢材的粘接面基本未受到影响，有效阻止了腐蚀发生。

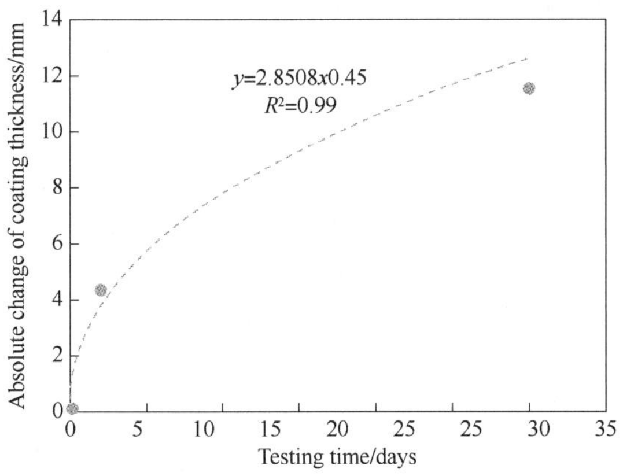

图 5 阴极剥离长度与阴极保护测试时间的量化关系

$$2H_2O+2e^- \longrightarrow 2OH^- + H_2 \qquad \text{反应 1}$$

需要注意的是析氢反应可能会导致三个消极的影响：(1)反应中产生的 OH-如果不能及时扩散出去或者被扩散进来的阳离子结合或者中和，管线钢表面可能会发生氧化膜阴极溶解的情况，从而加速腐蚀和剥离；(2) 析氢反应在涂层/基材界面处会产生氢气，引起机械性涂层的抬升，涂层增厚，甚至导致涂层损伤；(3)氢气扩散至管线钢表面和基体，有引发氢脆的可能。基于目前新型无溶剂环氧玻璃钢测试的数据来看，剥离速率完全满足阴极保护的要求，暂时没有观察到氢气引起的涂层剥离和氢脆。但是，新型无溶剂环氧玻璃钢的防腐性能、抗力学伤性能及管线钢基体的服役性能，需要进一步测试分析，做到多方位综合评估，确保涂层的优异防腐和力学性能。

4 小结及展望

阴极保护涂层是一种有效的抗腐蚀方法，主要用于保护金属材料免受环境因素的侵蚀。近年来，随着新材料和技术的不断发展，阴极保护涂层已经取得了显著的进步。主流涂层如 FBE、3PE、3/MLPP 等，在过去几十年得到充分发展，但是仍存在各种问题，如补口部位脱粘、滑脱、抗高温能力差等。我们研发的新型无溶剂环氧玻璃钢涂层，基于现有测试数据，防腐完全满足 SY/T0315 标准下阴极保护的要求。同时，新型无溶剂环氧玻璃钢的防腐性能、抗力学伤性能及管线钢基体的服役性能，需要进一步测试分析，做到多方位综合评估，确保涂层的优异防腐和力学性能，推动其大规模应用。

展望未来，随着工业 4.0 和智能制造的推进，阴极保护涂层也将朝着更加智能化、环保化的方向发展。例如，可以预见到将有更多的自修复、自适应的涂层技术出现，这些涂层可以在受损后自动修复，从而延长其使用寿命。此外，随着新能源、新材料等领域的发展，阴极保护涂层也将面临更多的应用机会和挑战。为了满足这些新的需求，涂层技术必须不断创新和完善，以适应不断变化的市场环境。

参 考 文 献

[1] D. Furchtgott-Roth, Pipelines are safest for transportation of oil and gas, Manhattan Institute for Policy Research2013.

[2] B. D. B. Tiu, R. C. Advincula, Polymeric corrosion inhibitors for the oil and gas industry: Design principles and mechanism, Reactive and Functional Polymers 95 (2015) 25-45. [3] 李鹭光. 中国天然气工业发展回顾与前景展望. Natural Gas Industry 41(8) (2021).

[4] 刘合，梁坤，张国生，李志欣，丁麟，苏健，朱世佳，葛苏，刘婧瑶，碳达峰. 碳中和约束下我国天然气发展策略研究，中国工程科学 23(6) (2021) 33-42.

[5] J. Dai, Y. Ni, D. Dong, S. Qin, G. Zhu, S. Huang, C. Yu, D. Gong, F. Hong, Y. Zhang, 2021 – 2025 is a period of great development of China's natural gas industry: Suggestions on the exploration and development of natural gas during the 14th five-year plan in China, Journal of Natural Gas Geoscience 6 (4) (2021) 183-197.

[6] M. Latino, F. Varela, Y. Tan, M. Forsyth, The effect of ageing on cathodic protection shielding by fusion bonded epoxy coatings, Progress in Organic Coatings 134 (2019) 58-65.

[7] O. Ø. Knudsen, A. Forsgren, Corrosion control through organic coatings, Crc Press2017.

[8] G. Weber, B. J. Merten, J. D. Torrey, Comparison of

Cathodic Disbondment Test Methods for Water Infrastructure Coatings, NACE CORROSION, NACE, 2018, pp. NACE-2018-10914.

[9] A. E. Hughes, J. M. Mol, M. L. Zheludkevich, R. G. Buchheit, Active protective coatings, Active Protective Coatings: New - Generation Coatings for Metals, Springer Series in Materials Science 233 (2016).

[10] D. Kuang, Y. F. Cheng, Study of cathodic protection shielding under coating disbondment on pipelines, Corrosion Science 99 (2015) 249-257.

[11] M. Latino, F. Varela, M. Forsyth, Y. Tan, Self-validating electrochemical methodology for quantifying ionic currents through pipeline coatings, Progress in Organic Coatings 120 (2018) 153-159.

[12] R. Given, J. Been, K. Cameron, R. Worthingham, Factors affecting the rate and extent 1 of disbondment of FBE coatings, Houston, Texas: NACE(2005).

[13] T. Kamimura, H. Kishikawa, Mechanism of Cathodic Disbonding of Three-Layer Polyethylene-Coated Steel Pipe, Corrosion 54(12) (1998) 979-987.

[14] J. N. Murray, P. J. Moran, An EIS Study of the Corrosion Behavior of Polyethylene Coating Holidays in Natural Soil Conditions, Corrosion 45 (11) (1989) 885-895.

[15] G. Guidetti, G. Rigosi, R. Marzola, The use of polypropylene in pipeline coatings, Progress in Organic Coatings 27(1-4) (1996) 79-85.

[16] A. N. Moosavi, B. T. Chang, K. Morsi, Failure analysis of three layer polypropylene pipeline coatings, NACE CORROSION, NACE, 2010, pp. NACE -10002.

[17] A. N. Moosavi, S. O. Al - Mutawwa, S. M. Balboul, M. R. Saady, Hidden problems with three layer polypropylene pipeline coatings, NACE CORROSION, NACE, 2006, pp. NACE-06057.

[18] J. A. Kehr, Fusion - bonded epoxy (FBE): a foundation for pipeline corrosion protection, NACE International Houston2003.

[19] R. Montoya, F. R. García - Galván, A. Jiménez - Morales, J. C. Galván, A cathodic delamination study of coatings with and without mechanical defects, Corrosion Science 82 (2014) 432-436.

[20] 吴希革 . SY/T0315-2013《钢质管道熔结环氧粉末外涂层技术规范》解析及解决方案（之一），涂层与防护 39(4)（2018）26-31.

[21] G. Z. Xiao, M. E. R. Shanahan, Swelling of DGEBA/DDA epoxy resin during hygrothermal ageing, Polymer 39(14) (1998) 3253-3260.

[22] S. U. Hamim, R. P. Singh, Effect of hygrothermal aging on the mechanical properties of fluorinated and nonfluorinated clay - epoxy nanocomposites, International scholarly research notices 2014 (2014).

[23] R. Hirayama, S. Haruyama, Electrochemical Impedance for Degraded Coated Steel Having Pores, Corrosion 47 (12) (1991) 952-958.

内腐蚀直接评价在干气管道的应用与发展

赵正开 高 翔 孟凡强 肖贺杰 郭 强 刘丽峥 张 力 韩松松

（国家管网集团北京管道有限公司）

摘 要 为了掌握无法进行内检测的特殊管道内腐蚀情况，内腐蚀直接评价技术应运而生。国内长距离输气管道多为干气管道，而干气管道内腐蚀直接评价技术(DG-ICDA)是现阶段干气管道内腐蚀评价的重要方法，其将大概率水汽积聚位置视为腐蚀高发部位，结合大量数据的补充与分析基础开展有效评价。文章在分析了国内外研究基础上，结合直接评价流程，详细梳理了DG-ICDA的具体工作步骤，从工作步骤中筛选临界倾角分析、腐蚀速率预测两大关建模要点展开介绍，丰富了开间接评价与后评价的理论体系。后从数据完整性提升及易腐蚀点位判别方法中对DG-IDCA适用性展开讨论，使得评价准确性、评价工作量得到改进，以期为干线输气管道内腐蚀直接评价方法提供参考。

关键词 内腐蚀直接评价；临界倾角；腐蚀速率；完整性管理

天然气管道建设是我国天然气应用与发展的主要“助推力”。截至2022年底，全国主干天然气管道总里程达到 11.8×10^4km，已逐步形成全国性供气网络。但在管道正常运行过程中存在着一定的失效问题，管道一旦发生破损，将会造成巨大的经济损失和严重的环境污染问题。引发管道失效的重要因素分为内外两种，其中管道内腐蚀是一大重要原因，而现阶段存在较多不能进行内检测的特殊管段，应用内腐蚀直接评价方法是解决此类问题的捷径。美国腐蚀工程师学会(NACE)提出干气管道腐蚀直接评价规范(DG-ICDA)是支撑干线输气管道内腐蚀评价的基础，其原理是将大概率水汽积聚位置视为腐蚀高发部位，结合大量数据的补充与分析基础开展有效研究。但对于某些不可预测位置发生的腐蚀此方法不适用，还需要突破数据、方法的约束去完善内腐蚀直接评价的内容体系。本文在分析了国内外研究基础及内腐蚀直接评价关键步骤上，对数据完整性、模型适用性进行研讨，以期为干线输气管道内腐蚀直接评价方法提供参考。

1 干气管道内腐蚀直接评价的国内外研究现状

内腐蚀直接评价(ICDA)是研究腐蚀对输气管道完整性影响的重要组成部分，它可以绕开管道开挖内检测的繁琐步骤，用评价手段判断管道腐蚀高发区，通过等级排序，对重点区域顺序检验，结合防腐层修护、管体补强、局部更换等手段对腐蚀介质隔离，提高管道使用年限。干气管道并不是指管内输送介质 CH_4 体积分数大于95%的输气管道，而是指输送气体为干燥天然气的管道，国内干线输气管道普遍满足此要求，均属干气管道。

NACE在2006年发布了干气管道内腐蚀直接评价方法NACE SP 2006，以管道沿线积液分布为主要依据，从预评价、间接评价、直接检查、后评价四部分开展评价，成熟度、可靠度较高；国内以NACE评价方法为依据编制了钢质管道及储罐腐蚀评价标准—埋地钢制管道内腐蚀直接评价(SY/T 0087.2-2012)，相比于NACE方法多了一步单项指标评价，既对戒指腐蚀性和管道腐蚀程度单独评价。高强等首次将干气管道内腐蚀直接评价技术运用于工程实际，它通过对管道腐蚀关键因素的分析，提出利用范德华方程计算临界倾角，并建议根据管道运行实际情况，计算日临界倾角等，结合工程实际弥补了国内现有管道内检测方法的不足；谢飞等利用电化学测试与数值模拟的方法研究干气管道内 CO_2 电化学腐蚀与小颗粒冲蚀对关内腐蚀的影响，并分析管道倾角与持液率对腐蚀的影响，综合提出了一种直接评价的临界长度法分析平坦地区干气输送管道积液位置。

可见目前干气管道内腐蚀直接评价技术处于发展过程中，主要流程均参照NACE方法，但结合实际工程后为了提高评价适用性及准确性，需要在部分环节进行技术改进，以更好的判断腐蚀点位。

2　内腐蚀直接评价关键内容

干气管道内腐蚀直接评价技术(DG-ICDA)是为了评价干气管道或短期内存在少量液态水或电解产生液的天然气管道应运而生的一种非开挖检测技术。它通过模拟、计算等手段推测管内积液最大概率出现位置，结合该点附近管段的壁厚、环境情况综合推测出此管段的剩余使用寿命。将所有可能积液部分的剩余寿命按照时间长短进行排序，利用开挖检验或其他技术手段验证直接评价的正确性。如果所有可能积液部分均未发生腐蚀，则其余部分一定没有腐蚀风险。

2.1　内腐蚀直接评价流程

内腐蚀直接评价流程包括预评价、开挖地点识别、局部监测、后评价四部分。

预评价的目的是收集历史数据和当前数据，确定 ICDA 方法的可行性，确定评价区域和范围。数据收集是预评价执行的关键，主要包括 ASME B31.8S 数据单元；识别管道内腐蚀最可能发生区域必须使用的模型所需信息；运营操作的经验数据；清管器无法使用或沉积电解液部位的信息，具体信息详见表 1。

表 1　内腐蚀直接评价—预评价所需数据信息

数据收集信息	
运行历史	含水情况
规定长度	出入口类型和位置
管道埋深、穿跨越情况	阀门设备情况
海拔剖面	缓蚀剂
倾角特征	扰动情况
管径和壁厚	脱水方式
运行压力、操作压力和最大压力范围	气体情况(组成、密度、分子量、压缩因子)
操作压力范围内的流速区间	修复/维护数据
操作温度范围	泄露/失效位置信息
日产量	水压试验信息
清管信息	腐蚀监测信息

开挖点识别也称为间接评价，主要开展模拟计算方面的内容，利用预评价的数据资料，找寻合适方法建立单相或多相流模型，计算管道临界倾角，预测积水最可能发生部位；其次利用实际高程测量与管道埋深确定管道高程图，绘制管道实际倾角；最后从管道上游开始，将模拟结果同高程图与管道实际倾角进行对比，逐一判断风险并排序。具体流程见图 1。

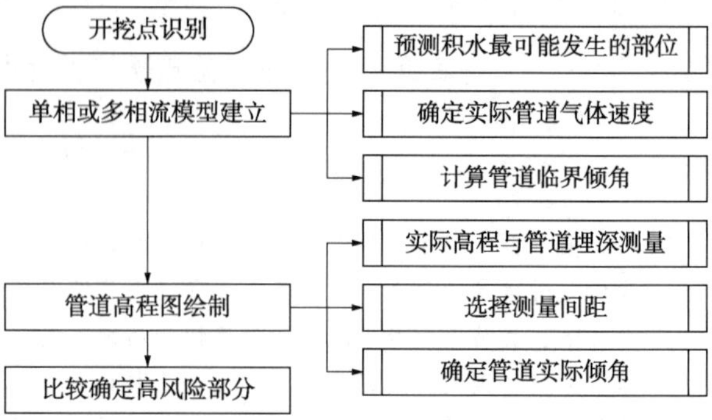

图 1　开挖点识别流程

局部检测又称为直接检查，是利用预评价及开挖点识别的结论按照角度偏差大小(实际倾角和临界倾角度的差值)逐一开挖验证，开挖后采用多种无损检测手段监测管道内部腐蚀程度(腐蚀尺寸、腐蚀最大深度、轴向及环向最大腐蚀长度等)，在完成了所有 ICAD 区域的检查后，分级评价各开挖点腐蚀程度、腐蚀速率，对腐蚀严重部位开展管道剩余强度评价，具体流程见图 2。

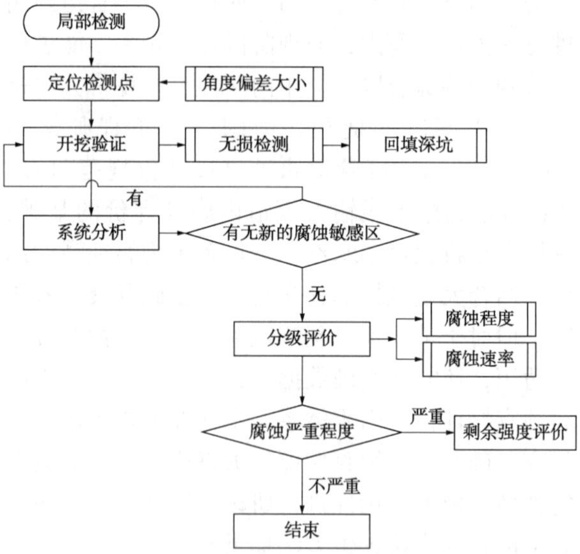

图 2　局部检测流程

后评价是为了证实 DG-ICDA 体系的有效性和适用性，确定再次评价的时间点。将开挖检测被证实存在的腐蚀部位与非开挖前预测的部位进行对比分析，得到预测结果的准确度，用以评判下次评价是否沿用此类技术方法。另外，为了验证 DG-ICDA 的有效性，还需随机尽可能多的挑选管道不同位置进行检测，若不存在较大面积腐蚀则证明此方法有效，反之则无效，需考虑管内介质相态问题或更换间接评价方法、模型。后评价具体内容见表2。

表2 内腐蚀直接评价—后评价科目及内容

后评价科目	内容
DG-ICDA的有效性和适用性	理论计算的腐蚀和预测位置的一致性
腐蚀根源分析	根据操作工艺、气质情况、可能的积液成分等影响腐蚀的关键因素，确定目标管段内腐蚀原因
腐蚀发展预测	根据操作工艺、气质情况、可能的积液成分等影响腐蚀的关键因素，选择合适的腐蚀预测模型或软件，预测腐蚀发展速率
腐蚀严重部分管道剩余强度评价	参照ASME B31G准则、API 579准则等计算
再评估周期	考虑腐蚀发展速率、预期的管道剩余寿命、确定方法下的可发现的缺陷类型和大小、管道运行压力水平、抑制腐蚀发展所采取的现有措施等

2.2 临界倾角分析

目前常采用NACE SP0206中提到的临界倾角来判断管内易积液位置。临界倾角的计算值取决于管输操作压力、气体流速、气质条件、管道内径等，在采用NACE方法计算时，需以最低压力、最大管输量、最低管输温度为计算条件，以获取最大的倾角值。NACE的临界倾角相关计算公式见式(1)至(3)。在计算过程中需依靠压缩因子表征基准情况下气体的密度，从而得出基准情况下气体的表观速度，最后进行临界倾角度计算。需要注意的是此公式仅适用于管道公称直径在0.1～1.2m范围内，管道操作压力低于7.6Mpa的情况。

$$\theta=\arcsin\left(0.675\frac{\rho_g}{\rho_1-\rho_g}\times\frac{v_g^2}{g\times d_{id}}\right) \tag{1}$$

$$\rho_g=\frac{PMV}{ZRT} \tag{2}$$

$$v_g=\frac{q_v}{A}=\frac{q_{v(STP)}\times TZP_{(STP)}}{PT_{(STP)}\times\pi\left(\frac{d_{id}}{2}\right)} \tag{3}$$

式中，ρ_g、ρ_l分别为气体和液体密度，kg/m^3；v_g为表观气体流速，m/s；g为重力加速度，9.8m/s^2；d_{id}为管道内径，mm；Z为压缩因子；P为实际状态下气体绝对压力，Pa；M为气体摩尔质量g/mol；V为实际状态下气体体积，m^3；R为气体常数，8.314J/(K·mol)；T为实际状态下气体绝对温度，K；q_v为实际气体流量，m^3/h；$q_{v(STP)}$为标准状态下的气体流量，m^3/h；$P_{(STP)}$为标准状态下的大气压，Pa；$T_{(STP)}$为标准状态下气体温度，K。

国内在《油气管道完整性管理》一书中，引入弗劳德数，旨在改进NACE临界倾角公式，尽可能减少管径、操作压力过大带来的环状流对内检测直接评价带来的影响，计算公式见式(4)和式(5)。

$$\theta=\arcsin\left(F\frac{\rho_g}{\rho_l-\rho_g}\times\frac{v_g^2}{g\times d_{id}}\right) \tag{4}$$

$$F=\begin{cases}0.36\pm0.08 & \theta\leqslant0.5^\circ\\ 0.33\pm0.143\times(\theta-0.5) & 0.5^\circ\leqslant\theta\leqslant2^\circ\\ 0.56\pm0.018 & \theta\leqslant2^\circ\end{cases} \tag{5}$$

2.3 腐蚀速率预测

管道内腐蚀存在两种类型。第一种是普遍认知的电化学腐蚀，即管道内部积液与天然气中二氧化碳发生反应；另一种是在管道实际运行中，未被分离器脱除的微小颗粒在管道内部冲刷形成的冲刷腐蚀。针对电化学腐蚀，其腐蚀程度与积液位置的积液量正相关，积液位置积液量越大，二氧化碳的溶解分压越大，腐蚀程度越严重。针对冲刷腐蚀，已有研究表明，90°弯管处受冲刷腐蚀影响最大。但是国外基于ICDA开展的研究得出，在同等弯管条件下钢管冲刷腐蚀速率普遍远低于0.001mm/a，在易积液部位钢管电化学腐蚀速率在二氧化碳分压仅0.02Mpa下就可达到0.019mm/a。因此在DG-ICDA中腐蚀速率的预测仅考虑电化学腐蚀。

腐蚀速率预测一般采用理论解析模型开展，一般分为三种。第一种是被称为经验模型的Norsok M506模型，它主要考虑了在温度影响下二氧化碳的电化学腐蚀，并利用修正因子修正方程，最终形成适用于均匀腐蚀条件下的预测方程，其表达式见式(6)。

$$V_{corr}=K_t f_C^{0.62}O_2\left(\frac{S}{19}\right)^{0.146+0.0324lgf_{CO_2}}f_{(pH)_t} \quad (6)$$

式中：V_{corr} 为腐蚀速率，mm/a；K_t 为不同温度下与产物组成相关的常数；S 为管壁切应力，Pa；f_CO_2 为二氧化碳的逸度，bar；$f_{(p_H)_t}$ 为 pH 对系统的影响因子。

第二种是被称为机理模型的 Nesic 模型，它主要考虑 $FeCO_3$ 的成膜机理，建立了腐蚀预测方程，其表达式见式(7)。

$$S_T=\frac{R_{FeCO_3}}{V_{corr}} \quad (7)$$

式中：R_{FeCO_3} 为 $FeCO_3$ 的沉积速率，mm/a；V_{corr} 为 $FeCO_3$ 的熔接速率，mm/a；S_T 为沉积速度与溶剂速度比值。

第三中是被称为经验—机理模型的 De Waard 95 模型，它深入剖析电化学腐蚀机理，从析氢动力学控制角度出发，反向推断二氧化碳水溶液的腐蚀速率，并利用实验经验确立各类影响因素的修正因子，其表达式见式(8)。

$$\lg V_{corr}=4.93+\frac{1119}{T}+0.58\lg P_CO_2+0.34(pH-pH_CO_2) \quad (8)$$

式中：T 为温度，K；P_CO_2 为二氧化碳分压，bar；pH 为液体的实际 pH；pH_CO_2 为实际情况下二氧化碳饱和水溶液的 pH。

通过从各类模型适用性、各因素之间的关联性、权重占比等进行分析，得出各类模型对比见表 3。

表 3　常用内腐蚀预测模型特点

模型名称	优点	不足
Norsok M506	方便求解，在一定腐蚀速率范围内准确度较高	未深入研究腐蚀机理，理论支撑不足，适用性差
Nesic	主要用于求解在二氧化碳水溶液影响下的内腐蚀	腐蚀机理考虑单一，适用性差
De Waard 95	综合计算结果较准确，可调度高	模型因素考虑不全面，未来有拓展的空间

近年来各类腐蚀速率预测方法及模型层出不穷，对管道内腐蚀速率的准确推断提供了技术支持。部分学者利用数理统计的方法，将少量管道内腐蚀数据收集、整理，利用彼此关系建立线性回归方程，用以预测在相同管材、类似管内环境下的内腐蚀速率，但此类模型不能考虑多种因素交互作用下对内腐蚀速率的影响。第二类属于数值计算模型，利用大量管道腐蚀历史数据、信息，剔除干扰点，利用灰色关联分析、模糊数学理论或神经网络模型建立各类环境参数与内腐蚀速率之间的复杂非线性回归方程。周慧等将基于人工神经网络的灰色模型、多项式回归模型相组合，预测了输气管道内腐蚀速率，克服了原始数据少、数据波动大对预测精度的影响；Jamshidi 等利用了基于专家知识的 Mamdani 算法对油气管道内腐蚀速率进行了建模研究；任南南等采用 GM(1, N)方法，利用灰色关联度分析对油气集输管道内腐蚀速率进行预测，预测结果贴近实际值。

4　适用性技术研究

4.1　数据完整性提升

在预评价阶段已经获取了干气管道管体参数、运行参数、气体情况、历史事件信息等，数据较完善，但在后评价的腐蚀预测方面仅依靠一些初级参数和模型缺省值是不能很好体现管道内腐蚀发展速率的，还需要额外工作及数据支撑。

在建立腐蚀速率预测模型时，数据考虑越充分，模拟结果越贴合实际。首先可以通过现场取样测试的方法，获得干气管道管材与周围环境数据，主要包括：腐蚀介质物化性质数据、添加的抑制腐蚀的缓蚀剂或阻垢剂数据等，也可以结合管道腐蚀实验模拟，最大程度还原埋地干气管道腐蚀过程，提升数据的可靠性、完整性。取样测试完成后，还需要从实际管道材质耐蚀性、水质腐蚀性分析、化学药剂性能评级三部分开展基于现状的管道内腐蚀分析。分析的主要内容见表 4。

表 4　基于现状的管道内腐蚀分析内容

分析点	分析内容
管道材质耐蚀性	根据管输气性质，结合现场采集的液相腐蚀介质，利用反应釜，获取物化参数，模拟管道实际环境参数，分析材质的耐蚀性
水质腐蚀性分析	采用电化学模拟方法，增强对水质腐蚀性分析的可靠性
化学药剂性能评级	按照现场实际化学药剂添加情况，模拟药剂对于腐蚀抑制的适用性、有效性

另外，典型的已失效管段可以作为很好的内腐蚀分析材料，其很好的反映当前管道面临的主要腐蚀类型，一定程度上协助了腐蚀风险分析。从已失效管道可以从管道内表面形貌、钢材金相组织分析、钢材实际强度测试、内壁腐蚀物检测等方面，可以很好的对管道焊缝腐蚀风险、内垢腐蚀风险、酸性介质腐蚀风险、硫酸盐还原菌（SRB）腐蚀风险展开进一步分析。最后针对管道不同时间（投产0—X年划分为一个时间段，X—Y年划分为一个时间段）、区间，结合腐蚀预测模型对每个区块内易腐蚀点的局部腐蚀速率和全面腐蚀速率风险预测，获取管道剩余强度评价结果。

4.2　易腐蚀点位判别方法改进

采用NACE颁布的DG-ICDA方法开展评价存在一个典型问题。如果管道临界倾角与实际倾角差别非常小或没有呈负差值，是不是可以认为其发生内腐蚀的可能性不存在呢？答案是否定的，在管道倾角较小（近似平坦）或上坡管段较长时，计算出来的管道实际倾角度是可能小于临界倾角的，但受到管内积液受重力影响向管内下端积聚；另外当管内气体流速长时间较低时，干气流过较长上坡管段时，同样会发生NACE方法无法判断的管道积液情况。这种腐蚀倾向的判断需要新方法来支撑。

谢飞等针对小倾角、长上坡管段提出了一种基于NACE方法的改进型直接评价方法。研究利用临界倾角长度辅助临界倾角进行积液判断，在开挖点识别阶段计算出临界倾角大小后，从位置角度入手对临界倾角进行二次计算。此方法利用上坡段起始与结束位置两点伯努利方程构建能量守恒等式，通过判断上坡顶端动能项的正负预测积液的可能性。通过建立管道整体压降公式，结合沿程摩阻损失方程、局部摩阻损失方程构建临界长度表达式，其表达式见式(9)。

$$l^{*}=\frac{\frac{1}{2}\rho_l v_a^2-\rho_l v_a^2\sin^2\theta_{real}}{\frac{\lambda}{D}\frac{v_a^2}{2g}-\frac{(p_1-p_2)}{L}-\rho_l g\sin\theta_{real}} \tag{9}$$

式中，l^{*}为临界长度，m；ρ_l为液体密度，kg/m^3；v_a为积液流向倾角度的速度在壁面垂直方向的分速度，m/s；θ_{real}为管道实际倾角，°；λ为沿程摩阻系数；D为管道外径，mm；p_1、p_2为上坡管段底点和顶点的压力，Pa。

在分析时，若判断该管段实际倾角大于临界倾角，且管道上坡段实际长度大于或等于临界长度，则认为该管道属于易积液位置；若判断该管段实际倾角大于临界倾角，但管道上坡段实际长度小于临界长度，则认为该管段积液可能性较小。在局部检测开挖验证时，仅需考虑易积液位置即可，在保证腐蚀管段准确性的基础上减少了评价工作量。

5　总结及展望

干气管道内腐蚀直接评价技术是一种现阶段应用效果较好的非直接开挖的管道内腐蚀检测技术。其依靠临界倾角度来判断管段积液位置，将大概率水汽积聚位置视为腐蚀高发部位，通过临界倾角与实际倾角的偏差程度排序管段腐蚀概率，间接评价管段内腐蚀情况，从而提出相应的解决措施。文章通过整理国内外干气管道内腐蚀研究现状总结了以下几点结论：

（1）干气管道内腐蚀直接评价流程包括预评价、开挖地点识别、局部监测、后评价四部分。评价的关键是临界倾角的计算及腐蚀速率的预测。临界倾角的判断国内在研究了NACE SP 2006的基础上引入弗劳德数，旨在改进NACE临界倾角公式，尽可能减少管径、操作压力过大带来的环状流对内检测直接评价带来的影响。腐蚀速率预测早期集中于经验模型、机理模型、经验—机理模型，目前多将腐蚀机理与腐蚀数据相结合，利用数理统计（线性回归）、数值计算（灰色关联分析、模糊数学理论、机器学习）开展研究。

（2）干气管道内腐蚀应用于不同的工作场景还有许多待提升处，在数据完整性方面可以从腐蚀预测入手，通过现场取样检测、实际管道现状分析、典型的已失效管段分析等方法扩充数据完整性，针对管道不同时间、区间，结合腐蚀预测模型对每个区块内易腐蚀点的局部腐蚀速率和全面腐蚀速率风险预测。

（3）针对倾角较小（近似平坦）或上坡管段仅依靠临界倾角判断是不合理的。采用临界长度和临界倾角度相结合的方法可以很好的评价特殊管段的积液概率，在保证腐蚀管段准确性的基础上减少了评价工作量。

未来干气管道内检测直接评价技术将更多的运用在国内在役高压干线天然气管道甚至是低压城市燃气输配管道，提高管道完整性管理水平。在未来依靠此方法能够进一步分析管道数据的完整性；了解腐蚀主控因素的演化过程，制定对应策略；明确工艺参数，优化输送工艺；澄清清管和缓蚀剂加注的影响；协助需要优先开展 ILI 检测的管道；与 ILI 对比分析明确腐蚀缺陷产生的原因。

参 考 文 献

[1] 罗鹏，赵霞，张一玲，等．国内外天然气管道内腐蚀直接评价案例分析[J]．油气储运，2010，29(2)：137-140.

[2] 汪江伟，严俊伟，王亚东等．管道内、外腐蚀的直接评估在输气管道完整性评价中的联合应用[J]．腐蚀与防护，2021，42(12)：68-72.

[3] 欧阳海涛，郭立雄，温俊阳等．管道内腐蚀直接评价及修复技术研究[J]．石油化工自动化，2020，56(02)：71-73.

[4] NACE RP 0206 Internal corrosion direct assessment methodology for pipelines carrying normally dry natural gas [S]. 2006.

[5] SY/T 0087. 2—2012. 钢质管道及储罐腐蚀评价标准[S]．北京：国家能源局，2012.

[6] 高强，费雪松，罗鹏等．干气管道内腐蚀直接评价方法与应用[J]．油气储运，2011，30(12)：913-916+5.

[7] 谢飞，李佳航，王国付等．天然气管道内腐蚀直接评价方法的改进[J]．油气储运，2022，41(02)：219-226.

[8] 董绍华，王东营，董国亮等．管道内腐蚀直接评估技术与实践应用[J]．石油科学通报，2016，1(03)：459-470.

[9] 陈妍君，舒洁，罗倩云．长输天然气管道内腐蚀直接评价应用研究[J]．管道技术与设备，2023(02)：48-50+62.

[10] 李宁．天然气管道内腐蚀的原理及直接评价[J]．腐蚀与防护，2013，34(04)：362-366.

[11] 朱向泰，米晓利．直接评价法在油气集输管道内腐蚀评价中的应用[J]．地质找矿论丛，2016，31(02)：309-316.

[12] 帅健，董绍华．油气管道完整性管理[M]．北京：石油工业出版社，2017：73.

[13] DE WAARD C，MILLIAMS D E. Carbonic acid corrosion of steel[J]. Corrosion，1975，31(5)：177-181.

[14] 彭文山，曹学文．管道参数对液/固两相流弯管流场及冲蚀影响分析[J]．中国腐蚀与防护学报，2016，36(1)：87-96.

[15] LI W，POTS B F M，BROWN B，KEE K E，NESIC S. A direct measurement of wall shear stress in multiphase flow - Is it an important parameter in CO2 corrosion of carbon steel pipelines[J]. Corrosion Science，2016，110：35-45.

[16] Olsen S. CO2 corrosion prediction by use of the Norsok M - 506 model - guidelines and limitations [C]，Corrosion 2003. Houston：NACE，2003：03623.

[17] Dana M M，Javidi M. Corrosion simulation via coupling computational fluid dynamics and NORSOK CO2 corrosion rate prediction model for an outlet header piping of an air-cooled heat exchanger[J]. Engineering Failure Analysis，2021，122：105285.

[18] Nesic S. Effects of multi-phase flow on internal CO2 corrosion of mild steel pipelines[J]. Energy & Fuels，2012，26 (7)：4098-4111.

[19] De Waard C D，Smith L M，Craig B D. The influence of crude oil on well tubing corrosion rates [C]，Corrosion 2003. Houston：NACE，2003：03629.

[20] De Waard C D，Lotz U，Dugstad A. Influence of liquid flow velocity on CO2 corrosion：a semi - empirical model[C]，CORRO-SION 1995. Houston：NACE，1995：950304.

[21] 宋成立，罗金恒，成少兵等．油气集输管道的腐蚀速率预测研究进展[J]．科学技术与工程，2023，23(23)：9766-9774.

[22] 周慧，王晓光，张有君．输气管道腐蚀速率的 BP 神经网络组合预测方法[J]．腐蚀科学与防护技术，2010，22(03)：162-165.

[23] JAMSHIDI A，YAZDANI A，YAKHCHALI S H，et al. Developing a new fuzzy inference system for pipeline risk assessment[J]. Journal of Loss Prevention in the Process Industries，2013，26(1)：197-208.

[24] 任南南，商永滨，陈军斌，等．灰色模型在采油井管材腐蚀速率预测中的应用[J]．热加工工艺，2020，49(4)：34-37.

[25] 邹慧慧．基于内腐蚀直接评价的管道内腐蚀风险评估技术方法研究[J]．全面腐蚀控制，2022，36(01)：125-130.

油气管道事故属性关联规则分析

薛鲁宁[1]　赵晋云[2]　祝悫智[2]　孙大微[2]　崔秀国[2]

（1. 国家管网集团浙江省天然气管网有限公司；2. 国家管网集团科学技术研究总院分公司）

摘　要　搜集了国内外油气管道事故案例76起，在对Apriori算法进行多层次关联规则改进和多维度关联规则改进，并增加维度判断和约束条件，提高算法挖掘效率的基础上，通过对事故属性提取、分类、编号，并建立关联规则属性数据库，将Apriori算法应用于管道事故属性数据分析。分析发现，管道输送介质、事故后果、事故发生区域、管道运行时长、泄漏发生位置与事故等级有较强的关联性。原油管道事故大多数为泄漏事故，爆炸事故大多数发生在天然气管道。根本原因隐患排查不彻底与间接原因管道监督维护不及时是导致管道金属腐蚀而发生事故的主要原因，因外力损坏导致的管道事故的间接原因有63%的概率是由第三方破坏所致，因焊缝断裂和金属腐蚀所造成的管道事故中，间接原因大概率为管道监督维护不及时。分析结论对油气管道隐患排查和事故预防具有一定的指导意义。

关键词　Apriori；管道事故；属性；致因；关联规则

油气管道事故具有事故源复杂、隐蔽、多重因素强耦合等特点，事故各因素间存在大量的共因、关联关系，有必要系统整理油气管道事故属性和致因因素，利用相关工具方法对属性因素间的关联关系进行分析，以更好指导事故预防工作。本文通过搜集整理国内外典型油气管网事故案例，基于Apriori算法，挖掘事故属性之间、事故致因因素之间及事故类型与致因因素之间的关联规则，根据关联规则确定了不同分析维度上的重要事故致因链，克服了面对大量语义信息难以人为全面定量分析的难题，相关分析结论对管道安全生产具有一定的指导意义。

1　Apriori算法介绍

关联规则分析是数据挖掘的主要技术之一。通过关联分析可以挖掘大量数据中项集之间的关联或相关联系，找出频繁模式，揭示数据内在结构特征。最早的关联规则分析概念是1993年由Afrawal，Imielinski和Swami提出，其主要目的是分析超市顾客购买行为的规律，发现连带购买商品，为指定合理的货架摆放方案提供依据。目前，关联规则分析已经广泛应用到电子商务、保险业务、医学、电信行业等诸多领域。

数据的最基本形式是数据库数据、数据仓库数据和事务数据。关联规则分析就是针对事务数据挖掘频繁项集。这里，对于包含项目a的项集C（项集是指若干项的集合），如果其支持度大于等于指定的最小支持度，则称为频繁项集（包含1个项目的频繁项集称为L1，包含k个项目的频繁项集称为Lk）。Apriori算法是关联规则最常用也是最经典的挖掘频繁项集的算法，其核心思想是通过连接产生候选项及其支持度，然后通过剪枝生成频繁项集。Apriori算法实现的过程如图1所示。

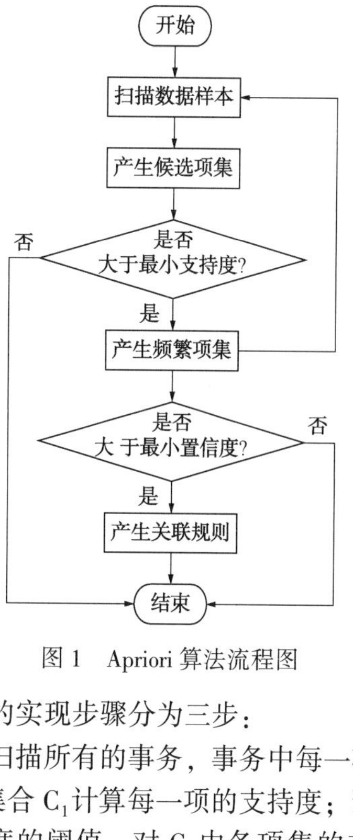

图1　Apriori算法流程图

具体的实现步骤分为三步：

（1）扫描所有的事务，事务中每一项组成了1项集的集合C_1计算每一项的支持度；预先设定最小支持度的阈值，对C_1中各项集的支持度与该阈值进行比较，保留大于或等于该阈值的项集，得到1项频繁集 L_1。

（2）扫描所有事务，将 L_{k-1} 与 L_1 连接得到k项集的集合 C_k；计算每个项集的支持度，根据频繁项集的所有非空子集必须是频繁项集的原则，对 C_k 进行剪枝；将剪枝后的项集 C_k 的支持度与阈值的比较，得到k项频繁集 L_k。

（3）由以上频繁项集产生关联规则，并根据需要对规则进行筛选。一方面，在进行关联规则筛选时，分析人员根据实际情况设定测度指标的阈值，指定规则符合的特征，从而保证规则的实用性。另一方面可以根据挖掘目标的需要，通过关联约束条件指定规则前项和后项，从而筛选包含某些特征的关联规则。

关联分析的核心体现形式是关联规则，规则的有效性和实用性通过支持度（Support）、置信度（Confidence）和提升度（Lift）等测度指标来度量。其中，支持度定义为前项和后项同时出现的概率，是产生最大频繁项集的依据；置信度定义为包含前项的事务中也包含后项的概率，度量了前项出现的条件下后项出现的可能性，提升度定义为置信度除以后项支持度，反映了前项的出现对后项的影响程度。例如：对于关联规则 a->b（x%，y%，z%），a称为规则的前项，b称为规则的后项。其中支持度 x% = Support（a→b）= P（a，b），意义为a和b同时发生的概率；置信度 y% = Confidence（a→b）= P（b | a）= P（a，b）/P（a），意义为在a情况下发生b的概率；提升度：z% = Lift（a→b）= P（b | a）/P（b）= Confidence（a→b）/P（b），意义为a的发生对b的发生的影响程度。在进行关联规则筛选时，支持度的阈值一般设定为5%～10%，置信度的阈值一般为70%～90%，提升度一般设置为大于1。

2　油气管道事故属性关联规则分析

2.1　管道事故案例数据分析

从官方网站收集了76份具有完整事故信息的管道事故调查报告，通过分析报告内容，将提取的管道事故案例数据分为事故属性信息和事故致因2大类。其中事故属性信息主要包括事故特征、事故经过和事故后果3部分内容，具体信息见表1。根据事故致因理论，管道事故致因主要包括直接原因、间接原因、根本原因以及管道运营商的管理4个方面的原因，研究从上述4个方面，提取76份报告中的直接原因和间接原因，归纳分类后，结果见表2。

表1　管道事故属性信息表

属性分类	属性名称	属性描述
事故特征	事故季节 A	春、夏、秋、冬
	输送介质 B	原油、原油产物、天然气、其他危险物质
	管道材质及规格 H	X42 钢、X52 钢、X72 钢、聚乙烯、其他/未知
	管道运行时长 I	三十年以内、三十-五十年、五十年或以上、未知
	事故发生位置区域 N	人口密集区、非人口密集区
	事故年份 M	近十年、十年前或更久
事故位置	管道事故发生位置 G	焊缝、管道本体、接头
事故后果	事故后果类型 K	泄漏、燃烧、爆炸
	事故等级 L	一般事故、较大事故、重大事故、特别重大事故

表2　管道事故致因信息表

致因分类	致因名称	致因分类	致因名称
直接原因 C	金属自然疲劳	根本原因 F	建设施工设计问题
	金属腐蚀		隐患排查不彻底
	焊缝断裂		安全培训缺失
	超压断裂		安全管理制度存在缺陷
	外力损坏		设备管理制度混乱
	金属划痕疲劳		应急预案缺乏或不合理
	接头脱开/断裂		检修维护不及时

续表

致因分类	致因名称	致因分类	致因名称
间接原因 D	管道质量不达标	运营商管理原因 J	检测系统缺陷
	焊接不达标		事故前兆未及时响应
	管道监督维护不及时		施工保护不当
	传感器及监测设备故障		公众教育缺失
	第三方破坏		

2.2　油气管道事故案例数据处理

通过对管道事故属性数据的收集以及分类，由于中文数据过于冗长，所以需要对属性数据及致因因素进行编号，以方便进行数据库的创建，表 3 为管道事故属性及致因因素指标编号对照表。

表 3　管道事故属性指标编号对照表

一级指标及编号	二级指标及编号	一级指标及编号	二级指标及编号
季节 A	春(3、4、5)A1	事故等级 L	一般事故 L1
	夏(6、7、8)A2		较大事故 L2
	秋(9、10、11)A3		重大事故 L3
	冬(12、1、2)A4		特别重大事故 L4
输送介质 B	原油 B1	直接原因 C	金属自然疲劳 C1
	原油产物 B2		金属腐蚀 C2
	天然气 B3		焊缝断裂 C3
	其他危险物质 B4		超压断裂 C4
管道材质及规格 H	X42 钢 H1		外力损坏 C5
	X52 钢 H2		金属划痕疲劳 C6
	X72 钢 H3		接头脱开/断裂 C7
	聚乙烯 H4	间接原因 D	管道质量不达标 D1
	其他/未知 H5		焊接不达标 D2
管道运行时长 I	三十年以内 I1		管道监督维护不及时 D3
	三十-五十年 I2		传感器及监测设备故障 D4
	五十年或以上 I3		第三方破坏 D5
	未知 I4		建设施工设计问题 D6
事故发生位置区域 M	人口密集区 M1	根本原因 F	隐患排查不彻底 F1
	非人口密集区 M2		安全培训缺失 F2
事故年份 N	近十年 N1		安全管理制度存在缺陷 F3
	十年前或更久 N2		设备管理制度混乱 F4
管道事故发生位置 G	焊缝 G1		应急预案缺乏或不合理 F5
	管道本体 G2	运营商管理原因 J	检修维护不及时 J1
	接头 G3		检测系统缺陷 J2
事故后果类型 K	泄漏 K1		事故前兆未及时响应 J3
	燃烧 K2		施工保护不当 J4
	爆炸 K3		公众教育缺失 J5

2.3　管道事故关联规则挖掘

管道事故包含多维多层的数据，无法直接使用 Apriori 算法有效挖掘规则，因此，作出如下改进。

(1) 多层次关联规则改进。为提高算法挖掘效率，减少无用规则的干扰，将一个多层多维的

Apriori 算法，转化成为多个单层多维的 Apriori 算法。根据预期研究的结果，选择其中某一层次的项集作为挖掘对象，其余层次不参与关联挖掘。

（2）多维度关联规则改进。参照 Apriori 改进算法，将管道事故属性数据转换成布尔矩阵，每个维度只包含一个属性，无需挖掘维度间的关联规则，可直接运用经典 Apriori 算法计算。

（3）增加维度判断和约束条件。转换成布尔矩阵后，得出的大量关联规则针对性不强，难以提炼有价值的信息。故在 Apriori 算法中增加项集维度的判断和输出关联规则的约束条件，筛选所需规则。

综上，管道事故案例关联规则挖掘步骤如图 2所示

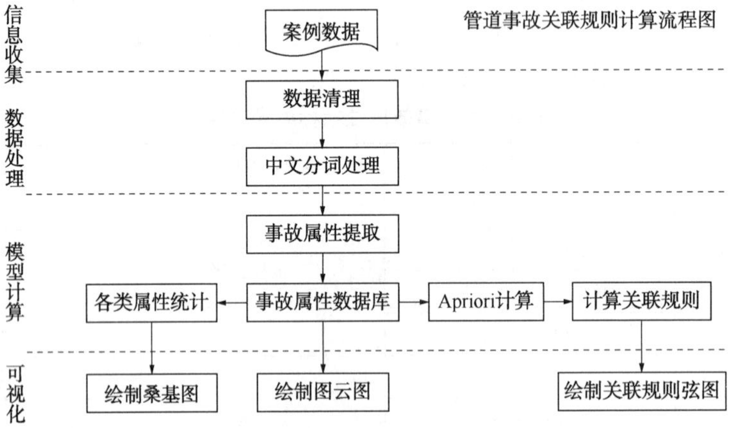

图 2　管道事故关联规则计算流程图

通过对关联数据集中的所有数据进行预关联分析，去除无用规则后发现以下四类关联项目出现频次较高且具有一定的价值。根据研究目的，选取下列内容挖掘。

（1）管道事故属性挖掘。为探究管道事故属性间的关联规则，选取管道事故属性二级指标数据，根据事故属性含义，选择合理的前后项作为约束条件，输出二项集关联规则，如事故位置=>事故类型、事故类型=>事故等级。

（2）管道事故位置与事故致因关联挖掘。为探究事故类型与事故致因的关联规则，选取事故类型与事故致因数据，增加约束条件“输出前项为致因，后项为事故位置的关联规则”。

（3）管道事故类型与其他事故属性间的关联性，选取管道事故类型与管道输送介质、事故致因、管道事故位置等属性进行关联计算。

（4）管道事故致因间关联规则挖掘。探究管道事故致因中的直接原因、间接原因与根本原因之间的关联，选取这三种致因集进行关联规则计算。

2.4　管道事故关联规则挖掘结果与分析

（1）管道事故属性间关联规则挖掘

首先选取事故属性、事故位置、事故特征三大类共 31 种属性进行关联规则计算，通过对各个参数的参数控制以便达到最优的关联规则，本次关联规则挖掘所采用的参数为支持度阈值 0.25，置信度阈值 0.6，并设置为提升度优先。提升度表示关联规则中关联项的正向相关性，其中当提升度大于 1.0 时则表示此关联项为正关联，数值越大则正向关联性就越强。优先度优先可以保证在置信度大于置信度阈值的情况下，挖掘出正相关性更强的关联规则。通过挖掘可以得到表 4 中的强关联规则。

表 4-4　管道事故属性间关联规则表

序号	关联规则	置信度	提升度
1	K3==>B3	0.90	1.63
2	K3==>M1	0.87	1.95
3	M2==>L1	0.88	1.17
4	I3==>L1	0.83	1.11

续表

序号	关联规则	置信度	提升度
5	L1 = =>G2	0.77	1.03
6	B3 = =>M1	0.64	1.44

通过关联规则挖掘可知：

① 事故发生在人口密集(M1)的居住区事故的后果类型有87%的概率为爆炸(K3)，且输送介质为天然气(B3)的概率为90%，此种类型事故发生场景多为城市燃气爆炸事故；

② 输送介质为天然气(B3)的管道事故有64%的概率发生在人口密集区(M1)；

③ 事故发生位置在非人口密集区(M2)时，事故等级为一般的事故(L1)的概率为88%；

④ 发生事故的管道运营时间在五十年以上(I3)时的管道发生事故的等级为一般事故(L1)的概率为83%，与此同时事故发生在管道本体(G2)的概率为77%。

(2) 管道事故发生位置与事故致因间的关联规则

选取管道事故发生位置以及事故的直接原因、间接原因、根本原因以及运营商责任进行关联规则计算，同样采用参数为支持度阈值0.25，置信度阈值0.6，并设置为提升度优先。产生的关联规则如表5所示。

表5 管道事故发生位置与事故致因关联规则表

序号	关联规则	置信度	提升度
1	C5 = =>G2	0.96	1.28
2	D5 = =>G2	0.96	1.28
3	J4 = =>G2	0.94	1.25
4	J1 = =>G2	0.81	1.09
5	C2 = =>G2	0.80	1.07
6	F1 = =>G2	0.68	1.05

通过管道事故发生位置与事故致因间的关联规则表5可知：

① 当管道事故直接原因为外力损坏(C5)和金属腐蚀(C2)时，有96%和80%的概率导致事故发生位置为管道本体(G2)；

② 当间接原因为第三方破坏时(D5)所导致的管道事故时有96%的概率事故发生位置为管道本体(G2)；

③ 当管道运营商管理致因为检修维护不及时(J1)和施工保护不当(J4)时，有81%和94%的概率导致所引发的管道事故发生位置为管道本体(G2)；

EGIG报告中也提到管道事故的主要事故致因为腐蚀与外部干扰(第三方破坏、外力损坏)，需要加强这两方面的监督维护，制定新的标准减少此类事故的发生[5]。

(3) 管道事故后果类型与事故致因与其他事故属性间的关联规则

选取管道事故类型与其输送介质、事故致因、管道事故位置等属性进行关联计算，同样采用参数为支持度阈值0.25，置信度阈值0.6，并设置为提升度优先。产生的关联规则如表6所示。

表6 事故后果类型与其他事故属性关联规则表

序号	关联规则	置信度	提升度
1	B1 = =>K1	0.95	2.33
2	{G2, K3} = =>B3	0.86	1.56
3	K1 = =>L1	0.84	1.12
4	{G2, K1} = =>L1	0.83	1.11
5	K1 = =>G2	0.77	1.03

通过事故后果类型与其他事故属性关联规则表 6 可知，

① 管道输送介质为原油(B1)时，有 95%的概率所导致的事故后果类型为泄漏(K1)；

② 发生事故的事故后果类型为泄漏(K1)时，事故等级为一般事故(L1)的概率为 84%，管道事故位置为管道本体(G2)的概率为 77%；

③ 发生事故位置为管道本体(G2)且事故后果为爆炸(K3)时，有 86%的概率输送介质是天然气(B3)；

④ 发生事故位置为管道本体(G2)且事故后果为泄漏(K1)时，有 83%的概率所导致的事故等级为一般事故(L1)。

管道本体事故应高度重视，在美国 AOPL 统计的 2014-2018 与 2016-2020 年的事故统计分析报告中也将发生在管道本体的事故进行了重点强调。

(4) 管道事故致因间关联规则

选取管道事故致因中的直接原因、间接原因与根本原因致因共 18 项进行关联规则计算，参数设置为最小支持度为 0.1，最低置信度为 0.5，提升度优先模式。产生的关联规则如表 7 所示。

表 7　事故致因间关联规则表

序号	关联规则	置信度	提升度
1	D6==>C5	1.00	3.17
2	{C2，F1}==>D3	0.73	2.05
3	C5==>D5	0.63	2.07
4	C3==>D3	0.63	1.76
5	C2==>D3	0.56	1.58

通过管道事故致因间关联规则表 7 可知：

① 直接原因金属腐蚀(C2)与根本原因隐患排查不彻底(F1)与间接原因管道监督维护不及时(D3)之间的关联置信度为 73%；

② 直接原因外力损坏(C5)与间接原因第三方破坏(D5)的关联置信度为 63%；

③ 直接原因焊缝断裂(C3)、金属腐蚀(C2)与间接原因管道监督维护不及时(D3)置信度分别为 63%与 56%。

3　结论与展望

通过对目前搜集到的 76 起油气管道事故利用 Apriori 算法进行关联规则分析可以得到以下结论：

(1) 管道输送介质、事故后果类型、事故发生位置区域、管道运行时长、管道事故发生位置与事故等级有较强的关联性，天然气泄漏爆炸事故大多发生在人口密集区，在非人口密集区或者管道运行时长超 50 年易发生一般事故。

(2) 管道运输原油时大多数为泄漏事故，爆炸事故大多数发生在天然气管道。对于泄漏事故，事故等级有 84%的可能为一般事故。

(3) 根本原因隐患排查不彻底与间接原因管道监督维护不及时是导致管道金属腐蚀而发生事故的主要原因，因外力损坏导致的管道事故的间接原因有 63%的概率是因为第三方破坏所致，因焊缝断裂和金属腐蚀所造成的管道事故中，间接原因大概率为管道监督维护不及时，应加强监督维护的频次预防事故发生。

由于目前搜集到的管道事故样本有限，下一步将丰富管道事故库数据，开展更为深入的事故属性和致因因素之间的关联规则分析，提升分析的全面性和科学性，进一步提升分析结果对生产的指导意义。

参　考　文　献

[1] 焦亚冰．数据挖掘中关联规则 Aprioir 算法的改进[J]．西安文理学院学报(自然科学版)．2008，11(3)：108-112.

[2] 刘文雅，徐永能．基于改进 Apriori 算法的地铁故障关联规则挖掘[J]．兵器装备工程学报．2021，42(12)：210-215.

[3] 朱奎兵，刘彦戎．一种优化的 Apriori 关联规则算法[J]．信息技术．2022(05)：77-81，87.

[4] 罗乐，葛启东，周永学，夏斌．基于 Apriori 算法的装备数据关联规则挖掘[J]．2021，43(6)：29-33.

[5] EGIG. 11th Report of the European Gas Pipeline Incident Data Group(period 1970-2019)[EB/OL]．(2020-09-17)[2023-09-16]. https：//www. egig. eu/reports.

[6] 单克，帅健，杨光，孟伟，张浩．美国油气管道基本失效概率评估方法及启示[J]．油气储运．2020，39(05)：530-535.

高密度面波法探测在隧道衬砌灾害检测中的应用

丁疆强　吴　婷　冯友琪　王　迪　张　斌　李智文

（国家管网集团西气东输公司）

摘　要　本文采用高密度面波法检测技术，对延水关隧道衬砌缺陷进行检测，通过实际工程案例详细介绍了该方法在隧道衬砌缺陷检测中的应用效果，分别阐述了高密度面波法基本原理，经数据采集、数据处理及成果解释，获得 0.8m 深度范围内围岩剪切波速剖面图，采用剪切波速对围岩病害进行划分，取得了满意检测效果。该方法穿透深度大，不受钢筋积水影响，能够快速、准确的进行衬砌脱空等灾害检测。

关键词　高密度面波；围岩；隧道衬砌；脱空空洞

1　引言

进入 21 世纪以来，随着经济的持续发展、综合国力的不断提升及高新技术的不断应用，我国隧道及地下工程得到了前所未有的发展。我国已是世界上隧道及地下工程规模最大、数量最多、地质条件和结构形式最复杂、修建技术发展最快的国家。随着各大城市地铁建设力度的不断加大，跨江越海隧道工程数量不断增加，国家重点建设项目不断投入，如长距离供水、水下交通、西气东输等工程，这些都使我国隧道的数量大幅增多。隧道安全已成为不可忽视的问题，尤其是国家重点工程项目所修建的隧道，隧道安全运营关乎国家安全和企业发展，隧道检测是保证隧道安全运营必不可少的。目前对于隧道检测，常用的检测方法为：经验判别法、地质雷达法、超声波法和冲击回波法等。经验判别法，采用人工观察、测量等手段推断内部缺陷，主管意识性强，缺少客观性，只能通过表观状态推断内部缺陷，难以发现脱空等隐蔽病害。地质雷达法主要根据介质的介电常数异常，通过反射信号的差异进行判断。隧道多为钢筋混凝土结构雷达信号将被屏蔽，钢筋背后的混凝土脱空情况难以发现；同时，在有水的环境下，电磁信号将被吸收，对探测深度和精度影响较大。超声波法能够实现对衬砌混凝体强度的检测，但对其脱空情况跟无法描述；冲击回波法为发射法，检测结果仅反映脱空，难以对混凝土和围岩的疏松等病害进行数值化的评价。

本文以延水关隧道，采用高密度面波法对隧道衬砌的厚度、质量以及围岩的破碎风华程度进行了检测，采用剪切波速度进行评估，作为评价隧道结构性能和使用功能，以及后续治理方案制定的依据。

2　高密度面波法基本原理

地震波是震源在地表介质中产生向四周辐射的弹性波，按传播方式的不同分为 P 波、S 波和面波。在存在介质分界面时，地震波除了会产生 P 波和 S 波外，还会产生一类，沿介质自由界面传播的面波，当它沿介质表面传播时，其能量主要集中在介质表面附近，并随深度增加迅速衰减。面波按其类型主要有瑞雷波和勒夫波两大类。

高密度面波法主要用瑞雷波探测。瑞雷波沿地表传播，振幅从弹性介质表面向内部呈指数衰减，其能量几乎全部集中在一个波长内，所以同波长的瑞雷波特性能够反应地层在水平方向上的变化，不同波长的瑞雷波特性反映地层在竖直方向上的变化。在均一地层激发的面波，因弹性参数相同，不同的波长具有相同的传播速度。不同深度的介质弹性参数有差别，从而不同波长组分的传播速度也不同。单一波长（或单一频率）组分的面波传播速度称为该波长（或频率）的相速度，不同频率的相速度有差异称为频散。研究水平地层面波的频散特征，可以得到地层内部不同深度的弹性参数，这就是高密度面波法探测的基本原理。

3　工程概况

陕西省延水关黄河隧道，穿越点位置于黄河中游北干流晋陕峡谷中部，在原延水关水文站下游约 2.1km 处。黄河东岸(左岸)为山西省永和县南庄乡永和关村，西岸(右岸)为陕西省延川县延水关镇延水关村，与郑州黄河穿越工程和南京长江盾构隧道工程，统称为西气东输的三大控制性工程。

延水关黄河隧道由东、西岸的 2 个斜巷(斜井)和水底平巷组成。水底平巷横穿黄河河床，斜巷穿越东西两岸的三叠系上统延长组(T3Y)地层。隧道全长为 518m，其中东岸斜巷全长 111m，斜巷中线与水平面的夹角为 28°；西岸斜巷全长 97m，倾角为 22°；水底平巷全长为 310m。隧道平巷拱顶上部岩体覆盖层厚度为 17.1~20.9m，岩层坚硬、完整。

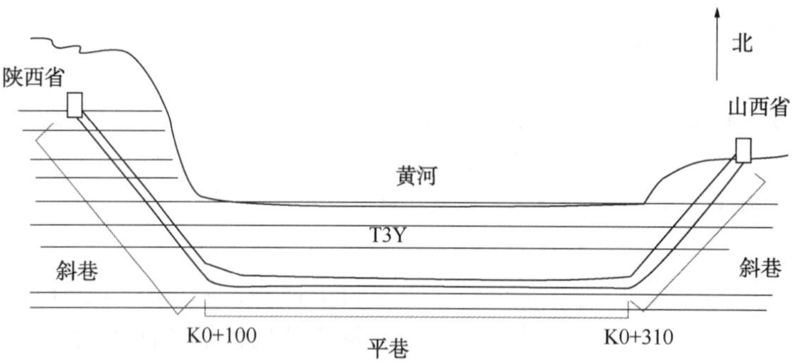

图 1　延水关黄河隧道纵断面图

延水关黄河隧道是西气东输工程第一条贯通黄河的隧道，实现了水下穿越黄河的壮举，为西气东输工程后续进展奠定了坚实的基础。隧道经过运行十五年的运行，收到外界荷载、地质条件、施工质量等因素的影响，衬砌混凝土逐步出现纵横向裂缝、剥落，以及钢筋裸露、局部涌水等工程问题。隧道裂缝目前已经达到 135 处，环向裂缝数量多，裂缝深度大部分贯穿衬砌混凝土厚度，且有渗水、出砂、出泥以及白色结晶体析出等现象。渗水底板存在约 15cm 深的积水抽水后在底板上淤积了大量的淤泥和细沙，底板可能存在脱空情况。

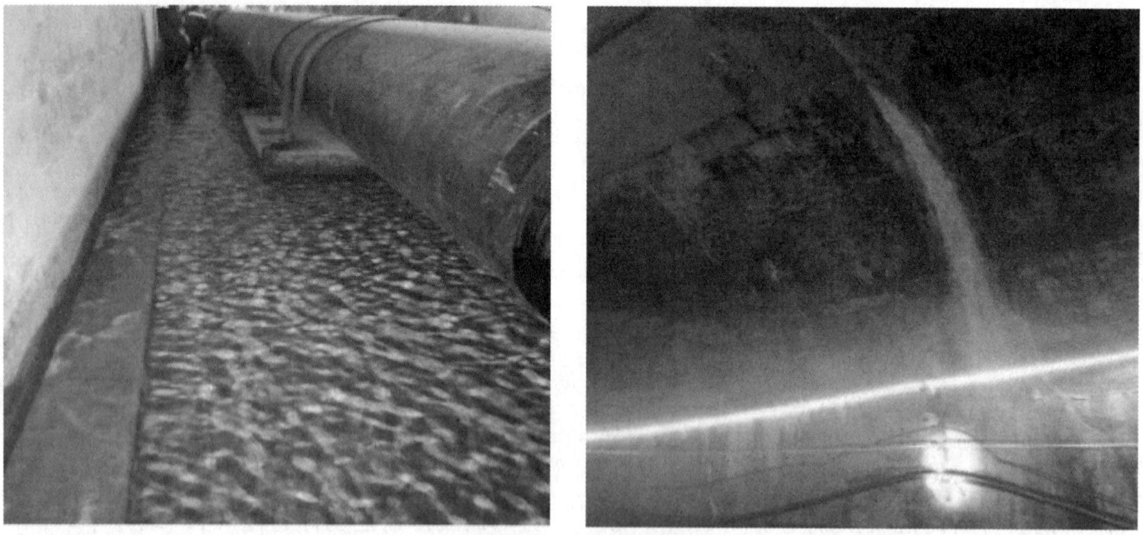

图 2　延水关黄河隧道现状

4　数据采集

此次检测设备采用 24 道高精度地震仪，A/D 转换精度 24bit，通频带：1.75~20，000Hz。采样间隔 31.25μs，采样时间 1.5s 检波器采用固有频率为 4.5Hz 的动圈式垂直分量速度型检波器，数量 2×12 个，检波器间距 0.2m，震源偏移距 0.5m，震源采用质量 2kg 磅的圆顶铁锤。单次采集需要进行激发两次，完成采集后，检波器整体平移至下一检测点，移动步长 0.4m，并重复激发操作至完成整条测线的采集。高密度面波法测线布置平行于隧道走向，共 6 条测线，每条测线长 265m。

5　数据处理与解释

将采集到的原始数据传输到电脑，然后采用专业软件 suferstar 对面波资料进行处理，其处理流程大致分为：

数据预处理：主要包括数据整理、格式转换和添加位置信息。首先，根据现场记录，剔除无效数据，将有效数据按测线进行分类整理。其次，对原始数据的记录格式进行转换，以便处理软件识别。接着，根据现场记录，添加并核对有效数据中地震道号的位置信息。

波形处理：主要包括频率滤波、时窗处理、速度滤波等。利用数字滤波技术，确定低截频、高截频、镶边长、镶边类型和滤波器类型 5 个参数，过滤掉频率范围外的信号。带通滤波器对数据进行去噪音处理，低截止速度 50m/s，高截止速度 1000m/s，过渡区 2000m/s，滤掉震源方向以外的所有的波，对震源方向来的波仅保留以上带通滤波器范围内的波。对滤过波的数据进行截取(使数据变短)，截取长度 40096 个数据(1-4096)。

图 3 为处理后的波形图，震源位于左侧，道间距 0.2m。由图可以清晰分辨 P 波 S 波及面波，取得了较好的数据。

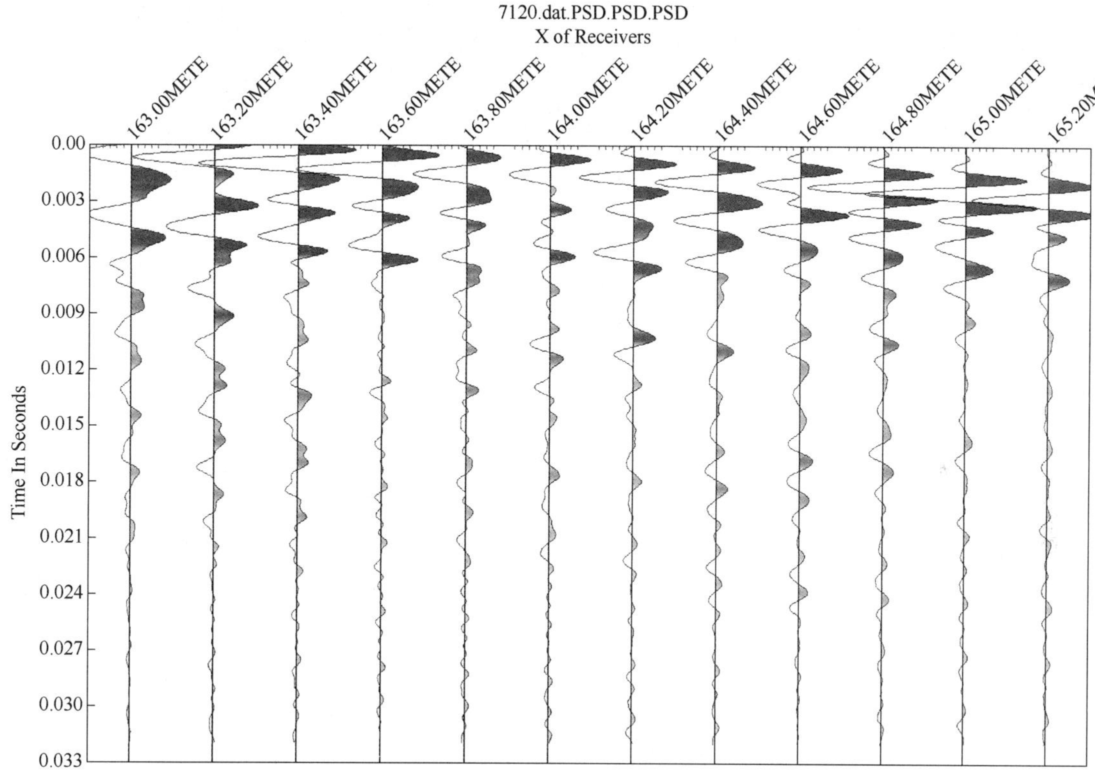

图 3　波形处理后的波形图

频散分析：即由共激发点道集，提取面波相速度信息。采用高分辨率的频率-速度扫描法，提取面波频散曲线。经频散分析得到下图 a、b，面波的频散现象可以反映沿深度方向弹性波的差异。如图 a 频散曲线可推断所示，右端高频，高波速区为混凝土覆盖层，左端高波速区为围岩，中间在 1000Hz 附近断裂为围岩内小范围的风化。如图 b 所示混凝土层较完好，但在 800-1500Hz 区域频散曲线杂乱，且波速小于 400m/s，可推断该区域存在围岩风化，且风化较严重。

断面构造分析：即由瑞雷面波的频散曲线推测地下的横波速度构造。采用遗传算法和最小二乘法的混合算法。即先由遗传算法进行反演，当误差收敛到一定水平后，把此时的输出模型作为最小二乘法的初始模型。然后，由最小二乘法进行反演以加快误差的收敛。

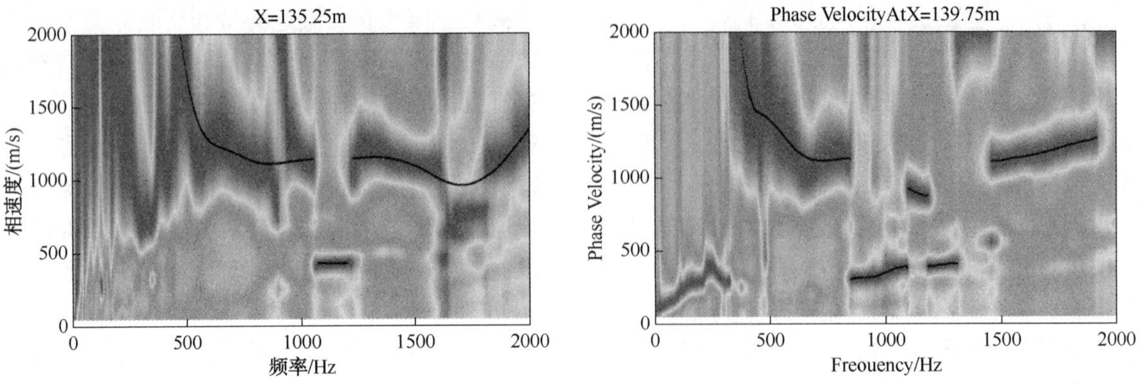

图 4　频散分析

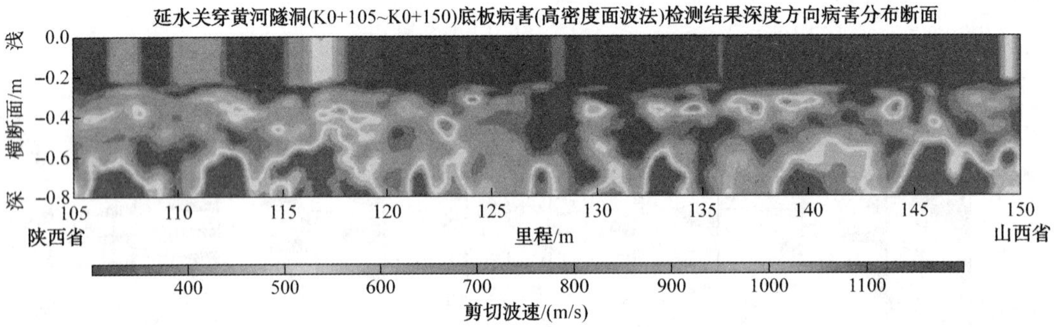

图 5　高密度面波检测结果

6　解释与对比

通过对原始数据进行整理、波形处理、频散分析、构造分析，获得得 0.8m 范围内的的剪切波速剖面图，图像通过彩虹色的冷暖来表示衬砌结构的密实程度，颜色越暖代表剪切波速越高，越密实；反之，颜色越冷代表波速越低，不密实。采用剪切波速为指标，对围岩病害进行划分：V<550m/s，表明围岩破碎、疏松或与衬砌剥离；V>850m/s 表明围岩强度高，与衬砌结合紧密，且无疏松等灾害，550 m/s <V<850m/s，围岩风华破碎。

根据图 5 可推断混凝土层约厚 30cm，混凝土结构相对完好，在 117m、149m 处混凝存在异常低波速区，波速小于 550m/s，表面波速更低，混凝土结构破损，有裂缝发育。混凝土层下是围岩，深度 0.6m 以上状况相对良好，岩石存在风化现象，但相对较为完整；在深度 0.6m 以下，K0+112~K0+119m 和 K0+138~K0+150m 段围岩破碎，存在疏松和脱空现象。

为验证结果可靠性，采用目测、摄影及测量等手段对隧道衬砌裂纹的长度、宽度、深度以及裂纹走向以及渗漏水情况进行了调查，并采用地质雷达法对混凝土衬砌厚度进行了检测。

图 6 为隧道衬砌结构病害情况统计表，显示在 115m、149m 等处有裂缝发育，裂缝贯穿混凝土土层，与高密度面波结果相对比，在 117m、149m 处混凝存在异常低波速区，混凝土结构破损。对比表明观察测量的混凝土情况与高密度面波法检测结果基本完全吻合。

采用雷达对平巷做衬砌厚度进行检测得到混凝土厚度结果图(图 7)，在 105m-150m 段，混凝土厚度在 32-36cm 之间，最厚处在 135-145m 处，厚度超过 35cm。高密度面波结果显示，该段混凝土约厚 30cm，在 135-145m 处混凝土同样较厚，约 33 厘米。雷达所测混凝土厚度与高密度面波结果较好吻合。

通过与裂缝结果与地质雷达所测的衬砌混凝土厚度结果相对比，高密度面波法检测结果基本完全吻合。

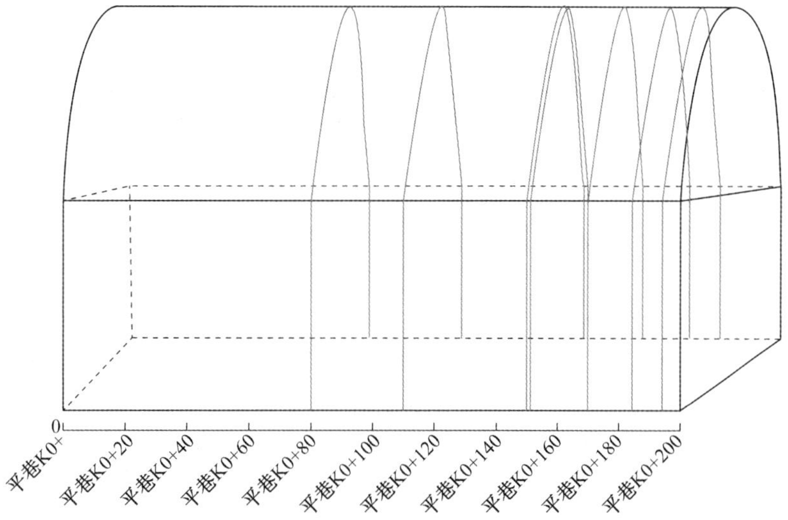

图 6　裂缝分布图

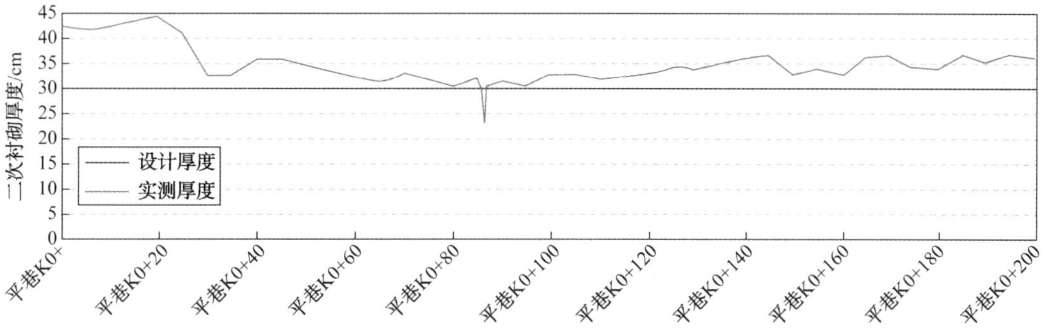

图 7　隧道平巷 K0+000～K0+200 里程段混凝土厚度结果图

7　结论

（1）高密度面波法检测结果表明，延水关黄河隧道平巷底板底板病害严重，主要表现为地表混凝土底板破坏严重，有多处裂缝；底板与围岩胶结病害（剥离、脱空）以及底板开裂和混凝土劣化。在 K0+120～ K0+170m 段尤为严重，出现大面积脱空，围岩风华程度高，岩石相当破碎。

建议对脱空区域采取注浆加固，恢复底板结构的完整性，同时加强安全监测，确保隧道和管线安全运行。

（2）根据隧道实际情况，采用高密度面波法对隧道衬砌和围岩灾害进行检测，不仅能对衬砌厚度及混凝土质量做出评估，还能探明隧道深部围岩的分化脱空情况，可以作为评价隧道结构性能和使用功能的依据。

（3）实践证明，高密度面波探测技术设备轻便，操作简单、抗干扰能力强、穿透能力强，并且不受水和钢筋网干扰，一次检测可以得到衬砌厚度及围岩情况，效率更高。高密度面波为隧道衬砌缺陷及围岩探查提供了一种实用高效方法。

参　考　文　献

［1］刘强，李修忠等等．瑞雷波在高速公路软基勘察中应用效果分析，2009.

［2］洪开荣．我国隧道工程及地下工程近两年发展与展望．人民黄河，2017.

［3］邓中俊，姚成林，贾永梅，等．探地雷达在水工隧洞质量检测 中的应用［J］. 水利水电技术，2008.

［4］冯少孔，车爱兰，常旭．高密度面波探测在隧道混凝土质量检测中的应用 . 2010.

［5］彭冬，冯少孔，陈峰等．高速公路基层病害分析与密集阵弹性波法检测方法 . 2017.

［6］余丽军，李松辉等．阵列式弹性波检测技术在水工建筑物缺陷检测中的应用 . 2017.

管道不动火安全维抢修技术创新及深化研究实践

刘冬冬　梁爱国　朱秋波　张　磊

（中国石油新疆油田分公司克拉玛依红山油田有限责任公司）

摘　要　针对管道动火焊接维修作业存在的停产停输、施工周期长、安全风险高等问题，以及传统“带压堵漏”存在的可靠性差、有效期短、施工标准不统一的问题，研发“隔离腔式不动火抢修技术”，可在不停输、免焊接条件下对失效管段进行快速修复及强度升级。发明新型卡具及密封方法，将传统注剂挤压粘接式堵漏更新为高强度腔体隔离式密封，满足抢维修作业对安全高效、一次成功率及长效可靠的要求。应用管道缺陷有限元分析仿真系统，结合大量试验构建出了符合实际的理论力学模型，并以玻璃钢管道为例，深度评估分析了影响安全施工的主要因素，拟合出安全施工压力计算方法，形成专用计算软件，完善了工艺技术体系，促技术应用由应急抢修向管道完整性及全生命周期管理转型。近年来已投入工业化应用超千次，投入产出比达 1∶6.8，有效避免了因泄漏造成的安全风险、环境污染及停产损失，取得了显著的安全环保和社会经济效益。

关键词　不动火；隔离腔；有限元；安全施工压力；计算软件

1　前言

用于输送油气的各类金属、非金属管道，由于腐蚀、老化、异常工况等原因，存在破损及泄漏风险，因此导致的环境污染、火灾爆炸事故也时有发生。以动火焊接为主的金属管道维修作业存在停产停输、施工周期长、安全风险高等缺点，而非金属管道的维修由于缺乏统一的技术标准，存在修复方法不兼容、时效性差等问题。同时，传统带压堵漏工艺采用注剂“粘接式”修补机理，施工时密封剂及注入压力必然会直接接触挤压泄漏部位，易造成压力失衡，导致成功率及可靠性不高，甚至存在堵漏失效二次泄漏的风险，且传统“夹具”仅作为包裹密封剂的辅助工具使用，承压等级、堵漏严密性及有效期难保障，致使其仅能作为短期应急措施。

本文以“无明火本质化安全、不停产高效维抢修”为目的，在深入分析传统带压堵漏弊端的基础上，创新密封机具及方法，研发“隔离腔式不动火抢修技术”，可在不停输、不动火条件下对破损管段进行快速修复及强度升级，并构建管道失效有限元分析模型，研发安全施工压力计算方法及监测检验平台，建立了完善的“产学研用”技术体系。

2　管道隔离腔式不动火抢修技术

2.1　新型密封卡具及腔体隔离式密封方法

发明新型密封卡具，其本体为双弧面结构，并采用一体化高强度加工工艺，独创设计条形、环形注胶槽，使卡具扣合后形成管状结构并使注胶槽内形成彼此连通的密封腔。

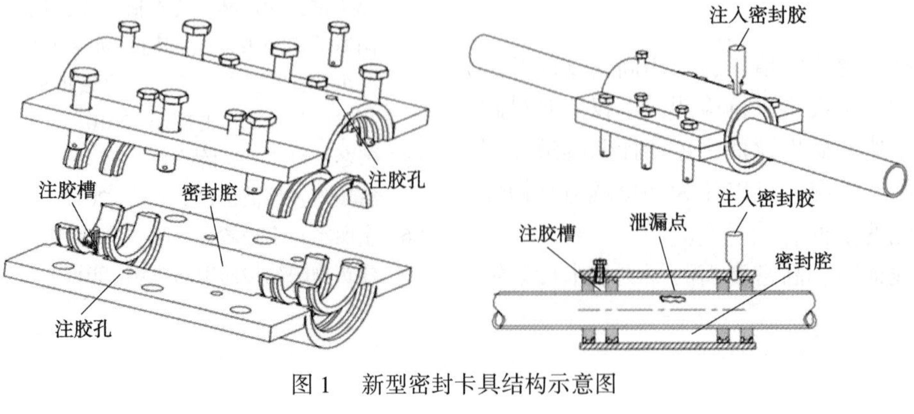

图 1　新型密封卡具结构示意图

利用卡具将泄漏部位快速包裹，阻止管线内的流体继续泄漏。通过在注胶槽内注入密封剂，便可实现管线与卡具之间的密封，达到快速抢修管线的目的。由于端部创新设计的条形、环形注胶槽，使密封剂与注剂压力始终作用于槽内，并远离泄漏部位，密封方式更新升级为腔体“隔离式”密封。卡具本体不再作为密封剂容器使用，而是直接替代成为泄漏管段的新外壁，达到重塑集输通道的目的，是一种更安全、更严密、更长效的密封技术。

2.2　隔离腔式不动火抢修技术特点

鉴于本发明特有的密封结构形态和密封机理，克服了传统带压堵漏的弊端，突破了传统带压堵漏的技术瓶颈，将挤压“粘接式”堵漏更新为高强度腔体“隔离式”密封，实现了泄漏点局部堵漏向“整段式”密封、重塑集输通道转变，确保修复段的流态稳定、强度提升及长效密封。其主要特点有：

（1）本方法中，密封剂仅通过卡具两端的环形密封槽与所维修管线接触，不与管线破损处及泄漏介质直接接触。不同于传统工艺密封剂需要注满整个密封卡具的内部，进而不会对管线破损部位造成二次伤害，同时避免密封注剂通过管线破损部位“内漏”。

（2）密封剂在注胶槽内保持压力恒定，且该压力始终高于管线运行压力，确保密封的可靠性及长效性。而传统工艺是用注胶压力平衡介质压力，施工过程中动态压力平衡难掌握。

（3）新型卡具设计强度远高于原管线规格，确保卡具使用寿命大于管线剩余寿命，并且可拆卸重复使用，充分满足各种复杂环境需求。而传统工艺往往为临时应急措施，无法拆卸及重复利用。

3　管道隔离腔式不动火抢修安全施工压力研究

利用 ANSYS 仿真系统，对失效管道进行有限元及应力分析，并结合大量试验对比建立出符合实际的理论力学模型，进而寻找切合实际的计算安全施工压力的经验公式，将大大地提高密封作业的成功率，将促进注剂式带压密封技术在工业现场得到更为广泛的应用。目前油气集输管道主要材质为金属、玻璃钢、复合材料等，其中玻璃钢管道本体的树脂基体属于脆性材料，当变形率达到 2%—3%时，材料就会产生永久性破坏，其维修、抢修难度更大，本文将以玻璃钢失效管道为例，对管道隔离腔式不动火快速抢修方法的主要影响因素及关键施工参数进行分析。

3.1　有限元分析模型建立及参数设定

3.1.1　管道几何模型及模型单元的确定

实验中，模拟玻璃钢失效管道不动火带压修复的过程，采用带有内衬的卡具对泄露部位进行密封作业。模型的受力区域主要分为三大部分，用阴影区域表示：管道受到环向胶槽的作用力以及一部分轴向胶槽的作用力；卡具内部与管道接触的内衬受到轴向胶槽的作用力；管道内壁受到内压的作用力，受力区域如图 2 中的阴影区域所示。

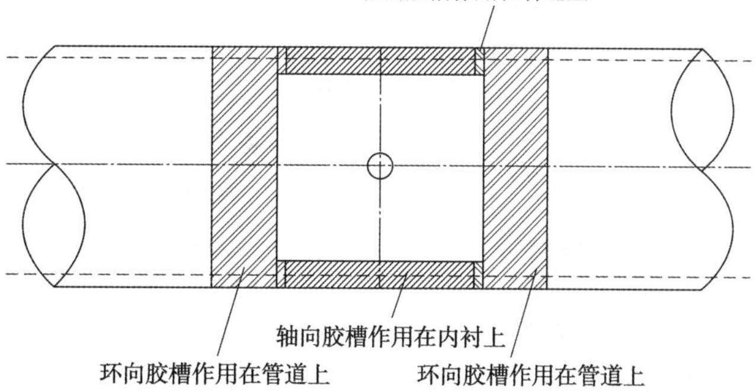

图 2　管道失效形式及受力区域示意图

对于复合材料来说，选取 SOLID186 实体单元进行模拟。对于其分层特性来说，SOLID186 单元最大层数可以达到 250 层，可以利用 SOLID186 分层实体单元来模拟玻璃钢管道本体，用 SOLID186 结构实体单元来模拟钢制卡具内衬。

3.1.2　材料模型及网格划分

玻璃钢属于分层各向异性材料，所以在其材料模型建立时需要同时考虑这两方面的性质。在各向异性中需要设置材料单层板的各个方向的泊松比，杨氏模量，剪切模量，拉伸失效强度，压缩失效强度和剪切强度。在分层性质设置时需要输入其铺层角，单层厚度以及铺层数，其中玻璃钢的单层板厚度为 0.33mm，铺层角为 55°，如图 3 所示。

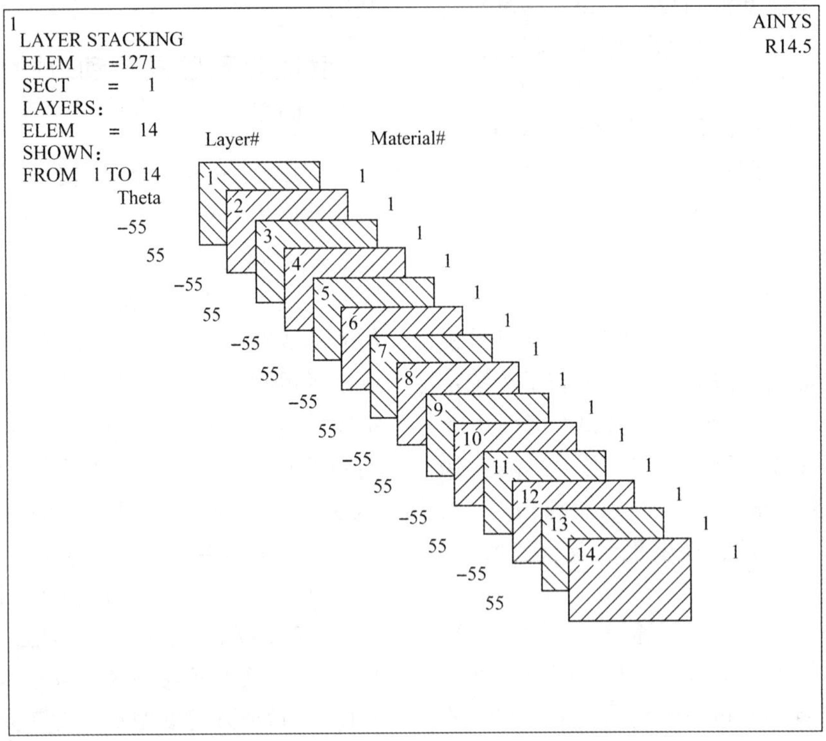

图 3　玻璃钢层单元示意图

由于采用 SOLID186 分层单元表示玻璃钢管道的层状结构，所以一般需要把网格画成六面体网格，则在网格划分时需要采用映射网格的划分方法，在利用映射网格划分时需要注意以下几点：①几何体需是四面体，五面体或六面体，对于面来说必须是三角形或者是四边形；②在体的对边上需要划分出相同的单元数；③对于几何体为四面体或者棱柱则需要在三角形面上的分割数为偶数。为确保计算的准确性需要在缺陷附近进行网格的加密，见图 4。

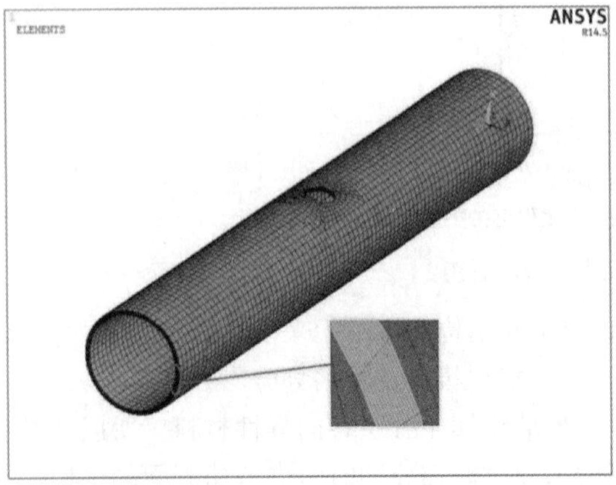

图 4　网格划分示意图

3.1.3　模型参数

以内径 D 为 94mm 的玻璃钢管道为例进行模拟。其中应用的密封卡具注胶槽的宽度取 20mm，壁厚 δ 分别取值为：3.3(10 层)、4.62(14 层)，7.92(24 层)、9.24(28 层)、12.54(38 层)、14.52(44 层)mm；缺陷半径 r 分别取值为：2.5、5、7.5、10、12.5、15、20、25mm；注胶槽距管道失效点边缘的距离(槽边距) L 分别取值为：10、15、20、25、30、40mm。

3.2　安全施工压力的有限元分析

3.2.1　管道运行状态下抢修作业的安全施工压力模拟

根据预设的模型参数可得 288 组计算结果，其中部分计算参数以壁厚 7.92mm 为例，如表 1 所示。

以壁厚 7.92mm，缺陷半径 12.5mm，槽边距 10mm，运行压力 1.6MPa 为例进行说明。如图 5 所示，在外压 14.9MPa 作用下，其蔡吴系数为 1.00343，大于 1，即材料发生破坏，且其首先发生破坏处位于缺陷附近；在外压 14.8MPa

作用下，其蔡吴系数为0.997986，小于1，此时未发生破坏，所以在此工况下玻璃钢失效管道隔离腔密封安全施工压力为14.8MPa。

表1　内径D=94mm、壁厚δ=7.92mm玻璃钢管道的安全施工压力

槽边距L(mm)	圆形缺陷半径r(mm)	安全施工压力P(MPa)
10	2.5、5、7.5、10、12.5、15、20、25	15.7、15.4、15.3、15.1、14.8、14.5、14.1、13.2
15	2.5、5、7.5、10、12.5、15、20、25	14.3、14.1、13.9、13.2、12.7、12.5、12.1、10.8
20	2.5、5、7.5、10、12.5、15、20、25	11.9、11.3、10.6、9.9、9.6、9.1、8.7、8.1
25	2.5、5、7.5、10、12.5、15、20、25	10.5、9.9、9.3、8.6、8.1、7.9、7.6、7.4
30	2.5、5、7.5、10、12.5、15、20、25	8.9、8.6、8.4、8.1、7.7、7.4、7.2、7.1
40	2.5、5、7.5、10、12.5、15、20、25	8.5、8.0、7.7、7.5、7.2、7.1、6.9、7

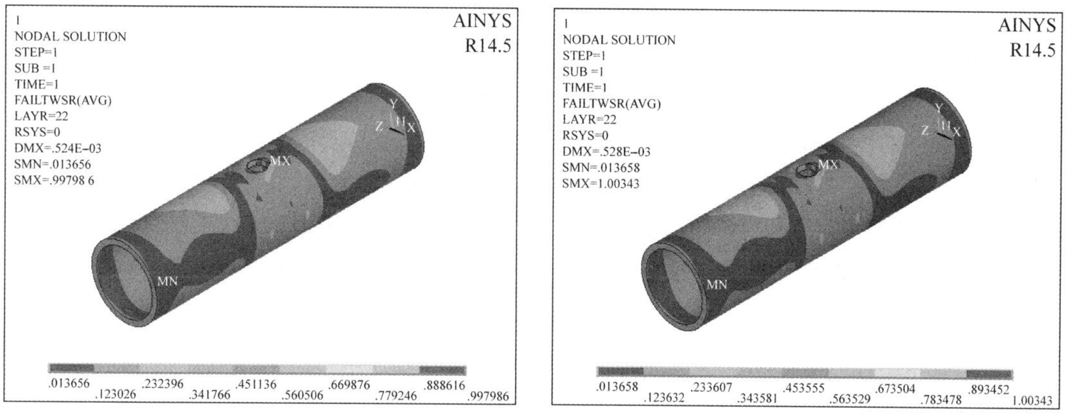

(a)外压为14.8MPa时(失效前)　　(b)外压为14.9MPa时(失效后)

图5　失效前后蔡吴系数分布图

3.2.2　管道壁厚对安全施工压力的影响

根据模拟结果，绘制壁厚与安全施工压力之间的关系曲线。以施工时槽边距分别为20、40mm为例说明，如图6所示，可以看出在槽边距和缺陷半径一定的情况下，随着壁厚的增大，安全施工压力明显增大，且壁厚对管线的安全施工压力的影响很大。

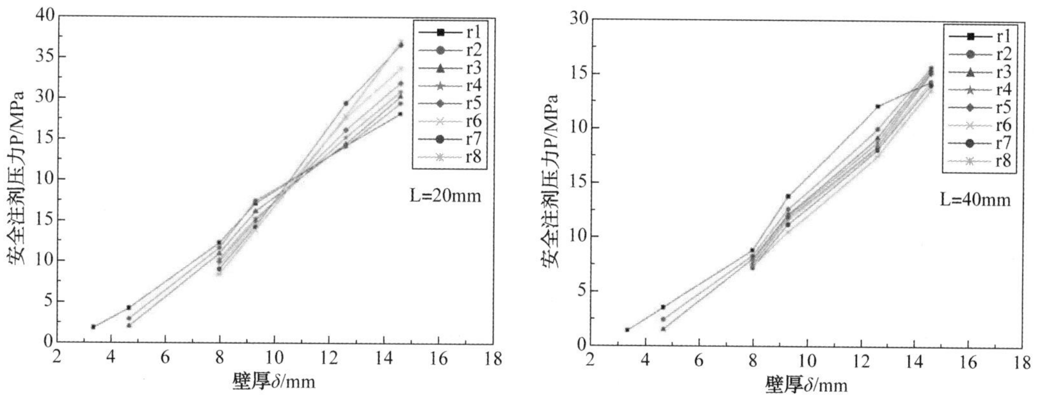

(a)槽边距L=20mm　　(b)槽边距L=40mm

图6　壁厚与安全施工压力关系曲线

3.2.3　槽边距对安全施工压力的影响

绘制胶槽距与安全施工压力之间的关系曲线，以缺陷半径为10、20mm为例说明，如图7所示，在壁厚和缺陷半径一定的情况下，其安全施工压力是随着槽边距的增大而减小。

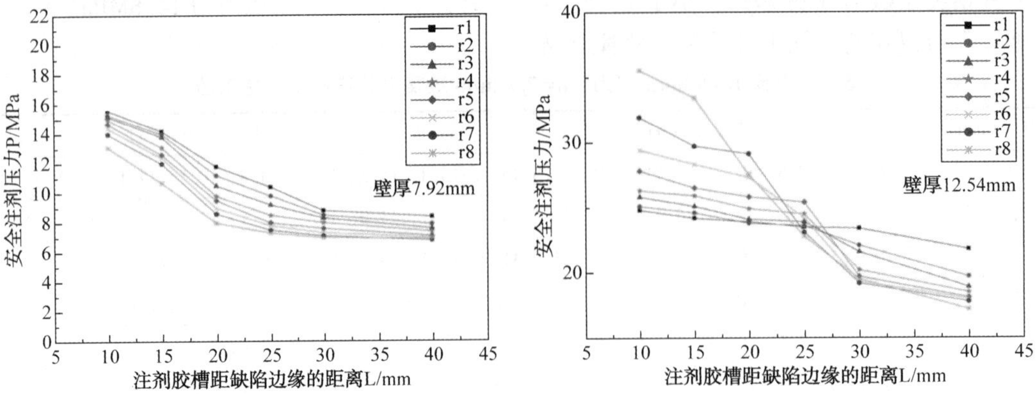

(a)缺陷半径r=10mm (b)缺陷半径r=20mm

图 7 槽边距与安全施工压力关系曲线

3.2.4 缺陷半径对安全施工压力的影响

绘制缺陷半径与安全施工压力之间的关系曲线，以管道壁厚分别为 7.92、14.52mm 为例说明，如图 8 所示，在不同壁厚下其安全施工压力随着缺陷半径的变化趋势不同：壁厚比较小的时候，安全施工压力随着缺陷半径的增大而直接减小；当壁厚比较大且槽边距较小时，安全施工压力随着缺陷半径的增大而直接增大；当壁厚比较大且槽边距较大时，安全施工压力随着缺陷半径的增大而先增大后减小或者直接减小；且壁厚越大，安全施工压力随着缺陷半径的增大而直接减小的次数越少，出现波峰的可能性越大。

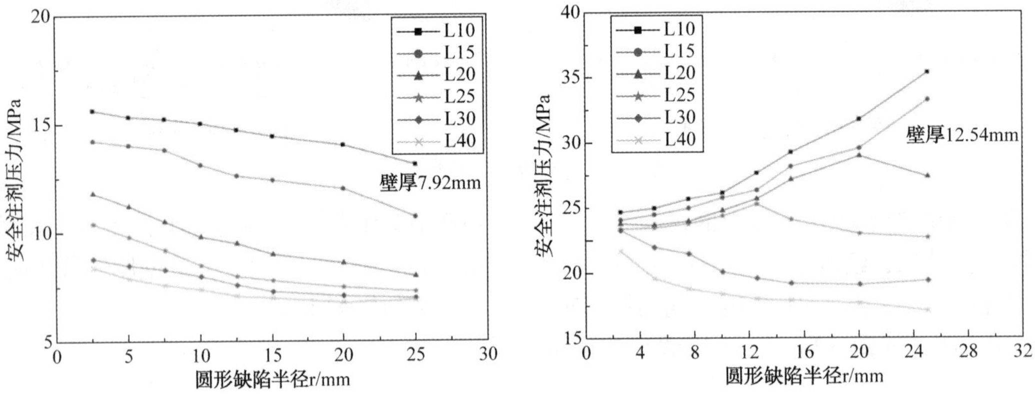

(a)壁厚δ=7.92mm (b)壁厚δ=12.54mm

图 8 缺陷半径与安全施工压力关系曲线

3.3 多因素拟合安全施工压力

均匀设计法是以数据的均匀性为出发点，它考虑实验点的均匀分散性，将实验点均匀地分布在实验数据范围内，使得每一个均匀设计的点都具有良好的代表性，以较少的数据来获取较多数据间关系的一种方法，其被创立于 1978 年，在利用均匀设计进行设计时需要根据因素的数量查均匀设计表，根据均匀设计表进行方案的确定。

本文中以壁厚 δ，槽边距 L，缺陷大小 r 三个因素为分析自变量，安全施工压力 P 为因变量，研究三个自变量对安全施工压力的影响，可采用 9 水平的 $U*_9(9^4)$ 表格进行均匀设计表格安排，如表 2 所示。

表 2 $U*_9(9^4)$ 使用表

S(因子数)	D(偏差)			
2	1	2		0.1547
3	2	3	4	0.198

首先确定 3 个因素的取值范围：槽边距 L：L1—L9(10~40mm)，缺陷半径 r：r1—r9(2.5~

24.9)，壁厚 δ：δ1—δ9(6.6~13.2mm)，3 个因素各取 9 个水平，排列如表 3 所示。

表 3　水平取值表

列号	1	2	3	4
1	1	3	7	9
2	2	6	4	8
3	3	9	1	7
4	4	2	8	6
5	5	5	5	5
6	6	8	4	2
7	7	1	9	3
8	8	4	6	2
9	9	7	3	1

按照之前模拟步骤，依据方案表(表 4)进行模拟，得出均匀实验的结果如表 5 所示。

表 4　方案表

序号	δ(6.6mm—13.2mm)	L(10mm—40mm)	r(2.5—24.9mm)
1	8.58	32.5	24.9
2	10.56	21.25	22.1
3	13.2	10	19.3
4	7.26	36.25	16.5
5	9.9	25	13.7
6	12.54	13.75	10.9
7	6.6	40	8.1
8	9.24	28.75	5.3
9	11.22	17.5	2.5

表 5　结果表

序号	δ(mm)	L(mm)	r(mm)	模拟结果(MPa)	拟合结果(MPa)	误差(%)
1	8.58	32.5	24.9	8.1	7.4	8.6
2	10.56	21.25	22.1	18.3	19.1	4.4
3	13.2	10	19.3	34.2	34.6	1.2
4	7.26	36.25	16.5	6.1	5.5	9.8
5	9.9	25	13.7	15.7	15.4	1.9
6	12.54	13.75	10.9	25.8	27.3	5.8
7	6.6	40	8.1	5.9	5.2	11.9
8	9.24	28.75	5.3	13.1	13.8	5.3
9	11.22	17.5	2.5	21.6	21.1	2.3

通过结果发现：壁厚 δ，槽边距 L 和缺陷半径 r 三个因素共同影响安全施工压力 P，通过对模拟的数据进行拟合可以得到安全施工压力 P 的计算模型：

$$P=0.417805+2.094624\delta-0.16222L-11.358r+5.670376\delta^{-2.314}L^{9.29553}+9.237152\delta^{0.082653}r^{1.011466}-0.00313L^{1.275006}r^{1.347422}+4.78\times10^{-5}\delta^{-1.74987}L^{3.115319}r^{1.588667}$$

3.4　安全施工压力计算软件

结合计算机工具对不同情况下的安全施工压力进行软件编制，可以达到提高隔离腔式不动火抢修作业效率、应急抢修效率、施工作业成功率的目的。由于应急抢修作业的目的是避免或减少事故的发生或损失，同时要保证较高的成功率，因此软件的设计思路以简单、用户操作方便为原则，如图 9 所示。

通过输入管道规格(管径/壁厚)、内压、缺陷半径的数值，点击安全施工压力计算按钮，可计算出该情况下的安全施工压力。例如：管型 168/13mm 的金属管道，内压 6.4MPa，圆孔缺陷半径 6mm，安全施工压力计算结果为 25.12MPa。

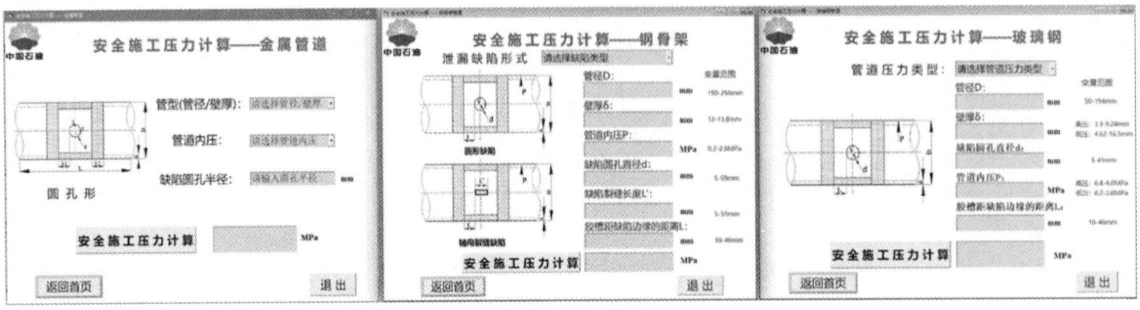

图 9　安全施工压力计算界面示意图

4 现场应用情况

截至目前，该技术已授权发明专利 11 项，并在石油石化油气集输、处理领域进行广泛的推广应用。通过技术实施，自 2016 年至今，替代油气站库内动火作业 196 次、减少油气水管线焊接维修 667 次、减少原油停产损失 2.442 万吨、减少蒸汽泄漏损失 25.17 万吨、减少注汽井修井作业井次 839 井次、减少原油泄漏产生的含油污泥 2.565 万吨，合计节约运行成本 1.8 亿元，投入产出比达 1：6.8，有效避免了因泄漏造成的安全风险、环境污染及停产损失，取得了显著的经济社会效益。该工艺引领不动火维抢修向更安全、更专业进步，促技术由单一应急维抢修向全要素产业化转型，并逐步发展为管道完整性及全生命周期管理的一种实用维护技术。

5 结论

（1）针对油气集输管道，以本质化安全为理念，研发隔离腔式不动火抢修技术，实现不停输、不动火条件下对失效管道的快速密封、修复及强度升级。

（2）采用有限元分析法，结合试验数据，建立出符合实际的理论力学模型，对失效管道的材质、缺陷形式等进行系统的力学分析，模拟评估分析安全施工的关键影响因素。

（3）应用均匀设计法，将管道壁厚、槽边距及缺陷大小等多因素，拟合出安全施工压力的计算模型，并形成软件，有效提高作业效率、应急抢修效率及施工成功率。

（4）经过近年来千余次现场应急维抢修作业，充分验证了技术经济可行性，取得了显著的安全环保和社会经济效益。

参 考 文 献

[1] 梁爱国，蒋华义，等．油气管道维抢修密封卡具的安全检测与应用[J]．中国安全生产科学技术，2019(1)：129-132.

[2] 梁爱国，齐傲江，等．钢骨架塑料复合管带压开孔的有限元模拟[J]．油气储运，2020(1)：99-101.

新型管道智能通径检测器检测系统设计分析

崔平正[1,3] 王 京[2] 林 泉[3]

[1. 中国石油新疆培训中心；2. 中油(新疆)石油工程有限公司；
3. 乌鲁木齐市泰瑞赛驰机电科技有限公司]

摘 要 原油、天然气长输管道通径检测是长输管道施工过程中必须要做的常规检验之一，其目的在于发现施工过程可能引起的管道异常变形。本文介绍了以检测管径原始尺寸完整性为目标，进行变形数字化建模、制造工艺、运行过程控制、检测系统智能化、数据处理及解释等研究，研制的一套以机械、电子、流体传动与控制、激光位移传感器检测控制、计算机软件、材料工程等为技术手段的新型(视窗型、气囊型)管道智能通径检测器，重点对检测系统的功能、设计进行了分析，以及在管道施工生产现场的应用，弥补了传统的机械式管道通径检测器不足之处，提高了管道内壁变形缺陷识别、数据采集以及变形量大小、变形点位置分析处理的准确性，据此进行开挖作业，对管道及时修整，消除事故隐患。

关键词 管道；新型管道智能通径检测器；激光位移传感器；检测系统；设计

1 引言

由于原油、天然气长输管道施工过程中，管道在吊装、运输、下沟时的机械撞击、沟底坚石的顶压等诸多因素影响，使其产生凹陷、椭圆变形、弯曲等，使得此部位强度降低，产生应力集中，流体摩阻增大，在投产运行过程中，管道内流体内摩擦阻力加大，增加了相应的能耗，严重的变形部位甚至导致管道破裂，造成停产，产生巨大的经济损失，同时带来很大的安全及环境污染问题。因此，油气长输管道测径检验在施工过程中必须要依据 GB50369《油气长输管道工程施工及验收规范》进行检验，其目的是发现施工过程可能引起的管道异常变形，及时整改。国内的管道通径检测器，一般采用机械接触式探头，如轮式、杆式、探针式，由于施工现场地理环境因素，缺少水源，导致管线内部虽然经过清扫，依然尘土较大，还有焊渣、焊缝等诸多因素，从而对机械式通径检测器自身结构构成恶劣的运行环境，造成检测臂、传感器的损伤，导致缺陷检测准确性降低，漏检率增大。新型管道智能通径检测器就是针对这些具体工况和问题，采用专门结构形式与激光位移传感器结合，进行非接触测距测量管道内径的技术来克服机械式通径检测器存在的问题，提高工作效率、检测准确度和精度。

2 新型管道智能通径检测器检测系统方案及功能

2.1 管道变形信号检测方案

新型管道智能通径管道检测器变形信号检测采用激光位移传感器，它使用激光三角测量法，可非接触精确检测被测物体的位置、位移、距离等几何量的变化，适用于高精度、短距离的测量，激光发射器通过镜头将可见红色激光射向被测物体表面，经物体反射的激光通过接收器镜头，被内部的 CCD 线性相机接收，根据不同的距离，在不同的角度下“看见”这个光点，根据这个角度及已知的激光和相机之间的距离，数字信号处理器就能计算出传感器和被测物体之间的距离。同时，光束在接收元件的位置通过模拟和数字电路处理，并通过微处理器分析，计算出相应的输出值，并在用户设定的模拟量窗口(模拟量与开关量输出可独立设置检测窗口。)内，按比例输出标准数据信号。我们选择该类型激光位移传感器(如图 1 所示)用于新型(视窗型)管道智能通径检测器，检测管线变形程度，最高线性度可达 1um，分辨率更是可达到 0. 1um 的水平。

2.2 管道变形位置信号检测方案

在管道变形大小信号检测的同时管道里程测量技术与定位技术密切相关，管道内检测器常用的管内定位技术又与传感器技术密切相关，里程测量系统与硬件水平的发展密切联系。目前应用

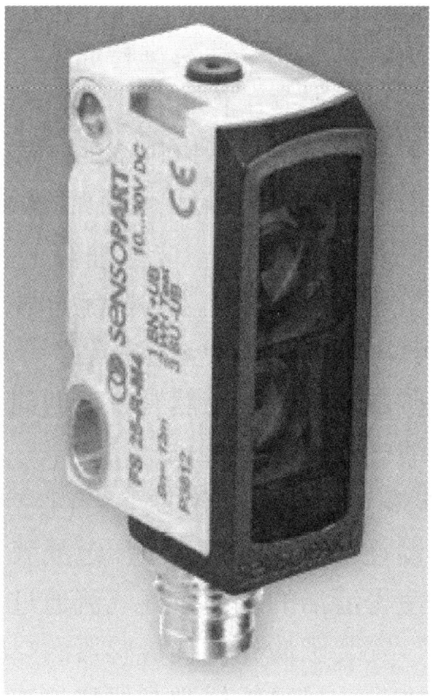

图 1　激光位移传感器

比较广泛的还是基于光电式编码传感器的里程轮定位，即通过统计脉冲数来定位。国外 ROSEN 等管道公司普遍采用高精度的惯性器件，可实现较高精度的检测，但是对硬件的要求高，成本大，并且计算量很大。里程轮是新型管道智能通径检测器里程计量装置，它的工作状态和测量精度决定里程测量和缺陷定位的可靠性。在复杂的管道实际环境中，保证里程轮的正常工作并持续输出高精度的脉冲信号摆在了重中之重。它得出高精度脉冲信号就可准确判断检测器的位置，进一步准确定位管道的变形和缺陷位置。里程轮在运行过程中容易出现打滑等异常现象，如何快速跟踪多路信号并优选出最优路进行输出并实时进行切换，是整个检测技术的难点。新型管道智能通径检测器在沿管道行进过程中，里程轮(图 2)紧贴管道壁，当管道有形变，形变部位将压迫向内偏转，将位移量变为电信号，传感器内部的永磁体产生的磁场在里程轮的齿隙边缘发生变化，霍尔元件捕捉到磁场变化，输出的电压信号经过后端的放大电路，通过输出脉冲，可迅速的将里程的脉冲输入后续里程优选电路进行存储，用于后续数据处理。

激光位移传感器与里程轮装置上的转速传感器同步运行，将管线检测的变形数据及对应的位置数据采集到记录仪系统，构成激光位移传感器、里程轮、工业控制机三位一体组成管线检测及数据采集系统，实现管道变形大小数据采集及位置的确定。

图 2　里程轮装置

2.3　新型管道智能通径检测器结构方案

新型管道智能通径检测器结构上与传统的机械式管道通径检测器大不相同，属于非接触式，设计有视窗型和气囊型两种方案，这主要是基于信号检测和数据采集的准确性，考虑到检测器在管道内部变速运动情况下，激光位移传感器在变形信号采集遇到的各种因素的干扰，尤其是对光线光波的影响导致数据漏失和精度降低

3　新型(视窗型)管道智能通径检测器的结构及工作原理

3.1　结构

新型(视窗型)管道智能通径检测器(如图 3)主要由机械系统、电子系统两大部分组成。其中：1)机械系统主要是：过滤器部分、密封及信号皮碗部分、骨架部分等组成；2)电子系统主要是：管道检测部分、里程检测部分、跟踪定位部分组成。另有一些具有辅助功能的细节组成部分。

3.2　工作原理

新型(视窗型)管道智能通径检测器在空压机提供的压缩空气驱动下，前密封导向皮碗、后密封导向皮碗与管壁紧密配合在管线内向前方(如图 3 所示，即向左方)移动进行管道缺陷检测作业时，在运行的过程中，如遇到管线有变形点，激光位移传感器发出的光源位于测量范围内，瞬间感应测得变形信号，捕捉到缺陷和变形信息，使得管线变形量的大小被记录在电路板存储器，同时，里程轮上的转速传感器也记录下了该位置点，并将该数值发送至数据采集装置中，数据采集装置即可计算出里程轮所行走的距离。管道内的压缩气体全部作用在新型(视窗型)智能通径检测器推动它前行，由于气流调节阀的作用，使得速度可控，它的速度在设定范围内基本稳定，保持了运行相对平稳，从而避免了缺陷的漏检，提高检测了准确性和精确度。当检测器从入口端进入，到出口端取出，该段管线段的检测工作完成。

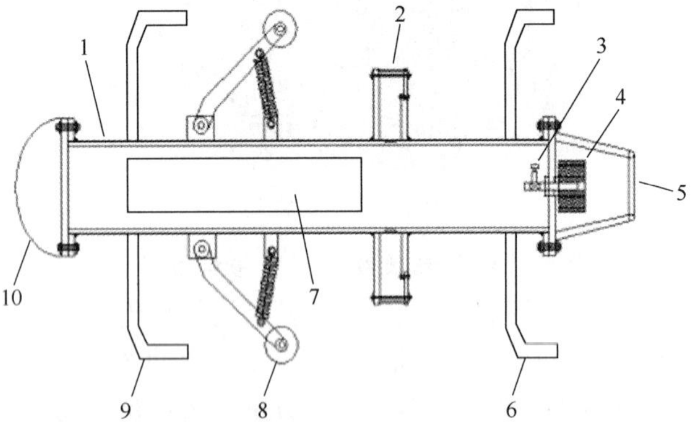

图3　新型(视窗型)管道智能通径检测器结构示意图
1—检测器筒体；2—激光位移传感器仓；3—气流调节阀；4—微正压过滤装置；5—压缩空气；6—后密封导向皮碗；7—电子舱(数据存储仓)；8—里程轮；9—前密封导向皮碗；10—防撞头

4　新型(视窗型)管道智能通径检测器检测系统防护功能

4.1　激光位移传感器光信号干扰源的分析

4.1.1　施工环境因素

原油、成品油、天然气管线施工现场都是处于野外环境，挖沟作业时，地表受到破坏，挖出的土方堆积在沟边，风力较大时，尤其是在西北地区，造成沙尘扩散，而管道焊接、检验后，下放安置到沟底，进行填埋作业，虽然要平整管线填土表面，依然形成了浮土面。当空气压缩机启动时，新型(视窗型)管道智能通径检测器在压缩机产生的气压动力作用下，被推动在管线内部运行，进行检测工作，尽管空气压缩机入气口配有过滤器，但是，细微的粉尘还是混合在压缩空气中进入管线。

4.1.2　管线内部环境因素

由于管子在运输，焊接作业，吊装下沟等作业过程中，其内部虽然经过投球清扫的流程，依然存在灰尘、铁锈、水及杂物等，不可能做到完全的清洁，这是存在的现实状况。

4.1.3　空气压缩机因素

空气压缩机靠润滑油来进行润滑、冷却和压缩腔室的密封，在其工作过程中，喷入压缩腔室的油雾，受高剪切应力后以极细的气雾和液珠状进入空气，致使气流中悬浮的油雾由 0.01～1μm 范围的油滴所组成。这些油雾，在离开压缩机之前，通过油气分离器(兼有分水和滤尘等功能)尽可能地被从压缩空气中除去，以提高排气气体的质量，但是，依然有一定的油、水、灰尘存在压缩气体中。

4.2　微正压过滤装置设计

通过设置自主研发的微正压过滤装置作为空气滤清器使得清洁的压缩空气气流通过调节阀进入密闭的、安装了激光位移传感器的空间，防止灰尘杂质进入，尽可能使激光位移传感器工作环境的清洁，使其正常发射和接收信号。当压缩空气进入检测器筒体后端盖上安装的空气滤清器，经过过滤转化为清洁气体，通过气流调节阀、导气管，流入检测器的筒体，再经过与激光位移传感器仓相通的两个通孔流入传感器仓，清洁的压缩空气再通过传感器仓上的多个通孔不断向外吹出，气体源源不断的流入半封闭式的传感器仓而形成微正压环境，使得激光位移传感器仓外部与管道形成的容积腔内的灰尘无法进入仓内，保证了它发光表面的清洁度，从而保障了新型(视窗型)管道智能通径检测器正常、有效、可靠的完成管线检测工作。

4.3　运行速度自动控制装置设计

运行速度自动控制装置的气流调节阀可自动的控制检测器行走速度，当速度达到限定值时，阀体上设置的调速通道开启，后方管道内的部分高压气体通过阀进入调速气管线内再经出气孔排出，从而降低推进力起到降低其行走速度的目的，当运行速度小于限定值时，阀关闭，管道内的全部高压气体全部作用在检测器的后方，推动其前进，起到增加推进力提高其移动的目的，使得新型智能通径检测器的速度可控，运动速度在设定范围内恒定，从而避免了缺陷的漏检。

5　现场应用及分析

新型(视窗型)管道智能通径检测器在某某油气管线某支线 DN800 管道(813mm)某支线 147km，根据水源及线路高差以及周期性长的控制性工程情况，将某管线支线划分为 16 个试压区段。按照《管道智能测径通径检测器操作规程》(XJYJ/GDJCQ-ZZGC)对管道采取测径工作与试压工作同步进行，在某支线已完成试压87.461km，完成测径70.562km，其中某某首站-某某BQA110桩线路32.62km测径是本阶段检测的重点：因为首次在某支线上执行20km以上长距离测径，在测径过程中，出现了新型(视窗型)管道智能通径检测器因在1#阀室主球阀处受阻，管内压力自0.3Mpa升至1Mpa时，它飞速通过主球阀，瞬时时速达110km/h左右，导致数据采集准确性受到影响。经过分析研究决定：复测方案中，减少了气密性聚氨酯皮碗的安装数量，改用材质相对较柔软的深底单皮碗代替部分气密性浅底硬质皮碗。再次对该长距离测径段按新制定的技术方案、措施进行了复测，保证数据准确。完成的智能测径段包含1#、3#阀室，某某定向钻单出图穿越，全线最高点落差147m石方段较集中的某山等复杂地质结构，检测完各段落管道内径，采集了相关的数据。通过管道现场实际检测应用，在管道内部获取了各项检测数据，通过软件处理分析，未发现大于、等于或超出国家标准GB 50369《油气长输管道工程施工及验收规范》的管道内径变形情况，检测结果合格。

图4　非接触式(视窗型)管道智能通径检测器现场应用图

新型(视窗型)管道智能通径检测器在以上油气长输管道工程进行试验性应用，既检验了整体结构、性能，又测试了各部分的功能及相互协调性、完整性。尤其是激光位移传感器和里程轮装置组成的检测系统这一关键部分得到了检验，其功能基本符合设计要求，但是防尘装置的效果有待于改进、完善。而新型(气囊型)管道智能通径检测器就可以克服以上视窗型存在的问题，从自身检测系统上考虑激光位移传感器安置的内部，与外部灰尘等隔开，最大限度的保障了光源信号不受干扰，进一步提高缺陷检测的精确度及工作效率。

6　结语

新型(视窗型)管道智能通径检测器针对油气长输管道施工完成后，对整个管线是否存在缺陷的检测以及定位，其激光位移传感器和里程轮装置组成的检测系统作为数据识别、采集的部分起到了关键作用。它克服了国内传统的机械式通径检测器运行状态不稳定造成的数据信号失真、探头易磨损、漏检率高等不足之处，提高了管道内径缺陷检测的精确度及位置的准确性，提高了工作效率，据此进行管道变形缺陷处开挖作业，对其及时进行修整，消除管道事故隐患。但是，其整体性能还有待深入的研究，其结构细节需要深化研制。

参考文献

[1] American Society of Mechanical Engineers. ASME B31.82010Gas transmission and distribution piping systems[S]. New York ASME：2012.

[2] Tolmasquim S T, Nieckele A O. Design and control of pig operations through pipelines[J]. Journal of Petroleum Science and Engineering, 2008, 62(3-4)：102-110.

[3] 代莉莎，张仕民，朱霄霄等，油气管道通径检测器技术研究进展．油气储运，2012，31(11)：808-813.

[4] 宋华东，蒋兴桥，郭晓婷等．非接触管道通径检测器[J]. 管道技术与设备，2015，(4)：30-32.

[5] 辛君君，董甲瑞，黄松岭等．油气管道变形检测技术[J]. 无损检测，2008，30(5)：285-294.

[6] 李淮颖，曹家枞，聂雪丽．多管式低阻高效空气过滤器的阻力特性研究[J]．洁净与空调技术，2003，38(2).

[7] CHUNG Wenwei, LAGENAUR C F, YAN Yimin, et al. Developmental expression of neural cell adhesion moleculesin the mouse neocortex and olfactory bulb [J]. The Journal of Comparative Neurology, 1991, 314(2)：290-305.

[8] Fletcher C A J. Computational tcchniques for fluid dynamics, Vol I：Fundamentals and general techniques. 2nd ed. Berlin：Springer- Varlag, 1991.351.

水下穿越管道智能化检测技术研究与实践

沈　蔚[1]　杨朝禹[1]　吴冠霖[2]　唐　雨[3]　陈　涵[3]　何　沫[3]

［1. 上海海洋大学海洋科学学院；2. 安东石油技术(集团)有限公司；
3. 中国石油西南油气田分公司安全环保与技术监督研究院］

摘　要　管道是保障经济民生的重要油气运输途径，管道敷设不可避免会穿过各类河流，过江穿越管道长期以来都是检测领域的难点，利用声呐探测技术对过江管道进行大范围的探测和评估，是一种十分有效的手段。本文对过江管道智能化检测关键技术和平台开展了初步研究，设计了多平台多源声学探测方案，开发了多波束点云管道自动识别技术与侧扫声呐图像管道自动识别技术，并开展了实际应用。实例结果表明，通过多平台获得的高精度的点云和声呐图像数据，经过一系列的识别提取后，能够有效探测过江穿越管道的裸露悬空等情况，为管道的后续维护提供准确的数据依据。

关键词　穿越管道；检测；识别；智能化；声呐

1　绪论

1.1　管道检测的重要性

当管道遇到水体障碍物时，一般采用穿越管道或者跨越管道的方式，管道从下方穿越障碍物称为穿越管道，从上方穿越障碍物称为跨越管道。从管道建设来看，穿越方式比跨越方式的数量要多很多，也是未来越过障碍得主要方式，然而，一方面穿越管道水下自然环境极其复杂，管道覆盖物常年受到水流冲击，同时人类水上航运等活动频繁影响管道安全运行；另一方面管道运行接近或达到使用年限，管道安全运行风险升高。管道一旦破损不但会直接带来环境问题，而且也会极大影响居民的生产生活。所以对管道的定期检测和维护，是保证管道的安全运行的必要工作。

1.2　智能化的必然性

当前，管道调查主要分为内检测和外检测。内检测方法根据检测的传感器和原理又分为很多种，且需要满足检测器运行的工况和通过性等，本文重点介绍外检测方法。外检测方法一般分为工程物探和潜水物探两类。工程物探方法效率高，适合宏观大范围的探测，而潜水物探只适合小尺度范围精细化管道检测。由于声波在水下具有远距离高效传播的特点，因此多波束声呐探测、侧扫声呐探测等声学工程物探技术在水下障碍物识别、水下沉船和文物打捞、水底资源环境调查等方面发挥了重要的作用，目前仍然是管道检测的一种常用方法。此外电磁法也是一种常用的工程物探方法，该方法利用了介质体的磁性差异来探测水下的铁磁异常体，从而探测管道位置及其状态。潜水物探通常以潜水员下水探摸为主，可以获得较为准确的管道信息，但效率低且对潜水员的生命安全威胁较大。随着水下机器人的发展，无人潜水探物逐渐取代了传统的潜水员潜水物探。

随着科学技术的进步，无人化智能化探测技术逐步成为水下探测的一种重要手段。以无人测量船、水下机器人等为代表的无人化探测平台，相较于传统的船载平台，控制灵活、成本低、效率高，可长时间作业，审批流程简单。无人化智能化平台，减少了人员的投入，极大地降低了探测风险和成本，必将是未来过江穿越管道检测的主要手段。

本文从穿越管道智能化检测角度出发，研究了过江管道智能化检测关键技术和平台开展了初步研究，设计了多平台多源声学探测方案，开发了多波束点云管道自动识别技术与侧扫声呐图像管道自动识别技术，并利用无人船搭载多波束测深声呐和侧扫声呐系统，水下机器人搭载高清图像声呐开展了过江穿越管道检测的综合应用。

2　智能化穿越管道检测方案

2.1　主要设备

1）多波束测深声呐

多波束测深声呐通过接收声波的反向散射信号进行水下测量。多波束系统的信号发射和接收是由 n 个一定角度分布的指向性正交的两组换能器来完成的。该种发射接收方式使得多波束系统可以获得与航行方向垂直的条形窄波束脚印的三维坐标，从而形成水底点云。布设适当间距测线，使得相邻波束部分重叠，可以实现大范围覆盖地形测量。以 NORBIT 公司的 NORBIT WBMS 多波束测深系统为例，其主要技术参数如下表 1。

表 1　NORBIT WBMS 多波束主要技术参数

工作频率	360~440KHz，80KHz 带宽	量程范围	0.2m-200m
条带宽度	典型 140°，(7°~179°在线连续可调)	波束角度	0.9°×1.9°
波束个数	256 等角/等距	功率	55WMAX (12-28VDC)
重量	大约 9.5KG(空气中)，6KG(在水中)	距离分辨率	<10mm

2）高清侧扫声呐

侧扫声呐条带宽度通常大于 100m，利用回波信号的强弱实现水底目标的识别，高频侧扫声呐可以获得高分辨率的声学图像，可用于探测管道的裸露悬空情况，从而为管道检测提供支持。以瑞典 Deepview 公司出品的紧凑型、高清侧扫声呐 Deepvision 为例，其主要技术参数如下表 2。

表 2　Deepvision 侧扫声呐主要技术参数

工作频率	340 kHz/680 kHz 双频	拖鱼长度	850mm
最大扫描宽度	每侧 200m	水平波束宽度	0.6°
最高分辨率	5 cm	垂直波束宽度	60°
直径	60mm	长度	100mm

3）高清图像声呐

图像声呐可以理解为是一种高分辨率声学摄像机，可在浊水中取得近似于光学摄像机的高清晰度声学图像。图像声呐通常采用高频多波束发射和接收，高端型号采用声学透镜技术，具有消耗电力少、体积小重量轻、携带方便，高清成像等特点。以 DIDSON 双频识别声纳为例，其主要技术参数如下表 3。

表 3　DIDSON 双频识别声呐主要技术参数

指标	低频	高频
工作频率	1.1MHz	1.8MHz
波束宽度(双向)	水平 0.4°；垂直 14°	水平 0.3°；垂直 14°
波束数	48	96
脉冲宽度	16，32，64，128μs	4，8，16，32μs
空中重量/水中重量	7kg/1.0kg	

2.2　智能化检测平台

1）无人测量船

无人测量船通常是以无人船为载体，搭载各类声呐仪器的水下地形数据采集系统，具有易组装、便携带、精度高等优点。以上海华测导航出品的华微 6 号无人船为例，其 15kg 全碳船身，可在 6 级风、4 级浪的海况下稳定工作。其搭载多波束（NORBIT iWBMS）或侧扫声呐（Deepvision）可进行大范围水下探测，获得高密度三维点云和高清声呐图像，基于智能算法识别和提取水底管道目标，并分析其埋藏状况。

图 1　华微 6 号无人船

2）水下机器人

水下机器人也称无人遥控潜水器，是一种工作于水下的极限作业机器人。目前，水下探测以悬停式机器人与履带式机器人为主。悬停式机器人，操控灵活，适用于流速较小的水况下，多方位的近距离观察；履带式爬行机器人，适合高流速水况下的水底管道检测。两类水下机器人，均可搭载高分辨率图像声纳、光学摄像头和机械手等装置，对疑似裸露的管道进行抵近观察和取证。

图 2　Seamor Shark V 多功能水下机器人

图 3　水下履带式机器人

2.3　检测流程与策略

在管道检测时应该先进行高精度 RTK 定桩，确定管道起终点，标明管道走向。第一步利用船载多波束声呐和侧扫声呐，按照测线进行大范围的扫描测量，实现全域高精确测量，获得管道裸露的初步信息。第二步，通过 DIDSON 等高清图像声呐在近距观测，进一步确认管道状况。穿越管道检测技术流程如图 4 所示。

对多波束声呐、侧扫声呐以及 DIDSON 高清图像声呐的分析结果表明，单一的探测方法难以完成穿越管道检测的全部工作。侧扫声呐可以获得管道的大体位置，工作效率高，但是当测区水文情况复杂时，识别判读难度较大，对检测人员专业和经验要求高。多波束探测可以获得水下地形(包括管道)的起伏状况，从地形异常隆起判读管道出露，但探测成本高，数据处理工作量大。DIDSON 等图像声呐在近距离有优良的图像效果，可以代替潜水员，确认管道细节，验证前期声呐探测结果。

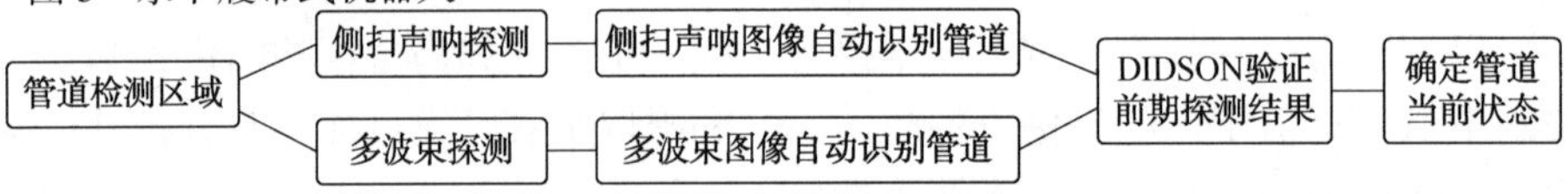

图 4　穿越管道检测技术流程图

3　裸露管道自动识别提取技术

3.1　多波束点云管道自动识别

多波束声呐在水上作业时，船体难免会受到风浪、海流等的影响，使得采集的数据出现大量的噪声点。因此需要对采集到的原始点云数据进行滤波处理，尽量剔除因各种因外部因素和仪器自身因素产生的噪声点数据，保留水下地形数据以及目标物数据，流程图如图 5 所示。

多波束点云滤波算法已有众多研究成果。刘哲等利用多波束声呐扫描海底管道并生成三维点云，运用三维点云重建算法得到管道规则平整的点云数据；陈嘉阳等提出一种顾及地形复杂度因子权重的多波束点云抽稀算法，确保了点云数据的完整性并完善地形细节；崔晓冬等提出多波束点云自动化滤波算法，将噪点按距离分类，并将多种滤波器组合，简单有效，有较强的适用性；Yu Yan 等提出一种结合最优参考曲面和趋势面滤波的多波束自动滤波方法，根据统计滤波后的地形数据构建最优参考曲面，然后利用过滤后的非噪声数据构建趋势面并过滤原始数据；Fan Zhang 等提出一种基于 KD 树的自适应趋势面过滤方法，将多波束数据划分为多个子块，然后利用趋势面滤波算法对每个子块进行分析，以更准确地反映真实地形。

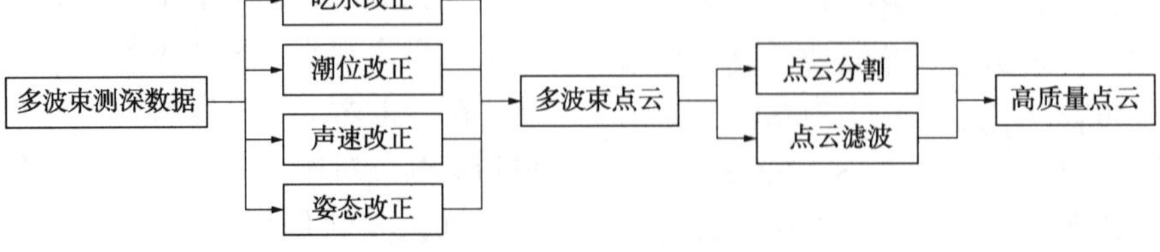

图 5　多波束点云处理流程图

本文采用基于 Ransac(Random Sample Consensus, Ransac)算法的多波束点云管道提取方法对管道进行识别，Ransac 算法将多波束点云分为内外点集，将内点集近似拟合为海底平面，外点集为管道。Ransac 算法可以从一组数据中估算出最优的数学模型，且这组数据包括异常值在内，所以，该算法被大量应用于直线与平面拟合。Ransac 算法在进行拟合计算时，假设所要进行拟合的一组数据中包含正确数据和异常数据(噪声数据)。将该组数据中的正确数据记录为内点集(inliers)，将异常数据记录为外点集(outliers)。本算法的核心思想是计算时存在的随机性和假设性。随机性是在拟合计算时，抽样数据是由出现正确数据的概率来随机选择的，根据大数定律，该种方法的随机性拟合可以近似获得正确的拟合计算结果。假设性是在拟合计算时，假设随机选择的所有样本数据都是正确数据，再通过使用正确数据中符合的模型来计算其他点，计算后比较结果的拟合程度，若拟合程度较低则重复迭代，直至获得最优的拟合模型。管道提取算法流程如图 6 所示。

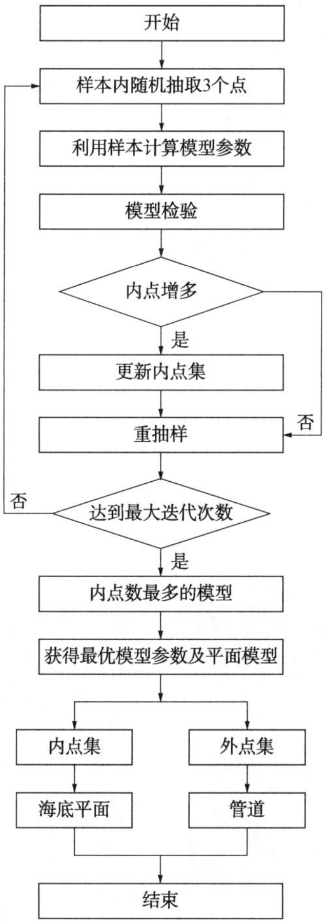

图 6　基于点云提取管道算法流程

3.2　侧扫声呐图像管道自动识别

采集到的侧扫声呐图像的处理通常分两个阶段：(1)数据预处理阶段，对声呐图像进行几何校正和强度校正；(2)信息提取阶段，使用相应算法和程序，分割地形、管道等目标。

侧扫声呐系统采集的原始数据解码后生成时序图像，通常伴有大量噪声和畸变失真问题，需进行增益均衡、斜距改正(消除水体)、滤波消噪、镶嵌拼接、地理编码等处理。侧扫声呐图像的预处理过程使用的主流软件有 Caris、Triton Map、HyPack、Sonarwiz 等，预处理的主要目的是实现侧扫声呐图像的底跟踪、TVG 增益、镶嵌、拼接等功能。

大量学者针对侧扫声呐图像的目标提取开展了研究，李书东等提出了一种改进的 You Only Look Once X(YOLOX)目标检测方法，并将其应用于侧扫声呐沉船检测中，有效提升了检测精度；葛锡云等提出一种非局部均值滤波算法与 GPU 加速的方法，既可以较好处理声呐图像，又能达到水下小目标检测实时性的要求；刘晓亚等提出了一种深度学习与数学形态学相结合的方法，可以实现侧扫声呐图像的沙波谷线的高精度提取；Ju He 等提出了一种基于低秩稀疏矩阵分解的声呐图像小目标检测方法，不仅获得了更好的检测性能，而且在不同信杂比条件下均具有较好的鲁棒性；Li Zhuoyi 等提出了一种基于卷积神经网络的水下多环境 SSS 图像目标识别方法，可以在嵌入式图形处理器上以 95.3 的平均精度和至少 45 帧/秒的速度减少计算量和提高推理速度。

本文根据管道在声呐图像中的后向散射强度特征、形状特征、尺度特征，对经过预处理后的侧扫声呐图像自动识别提取管道。对大量侧扫声呐图像中管道进行观测分析，总结其特征后得到如下信息：1)管道在图像中的后向散射强度明显区别于背景区，反映在图像上为灰度值远大于均值；2)管道及其阴影区的提取以与其具有相同标准的二阶中心矩的椭圆的离心率作为衡量标准。3)在 1 和 2 的基础上，以尺度特征作为辅助特征筛选出管道。基于上述特征总结，对预处理后的图像进行管道信息的提取，流程如图 7 所示。

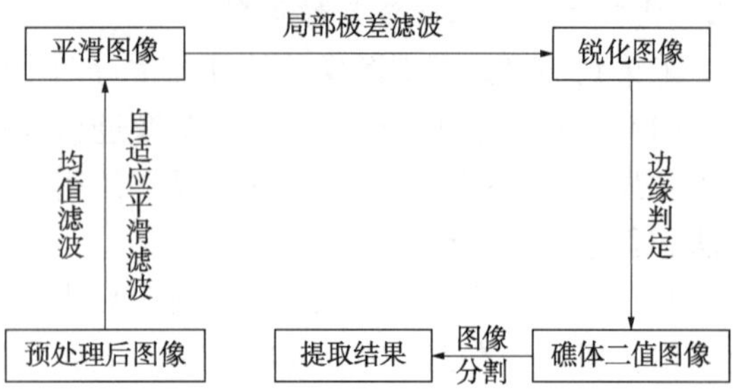

图 7　声呐图像自动提取管道技术流程

4　水下穿越管道智能化检测实例

本文所研究的水下穿越管道智能化检测方法，在长江某段水域开展了实际应用，效果良好。该水域江面宽度约 840 米，江底底质以礁石、鹅卵石和泥砂为主，水文条件复杂，航道流速大航运繁忙。本次探测在穿越管道两侧各 100 米范围内，首先利用无人船搭载多波束声呐和侧扫声呐多次往返测量，获得大量原始数据。经过 CARIS 等软件处理后，获得水下地形和管道的三维数据。在初步分析疑似管道裸露后，再利用水下机器人搭载 DIDSON 图像声呐进行抵近探测，进一步确认和测量管道的裸露和悬空数据。

4.1　多波束点云分析

利用无人船对实例水域进行反复走航式多波束全覆盖扫描测量，经处理后形成高分辨率水下地形点云，如图 8 所示。点云显示该区域北部有明显疑似管道的水下构筑物，水下地形起伏较大，且疑似管道附近有深大深坑(最深处约为 8.9 米)。

图 8　实例区域水下地形点云

采用 3.1 节介绍的管道自动识别技术对该图像中疑似管道进行提取，通过多次分割，将地形点云与管道点云分离，获得的管道三维点云，其三个角度如图 9(a)(b)(c)所示。

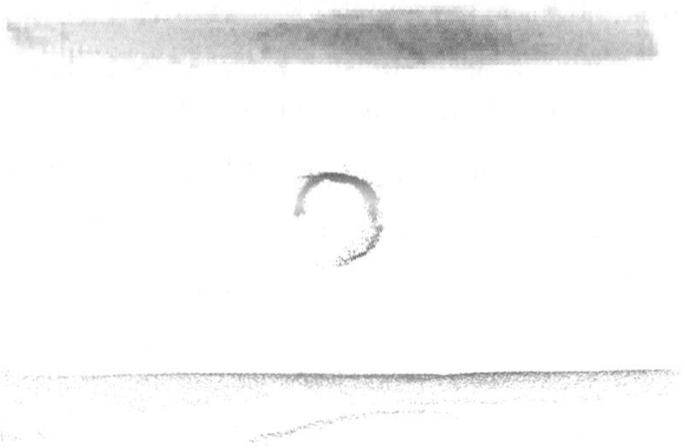

图 9　提取的管道点云三视图
(a 俯视图，b 正视图，c 侧视图)

4.2　侧扫声呐图像分析

利用无人船对实例水域进行反复走航式侧扫声呐探测，利用 Deepview4 采集和数据处理侧扫声呐处理，经过图像增强、底跟踪、镶嵌拼接等一系列处理，最终获得了完整的水下声学图像。侧扫声呐拼接后的实例水域声呐图像如图 10 所示，疑似裸露管道轮廓清晰，没有明显悬空。

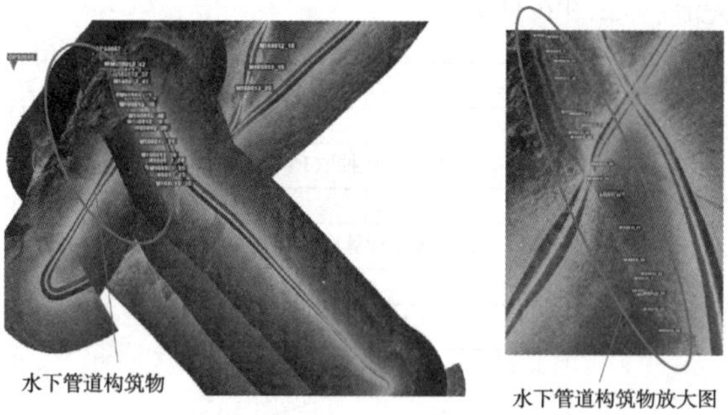

图 10　侧扫声呐探测结果图

4.3　DIDSON 图像分析

操作人员操控水下机器人，利用其搭载的光学摄像系统和 DIDSON 图像声纳对前期多波束声呐和侧扫声呐初步探测到的疑似管道裸露进行抵近观察，效果如图 11 所示。

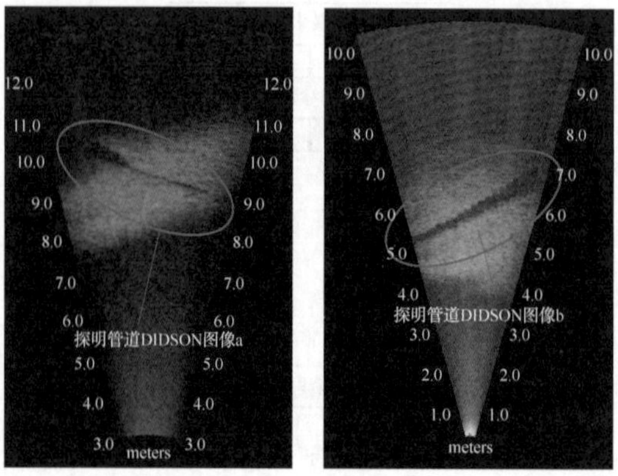

图 11　DIDSON 探测结果图

通过不同角度的 DIDSON 声学图像，可精确获得裸露管道是否悬空等详细信息，进一步确认前期声呐探测的初步结果，将以往潜水员下水探摸管道改为了以声学手段确认管道状态，避免了潜水安全事故的发生。

4.4 多源数据叠加分析

依据获得的多波束声呐点云、侧扫声呐图像及 DIDSON 的高清声图，可综合判断穿越管道位置和埋藏裸露情况。同时，多源数据可以相互比对，相互印证，避免虚警发生。本实例中，多波束点云和侧扫声呐进行图像叠加印证，效果如图 12所示。

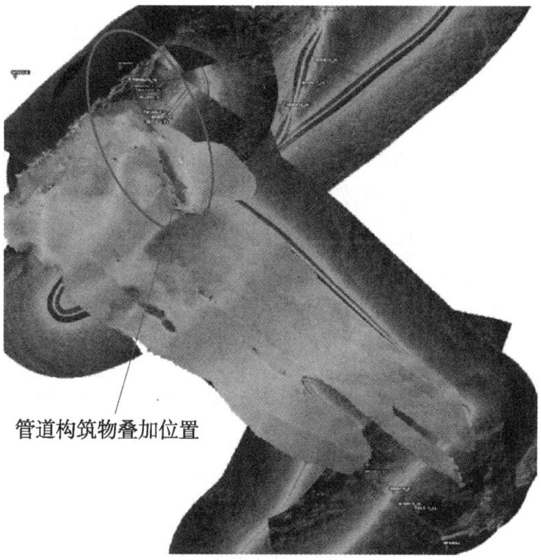

图 12　多波束数据和侧扫声呐叠加印证分析

将实例区域的多波束点云数据与侧扫声呐图像进行叠加后，可发现两种结果在空间上完全一致，相互吻合。在侧扫声呐图像上发现管道的位置，在多波束点云数据上发现明显的高程起伏。该管道穿越段两种数据叠加后，可相互印证裸露管道的形态，三维尺寸。

5 总结与展望

本文设计了穿越管道智能化检测方案，介绍了侧扫声呐、多波束声呐和 DIDSON 图像声呐等关键探测设备，研究了无人船、水下机器人等无人化平台搭载多源探测设备进行穿越管道检测的技术方案，并开展了实际应用研究。

针对裸露管道的多波束点云自动识别、侧扫声呐图像自动识别关键技术开展了研究，实现了自动化裸露管道的识别提取，提高了管道检测的效率和精度，为后续大水域穿越管道的外检测工作提供了十分有意的参考方案，为穿越管道的维护和安全运行提供技术支持。

目前穿越管道自动化识别提取算法仍存在一定不足。在多波束点云数据自动识别提取管道中，存在将条带地形识别为管道，以及管道点云包含少量地形点的问题，在后续相关研究中，需进一步改进完善。在侧扫声呐图像管道自动识别提取中，在水下地貌复杂的情况下，管道识别误判虚警率较高，在后续研究中，仍需改进算法，进一步提高水下目标分类识别精度。

参 考 文 献

[1] 浦哲，任彬，石生芳等．穿越河流段管道检测方法研究[J]．上海化工，2019，44(11)：29-32.

[2] 张永明，石晓伟，毕建强等．声波探测技术在海底输油管道检测中的应用[J]．海洋测绘，2014，34(01)：65-67.

[3] 张建兴，宋永东，栾振东等．声学探测技术在海底管道外检测中的应用[J]．广西科学，2020，27(03)：217-224.

[4] 李荟．侧扫声呐图像中的管道识别方法[D]．哈尔滨工程大学，2019.

[5] 周小莉，梁文旭，李建等．基于 GPS-RTK 技术的穿越河流管道外检测方法[J]．地理空间信息，2016，14(03)：99-101.

[6] 李利群，王兆景，何惠军．综合水域物探技术在过江管道穿越过程中的应用[J]．浙江建筑，2015，32(10)：42-45.

[7] 鱼京善，成二丽．侧扫声纳系统及其在海洋环境监测和保护中的应用[J]．海洋测绘，2004(02)：63-66.

[8] 刘云凤．浅谈燃气管道穿越河流的方法及要求[C]//中国土木工程学会燃气分会．中国燃气运营与安全研讨会(第九届)暨中国土木工程学会燃气分会 2018 年学术年会论文集(下)．煤气与热力杂志社，2018：95-96.

[9] 黄小卫，郭强，张维佳等．地形地貌检测在琼州海峡 500 kV 海底电缆运维中的应用[J]．海洋技术学报，2019，38(05)：78-85.

[10] 王恒波．综合地球物理方法在海底管道检测中的应用——以舟山大陆引水工程为例[J]．海岸工程，2020，39(03)：169-178.

[11] 来向华，马建林，潘国富等．多波束测深技术在海底管道检测中的应用[J]．海洋工程，2006(03)：68-73.

[12] 吴海京，年永吉．南海东部几种典型海底地貌特征的研究与认识[J]．地球物理学进展，2017，32

(02)：919-926.

[13] 童剑锋，韩军，浅田昭等．基于声学摄像仪的溯河洄游幼香鱼计数[J]．渔业现代化，2009，36(02)：29-33.

[14] Martignac F，Daroux A，Bagliniere J，et al. The use of acoustic cameras in shallow waters：new hydroacoustic tools for monitoring migratory fish population. A review of DIDSON technology [J]. Fish and Fisheries，2015，16(3).

[15] 陆秀平，黄谟涛，翟国君等．多波束测深数据处理关键技术研究进展与展望[J]．海洋测绘，2016，36(04)：1-6+11.

[16] 崔晓冬，沈蔚，帅晨甫等．多波束点云滤波算法初步研究及适用性分析[J]．海洋测绘，2021，41(05)：12-16.

[17] 刘哲，张万远，黄晓霜等．海底管道检测与三维点云重建算法[J]．海洋测绘，2019，39(03)：36-40.

[18] 陈嘉阳，卜宪海，陈殿称等．顾及地形复杂度因子权重的多波束点云抽稀算法[J]．山东科技大学学报(自然科学版)，2022，41(05)：21-29.

[19] 崔晓冬，沈蔚，帅晨甫等．多波束点云滤波算法初步研究及适用性分析[J]．海洋测绘，2021，41(05)：12-16.

[20] Yan Y，Yuan L，Ran L，et al. Multi-beam Data Automatic Filtering Technology [C] International Conference on Geology，Mapping and Remote Sensing，2022：224-228.

[21] Fan Z，Xiaokai L，Shun Z. Research on adaptive trend surface filtering algorithm for multi-beam sounding data based on KD tree. [C] E3S Web of Conferences. EDP Sciences，2019. 01028.

[22] 沈蔚，廖德亮，卢泉水等．基于 Ransac 算法的多波束点云人工鱼礁提取方法[J]．渔业现代化，2023，50(01)：64-70.

[23] Schnabel R，Wahl R，Klein R. Efficient RANSAC for Point-Cloud Shape Detection[J]. Computer Graphics Forum，2010，26(2)：214-226.

[24] Torr P H S，Zisserman A. MLESAC：A New Robust Estimator with Application to Estimating Image Geometry[J]. Computer Vision and Image Understanding，2000，78(1)：138-156.

[25] Chavez S P，Isbrecht J，Galanis P，et al. Processing，mosaicking and management of the Monterey Bay digital sidescan-sonar images [J]. Marine Geology，2002，181(1).

[26] 赵建虎，王爱学，王晓等．侧扫声纳条带图像分段拼接方法研究[J]．武汉大学学报(信息科学版)，2013，38(09)：1034-1038.

[27] 李书东，王晓，张博宇等．基于改进 YOLOX 的侧扫声纳图像沉船检测方法研究[J]．海洋测绘，2022，42(05)：32-36.

[28] 葛锡云，魏柠阳，周宏坤等．基于侧扫声呐的水下小目标检测技术研究[J]．数字海洋与水下攻防，2023，6(02)：155-161.

[29] 刘晓亚，韩留生，李正元等．基于深度学习和形态学的海底沙波谷线提取[J]．海洋测绘，2023，43(02)：65-68+73.

[30] He J，Chen J，Xu H，et al. Small Target Detection Method Based on Low-Rank Sparse Matrix Factorization for Side-Scan Sonar Images[J]. Remote Sensing，2023，15(8).

[31] Zhuoyi L，Deshan C，Leung T Y，et al. Sparsity Regularization-Based Real-Time Target Recognition for Side Scan Sonar with Embedded GPU[J]. Journal of Marine Science and Engineering，2023，11(3).

[32] 沈蔚，马建国，张进等．基于侧扫声纳的人工鱼礁自动识别方法研究[J]．海洋测绘，2019，39(06)：34-37+42.

基于稳定性的海管最小壁厚与配重层分析

李少芳　梁　鹏　王冰月　史淑琴　孙彤文

［中海石油(中国)有限公司天津分公司］

摘　要　海底管道长期处于复杂的海底环境下，容易发生失稳现象，给油气田的安全生产和环境保护带来隐患。海底管道的稳定性设计要综合考虑安装期和运营期的极端工况组合，为此，使用 AGA LEVE Ⅱ软件计算了不同管径海底管道在渤海地区不同土质条件下的侧向稳定性，并对满足稳定性条件下的管道壁厚、配重层等参数进行工程经济分析。结果表明：满足稳定性要求的最小壁厚随着海底管道管径的增大而增大，渤海地区砂土土质条件对于海管配重层厚度的影响更大；满足侧向稳定性的情况下，增加壁厚的经济性均优于增加配重层，满足同样技术要求的情况下，增加配重层比增加壁厚费用指数高 20%～30%。

关键词　在位稳定性；最小壁厚；配重层；经济分析

海底管道的安全稳定对于整个油气田的安全生产起着举足轻重的作用。海底管道的在位稳定性分析是管道设计中较早的环节，为了保证在波、浪、流等复杂海底环境工况下不会发生过大的侧向位移和垂向位移。在位稳定性设计中要综合考虑临时工况和操作工况期间的极端环境工况组合，同时也要结合工程经济性以便达到降本增效的目的。本文以渤海地区环境条件为基础，选取通用的管道参数，使用 AGA LEVEL Ⅱ软件计算不同管径海底管道在不同土质条件下的侧向稳定性，并对满足稳性条件下的管道壁厚、配重层等参数进行工程经济性分析，为海洋工程的降本增效提供理论依据和技术支持。

1　海管稳定性影响因素分析

影响海底管道稳定性的因素主要有波浪流参数、土壤地质条件和海管参数等。

波浪流参数属于环境参数，通常来自一个长期观测的统计值。波的相关参数有有效波高、谱峰周期，流的相关参数有流向和底层流速。

海床一般有砂土、黏土、砂石等组成，图 1 为真实的土壤形态。对于黏土土质，计算稳定性的特征参数是不排水剪切强度 *Su*；对于砂土土质，特征参数是相对密度 *Dr*。

海管参数主要指的是海管的管径、壁厚、水下重量以及表面粗糙度等。

下文将针对渤海某一特定区域的波浪流参数，分析不同海管的参数在多种土质条件下，满足海管侧向稳性的最小壁厚和配重层厚度。

图 1　路由地质勘察得到的不同类型土壤图

2　满足侧向稳性的结构计算

本次计算选取不同黏土条件和砂土条件进行稳定性分析，黏土剪切强度 Su＝2、4、6、8、10、12、14kPa，砂土相对密度 Dr＝0.20、0.25、0.30、0.35、0.40、0.45、0.50、0.65、0.70、0.75、0.80、0.90、1.00。分别对 6 寸、8 寸、12 寸、14 寸和 16 寸管在以上土壤条件下的稳定性分别进行分析，表 1 为不同尺寸海管的计算壁厚(其中 12 寸、14 寸和 16 寸管为双层海管，并进行了重量等效)。表 2～表 5 为不同管径海管在各工况下所需的配重层厚度和满足稳定性的最小壁厚。

表 1 海管壁厚计算列表

管 径	壁 厚
6 寸	9. 5mm、10. 9mm、12. 7mm、14. 3mm
8 寸	9. 5mm、11. 1mm、12. 7mm、14. 3mm、15. 9mm
12 寸	14. 3mm、15. 9mm、18. 0mm、19. 7mm、21. 4mm、23. 1mm、24. 8mm
14 寸	14. 3mm、15. 9mm、17. 5mm、19. 4mm、21. 1mm、22. 8mm、24. 5mm、26. 2mm、27. 8mm
16 寸	17. 5mm、19. 1mm、21. 9mm、23. 6mm、25. 2mm、26. 9mm、28. 6mm

表 2 8 寸海管配重层厚度及最小壁厚(黏土)

配重层厚度		黏土剪切强度 S_u/kPa						
		2	4	6	8	10	12	14
壁厚/mm	9. 5	40mm	40mm	40mm	40mm	40mm	40mm	40mm
	11. 1	40mm	40mm	40mm	40mm	40mm	40mm	40mm
	12. 7	0	40mm	40mm	40mm	40mm	40mm	40mm
	14. 3	0	0	0	0	0	0	0
最小壁厚		12. 7mm	14. 3mm	14. 3mm	14. 3mm	14. 3mm	14. 3mm	14. 3mm

表 3 12 寸海管配重层厚度及最小壁厚(黏土)

配重层厚度		黏土剪切强度 S_u/kPa						
		2	4	6	8	10	12	14
壁厚/mm	14. 3	40mm	40mm	40mm	40mm	40mm	40mm	40mm
	15. 9	0	0	40mm	40mm	40mm	40mm	40mm
	18. 0	0	0	0	40mm	40mm	40mm	40mm
	19. 7	0	0	0	0	40mm	40mm	40mm
	21. 4	0	0	0	0	0	0	0
最小壁厚		15. 9mm	15. 9mm	18. 0mm	19. 7mm	21. 4mm	21. 4mm	21. 4mm

表 4 14 寸海管配重层厚度及最小壁厚(砂土)

配重层厚度		砂土相对密度 D_r						
		0. 20	0. 25	0. 30	0. 35	0. 40	0. 45	0. 50
壁厚/mm	14. 3	40mm	40mm	40mm	50mm	60mm	60mm	70mm
	15. 9	40mm	40mm	40mm	40mm	50mm	60mm	60mm
	17. 5	0	40mm	40mm	40mm	40mm	40mm	40mm
	22. 8	0	0	0	0	40mm	40mm	40mm
	24. 5	0	0	0	0	0	0	40mm
	27. 8	0	0	0	0	0	0	0
最小壁厚		17. 5mm	22. 8mm	22. 8mm	22. 8mm	24. 5mm	24. 5mm	27. 8mm

表 5 16 寸海管配重层厚度及最小壁厚(砂土)

配重层厚度		砂土相对密度 D_r						
		0. 20	0. 25	0. 30	0. 35	0. 40	0. 45	0. 50
壁厚/mm	17. 5	40mm	40mm	40mm	40mm	50mm	60mm	70mm
	19. 1	0	0	40mm	40mm	50mm	50mm	60mm
	21. 9	0	0	0	40mm	40mm	40mm	40mm
	25. 2	0	0	0	0	40mm	40mm	40mm
	26. 9	0	0	0	0	0	0	40mm
	28. 6	0	0	0	0	0	0	0
最小壁厚		19. 1mm	19. 1mm	21. 9mm	25. 2mm	26. 9mm	26. 9mm	28. 6mm

从表2中可以看出，在黏土条件下，对于8寸管道的最小壁厚范围较小，在壁厚较小(9.5mm)时均需要增加40mm的配重层，当壁厚增大至一定数值(14.3mm)时，均不需要增加配重层；从表3中看出，在黏土条件下，对于12寸管道，最小壁厚在15.9mm到21.4mm之间，14.3mm壁厚时所需的配重层厚度无差异。从表4中看出，在砂土条件下，14寸管道的最小壁厚区间范围较大，在15.9mm到21.4mm之间，且相对密度较大时(Dr=0.5)，小壁厚(14.3mm)对应的配重层厚度已达到70mm；从表5中看出，砂土条件下，16寸管道的最小壁厚区间范围在19.1mm到28.6mm之间。

3 海底管道投资对比分析

海上油气田海底管道投资包括材料费、预制费以及海上安装费三大部分。壁厚不同影响管道材料费、预制费，配重层厚度差异主要带来预制费变化，壁厚、配重层厚度综合影响铺设施工效率进而影响海上安装费。

表6 不同壁厚海底管道直接费用差异及影响因素

费用类别	影响因素
材料费	管径、壁厚、材料单价
预制费-防腐费用、预制费-配重费用	管径、防腐单价、配重层厚度、配重层预制单价
海上安装费-平管段	管径、壁厚、配重层厚度、船舶单价

从表6可以看出影响各项直接费用差异的影响因素，据此建立计算模型公式如下：

$$C=\frac{z\times(1+y)\times(d^2-(d-2\times b)^2)\times\rho}{4\times10^{10}} \quad (1)$$

式中，C为单公里材料费，万元；z为材料单价，元/吨；y为采办余量,%；d为管道直径，毫米；b为管道壁厚，毫米；ρ为钢材密度，千克/立方米。

$$F=3.1416\times d\times f_p/10^6+p_p\times10^{-2} \quad (2)$$

式中，F为单公里防腐费用，万元；d为管道直径，毫米；f_p为防腐单价，元/100平米；p_p为配中层单价，元/10米。

$$S=(h+r\times r_p+i\times t)/10^4 \quad (3)$$

式中，S为单公里海上平管段施工费，万元；h为单公里施工材料消耗，元；r为单公里海上平管段施工人工数，人/天；r_p为人工单价，元/天；i为含油水船舶单价，元/天；t为单公里海上施工天数，天。

$$Y=C+F+S \quad (4)$$

式中，C为单公里材料费，万元；F为单公里防腐费用，万元；S为单公里海上平管段施工费用，万元。

根据计算模型进行计算，不同管径、壁厚、配重层厚度下费用差异进行对比。

如表7所示，8寸管径时，在不同黏土剪切强度下，结合上文表2中配重层、最大壁厚需求，当壁厚增大至12.7mm时因全部不增加配重层，费用最低。

表7 8寸海管配重层厚度及最小壁厚费用经济性分析(黏土条件)

配重层厚度		黏土剪切强度 Su/kPa						
		2	4	6	8	10	12	14
壁厚/mm	9.5	125%	125%	125%	125%	125%	125%	125%
	11.1	129%	129%	129%	129%	129%	129%	129%
	12.7	100%	133%	133%	133%	133%	133%	133%
	14.3	—	104%	104%	104%	104%	104%	104%

若以12.7mm壁厚不增加配重为100%作为基数：黏土剪切强度为2Su/kPa时，费用最低均为最大壁厚12.7mm时，费用指数为100%，费用最高的情形为壁厚11.1mm且配重层厚度40mm情形下，费用指数为129%；黏土剪切强度为4Su/kPa~14Su/kPa时，费用最低均为最大壁厚14.3mm时，费用指数为104%，费用最高均为壁厚12.7mm且配重层厚度40mm情形下，费用指数为133%。

如表8所示，12寸管径时，在不同黏土剪切强度下，结合上文表3中配重层、最大壁厚需求，当壁厚增大至15.9mm时因全部不增加配重层，费用最低。

表 8　12 寸海管配重层厚度及最小壁厚费用经济性分析(黏土条件)

配重层厚度		黏土剪切强度 S_u/kPa						
		2	4	6	8	10	12	14
壁厚/mm	14.3	127%	127%	127%	127%	127%	127%	127%
	15.9	100%	100%	131%	131%	131%	131%	131%
	18.0	—	—	106%	137%	137%	137%	137%
	19.7	—	—	—	111%	142%	142%	142%
	21.4	—	—	—	—	115%	115%	115%

若以 15.9mm 壁厚不增加配重为 100%作为基数：黏土剪切强度为 2*Su*/kPa、4*Su*/kPa 时，费用最低均为最大壁厚 15.9mm 时，费用指数为 100%，费用最高的情形为壁厚 14.3mm 且配重层厚度 40mm 情形下，费用指数为 127%；黏土剪切强度为 6Su/kPa 时，费用最低均为最大壁厚 18.0mm 时，费用指数为 106%，费用最高为壁厚 15.9mm 且配重层厚度 40mm 情形下，费用指数为 131%；黏土剪切强度为 8Su/kPa 时，费用最低均为最大壁厚 19.7mm 时，费用指数为 111%，费用最高为壁厚 18.0mm 且配重层厚度 40mm 情形下，费用指数为 137%；黏土剪切强度为 10Su/kPa ~ 12Su/kPa 时，费用最低均为最大壁厚 21.4mm 时，费用指数为 115%，费用最高为壁厚 19.70mm 且配重层厚度 40mm 情形下，费用指数为 142%。

如表 9 所示，14 寸管径时，在不同砂土相对密度下，结合上文表 4 中配重层、最大壁厚需求，当壁厚增大至 17.5mm 时因全部不增加配重层，费用最低。

表 9　14 寸海管配重层厚度及最小壁厚费用经济性分析(砂土条件)

配重层厚度		砂土相对密度 D_r						
		0.2	0.25	0.3	0.35	0.4	0.45	0.5
壁厚/mm	14.3	120%	120%	120%	127%	131%	131%	135%
	15.9	125%	125%	125%	125%	131%	135%	135%
	17.5	100%	129%	129%	129%	129%	129%	129%
	22.8	—	114%	114%	114%	143%	143%	143%
	24.5	—	—	—	—	119%	119%	148%
	27.8	—	—	—	—	—	—	127%

若以 17.5mm 壁厚不增加配重为 100%作为基数：砂土相对密度为 0.2D_r 时，费用最低均为最大壁厚 17.5mm 时，费用指数为 100%，费用最高的情形为壁厚 15.9mm 且配重层厚度 40mm 情形下，费用指数为 125%；砂土相对密度为 0.25D_r ~ 0.35D_r 时，费用最低均为最大壁厚 22.8mm 时，费用指数为 114%，费用最高为壁厚 17.5mm 且配重层厚度 40mm 情形下，费用指数为 129%；砂土相对密度为 0.4D_r ~ 0.45*D* 时，费用最低均为最大壁厚 24.5mm 时，费用指数为 119%，费用最高为壁厚 22.8mm 且配重层厚度 40mm 情形下，费用指数为 143%；砂土相对密度为 0.5D 时，费用最低均为最大壁厚 27.8mm 时，费用指数为 127%，费用最高为壁厚 24.5mm 且配重层厚度 40mm 情形下，费用指数为 148%。

如表 10 所示，16 寸管径时，在不同砂土相对密度下，结合上文表 5 中配重层、最大壁厚需求，当壁厚增大至 19.1mm 时因全部不增加配重层，费用最低。

若以 19.1mm 壁厚不增加配重为 100%作为基数：砂土相对密度为 0.2D_r ~ 0.25D_r 时，费用最低均为最大壁厚 19.1mm 时，费用指数为 100%，费用最高的情形为壁厚 17.5mm 且配重层厚度 40mm 情形下，费用指数为 123%；砂土相对密度为 0.3D_r 时，费用最低均为最大壁厚 21.9mm 时，费用指数为 108%，费用最高为壁厚 19.1mm 且配重层厚度 40mm 情形下，费用指数为 128%；砂土相对密度为 0.35D_r 时，费用最低为最大壁厚 25.2mm 时，费用指数为 117%，费用最高为壁厚 21. 9mm 且配重层厚度 40mm 情形下，费用指数为 136%；砂土相对密度为 0. 4D_r ~ 0. 45D_r 时，费用最低均为最大壁厚 26. 9mm 时，费用指数为 121%，费用最高为壁厚 25. 2mm 且配重层厚度 40mm 情形下，费用指数为 144%；砂土相对密度为 0. 5D_r 时，费用最低均为最大壁厚 28. 6mm 时，费用指数为 126%，费用最高为壁厚 26. 9mm 且配重层厚度 40mm 情形下，费用指数为 149%。

表 10　16 寸海管配重层厚度及最小壁厚费用经济性分析(砂土条件)

配重层厚度		砂土相对密度 D_r						
		0. 2	0. 25	0. 3	0. 35	0. 4	0. 45	0. 5
壁厚/mm	17. 5	123%	123%	123%	123%	129%	133%	137%
	19. 1	100%	100%	128%	128%	134%	134%	137%
	21. 9	—	—	108%	136%	136%	136%	136%
	25. 2	—	—	—	117%	144%	144%	144%
	26. 9	—	—	—	—	121%	121%	149%
	28. 6	—	—	—	—	—	—	126%

满足相同技术要求的前提下，针对单位长度下增加壁厚与增加配重层的海管投资进行对比，后者比前者增加投资约 20% ~ 30%。具体还需要考虑壁厚增大后能否满足海管其他设计要求以及厂家制造能力等。

4　结论

本文通过对不同管径海底管道在渤海地区环境条件下的稳定性计算，得到了不同管径、不同壁厚、在不同土质条件下，满足稳定性要求的最小壁厚、配重层厚度等，同时详细分析了不同计算结果下的工程经济性。得到以下几个结论：

(1) 满足稳定性要求的最小壁厚随着海底管道管径的增大而增大，渤海地区砂土土质条件对于海管配重层厚度的影响更大。

(2) 黏土土质对于海管配重层厚度的影响不大，砂土土质对于海管配重层厚度的影响较大。

(3) 满足一定稳定性情况下，通过增大壁厚减小配重的措施可以降低海管投资，满足同样技术要求的情况下，增加配重层比增加壁厚费用指数高 20% ~ 30%。

(4) 工程项目中，在降本增效的基础上要结合实际工况与海管结构的其他设计计算确定海管壁厚与配重层厚度。

参　考　文　献

[1] 赵党，郝双户，何宁，等. 海底管道稳定性分析[J]. 舰船科学技术，2013，35(5)：99-102.

[2] 夏秋玲，冯现洪. 悬跨评估新趋势及再海管在役评估中的应用[J]. 海洋工程装备与技术，2018，5(3)：154-159.

[3] 陈俊文，王畅，汤晓勇，等. 海底输气管道在位稳定性设计要点探讨[J]. 当代化工，2020，49(3)：693-696.

[4] 梁鹏，万宇飞，庞洪林，等. 复杂土壤条件下海底管道侧向稳定性计算[J]. 中国海洋平台，2020，35(3)：57-61.

[5] 陈思，孙祥杰，李旭，等. 基于稳定性的长输海底管道配重层优化设计[J]. 石油和化工设备，2022，25：44-47.

[6] 刘晓峰，杨树耕，王晗，等. 基于管土耦合作用的海底管道稳定性分析研究[J]. 中国海洋平台，2016，31(4)：52-65.

[7] 李凯双，周东月，焦志斌. 非线性波浪荷载作用下裸置管道波浪力计算[J]. 石油工程建设，2017，43(1)：18-21.

[8] 刘博，刘晋超，何小花，等. 波浪荷载下非均质海床响应的实验研究[J]. 海岸工程，2018，37(1)：56-65.

[9] DNV-RP-F109, On-Bottom Stability Design of Submarine Pipelines[S]. 2011.

[10] DNV-RP-C205, Environmental Conditions and Environmental Loads[S]. 2010.

[11] DNV-RP-E305, On-Bottom Stability Design of Submarine Pipelines[S]. 1988.

超临界二氧化碳管道止裂韧性预测

甄 莹 曹宇光 刘媛媛

[中国石油大学(华东)，储运与建筑工程学院]

摘 要 碳中和目标下，超临界态 CO_2 管道输送已成为碳捕集利用与封存(CCUS)技术发展的必然趋势。然而，目前超临界 CO_2 管道止裂控制体系尚未构建，管材止裂韧性难以预测，成为限制其广泛应用的瓶颈问题之一。针对该问题，本文通过归纳国内外相关文献及规范标准，对超临界 CO_2 管道止裂控制研究进展及最新标准体系进行了简要综述。在系统收集已开展 CO_2 管道全尺寸爆破实验信息及数据的基础上，对现有止裂韧性预测模型适用性了讨论，在此基础上确定了 CO_2 管道止裂韧性预测模型修正形式，以期为我国 CO_2 管道止裂设计提供参考。

关键词 超临界 CO_2；延性断裂；双曲线模型；止裂控制

我国 CO_2 排放量排名不仅全球第一，而且排放总量超过排名二到四位的美国、俄罗斯和印度的总和，目前还仍然以 2.6%的年均增长率在不断提升。习近平主席先后九次发声，强调中国将采取更加有力的政策和措施，CO_2 排放力争于 2030 年前达到峰值，努力争取 2060 年前实现碳中和。在此背景下，大力发展 CO_2 捕集利用与封存(CCUS)技术不仅是未来我国减少 CO_2 排放、保障能源安全的战略选择，更是推动绿色发展和建设美丽中国的重要手段。

CO_2 管道输送作为 CCUS 的重要环节，是保证碳源与碳汇合理匹配的关键。按照 CO_2 相态特征，目前其管道输送主要有气态、液态、密相和超临界态四种模式。对于大输量、长距离的 CO_2 管道，研究表明，超临界 CO_2(临界点为 $T=31.2℃$，$P=7.38MPa$)兼具液体的高密度与气体的低黏性双重特质，运输效率最高。然而，在此输送状态下，管道全程高压，管材对缺陷格外敏感，极易萌生裂纹。上述裂纹一旦发生快速长程扩展，将会造成严重管道破坏。尽管 CO_2 不像氢化物那样易燃易爆，但它是一种窒息性气体，一旦管道断裂、CO_2 大量泄放，将会严重危害人民生命财产安全。如 2020 年 2 月美国密西西比州发生的 CO_2 管道断裂事故，CO_2 羽流扩散范围达 30~40 公里，造成 45 人住院、200 余人疏散。因此，超临界 CO_2 管道止裂控制研究迫在眉睫。

基于天然气管道爆破实验数据建立的半经验 Battelle 双曲线(BTC)模型是目前最经典、应用最广泛的管道止裂控制方法。然而，近期开展的全尺寸爆破实验表明，BTC 模型对超临界 CO_2 管道并不适用。尽管国内外研究机构及学者就 CO_2 超临界输送状态下管道断裂机理及止裂控制方法开展了大量研究，但目前尚未建立起系统的管材止裂韧性指标确定方法。针对上述问题，本文对超临界 CO_2 管道止裂控制方法及最新标准进行了简单综述，并对国外已开展的 CO_2 管道全尺寸爆破实验数据进行了收集，在此基础上，提出了超临界 CO_2 管道止裂韧性预测模型修正形式，以期得到较为保守的止裂韧性预测结果。

1 超临界 CO_2 管道止裂控制研究进展

作为经典的止裂控制方法，BTC 模型以裂纹扩展速度为判据，将气体减压和裂纹扩展看成两个无关的过程，气体减压压力与减压波传播速度的关联公式利用理想气体定律建立，如式(1)所示：

$$P_d=P_0\left[\frac{2}{C_\gamma+1}+\left(\frac{C_\gamma-1}{C_\gamma+1}\right)\frac{V}{V_a}\right]^{\frac{2C_\gamma}{C_\gamma-1}} \tag{1}$$

式中，P_d 为管道内气体减压压力，MPa；P_0 为断裂前的管道初始压力，MPa；V 为减压波速度(给定减压压力水平的传播速度)，m/s；V_a 为初始压力和温度下气体中的声速，m/s；C_γ 是气体初始比热系数，J/(mol·K)。

裂纹扩展速度与管道中应力、管道几何形状和管材止裂韧性有关，其基本预测公式是在管道应力状态分析的基础上，由 Maxey 拟合大量全尺寸管道爆破试验数据而形成，见式(2)：

$$V_f = C\frac{\sigma_f}{\sqrt{R_f}}\left[\frac{P_d}{P_a}-1\right]^m \tag{2}$$

式中，V_f 为裂纹扩展速度，m/s；C、m 为回填常数；σ_f 为流变应力，MPa，$\sigma_f=\sigma_y+68.9$MPa；σ_y 为屈服应力，MPa；R_f 为断裂阻力，J/mm^2，$R_f=C_V/A_C$；C_V 表示 V 型缺口夏比冲击试样冲击功，J；A_C 代表夏比冲击试样韧带面积，mm^2；P_a 为裂纹尖端止裂压力，由式(3)确定：

$$P_a=\frac{4}{3.33\pi}\frac{t}{D}\sigma_f\arccos\left(\exp-\frac{1000\pi ER_f}{24\sqrt{Dt/2}\,\sigma_f^{\ 2}}\right) \tag{3}$$

式中，t 为管道壁厚，mm；D 为管道直径，mm；E 为弹性模量，MPa。

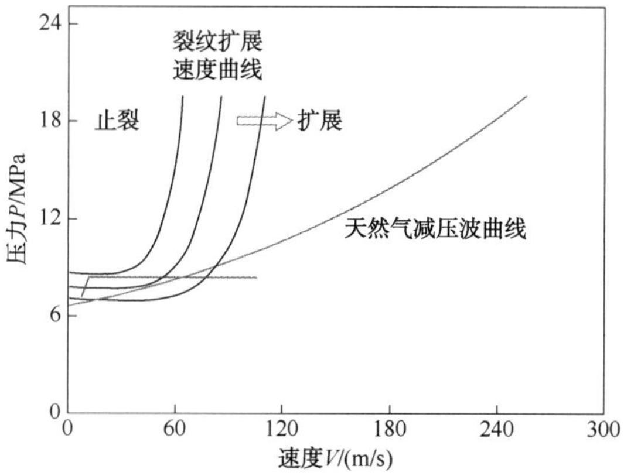

图 1　BTC 模型示意图

由此可确定两组曲线：一组曲线表征不同韧性水平下的断裂速度，是内压或环向应力的函数；一组曲线与气体减压波速有关，也是内压或环向应力函数。如图 1 所示，两条曲线的相对位置决定了裂纹扩展或止裂的可能性：如果两条曲线不相交，意味着在所有压力水平下，减压波速均大于裂纹扩展速度，裂纹将发生止裂；如果两曲线相交或相切，则最少有一点所对应的减压波速和裂纹扩展速度是相等的，这时管道处于发生持续裂纹扩展的临界点，与此条件相对应的韧性即为 BTC 模型确定的止裂韧性。

相较于天然气平滑的减压曲线，理论与实验均表明，超临界 CO_2 减压曲线存在较广的恒定压力区，使得断裂速度曲线与减压曲线的切点出现在压力平稳区。因此，测定超临界 CO_2 管道止裂韧性时无需确定完整的减压速度曲线，如图 1 所示，只需确保止裂压力 P_a(在压力轴向上裂纹扩展速度曲线的截距)高于饱和压力 P_s(减压等熵线与相界线相交时的压力，与气体减压曲线上的压力平稳区一致)。由此，管道止裂临界条件可以写为：

$$P_a \geqslant P_s \tag{4}$$

DNV-RP-J202 与 DNVGL-RP-F104 均基于式(4)对 CO_2 管道止裂条件进行了限定。DNVGL-RP-F104 建议对止裂压力和饱和压力都采用安全系数，但未提供安全系数的具体数值。

King 等将式(3)代入式(4)，并对式中夏比冲击功进行求解，得到了超临界 CO_2 管道止裂韧性预测公式，如式(5)所示：

$$C_V=-\frac{24A_C\sigma_f^{\ 2}\sqrt{Dt/2}}{\pi E}\ln\cos\left(\frac{3.33\pi\sigma_s}{2\quad\sigma_f}\right) \tag{5}$$

式中，σ_s 为饱和压力下管道裂尖环向应力。

为验证双曲线模型对超临界 CO_2 管道的适用性，国外开展了十余次全尺寸爆破实验，上述实验一致表明其适用性较差，式(5)严重低估了超临界 CO_2 管道止裂所需韧性。部分研究人员基于爆破实验数据提出了式(5)的修正系数：Cosham 等认为当修正系数分别取 1.2 和 1.8 时，可使式(5)预测结果与 COOLTRANS 项目开展的两次爆破实验结果一致；SARCO$_2$B 项目开展的爆破实验表明修正系数范围应在 1.6~2.2 之间；Linton 等发现即使采用 1.7 的修正系数，式(5)对于 CO$_2$SAFE-ARREST 项目开展的爆破实验仍然是非保守的；Aursand 等基于 CO$_2$PIPETRANS 项目开展的爆破实验认为将式(5)预测值乘 2 可获得较为保守的结果。

Michal 等基于目前已开展的 CO_2 管道全尺寸爆破实验结果对上述修正系数进行了讨论，并提出一种判定超临界 CO_2 管道能否止裂的经验方法，如图 2 所示。该图表横坐标代表材料断裂阻力，其考虑了材料流动应力、夏比韧性、弹性模量以及几何尺寸等参量；纵坐标表示裂纹驱动力，数值为裂尖环向应力与流变应力的比值。研究人员可根据管道设计参数分别对横纵坐标进行求解，若求解所得坐标点位于图中绿色区域，则表示设计参数可满足管道止裂需求。

在图 2 的基础上，DNVGL-RP-F104_2021 提出了一种 CO_2 管道止裂设计验收标准，如图 3 所示。与 Michal 等的方法类似，根据管道设计参数计算横纵坐标并确定其在图中所处区域，若位于区域Ⅰ，则说明无法确定当前设计是否满足止裂需求，需要开展爆破实验等进行额外评估；

若位于区域Ⅱ，则说明当前设计不满足止裂需求，需要重新进行止裂设计或安装止裂器；若位于区域Ⅱ，则说明当前管道设计可满足止裂需求。此外，该标准对测试管材冲击韧性的夏比冲击试验提出了要求，规定试验应采用2mm压头半径，夏比冲击试样为全厚度，应沿环向取样且尽可能在壁厚中心处；特征 C_V 值为最低设计温度下三次重复试验的平均值，且最低 C_V 值不得小于平均值的75%。同时，由于图3是基于全尺寸爆破实验数据提出的半经验方法，该验收标准具有一定适用性，其仅对管道直径在406.4mm至914.4mm间，壁厚在10mm至26mm间的X60及X65钢级C-Mn埋弧焊TMCP钢管有效，且要求管材 C_V 值要大于等于250J。尽管该标准同样声明，为阻止 CO_2 管道发生延性断裂，管道止裂压力必须大于裂纹尖端的压力，并留有足够的裕度，但其并未推荐任何特定的分析模型来评估 CO_2 管道的韧性裂纹扩展。

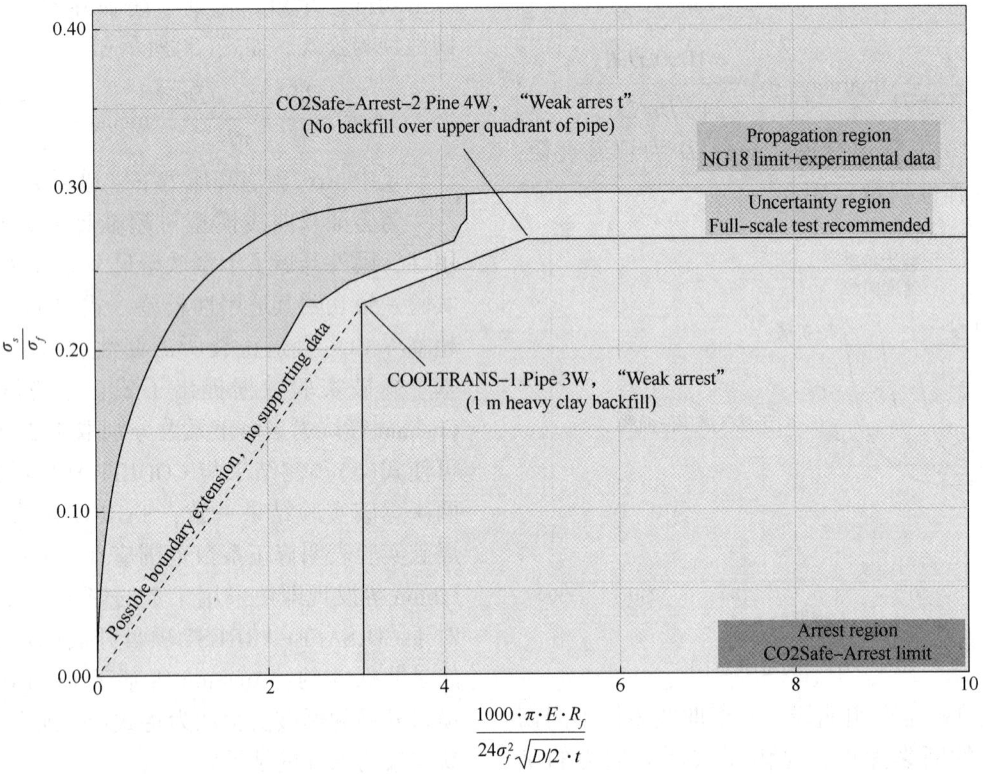

图2　爆破实验数据(扩展区域、止裂区域和不确定区域分别以红色、绿色和橙色显示)

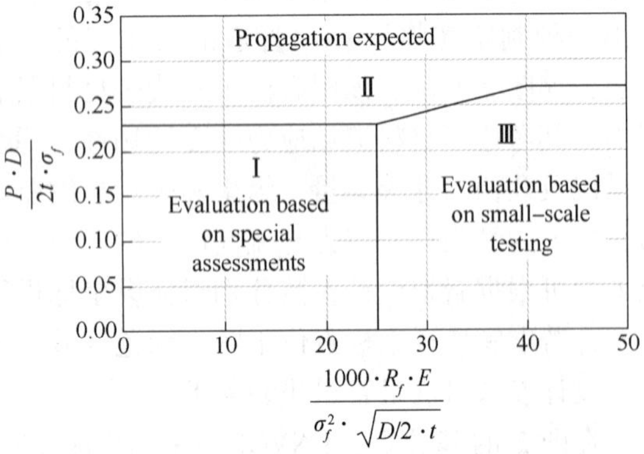

图3　CO_2 管道止裂设计验收标准(DNV 2021)

3　基于全尺寸爆破实验的超临界 CO_2 管道止裂韧性预测模型修正

由前文可知，目前尚未构建起广为接受的超临界 CO_2 管道止裂韧性预测模型。实际上，基于式(5)的修正系数法较为简便且便于工程应用。因此，本文对已开展的爆破实验数据进行汇总，以便基于实验结果确定合理的修正系数。如表1所示，9次全尺寸爆破实验数据覆盖管道直径范围在396.92～914mm之间，壁厚在6.1～25.4mm之间，径厚比在30.5～65.74之间，CO_2 饱和压力范围在3.86～8.9MPa之间；共产生49个有效实验管段数据，其中止裂管段16个，扩展管段33个。

基于式(5)对管道止裂所需韧性进行计算，并将计算结果与管材实际夏比冲击韧性对比，以预测全尺寸爆破实验管道裂纹扩展或止裂。将此预测结果与爆破实验真实结果对比可知，共有29个管段预测结果与爆破实验结果一致，其中止裂管段 12 个，扩展管段 17 个；20 个管段预测结果与爆破实验结果不一致，其中止裂管段 4 个，扩展管段 16 个，进一步说明式(5)无法直接用于 CO_2 管道止裂预测。

表 1 CO_2 管道全尺寸爆破实验信息及止裂韧性预测

项目名称	管道名称	材料等级	直径/mm	壁厚/mm	屈服强度/MPa	极限强度/MPa	管材 C_V/J	饱和压力/MPa	X：止裂 O：扩展	式(5)预测止裂 C_V/J
CO_2PIPETRANS 1	W2	X60	396.92	9.52	449	557	231	6.4	X	52.03
CO_2PIPETRANS 1	W1	X65	403.62	6.22	430	584	128	6.4	O	∞
CO_2PIPETRANS 1	E1	X65	398.82	7.82	299	463	154	6.4	O	∞
CO_2PIPETRANS 1	E2	X65	396.4	13	450	550	367	6.4	X	23.91
CO_2PIPETRANS 2	W2	X60	397	9.52	458	564	241	3.86	—	12.89
CO_2PIPETRANS 2	W1	L415MB	401	6.1	421	583	121	3.86	X	38.25
CO_2PIPETRANS 2	E1	X65M	398.29	7.79	299	467	144	3.86	X	28.23
CO_2PIPETRANS 2	E2	L450Q	393.98	12.88	498	587	328	3.86	—	7.50
COOLTRANS-1	3W	X65	914	25.4	496	589	316	8.05	X	150.63
COOLTRANS-1	2W	X65	914	25.4	496	617	266	8.05	O	150.63
COOLTRANS-1	1W	X65	914	25.4	502	616	214	8.05	O	147.79
COOLTRANS-1	IW	X65	914	25.4	511	655	183	8.05	O	143.98
COOLTRANS-1	IE	X65	914	25.4	523	639	186	8.05	O	139.62
COOLTRANS-1	1E	X65	914	25.4	504	617	207	8.05	O	146.89
COOLTRANS-1	2E	X65	914	25.4	497	614	215	8.05	O	150.14
COOLTRANS-1	3E	X65	914	25.4	467	590	270	8.05	O	169.83
COOLTRANS-1	4E	X65	914	25.4	473	570	311	8.05	X	164.87
COOLTRANS-2	3W	X65	914	25.4	452	545	379	7.34	X	122.72
COOLTRANS-2	2W	X65	914	25.4	496	608	226	7.34	O	109.56
COOLTRANS-2	1W	X65	914	25.4	495	612	196	7.34	O	109.78
COOLTRANS-2	IW	X65	914	25.4	499	619	179	7.34	O	108.92
COOLTRANS-2	IE	X65	914	25.4	495	614	187	7.34	O	109.78
COOLTRANS-2	1E	X65	914	25.4	501	618	197	7.34	O	108.50
COOLTRANS-2	2E	X65	914	25.4	512	622	232	7.34	O	106.36
COOLTRANS-2	3E	X65	914	25.4	468	553	380	7.34	X	116.95
COOLTRANS-3	2W	X65	610	19.65	525	601	343	8.9	X	85.66
COOLTRANS-3	1W	X65	610	19.1	475	588	152	8.9	O	106.70
COOLTRANS-3	IW	X65	610	19.4	462	582	97	8.9	O	106.23
COOLTRANS-3	IE	X65	610	19.3	478	572	106	8.9	O	101.73
COOLTRANS-3	1E	X65	610	19.2	490	600	173	8.9	O	99.51
COOLTRANS-3	2E	X65	610	19.5	531	633	330	8.9	X	86.42
SARCO$_2$-1	N2	X65	610	13	500	596	258	6.1	—	83.13
SARCO$_2$-1	N1	X65	610	12.9	543	624	173	6.1	—	76.80
SARCO$_2$-1	I	X65	610	12.8	549	629	135	6.1	X	77.52
SARCO$_2$-1	S1	X65	610	13.7	462	580	321	6.1	—	79.11
SARCO$_2$-1	S2	X65	610	13.8	496	592	320	6.1	—	70.47

续表

项目名称	管道名称	材料等级	直径/mm	壁厚/mm	屈服强度/MPa	极限强度/MPa	管材 C_V/J	饱和压力/MPa	X：止裂 O：扩展	式(5)预测止裂 C_V/J
$SARCO_2$-2	N2	X65	610	13	500	596	258	7.2	O	∞
$SARCO_2$-2	N1	X65	610	12.5	465	591	260	7.2	O	∞
$SARCO_2$-2	I	X65	610	12.5	468	605	296	7.2	O	∞
$SARCO_2$-2	S2	X65	610	12.6	441	578	271	7.2	O	∞
$SARCO_2$-2	S2	X65	610	13.8	496	592	320	7.2	X	142.67
CO_2SAFE-ARREST-1	3W	X65	610	13.65	481	598	302	7.81	X	∞
CO_2SAFE-ARREST-1	2W	X65	610	13.55	505	622	143	7.81	O	∞
CO_2SAFE-ARREST-1	1W	X65	610	13.4	450	612	107	7.81	O	∞
CO_2SAFE-ARREST-1	1E	X65	610	13.45	453	611	114	7.81	O	∞
CO_2SAFE-ARREST-1	2E	X65	610	13.6	490	614	215	7.81	O	∞
CO_2SAFE-ARREST-1	3E	X65	610	13.7	518	622	247	7.81	X	∞
CO_2SAFE-ARREST-2	4W	X65	610	15	484	591	308	8.38	X	∞
CO_2SAFE-ARREST-2	3W	X66	610	15	508	616	230	8.38	O	∞
CO_2SAFE-ARREST-2	2W	X67	610	14.7	478	594	252	8.38	O	∞
CO_2SAFE-ARREST-2	1W	X68	610	14.25	452	608	99	8.38	O	∞
CO_2SAFE-ARREST-2	1E	X69	610	14.65	454	609	124	8.38	O	∞
CO_2SAFE-ARREST-2	2E	X70	610	14.7	479	588	240	8.38	O	∞
CO_2SAFE-ARREST-2	3E	X71	610	14.7	497	609	264	8.38	O	∞
CO_2SAFE-ARREST-2	4E	X72	610	15	490	595	315	8.38	X	∞

对上述数据进行进一步分析，以式(5)计算所得管材止裂韧性作为横坐标，以管材实际夏比冲击韧性值作为纵坐标，得到图4。在图中绘制不同斜率辅助线，发现当纵坐标与横坐标比值为2.5时，可以将止裂与扩展数据完全分开，因此，确定式(5)修正系数为2.5，CO_2 管道止裂预测公式可以写为：

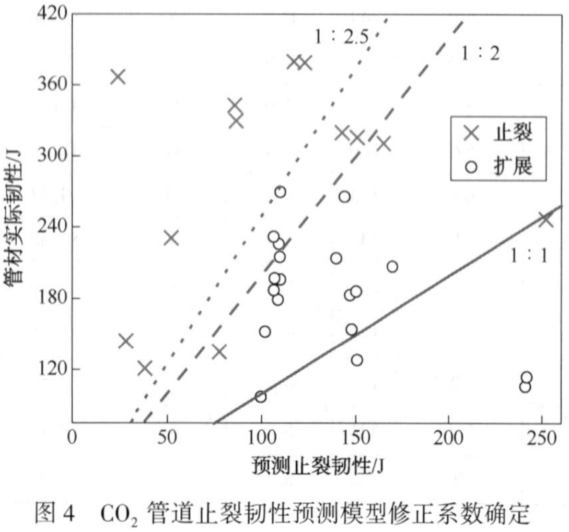

图4　CO_2 管道止裂韧性预测模型修正系数确定

$$C_V=-\frac{60A_C\sigma_f^{\,2}\sqrt{Dt/2}}{\pi E}\ln\cos\left(\frac{3.33\pi\sigma_s}{2\quad\sigma_f}\right)\qquad(6)$$

由于式(6)为基于爆破实验数据建立的半经验模型，因此其适用范围与 DNVGL-RP-F104_2021 中 CO_2 管道止裂验收标准一致。对于适用范围内的管道，可首先由式(6)计算管道止裂所需最小韧性，再根据标准确定其是否处于止裂区域，若无法满足止裂需求，则需进一步提升管材夏比冲击韧性或设计止裂器。

4　结论及建议

防止发生裂纹长程扩展是保障 CO_2 管道安全必须考虑的问题，国内外相关机构及研究人员开展了大量工作，但尚未建立起成熟系统的止裂控制体系，本文通过文献综述与爆破实验数据分析，得到以下结论：

(1) 现有止裂韧性预测公式难以直接用于 CO_2 管道止裂设计，当修正系数取2.5时可以得到较为保守的预测结果，但应注意修正公式的适用范围。

（2）以 CO_2 为介质的全尺寸管道爆破实验数量较少，尚未覆盖全工况，也难以形成有效数据库为相关研究提供支撑，后续应着重针对 DNVGL-RP-F104 中数据缺乏区域开展爆破实验。

（3）建议同时开展高效准确的 CO_2 管道裂纹动态扩展数值模拟研究，以便协助爆破实验为 CO_2 管道止裂设计提供指导。

参 考 文 献

[1] 卢雪梅．CCUS 在油气行业应用进展[J]．石油与天然气地质，2021，42(04)：762.

[2] 李家全．碳捕集利用与封存项目决策方法及其应用研究[D]．北京：中国矿业大学(北京)，2019.

[3] Patricia S，西伊万，赵帅．含杂质二氧化碳管道输送[M]．中国石化出版社，2014.

[4] 滕霖．超临界 CO_2 管道泄漏扩散特性及定量风险评估研究[D]．青岛：中国石油大学(华东)，2019.

[5] Feng YR，Huo CY，Zhuang CJ，et al. Fracture control of the 2nd west to east gas pipeline in China[J]. Procedia Structural Integrity，2019，22：219-228.

[6] 张对红．基于裂纹尖端张开角的管道止裂控制研究进展[J]．油气储运，2021，40(08)：841-847.

[7] Michal G，Stby E，Davis BJ，et al. An empirical fracture control model for dense - phase CO_2 carrying pipelines [C]. In：2020 13th International Pipeline Conference，Online，IPC 2020-9421.

[8] Cosham A，Jones DG，Armstrong K，et al. Analysis of a dense phase carbon dioxide full-scale fracture propagation test in 24 inch diameter pipe[C]. In：2016 11th International Pipeline Conference，Calgary，Alberta，Canada，IPC 2016-64456.

[9] Michal G，Davis B，Stby E，et al. CO_2SAFE - ARREST：A full-scale burst test research program for carbon dioxide pipelines - Part 2：Is the BTCM out of touch with dense-phase CO_2？[C]. In：2018 12th International Pipeline Conference，Calgary，Alberta，Canada，IPC 2018-78525.

[10] Godbole A，Xiong L，Michal G，et al. CO_2SAFE-ARREST：A full-scale burst test research program for carbon dioxide pipelines - Part 3：Dispersion modelling [C]. In：2018 12th International Pipeline Conference，Calgary，Alberta，Canada，IPC 2018-78530.

[11] 陈霖．中石化二氧化碳管道输送技术及实践[J]．石油工程建设，2016，42(04)：7-10.

[12] Maxey W. A. Fracture initiation，propagation and arrest [R]. 5th Symposium on Line Pipe Research，American Gas Association，1974.

[13] Maxey W. A.，Kiefner J. F.，Eiber R. J. Ductile fracture arrest in gas pipelines，final report for PRC Project NG-18[R]. Pipeline Research Council International，1975.

[14] 李玉星，王财林，胡其会，等．含杂质超临界 CO_2 管道减压波波速的预测模型[J]．油气储运，2021，40(09)：1027-1032.

[15] King G G，Kumar S. Designing CO_2 Transmission Pipelines Without Crack Arrestors[C]. 2010 8th International Pipeline Conference. 2010.

[16] Biagio MD，Lucci A，Mecozzi E，et al. Fracture propagation prevention on CO_2 pipelines：Full scale experimental testing and verification approach [C]. 2017，Colorado Springs，1-17.

[17] Linton V，Leinum BH，Newton R，et al. CO_2SAFE-ARREST：A full-scale burst test research program for carbon dioxide pipelines-Part 1：Project overview and outcomes of test 1[C]. In：12th International Pipeline Conference，Calgary，Alberta，Canada，IPC2018-78517.

[18] Aursand E，Dumoulin，et al. Fracture propagation control in CO_2 pipelines：Validation of a coupled fluid structure model [J]. Engineering Structures，2016，123(11)：192-212.

[19] Cosham A，Jones DG，Armstrong K，et al. Analysis oftwo dense phase carbon dioxide full - scale fracture propagation tests [C]. In：2014 10th International Pipeline Conference，Calgary，Alberta，Canada，IPC2014-33080.

地质沉降与焊缝缺陷对输气管完整性的影响

吴永春　刘成钢　钟　源

（中国石油集团川庆钻探工程有限公司苏里格项目经理部）

摘　要　在生产和服役过程中，管道的缺陷和服役环境中的不利因素对管道的完整性有着显著的影响。利用先进的检测手段对这些因素进行分析和评价，以制定相应的风险控制对策、开展风险减缓措施，可以使管道在合理的安全水平范围内运行，从而减少事故发生，保证管道的安全运行的经济性与合理性。在本案例中，利用直读光谱仪、扫描电镜、光学显微镜等设备，对失效输气管的化学成分、变形尺寸、力学性能，断口形貌、环焊缝缺陷进行分析。结果表明，化学成分符合要求，弯曲角明显变小，除屈强比外，力学性能符合要求，断口中存在气孔、裂纹等缺陷。输气管的断裂属于延性断裂。断裂的主要原因是地质剧烈沉降导致的超载。焊缝处存在缺陷是断裂的另一个重要原因。建议对输气管服役环境的地质变动进行密切监控，防止地质灾害对输气管造成破坏。合理设计焊接工艺，严格按照技术要求对输气管进行验收。

关键词　完整性；环焊缝；缺陷；断裂

输气管道完整性是管道承受载荷并保持安全运行的能力。为保证输气管道连续、安全地输送天然气，众多科研工作者为此研发了管道完整性技术，制定出管道完整性管理标准。管道完整性技术和管理标准都会全面地识别影响到到管道完整性的危险因素，然后针对这些因素的影响进行风险评估、完整性评价，再提出应对策略将风险降低至可以接受的水平。识别危险因素、分析危险因素的影响是管道完整性管理的重要内容，值得我们进行深入研究。SY/T 6621—2005 标准对输气管道的危险因素进行了详细分类。危险包括：与时间相关的危害（外腐蚀、内腐蚀、应力腐蚀）；固有因素（与制造管子有关的缺陷、与焊接/制作有关的缺陷、设备因素）；与时间无关的危害（第三方/机械损害、误操作、与天气有关的因素和外力因素）。随着石油天然气工业的发展，越来越多输气管道被敷设在地震带、泥石流多发地区，地质沉降成为威胁输气管道完整性的一个重要因素。输气管焊缝的缺陷也是一个危害到管道完整性的常见因素。大量现场失效表明，由于焊接工艺不合理、焊接操作不规范等因素导致管线钢焊缝中存在夹渣、气孔、裂纹等缺陷。这些焊缝缺陷会削弱钢材的承载能力、加剧管道的局部腐蚀，使焊缝成为管道的薄弱环节。研究表明，在油气管线运行前的施压阶段和运行初期，焊缝失效中有超过 70% 的案例与环焊缝缺陷相关。管线的失效带来了直接经济损失、人员伤亡、环境污染，因此，对管线的失效原因进行详细分析，提出针对性建议，对保证管线的安全运行有着重要的意义。笔者就一起由地质沉降和焊缝缺陷对输气管完整性造成危害的案例进行分析，为输气管完整性的研究提供参考。

某输气站的 Φ508mm 输气管发生断裂。该条管线设计压力 6.3MPa，管径 508mm，该处弯管段管道壁厚 11.0mm，干线管段壁厚 8.0mm。输气管材质为 L415M，3PE 加强级防腐。经过现场反复勘察，断裂管线所处山体为岩石层与土壤层混合结构，底部土壤层突然出现断裂下沉，事件现场可见地表下沉深度约 0.8 至 2m 不等，沉降宽度约 60m。下沉坑走向与管道延伸方向呈十字交叉。初步判断输气管断裂原因为：在山体地质变动过程中，管道受到岩石等硬物的挤压/冲击，产生径向剪切力，导致输气管从环焊缝处断裂。

断裂输气管如图 1 所示。图中左侧为断裂输气管的干线管段 1，右侧为弯管段和干线管段 2。断裂位置为连接干线管段 1 和弯管段的环焊缝。

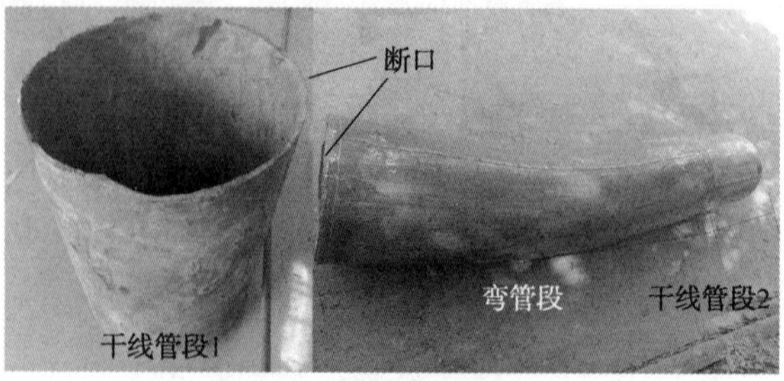

图 1　断裂输气管

1 检测与分析

1.1 化学成分

在输气管弯管弯曲段母材上取样，依据 GB/T 4336—2016 标准进行化学成分分析，结果如表 1 所示，化学成分符合要求。

经计算冷裂纹敏感系数 Pcm<0.20%，两者都符合技术要求。

1.2 弯管变形分析

绘制断裂输气管示意图，见图 2。输气管分为三部分：干线管段 1、弯管段、干线管段 2。直管段规格要求为外径 508mm，壁厚 8.0mm。弯管段规格要求为外径 508mm，壁厚 11.0mm。

表 1 失效油管化学成分检测结果 (wt%)

	C	Si	Mn	P	S	Cr	Cu	Al
	0.081	0.19	1.38	0.010	0.003	0.036	0.0067	0.031
要求最高值	0.10	0.35	1.5	0.02	0.008	—	0.25	—

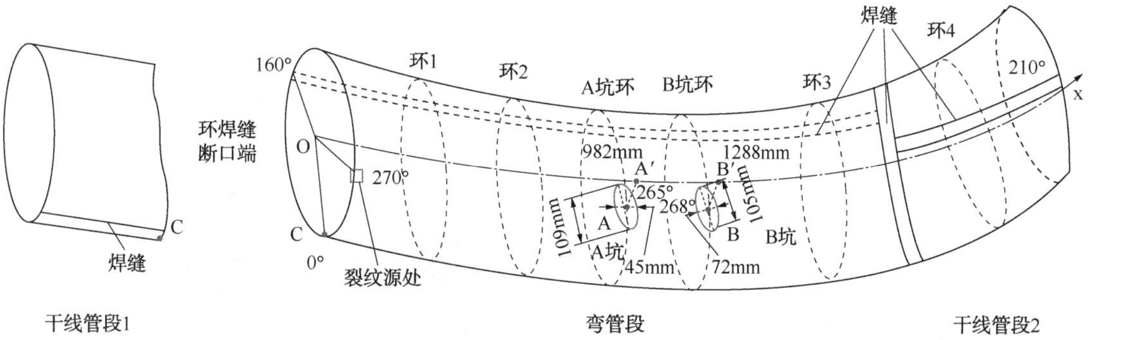

图 2 断裂输气管示意图

如图 2 所示，为描述方便，建立坐标系如下：原点 O 为干线管段 1 的环焊缝的所在圆的圆心，以输送管的中心轴为 x 轴，从干线管段 1 向干线管段 2 的方向为正方向。将干线管段 1 的直焊缝与环焊缝的交点 C 定义为 0°，从干线管段 1 向干线管段 2 看，此时的顺时针方向为正方向。

环焊缝断口的裂纹源中心的坐标为(0mm，270°)。弯管段受外力冲击形成的 A 坑的最凹陷点 A 点坐标为(982mm，265°)，B 坑的最凹陷点 B 点坐标为(1288mm，268°)。弯管段的直焊缝与干线管段 1 的环焊缝圆周的交点的角度坐标为 160°，干线管段 2 直焊缝与自身外端口交点的角度坐标为 210°。A 坑和 B 坑如图 3 所示。

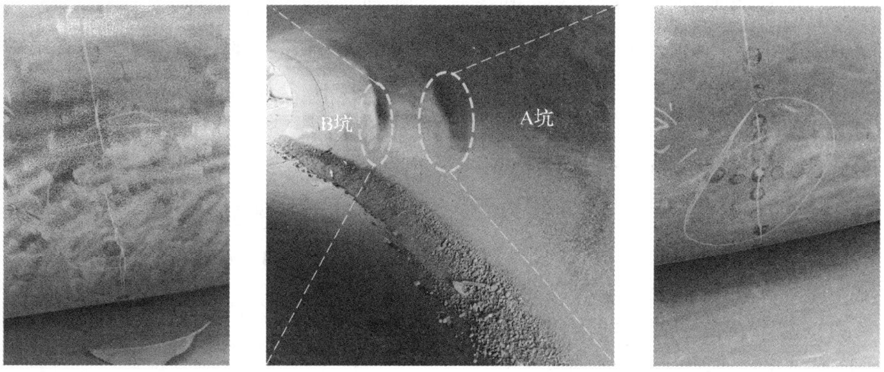

图 3 撞击坑

弯管段轴线长度为 1980mm，干线管段 2 轴线长度为 580mm。两撞击坑位于弯管段外弧侧，形状近似为椭圆形。A 坑长约为 190mm，宽约为 45mm，最凹陷点向半径方向凹陷约 8mm。B 坑长约为 105mm，宽约为 72mm，最凹陷点向半径方向凹陷约 9mm。

如图2所示，在输送管的外表面取6个环，在每个环取均匀分布的30个点测量壁厚。环1长度坐标为300mm(距离环焊缝断口端300mm)。环2长度坐标为600mm。A坑环长度坐标为982mm，经过最凹陷点A。B坑环长度坐标为1288mm，经过最凹陷点B。环3长度坐标为1588mm。环4长度坐标为2280mm。测量壁厚结果图4所示。

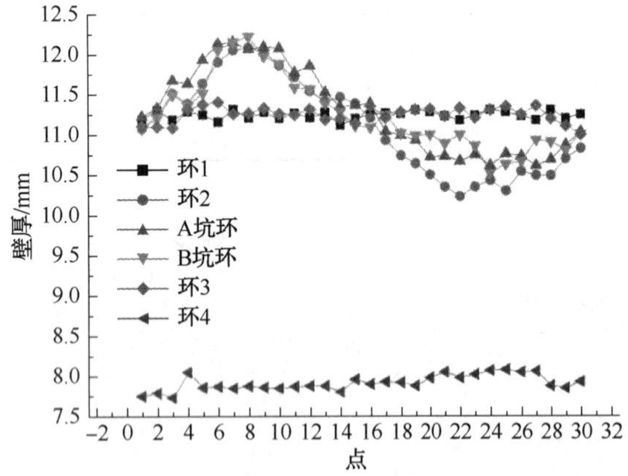

图4　输气管壁厚

如图2、4所示，环4位于直管段的中心，壁厚变化不明显，在7.75~8.08mm之间波动。环1、环3位于弯管段，位置靠近弯管段的端口，壁厚变化不明显。环1的壁厚在11.17~11.33mm之间波动，环3的壁厚在11.01~11.37mm之间波动。环2、A坑环、B坑环位于弯管段的中间位置。受到弯管热煨成型过程的影响，弯管段中心的变形更加明显，弯管段中心的外弧侧(环2第22点，最小值10.24mm)的壁厚明显低于内弧侧(环2第8点，最大值12.17mm)的壁厚。经过冲击变形后弯管段的壁厚减薄率均小于9%，这表明弯管段的原始壁厚符合热煨弯管技术要求。

弯管的弯曲角度示意图如图5所示。失效前弯管的弯曲角度 $\alpha=37.2°$。根据SY/T 5257—2012测量弯管的弯曲角度方法，测量失效后弯管的弯曲角度为13.5°。

如表2所示，比较失效前后弯管段的弯曲角度可判断：地质运动过程中，输气管受撞击后，弯管的弯曲角度发生显著变化，弯管发生了明显的变形。

表2　弯管弯曲角度　　(°)

失效前弯曲角度	失效后弯曲角度
37.2°	13.5°

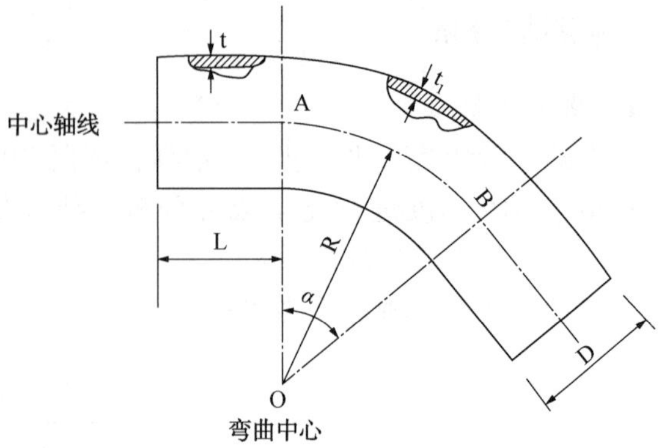

图5　弯管弯曲角

1.3　断口与环焊缝分析

从弯管段取下断口进行分析，见图6。断裂发生在干线管段1和弯管段交接的环焊缝处。如图6所示，断口大部分为45°剪切断裂形貌，呈现出超载拉伸断裂的特征。同时还发现，裂纹源中心位于干线管段1和弯管段交接的环焊缝270°处(图2、图6)，断口较为平坦。

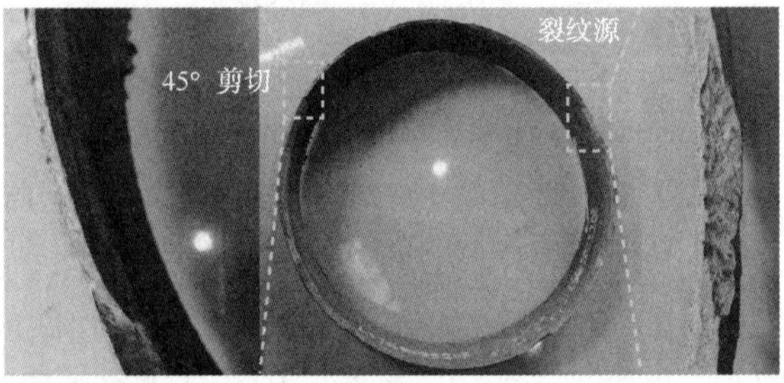

图6　断口形貌

截取裂纹源区域进行金相分析。如图7所示，两焊道交界处存在一处弧形脱碳组织。沿脱碳组织一端存在一处长约1mm的裂纹。

对弯管段与干线管段2交接处的环焊缝(未断裂)进行磁粉探伤、X射线探伤、金相分析。在环焊缝6点钟到7点钟区间(0°到30°)，通过磁粉探伤发现焊缝外壁表面存在长约40mm的裂纹(图8)，通过X射线探伤还发现焊缝内部存在一处裂纹长约20mm(图9)。

将环焊缝中存在裂纹的区域截取下进行金相分析。如图10所示，在焊缝内靠近融合线区域存在气孔。该气孔长约1.5mm宽约0.8mm。

如图10所示，在钢管内壁的环焊缝焊趾处发现裂纹。图11为此焊趾裂纹的高倍图片。如图11所示，裂纹沿融合线从表面向内扩展。裂纹区发现有两处明显裂纹尖端，左侧裂纹尖端附近的晶粒发生塑性变形。

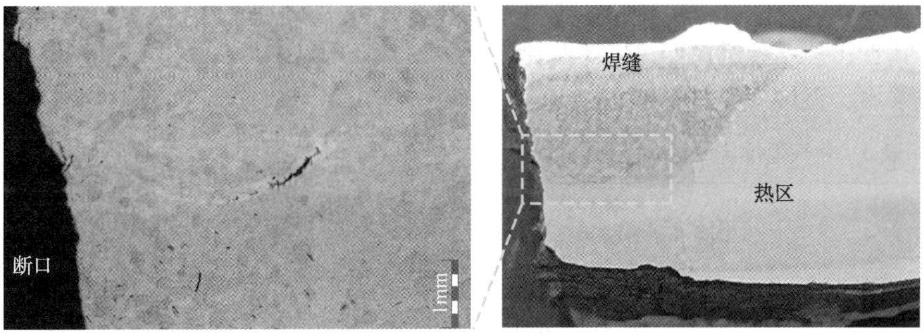

图 7　焊缝脱碳

图 8　磁粉探伤裂纹

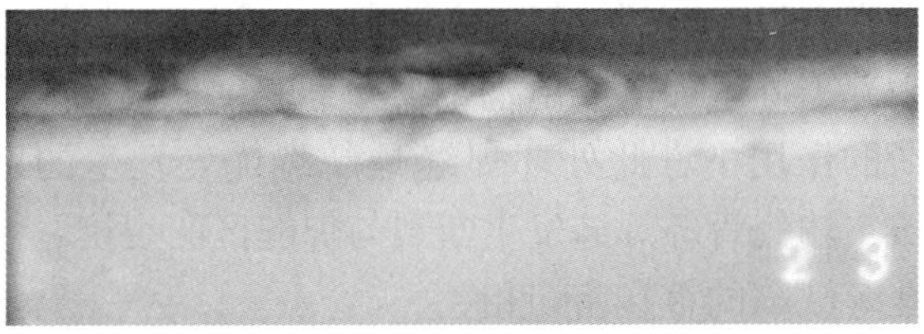

图 9　X 射线探伤裂纹

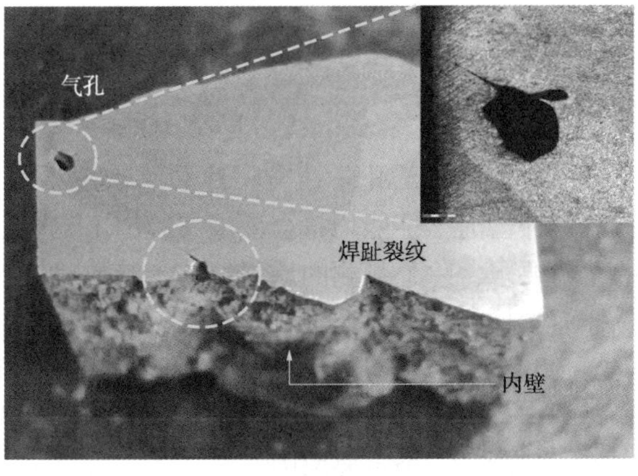

图 10　气孔与焊趾裂纹

将断口(断裂环焊缝)和未断裂环焊缝发现的裂纹和缺陷位置进行标注、统计。如图 12 所示，在焊缝外表面发现裂纹两处(磁粉探伤表面裂纹、焊趾裂纹)，在焊缝中心发现裂纹两处(X 射线裂纹、断口脱碳裂纹)，在焊缝中心发现明气孔一处。断口位于焊缝中心。

1.4　力学性能

取输气管的管体和焊缝各部位试样，依据

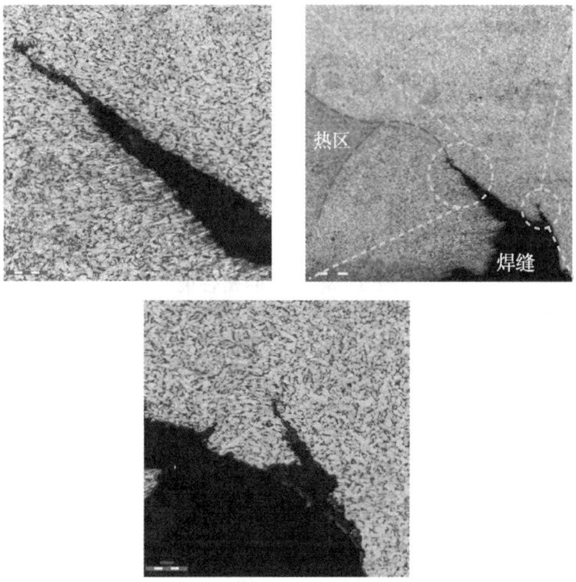

图 11　焊趾裂纹

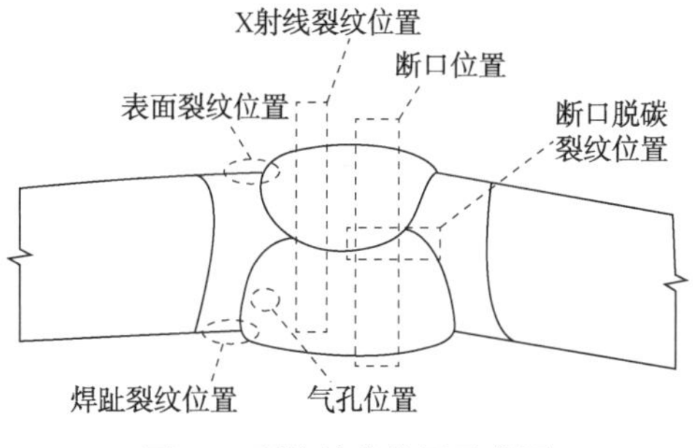

图 12　裂纹缺陷位置示意图

GB/T 228.1—2021 进行拉伸实验，结果如表 3 所示。热煨弯管的技术要求，输气管焊缝的抗拉强度符合技术要求。输气管管体的抗拉强度、屈服强度、伸长率均符合技术要求，外弧侧的两处屈强比不符合要求。由于外弧侧正是受到冲击的区域，冲击后发生明显变形，塑性变形会导致屈强比会增大，因此并不能判断：在未受冲击前这两处的屈强比大于 0.85。

取输气管的管体和焊缝各部位试样，依据 GB/T 229—2020 进行冲击实验，结果如表 4 所示。参照热煨弯管的技术要求，输气管的弯管管体和焊缝的夏比冲击功以及夏比冲击试样断口剪切面积均符合要求。

表 3　输气管拉伸性能

位置	Rm/MPa	$Rt_{0.5}$/MPa	伸长率 A/%	屈强比
弯管弯曲段内弧侧纵向	576	485	29.0	0.84
弯管弯曲段外弧侧纵向	580	532	26.5	0.92
弯管弯曲段中性不变区横向	609	517	21.0	0.85
弯管直管段(外弧侧)纵向	584	517	26.5	0.89
环焊缝 90°	635	—	—	—
环焊缝 180°	613	—	—	—
环焊缝 270°	521	—	—	—
技术条件要求(焊缝)	≥520	—	—	—
技术条件要求(管体)	≥520	≥415	≥18	≤0.85

表 4　输气管冲击性能

位置	夏比冲击功(-10℃)/J	夏比冲击试样断口剪切面积(SA%)
弯管弯曲段外弧侧横向	189	100
弯管弯曲段内弧侧横向	167	100
弯管弯曲段中性不变区横向	201	100
弯管弯曲段焊缝横向	116	80
弯管弯曲段焊缝热区横向	162	100
环焊缝焊缝横向	145	88
环焊缝焊缝热区横向	197	100
弯管管体要求	≥90	≥80
焊缝要求	≥55	≥30

2　综合分析

经过检测，发生断裂的输气管的化学成分、冷裂纹敏感系数、壁厚均符合该输气管道工程规定的技术要求。除该输气管的管体外弧的屈强比不符合要求外，其他拉伸性能均符合要求。检测数据还表明，该输气管的冲击性能符合要求。

输气管断裂后的，弯曲角度显著变小，同时在弯管外弧侧中部发现明显撞击凹坑，这表明弯管外弧侧中部曾经遭受过剧烈撞击。弯管断口的断裂面与轴线成 45°，表现出超载断裂的形貌特征。从冲击实验的数据可以发现，弯管的韧性较好，符合工程的技术要求。可以判断，超载是输气管发生断裂的主要原因。超载是输气管周围的地质发生剧烈沉降，岩石等硬物撞击管道导致。

输气管在环焊缝发生断裂，这表明环焊缝是输气管的最薄弱环节，当载荷持续增大时，环焊缝优先发生断裂。断口的金相分析和环焊缝的裂纹分析可以证明这一点。

在断口的金相中发现，焊缝中存在明显的脱碳组织，该组织中存在裂纹(图 7)，这会显著降低材料强度。对弯管段与干线管段 2 之间的环焊缝进行磁粉探伤、X 射线探伤。探伤发该环焊缝中现有表面裂纹一处、内部裂纹一处(图 8、9)。在此环焊缝的金相分析中还发现有明显的气孔，这是裂纹优先产生的区域(图 10)。在钢管内壁的环焊缝焊趾处同样发现裂纹。裂纹沿融合线从表面向内扩展，一处裂纹尖端附近组织存在塑性变形(图 11)。

如图 12 所示，对于断口(断裂环焊缝)，试样中发现裂纹一处，位于焊缝中心。对于未断裂环焊缝，试样的焊缝中心发现裂纹一处，发现气孔一处，试样表面发现裂纹两处。虽然此处环焊缝没有发生断裂，但是在载荷的作用下，焊缝的内部、外表面已经出现裂纹并且发生扩展。在载荷的作用下，此处环焊缝是断裂优先发生的区域。输气管环焊缝发生断裂与焊缝区的裂纹、气孔等缺陷的存在密切相关。

综上所述，输气管断裂的主要原因是地质剧烈沉降导致的超载。输气管断裂的另一个重要原因是焊缝处存在裂纹、气孔等缺陷。

3　结论与建议

(1) 输气管的化学成分、冷裂纹敏感系数、壁厚、冲击力学性能均符合该输气管道工程规定的技术要求，除外弧侧的屈强比外，其他部位的拉伸力学性能符合要求。

(2) 输气管断裂的主要原因是地质剧烈沉降导致的超载。焊缝处存在裂纹、气孔等缺陷是输气管断裂的另一个重要原因。

(3) 建议对输气管服役环境的地质变动进行密切监控，防止地质灾害对输气管造成破坏。

(4) 合理设计焊接工艺，严格按照技术要求对输气管进行验收。

参　考　文　献

[1] 马伟平，刘海鹏，赵炜，等. 美国输气管道完整性管理标准 ASME B31.8S—2016 技术性变更解析[J]. 石油规划设计，2020，31(06)：48-51+62.

[2] 张栋，闫锋，欧阳欣．中俄东线天然气管道运行保障关键技术[J]．油气储运，2020，39(08)：861-870.
[3] 蔡柏松，王建康．3D GIS 技术在管道完整性管理中的应用[J]．天然气工业，2013，33(12)：144-150.
[4] 周利剑，李振宇．管道完整性数据技术发展现状与展望[J]．油气储运，2016，35(07)：691-697.
[5] 黄维和．管道完整性维护决策系统[J]．油气储运，2003(11)：1-4+65.
[6] 何莎，冯强，张兰，等．油气管道应力监测方法对比分析[J]．化学工程与装备，2023(05)：47-49.
[7] 徐冠中，杨帆．沉降区埋地天然气管道焊缝应力分析及其对管道的影响[J]．能源与环保，2023，45(01)：123-128.
[8] 赖乐年，林涛，郝达，等．潍海输气管道非均匀沉降应力智能预测研究[J]．油气田地面工程，2022，41(09)：83-90.
[9] 张浩，吕达，陈飞，等．地面沉降对燃气管道安全影响研究[J]．油气田地面工程，2022，41(11)：71-79.
[10] 段宇航，董绍华，魏昊，天等．穿越河流管道环焊缝裂纹缺陷安全性研究[J]．石油机械，2023，51(06)：143-150.
[11] 张鸿博，刘琰，阙永彬，等．一种输气管道环焊缝缺陷自身高度精准预测模型[J]．天然气工业，2022，42(07)：101-109.
[12] 崔凯燕，闫茂成，王晓霖，等．某输气管道的腐蚀缺陷评价与维修决策[J]．腐蚀与防护，2019，40(09)：682-686+691.
[13] 王帅，赖治屹，秦军，等．输气管道单点穿孔缺陷直接焊接修复技术[J]．油气田地面工程，2019，38(S1)：193-196.
[14] 王旭，帅健．输气管道环焊缝表面裂纹管道极限载荷计算方法[J]．天然气工业，2019，39(03)：94-101.
[15] 贺焕婷，李本全，惠贤斌，等．基于 PIAPlus 的柴北缘输气管道完整性评价[J]．石油规划设计，2019，30(02)：5-10+48.
[16] 曾伟，赵亚东．某长输天然气管道环焊缝裂纹调查分析实例[J]．热加工工艺：1-4[2023-09-11].
[17] 周少坤，何仁洋，王海涛，等．某在役 X70 管道环焊缝裂纹原因及质量隐患分析[J]．热加工工艺，2023，52(07)：151-155.
[18] 汪凤，隋永莉，冯大勇，等．L360 钢级天然气管道环焊缝裂纹成因分析及预防[J/OL]．热加工工艺：1-5[2023-09-11].
[19] 雷铮强，戴联双，王富祥，等．高钢级管道环焊缝裂纹失效分析[J]．焊接，2022(04)：59-64.
[20] 宋明，王汉奎，刘昕宇，等．高钢级油气管道环焊缝断裂问题研究[J]．化工机械，2022，49(02)：350-355.
[21] 任俊杰，马卫锋，惠文颖，等．高钢级管道环焊缝断裂行为研究现状及探讨[J]．石油工程建设，2019，45(01)：1-5.
[22] 冯耀荣，李全平，李鹤林．油气输送管的断裂失效分析[J]．焊管，1994，17(1)：54-56，39，66.
[23] 栗卓新，田振，李红，等．纳米陶瓷颗粒对铝合金焊缝强度和微观组织影响的研究进展[J]．材料导报，2022，36(01)：141-148.
[24] 李军兆，刘一搏，孙清洁，等．激光摆动模式对铝/钢焊接接头成形特征及组织、强度的影响[J]．中国激光，2020，47(04)：141-148.
[25] 段小雪，张彦华，熊林玉，等．裂纹位置对强度失配焊接接头极限载荷的影响[J]．焊接学报，2013，34(06)：93-96+117-118.
[26] 金传伟，张继明，吴园园．针状铁素体 X65 管线钢中 MA 岛结构表征及其对疲劳裂纹扩展的影响[J]．材料热处理学报，2023，44(06)：143-149.
[27] 贾彦杰，周聪，李立英，等．管线钢焊接接头韧性影响因素及评价方法[J]．电焊机，2023，53(05)：43-53.
[28] 周桂娟，童志，陈晓华，等．X80 管线钢焊接与焊缝开裂影响因素研究进展[J]．材料导报，2022，36(02)：168-176.
[29] 张华佳，李娜，陈康，等．焊接接头试样断裂强度及位置分析[J]．石油管材与仪器，2017，3(05)：14-20.

沉降灾害下埋地管道可靠性分析研究

刘　鹏[1]　范佳林[2]　李玉星[1]　黄维和[3]　王武昌[1]　胡其会[1]

[1. 中国石油大学(华东)山东省油气储运安全重点实验室；2. 中海油石化工程有限公司；
3. 中国石油天然气股份有限公司]

摘　要　管道周围地质沉降灾害的发生往往会导致管道弯曲，造成较大的安全隐患。因此，研究土体沉降作用下管道的可靠性对保障管道的安全运行具有重要意义。根据可靠性计算的一般流程，确定了沉降作用下埋地管道的可靠度以及不确定性参数分布，基于应变的判别准则建立了沉降作用下管道的极限状态方程，使用蒙特卡洛法计算了管道的失效概率，并开展了可靠性的参数影响分析。研究结果表明：管径和管道壁厚的增加会降低管道的失效概率，而管道内压越大，失效概率越大，临界沉降量越小，安全性越低；管道的可靠性与土壤的黏聚力和内摩擦角呈负相关，黏聚力与内摩擦角越大，管道更容易发生破坏。通过对比不同参数对临界沉降量的影响，得到了各参数对管道可靠性影响程度。(图9，表12，参21)

关键词　土体沉降；埋地管道；BP 神经网络；蒙特卡洛法；可靠性计算

土体沉降是常见的地质灾害之一，其发生的原因主要包括地震活动、地下岩溶、软土地基沉陷、矿井采空塌陷、过度抽取地下水等。据统计，西气东输管道沿线共有约 99 个采空塌陷区；西南管道沿线存在约 52 个溶岩坍塌区；涩宁兰管道沿线共有约 55 个地表塌陷区；另外，大型城市的人类活动也会导致城市内的土体发生沉降。地质沉降的发生会导致管道周围土体下沉，导致部分管道弯曲，产生应力集中，造成较大的管道安全隐患，因此研究土体沉降作用下管道的可靠性对保障管道的安全运行具有重要意义。

结构可靠性分析是由工程结构设计、施工和使用中存在的不确定性问题而发展起来的一种分析方法，对于结构分析和设计来说非常重要。2006 年，ISO 16708—2006 标准阐述了油气管道可靠性设计方法；2007 年，CSA Z662—2007 标准提出了基于可靠性理论的埋地管道设计和评估的基本过程和管道极限状态以及管道在管材、内外腐蚀和第三方开挖破坏等方面的不确定性参数，并给出了不同等级地区输气管道的目标可靠度。

地质灾害区管道可靠性的相关研究主要在 21 世纪后开始。景悦等综合考虑场地土壤类型、砂土液化等复杂情况，结合灰色理论研究了地震对埋地管道的影响，通过对过程中涉及的不确定性因素进行分析，建立了地震灾害区埋地管道的可靠性模型，得到了管道的可靠性指标和失效概率。Zhou 通过 Rajani 方法计算管道应变，参照相关规范确定了管道极限应变，得到了滑坡作用下埋地管道的失效概率，对滑坡作用下的埋地管道开展了可靠性计算。M. Faraji 等考虑了地震危险性概率，对地震发生后埋地管道的可靠性进行了计算，得到了不同参数作用下管道的损伤与破坏概率。Lin 基于概率密度演化方法，通过考虑各项参数的不确定性，计算了地震波作用下埋地管道的可靠性。樊苏楠基于 ANSYS 的 PDS 模块，将内压、管径、壁厚、管道埋深、断层错距、管材力学性能及地震动加速度等参数考虑为随机变量，建立了多随机因素作用下的地震断层区埋地管道可靠性计算方法。Vasileios E. Melianos 等针对断层作用下的埋地管道，考虑了影响管道变形因素的不确定性，结合地震危险性分析得到了管道的失效概率。Chen 等针对城市地区老旧天然气管道，考虑了天然气管道内部压力和城市地面载荷的不确定性，建立了考虑管道环向应力和轴向应力的极限状态方程并进行了可靠性计算，提出了提高城市地区天然气管道可靠性的方法。Zha 等针对城市地区交通载荷作用下的埋地聚乙烯管道，通过考虑道路车辆数量与路面性能的不确定性，分析了管道的力学特性并建立极限状态方程，以蒙特卡洛法计算了管道的可靠性指标以及剩余使用寿命。郑倩等基于有限元模拟得到了断层下的管道数据库，将BP神经网络与蒙特卡洛方法相结合，开展了断层作用下管道的可靠性分析。

传统的基于应力的管道强度设计源自材料强度理论，确保管道的内部应力不大于许用应力，管道在运行过程中始终处于弹性变形阶段。然而，在土体沉降的作用下，管道往往因为较大变形而进入塑性变形阶段，此时应采用基于可靠性的判别准则，允许管道发生小的塑性变形，充分发挥钢材的抗变形能力，同时更容易掌握管道的极限状态。

1 可靠性理论

管道可靠性计算的一般流程为：识别管道的极限状态，建立对应的极限状态方程，根据方程计算得到管道的失效概率。该方法的核心是管道的目标可靠度、极限状态方程、不确定性参数和失效概率计算模型。

1.1 管道的目标可靠度

管道的目标可靠度即管道可接受的最大失效概率水平。针对陆上埋地管道的目标可靠度，国际上不同的组织和机构结合了可靠性理论与事故发生概率，给出了各自的标准（表1）。在CAZ 2662—2011标准中，p为管道内压，MPa；ρ为管道沿线人口密度，人/hm^2；D为管道外径，mm。经综合比较，选用可接受最大失效概率：低风险地区10^{-3}，中风险地区10^{-4}，高风险地区10^{-5}。

表1 不同标准中的管道最大失效概率

组织和机构	最大失效概率		
	低风险地区（一级地区）	中风险地区（二级地区）	高风险地区（三、四级地区）
API579	10^{-2}	10^{-3}	10^{-5}
ISO	10^{-3}	10^{-4}	10^{-5}
DNV	10^{-3}	10^{-4}	10^{-5}
CAZ 2662—2011	$1-\frac{1650}{(pD^3)^{0.66}}$	$1-\frac{197}{(\rho pD^3)^{0.66}}$	$1-\frac{49700}{\rho pD^3}$

1.2 管道的极限状态

在可靠性理论中，结构的极限状态指整个结构或一部分结构超过某特定状态后不能满足指定的某一功能要求。沉降作用下的埋地管道可能发生的失效模式是拉裂和屈曲，其极限状态就是指管道发生拉裂或者屈曲破坏时的状态。基于应力的管道失效准则的核心是对环向应力的控制，确保管道的内部应力不大于许用应力，管道在运行过程中始终处于弹性变形阶段，这种基于应力的判别方法适用于以温度、内压等以力作为参数控制载荷的情况。而对于土体沉降作用下的埋地管道，其内部产生较大的纵向应力，部分区域的应力往往会超过许用应力，管道发生一定程度的塑性变形，但钢材往往有承载一部分变形的能力，此时的管道不一定会发生破坏，因此在管道接近极限状态时基于应变的失效标准更加适用。基于应变的设计方法的表达式如式1所示。

$$\varepsilon \leqslant [\varepsilon] = F\varepsilon^{\mathrm{crit}} \tag{1}$$

式中，ε为沉降作用下管道产生的最大应变；ε^{crit}为管道能承受的极限应变；F为设计系数。

（1）极限拉应变

当管道的变形超过管道承受能力发生拉伸断裂时的拉应变即为管道的极限拉应变。极限拉应变的控制因素包括环焊缝的影响、屈强比、管道内部缺陷和表面缺陷等，不同标准中的管道极限拉应变取值如表2所示。

表2 不同标准中的管道极限拉应变

标准	CSA Z662	DNV	ASCE	ASME
极限拉应变/%	2.5	累计塑性应变可超过2.0	2.0	2.0

（2）极限压应变

当管道受到压缩时容易发生屈曲问题，随着压力的增加，局部屈曲在管道形成褶皱甚至破坏，管道发生屈曲破坏时对应的管道压应变即为极限压缩应变。目前应用最为广泛的管道极限压缩应变方法是CSA Z662—2014中提供的计算方法，该方法考虑了材料性质和缺陷，采用测试数据的最大压应变值进行了曲线拟合，得到的管道极限压应变计算模型如式(2)所示。

$$\varepsilon_c^{crit}=\begin{cases}0.5\dfrac{t}{D}-0.0025+3000\left(\dfrac{pD}{2tE}\right)^2, & \dfrac{pD}{2t\sigma_s}<0.4\\ 0.5\dfrac{t}{D}-0.0025+3000\left(\dfrac{0.4\sigma_s}{E}\right)^2, & \dfrac{pD}{2t\sigma_s}\geqslant 0.4\end{cases} \tag{2}$$

式中，ε_c^{crit}为管道的极限压应变；t为管道壁厚，mm；D为管道外径，mm；p为管道内压；E为管材的弹性模量，MPa；σ_s为管材的屈服强度，MPa。

（3）沉降作用下管道的极限状态方程

在可靠性理论中，代表结构极限状态的功能函数如式(3)所示。

$$Z=g(X)=g(X_1, X_2, \cdots, X_n)=R-S \tag{3}$$

式中，$X=(X_1, X_2, \cdots, X_n)^T$为影响结构功能的基本变量，对于沉降作用下的埋地管道，基本变量包括管道参数、土壤参数和沉降参数；R为结构的抗力，S为结构的载荷。当$Z>0$时结构为安全状态，当$Z=0$时为极限状态，当$Z<0$时结构失效，如图1所示。

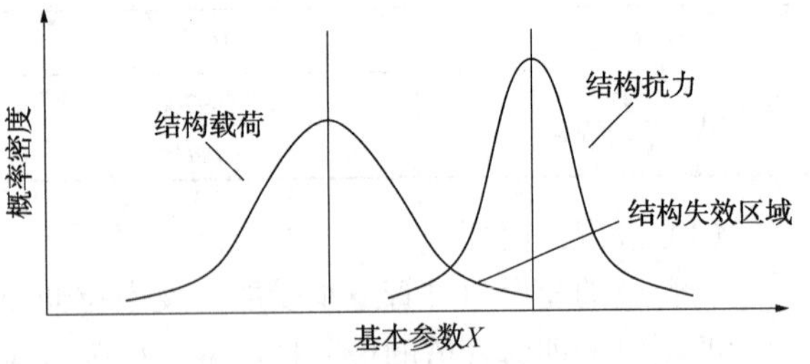

图1　结构失效区域示意图

对于沉降作用下的管道，R即为管道的极限拉应变ε_t^{crit}与极限压应变ε_c^{crit}，S即为管道在沉降作用下产生的最大拉应变ε_t和最大压应变ε_c，则沉降作用下管道的极限状态方程为：

$$\begin{cases}g_1(x)=\varepsilon_t^{crit}-\varepsilon_t\\ g_2(x)=\varepsilon_c^{crit}-\varepsilon_c\end{cases} \tag{4}$$

则有$g_1(x)>0$且$g_2(x)>0$时，管道处于安全状态，否则管道失效破坏。

1.3　不确定性参数

在基于应力的设计与校核方法中，通常把管道的管径、壁厚、内压等参数视为定值，而实际的工程问题中上述参数均是在一定范围内波动的随机变量。因此，在可靠性的计算方法中，通常以这些随机变量的概率分布代表变量的不确定性。

（1）管道的不确定性参数

管道的不确定性参数主要指管道的直径和壁厚，根据张宏等的研究成果，一般将管道直径、壁厚看作正态分布，管道直径、壁厚的标准差按正态分布时制造偏差3倍的标准差计算。

（2）管道运行压力的不确定性

由于管道在运行过程中可能受到供需量变化、停输再启动等因素的影响，管内运行压力存在一定的波动。参考罗金恒等对两佛线和河南中安线输气管道压力波动统计结果，输送压力符合正态分布，变异系数为0.1。

（3）土壤参数的不确定性

土壤种类繁多，性质差异较大，其不确定性也十分明显，根据文献调研，管道埋深与土壤黏聚力的标准差可按照其均值的10%选取，内摩擦角的标准差可在0.03~0.04范围中选取。

1.4　管道失效概率的计算模型

在上文建立的沉降作用下埋地管的极限状态方程中，当$Z>0$时，管道为安全状态，则管道的失效概率的计算如式(5)所示。

$$p_f=\int_{Z\leqslant 0}\mathrm{d}F_X(x)=\int L\int_{Z\leqslant 0}f_X(x_1, x_2, L, x_n)\,\mathrm{d}x_1\mathrm{d}x_2L\mathrm{d}x_n \tag{5}$$

式中，$f_X(x)$为基本变量X的联合概率密度函数；$F_X(x)$为基本变量X的联合累积分布函数。可靠性计算是以极限状态方程为基础，以失效概率或可靠性指标为目标的求解过程。在求解目标的过程中，根据数学原理的不同可将计算方法可分为两类：近似计算法和数值计算法，其他方法都是在这两种基本方法的基础上发展而来的。由于实际工程问题中的极限状态方程十分复杂，联合概率密度函数难以获得，所以采用近似法进行可靠性计算比较困难。数值计算方法以计算机模拟为基础进行可靠性计算，其中蒙特卡洛法原理简单，计算结果可靠，是目前最为广泛使用的可靠性计算方法。

2　沉降作用下埋地管道的可靠性计算

2.1　管道可靠性计算流程

在沉降作用下埋地管道的极限状态方程中，抗力为管道的极限拉应变和极限压应变，载荷为管道在沉降作用下产生的最大拉、压应变。对于管道的极限应变，本文选取2.0%作为管道的极限拉应变值，极限压应变值的计算采用CSA Z662模型。

BP神经网络法对于沉降作用下埋地管道的最

大应变的计算结果准确且时间成本较低，因此选用该方法进行管道极限载荷的计算。由于 BP 神经网络法难以获得显示表达式，选用蒙特卡洛法进行管道的可靠性计算。计算流程如图 2 所示。

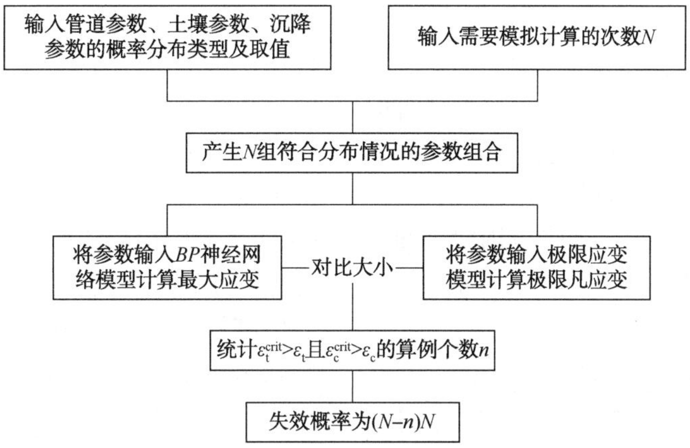

图 2　管道失效概率计算流程

2.2　参数分布及取值

选取正态分布作为参数的分布类型，根据上文中管道不确定性参数的调研结果进行取值。根据管道直径和壁厚的标准差按制造偏差 3 倍的原则，管道参数的取值如表 3 所示。管道内压选取均值范围为 0~12MPa，标准差取为均值的 10%；土壤和沉降参数取值如表 4 所示。

表 3　管道参数取值

参　　数	均　　值	标准差
管道直径/mm	914	1. 33
管道壁厚/mm	14. 2、17. 5、20、22. 2	0. 45
管道直径/mm	1016	1. 33
管道壁厚/mm	14. 2、17. 5、20、22. 2	0. 45
管道直径/mm	1219	1. 33
管道壁厚/mm	17. 5、20、22. 2、25	0. 46
管道直径/mm	1422	1. 33
管道壁厚/mm	20、22. 2、25、28	0. 5

表 4　土壤参数与沉降参数取值

参　　数	均　　值	标准差
土壤黏聚力/kPa	0~30	均值的 10%
埋深/m	1~2. 5	均值的 10%
土壤内摩擦角/°	10~30	0. 03
沉降范围/m	20~50	均值的 10%

2.3　可靠性计算结果

以表 5 中的参数为例进行沉降作用下管道的失效概率计算，抽样次数 10^7 次，计算结果如图 3 所示。在沉降量小于 1. 5m 时，管道的失效概率接近 0，此时管道处于十分安全的状态。随着沉降量的增加，管道的最大应变接近其极限应变，失效概率迅速增加。此外，当沉降量一定时，随着沉降范围在 20m~50m 的范围内增加，管道的失效概率先增加后减小，在所计算的四种情况中，30m 的沉降范围是最危险的情况。相对于确定性计算，考虑各影响因素随机性的可靠性计算得到的管道失效时的临界沉降量更小。

表 5　基本参数取值

参数	分布	均值	标准差
管道直径/mm	正态	1016	1. 33
管道壁厚/mm	正态	20	0. 45
内压/MPa	正态	8	0. 8
埋深/m	正态	2	0. 2
土壤黏聚力/kPa	正态	20	2
土壤内摩擦角/°	正态	30	0. 03
沉降范围/m	正态	20、30、40、50	2、3、4、5
沉降量/m	确定	0~4	—

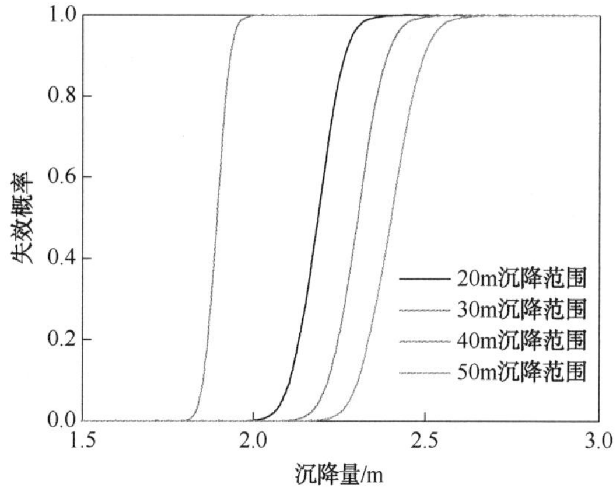

图 3　不同沉降范围作用下管道的失效概率随沉降量的变化

结合上文中确定的目标可靠度，高风险地区、中风险地区和低风险地区对应的管道最大失效概率分别为 10^{-5}、10^{-4} 和 10^{-3}，设管道达到这三个目标失效概率时的临界沉降量分别为 W_1、W_2 和 W_3，则不同沉降范围的临界沉降量如表 6 所示。在沉降范围一定时，W_1、W_2 和 W_3 之间相差很小，说明当沉降量增加一定程度时管道的失效概率对沉降量的变化十分敏感；对于沉降范围不同时的临界沉降量，30m 沉降范围时的 W_1 为 1.77m，50m 时 W_1 为 2.10m，二者相差较大，表明沉降范围对管道可靠性的影响较大。

表 6　不同沉降范围作用下的临界沉降量

沉降范围/m		20	30	40	50
临界沉降量/m	W_1	1.93	1.77	2.02	2.10
	W_2	1.96	1.78	2.06	2.13
	W_3	1.99	1.80	2.09	2.17

3　沉降作用下埋地管道可靠性影响因素分析

3.1　内压对管道失效概率的影响

管道内压主要影响管道的环向应力，导致管道最大应变发生变化。此外，根据式(2)，内压的改变还会影响管道的极限应变。考虑内压分别为 0MPa、4MPa、8MPa、12MPa，其他基本参数的分布类型和均值、标准差按照表 5 选取，不同内压作用下管道的失效概率如图 4 所示，临界沉降量表 7 所示。

管道内压越大，管道的失效概率越高，对应的临界沉降量越小，管道的安全性越低。此外，随着内压的增大，管道临界沉降量减小的速度加快。当沉降量为 50m 时，不同内压作用下的临界沉降量相差最大，这是因为当沉降范围较大时，沉降导致管道产生的纵向应力较小，随着内压的增加，环向应力对管道的作用逐渐占据主导地位，最大应变增加，管道安全性降低。因此针对土体沉降区内的管道，可以采取适当降低压力的方式来增加管道的安全性。此外，当内压不同时，管道的临界沉降量变化不大，以 20m 沉降范围为例，$p=12$MPa 时的 W_1、W_2、W_3 相对于 $p=0$ 时分别减小了 6.9%、7.3%、7.0%，说明管道在沉降作用下的可靠性对内压的变化不敏感。

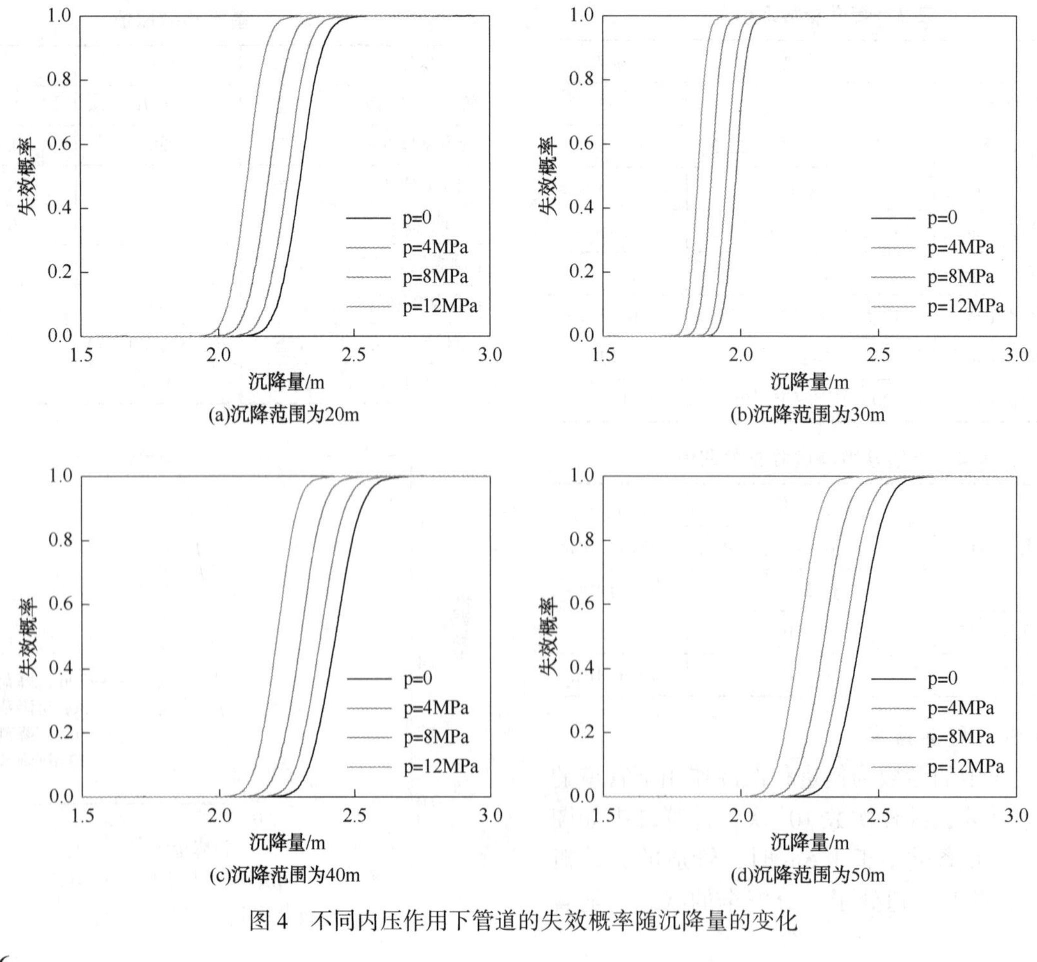

图 4　不同内压作用下管道的失效概率随沉降量的变化

表 7　不同内压作用下管道的临界沉降量

沉降范围/m		20				30			
内压/MPa		0	4	8	12	0	4	8	12
临界沉降量/m	W_1	2.02	1.99	1.93	1.88	1.84	1.81	1.76	1.73
	W_2	2.06	2.02	1.96	1.91	1.86	1.83	1.78	1.74
	W_3	2.09	2.05	1.99	1.93	1.88	1.85	1.80	1.76
沉降范围/m		40				50			
内压/MPa		0	4	8	12	0	4	8	12
临界沉降量/m	W_1	2.12	2.08	2.02	1.95	2.20	2.16	2.09	2.02
	W_2	2.16	2.12	2.06	1.98	2.25	2.20	2.13	2.06
	W_3	2.20	2.16	2.09	2.01	2.29	2.24	2.17	2.10

3.2 管径对管道失效概率的影响

管径影响管道在沉降作用下的力学响应，使最大应变发生变化。此外，根据式(2)，管径的改变还会影响管道的极限应变。选取管径分别为914mm、1016mm、1219mm、1422mm，其他基本参数的分布类型和均值、标准差按照表 5 选取，不同内压作用下管道的失效概率如图 5 所示。在一定沉降量作用下，管径越大，失效概率越小，因此在管道设计阶段可以考虑适当选择增加管径以提高沉降灾害下埋地管道的安全性。

不同内压作用下管道的临界沉降量如表 8 所示。当沉降量为 50m 时，不同直径管道的临界沉降量相差最大。当管径不同时，管道的临界沉降量变化不大，当沉降范围为 20m 时，D = 1422mm 时的 W_1、W_2、W_3 相对于 914mm 时分别增加了 8.4%、8.8%、9.2%。

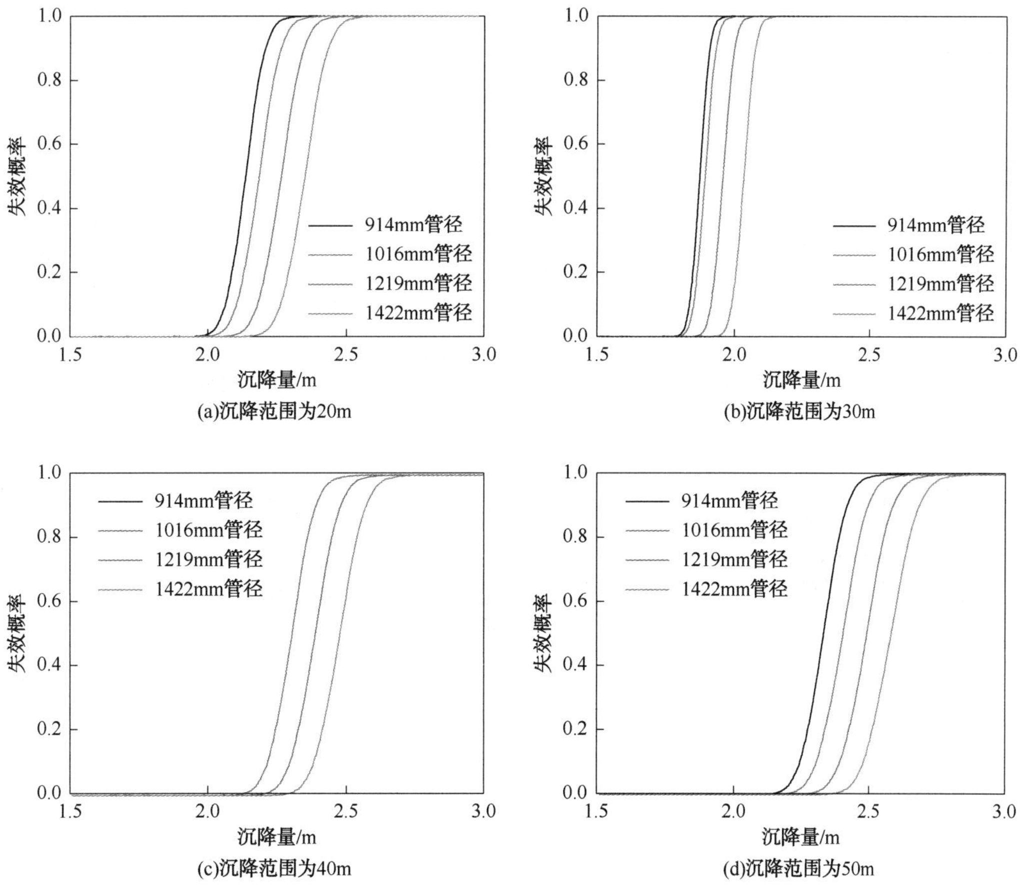

图 5　不同直径管道的失效概率随沉降量的变化

表 8　不同直径管道的临界沉降量

沉降范围/m		20				30			
管径/mm		914	1016	1219	1422	914	1016	1219	1422
临界沉降量/m	W_1	1.91	1.93	2.00	2.07	1.76	1.76	1.82	1.90
	W_2	1.94	1.96	2.03	2.11	1.77	1.78	1.84	1.91
	W_3	1.96	1.99	2.06	2.14	1.79	1.80	1.86	1.93
沉降范围/m		40				50			
管径/mm		914	1016	1219	1422	914	1016	1219	1422
临界沉降量/m	W_1	1.99	2.02	2.09	2.17	2.06	2.09	2.17	2.25
	W_2	2.02	2.06	2.13	2.21	2.09	2.13	2.21	2.30
	W_3	2.05	2.09	2.17	2.25	2.13	2.17	2.25	2.34

3.3　壁厚对管道失效概率的影响

管道壁厚主要影响管道的环向应力而影响管道的最大应变，且根据式(2)可知，管道的极限应变也随壁厚的改变而改变。选取壁厚分别为14.2mm、17.5mm、20mm、22.2mm，其他基本参数的分布类型和取值按照表5选取。

图6为不同壁厚管道的失效概率随沉降量的变化。在沉降量一定时，管道壁厚越大，其刚度越大，抗变形能力越强，管道最大应变减小，且壁厚的增大会使极限应变增加，因此增大壁厚会降低管道的失效概率，增加管道的安全性。不同壁厚管道的临界沉降量如表9所示，壁厚越大，管道的临界沉降量大。当沉降范围为20m时，$t=22.2$mm时的W_1、W_2、W_3相对于$t=14.2$mm时分别增加了33.3%、32.7%、32.9%，表明壁厚的变化对管道可靠性的影响较为明显。

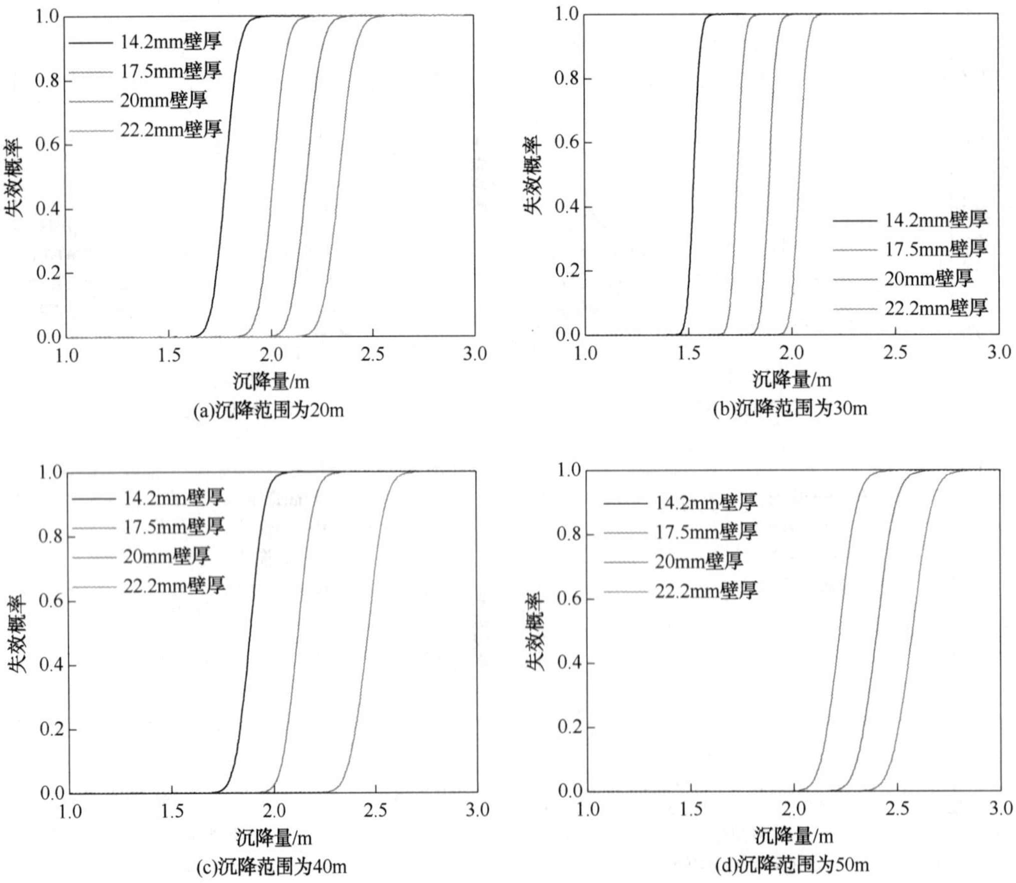

图6　不同壁厚管道的失效概率随沉降量的变化

表 9 不同壁厚管道的临界沉降量

沉降范围/m		20				30			
壁厚/mm		14.2	17.5	20	22.2	14.2	17.5	20	22.2
临界沉降量/m	W_1	1.56	1.77	1.93	2.08	1.41	1.62	1.76	1.90
	W_2	1.59	1.80	1.96	2.11	1.43	1.63	1.78	1.92
	W_3	1.61	1.83	1.99	2.14	1.44	1.65	1.80	1.94
沉降范围/m		40				50			
壁厚/mm		14.2	17.5	20	22.2	14.2	17.5	20	22.2
临界沉降量/m	W_1	1.64	1.86	2.02	2.17	1.70	1.93	2.09	2.25
	W_2	1.67	1.90	2.06	2.21	1.74	1.97	2.13	2.29
	W_3	1.70	1.93	2.09	2.25	1.77	2.00	2.17	2.33

3.4 埋深对管道失效概率的影响

埋深的不同会改变管道上方覆土量，使管道所受载荷发生变化。除此之外埋深的增加还会导致非沉降区的土壤对管道的约束加强，管道受力向沉降区集中，使管道的应变增加。选取管道埋深分别为 1m、1.5m、2m、2.5m，其他参数按照表 5 选取，进行土体沉降作用下埋地管道的失效概率计算，计算结果如图 7 所示。管道的失效概率随埋深的变化较大，管道埋深越深，管道的失效概率就越大，且失效概率随沉降量的变化越快。表 10 为 20m、30m、40m、50m 沉降范围时不同埋深管道的临界沉降量，可以看出不同埋深作用下管道的临界沉降量相差很大。当沉降范围为 20m 时，2.5m 埋深时的 W_1、W_2、W_3 相对于 1m 埋深时分别减小了 33.4%、33.5%、34.4%，表明埋深对沉降区管道的可靠性影响明显，管道埋深越浅越安全，因此穿越沉降区的管道可以考虑适当浅埋。

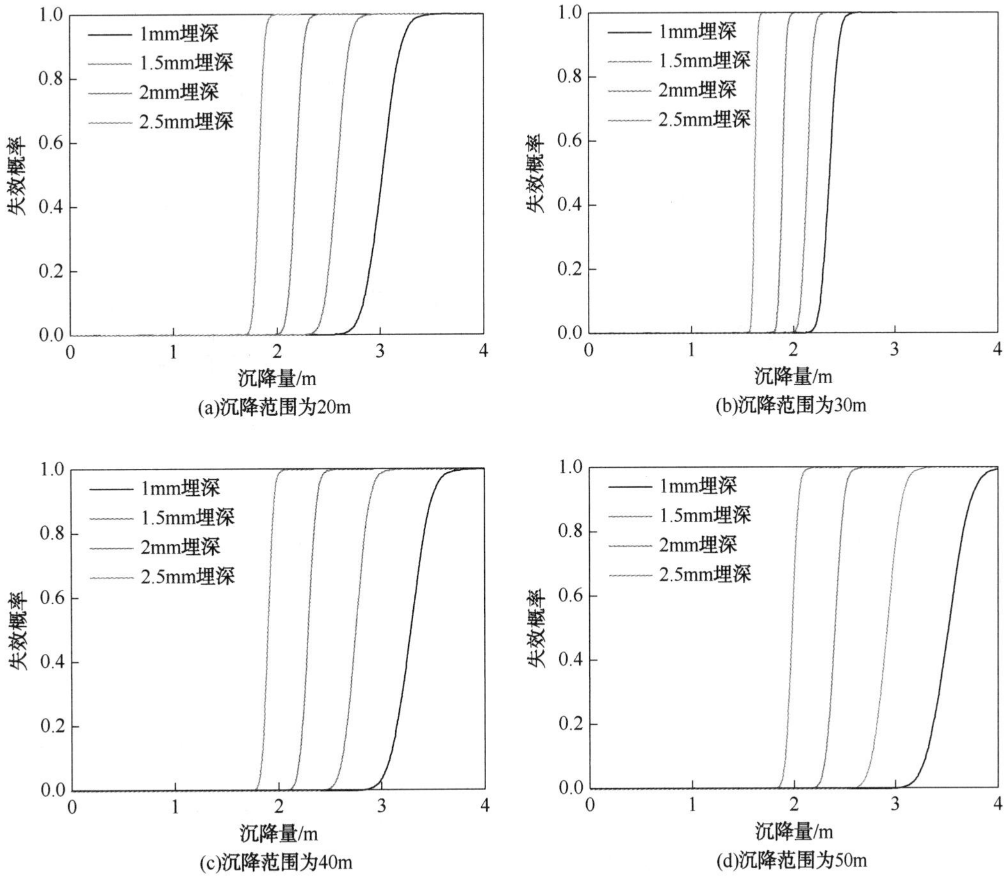

图 7 不同埋深管道的失效概率随沉降量的变化

表 10　不同埋深管道的临界沉降量

沉降范围/m		20				30			
埋深/m		1	1.5	2	2.5	1	1.5	2	2.5
临界沉降量/m	W_1	2.44	2.19	1.93	1.65	2.06	1.93	1.76	1.54
	W_2	2.51	2.24	1.96	1.67	2.10	1.96	1.78	1.55
	W_3	2.59	2.29	1.99	1.70	2.13	1.99	1.80	1.56
沉降范围/m		40				50			
埋深/m		1	1.5	2	2.5	1	1.5	2	2.5
临界沉降量/m	W_1	2.65	2.33	2.02	1.72	2.82	2.45	2.09	1.77
	W_2	2.73	2.39	2.06	1.74	2.91	2.51	2.13	1.79
	W_3	2.82	2.45	2.09	1.77	3.00	2.57	2.17	1.82

3.5　土壤黏聚力对管道失效概率的影响

土壤黏聚力主要影响通过土体的剪切强度从而改变管土相互作用，导致管道的最大应变发生变化。选取黏聚力分别为 0、10kPa、20kPa、30kPa 进行沉降作用下埋地管道的可靠性计算，其他基本参数的分布与取值按表 5 选取。图 8 为不同土壤黏聚力时管道的失效概率随沉降量的变化，土壤黏聚力对管道失效概率的影响比较明显，黏聚力越大，管道的失效概率越大。

表 11 为 20m、30m、40m、50m 沉降范围时不同土壤黏聚力作用下管道的临界沉降量。随着黏聚力的增加，管道的临界沉降量降低。当沉降范围为 20m 时，30kPa 土壤黏聚力时的 W_1、W_2、W_3 相对于 0kPa 黏聚力时分别减小了 13.7%、14.0%、14.6%。

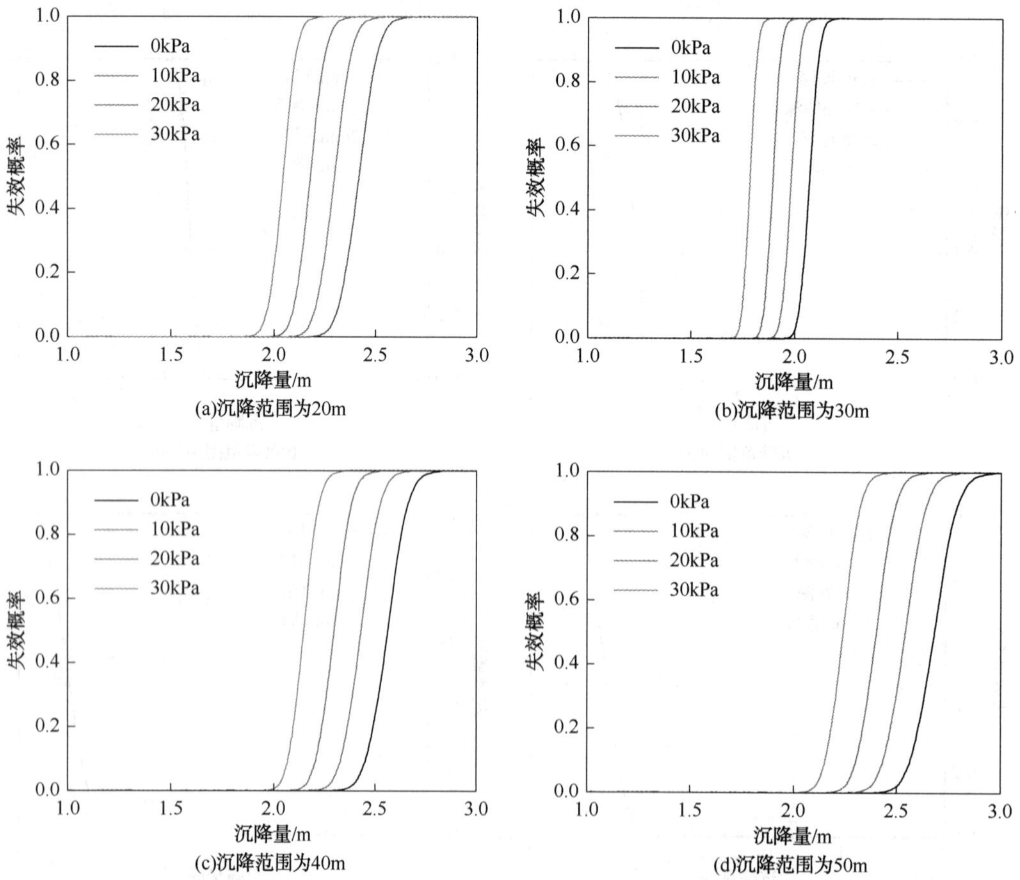

图 8　不同土壤黏聚力时管道的失效概率随沉降量的变化

表 11　不同土壤黏聚力时管道的临界沉降量

沉降范围/m		20				30			
土壤黏聚力/kPa		0	10	20	30	0	10	20	30
临界沉降量/m	W_1	2.11	2.02	1.93	1.82	1.92	1.84	1.76	1.67
	W_2	2.15	2.06	1.96	1.85	1.94	1.86	1.78	1.68
	W_3	2.19	2.09	1.99	1.87	1.96	1.88	1.80	1.70
沉降范围/m		40				50			
土壤黏聚力/kPa		0	10	20	30	0	10	20	30
临界沉降量/m	W_1	2.23	2.12	2.02	1.90	2.31	2.20	2.09	1.97
	W_2	2.27	2.16	2.06	1.93	2.36	2.25	2.13	2.00
	W_3	2.31	2.20	2.09	1.96	2.41	2.29	2.17	2.04

3.6　土壤内摩擦角对管道失效概率的影响

选取土壤内摩擦角分别为 20°、25°、30°、35°进行沉降作用下埋地管道的可靠性计算，其他基本参数的分布与取值按表 5 选取。图 9 为不同土壤内摩擦角作用下管道的失效概率随沉降量的变化，随着土壤内摩擦角的增加，管道的失效概率增加，但变化不大。表 12 为 20m、30m、40m、50m 沉降范围时不同土壤内摩擦角作用下管道的临界沉降量。土壤黏内摩擦角越大，管道的临界沉降量越小，管道安全性越低。这是因为土壤内摩擦角的增大会加强土体对管道的约束作用，从而使管道的应变增加。当沉降范围为 20m 时，土壤内摩擦角为 20°与 35°时的 W_1、W_2、W_3 分别相差 5.9%、5.9%、5.8%，说明内摩擦角对管道可靠性的影响很小。

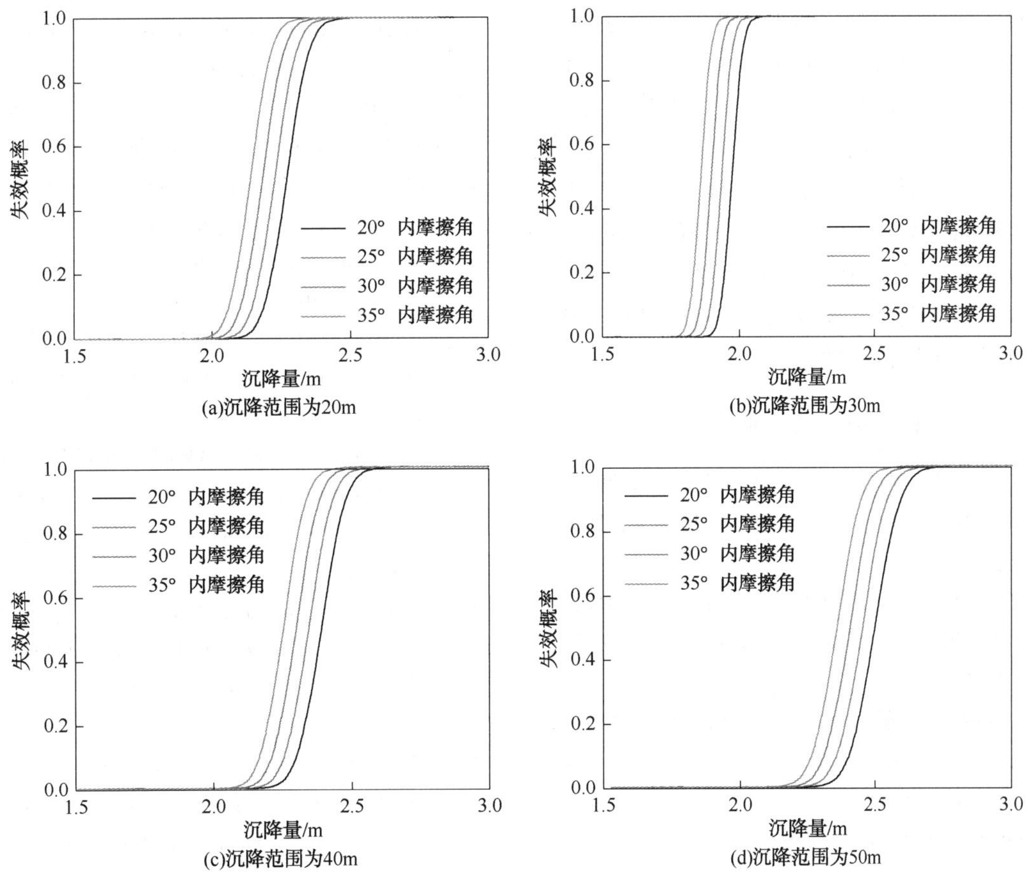

图 9　不同土壤内摩擦角时管道的失效概率随沉降量的变化

表 12　不同土壤内摩擦角时管道的临界沉降量

沉降范围/m		20				30			
土壤内摩擦角/(°)		20	25	30	35	20	25	30	35
临界沉降量/m	W_1	2.01	1.97	1.93	1.89	1.83	1.80	1.76	1.73
	W_2	2.04	2.00	1.96	1.92	1.85	1.82	1.78	1.75
	W_3	2.07	2.03	1.99	1.95	1.87	1.83	1.80	1.76
沉降范围/m		40				50			
土壤内摩擦角/(°)		20	25	30	35	20	25	30	35
临界沉降量/m	W_1	2.10	2.06	2.02	1.98	2.18	2.14	2.09	2.05
	W_2	2.14	2.10	2.06	2.02	2.22	2.18	2.13	2.09
	W_3	2.18	2.14	2.09	2.05	2.26	2.22	2.17	2.13

4　结论

本文按照沉降作用下埋地管道可靠性的计算流程，通过调研确定了管道的目标可靠度与不确定性参数以及管道极限应变的取值与计算方法，使用 BP 神经网络模型计算管道的最大应变，基于蒙特卡洛模拟法计算了沉降作用下埋地管道的失效概率和不同地区等级管道的临界沉降量，并进行了参数影响分析。研究结果表明：管径和管道壁厚的增加会降低管道的失效概率，管道内压越大，失效概率越大，临界沉降量越小，安全性越低；管道的可靠性与土壤的黏聚力和内摩擦角呈负相关，黏聚力与内摩擦角越大，管道失效概率越大，临界沉降量越小，管道容易发生破坏。通过对比不同参数的变化对临界沉降量的影响，发现各参数对管道可靠性的影响程度大小依次为：埋深、管道壁厚、土壤黏聚力、沉降范围、管径、内压、土壤内摩擦角。

参　考　文　献

[1] 苏培东，罗倩，姚安林，等．西气东输管道沿线地质灾害特征研究[J]．地质灾害与环境保护，2009，20(2)：25-28.

[2] 李旦杰．西南成品油管道地质灾害影响及防治措施[J]．石油化工安全环保技术，2008，24(6)：35-38，68-69.

[3] 张晶，刘兴荣，杨军．涩宁兰输气管道沿线地质灾害分析及危险性分级[J]．防灾科技学院学报，2010，12(2)：70-73.

[4] Sirwardane H J. A numerical procedure for prediction of subsidence caused by longwall 119mining[C]. Proceedings Fifth international conference on numerical methods in Geomechanics，A. A. Balkema，1985：116-120.

[5] International Organization for Standardization. ISO 16708—2006 Petroleum and natural gas industries pipeline transportation systems - reliability based limit state methods [S]. Switzerland：ISO 2006.

[6] Canadian Standards Association. CSA Z662 - 2007 Oil and gas pipeline system[S]. Mississauga：CSA，2007.

[7] 景悦，余建星，詹强．基于灰色理论的穿越管道抗震可靠性研究[J]．地震工程与工程振动，2001(4)：88-92. DOI：10. 13197/j. eeev. 2001. 04. 015.

[8] ZHOU W. Reliability of pressurised pipelines subjected to longitudinal ground movement[J]. Structure & Infrastructure Engineering，2012，8(12)：1123-1135.

[9] FARAJI M.，KIYONO J. Seismic performance analysis of lifeline systems[C]. Disaster Management，2011.

[10] LIN Y J，LIU W，LI J. Seismic Reliability Analysis of Buried Gas Pipes[C]. The 5th international symposium on innovation & sustainability of structures in civil engineering，2013.

[11] 樊苏楠，闫相祯．地震载荷作用下长输管线穿越断层应变设计[J]．石油机械，2015，43(12)：114-118.

[12] MELISSIANOS V E，VAMVATSIKOS D，GANTES C J. Performance Assessment of Buried Pipelines at Fault Crossings[J]. Earthquake Spectra，2016，33(1)：201-218.

[13] Chen G H，Wu J J. Reliability Analysis and Case Study of Long Term Service Gas Pipelines beneath Urban Street[J]. Procedia Engineering，2015，130(3).

[14] Zha S X，Wu Y，Jin P W. Reliability analysis of buried polyethylene pipeline subject to traffic loads：[J]. Advances in Mechanical Engineering，2019，11(10).

[15] 郑倩，张宏，刘啸奔．基于 BP-MC 方法的断层区管道可靠性分析[J]．油气储运，2020，39(03)：

277-283.

[16] 张宏，崔红升．基于应变的管道强度设计方法的适用性[J]．油气储运，2012，31(12)：952-954+967.

[17] 张宏，顾晓婷，赵丽恒．基于可靠性的油气管道设计系数研究[J]．焊管，2011，34(04)：58-62.

[18] 罗金恒，赵新伟，韩晓毅，董保胜，霍春勇．西气东输管道可靠度预评估[J]．焊管，2005(03)：62-65+68.

[19] Gu X T，Zang X R，Zhang Z Y，Yang P，Miao W Z，Cao P，Zhao B. Reliability analysis of large-diameter high-grade-steel natural gas pipelines under fault action[J]. Petroleum Science，2022，19(05)：2387-2398.

[20] POPESCU R，DEODATIS G，NOBAHAR A. Effects of random heterogeneity of soil properties on bearing capacity[J]. Probab Eng Mech，2015，20(4)：324-341.

[21] SABERI M，BEHNAMFAR F，VAFAEIAN M. A semi-analytical model for estimating seismic behavior of buried steel pipes at bend point under propagating waves[J]. Bulletin of Earthquake Engineering，2013，11(5)：1373-1402.

滑坡作用下埋地管道应变完整性分析的改进方法

张　旭　曹宇光　甄　莹

[中国石油大学(华东)储运与建筑工程学院]

摘　要　针对滑坡导致的管道失效不可忽略，准确评估管道完整性的前提是管道弹塑性应力应变的准确描述。为了准确获取管道的弹塑性应变，评估管道安全，完备管道完整性管理，本文提出了一套完整的管道弹塑性应变精确半解析模型。首先基于管道内力平衡建立管道弹性变形时的解析模型，在此基础上纳入管道进入塑性阶段后的弯曲-曲率软化方程，基于有限差分方法建立变形差分方程计算管道弯曲塑性应变。最后综合考虑管道非均匀轴力和弯曲相互作用，完整的计算了管道轴向应变。通过小尺寸试验，大尺寸试验数据对比表明，改进的半解析模型具有较好的适用性，相较于传统方法准确度提升了20%。总之，本文提出的半解析模型能有效保障基于应变设计的管道完整性评估工作。

关键词　埋地管道；管道完整性；半解析模型；弹塑性应变

1　引言

埋地钢制管道在山区地质环境内敷设时会遭受地震、滑坡、断层等永久地表变形的影响。根据2023年中国测绘学会地下管线专业委员会发表的2022年全国地下管线事故统计分析报告，除去原因不明的事故，土体病害和自然灾害导致的埋地管道失效事故占比31%，不仅如此，中缅油气管道也曾因多起滑坡灾害导致管道焊缝拉弯断裂。为了完备滑坡导致的管道结构强度完整性管理，需要对管道的受力特征进行分析，准确获取管道的弹塑性力学响应。

虽然已有许多学者使用有限元软件计算了管道的弹塑性力学响应，但由于它对使用者要求高，建模计算的时间长，在管道快速评估作业中往往没有半解析模型表现出色。半解析模型作为工程师经常使用的工具，主要由两个部分组成。第一部分为获取模型的载荷边界条件，第二部分为建立管道承受载荷与变形间的关联，基于管道的受力平衡方程和几何方程，计算管道弹塑性应变大小。

在管道的弹塑性应变的研究中，PRCI报告及Karamanos给出了通过滑坡最大位移估算管道位移函数从而计算管道应变的方法，这种经验方法只能粗略估算管道的变形与应变。Yuan建立了一种计算海底埋设管道和表层管道弹性应变的方法，他们的研究为后来半解析模型的发展奠定了基础。Chaudhuri使用四次多项式考虑了滑坡的非均匀位移函数，建立了解析模型计算了管道的弹性应变。Zeng为了缩减断层作用下管道模型的长度，引入了等效边界替代管道的自由边界，并与试验数据验证取得了较好的效果。Trifonov建立了内压、温度和断层共同作用下管道应力-应变评价的弹塑性模型，Zahid考虑了管-土的塑性变形建立了内压、温度和纵向滑坡下管道的应变计算方法。Chatzidakis建立了适用于各种滑动角度和幅度的管道应变计算半解析模型。这些模型在管道线弹性的假设下计算了管道的变形和应变，然而一旦管道进入塑性阶段，其抗弯能力大大折减，应变急剧增加。Liu为了求解管道的塑性应变，通过修正管道进入塑性阶的模量，替换弹性模量为等效模量，计算塑性应变。Zhang纳入了塑性增量理论差分表征管道挠曲线的高阶微分方程，认为管道的极限塑性弯矩是弹塑性弯矩的1.5倍，进一步表达了塑性阶段的位移函数。

由此可见，现阶段计算管道弹塑性应变的半解析模型依旧存在着如下的问题：

（1）利用半解析模型在计算管道塑性应变时，现有模型在管道塑性阶段的弯矩-曲率关系不匹配，导致管道的塑性应变计算情况小于真实值。

（2）现有的半解析模型均以有限元结果作为标准验证，缺少试验数据作为支撑，模型的准确性在工程实践中的适用性不得而知。

本文试图重新定义管道进入塑性后弯矩和曲

率的关系，修正管道塑性应变计算偏小的问题。通过充分考虑管道轴向变形与弯曲变形的相互作用，试图建立精确的管道应变的半解析分析模型。最终通过小尺寸滑坡试验，全尺寸“滑坡/断层”试验和有限元模型的数据，充分讨论半解析模型计算管道弹塑性应变的准确性。

2 管道弯曲产生的轴向弹塑性应变半解析方法

管道使用欧拉伯努利梁建立，管土相互作用使用土弹簧模型建立。由图1可知，在滑坡作用下的管道分为三段，A_1A_2 段为承受滑坡推力段，该段由于管土相对位移较大，沿滑坡方向管道后方的土壤已不足以产生承载效果。A_2B_2 和 A_1B_1 段土壤能为管道提供抵抗变形能力，此处管土相对位移已超过极限位移，土壤提供了极限抗力 p_u。B_2C_2 和 B_1C_1 段管道产生小变形，B_2 点和 B_1 点管道的位移为 Δp，靠近 C_1 和 C_2 点的管道位移近乎为0。

以 O 为坐标原点，OC_2 段为分析对象，根据前人提供的研究基础，OA_2 段的平衡控制方程为：

$$EI\frac{d^4y}{dx^4}+T\frac{d^2y}{dx^2}=q_A+G_p \tag{1}$$

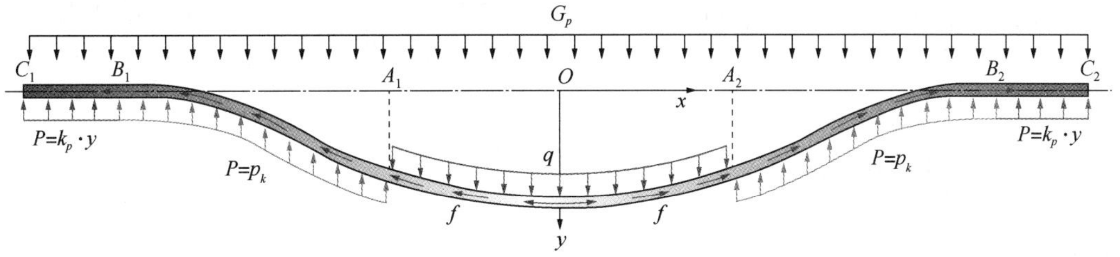

图1　管道受力分析与分段

A_2B_2 段的平衡控制方程为：

$$EI\frac{d^4y}{dx^4}+T\frac{d^2y}{dx^2}=-p_u+G_p \tag{2}$$

B_2C_2 段的平衡控制方程为：

$$EI\frac{d^4y}{dx^4}+T\frac{d^2y}{dx^2}=-ky \tag{3}$$

当管道处于弹性变形时，可通过高阶微分方程求解得到管道的位移矩阵函数的显示表达式（公式4），其中参数 α 和 λ 如公式5所示计算：

根据管道在关键节点处连续的条件确定边界条件（公式6），解出含十个未知数的十个等式方程组即可确定待定系数。

$$Y=\begin{bmatrix}y_1\\y_2\\y_3\end{bmatrix}=\begin{bmatrix}\dfrac{c_1x}{T}-\dfrac{(q+G)x^2}{2T}+c_2e^{\alpha x}+c_3e^{-\alpha x}+c_4\\ \dfrac{c_5x}{T}-\dfrac{(G-p_u)x^2}{2T}+c_6e^{\alpha x}+c_7e^{-\alpha x}+c_8\\ e^{-\lambda x}(c_9\sin(\lambda x)+c_{10}\cos(\lambda x))\end{bmatrix} \tag{4}$$

$$\alpha=\left(\frac{T}{EI}\right)^{\frac{1}{2}};\ \lambda=(4EI)^{\frac{1}{4}} \tag{5}$$

$$\begin{cases}x=0:\ y'_1(0)=0;\ y'''_1(0)=0;\\ x=A_2:\ y_1(A_2)=y_2(A_2);\ y'_1(A_2)=y'_2(A_2);\ y''_1(A_2)=y''_2(A_2);\ y'''_1(A_2)=y'''_2(A_2)\\ x=B_2:\ y_2(B_2)=y_3(B_2)=-\Delta p;\ y'_2(B_2)=y'_3(B_2);\ y''_2(B_2)=y''_3(B_2)=0\end{cases} \tag{6}$$

但除了 c_1-c_{10} 未知数外还有 B_2 点和 T 未知数未求得，所以需要对 B_2 点的位置进行讨论，公式7为判定 B_2 点位置准确与否的循环结构，当 η_1 小于 10^{-5} 时认为 B_2 点的位置是准确的。公式8为判定 T 的值准确与否的循环结构，当 η_2 小于 10^{-3} 时认为 T 的取值是准确的。

$$|y'''_2(B_2)-y'''_3(B_2)|=\eta_1 \tag{7}$$

$$\eta_2=\left|\frac{T^2}{2EA\left(\int_0^{A_2}\sqrt{1+y_1^2}dx+\int_{A_2}^{B_2}\sqrt{1+y_2^2}dx+\int_{B_2}^{C_2}\sqrt{1+y_3^2}dx-C_2-TC_2E^{-1}A^{-1}\right)}-f\right| \tag{8}$$

公式 1~公式 8 均是引用文献[11，12]提出的精细分析模型，但本文认为分析 OA_2 段的平衡控制方程时应当忽略滑坡过程中管道后方的土壤抗力 p_u 的作用。当管道进入塑性阶段时，通过引入无量纲弯矩与无量纲曲率的关系作为中间参量(公式 9)，从而进一步建立管道位移函数。

$$\frac{\rho_e}{\rho}=\frac{1}{\sqrt{5.1-4.1\frac{M}{M_e}}} \tag{9}$$

公式 4 确定的管道挠曲线方程需要被再次判定是否能够准确描绘管道的弹塑性变形。通过判定式 10 中三个元素是否有超过极限塑性弯矩 M_e 的元素，并确定管道沿线的弹塑性分界点 a_1-a_3 是否存在。

$$M=\begin{bmatrix}M_1\\M_2\\M_3\end{bmatrix}=-EIY'' \tag{10}$$

因弹塑性分界点处的弯矩为 M_e，因此，若 a_1 点存在，则 OA_2 段被分为两部分，弹性段部分为公式 2 控制方程，塑性部分则用公式 11 表示

$$\frac{d^2\left(-\frac{M_e}{4.1}\left(5.1-\left(\frac{M_e}{EI}\right)^2\left(\frac{d^2y}{dx^2}\right)^{-2}\right)\right)}{dx^2}-T\frac{d^2y}{dx^2}=-q-G \tag{11}$$

将 OA_1 段管道按 h 为步长离散成 $a_1/h+1$ 个节点，使用中心差分法给出了公式 12 的差分格式

$$\frac{M_{i-1}-2M_i+M_{i+1}}{h^2}+T\frac{M_e}{EI\sqrt{5.1-4.1\frac{M_i}{M_e}}}=-q-G \tag{12}$$

同样建立管道在 O 点和 a_1 点位置的边界条件，而后使用高斯迭代或雅克比迭代便能够求解 OA_1 段管道弯矩的差分形式。

$$\begin{cases}x=a_1：M'\left(\frac{a_1}{h}\right)=M'_{x=a_1}\\x=0：M'_{(1)}=0\end{cases} \tag{13}$$

使用公式 4 确定管道在 $x=a_1$ 处的挠度，并建立位移函数的差分表达形式 y_i，基于公式 14 使用雅克比迭代计算管道塑性段 OA_1 的挠度的差分表达。

$$M_{(i)}=\frac{M_e}{4.1}\left[5.1-K_e^2\left(\frac{y_{(i-1)}-2y_{(i)}+y_{(i+1)}}{h^2}\right)^{-2}\right] \tag{14}$$

3　管道轴力产生的轴向弹塑性应变半解析方法

由于在管道弯曲产生的轴向应变中管道轴向力 T 被确定为恒定值，然而 T 沿管道轴向的实际分布是非线性的。要准确获得轴向力对管道造成的拉伸应变，就必须完善轴向力的求解。在此之前，必须分析管道轴向的土壤摩擦力。在正常情况下，管道受到的摩擦力随着与滑坡中心距离的增加而减小。因此，根据管道和土壤弹簧的弹塑性机械特性，将管道分为以下三部分，如图 2 所示。

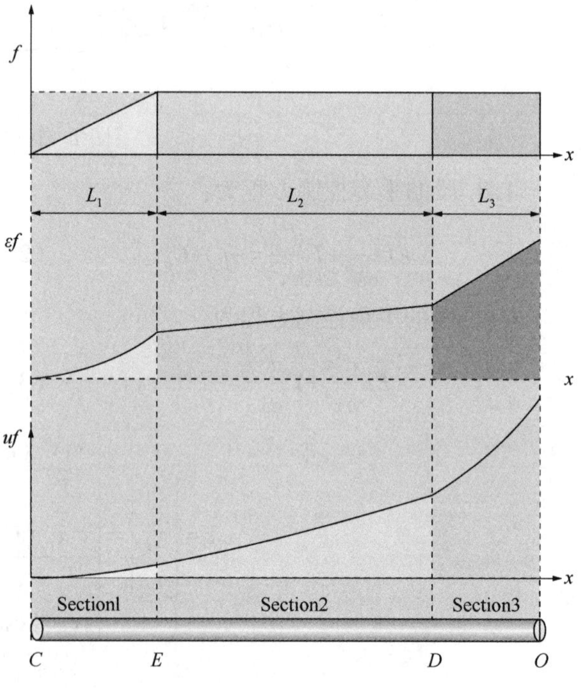

图 2　管道与土壤之间的轴向相互作用机理

如图 2 所示，第一段中的管道和轴向土壤弹簧均处于弹性阶段。第二段的管道处于弹性阶段，土壤弹簧处于塑性阶段。第三段的管道和土壤弹簧均处于塑性阶段。各段的轴向土壤阻力和土壤阻力引起的管道轴向应变和轴向位移如公式 15—公式 17 所示。

$$t=\begin{bmatrix}t_1\\t_2\\t_3\end{bmatrix}=\begin{bmatrix}t_u x/L_1\\t_u\\t_u\end{bmatrix} \tag{15}$$

$$\varepsilon_f=\begin{bmatrix}\varepsilon_{f1}\\ \varepsilon_{f2}\\ \varepsilon_{f3}\end{bmatrix}=\begin{bmatrix}\dfrac{t_u x^2}{2L_1AE_1}\\ \dfrac{t_u x}{AE_1}-\dfrac{t_u L_1}{2AE_1}\\ \dfrac{t_u x}{AE_2}+\dfrac{t_u(2L_2-L_1)}{2AE_1}-\dfrac{t_u L_2}{AE_2}\end{bmatrix} \tag{16}$$

$$u_f=\begin{bmatrix}u_{f1}\\ u_{f2}\\ u_{f3}\end{bmatrix}=\begin{bmatrix}\dfrac{t_u x^3}{6L_1AE_1}\\ \dfrac{t_u x^2}{2AE_1}-\dfrac{t_u L_1 x}{2AE_1}+\dfrac{t_u L_1^{\ 2}}{6AE_1}\\ \dfrac{t_u x^2}{2AE_2}+\dfrac{t_u(2L_2-L_1)x}{2AE_1}-\dfrac{t_u L_2 x}{AE_2}-\dfrac{t_u L_2^{\ 2}}{2AE_1}+\dfrac{t_u L_2^{\ 2}}{2AE_2}+\dfrac{t_u L_1^{\ 2}}{6AE_1}\end{bmatrix} \tag{17}$$

其中 L_1 为轴向土壤弹簧的弹塑性边界点，可通过 $u_1=\Delta_t$ 计算（公式 18）。Δ_t 是轴向土壤弹簧的极限位移，t_u 是轴向土壤弹簧的极限阻力，可用 ALA 计算。L_2 是管道的弹塑性边界点，通过公式 10 计算得出 a_1，然后转换为 L_2。

$$L_1=\sqrt{\frac{6AE_1\Delta t}{t_u}} \tag{18}$$

由于管道的几何伸长率等于物理伸长率，管道在不同位置因轴向力而产生的轴向位移可由公式 19 获得，轴向力沿管道的分布可由公式 20 得出。

$$\Delta L_{phy}=\Delta L_{req}\Rightarrow u_x+u_f=\sum_{i=1}^{(L_1+L_2+L_3)/h}\left(\sqrt{(y_i^2-y_{i+1}^2)^2+h^2}-h\right) \tag{19}$$

$$T(x)=EA\frac{du_x}{dx} \tag{20}$$

由于公式 20 中默认的轴向力分布忽略了变形过程中轴向力的变化，因此沿微元段轴线的方向并非 x 方向。OA_2 和 AB_2 段是非均匀轴向力段，分为 m 个无限小的管段。每个微元件上的力如图 3 所示。

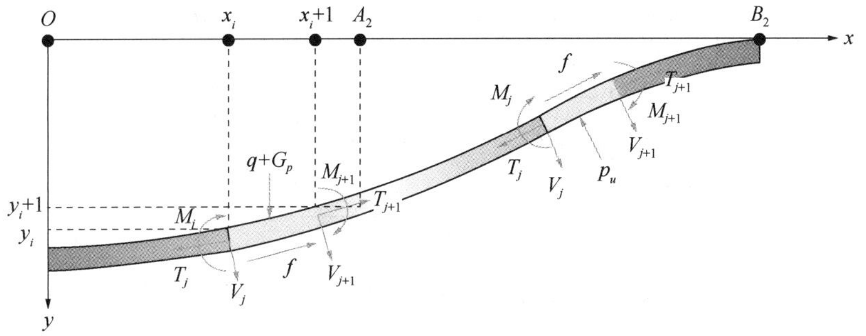

图 3 精确轴力分析示意图

OA_2 段受力的平衡方程如公式 21 所示。

$$\begin{cases}x:\ -T_j\cos\theta_j+T_{j+1}\cos\theta_{j+1}+V_j\sin\theta_j+V_{j+1}\sin\theta_{j+1}+f(x_{j+1}-x_j)=0\\ y:\ T_j\sin\theta_j-T_{j+1}\sin\theta_{j+1}+V_j\cos\theta_j+V_{j+1}\cos\theta_{j+1}-f(y_{j+1}-y_j)+(q+G_p)(x_{j+1}-x_j)=0\end{cases} \tag{21}$$

AB_2 段受力的平衡方程如公式 22 所示。

$$\begin{cases}x:\ -T_j\cos\theta_j+T_{j+1}\cos\theta_{j+1}+V_j\sin\theta_j+V_{j+1}\sin\theta_{j+1}+f(x_{j+1}-x_j)-p_u(y_{j+1}-y_j)=0\\ y:\ T_j\sin\theta_j-T_{j+1}\sin\theta_{j+1}+V_j\sin\theta_j+V_{j+1}\sin\theta_{j+1}-f(y_{j+1}-y_j)-p_u(x_{j+1}-x_j)=0\end{cases} \tag{22}$$

当 $h\to 0$ 时，等价表达式如公式 23 所示。

$$\begin{cases}\tan\theta_j=\sin\theta_j=\theta_j=\dfrac{y_{j+1}-y_j}{h}\\ \tan\theta_{j+1}=\sin\theta_{j+1}=\theta_{j+1}=\dfrac{y_{j+2}-y_{j+1}}{h}\end{cases} \tag{23}$$

结合公式 18—公式 20 并消除 V_{j+1}、θ_{j+1} 和 θ_j 后，可得出 T_{j+1} 与位移之间的关系。根据公式 20 可以得到 $T_i=1$ 处的初始轴向力，然后通过雅各比迭代可以计算出管道轴向任意位置的轴向力。由弯曲引起的管道应变由公式 25 计算得出，由轴向力引起的管道应变由公式 26 计算得出。最后，计算管道弹塑性应变的半解析模型的整个流程如图 4 所示。

$$\varepsilon_i^a = \varepsilon_i^t + \varepsilon_i^b \tag{24}$$

$$\varepsilon_i^b = -\frac{D(y(i+1) - 2y(i) + y(i-1))}{2h^2} \tag{25}$$

$$\varepsilon_i^t = \frac{T_i}{EA} \tag{26}$$

3　小尺寸滑坡试验与材料力学性能测试

本文开展的小尺寸滑坡试验在之前试验的基础上将砂土替换成砾石土，使用砾石土可以很好的还原山区地质土壤环境。试验的目的旨在研究管道在横向滑坡作用下的应变响应。实验准备阶段包括开展 Q235b 管材的标准圆棒拉伸力学性能测试试验，管周碎石黏土的不排水三轴试验（图 5）。实验过程中通过液压系统控制的大型斜坡移动试验车箱开展试验，试验装置三视图及管道应变片贴片示意图如图 6 所示。

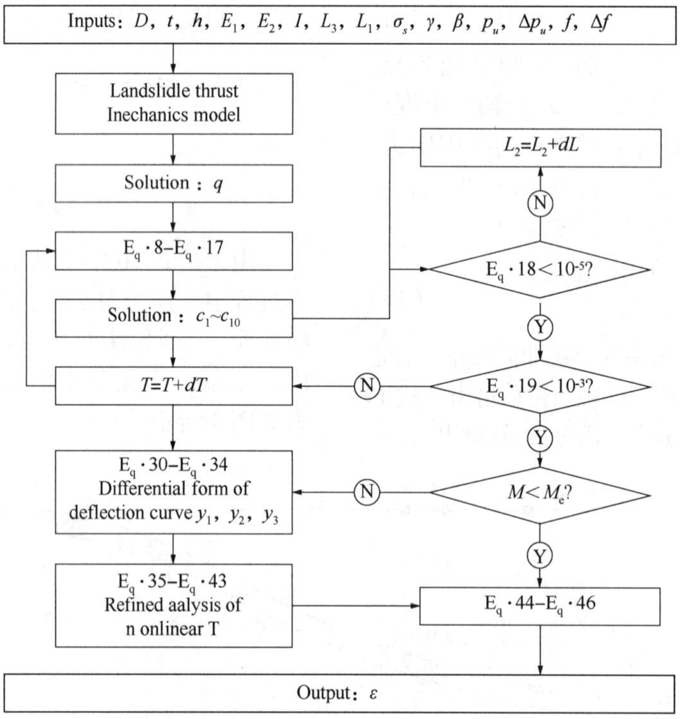

图 4　滑坡作用下埋地管道应变完整性分析的改进方法

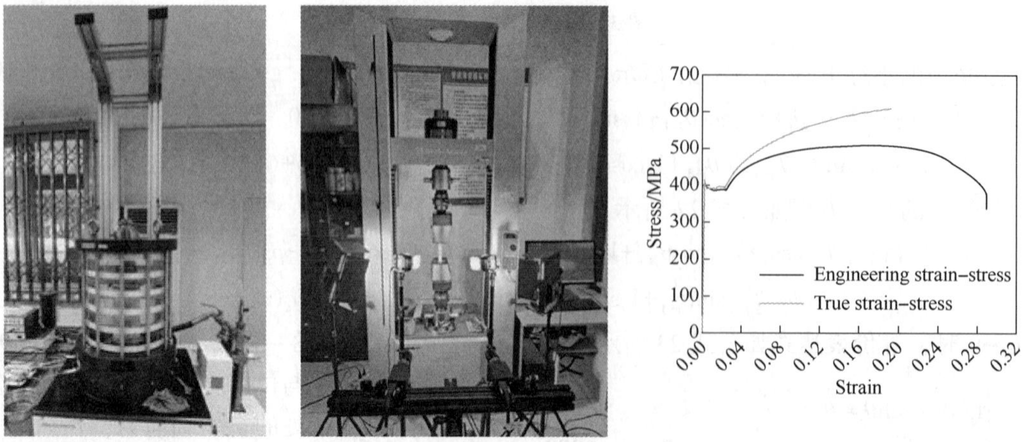

(a)岩石三轴测试　　(b)单轴拉伸测试　　(c)Q235b钢的力学性能

图 5　材料力学性能的获取

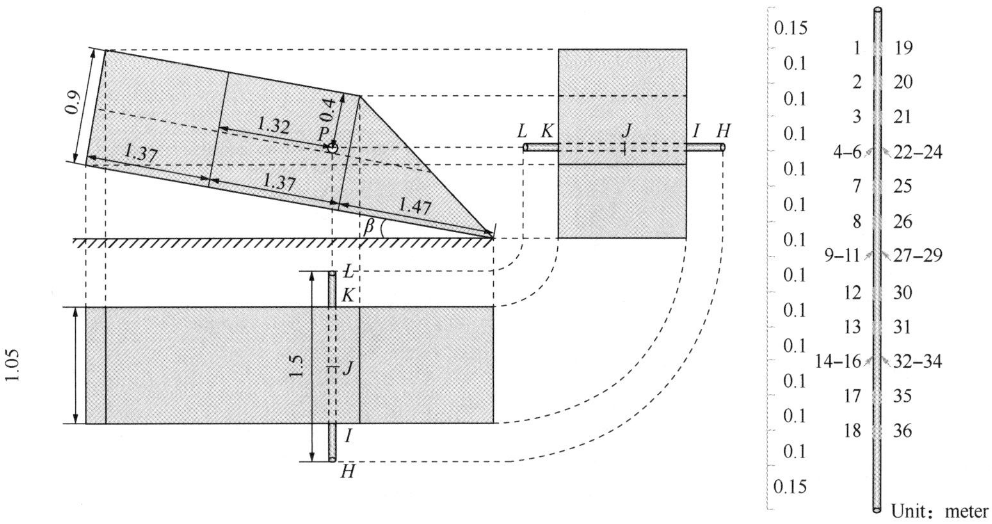

(a)实验装置的三视图　　(b)应变仪的位置

图 6　小尺寸滑坡实验尺寸示意图

4　管道应变响应讨论

4.1　小尺寸实验下管道计算应变准确性讨论

在本文的讨论部分，管道在小尺寸滑坡试验和全尺寸滑坡试验中的应变数据与本文提出的半解析模型计算结果（SAM1）、采用公式 27 建立弯矩曲率关系建立的半解析模型计算结果（SAM2）以及有限元计算结果进行了比较。比较包括三个案例，案例 1 管道在小尺寸试验中发生塑性变形。案例 2：管道在全尺寸试验中发生塑性变形。图 7 是小型滑坡试验中管道的受力分析图。由于滑块处管道的约束条件与公式 6 不同，公式 28 重新考虑了管道的边界条件（$L_{OB}=x_1$，$L_{OD}=x_2$）。表 1 为小尺寸试验的土弹簧刚度。

$$\frac{\rho_e}{\rho}=\frac{1}{\sqrt{5.1-4.1\dfrac{M}{M_e}}} \tag{27}$$

$$\begin{cases}x=0: \ y'_1(0)=0; \ y'''_1(0)=0;\\ x=A_2: \ y_1(A_2)=y_2(A_2); \ y'_1(A_2)=y'_2(A_2); \ y''_1(A_2)=y''_2(A_2); \ y'''_1(A_2)=y'''_2(A_2)\\ x=B_2: \ y_2(B_2)=y_3(B_2)=-\Delta p; \ y'_2(B_2)=y'_3(B_2); \ y''_2(B_2)=y''_3(B_2)=0\end{cases} \tag{28}$$

表 1　小尺寸滑坡实验土弹簧参数表

Lateral		*Axial*		*Vertical uplift*		*Vertical bearing*	
p_u(N/m)	Δp(m)	t_u(N/m)	Δt(m)	q_u(N/m)	Δq_u(m)	q_d(N/m)	Δq_d(m)
12550	0.0168	2611.4	0.003	14445	0.03	37464	0.006

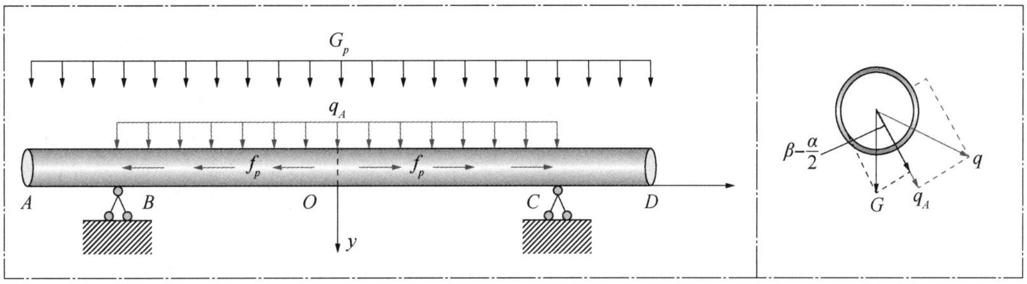

图 7　小尺寸滑坡实验管道受力分析

图 8(a)与图 8(b)分别展示了管道拉应变与压应变的计算结果，通过仔细观察，管道在中间位置向左右各 1 个应变片距离发生了塑性变形，因修正解析方法中弯矩-曲率的关系，使得塑性

应变的计算与实验数据更为贴近。因此，本文提出的半解析方法计算的应变与试验数据计算结果整体上贴近。

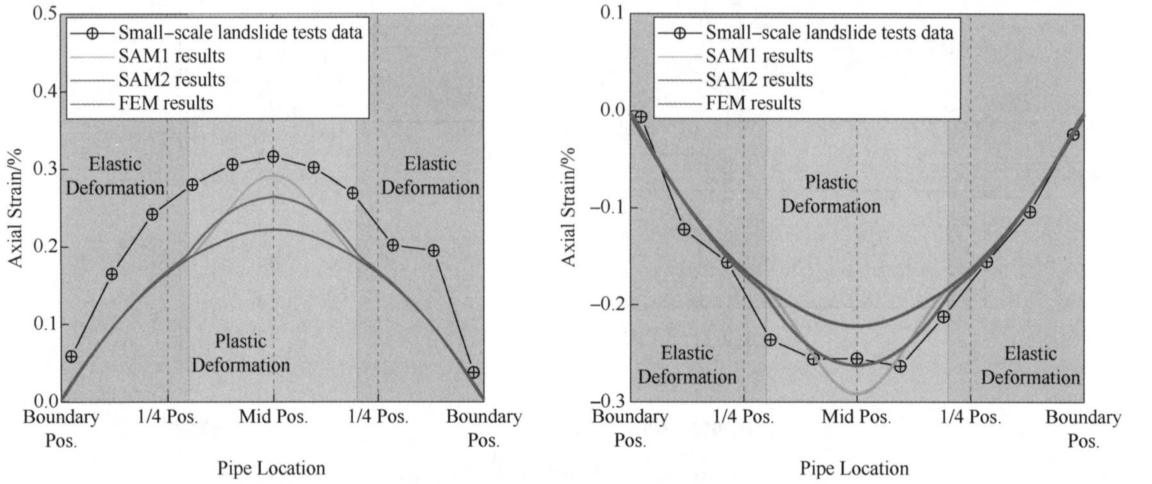

(a)拉伸侧　　(b)压缩侧

图 8　管道应变计算

图 9 为修正前后的解析方法在轴向全局应变(22 个应变片)的计算误差分布图，可以发现，改进的解析方法数据更贴近 1：1 参考线，当应变的绝对值越大的时候，未改进的解析方法计算误差更大。虽然修正后的轴向全局应变精度提升较为平缓，但计算拉伸塑性应变精度提升了 18.3%，压缩应变精度提升了 14.9%。工程中评估管道是否需要开挖或换管的依据便是根据最大应变值作为参考，因此修正后的解析方法在塑性应变上的准确度提升对于工程评估来说具有较大的参考意义。

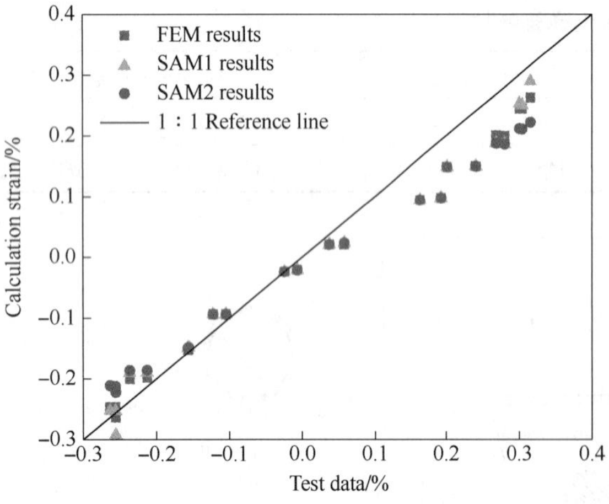

图 9　全局应变计算误差图

4.2　全尺寸实验下管道计算应变准确性讨论

为了研究全尺寸管道管土相互作用，*CSM* 基于 *GIPIPE* 项目开展了全尺寸“滑坡/断层”试验，该实验全面揭示了管道在土壤中轴向和横向运动中的位移-土壤抗力关系，以及记录了管道在土壤为以下的应变响应。实验通过两个固定的混凝土箱和中间一个滑动箱组成，如图 10 所示，实验过程为两个液压驱动器沿管道轴线的横向拉动中心土箱，并在导轨上滑动，而另外两个土箱保持固定。管道两端的力学状态为禁止旋转、纵向和横向位移。实验中的管道和土壤力学性能如表 2 所示。土弹簧参数可从原文献中获取。

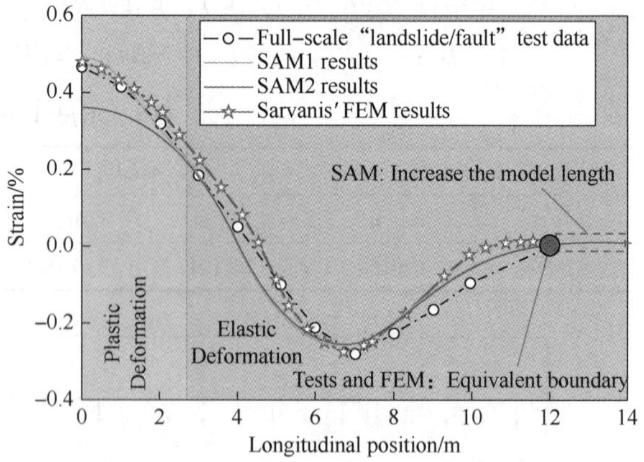

图 10　全尺寸实验数据和半解析模型计算结果

根据 ALA 规范计算的横向土弹簧刚度 p_u = 42530N/m，此时管道承受的推力载荷 $q=p_u$。全尺寸实验在边界处采用弹簧约束，而半解析模型可以通过增加模型长度以极小的代价获取管道的全局应变。因此通过增加模型长度，使用改进的半解析模型计算了实验中横向拉动土壤 600mm

时刻的管道应变响应。由图 10 可知，SAM1 在 $x=0$ 米处计算的应变误差为 5.1%，SAM2 为 22.7%，精度提高了约 17.6%。由于最大塑性应变值是工程评估中用于确定是否有必要挖掘管道以释放应变或更换管道的定量参数，因此，改进后的半解析模型在计算塑性应变方面的精度提高，为工程评估提供了很好的参考，具有重要意义。

表 2 大尺寸滑坡试验的管道与土壤力学性能和滑坡参数

直径	壁厚	管长	钢级	弹性模量	屈服强度	滑动宽度	土壤容重	内摩擦角
219mm	5.56mm	24m	X65	210GPa	450MPa	8m	$16000kN/m^3$	45°

5 结论

本文研究了管道进入塑性阶段后管截面软化对弯矩-曲率关系的影响，综合考虑了管道轴力和弯曲的相互作用，建立了滑坡作用下管道弹塑性应变响应的半解析模型。主要的研究结论如下：

（1）经试验验证，在管道发生相同塑性变形的情况下，传统弯矩-曲率关系得到的塑性弯矩偏大 20%，导致计算塑性应变偏小 20%，而使用本文提出的半解析模型计算管道塑性应变的准确度提升了 21.06%，充分表明了改进的弯矩-曲率关系更适用于管道结构。

（2）改进的半解析模型在计算小尺寸试验及全尺寸试验管道应变响应时，较传统模型预测精度分别提升了 105.9%、21.06%、和 17.6%，充分表明了其适用范围之广，且该方法计算快，精度高，对使用者要求低，可推广应用至基于应变设计的管道完整性评估工作中。

参 考 文 献

[1] Li Y, Shuai J, Jin Z L, et al. Local buckling failure analysis of high-strength pipelines. Petroleum Science. 14, 549-559(2017). https://doi.org/10.1007/s12182-017-0172-3.

[2] Syed M M, Lemma T A, Vandrangi S K, et al. Recent developments in model-based fault detection and diagnostics of gas pipelines under transient conditions[J]. Journal of Natural Gas Science and Engineering, 2020, 83: 103550. https://doi.org/10.1016/j.jngse.2020.103550.

[3] Underground Pipeline Committee of CSGPC, National statistical analysis report on underground pipeline accidents, https://mp.weixin.qq.com/s/WHlo3WiOgQcc5kDTe4VLXQ, 2022(accessed 22 June 2023).

[4] Li H Z, He W G, Li S H. Characteristics and causes of landslide deformation along Guizhou Section of Myanmar-China Oil and Gas Pipelines[J]. Oil & Gas Storage and Transportation, 2023, 42(02): 178-187. https://doi.org/10.6047/j.issn.1000-8241.2023.02.007.

[5] Yan Y, Yang D, Geng D, et al. Disaster reduction stick equipment: A method for monitoring and early warning of pipeline-landslide hazards[J]. Journal of Mountain Science, 2019, 16(12): 2687-2700. https://doi.org/10.1007/s100640050066.

[6] Fu C, Nian T, Guo X, et al. Investigation on responses and capacity of offshore pipelines subjected to submarine landslides [J]. Applied Ocean Research, 2021, 117: 102904. https://doi.org/10.1016/j.apor.2021.102904.

[7] Xu Q, Yang G, Li Z, et al. Dynamic response model and equivalent solution method of large-diameter buried energy transportation pipeline under moving load[J]. Journal of Natural Gas Science and Engineering, 2022, 106: 104724. https://doi.org/10.1016/j.jngse.2022.104724.

[8] Zheng J Y, Zhang B J, Liu P F, et al. Failure analysis and safety evaluation of buried pipeline due to deflection of landslide process[J]. Engineering Failure Analysis, 2012, 25: 156-168. https://doi.org/10.1016/j.engfailanal.2012.05.011.

[9] PRCI, Guidelines for constructing natural gas and liquid hydrocarbon pipelines through areas prone to landslide and subsidence hazards, USA(2009).

[10] Karamanos S A, van Es S H J, Tsatsis A, et al. Experimental Testing Conducted in the Course of the GIPIPE Project and Their Numerical Simulation [J]. Geohazards and Pipelines: State-of-the-Art Design Using Experimental, Numerical and Analytical Methodologies, 2021: 51-87. https://doi.org/10.1007/978-3-030-49892-4_4.

[11] Yuan F, Wang L, Guo Z, et al. A refined analytical model for landslide or debris flow impact on pipelines. Part I: Surface pipelines [J]. Applied Ocean Research, 2012, 35: 95-104. https://doi.org/10.1016/j.apor.2011.12.001.

[12] Yuan F, Wang L, Guo Z, et al. A refined analytical

model for landslide or debris flow impact on pipelines-Part Ⅱ: Embedded pipelines[J]. Applied Ocean Research, 2012, 35: 105-114. https://doi.org/10.1016/j.apor.2011.12.002.

[13] Chaudhuri C H, Choudhury D. Buried pipeline subjected to seismic landslide: A simplified analytical solution[J]. Soil Dynamics and Earthquake Engineering, 2020, 134: 106155. https://doi.org/10.1016/j.soildyn.2020.106155.

[14] Zeng X, Dong F, Xie X, et al. A new analytical method of strain and deformation of pipeline under fault movement [J]. International Journal of Pressure Vessels and Piping, 2019, 172: 199 - 211. https://doi.org/10.1016/j.ijpvp.2019.03.005.

[15] Trifonov O V, Cherniy V P. Elastoplastic stress-strain analysis of buried steel pipelines subjected to fault displacements with account for service loads[J]. Soil Dynamics and Earthquake Engineering, 2012, 33(1): 54 - 62. https://doi.org/10.1016/j.soildyn.2011.10.001.

[16] Zahid U, Godio A, Mauro S. An analytical procedure for modelling pipeline - landslide interaction in gas pipelines[J]. Journal of Natural Gas Science and Engineering, 2020, 81: 103474. https://doi.org/10.1016/j.jngse.2020.103474.

[17] Chatzidakis D, Tsompanakis Y, Psarropoulos P N. A semi-analytical approach for simulating oblique kinematic distress of offshore pipelines due to submarine landslides[J]. Applied Ocean Research, 2020, 98: 102111. https://doi.org/10.1016/j.apor.2020.102111.

[18] Liu X, Zhang H, Wu K, et al. A refined analytical strain analysis method for offshore pipeline under strike-slip fault movement considering strain hardening effect of steel [J]. Ships and Offshore Structures, 2020, 15 (2): 215 - 226. https://doi.org/10.1080/17445302.2019.1611722.

[19] Zhang L, Xie Y, Yan X, et al. An elastoplastic semi - analytical method to analyze the plastic mechanical behavior of buried pipelines under landslides considering operating loads[J]. Journal of Natural Gas Science and Engineering, 2016, 28: 121 - 131. https://doi.org/10.1016/j.jngse.2015.11.040.

[20] Zhang L, Zhao X, Yan X, et al. A semi-analytical method of stress - strain analysis of buried steel pipelines under submarine landslides [J]. Applied Ocean Research, 2016, 59: 38 - 52. https://doi.org/10.1016/j.apor.2016.05.007.

[21] Sarvanis G C, Karamanos S A, Vazouras P, et al. Permanent earthquake - induced actions in buried pipelines: Numerical modeling and experimental verification[J]. Earthquake Engineering & Structural Dynamics, 2018, 47 (4): 966 - 987. https://doi.org/10.1002/eqe.3001.

[22] Tian Z, Tian M, Liu Z, et al. The Jacobi and Gauss-Seidel-type iteration methods for the matrix equation AXB = C[J]. Applied Mathematics and Computation, 2017, 292: 63-75. https://doi.org/10.1016/j.amc.2016.07.026.

[23] ALA, Guidelines for the Design of Buried Steel Pipe. American Society of Civil Engineers, USA(2001).

服役管道完整性管理之输送海水管道腐蚀穿孔失效分析

倪　剑[1]　杨中娜[1]　孙玉江[1]　牛路遥[2]　王　鹏[3]　王海朋[1]　徐志刚[1]

[1. 中海油(天津)管道工程技术有限公司；2. 中法渤海地质服务有限公司；
3 中海油能源发展股份有限公司工程技术分公司]

摘　要　某平台用于输送海水的B10铜镍合金管道，停产检修发现管道弯头与法兰焊缝接头附近有腐蚀穿孔。采用宏观观察、SEM和EDS、XRD相分析、金相组织检验等方法，分析管道焊接法兰腐蚀穿孔失效原因。结果表明，在法兰的腐蚀坑底部、冲蚀磨损区、腐蚀沟槽和穿孔部位以及弯头的腐蚀坑底部，都普遍存在着“冰糖块”状的晶间腐蚀形貌，局部存在晶粒被逐层剥落形成“台阶”状的剥蚀形貌；优先腐蚀的晶界形成一个回路，被包围的晶粒发生明显的脱镍和溶解，引起晶粒剥落；法兰硬度偏低及晶粒粗大的柱状晶组织，导致材料耐腐蚀性能下降。铜镍合金管道腐蚀穿孔发生在冲蚀磨损的敏感区及耐蚀性最差的焊接热影响区，是由冲蚀磨损、晶间腐蚀、脱成分腐蚀协同作用的结果，需加强服役管道相似部位的腐蚀监测。

关键词　B10铜镍合金；法兰和弯头；焊接热影响区；失效分析；冲蚀磨损；晶间腐蚀；脱成分腐蚀；腐蚀监测

某平台海水管道系统停产检修时发现有泄漏，经查是管道局部腐蚀穿孔所致，穿孔的位置位于管道增压泵出口直管转弯管段，即弯头与法兰焊接处，见图1所示的E1区。该海水管道为冷却水系统，用于输送海水，管道的弯头和法兰均为B10(C70600)铜镍合金材料，管道的规格为Φ219.1×4.5mm，压力等级为150LB，管道设计压力1.76MPa，海水设计流速为1.2~1.8m/s，温度50℃。输送海水中可能含砂，砂含量不详。

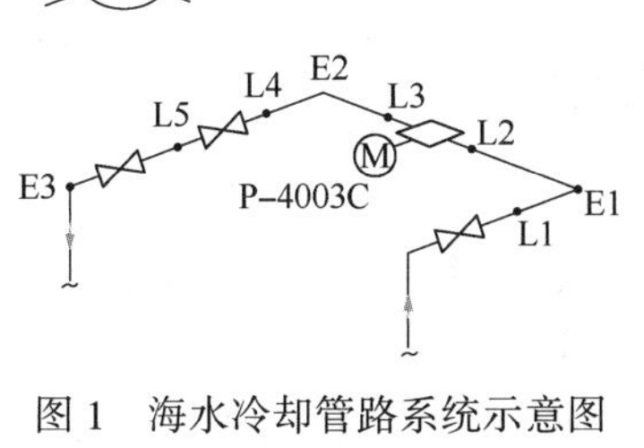

图1　海水冷却管路系统示意图

B10铜镍合金即Ni含量为10%的白铜合金，因其具有良好的耐流动海水腐蚀性能、机械性能和物理性能，而广泛应用于海洋工程和滨海电厂的热交换器、舰船的冷凝器管、海水淡化处理设备管道系统等。但是，国内外频频报出铜镍合金管的腐蚀泄漏事故，铜镍合金海水管道的腐蚀问题亟待解决。铜镍合金海水管道的腐蚀部位主要集中在管道弯头、T形管道接头、管道变径区以及对焊管段的焊接热影响区等敏感部位；探究其腐蚀失效原因，主要包含有流场诱导腐蚀、冲蚀磨损、晶间腐蚀、点蚀、空泡腐蚀、电偶腐蚀、脱成分腐蚀或几种腐蚀的协同作用。本研究通过宏观观察、扫描电镜和能谱分析、化学成分分析、硬度和力学性能试验、金相检验等方法，对增压泵出口B10铜镍合金管道腐蚀穿孔进行失效分析，确定腐蚀穿孔的失效机理，对在役管道腐蚀减薄监测提供技术支撑。

对该平台在役海水冷却管道系统进行脉冲涡流和超声波测厚检查，发现增压泵出口后Φ219.1×4.5mm第一弯头壁厚不满足ASME B31.3计算厚度的要求，其他弯头有近1mm减薄，而直管段无减薄，见图2，可见在役海水管道在增压泵出口弯头处已发生明显的腐蚀减薄，直管段和弯头的壁厚脉冲涡流检检测结果见图2。

1　宏观分析

严重腐蚀集中在铜镍管道焊接法兰内壁面的法兰一侧，弯头一侧腐蚀较轻。法兰内表面凹凸不平似波纹状，密布腐蚀坑，符合海水冲蚀磨损

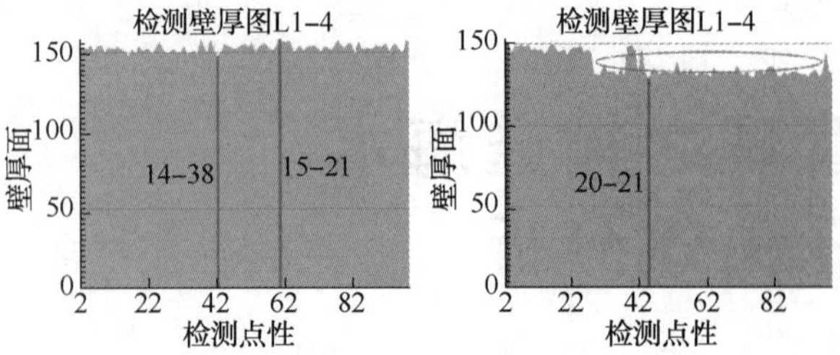

图 2　直管段(L)和弯头(E)壁厚脉冲涡流检测图谱

的形貌特征。这些腐蚀坑除覆盖有黑色或灰色物质外，还呈现有方向性，腐蚀坑底均是朝向环焊缝，说明海水的冲蚀方向是由弯头流向法兰。在法兰环焊缝的边缘，即法兰热影响区有宽约30mm的腐蚀减薄区，参见图3和图4，减薄严重已呈沟槽状，槽底宽仅9mm，有二处呈椭圆形穿孔，最大的一处穿孔尺寸14mm×6mm。将腐蚀穿孔部位切割下来并经清洗和磨抛处理，作为腐蚀形貌和组织检验试样，见图5，图中从左至右涉及1区~5区，即法兰母材区、法兰减薄及穿孔区(即法兰焊接热影响区)、焊缝及熔合区、弯头局部腐蚀区(即弯头焊接热影响区)、弯头母材区。从试样的截面看，法兰焊接热影响区被海水冲刷成一个勺子形状的缺口，缺口底部减薄明显，缺口的形成与焊缝余高引起海水流速和流向改变造成的湍流有关。

图 3　铜镍管道弯头和焊接法兰

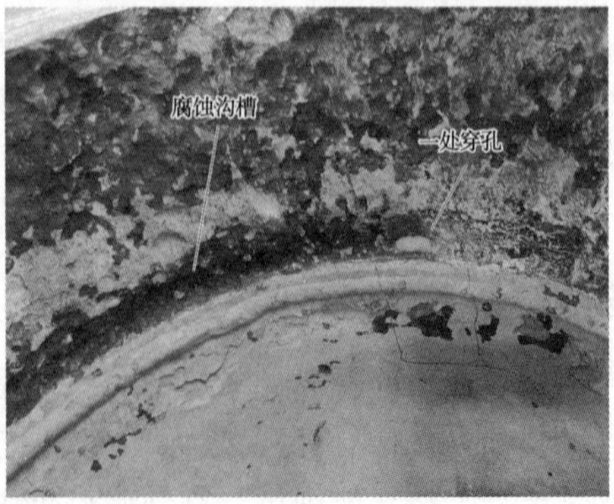

图 4　内壁腐蚀沟槽和一处穿孔

图 5　另一处穿孔及弯头局部腐蚀

弯头的焊接热影响区存在大而浅的腐蚀坑，腐蚀区域长度约130mm，宽度约13mm，坑底表面呈黑色，但未见明显的腐蚀产物。

测量壁厚尺寸，弯头设计壁厚要求不低于4.5mm，实测平均5.1mm，壁厚未见减薄。法兰厚壁处平均壁厚11.7mm，其中熔合线处的壁厚4.9mm，缺口底部平均厚度0.6mm，说明法兰热影响区壁厚减薄至少4.3mm。弯头和法兰的连接采用对接接头双面焊接，外壁焊缝宽9.6mm，焊高4.3mm，内壁焊缝宽9.1mm，焊高3.4mm。

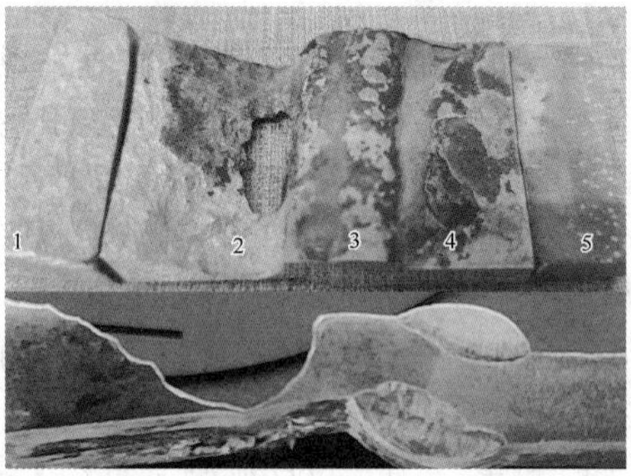

图 6　腐蚀形貌和组织检验试样

2　腐蚀产物分析

刮取适量的法兰内壁黑色和灰色物质，采用石油醚、酒精溶解除油、过滤、干燥处理后进行XRD物相测试。腐蚀产物XRD分析结果见图7，黑灰色腐蚀产物主要为：碱式氯化铜$Cu_2(OH)_3Cl$、氧化亚铜Cu_2O、$FeNi_3Cl_2(OH)_8$、SiO_2，可见法兰处黑灰色物质均存在铜的腐蚀产物，且受到了O_2和Cl^-的作用。同时对腐蚀产物进行EDS能谱测试，测试点位见图8，测试结果见表1。结合XRD物相测试结果，除铜镍合金基体成分外，还有Mg、Al、Ca、Si等海水中所含砂石的成分。腐蚀产物中含有5.51%氯和0.87%的硫，硫在海水中的主要存在形式是SO_4^{2-}，硫元素可能来自于海水中的硫酸盐。

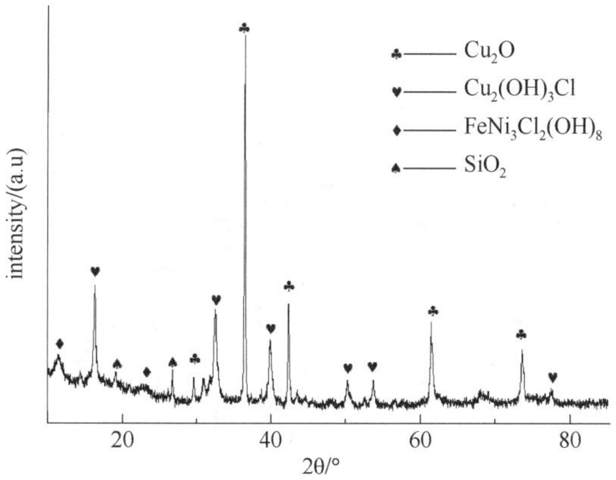

图 7　腐蚀产物 XRD 谱图

图 8　腐蚀产物 EDS 能谱测试点位

表 1　能谱 EDS 测试结果　　（wt%）

测试点位	C	O	Mg	Al	S	Cl	Ca	Fe	Ni	Cu
谱图 25	28.37	32.68	1.02	4.60	0.87	5.51	0.57	1.21	2.22	56.23
谱图 26	8.16	19.61	1.24	3.52	0.71	2.09	0.40	—	2.09	12.39

3　SEM 和 EDS 分析

利用 SEM 观察法兰和弯头热影响区的腐蚀微观形貌。法兰热影响区不同部位的形貌参见图 9，全区域表现出典型的“冰糖块”状晶间腐蚀形貌（图 7ab），铜镍合金的奥氏体晶界被优先腐蚀，晶界弱化，在海水冲刷的协同作用下奥氏体晶粒被逐层剥落，局部区域形成“台阶”状的立体剥蚀形貌（图 7cd），剥蚀晶面光滑有层次，局部晶界上堆积有少量腐蚀产物。有些区域可见腐蚀泥纹花样以及数量较多的从铜镍合金剥落下来的多面体小晶粒或晶粒簇（图 9ef）。

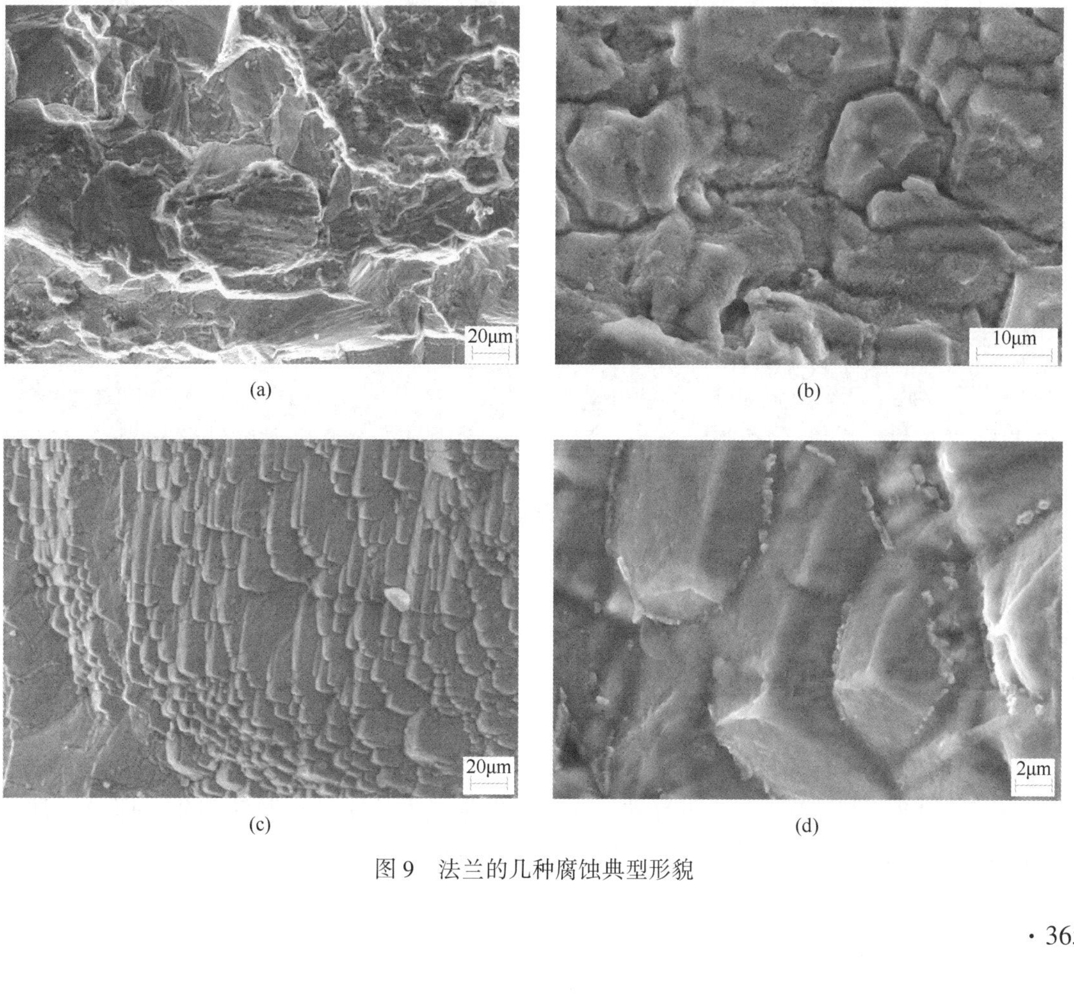

(a)　(b)

(c)　(d)

图 9　法兰的几种腐蚀典型形貌

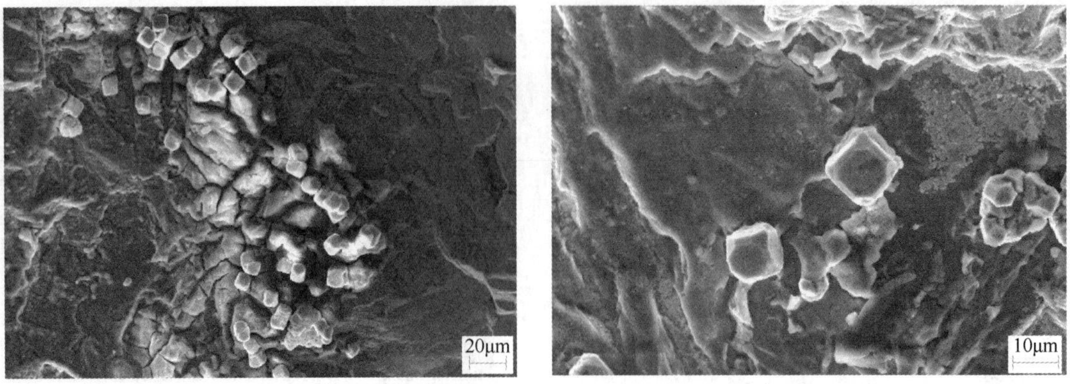

(e)　　(f)

图 9　法兰的几种腐蚀典型形貌(续)

弯头热影响区的腐蚀程度轻，局部有扁平的腐蚀凹坑，坑底及侧面均显示出晶间腐蚀特征，见图 10。弯头局部腐蚀区未见法兰腐蚀区“台阶”状的立体剥蚀形貌和剥落的小晶粒，说明弯头的腐蚀模式不是冲蚀磨损。

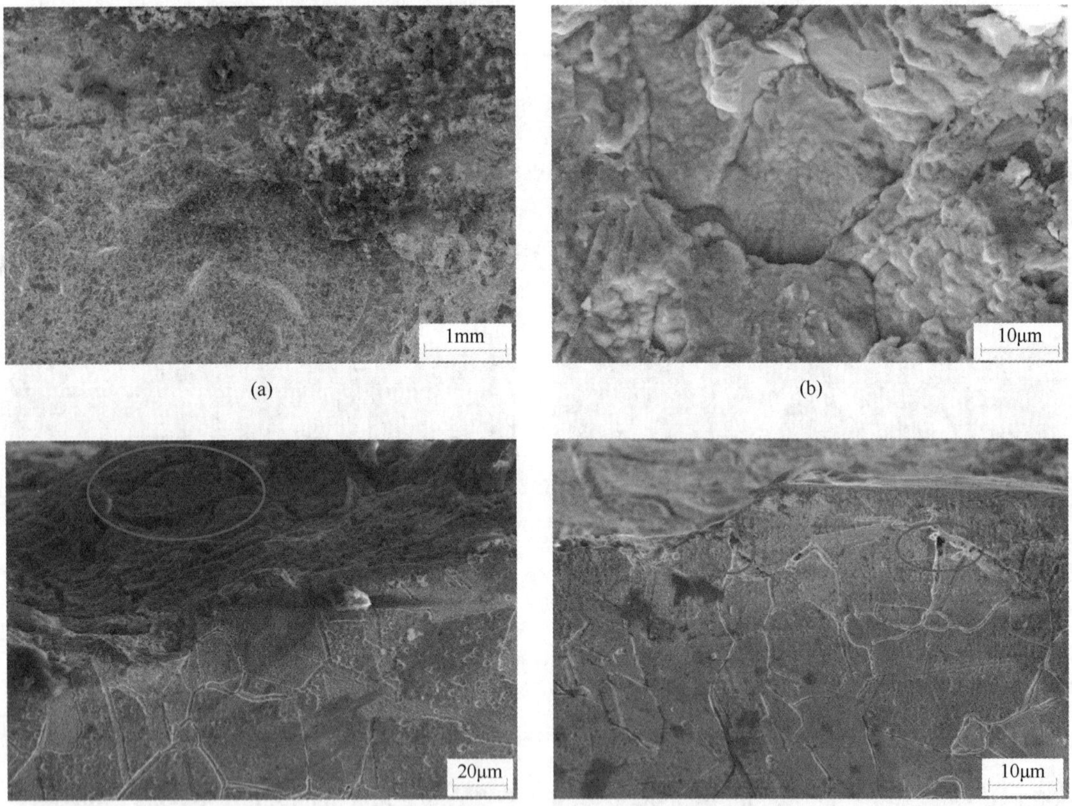

(a)　　(b)　　(c)　　(d)

图 10　弯头的腐蚀坑底及侧面的晶间腐蚀形貌

利用 EDS 对法兰和弯头热影响区不同位置进行微区分析，分析点位见图 11，结果见表 2。经过振动超声清洗后的法兰冲蚀区(谱图 1~谱图 7)只测出氧和氯两种腐蚀性元素，并未测出硫，但是从法兰腐蚀表面刮取的黑灰色物质中检测出硫，同时在弯头的腐蚀坑底也检测出氧、硫、氯(谱图 8~谱图 10)，说明流动海水中存在硫化物，法兰冲蚀区之所以未能检测出硫，分析认为与样件清洗和海水已将硫化物冲走有关。成分检测中还发现，从铜镍合金剥落下来的小晶粒，其成份中缺失较多的镍和铁，B10 合金的镍含量中位数是 10%，铁含量中位数是 1.4%，而剥落晶粒的镍测量值 0.84%，铁 0.5%(谱图 5 和谱图 6)，说明剥落的小晶粒发生严重的脱镍和脱铁现象，即同时还存在脱成分腐蚀。

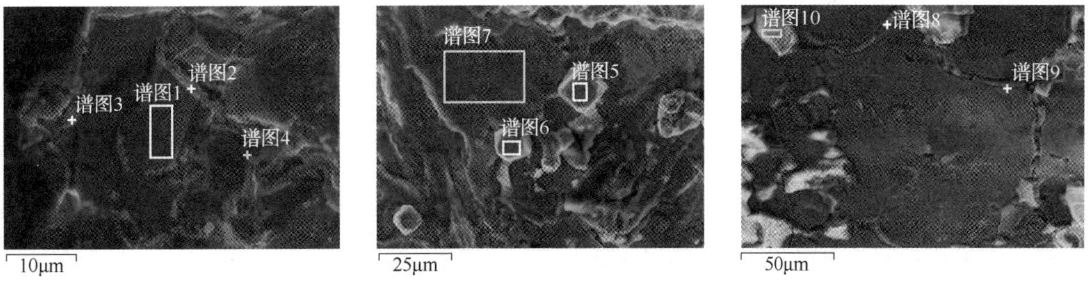

(a)　(b)　(c)

图 11　EDS 分析的不同点位

表 2　不同点位的成分分析结果　(wt%)

	C	O	Mg	S	Cl	Ca	Mn	Fe	Ni	Cu
谱图 1	—	17.72	—	—	0.42	—	0.72	5.16	12.15	63.82
谱图 2	—	16.73	—	—	0.38	—	0.69	4.84	11.26	66.10
谱图 3	15.83	9.91	—	—	0.39	—	0.48	3.58	8.20	61.62
谱图 4	6.69	11.21	—	—	0.29	—	0.73	4.08	10.14	66.86
谱图 5	—	12.76	—	—	0.62	—	—	0.50	0.84	85.29
谱图 6	—	13.04	—	—	0.55	—	—	0.54	0.75	85.12
谱图 7	11.60	26.14	—	—	1.00	—	0.69	8.68	12.11	39.80
谱图 8	34.70	20.19	0.36	0.97	3.90	0.35	0.32	3.97	10.55	24.68
谱图 9	28.34	32.69	0.38	1.10	2.78	0.39	0.31	3.67	12.10	18.24
谱图 10	8.13	26.44	0.65	1.47	5.08	0.60	0.36	6.42	15.76	35.08

4　理化检验

4.1　化学成分

测试法兰和弯头化学成分，结果见表 3，成分满足 ASTM B111/B111M 要求。

表 3　化学成分分析结果　(wt%)

项目	Cu	Ni	Mn	Fe
法兰	86.97	10.31	0.91	1.76
弯头	86.89	10.58	0.71	1.80
ASTM B111/B111M	余	9.0~11.0	0.5~1.0	1.0~1.8

4.2　拉伸性能

在法兰安装边处取 $\Phi 12.5\times 50$ 的拉伸试样 3 件，法兰拉伸测试结果见表 4，力学性能满足 ASTM B111/B111M 要求。

4.3　硬度测试

采用维氏硬度计测试法兰母材、法兰穿孔处、焊缝、弯头四个不同部位的显微硬度 HV_5，结果见表 5。ASTM B111/B111M《铜和铜合金无缝冷凝器管和套圈坯料的标准》中未对 C70600 合金的硬度有明确要求。测试结果是法兰穿孔处与法兰母材硬度无差别，但都较低，硬度指标作为材料耐冲蚀磨损的重要性能，此次法兰穿孔处硬度低对耐冲蚀磨损不利。

表 4　法兰的拉伸试验结果

项　　目	屈服强度 Rp0.2	抗拉强度 Rm	断后伸长率 A
法兰 1#	176.6MPa	345.6MPa	47.2%
法兰 2#	182.0MPa	351.7MPa	45.4%
法兰 3#	176.6MPa	343.0MPa	39.4%
ASTM B111	≥105	≥275	≥30

表 5　维氏硬度 HV_5 测量结果

法兰母材	法兰穿孔处	焊缝	弯头
98.7	98.8	92.7	101.7

4.4　组织分析

组织分析试样，经研磨、抛光后，用配比为 $FeCl_3$: 盐酸 : 乙醇 = 5g : 2mL : 96mL 的蚀刻剂进行蚀刻，用金相显微镜对其组织进行观察。法兰及弯头不同部位，即法兰母材、法兰减薄及穿孔区、焊缝及熔合区、弯头热影响区及弯头母材的显微组织见图 12，各区域显微组织形态和晶粒尺寸差异巨大。

法兰母材为典型的轧制态组织，铸态树枝晶偏析组织完全消失，表现为典型的 α 单相再结晶组织（图 12a），晶粒度 9.0 级，而腐蚀穿孔处组织（图 12bc）是晶粒大小不均，带有特定生长方向的 α 相柱状晶，生长方向与弯头中线呈约 30 度角，其晶粒度为 6.0 级。晶粒粗大的合金由于晶界弱化，本身耐腐蚀性能较差，而 30 度夹角的柱状晶晶界平直，晶界与海水流经焊缝余高所形成的湍流恰好相切，湍流加剧合金沿晶界的剥落，直至减薄形成穿孔。焊缝的熔合区是晶粒细小的 α 相等轴晶，焊缝组织为多生长方向的针状树枝晶（图 12d）。弯头热影响区为带有孪晶的 α 相再结晶组织（图 12e），晶粒度 9.0 级，局部区域有腐蚀坑，坑内有晶间腐蚀形貌。弯头母材为带孪晶的 α 单相再结晶组织（图 12f））。

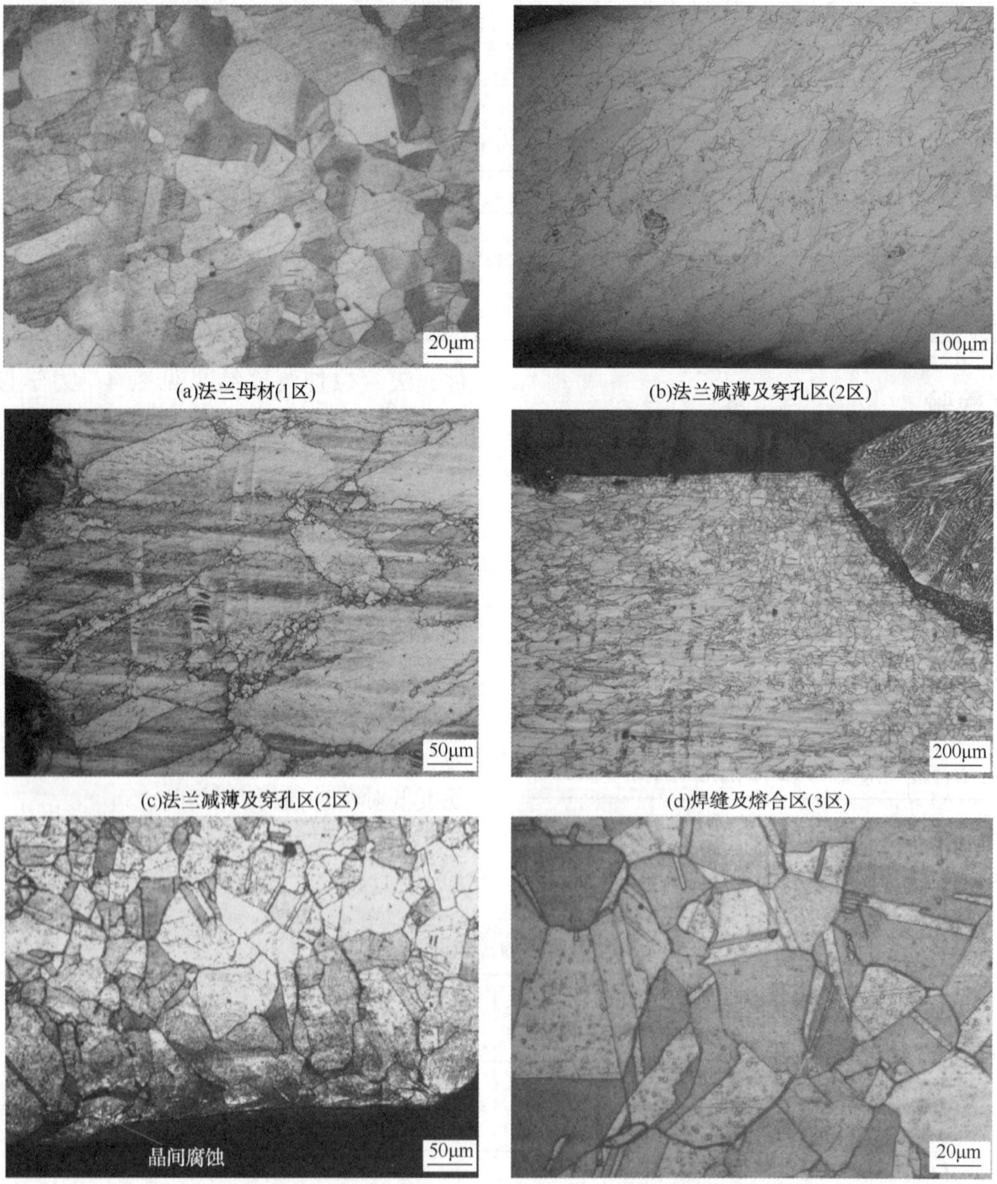

(a)法兰母材(1区)　(b)法兰减薄及穿孔区(2区)

(c)法兰减薄及穿孔区(2区)　(d)焊缝及熔合区(3区)

(e)弯头的热影响区(4区)　(f)弯头母材(5区)

图 12　法兰及弯头不同区域的显微组织

为确定法兰腐蚀的机理，对法兰减薄及穿孔区的截面进行SEM电子金相观察，结果见图13。发现特定生长方向的α相柱状晶长直晶界是晶间腐蚀的优先通道，最易发生腐蚀，见图13ab，在海水冲刷及湍流的协同作用下，加剧了合金沿晶界的剥落。同时还观察到，一些小晶粒其晶界也存在类似晶间腐蚀的特征，即脱成分腐蚀，腐蚀的发生是以随机大角度晶界为切入点，引发该晶界的脱镍，引起晶界逐渐溶解，最终造成晶粒脱落，见图13cd。

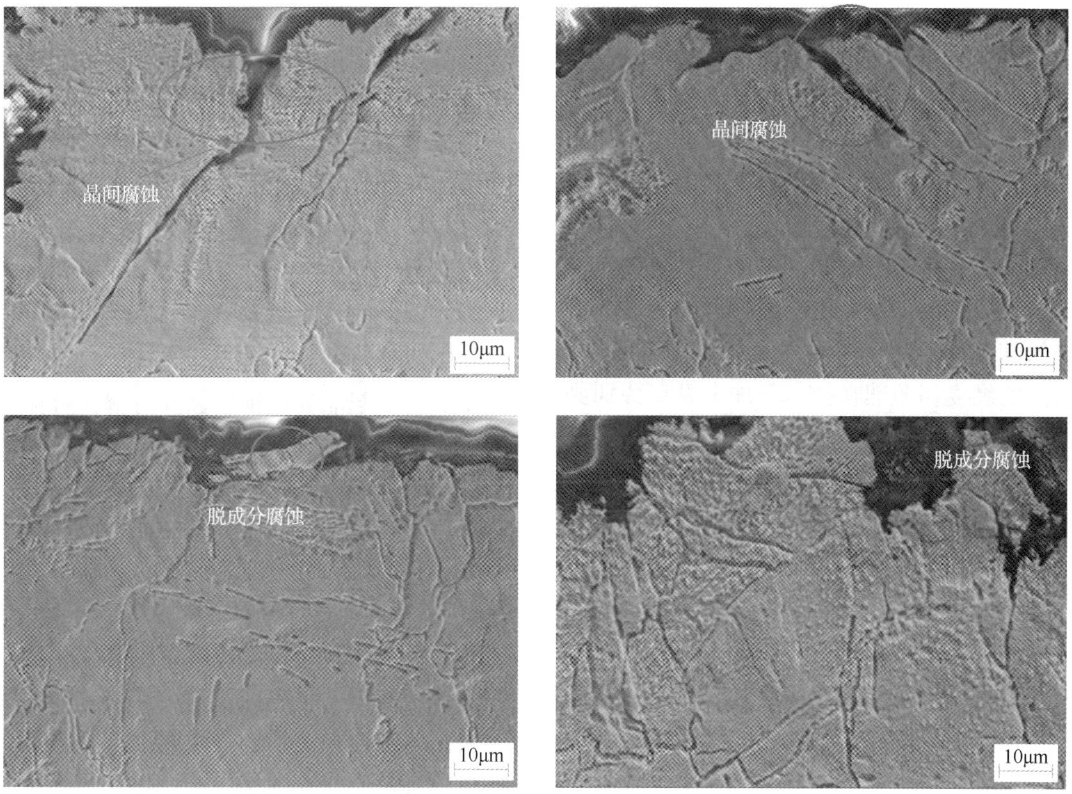

图13　法兰腐蚀减薄区截面的晶间腐蚀及脱成分腐蚀SEM像

5　讨论

经过宏观观察和微观分析，确定铜镍管道弯头与法兰焊接接头的腐蚀减薄区存在冲蚀磨损（即磨损腐蚀）、晶间腐蚀、脱成分腐蚀三种腐蚀失效模式，B10铜镍合金管道腐蚀穿孔发生在海水冲蚀磨损的敏感区及耐蚀性最差的焊接热影响区，是由冲蚀磨损、晶间腐蚀、脱成分腐蚀协同作用的结果。

冲蚀磨损金属在流动的含有固体粒子的流体中做相对运动，其冲蚀磨损的总失重增大是由于电化学腐蚀与机械磨耗之间的协同效应所致。影响冲蚀磨损的因素主要环境因素和材料因素。冲蚀磨损是铜镍合金在海水中最严重最普遍的腐蚀失效模式。法兰内壁布满波纹状的腐蚀坑，且腐蚀坑底均是朝向焊缝，说明海水的冲刷方向是由弯头流向法兰，腐蚀现象与海水系统管道的布局走向吻合；在法兰焊接热影响区被海水冲刷出勺子形状的缺口，缺口底部减薄明显，缺口的形成与焊缝余高引起的水流流速和流向改变造成的湍流有关。湍流使金属表面液体挥动程度要比层流剧烈，腐蚀破坏更为严重。液体对金属表面的剪切应力是一个重要参数，能使表面钝化膜破坏造成冲蚀磨损。微观分析显示，法兰的冲蚀磨损区的腐蚀特征主要是晶间腐蚀和剥蚀，在分析中发现腐蚀产物中包含许多从铜镍合金上剥离的小晶粒和晶粒簇（图11b），正是在流动海水特别是含砂海水的腐蚀和磨损双重作用下，加剧了铜镍合金发生晶间腐蚀和晶粒剥蚀的速度。孙婷婷等研究了环境因素对B10铜镍合金耐蚀性的影响，结论是Cl^-含量升高阻碍氧化膜的生成，降低B10的耐蚀性；海水流速高于3m/s后，B10耐冲蚀磨损的能力急剧降低，且含砂海水的冲刷对该材料的破坏作用更为显著。

本次 B10 铜镍管道腐蚀穿孔就发生在冲蚀磨损的敏感区，失效部位既是弯管段又是对焊管段的热影响区。探究其失效原因，外在因素是存在流场诱导腐蚀和焊缝余高造成紊流效应，使得焊缝区域出现严重的涡流现象，从而加速管壁的冲蚀磨损。内在因素是焊缝和热影响区组织及成分差异，加剧冲蚀磨损。腐蚀失效部位处在热影响区，其显微组织是晶粒粗大的柱状晶，晶粒度 6.0 级，柱状晶生长方向与弯头中线约呈 30 度夹角。粗大的柱状晶相比细小的等轴晶，其晶界明显弱化，在腐蚀环境下，晶界处优先发生点腐蚀形成腐蚀凹槽，流动海水的对管壁产生剪切力，晶粒粗大的柱状晶带腐蚀凹槽晶界处更容易被撬动，形成逐层晶粒剥落，最终造成冲蚀磨损减薄和局部穿孔。

法兰的硬度值虽然在技术条件中没有特别要求，但硬度和强度均是材料耐冲蚀磨损重要指标。检查发现失效法兰硬度偏低，因此法兰材料硬度值偏低一定程度上加剧了冲蚀磨损的进程。生产技术规范要求：配件和法兰应该退火处理，检查发现腐蚀失效法兰并未实施焊后退火处理，导致不同区域的组织差异大。

晶间腐蚀有研究显示，B10 合金晶界特征对其耐蚀性有重要影响，不同类型晶界的腐蚀敏感性差异很大，随机大角度晶界的腐蚀敏感程度就高于小角度晶界尤其是共格孪晶界。失效分析表明，晶间腐蚀和剥蚀是 B10 铜镍合金管道腐蚀穿孔的主要模式，在法兰的腐蚀坑底部、冲蚀磨损区、减薄及穿孔部位，弯头的腐蚀坑底部，普遍存在着“冰糖块”状的晶间腐蚀形貌，局部存在晶粒被逐层剥落形成“台阶”状的立体剥蚀形貌，剥蚀实质是晶间腐蚀的升级。B10 铜镍合金管道在海水服役环境下，不论是法兰和弯头正常的 α 单相再结晶组织，还是焊缝热影响区的粗大柱状晶组织均发生了不同程度的晶间腐蚀，晶界成为组织中的薄弱环节。

脱成分腐蚀　脱成分腐蚀是优先腐蚀的晶界形成一个回路，被包围的晶粒发生明显的腐蚀溶解，造成晶粒脱落，在形貌上与晶间腐蚀相似。从铜镍合金基体上剥落下来的小晶粒，其成份中缺失较多的镍和铁，B10 合金成分中镍含量中位数是 10%，铁含量中位数是 1.4%，而 EDS 成分分析剥落小晶粒的镍含量仅为 0.84%，铁含量仅 0.5%，说明剥落的晶粒发生脱镍和脱铁现象，即存在脱成分腐蚀。铜镍合金脱镍后变为纯铜，对海水腐蚀的抵抗能力极差，随着晶界被打通，大量 Cl^- 和 S^{2-} 沿晶界渗入，进而引起与晶界相邻晶粒的脱镍和溶解。本次 B10 铜镍管道的腐蚀失效区域均检测出了 Cl 和 S 元素。Mansfeld 等报道了 B30 合金在海水中的晶间腐蚀和脱成分腐蚀现象，B30 合金只在天然海水中才会发生脱成分腐蚀，由此推断脱成分腐蚀可能与海水中的微生物有关。如依附于管壁焊缝余高背面腐蚀产物垢下的硫酸盐还原菌(SRB)的代谢活动就会产生硫化物，硫化物是铜镍合金在海水中服役的“毒药”。一方面，硫能阻碍铜镍合金表面保护性腐蚀产物膜 Cu_2O 的形成。另一方面，硫化物(S^{2-})本身会造成铜镍合金在海水中的晶间腐蚀和脱成分腐蚀，S^{2-} 可选择性地与晶界处 Ni 发生反应，引起晶界脱镍腐蚀和溶解，进而扩展到晶粒内部。本次发现的脱成分腐蚀的晶粒均为等轴晶，未见到粗大柱状晶粒，说明脱成分腐蚀的选择性发生可能与晶界类型和晶粒取向有关。

6　结论

（1）B10 铜镍合金管道腐蚀减薄穿孔发生在海水冲蚀磨损的敏感区及耐蚀性最差的焊接热影响区，是由冲蚀磨损、晶间腐蚀、脱成分腐蚀三种腐蚀失效模式协同作用的结果。

（2）铜镍合金管道弯头处存在结构突变所引发的流场诱导作用和焊缝余高造成的湍流效应，是腐蚀失效的外在因素；而焊接热影响区出现粗大的柱状晶组织，导致晶界弱化，是腐蚀失效的内在因素；材料硬度值偏低，管道中存在硫化物，加剧了腐蚀失效的进程。

（3）建议铜镍合金管道弯头与法兰焊接后，增加局部热处理工艺，改善焊接热影响区组织与性能。并加强在役铜镍管道相似部位的腐蚀监测。

参　考　文　献

[1] Abraham G J, Kain V, Dey G K. MIC failure of cupronickel condenser tube in fresh water application [J]. Eng. Fail. Anal. 2009. 16(3): 934.

[2] Chandrak, Kain V, Dey G K, et al. Failure analysis of cupronickel evaporator tubes of a chilling plant [J]. Eng. Fail. Anal.. 2010. 17(2): 587.

[3] 石常亮，张欣，李扬，等. 船舶冷却系统铜镍合金

管腐蚀穿孔原因[J]. 理化检验-物理分册, 2022, 58(2): 53-57.
[4] 张重德, 刘进辉, 刘成, 等. 海水管道变径接头的穿孔原因的结果[J]. 腐蚀与防护, 2015, 36(4): 402-406.
[5] 马爱利, 姜胜利, 郑玉贵. 输海水B1O铜镍合金管的腐蚀机制[C]//2014海洋材料腐蚀与防护大会. 2014.
[6] 李海川, 杨红燕, 汪殿龙, 等. B10铜镍环焊接热影响区失效分析[J]. 焊接, 2018(9): 6.
[7] 邓为民, 费培忠. 铜镍合金换热管的失效机理分析[J]. 电站辅机, 2012, 33(2): 4.
[8] 张嘉凝. B10铜镍合金加工变形组织与腐蚀性能研究[D]. 北京有色金属研究总院, 2019.
[9] 张智, 施太和, 周理志等. 油气田开发过程中的流场诱导腐蚀[J]. 石油钻探技术, 2007, 35(3): 215-218.
[10] 马爱利, 张亚明, 姜胜利, 等. 船用焊接B10铜镍环失效分析[J]. 腐蚀科学与防护技术, 2015, 27(5): 473-482.
[11] 张丽民, 杜风贞, 刘淑凤. 舰船用铜镍合金传热管的穿孔泄漏原因[J]. 腐蚀与防护, 2022(004): 043.
[12] Schleich W. Application of copper-nickel alloy UNS C70600 for seawater service [A]. Corrosion/2005 Annnual Conference and Exhibition [C]. Houston: NACE international: 2005.
[13] 崔崑. 钢的成分、组织与性能[M]. 不锈钢, 北京: 科学出版社, 2019.
[14] 孙婷婷, 李宁, 薛建军, 等. 环境因素对B10铜镍合金耐蚀性的影响[J]. 装备环境工程, 2010, 7(4): 5.
[15] Ma A L, Jiang S L, Zheng Y G et. al. Correlation between micro-structure and corrosion behavion of two 90Cu10Ni alloy tubes [J] ActaMetall. Sin. (Engl. Lett.). 2014. 27(4): 7308.
[16] Mansfeld F, Liu G, Xiao H. et. al. The corrosion behavior of copper alloys stainless steels and titanium in seawater[J]. Corros. Sci.. Exhibition [C]. Houston: NACE international: 2005.
[17] Yuan S J, Pehkonen S O. Surface characterization and corrosion behavior of 70/30Cu-Ni alloy in pristine and sulfide-containing simulated seawater [J]. Corros. Sci.: 2007. 49: 12769.

海底管道冲刷的土工管袋防护研究

杨　光　吴　敏　崔建国

（中国石化胜利油田分公司）

摘　要　海底管道周围的局部冲刷是管道损坏和失效的主要原因。本文以埕岛海域某管道为例，研究了单向流作用下海底管道的冲刷及土工管袋防护效果。通过对波流共同作用进行简化，利用 Flow-3D 数值模拟软件模拟了不同流速和不同管径下海底管道在无防护下的冲刷坑和冲刷深度。管道前的冲刷明显大于管道后方，在管道后方出现了明显的淤积。提出了一种新型土工管袋防护方案，并分析了不同管袋宽度下的防护效果。结果表明，土工管袋两侧都出现淤积，管袋左侧的淤积明显大于右侧淤积。通过对比不同管袋宽度左右两侧的淤积深度可以发现，管袋宽度越小，淤积越明显。为保证土工管袋在初始状态下的稳定性，建议使用宽度为 5m 的管袋。

关键词　管道冲刷；数值模拟；土工管袋；管袋宽度

1　引言

海底管道是一种快速、安全、经济、可靠的海上油气输送方式。海岸线附近浅水区的管道受到海洋环境的作用，会导致管道下方出现一个带有碗状凹陷的冲刷坑。当冲刷范围变大时，管道开始凹陷，导致管道横向不稳定和可能发生泄漏。因此，研究管道冲刷和防护问题对于海底管道安全具有重要意义。

管道的冲刷和破坏过程分为三个阶段：管涌，冲刷扩展和涡激振动。目前对于管道冲刷的研究主要以物理模型试验和数值模拟为主。在试验方面，Lucassen 通过系列试验发现管道下方的最大冲刷深度（S/D）随波浪与水流联合作用的无量纲参数 $u_{cm}=u_c/(u_c+u_m)$ 的增加而增加，其中 u_m 是波浪引起的最大水平速度，u_c 是稳定的水流速度。Sumer 等通过试验发现对于给定的 KC 数，$u_{cm}<0.5$ 时，S/D 减小，而 $u_{cm}>0.5$ 时，S/D 增加。Myrhaug 等通过试验提出了一种计算最大冲刷深度的计算公式。

随着数值模拟技术在多相流领域的广泛应用，学者们不再需要单纯依靠物理实验来研究管道冲刷机理。采用数值模型描述管道的局部冲刷过程，考虑到复杂的动力条件和大范围的参数，可以很容易地揭示管道的冲刷机理。Brørs 通过雷诺平均 NS 模型，采用 k-ε 湍流模型，模拟了在恒定流下的管道冲刷。Li 和 Cheng 使用大涡模拟（LES）模拟管道冲刷。基于平衡海床剪切应力等于临界剪切应力的假设，使用迭代法反演平衡冲刷剖面。Shi 等基于时间平均 NS 方程分析了管道的局部冲刷和涡激振动。

由于管道冲刷和涡激振动是导致管道失效的主要原因。因此在冲刷的基础上采取适当的防护措施是及其必要的。许多学者提出了不同的管道防护方法。杨少鹏等通过在管道下方安装柔性阻流器，通过减小管道两侧床面的压力差以减小冲刷深度。张芝永等通过物理模型试验对仿生草防护进行了研究。张宗峰等对混凝土连锁排+土工布防护形式进行了试验研究，通过实际施工后一年发现这种防护方法效果良好，且具有促淤功能。陈荣旗和雷震名通过对比发现人工草压块联排结构方案在缓流、促淤等方面表现最优。

本文提出一种土工管袋防护方案，将土工管袋布置于管道下方的冲刷坑中。以埕岛海域的实际工程案例为背景，通过数值模拟，研究在单向流作用下土工管袋防护和促淤效果，分析不同管袋长度对防护效果的影响。

1　泥沙模型

FLOW-3D 中的 sediment scour 模块通过计算泥沙的侵蚀、输送、沉积来预测泥沙运动，具体包括：计算水流中悬移质泥沙的输送；计算重力引起的泥沙沉降；计算床面剪切及水流紊动引起的泥沙挟带；计算推移质泥沙的输送，包括泥沙颗粒沿床面底部的滚动。

在泥沙模型中，泥沙在水中以悬移质和推移

质两种状态存在。由于单个泥沙颗粒周围的流体动力和交界面处的边界层难以计算，所以须使用经验模型。坡面法线与重力方向的夹角悬移质计算模型中，泥沙的上升速度由式(3-9)计算：

$$u_{lift}=\alpha n_s d_*^{0.3}(\theta-\theta_{cr})^{1.5}\sqrt{\frac{gd_s(\rho_s-\rho)}{\rho}} \quad (1)$$

式中，u_{lift}为用来计算由底沙转化为悬沙的泥沙量；α 为挟带系数；n_s 为沙床面的外法线方向；d_*为泥沙颗粒的无量纲粒径；θ 为床面希尔兹数；θ_{cr}为临界希尔兹数；g 为重力加速度；d_s 为泥沙颗粒的直径；ρ_s 为泥沙的密度。

床沙的沉降速度计算公式：

$$u_{settling}=\frac{\nu}{d_{50}}[(10.36^2+1.049d_*^3)^{0.5}-10.36] \quad (2)$$

床面希尔兹数 θ 由床面剪切应力计算：

$$\theta=\frac{\tau}{gd_s(\rho_s-\rho)} \quad (3)$$

式中，τ 为床面剪切应力。临界希尔兹数 θ_{cr} 可基于 Mastbergen 和 Von den Ber 提出的经验模型，以及 Shields-Rouse 方程来预测。推移质计算基于 Meyer-Peter 和 Muller 的计算模型，由此得到床面的单宽体积推移质输沙率算式如下：

$$\Phi=\beta(\theta-\theta_{cr})^{1.5} \quad (4)$$

式中，β 是推移质系数；Φ 是无量纲的推移质输沙率；

Φ 与单宽体积推移质输沙率 q_b 的关系是：

$$q_b=\Phi\left[g\left(\frac{\rho_s-\rho_f}{\rho_f}\right)d_s^3\right]^{\frac{1}{2}} \quad (5)$$

由式上式可以计算出每个单元中各个时刻的单宽体积输沙率。

本文以渤海埕岛海域范围内的海底管道 CB22A (管径 D=426mm)和 ZH104(D=219mm)为例进行研究。通过对海底流速进行实测，得出一年一遇的海底流速是 0.87m/s。根据《港口与航道水文规范》，通过公式(6)计算波浪引起的平均流速：

$$V=0.2\frac{H}{d}C \quad (6)$$

式中，V，H，d，C 分别是波浪水质点平均速度；H 为波高；d 为水深；C 为波速。

依据上式计算得到波浪水质点平均速度，并与流速叠加，得到总流速为 1.2m/s。

2 海底管道无防护下冲刷的数值模拟

首先，通过数值模拟研究管道在无防护下的冲刷深度和冲刷坑形状。通过对某管道在 0.87m/s 和 1.2m/s 的流速下进行数值模拟，模拟工况如表 1 所示。在数值模拟中，水槽大小和管道布置如图 1 和图 2 所示。在数值水槽左端水底布置宽度为 1m 的刚性固体，防止速度边界的流速对泥沙的影响。管道与海床之间的间距是 2%D。采用均匀结构化网格，大小为 0.05m，网格划分结果如图 3 所示。数值水槽中，左边界为速度边界，右边界为出流边界，底面为壁面边界，顶面为压力边界，前后为对称边界。边界条件如图 4 所示。模拟时长为 1200s。

表 1 海底管道无冲刷防护下的计算工况

工况	管径/mm	流速
case 1	426	0.87
case 2	426	1.2
case 3	219	0.87
case 4	219	1.2

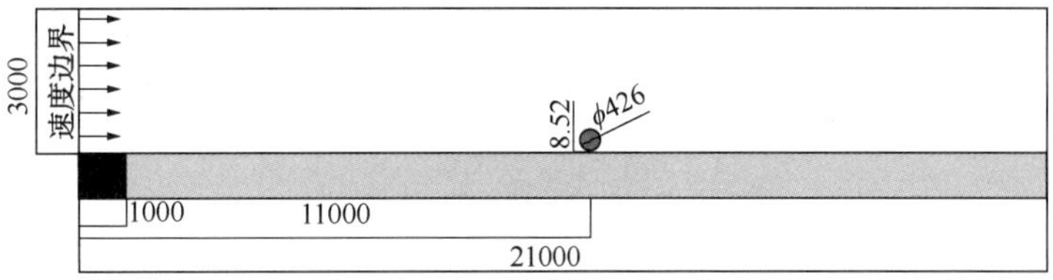

图 1 管道 1 布置图

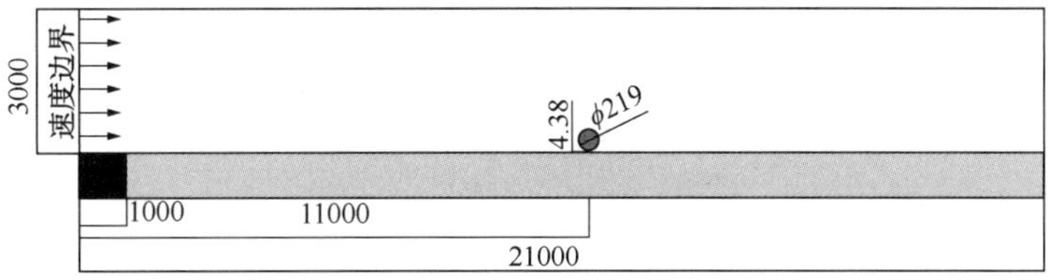

图 2 管道 2 布置图

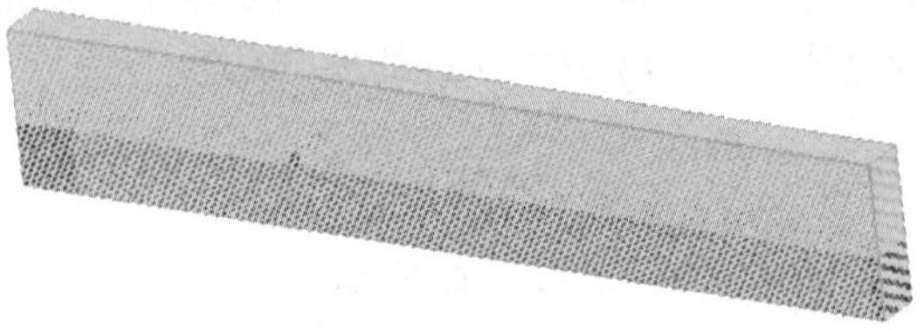

图 3　网格划分

以 1. 2m/s 下管道 1 冲刷为例，图 5 是其在 600s 和 1200s 时的冲刷坑形状。可以看出，随着冲刷时间的增大，冲刷坑逐渐增大。最大冲刷深度出现在管道的正下方。由于管道的作用，管道前的冲刷程度明显大于管道后方，管道后泥沙出现了明显的堆积。

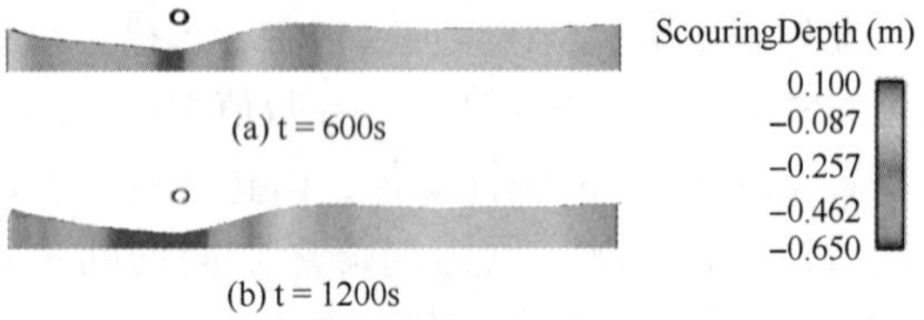

图 5　管道 1 的冲刷过程

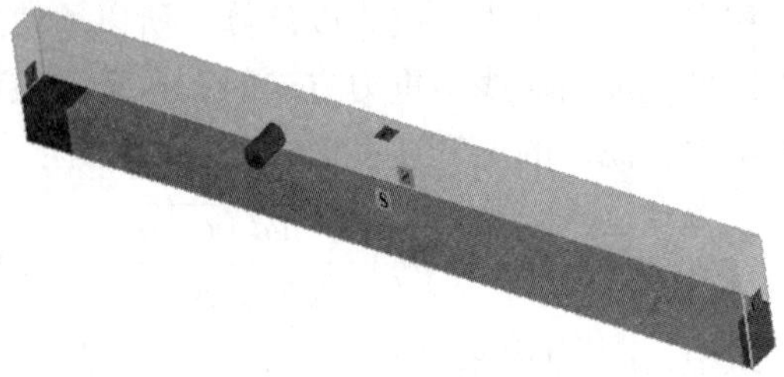

图 4　边界条件

图 6 是各工况下的最大冲刷深度曲线。从图中可以看出，在前 200s 内冲刷速度较快，随后冲刷速度逐渐减缓，当冲刷时间达到 1200s 时，基本达到平衡状态。管道 1 在 0. 87m/s 恒定流作用下，其最大冲刷深度为 0. 45m。管道 1 在 1. 2m/s 下的最大冲刷深度为 0. 65m。管道 2 在 0. 87m/s 的恒定流下的最大冲刷深度约为 0. 3m。管道 2 在 1. 2m/s 下的最大冲刷深度约为 0. 45m。通过对比，可以看出，随着流速的增大，冲刷深度明显增大。随着管径的增大，冲刷深度随之增大。

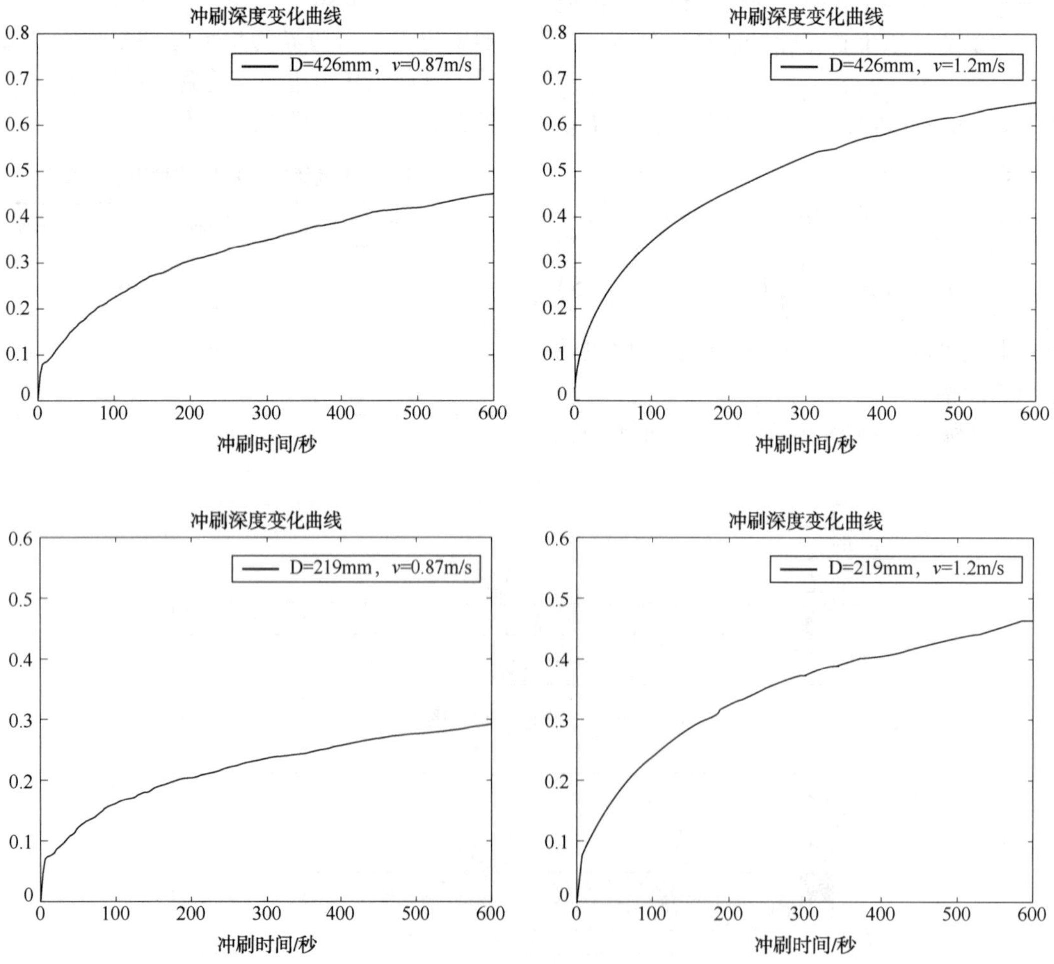

图 6　最大冲刷深度随冲刷时间的变化

3 土工管袋防护下海底管道冲刷的数值模拟

针对埕岛海域管道冲刷的特点，提出了一种土工管袋防护结构。将土工管袋铺在悬空管道下方，向土工管袋内填充泥浆。土工管袋填充满冲刷坑，并对悬空管道进行支撑。通过土工管袋，抑制管道周围的冲刷。土工管袋能够有效防止管道周围的二次冲刷，具有结构简单，易于水下施工和成本低廉的优点。

通过对管道在无防护冲刷的数值模拟，得到冲刷深度和冲刷坑形状。根据冲刷坑形状设计土工管袋的形状和大小，设计土工管袋的宽度分别为10m、7m、5m和3m进行分析，土工管袋的厚度根据冲刷坑的深度取值。土工管袋防护下的模拟工况如表2所示。

表2 土工管袋防护下的模拟工况

管径	流速 m/s	土工管袋宽度/m
管道1(Φ426)	1.2，0.87	3
		5
		7
		10
管道2(Φ219)	1.2，0.87	3
		5
		7
		10

以0.87m/s流速下管道1在5m宽土工管袋防护为例，如图7所示。通过冲刷坑形状设计土工管袋形状，铺设于管道与冲刷坑之间，可以看出，土工管袋能够很好地对冲刷坑进行填充，如图7(a)所示。通过数值模拟，得到冲刷1200s后管道和土工管袋周围的冲刷情况。在单向流的作用下，管袋前方的冲刷坑被逐渐填平，并在管袋左端形成淤积。由于管袋的作用，管道附近出现了泥沙淤积，能够有效保护管道。同时发现，在管袋右端也形成淤积。图8是管袋左右两端的淤积曲线，可以看出，通过数值模拟，发现土工管袋两侧都出现淤积现象。当冲刷时间到达1200s时，土工管袋左右两侧的泥沙运动趋于稳定。管袋左端的淤积深度为0.14m，管袋右端的淤积深度为0.045m。本数值模拟中将土工管袋当作刚性体进行模拟，结果表明在整个冲刷过程中，不同宽度下的土工管袋都具有很好的稳定性。对于宽度较短的土工管袋，由于其没有完全覆盖冲刷坑，在水流的作用下，泥沙在管袋两侧进行淤积，有助于冲刷坑的回填。

(a)土工管袋布置图
(b)冲刷结果图

图7 土工管袋防护下冲刷数值模拟结果

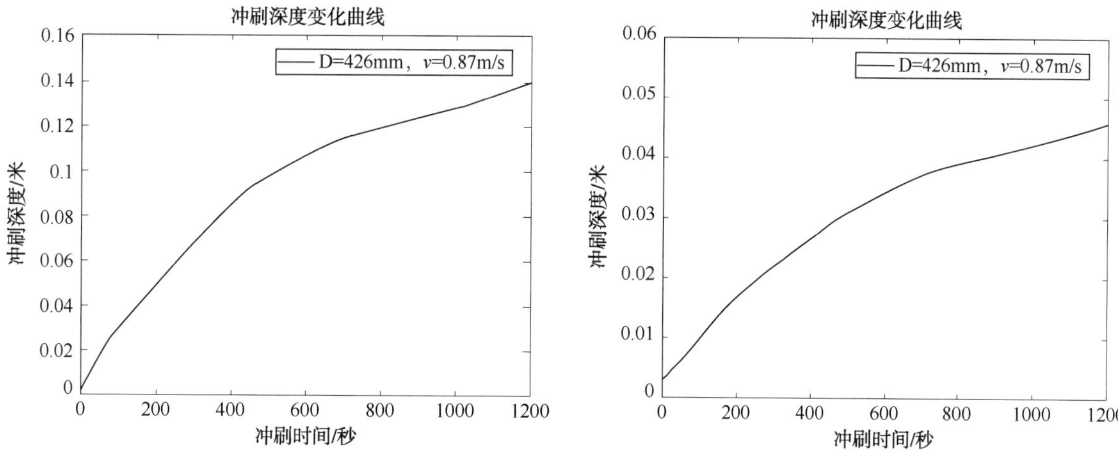

(a)管袋左端
(b)管袋右端

图8 管袋左右两端的淤积深度曲线

然后将不同管袋宽度的左右两端的淤积深度进行分析，探讨不同管袋宽度下的防护效果。表3和表4为不同管袋宽度下管袋左右两侧的淤积深度。可以得出以下结论：(1)通过数值模拟，发现土工管袋两侧都出现淤积现象。对于宽度为7m的情况，管袋右端淤积明显。(2)结果表明在整个冲刷过程中，不同宽度下的土工管袋都具有较好的稳定性。其中3m管袋宽度的淤积最大，其左侧淤积达到0.26m。(3)通过对比不同管袋宽度左右两侧的淤积深度可以发现，管袋宽度越小，淤积越明显。管袋左侧的淤积明显大于右侧淤积。(4)在实际工程中，为保证土工管袋在初始状态下的稳定性，建议使用宽度为5m的管袋。

表3　管道1不同管袋宽度下的淤积深度

流速/(m/s)	1.2				0.87			
管袋宽度/m	3	5	7	10	3	5	7	10
左侧淤积深度	0.26	0.27	0.13	0.13	0.14	0.14	0.11	0.07
右侧淤积深度	0.09	0.14	0.09	0.08	0.07	0.04	0.04	0.03

表4　管道2不同管袋宽度下淤积深度

流速/(m/s)	1.2				0.87			
管袋宽度/m	3	5	7	10	3	5	7	10
左侧淤积深度	0.18	0.17	0.11	0.09	0.1	0.14	0.08	0.05
右侧淤积深度	0.17	0.11	0.11	0.06	0.1	0.07	0.04	0.04

4　结论

本文通过数值模拟研究了单向流作用下海底管道的冲刷过程。分析了冲刷坑形状和冲刷深度。提出了土工管袋的防冲刷方案。通过数值模拟，分析了不同管袋宽度下的防护效果，可得到以下结论：

(1) 管道前的冲刷程度明显大于管道后方，管道后泥沙出现了明显的堆积。随着流速的增大，冲刷深度明显增大。随着管径的增大，冲刷深度随之增大。

(2) 土工管袋两侧都出现淤积，管袋左侧的淤积明显大于右侧淤积。

(3) 通过对比不同管袋宽度左右两侧的淤积深度可以发现，管袋宽度越小，淤积越明显。为保证土工管袋在初始状态下的稳定性，建议使用宽度为5m的管袋。

参考文献

[1] Lucassen R. Scour underneath Submarine Pipelines [D]. 1984, TU Delft, Civil Engineering and Geosciences, Hydraulic Engineering.

[2] Sumer B, Jensen H, Mao Y, et al. Effect of lee-wake on scour below pipelines in current[J]. Journal of Waterway, Port, Coastal, and Ocean Engineering, 1998, 114(5): 599-614.

[3] Myrhaug D, Ong MC, Føien H, et al. Scour below pipelines and around vertical piles due to second-order random waves plus a current[J]. Ocean Engineering, 2009, 36(8): 605-616.

[4] Brørs B. 1999. Numerical modeling of flow and scour at pipelines [J]. Journal of Hydraulic Engineering, 1999, 125(5), 511-523.

[5] Li F, Cheng L. Prediction of lee-wake scouring of pipelines in currents [J]. Journal of Waterway, Port, Coastal, and Ocean Engineering, 2001, 127(2): 106-112.

[6] Shi Y, Yang H, Wei J, et al. Numerical study of scour below vibrating pipelines under waves and currents [J]. Ocean Engineering, 2022, 266: 112718.

[7] 杨立鹏，拾兵，阮雪景，等．带有柔性阻流器的海底管道冲刷防护试验研究[J]．海洋工程，2012，30(2)：95-99.

[8] 张芝永，杨元平，曹国民，等．往复潮流作用下海底管道冲刷防护试验[J/OL]．油气储运．

[9] 张宗峰，丁红岩，刘锦昆．混凝土联锁排应用于海底管线冲刷防护试验研究[J]．海洋工程，2015，33(2)：77-83.

[10] 陈荣旗，雷震名．海底管道冲刷抑制模型试验研究及现场工程验证[J]．中国海上油气，2020，32(1)：142-148.

油气田金属管道本体缺陷检测技术研究及应用

程智年　许泽伟　胡　昊　张　茹　哈丽旦木·托乎提买提　杨龙斐　王小玉　路坤桥

（新疆油田公司实验检测研究院）

摘　要　采用专业的腐蚀检测技术可及时掌握油气管道的腐蚀缺陷状况，帮助企业采取必要措施维修维护，降低发生事故的可能性，保障油气管道的本质安全。本论文围绕油气田金属管道本体缺陷检测技术开展研究，选取一条管道分别进行漏磁检测、电磁涡流检测、金属磁记忆检测三组平行检测试验。以应用成熟且经过牵拉试验的漏磁检测检出数据为基准，通过数据对齐完成了电磁涡流检测和金属磁记忆检测的检测精度标定，完成了三种检测技术的适用性分析，为油气田金属管道本体缺陷检测技术的选取提供了依据。

关键词　腐蚀缺陷；漏磁检测；电磁涡流检测；金属磁记忆检测；检测精度；适用性分析

1　引言

石油和天然气作为一种重要的战略资源，是国民经济发展的物质基础，对一个国家的国际战略地位、经济社会稳定起着决定性作用。目前，石油、天然气的运输方式主要包括管道运输、公路运输、铁路运输和水运运输等，与其他运输方式相比，管道运输因其具有安全、经济、可靠等优势，成为油气输送的主要手段。然而，随着使用时间的增长、金属自身的老化、外部介质的腐蚀、以及外界应力对内部力学结构的破坏等因素，管道在使用过程中不可避免发生腐蚀、冲蚀、裂纹等缺陷，缺陷的形成将加剧管道泄漏，一旦发生油气泄漏，会引发设备损毁、能源浪费、环境污染等问题，严重时甚至会发生火灾爆炸，造成人员伤亡和经济财产损失。目前，我国绝大多数油气管道的使用年限超过 25 年，管道运行开始步入事故多发期。为了有效减少油气管道运行风险，避免发生泄漏事故，保证管道的运行安全，需要定期对管道进行检测，及时、准确地掌握管道腐蚀情况，制定科学合理的维修维护计划，从源头上保障油气管道的本质安全。

新疆油田地处准噶尔盆地，1957 年投入开发，截止到 2022 年 10 月，已建油气集输、注水、注汽等各类集输管道两万余公里，其中约七成为金属管道。由于部分管道使用时间长，运行工况复杂，导致腐蚀严重，破损次数增多，严重影响了油田的正常生产。目前，金属管道检测主要包括间接评价和直接检测两种方式，间接评价是通过检测管道防腐层、周围环境等间接判断管道缺陷情况的一种手段，无法直接掌握管道本体缺陷情况；而直接检测能实现管道本体缺陷的直接检测，相比间接评价更具优势。经调研，直接检测技术主要包括漏磁检测、涡流检测和金属磁记忆检测等，其中漏磁检测发展成熟且应用广泛，已有多项行业标准规范其检测精度，新疆油田已购置漏磁检测器且经过牵拉试验验证了检测器缺陷检测精度。在新疆油田，电磁涡流检测和金属磁记忆检测作为两种新型检测技术，它们存在检测精度和适用范围不明确的问题。因此，本论文围绕金属管道本体缺陷检测技术，通过选取一条在用管道完成漏磁检测、电磁涡流检测和金属磁记忆检测三组平行检测试验，以漏磁检测数据为基准，标定电磁涡流检测和金属磁记忆检测的检测精度，完成适用性分析，为油气田金属管道本体缺陷检测技术的选取提供依据。

2　检测前准备工作

2.1　被检管道基本信息

被检管道选择新疆油田某原油线，2022 年投入使用，全长 14 公里，管道基本信息如表 1。

表 1　被检管道基本信息

序号	项　　目	内容
1	管线名称	φ377 原油线
2	发球站/收球站	1#站/2#站
3	投产时间	2022 年
4	管道长度	14km

续表

序号	项　　目	内容
5	输送介质	原油
6	管道位置(陆上/水下/湿地)	陆上
7	管道外径	377mm
8	壁厚	7mm
9	管材材质	L360
10	钢管类型(无缝/直缝/螺旋焊缝)	直缝
11	管道最小弯头半径	6D
12	穿/跨越(河流、公路、铁路)	存在
13	管道标志桩是否健全(1个/km)	健全

2.2 检测技术路线

检测工作开展共计6个环节，各环节主要工作如图1所示。

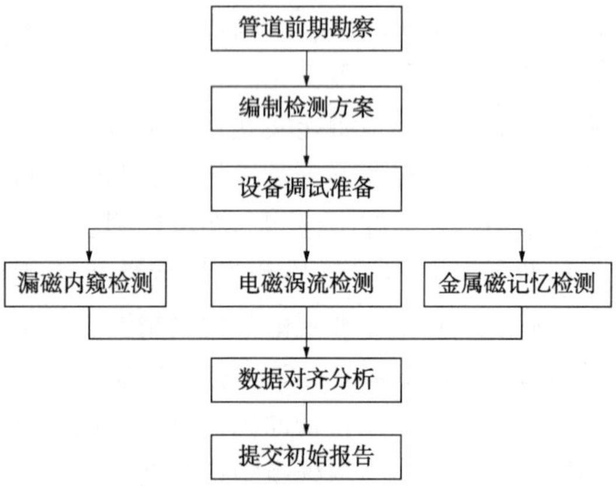

图1　检测技术路线

2.3 清管作业

漏磁检测、电磁涡流检测属于通球检测，检测作业前需进行清管作业了解管道内部状况，防止检测过程中检测器卡堵、偏磨等问题[7]，为保障检测器顺利运行、检测数据完整可靠提供保障。本研究检测前使用钢刷清管器进行了1次清管作业，确认管道洁净、无较大变形，具备检测器通球条件。

3 漏磁检测

3.1 漏磁检测器

检测用漏磁检测器如图2所示，检测器参数配置如表2。

表2　漏磁检测器参数配置表

序号	性能指标	参数配置要求
1	适用管道尺寸	Φ377mm
2	传感器类型	三轴高清及以上

续表

序号	性能指标	参数配置要求
3	单通道采样频率	3kHz
4	周向传感器间距	2mm
5	主探头数/腐蚀传感器通道数	456
6	IDOD 通道数	38
7	检测管道壁厚	5～12mm
8	检测器弯头通过能力	1.5D
9	检测器变形通过能力	≥15%OD
10	最大一次检测里程	300km
11	检测器运行速度	0.3～5m/s
12	检测器标准工作时间	120h

图2　漏磁检测器

3.2 现场检测

现场检测过程中收发球顺利，全程跟踪良好。

图3　漏磁检测现场工作图

3.3 数据分析

漏磁检测共检测里程13.87公里，各通道信号清晰、数据完整。检出管道特征：6处阀门、2处法兰、53处弯头、2处三通、6处支管、1244处环焊缝，检出管道缺陷：89处凹陷(凹陷深度均小于4%管道外径，属于轻度凹陷)、

67 处金属损失（54 处内壁损失、13 处外壁损失），检测结果如表 3 所示。

表 3　漏磁检测结果

类　型	数　量
凹陷	89（均属于轻度凹陷）
阀门	6
法兰	2
环焊缝	1244
金属损失	67（54 处内壁损失、13 处外壁损失）
弯头	53
三通	2
支管	6

由检测结果可知，漏磁检测可实现管道缺陷和特征的识别。此外，针对管道缺陷，漏磁检测可准确分辨内外壁缺陷，较全面地反馈管道缺陷情况。

表 4 为金属损失深度统计表，漏磁检出≥10%壁厚的金属损失 12 处，其中内壁损失 10 处，外壁损失 2 处，12 处金属损失具体信息如表 5 所示，该 12 处金属损失需重点关注。

表 4　金属损失深度统计

金属损失深度	<10%	10%～20%	≥20%
数量（内壁）	44	9	1
数量（外壁）	11	2	0

表 5　漏磁检出 12 处≥10%壁厚金属损失信息

特征类型	中心里程/m	时钟位置/h：min	长度/mm	宽度/mm	峰值深度/%	内/外壁
环向凹沟	2399. 118	6：15	24	66	11	内壁
金属损失	7160. 22	7：15	27	36	20	
金属损失	8339. 532	3：00	30	31	10	
金属损失	10898. 775	4：30	18	19	11	
环向凹沟	11939. 233	1：20	15	30	11	
金属损失	11941. 609	1：20	18	24	14	
金属损失	11941. 793	1：20	18	24	10	
金属损失	12788. 408	12：20	39	39	11	
金属损失	13549. 441	5：50	12	15	14	
金属损失	13703. 475	10：20	12	15	13	
金属损失	7154. 128	8：15	21	21	11	外壁
金属损失	10461. 621	3：55	12	15	15	

4　电磁涡流检测

4.1　电磁涡流检测器

检测用电磁涡流检测器如图 4 所示，检测器参数配置如表 6。

图 4　电磁涡流检测器

表 6　电磁涡流检测器参数配置表

序号	性能指标	参数配置要求
1	整体尺寸	375mm＊650mm
2	重量	59. 65kg
3	通道数	36
4	皮碗过盈量	3. 3%
5	系统耐水压等级	10MPa
6	里程轮数量	3
7	弯头通过能力	1. 5D
8	续航时间	32h

4.2　现场检测

现场检测过程中收发球顺利，全程跟踪良好。

4.3　数据分析

电磁涡流检测共检测里程 13. 56 公里，各通道信号清晰、数据完整。检出管道特征：6 处阀门、2 处法兰、53 处弯头、2 处三通、6 处支管、1244 处环焊缝，特征检测结果与漏磁检测一致，检出管道缺陷：4 处凹陷(凹陷深度均小于 2%管道外径，属于轻度凹陷)、1082 处金属损失，检测结果如表 7 所示。

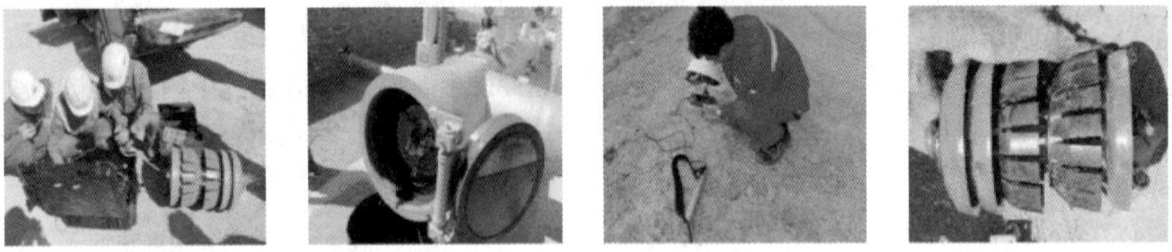

设备调试　　检测器发送
收球时间: 2023.6.2 12: 02　　跟踪
全程跟踪良好　　检测器收回
收球时间: 2023.6.2 15: 42
检测器外形完整，功能正常

图 5　电磁涡流检测现场工作图

表 7　电磁涡流检测结果

类　型	数　量
凹陷	4(均属于轻度凹陷)
阀门	6
法兰	2
环焊缝	1244
金属损失	1082
弯头	53
三通	2
支管	6

由检测结果可知，电磁涡流检测同漏磁检测一样，可实现管道缺陷和特征的识别，但由于检测深度受限，电磁涡流仅能识别管道内壁金属损失。因此，以漏磁检测 10 处≥10%壁厚的内壁金属损失为基准，验证电磁涡流检测的检测精度。

4.4　数据对齐

漏磁检测、电磁涡流检测数据存在约 300 米里程偏差，分析为检测器里程轮漂移打滑所致。因此，标定检测精度前需根据管道特征进行数据对齐。数据对齐策略如图 6 所示，鉴于电磁涡流检测出阀门数量、环焊缝数量与漏磁检测一致，根据弯头序号确定对应管段，根据弯头间环焊缝序号确定对应管节，最后根据距上下游焊缝距离确定缺陷位置，从而实现数据对齐。

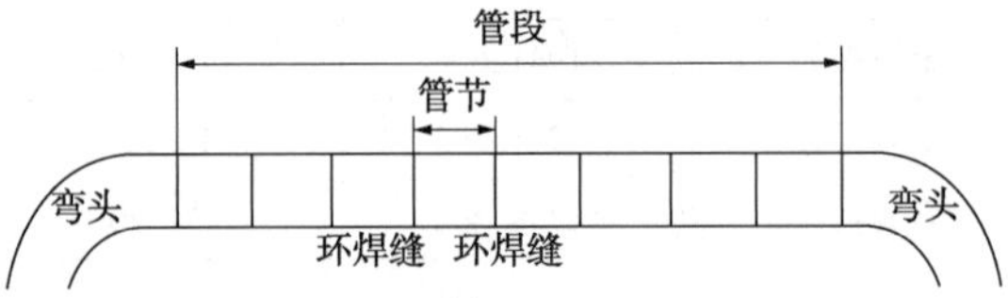

图 6　数据对齐策略

对漏磁、电磁涡流检测数据进行数据对齐，以漏磁检出的 10 处≥10%内壁金属损失为基准，判断电磁涡流缺陷检测精度，数据对齐结果如表 8 所示。

由表可知，漏磁检出 10 处≥10%内壁金属损失中，电磁涡流检出 5 处，缺陷数据对齐率为 50%。

表 8　数据对齐表

序号	检测方式	特征类型	中心里程/m	时钟位置/h：min	长度/mm	宽度/mm	峰值深度/%
1	漏磁检测	环向凹沟	2399. 118	6：15	24	66	11
	电磁涡流检测	未识别					
2	漏磁检测	坑状金属损失	7160. 22	7：15	27	36	20
	电磁涡流检测	坑状金属损失	7019. 184	11：35	27	16	<10
3	漏磁检测	一般金属损失	8339. 532	3：00	30	31	10
	电磁涡流检测	轴向沟槽	8171. 56	1：39	75	16	<10
4	漏磁检测	坑状金属损失	10898. 775	4：30	18	19	11
	电磁涡流检测	未识别					

续表

序号	检测方式	特征类型	中心里程/m	时钟位置/h：min	长度/mm	宽度/mm	峰值深度/%
5	漏磁检测	环向凹沟	11939.233	1：20	15	30	11
	电磁涡流检测	未识别					
6	漏磁检测	坑状金属损失	11941.609	1：20	18	24	14
	电磁涡流检测	未识别					
7	漏磁检测	坑状金属损失	11941.793	1：20	18	24	10
	电磁涡流检测	未识别					
8	漏磁检测	一般金属损失	12788.408	12：20	39	39	11
	电磁涡流检测	一般金属损失	12509.144	7：31	42	32	<10
9	漏磁检测	坑状金属损失	13549.441	5：50	12	15	14
	电磁涡流检测	轴向沟槽	13398.183	11：25	32	16	<10
10	漏磁检测	坑状金属损失	13703.475	10：20	12	15	13
	电磁涡流检测	轴向沟槽	13398.183	11：25	32	16	<10

5 金属磁记忆检测

5.1 金属磁记忆检测器

检测用金属磁记忆检测器如图7所示，检测器参数配置如表9。

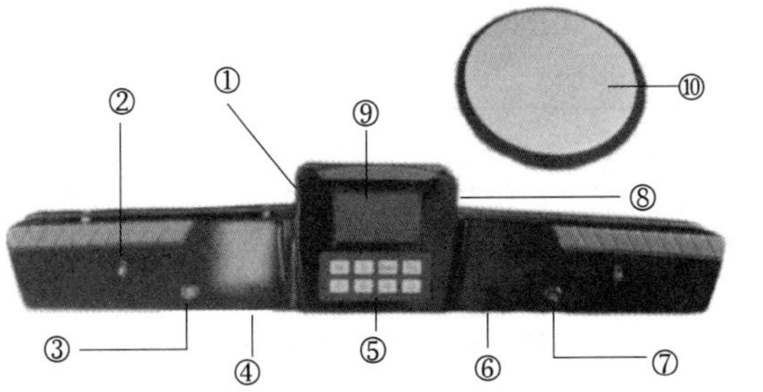

图7　金属磁记忆检测器

①电源开关；②背架挂钩；③暂停快捷键；④充电接口；⑤控制键盘；⑥卫星天线接口；⑦特征点按键；⑧U盘接口；⑨显示屏幕；⑩GPS天线

表9　金属磁记忆检测器参数配置表

序号	性能指标	参数配置要求
1	系统功能	非接触式检测
2	采样频率	40Hz
3	传感器检测精度	0.1nT
4	量程	±10万nT
5	屏幕	456
6	IDOD通道数	480×272显示屏
7	通讯方式	高速USB通讯接口
8	存储	8G容量U盘
9	定位精度	误差<0.5m
10	工作温度	-20-50℃

续表

序号	性能指标	参数配置要求
11	电池	12V 6Ah，续航大于10h
12	机壳	PVC塑料外壳
13	尺寸	80cm×16cm×9cm
14	重量	4kg

5.2 现场检测

与前两种检测方式不同，金属磁记忆检测为地面非接触式检测，检测人员在地面手持检测仪沿管道正上方行进即可完成检测。

图8　金属磁记忆检测现场工作图

5.3 数据分析

金属磁记忆检测共检测里程13.84公里，检测数据完整，信噪比高，各通道信号清晰。共检出6处管道异常区域，其中1级异常区域2处、2级异常区域2处、3级异常区域2处，检测异常区域信息如表10所示。

表 10　检测异常区域信息

序号	异常系数	异常等级	异常区始点/m	异常区终点/m	安全运行压力/MPa
1	0.1574	1	160.83	164.9	3.83
2	0.3081	2	8001.46	8003.77	4
3	0.4048	2	8504.68	8506.19	4
4	0.0926	1	9344.31	9346.27	3.64
5	0.7328	3	9940.62	9943.45	4
6	0.8755	3	11071.53	11074.1	4

5.4　数据对齐

漏磁检测、金属磁记忆检测数据里程偏差较小(30 米)，因此直接根据检测里程进行数据对齐，数据对齐结果如表 11 所示。

由表可知，金属磁记忆检测技术检出 6 处异常区域中，5 处对应漏磁检出的管道凹陷区域，表明金属磁记忆检测对凹陷点较敏感。但总体来说，金属磁记忆检测技术检出异常区域数量较少，仅能粗略了解管道应力集中情况。

6　结束语

通过选取一条管道进行漏磁检测、电磁涡流检测、金属磁记忆检测三种管道本体缺陷检测技术的平行试验，完成了三种检测技术的适用性分析，如表 12。

表 11　数据对齐表

异常点序号	检测技术	里程/m	异常类型
2	漏磁检测	8013.238	凹陷
	金属磁记忆检测	8001.46-8003.77	2 级异常点
3	漏磁检测	8474.174	凹陷
	金属磁记忆检测	8504.68-8506.19	2 级异常点
4	漏磁检测	9311.302	凹陷
	金属磁记忆检测	9344.31-9346.27	1 级异常点
5	漏磁检测	9956.992	凹陷
	金属磁记忆检测	9940.62-9943.45	3 级异常点
6	漏磁检测	11070.710	凹陷
	金属磁记忆检测	11071.53-11074.1	3 级异常点

表 12　三种检测技术技术对比

检测技术类别	漏磁内窥检测	电磁涡流检测	金属磁记忆检测
检测范围	管道内/外壁缺陷的全面检测	管道内壁缺陷	管道凹陷变形的粗略检测
管道要求	检测器尺寸小、节数多，要求管道具备标准收发球装置	检测器尺寸小，可用于清管阀、临时收发球筒等，适用灵活	适用各种埋地铁磁性管道，适用性强
适用范围	具备检测条件管道的首选技术	无法实施漏磁检测管道的首选技术，使用需搭配管道外检测技术	不具备通球检测条件的管道，需搭配开挖直接检测技术

以漏磁检测数据为基准，完成了电磁涡流及金属磁记忆两种新型检测技术的缺陷检测精度标定。得出如下结论：

(1) 电磁涡流检测能够检测出管道内壁缺陷，缺陷数据对齐率为 50%。由于检测深度受限，该技术无法识别管道外壁缺陷；

(2) 金属磁记忆检测对管道凹陷区域较敏感，但检出凹陷区域数量不全面，仅能粗略了解管道凹陷情况。

合风险管理、静设备风险评价、动设备可靠性管理、安全仪表系统评估、检测与监测、维修维护等 9 项工作发现，可以形成新疆油田完整性管理策略闭环，为油气田站场完整性管理效能评价提供理论研究与参考。

参　考　文　献

[1] 朱浩．我国油气管道输送相关技术进展及展望[J]．中国石油和化工标准与质量，2021，41(20)：195-196.

[2] 张宇，黄辉．地下水管网泄漏检测及工程实例[J]．中国特种设备安全，2018，034(001)：42-47.

[3] 鲍庆军，帅健．油气管道内检测技术研究进展[J]．当代化工，2017，46(2)：4.

[4] 郭文鑫，星志涛．油气管道腐蚀检测与防护[J]．化工管理，2021(35)：2.

[5] 杨涛，寇子健．国内油气管道腐蚀检测技术研究进展[J]．当代化工研究，2020(14)：3.

[6] 邱光友，王雪．油气管道内检测技术研究进展[J]．石油化工自动化，2020(1)：1-5.

[7] 孙艳彬，梁思维．漏磁检测技术在咸阳-宝鸡天然气输气管道中的应用[J]．石油管材与仪器，2021.

第二篇　油气站库完整性管理篇

油气站场及储库是油气“产、运、储、销、用”产业链的“心脏”，其完整性管理事关我国能源供应的安全与稳定。与国外发达国家油气站库建设和运行技术相比，我国在地面大型关键设备失效及事故发生机理等方面的研究尚不充足。因此，需加快发展完整性理论，实现油气站库设计、建设、运行、安全预警、优化的全生命周期动态管理。本篇《油气站库完整性管理》在我国油气站库风险识别与评价、监测预警智能化管理、运行及事故数据管理、数字化运营优化系统、完整性管理技术标准及规范制定等领域创新应用的研究成果进行了总结和归纳，对我国油气站库安全高效运行具有重要意义。

基于 SPS 的输油管道瞬变工况可靠性研究

薛继旭 高 翔 肖贺杰 韩松松 赵振飞 韩 铭 李 伟 赵正开

(国家管网集团北京管道有限公司)

摘 要 目前石油石化行业的高速发展离不开管道的支持和保障。管道自身优势明显，已成为主要的油气储运手段。输油管道运行中事故多为瞬态工况，以水击和泄漏较为严重。其中水击会导致管道局部超压，使管道压力超过 MAOH，引起强度破坏；泄漏会不仅会造成经济、环境损失还会带来极大的安全隐患。结合我国长距离输油管道众多的特点，利用 SPS 软件对长距离输油管道的水击、泄漏等问题进行探讨。针对管道水击工况，编写基于 SPS 软件的水击保护程序及其他保护措施；针对管道泄漏，模拟分管段大致定位措施，并提出多机理的水击保护及定位措施。研究标明，水击保护程序可有效避免管道长时间位于超压状态，泄漏检测及定位机理可及时发现管道沿线异常泄漏状态并精确定位，助力管道可靠运行。

关键词 长距离输油管道；水击保护；泄漏检测；SPS

随着国民经济的发展，管道输送工艺在我国石油石化行业广泛运用。我国长距离输油管道的建设在大庆—抚顺—秦皇岛—北京输油管道的推动下逐渐拉开帷幕，管道在运行过程中可能会出现由于各种人为或非认为因素造成的中间泵站停电、停输，阀室阀门误关闭而造成的水击工况；以及管道因内部缺陷或外部条件改变造成的管道泄漏事故。因此基于管道瞬态模拟机理的保护措施必不可少，本文针对第五届油气储运设计大赛赛题二的长距离输油管道为模型基础，模拟管道瞬态水击及泄漏工况，以此为基础探究管道水击保护措施及泄漏检测于定位方法。旨在为国内长距离输油管道水击及泄漏工况的研究上提供一定帮助，增加管道运行可靠性。

1 长距离输油管道水击工况研究

长输管道中“水击”工况是由于管道在密闭输送过程中管道内部发生的水力瞬变而造成的压力高频率升降的现象。基于瞬变流动理论，瞬变流动产生的瞬变压力叠加在稳态运行的输油管中会造成沿线流动参数发生变化，如果瞬变压力超过管道运行系统的 MAOH 时，会严重影响系统的安全运行。另一方面如果瞬变流动的减压波达到油品的溶解气饱和压力时，会产生液柱分离现象，这样不仅使压力波的传播速度受到抑制从而水力特性复杂，更有可能使多处液柱碰撞融合产生高压，影响管输安全。

1.1 基于 SPS 的长输管道水击模拟

SPS(Stoner Pipeline Simulator)软件是长输管道模拟的专业化软件，具有良好的稳瞬态模拟结果。利用某原油输送管道为案例，针对水击工况的产生、预防及处理措施进行分析。

输油管道全长 272km，输送介质为含蜡原油，采用加热输送工艺，设计压力为 5.9MPa，管道系统模型见图 1。

1.1.1 水击过程分析

运行 SPS 得到设计压力下并联泵机组稳态运行下的水力坡降见图 2。

(1) 中间注入泵站事故停电(甩泵)

中间泵站事故停电，导致全系统运行泵机组处于理论减速过程。产生以水击为主的一系列瞬态水力扰动。由于本案例为并联泵机组设计，现分别考虑使用并联机组及串联机组两种情况下对水击工况进行研究。串联机组采用等效替代原则，并进行适当参数调整后，模型图见图 3。

模拟并联运行时中间泵站 BZ1 事故停电后，无水击保护下停运瞬间、停运 5min、停运 30min 的管道系统水力坡降见图 4。

研究结果表明，在中间并联泵站停电停输情况下：首站出站压力升高，到 8min 左右，略超过 MAOH，于 30min 左右最终稳定时，稳定时也存在非常严重的超压现象；在稳定后管输系统的输量从 $7200m^3/h$ 下降至 $6900m^3/h$。

泵站串联后，设计压力 5.9MPa 已不能满足需求，需分段设计，运行 SPS 得到设计压力下串联泵机组稳态运行下的水力坡降见图 5。

模拟串联运行时中间泵站 BZ1 事故停电后无水击保护下停运瞬间、停运 30min 的管道系统水力坡降见图 6。

研究结果表明，在中间串联泵站停电停输情况下：首站出站压力略微升高直至 30min 稳定后仍未达到 MAOH，升高幅度为 20m 油柱；流量从 6934.433m^3/h 下降至 6900.398m^3/h。

（2）中间泵站进站阀事故关闭

利用 SPS 模拟泵站 BZ1 进站阀门关闭造成的瞬态水击工况：

阀门关闭瞬间、关闭 5min、关闭 30min 的管道系统水力坡降见图 7。

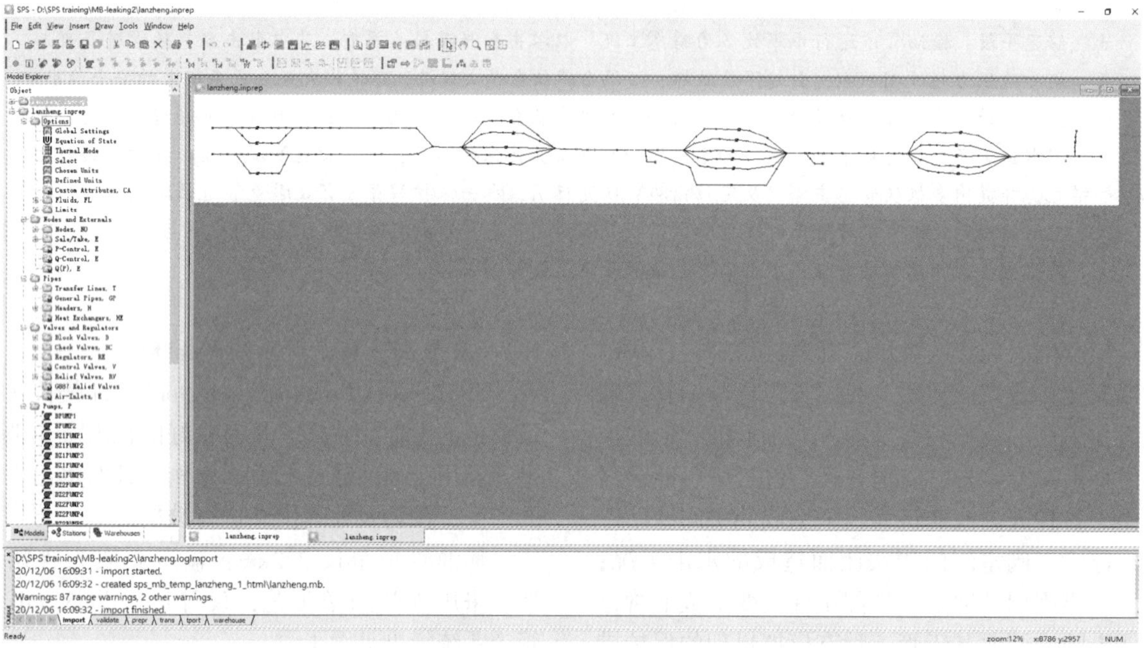

图 1　长输管道系统模型

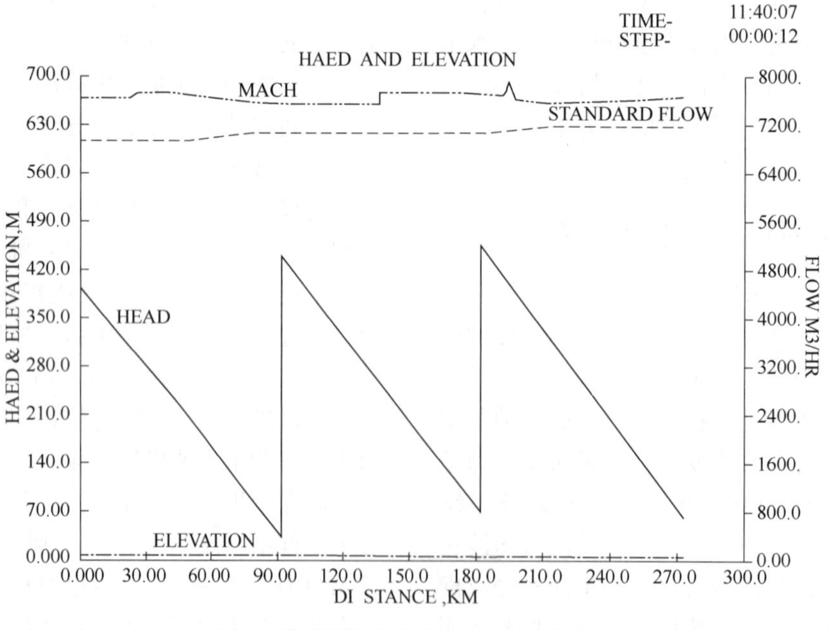

图 2　并联泵机组稳态运行水力坡降图

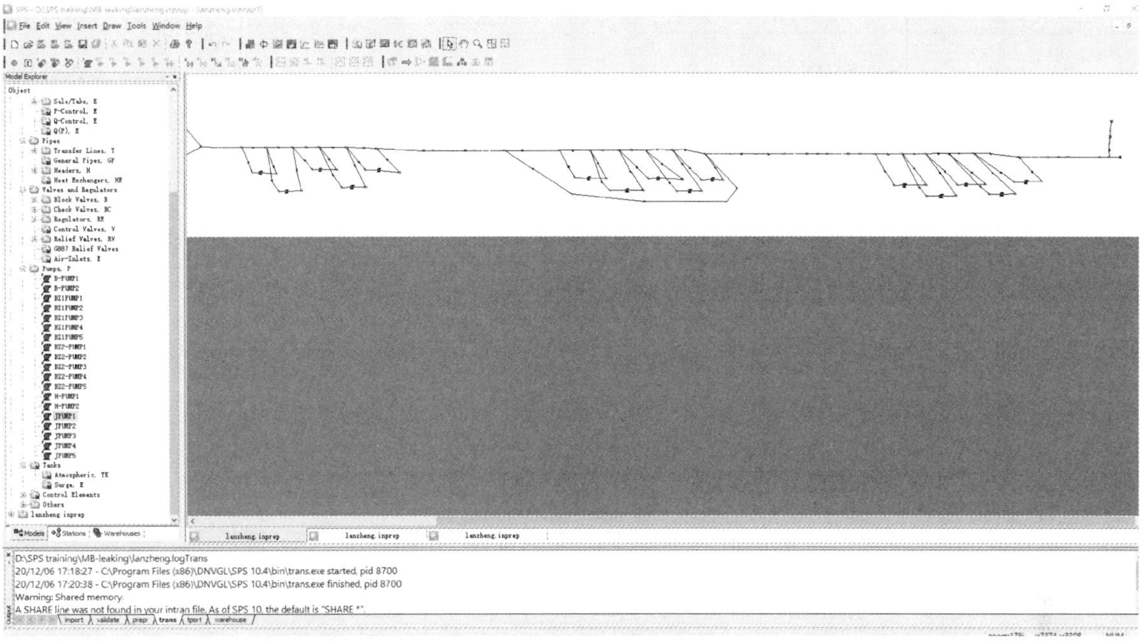

图 3　串联系统模型图

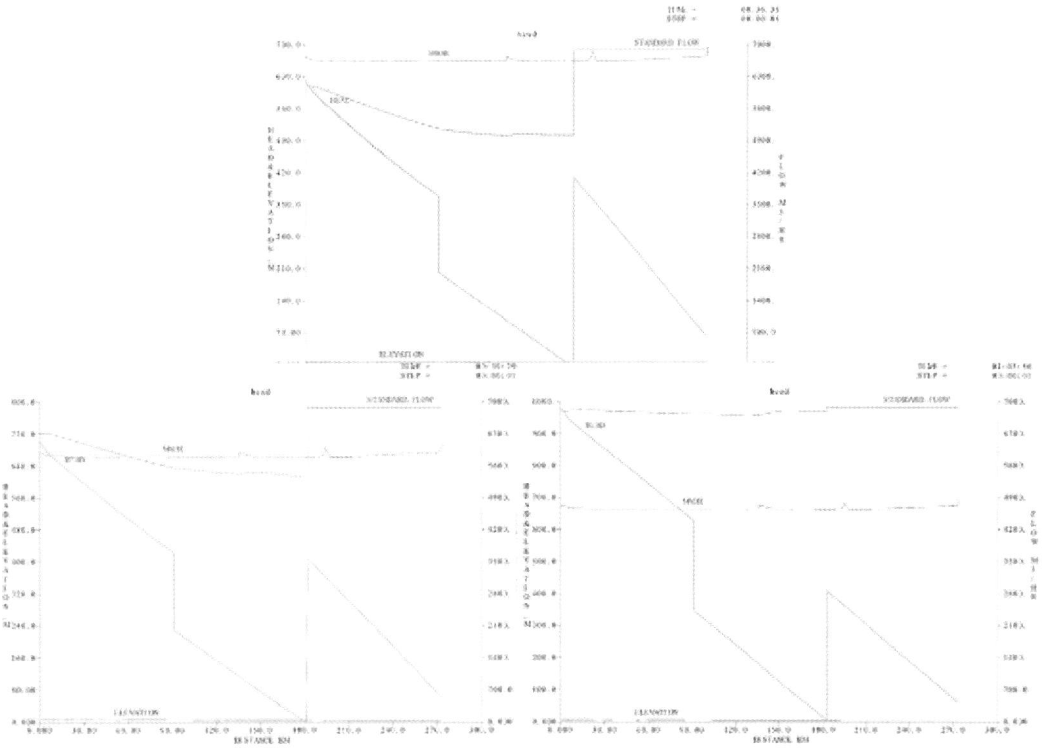

图 4　中间泵站事故停运水力坡降图(并联)

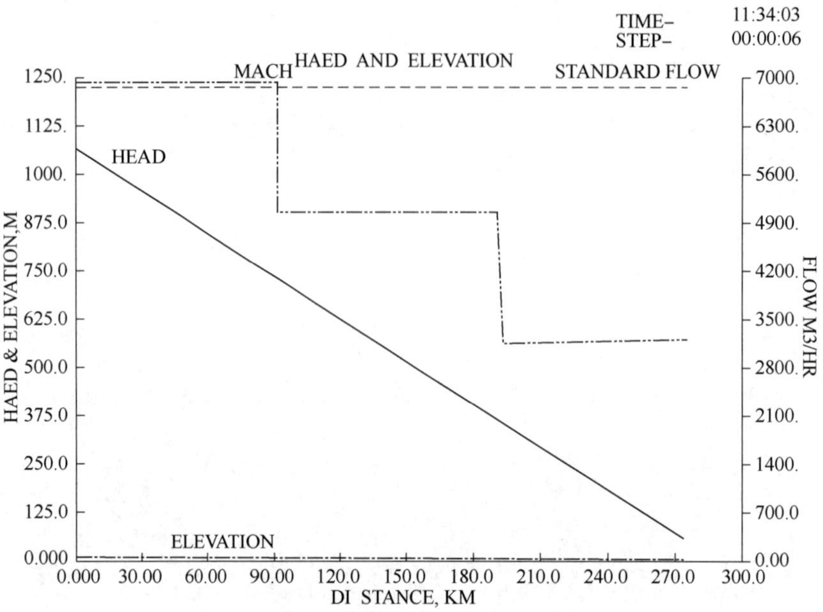

图5　串联泵机组稳态运行水力坡降图

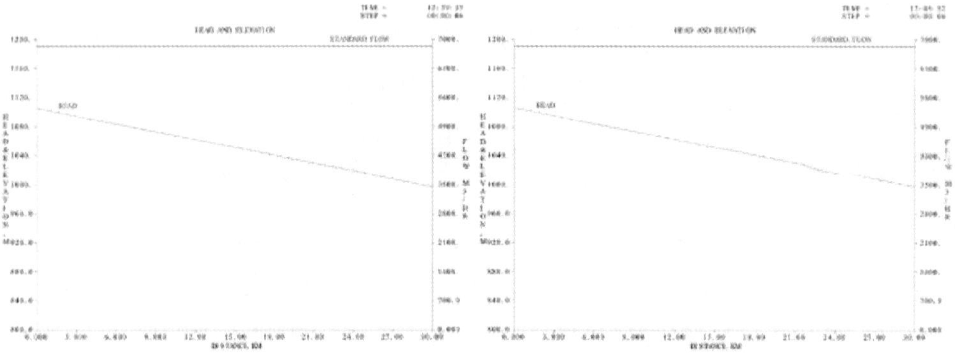

图6　中间泵站事故停运水力坡降图(串联)

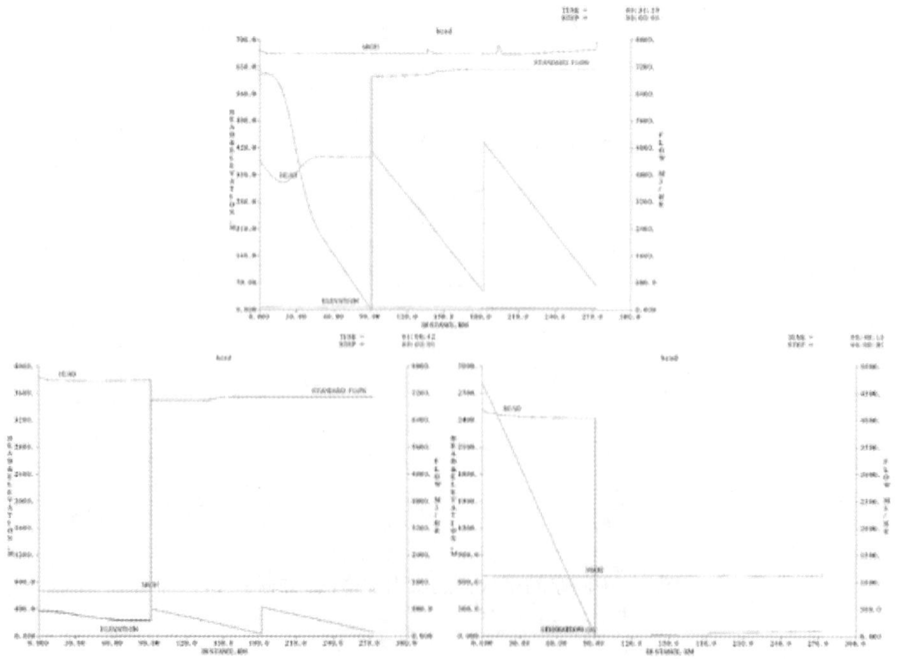

图7　阀门事故关闭水力坡降图

研究结果标明：中间进站阀门事故关闭会产生增压波向上游传递，减压波向下游传递，若不采取水击保护措施，上游部分线路超过管道承压，下游部分出现负压，严重危害管输安全运行。

1.1.2　基于 SPS 的水击保护程序

通过上述模拟，我们发现长距离输油管道在中间泵站事故停运及进站阀门误操作的情况下会产生不同程度的水击工况，基于水击产生机理及常规水击工况产生应急策略，现介绍基于 SPS 的水击保护程序及优化方案：

（1）中间泵站事故停运基本水击保护方法

当泵站停运事故发生时，泵机组的通过流量减少，水击直接造成泵机组内事故的发生，因此首先应关闭泵站后线路阀门，同时开启越站阀，第一时间保护输油泵；其次由于水击减压波向上游传播，也会一定程度上影响上游输油泵机组，因此有顺序的关闭上游泵机组必不可少；当压力波经过多个来回后达到稳定工况后，长输管道系统进入非设计稳定工况，需要重新调整首末站进站压力或流量以维持新平衡。

解决措施为：首先关闭中间泵站后线路阀门，中间泵站越站；其次依次停输首泵、中间泵、末泵；调整末站出站压力未 1MPa。经过调节后全线水力坡降见图 8。

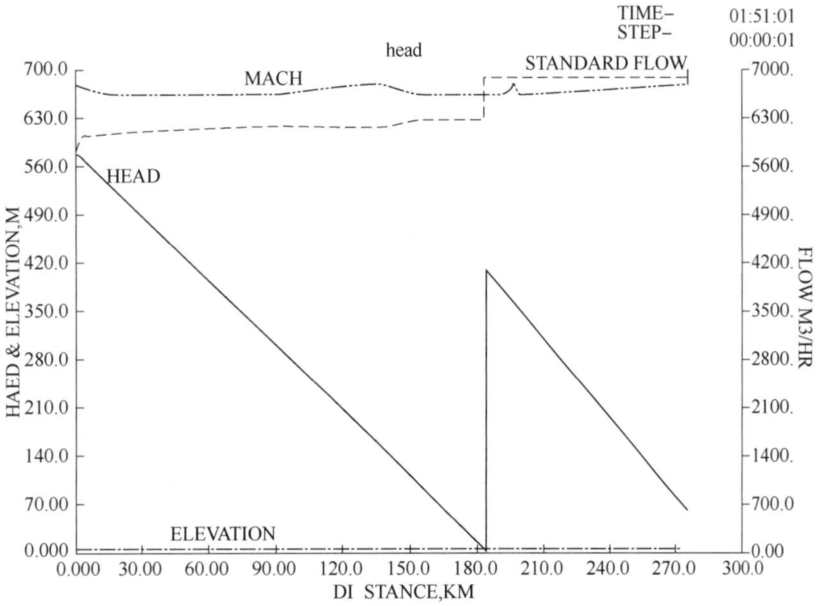

图 8　水击保护下中间泵站事故停运水力坡降图

采用水击保护使得管道内最大压力为 5.23MPa，小于 MAPO，流量有所下降。

（2）中间泵站进站阀门事故关闭基本水击保护方法

阀门事故关闭时间较短，会产生直接水击使得阀门前压力骤升，迅速超过 MAOH。第一时间应该打开中间泵站越站阀门，减少直接水击的危害；这是运行的中间泵机组和越站管路处于并联运行状态，应对其进行关泵处理。理论上管道系统新平衡会逐渐显现，通过对进出站压力及流量设定可以起到维持新平衡的效果。

解决措施为：打开中间泵站越站阀门；关闭中间泵站所有输油泵，并开启及关闭相应阀门；执行后 30s 调整首站间站出站压力为 5MPa，末站进站压力为 1.0MPa，降低管输流量。经过调节后全线水力坡降见图 9。

水击保护程序的将原本流量 7200 降低至 6300 左右，但管道最大压力在 5.15MPa 左右有效的保护了管道。

1.1.3　水击超前优化方案

泵站甩泵工况发生时若逻辑控制程序中泵站为紧急停输，极易造成临近高点处泵与下一泵站之间的管路系统中出现负压，可能产生液柱分离与管道强度破坏等危害管道安全的问题，上述图例中也出现此类问题。研究表明首站甩泵与中间站甩泵产生负压影响的机理不同。首站甩泵造成管道系统高压点处的增压波不能及时抵消泵站停运产生的减压波；中间泵站甩泵造成，从中间泵站向下游管路传递的减压波不能被下游泵站制造的增压波抵消。并且在实际工程中存在拉空等特殊工况时不能进行越站作业。针对之间基本水击保护思路进行优化：

（1）首先在水力坡降图中找出负压大概点位置，首先对负压点下游相邻泵机组进行顺序停运，产生逆方向的增压波；

（2）针对实际工况研究相应的降流量输送措施，采取模型试错的研究方法对合理流量进行确定，并综合考虑经济输送问题；

（3）设计顺序停泵关阀措施，控制好时间间隔。

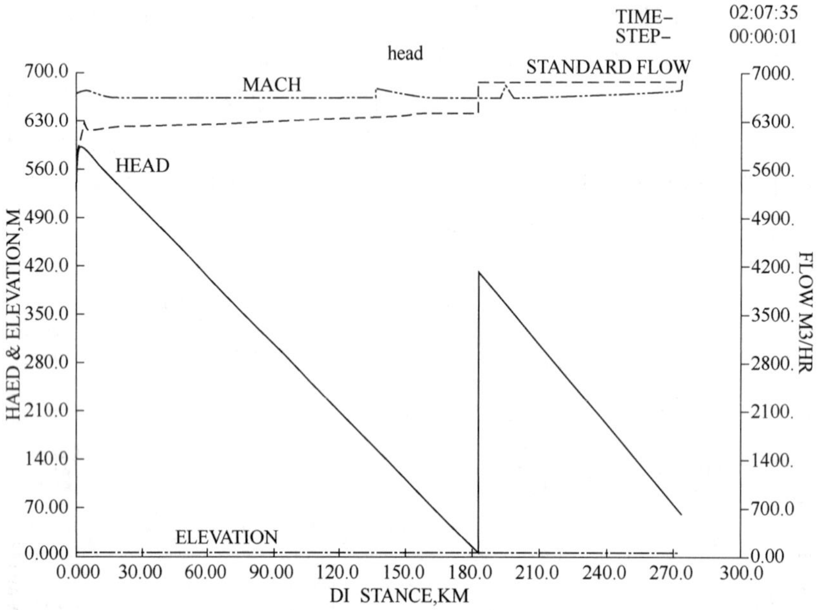

图 9　水击保护下阀门事故关闭水力坡降图

针对首站甩泵工况，应重点解决增压波与减压波之间的动态平衡问题。在可能出现增压波的下游采取紧急关进站阀、停泵等措施产生增压波以平衡系统。计 SPS 中停运信号出现时刻为 0 时刻。出现甩泵工况 0.5min 后将末站进站阀门压力设定为 3MPa；1.5min 后停输中间泵站 BZ1PIMP1-4 输油泵；3min 后关闭末站进站阀门 RE_1。

针对中间泵站甩泵工况，在保证控制站前不超压的情况下考虑压力波平衡问题。因此减少紧急停泵二产生的较大水击扰动是必要环节。计 SPS 中停运信号出现时刻为 0 时刻。中间泵站 BZ1 出现甩泵工况后，紧急关闭下游站间阀门 BJR1；0.5min 后停输首站 3 台输油泵，并设置出站压力为 5.6MPa；1.5min 后设置中间泵站进站压力为 0.5MPa；2.5min 后设置末站进站压力为 0.5MPa，并停输末站 3 台输油泵；3min 后关闭末站出站阀门 BF1。

1.2　其他水击保护措施

1.2.1　自动保护装置

其原理是利用在管道合适位置安装水击泄压阀、空气阀气体缓冲罐、来实现对管道系统的保护。当水击产生的高压波超过管道最大允许承压时，高压波传递到水击泄压阀附近会自动喷泻流体削弱高压波，喷泻的油流可以在罐中储存再利用；空气阀与泄压阀原理相反，可以防止瞬变过程中减压波使管内产生负压；气体缓冲罐则可以保障管道再超压和减压的过程中产生液柱分离。

1.2.2　自动调节法

自动调节系统主要应用于泵站调节，控制系统利用进出站压力设定值、管道压力变化、控制算法等来调节泵站的进出站压力。长输管道利用调节阀中截流原件阻力可变原理对管道系统的工作特性进行调节；输油泵站中利用逻辑控制顺序进行基础的超低压或超高压保护，也可利用频泵调节对泵机组转速进行调节从而改变进出站压力。

2　长距离输油管道泄漏工况研究

目前，我国部分长距离输油管道随着管龄的增加，管道老化现象愈发明显，促使管道进入泄漏事故多发区；近年来，有组织的人为偷盗油事件频发，为输油工业造成了巨大的损失。因此，长距离输油管道泄漏检测与定位必不可少，以下将重点介绍基于模型的泄漏检测的定位方法。

2.1　基于 SPS 的长输管道泄漏检测模拟

基于模型的管道泄漏检测与定位方法以管道的流体动力学模型或其他方法获得的管道模型为基础，根据管道两端的信号变化对管道沿线的压力和流量等参数变化进行预测以判断泄漏的发生和进行定位。长距离输油管道在运行周期中可视为稳态运行，因此基于稳态模型的管道泄漏检测与定位是较好的选择，当管道发生泄漏后，泄漏点上游管段的压力梯度会增大，泄漏点下游管段的压力梯度会降低，压力梯度的拐点即为泄漏位置。现采用 SPS 软件对已建模型进行不同流量泄漏检测跟踪模拟。

在中间泵站后节点处设置以大流量分输模拟泄漏，初步设置泄漏为 1000M3/HR。泄漏前后管道系统压力坡降图如图 10 所示。

通过 SPS 模拟不难发现泄漏点的压力及流量变化趋势，因此对于大流量泄漏来说，应用 SPS 模拟效果较理想。流量曲线前后变化可以直观的发现泄漏点位置及泄漏量；水力坡降线前后变化可以看出泄漏点下游管段的压力梯度会降低，压力梯度的拐点即为泄漏位置。但对于长距离输油管道小流量泄漏使用 SPS 效果可谓杯水车薪，中间泵站后节点处以小流量分数模拟泄漏，泄漏流量为 50M^3/HR。泄漏前后管道系统压力坡降图如图 11 所示。

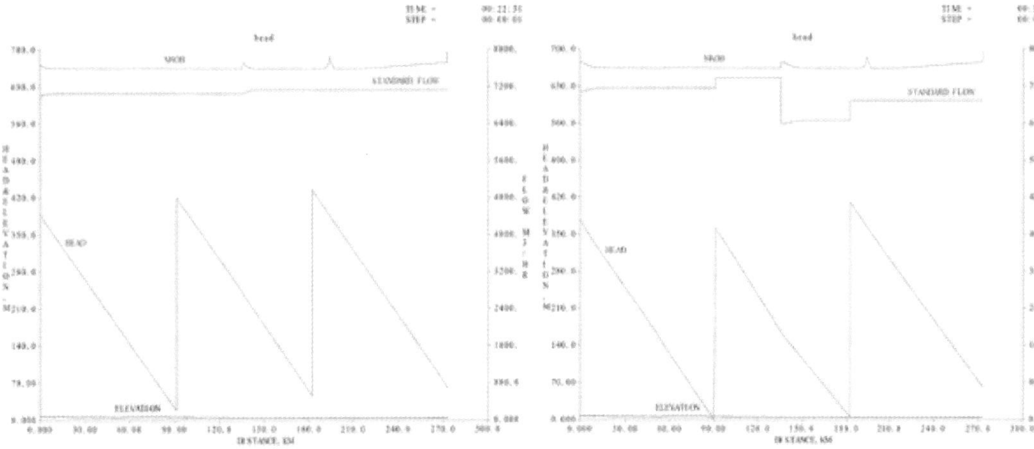

图 10　大流量泄漏全线对比图

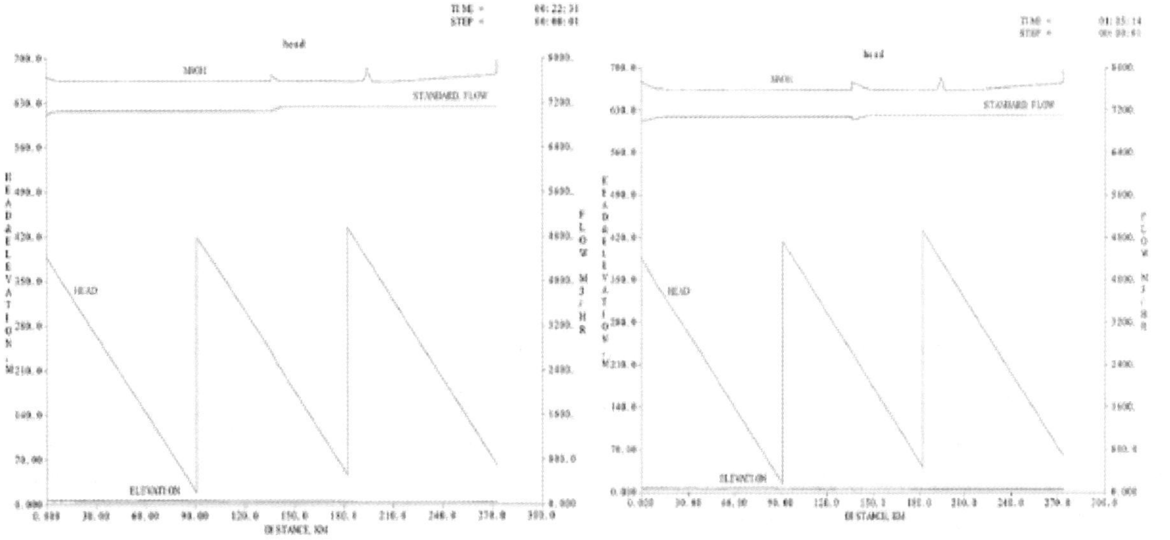

图 11　小流量泄漏全线对比图

在图中较难看出泄漏量的大小及泄漏点的所处位置，因此需针对小流量模型采取分段式流量放大检测法，我们可以通过模拟多个可能泄漏管段的流量云图即模拟前一管段的 Q+及下一管段的 Q-，通过调整比例尺观察 Q+与 Q-开始分离的时间段来大致判断管道泄漏的大致位置，加以 report 报告辅助，不难发现管道泄漏量的大小及泄漏大致位置。

现利用本文基础模型，构建 SPS 小流量检测及定位措施。分别模拟首站—01 管段、01 管段—02 管段、02 管段—03 管段、03 管段—04 管段及 04 管段—末站的进出流量云图，见图 3.3 所示；各管道进出流量及管输报告见图 12、图 13 所示。

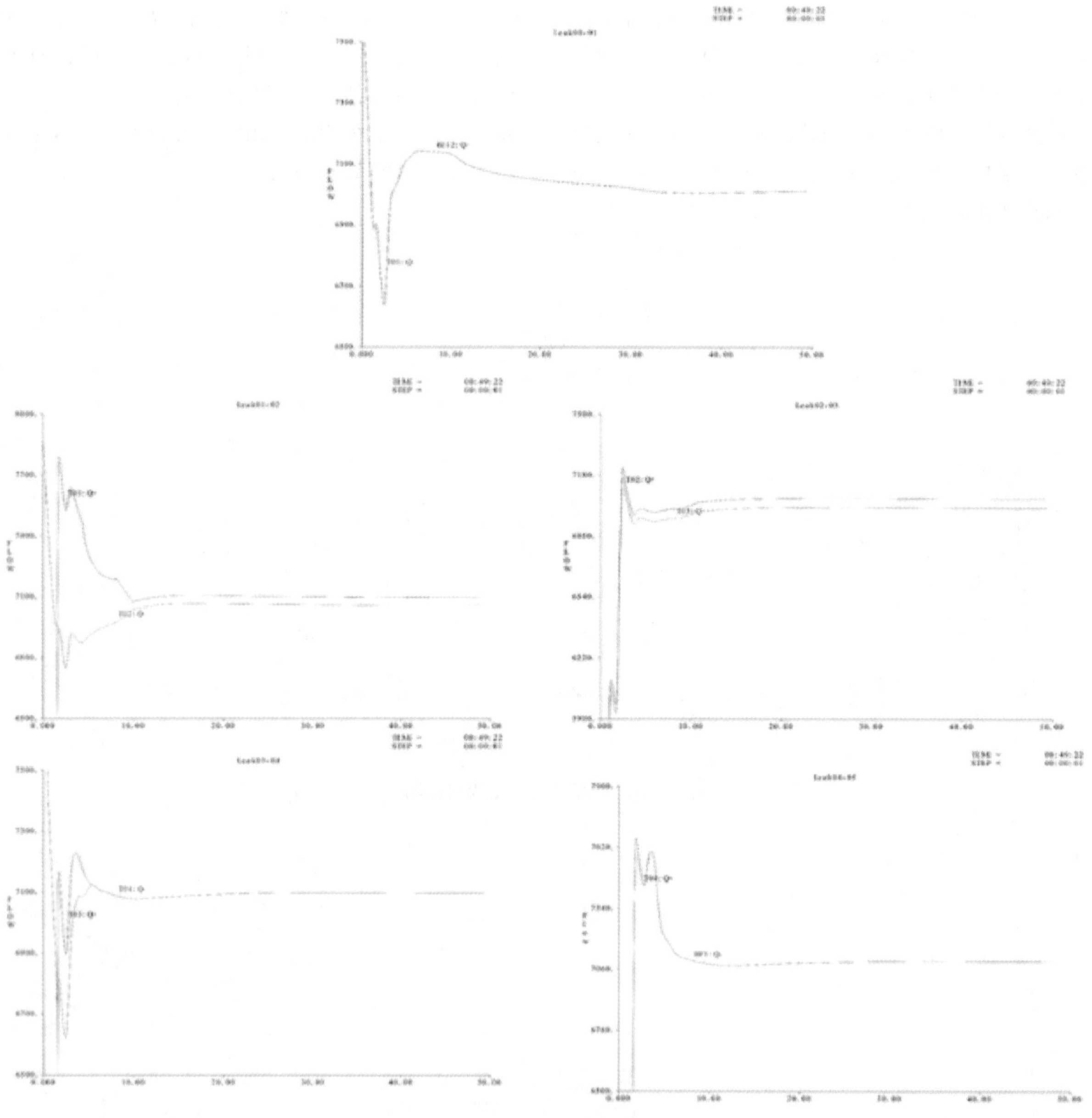

图 12　小流量泄漏全管段分析图

可以看出 01-02 管段与 02-03 管段发生泄漏，泄漏量分别为 38.56M3/HR 与 48.6M3/HR。但是利用 SPS 瞬态模拟只能大致判断某一管段发生泄漏，如果需要精确找到泄漏点的位置，可以在可能泄漏管段进行分段里程的进出口流量或管段前后压差模拟，最终发现大致泄漏点。

2.2　其他泄漏检测方法

管道泄漏定位检测技术主要分为基于硬件的检测定位与基于软件的检测定位。直接观察法、气体法、放射物法、检漏电缆法、只能清洁器检

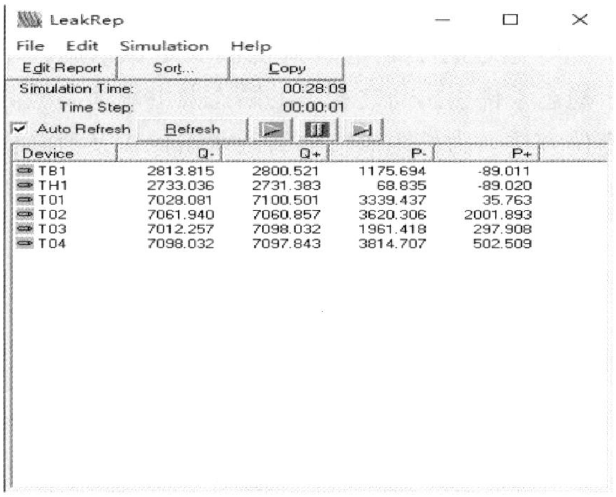

图 13　管道进出口流量压力报告图

漏法、光纤检漏法属于硬件类；管道数学模型检测方法信号处理检测方法、神经网络模式识别法、统计检测法属于软件类，下面主要介绍几类新型检测方法。

2.2.1　基于泄漏瞬变模型的管道泄漏监测与定位方法

泄漏瞬变模型监测与定位方法分为泄漏液力瞬变与信息瞬变方法两大类。通常是建立数学模型，对整合的公式进行计算得到具体泄漏量的大小。

(1) 基于泄漏液力瞬变模型的泄漏监测与定位方法

采用负压波法或压力泄漏瞬变模型可以通过泄漏瞬间引发的压力变化对管道泄漏量即泄漏点进行求解，求解式如下：

$$Lr=\frac{\dfrac{\ln(\mid \Delta p_Q \mid / \mid \Delta p_Z \mid)}{ln\eta_p}\Delta x+L}{2} \tag{1}$$

$$Kr=\frac{2\dfrac{\mid \Delta p_Q \mid}{\eta_p^{Lr/\Delta x}}/\rho a_s}{\omega_0+\dfrac{\mid \Delta p_Q \mid}{\eta_p^{Lr/\Delta x}}/\rho a_s} \tag{2}$$

式中，Lr 为泄漏点距管道始端的距离；Kr 为估计泄漏量；Δp_Q 为管道起点处的压力变化；Δp_Z 为管道出口处的压力变化；a_s 为管道内气体传播声速；Δx 为计算管段；ω_0 为管内稳态流速；η_p 为衰减比；

ρ 为流体密度。

通过上述表达式可以计算出泄漏位置以及泄漏量的估计值。

(2) 基于泄漏信息瞬变模型的泄漏检测与定位方法

针对某些长距离输油管道中将始末站压力控制在一定范围之内，无法采用管道起点与终点压力变化进行计算时，需要对表达式进行相应的改进：

$$Lr=\frac{\dfrac{ln(I_Q/I_Z)}{ln\eta_S}\Delta x+L}{2} \tag{3}$$

式中，I_Q 为管道始端信息瞬变；I_Z 为管道终端信息瞬变；η_s 为瞬变信息传播衰减比。

当管道没有泄漏发生时，I_Q 和 I_Z 均为 0，会造成上式无法求解，因此需依托软件模型首先判断管道泄漏是否发生，再进行定位计算。当泄漏发生时，始末端的压力均降低，始端的流速增大，末端的流速降低，则 I_Q 和 I_Z 偏离零均值，向负值变化，泄漏一旦发生，变进行定位计算。

2.2.2　集成泄漏与检测定位方法

前面介绍了基于 SPS 的稳态泄漏定位检测方法，但其只能在只能在泄漏瞬态过程结束之后稳定定位，定位时间较长；如果运用瞬态检测方法虽然具有较快的反应时间，但极容易收到管道附近噪声的影响。考虑实际应用过程中可以创建一种综合二者有点的方法，即能保证泄漏定位的实时性又可实现泄漏检测的完整性，避免出现漏报。整个定位系统分为瞬态定位、持续定位、稳态定位三阶段。其原理如图 14 所示。

其中 I_Q 和 I_Z 表示管道始末端的信息瞬变，T_{IQ} 和 T_{IZ} 表示始末端信号变化的阈值，I_{Qflag} 和 I_{Zflag} 为管道始末端瞬变信息的异常标志，初始为 0，异常为 1，*Timer* 为瞬变信息异常等待器，T_S 为信号采集周期，*Timer_t* 为瞬态定位计时器，*Timer_h* 为瞬态定位保持器。

2.2.3　基于 OTDR 技术的泄漏检测与定位方法

基于光纤检漏法为模板，在被需要监测的管道周围同沟铺设一条传感光纤，利用连续光波脉冲被截止中断的特性，OTDR 辨别振动突变并转换为光功率频谱，通过对频谱的分析可以判断油气管道是否有泄漏发生。通过对光纤各点损耗特征可以及时判断出泄漏位置。

3　总结与展望

文章主要利用 SPS 商业软件对长距离输油管道瞬态水击保护与稳态泄漏检测进行研究。水击保护方面，通过 SPS 建模实例模拟泵站事故停运与进站阀门事故关闭后的管道系统的变化趋势，在一般性解决措施的基础上优化水击保护方案。并简要阐述了几种除此方案外的水击保护措施；管道泄漏检测方面，以水击模型为基础模拟了大小泄漏量的管道系统变化趋势，并构建了基于 SPS 稳态的小流量泄漏检测及定位措施，基于稳态条件引出与之相关的瞬态及继承泄漏检测定位方法。为长距离输油管道水击保护及泄漏检测与定位方法提供了一定参考。

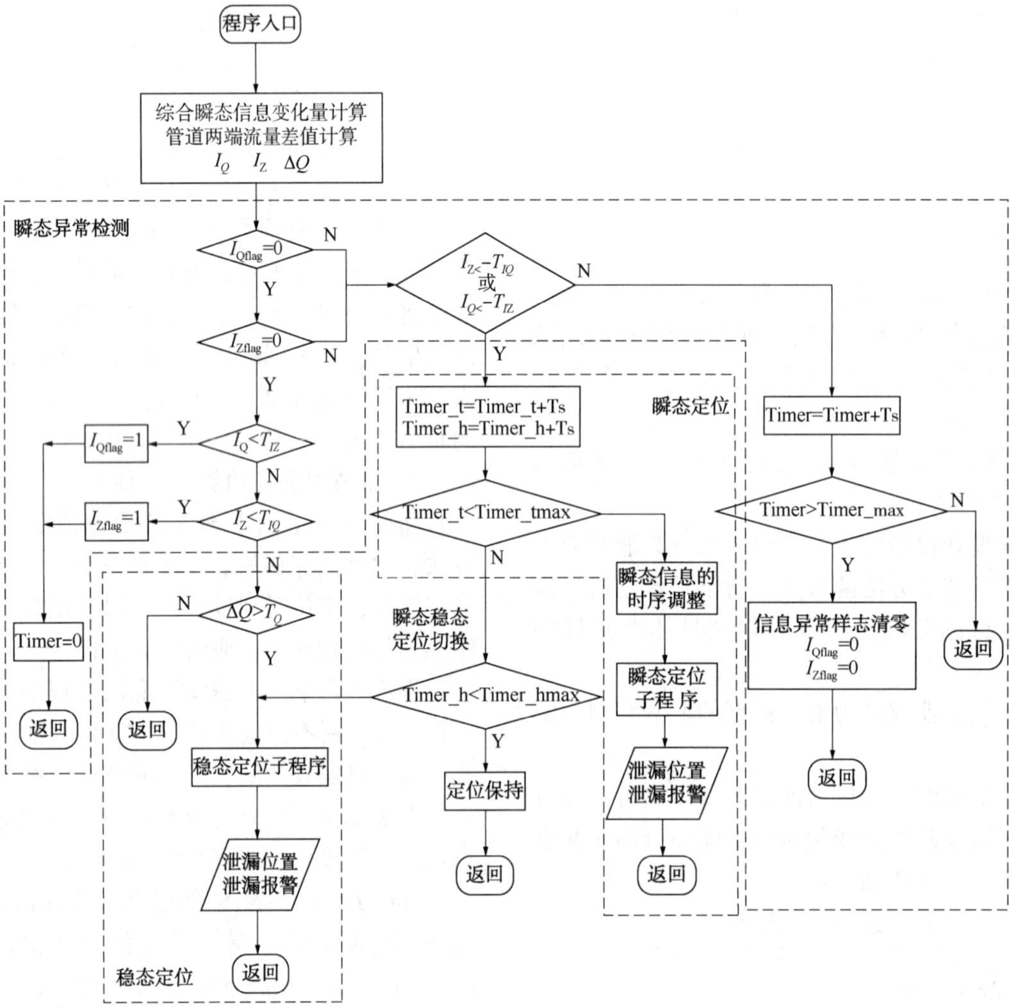

图 14　集成泄漏检测原理图

参 考 文 献

[1] 曲志刚．分布式光纤油气长输管道泄漏检测及预警技术研究[D]．天津：天津大学，2007：1-2，9-10.

[2] DENG T，ZHOU J，ZHANG Y，CHEN Y Y，JING G. The Technique of Segmental Pigging Process for Long Distance Pipeline of Oil and Gas in China[J]. Journal of Pressure Vessel Technology，2017，139(1).

[3] 梅春林，张存华，等．输油管道的水击分析及保护[J]．现代化工，2016，36(11)：208-209.

[4] 杜明俊，商峰，熊新强，等．基于 SPS 的成品油管道水击超前保护工艺分析[J]．当代化工，2013，42(10)：1388-1391.

[5] NASER M，BARBARA L. Unified Matrix Frameworks for Water Hammer Analysis in Pipe Networks[J]. International Journal of Civil Engineering，2020，18.

[6] 张洪奎，李彦刚，陈井军．成品油管道水击超前保护逻辑功能分析及改进措施[J]．石油化工自动化，2020，56(04)：82-84+92.

[7] 李佩，赵宏涛，臧国军，等．SPS 管道仿真系统在靖边-咸阳管道的应用[J]．油气储运，2010，29(11)：832-834+838+797.

[8] 任亮，温凯，宫敬，等．基于 SPS 的水击超前保护方案分析与优化[J]．油气田地面工程，2018，37(04)：32-35.

[9] 叶富艳．输油管道水击分析与防护[J]．化工管理，

2020(07)：100-101.
[10] Ru D. Water Hammer Analysis and Protection of the First Water Filling of a Pumping Water Conveyance Project [J]. Journal of Residuals Science & Technology，2016，13(8).
[11] 张阳．长输管道水击分析及其控制研究[J]．管道技术与设备，2017(01)：13-14+19.
[12] 刘超，王大鹏，赵天根，等．ESD 及水击保护系统在兰郑长成品油管道的应用[J]．石油规划设计，2016，27(06)：54-56.
[13] 温凯，左志恒，黄晓茵，等．成品油管道水击超前保护优化方案[J]．油气储运，2020，39(02)：195-200.
[14] 李立婉，高永强，万宇飞．水击分析方法及保护措施[J]．当代化工，2014，43(07)：1367-1369.
[15] 董超，张超，刘佳．输油管道密闭输送水力状态与水击保护研究[J]．化工管理，2016(03)：152+154.
[16] 王泽伟．漠大线水击分析及保护措施[J]．油气田地面工程，2015，34(08)：89-90.
[17] 孙良．基于模型的油气管道泄漏检测与定位方法研究[D]．北京：北京化工大学，2010：1-2.
[18] 阳子轩．复杂管道泄漏检测技术研究[D]．武汉：武汉理工大学，2011：4-5.
[19] 王喆．河北—内蒙古成品油顺序输送管理方案设计优化研究[D]．中国石油大学，2011.
[20] 刘袆飞，李可，张琳，等．基于 SPS 的输油管道工艺分析[J]．天然气与石油，2012，30(02)：11-13+5-6.
[21] WANG Z，GONG J Z，PETER R C，JOHN W. Leak Detection for Pipelines Using In-Pipe Optical Fiber Pressure Sensors and a Paired-IRF Technique [J]. Journal of Hydraulic Engineering，2020，146(10).
[22] Engineering-Pipeline Systems Engineering; Studies from Inner Mongolia University of Science and Technology Have Provided New Data on Pipeline Systems Engineering(Continuous Leak Detection and Location Through the Optimal Mother Wavelet Transform To Ae Signal)[J]. Energy & Ecology，2020.
[23] 周诗崇，吴志敏，吴明．输油管道泄漏检测技术综述[J]．石油工程建设，2003(03)：6-10+5.
[24] 王立鑫．石油天然气常输管道泄漏检测及定位措施研究[J]．中国石油和化工标准与质量，2013，33(11)：15.
[25] 赵雨桐．基于 SPS 软件的原油管道动态仿真应用与探讨[J]．中国管理信息化，2014，17(16)：36-38.
[26] 刘明亮，孙晓军．基于负压波的输油管道泄漏检测去噪处理[J]．科学技术与工程，2009，9(13)：3769-3772.
[27] ZHANG Y，CHEN S L，LI J，JIN S J. Leak detection monitoring system of long distance oil pipeline based on dynamic pressure transmitter [J]. Measurement，2014，49.
[28] M. GALAL R. On the Application of Oleo-Pneumatic Accumulators for the Protection of Hydraulic Transmission Lines Against Water Hammer—A Theoretical Study[J]. International Journal of Fluid Power，2007，8(1).
[29] NASER M，BARBARA L. Unified Matrix Frameworks for Water Hammer Analysis in Pipe Networks[J]. International Journal of Civil Engineering，2020，18.
[30] HUANG S C，LIN W W，TSA M T. Fiber optic in-line distributed sensor for detection and localization of the pipeline leaks [J]. Sensors & Actuators：A. Physical，2007，135(2).
[31] PIPELINES; Rosneft oil pipeline leak in Khabarovsk Territory in July caused by corrosion-watchdog[J]. Interfax：Russia & CIS Oil & Gas Weekly，2020.
[32] QING J，ZHANG P，HOU X Q，WU S，WANG YH. Risk assessment for oil leakage under the common threat of multiple natural hazards[J]. Environmental Science and Pollution Research，2020，27(14).

天然气净化厂完整性管理体系创新与应用

郑　鹤[1]　范　锐[2]　闫　静[1]　杨廷加[3]　康　喜[4]　陈冠杉[1]　刘启聪[1]　钟　洋[1]

（1. 中国石油西南油气田分公司天然气研究院；2. 中国石油西南油气田分公司气田开发管理部；
3. 中国石油西南油气田分公司净化总厂；4. 中国石油西南油气田分公司川西北气矿）

摘　要　天然气净化厂仅靠设备设施完整性不能确保在役装置的长周期运行，针对现有完整性管理体系需要强化建设期的完整性管理，在运行期则持续从设备设施、工艺介质及工艺操作、腐蚀防控等多个维度进行创新和完善，形成长周期评价技术体系和体系文件，利用信息技术建立完整性管理平台，确保制约长周期运行影响因素的有效消除。

关键词　天然气净化厂；完整性管理；管理体系；风险评价；长周期运行

天然气净化是危险化学品的生产过程，需要管控物质安全、工艺过程安全、设备设施安全和作业安全等多方面的风险并防止因某一因素的扩散而造成重大灾难性事故。净化厂作为气田开发的关键节点，其资产、知识技术、资金资源密集，是典型的流程工业，长周期运行具有重大的社会、经济和安全效益。

如何科学有效地判断装置是否具备长周期运行条件是净化厂运维的重大课题，而完善的完整性管理则是最佳实践和最佳解决方案。

1　净化厂完整性管理现状

中国石油在管道和站场建立了以风险管理为核心的完整性管理体系，为净化厂完整性管理工作提供了指导、约束和技术支持。

中国石油于2017年发布《油气田管道和站场完整性管理规定》及3个技术导则，2018年发布《油/气田管道完整性管理手册》，2019年发布《油/气田站场完整性管理手册》，建立了以风险管理为核心、包含了工作流程的技术体系，提供了油气田管道和站场完整性解决方案。天然气净化厂没有独立的体系文件，作为一类站场参照执行上述体系文件。基于站场完整性管理，净化厂将设备设施划分为静设备、动设备、安全仪表系统、电气设备等，分别采取RBI/RCM/SIL等进行风险评价并进一步实施完整性管理活动，维持其物理及功能的完整。面向设备设施，净化厂的技术体系如图1：

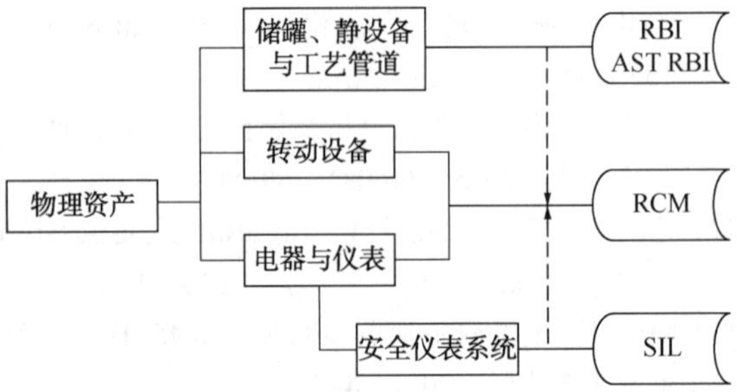

图1　现有净化厂设备设施完整性管理技术体系

此外，为分析生产运行过程中工艺状态参数的变动、操作控制中可能出现的偏差、变动与偏差的影响及后果，控制生产过程中存在的主要危害因素而应采取的措施，采用了危害与可操作性分析（HAZOP，Hazard and Operability Study）。在装置层面，采用性能考核（标定）技术对新建、改扩建天然气净化装置生产能力、产品质量、设备性能、能耗指标等进行测试和评价，评定在役净化装置的实际处理能力、性能及设备的有效性。

2　净化厂完整性管理体系创新

区别于站场，天然气净化是典型的化工类流程工业，在高参数下连续运行，工艺过程相对固定、生产周期短、产品规格少而批量大，需要严格的过程控制和安全措施，长周期运行可视为各要素的系统控制工程。同所有流程工业一样，连续稳定进料和产品产出，是净化厂最本质最核心的要求，具有如下特点：

（1）在工艺管理方面，要综合考虑产品配方、产品混合、物料平衡、污染防治等问题，需要进行主产品、副产品、回流物、废弃物的管理和蒸汽、冷却水、压缩空气、水等动力能源辅助系统的统一管理；

（2）在工艺操作方面，要通过在线优化及控制技术来改变各装置、工艺单元间的物流分配和工艺参数，具备一定的操作弹性；

（3）在质量管理方面，质量管理系统要与基本过程控制系统（BPCS，如 DCS、PLC 等）、过程监控系统紧密相关，质量控制、产品检验与生产过程控制、管理系统严格集成、密切配合。

（4）在信息处理方面，要实时在线采集和处理大量生产过程、工艺质量、设备状态等动态数据，并以图表、图标、图形的形式显示，其数据库的实时性强。

通过对国内外大量净化厂检修原因进行统计分析，有三方面因素制约了净化装置的长周期运行。

（1）法律法规制约。净化厂特种设备、电气设备、计量仪表种类多且复杂，依据国家法律法规，需定期开展特种设备（含安全阀等附件）定期检验、电气预防性试验、重要仪表校验等周期性检验检定工作。

（2）外部因素制约。净化厂原料天然气气质、供水供电等外部因素影响装置运行平稳性，且往往不可控，呈突发状态，是净化厂不能稳定运行的关键因素。

（3）内部因素制约。设备设施完整性、工艺介质完整性、工艺完整性及腐蚀控制等内部因素引发的设备故障、脱硫（脱水）溶剂与催化剂性能下降、工艺危害、腐蚀失效等风险是不能稳定运行的重要因素。

由此可见，基于站场完整性的现有管理体系重点关注设备设施的风险管控，虽涉及到工艺过程但深度广度不足；在应对其他制约因素方面，则基本没有涉及，存在缺陷。因此，有必要结合生产特点，建立一套体现化工型流程工业生产特点和管理特点的技术体系，从保证设备设施的功能及物理完整、保证催化剂及脱硫溶剂等工艺介质作为“酶”和“血液”的性能完整、保证流量、温度、压力等关键工艺参数设置合理和受控的工艺完整等方面着手，消除各类制约因素，即可有效支撑净化厂长周期运行，从“精细管理”过渡到“精益管理”。

本文创新建立一套包括净化装置全生命周期的、以风险管控为核心管理和技术体系，针对识别的和潜在的制约因素，提出消减措施，切实为装置长周期运行提供科学的技术支撑。

2.1 强化规划及建设期完整性管理体系的建设

完整性管理应贯穿装置的全寿命周期，从规划、选型、购置、使用直至报废的各个阶段。全生命周期概念如图 2。

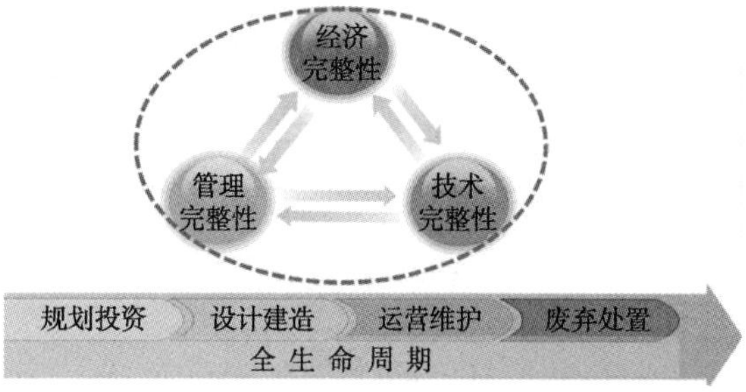

图 2　净化厂全生命周期完整性管理

净化厂现阶段的完整性管理实践基本都聚焦在运维期的设备设施管理上。但针对净化厂，规划投资、设计建造与运维同等重要；在运维期，对物质安全、工艺操作安全和工艺介质性能的要求，与设备设施同等重要。

规划投资阶段，体系创新的重点是提高设计基础数据的准确性和代表性，提升规范的运用能力，完善建设方案，实现可靠性和经济性的平衡，为后期设备设施管理打下良好基础；设计建造阶段，重点是对主要的风险进行辨识，开展 HAZOP、SIL 等风险分析，制定运维期的设备设施检验策略，编制操作维修手册，关注建造过程中的质量控制及变更管理；运维阶段，重点是严格执行设备设施维护检验策略，及时识别与控制风险，维持设施设备的完整性，保证安全生产。

2.2 持续完善运维期完整性管理体系

完善的管理体系应包含全要素，能通过“五步循环”，即要实现数据采集智能化、风险评价在线化、完整性评价体系化、维护维修规程化、效能评价指标化，保证天然气净化长的设备设施、工艺介质、工艺参数及操作等多方面高度耦合。

2.2.1 完整性管理文件体系的建立

文件体系是天然气净化厂进行工作的依据和行为标杆，符合中国石油完整性管理相关规定的体系构架如图 3：

2.2.2 持续完善设备设施完整性管理技术体系

作为完整性管理核心的风险评价技术，需要持续完善数据采集智能化技术、风险评价在线化技术、完整性评价技术体系等。

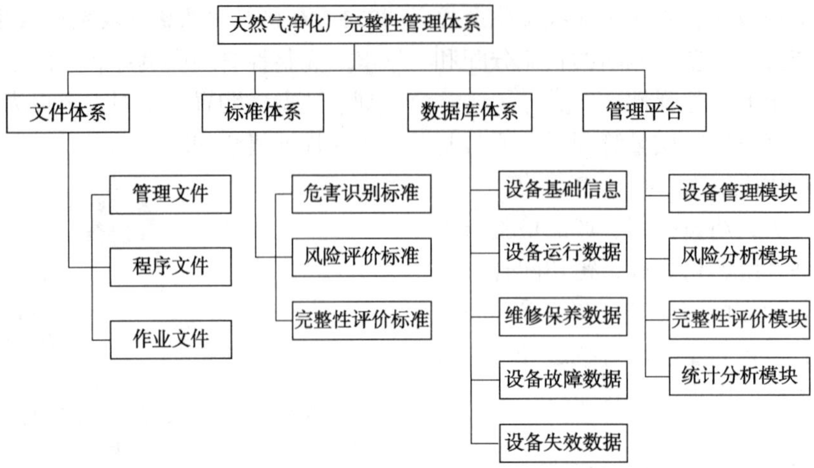

图3　天然气净化厂完整性管理体系

(1) 采用物联网技术、大数据技术、数据集成技术、数字孪生技术、云计算技术、人工智能等多种主流信息技术，建立天然气净化生产全过程远程监控、多业务协同、预测预警等功能的一体化数据采集系统。

(2) 研究和推广应用电力设备设施的风险评价和完整性评价技术。基于一体化采集系统，开发具有自主知识产权的风险评价工具，使静、动、仪电设备和工艺介质的评价常态化、腐蚀监测与控制在线化。

(3) 除满足国家强制要求的特种设备检验外，对体积大、结构复杂、破坏机理复杂等需要制约装置长周期运行的高参数设备(如复合板制设备、管壳式换热器换热管束)，采用新型、高效、高效率的监/检测技术，及时、准确发现等设备的隐患。同时，开展装置级的不停产检测技术研究，为长周期运行提供参考依据。

(4) 开展微泄漏检测与修复(LDAR，Leak Detection And Repair)的研究及推广，通过对检测仪器的适应性研究、工作方式的简化优化，更经济且简便有效地达到更高的环保要求。

(5) 为有效推行净化厂完整性管理工作，形成PDCA循环，建立适合净化厂的多维、多层次的效能评价体系。

2.2.3　创新工艺完整性管理技术体系

长周期运行，需要工艺控制进一步精细和智能。在单元层面，创新建立先进控制系统(APC)。采用多变量模型预估技术，辨识和建立脱硫、硫磺回收的控制模型，计算最佳设定值，通过控制器的调试与在线仿真，使主要参数的控制值及偏差降低，减少过程变量的波动幅度，使生产装置在接近其约束边界的条件下运行。在操作层面，创新建立在线优化系统(RTO)。构建脱硫、脱水、硫磺和尾气处理等关键单元的数学模型和机理模型，实现DCS系统实时数据采集及历史数据分析，解决复杂工业过程决策优化问题，使生产装置在最佳操作条件下运行。

2.2.4　创新工艺介质完整性管理技术体系

对工艺介质进行评价和性能维护，确保其功能完整，是工艺平稳的关键。

(1) 工艺介质评价技术

对天然气净化厂各项公用介质供应能力、全厂公用介质物料平衡、净化装置不同状态公用介质消耗进行全面统计和分析，通过体积计算、热量计算、换热效果分析和最优使用量测试等方法，确定公用介质使用量的理论最优值，逐步形成天然气净化行业规范，为生产决策提供技术依据和支撑。

(2) "两剂"(脱硫溶剂和催化剂)性能评价及控制技术

外来污染物及脱硫溶剂自身降解是天然气净化装置运行不平稳的主要诱因之一，发泡拦液是胺法脱硫装置发生较多且影响较大的工艺故障，可能导致净化气不合格、装置处理量降低及胺液大量损失等问题。解决胺液受污染发泡问题，是脱硫单元稳定运行的基础条件。

硫磺回收单元的催化剂的性能非常关键。研究活性预测技术，有利于掌握催化剂的极限寿命和变化规律，实现催化剂活性的横向对比和预测跟踪，能为装置运行效率提升和催化剂年度检修提供科学的参考建议。

2.2.5　创新净化厂腐蚀评价与控制技术

净化工况涉及高温、高压、高酸气、热稳定盐，且气、液、固三相交互耦合，导致净化装置腐蚀失效时有发生，影响装置的长周期平稳运行。

净化厂腐蚀评价与控制技术考虑净化厂腐蚀因子多，控制因素识别难的问题，通过室内试验模拟评价、现场腐蚀监/检测、失效案例分析，首先明确净化厂腐蚀易发生部位如再生塔、重沸器及再生环节的碳钢管线，其次针对性开展酸气（H_2S/CO_2）、Cl^-、热稳定性盐、温度、流速等因素对不同设备材质的腐蚀行为研究。通过引入灰色关联度法，进一步明确净化装置的腐蚀主控因素及其占比，如图4所示，还首次发现了甘氨酸对腐蚀的影响，如图5所示。

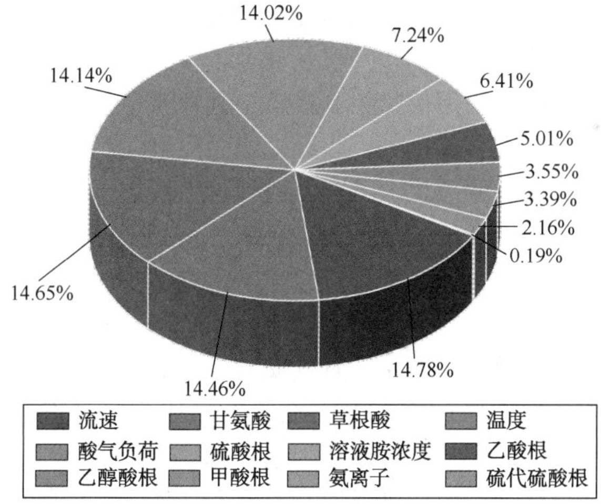

图4　基于灰色关联的腐蚀主控因素

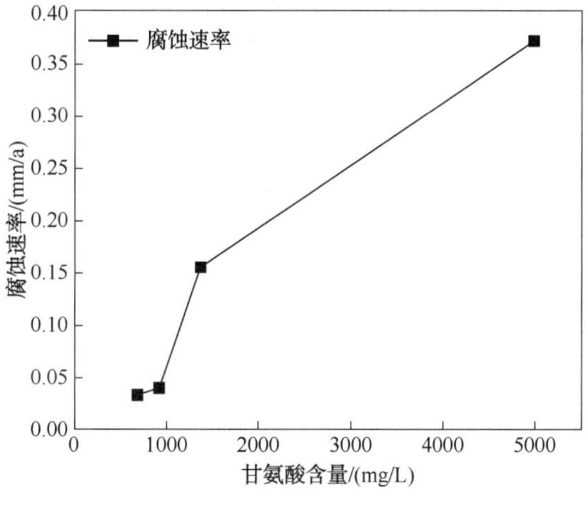

图5　甘氨酸对腐蚀的影响

最后基于腐蚀部位及主控因素的研究结果，从工艺参数控制、合理选材及结构优化三个方面开展研究，形成三位一体的综合防控技术。在腐蚀监/检测方面，普遍采用多种监/检测技术联合使用，为运行管理提供决策依据，技术难点主要在于监/检测点的代表性和工程实施的经济性。

2.3　信息控制技术的创新

完整性管理的实施，需要和将会产生海量数据，应紧扣“油公司”模式下数字化转型发展主题，结合智能净化厂的建设，利用现有设备设施管理平台的成果，在数字化、智能化建设与生产经营管理的融合发展方面进行创新，建立融合腐蚀监测、风险评价、安全生产一体化管控等在内的以风险驱动管理流程的数字化平台。

在与生产现场管控管控方面创新，支持对各净化厂的生产监控、应急联动、协调指挥等职能；在数据采集、深度感知及分析利用方面创新，集成与共享应用净化生产过程、设备设施数据、安全环保数据等；在工单流转方面创新，实现“业务标准化、标准流程化、流程信息化、信息平台化”。

3　创新的净化厂完整性管理体系及其应用

为控制原料气气质、供水供电、两剂质量、系统水质控制、仪表系统稳定、腐蚀预防等关键因素，加强原料气过滤分离的操作和管理、加强产品气的分析效果、加强溶液管理、加强对设备和管线的管理、保障仪表、电气及供电系统的可靠运行，本文创新提出的支撑装置长周期运行完整性管理技术体系如图6所示。

该体系在龙王庙净化厂第Ⅰ列装置进行了应用，其应用效果如下：

（1）通过设备设施完整性评价，指导开展风险消减。

1）采用RBI识别和消除静设备风险。

对305个静设备项进行风险评价，对21个中及中高风险项进行了无损检测（超声波测厚、导波、X射线、B扫描、C扫描），从设备的部件级、设备级等层面提出材质改代、型式改进等措施。

2）采用RCM识别和消除动设备风险。

对109个动设备进行风险评价，对3个中风险项提出了主动维修维护措施和备品建议；对部分一类和二类设备进行了离线温度和振动监测，推荐了振动和温度报警值。

3）采用 SIL 识别和消除安全仪表系统的风险。

对 22 个中高风险点，对 19 个不满足安全仪表功能的场景提出了 29 条风险降低建议；识别出 9 条功能回路未能达到要求的 SIL 等级并提出改进建议。

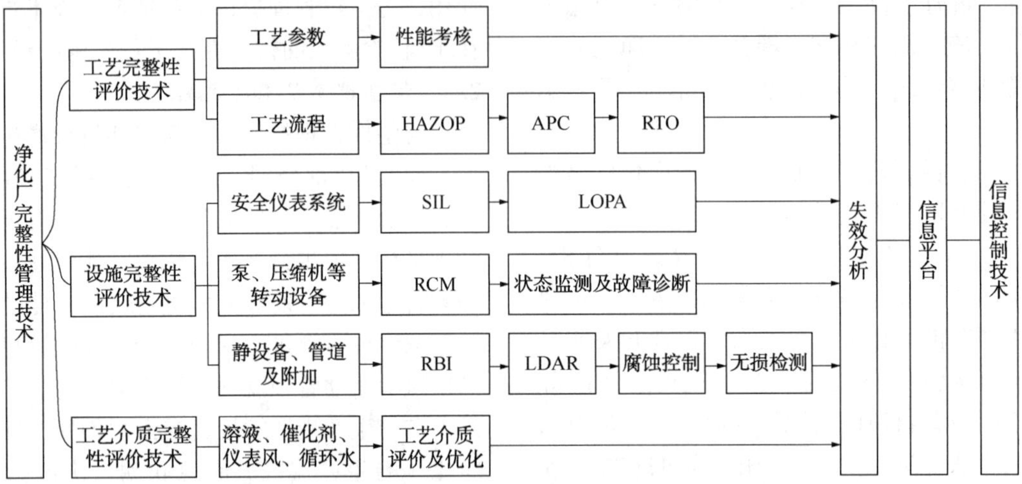

图 6　支撑长周期运行的净化厂完整性管理创新技术体系

（2）采用 HAZOP 分析，降低工艺危害。

分析图纸 86 张，划分节点 33 个，形成行动建议 14 条，降低了工艺运行风险。下一步将结合先进控制系统、实时优化系统和信息化技术进展，为安全稳定运行提供解决方案。

（3）采用工艺介质完整性评价技术，确保介质在工艺过程中的正确作用。

对脱硫溶液进行成分、PH 值、起泡趋势测定、致泡物质及热稳定盐分析，测定催化剂的强度、比表面积及活性等指标，分析锅炉水质、循环水质、仪表风露点等指标是否符合质量要求。

（4）采用腐蚀防控技术，降低腐蚀危害。

基于腐蚀回路的划分，龙王庙、高石梯区块建立了覆盖井口→分离器→采集气管线→脱水装置→集输干线→净化厂全区域的腐蚀监测点网络，形成了以“挂片+探针”在线监测为主，结合超声波测厚、化学分析、氢监测等方法的监测技术体系，实现了在线腐蚀数据远程采集、在线监控及管理。

（5）采用信息控制技术，处理海量数据。

结合智能化工厂建设，建立完整性管理平台和腐蚀控制模块、工艺介质评价模块等，提供支撑长周期评价的信息化工具。

此外，通过管理体系文件，提供沟通程序，解决上游清管及调产等操作对下游净化厂的影响，以及下游净化装置气质异常、紧急停产等对上游作业区的影响。全面推行上下游一体化管理，解决非技术性制约因素。

综上，应用创新的完整性管理体系，将各种技术有效应用于对长周期有重要影响的九个方面，可有效实现装置的长周期运行评价。技术路线如图 7 所示：

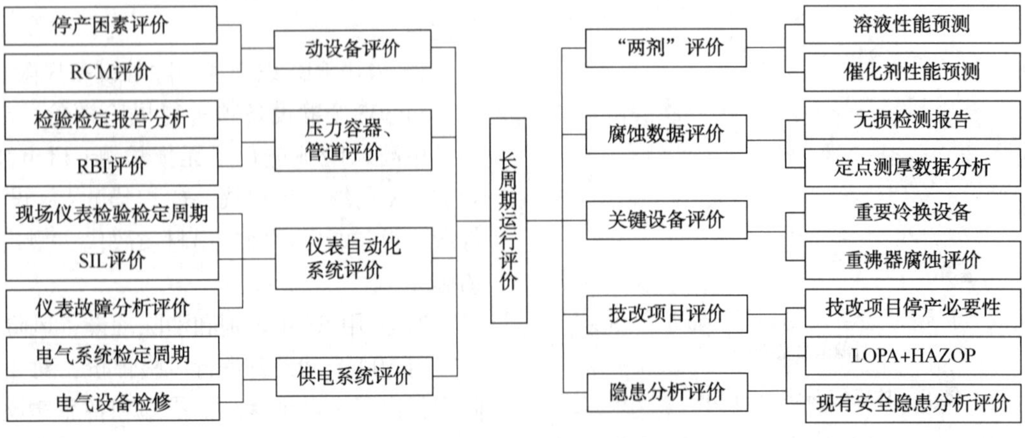

图 7　支撑长周期运行评价技术路线图

4　结语及展望

净化厂完整性管理是确保设备设施本质安全、工艺介质性能合于使用、工艺参数及操作稳定受控的有效手段，可为净化装置查找限制长周期运行的瓶颈问题，提出解决措施，是评价净化厂装置长周期运行合理性的最佳工具。

西南油气田公司所属天然气净化厂长周期运行工作取得了较大成绩，完整性管理应在文件体系建设、信息平台部署、核心技术完善等方面，进一步支撑全面达成“两年一修”、积极探索部分装置“三年一修”。

参 考 文 献

[1] 郑鹤，等．保障天然气净化装置长周期运行的 RBI 技术，天然气工业，2009，29(3)：107-109.

[2] 刘启聪，等．RCM 技术在天然气净化装置中实施方法初探，石油与天然气化工，2014.

[3] 袁树海，宋彬，李范书，等．安全完整性等级 SIL 应用研究与实践[J]．石油与天然气化工，2012，41(01)：107-109+124.

[4] 高晓根，李劲，计维安，等．天然气净化厂在役装置 HAZOP 分析工作实践，石油与天然气化工，2013 年第 4 期．

[5] 倪伟，计维安，李龙，等．天然气净化厂装置性能考核概述[J]．天然气与石油，2017，35(05)：34-39.

[6] 叶锋．流程工业生产管理系统研究[D]．大连理工大学，2004.

[7] 李祎，王建丰，李玉斌，等．设备设施完整性管理在油气行业的应用简介[J]．石油和化工设备，2014，17(03)：15-19.

[8] 董绍华，王联伟，费凡，等．油气管道完整性管理体系[J]．油气储运，2010，29(09)：641-647.

[9] 高进，张孜博，傅适，等．智能天然气净化厂建设实践[J]．石油化工自动化，2021，57(04)：1-8.

[10] 杨刚，周晓曼，易容，等．天然气净化厂 VOCs 泄漏检测与修复技术应用探讨[J]．油气田环境保护，2021，31(03)：47-50.

[11] 庾年伟．天然气净化厂公用介质优化研究[J]．四川化工，2022，25(03)：32-36.

[12] 孙刚，刘其松，马悦，等．一种胺液在线深度复活技术[J]．天然气工业，2022，42(08)：174.

[13] 廖铁，廖品全，苏梦瑶，等．天然气净化厂脱硫溶液污染物来源及发泡控制措施[J]．石油与天然气化工，2021，50(01)：20-26.

[14] 王敏灏，马枭，梁革，等．CT 系列催化剂在大型天然气净化厂的应用效果分析及活性预测技术研究[J]．石油与天然气化工，2020，49(01)：37-41.

[15] 李玉阁，潘贤魁，陈晓林，等．不锈钢在脱硫装置高含硫环境下防腐蚀研究[J]．石油化工设备技术，2021，42(01)：45-48.

[16] Wu Guiyang，Gu Xikui，Zhao Wanwei，et al. Corrosion behavior of carbon steel in H_2S-CO_2-H_2O-methyldiethanolamine(MDEA) solution under the presence of chloride ions[J]. Anti-Corrosion Methods and Materials，2021，68(4)：284-292.

[17] 周斯雅，李涛，刘文祝，等．天然气净化装置长周期运行对策分析[J]．天然气与石油，2021，39(06)：12-18.

[18] Wu Wei，Hu Haijun，Lv Yuhai，et al. An Alternative Corrosion Risk Assessment Method for Industrial Pipelines in Natural Gas Purification Plant[C]. Pressure Vessels and Piping Conference. American Society of Mechanical Engineers，2020，83884.

[19] 张强，黄刚华，江晶晶，等．含硫气田天然气净化厂腐蚀控制与监/检测[J]．石油与天然气化工，2018，47(02)：19-25.

[20] 张诚，张杰，吴智晖，等．浅谈天然气净化厂设备综合管理系统应用及发展趋势[J]．中国设备工程，2022，No. 492(04)：82-83.

[21] 王晓东，彭维茂．浅谈如何延长天然气净化装置连续运行周期[J]．石油与天然气化工，2006，(02)：164-166+10.

[22] 陈冠杉，宋彬，冉文付，等．风险评价技术在高含硫天然气净化装置长周期运行中的应用[J]．石油与天然气化工，2022，51(05)：145-150.

高温高湿地区油气站场静设备 RBI 技术外部损伤因子的改进研究

吴　瑕　沈定金　仇亚洲　孙　浩　兰　岚

(西南石油大学石油与天然气工程学院)

摘　要　高温高湿地区油气站场静设备的外腐蚀严重，远超常规 RBI 方法中设备腐蚀速率的评估值，导致换算获得的外部损伤因子过小，设备风险评估值过低，难以保障安全管控的有效性。基于高温高湿地区碳钢腐蚀试验数据，以等温吸附公式为基础，采用数值分析方法，建立耦合温度及相对湿度的腐蚀失重计算模型，改进常规 RBI 方法中外部损伤因子的计算方法，提高其对高温高湿地区的符合性。实例应用于某高温高湿地区站场分离器的风险评估。结果表明，分离器设备在典型夏季工况工作温度为 40℃，最高湿度为 88%时，改进模型计算的外部损伤因子为 2.02，设备失效概率为 2.24×10^{-5}，分别较传统 RBI 方法提高 34.7%与 34.9%，与现场台账失效数据计算结果 2.29×10^{-5} 更为吻合，可见改进方法较好的表征了高温高湿条件下，站场静设备腐蚀较常规油气站场更为严重，设备失效风险更大的特征。

关键词　静设备；RBI 技术；大气腐蚀；外部损伤因子；改进

高温高湿环境是指气温在 32℃以上，相对湿度在 60%以上的环境。在我国华南华东和西南盆地等地区的夏季，即是典型的高温高湿环境。上述地区的油气站场中，罐、塔、炉和换热设备等不带驱动机的静设备数量通常占站场设备总量的 60%以上，由于湿度大、温度高，促进了站场设备外表面电化学腐蚀，使得该地区静设备的外腐蚀风险与失效概率都较常规地区静设备更大，采用常规地区静设备的风险管控措施将可能导致风险低估，从而错失事故前管控的契机，酿成重大事故。因此，研究并建立符合高温高低地区油气站场实际情况的定量风险评价模型，对站场静设备风险管控和站场安全平稳运行具有重要意义。

目前国内外主要采用基于风险的检测技术(Risk Based Integrity，简称 RBI)进行油气站场内静设备的风险评估，其基本腐蚀速率的获得通过查询腐蚀数据表，采用插值法和时间加权平均，获得基本腐蚀速率。此方法存在下面两个问题，首先，以华南某地区为例，年降雨量 1071.6mm、年平均湿度 78%的气象条件，调研得到相似条件下的大气腐蚀速率结果为 0.088mm/a，而标准中查表得到的外部腐蚀速率为 0.025mm/a，腐蚀速率差异接近 3.5 倍，数据差异性很大；其次，标准中对环境范围的划分过于广泛，静设备在 49℃-93℃工作环境，相同的气象条件下，对应的基本腐蚀速率相同，与设备实际的调研情况相差很大。虽然当前我国学者针对具体工程情况对 RBI 进行了改进，如陈庆娟等根据 RBI 在化工等行业企业的应用实践对 RBI 技术在我国应用过程中存在的不足提出了相关改进建议；马欣等通过遗传算法将 RBI 技术中脆性损伤因子的温度拓展至-209℃，使其满足低温下 LNG 设备的风险评估；刘洋洋等将渐变模型引入压力容器检验周期计算方法中；王洪波等根据威布尔分布函数改进同类设备失效概率，极限状态函数改进设备修正系数，但目前改进，均未涉及高温高湿气候下温度、湿度等变化对设备锈层生长历程的影响，难以适用于高温高湿地区的静设备风险评估。

针对上述问题，本文以 RBI 技术为基础，考虑高温高低地区油气站场面临的大气条件和运行工况，建立了耦合温度及相对湿度的腐蚀失重计算模型，分析了温度和相对湿度对基本腐蚀速率的定量关系，实现对外部损伤因子的改进。以某站场分离器设备为例，验证了新的外部损伤因子计算方法，更贴近油气站场静设备现场的腐蚀特点，有利于提高站场静设备风险评估的准确性和站场安全管理水平。

1　基于风险的检测(RBI)

RBI 技术是通过追求系统安全性和经济性的

基础上建立的优化检验策略方法，在有限经济条件下寻求安全效益最大化，将风险评价和风险管理相结合的技术。

其最早由挪威船级社在海洋平台上采用，20 世纪 90 年代初，美国石油学会(API)与挪威船级社合作，开始将基于风险的检测技术应用于石化设备检测中。API 于 2000 年 5 月与 2002 年 5 月先后颁布了 RBI 标准 API 581《基于风险的检验基础资源文件》和 API 580《API Recommended Practice 580：Risk-Based Inspection》，也是目前应用最广泛最基本的两项 RBI 资源文件。

基于 API RP 581 标准，失效概率计算公式如式(1)所示。

$$P_f(t)=gff_{\text{total}}\cdot D_f(t)\cdot F_{\text{MS}} \tag{1}$$

式中，gff_{total} 为同类设备失效概率，a^{-1}；$D_f(t)$ 为损伤因子；F_{MS} 为管理修正系数。

根据设备破坏机理的差异，损伤因子主要包括以下 7 类：减薄损伤因子；内衬结构因子；应力腐蚀开裂损伤因子；外部损伤因子；高温氢蚀损伤因子；机械疲劳损伤因子；脆性断裂损伤因子。对于油气站场设备而言，计算失效可能性时，应该考虑其工作条件下设备的所有材料特性，基于 API 581 标准对各损伤因子的描述，高温高湿环境主要考虑静设备外部损伤因子。

2　外部损伤因子的评估

API 581 中失效概率计算流程和改进位置如图 1 所示，主要改进外部损伤因子。外部损伤因子评估流程如图 2 所示，考虑高温高湿条件下，设备材料的腐蚀特性，在程序中第 2 步需要对传统查表方式确定基本腐蚀速率进行改进。使用改进后的外部损伤因子可以弥补传统 API 581 中对高温高湿地区损伤因子数据的保守性。

3　外部损伤因子的改进

在高温高湿地区，大气相对湿度、温度与腐蚀速率不满足线性关系，需要基于钢材腐蚀实验数据，拟合变量之间的定量关系。

3.1　实验数据

基于学者陈三娟的室内腐蚀试验-无污染大气环境腐蚀失重实验，本文采用 GMJS-100 高低温交变湿热霉菌综合试验箱对 20#碳钢进行 6 种常见的工况研究，探究了温湿度对碳钢在无污染大气中腐蚀行为的影响，实验内容如表 1。

(1) 温度对腐蚀失重的研究

实验工况选取表 1 中的工况一、工况二和工况三，恒定大气相对湿度为 65%，观察温度变化对碳钢腐蚀的影响。具体实验数据见下表 2 所示。

(2) 相对湿度对腐蚀失重的研究

选择上述表 1 中工况为四、五、六进行实验。恒定温度为 28℃，观察相对湿度变化对碳钢腐蚀的影响。具体实验数据见下表 3 所示。

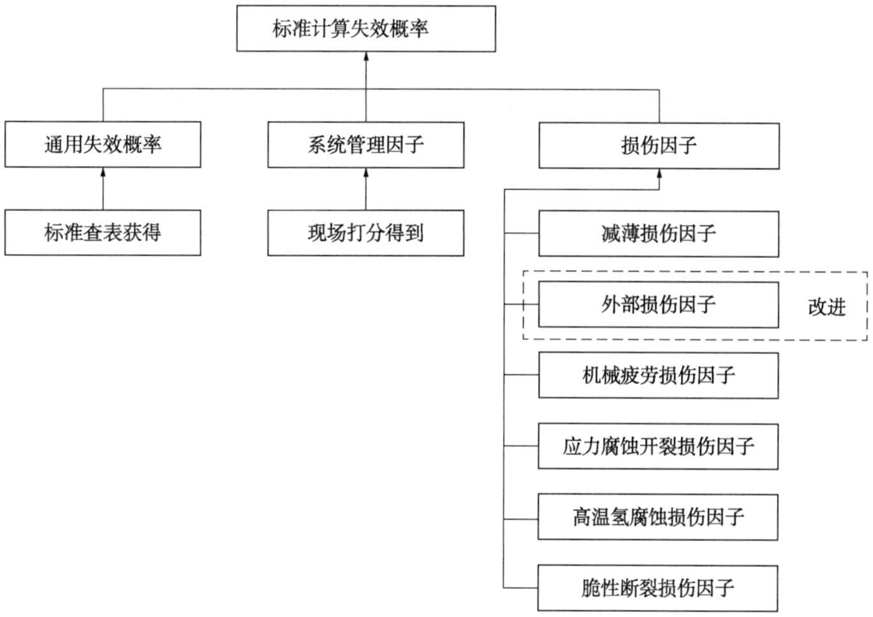

图 1　失效概率的计算流程

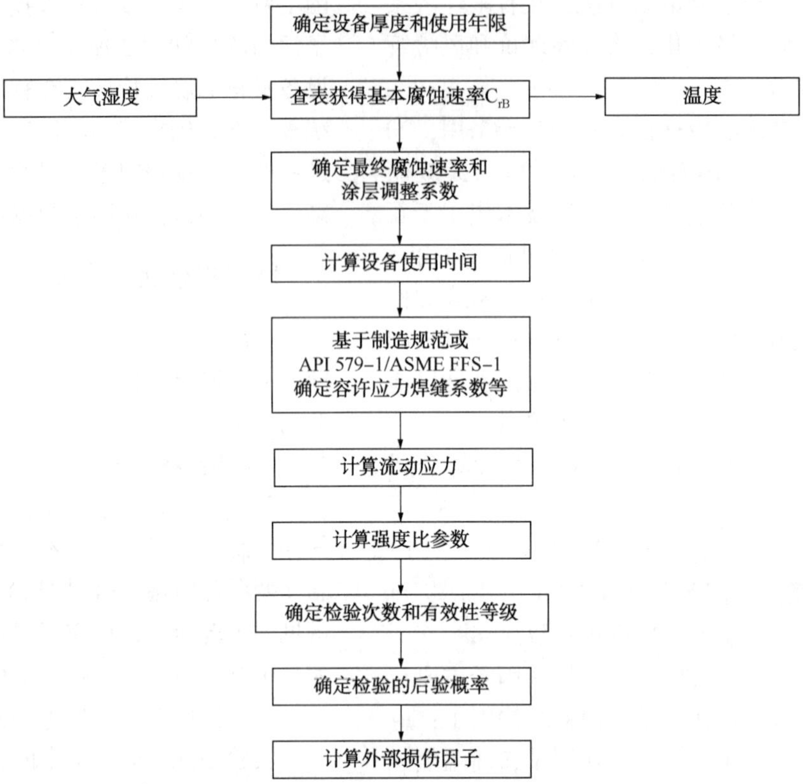

图 2　传统方法外部损伤因子的计算流程

表 1　腐蚀失重实验具体实施内容

项目	内　容	
实验材料	20#碳钢	
实验装置	GMJS-100 高低温交变湿热霉菌综合试验箱	
实验工况	工况一	相对湿度 65%，温度 10℃
	工况二	相对湿度 65%，温度 30℃
	工况三	相对湿度 65%，温度 50℃
	工况四	相对湿度 65%，温度 28℃
	工况五	相对湿度 75%，温度 28℃
	工况六	相对湿度 95%，温度 28℃
检测方法	德国 Sartorius 公司生产的型号为 CP225D 的电子天平(精度 10^{-5}g)称量碳钢的失重数据	

表 2　温度对腐蚀速率的影响

项目	腐蚀环境					
	50℃		30℃		10℃	
	腐蚀时间/h	腐蚀失重/(ug/cm^2)	腐蚀时间/h	腐蚀失重/(ug/cm^2)	腐蚀时间/h	腐蚀失重/(ug/cm^2)
1	67.4074	163.576	67.4074	123.959	72.6667	88.9381
2	89.4074	357.29	89.7037	189.715	89.2593	115.941
3	111.481	512.753	112.593	223.145	113.852	134.358
4	132.815	731.052	133.778	258.838	131.556	154.084
5	154.741	964.383	155.852	281.332	153.63	154.265
6	176.889	1090.7	176.741	337.059	176.444	165.381
7	198.667	1268.48	198.37	405.087	198.074	182.407

续表

项目	腐蚀环境					
	50℃		30℃		10℃	
	腐蚀时间/h	腐蚀失重/(ug/cm²)	腐蚀时间/h	腐蚀失重/(ug/cm²)	腐蚀时间/h	腐蚀失重/(ug/cm²)
8	220.148	1481.77	220.148	415.739	218.963	193.507
9	242.222	1612.64	242.296	435.957	240.815	197.329
10	264.222	1771.29	264.889	448.437	267.185	198.456
11	285.556	1810.63	286.963	463.19	305.481	225.182
12	307.407	1980.21	303.852	516.152	350.222	267.898
13	329.407	2002.24	329.481	542.774	377.333	270.852
14	351.259	2068.45	354.741	614.019	415.63	270.711
15	373.037	2129.65	373.037	645.59	441.926	299.615
16	394.889	2139.39	394.815	653.509	460.074	304.318
17	438.519	2161.15	416.741	659.154	—	—
18	482.37	2171.99	438.444	700.77	—	—
19	—	—	485.778	743.053	—	—

表3　大气相对湿度对腐蚀速率的影响

项目	腐蚀环境					
	95%		75%		65%	
	腐蚀时间/h	腐蚀失重/(ug/cm²)	腐蚀时间/h	腐蚀失重/(ug/cm²)	腐蚀时间/h	腐蚀失重/(ug/cm²)
1	67.2134	290.318	67.2134	151.224	67.2134	126.258
2	89.0014	363.951	89.2426	177.395	89.2426	145.297
3	132.658	489.544	111.272	240.33	110.95	181.618
4	154.366	556.318	154.366	303.369	154.044	214.752
5	198.263	675.053	176.636	324.055	198.424	228.689
6	220.132	737.713	198.022	361.472	220.212	253.214
7	263.708	840.808	220.212	398.344	242.242	251.128
8	284.933	892.216	263.949	490.741	263.708	285.802
9	329.072	974.739	285.335	555.044	307.204	295.344
10	350.86	1022.58	307.525	591.368	329.233	312.188
11	394.919	1097.7	329.474	618.088	350.941	336.164
12	438.415	1182.41	350.78	665.107	372.89	373.584
13	503.538	1306.46	394.919	745.16	416.385	385.047
14	—	—	416.385	771.329	460.122	445.071
15	—	—	460.524	823.948	—	—
16	—	—	503.377	910.03	—	—

3.2　建立腐蚀失重与温度湿度的耦合关系

（1）腐蚀失重与温度的变化关系

根据上述数据，绘制散点图。基于Origin软件的幂函数公式库，优选拟合度最高的公式，进行腐蚀失重与温度关系拟合。由数据拟合结果可知，碳钢在不同温度下大气环境中的腐蚀失重曲线大致符合LangmuirEXT1(等温吸附)公式：

$$\Delta M=\frac{A_1 \cdot B_1 \cdot t^{1-c_1}}{1+B_1 \cdot t^{1-c_1}} \tag{1}$$

式中，ΔM为碳钢单位面积腐蚀增重，μg/cm²；t为暴露时间，h；A_1、B_1、c_1为常数。

拟合公式的最终结果如表4所示，其余温度

对应的常数 A_1、B_1、c_1 可以通过表 4 进行线性插值计算求得。拟合结果显示：温度能够加快碳钢在腐蚀最初阶段的腐蚀速度，温度升高，碳钢腐蚀趋势明显增加；但随着腐蚀时间的进行，腐蚀速率逐渐减缓。

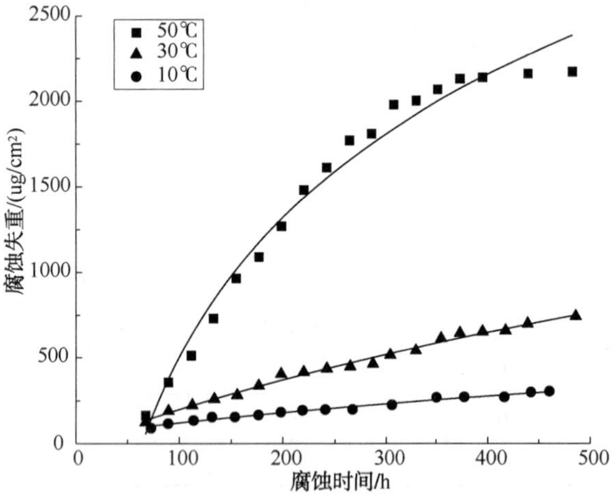

图 3　腐蚀失重与温度的变化关系

表 4　公式拟合所得的 A_1、B_1、c_1 值

温度/℃	A_1	B_1	c_1
10	10711.87	6.73×10^{-4}	0.39
30	2682.97	8.04×10^{-4}	8.21×10^{-4}
50	2417.42	1.15×10^{-6}	−1.62

保持大气相对湿度固定的条件下，以三种温度条件下拟合的腐蚀失重函数为基础，借助拉格朗日二次插值法可以计算某一时间和相对湿度下，任意温度条件的腐蚀失重，建立的腐蚀失重与温度的单一关系式，如式(2)(3)所示。基于该拟合关系式，可计算站场静设备在某腐蚀时间和湿度下，任意温度下的腐蚀失重。

$$f(T)=\Delta M_0\cdot l_0(T)+\Delta M_1\cdot l_1(T)+\Delta M_2\cdot l_2(T) \tag{2}$$

$$l_0(T)=\frac{(T-T_1)(T-T_2)}{(T_0-T_1)(T_0-T_2)}$$
$$l_1(T)=\frac{(T-T_0)(T-T_2)}{(T_1-T_0)(T_1-T_2)} \tag{3}$$
$$l_2(T)=\frac{(T-T_0)(T-T_1)}{(T_2-T_0)(T_2-T_1)}$$

式中，$f(T)$ 为某腐蚀时间和湿度下，腐蚀失重与温度的单一关系式；ΔM_0，ΔM_1，ΔM_2 为在点 T_0，T_1，T_2 的条件下，碳钢单位面积腐蚀增重，μg/cm²；$l_0(T)$，$l_1(T)$，$l_2(T)$ 为关于点 T_0，T_1，T_2 的插值基函数。

(2) 腐蚀失重与相对湿度的变化关系

根据上述数据，绘制散点图。基于幂函数公式库，优选拟合优度最高的公式，拟合腐蚀失重与相对湿度变化的关系。由数据拟合结果可知，碳钢在不同相对湿度下大气环境中的腐蚀失重曲线同样大致符合 LangmuirEXT1(等温吸附)公式，如式(4)所示。

$$\Delta M=\frac{A_2\cdot B_2\cdot t^{1-c_2}}{1+B_2\cdot t^{1-c_2}} \tag{4}$$

式中，ΔM 为碳钢单位面积腐蚀增重，μg/cm²；t 为暴露时间，h；A_2、B_2、C_2 为常数。

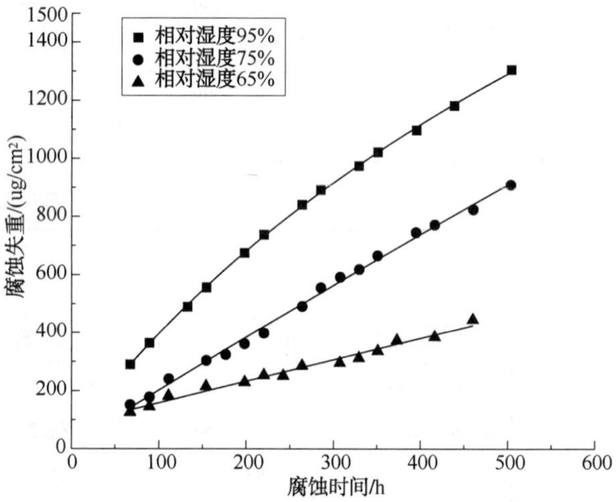

图 4　腐蚀失重与相对湿度的变化关系

拟合公式的最终结果表示，见表 5 所示。上述拟合结果显示：随着相对湿度的增加，碳钢表面凝结的水膜厚度增加，为碳钢腐蚀反应提供了充足的电解质，促进碳钢的溶解，加速了碳钢腐蚀。

表 5　公式拟合所得的 A_2、B_2、c_2 值

相对湿度/%	A_2	B_2	c_2
65	36491.69	2.44435×10^{-4}	0.3777
75	7732.77	2.63575×10^{-4}	4.03085×10^{-4}
95	4846.757	0.00161	0.12731

保持工作温度固定的条件下，以三种大气相对湿度下拟合的腐蚀失重函数为基础，借助拉格朗日二次差值法可以计算某一时间和温度条件下、任意相对湿度条件的腐蚀失重。建立的腐蚀失重与湿度的单一关系式，如式(5)(6)所示。基于该拟合关系式，可计算站场静设备在某腐蚀时间和温度下，任意湿度条件的腐蚀失重。

$$f(R_h)=\Delta M_0^{R_h}\cdot S_0(R_h)+\Delta M_1^{R_h}\cdot S_1(R_h)+\Delta M_2^{R_h}\cdot S_2(R_h) \tag{5}$$

$$S_0(R_h)=\frac{(R_h-R_{h\ 1})(R_h-R_{h\ 2})}{(R_{h\ 0}-R_{h\ 1})(R_{h\ 0}-R_{h\ 2})}$$

$$S_1(R_h)=\frac{(R_h-R_{h\ 0})(R_h-R_{h\ 2})}{(R_{h\ 1}-R_{h\ 0})(R_{h\ 1}-R_{h\ 2})} \tag{6}$$

$$S_2(R_h)=\frac{(R_h-R_{h\ 0})(R_h-R_{h\ 1})}{(R_{h\ 2}-R_{h\ 0})(R_{h\ 2}-R_{h\ 1})}$$

式中，$f(R_h)$为某腐蚀时间和温度下，腐蚀失重与湿度的单一关系式；$\Delta M_0^{R_h}$，$\Delta M_0^{R_h}$，$\Delta M_0^{R_h}$为在点 R_{h0}，R_{h1}，R_{h2}的条件下，碳钢单位面积腐蚀增重，μg/cm^2；$S_0(R_h)$，$S_1(R_h)$，$S_2(R_h)$为关于点 R_{h0}，R_{h1}，R_{h2}的插值基函数。

在实际情况中，腐蚀失重的变化往往是温度与相对湿度共同作用的结果，因此，应当建立腐蚀失重与温度和相对湿度的耦合关系式。首先基于上述求得的腐蚀失重与温度和相对湿度的关系式，确定耦合关系式的最高幂次，进而构造符合条件的拉格朗日插值函数，再基于已有的数据，求解耦合关系式的各参数，即可得到任意温度和湿度条件下，设备腐蚀失重数据。基于上述拟合结果发现，腐蚀失重与温度和相对湿度满足二次抛物线插值关系，因此，建立的耦合模型关系式最高幂次为 2 次，具体表达式子如下(7)式子所示：

$$f(x,\ y)=a\cdot T^2R_h{}^2+b\cdot T^2R_h+c\cdot T^2+d\cdot TR_h+e\cdot T+f\cdot xR_h^2+g\cdot R_h^2+h\cdot R_h+i \tag{7}$$

式中，a、b、c、d、e、f、g、h、i 均为常数参数，为待求解状态；T 为为设备的工作温度；R_h 为为设备当地的相对大气湿度。

3.3 外部损伤因子的修正

为对接为 RBI 准则中的外部损伤因子中的腐蚀速率计算方法，基于腐蚀失重与温度和相对湿度的耦合关系，将腐蚀失重按照以下公式(8)转换为基本腐蚀速率。

$$B=0.0876\cdot\frac{\Delta M}{\rho\cdot t} \tag{8}$$

式中，ΔM 为碳钢单位面积腐蚀失重，μg/cm^2；t 为暴露时间，h；ρ 为金属的密度，g/cm^3；B 为腐蚀速率，mm/a。

获得基本腐蚀速率的数值后，参照标准 API RP 581—2016 中失效概率计算方法(Part 2：Probability of Failure Methodology)的外部损伤因子(External Corrosion Damage Factor)一节计算得到外部损伤因子 $D_{f-\mathrm{gov}}^{\mathrm{extd}}$，计算流程如上图 2 所示。

根据上述大气腐蚀的实验数据和建模分析，外部损伤因子的改进计算流程如下如图 5 所示。首先基于腐蚀失重实验数据分析结果，获得碳钢在不同温度及相对湿度的腐蚀失重曲线；其次通过函数拟合试验数据，获得温度、相对湿度与腐蚀失重的单一关系，进而构造耦合函数，进而探究两者与腐蚀失重的耦合关系式；最后，基于腐蚀失重与腐蚀速率转换关系式，获得腐蚀速率后，计算得到外部损伤因子和失效概率。

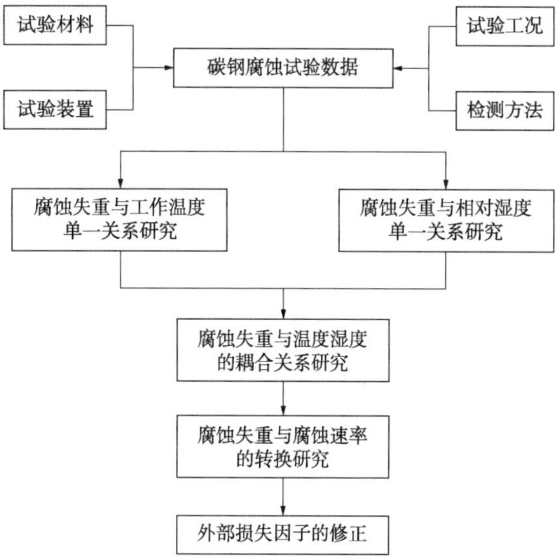

图 5 外部损伤因子的改进流程

4 实例分析

以某东部地区储气库分离器为例，工作温度为 40℃，钢材的密度为 7.85g/cm^3，设备工作时间为 400h，借上述实验数据结果，分别计算不同季节平均大气湿度为 68%、78%与 88%的腐蚀速率、外部损伤因子和失效概率。

4.1 建模和计算

(1) 建立腐蚀失重与温度的关系式。

基于表 4 确定公式(2)中的系数，然后计算腐蚀时间 400h 下，不同温度的金属腐蚀失重，计算结果如表 6 所示。

表 6 不同温度下的腐蚀失重

腐蚀时间/h	400		
温度/℃	10	30	50
腐蚀失重/(μg/cm^2)	271.63	650.45	2134.80

据现场不同的拟合精度，建立函数关系。此处建立拉格朗日二次插值函数，根据插值节点得

到腐蚀失重与温度的关系，如式(9)所示。

$$f(T)=\Delta M_0\cdot l_0(T)+\Delta M_1\cdot l_1(T)+\Delta M_2\cdot l_2(T)=2.382T^2-80.76T+929.4 \quad (9)$$

(2) 建立腐蚀失重与相对湿度的关系式

基于表5确定公式(4)中的系数，然后计算腐蚀时间400h下，不同大气相对湿度下的金属腐蚀失重，计算结果如表7所示。

表7　不同湿度下的腐蚀失重

腐蚀时间/h	400		
湿度/%	65	75	95
腐蚀失重/(μg/cm²)	376.47	753.89	1119.50

建立拉格朗日二次插值函数，根据插值节点得到腐蚀失重与湿度的关系，如式(10)所示。

$$f(R_h)=\Delta M_0^{R_h}\cdot S_0(R_h)+\Delta M_1^{R_h}\cdot S_1(R_h)+\Delta M_2^{R_h}\cdot S_2(R_h)=-0.558{R_h}^2+114.136R_h-4679.825 \quad (10)$$

(3) 建立腐蚀失重与温度和相对湿度的耦合关系式

湿度与相对湿度的最高幂次为2次，因此，建立如(7)式的耦合关系式。然后，可以基于表4和表5拟合的结果，当确定腐蚀时间 $t=400$h时，任选某两个工况公式进行计算。此处选取工况4与工况6的大气腐蚀条件。

表8　工况4与工况6的大气腐蚀失重计算结果

温度/℃	湿度/%	腐蚀时间/h	腐蚀失重/(μg/cm²)
28	65	400	367.47
28	95	400	1119.473

进行常数参数的求解。计算结果如式(11)所示。

工作温度为40℃、三个不同季节大气平均相对湿度为68%、78%与88%的腐蚀失重计算结果如表9所示。

$$f(T,R_h)=\begin{pmatrix}9133662003.09709T^2R_h^2-1013647020938.65T^2R_h\\+26474391924696.6T^2+6892672627342.97TR_h\\+132410354504286T-127871196868.13TR_h^2\\-3580397498121.04R_h^2+601704430850414R_h\\-24463413195086800\end{pmatrix} \quad (11)$$

表9　分离器工作条件下腐蚀失重计算结果

温度/℃	40		
腐蚀时间/h	400		
湿度/%	68	78	88
腐蚀失重/(μg/cm²)	577.33	1091.75	1292.98

基于公式(8)，将腐蚀失重 ΔM 转化为大气腐蚀速率 B，转化计算结果分别如表10所示。

表10　分离器腐蚀速率计算结果

腐蚀失重/(μg/cm²)	577.33	1091.75	1292.98
腐蚀速率/(mm/a)	0.016	0.031	0.0036

4.2　结果分析

根据建立的温度、大气湿度和腐蚀速率的耦合关系式，结合RBI失效概率定量风险评价计算流程，传统方法和改进模型的计算结果如表11所示。

表11　风险计算结果

工作温度		40℃		
大气湿度		68%	78%	88%
腐蚀失/(μg/cm²)		577.33	1091.75	1292.98
腐蚀速率/(mm/a)		0.016	0.031	0.036
外部损伤因子	传统方案计算结果	1.31	1.39	1.51
	改进后计算结果	1.58	1.86	2.02
失效概率结果	传统方案计算结果	1.44×10^{-5}	1.51×10^{-5}	1.66×10^{-5}
	改进后计算结果	1.76×10^{-5}	1.86×10^{-5}	2.24×10^{-5}

该分离器设备在工作温度40℃，不同季节平均大气湿度为68%，78%，88%的情况下，按照模型，腐蚀速率的计算结果为0.016mm/a、0.031mm/a与0.036mm/a，外部损伤因子为1.58、1.86与2.02，失效概率分别为 1.76×10^{-5}、1.86×10^{-5} 与 2.24×10^{-5}。在年最大湿度为88%，分离器工作温度40℃的情况下，较传统方法外部损伤因子和失效概率增大34.7%和34.9%，与现场台账设备失效数据计算结果 2.29×10^{-5} 更加吻合。改进计算得到的损伤因子和失效概率数值较传统方法的计算结果更大，表征着该设备的外部损伤程度较常规油气站场设备的外部损伤程度更严重，更契合该地区储气库现场设备外部腐蚀严重的特点。

5 结论

（1）基于高温高湿地区碳钢腐蚀试验数据，建立耦合温度及相对湿度的腐蚀失重计算模型，进而将基本腐蚀速率的获得由查图法转化为耦合模型计算值，不但能一定程度避免我国在损伤或劣化程度等基础数据库过于依赖国外的情况，而且能有效弥补传统 RBI 基于查表获得基本腐蚀速率，计算结果粗略且相对保守，导致风险评估结果与实际情况不符的情况。

（2）文中实例分析的结果表明，在年最大湿度 88%，分离器工作温度 40℃ 条件下，模型对外部损伤因子计算值为 2.02，失效可能性计算结果为 2.24×10^{-5}，较常规方法计算结果增大 34.6%和 34.9%，模型结果更契合高温高湿气候下大气腐蚀较常规油气站场更加严重的特点，验证了模型的可靠性，有利于为该类地区站场静设备实施针对性风险管控提供理论依据和技术支持。

参 考 文 献

[1] 曾朴，朱能．高温环境热习服训练中 PSI 与 PeSI 的研究[J]．中国安全科学学报，2017，27(11)：1-6.

[2] 赵杨，谢飞，孙凯，等．RBI 技术在国内油气管道上的应用及研究进展[J]．石油化工腐蚀与防护，2019，36(06)：1-7.

[3] 陈庆娟，王三明．RBI 技术在我国企业的应用研究与改进思考[J]．中国安全生产科学技术，2012，8(06)：191-196.

[4] 马欣，付晓君，余景刚，等．RBI 技术应用于 LNG 设备上的改进研究[J]．中国安全生产科学技术，2015，11(04)：107-111.

[5] 刘洋洋，石烜，陈旭．改进的 RBI 技术在海上平台压力容器中的应用[J]．安全与环境学报，2015，15(02)：124-127.

[6] 王洪波，陈宇光，秦晓东，等．基于 RBI 的输气站场分离器风险评价研究[J]．石油化工自动化，2021，57(04)：58-61，85.

[7] 杨洪丽，贾明德，陈文贤，等．基于 RBI 的站场完整性评价技术研究[J]．石油工业技术监督，2020，36(04)：57-60.

[8] 王金江，王舒辉，张兴，等．基于 RBI 技术的储气库分离器风险分析[J]．中国安全科学学报，2020，30(02)：21-27.

[9] 崔凯燕，王晓霖，刘明亮，等．基于定量 RBI 技术的输气站场设备风险评价[J]．中国安全科学学报，2016，26(02)：152-157.

[10] American Petroleum Institute. Risk-Based Inspection Recommended Practice，API Recommended Practice 581[S]，USA，API，2016.

[11] American Petroleum Institute，Risk-Based Inspection，API Recommended Practice 580 [S]，USA，API，2016.

[12] 谷志宇，帅健，董绍华．应用 API 581 对输气站场进行定量风险评价[J]．天然气工业，2006，26(5)：111-114.

[13] 牛少蕾．RBI 在压力管道系统风险管理中的应用研究[D]．华东理工大学，2014.

[14] 王洪波，陈宇光，秦晓东，等．基于 RBI 的输气站场分离器风险评价研究[J]．石油化工自动化，2021，57(04)：58-61+85.

[15] 林翠，陈三娟，肖志阳．含 SO_2 大气中湿度对低碳钢腐蚀行为的影响[J]．机械工程材料，2012，36(01)：16-22，104.

油田站场机泵故障智能诊断方法研究

刘书军　刘玉芳　刘春海　齐根成　杨　超　赵启昌　李自远

（中国石油天然气股份有限公司华北油田分公司工程技术研究院）

摘　要　针对机泵设备工作环境的强噪声影响轴承故障振动信号分析、轴承振动信号传递路径长，故障特征微弱而导致传统机器学习方法难以进行故障诊断的问题，提出了一种改进的小波阈值降噪法和融合自注意力机制的多尺度一维卷积神经网络结合的诊断模型，用来对滚动轴承进行故障诊断。首先，通过多个传感器采集机泵轴承振动信号；然后，通过一种改进的小波阈值降噪法对振动信号进行降噪处理；最后，将降噪后的信号输入融合了注意力机制的多尺度一维宽度卷积神经网络(SA-MS1D-CNN)进行自动特征提取和故障诊断。实验结果表明，使用改进的小波阈值降噪法与SA-MS1D-CNN相结合的模型，获得较好的诊断性能，故障诊断准确率达到96.5%。

关键词　滚动轴承；卷积神经网络；故障诊断；多尺度卷积，深度学习

在石油化工行业中，油田站场机泵装置是至关重要的组件，它可以视作整个地面系统的"心脏"。机泵设备负责为介质输送提供动力，而所处理的介质通常具有高温、高压、腐蚀性、有毒性、易燃易爆等特点。一旦机泵设备在运行过程中遇到问题，将引发一系列严重后果，可能导致经济损失、环境污染，甚至人身伤亡等灾难性结果。因此，实施电动机和离心泵的在线监测和故障诊断是非常必要的措施。

传统的故障诊断技术主要依赖经验和预设的规则，无法全面处理数据故障分析，诊断依据单一，从而无法充分了解故障的真实情况，因此诊断结果准确性难以保证。然而，近年来，随着数字信号处理、优化算法和机器学习等技术的迅速发展，基于振动信号分析的智能诊断技术得到了广泛应用，它具有快速、有效和在线等优势。然而随着机泵结构的不断改进，故障工况变得越来越复杂，传统的振动信号处理方法难以精确检测故障诊断信号，难以满足实际需求。近年来，研究人员引入深度学习算法，取得了重要进展，将其运用于故障诊断领域。

故障智能诊断系统代表着故障诊断未来的发展方向，神经网络、支持向量机、专家系统、粒子群优化算法等方法在故障诊断中得到广泛应用。这些新兴技术为故障诊断提供了更准确、更高效的解决方案。Norazwan 等人提出了一种利用小波分析、Fisher 判别和支持向量机分类的故障监测诊断系统，通过多尺度 KFDA-SVM 框架，成功提高了分类准确率。DOU 等人通过实验比较 PSO-SVM、RBM、KNN、PNN 四种分类模型在轴承故障诊断方面的性能，发现 RBM 具有较短的运行时间、易于维护，而 PSO-SVM 表现出最佳的诊断性能。周叶等提出了一种基于支持向量机的故障诊断策略，该方法利用了振动信号的频谱能量作为训练数据，在水电机组轴系故障检测中构建了相应的分类模型，实现了对故障的准确识别。Janssens 等应用卷积神经网络来进行滚动轴承故障诊断，实验结果显示，相比于人工特征提取和随机森林分类器的方法，该方法具有更好的性能。Wen 等提出了利用稀疏自编码器进行原始数据特征提取的方法，并使用最大平均差异项对训练数据和测试数据进行差异惩罚的最小化处理。Ince 等提出了一种将电机状态检测的特征提取和分类阶段融合到单个学习模型中的方法，该方法基于一维卷积神经网络。Xu 等提出了一种综合利用深度卷积神经网络和随机森林的集成学习方法，用于轴承故障诊断。该方法将振动信号转换为二维时频图，并将其作为 LeNet-5 模型的输入，在最后阶段通过多分类器集成方法进行故障诊断。

基于深度学习的方法可以通过自主学习来提取机泵滚动轴承故障诊断任务中的深层次特征，充分挖掘有用的信息。在处理轴承振动信号时，需要进行信号的预处理和模式识别两个过程。预处理过程使用改进的阈值降噪法对振动信号进行降噪，针对传统的硬阈值和软阈值方法的不足进

行改进。模式识别过程则对降噪后的振动信号提取特征，并使用特定的模式识别方法来判断滚动轴承的工作状态，可有效提升轴承故障诊断的准确性和可靠性。

1 改进小波阈值函数

1.1 小波阈值降噪法

在机泵工作环境中，通常存在很多噪声干扰，导致滚动轴承的早期故障信号被掩盖而容易被忽视。为了更好地进行机泵滚动轴承的故障诊断，有必要去除振动信号中夹杂的工作噪声。小波阈值降噪法是一种简单且有效的降噪方法，已被广泛应用于大型机械故障诊断中。针对传统的硬阈值和软阈值小波降噪方法存在的问题，提出了一种改进的小波阈值函数，旨在尽可能地去除滚动轴承振动信号中的噪声。这种改进方法可以提高故障诊断的准确性和可靠性。

小波变化定义为：对 $\forall\Psi(t)\in L^2(R)$，其傅里叶变换是 $\widehat{\Psi}(w)$，如果满足：

$$C_\Psi=\int_R\frac{|\Psi(t)|^2}{|w|}dw<+\infty$$

这里 $\Psi(t)$ 就被叫做小波母函数，此时连续小波为：

$$\Psi_{(a,b)}(t)=\frac{1}{\sqrt{a}}\Psi\left(\frac{t-b}{a}\right)\quad a>0,\ b\in R$$

式中，a 是尺度因子，b 是平移因子，且都为实数。

如果有 $\forall f\in L^2(R)$，函数 $f(t)$ 的连续小波变换为：

$$W_f(a,\ b)\leqslant f,\ \Psi_{a,\ b}\geqslant\frac{1}{\sqrt{|a|}}\int_{-\infty}^{+\infty}f(t)\Psi\left(\frac{t-b}{a}\right)dt$$

信号 $f(t)$ 重构信号的过程也叫逆变换，此过程表达式为：

$$f(t)=\frac{1}{C_\Psi}\int_{-\infty}^{+\infty}\int_{-\infty}^{+\infty}\frac{1}{a^2}W_f(a,\ b)\Psi\left(\frac{t-b}{a}\right)dadb$$

在小波变换过程中，小波系数是 $C_{j,k}=W_f(2^{-j},\ 2^{-j}k)$，公式中的系数 a 和 b 可以控制小波系数的大小。小波变换要有降噪效果，则要对系数 $C_{j,k}$ 进行适当的处理。

1.2 改进的小波阈值降噪法

为解决硬、软阈值存在的问题，对阈值函数进行改进，提出一种新的阈值降噪法，用来滤除滚动轴承振动信号中夹杂的噪声。

$$\widehat{w}_{j,k}=\begin{cases}sgn(w_{j,k})\left[|w_{j,k}|-\frac{(1-\alpha)T}{e^{(|w_{j,k}|-T)}}-\frac{\alpha T}{e^{\beta(|w_{j,k}|-T)}}\right], & |w_{j,k}|\geqslant T\\0, & |w_{j,k}|<T\end{cases}$$

式中，$\alpha\in[0,\ 1]$，$\beta\geqslant0$。当 $|w_{j,k}|=T$ 时，$\widehat{w}_{j,k}=0$；当 $|w_{j,k}|\to T$ 时，$\widehat{w}_{j,k}\to0$，即函数在 $|w_{j,k}|=T$ 处连续，信号重构过程中不产生振荡，避开了硬阈值函数的缺陷。当 $|w_{j,k}|>T$ 时，$\frac{(1-\alpha)T}{e^{(|w_{j,k}|-T)}}$ 与 $\frac{\alpha T}{e^{\beta(|w_{j,k}|-T)}}$ 随着 $|w_{j,k}|$ 的增大而变小，避开了软阈值函数的缺陷。

显然，当 $\alpha=1$，$\beta=0$ 时，上述函数变成软阈值函数。当 $\alpha=1$，$\beta>0$ 时，上述函数与硬阈值函数比较接近。通过改变 α、β 的大小，上述函数可以在这两个函数间互相转换。而且，该阈值函数连续性良好，兼具两种阈值函数的优点，降噪性能明显。

1.3 注意力机制

注意力机制（Attention Mechanism，ATT）是一种将可用计算资源的分配，偏向于输入数据中信息量最大部分的工具。不仅可以自适应增强关注重要特征，还可以抑制不必要的特征，从而提高模型的特征表征能力。

注意力机制的计算过程主要分为 3 个步骤，首先是对网络生成的特征进行聚合，将每个特征变成一个特征向量。接着生成聚合的特征注意力权重，反映特征的重要程度。最后，进行权重分配，将得到的注意力权重与原始的特征像匹配相乘，获得新的特征序列，其表达式为：

$$w_i=\frac{1}{N_i}\sum_i H_i$$

$$S=Softmax(\alpha^T w_i)=[s_1,\ s_2,\ \cdots,\ s_N]$$

$$\overline{H}=H_iS^T$$

式中，N_i 为特征的个数；S 为权重系数合集；$\overline{H}$ 为生成新特征。

2 改进的 1DCNN 模型

2.1 一维卷积神经网络

卷积神经网络（CNN）是一种典型的前馈多层神经网络模型，具有局部连接和权值共享的特点，不仅可以减少模型参数的计算量，还可以降低对输入数据的依赖。CNN 模型主要由卷积层、池化层和全连接层所组成，如图 1 所示。

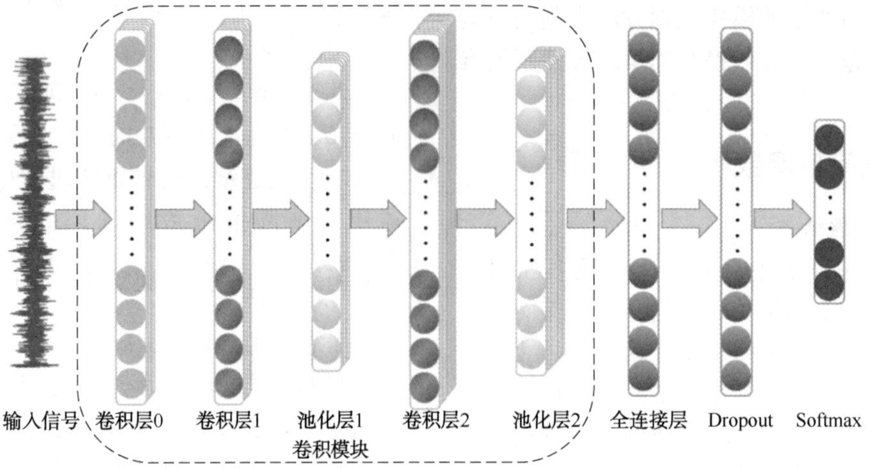

图 1 1D-CNN 结构图

卷积层由多个卷积核构成，通过窗口滑动的方式实现对上一层输出进行特征映射。其表达式为：

$$x_j^l = \sum_{i \in M_j} X_i^{l-1} * w_{ij}^l + b_j^l$$

式中，“ * ”为卷积运算；X_i^l 为第 l 层第 i 个卷积核的卷积区域；M_j 为第 l 层一组输入特征；X_i^{l-1} 为第 l-1 层网络的第 i 个特征；$w_{i,j}^l$ 为第 l 层第 i 个卷积核的第 j 个权重值；b_j^l 为第 l 层的第 j 个偏置值；

激活函数对上一层的输出值执行非线性映射，将卷积层提取到的多维特征映射到另一个空间，以增加数据的线性可分解性，增强神经网络的非线性。卷积神经网络大多采用 ReLU 作为激活函数，即

$$f(x) = \max(0,\ x)$$

式中，x 为输入值，$f(x)$ 为激活值。当输入值大于 0，神经网络一直处于激活状态。

池化层旨在对特征图进行降采样操作，逐次简化特征图，以减少网络中的参数量，防止发生过拟合现象，并提升计算速度，通常使用最大池化层。

全连接层不在提取特征，而是对前一层网络的输出进行整合和联结，实现从特征映射至样本标记空间，再结合 Softmax 函数实现分类结果的输出，分类器表达式为：

$$y_j = softmax(z_j) = \frac{e^{z_j}}{\sum_{k=1}^{M} e^{z_j}}$$

2.2 多尺度卷积神经网络

本文基于卷积神经网络（CNN）的理论，针对传统方法可能遗漏局部重要特征、准确度低且泛化性能差的问题，为了更好地捕获一维信号中的故障特征，提出了一种融合注意力机制的多尺度一维卷积神经网络模型（SA-MS1D-CNN），模型结构如图 2 所示。将加速度传感器采集到的不同工况下的振动信号进行预处理后，划分为训练集和测试集，并将训练集输入到故障诊断模型中。第一层卷积层采用较大的卷积核，以获取较大感受野的特征域。这相当于一个低通滤波器，可以最大限度抑制高频噪声，从而捕获低频特征，提取信号不同时间尺度的信息。

接下来，使用多尺度分支并行提取特征。将信号以并行的方式送入三个分支，每个分支使用不同尺寸的卷积核进行卷积操作，学习不同时间尺度的故障信息，如表 1 所示。不同核大小的滤波器可捕获不同频段的故障特征，从而提高模型特征学习能力。每个分支都包含三个卷积层和三个池化层。

表 1 SA-MS1D-CNN 模型参数

层名称	尺度 1	尺度 2	尺度 3
卷积	64×1@16	128×1@16	192×1@16
最大池化	2×1	2×1	2×1
卷积	8×1@32	8×1@32	8×1@32
最大池化	2×1	2×1	2×1
卷积	3×1@64	3×1@64	3×1@64
最大池化	2×1	2×1	2×1
注意力	核数：64，Dropout：0.5		
全连接层	（64，10）		
Softmax	10×1		

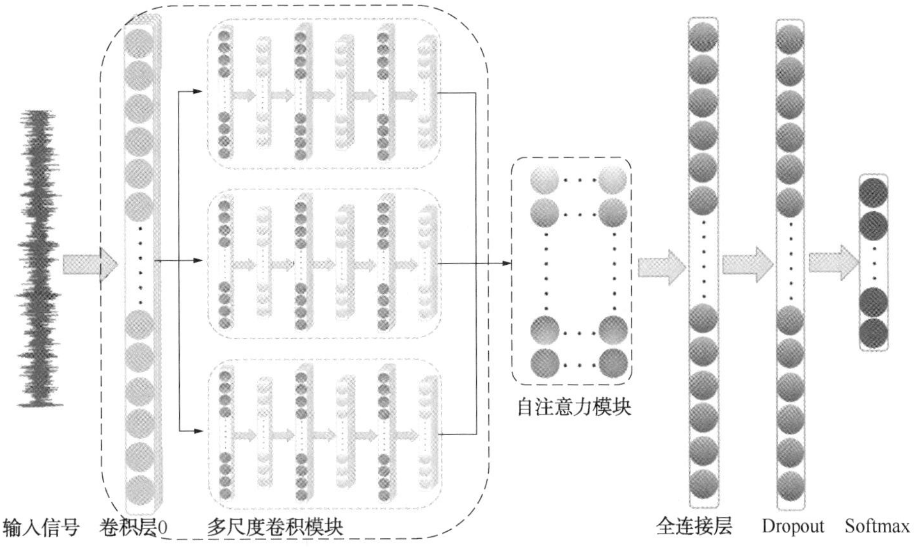

图 2　SA-MS1D-CNN 模型结构图

在多尺度 CNN 提取完特征后，紧接着送入自注意力模块，赋予不同的权重系数，然后再输入全连接层进行分类。通过这种多尺度的特征提取方法，可以有效地提高故障诊断模型的准确性。

3　试验验证

3.1　试验数据说明

实验数据采集自美国凯斯西储大学(CWRU)公开的滚动轴承故障诊断数据集。该数据集由三相电机、扭矩传感器和负载测力计组成，如图 3 所示。测试所使用的滚动轴承是斯凯孚(SKF)公司生产的 SKF6205 轴承。为了模拟故障情况，使用电火花加工方法在滚动轴承的内圈、滚动体和外圈上各加工了一个直径分别为 0.1778 毫米、0.3556 毫米和 0.5334 毫米的单点故障。这些数据被用于滚动轴承故障诊断的研究和算法验证。

图 3　滚动轴承故障试验台结构

滚动轴承的时序信号是通过数据记录仪进行采集的，采样频率为 12KHz。实验过程中，使用了四种不同的工况，分别编号为 0、1、2、3，如图 4 所示。每种工况下，电机的负载分别为 0kW、0.746kW、1.492kW 和 2.238kW，电机转速分别为 1797r/min、1772r/min、1750r/min 和 1730r/min。为了构建振动信号的样本集，采用重叠采样的方法。同时，为每个样本添加了对应的类别标签，以进行故障分类的训练和测试，如表 2 所示。这样的实验设计可以获得不同负载和转速下的滚动轴承故障振动信号，用于进行故障诊断算法的开发和验证。

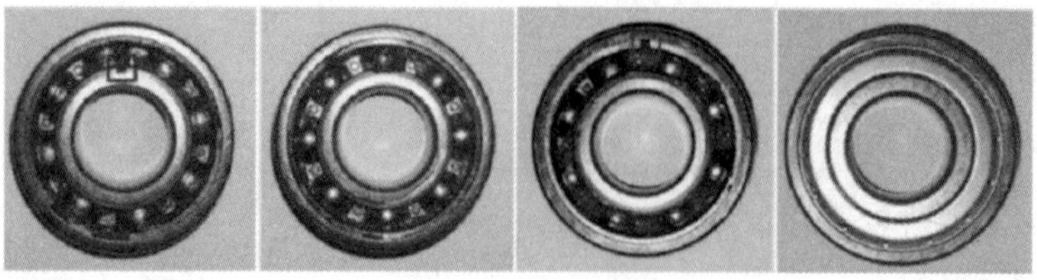

图 4 滚动轴承常见故障

表 2 滚动轴承故障类型及数据集

标签	损伤位置	损伤直径/mm	样本长度	训练集数量	验证集数量	测试集数量
0	滚动体故障	0. 1778	484	480	160	160
1	滚动体故障	0. 3556	484	480	160	160
2	滚动体故障	0. 5334	484	480	160	160
3	内圈故障	0. 1778	484	480	160	160
4	内圈故障	0. 3556	484	480	160	160
5	内圈故障	0. 5334	484	480	160	160
6	外圈故障	0. 1778	484	480	160	160
7	外圈故障	0. 3556	484	480	160	160
8	外圈故障	0. 5334	484	480	160	160
9	无	0	484	480	160	160

3.2 改进的小波阈值降噪实验分析

本实验使用美国西储大学的实验数据，研究对象是型号为 6205 的轴承振动信号。在这些信号中，包含了需要进行降噪处理的四种故障信号类型以及一种正常信号类型，共计五种信号类型。由于这些信号类型在降噪处理上比较相似，因此选择其中的一种故障信号进行进一步分析。

所选故障信号为外圈故障信号，其采样频率为 12KHz。为了便于对滚动轴承振动信号的降噪效果进行分析，我们采集了 0. 3 秒的轴承诊断信号进行研究。这样的信号分析能够帮助我们评估降噪处理对故障信号的影响，并进一步改善滚动轴承的故障诊断效果。

根据降噪后外圈故障振动信号的时域图和频域图的对比分析，可以得出以下结论：

（1）硬阈值降噪：降噪后的信号与原信号之间差别不大，说明硬阈值降噪的效果并不明显。这可能是因为硬阈值降噪方法过于严格，对信号中的噪声和故障信号都进行了削弱，导致降噪效果不佳。

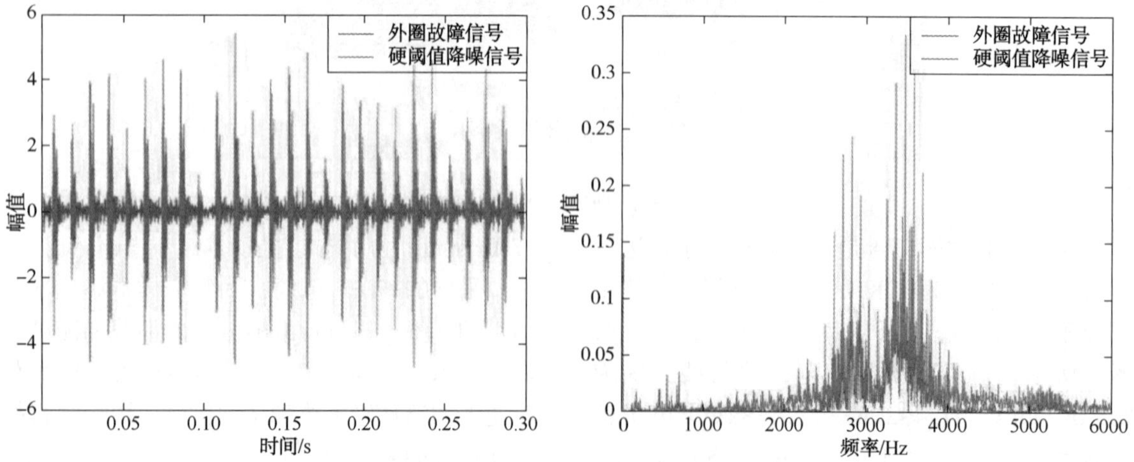

图 5 硬阈值降噪信号时频图

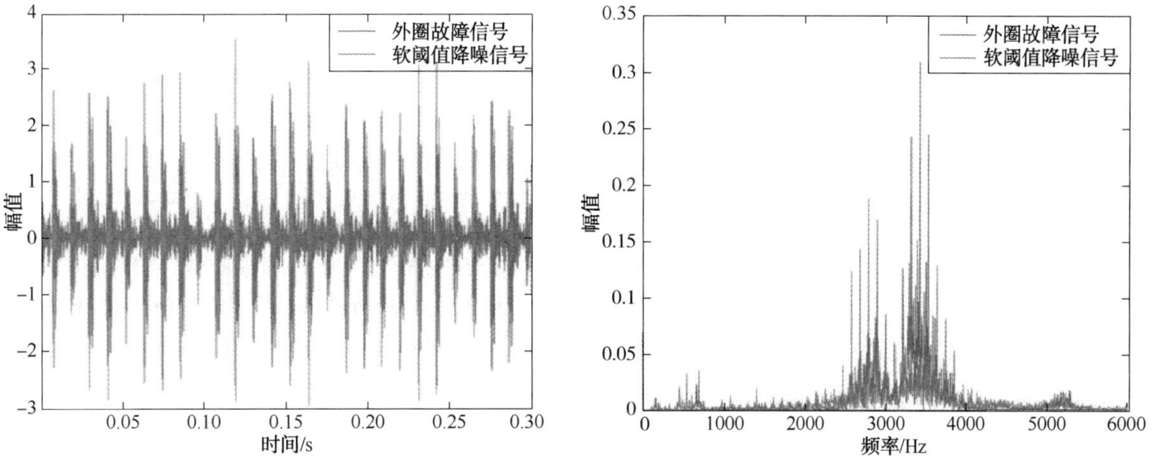

图 6　软阈值降噪信号时频图

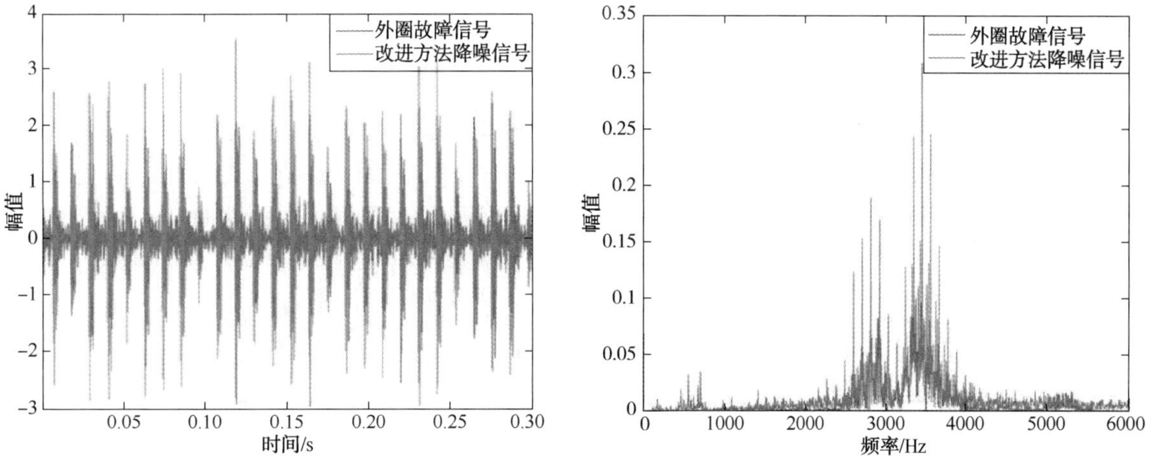

图 7　改进阈值降噪信号时频图

（2）软阈值降噪：降噪后的信号与原信号之间存在较大差距，表明软阈值降噪方法可能存在一定的问题。可能是对信号的削弱过于明显，导致了有效信号的丢失，降噪效果不理想。

（3）改进的小波阈值降噪法：该方法对外圈故障信号进行降噪的效果明显，降噪后的信号与原信号之间差别较小。这表明改进的小波阈值降噪法具有一定的实用性，能够有效去除噪声，保留故障特征，提高信号质量。

由实验可知，改进的小波阈值降噪法在外圈故障信号的降噪方面显示出良好的效果，并具备一定的实用性。这一研究结果为滚动轴承故障诊断提供了可行的降噪方法。

3.3　机泵故障诊断结果

模型的训练过程展示了在训练集和测试集上的损失值和准确率的变化情况。当模型进行多次迭代后，可观察到以下情况：模型在训练集和测试集上的准确率逐渐提升，而损失值逐渐降低。这反映出模型在学习过程中逐渐改善了对数据的拟合能力。经过多轮迭代，模型在训练集上的损失值接近于零，准确率接近于 100%。这意味着模型对于训练数据的预测能力相当准确。

模型在测试集上的损失值逐渐减小，并保持一定的波动。在开始阶段，模型的准确率只有 40%，但随着迭代次数的增加，准确率迅速提升，并在大约 75 次迭代后逐渐稳定下来。在整个训练过程中，模型的最高准确率达到了 96.5%。

通过训练过程中的损失值和准确率曲线，可以看出模型在经过 150 次左右的迭代训练后，性能显著提升。模型在训练集上拟合效果良好，准确率达到了 98.2%。在测试集上，模型也表现出较高的准确率，并且稳定在 96.5%左右。这证明模型具有很好的泛化能力，能够准确地进行分类和识别任务。

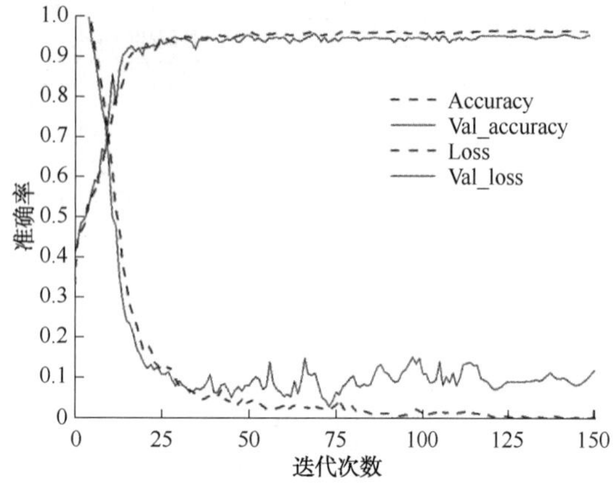

图 8　机泵故障诊断结果

4　结论

针对机泵轴承振动信号故障特征微弱而难易诊断的问题，提出一种基于改进小波阈值函数与多尺度 1D-CNN 相结合的机泵故障诊断模型，主要结论如下：

1）提出一种改进的小波阈值降噪法，可有效地滤除机泵滚动轴承振动信号中夹杂的噪声，降噪效果明显，降噪后的信号光滑且无毛刺。

2）提出一种融合注意力机制的多尺度一维卷积神经网络 SA-MS1D-CNN，实现不同大小的卷积核对故障信号进行多尺度特征提取，不同的滤波器捕获信号不同频段的故障特征；引入注意力机制对多尺度卷积学习的特征自适应分配不同权重参数，将注意力聚焦重要特征，忽视干扰影响，可进一步丰富诊断信息与提升模型的特征学习能力。

参 考 文 献

[1] Nor N M，Hussain M A，Hassan C R C. Fault diagnosis and classification framework using multi-scale classification based on kernel Fisher discriminant analysis for chemical process system[J]. Applied Soft Computing，2017(61)：959-972.

[2] DOU D，Zhou S. Comparison of four direct classification methods for intelligent fault diagnosis of rotating machinery[J]. Applied Soft Computing，2016(46)：459-468.

[3] 周叶，唐澍，潘罗平，等．基于支持向量机的水电机组轴系运行故障诊断及预测研究[J]．水利学报，2013，44(增刊 1)：111-115.

[4] JANSSENS O，SLAVKOVIKJ V，VERVISCH B，et a1. Convolutional neural netwm´k based fault detection for rotating machinery[J]. Journal of Sound and Vibration，2016，377：331-345.

[5] WEN L，GAO L，LI X Y. A new deep transfer learning based on sparse auto-encoder for fault diagnosis[J]. IEEE Transactions on Systems Man and Cybernetics：Systems，2019，49(1)：136-144.

[6] INCE T，KIRANYAZ S，EREN L，et a1. Real—time motor fault detection by 1-D convolutional neural networks[J]. IEEETransactions on Industrial Electronics，2016，63(11)：7067—7075.

[7] XU G，LIU M，JIANG Z，et al. Bearing fault diagnosismethod based on deep eonvolutional neural network andrandoul forest ensemble learning [J]. Sensors，2019，19(5)：1088.

[8] 黄雅静，廖爱华，丁亚琦，等．多尺度 CNN 结合自注意力特征融合机制的轴承故障诊断方法[J]．智能计算机与应用，2022，12(9)：37-44.

[9] 石昌友，孙强，卢建平，等．多尺度卷积神经网络的图像边缘检测[J]．电子测量技术，2022，45(8)：121-128.

[10] 杨永灿，谭庆慧，秦宇翔．基于注意力机制的多尺度卷积神经网络电机轴承故障诊断[J]．云南水力发电，2023，39(6)：51-56.

[11] 张善文，邵彧，齐国红，等．基于多尺度注意力卷积网络的作物害虫检测[J]．江苏农业学报，2021，37(3)：579-588.

[12] 霍纬纲，侯振环．基于多尺度卷积自注意力的多维时间序列预测[J]．计算机工程与设计，2023，44(4)：1250-1258.

刘庄储气库静液面监测方法及分析应用

肖应如

（国家管网集团西气东输公司江苏储气库分公司）

摘　要　随着天然气储气库的建设快速发展，为了对地下储气库完整性进行分析，实施气藏开发跟踪分析和生产调控，优化相关工程技术及工艺流程。这就需要对储气库的产层参数、储层与连同关系、气井生产能力、气藏状态进行相关分析与评价。刘庄储气库通过静压及液面试井，分析流体连通情况以及气液界面分析，发现在经过多个周期注采气过程中，注末地层压力均衡，采末地层压力基本一致，储层连通性较好；井筒内气水界面随注采周期上下震荡，进入稳定状态。

关键词　储气库；井下；监测；静压及液面监测

目前国内天然气储气库主要是盐穴储气库和枯竭油气藏储气库。在地下储气库建设和运行过程中，良好的盖夹层是保证密闭性和安全运行的基础。盖夹层的评价需要结合构造解释成果，通过对样品进行岩性分析、渗透率测试以及地应力测试等方法进行综合评价。储气库盖层要求具有良好的岩性，低渗透率，扩散能力弱，突破压差大等特性。一般通过临界深度法进行判定盐穴储气库进行注气排卤作业，排卤后期，随着气体的持续注入，气水界面稳步向下推进，在腔体下部或周边部分堆积较突出的不溶物逐渐脱离卤水环境而呈现在天然气中，其内部空隙中卤水也被气体所充分驱替和置换。

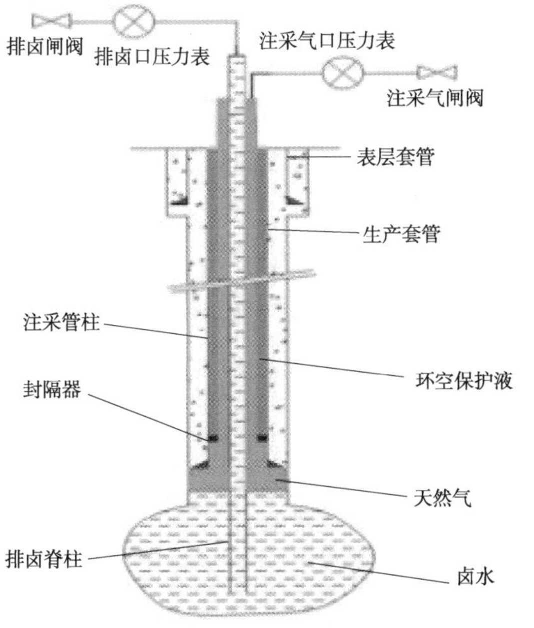

图 1　注气排卤示意图

枯竭油气藏储气库由断层和盖层组成，随着天然气采出，会带出地下部分凝析油及水，通过净化后回注到地下断层，防止地层结构破坏。静压及液面监测能够及早发现储气库区域地下油水界面的变化，通过油水界面的参数确定地层中液面的位置，了解储气库的地层规模，结合相应数据可以确定储气库的合理的注采量。本文主要从测试方式、动态分析等方面探讨静压测试在储气库区域完整性监测的应用。

静压及液面监测需要选用合适量程的电子压力计，对钢丝绳进行检查，确保负载力足够，规定了钢丝绳下落的速度，防止刺漏；通过固井的原始资料以及历史生产数据选定静压及液面监测的位置，通井作业完成后确保井下通道畅通后进行测井作业。根据压力梯度分布特征，确定测试范围内流体分布，从而得到压力梯度分布及变化，确定气液界面位置。

1　测试井井身结构

以刘庄作业区为例，选取某井进行静压测试，该井生产层位位于 1150.97-1222.97m，测试目的层井段 1151.0~1223m，梯度测试停点为 0m（井口）、200m、400m、600m、800m、1000m、1100m、1150m、1160m、1170m、1180m、1187m、1190m、1200m、1210m、1220m、1230m、1240m。

2　测试要点

（1）防喷管与井口连接完成后进行试压（用原井筒气体压力对防喷管试压，10min 无压降）合格后，确认安全阀开启压力正常，安全阀处于

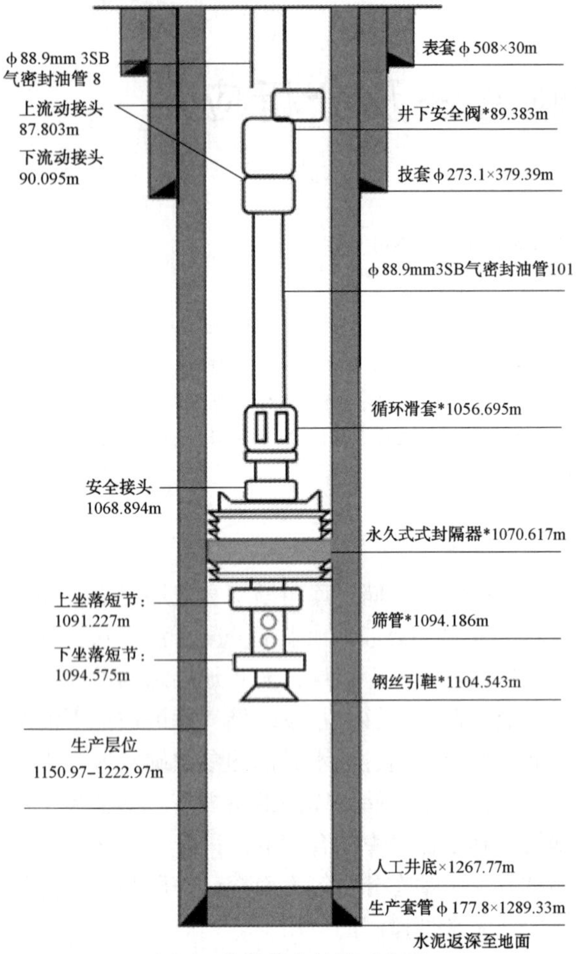

图 2 某井井身结构示意图

完全打开状态，吊装井口防喷装置，深度计数器、张力计对零，确认各连接部紧固，放空阀门关闭严实后，方可打开采气树测试闸门，待防喷管中压力与井筒中的压力平衡，观察确认防喷管无刺漏后，缓慢释放钢丝，通井工具串入井。

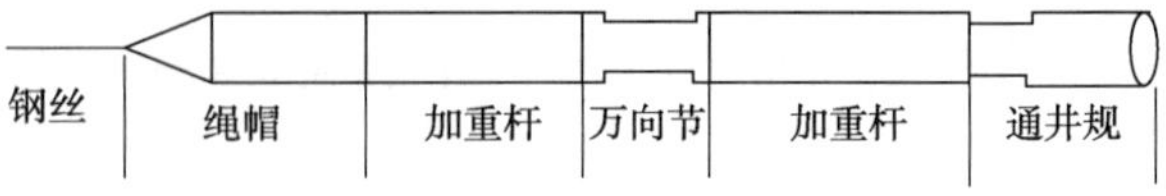

图 3 通井工具串示意图

（2）下放通井工具串时绞车操作应平稳，下放、上提速度不大于 80m/min，特别是在通过安全阀、循环滑套、永久式封隔器和钢丝引鞋时，要提前减速至 20m/min 以下；下放过程中操作手严密监视张力变化，如遇异常及时处理；

（3）根据本井实际情况，通井深度定为遇阻深度，距离人工井底还有 20 米，提前减速到 20m/min 以下，测静压时，采样间隔 5s，测试时间不少 60min；测梯度时，采样间隔为 5s，采样时间为 5min。

3 测试结果分析

将实测数据与深度匹配，得到本次静压静温梯度成果，见表 1。

表 1 某井静压静温梯度数据表

深度/m		压力/MPa	压力梯度/(MPa/100m)	温度/℃	温度梯度/(℃/100m)
斜深	垂深				
0	0.00	7.940		24.69	
200	199.95	8.061	0.06	28.74	2.03
400	399.90	8.190	0.06	34.01	2.64
600	598.00	8.315	0.06	38.78	2.41
800	783.76	8.431	0.06	43.47	2.52
1000	959.85	8.540	0.06	48.06	2.61
1100	1046.69	8.593	0.06	49.93	2.15
1150	1090.22	8.619	0.06	49.66	-0.62
1160	1098.91	8.624	0.06	49.62	-0.46
1170	1107.60	8.629	0.06	49.81	2.19
1180	1116.27	8.634	0.06	50.77	11.07
1187	1122.35	8.638	0.07	51.62	13.98
1190	1124.92	8.640	0.08	52.17	21.38
1200	1133.58	8.650	0.12	52.74	6.58
1210	1142.28	8.733	0.95	52.98	2.76
1220	1150.97	8.818	0.98	54.2	14.04
1230	1159.75	8.905	0.99	55.68	16.86
1240	1168.60	8.990	0.96	56.89	13.67

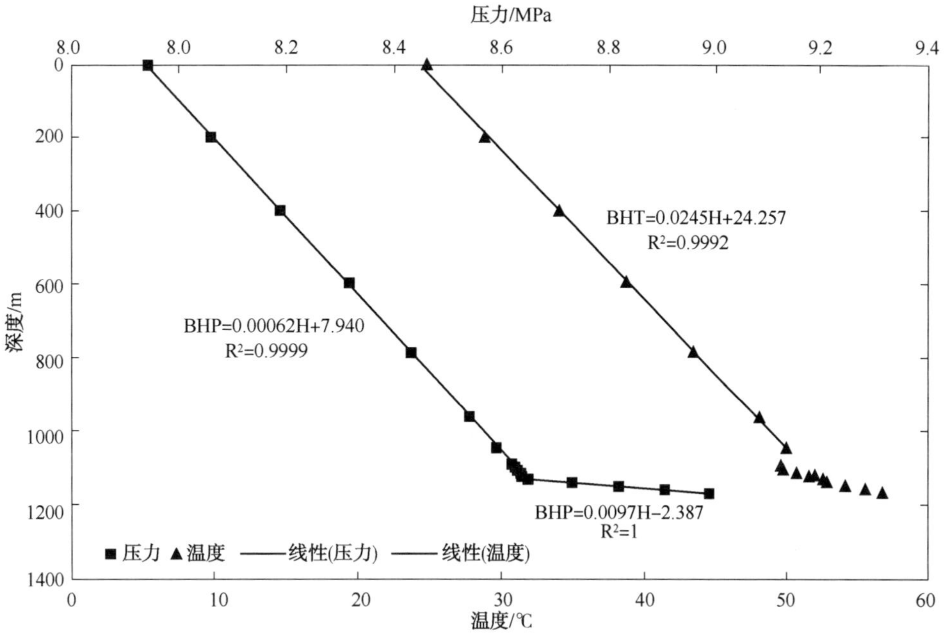

图 4　测试井静压、静温梯度数据回归曲线图

利用表 1 数据作图得到静压静温梯度成果图，结合数据分析可得如下认识：

结合压力梯度分布及变化特征，可将测试范围内压力梯度分为三个阶段：

(1) 第一段分布范围井口-1190m，压力梯度分布稳定，回归压力梯度值为 0.062MPa/100m，回归压力梯度方程为：

$$BHP=0.00062H+7.940(0-1190m)R^2=0.9999$$

(2) 第二段分布范围为 1190m-1200m，压力梯度介于上下之间，为过渡区域。

(3) 第三段分布范围为 1200m-1240m，回归压力梯度值为 0.97MPa/100m，回归压力梯度方程为：

$$BHP=0.0097H-2.387(1200-1240m)R^2=1$$

4　流体性质分析

依据压力梯度分布特征，测试范围内流体分布如下：

井口-1190m 范围内流体为气；1190-1200m 范围为气液过渡区域；1200-1240m 范围内流体为液。

依据压力梯度分布及变化，定性认为气液界面位于过渡区域的 1190-1200m 之间；计算液相界面为垂深 1133.21m，测深 1199.57m。

5　结语

通过静液面监测测试对比上一年度的测试数据，未产生明显区别，确定这口注采井目前的地层未产生明显变化，可以继续按上一年度注采气的能力继续运行，在合理范围内可以适当提高注采能力，进一步提升测试井的产能，从而进一步挖掘刘庄储气库的调峰能力。运用静压及液面监测方法对地下储气库完整性进行动态分析及评估，通过监测静压的方式了解油水界面的变化性，对保障储气库全生命周期安全高效运行具有重要保障。

参考文献

[1] 吴建春，张定柱．江苏省某盐矿水溶开采工程效应研究[J]西部探矿工程，2013，25(4)：132-134，137.

[2] 任众鑫，杨海军，李建君，等．盐岩储库腔底堆积物空隙体积试验与计算[J]．西南石油大学学报(自然科学版)，2018，40(2)：142-150.

[3] 黄震，杨风凯，王丹．油田油水井压力测试技术[J]化学工程与装备，2021，4(4)：73-74.

油库储罐声发射检测技术应用探析

邓丽媛 张 正 邵克拉 江伍英 时彦杰

（新疆油田油气储运分公司）

摘 要 储罐传统检测方式需要的时间周期很长，支出花费量巨大，对储罐的检查效率很低并且具有很大的随机性。采用声发射在线检测技术，进行储罐缺陷筛查与风险排序，确定维修罐，避免了开罐检测停产，清罐等造成的损失。本人重点探析声发射检测应用情况及存在的问题。

关键词 储罐检测；声发射在线检测技术；应用及问题

储罐作为重要的油品储藏设备，在服役过程中，由于原油品质变化、液位变化、介质腐蚀性等因素，储罐底板材质常会出现腐蚀。为保障储罐安全运行，必须定期对储罐进行检测、维修，确保其完好性。传统的检查方法需要在停产开罐的条件下进行，检测成本高，并且具有很大的盲目性。声发射检测技术作为一种动态，在线，整体检测方法，具有无需开罐，快速经济的优点。本文针对两种在线检测技术在立式储罐底板检测中的应用，结果对比情况以及应用中存在的问题进行探析，说明其适用性。

1 声发射在线检测技术

1.1 声发射检测原理

声发射(AE，Acoustic Emission)，即当材料内部突然释放应变能时，伴随形成的一种弹性应力波。声发射检测技术是利用仪器探测、记录、分析声发射信号，进而推断声发射源，得到被检测对象的活性缺陷状况。

按一定阵列固定布置在储罐罐壁上的声学传感器接收来自罐底板“声源”的信号，采用专门的软、硬件进行数据采集与处理分析，可评判罐底板的腐蚀状态以及判断底板是否存在泄漏。在不开罐的情况下完成对储罐底板整体腐蚀损伤状态的检测与评价。如图 1。

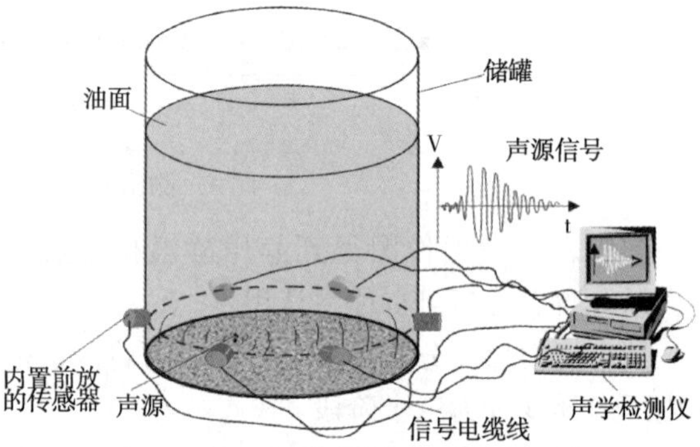

图 1 声发射原理图

1.2 声发射现场实施步骤

检测实施前制定检测方案，包括：检测前准备工作、检测程序、检测数据采集、现场恢复、风险控制措施等内容；检测前对仪器系统进行初步校准；检测前对项目组人员进行相关技术培训及进站安全教育培训，主要步骤及注意事项有：

（1）进行在线检测之前，需生产运营单位，将储罐充液至其历史运行最高液位的 85%以上；

（2）关闭可能产生干扰信号的储罐附属设备，如加热盘管进出管、搅拌器等；

（3）以上达到要求后，保持液位静置稳定 12 小时以上；

（4）根据储罐的容积或直径来确定检测传感器数量，传感器间距尽量不大于 13m；

（5）传感器布局位置根据现场情况（包括人孔、扶梯、进出管道等的位置）而定，浮顶储罐布置高度距离边缘板 0.8～1.0m（具体根据罐底淤积层厚度相应调整），且沿圆周均匀布置于罐壁上，不同传感器高度一致；

（6）需要剥离传感器安装位置的金属保护层及保温材料，露出罐体；

（7）处理出直径约 φ10cm（或者边长 10cm 的方形）的区域，并见金属光泽，处理程度达到 SY/T 0407 标准规定的 St3 工具除锈质量等级，以供安装传感器

（8）将与传感器连接的前置放大器放大倍数设置为 0dB，信号采集门槛阈值设置为 80dB；

（9）采集前，应保证液位已稳定 12 小时以上，将前置放大器调整到 20dB 档位，信号门槛阈值设置为 40dB，开始罐底腐蚀声发射信号采集；

（10）每次应连续进行至少 10h 的数据采集，采集 2 次，情况允许的条件下可采集多组数据进行比较；

（11）数据采集过程中，对现场情况做好记录，主要包括：液位高度、传感器高度、传感器间接、检测发生异常时的文字及图形记录、检测起始与结束时间、噪声源的识别与排除情况、天气情况、突发意外及原因等等。

1.3　声发射检测及结果评价

分别对编号为 1#、2#的储罐进行现场检测。如图 2。

图 2　油库储罐声发射检测实施图

采用美国物理声学公司（PAC）设备自带的软件对采集数据进行处理、分析，根据撞击信号对时间的统计结果排除含干扰的数据段，选择 1~2 小时稳定的数据段进行分析得到事件数 N 和能量 E 等参数，事件数由时差定位法确定。

依据标准 Q/SY GD 0211—2011《立式圆筒形钢制焊接储罐底板声发射在线检测及评价手册》中附录 F 对储罐底板腐蚀程度进行评价，流程如图 3 所示。根据事件定位点疏密程度得到泄露可能性等级。根据各通道单位时间内的事件数 N，以及事件的平均能量 E/N，得到声源活度等级。由泄漏可能性和声源活度级别进行储罐底板腐蚀程度综合评价（表 1），并得到维修建议（表 2）。

表 1　储罐罐底板腐蚀程度评价级别

泄漏可能性级别	声源活度				
	Ⅰ	Ⅱ	Ⅲ	Ⅳ	Ⅴ
Ⅰ	A	B	B	C	D
Ⅱ	B	C	C	C	D
Ⅲ	C	D	D	E	E
Ⅳ	D	E	E	E	E

注 1：泄漏可能性级别含义

Ⅰ级：无集中的定位群且定位点分散，则认为罐底不存在泄漏迹象；

Ⅱ级：某一区域尖端出现较疏定位群，则认为罐底不存在泄漏迹象；

Ⅲ级：某一区域剪断出现较集中的定位群，则认为罐底可能存在泄露迹象；

Ⅳ级：某一区域连续出现高度集中定位群，则认为该部位存在明显的泄露迹象。

注 2：罐底声源活度级别含义

Ⅰ级：很好；Ⅱ级：较好；Ⅲ级：一般；Ⅳ级：较差；Ⅴ级：很差。

注 3：腐蚀程度等级含义

A：很轻微；B：少量；C：中等；D：严重；E：非常严重。

表 2　储罐底板维修建议

罐底板腐蚀程度评价等级	维修措施
A	继续运行 5 年再进行在线检测
B	继续运行 3 年再进行在线检测
C	由检测人员确定下一检验时间（≤2 年）
D	尽快制定检修计划或监控使用（≤1 年）
E	需立即开罐检修或报废

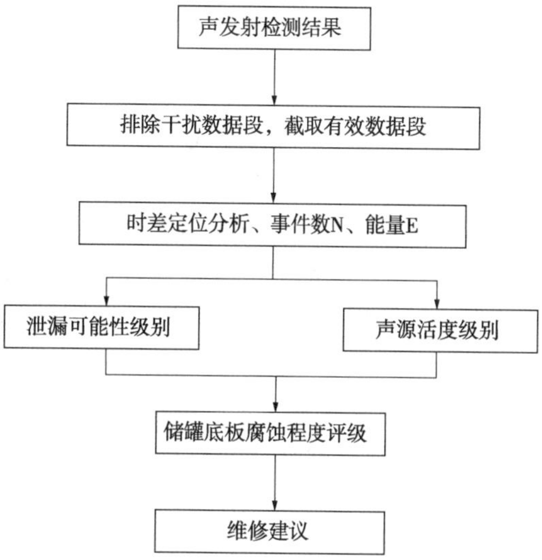

图 3　声发射检测数据分析及评价流程图

数据处理后的 1#储罐罐底二维事件定位图如图 4 所示，事件统计图如图 5 所示。可以看到，1#储罐罐底 6#传感器、7#传感器附近的区域事件数较密集，推断该处存在腐蚀。

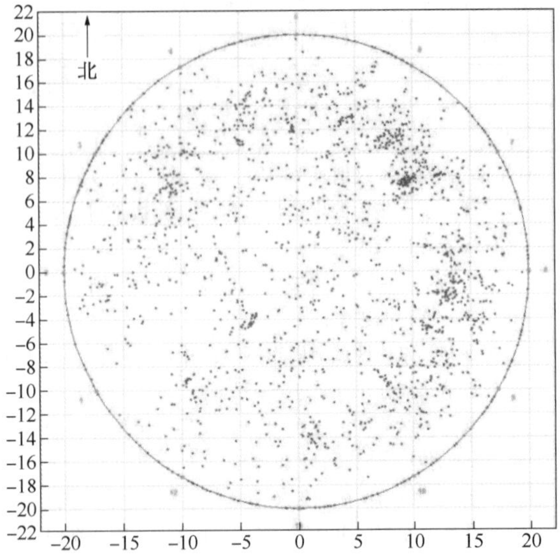

图4　数据处理后的1#储罐罐底二维事件定位图

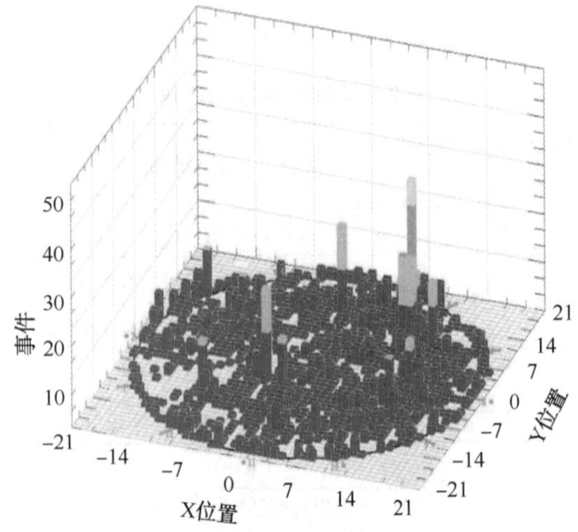

图5　数据处理后的1#储罐罐底事件统计图

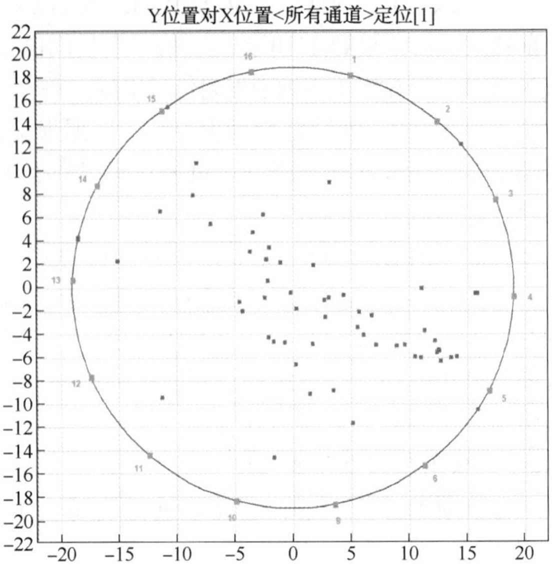

图6　数据处理后的2#储罐罐底事件二维定位图

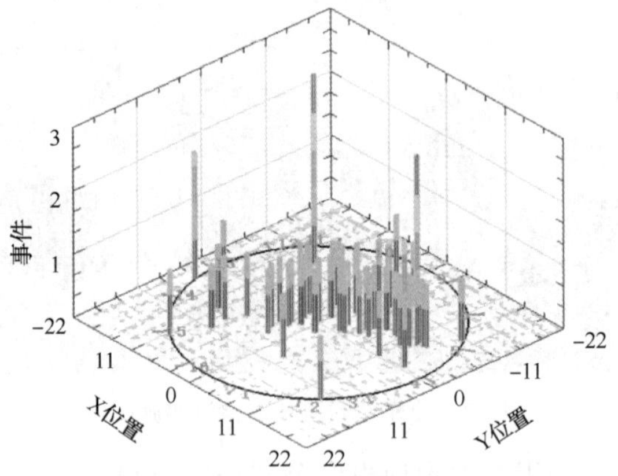

图7　数据处理后的2#储罐罐底事件统计图

图8　2#储罐破损情况

数据处理后的2#储罐罐底二维事件定位图如图6所示，事件统计图如图7所示。可以看到，2#储罐罐底事件二维定位图较2#储罐稀疏，主要原因为(1)2#储罐用于分析的数据采集时间为1小时，2#储罐为2小时；(2)2#储罐保温层存在破损，如图8所示，检测过程中破损保温层与罐壁发生剐蹭产生大量干扰信号，为了消除干扰信号，进行滤波处理，同时也去除了有用的信号。

由软件分析得到声发射撞击、事件数、能量等参数，结果见表3。可以看出，2#储罐在单位时间内的撞击数、能量均远大于1#储罐。说明检测过程中破损保温层与罐壁发生剐蹭产生大量干扰信号对结果有影响。

从1#、2#储罐声发射检测事件数二维定位图可知，罐底事件定位点较疏，认为罐底不存在泄漏现象，泄漏可能性等级均为Ⅱ级。声源活度级别划分需根据现场被检储罐结构、尺寸、介质、所处环境以及设备设置参数等因素综合确定，因此本次声发射得出以下主要结论：

(1) 1#储罐罐底6#、7#传感器附近区域事件数较密集，推断该处存在腐蚀，建议根据后期开罐检测结果对比验证。

(2) 站 $1^{\#}$、$2^{\#}$储罐罐底的泄漏可能性均为Ⅱ级，声发射事件的活度均为Ⅴ级，底板腐蚀程度评级均为 D 级，建议尽快制定检修计划或监控使用(≤1 年)。

表 3　储罐声发射活度评级

序号	储罐编号	截取数据时间/h	撞击	事件数 N/(个/小时)	能量 E/(能量计数/小时)	事件平均能量/(能量计数/事件)
1	$1^{\#}$	2	18954	1104	1341417	1215
2	$2^{\#}$	1	19697	140	4189804	29927

2　声发射检测结果与漏磁检测结果对比

如图 9，左边为漏磁检测结果，右边为声发射检测结果，通过分析可以得知：6-$8^{\#}$传感器附近区域腐蚀严重，存在 2 处底板腐蚀大于 90%，2 处穿孔。声发射检测结果，6-$8^{\#}$传感器接收到的撞击数明显高于平均值，与之对应。$1^{\#}$、$12^{\#}$传感器撞击数高于平均值的原因可能为中央排水管扰动所致。声发射检测评价结果与漏磁检测结果基本一致。

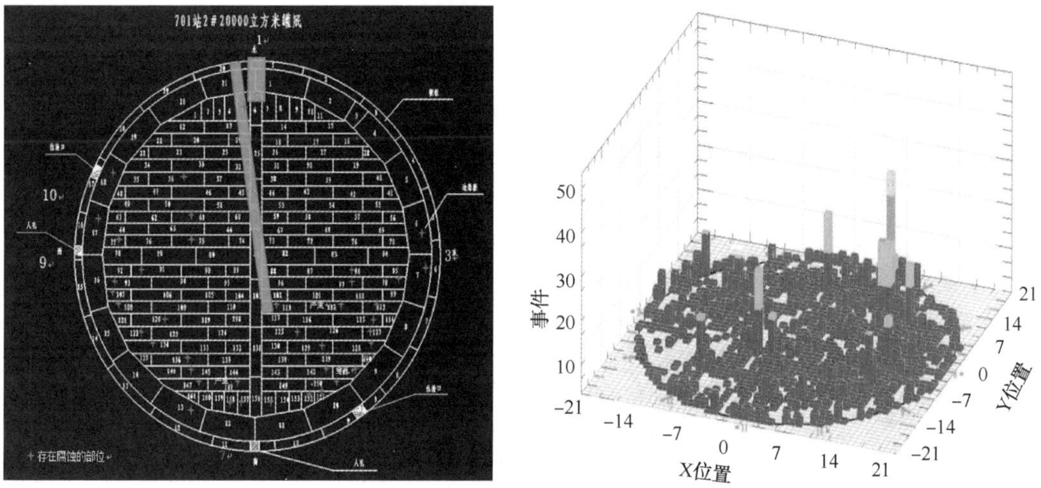

图 9　漏磁检测结果与声发射检测结果对比图

3　结论和建议

(1) 声发射可作为一个定性检测分析手段，在一定的检测条件下，粗略判断出储罐的腐蚀情况；

(2) 声发射受储罐检测环境影响较大，罐体周围的噪声、风级、以及相邻罐的油品周转都对声发射检测结果有大的影响。

(3) 声发射适合对一个罐群内的储罐进行腐蚀程度筛选，但罐群内每个储罐的不同状况，比如淤泥的多少，都会影响结果，因而对筛选的结论也有很大的影响。

参考文献

[1] 赵德有．应用局域波对声发射信号监测提取(英文)[J]．船舶力学，2011 年 06 期．

[2] 孙德建．声发射信号处理与分析方法研究[J]．装备制造，2009 年 11 期．

[3] 张静，帅健．储罐的完整性管理[J]．油气储运，2010 年 01 期．

[4] 杨平．罐底腐蚀声发射机理研究[D]．沈阳工业大学，2014 年．

[5] 张明宇．罐底腐蚀声发射信号识别研究[D]．沈阳工业大学，2013 年．

[6] 史兴治．中石油西部管道公司站场完整性管理模式研究[D]．兰州大学，2013 年．

控制 BOG 产生量及降低 BOG 损耗量的措施

刘兴明　殷俊杰

[中油(新疆)石油工程有限公司设计分公司]

摘　要　某 LNG 接收站随着 1#16 万储罐的投用，BOG 气体的整体闪蒸量将有所增加，不仅要保证装置稳定运行，同时也要达到节能降耗的标准。因此需要考虑如何控制 BOG 产生量及降低 BOG 损耗量是关键点。

关键词　BOG；控制 BOG 产生量；降低 BOG 损耗量

由于 LNG(liquefied natural gas)液化天然气是一种零下 162 摄氏度的低温液体，因此在运营 LNG 项目过程中，难免会产生 BOG 气体。BOG 是 LNG 的衍生物，由于它的存在和排放，不仅给企业产生较大的经济损失，而且 BOG 的排放对大气也是一种污染，对场站也是一种危险源。为有效解决问题，我们对此进行了研究。

1　目前接收站现状

LNG 接收站一定要符合天然气供给系统的要求，它为接收海上运输 LNG 的陆上接收平台，又为陆上供应天然气，对液化天然气进行接收、储存、再气化，厂区工艺系统有储存及低压外输工艺、BOG 处理工艺、增压气化外输工艺等。接收站内建有大型低温储罐储存 LNG，并通过气化工艺对液化天然气气化，然后利用场外的天然气管道输运。

2　产生 BOG 气体的原因及来源

2.1　原因分析

原因：某 LNG 接收站中目前有 2 座 5 万方单包容金属储罐、1 座 16 万方全包容混凝土储罐及 1 座 16 万方全包容混凝土储罐(在建)；5 万方单包容金属储罐的日蒸发率最大 0.8‰，16 万方全包容混凝土储罐的日蒸发率最大 0.5‰；储罐及管路由于外部热量的摄入或者与 LNG 直接接触罐内泵的启停等都会有热量产生形成蒸发气即 BOG 气体。

2.2　来源分析

来源有以下几点：

① 储罐内 LNG 自然蒸发，由于储罐本身的结构因素，外界热量进入储罐内部，LNG 吸收热量产生 BOG。

② 在进行卸船操作期间，由于大量的 LNG 通过卸料管线进入储罐，由于两者密度的差异性，产生大量的 BOG 气体。

③ 装车过程中会产生的 BOG 气体。

④ 对卸料总管预冷过程中会产生 BOG 气体。

3　解决办法

3.1　控制 BOG 产生量的措施

3.1.1　加强保冷监测，降低 BOG 蒸发量

每年，对各个储罐的蒸发量进行测试，根据测量结果核对是否在合理范围内，一旦超过设计值，及时对保冷进行修复；每季度，对引桥、管廊等相关处的低温管道外壁进行测温，并对不合格处及时进行修复。通过上述措施来控制因保冷效果差对蒸发量的影响。

3.1.2　减少预冷中 BOG 的产生量

① 根据车辆计划，合理安排装车臂的投用数量，降低装车臂预冷损耗，减少 BOG 的产生。

② 降低 BOG 压缩机的启停频率，减低启机前预冷产生的 BOG。

3.1.3　减少运行中 BOG 产生量

① 根据车辆的多少，合理选择罐内泵的运行台数，减少泵运行时的热量输入，降低 BOG 的产生。

② 适当提高储罐的运行压力，在压力较高的情况下，BOG 的产生量相对较少，减少储罐操作压力对 BOG 气体产生的影响。

3.1.4　减少卸船过程中 BOG 的产生量

① 合理控制卸料期间 LNG 的进料方式，减

少储罐 BOG 的产生。

② 要求进口 LNG 船舶船舱压力小于储罐的压力(<10kPa)，焓值低，BOG 气体产生量将相对减少。

③ 根据环境温度的不同，合理选择卸船管线中残液的处理方式，环境温度较低时，卸料完毕后，对卸船管道残液可选择不进行吹扫，通过管道自回温将卸船管道中的饱和液与装车泵低温液混合后进行槽车外输，消除残液吹扫期间的 BOG 放散，尽量降低 BOG 气体损耗；当环境温度较高时，卸料完毕后，及时将管道中的残液吹扫至储罐，减少液在管道中停留而加大 BOG 的产生量。

④ LNG 卸货期间，优先将 LNG 卸至设计压力较高的 1#16 万储罐中，减少卸料期间 BOG 的闪蒸。

3.2 降低 BOG 损耗量的措施

BOG 气体的放空，是接收站内主要的消耗点，针对该问题，在总结降低 2018 年 BOG 损耗及产生的相关经验基础上，制定了多项控制措施，具体如下：

① 结合船期及时、合理调整管道的预冷时间，既达到预冷目的又能够全部回收管道预冷阶段的 BOG 气体，尽量实现 BOG 零放空。

② 卸船过程中，管线填充期间损耗最大，要求船方严格控制出货流速，卸货流速低，BOG 产生相对少。

③ 合理调配中压城市管网外输气量及 CNG 车辆的充装时间，白天用气高峰期时，少进行或不进行 CNG 的充装，夜间用气低峰时，再进行 CNG 的充装，避免夜间因用气量低而造成放空。

④ 加大技改力度，将码头卸料期间卸料臂预冷产生的 BOG 进行有效回收，减少放空损耗。

⑤ 对现有的 BOG 压缩机入口管线进行技术改造，将低温 BOG 压缩机入口与常温 BOG 压缩机入口连通，时刻保持低温 BOG 压缩机入口管线在低温状态，减少低温 BOG 压缩机启机前因管道预冷放空而造成 BOG 的损耗。

⑥ 做好 BOG、CNG 压缩机的维护保养，防止因设备故障，BOG 无法增压外输而造成 BOG 气体的放空。

⑦ 加快外输管网的建设，拓展下游用户，确保 BOG 气体不因下游用户不足而造成放空。

4 结论

LNG 接收站优化工艺的关键在于如何控制 BOG 产生量或降低 BOG 损耗量，而每个 LNG 接收站在选择方法时，需要结合本站的实际情况进行考虑。

参考文献

[1] 石晓星. LNG 接收站 BOG 处理工艺优化[J]. 化工管理，2017(22)：138-138.

第三篇　油气集输管道完整性篇

管道完整性管理是一个与时俱进的连续过程，对油气管道全生命周期管理意义重大，只有起点、没有终点。管道的失效模式具有时间依赖的普遍特征，腐蚀、老化、疲劳、变形、裂纹、自然灾害、机械损伤等不断侵蚀着管道，随着岁月的流逝引起管道失效，进而引发油气管道泄漏、起火、爆炸、环境污染等恶性事故事件，造成严重后果。因此，必须持续不断地对油气管道进行风险分析、缺陷检测、完整性评价、开挖、验证、维修等。从国际上看，尽管对管道完整性已经进行了不少研究，但管道完整性仍然是管道行业研究的热点问题，特别是管道完整性评价研究在国际上仍然呈方兴未艾之势。从国内来看，国内相关单位在参考、借鉴国外单位在管道完整性管理方面取得的理论和实践成果基础上，也为我国油气管道完整性管理做出大量努力，取得了前所未有的新技术、新成果、新标准。本篇《油气集输管道完整性》结合我国油气管道完整性管理在数据收集、高后果区识别、风险评价、完整性评价、维修维护和效能评价等领域创新应用的研究成果进行了总结和提炼，对我国油气管道完整性管理深化应用时期的新问题与新挑战，助力能源通道安全、平稳、高效运行具有理论与实践指导作用。

新阶段油气田管道和站场完整性管理工作方向探索

刘付刚[1]　张维智[1]　徐明珠[3]　唐德志[2]　郭大成[2]

(1. 中国石油油气和新能源分公司；2. 中国石油规划总院；3. 中国石油长庆油田分公司)

摘　要　本文分析总结了中国石油2015年启动完整性管理以来的工作成效，指出当前和今后一段时期，完整性管理将进入到滚石上坡、攻坚克难阶段。文章第一部分主要分析了完整性管理技术现状，第二部分指出了发展形势，第三部分提出了下一步攻关方向。完整性管理的引入，给油田地面系统带来了新的管理方式和理念。在“三全”(全流程、全区域、全生命周期)指导下，通过对管道和站场系统的完整性进行数据采集、高后果区识别和风险评价、检测评价、维修维护、效能评价5个环节，大大提高油田地面系统的可靠性、安全性和可持续性，掀起了地面系统管理的新革命。下一步需要在管道智能化、非金属管道、站场、海工、新能源、储气库等领域持续开展技术攻关。

关键词　完整性；输油管道；输油站场；失效率

2015年以来，中国石油启动油气田管道完整性管理工作，以试点工程为载体，配套开展科研攻关，逐步扩大完整性管理应用范围，力争由“事后被动维修”转变为“基于风险的完整性管理”理念，总体上实现了提升管道本质安全、降低更新改造费用、提高地面管理水平的目标，并形成了具有油气田特色的完整性管理工作流程和管理方法。历经八年强力推进，中国石油油气田管道和站场完整性管理从无到有、由弱变强，实现了质的飞跃，管道失效率由2017年的0.258次/(千米·年)下降至2022年的0.100次/(千米·年)，下降了61%，节支近200亿元，延长管道平均使用寿命5年，减少碳排放量79.72万吨，成效显著。

当前和今后一段时期，完整性管理将进入到滚石上坡、攻坚克难阶段，存在管道失效率下降空间有限，站场完整性管理投资大成效不显著，以及资金、人才等软因素限制等问题，不进则退、慢进亦退，稍有懈怠，就可能一步落后、步步落后，因此本文从三个方面叙述新阶段油气田管道和站场完整性管理工作方向探索，旨在为完整性管理下一步工作提出建议，促进国内完整性管理工作水平提升。

1　完整性管理技术现状

中国石油开展完整性管理八年来，针对油气田管道口径小、数量多、拓扑结构复杂、腐蚀性强、工况变化大等特点，股份公司持续组织油气田管道与站场完整性管理技术攻关，在数据管理、高后果区识别与风险评价、检测评价、维修维护、效能评价五个方面形成了189项技术，有力支撑了完整性管理工作全面推进(图1)。

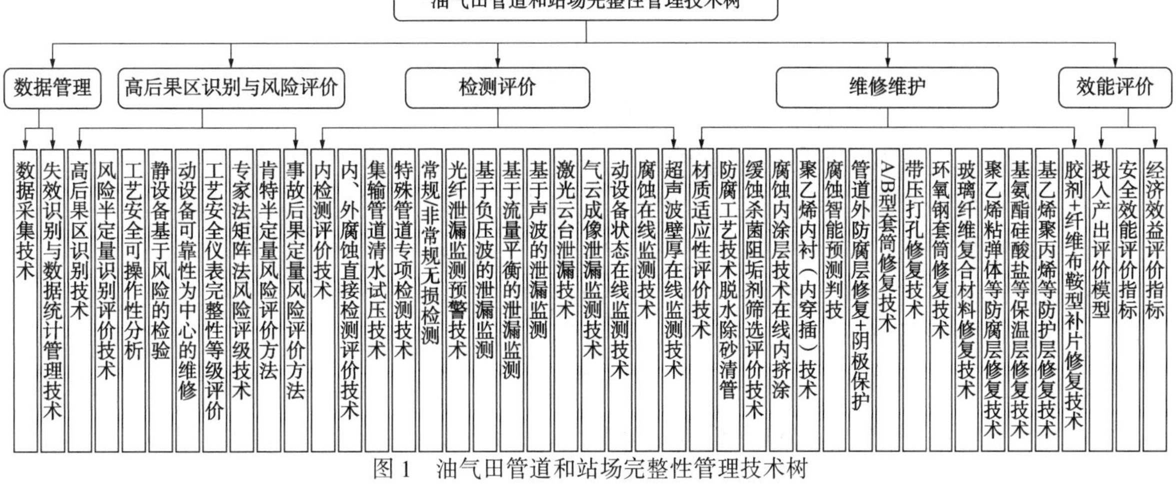

图1　油气田管道和站场完整性管理技术树

1.1 建设完整性管理管理体系。基于油气田管道完整性管理业务需求，开展了油气田管道完整性管理数据模型研究，形成了包括油田13大类69小类数据、气田8大类55小类数据的模型，制定了124个数据表单，编制发布了集团公司企业标准Q/SY 01039.2—2020，奠定了完整性管理数据库建设基础(图2)。

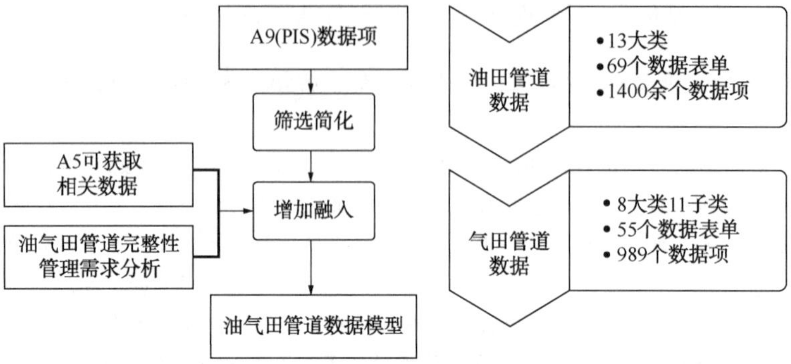

图2 油气田管道数据模型建设思路

1.2 深化管道失效原因分析。针对油气田管道特点，建立了涵盖集油管道、集气管道、含硫管道以及管网区域高后果区识别技术，创新了油气田管道7大类24小类失效分类方法和三级识别模型，开发了油气田管道失效数据库，已入库3万个典型失效案例。基于失效数据，首创涵盖7大风险类型的油气田管道系列风险评价方法，指导油气田累计识别“双高”管道1.2万公里(图3)。

图3 油气田管道失效数据库

1.3 积极开展检测等技术攻关。突破了DN100管道三轴高清漏磁内检测、管体缺陷三级评价、焊缝缺陷评价、酸性气田/页岩气田/低渗透气田湿气管道内腐蚀直接评价、清水试压等关键技术，形成了内检测、腐蚀直接评价、压力试验为一体的油气田钢制管道检测评价系列技术，为摸清管道本质安全现状提供了坚实手段(图4)。

1.4 健全站场检测评价模型。建立了基于可靠性的油气站场失效概率定量预测模型，形成了基于相似度量的区域站场RBI评价技术，研发了换热管束检测、包覆层管道检测、焊缝有效性评估等专有评估技术，攻克了油气站场高风险设备的找准、检准、评准技术难点(图5)。

1.5 完善监测技术体系。形成了针对管道与站场泄露、日常巡检两方面13项技术，初步形成了“地面风险感知、空地影像监测、人机协同巡护”相结合的监测技术体系，有力提高了安全风险预警能力(图6)。

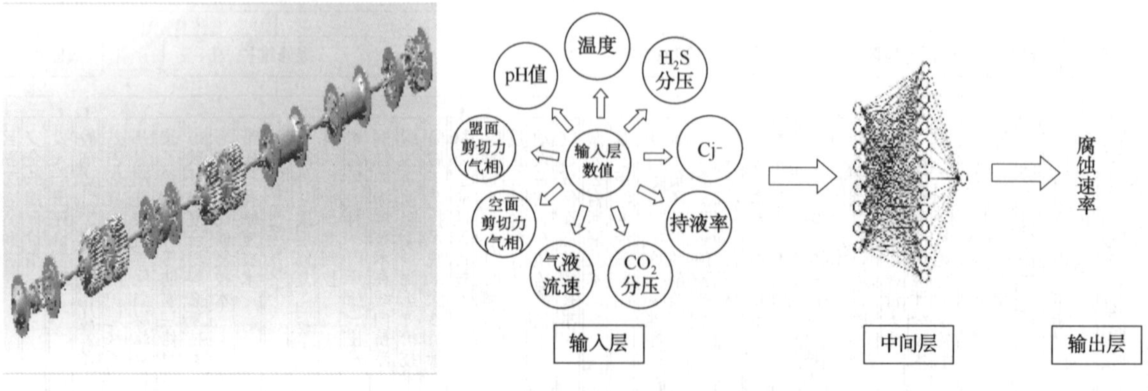

图4 DN100小口径三轴高清漏磁内检测器和评价模型

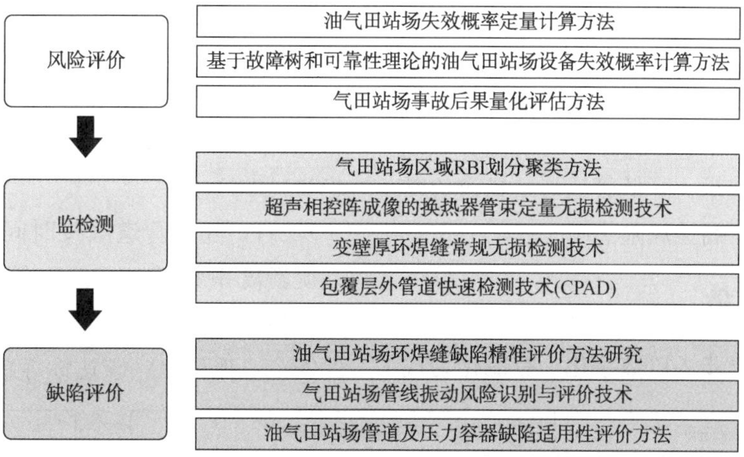

图 5　找准、检准、评准技术方法

1.6　探索管道修复方法。建立了钢制管道本体缺陷修复、外防腐(保温)层修复、阴极保护系统修复、在线内挤涂、内穿插、复合环氧钢套筒修复等技术序列，研发了玻璃钢连接组件，形成了 5 种玻璃钢管道快速更换技术，支撑了油气田管道维修维护工作(图 7)。

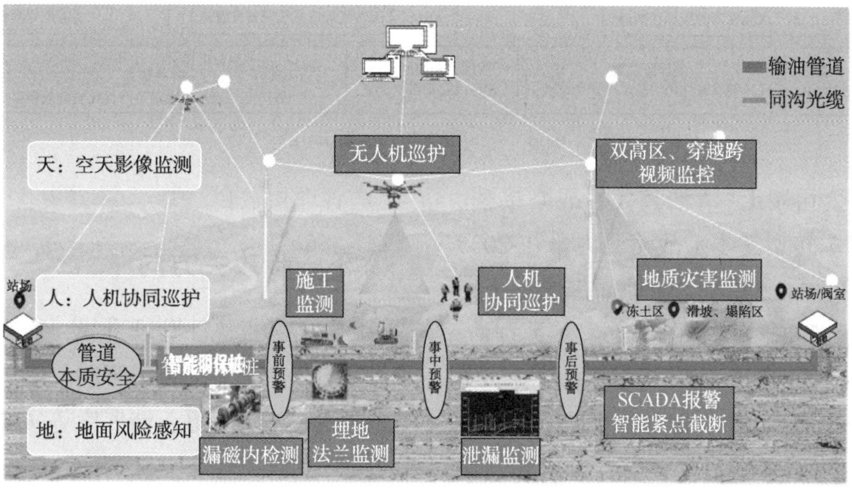

图 6　立体协同状态监测预警技术体系

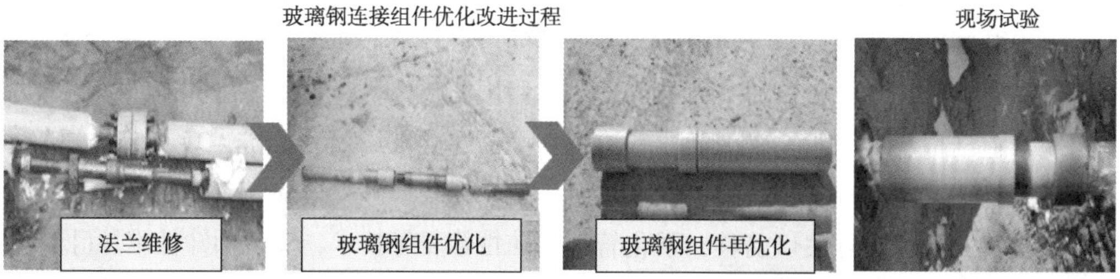

修复技术 缺陷类型	卡箍维修	粘胶剂+纤维布维修	鞍型补片维修	钢制转换接头维修	短管+管箍维修
穿孔	是	否	是	是	是
炸裂	否	否	否	否	是
凹坑	否	是	否	否	否
裂纹	否	是	否	否	否
小口径损伤	是	是	是	否	是
大面积损伤	否	否	否	是	是
管体损伤	否	否	否	是	是

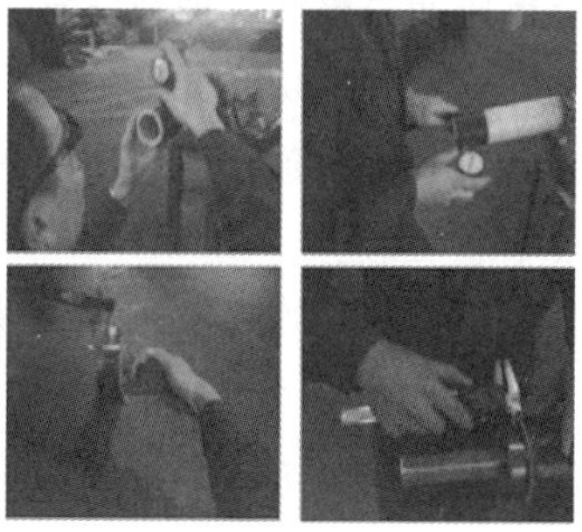

图 7　玻璃钢管道 5 种修复技术

1.7　降低常规腐蚀速率。在腐蚀控制方面，研发了酸性气田和含 CO_2-SRB 油田管道系列多功能复合缓蚀剂、系列高性能内外防腐涂料、集输管网区域阴极保护、特高压/地铁直流干扰防护等腐蚀控制关键技术，降低管道与站场设备腐蚀速率，有效控制了腐蚀风险。

2　存在的发展形势

世界油气工业已步入以数字化、智能化为代表的第五次技术革命，正进行数字化转型，作为油气安全发展重要保障的完整性管理也开始了智能化升级。总体来看，升级发展越来越呈现出“智能化”“本质化”“协同化”和“系统化”四大趋势(图8)。

2.1　随着管道服役时间增加，油气田地面系统新度系数低(0.25)，管道失效总量仍然较大，油气田企业面临增产量、减投资、控成本、保安全、抓环保、碳达标等新的生产形势。

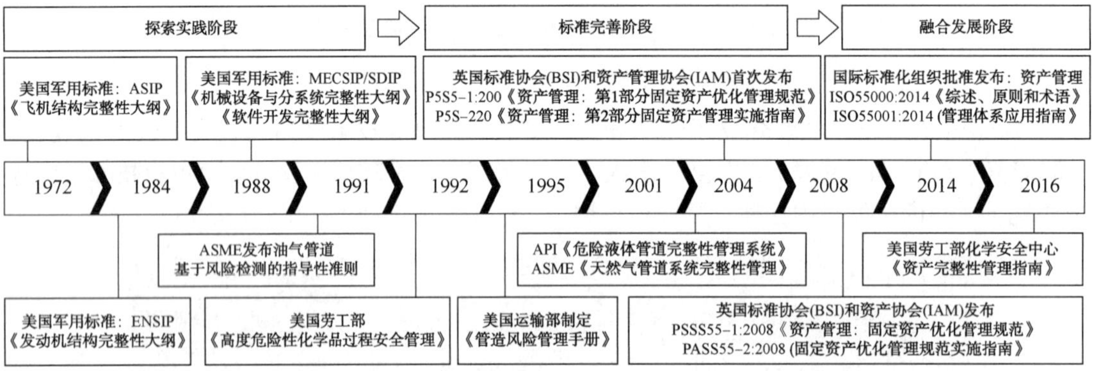

图8　完整性管理发展历程

2.2　集团公司制定“清洁替代、战略接替、绿色转型”的能源转型三步走战略，力争在2035年实现油、气和新能源并举，对地面生产系统完整性管理提出了新要求。

一是要保障油气田地面系统高质量发展。面对共性生产问题，要探索形成完整性管理发展方向，不断攻关完整性管理技术，支撑管道和站场无泄漏，保障长期服役管道安全可控，延长使用寿命，降低更新改造类投资，降低失效率，降低抢维修成本，提升管道与站场安全管控水平，充分发挥现有资产效能。

二是实现管道结构与功能双完整。针对管道超期服役、工况日益恶化的现状，持续深化高风险管道治理，坚持完整性管理关口前移，强化管道设计与建设期完整性管理及清管、解堵等工艺措施对提升管道输送功能的保障能力，实现管道结构、功能双完整，延长管道使用寿命的同时提高输送效率。

三是拓展完整性管理范围。延伸完整性管理工作到海工、城镇燃气、新能源、储气库等领域，确保新领域风险可控。推动完整性管理与老油田改造、优化简化、隐患治理、站场检维修等生产管理相融合。

3　下一步攻关方向

为支撑完整性管理升级，需更新迭代完整性管理技术，需要在管道智能化、非金属管道、站场、海工、新能源、储气库等领域持续开展技术攻关(图9)。

3.1　开展管材适应性研究。合理选材是保障地面系统本质安全的第一道屏障，是完整性管理的重要环节。非金属作为一种新材料，在油田应用中面临选材、管体评价、维修维护等技术问题，亟需建立入场检验标准，攻克非金属管道风险评价、在线检测、适应性评价、剩余寿命预测、预防性修复等技术，实现预知性维护(图10)。

3.2　加强信息化和业务的有效融合。基于智能化油气田整体建设思路，依托物联网、边缘计算、人工智能等信息技术，以数据为流向，平台构架为基础，系统应用为手段，攻克失效智能识别、高后果区智能识别、内外腐蚀智能预测、泄漏/地灾/第三方破坏智能监测、风险智能预警、智能加药、智能清管、智能化应急防范等系列技术(图11)。

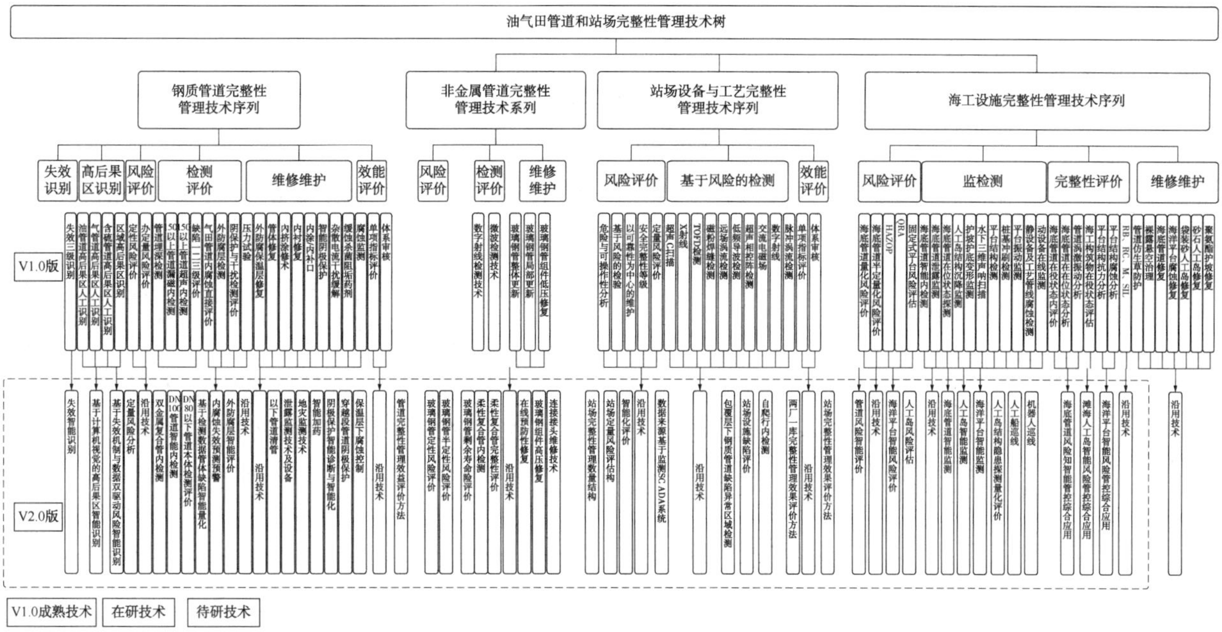

图 9　完整性管理技术树

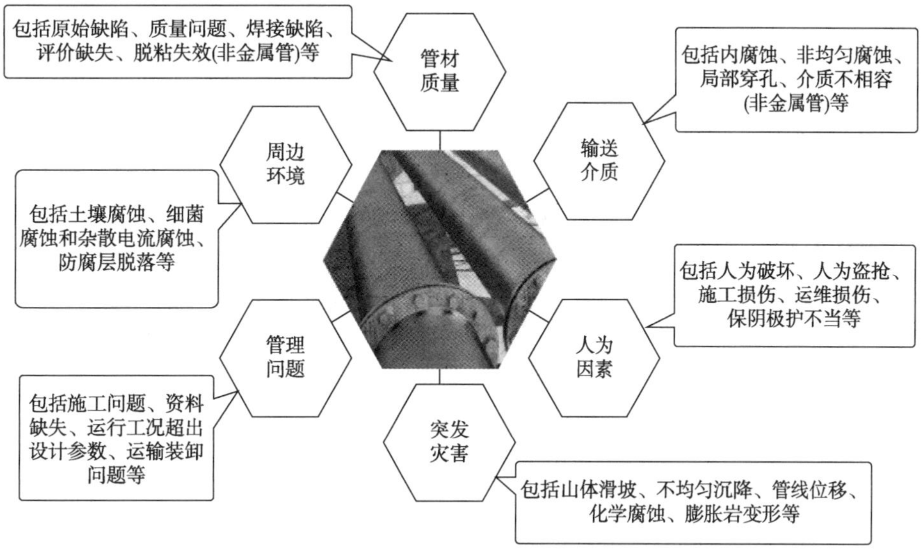

图 10　油气田管道选材影响因素

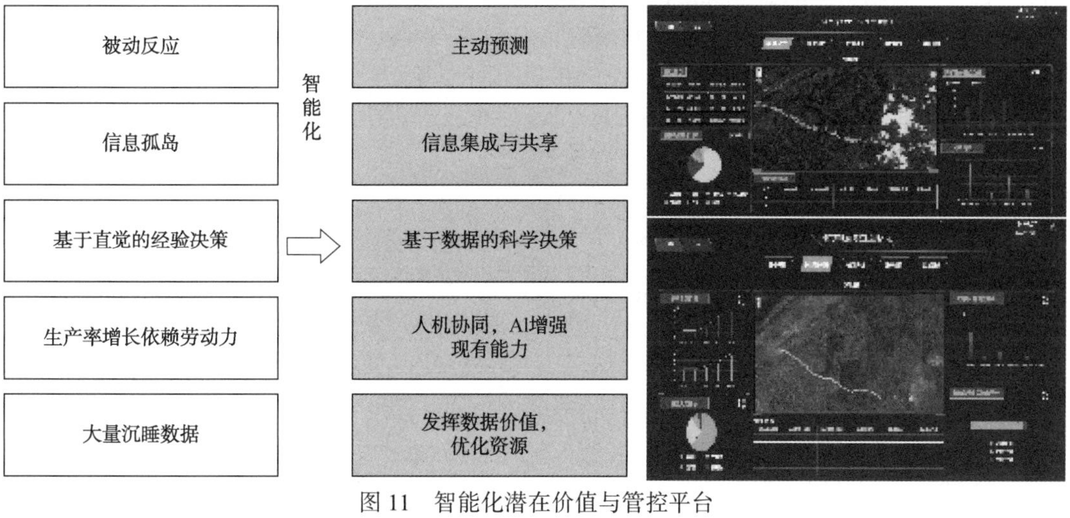

图 11　智能化潜在价值与管控平台

3.3 持续完善技术体系。以检测评价为抓手，以预知性维修维护为保障，建立站场完整性管理方法，完善管理体系，构建控制指标，明确风险可接受准则，制定基于风险的检测评价策略，提升设备设施可靠性和工作的连续性，延长检维修周期(图12)。

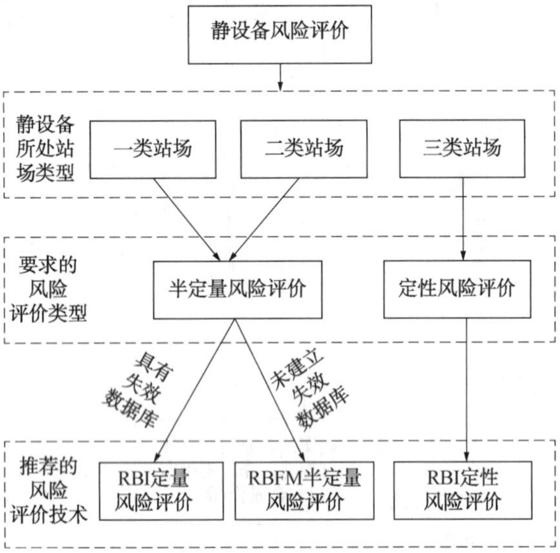

图12 站场完整性评价技术

3.4 强化老旧管道延寿策略。针对在役管道和设备临近使用寿命或超期服役带来的高风险问题，需开展老旧管道和设备设施脆弱性、可靠性分析，形成系统的延寿风险评估技术、定寿方法及延寿措施，为保障公司老旧管道和设备设施安全可靠运行提供技术支撑。

3.5 延伸完整性管理范围。目前海上生产设施风险评估仍参照陆上生产设施要求，未充分考虑滩海工艺布置、结构形式、环境条件与逃救生配套环境的差异，亟需攻克海上生产设施风险评价、检测评价、安全隐患量化评估等技术，为保障海上平台安全平稳运行提供技术支持。

3.6 加强新能源领域的完整性管理工作。与传统油气管道相比，二氧化碳管道和掺氢管道内腐蚀风险高、开裂倾向大、泄漏扩散特性差异明显，亟需攻关二氧化碳输送管道和掺氢管道高后果区识别、风险评价、内检测、内腐蚀直接评价、应力腐蚀直接评价、维修维护等关键技术。

3.7 探索开展储气库完整性管理技术。当前储气库面临扩压提产需求，未来新建库地质条件更加复杂、储存介质更加多样，要加快攻关地质体智能监测技术、井筒泄漏诊断与修复技术、地下储氢、氦、压缩空气风险评价技术等，搭建储气库设备设施完整性状态监测及预警系统，形成地质体-井筒-地面设施一体化系统风险量化评价方法，支撑储气库的建设和安全运行。

4 结束语

完整性管理有助于提高系统的可靠性、安全性和可持续性，同时也有利于降低成本和提高效率。完整性管理已经成为地面系统不可或缺的一部分，它为地面系统的可靠性带来了质的飞跃，也为地面系统的未来发展奠定了坚实的基础，给地面系统带来了一场新的革命。中国石油将继续积聚力量，不断开辟新领域、塑造新动能、攻关新技术、踏上新征程，积极推动人工智能、站场、海工、储气库等关键领域技术突破，构建新技术体系，攻占科技创新前沿阵地，赋能未来能源技术新革命！

延 2 至姚店输气管道内检测适用性研究与评价

王 炯 袁瑞华 郝 恩 肖述辉 张小倚

[陕西延长石油(集团)管道运输公司]

摘 要 随着国家石油石化天然气工业标准不断提高，安全、环保管控要求越来越严。为了防止油气管道运行期间出现渗漏、泄漏、起火、爆炸、污染等意外事件发生，保障企业高质量安全、环保发展，输油输气高危管道务必定期做内检测，对其检测出的问题或缺陷必须在规定时间内开挖验证、修复，使油气管道无安全环保隐患正常运行。采用漏磁、几何、DM 相结合的复合法、现场实验法、比较法，通过智能内检测器(漏磁检测器和几何检测器)对延 2 至姚店长 18.1km 输气管道进行一次全面内检测。检测数据分析结果表明：内部制造缺陷均满足要求；环焊缝异常 2 处，建议开挖检测验证，然后评价；几何特征，建议开挖验证或立即修复 1 处，修复措施应根据开挖检测验证结果进一步确定；金属外接物需开挖检测验证 4 处，然后根据检测验证结果确定修复措施；偏心套管需开挖检测验证 3 处，然后根据检测结果确定修复措施。

关键词 油气储运工程；内检测缺陷；风险管控；复合法；适用性；研究与评价

随着国家石油石化天然气工业标准不断提高，安全、环保管控要求越来越严。为了防止油气管道运行期间出现渗漏、泄漏、起火、爆炸、污染等意外事件发生，保障企业高质量安全、环保发展，输油输气高危管道务必定期做内检测，及时提前发现油气管道运行中存在的问题或隐患，依据油气管道内检测分析结果，对油气管道内检测发现的问题或隐患分轻重缓急、一一对应开挖验证、修复。因此，油气管道定期做全面智能内检测工作很有必要，其意义在于实现企业高质量安全、环保发展，让油气管道与自然、生态、社会、人类、经济和谐友好发展。

目前，国内外管道内检测方法主要是清管、漏磁检测、几何检测法，国内主要有几家企业从事这方面工作，比如北京派普兰管道科技有限公司、河南啄木鸟检测公司、北京同仁拓丰检测公司及中石油、中海油相关单位检测公司，但是从近年管道检测报告效果比较分析，他们在检测中都有缺陷漏检、缺陷误判、定位不准等共性不足问题，这意味着管道渗漏、泄漏、污染等意外事故事件的发生隐患没有彻底检测到位，整改不彻底，管道内壁完整性管理水平及安全管理水平待于继续提高。

鉴于此，笔者拟主要采漏磁与几何相结合方法，再结合输油管道外检测 PCM/DM 方法的复合检测方法，对延 2 至姚店输气管道适用性进行内检测研究，分析管道制造缺陷、凹陷、环焊缝、几何特征、金属外接物、偏心套管、腐蚀及管道直径、壁厚、外防腐层、地质环境、输送介质等因素对长输管道的内壁完整性的影响特征，保证管道每次内检测及时准确发现缺陷、准确定位缺陷，以期为长输管道内壁完整性检测与评级研究提供参考，以更好地预防管道渗漏、泄漏、污染等意外事故事件的发生和提高管道内壁完整性管理水平及安全管理水平。

这次检测方法有所创新，使得管道缺陷位置和数量更为全面准确，让数据更可信，保证后期开挖验证地点和问题准确，避免徒劳白费开挖，浪费人力、物力、财力。

1 评价对象和参数

本次适用性评价对象为延 2 首站至姚店阀室输气管道及其内检测与开挖验证得到的数据。管道适用性评价中所使用的基本参数和依据说明等如下：

(1) 延2首站至姚店阀室管道2014年建成投产；(2)管长：18.1km；(3)管径：304.8mm；(4)钢管类型：ERW焊管；(5)钢级：L360M；(4)管道公称壁厚：6.3mm和7.1mm；(6)设计压力：6.3MPa；(7)最大运行压力(MAOP)：4MPa；(8)运行温度：常温；(9)输送介质：天然气；(10)屈服强度：360MPa；(11)抗拉强度：455MPa；(12)焊缝系数：1.0，依据GB 50251-2015取值；(13)设置有阴极保护，3PE防腐层；(14)收发球筒均满足常规清管、内检测条件；(15)漏磁检测器、几何检测器、PCM/DM检测仪等完好，均达到检测要求；(16)检测过程各种紧急情况都编制、论证了应急预案。

2　内部制造缺陷的适用性评价

2.1　剩余强度评价及分析的原则

根据目前国际上广泛使用的制造缺陷评价规则以及缺陷深度对管道运行安全的影响，按照如下规则给出修复建议：

规则1：制造缺陷尺寸超出SY/T 6477—2014局部腐蚀评价方法所允许的极限尺寸，立即修复。

2.2　剩余强度评价结果分析

图1给出了内部制造缺陷的评价结果，可以看出壁厚为6.3mm管段中包含1处超标缺陷，其具体信息如下表1所示。

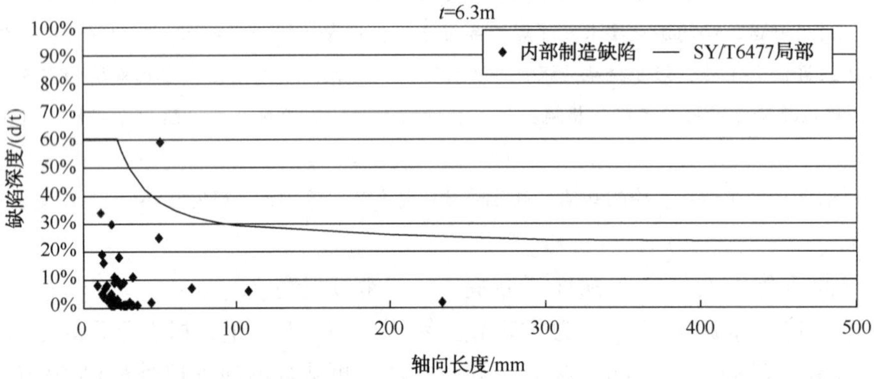

图1　内部制造缺陷评价结果(t=6.3mm)

表1　超标内部制造缺陷及验证结果

结果	上游环焊缝	相对距离/m	绝对距离/m	备注	峰值深度/%壁厚	长度/mm	宽度/mm	时钟方位
内检测	6760	4.0	6634.9	*内部制造缺陷	59%	55	20	10：30
验证				壁厚异常	39%	35	22	10：30

按照验证后信息进行制造缺陷评价，见图2，该处缺陷满足要求，不需要进行修复。

从图3可以看出，壁厚为7.1mm管段内部制造缺陷轴向长度均满足要求。

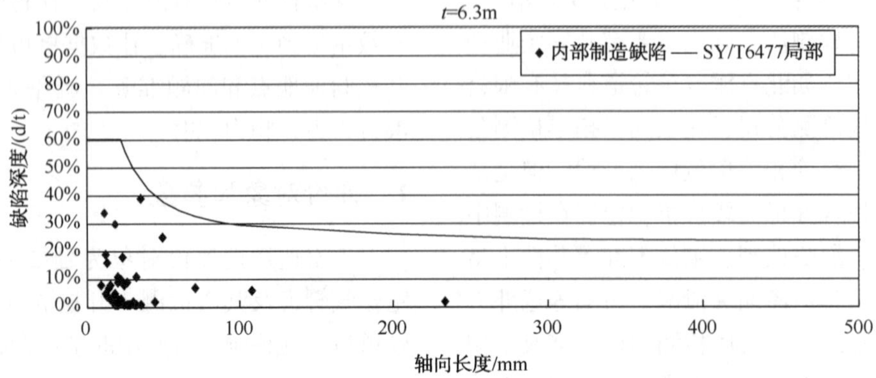

图2　内部制造缺陷评价结果(t=6.3mm，验证后结果)

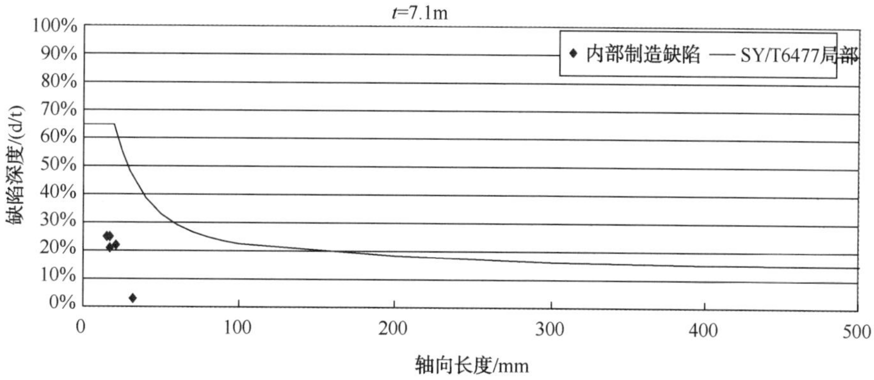

图 3　内部制造缺陷评价结果(t=7.1mm)

3　其它缺陷的适用性评价

3.1　环焊缝缺陷适用性评价

本次内检测共检测出环焊缝异常特征 2 处，具体信息如表 2 所列。从表 2 可知，内检测未能明确这两处环焊缝异常点的缺陷类型，缺陷尺寸只有环向长度，缺陷深度未能表征，而缺陷深度是适用性评价的重要参数，因此，该环焊缝异常点不能予以评价。建议管道运行业主应对内检测发现的两处异常点开挖检测并评价。

表 2　环焊缝异常特征信息列表

环焊缝编号	绝对距离/m	说明	预估环向长度/mm	时钟方位(时：分)
6170	6028.4	环焊缝异常	35.0	5：30
17760	17708.7	环焊缝异常	40.0	4：15

开挖检测数据表明，绝对里程 5370.694m 处的外部金属损失应为焊瘤如图 4 所示。距离上游环焊缝 0.008m，位于焊缝热影响区，具体信息如表 3 所示。

图 4　绝对里程 5370.694m 处的外部金属损失宏观照片

由于无法确定该焊瘤位置组织是否存在脆性开裂组织，为安全起见，本研究将其等效为裂纹型缺陷，并依据 SY/T 6477—2017 中裂纹型缺陷评价方法进行剩余强度评价，并将内检测和开挖验证检测的缺陷按照最严重尺寸等效为半椭圆轴向外表面裂纹缺陷和半椭圆环向外表面裂纹进行评价，等效裂纹尺寸如表 4 所示。在不考虑附加弯曲载荷、不考虑残余应力，只考虑内压载荷引起的应力，考虑分安全系数的情况下，所得评价结果如图 5 所示，从图可知，轴向和环向等效裂纹缺陷在设计压力 6.3MPa 条件下可接受。

表 3　绝对里程 5370.694m 处金属损失特征

数据来源	绝对里程/m	缺陷类型	时钟方位	轴向长度/mm	周向宽度/mm	深度/mm	公称壁厚/mm	环焊缝编号	距上游焊缝的距离/m
报告	5370.694	外部金属损失	3：30	23	9	42%	6.3	5510	0.008
验证	5370.694	焊瘤	3：30	9	7	N/A	6.3	5510	0.008

表 4　绝对里程 5370.694m 处等效裂纹缺陷尺寸

序号	绝对里程/m	等效缺陷类型	时钟方位	轴向长度/mm	周向宽度/mm	深度/mm	公称壁厚/mm	环焊缝编号	缺陷是否可接受
1	5370.694	半椭圆轴向外表面裂纹	3：30	23	9	2.65	6.3	5510	是
2	5370.694	半椭圆环向外表面裂纹	3：30	23	9	2.65	6.3	5510	是

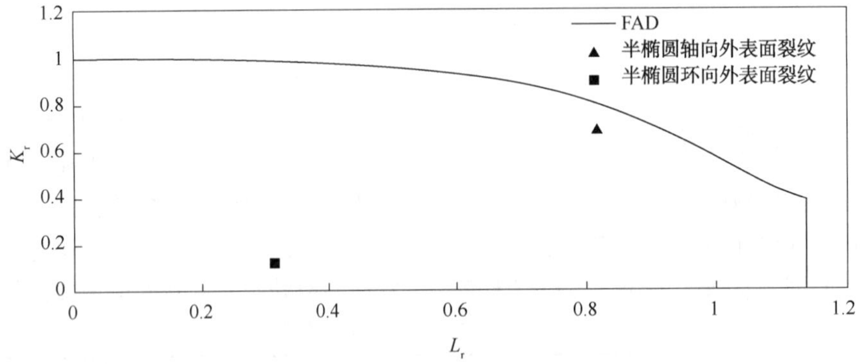

图 5　绝对里程 5370.694m 处等效裂纹缺陷评价结果

3.2　几何特征的适用性评价

内检测的几何特征主要指椭圆变形、内径减小、内径扩大、环焊缝焊肉偏高等。本次内检测共检测出两处内径减小特征，具体信息如表 5 所示。从表 5 可知，绝对距离为 8531.5m 处的内径减小属于屈曲，深度占外径的 9.0%，并达到了 SY/T 6996—2014 中深度超过 6%管道直径或应变大于 6%的凹陷的修复要求。屈曲表明管道受到较大的塑形变形，造成管壁或管道截面永久性起皱或变形，发生屈曲后不但影响清管器和内检测器的通过，而且影响管输效率，更重要的容易萌生疲劳裂纹，因此，建议对绝对距离为 8531.5m 处的内径较小特征(屈曲)应立即修复。同时建议管道运营商进一步分析屈曲产生原因，确认是否存在地层移动等情况。绝对距离 15933.8m 处的内径减小是由于污物造成，对比内检测结果，该位置与内部金属损失和凹陷不相关，可判断该处管道完整性未受影响。

表 5　几何特征信息列表

上游环焊缝	相对距离/m	绝对距离/m	说明	深度%外径	深度/mm
8740	6.5	8531.5	内径减小-屈曲	9.0%	29.1
16000	11.6	15933.8	内径减小-污物	2.9%	9.3

3.3　金属外接物的适用性评价

外接金属物可能会给管道造成潜在的危险，通过接触到管道可能造成管道外防腐层损伤或阴极保护系统破坏，从而为外部腐蚀创造条件，另外长期存在可能导致管道凹陷并损伤整个管道系统的完整性。

本次内检测共发现 16 处外接金属物，如表 6 所示，其中 4 处接触，12 处接近。对比本次检测的外部金属损失，4 处接触管道所处位置与外部金属损失不相关，可推断该 4 处接触金属物尚未对外防腐层和阴极保护系统造成明显的影响，但是金属物接触管道长期存在对管道完整性会有一定影响，因此，对于金属外接物接触管道的情况，建议开挖并确认其是否影响管道完整性，根据开挖检测结果确定修复策略。

与管道靠近的外接金属物对管道完整性影响较小，可以在这些金属物附件进行其他检查活动的时候，例如修复腐蚀缺陷时，顺便排除这些金属物，并进一步确认有没有破坏管道的防护涂层或阴极保护系统。

表 6　金属外接物特征列表

序号	上游环焊缝	相对距离/m	绝对距离/m	接近程度	时钟方位/时：分
1	770	2.4	600.8	接近	5：30
2	770	5.5	603.9	接触	8：45
3	1470	3.3	1348.9	接近	10：00
4	1780	7.7	1617.9	接近	6：15
5	1980	6.0	1823.1	接近	5：00
6	2890	2.8	2682.4	接触	5：15
7	4040	0.8	3919.4	接近	8：30
8	6090	0.8	5983.5	接近	6：15
9	6120	0.5	6008.9	接触	3：00
10	6540	0.9	6425.2	接近	10：15
11	6570	6.8	6445.1	接触	9：15
12	7090	1.7	6967.1	接近	4：00
13	7510	0.0	7388.5	接近	8：00
14	10000	9.9	9892.1	接近	12：45
15	13310	6.6	13390.7	接近	6：15
16	17260	9.4	17204.2	接近	2：45

3.4　偏心套管的适用性评价

偏心套管与管道接触可能造成管道外腐层损伤或阴极保护系统破坏，为管道外部腐蚀创造条件，从而影响管道安全。本次内检测共检测出 3 处偏心套管特征，与管道接触，与外部金属损失不相关，但偏心套管与管道长期接触，势必会对外防腐层和阴保系统造成影响。绝对距离 6727.1m 的偏心套管开挖验证结果表明，可见光缆钢管靠近管道，间距约 2mm，如图 6 所示，管道外表面未见明显的防腐层损伤或腐蚀情况。整体而言，对于偏心套管应开挖检测验证，确定是否存在外防腐层损坏，并及时采取措施。偏心套管特征见表 7。

图 6　绝对距离 6727.1m 的偏心套管现场开挖图

表 7　偏心套管特征列表

上游环焊缝	相对距离/m	绝对距离/m	位置类型	接近程度	是否与外部腐蚀相关	距起点的相对距离/m	说明	最小间距/时：分
120	1.3	49.5	起点终点	接触	否	0.0 12.0	偏心套管起点	7：30
130	11.2	71.4	起点终点	接触接触	否否	0.0 1.1	偏心套管起点偏心套管终点	7：30 06：15
6860	0.5	6727.1	起点终点	接近接触	否否	0.0 5.9	偏心套管起点偏心套管终点	3：00 02：45

4　结论与建议

（1）内部制造缺陷：壁厚为6.3mm管段中包含一处超标缺陷，按照验证后信息进行制造缺陷评价，该处缺陷满足要求，不需要进行修复。壁厚为7.1mm管段内部制造缺陷轴向长度均满足要求。

（2）环焊缝异常：由于环焊缝异常点缺少深度信息，未进行评价，鉴于环焊缝属管道薄弱点，建议开挖检测验证，然后开展评价。

（3）几何特征：根据评价分析结果，建议开挖验证或立即修复1处，修复措施应根据开挖检测验证结果进一步确定。

（4）金属外接物：根据评价结果，需开挖检测验证的金属外接物4处，然后根据检测结果确定修复措施。

（5）偏心套管：根据评价结果，需开挖检测验证的偏心套管3处，然后根据检测结果确定修复措施。

（6）以上建议是基于本次内检测发现的缺陷(特征)评价结果，由于内检测实施过程中，存在部分传感器在某些缺陷失去响应或受到干扰，可能存在缺陷漏检或尺寸量化偏差较大的情况，建议对此予以充分考虑。

（7）同时，建议对管道沿线高后果区进行识别，并及时修复位于高后果区的缺陷特征。

（8）今后油气管道内检测时，建议继续采用漏磁、几何与DM外检测仪辅助相结合的复合法，使得检测缺陷定位定量更准确。

参　考　文　献

[1] 周燕，董怀荣，周志刚，等．油气管道内检测技术的发展[J]．石油机械，2011，(3)：74-77.

[2] 王金柱，王泽根．油气长输管道内部缺陷定位方法综述[J]．石油天然气学报，2010，(1)：372-374.

[3] 郭晓婷，杨亮，宋云鹏，等．油气管道三轴高清漏磁内检测机器人设计验证[J]．仪表技术与传感器．2020，(12)：53-57.

[4] 刘伟．管道本体数据与内检测数据的对齐方法研究[D]．西安科技大学，2018.

[5] 杨理践，沈博，高松巍．应用于管道内检测器的管道地理坐标测量方法[J]．仪表技术与传感器．2013，(11)：84-87.

[6] 曾辉，强毅，王自林，等．油气变径管道内检测器磁铁探头的设计与实现[J]．油气储运．2021，(4)：446-450.

[7] 张兰，张来斌，樊建春，等．基于磁记忆方法的油气管道内检测试验研究[J]．石油机械．2010，(5)：1-4.

[8] 王良军，李强，梁菁嫣．长输管道内检测数据比对国内外现状及发展趋势[J]．油气储运．2015，(3)：233-236.

[9] 孙伟栋，杨阳，张建昌，等．油气管道内检测数据深度分析[J]．腐蚀与防护．2020，(6)：57-61.

[10] 王波，韩昌柴，刘翼，等．管道内检测数据与施工资料对齐及应用[J]．油气田地面工程．2018，(12)：87-90.

[11] 张志浩，孙银娟，杨涛，等．长庆油田小口径管道内检测机器人研究与应用[J]．石油与天然气化工．2020，(1)：93-97.

[12] 李一博，崔尧尧，孙立瑛，等．基于时差的管道内检测器定位系统方位角估计方法[J]．天津大学学报．2013，(2)：186-189.

[13] 何杨年．输气管道内检测救援方案研究与应用[J]．油气田地面工程．2017，(1)：73-76.

[14] 刘梦然，张国军，简泽明，等．管道内检测器声定位技术研究[J]．传感技术学报．2014，(4)：500-504.

[15] 林现喜，杨勇，裴存锋，等．油气长输管道内检测周期预测方法[J]．油气田地面工程．2018，(5)：65-69.

[16] 石永春，刘剑锋，王文娟．管道内检测技术及发展趋势[J]．工业安全与环保．2006，(8)：46-48.

[17] 陈文华，赵云，刘岩．“二次收球”方法在管道内检测中的应用[J]．油气储运．2012，(3)：219-220.

[18] 张华兵，程五一，王富才等．东北管道内检测缺陷的开挖定位[J]．油气储运．2010，(12)：941-942.

[19] 杨洪丽，王朝璋，王国维，等．美国石油协会API管道内检测标准变更简析位[J]．油气田地面工程．2017，(7)：13-15.

[20] 姜晓红，洪险峰，刘争，等．管道内检测数据对比对完整性评价的影响[J]．油气储运．2016，(1)：28-31.

特高含硫气田内腐蚀控制关键技术

喻智明[1]　于　磊[2]　任　阳[3]　黄洪发[1]　莫　林[1]　唐　澜[3]

(1. 中国石油西南油气田分公司天然气研究院；2. 中国石油西南油气田分公司气田开发管理部；3. 中国石油西南油气田分公司川东北气矿)

摘　要　随着中国石油西南油气田分公司(以下简称公司)铁山坡、渡口河等特高含硫气藏的建设开发，标志着我国特高含硫气田开发技术实现新突破。特高含硫气田开发，安全是重中之重，但高温高压工况下剧毒及强腐蚀性 H_2S、CO_2、元素硫等介质诱发的腐蚀及开裂问题严重威胁着气田安全生产。针对特高含硫气田整体内腐蚀控制"卡脖子"技术难题，公司秉承"整体规划、主动防护、动态调整"的防腐理念持续开展技术攻关，形成了材料腐蚀分析与评选、缓蚀剂防腐、腐蚀监/检测、腐蚀控制信息化四大特色技术体系，成功应用于铁山坡特高含硫气田开发，实现覆盖"全流程、全生命周期、全区域"的整体腐蚀控制新产品、新技术、新工艺工程化。最后，结合目前生产中存在的问题对未来技术发展趋势和挑战进行了展望，可为国内高/特高含硫气田的内腐蚀控制及安全平稳运行提供借鉴。

关键词　特高含硫；腐蚀控制；腐蚀评价；缓蚀剂；监检测

四川盆地是我国高含硫气藏开发的集中地，约占全国同类储量90%以上。根据GB/T 26979—2011《天然气藏分类》，H_2S 含量在(2~10)mol %为高含硫气藏，含硫(10~50)mol %为特高含硫气藏。近年来，以罗家寨、龙岗、普光、元坝等为代表的高含硫气田相继成功开发，并已安全平稳运行多年，开发技术已较为成熟可靠。中国石油已逐步建立了完善的高含硫气藏开发核心技术和标准规范体系。随着高含硫天然气开发不断向超深层进军，中国石油铁山坡特高含硫气田已经建成投产，渡口河特高含硫气田也进入加快建设阶段。特高/高含硫气田开发，内腐蚀控制是保障安全生产的重要基础，但面临以下严峻挑战：腐蚀环境苛刻、腐蚀影响因素多、机理复杂，主控因素识别难；周边人居环境复杂，腐蚀防控要求高；管线/设备点多量大，腐蚀监检测及防护效果评估难度大；腐蚀数据量大，管理效率低，决策滞后。为此，公司围绕特高含硫气藏开发的腐蚀控制世界级难题，在已有成熟技术经验基础上，经过技术攻关与实践，取得了长足的进步，腐蚀行为评价体系日趋完善，腐蚀控制措施趋于多元化，控制效果监测/检测体系化，腐蚀控制管理走向信息化，形成了系列特色技术体系，有效支撑了我国高含硫气藏的安全、清洁、高效开发。

1　特高/高含硫气田腐蚀特征

在高含硫气田开发过程中，由于剧毒及强腐蚀性 H_2S、CO_2、高矿化度气田水、元素硫等腐蚀性介质的存在和高温、高压以及流速等因素的影响，使得腐蚀环境非常复杂，腐蚀形式和机理多样，腐蚀危害程度也成倍增加。点蚀、缝隙腐蚀、电偶腐蚀、应力腐蚀开裂等腐蚀类型普遍存在，主要腐蚀机理包括 H_2S 腐蚀、CO_2腐蚀、元素硫腐蚀等。H_2S 往往造成包括碳钢、不锈钢在内各类材料的氢致开裂和硫化物应力腐蚀开裂，尤其是焊缝等薄弱部位；CO_2可以使体系进一步酸化，并诱发严重的局部腐蚀，元素硫沉积使得原本极为耐蚀的镍基合金也可能遭受严重的点腐蚀，并恶化局部环境；Cl^-是腐蚀产物膜和钝化膜的破坏者，高温下诱发氯化物应力腐蚀开裂，复合管环焊缝耐蚀元素稀释易导致局部腐蚀。气田生产系统主要失效形式包括减薄、穿孔、破裂等。一旦腐蚀失控，危害极大，因此，必须采取有效腐蚀控制技术措施和管理制度来削减和控制腐蚀带来的安全环保风险。

2　内腐蚀控制关键技术

2.1　材料腐蚀分析与评选技术

高含硫气田开发过程中，需要对材料在腐蚀介质环境中腐蚀行为、腐蚀主控因素、材料的适应性和各种腐蚀控制措施防腐效果进行研究和评价，并对现场失效部件进行腐蚀分析和评价。目前地面集输系统管线常采用的是低碳钢、低合金钢，如L360QCS、L245NS等材质配套缓蚀剂防腐工艺，以及双金属复合管、钛合金等新型耐蚀材质防腐。油套管和井下工具选用耐 H_2S 腐蚀的材料，形成了抗硫碳钢+缓蚀剂防腐工艺，符合“三高”气井要求的井，井下管柱材质采用镍基合金油管和抗硫套管。随着特高含气田 H_2S/CO_2 含量的增大，在温度、压力、Cl^- 等腐蚀因素(甚至包含元素硫)的共同作用下，普通碳钢或不锈钢已经难以满足气田开发对管材强度和耐蚀性的要求，采用高合金化的镍基耐蚀合金是技术发展应用的趋势。

针对腐蚀主控因素难确定、选材依据缺乏等问题，公司建成模拟高含硫气田多相流复杂工况环境(H_2S、CO_2、高温、高压、元素硫等)下材料腐蚀评价方法及实验平台，突破了 $P_{H_2S}>15MPa$ 环境下国际标准的选材限制，形成了一套适用于高含硫气田的腐蚀分析及材料评价程序，可在实际工况条件下，评价材料腐蚀状况，明确腐蚀主控因素及影响规律，确定了镍基合金、双金属复合管、碳钢+缓蚀剂的适用环境和条件。

(1) 元素硫腐蚀评价技术

针对元素硫腐蚀控制难题，构建了一套涵盖“垢下腐蚀-应力腐蚀”的“小尺寸-全尺寸-现场工况”的元素硫腐蚀评价方法，明确了元素硫存在条件下碳钢和耐蚀合金材料的电化学腐蚀及应力腐蚀行为。硫单质与金属表面的直接接触是诱发快速腐蚀的直接原因，表明管材的局部腐蚀受硫存在状态和与金属接触方式的影响；涂敷状态下腐蚀程度大于悬浮硫状态。在电化学腐蚀方面，硫含量、温度、H_2S 含量、Cl^- 浓度的增大均会不同程度的增大元素硫腐蚀程度；元素硫通过促进了碳钢的阴极反应，增大了腐蚀速率。腐蚀机理主要为多硫化物反应机理，硫化物催化阴极元素硫还原。高温(>80℃)下同时会与水发生歧化水解反应，提高腐蚀介质酸性。在硫化物应力腐蚀开裂方面，随着 Cl^- 浓度的升高，材料应力腐蚀开裂敏感性增大；温度高于60℃时，元素硫增大了碳钢材料硫化物应力腐蚀开裂敏感性，脆性断裂特征更加明显。

(2) 双金属复合管及焊缝腐蚀评价技术

围绕双金属复合管在应用过程中可能出现的直焊缝和环焊缝的应力腐蚀及内衬层塌陷问题，从腐蚀环境、金属材料学、焊接工艺技术等方面对双金属复合管在高含硫气田地面集输工程中的应用展开了研究。建立了双金属复合管耐蚀性能评价方法，明确了腐蚀关键影响因素及其失效行为和原因；建立了双金属复合管及其焊缝晶体间腐蚀-局部腐蚀-EC评价-整管段评价的耐蚀性能评价程序，并依托现场试验基地开展了中试放大实验，明确了825冶金复合管及机械复合管在现场实际工况条件下的腐蚀状况。首次推荐出了适用于公司酸性工况条件下的双金属复合管的焊接方法和焊接工艺要求，明确了高酸性气田地面集输管线用双金属复合管焊接接头的检验技术要求；在国内首次设计并建造了一套具有自主知识产权的用于高酸性环境整管段腐蚀评价的试装置，提出了复合管焊接接头在苛刻应力状态下的整管段腐蚀评价方法，为高酸性气田地面集输管线采用复合管防腐技术提供了重要技术依据(图1)。

(3) 镍基合金评价方法和适用范围

镍基合金在高含硫气田的应用已经达到一定的规模，针对镍基合金种类较多而难以选择和可能出现局部腐蚀、环境腐蚀开裂(EC)的问题，已开展了大量研究，形成了硫酸铁(Ⅰ)—硫酸晶间腐蚀评价方法进行镍基合金初步筛选、模拟腐蚀环境中的四点弯曲测试法进行环境开裂性能评价、采用动电位法进行点蚀电位测试以评价局部腐蚀性能的组合评价方法体系，解决了高含硫气田镍基合金选择及评价的难题。国产镍基合金和进口镍基合金都具有很好的耐环境开裂性能，但是在苛刻的腐蚀环境中都发生了点蚀，温度是镍基合金腐蚀的主控因素，元素硫的存在及其含量多少也是镍基合金腐蚀的重要因素。

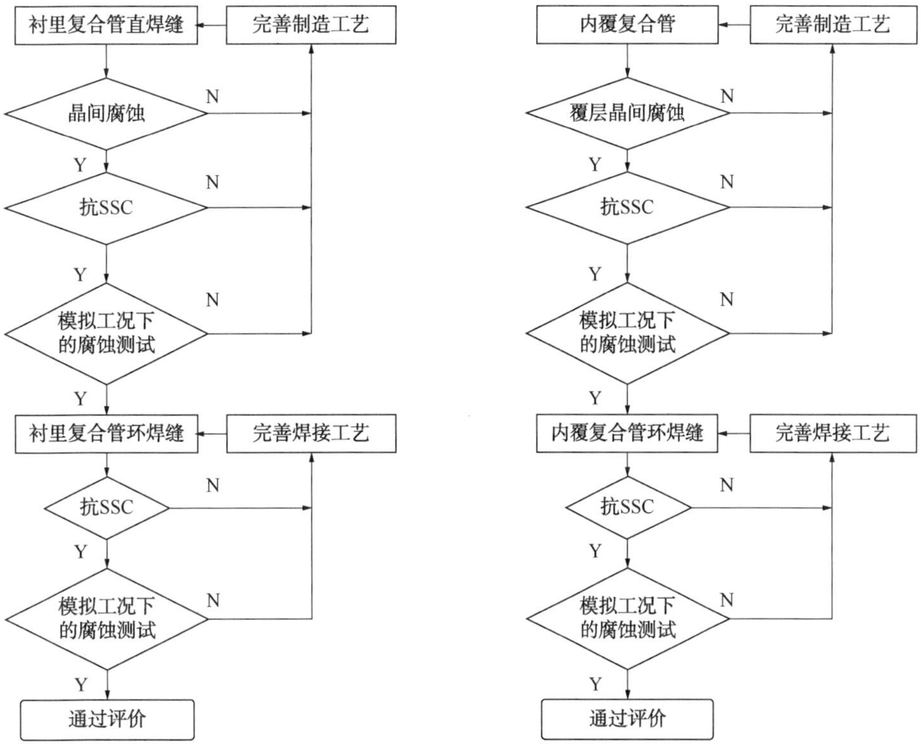

图 1　冶金/内覆复合管及其焊缝腐蚀评价程序

2.3　缓蚀剂防腐技术

碳钢+缓蚀剂的腐蚀控制方法具有投资少、防腐效果好的优点，得到了广泛应用。在管道内腐蚀控制方面，加拿大 East Crossriled 气田、Brunt Timber 气田和法国拉克气田集输系统都采用了缓蚀剂防腐来抑制管道内腐蚀，现场工艺包括清管器缓蚀剂预涂膜、缓蚀剂间歇加注、缓蚀剂连续加注等。川渝地区人居环境复杂、环境敏感，气田工况苛刻，对缓蚀剂缓蚀性能和理化性能要求极高，公司基于量子化学和大数据分析，自主研发 3 大类 18 种缓蚀剂产品，可满足油气田井下至地面的腐蚀防护需求，控制碳钢腐蚀速率<0.076mm/a。并建立了完善的缓蚀剂优选评价流程，开发了集输系统配套应用工艺，形成了独具特色的缓蚀剂应用效果分析技术见表 1。

表 1　主要缓蚀剂产品适用范围

序号	缓蚀剂名称及代号	适用范围
1	环空缓蚀剂 CT2-4	H_2S、CO_2、Cl^-腐蚀
2	注水缓蚀剂 CT2-7	回注水系统
3	气液两相缓蚀剂 CT2-15	H_2S、CO_2、Cl^-腐蚀
4	抗 CO_2缓蚀剂 CT2-17	CO_2、Cl^-腐蚀
5	长效膜缓蚀剂 CT2-19	H_2S、CO_2、Cl^-腐蚀
6	缓蚀阻垢剂	净化厂循环水系统

其中，针对地面集输系统缓蚀剂膜持续时间短、保护周期无法满足生产需求，首次提出含硫咪唑啉原创思路，设计含巯基和 R 基团分子结构，研发了适用于高含硫气田 H_2S、CO_2、Cl^-等多因素共存条件下的长效膜缓蚀剂，缓蚀率>95%，膜持久性较国际同类产品提高 16%，碳钢用长效膜缓蚀剂及其体系达到国际领先水平。优化了缓蚀剂预膜工艺，解决了大口径长距离管线全周向缓蚀剂均匀成膜难题，研发氢通量监测缓蚀剂膜后效技术，结合化学分析方法，形成现场缓蚀剂应用效果评价体系，有效指导缓蚀剂防腐方案的优化(图 2~图 3)。

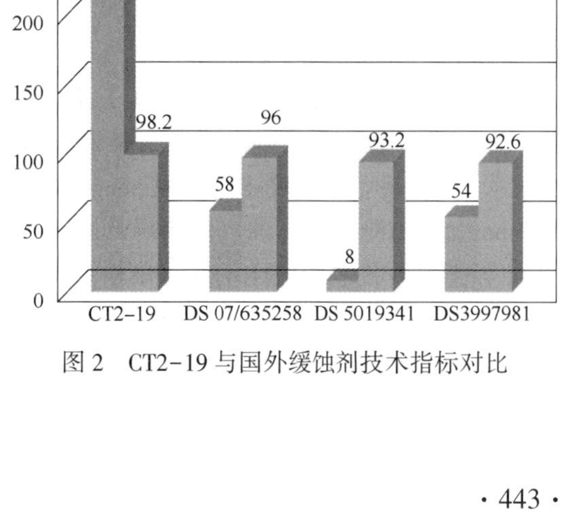

图 2　CT2-19 与国外缓蚀剂技术指标对比

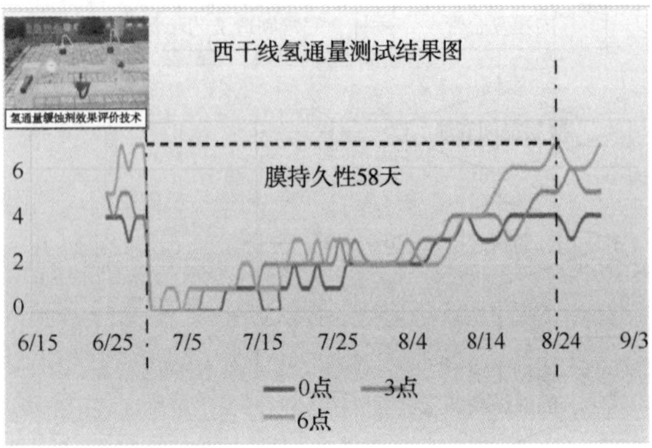

图3　现场膜持久性测试结果

2.4　腐蚀监/检测评价技术

针对大部分集输管道受限于结构和运行条件，缺乏内腐蚀评价有效手段，通过腐蚀影响因素与腐蚀程度分布关联性研究，研发了管道沿线腐蚀风险分布定量评价方法，预测符合率>70%，首次建立基于风险的区域内腐蚀优先评价管道识别方法，实现了内腐蚀高风险管道快速筛选，提高了完整性管理针对性，将单一管道内腐蚀评价拓展成区域管道内腐蚀评价分析技术，并开发了湿气管道内腐蚀预测系统，提升了评价效率(图4)。

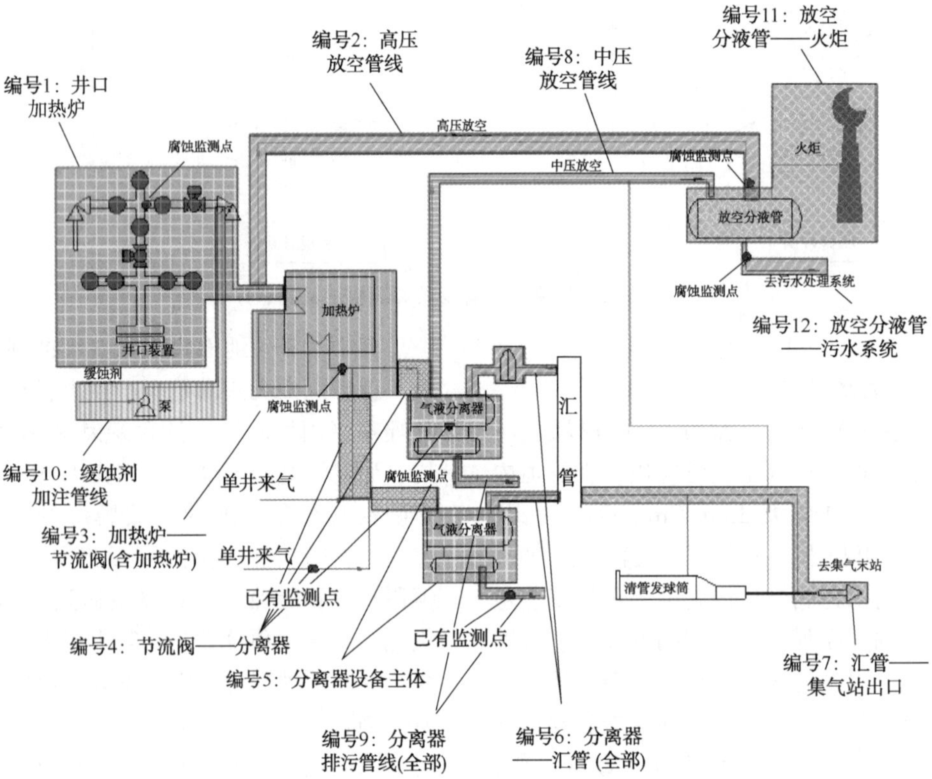

图4　腐蚀单元划分

针对传统腐蚀监测盲区大、技术选择依据缺乏、数据采集效率低的问题，通过腐蚀监测方法适应性分析，研发了基于腐蚀单元划分及风险分布定量评价监测点选择技术，构建了集"ER-LPR-EN-RCS-SCM"于一体的在线集群腐蚀监测技术，监/检测精度由0.01mm提升到0.001mm，可监测均匀腐蚀、检测局部腐蚀、应力腐蚀等类型，技术的应用消除了集输系统腐蚀监测盲区，提升了监测、数据录取工作效率，实现了重点区块腐蚀监测100%全覆盖(图5)。

在检测方面，常用无损检测技术有超声检测、相控阵、衍射时差法超声检测、电磁超声检测等，并逐渐向智能化、功能多样性以及信息开放化方向发展，对于碳钢材质的均匀腐蚀减薄、裂纹缺陷具有良好的检测精度。对于逐步应用的双金属复合材质，一般耐蚀内衬层失效较少，检测重点为焊缝。受其多层结构和耐蚀材质磁导率差的影响，单一检测技术适用性差，通过探索试验，已初步形成了针对容器的"磁粉+TOFD+超声"和针对管线的"几何+电磁涡流+漏磁检测+IMU"组合式检测技术思路，并在检测的精度、效率、成本上持续探索优化(表2)。

此外，特高含硫气田面临更为严峻的应力腐蚀开裂风险，为提升主动预防能力，首次引入了磁记忆应力检测和超声应力无损检测技术，准确获取集输管线尤其是焊缝部位应力水平和分布，为开裂风险评判提供重要支撑(图6~图7)。

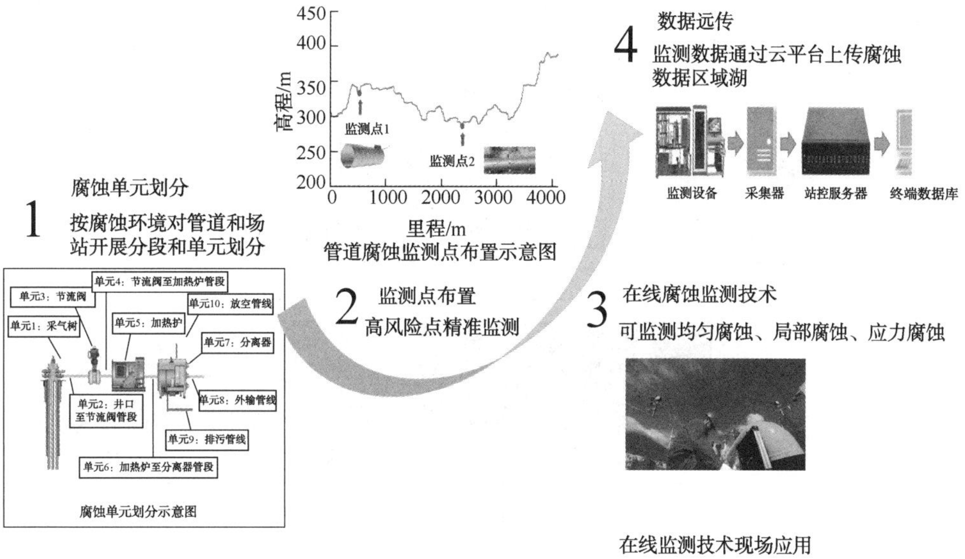

图5　腐蚀监测体系构建

表2　无损应力检测技术

无损应力检测技术	技术原理	特点
磁记忆应力检测	运用了磁记忆效应，当铁磁性试件受外载荷和地磁场的共同作用时，铁磁性材料内部的磁畴变化具有一定的记忆性，可反应力集中的程度	便携，高效率、低成本，通过磁场测量评估应力集中区，可早期预测损伤部位。
超声应力无损检测	利用超声波速与应力之间的存在固有的关系，并将这种特性转为数字信号表征。	便携，定量检测速度快，成本低，拥有较佳的空间分辨率和较大范围的检测深度。

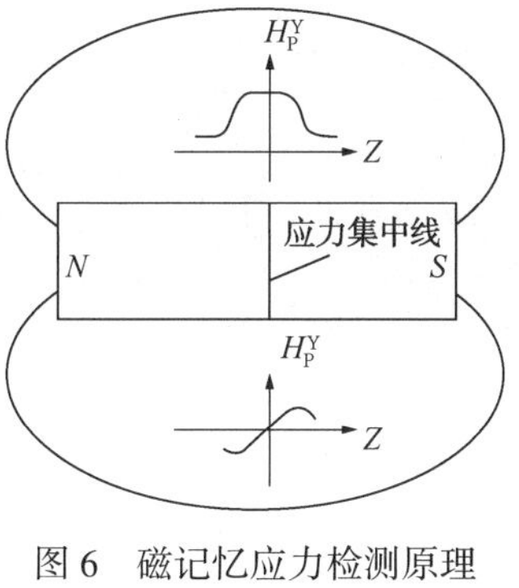

图6　磁记忆应力检测原理

2.5　腐蚀控制信息化技术

针对腐蚀数据保存形式单一、分析处理周期长、数据利用率低、决策反馈滞后等难题，基于腐蚀大数据，数据量覆盖场站、设备、管道基础数据、腐蚀失效数据、风险评估数据、监检测数据、腐蚀控制等，应用数据挖掘和可视化技术，构建了集大数据管理、预测/监测、风险评估、实时预警、控制管理等于一体的腐蚀数据与控制管理平台。形成区域腐蚀控制快速响应机制，提升了腐蚀预知预判能力，解决了腐蚀风险管控滞后难题，为气田生产管理决策优化和检维修策略的合理制定提供支持(图8~图9)。

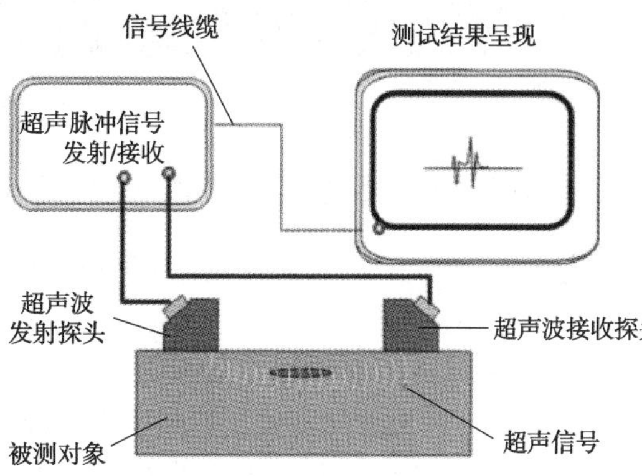

图7　超声应力检测原理

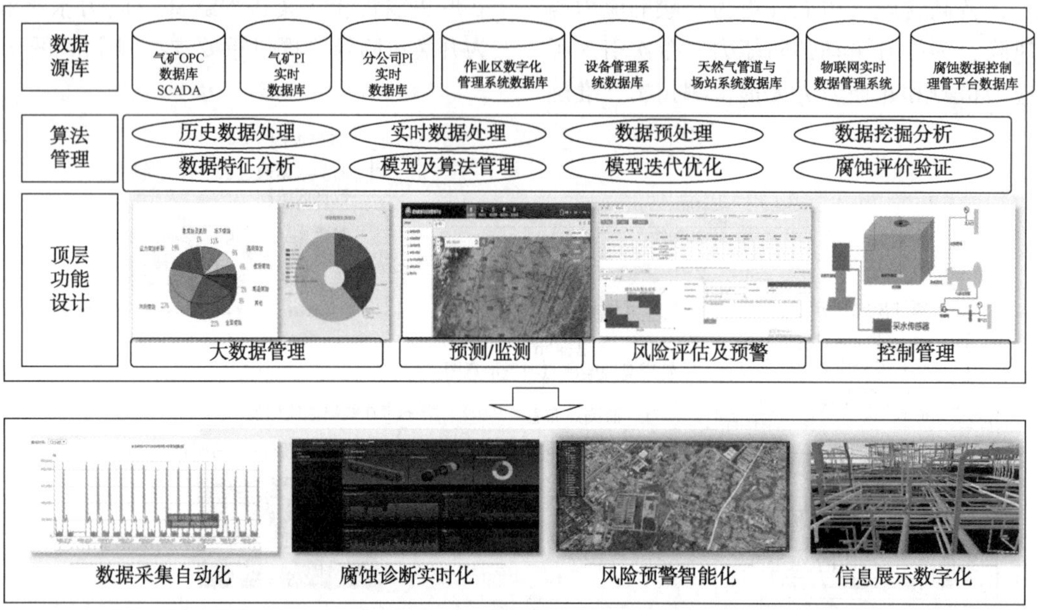

图 8　腐蚀数据与控制管理平台主体功能架构

图 9　腐蚀数据与控制管理平台

3　特高含硫气田内腐蚀控制技术应用实例

随着中国石油首个自主开发的特高含硫气田—铁山坡气田全面达产，日产天然气达 400 万 m^3，标志着我国特高含硫气田开发关键核心技术实现新突破。铁山坡气田位于达州境内，硫化氢最高含量达 16.59%，属于特高含硫气藏，按照“安全规格等级最高、工业自控水平最高、智能化水平最高、技术经济水平最高”的标准，成功自主建成投产的国内硫化氢含量最高的整装气田。首次大规模使用耐蚀合金双金属复合材料，实现“全流程、全生命周期、全区域”的整体腐蚀控制新产品、新技术、新工艺工程化，进一步提升了我国在特高含硫气田腐蚀防护领域的行业话语权。

铁山坡气田各井原料气通过铁山坡 1 号集气支线(双金属复合管道)气液混输到脱水站后集中脱水，干气经铁山坡集气干线管道(碳钢)输往铁山坡清管站，再经铁山坡联络线输往中石化大湾 D402 集气站，汇入普光集输管网系统，最终输送至普光天然气净化厂。在铁山坡特高含硫气藏投产初期，通过研究明确了其腐蚀主控因素，形成“双金属复合管-碳钢+缓蚀剂应用-腐蚀监检测-风险评价信息化”四位一体的特高含硫整体腐蚀控制技术。

（1）材质防腐

井筒：油管和井下工具选用耐蚀合金BG2532，采用封隔器完井防腐工艺，并采用低腐蚀性完井液，降低对油套管的腐蚀。

地面：站内工艺管道及湿气集气支线选用L360QS+825耐蚀合金复合管，在复合管制造工艺评定、首批生产检验、批量生产检验各环节均开展了严格的耐腐蚀性能试验，包括晶间腐蚀、点腐蚀及应力腐蚀开裂试验。通过室内缓蚀剂防腐效果评价试验，确定了脱水后干气集输干线采用“碳钢+缓蚀剂”的方式进行保护。

试验条件：总压：13MPa、H_2S 分压：2MPa、CO_2 分压：1MPa。试验溶液，Cl^-：80000mg/L、Na^+：60000mg/L，Ca^{2+}：10000mg/L，pH = 6.5。试验温度：40℃。试验时间：72h。试片规格：L360QS，50mm×20mm×3mm。参照标准：JB/T 7901—2001《金属材料试验室均匀腐蚀全浸试验方法》。试片处理方式：采用CT2-19A缓蚀剂预膜浸泡2h，表面形成CT2-19A缓蚀剂保护膜。L360QS预膜试片腐蚀评价结果如表3所示。

表3　L360QS试片腐蚀评价结果

试片编号	试前质量/g	试后质量/g	腐蚀失重/g	腐蚀速率/(mm/a)	缓蚀率/%	缓蚀剂情况
137	21.1769	20.8529	0.3240	2.2268	/	空白
063	21.1019	20.8397	0.2622	1.8021	/	空白
077	21.1030	21.1000	0.0030	0.0206	98.9%	预膜处理
208	21.1330	21.1304	0.0026	0.0178	99.0%	预膜处理
126	21.2026	21.2002	0.0024	0.0165	99.0%	预膜处理

试验结果显示，空白试验挂片表面有较明显腐蚀，预膜后试片清洗后表面较为均匀光亮，未见有明显腐蚀发生，有效控制腐蚀速率远低于0.076mm/a(图10)。

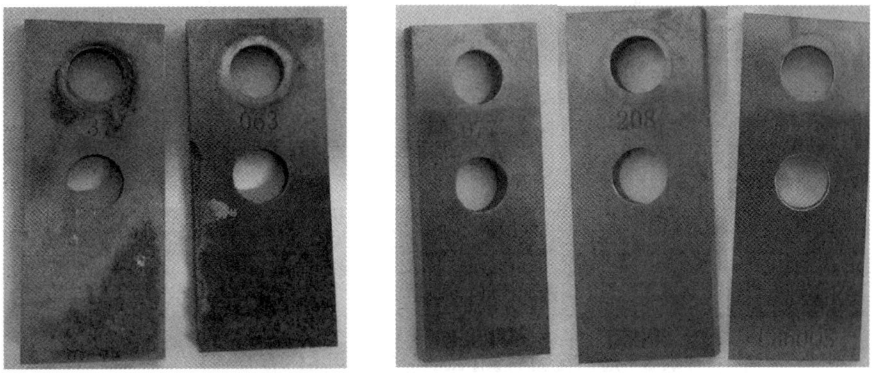

（a）空白组　　（b）缓蚀剂预膜处理

图10　腐蚀后试样形貌

（2）工艺控制

设计流速3~6m/s，避免间歇流导致管道出现聚集水和沉积物；在脱水装置后设置水露点连续监测，监测脱水后的天然气水露点；集气支线及干线设置清管装置，干气管道起始端预设缓蚀剂加注点，水露点异常后加注缓蚀剂保护管线。

（3）集输干线缓蚀剂防腐工艺

加注方案：管道投产前，采用缓蚀剂对管道内壁进行预膜(批处理)；水露点检测正常，每季度开展管道清管，半年开展缓蚀剂预膜处理；水露点检测异常，进行一次缓蚀剂预膜处理，同时异常期间在管道起始端每天连续加注缓蚀剂。加注工艺：缓蚀剂预膜采用“珠头球+清管球”预膜工艺，连续加注采用“药剂加注泵+文丘里加注口”每天向管道中加注。药剂选择：干气管道选用吸附效果良好，成膜持续时间长的油溶性缓蚀剂(图11)。

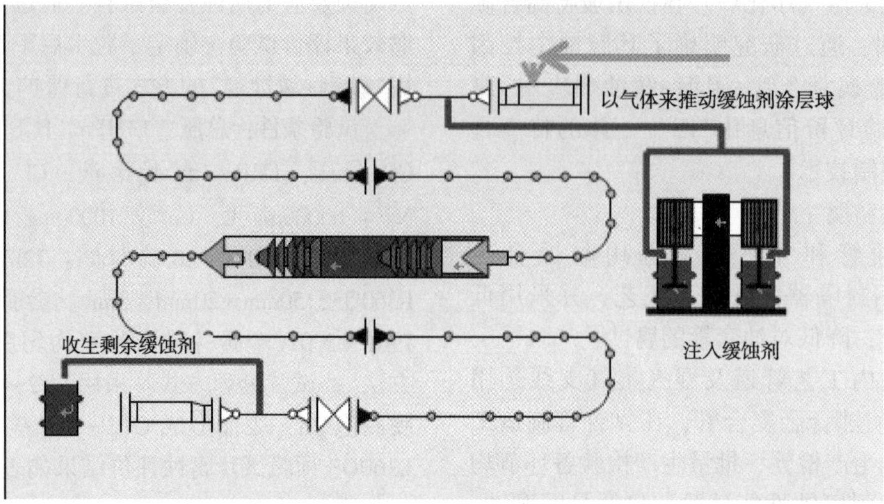

图 11　缓蚀剂预膜工艺流程

（4）腐蚀监/检测

1）应力检测

在管道安装完成开产前，针对地质灾害点、地势复杂点等易产生较大应力作用地段的管道弯头及焊缝，开展了磁应力和超声应力检测，结合应力集中强度指数和实测应力值，摸排了高应力水平风险点位并进行了质量复验。对碳钢环焊缝磁记忆应力检测部分结果如表 4 所示。对某受地灾影响的双金属复合管管段超声应力检测结果如表 5 所示。

表 4　磁记忆应力检测（L360QS 管线焊口）

检测焊口序号	12 点方向	3 点方向	6 点方向	9 点方向
焊口 1	18	10	32	43
焊口 2	23	22	19	13
焊口 3	22	8	39	22
焊口 4	77；55（仪器报警）	22	/	15
焊口 5	66	55	55	37
焊口 6	88；96（仪器报警）	35	27	30
焊口 7	11	16	15	33
焊口 8	23	6	11	10
焊口 9	64；65（仪器报警）	42	36	35
焊口 10	24	45	34	14

表 5　超声应力检测（L360QS+堆焊 625 复合管）

管线	位置	应力/MPa	应力形式
集气支线	弯头前端焊缝	+98	拉应力
	弯头后端焊缝	+107	拉应力
AB 线-1	弯头前端焊缝	-66	压应力
	弯头中部	+72	拉应力
	弯头后端焊缝	-33	压应力
AB 线-2	弯头前端焊缝	+28	拉应力
	弯头中部	+99	拉应力
	弯头后端焊缝	-70	压应力

发现3道焊缝应力集中强度指数较大（大于60），并有仪器报警提示出现，其中2处位于地灾监测点，再次对3道焊口DR、PAUT复检，确保了焊缝质量合格。

管线所用材质为L360QS，其许用应力为360MPa，取用0.72的安全系数，当应力低于259MPa时，可认为在管道处于安全状态。通过对集气支线及AB线的超声应力检测结果判断，管线关键位置轴向应力均低于超限应力，管线在轴向载荷上处于较安全状态。通过此次现场实践，从源头上预防硫化物应力腐蚀的发生，初步解决了高含硫气田开发管线应力检测和开裂风险评估技术难题。

2）腐蚀监测

在干线末端采用远传式腐蚀探针和腐蚀挂片进行联合监测，低洼处设置超声波在线壁厚监测；运行过程中结合铁离子浓度分析、缓蚀剂残余浓度分析，判断管道内部腐蚀发生情况及药剂加注效果；结合监检测以及内腐蚀直接评价等技术，综合判断气田腐蚀状况。自投产以来，铁山坡-清管收球筒管段探针腐蚀监测结果显示腐蚀速率均远低于0.076mm/a，腐蚀控制效果显著。

4 结语及展望

高/特高含硫气田腐蚀控制是一项系统工程，需要采用“整体规划、主动防护、动态调整”的腐蚀防控策略，从材料选择与评价、缓蚀剂研发与应用、腐蚀监测与检测技术的集成与优化入手，建立起贯穿气田全流程、全生命周期的整体腐蚀控制技术，构建并持续完善数字化腐蚀数据管理系统和数据库，从而实现腐蚀控制的整体设计和完整性管理。随着我国高含硫天然气开发不断向超深层进军，生产过程中将进一步面临特高含硫、超高温、超高压的苛刻复杂腐蚀工况，对腐蚀控制和安全提出了更高要求，仍然存在以下几方面的挑战亟待技术攻关：

（1）目前地面集输和井筒已形成“碳钢+缓蚀剂”、“耐蚀合金复合管”和“纯耐蚀合金”三种材质防腐工艺路线，无明确的全生命周期评价及选型指导方法，现场耐蚀材质长期服役数据还很缺乏。

（2）现有监/检测技术针对碳钢均匀腐蚀效果较好，局部腐蚀、应力腐蚀缺乏有效检测手段；双金属、非金属等新型材料在腐蚀控制中的应用越来越广泛，尚无成熟的监/检测技术，高含硫气藏集输系统腐蚀监/检测技术手段及体系需要进一步完善。

（3）腐蚀环境和腐蚀类型的复杂多变对缓蚀剂功能、性能指标提出了更高需求。基于人工智能和大数据技术，利用室内、现场大量实验和计算模拟，优化新型缓蚀剂的合成工艺，加快耐高温、垢下缓蚀剂等特殊缓蚀剂的研发及应用，支撑缓蚀剂领域的可持续性发展。

（4）高含硫气藏腐蚀数据信息数量大、资料存储分散，需进一步开展信息化技术攻关，提取不同类型腐蚀的特征，建立腐蚀知识图谱，为材料腐蚀分析评价、优选、腐蚀预测及控制提供数据支持。利用AI识别、机器学习等，实现腐蚀类型智能识别和远程诊断，提高腐蚀评价响应效率。

参 考 文 献

[1] 胡勇，惠栋，彭先，熊钢，杨建，李隆新，李滔．高含硫气藏开发关键技术新进展、挑战及攻关方向[J]．天然气工业，2022，42(12)：23-31.

[2] 付安庆，袁军涛，李轩鹏等．油气田地面管道内腐蚀现状及防腐技术研究进展[J]．石油管材与仪器，2021，7(06)：14-25.

[3] 胡永碧，谷坛．高含硫气田腐蚀特征及腐蚀控制技术[J]．天然气工业，2012，32(12)：92-96.

[4] 张强，袁曦，张东岳等．川渝含硫气田腐蚀控制方法[J]．石油与天然气化工，2015，44(05)：60-65.

[5] Zhang，C.，Liu，B.，Wang，C.，Xiong，Y.，& Zhang，J. Corrosion behavior and mechanism of carbon steel in high-sulfur gas field. Journal of Natural Gas Science and Engineering，2018，60，56-63.

[6] 王帅，张金星，李纪朋，朱明杰，宋成立，林冠发．国内油田地面系统防腐研究与应用进展[J]．石油管材与仪器，2022，8(05)：1-7.

[7] 刘志德，路民旭，肖学兰等．高含硫气田元素硫腐蚀机理及其评价方法[J]．石油与天然气化工，2012，41(05)：495-498.

[8] M. Askari，M. Aliofkhazraei，S. Afroukhteh. A comprehensive review on internal corrosion and cracking of oil and gas pipelines [J]. Journal of Natural Gas Science and Engineering. 2019，71，

[9] 曾德智，李祚龙，李发根等．复合管焊接接头整管段应力腐蚀试验方法研究[J]．西南石油大学学报（自然科学版），2021，43(04)：129-137.

[10] 唐诗，马鑫，蒋志，沈武冬，张昌会，徐梅．龙王庙组气藏地面集输系统腐蚀控制措施研究[J]．全面腐蚀控制，2021，35(06)：149-152.

[11] 范舟，李洪川，刘建仪等．高含硫气田元素硫沉积及其腐蚀[J]．天然气工业，2013，33(09)：102-109.

[12] Liu, B., Wang, C., Zhang, C., Xiong, Y., & Zhang, J. Research on corrosion prediction and control of gas gathering and transportation pipeline in high sulfur gas field. Petroleum Science, 2019, 16(2), 407-420.

[13] Zhao, Y., Zhang, Y., Li, C., Li, X., & Liu, Y. Study on corrosion of high-sulfur gas field gathering and transportation pipeline and its inhibition. Journal of Natural Gas Science and Engineering, 2019, 69, 102993.

[14] 王彦然，肖杰，范永昭等．酸性气田中 CO_2 和 H_2S 的腐蚀预测模型研究进展[J]．材料保护，2022，55(03)：130-135.

[15] 田源，肖杰，李珊等．含硫气田集输管道腐蚀预测软件应用[J]．石油与天然气化工，2021，50(01)：83-86.

[16] 王锋，何仁碧，韩彬，闻亚星，陈金忠．含硫油气集输管道内腐蚀检测方法研究[J]．材料保护，2021，54(12)：183-186.

[17] Xu L, Wang YF, Mo L, et al. The research progress and prospect of data mining methods on corrosion prediction of oil and gas pipelines[J]. Engineering failure analysis, 2023, 144: 106951.

[18] Xu L, Yu J, Zhu ZY, et al. Research and Application for Corrosion Rate Prediction of Natural Gas Pipelines Based on a Novel Hybrid Machine Learning Approach[J]. Coatings, 2023: 13(5): 856.

[19] Tan Gu, Honggang Chang, Qiang Zhang, et al. Failure Analysis of a Pipeline in Sour Gas Field[J]. CMSEE 2014: 601-607.

[20] 李珊，田源，蔡绍中．高酸性气田地面用国产双金属复合管现场腐蚀评价[J]．石油与天然气化工，2021，50(03)：101-105.

[21] 唐永帆，张强．高含硫气藏开发腐蚀控制技术与实践[M]．石油工业出版社，2018.

页岩气田微生物腐蚀研究进展

彭林彩[1]　王　智[2]　文　崭[3]　袁　曦[1]　王彦然[1]　余华利[1]

（1. 中国石油西南油气田分公司天然气研究院；2. 中国石油西南油气田分公司气田开发管理部；
3. 中国石油西南油气田分公司长宁公司）

摘　要　页岩气作为一种清洁能源，是我国能源安全的重要保障力量，而生产系统中严重微生物腐蚀问题制约其安全、高效上产。本文基于页岩气田微生物腐蚀的研究现状，重点结合现场应用情况，分别介绍了页岩气田腐蚀微生物群落、微生物腐蚀机理、腐蚀防护措施及微生物腐蚀监/检测等方面研究进展，并针对存在的问题提出了相关建议。

关键词　页岩气；微生物腐蚀；硫酸盐还原菌；杀菌缓蚀剂；腐蚀防护

1　引言

随着清洁低碳能源转型进程加快，中国天然气消费快速增长，保障天然气供应安全的形势日益严峻，迫切需要加大国内天然气资源开发，提高生产供应能力。加强非常规天然气资源开发利用是增强中国天然气供应安全的战略选择。我国已明确了在“十四五”期间要积极扩大页岩气等非常规资源勘探开发。四川盆地页岩气资源量占据我国页岩气可采资源量的68%，达到了21.7×$10^{12}m^3$。其中，川南页岩气资源量达到了10×$10^{12}m^3$，已成为我国页岩气勘探开发的重点区域，包括威远、长宁、昭通、自贡、泸州等多个有利建产区。未来，川南地区将建成我国最大的页岩气生产和综合利用基地。近年来，我国页岩气勘探开发取得了重大进展和显著成绩，成为国内天然气增产增供的重要来源，但依然存在一些技术层面的困境和挑战，制约其快速发展和大幅上产。

川南页岩气田是四川盆地页岩气开采的主阵地，在开采前期业内学者认为页岩气不存在腐蚀。但是在开采后不久腐蚀失效问题显得相当突出。据统计，川渝页岩气开采前期腐蚀失效次数可超300次/年，最高腐蚀速率可达99mm/a，导致超亿方的产量损失。页岩气腐蚀形式主要为腐蚀穿孔，采集气管件、污水管线穿孔部位在弯头、水平管、立管、焊缝等部位，油管穿孔最为严重在0~1500m上部，管件穿孔部位呈现多样化，且分布十分广泛，最快生产1个月就有发生失效现象。

页岩气田气质中普遍CH_4摩尔百分比均高于98%，CO_2摩尔百分比在0.1%~2%，且无H_2S存在。返排液pH值6.0~7.5，Cl^-含量10000~30000mg/L，SO_4^{2-}含量500mg/L，矿化度10000~50000mg/L，硫酸盐还原菌（SRB）、铁细菌（IB）和腐生菌（TGB）含量0~110×10^4个/mL。页岩气中生产系统腐蚀环境复杂，根据近年来页岩气田腐蚀研究分析及相关结论表明，微生物腐蚀（Microbiological influenced corrosion，MIC）是导致页岩气管线腐蚀的主要原因。MIC即由通过依靠微生物自身的生命活动及其代谢产物的腐蚀作用直接或间接地影响金属材料腐蚀过程，是一种最常见的、被公认的、极具破坏性的腐蚀行为。美国腐蚀工程师协会（NACE）2016年的影响研究报告提出，全球年腐蚀支出约2.5万亿美元，这其中还不包括因为腐蚀所产生的安全和环保方面的开支，而微生物腐蚀造成的损失约占10%~20%。微生物腐蚀是油气田开采过程中的腐蚀控制共性难题，严重制约了油气田管道与站场完整性管理的全面推进。所以页岩气田中微生物腐蚀问题应引起足够的重视。

本文围绕页岩气微生物腐蚀的研究现状及现场腐蚀控制的应用情况，从页岩气腐蚀微生物群落、微生物腐蚀机理、微生物腐蚀防护及微生物腐蚀监/检测现状等方面展开介绍，并进一步展望了页岩气田微生物腐蚀防护的发展方向，以期对页岩气田MIC的诊断、预测及防治提供指导。

2　页岩气田腐蚀微生物群落

页岩气开发普遍采用水力压裂技术提高储层渗透率和气井产量。压裂施工用到的返排液中存在丰富的有机营养物质，经过重复利用，极易滋生细菌，其中包括大量的腐蚀细菌。另外地下气藏中也含有丰富的腐蚀微生物。了解腐蚀微生物的种类和群落结构可明确腐蚀微生物的来源，是研究微生物腐蚀的前提，才能为微生物腐蚀防护提供科学指导。

微生物群落多样性与分布和环境因子密切相关，比如嗜热菌和古菌的含量会随着气藏温度的升高而增大，耐盐菌的数量和种类也会随着地层水矿化度的提高而增多。目前，关于四川盆地页岩气微生物群落研究报道较少。根据研究报道，页岩气田中微生物群落的演变与 Marcellus 页岩气(美国最重要的页岩气田之一) 的压裂和生产过程中耐盐、嗜盐、耐热和厌氧微生物群落相似。西南石油大学兰贵红老师课题组研究了长宁页岩气田中某口井的清水注入液、排采期初期井口返排液、排采期后期井口返排液、初始生产分离器后端返排液和生产 2 个月后分离器后端返排液等 5 种水样的微生物群落变化。发现细菌和古细菌群落逐渐演变为以嗜盐、耐盐和硫循环微生物群落，随着微生物群落的演替，在排采期产酸菌、嗜蛋白菌、假单胞菌和产氢甲烷古菌在微生物腐蚀中起主要作用，在生产阶段则以硫循环细菌如脱硫弧菌属、弓形菌属等为主(图 1)。就目前的页岩气腐蚀微生物群落研究而言，存在研究样本量少，未追踪全生命周期细菌群落变化及分布，结论不具备普适性和代表性，因此，微生物群落及溯源研究还待进一步深入。

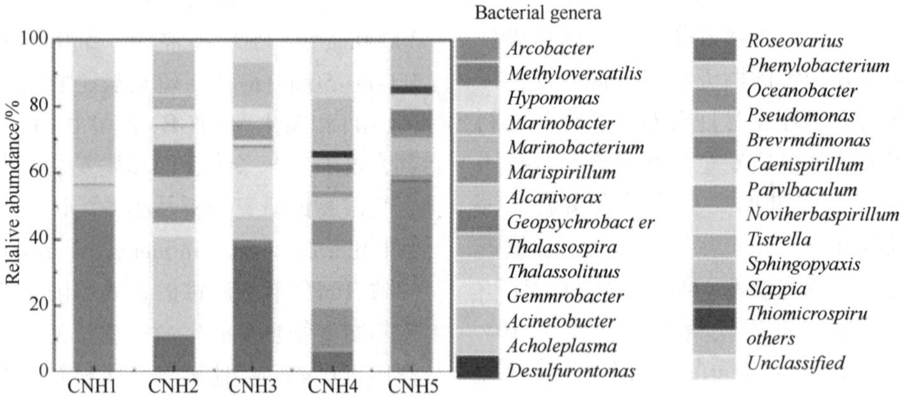

图 1　五种水样在属水平上细菌群落结构的差异

3　页岩气田微生物腐蚀机理

微生物腐蚀涉及的微生物种类繁多，相关事故分析显示，油气管线故障和原油泄漏直接或间接地与 MIC 有关超过 70% 由 SRB 引起。通过研究其活性，腐蚀行为进一步确定其腐蚀机理。

3.1　SRB 的活性

根据页岩气地面集输系统研究表明 SRB 附着在管道表面会大大促进腐蚀。但 SRB 只有在适宜的环境下才能代谢，从而促进腐蚀。页岩气田井下温度范围宽，为进一步明确存在细菌腐蚀的层位，因此需开展 SRB 的活性研究。天然气研究院研究了从页岩气田返排液中提取的 SRB 菌在 60~120℃下的活性，由图 2(a)可知 SRB 在 80℃时能够代谢生存，温度超过 80℃后没有活性，基本不能代谢繁殖。在中低温下的 SRB 可以维持较高的活性，其可加速腐蚀的发生。而 SRB 在 80℃及以上温度时没有活性，难以存活；这也进一步说明井筒中下段腐蚀不存在 SRB 的腐蚀。在 60℃ 下测定了 SRB 生长曲线[图 2(b)]，图中可知，SRB 在 60℃下活性很高。接种大约 24 h 后，进入了细胞以几何级数速度繁殖期，即对数生长期。至 40h 左右，菌量突变至 10^6 数量级，又经过大约 20h 的稳定生长后，进入了生长的稳定期，约 230h 开始，由于营养物质的消耗，代谢物质累积导致细菌繁殖速度减慢或停止，SRB 菌群进入了衰亡期，死菌数迅速超过活菌数。

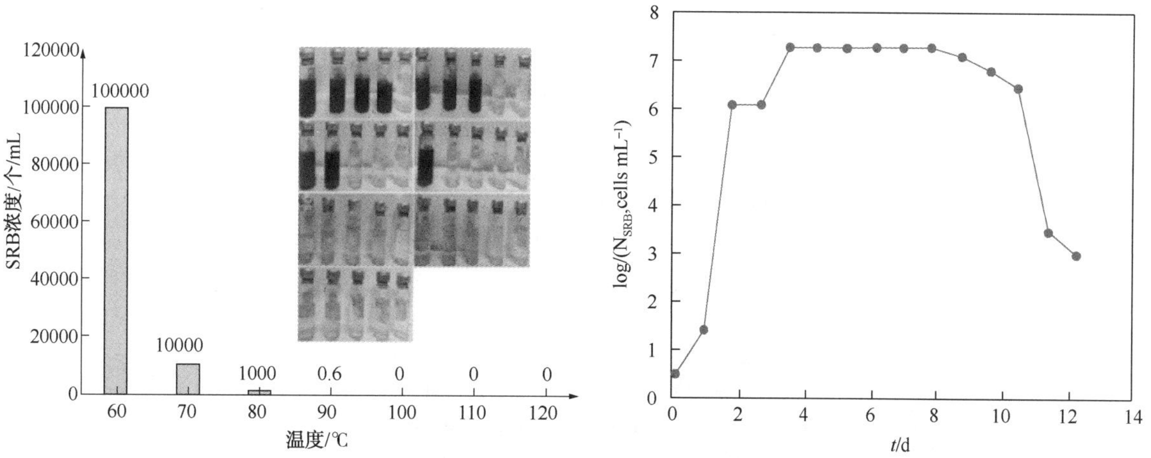

图 2　不同温度下 SRB 活性(a)和 60℃时 SRB 生长曲线(b)

3.2　页岩气田微生物腐蚀行为

为获悉页岩气田微生物腐蚀行为，天然气研究院以长宁页岩气田某平台的返排液为实验介质，设计长周期腐蚀试验，还原现场的腐蚀过程，研究集输管道材质在现场条件下的的腐蚀行为演变以及作用机理。实验仍在 35℃下进行，实验时间分为 3~90d。

前 30d 内，随着浸泡时间的延长，均匀腐蚀速率逐渐升高，30d 后达到 0.180mm/a，后期逐渐降低，75d 后稳定在 0.055~0.065mm/a 之间(图 3)。试片的腐蚀形态如图 4 所示，仅腐蚀 3d 和 7d 的试片以均匀腐蚀为主，但当腐蚀时间达到 15d 后，均出现了肉眼可见的点蚀现象，蚀孔形状前期接近圆形，后期逐渐变得不规则，与失效管道的蚀孔形貌相似表明以上实验有效还原了现场的腐蚀形貌。对腐蚀产物利用 XRD 和 XPS 进行化学成分分析，其成分主要是 $FeCO_3$、Fe_2O_3、FeS_2、和 FeO(OH) 和有机物，与失效管道的成分相同，应是细菌代谢形成的生物膜。

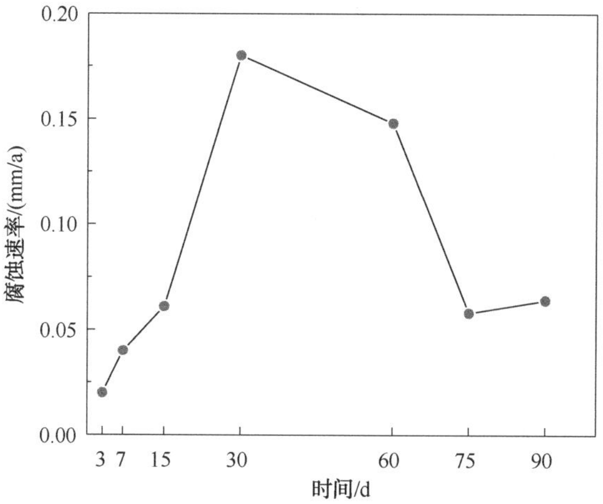

图 3　腐蚀速率变化规律

采用 SEM 进一步分析腐蚀产物的微观形态，如图 5 所示，产物膜主要由球形颗粒和絮状晶体，其中夹杂有细菌菌体，60d 以后，膜层的致密度有所提高。

3.3　页岩气田微生物腐蚀机理

SRB 腐蚀与其胞外聚合物(EPS)的生长密切相关。当 SRB 在页岩气田管道表面附着时，自身会分泌 EPS，EPS 在金属表面的附着性较强，有利于细菌等吸附在管道设施的金属基体表面。SRB 利用菌体内的氢化酶会促进 SO_4^{2-} 还原成 S^{2-}，S^{2-} 将穿过 $FeCO_3$ 腐蚀产物膜，与 Fe^{2+} 和 H^+ 生成 FeS 腐蚀产物和 H_2S。管道沉积物中 FeS 具有半导体性质，其可以介导 SRB 从金属中直接获得电子加速腐蚀，促使与下层表面的电偶耦合使腐蚀速率急剧增加。目前，关于 SRB 诱导腐蚀的机理主要包括：氢化酶阴极去极化机理、代谢产物腐蚀机理、直接电子传递机理。微生物腐蚀的过程中，很多时候并不一定只有一种机理。不同的微生物在不同环境中生长，会协同不同环境腐蚀管道。

SRB 的存在会加速管道的 CO_2 腐蚀，CO_2-SRB 共同作用下，SRB 活性较大，加速 CO_2 腐蚀产物膜的损坏，腐蚀产物膜疏松多孔、易脱落，在腐蚀电偶和闭塞电池的作用下，加速了 CO_2 腐蚀。集输管道垢下腐蚀往往与 SRB 相关。垢层的孔隙为 SRB 粘附提供了便利的条件，SRB 快速繁殖，垢层逐渐遭到破坏，引发了微区电偶腐蚀，诱发局部腐蚀。除与 CO_2 腐蚀因子协同外，厌氧型 SRB 可与典型好氧微生物 IOB 协同加速工程材料的腐蚀。IOB 的存在会促进腐蚀，一方面在前期直接通过代谢引起腐蚀，另一方面与

SRB 协同作用，通过代谢加速生物膜的完整化过程，同时形成氧化物膜，进一步隔绝了氧向膜下扩散，为 SRB 提供了适宜的无氧环境，使得膜下的 SRB 能够高活性地以金属作为电子供体，造成点蚀不断发展。CO_2 前期可直接参与腐蚀，随着细菌活性的提高，CO_2 的反应逐渐受到抑制（图 6）。

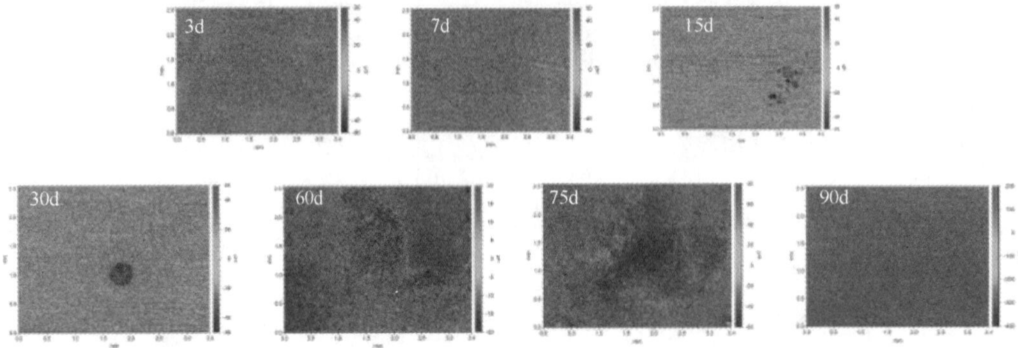

图 4　腐蚀形态变化

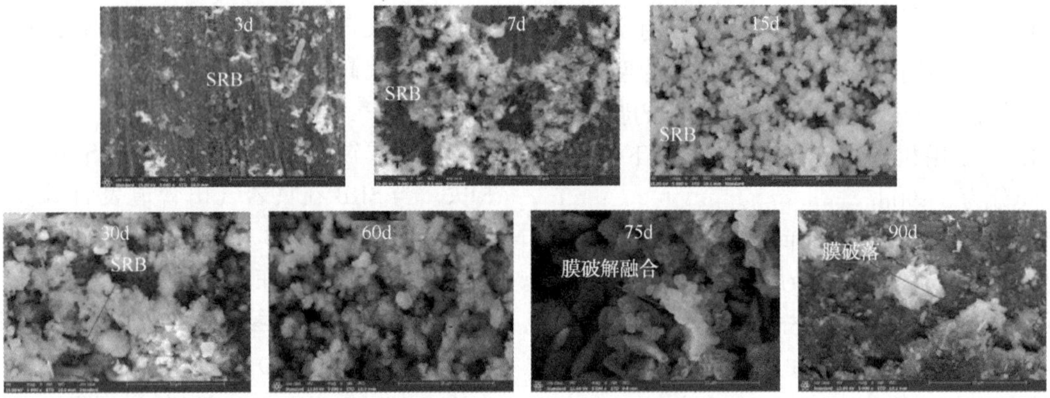

图 5　浸泡时间对腐蚀产物影响规律 SEM 照片

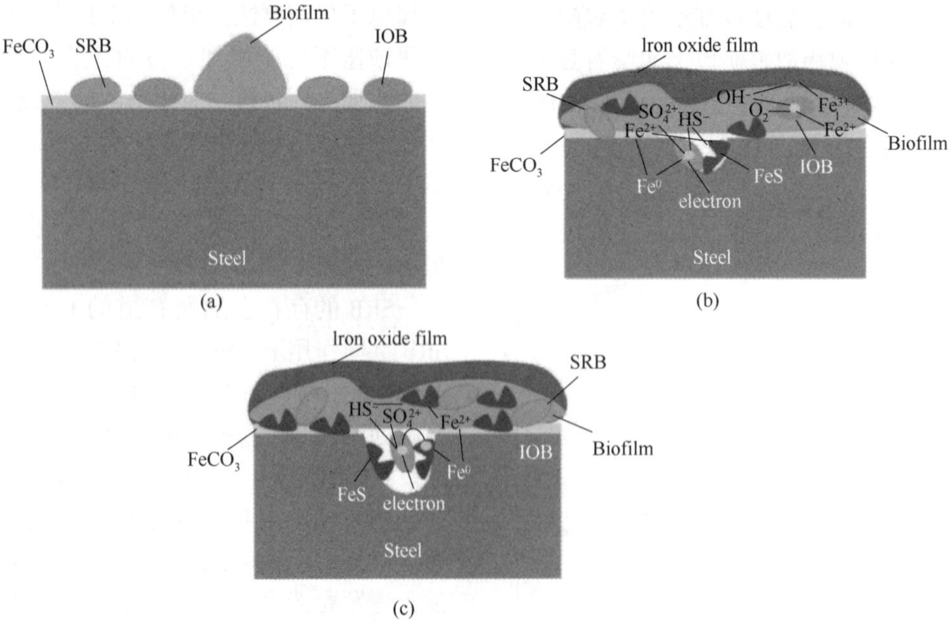

图 6　SRB 协同 IOB 腐蚀机理图

4　页岩气田微生物腐蚀防护措施

研究结果表明普通碳钢材质在页岩气田返排液环境中会发生明显腐蚀，因此仅使用碳钢材质无法满足页岩气田微生物腐蚀控制问题。目前页岩气田广泛采用清管作业、材质防腐、杀菌缓蚀防腐等措施控制微生物腐蚀。

4.1　清管作业

物理清洗方法通常作为常规腐蚀的控制对策，SRB可以在厌氧条件产生大量黏液状的胞外聚合物EPS，通过EPS附着在管道表面通过代谢作用腐蚀管道。因此可通过清管等物理方法控制微生物腐蚀。通过清管球在管道内移动，机械去除腐蚀结垢和沉积物。清管器只能应用于直径恒定且没有障碍物阻碍的可清管线。如果清管成功并去除腐蚀产物/结垢，则剩余的清洁表面会出现高度活跃的阳极。对于有清管条件管线建议根据微生物和铁离子检测数据情况执行清管作业。另外，在页岩气井开发方案设计中应考虑清管作业。

4.2　材质防腐

相对于其他防腐措施，耐蚀材质防腐更加简便，一次性投入可以一劳永逸。当前，适合页岩气环境的耐蚀材料并不明确，需要针对性评价形成选材图谱，指导页岩气耐蚀材质选择。考虑到井筒腐蚀最严重井段为SRB和二氧化碳协同腐蚀为主，天然气研究院模拟适宜细菌代谢的环境下开展了常压、高压、及不同温度下含不同Cr材料腐蚀评价实验，结果表明，1Cr钢存在局部面状腐蚀坑，3Cr以上较好，且随着Cr含量的增加，材料局部腐蚀倾向性降低(图7)。

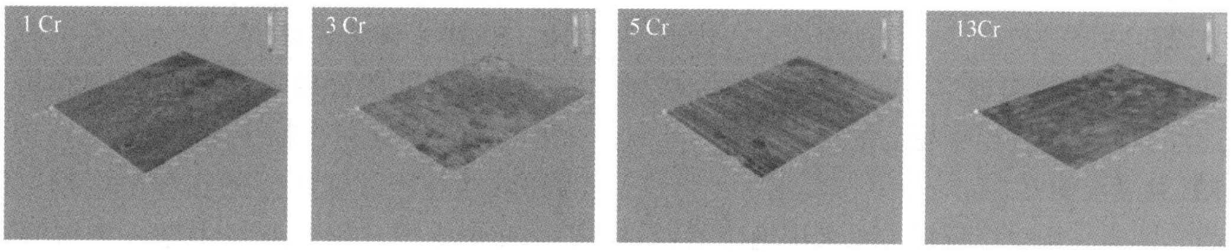

图7　不同Cr含量钢试后局部腐蚀形貌

近年来，国内钢厂在普通碳钢的基础上研发出一类耐微生物腐蚀钢(又名抗菌钢)，即在低碳钢基础上添加Cu、Cr等合金元素，实现抑制SRB附着和提升耐二氧化碳腐蚀性能，提高产品综合耐蚀性能，根据研发厂家报道资料来看这类钢在微生物环境中具备良好的耐蚀性能，均匀腐蚀和点蚀速率均有所降低。但其现场的适应性评价还待进一步实验验证。另外，涂层可以通过改性来提高表面覆盖率、结合度，并减少生物降解和表面缺陷，也可以进一步改性，通过释放杀菌剂、抗黏附或接触杀灭来控制微生物污染。目前页岩气田涂层管道研究大多处于实验室阶段，其现场应用性还需进一步完善。

4.3　杀菌缓蚀剂

药剂防腐具备一次性投资低、效果好、可以根据工况和腐蚀环境变化进行灵活调整等优点，是油气田腐蚀控制最经济有效的方式之一。考虑到页岩气田中以SRB与CO_2协同腐蚀形式为主，因此页岩气田主要加注杀菌缓蚀剂进行腐蚀控制。页岩气井中井流物成分复杂，含有多种离子和有机物，且为不影响后端生产因此筛选现场可用的杀菌缓蚀剂除考察杀菌性和缓蚀性能外，其与井流物的配伍性、起泡性和耐温性能也是需重点关注的关键性能之一。根据药剂特性及现场应用情况，天然气研究院研发了CT系列杀菌缓蚀剂。第一代杀菌缓蚀剂为复配型杀菌缓蚀剂，主要是将不发生反应的杀菌剂和缓蚀剂混合。但通过药剂的现场应用情况发现药剂的起泡性导致集输过程中易在气流作用下起泡造成气阻及降低脱水装置中三甘醇效率，导致脱水装置失效，制约后端生产。因此在此基础上，基于量子化学密度泛函理论，设计研发具有抑泡性能的“聚醚-咪唑啉”复合抑泡杀菌缓蚀剂，第二代杀菌缓蚀剂保证其杀菌缓蚀性能同时其返排液低泡性能不影响后端生产。页岩气井底及井口温度差异大，药剂经井下高温后，返排到地面后无法保障地面系统的杀菌缓蚀效果。因此，借助计算化学手段，将醚胺类化合物通过醛胺缩合、烷基化、季铵化等反应，研发了杀菌缓蚀分子结构一体化的第三代杀菌缓蚀剂。由表1可知，第三代杀菌缓蚀剂，其杀菌缓蚀性能及高温稳定性等都较前两代的性能好。基于杀菌缓蚀剂的耐温心梗形成了井筒地面一体化加注工艺，减少井口加注点，简化工艺流程，提升药剂使用效率，支撑了川南页岩气200多口井的安全生产，现场失效率减少了90%。

表1　三代CT杀菌缓蚀剂性能

杀菌缓蚀剂类型	第一代		第二代		第三代	
	常温保存	高温24h	常温保存	高温24h	常温保存	高温24h
缓蚀率/%	≥80	≤60	≥80	≥80	≥90	≥90
SRB杀菌率/%	≥99	≤50	≥99.9	≤50	≥99.9	≥99.9
IB杀菌率/%	≥99	≤50	≥99.9	≤50	≥99.9	≥99.9
TGB杀菌率/%	≥99	≤50	≥99.9	≤50	≥99.9	≥99.9

5　页岩气田微生物腐蚀监/检测

微生物腐蚀监/检测一般说来比较困难，这是由于细菌腐蚀作用大小与常规细菌计数之间缺乏有规律的关系，同时也受到某些细菌本身特性的影响。微生物腐蚀位点多，腐蚀速率大，因此为更好的控制微生物腐蚀，对微生物腐蚀监/检测的快速性和准确度提出了更高的要求。

5.1　SRB快速检测法

目前，页岩气田生产现场主要采用绝迹稀释法检测SRB浓度，虽然使用该方法便于操作执行，但由于检测周期长达7天以上，导致现场的检测效率低下，无法及时反馈压裂液或返排液的SRB浓度。随着页岩气田的大规模建设，检测结果更加滞后于生产进度，无法及时指导腐蚀控制措施的实施或优化。近年来基于SRB培养法、SRB代谢物质、遗传学、免疫学的SRB快速检测研究均有报道。如同位素标记法和三碘化亚甲基蓝法检测代谢物质S，或采用微生物遗传物质检测方法包括聚合酶链式反应(PCR)、荧光标识基因序列、多酶切与混合酶切基因检测、DNA扩增基因检测等。普遍方法步骤复杂，操作难度较大，且难以排除死细胞数目的干扰等问题，无法同时满足检测周期短、检测下限低、不依靠精密设备和排除死细胞数目干扰的应用需求。天然气研究院基于生物酶催化反应和微生物代谢原理，研究形成三类SRB快速检测方法，分别是显色法、硫酸根消耗法和平板计数法，均系统建立了方法的试验步骤，评价得到能够加速检测过程或有效呈现数据规律性的试验介质，并明确了SRB浓度是影响各方法准确度的关键因素。基于此研发了检测周期1天以内、检测下限10^0级，只测定影响腐蚀的活硫酸盐还原菌浓度的快速检测试剂盒。检测周期较MPN法缩短85%以上，已在长宁、重庆气矿页岩气和川中致密气现场取返排液40余样次开展应用，充分满足现场细菌检测需求，待进一步推广应用。

5.2　SRB生物膜监测

SRB通过在管道表面形成生物膜后，附着于管道表面，通过生物代谢腐蚀金属。因此，监测SRB生物膜才能更好的指导微生物腐蚀的防护。SRB成膜过程监测技术是一个国际前沿研究方向，目前主要基于SRB腐蚀过程中产生的电化学反应规律以及SRB代谢产生硫化物的特性。

微生物腐蚀是一个电化学过程，涉及到电子的传递，必然将引起电化学参数的响应。需明确材料在SRB作用下的腐蚀倾向、瞬时腐蚀速率等信息，进一步根据电化学参数在整个SRB腐蚀过程中的变化趋势，对应分析膜内SRB腐蚀行为的发展趋势。针对现有技术的问题，天然气研究院基于SRB在页岩气集输管道表面附着形成生物膜的过程。发现随着生物膜的逐渐完整，膜下细菌的活性提高，腐蚀电流逐渐升高，电阻值降低，因此电化学参数的规律性变化能够有效反应生物膜的发展状态。评价得到以钛合金作为探头材质，能够灵敏监测到生物膜形成过程的电化学参数变化，并基于尚未形成完整生物膜的时间段内的最高电流密度，建立微生物腐蚀预警方法，形成数据连续在线获取的生物膜形成过程监测方法。

6　结语及展望

页岩气田微生物腐蚀防护是一个系统的工

程，基础是微生物种群结构的分析和鉴定、微生物腐蚀行为和机制，重点是防护，即采用适当的方法将微生物腐蚀造成的损失降到最低。微生物种群结构的分析要结合页岩气田现场生产特征，从不同生产区块、生产阶段、生产流程采样，系统性分析微生物种群结构、时空分布特征，明确腐蚀微生物来源及变化，为微生物腐蚀机制研究奠定基础。在微生物腐蚀机理上，目前大多数的研究只考虑 SRB 单菌、或 SRB 和 CO_2腐蚀因素，与现场实际生产情况差别较大。因此需全面考虑生产系统中的影响因素，明确多因素共存条件下的腐蚀机理，为腐蚀控制提供科学指导。页岩气田管道内防腐广泛采用杀菌缓蚀剂控制，操作简便，但存在杀菌剂对生物膜的穿透能力有限和长期使用存在抗药性等问题，药剂性抗生物膜性能和耐药性还需进一步提升。筛选最优的抗菌防腐技术可结合物理杀菌和材料涂层等方法，发展绿色环保的有效方法和技术。在页岩气田复杂的生产环境中，微生物的监/检测受干扰大，导致其准确度和精度下降，高效、高精度、高准确度、抗干扰能力强微生物腐蚀监/检测方法需要进一步快速推进。

参 考 文 献

[1] 何骁，李武广，党录瑞，等．深层页岩气开发关键技术难点与攻关方向［J］．天然气工业，2021，41(1)：118-124.

[2] Wang Y., Tang Y., Yu H. Microbial Corrosion of L360N Steel in Simulated Flowback Water of Shale Gas Field［J］. International Journal of Electrochemical Science, 2022, 17(11): 221163.

[3] Wu H., Huang C., Wen N., *et al.* Analysis of the corrosion failure causes of shale gas surface pipelines［J］. Materials and Corrosion, 2021, 72(12): 1908-1918.

[4] Wu G. Y., Zhao W. W., Wang Y. R., *et al.* Analysis on corrosion-induced failure of shale gas gathering pipelines in the southern Sichuan Basin of China［J］. Engineering Failure Analysis, 2021, 104: 104663.

[5] Wang J., Lv M., Du M., *et al.* Effects of cathodic polarization on X65 steel inhibition behavior and mechanism of mixed microorganisms induced corrosion in seawater［J］. Corrosion Science, 2022, 208: 110670.

[6] 向龙斌 张吉昌，刘心蕊，等．微生物腐蚀与采出水的微生物防腐蚀—回顾与应用实例［J］．腐蚀科学与防护技术，2019，31(1)：85-91.

[7] Liu J. F., Lu Y. W., Liu X. B., *et al.* Dominance of Pseudomonas in bacterial community and inhibition of fumarate addition pathway by injection of nutrients in oil reservoir revealed by functional gene and their transcript analyses［J］. International Biodeterioration & Biodegradation, 2020, 153: 105039.

[8] Gao J., Zou C., Li W., *et al.* Hydrochemistry of flowback water from Changning shale gas field and associated shallow groundwater in Southern Sichuan Basin, China: Implications for the possible impact of shale gas development on groundwater quality［J］. Science of The Total Environment, 2020, 713: 136591.

[9] Wu H., Lan G., Qiu H., *et al.* Temporal changes of bacterial and archaeal community structure and their corrosion mechanisms in flowback and produced water from shale gas well［J］. Journal of Natural Gas Science and Engineering, 2022, 104: 1-11.

[10] Liao W., Yuan J., Wang X., *et al.* Under-deposit microbial corrosion of X65 pipeline steel in the simulated shale gas production environment［J］. International Journal of Electrochemical Science, 2023, 18(3): 100069.

[11] Tawfik S. M., Kobisy A. S., Badr E. A., *et al.* Surface - active nonionic conjugated zirconium metal - organic frameworks and their applications: Broad spectrum anti - microbial, anti - SRB biofilm, anti - microbial corrosion［J］. Environmental Technology & Innovation, 2023, 29: 103001.

[12] 夏叶荫．新型抗菌管线钢的微生物腐蚀研究［D］．中国石油大学(北京)，2018.

[13] Wang Y., Yu L., Tang Y., *et al.* Pitting behavior of L245N pipeline steel by microbiologically influenced corrosion in shale gas produced water with dissolved CO_2［J］. Journal of Materials Engineering and Performance, 2022, 32(13): 5823-5836.

[14] 侯保荣，闫静，王娅利，等．油气田开采中管道微生物腐蚀防护技术研究现状与趋势［J］．石油与天然气化工，2021，51(5)：71-79.

[15] Xu D., Gu T., Lovley D. R. Microbially mediated metal corrosion［J］. Nature Reviews Microbiology, 2023, Published online.

[16] 马刚 顾艳红，赵杰．硫酸盐还原菌对钢材腐蚀行为的研究进展［J］．中国腐蚀与防护学报，2021，41(3)：289-297.

[17] Cote C., Rosas O., Sztyler M., *et al.* Corrosion of low carbon steel by microorganisms from the ‘pigging’ operation debris in water injection pipelines［J］. Bioelectrochemistry, 2014, 97: 97-109.

[18] Little B. J., Blackwood D. J., Hinks J., *et al.* Microbially influenced corrosion—Any progress[J]. Corrosion Science, 2020, 170: 108641.

[19] Abdolahi A., Hamzah E., Ibrahim Z., *et al.* Application of Environmentally-Friendly Coatings Toward Inhibiting the Microbially Influenced Corrosion (MIC) of Steel: A Review [J]. Polymer Reviews, 2014, 54(4): 702-745.

[20] Ai Q., Liang G., Zhang H., *et al.* Control of sulfate concentration by miR395-targeted APS genes in Arabidopsis thaliana [J]. Plant Diversity, 2016, 38(2): 92-100.

[21] 张盾，万逸，戚鹏，等. 硫酸盐还原菌快速检测技术的设计与研究 [M]. 北京：科学出版社，2016.

[22] 何勇君，李广芳，王海涛，等. 微生物腐蚀监测方法研究进展 [J]. 装备环境工程，2022，19(2)：132-141.

[23] Ye X., Qi P., Sun Y., *et al.* A high flexibility all-solid contact sulfide selective electrode using a graphene transducer [J]. Analytical Methods, 2020, 12(24): 3151-3155.

新形势下采油厂管道完整性管理的探索与实践
——以“某采油厂管道完整性管理”为例

王玺程　丁云鹏　张智博　夏　莲　陈　甜　丁兴娟　蔺美丽　何小鹏　张　磊　李孙翼

（中国石油长庆油田公司）

摘　要　为深入贯彻落实油田公司完整性管理工作的总体部署，推进完整性管理工作向系统化、精细化、标准化、规范化、信息化发展，以某采油厂管道完整性管理为例，进一步开展探索与实践。该厂以完整性管理平台为主要抓手，以股份公司无泄漏示范区建设为引领，强化双高管道分类分级治理，全面践行绿色发展和全生命周期管理理念，着力抓好管道风险防控和隐患治理，全力开展管道和场站完整性管理提升工作，构建场站和管道防控体系、提升地面系统运行效率。

关键词　管道完整性管理；示范区建设；风险防控；隐患治理；安全防线

为深入贯彻习近平总书记关于安全生产和生态文明建设重要论述，树牢安全发展、绿色发展理念，深化源头治理、系统治理和综合治理，进一步完善油气管道管控体系，夯实管道管理责任，提高事故预防控制能力，着力解决油气泄漏管道突出问题、加强黄河流域生态保护，坚决杜绝管道泄漏事件发生。

近年来，某采油厂深入贯彻落实公司管道完整性管理工作的总体部署，以本质安全为目标，以试点工程为引领，持续完善管理机构，全面加强管道基础管理，重点开展“双高”管道筛查，认真绘制管道风险防控图，精心编制了厂部管道完整性管理手册，着力抓好管道风险防控和隐患治理，管道风险有效控制，管道失效率持续下降，为助推我厂高质量发展，筑牢了安全防线。

1　开发概况

1.1　整体概况

该厂主要负责陕西吴起白豹油田和甘肃环县环江油田的开发建设，如图1所示为地面集输系统概况图，形成了“白一联、白二联、环一联、环二联、环三联、环四联”为主的六大骨架系统，共有集输站点153座，集输管道2854km。该厂目前各类管道共4554条5917.1km，其中集输管道1497条2854km，伴生气管道229条1060km，供注水管道2828条2003.1km。参照公司分类标准，Ⅰ类管道14条230.2km，Ⅱ类管道1631条1968.2km，Ⅲ类管道2912条3718.8km，如表1所示为某采油厂管道分类情况统计表。

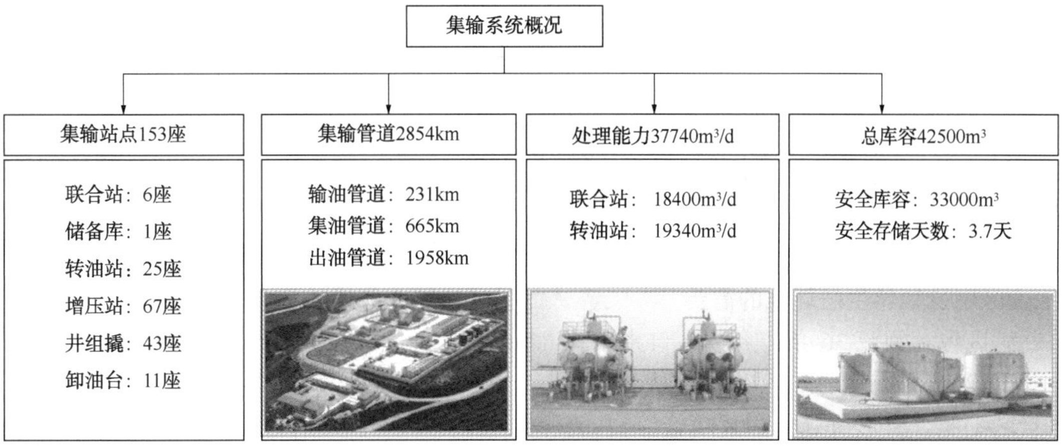

图1　第七采油厂集输系统概况图

表 1　管道分类情况统计表

管道类型	介质	管道总数量（条）	管道总长度（km）	Ⅰ类管道 数量（条）	Ⅰ类管道 长度（km）	Ⅱ类管道 数量（条）	Ⅱ类管道 长度（km）	Ⅲ类管道 数量（条）	Ⅲ类管道 长度（km）	占比/%
集输管道	输油管道	15	231	14	230	1	0.8			48.2
	集油管道	145	665			96	453	49	212	
	出油管道	1337	1958			36	61	1301	1897	
	小计	1497	2854	14	230	133	514	1350	2109	
供注水管道	供水管道	203	276			4	12.6	199	264	33.9
	清水注水	1902	1241			1090	969	815	271	
	采出水注水	723	485			383	338	340	147	
	小计	2828	2003	0	0	1477	1320	1354	682	
伴生气管道	干气	101	50			5	46	96	460	17.9
	湿气	128	553			16	87	112	466	
	小计	229	1060	0	0	21	133	208	926	

1.2　实施背景

1.2.1　黄河流域生态环境保护法规的要求

2019年，习近平总书记在甘肃、河南调研时，两次对黄河流域环境保护工作做出重要指示，提出了“既要金山银山，也要绿水青山”的要求。

根据集团公司《强化黄河流域生态环境保护工作方案》要求，为打造黄河流域生态保护和绿色低碳发展的标杆企业，深入推进并落地见效，长庆油田编制了《长庆油田加强黄河流域生态环境保护的工作方案》，其中防控油气管道泄漏是重要的政治责任。

该厂生产区域地处黄河流域上游，因此，全面开展管道完整性管理，确保管道安全环保受控运行、杜绝管道泄漏失效刻不容缓。

1.2.2　国家法律法规对管道管理日趋完善

近年来，国家相继出台了与管道相关的法律法规4项、管理规范12项，逐步完善了管道管理机制，各级政府有法可依、有法必依、执法必严、违法必究，管道管理面临着更加严格的监察管理。

1.2.3　油区特殊敏感生态环境的需要

该厂矿区覆盖河流36条、乡镇人口密集区10个、国道2条、高速2条、高铁1条，水库5座，风景区1座，管道所处地面环境错综复杂、安全环保形势十分严峻。同时，辖区油田管道建设地主要为新生界第四系，地处黄土高原，属于湿陷性黄土，全年降雨集中于7月-10月，短时强降雨天气多，年均降雨量400-500毫米，黄土高原经过洪积、冲积改造形成了次生黄土，其结构松散、孔隙众多、垂直节理、富含可溶性矿物，遇水极易沉陷，极易引发地质灾害，给管道安全运行带来较大风险。

1.2.4　管道和站场完整性管理提升的需要

一是管道泄漏无法提前预知管控，常态化管道内检机制不成熟。现有监测技术无法判断地表层以下的的微渗漏，管道不内检测就无法对管道内壁腐蚀情况全面掌握，无法事前干预和治理。

二是站场完整性管理尚处于探索阶段。受限于技术方法的缺失和应用难度的制约，仅结合试点工程开展了部分应用，需因地制宜的建立适应油田实际的站场完整性管理技术体系和方法。

2　完善三大体系，夯实管理基础

借助油田公司试点工程，引领全厂全面推进完整性五步循环，完善了全厂完整性“管理、运行、技术”三大体系建设，夯实了完整性管理的制度基础、人员基础和技术基础。

2.1　完善管理体系

厂部统筹协调、优化部署，通过建立组织机构、健全管理制度、强化人才培养、规范文件体系，建立了完整性管理常态化运行机制，完善了完整性管理体系建设。

2.2 促进运行体系

将管道完整性管理重点工作与日常生产运行管理、QHSE 考核体系及双重预防机制建设紧密融合，优化对标考核管理机制，突出“指标量化、管理量化、考核量化”，确保管道管理提升。

2.3 打造技术示范

按照“技术引领、示范先行”工作思路，完成完整性示范区建设 2 个，示范站建设 4 座，开展重点工程 24 项，试验管道修复补强、内防腐新技术 2 项，取得示范效果 4 类 15 项，总结形成了关键技术及创新点 3 项，引领全厂管道完整性管理全面提升。

3 加强风险防控，提升管控能力

3.1 开展高后果区识别

该厂依据高后果区识别标准，识别出全厂高后果区 89 处，高后果区管段 257 条 159.8km，识别出“双高”管道 31 条 48.9km。

3.2 加强管道风险防控

一是编制风险管段防治方案，绘制“一站一图、一区一图、一厂一图”等管道风险防控图 146 份、制定管道风险防控方案 24 份，明确了风险管控方案、划分了风险管控重点、压实了管控责任、提升了风险防控效果。管道风险防控方案统计表，如表 2 所示。

表 2　第七采油厂管道风险防控方案统计表

序号	作业区	管道风险防控方案			管道风险防控图				高后果区、风险管段管控明细表			
		一线一案（份）	一区一案（份）	小计（份）	一厂一图（份）	一区一图（份）	一站一图（份）	小计（份）	一厂一表（份）	一区一表（份）	一站一表（份）	小计（份）
1	白　豹	1	1	2	1	1	22	23	1	1	22	23
2	大板梁	2	1	3		1	18	20		1	18	20
3	环江	3	1	4	1	1	26	28	1	1	26	28
4	山城	2	1	3		1	23	24		1	23	24
5	洪德	2	1	3		1	25	26		1	25	26
6	耿湾	8	1	9		1	24	25		1	24	25
合计		18	6	24	2	6	138	146	2	6	138	146

二是强化管道预警能力。如图 2 所示，通过深化各类数字化监控系统配套、细化 SCADA 系统运行报警参数管理、构建各级监控职责落实”，强化了管道风险防控的预警能力。截止目前，SCADA 系统监控管道 1404 条，管道泄漏预警定位系统监控外输管道 34 条，视频监控系统监控河道 30 处。

三是强化管道应急能力。按照“及时发现、就近拦截、逐级控制”的思路，建成了“数字化监控-干沟土坝拦油-支流拦油网拦截-主河道拦油坝拦截”四道防线，确保管道风险受控。

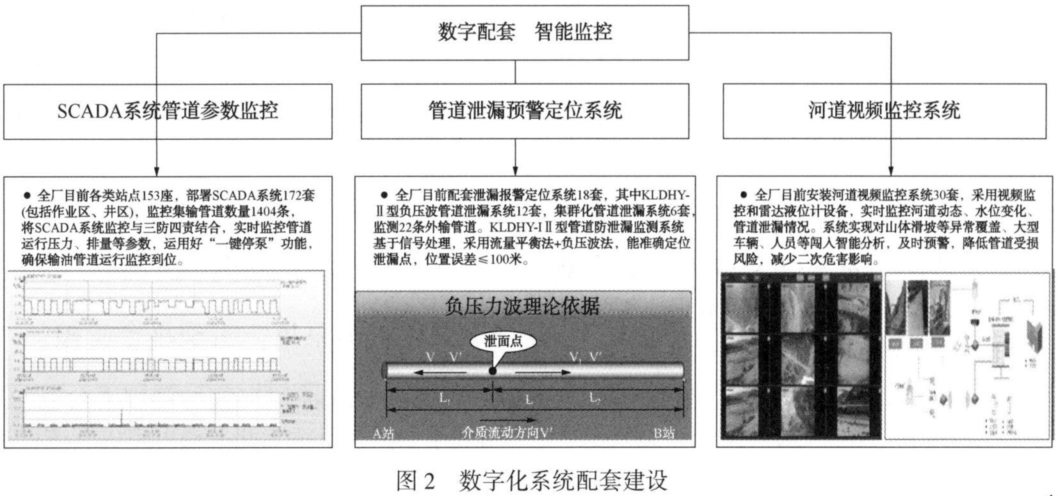

图 2　数字化系统配套建设

3.3　强化管道风险管控

一是充分结合“人防、物防、技防”体系建设，完善管道分类分级管控机制；二是完善应急预案、强化管道演练，增强应急处置能力；三是严格落实“管道长”制度，提升管道巡护水平，强化管道风险管控能力。

3.4　强化管道检测评价

确定了以清水试压为主，腐蚀检测为辅的管道评价技术体系。以“双高”管道检测评价为重点，应用内外腐蚀直接评价、清水试压等技术手段，近三年共完成管道检测评价 706.8km、清水试压 3041 条，发现并治理隐患管道 175.8km，实现了管道管理由被动治理向主动防控转变，如图 3 所示为检测评价技术体系。

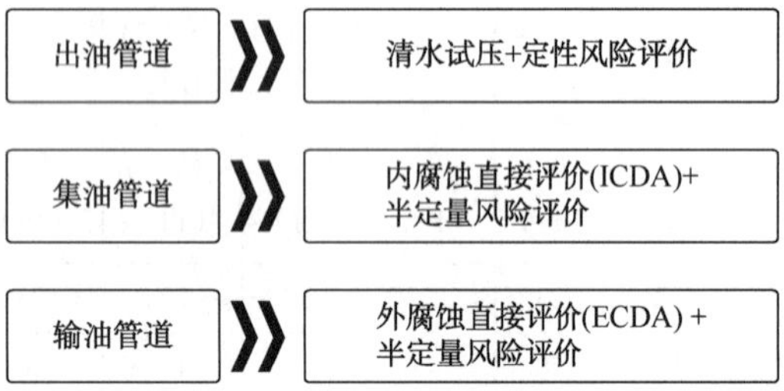

图 3　检测评价技术体系

4　强化隐患治理，促进安全生产

4.1　优化设计标准

（1）管道材质：材质由 20#钢升级为高含水条件下，耐腐蚀性能更好的 L245N 和 L245NS（高含硫区块），全部配套内防腐工艺。

（2）管道壁厚：在常规管道设计标准基础上，壁厚等级提升 0.5-1mm，并实施外补强，形成了“内防腐+外补强”双重保障，管道内防腐配套率如图 4 所示。

（3）穿跨越治理：明确管道穿跨越治理原则，

通过优化路由、管段延伸治理、完善水工保护等措施，有效防止了因落差大、坡度大引起的管道下滑、应力开裂等问题，避免泄漏后直接污染水体。

通过公司专项、厂成本投入，开创了“五个优先”和“七个结合”并编制相应的管道隐患治理原则，如图 5 所示，按照此原则，对近三年管道开展隐患治理 243 项 408km，其中“双高”治理 79 项 202km，“双高”补强 144 条，及时消减了管道安全环保隐患，管道失效率由 0.023 次/年·km 下降至 0.008 次/年·km，如图 6 所示。

4.2 开展隐患治理

通过公司专项、厂成本投入，近三年开展管道隐患治理 243 项 408km，其中“双高”治理 79 项 202km，“双高”补强 144 条，及时消减了管道安全环保隐患，管道失效率控制在 0.008 次/年·km。

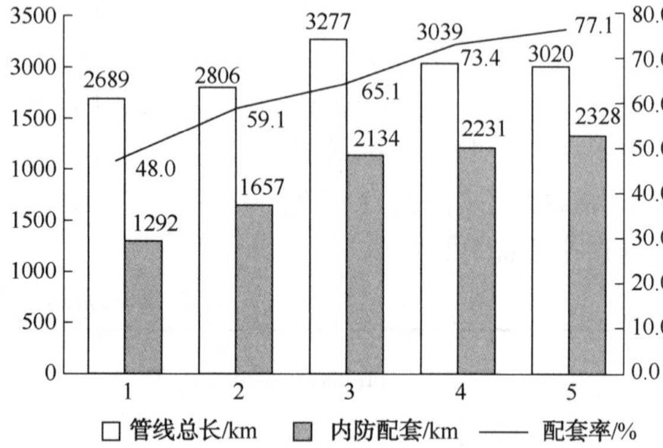

图 4　管道内防配套率柱状图

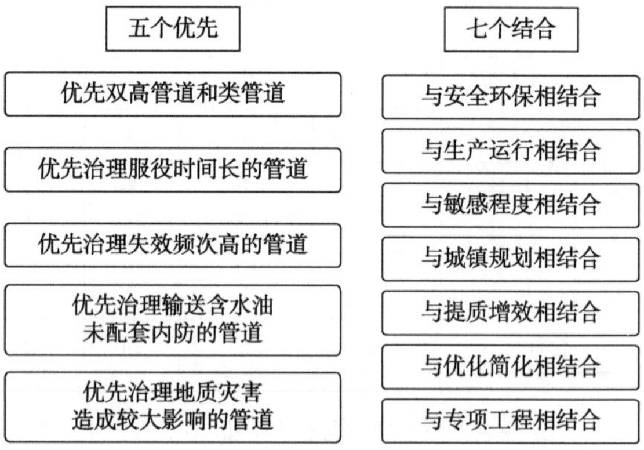

图 5　管道隐患治理方案编制原则

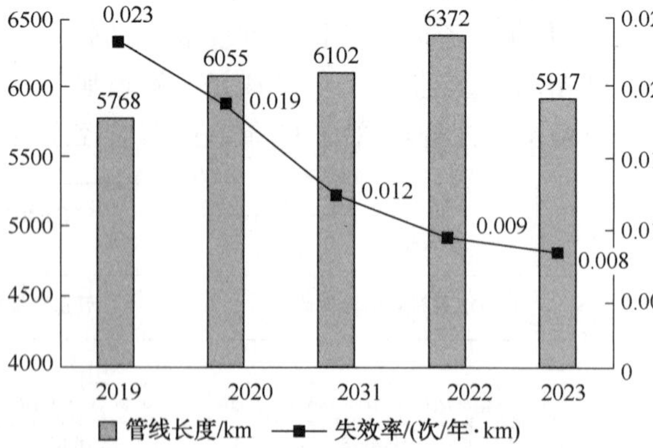

图 6　管道失效柱状图

5　强化数据采集，实现平台管控

依托“长庆油田完整性管理平台”，平台应用效果如图 7 所示，此平台可完成管道可视化管理、管道完整性闭环管理、管道统计分析管理、站场可视化管理、站场数据管理、站场统计分析管理和对标管理七大应用90余个模块应用，自3月起，累计完成平台管道数据录入4554条，站点录入180座，数据录入率100%。

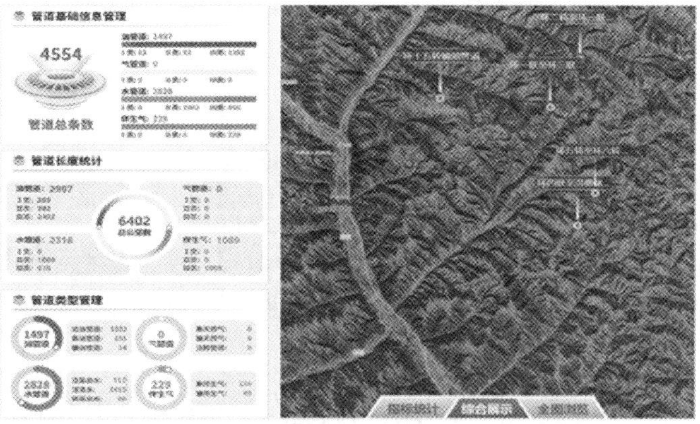

图7　长庆油田完整性管理平台应用效果图

6　无泄漏示范区建设

6.1　总体思路

充分借鉴艾家湾无泄漏示范区成熟经验成果，在耿湾作业区开展股份公司级无泄漏示范区建设，结合环西绿色低碳效益示范区建设、瓶颈技术攻关及完整性体系建设，开展新区数智化配套、老区智能化升级，实现平台化管理、智能化管控，打造出具有区域特色的“绿色智能”无泄漏示范区。

6.2　示范区的选择

2023年耿湾无泄漏示范区在“自然环境、开发方式、地面模式、管理架构”等方面，均具有较强的典型特征，实施无泄漏示范区建设，具有良好的示范引领推广作用。

6.3　建设目标

2023年耿湾作业区无泄漏示范区建设，将充分借鉴历年工作成效，以“全面管控风险、降低失效指标、突出示范效应”为目标，从五步循环和技术攻关两方面开展工作，计划实施风险评价、检测评价、维修维护、新工艺试验、数智配套等5类7项内容，实现全区域、全流程、全生命周期管理，打造高水平的完整性管理无泄漏示范区。

6.4　瓶颈技术攻关

2023年耿湾无泄漏示范区建设为打造敏感叠合区无泄漏示范，围绕管道风险防控，重点攻关管道腐蚀在线监测、内挤涂涂层剩余寿命评价、内外补强技术评价等3项关键工艺技术，关键新技术应用评价如表3所示。

表3　2023年关键新工艺新技术试验评价表

序号	项目来源	项目名称	主要技术/内容	实现目标
1	油气田三年管道治理提升（2023）	管道腐蚀在线监测	以“失重挂片+电化学探针”监测技术为主，非插入式超声在线监测为辅，同步开展管道失效分析。	进行周期性定点测厚，掌握管道腐蚀速率，实现防腐预警，指导现场生产。
2	2023年股份公司级无泄漏示范区建设	内挤涂涂层剩余寿命评价	取管道的起、末端位置：外观检测：采用目测或内窥镜检查防腐层外观质量，其表面平整、光滑、无气泡、无划痕。 厚度及漏点检测：采用测厚仪进行内衬层厚度及漏点检测，以无漏点为合格。 附着力检测：采用抽查方式进行	提出材料性能改进方案、管道焊瘤处防腐等施工工艺改进方案，进一步提升防腐效果。
3		内外补强技术评价及示范	分析各修复技术的修复机理以及工艺性，并对其缺陷类型的适用性做出判断。	根据长庆油田管道工况及现状，综合评价现有修复技术适用范围。

（1）管道腐蚀在线监测技术

遵循“区域性、代表性、系统性”原则，从单井井口、外输、进站及污水处理系统等，全流程考虑，将管道纳入管道完整性智能化管理，以“失重挂片+电化学探针”监测技术为主，如图8所示，非插入式超声在线监测为辅，通过在线分析腐蚀监测数据，明确腐蚀变化规律，掌握管道腐蚀速率，实现防腐预警。

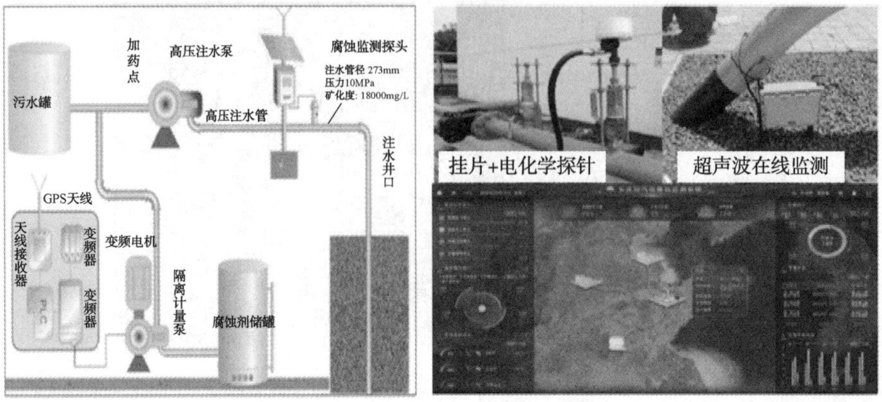

图8　腐蚀检测系统工艺流程图

（2）内挤涂涂层剩余寿命评价

在线风送挤涂技术是长庆油田应用规模最广的内腐蚀控制技术。该技术优点为施工速度较快，规避了小口径管道现场内涂层补口难以开展的问题，但存在喷砂除锈质量和涂层涂覆质量无法控制、涂层质量难以保障的问题。

该攻关评价主要内容为：①内挤涂涂层性能评估，明确涂层损伤情况，现场应用情况如图9所示；②内挤涂涂层涂劣化性能评价，明晰涂层衰减规律，附着力评价效果如图10所示；③内挤涂涂层寿命预测模型研究，模型如图11所示，采用灰色系统理论或人工神经网络模型，模型流程如图12所示。

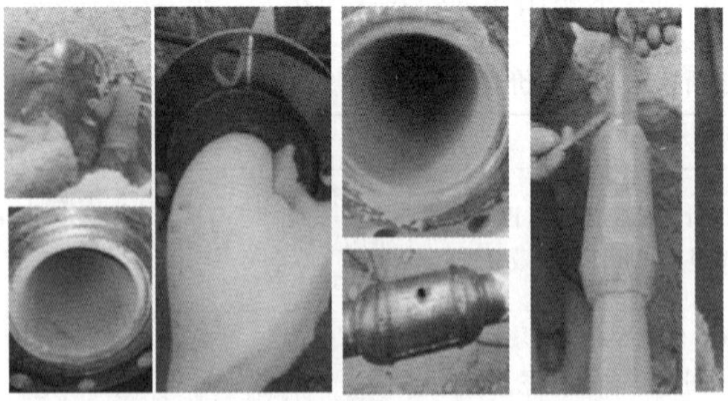

图9　内挤涂防腐涂层技术现场应用

（3）内外补强技术评价

利用管道内翻衬修复技术及管道外部修复补强技术，对管道腐蚀薄弱点进行局部修复补强，形成补强层，现场工艺效果评价如图13所示，增强管道外防腐强度，同时提高管道抗压/抗弯能力，降低管道泄漏风险，分析各修复技术的修复机理以及工艺性，并对其缺陷类型的适用性做出判断。

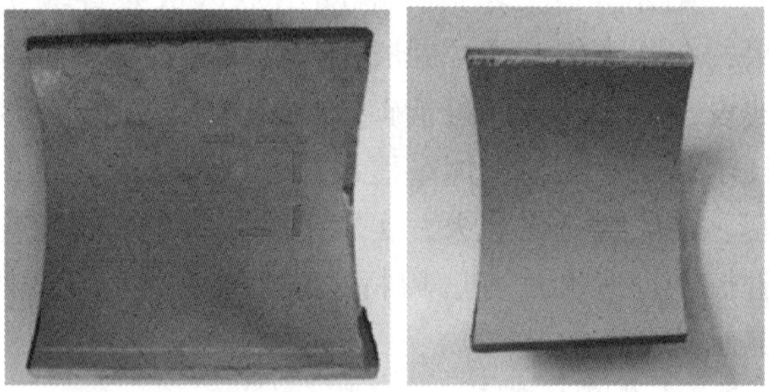

图10　涂层冲击性能评价及涂层附着力评价

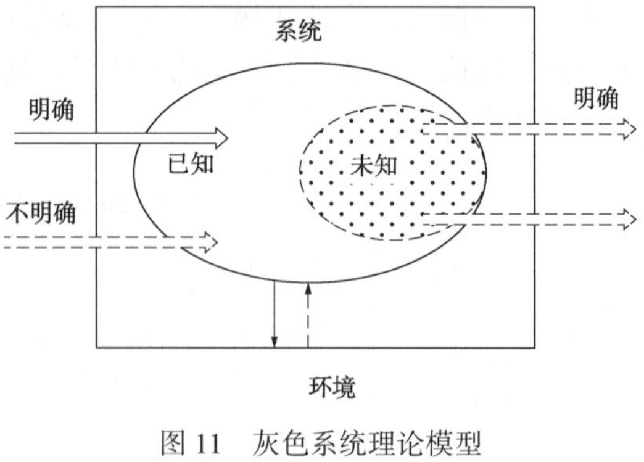

图11　灰色系统理论模型

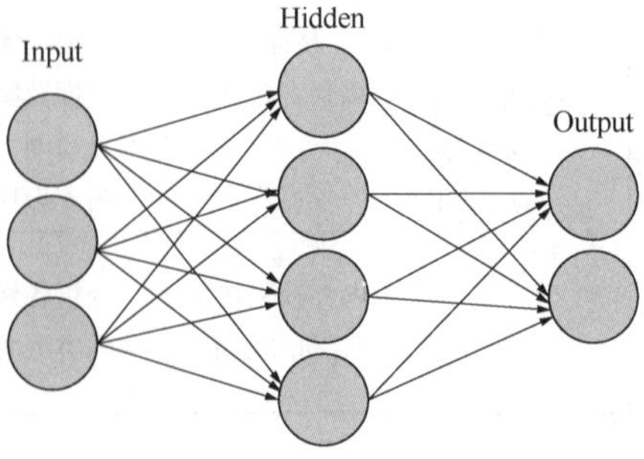

图12　人工神经网络模型

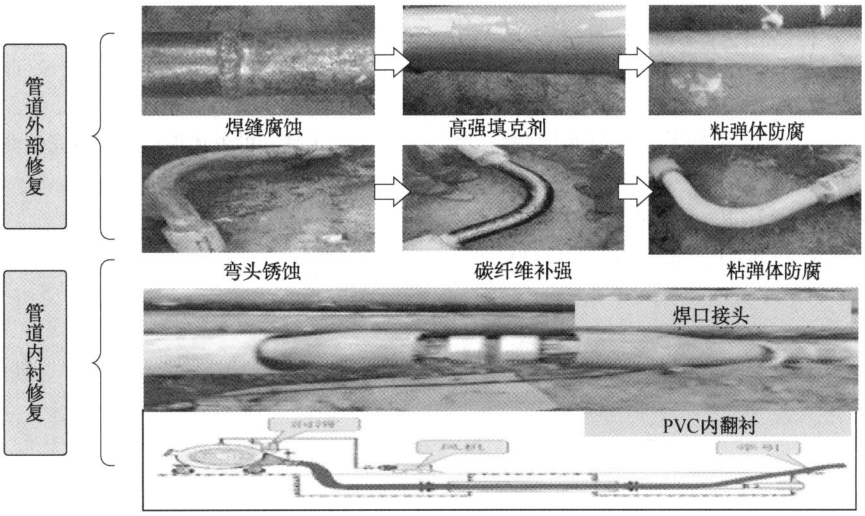

图 13　内外补强技术评价应用

7　结论

（1）建立了完整性管理的常态化机制。借助油田公司试点工程，完善了全厂完整性“管理、运行、技术”三大体系，夯实了完整性管理的制度基础、人员基础和技术基础，实现全区域、全流程、全生命周期管理，打造高水平的完整性管理无泄漏示范区。

（2）落实“防治结合、管治并重”工作理念，以“管道完整性管理”为抓手，加强双重预防机制建设，实现管道本质化安全，达到“五个100%”，管道维护费用下降30%，形成无泄漏示范区管理成果，实现管道零泄漏。

（3）探索了管道风险分类的防治办法。结合管道实际运行现状，按照排查出的管道后果、风险等级，总结出象限图防治办法，将管道划分为四级隐患，分类进行管控、治理，提升了管道防治的科学性、合理性。

（4）强化了管道风险防控的预警能力。通过深化各类数字化监控系统配套、细化 SCADA 系统运行报警参数管理、构建各级监控职责落实，强化了管道风险防控的预警能力。

（5）实现了管道失效率的大幅下降。结合实际设计情况，对油田区域内的出油管道、集油管道、集气管道和输油管道等管道在设计方面重点安全风险、关键控制措施进行细化要求，全面消除油气集输管道重大事故隐患，有效防范化解重大安全风险，强化源头管控，狠抓本质安全提升，构建安全生产长效机制。

参　考　文　献

[1] 温庆，张文娟，张大双，等．管道完整性管理智能分析辅助决策模型及应用[J]．天然气勘探与开发，2022，45(02)：63-70.

[2] 张博文，张永丰，刘书孟，等．基于腐蚀防控的油田管道完整性技术管理体系构建与应用[J]．油气田地面工程，2022，41(06)：70-77.

[3] 张浩．基于管道完整性管理的数据融合[J]．煤气与热力，2022，42(07)：40-42. DOI：10.13608/j.cnki.1000-4416.2022.07.019.

[4] 刘苒．基于图像处理的油气站场管道完整性检测方法[J]．无损检测，2022，44(05)：25-29.

[5] 罗倩云，舒洁，谢雳雳．油气田集输管道与站场完整性管理审核指标权重优化[J]．内蒙古石油化工，2022，48(07)：55-58.

[6] 安超，郑民君，刘洪涛等．油气集输管道完整性检测与评价技术研究[J]．石油和化工设备，2022，25(09)：70-72.

[7] 郝郁，汪相逢，尹航等．油气集输管道完整性管理关键技术探讨[J]．全面腐蚀控制，2022，36(09)：124-127.

[8] 张加东，安超，冉文燊等．某油田管道完整性管理技术及效果评价[J]．特种设备安全技术，2022(04)：61-63.

[9] 晏祥省，黄彪，吕华鹏．油气管道完整性管理方法与技术要点分析[J]．石化技术，2022，29(08)：174-176.

[10] 马玉珠．可视化移动化管道完整性管理平台的建设构想[J]．电脑知识与技术，2022，18(12)：84-85

[11] 尹升．油气管道完整性管理效能评价技术分析[J].

全面腐蚀控制，2022，36(09)：86-87.
[12] 张兴祥．油气站场工艺管道完整性管理技术[J]．工程技术研究，2020，5(08)：109-110. DOI：10.19537/j.cnki.2096-2789.2020.08.052.
[13] 董绍华．中国油气管道完整性管理20年回顾与发展建议[J]．油气储运，2020，39(03)：241-261.
[14] 陈朋超，冯文兴，燕冰川．油气管道全生命周期完整性管理体系的构建[J]．油气储运，2020，39(01)：40-47.
[15] 刘翼，王波，彭强等．管道完整性管理过程中管道中线数据的应用与优化[J]．油气田地面工程，2019，38(07)：94-97.
[16] 马玉珠．可视化移动化管道完整性管理平台的建设构想[J]．电脑知识与技术，2022，18(12)：84-85.

气田典型区块采气管道腐蚀机理及控制策略

刘祥周[1]　谭　军[1]　刘晓昔[1]　杨若松[1]　丁振华[1]　杨青文[2]　董海生[1]　蒋崇珊[1]　寇中华[1]　师煜凯[1]

（1. 中国石油长庆油田公司第三采气厂；2. 中国石油长庆油田分公司安全环保监督部）

摘　要

第三采气厂集输管道历年发生16次腐蚀失效，其中采气干管6次，单井管线10次，主要集中在苏西区块。该区块属于含水气藏，管道易发生腐蚀，严重影响气田的正常生产运行，同时也会带来较大的经济损失和安全问题。本文首先针对典型失效管道进行腐蚀分析，通过腐蚀挂片实验、扫描电子显微镜、共聚焦显微拉曼以及X-射线衍射技术，结合水质和气质的分析，明确了管线腐蚀的规律，采用灰关联度和极差分析，揭示了管道腐蚀的主控因素。选取典型管道开展多相流模拟分析，建立水平管道压降计算数学模型，应用Baker两相流计算模型及临界流速判别，计算不同管线直径、长度对应的沿程压力分布和流速。识别出积液高风险15处，中风险9处。构建MCC-CORR腐蚀预测模型，现场应用符合率达到90.83%。并就苏西区块目前采集输系统腐蚀现状，提出了相应的预防措施，形成防腐技术方案。

关键词　苏里格气田；采气管道；腐蚀模型；主控因素

苏西区块2008年投入开发，主要生产层位为盒8、山1层，含气面积1715km^2，探明+基本探明储量1932×10^{8}m^3，已动用储量559×10^{8}m^3。

区块为含水气藏，含水饱和度42%；采集输管线湿气输送，具有气量低、流速慢、液量高的特点；气质组分CH_4含量92.4%，CO_2含量1.42%，不含H_2S；采出水为$CaCl_2$水型，平均矿化度21070mg/m^3。第三采气厂集输管道历年发生16次腐蚀失效，其中采气干管6次，单井管线10次，主要集中在苏西区块。

1　典型管道失效案例

1.1　W-CH站1#干管

W-CH站1#采气干管外径273mm，壁厚6mm，设计压力6.3MPa，投产时间为2012年7月，采用20#无缝钢管。外防腐采用环氧粉末，无阴极保护和内防腐。

该管线失效日期为2018年10月29日，距离W-H-FE井400m处，发现漏点位于管体正下方，大小10×7mm，管道的焊缝周围存在腐蚀，没有明显的外力损伤，如图1-1所示。

图1-1　W-CH站1#干管管线失效图

1.2　W-F站5#干管

W-F站5#采气干管外径114mm，壁厚6mm，设计压力6.3MPa，投产时间为2011年10月，采用20#无缝钢管。外防腐采用环氧粉末，无阴极保护和内防腐。

该管线失效日期为2018年4月15日，W-AA-CB井东北方向约1.5km处，发现漏点位于管线焊缝正下方，大小12×5mm，焊缝周围存在腐蚀，无明显外力损伤，如图1-2所示。

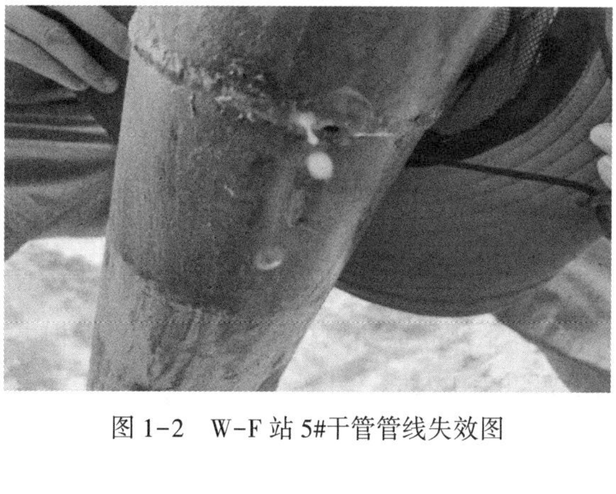

图1-2　W-F站5#干管管线失效图

1.3 W-BA-FI 单井管线

W-BA-FI 井单井管线外径 60mm，壁厚 4mm，设计压力 6.4MPa，投产时间为 2012 年 7 月，采用 20#无缝钢管。外防腐采用环氧粉末，无阴极保护和内防腐。

该管线失效日期为 2019 年 5 月 27 日，距管线(段)起点苏 48-21-69 井 20m，发现漏点位于管线焊缝正下方，大小 3×1mm，焊缝周围存在腐蚀，无明显外力损伤，如图 1-3 所示。

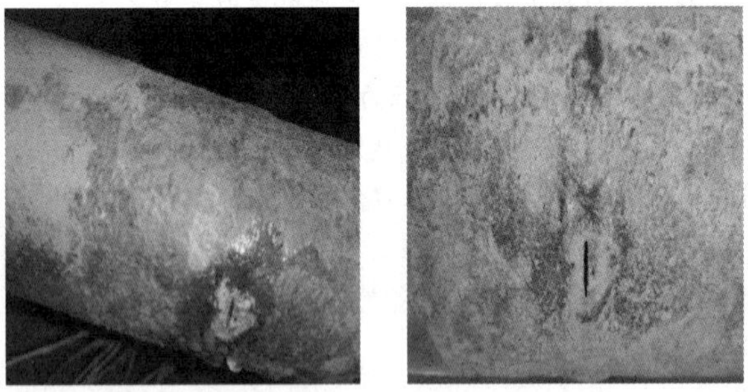

图 1-3 W-BA-FI 井单井管线失效图

在收集整理到的三个管道中，分别涵盖了 273mm 干线、114mm 干线和 60mm 单管等不同的管径尺寸，对其管线失效位置可以发现，这些失效点位主要位于整个集输管线的远端，部分管线流量极低。

通过总结这些干管或单管的失效特点，发现这些腐蚀现象，与管线的积液有这密不可分的关系，总结分析得到以下认识：

(1) 位于集气站远端，连接井数少，气量小，流速低，容易导致积液产生；

(2) 管径大或产量低，管线流速低，容易导致积液产生；

(3) 管段起伏越剧烈，产生积液概率越大；

(4) 管段压力(回压)越高，产生积液概率越大。

2 多相流模拟分析

开展 2 组水平管流和 16 组不同起伏角度组合的模拟实验。实验结果表明，只有当水平管存在起伏不定的情况下，才会产生积液现象，起伏中右侧向上倾斜的角度决定了积液的严重程度，结果如图 2-1 及表 2-1 所示。

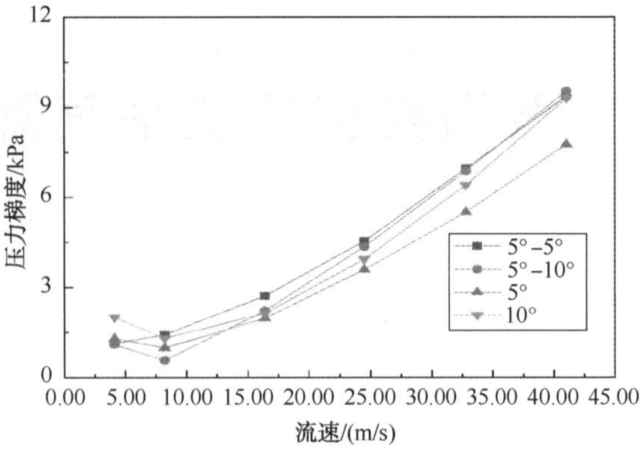

图 2-1 临界流速结果图

当水平-倾斜管道度数为 5°-5°时，其临界流速最低。基于对实验结果分析，利用最小压降法开展临界流速核算，结合 Turner 临界流速公式，通过室内试验，建立临界流速新模型(式 2-1)，实验 4 组倾角形式下管道临界流速 1.32~1.66m/s，应用于 13 条管道，识别出积液高风险 15 处，中风险 9 处。

表 2-1 临界流速结果表

水平-倾斜管道	标况下临界流速/(m/s)	工况下临界流速/(m/s)
0°-5°	4.13	1.50
0°-10°	5.04	1.66
5°-5°	3.95	1.32
5°-10°	5.06	1.66

$$v_{sgc}=\alpha\times 3.1\left[\frac{\sigma g(\rho_l-\rho_g)}{\rho_g^2}\right]^{0.25}$$

$$\alpha=-1.479\theta^2+3.3947\theta+0.7154 \qquad (2-1)$$

3 腐蚀规律及影响因素研究

由典型失效管道分析及多相流模拟分析得到管道中易产生腐蚀的位置，针对该处的环境特点，开展管道服役介质分析，随后对管道在易积液处的腐蚀行为开展了一系列的腐蚀实验，以期得到管道在易积液处的腐蚀规律、主控因素和关联度。

3.1 管道输送介质分析

3.1.1 采出水水质分析

首先对苏里格油田 S、W 区块的采出水样进行分析，发现两个区块采出的水样均属于 $CaCl_2$ 水质，具体水质分析情况如表 3-1 所示，采出水具有高矿化度、高微生物含量的特点。其中，氯离子是腐蚀催化剂，而硫酸根为微生物腐蚀提供了必要条件。

表 3-1　水质分析结果

成分＼区块	S	W
钾+钠/(mg/L)	3600~4960	4189~6592
钙/(mg/L)	1823~2026	1183~3511
镁/(mg/L)	58~70	25~308
氯离子/(mg/L)	7491~10256	7950~16590
硫根/(mg/L)	4~32	26~3674
总矿化度/(mg/L)	13432~19842	15610~25613
细菌数量/(个/mL)	≥14000	≥14000
水型	$CaCl_2$	$CaCl_2$

3.1.2　气质分析

对 S、W 区块的气体组分进行分析，腐蚀气体组分主要为 CO_2，且两区块二氧化碳占比相当：S 区块中 CO_2 含量占总气量比 0.197%~2.796%，W 区块中 CO_2 含量占总气量比 0.638%~2.696%。两区块中均无 H_2S 气体，具体气质分析情况如表 3-2 所示。

表 3-2　气质分析结果

成分＼区块	S	W
甲烷/%	89.544~98.978	64.803~95.796
乙烷/%	0.66~5.925	2.279~10.378
丙烷/%	0.036~1.257	0.231~2.664
正丁烷/%	0.002~0.322	0~0.728
异丁烷/%	0~0.227	0~0.852
正戊烷/%	0~0.131	0~0.656
异戊烷/%	0~0.1	0.004~0.277
硫化氢/(mg/m³)	0	0
二氧化碳/%	0.197~2.796	0.638~2.696

3.1.3　微生物分析

分别对 S、W 区块的不同点位采出的水样进行微生物分析，结果表明，S 区块中的作业三区集气站中硫酸盐还原菌(SRB)、铁细菌(TGB)和腐生菌(FB)三种细菌数量较大，三种细菌的个数均在 14000 个/mL 以上，对集输管道造成较大危害。W 区块中的作业四区集气站中 SRB、TGB 和 FB 三种细菌数量均较大，在 14000 个/mL 以上，对集输管道造成较大危害，而 W-F 集气站采出的水样中细菌的数量最少，个数在 150~4500 个/mL 左右，因此该处管线腐蚀情况应最小。

取典型失效样品利用绿色荧光核酸染色剂进行微生物染色，并借助荧光显微镜观察。结果表明腐蚀样品表面微生物附着面积较大，多以群簇性聚集为主，这是导致点蚀的主要原因之一。从形态判断，微生物以包括 SRB(弧状)、TGB(杆状)、FB(球状)为主，且活性较高(绿色区域为活细菌，红色为死亡细菌)。

3.1.4　腐蚀管段分析

取 W 区块失效管材和 S-G-CDH2 服役的油管作为研究对象，对管段的腐蚀进行分析，腐蚀形貌如图 3-1 所示。腐蚀产物的 XRD 谱图如图 3-2 所示，通过失效样品分析，腐蚀产物主要由 Fe_2O_3、Fe_3O_4、$FeCO_3$、FeS、α-FeOOH、γ-FeOOH 组成，FeS 来源于 SRB 代谢产物，$FeCO_3$ 可能来源于 CO_2腐蚀或者腐生菌，氧化物与样品暴露于空气中有关或为铁细菌代谢产物。管线穿孔处呈现锥状，穿孔附近分布大量点蚀坑，平均深度约为 300μm。

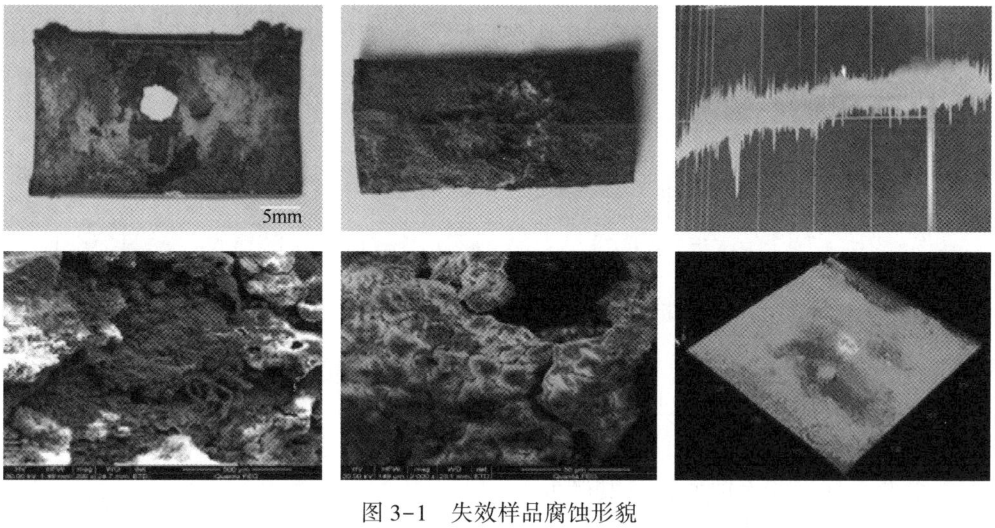

图 3-1　失效样品腐蚀形貌

3.2 腐蚀规律研究

为了探究本区块的管道腐蚀规律，本文首先在实验室搭建模拟工况腐蚀环境，具体实验条件为：总压 2.0MPa，CO_2 分压 0.04MPa，流速为 0.5m/s，S 区块采出水不灭菌。使用 20#钢作为实验对象，将其放入高温高压釜中进行模拟实验，期间改变腐蚀周期(周期分别为 7、14、21、28d)，取出腐蚀不同周期后的样品，对其进行酸洗，随后对腐蚀产物进行分析。不同周期腐蚀后的样品宏观形貌如图 3-2 所示。

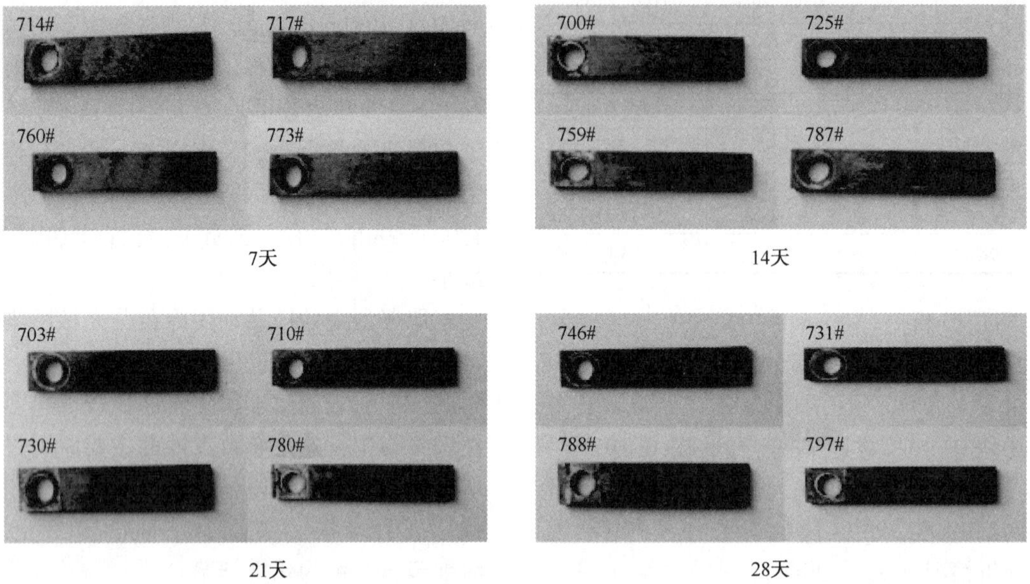

图 3-2 实验样品腐蚀形貌

3.2.1 均匀腐蚀速率研究

失重实验数据及计算出来的均匀腐蚀速率见图 3-3。由图 3-3 可知，当腐蚀时间为 7d 时，样品的均匀腐蚀速率为 0.0929mm/a，属于中度腐蚀。随着腐蚀周期变长，样品的腐蚀程度逐渐下降，在腐蚀时间为 28d 时，其均匀腐蚀速率 0.0215mm/a，稳定在轻微腐蚀的程度。

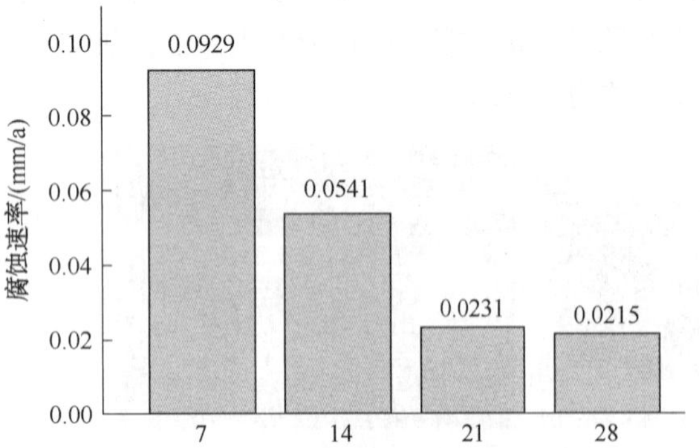

图 3-3 实验均匀腐蚀速率统计图

3.2.2 最大点蚀速率研究

图 3-4 为样品的最大点蚀坑数据，由平均最大点蚀坑深度以及最大点蚀速率可以看出，随着实验周期的延长，样品的点蚀变得愈发严重，到 28d 时，其最大点蚀坑深度平均值为 67.393μm，最大点蚀速率为 0.882mm/a。图 3-5 为不同腐蚀周期后的钢表面形貌及元素分析图，不难看出，随着腐蚀周期延长，腐蚀产物颜色逐渐转黑，腐蚀产物疏松且部分区域有裂纹。去除腐蚀产物后，样品表面均出现点蚀坑，且点蚀坑深度随腐蚀周期延长而逐渐增加。腐蚀产物中含有 C，S 等元素。结合拉曼光谱分析(图 9)，表面腐蚀产物以 FeS[10]、γ-FeOOH[11]为主，且随着腐蚀周期延长，腐蚀产物中出现 Fe3O4[12]，因此导致腐蚀后期样品表面黑色加深(不同腐蚀周期下的腐蚀产物见表 3-3)。

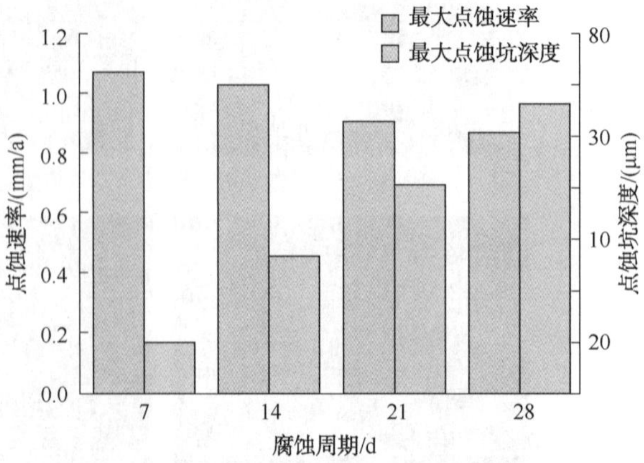

图 3-4 实验点腐蚀速率统计图

表 3-3 不同腐蚀周期下的腐蚀产物表

腐蚀周期	腐蚀产物
7	FeS、γ-FeOOH
14	FeS、γ-FeOOH、Fe_3O_4
21	Fe_3O_4
28	α-FeOOH

3.3 腐蚀主控因素研究

基于上述对腐蚀行为的分析，为了进一步研究影响腐蚀的主要因素，本文还进行了进一步研究以探讨管道腐蚀的主控因素。在采出水不灭菌的前提下进行一系列正交实验，通过改变含量，研究 CO_2分压、气体总压和流速对管道腐蚀的影响，具体实验条件如图表 3-4 所示。

表 3-4 正交实验参数表

因素	二氧化碳分压	总压	流速
实验 1	1%	1MPa	0m/s
实验 2	1%	2MPa	0.5m/s
实验 3	1%	4MPa	1m/s
实验 4	3%	1MPa	0.5m/s
实验 5	3%	2MPa	1m/s
实验 6	3%	4MPa	0m/s
实验 7	7%	1MPa	1m/s
实验 8	7%	2MPa	0m/s
实验 9	7%	4MPa	0.5m/s

正交实验结果如图 3-5 所示。从图中可以看出，实验 3、实验 4 中，样品的腐蚀最为严重，腐蚀产物全面覆盖，已经彻底失去金属光泽。样品表面经酸洗液酸洗后仍存在少量的锈蚀产物，且锈蚀产物分布并不均匀。

当考虑样品表面均匀腐蚀时，实验组 3、4 腐蚀最为严重，平均腐蚀速率达到 0.0744mm/a，属于中等腐蚀。当考虑样品点蚀腐蚀时，实验组 2、6 腐蚀最为严重，最大点蚀速率 6.812mm/a，达到严重腐蚀程度。

由此得不同流速下样品基于总压和 CO_2分压下发生的均匀腐蚀与点腐蚀的腐蚀速率对比图(图 3-6)。对于均匀腐蚀速率而言，气体总压越大，腐蚀速率越大；腐蚀速率与 CO_2分压的关系，随 CO_2分压逐渐增大呈现先增大后减小的趋势。对于点蚀速率来说，气体总压和 CO_2分压与点蚀速率都呈正相关。无论是均匀腐蚀还是点蚀，流速在 0.5m/s 时，腐蚀速率最大。

3.4 熵权法分析

利用熵权法，通过归一、调零、求解熵值，综合评价权重大小(表 3-5~表 3-6)。当考虑样品表面均匀腐蚀时，熵权法计算五因素权重占比为：CO_2分压：86.02%>Cl^-含量：7.34%>微生物：5.67%>流速：0.83%>总压：0.14%；当考虑样品表面局部腐蚀时，熵权法计算五因素权重占比为：微生物：34.00%>流速：21.71%>CO_2分压：20.17% > Cl^- 含量：17.07% > 总压：7.06%。

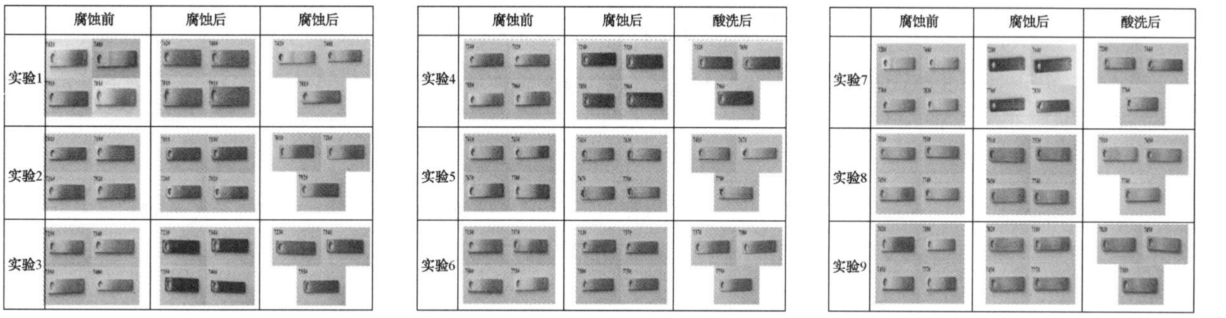

图 3-5 正交实验前后的宏观形貌

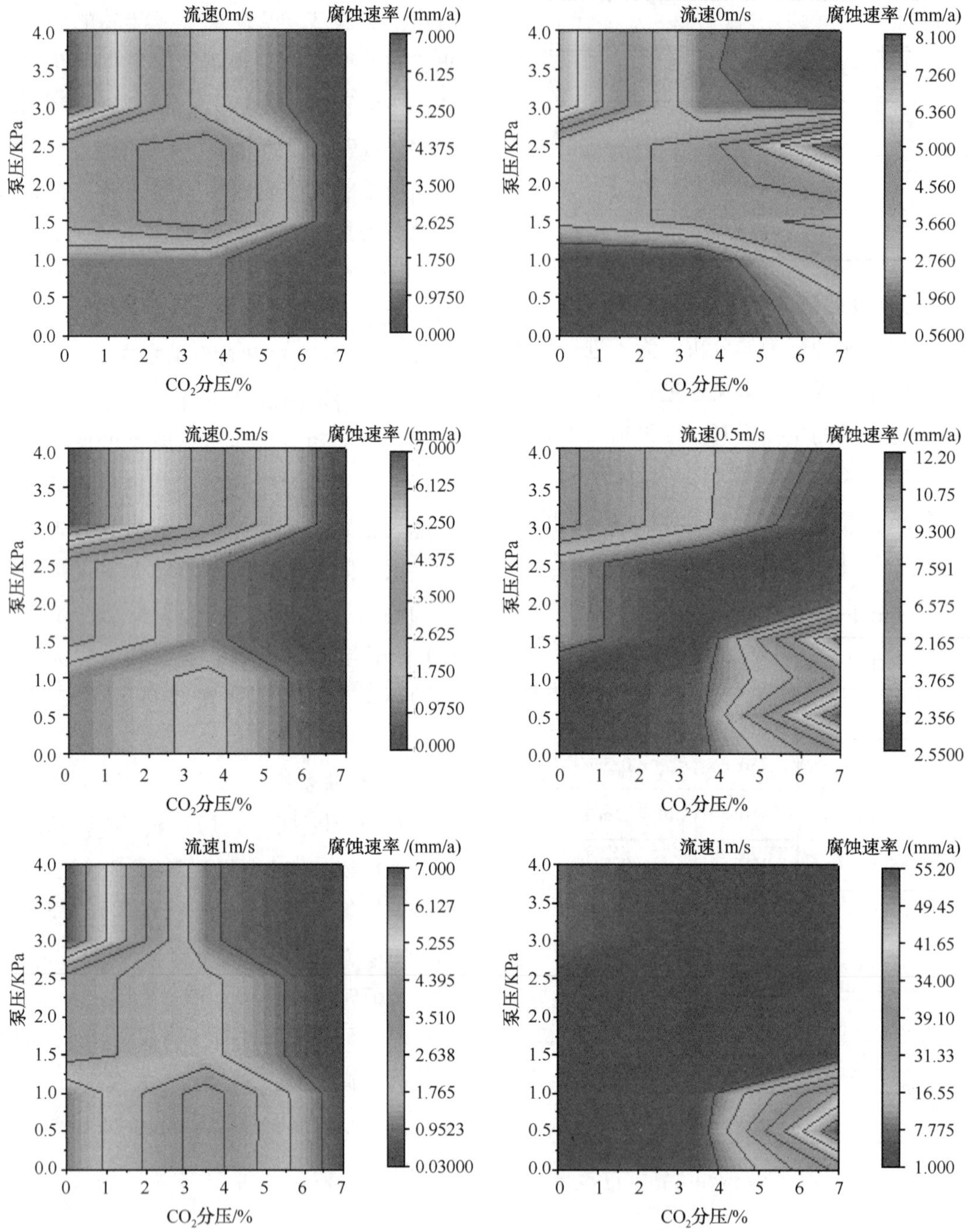

图 3-6　不同实验条件均匀腐蚀和点蚀腐蚀速率图

表 3-5　均匀腐蚀熵权法权重计算统计表

相关因素	CO_2 分压	总压	流速	微生物
Ej	0. 884427	0. 999141	0. 995046	0. 966092
Dj	0. 115573	0. 000859	0. 004954	0. 033908
Wj	0. 580025	0. 004311	0. 024861	0. 170174

表 3-6　点腐蚀熵权法权重计算统计表

相关因素	CO_2 分压	总压	流速	微生物
Ej	0. 840036	0. 944018	0. 827853	0. 730362
Dj	0. 159964	0. 055982	0. 172147	0. 269638
Wj	0. 201687	0. 070584	0. 217048	0. 339968

3.5　腐蚀预测模型

预测原理：De Waard95 模型是由 De Waard、Lots 和 Dugstad 在 1995 年建立的。该模型用简单的阻力模型将独立动力学模型 DLM 模型和依赖于流动的 CO_2 传质模型结合起来，然后通过将组合模型与大量的高压回流实验结果相拟合而建立起来的。结合经典的 De Waard95 数学模型，并对其进行数据修正和多元线性回归，提出了针对于苏西采气管道的腐蚀速率计算新模型，具体公式见表 3-1 及模型如下：

$$\frac{1}{V_{corr}}=\frac{1}{V_m}+\frac{1}{V_r} \qquad (3-1)$$

$$V_r = A + B * \frac{1}{T+273.15} + C * \log(f_{CO_2}) * \log(c_{mic}) * \log(c_{Cl^-}) + D * (pH_{actual} - pH_{CO_2+mic})$$

$$V_m = E * \frac{U^{0.8}}{d^{0.2}} f_{CO_2} * c_{mic} * c_{Cl^-}$$

令 $X_1=\frac{1}{T+273.15}$

$X_2=\log(f_{CO_2})\log(c_{mic})\log(c_{Cl^-})$

$X_3=pH_{actual}-pH_{CO_2+mic}$

由 95%置信带图可知，MCC-CORR 预测模型所预测的腐蚀速率总体的真实值有 95%的概率会落在实测值结果的区间内，且模型拟合度 R 值为 88.58%，说明 88.58%的预测可用修正后的模型来预测，模型符合度达到了预期效果。

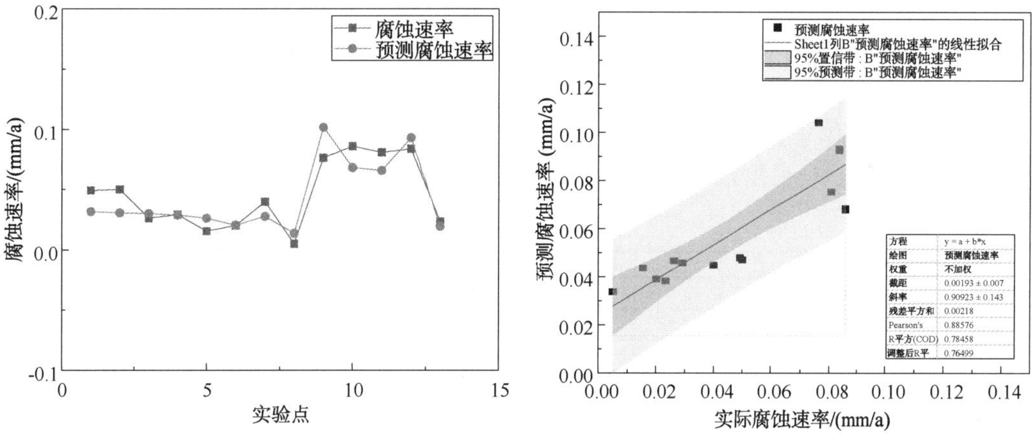

图 3-7

4　防腐技术方案

4.1　重点管道实施超声导波在线壁厚监测技术

目前主要有 5 种在线腐蚀监测技术，综合考虑经济性、可靠性等因素，开发非破环型超声波在线壁厚监测技术，可实现过涂层管道壁厚腐蚀监测(图 4-1)。

优选 3 条干管 6 处重点易腐蚀点开展非破环型超声波在线壁厚监测，设备平均偏差为 0.005mm(0.5%)，达到指标小于 0.01mm 要求(图 4-2)。

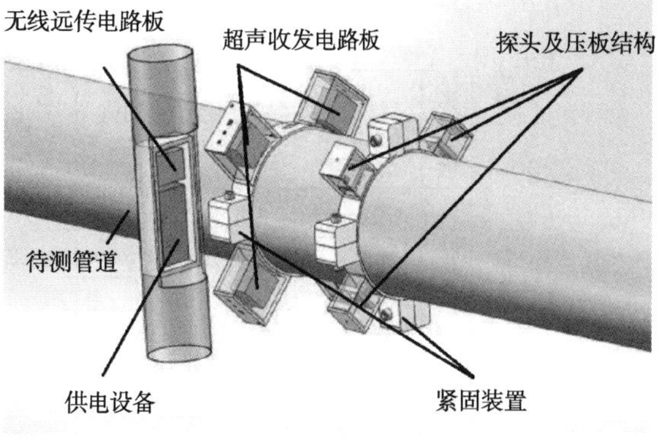

图 4-1　非破环型超声波在线壁厚监测设备示意图

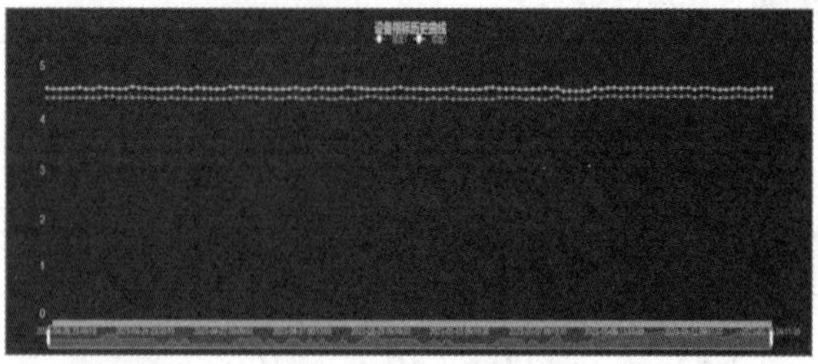

图 4-2　在线壁厚监测设备数据曲线图

4.2　典型管道可溶清管技术

通过研发集输管网自动分析系统、自动清管发球装置、可溶性清管球并综合运用，形成天然气中低压采气管线自动清管装置。模拟人工现场投球操作流程，通过本地/远程下发指令，由装置 MCU 控制储球仓拨轮、送/发球活塞动作，依次完成“储球、放球、送球、发球”，实现远程控制自动清管作业。

新建采气干管设计增加收发球装置，已建易腐蚀干管实施收发球筒升级改造，通过定期清出采气干管积液，减少内腐蚀，同时为小口径管线开展内检测奠定基础(图 4-3)。

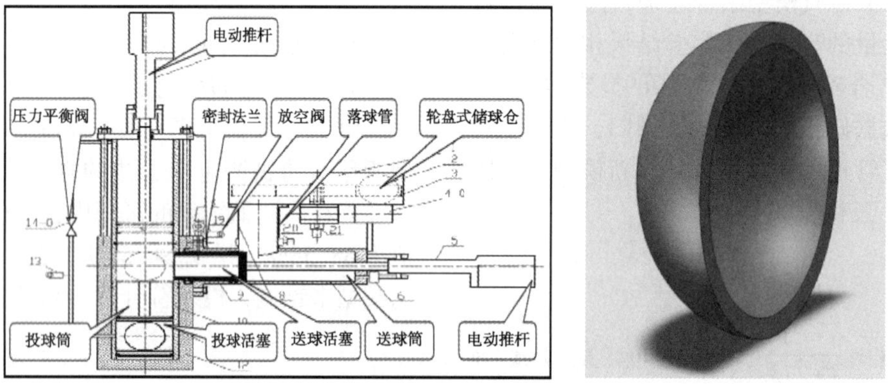

图 4-3　自动清管发球装置+可溶清管球

4.3　常规采气管道加注杀菌缓释剂

使用杀菌剂先对采出水进行灭菌处理，随后进行腐蚀产物分析，具体实验如下：在采出水中添加 120ppm 的杀菌剂，对采出水进行杀菌处理 24h，再在总压为 2MPa，CO_2 分压 1%，实验温度为 25℃下对 20#碳钢腐蚀 72h。实验结果如图 4-4 所示。结果表明灭菌后，样品均匀腐蚀速率降低了 29.1%，点腐蚀速率降低了 73.4%。

灭菌前 第二组实验数据

样品	长(mm)	宽(mm)	高(mm)	孔径(mm)	前重(g)	后重(g)	腐蚀速率(mm/a)	平均腐蚀速率(mm/a)
701	50.05	10.02	2.92	5.92	10.6123	10.6088	0.0437	0.0492
792	49.94	10.01	2.84	5.89	10.6640	10.6597	0.0543	
726	49.96	9.95	2.84	5.97	10.5955	10.5916	0.0497	

灭菌后120ppm杀菌剂实验数据

样品	长(mm)	宽(mm)	高(mm)	孔径(mm)	前重(g)	后重(g)	腐蚀速率(mm/a)	平均腐蚀速率(mm/a)
766	49.93	9.94	2.95	6.01	10.6760	10.6737	0.0290	0.0349
721	49.97	9.99	2.88	5.96	10.6849	10.6823	0.0328	
706	49.95	9.97	2.91	6.01	10.5404	10.5370	0.0429	

实验组	样品序号	最大点蚀坑深度/μm	平均值/μm	最大点蚀速率/(mm/a)	表面图	立体图	截面图
灭菌前	701	52.445	48.529	6.812	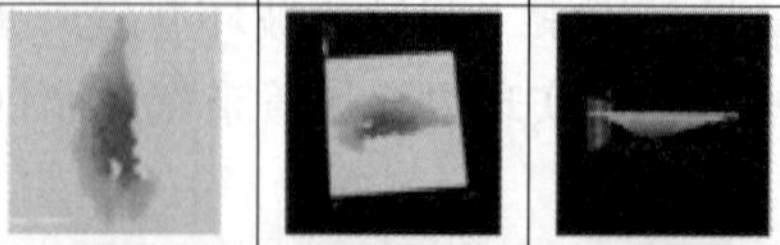		
	726	37.152					
	792	55.990					
灭菌后	706	14.186	13.857	1.815			
	721	14.917					
	766	12.467					

图 4-4　阳离子复合杀菌剂效果

根据上述实验结果、实验后20#钢的表面形貌以及灭菌能力对比（图4-5和图4-6），本项目所使用的阳离子复合杀菌剂添加量为120ppm时，杀菌率可达100%。SRB杀灭能力是美国陶氏Aqucar 970的10倍，优于国际主流杀菌剂产品。

图4-5　腐蚀试验后的表面形貌：（左）未添加杀菌剂，（右）添加杀菌剂（120ppm）

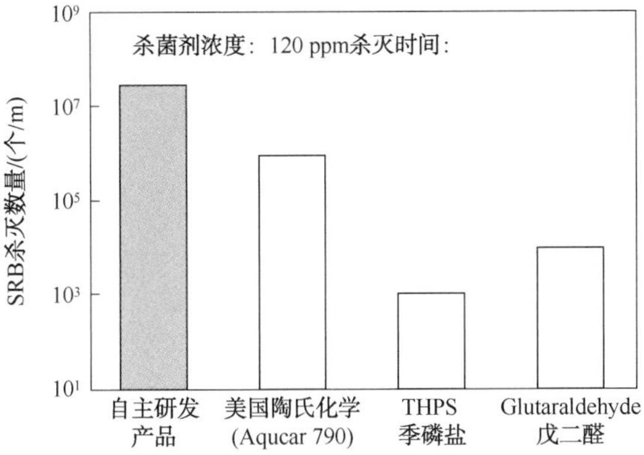

图4-6　杀菌剂灭菌能力

采用多点吸附曼尼西碱缓蚀剂，主剂为曼尼希碱，辅助剂为乳化剂、表面活性剂和溶剂，具有低毒环保的特性，对CO_2腐蚀具有高效的缓蚀作用，且不会导致点蚀。试验采用连续加注方式开展多点吸附曼尼西碱缓蚀剂试验，结果表明缓蚀效率达到98.3%（表4-1）。

表4-1　缓蚀剂试验效果对比统计表

缓蚀剂类型	腐蚀速率/(mm/y)	缓释效率/%
未加注缓蚀剂（空白对照组）	0.3119±0.0871	-
ZH-M12-01	0.0053±0.0011	98.30

5　结论

（1）针对苏西区块集输管道流速低、高产液的特点，首次开展气田采气管道腐蚀研究，明确苏西区块集输管道发生微生物+二氧化碳+氯离子腐蚀，苏西区块腐蚀性气体组分及采出水矿化度相对苏中区块高，腐蚀产物中$FeCO_3$表明存在CO_2腐蚀，且穿孔位置存在明显的水线，失效穿孔与长期积液内腐蚀所致。

（2）构建腐蚀预测模型。利用最小压降法建立了不同水平管输倾角的临界携液流速模型，重点筛选出积液高、中、低风险位置，应用灰色预测法构建腐蚀预测模型，首次将微生物纳入模型参数。开挖验证10处腐蚀点，且现场应用符合率达到87%，大于目前应用较多的Pipephase、OLGA、Predict等软件模型，常规集输管道开挖验证符合率40%~75%。

（3）实施苏西区块采气管道差异化管理。重点管道实施超声导波在线壁厚监测技术，已建管道加注杀菌缓蚀剂防腐技术，新建采气管道可溶清管技术，有效降低管道电化学腐蚀，防止失效发生。

参考文献

[1] 李敏．油田集输管线的腐蚀原因与防腐对策[J]．化工管理，2022(33)：119-121.

[2] 管恩东．基于IGSA-RFR的多相流集输管道内腐蚀速率预测模型[J]．油气储运：1-10.

[3] 张晓，帅健．基于FITNET FFS模型的腐蚀管道失效概率敏感性分析[J]．中国安全生产科学技术，2018，14(08)：80-85.

[4] DAI J，NI Y，GONG D，et al. Geochemical characteristics of gases from the largest tight sand gas field (Sulige) and shale gas field (Fuling) in China[J]. Marine

and Petroleum Geology, 2017, 79: 426-438.

[5] 王楠. 苏里格气田集输管网阴极保护系统有效性评价研究[D]. 西安石油大学, 2017.

[6] 胡延霞, 冯荟锦, 韩成福. 苏里格风险合作区块二开结构水平井钻井技术[J]. 中国石油和化工标准与质量, 2022, 42(21): 188-190.

[7] WANG C, HUA Y, NADIMI S, et al. Anti-corrosion characteristics of FeCO3 and FexCayMgzCO3 scales on carbon steel in high - PT CO_2 environments [J]. Chemical Engineering Journal, 2022, 431: 133484.

[8] ZHANG D, TAN J, DU H, et al. Comparison study of Mg(OH)2, Mg-Fe LDH, and FeOOH coatings on PEO-treated Mg alloy in anticorrosion and biocompatibility [J]. Applied Clay Science, 2022, 225: 106535.

[9] LI J, MENG F, LIU L, et al. Effect of nano-Fe2O3/graphene oxide hybrids on the corrosion resistance of epoxy coating under alternating hydrostatic pressure[J]. Corrosion Communications, 2022, 5: 62-72.

[10] 包琰. 铁硫化物纳米晶功能材料的制备与表征[D]. 兰州大学, 2012.

[11] 王岳, 梁萍. 显微激光拉曼光谱仪在铁制文物锈蚀研究中的应用[J]. 当代化工研究, 2022(19): 134-136.

[12] 陆雪非, 李风亭. 表面增强拉曼光谱在工业水处理及金属材料保护中的应用[J]. 腐蚀与防护, 2001(04): 144-146.

电磁涡流内检测技术在靖边气田的应用评价

王　浩[1]　罗长斌[1]　陈小飞[1]　王红梅[1]　李　超[2]

(1. 中国石油长庆油田分公司第一采气厂；2. 中国石油长庆油田分公司气田开发事业部)

摘　要　天然气集输管道是气田生产的重要组成部分，通常采用定期清管、露点管控等方法来保证管道的安全，然而定期清管只能解决管道内部的清洁度和积液问题，无法掌握管道内腐蚀情况。而常规漏磁内检测则无法适用于发球阀、小口径、以及低压力低流量的集输管道。因此，为掌握小口径集输管道的内腐蚀情况，本文介绍了一种适用于气田集输管道的电磁涡流内检测技术，并通过三年的现场应用，验证了该技术在气田管道检测的适用性及缺陷量化准确性，填补了小口径发球阀集输管道内腐蚀检测技术空白，完善了气田集输管道内腐蚀检测技术体系，为其今后在管道内检测中推广应用提供借鉴。

关键词　小口径；集输管道；电磁涡流；内检测

长庆油田某采气厂于1997年建厂生产，集输管道投运年限长，硫化氢平均含量1280.27mg/m^3，二氧化碳平均含量5.12%，Cl^-平均含量50.27g/L，地面集输管线和设备设施均处于高硫化氢并伴随二氧化碳、高矿化度、低pH值的酸性腐蚀环境，且随着运行年限的增加，腐蚀老化现象十分突出。同时，随着靖边气田进入全面增压生产阶段，部分干气输送管道变为湿气输送，管线处于硫化氢、二氧化碳、高矿化度的较强腐蚀环境，存在内腐蚀风险。

同时，历年的管道检测结果表明靖边气田集输管线外部土壤腐蚀环境弱，管道在当前外防腐层和阴极保护下，外腐蚀轻微，重点关注内腐蚀风险。

因此，为全面掌握管道内腐蚀情况，完善内检测技术体系，以靖边气田下古地面集输管线为应用对象，调研新型的内腐蚀检测技术，评价技术的适用性和检测精度，形成指导现场实际生产工作的内腐蚀检测技术。

1　管道内检测技术现状

目前管道内腐蚀检测主流技术是漏磁内检测技术，该技术成熟、检测精度高，能够实现管道内外缺陷，包括金属损失、环焊缝区域或热影响区的缺陷、坑蚀、点蚀的检测，检测精度5%wt。但是漏磁内检测现场实施环境要求苛刻，需要管道气量、压力相对稳定，配套有收发球筒，管道内部清洁度要求高，且内检测工具结构长、质量大、功耗高、通过通过性差，检测成本高。某采气厂靖边气田DN150以下的小口径天然气集输管道占全厂集输管道的74.8%，其中9.3%为有发球阀的管道，目前没有适合工况的内检测技术。因此，针对无发球筒有发球阀的小管径管道急需一种适用于现场实际工况的新型内检测手段。

通过调研，涡流检测设备具有体积小、质量轻、功耗低的优点，电磁涡流内检测器的机械结构与常规皮碗清管器相似，在保证检测器通过性良好的情况下，具备管道内腐蚀缺陷检测性能，为气田小口径集输管道内检测提供了一种新的解决方案。

因此，针对小管径、具备清管阀流程的管道引入并评价电磁涡流内检测技术。

2　电磁涡流内检测技术简介

2.1　技术原理、特征

涡流检测原理是利用交变电流的检测线圈(探头)产生交变磁场，当探头靠近导电试件(相当于次级线圈)时，在感应磁场作用下，被测试件表面会产生与此磁场相交联的涡流。被测试件上存在缺陷或者物理属性变化，导体内的涡流将受到影响，产生的感应磁场发生变化，使探头复阻抗发生变化。利用阻抗分析法，分析探头上的阻抗变化就可以得到缺陷信息，并可以检测出缺陷的大小和位置等信息(图1)。

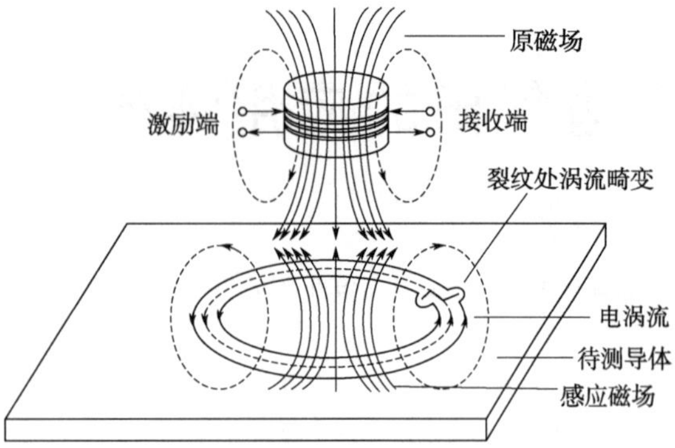

图 1　涡流检测原理图

电磁涡流内检测技术是将涡流传感器与传统的清管器相结合而设计出的一种高集成度、高通过性的管道内检测技术，主要采用“常规清管器+内置智能检测传感器(探头)”的方法进行管道内检测。检测探头内的激励线圈实时发出一定频率的涡电流，如果管道内壁没有缺陷存在，涡电流就是一个持续稳定的数值。如果有缺陷存在，产生的涡电流就会发生改变，接收线圈感应到信号就会发生改变。该技术具备适配发球阀管道、清洁度要求低、可通过 1.5D 弯头及 20%OD 管道变形以及低流量下可正常检测的特性，该技术目前可检测管径覆盖 DN50 至 DN700，覆盖气田主要集输管道管径(图 2)。

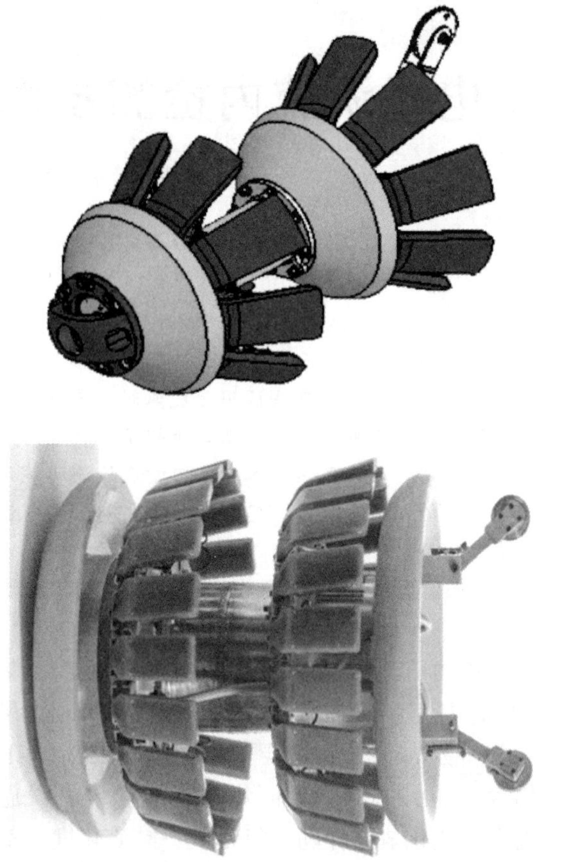

图 2　涡流检测器示意图

2.2　检测作业流程

气田集输管道电磁涡流内检测按照以下流程(图 3)进行。

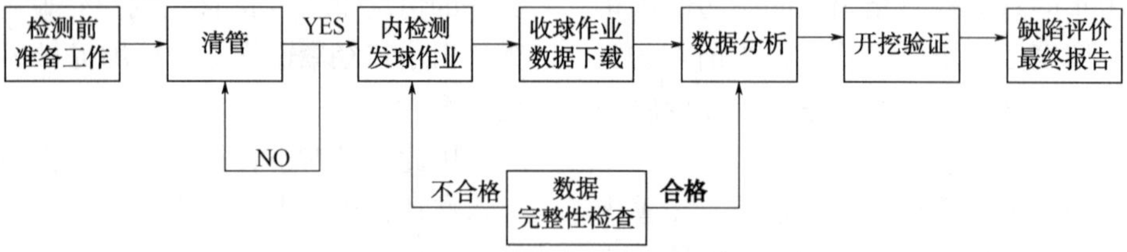

图 3　涡流检测流程图

(1) 检测前的准备工作。检测前需完成管道情况调查，包括：管道规格，不同管段的壁厚，管道长度，管道使用年限，管道安全工作压力，管道相对高程差，管道穿越和跨越情况，管道弯头、斜口，管道变形，管道中间阀室，管道支线、三通，管道地貌特殊状况以及管道存在的修理、更换情况等。调查管道历史清管记录、管道目前输气流量、日输气量、管道工作压力、管道输送压差及输送效率等。

(2) 清管。通过清管作业清扫气田管道内杂物、积液、积污，达到后续内检测的要求。清管作业常用的清管器具有：带钢丝刷的标准盘式清管器、带磁性接收系统的标准盘式清管器、除垢清管器、高密度泡沫清管器和清管球。可根据管道具体情况，按不同清管功能合理安排清管作业顺序，达到清管设计清洁指标。如果某一作业程序未达到该指标，则需进行二次或多次该作业程序，直至满足检测要求。

(3) 内检测。在确认管道中无大的变形，满足涡流检测器投发条件后，将涡流检测器发出。检测器运行速度控制在 0.5~6m/s 范围内，重点检测管壁内部金属损失缺陷，同时检测气田管道其他特征(阀门、三通、弯头、环焊缝等)。后期通过信号分析形成内检测初报告，为下一步确定验证开挖点和需要立即维修的金属损失点提供指导。

(4) 开挖验证。开挖验证点的定位信息来自管道内检测开挖单，比较内检测开挖单与实际里程的差值，分析管道内检测里程精度。同时，利用超声波测厚技术对管道进行壁厚检测，验证缺陷检测结果的准确性。

(5)数据分析及缺陷评价。将检测数据与实测数据进行对比分析，确定实测精度是否满足检测器的精度指标，并对内检测数据进行统计分析，开展综合缺陷分析、剩余强度评价，制订修复计划，提出管理建议。

(6)内检测最终报告。整理前期资料和评价结果，编制最终的内检测报告。

2.3 检测应用情况

近三年电磁涡流检测技术已成功在靖边油田4条集气管道成功应用，检测管径最小为 ϕ159mm，4条管线发球装置均为发球阀。检测器经过三代更新完善，检测精度逐年提高，取得良好的应用效果。管道信息列表见表1。

表1　电磁涡流内检测管道统计表

序号	管道名称	检测时间	外径/mm	壁厚/mm	发球装置	长度/km
1	南 A-南 B 支线	2019 年	219	7	发球阀	8.6
2	新北 X-北 H 支线	2020 年	159	6	发球阀	9.3
3	C 干线	2021 年	219	7	发球阀	13.5
4	D 干线	2021 年	273	8	发球筒	24.8

(1) 第一代检测器

2019年在南 A-南 B 和南 E-南 B 管线采用电磁涡流第一代检测器，该检测器为单节设计，其中定位采用时基法定位，腐蚀和里程检测功能集成于一体，皮碗采用单皮碗设计，设计如图4所示。

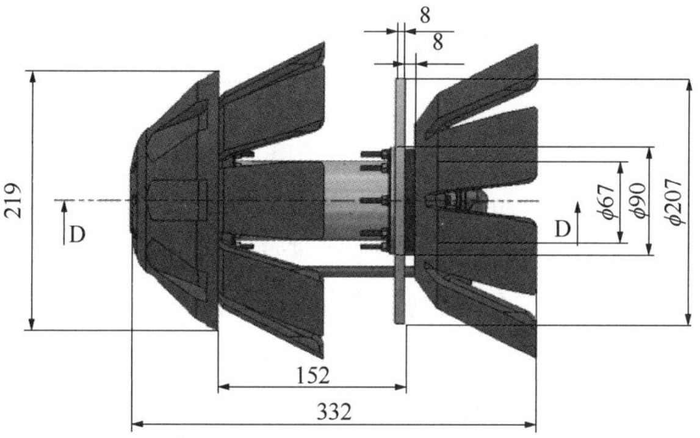

图4　第一代检测涡流内检测器设计图

检测器为单皮碗结构密封，在现场检测过程发生串气，检测器停滞，采用再发一个泡沫清管器将检测器清出。因此，在后续检测过程中采用“泡沫清管器+涡流检测器”的组合方式进行检测(图5)。

南 E-南 B 支线现场共检测出584个金属缺陷，短节59个，法兰2个，弯头149个。其中最严重的缺陷位于绝对里程为5061.103m的位置，缺陷壁厚损失比率为45.7%。采用 ASME B31G-2012 评估方法对缺陷进行评价，所有缺陷未超出安全评定曲线。

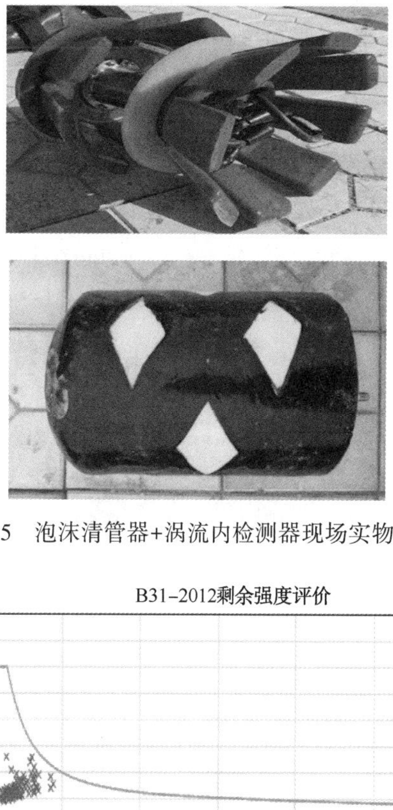

图5　泡沫清管器+涡流内检测器现场实物图

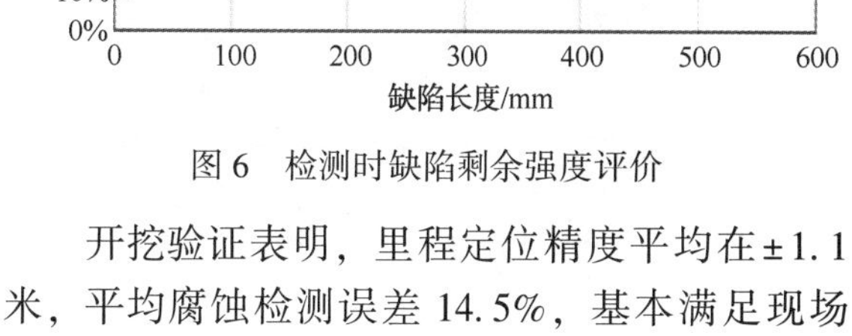

图6　检测时缺陷剩余强度评价

开挖验证表明，里程定位精度平均在±1.1米，平均腐蚀检测误差14.5%，基本满足现场检测需求，见表2。

表 2　缺陷验证信息表

缺陷编号	绝对距离/m	腐蚀量化精度					里程定位精度		
		数据来源	腐蚀深度/mm	腐蚀深度百分比/(%wt)	实测最小壁厚/mm	管道设计壁厚/mm	检测相对焊缝距离/m	实测相对焊缝距离/m	误差/m
1#	4202.9	检测数据	2.16	30.90%	5.92	7	2.65	1.49	1.16
		实测数据	1.08	15.40%					
		误差	1.08	15.5%					
2#	5065.1	检测数据	1.92	27.40%	6.03	7	3.85	2.81	1.04
		实测数据	0.97	13.80%					
		误差	0.95	13.6%					

(2) 第二代检测器

基于 2019 年阶段性认识和现场问题，2020 年持续优化检测器，升级为“第二代检测器”，并进行了 4 方面改进。一是结构上设计为前后两层皮碗密封结构，解决了单密封结构出现串气的问题。二是里程检测器增加 1 个里程轮，同时保留传统的时基里程计算系统，提高定位精度。三是将腐蚀检测器和里程检测器进行分节设计，在增加检测器通过性的同时优化检测内部整体空间。四是在里程节增加了一组腐蚀检测探头，对管道进行二次检测，增加了数据采集量，为信号分析提供了更多的数据。见图 7。

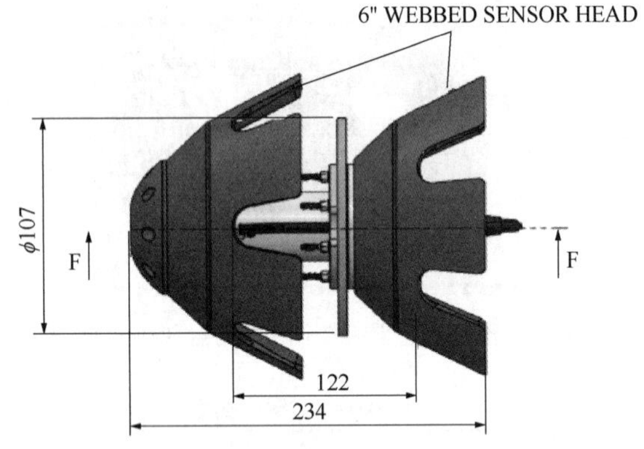

(a)腐蚀检测器

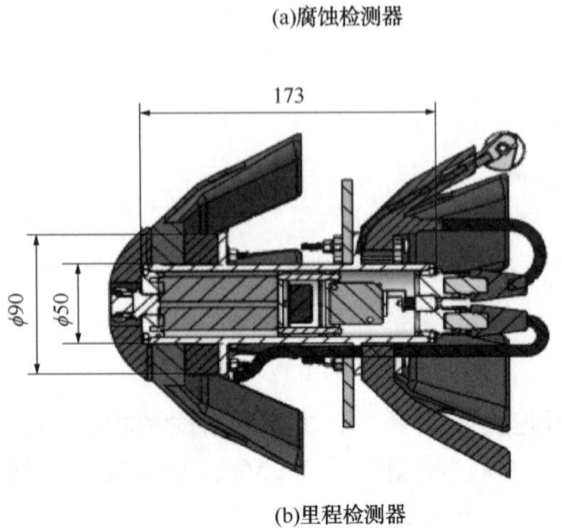

(b)里程检测器

图 7　第二代 ϕ159 电磁涡流内检测器

2020 年在湿气输送管道新北 X-北 H 管线进行现场检测应用，该支线发球装置为发球阀，共计检测出 3372 处内部金属损失缺陷，焊缝 1231 个，法兰 3 个，弯头 27 个，三通 1 个，凹陷 2 个，沉积物 48 处。其中最严重的缺陷位于绝对里程为 4090.4m 的位置，缺陷深度为 2mm，相对于壁厚损失比率为 33%。采用 ASME B31G-2012 评估方法对缺陷进行评价，所有缺陷未超出安全评定曲线(图 8)。

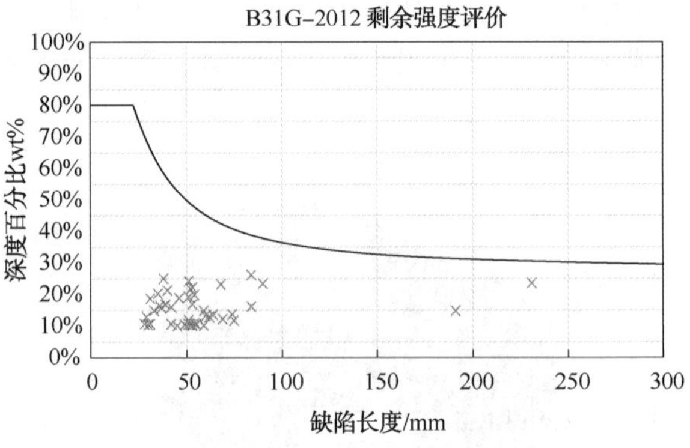

图 8　检测时缺陷剩余强度评价

同时，增加了沉积物检测。沉积物分布反映出由于管道沉积物导致管道内径减小，沉积物也有可能导致腐蚀加剧，因此对沉积物进行检测评价，沉积物主要集中于管道 6 点钟方向(图 9)。

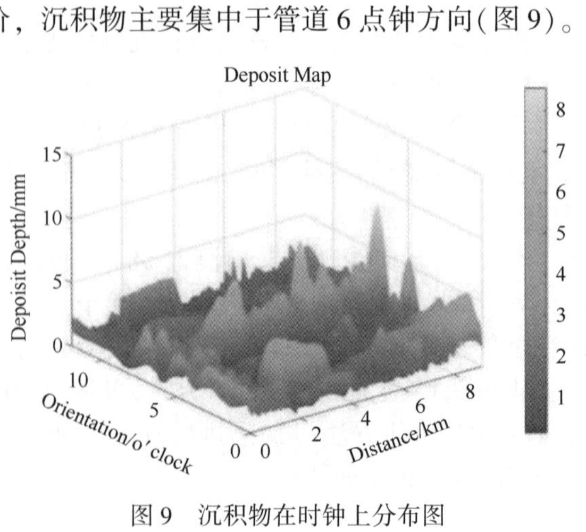

图 9　沉积物在时钟上分布图

对沉积物在高程曲线上进行拟合。从高程拟合图上可以看出，大部分的沉积物均分布在高程上升管段，与沉积物形成过程情况基本符合(图10)。

经过现场开挖验证表明，里程定位精度误差平均在±0. 35m，平均腐蚀检测精度误差 6. 58%，相比于第一代检测器里程定位精度提高68. 18%，腐蚀缺陷量化精度误差提高 54. 6%，满足现场检测需求，见表 3。

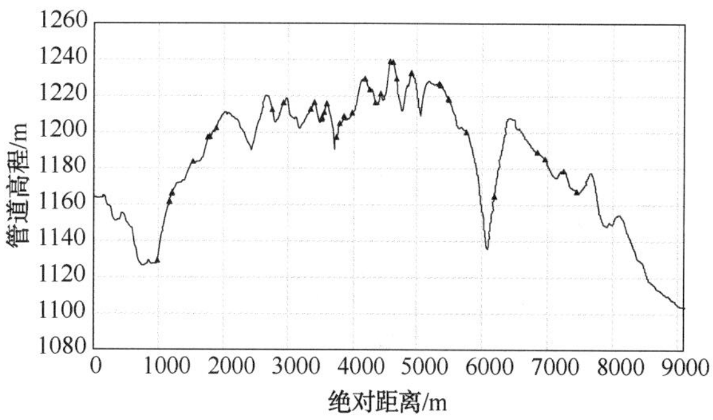

图 10　沉积物在里程上分布图

表 3　缺陷验证信息表

缺陷编号	绝对距离/m	腐蚀量化精度					里程定位精度		
		数据来源	腐蚀深度/mm	腐蚀深度百分比/(%wt)	实测最小壁厚/mm	管道设计壁厚/mm	检测相对焊缝距离/m	实测相对焊缝距离/m	误差/m
1#	4071. 4	检测数据	1. 79	29. 83%	4. 69	6	0. 3	0. 6	0. 3
		实测数据	1. 31	21. 83%					
		误差	0. 48	8. 00%					
2#	4090. 4	检测数据	1. 97	32. 83%	4. 35	6	1. 2	0. 66	0. 54
		实测数据	1. 65	27. 50%					
		误差	0. 32	5. 33%					
3#	5089. 3	检测数据	1. 34	22. 33%	4. 4	6	1. 7	1. 5	0. 2
		实测数据	1. 6	26. 67%					
		误差	0. 26	4. 33%					
4#	4489	检测数据	1. 59	26. 5%	4. 93	6	0. 5	0. 85	0. 35
		实测数据	1. 07	17. 83%					
		误差	0. 52	8. 67%					

(3) 第三代检测器

基于 2020 年阶段性认识和现场问题，2021 年持续优化检测器，升级为“第三代检测器”，并进行了 3 方面改进，见图 11。一是将 51mm 的传感器升级为 40mm 传感器，对内部缺陷识别更加灵敏，提高了对于缺陷的识别能力及检测能力。二是对于 ϕ219mm 管道的检测器里程节里程轮增加至 2 个，ϕ273mm 管道的检测器里程轮增加至 3 个，再次提高了检测器定位精度。三是将检测器形状优化为翅片分布，提高了采集器采集数据的稳定性。

2021 年对 C 干线进行电磁涡流内检测，检测出内部金属损失 1871 处，缺陷深度主要集中在<10%和 10%～20%，超过 20%缺陷有 13 处。采用 ASME B31G—2012 对内部金属损失缺陷进行评价，经评价，所有缺陷失效压力均大于最大操作压力，缺陷未超出安全评定曲线(图 12～图 14)。

经过现场开挖验证表明，里程定位精度误差平均在±0. 12m，平均腐蚀检测精度误差 4. 7%。相比于第二代检测器里程定位精度提高 65. 7%，腐蚀缺陷量化精度误差提高 20. 3%，满足现场检测需求，见表 4。

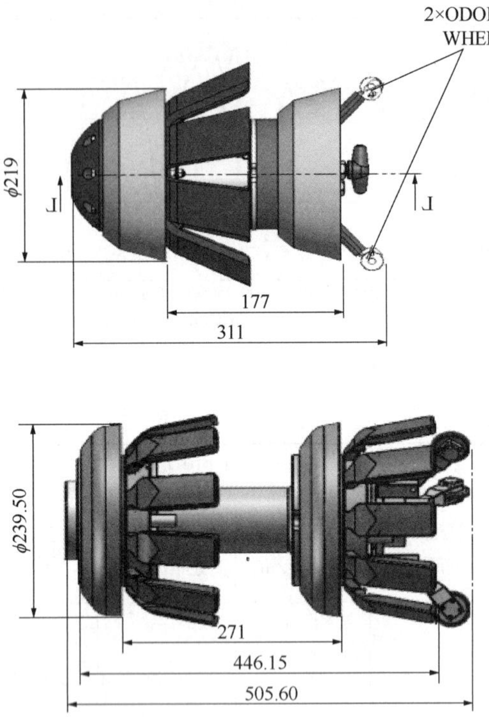

图 11　第三代电磁涡流内检测器

图 12　检测器发球前后现场图

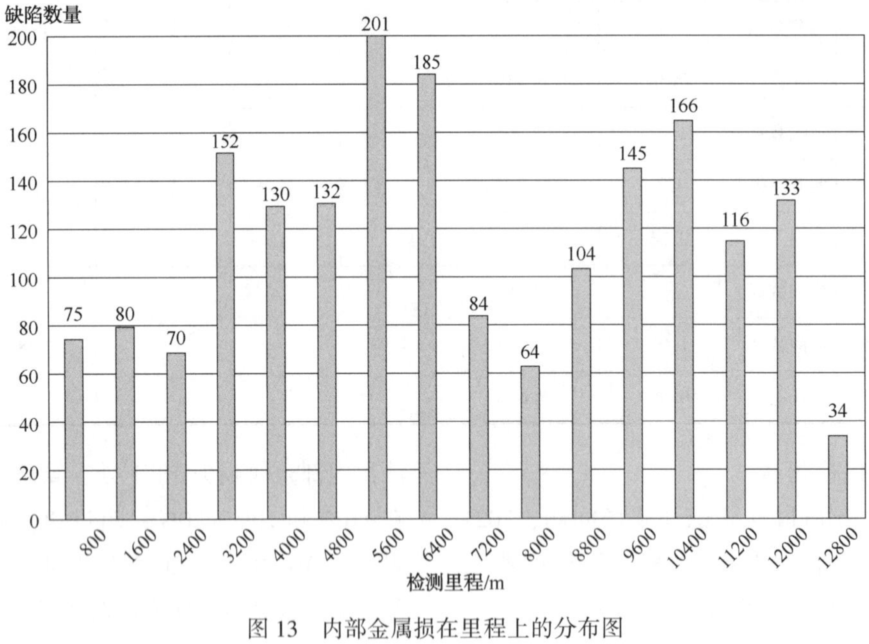

图 13　内部金属损在里程上的分布图

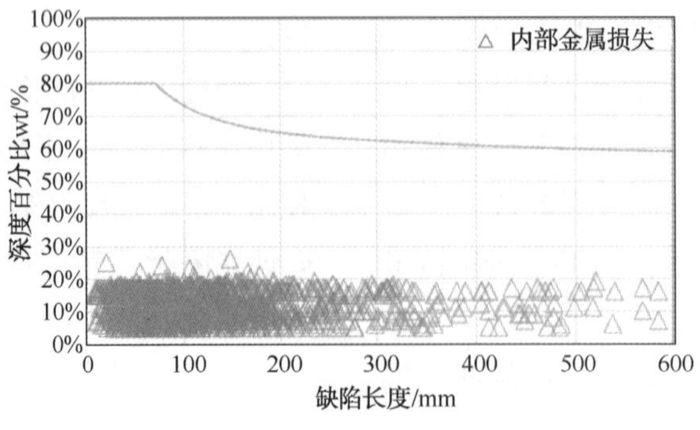

图 14　C 干线内部金属损失剩余强度评价

表 4　缺陷验证信息表

缺陷编号	绝对距离/m	腐蚀量化精度						里程定位精度		
		数据来源	腐蚀深度/mm	深度百分比/(%wt)	实测最小壁厚/mm	实测最大壁厚/mm	管道设计壁厚/mm	检测相对焊缝距离/m	实测相对焊缝距离/m	误差/m
1#	2596.67	检测数据	1.82	21.62%	6.98	8.42	7	3.33	3.01	0.32
		实测数据	1.44	17.10%						
		误差	0.38	4.51%						
2#	5253.54	检测数据	1.75	20.83%	7.16	8.4	7	0.15	0.15	0
		实测数据	1.24	14.76%						
		误差	0.51	6.07%						
3#	5179.367	检测数据	1.68	19.67%	7.18	8.54	7	7.65	7.53	0.12
		实测数据	1.36	15.93%						
		误差	0.32	3.75%						
4#	5184.704	检测数据	1.61	19.03%	7.23	8.46	7	2.32	2.25	0.07
		实测数据	1.23	14.54%						
		误差	0.38	4.49%						

3　电磁涡流内检测技术适应性评价

3.1　定位精度分析

经过近三年的应用评价及优化改进，电磁涡流内检测技术定位精度逐年提高，里程定位精度误差平均在±0.07m，相比于第一代和第二代检测器精度分别提高了 93.6%和 80%，里程定位满足现场检测需求(图 15)。

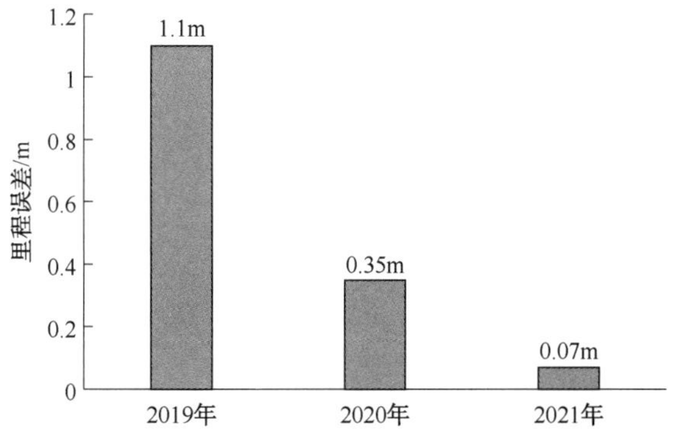

图 15　近三年里程定位精度误差逐年减小对比图

3.2　腐蚀缺陷误差量化分析

经过近三年的应用评价及优化改进，电磁涡流内检测技术腐蚀深度量化精度逐年提高，腐蚀精度误差平均在 6.09%，相比于第一代和第二代检测器精度分别提高了 58%和 7.4%，腐蚀量化精度满足现场检测需求(图 16)。

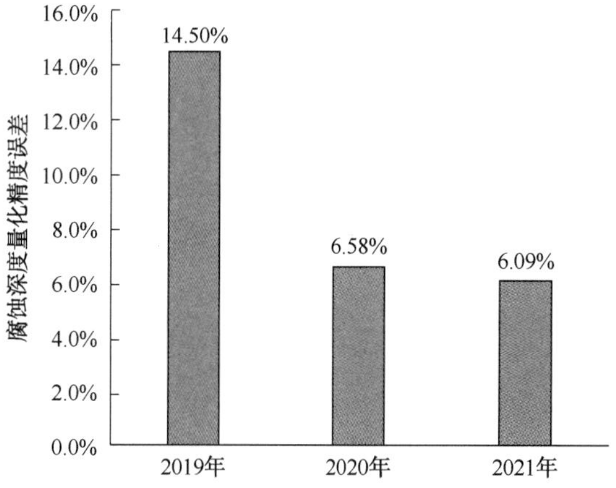

图 16　近三年腐蚀缺陷精度误差逐年减小对比图

3.3　焊缝缺陷分析

对选择的典型缺陷进行分析，内检测数据给出缺陷深度为 41%wt，现场采用相控阵技术测试显示缺陷实际深度为 48%wt，具体见图 17、图 18。

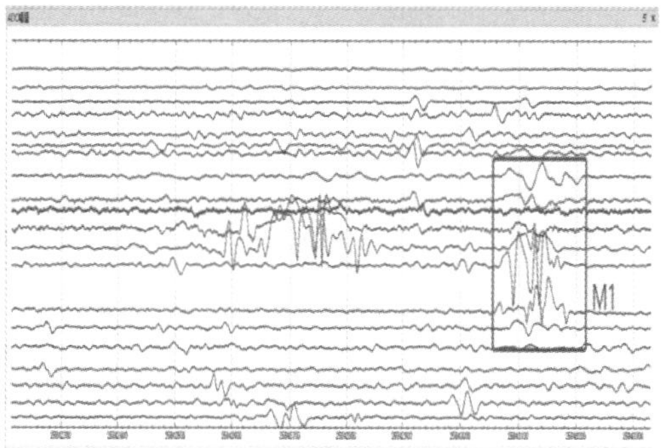

图 17　典型缺陷信号图

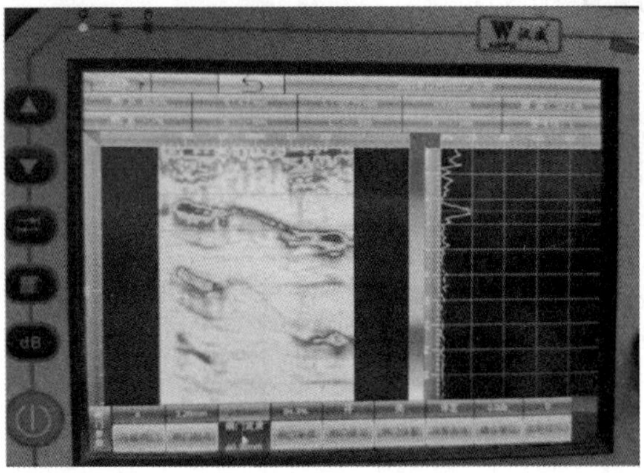

图 18　相控阵检测图

从电磁涡流内检测信号图与相控阵检测图对比分析可知，电磁涡流内检测技术对缺陷的识别与常规相控阵无损检测技术重合度较好，可为油田集输管道风险排查不停输全线检测提供有力的支撑。

4　取得认识

一是通过电磁涡流检测技术在气田集输管道内检测中的应用，从检测器运行结果来看，电磁涡流检测器通过能力强、检测作业易于操作、卡球风险小，对管道清洁度和气量要求不高，对于小口径、低压低流速的气田集输管道的适用性较强；从检测数据的验证结果来看，电磁涡流检测器对于内部金属损失缺陷较敏感，能够有效识别出内部金属损失，里程定位精度平均在±0.07m，腐蚀缺陷量化精度误差 6.09%，满足检测要求。

二是填补了小口径发球阀集输管道内腐蚀检测技术空白。针对小口径有发球阀的管道，尤其是湿气输送管道，电磁涡流内检测技术能够有效检测管道内腐蚀情况，为后期管道腐蚀防护措施调整提供技术支撑；同时完善了管道内腐蚀检测技术系列，实现能够清管的技术管道内腐蚀检测全覆盖。

参　考　文　献

[1] 谢崇文. 电磁涡流检测技术在气田集输管道内检测中的应用与分析[J]. 管道技术与设备，2020，6

[2] 常春. 电磁涡流管道内检测技术在苏里格气田的应用[J]. 石油化工应用，2021，3(3)

柔性复合管抗内压强度分析及优化设计

王　熙[1]　曾德智[1]　明坤基[1]　郑春焰[1]　张永虎[2]　吴　燕[2]

(1."油气藏地质及开发工程国家重点实验室"·西南石油大学；2. 中国石油新疆油田分公司工程技术研究院)

摘　要　柔性复合管具备质量轻、耐腐蚀等特点在众多油田得到应用，针对柔性复合管服役过程中出现了管体失效、接头失效和机械损伤等问题，开展了柔性复合管在内压载荷条件下的力学性能模拟研究。由于柔性复合管静水压实验风险大、成本高管，采用有限元模拟方法建立了柔性复合管分离式模型和组合式模型，评价了两种模型下柔性复合管受内压载荷时的应变响应及爆破压力两项关键力学性能指标，揭示了增强层缠绕角度与增强层层数对柔性复合管承压能力的影响规律。结果表明，相同工况时组合式模型得到的柔性复合管外层应变较分离式式模型更小，柔性复合管内层增强层应力较分离式模型更大，增强层是柔性复合管的主要的承压层且最内层增强层承压最大，缠绕角度大于53°后柔性复合管承压能力明显增加，增强层数大于3层后柔性复合管承压能力增加趋势减缓，研究结果明确了柔性复合管现场应用可行性，为新疆油田单井管线优化设计、安全服役提供依据。

关键词　柔性复合管；爆破压力；有限元模拟；强度

随着CO_2驱油技术的发展，高含CO_2严重腐蚀地面金属设备及输送管道，当前提出了几种防腐措施，包括：材料表面处理、加注缓蚀剂、不锈钢内衬双金属涂层、防腐内涂层，但在实际工程应用中都存在一定的局限性。而非金属管具有质轻、疲劳寿命长、耐腐蚀、安装方便的特点，且内部材质可以很长时间保持光滑内壁，很大程度上降低了油气输送过程中的热能和压力能损失，应用变得越来越广泛。Kuang 通过 FBG 实时监测了护套受内压时的环向应变，且结果与有限元模拟近似。Guoquan 研究了不同温度下柔性复合管的承压能力，表明高温会导致整管爆破压力显著降低，为柔性管服役温度提供了指导。国内对与非金属管的性能研究在近年来不断深入，CO_2和温度是影响复合管性能的主要因素，研究表明，温度与CO_2对非金属管的腐蚀老化影响是同趋势的，非金属管的介质渗透率、溶胀率均随温度升高以及CO_2的存在而提高，硬度、拉伸强度降低。强海亮等对服役两年后的 FRTP 管道进行了理化性能测试，结果表明复合管的爆破压力仍可满足使用要求，而内衬层的强度、硬度、维卡软化温度均发生不同程度的下降。徐广丽等研究了长庆油田某采油厂的复合管，通过静水压实验获得了管道的爆破压力及瞬时应变，随腐蚀老化管道发生了一定的损伤。柔性复合管增强层为纤维束与基体组成的纤维带复合材料，其纤维束沿不同缠绕角度进行铺层堆叠，为各向异性材料，模型较复杂，目前柔性复合管的有限元模型总体上分为分离式模型为组合式模型，两种模型下的柔性复合管力学性能差异、结构优化设计研究较少。

文章采用分离式和组合式有限元模型得到了柔性复合管的载荷应变曲线，探明了不同模型下柔性复合管力学性能的差异性，预测了两种模型下复合管的爆破压力，为集输用柔性复合管的安全平稳运行提供依据。

1　柔性复合管模型

1.1　管材尺寸及材料参数

柔性复合管内外层材料均为高密度聚乙烯，增强层为两层(图 1)或多层涤纶纤维缠绕，管材尺寸及材料参数如表 1 至表 3 所示。

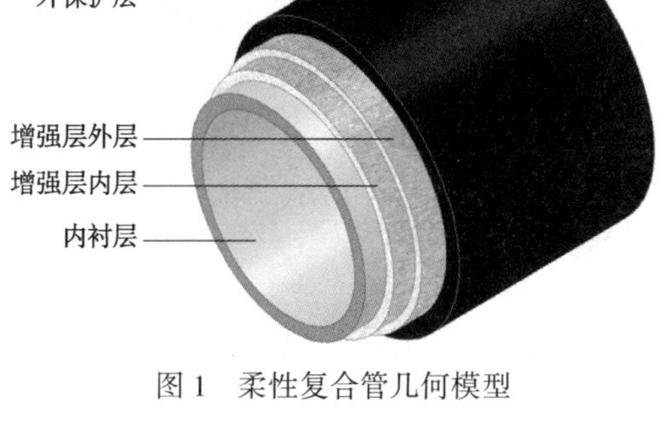

图 1　柔性复合管几何模型

表 1　管材尺寸参数

内衬层内径/mm	内衬层外径/mm	增强层外径/mm	第二层增强层外径/mm	外保护层外径/mm	纤维缠绕角度/°	管道长度/mm
114	126	128	130	136	±55	1250

表 2　内外层性能参数

材料	弹性模量/MPa	泊松比	极限抗拉强度/MPa
HDPE	1002	0. 45	35

表 3　涤纶纤维增强层性能参数

线密度/dtex	断裂强力/N	断裂强度/cN/dtex	断裂伸长率/%
22450	1943	8. 65	15. 1

1.2　分离式模型

该模型采用纤维嵌入技术，首先建立管道基体模型，利用 ABAQUS 里的分割单元将管道按内衬层、增强层、外保护层进行分割，各层之间假设为完全粘合（图 2）。之后通过 SOLIDWORKS 建立一定缠绕角度、直径及长度的螺旋线，并将其导入 ABAQUS 软件，通过 ABAQUS 里的“圆形阵列”命令，以螺旋线轴线为阵列轴，阵列处所需数量及缠绕角度的螺旋线，之后将阵列的螺旋线合成单个部件嵌入到管道基体模型中的两层增强层，根据复合管内衬层及外保护层材料和纤维材料分别进行材料属性定义，并分别指派截面，假设嵌入的纤维螺旋线与基体粘合均匀，且在受载荷过程中不会脱落、滑移。

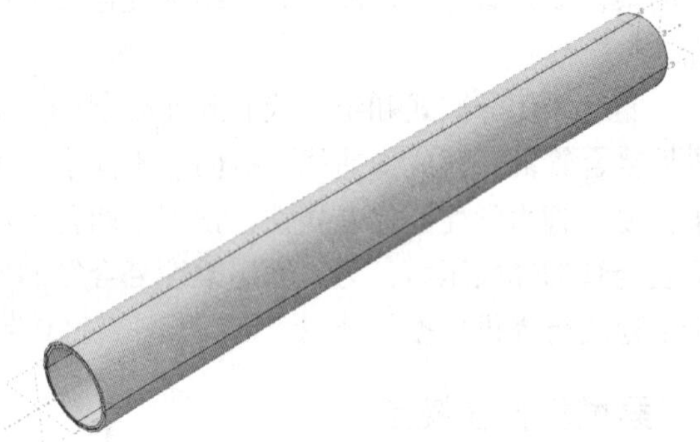

(a)管道基体模型

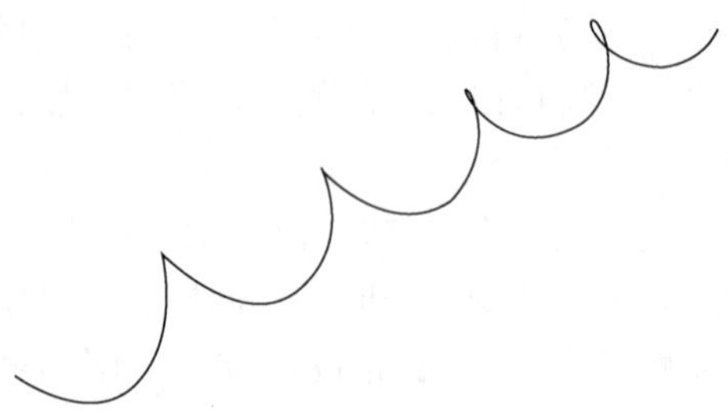

(b)单根螺旋线

(c)纤维缠绕层

(d)纤维嵌入管道基体模型

图 2　柔性复合管分离式模型

1.3 组合式模型

该模型将复合管中的增强层看作是均质化的各向异性材料，首先建立复合管整体模型，之后采用分割命令分割出内衬层、增强层及外保护层，内外层分别进行材料属性定义，通过Halpin-Tsai模型法计算出纤维带的三种宏观弹性常数。最后，利用ABAQUS里的“材料铺层”功能设置增强层的材料属性、纤维带层数、材料方向等。材料铺层方向如图3所示。

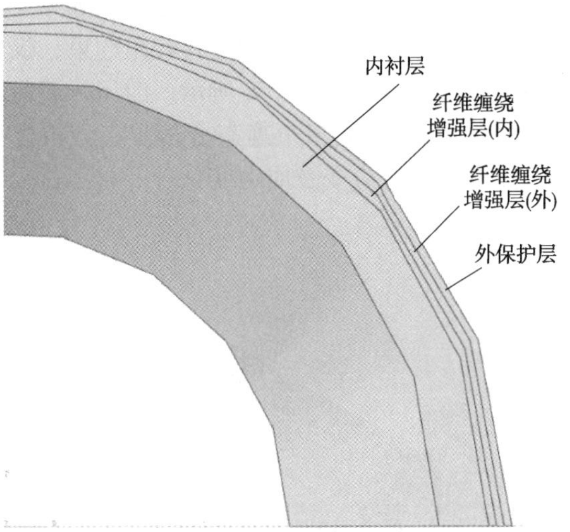

(a)复合管分层结构示意图(1/4剖面)

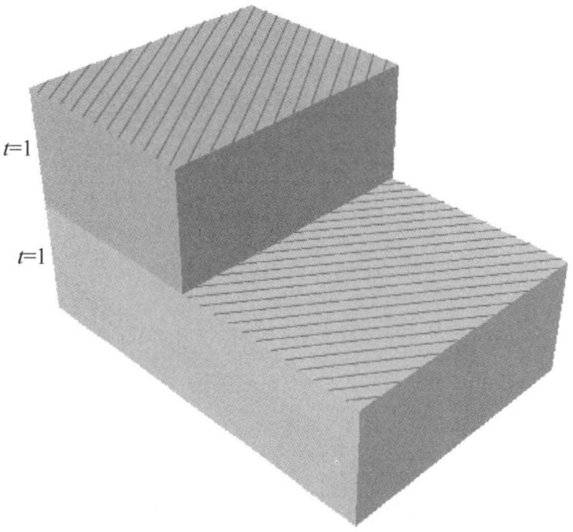

(b)纤维缠绕增强层铺层方向(±55°)

图3 柔性复合管组合式模型

2 计算方法

2.1 网格划分及局部坐标

对于分离式模型，其管道基体各层均采用实体单元进行模拟，网格划分类型为C3D8R单元；纤维仅可承受拉力，而truss单元为只能承受拉伸或压缩载荷的桁架单元，在管道受内压过程中，该类单元可以很好的模拟纤维承载和变形。因此，纤维网格划分类型为桁架单元T3D2；对于组合式模型，其增强层已采用均质化模型处理，整个管道模型均采用实体单元，网格划分类型为C3D8R，为了保证单一变量影响，模型网格大小进行了无关性测试，统一确定网格大小为4，网格划分如图4及图5所示。

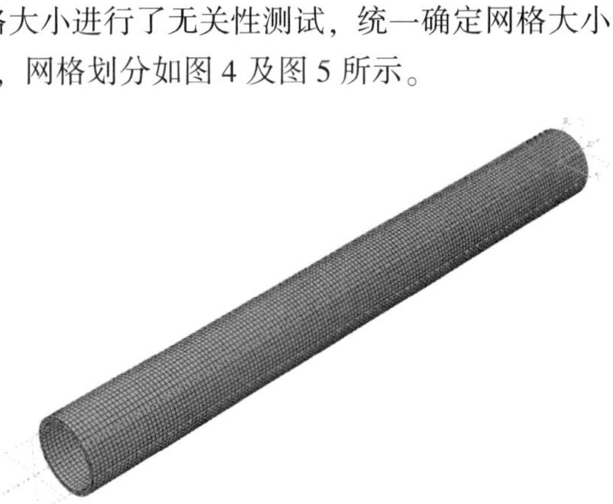

图4 管道基体网格

图5 纤维缠绕层网格

由于增强层为各向异性材料，实际是由纤维沿一定角度缠绕而成，为此，要为增强层定义一个局部坐标系，以此与管道基体的各向同性材料加以区别，规定增强层材料的主方向，各层增强层局部坐标系及材料方向如图6及图7所示。

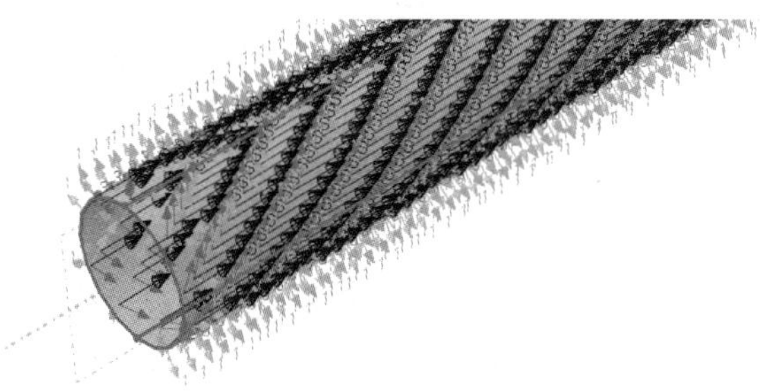

图6 外增强层局部坐标(-55°)

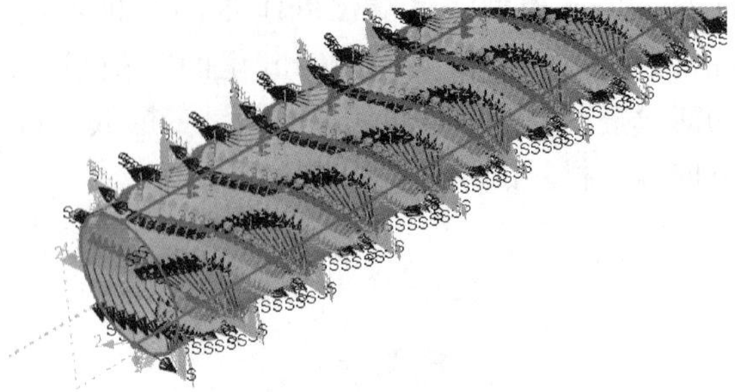

图 7　外增强层局部坐标(55°)

2.2　约束及边界载荷

为方便对柔性复合管施加约束和载荷，同时保证符合实际状况，对管道两端进行运动耦合约束，首先将管道中心轴线与端面相交的两点设为参考点，将各层两端面与参考点的 6 个自由度进行耦合，其次将管道一端上述参考点施加完全固定约束，另一端参考点施加位移转角约束，仅开放轴向位移自由度，如图 8 所示。内压强载荷以 0.5MPa 为阶梯建立多个静态分析步，分析模拟随压强增加管道应变及应力变化。

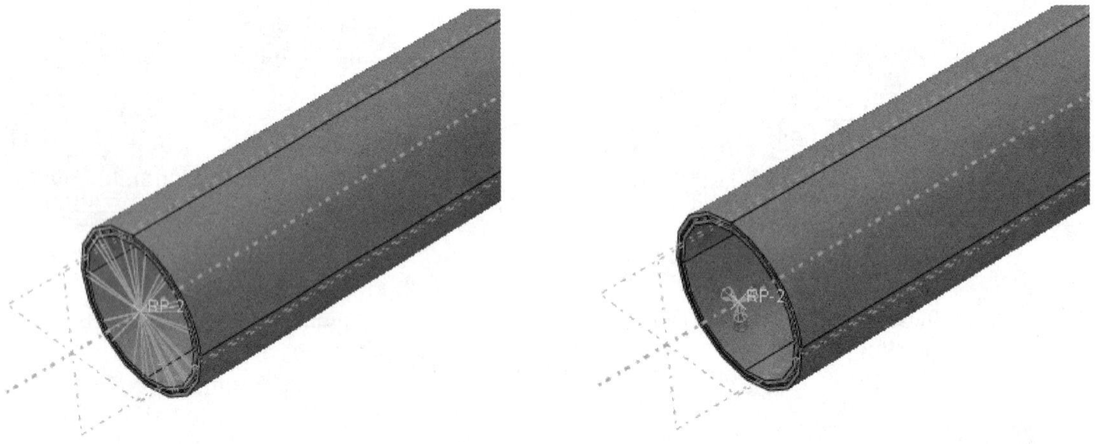

(a)耦合约束　　　　(b)边界约束

图 8　约束及边界条件设置

3　结果与讨论

组合式模型对增强层进行了均质化处理，通过指定材料方向便可模拟纤维缠绕角度，建模简单快捷，但实际复合管增强层与内衬层及外保护层的粘接必定会存在一定空隙，而组合式模型是考虑在理想情况下，即增强层与内衬层及外保护层均为完全粘接没有空隙，这就导致组合式模型会存在一定的误差；分离式模型完全是通过建立的纤维而确定增强层的缠绕角度，模拟了实际管道中纤维与纤维之间的缝隙，同时与内衬层及外保护层间存在一定缝隙，但难以保证纤维束数量与实际缠绕层的纤维束数量相同，同时纤维缠绕层建模较复杂，单元格的划分对模拟结果可能会有一定影响；为了探究两种模型与实际管道受压工况的真实可靠性，对两种模型分别进行载荷应力及载荷应变分析，并预测 两种模型下复合管的爆破压力，为生产实践提供指导意见。

3.1　应变分析

柔性复合管设计压力为 2.5MPa，考虑复合管安全系数，将内压提高至 4MPa，得出其载荷应变曲线。两种复合管有限元模拟的载荷应变曲线如图 9 所示。

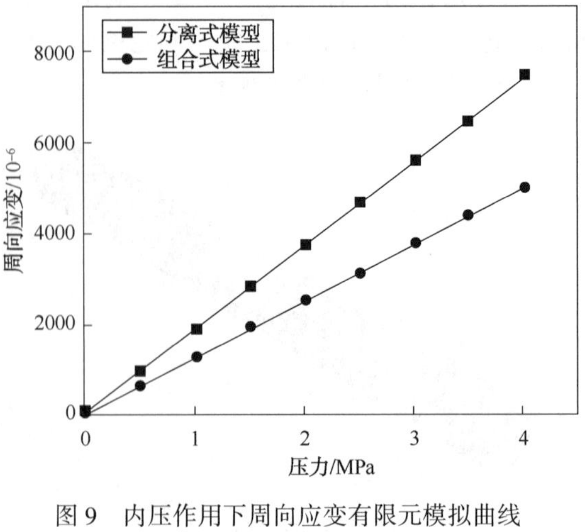

图 9　内压作用下周向应变有限元模拟曲线

将两种复合管有限元模型模拟的载荷应变曲线对比发现，两者变化趋势相同，且复合管均处于弹性变形阶段，分离式模型应变大于组合式模型应变，在4MPa压力下分离式模型应变为7450 $\times10^{-6}$，而组合式模型最大应变为5027×10^{-6}。原因是组合式模型假设各层均是紧密接触，完全粘连，复合管变形传导同步，变形迅速，而分离式模型中假设了增强层与内衬层及外保护层间没有缝隙，紧密粘接，但实际上不可避免会有一定缝隙，且纤维缠绕层存在一定可压缩性，这导致了两种模型模拟结果出现偏差。

3.2 强度分析

对于纤维复合材料的失效准则判断，目前采用最多的是Hashin失效准则，但在ABAQUS中仅支持二维单元应用该准则，为了预测复合管的爆破压力，以管道各层作为研究对象，采用最大应力准则，即任一层达到其材料的极限强度便判定复合管失效，该极限强度对应的内压就认为是复合管的爆破压力。首先测试在受到内压载荷后各层的应力变化，之后选取应力变化最大的一层作为复合管的爆破压力指标。分离式模型管道各层应力变化如图10所示。

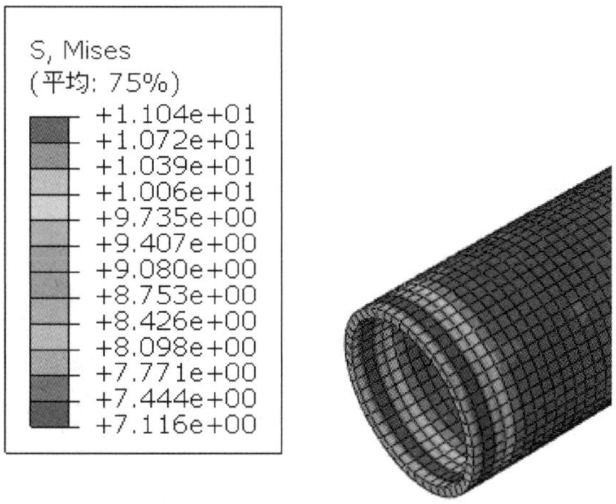

(a)管道外保护层应力云图

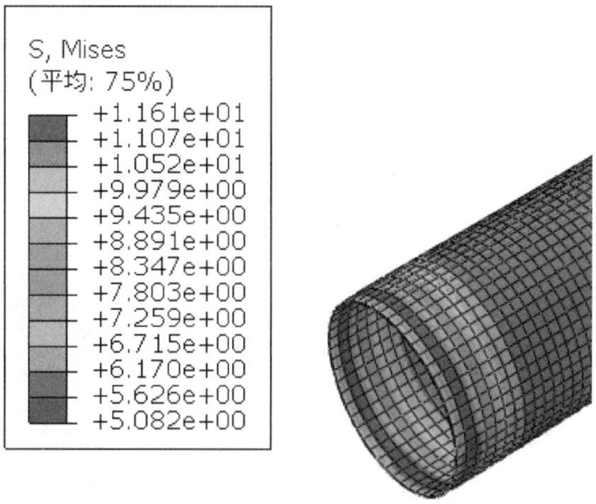

(b)管道内衬层应力云图

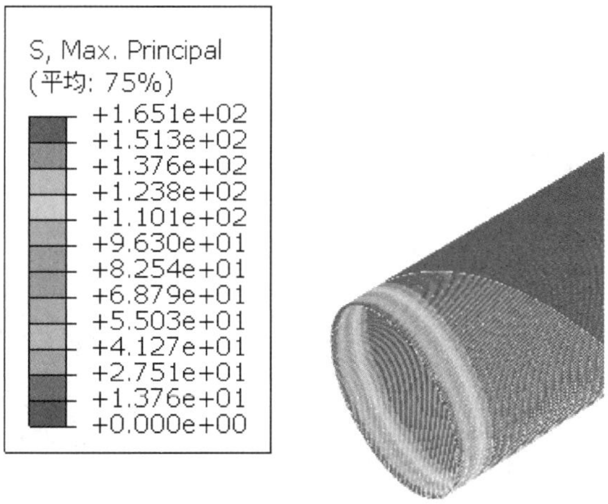

(c)内增强层应力云图

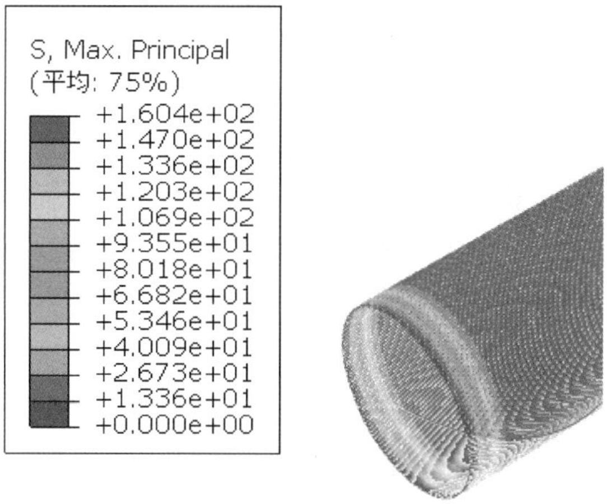

(d)外增强层应力云图

图10　分离式模型管道各层应力云图

由图10可以看出，内衬层及外保护层应力变化很小，分别为11.61MPa和11.04MPa，内增强层及外增强层应力分别为165.1MPa和160.4MPa，增强层受力远大于内衬层及外保护层，增强层作为主要承压对象，且最内层增强层承压最大，由此，以内增强层的Mises应力对应的复合管极限强度作为管道的爆破压力。

组合式模型各层应力变化如图11所示。组合式式模型中管道内衬层、外保护层、内增强层、外增强层应力分别为7.924MPa、5.071MPa、

133.5MPa、132.7MPa，同样的，内衬层应力大于外保护层，增强层受力远大于内衬层及外保护层，且内增强层受力最大。

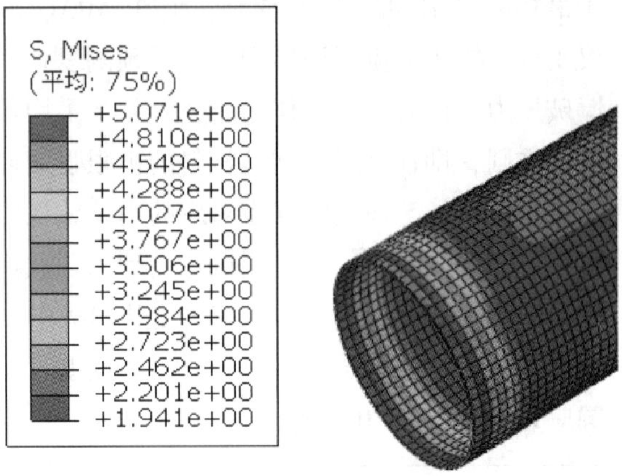

(a)管道外保护层应力云图

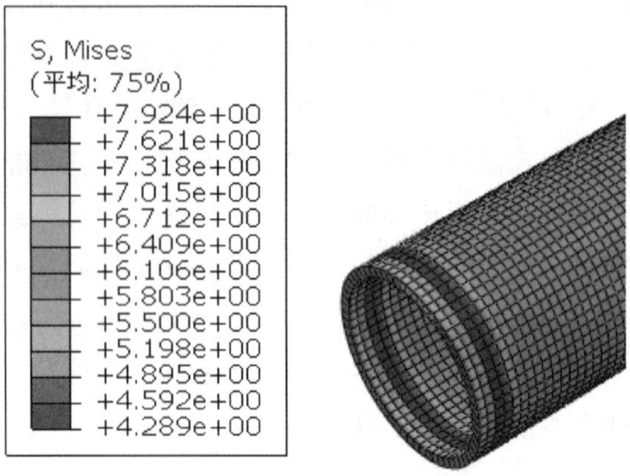

(b) 管道内衬层应力云图

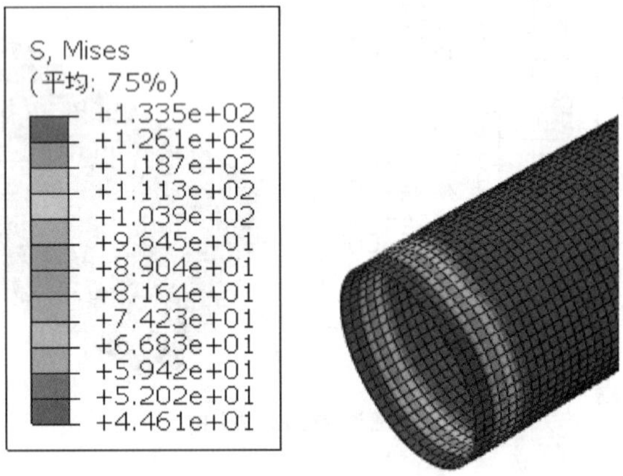

(c)内增强层应力云图

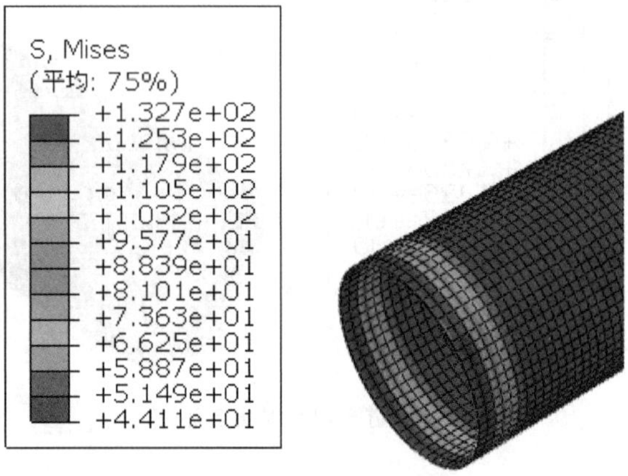

(d)外增强层应力云图

图 11　组合式模型管道各层应力云图

两种模型均采用内增强层作为爆破压力预测对象，继续加内压至20MPa，两种模型内增强层的应力如图12及图13所示，分别作出两者载荷应变曲线如图14所示。

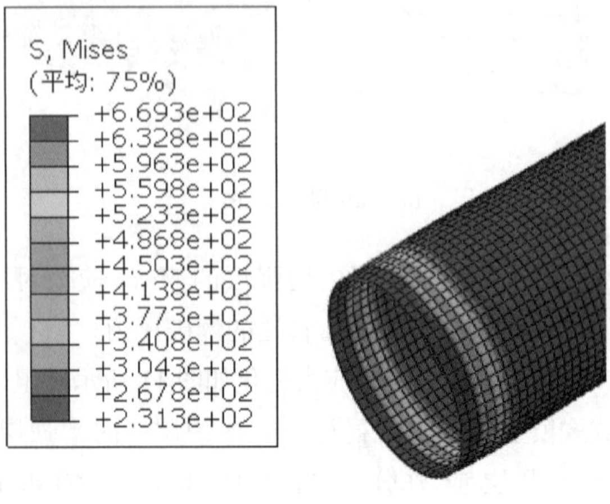

图 12　组合式模型应力云图

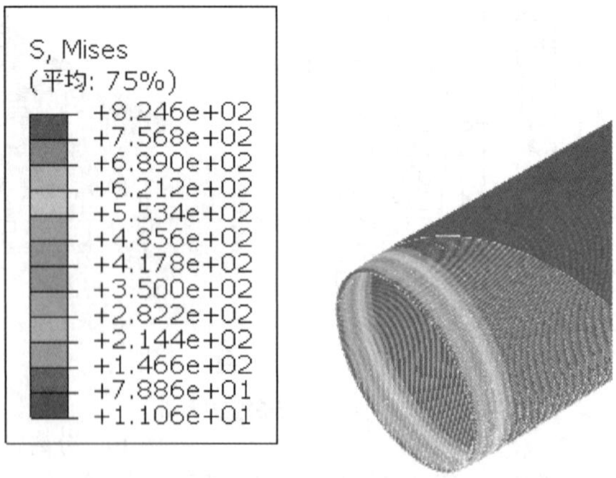

图 13　分离式模型应力云图

根据图14可以计算出，当增强层达到其极限强度618.6MPa时，分离式模型和组合式模型对应的内压分别为18.5MPa及15.01MPa，分离式模型的爆破压力预测值较组合式模型更小。

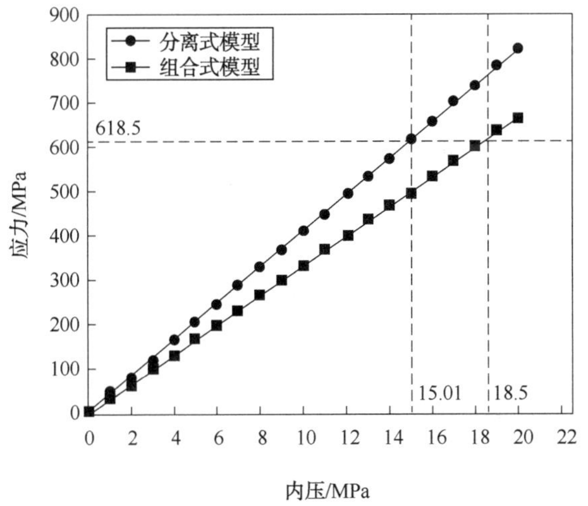

图 14　内压作用下内增强层应力

3.3　工艺参数对复合管强度的影响分析及优化设计

实际上，分离式模型中的纤维缠绕层纤维束数量难以确定，并且多层增强层的分离式模型复杂，建模工作量较大，而组合式模型增强层均质化处理，更加贴近增强层性能参数，因此，工艺参数对柔性复合管强度的影响分析中采用组合式模型。

（1）缠绕角度的影响分析

复合管增强层由纤维按不同方向缠绕而成，不同的缠绕角度影响复合管整体强度，通过逐渐改变缠绕角度的大小，测试不同缠绕角度内增强层的应力，以此探究缠绕角度对强度的影响规律。模拟分析 4MPa 内压，45°、53°、69°、80°缠绕角度下内增强层应力变化规律如图 15 和图 16。随着缠绕角度的增大，组合式模型复合管内增强层在 4MPa 内压下应力逐渐降低，表明承压性能逐渐增强，在 45°至 53°之间，应力变化范围小，53°至 80°之间应力变化范围大。在 80°时应力仅为 94.79MPa，承压能力最大。在此仅对受内压载荷下复合管的应力状态进行了分析，但实际管道应用中还会受到剪切、轴向拉压等载荷，复合管纤维缠绕层缠绕角度的设计应综合考虑服役工况而定。

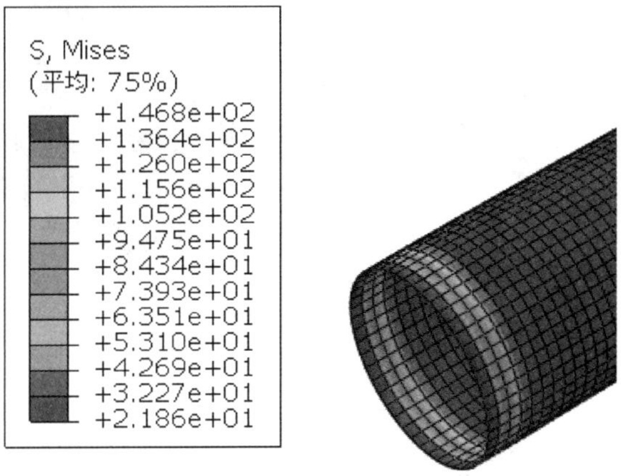

(a)45° 缠绕角

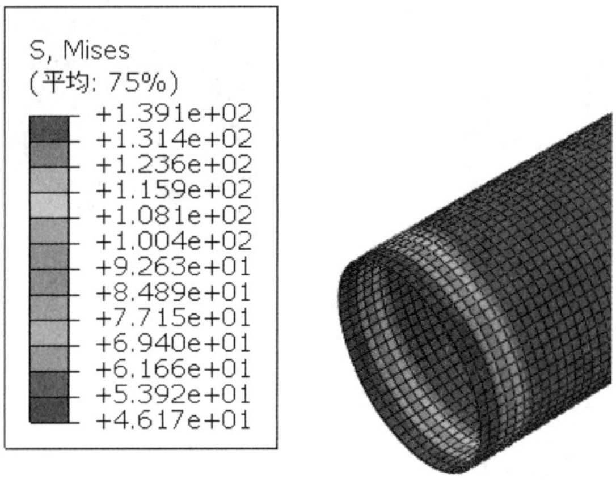

(b) 53° 缠绕角

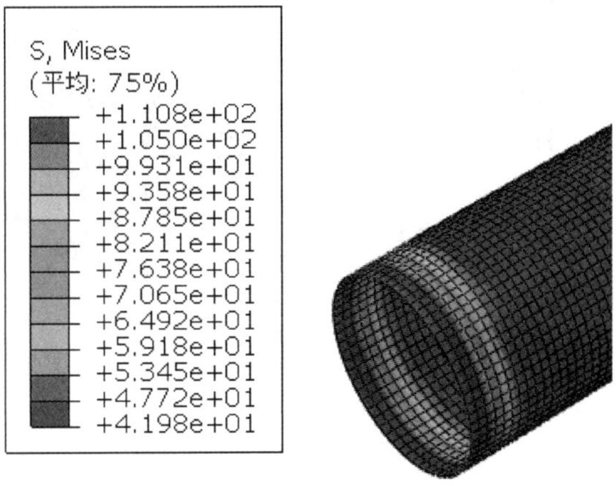

(c)69° 缠绕角

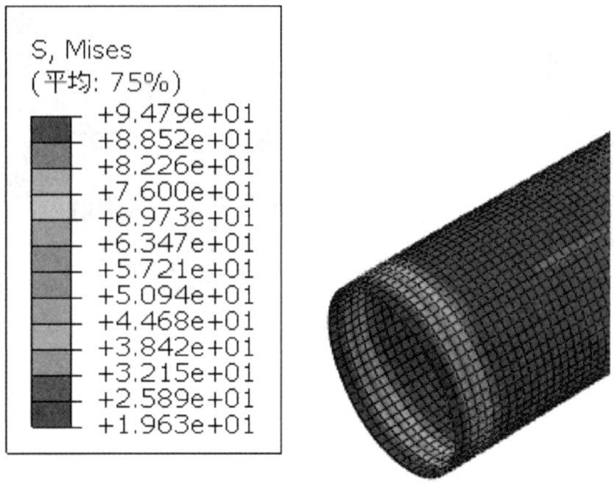

(d)80° 缠绕角

图 15　不同缠绕角下增强层内层应力云图

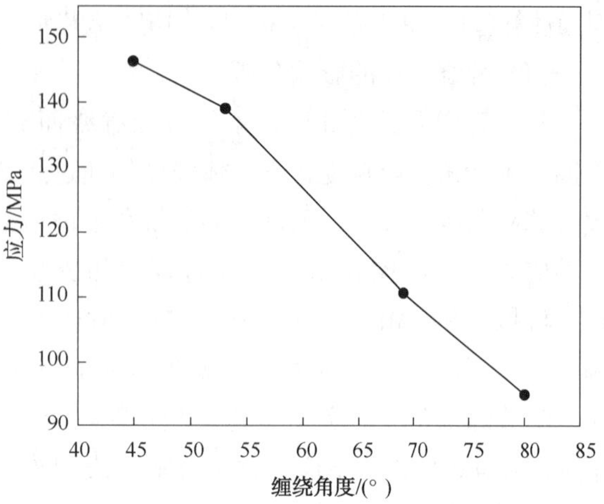

图 16　不同缠绕角下增强层内层应力

（2）增强层层数的影响分析

在保持管道内径不变的情况下，逐层增加增强层层数，每层增强层厚度保持一致，研究了 2 层、3 层、4 层、5 层情况下的内增强层的应力变化规律如图 17 和图 18 所示。随着纤维增强层层数的增加，复合管最内层增强层在 4MPa 内压下应力在 2、3、4、5 层时分别为 133.5MPa、96.76MPa、76.51MPa、63.57MPa，增强层层数从 2 层到 5 层每增加 1 层时，内增强层应力分别下降 36.83MPa，20.25MPa，12.94MPa，应力下降但趋势减缓，表示柔性复合管承压能力增加但趋势减缓，考虑到经济性，新疆油田单井管线柔性复合管缠绕角度 55°，增强层为 2 层，分离式模型预测得到爆破强度为 15.01MPa(图 14)，满足现场工况。

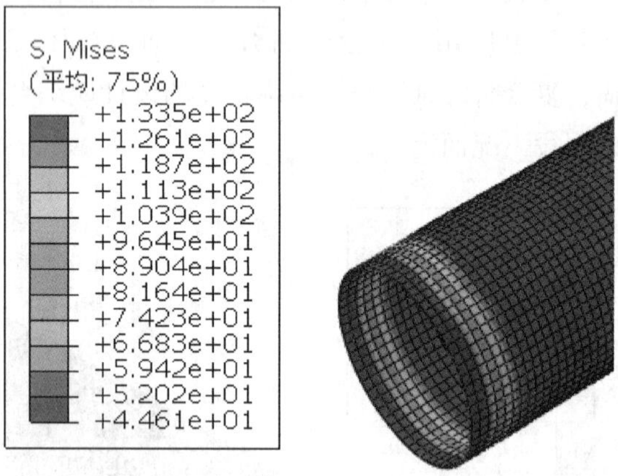

(a)2层

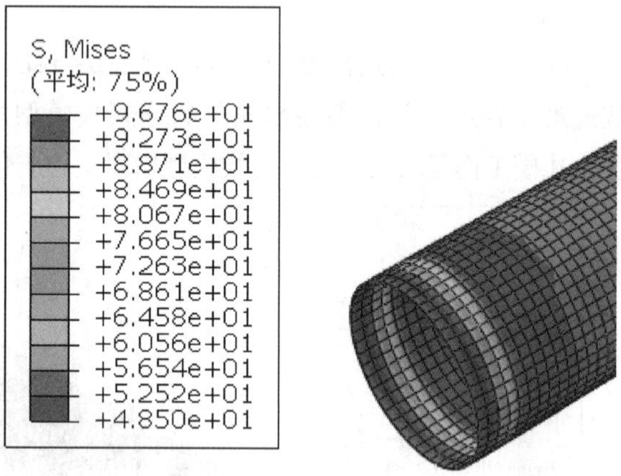

(b)3层

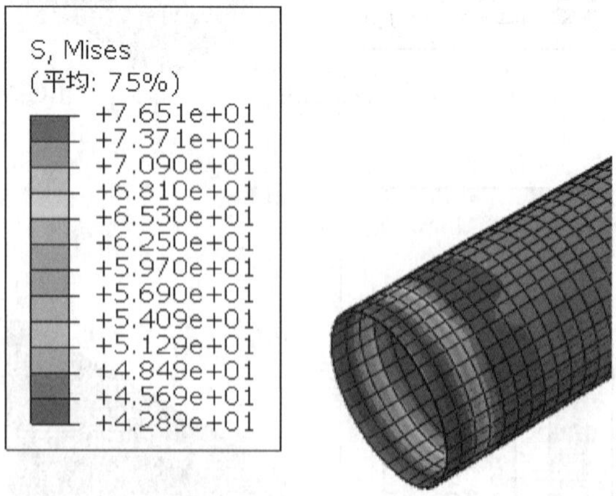

(c)4层

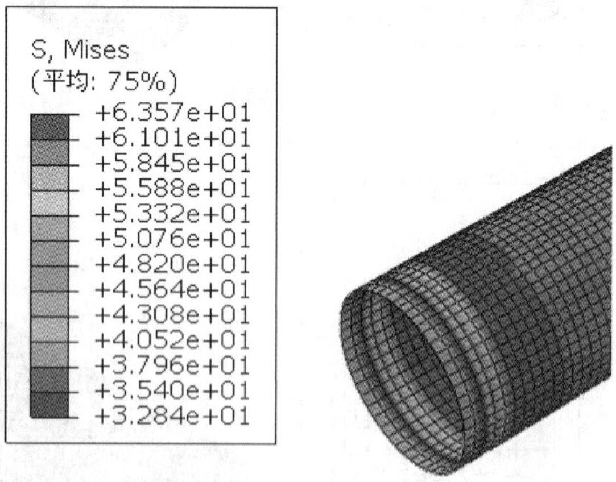

(d)5层

图 17　不同增强层层数下增强层最内层应力云图

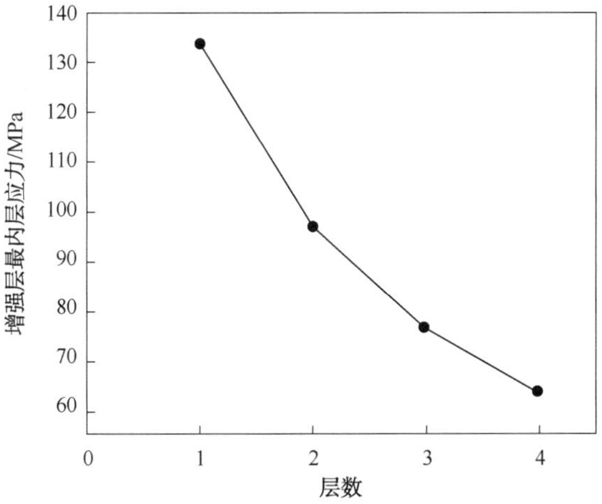

图 18　不同增强层层数下增强层最内层应力

4　结论

（1）分离式模型下得到柔性复合管的外层应变、增强层内层应力较大，内衬层及外保护层受力远小于增强层，且内衬层受力大于外保护层，同时增强层受力大小由内到外逐渐减小，分离式模型及组合式模型内增强层受力分别达到 165.1MPa 和 133.5MPa。

（2）采用最大应力准则，根据两种模型复合管的载荷应力曲线，当达到纤维极限强度 618.6MPa 时分离式模型对应爆破压力为 15.01MPa，组合式模型对应爆破压力为 18.5MPa，组合式模型预测的爆破压力更大。

（3）柔性复合管承压能力随纤维缠绕角度及增强层层数的增加而增加，但大于 53°后承压能力增幅减缓，增强层层数从 2 层到 5 层时柔性复合管承压能力增加但趋势减缓，考虑经济性，新疆油田单井管线柔性复合管采用铺设角度 55°，2 层增强层可满足现场服役工况。

参考文献

[1] 吴国华．高含 CO_2 气田天然气处理厂腐蚀现象及防控对策[J]．天然气与石油，2019，37(2)：96-102.

[2] Zeng Dezhi，Dong Baojun，Zeng Feng，et al. Analysis of corrosion failure and materials selection for CO_2-H_2S gas well(Article)[J]. Journal of Natural Gas Science and Engineering，2021，86：103734.

[3] Seyedeh Hosna Talebian，Rahim Masoudi，Isa Mohd Tan，et al. Foam assisted CO_2-EOR：A review of concept，challenges，and future prospects[J]. Journal of Petroleum Science and Engineering，2014，120：202-215.

[4] Jishun QIN，Haishui HAN，Xiaolei LIU. Application and enlightenment of carbon dioxide flooding in the United States of America[J]. Petroleum Exploration and Development Online，2015，42(2)：232-240.

[5] Alabtah FG，Mahdi E，Eliyan FF，et al. Towards the Development of Novel Hybrid Composite Steel Pipes：Electrochemical Evaluation of Fiber-Reinforced Polymer Layered Steel against Corrosion[J]. Polymers，2021，13(21)：3805.

[6] 李晓平，李愚，王弗玺，等．非金属复合材料管道综述[J]．石油工业技术监督，2017，33(10)：1-4.

[7] Amani M，Rauf AA. An Update on the Use of Fiberglass Casing and Tubing in Oil and Gas Wells[J]. International Journal of Petroleum and Petrochemical Engineering，2017，3(4)：43-53.

[8] Rafiee R. On the Mechanical Performance of Glass-fibre-reinforced Thermosettingresin Pipes：a Review[J]. Composite Structures，2016，143：151-164.

[9] Kuang WY. Numerical study of strain-based monitoring parameter on steel strip reinforced thermoplastic pipe (SSRTP) under internal pressure[J]. Journal of Pipeline Science and Engineering，2021，1(2)：233-240.

[10] Guoquan Qi，Yin Wu，Dongtao Qi，et al. Experimental study on the thermostable property of aramid fiber reinforced PE-RT pipes[J]. Natural Gas Industry B，2015，2(5)：461-466.

[11] 杨丽颖，聂百胜，董小平，等．温度和 CO_2 环境对玻璃钢腐蚀形貌及力学性能的影响[J]．材料热处理学报，2016，37(10)：109-114.

[12] 贺三，向粟林，夏兴宇，等．CO_2 驱油下非金属管材耐蚀性能初步评价[J]．油气藏评价与开发，2020，10(3)：86-91.

[13] 强海亮．地面煤层气 FRTP 柔性管道工程性能试验研究[J]．合成材料老化与应用，2022，51(4)：83-85+120.

[14] 徐广丽，秦绪，陈全，等．钢丝缠绕增强聚乙烯复合管集输服役后的承压性能[J]．油气储运，2022，41(10)：1168-1174.

PCE 内衬修复技术在采油厂老旧输油管道的应用

杜 莎 王世海 安淑凯 周昕瑞 江 涛 张志洧 张 红

（中国石油华北油田公司）

摘 要 本文介绍了华北油田公司第四采油厂在一条存在输液量持续下降、腐蚀严重、保温效果差、运行能耗高、无更换路由等诸多问题的13.5km老旧输油管道上，应用PCE内衬修复技术对管道进行修复的施工案例，包括施工工序、技术原理、应用效果及对经济效益进行对比分析。PCE内衬修复后的老旧管道与内衬成为一体，可根据需要调整内衬厚度，修复后管道承压能力提升25%，管线使用寿命延长10~15年，管道保温效果显著提高，可满足油田产量持续降低后的安全需求，该修复技术具有修复时间短、费用低、经济效益显著的特点。

关键词 管道；PCE技术；内衬修复；传热系数K；施工

老油田内部老旧输油管道初始设计的管径普遍偏大，由于油田开发进入中后期，产量持续下降，造成管道输量降至管道最小安全允许输量以下，需掺清水提高输量来确保管线的安全运行，运行能耗较高。

1 老旧管道概况及存在的主要问题

1.1 概况

WG输油线是一条于1993-1996年间分段更换建设已使用近30余年的油田站间老旧输油管道，如表1所示，管道总长21.54km，规格DN159×4.5，输送含水原油，无收发球装置。该管道使用年限久由于腐蚀严重、保温效果差、违法建筑占压、输液量持续下降等原因，2015年对占压严重有迁改路由的后半段约7.08km进行迁改更换，新管线规格为DN133×4，保温为40mm硬质聚胺脂泡沫塑料壳。但前半段的13.5km老旧管道由于城市快速建设发展，无迁改路由无法进行更换，该线已严重影响到油田的正常生产运行。

表1 WG管线基础概况

管线名称	输送介质	规格/mm	长度(km)	保温层/mm	实际输量(m^3/h)	输送压力(MPa)	管材
WG线	含水原油	159×4.5 133×4	21.54	20玻璃棉被 40聚胺脂泡沫	30~36	1.6~2.1	20#钢

1.2 存在的问题

该管道修复前存在以下五个方面问题：

（1）未迁改更换的13.5km老旧管道腐蚀严重，平均每年出现3~4次腐蚀穿孔情况，且管道有相当部分处于城市区域内，安全环保形势严峻。

（2）未更换的老管道保温效果差，该管道原设计玻璃丝棉被保温，厚度只有10~20mm，通过实际运行数据反算得到该线的2月冬季总传热系数K值较大，为1.7941W/(m^2·℃)。

（3）由于旧管线原设计管径偏大，油田产液量持续下降已降至管道的最小安全允许输量以下，管道运行需掺清水提高输量来确保管线的安全运行，实际运行能耗高。用实际运行参数核算该线冬季Q_{min}为780m^3/d，而油田实际产液量仅为580~600m^3/d，不能满足安全输量的要求。

（4）长期输送含水原油，管道出站至800m左右的管段由于出站温度高，管道结垢严重，对出站处管道割开检查发现局部最厚处管内径已由150mm缩减至50mm。

（5）由于该线所处于地区经济发达、人口稠密，迁改新建管线目前已无路由，且该地区建设管道的土地赔偿费用较高。目前仅抢险操作坑土地赔偿费用约为2万元/次左右。

为解决该输油管道存在的上述诸多问题，经多技术方案认证，最终确定对运行年限长，且无法对其进行迁改更换的老旧 WG 输油管线上，应用 PCE 内衬修复技术进行维修再利用，充分发挥老旧管线的剩余价值。

2 管道 PCE 修复技术

2.1 PCE 修复技术

管道 PCE 内衬修复技术就是在对旧管道清污清垢后，再在其管内分层涂加由加固层、过渡层、玻璃鳞片层共计三层不同材料的内涂层(图1)，并与原管道本体结合成一个全新的管线。该项技术为专利技术。

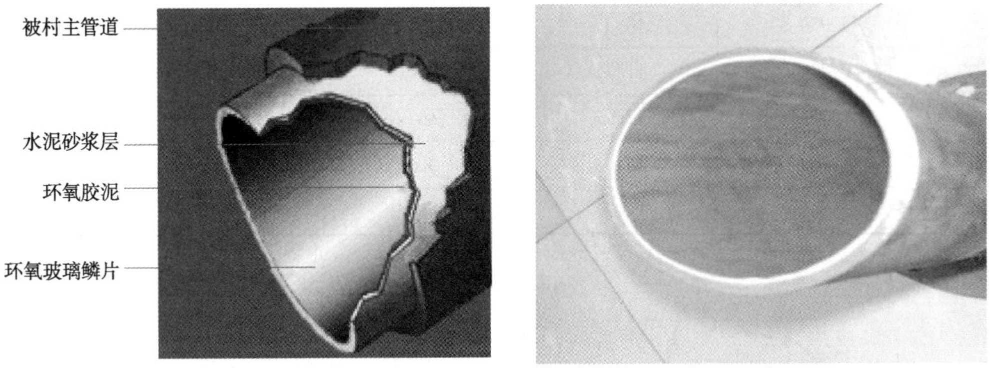

图 1 管道 PCE 内衬涂层结构图

加固层：采用加入高分子聚合物水泥砂浆材料，主要作用为增强管道的承压能力，并可根据要求缩减到所需要的内径。

过渡层：为环氧树脂胶泥涂层，主要起承上启下的作用，保证主防腐层与加固层有良好的粘结，并有防腐功能。

玻璃鳞片层：由环氧树脂加玻璃鳞片配成，表面光滑、具有耐温 300℃ 不变形、耐酸、碱和良好的物理机械性能及耐磨性，其粗糙度仅为 0.01mm，远小于普通钢材的粗糙度，具有降低管道的摩阻作用。

各层的层间粘接强度高，一体化程度好，复合衬里材料与钢管的本体线膨胀系数接近，能充分与钢管形成一个全新的整体。

PCE 内衬修复的主要技术指标：

(1) 管线内衬后可延长管线使用寿命 10~15 年。

(2) 内衬后管线输送介质温度可达 110℃，耐腐蚀性强，可输送腐蚀性液体和气体。

(3) 修复后旧管线修复内衬厚度≥9.0mm。

(4) 适用范围：输油、输气、混输、污水、注水、伴热和油管等管线的新建和旧修复，管径 Φ60~Φ377mm。

(5) 修复后按油田地面建设防腐保温施工验收规范等相关标准进行施工。

2.2 施工工序和原理

2.2.1 管道 PCE 内衬修复施工修复工艺顺序

管道查找定位、操作坑开挖(管道断开)、管线分段清洗、涂敷加固层(根据要求多次+干化凝固)、涂敷过渡层(干化凝固)、涂敷玻璃鳞片层(干化凝固)、质量检查中间验收、全线联通、试压、操作坑回填、验收投产。

2.2.2 内衬层涂敷原理

在待修复的管段首端放入前后间隔一定距离的两个涂敷器，将涂敷所用的衬料灌入两个涂敷器之间，利用压缩空气作动力，使两个涂敷器的两端保持合理的压差，以一定的速度推动双涂敷器和衬料从首端推向尾端。涂敷器的皮碗受压变形使衬料均匀挤涂在管道内壁上，从而形成一个与管壁结合牢固的内衬层。涂敷示意图如图 2 所示。

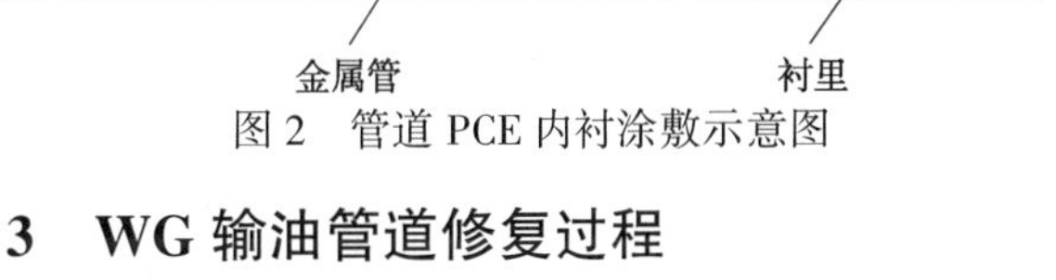

图 2 管道 PCE 内衬涂敷示意图

3 WG 输油管道修复过程

自 9 月 20 日至 12 月 25 日，历时 96d，完成总长 13.5km 清管及 8.895km 的管道内衬修复。

3.1 操作坑地点的选择

根据管道弯头分布位置、最佳修复长度

(500~600m)、方便车辆进出并能摆放施工机具等条件初步将管道分成 20 段，选定 21 个操作坑，并与地方政府协商工农问题，随后根据协商结果对 21 个操作坑数量及位置进行调整，最终将管道分成 19 段，确定 20 个施工地点，具体操作坑距离及位置图如表 2、图 3 所示。

表 2　WG 管线操作坑开挖统计表

操作坑	距离/m	操作坑	距离/m	操作坑	距离/m
1-2	610	8-9	500	15-16	800
2-3	490	9-10	600	16-17	600
3-4	900	10-11	700	17-18	700
4-5	800	11-12	900	18-19	700
5-6	500	12-13	600	19-20	600
6-7	700	13-14	900		
7-8	900	14-15	600		

图 3　WG 管线操作坑开挖位置图

3.2　管道 PCE 修复全过程

第一步，管线停输、扫线。由建设单位按全线 1.5 倍管容用热水进行替油扫线。

第二步，分段开展管道的清污清垢工作，达到施工标准后再开展内衬涂层修复；分段进行内涂层，最后完成全线联通、试压由施工单位完成。

第三步，管道预热、投产由建设单位完成。

3.2.1　管线清污清垢

先用通过能力强的 PIG 软体泡沫球进行第一次通扫，检验其通过能力、清除管内残留污油污水等，再采用硬钢丝刷清除管内本体附着的残留物，最后再用无酸碱性的专用清洗剂对管线进行清洗。

对于出站结垢较严重 800m 管段，使用专用的高压清洗设备进行物理清垢。清垢现场见图 4。

清洗后的旧管线要求达到钢材本体 Sa 级即可，无需达到 Sa2 级，因为涂层的水泥砂浆中加上一些助剂可以和钢管表面少量的残留物融为一体，不影响涂层与管道本体粘接强度。

清污清垢过程中采取地上铺设塑料布，收集管道清出的污油水及垢碎屑，然后用罐车运送污染物的方式进行集中处理。13.5km 的管线共清出垢碎屑 $10m^3$ 左右，油泥污水约 $30m^3$ 左右。

3.2.2　内衬涂层修复过程

(1) 涂敷加固层

① 安装发收球筒、样品管、涂敷器等。

② 配制 PCE-1 高强度聚合物水泥砂浆。

③ 泵料入管。

④ 以压风机为动力源，开始挤涂。挤涂过程中，注意压力表的变化，使压力稳定在一定范围之内，确保涂敷器运行平衡适中，每次涂敷厚度为 1.5~2mm，每一遍涂敷结束后，固化 24h。

⑤ 固化后，继续第二遍涂敷，共涂敷 6~7 遍至设计厚度 12~13.5mm。

⑥ 质量检查：卸下样品，检查涂层质量。

⑦ 拆卸发球筒和接收筒清洗。

(2) 涂敷过渡层

① 准备(同上)。

② 配制 PCE-2 环氧胶泥过渡层材料。

③ 泵料入管。

④ 压风挤涂。挤涂固化过程同上，涂敷厚度 300~400μm。

⑤ 质量检查：卸下样品，检查涂敷质量。

图 4　管道清垢现场图

(3) 涂敷玻璃鳞片层

① 准备(同上)。

② 配制 PCE-3 环氧玻璃鳞片增强树脂。

③ 泵料入管。

④ 压风挤涂。挤涂固化过程同上，一遍涂敷厚度 150~250μm，共涂敷两遍。

⑤ 质量检查：卸下样品，检查涂敷质量。见图 5。

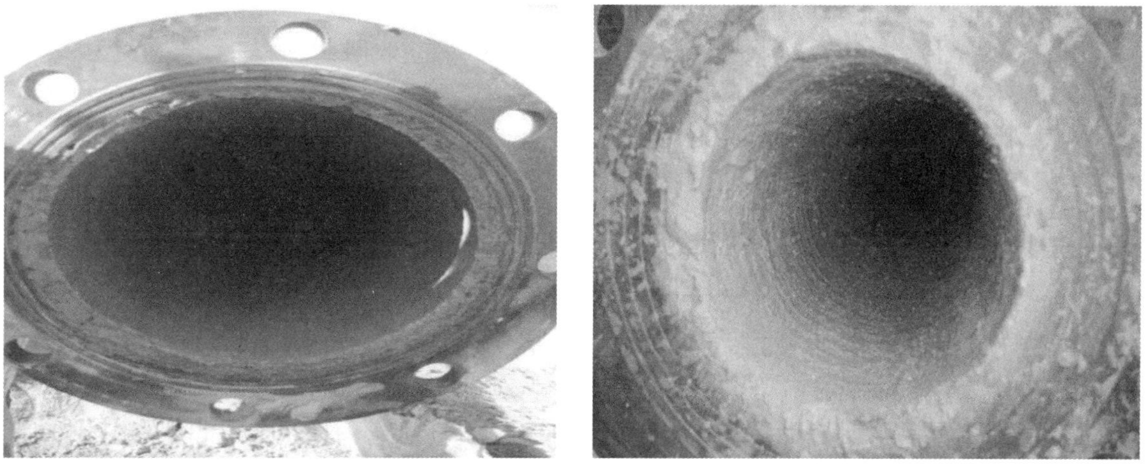

图 5　管道完成涂层效果图

WG 管道修复后的管内涂层的平均厚度为达到 13.5mm，内径由原来的 150mm 缩减成 123mm，与已更换的后半段管线内径保持一致。

3.2.3　施工过程的质量控制

针对施工过程中可能会出现两个问题：

(1) 管道内涂层由于重力作用，有可能会形成底部厚度大于顶部厚度的情况，可根据施工当天的天气温度、调整固化剂比例、涂敷机具缝隙大小、压风机排量等措施来减少上下厚度的差异。

(2) 进料段厚度会大于后面出口段情况，采用以下两方法进行控制

① 有条件的分别从两端进行涂料。

② 末端增加延长管段，保证末端涂敷时有一定压力，达到涂敷厚度。

(3) 针对冬季施工中环境温度降低，固化时采用压风机吹热风协助固化后再检测，达到要求后再涂敷下一遍。全线完成涂敷工程结束后，养护固化 7 天后即可投入使用，30 天后即可永久固化。

分段修复完成后最后进行管道全线连接，修复操作坑处用有 PCE 内衬钢质管线将全线连接起来。连头处按相关焊接标准拍片检查。试压力 2.5MPa，稳压时间 6h。

4　效果、效益分析

4.1　效果分析

历经 96 天完成全长 13.5km 管道 PCE 内衬

修复、试压、预热后，管道顺利投产运行。修复后的管线经过一个冬季的运行，修复后管线运行压力由修复前的 2.1MPa 降至 1.1MPa；其保温效果得到有效提高，冬季地温最低时期运行无需再掺水运行，末站温度由 28℃升至 35℃；最小安全输量由 848m^3/d 降至 580^3/d，每日减少掺清水量 150－200^3/d，大大降低了管线的运行费用。

通过统计该管道自更换、维修等不同时期管道的实际运行数据、管道所在地区不同季节管道埋深的地温数据等，按《输油管道工程设计规范》GB 50253－2014 中苏霍夫公式变形得到总传热系数计算公式进行热力计算：

$$K = \frac{Gc}{\pi DL}\ln\frac{T_R - T_0}{T_Z - T_0} \tag{1}$$

式中，T_0为管道周围介质温度，℃；T_R为出站温度，℃；T_Z为进站温度，℃；L为管道计算长度，m；c为输油平均温度下原油的比热容，J/(kg·℃)；K为总传热系数，W/(m^2·℃)；D为管道的外直径，m；G为原油质量流量，kg/s。

计算得到该线不同时期及不同季节总传热系数 K 值，见表 3。

表 3　WG 管道各个不同时期的实际运行数据反算的总传热系数 K

不同管道	2 月 K 值
WG 线(修复前半段旧管道)	1.7941
WG 线(后半段新更换管道)	0.8505
WG 线(修复前全线)	1.409~1.453
WG 线(修复后全线)	1.168~1.218

通过上表可以看出：按冬季 2 月份 WG 线修复后的实际运行参数反算，在只修复了 9km 仍有 3.5km 未修复的情况下，WG 管道全线综合总传热系数 K 值由修复前的 1.409 ~ 1.453W/(m^2℃)，下降到 1.168~1.218W/(m^2℃)；较未修复前有了较大幅度的下降，证明管道进行 PCE 内衬修复后，全线保温效果有了显著提升。

4.2　效益分析

1）管道 PCE 修复发生的总费用 264.62 万元。由以下四大部分组成

（1）管道 PCE 修复 176.00 万元。

（2）管道停输临时改拉油改造费用约 3 万元。

（3）20 个施工操作坑，实际发生土地赔偿费用 76.12 万。

（4）管线修复期间新增加拉油运输费用 40.5 万元，扣除管线停输后的运行费用实际新增拉油运行费用 31 万元。

2）管线应用 PCE 技术修复后，该管道按每天平均可节约清水 100m^3、污水处理、燃气费用等计算可节约运行费用 43.08 万元。

（1）每天节天然气量 625m^3/d，节天然气费用 600 元(按自产气成本 0.96 元/m^{3}计算)。

（2）每天平均节约掺清水量 100m^3/d，节清水水资源费用 300 元(按清水费 3.0 元/ m^{3}计算)。

（3）每天可减少输水量 100m^{3}的机泵的电费 60.3 元/d(电费 0.67 元/km.h)。

（4）减少 100m^3/d 污水处理运行费用 220 元/d(到终点站后的污水处理费用 2.2/方)

1－4 项合计每天可节省管道运行费用 1180.3 元。

4.2.3　投资收期

投资收回时间＝264.62/43.08＝6.14 年。

5　结论

（1）老旧管道通过 PCE 技术修复后可重新延长管道的使用寿命 10~15 年，提高老旧管线的承压能力 25%以上，由于修复后的管线内衬是多层复合结构与管道本体已经成为一体，增加了管道的强度，可以有效减少在经济发达、人口稠密地区因腐蚀穿孔漏油的带来安全风险，其社会效益较经济效益更为显著。

（2）修复后的管道由于新增内衬涂层为多层复合结构，可以根据实际需要调整内衬厚度，将较大内径管道改为小内径管道，达到缩径(缩减管线的内径)的目的，修复后管道的最小安全允许输量也随之下降，是一种解决老油田老旧输油管线安全经济运行的有效方法。

（3）修复后的管道由于增加了内衬具有一定厚度，对于保温效果差的老旧管道有助于提升其(管道的)保温能力，降低热损失；修复后的管道内层衬里玻璃磷片层其绝对当量粗糙度 e 值比钢管低，可有效防止管线内壁因油井出超细泥砂等引起结垢。

（4）PCE 修复技术对老旧输油管道具有修复时间短、投资省的特点，只用 96d 完成 13km 的清管作业和 8.895km 管道的修复，比建设新

管道投资节省 85%以上。

(5) 该修复技术也具有一定的应用局限性，以下三种情况不能按此种方法修复：一是清管器无法通过的弯头处；二是管道严重变形，无法通球的管段；三是穿跨越处有垂直管段的部分。上述部分只能采取局部更换管段的方法进行修复。

参 考 文 献

[1] 黄维和，郑洪龙，王婷．我国油气管道建设运行管理技术及发展展望[J]．油气储运，2014，12(33)：1259-1262.

[2] 张连文，吕成魁．集输管道修复技术及实施效果[J]．油气田地面工程，2004，23 (6)：27.

[3] 董学旺．PCL 复合结构内衬管线修复技术[J]．管道技术与设备，2000(第 6 期)：14-15.

[4] 武玉双，马永忠，李渊，路遥军，李武平，陈丽丽．管线非开挖内衬修复技术在油田建设中的应用[J]．油气田地面工程，2017(05)：72-74.

[5] 邵晓东．油田在用管线内防腐修复技术的应用及经济性分析[J]．腐蚀科学与防护技术，2008，5 (20)：229-231.

[6] 马书定，王学善．旧管道内修复挤压涂衬新工艺[J]．石油化工腐蚀与防护，1997. 14(3)：48-50.

基于贝叶斯网络的油田管道腐蚀失效建模与情景分析

王善哲[1] 刘书孟[1] 粟辉霖[1] 李远航[2] 魏如鹏[3]

(1. 大庆油田有限责任公司第二采油厂工艺研究所；
2. 大庆油田有限责任公司第三采油厂工艺研究所；
3. 大庆油田有限责任公司第一采油厂工艺研究所)

摘　要　管道风险评价作为管道完整性的核心工作，是管道稳定运行，后期维修、更换计划制定的技术保障。在管道完整性的发展过程中，传统的管道风险评估模型倾向于以长输管道、海底管道等风险因素集中，失效后果较为明显的大型管道为主，当与大庆油田管道种类繁多、单井管道为主、失效情况复杂、风险权重分配不均匀的情况结合后，会产生风险模型构建困难、准确度降低等问题，且评估过程无法有效依赖专家的知识经验，准确性会部分削弱。本文提出一种基于贝叶斯网络的情景分析方法，对应“危险因素”、“突发事件”、“应急响应”、“失效后果”比选出代表“大庆油田典型管道失效”事件演化的4类19个情景要素，构建了情景演化流程，通过专家评分和D-S证据理论，判断出具有因果关系的情景要素，并进行网络连接，给定了各情景节点的条件概率，构建了完整的情景贝叶斯网络。选取单井掺水管道作为典型管道失效案例，确定贝叶斯网络节点的先验概率，使用Netica软件进行情景推演，对比推演结果与实际结果，同时利用贝叶斯网络的逆推理和证据更新能力对每个风险因素进行分析并得到影响管道发生失效的致因链，确定了模型的可靠性。通过调试特定节点先验概率，开展不同“突发事件”与“应急响应”要素的状态下，对“失效后果”进行了评估与推演，为积极有效应对和防范管道腐蚀失效提供新的技术方向。

关键词　管道风险评价；管道完整性；管道腐蚀；贝叶斯网络；情景分析

1　研究背景与研究方法

1.1　大庆油田管道运行现状

相较于其它油田，大庆油田拥有着数量最为庞大的集输系统管网，近12万公里的管道遍布长垣老区与外围油田，近五年来，大庆油田管道总体失效率不断降低，已由0.576次/公里·年降至0.342次/公里·年，失效率上升的趋势得到有效遏制，但是相比与其它兄弟油气田，失效率仍处于较高水平。而随着员工老龄化程度加大，退休人员逐年增多，生产压力增大的同时，管道的整体运行情况无法满足油田高效、智能管理需求，管道失效的频发为老油田稳定生产带来隐患。

大庆长垣油田作为主力生产老区，持续承担重要的生产任务，随着老区化学驱产能主力转向二三类油层，水驱转向品质更差的扶余油层、萨零组及过渡带，油田整体开发进入到三次采油阶段，采出液高含水、高含聚造成管道失效情况频发，随着管道运行年限增加，管道壁厚自然腐蚀与管道内部腐蚀产物淤积共同作用，造成管道运行压力的增大，运维成本加大，管理问题日益突显。

1.2　管道风险评估研究现状

国外从70年代开始着手于油气集输管道风险评估的研究与应用，至90年代初期美国采用了风险评价管理技术对管道维修进行指导，在长输管道风险评价的研究工作取得了初步进展，实现了由安全管道向风险管理的过度。英国通过分析各个国家的管道风险评价状况，筛选研究管道风险资料，最后研发出管道风险定量化评价。1985年，Battle Columbus研究院首次采用评分法的管道风险分析方法，发表了《风险调查指南》。美国PRCI对美国和欧洲的管道事故数据进行了统计分析，归纳出22种影响油气传输管道失效因素。1991年D. A. Carter提出了管道的定量风险评价，提出了在定量风险评价基础上进行指标修正对液化石油气管道进行风险评价。1998年Moussa. W. A. 对服役管道进行局部断裂评估使用了概率方法，运用了数值模拟、混合型断裂学、蒙特卡洛法仿真模型等方法，得出了以概率分析为基础来优化管道风险评估方法。

我国在集输管道安全方面的研究起步较晚，90年代才开始管道风险评价技术的初步研究，1995年董玉华率先开展了长输管道的定量风险评价方法，2004年，西南石油大学在专家判断方法基础上进行改进，通过故障树描述基本风险事件的模糊失效概率建立了基于事件的独立性和相关性的失效概率模型。2013年，张华兵建立了长输管道的失效概率计算模型，将腐蚀、制造缺陷、施工缺陷、第三方破坏等致因因素作为评价指标，通过引入归一因子、正比参数、反比参数、调整因子等调整失效频率，从而得出特定情况下的管道失效概率。

1.3 贝叶斯网络发展现状

贝叶斯网络是由Pearl在1988年提出的一种基于网络结构的有向无环图描述，是基于概率分析和图论的推理模型。从概念上讲，贝叶斯网络由拓扑结构和概率分布两部分构成。结构方面，贝叶斯网络包含父节点、子节点两种节点。如图1.1所示，A为B、C的父节点(B、C为A的子节点)，B、C为D的父节点(D为B、C的子节点)。父节点、子节点加上连接两者之间的有向边构成贝叶斯网络的基本结构，有向边表示要素之间的因果关系。

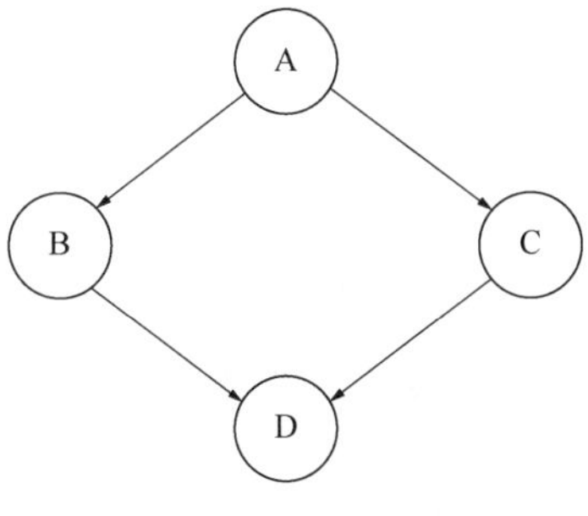

图1.1 贝叶斯网络示意图

概率方面，分为先验概率和条件概率，先验概率计算基于先前资料和专家意见等。条件概率是集合多种统计方法得出的，如D-S证据理论和Delphi法。条件独立假设和马尔科夫性质可以极大简化联合概率的计算，贝叶斯网络的联合概率分布可表示为边缘概率和条件概率的乘积，可以得到：

$$P(S_1, S_2, \cdots, S_n) = \prod_1^n P(S_i/Pa(S_i))(i=1, 2, \cdots, n)$$

其中：$\{S=S_1, S_2, \cdots, S_n\}$表示一组变量，由贝叶斯网络的节点$S_i$组成；$Pa(S_i)$为节点$S_i$的父节点，条件独立性关系使得联合概率的表达更简洁。

贝叶斯网络的建模方法大致可以分为专家建模、数据学习建模、专家知识与样本数据结合建模，作为预测推理的技术途径。用贝叶斯网络进行预测推理的计算过程依赖于条件概率表，该表通常从统计数据中获得或通过专家意见收集。以D为例，假设图1.1中每个节点有两种状态，则D的条件概率表如表1.1所示。

表1.1 图1.1中D的条件概率表示例

B		状态1		状态2	
C		状态1	状态2	状态1	状态2
D	状态1	0.7	0.6	0.75	0.78
	状态2	0.3	0.4	0.25	0.22

在此情况下，B和C的概率可通过条件概率表计算。通过设置A的状态，D的概率可通过如下计算。

$$P(D \mid A) = P(D \mid C, B)P(C \mid A)P(B \mid A)$$

式中，$P(B \mid A)$和$P(C \mid A)$在其条件概率表中给出。各情景状态概率可以借助软件Netica或GeNie计算得出。两种软件作为基于决策理论的、图形化的建模开发工具，能够方便地进行贝叶斯网络拓扑建模，并能够进行先验概率的初始赋值以及后验状态概率的计算，进而根据贝叶斯网络的有向无环拓扑结构的特点，进行知识传递与积累，具有适用性强、可视化操作的特点。

1.4 贝叶斯网络在管道风险评估中的应用现状

贝叶斯网络在医疗诊断、生物科技、危险评估等多个领域早已取得诸多应用，但受制于管道数字化发展程度的局限性，在管道风险评估领域起步较晚。2012年始，国内学者利用贝叶斯网络建立燃气管道失效概率模型，在进行多态修正后，使失效概率结果更贴近于过去的失效结果。2017年，王晓波等针对油气管道泄漏在风险因素辨识过程中面临的难点提出了事故树与动态贝叶斯网络的管道风险辨识方法，利用事故树的简便有效性和DBN反向推理能力对管道事故进行溯源分析。2019年魏亚荣等通过集输管道BN模型计算了管道失效概率，进行了初步预测。同年，王文合等人针对传统风险方法的局限性提出了基于贝叶斯网络的燃气管网动态分析方法，通过对基本失效事件的动态更新实现管道的动态分析，反映出失效后果随时间变化的特征。翟钰婷等人提出管道风险评估分为事前状态和事后状态，事后评估采用层次分析法确定指标权重，事前评估利用贝叶斯网络推理预测可能发生的后果，最终根据模糊综合评价法计算后果等级，为管道后续运行提供风险分析依据。

依托于贝叶斯网络法动态分析能力，它既可以定性地描述管道风险因素又能定量地计算风险发生概率，但是目前利用贝叶斯网络解决管道风险评估问题仍面临一些难题，主要体现在贝叶斯网络结构的确定和参数的确定，网络结构的完整性与复杂性直接影响网络的参数学习效率，同时网络参数的准确性直接影响管道风险评估结果的精度。

1.5 情景分析研究现状

情景(Scenario)一词最早出现于1967年，情景分析是对未来情景的描述，是事件从原始状态向未来转变的趋势。基于“情景”的“情景分析法”(Scenario Analysis)是在对经济、产业或技术的重大演变提出各种关键假设的基础上，通过对未来详细地、严密地推理和描述来构想未来各种可能的方案。根据情景的概念，情景分析被认为是创造一系列可能的未来“故事”的研究过程。情景分析方法最初是作为一种定性方法而运用的，目前已有多种定量方法与情景分析相结合。情景分析的主要操作步骤如下：

(1) 识别系统的驱动力。情景分析的第一步是识别系统的驱动力，驱动力是实现对系统全面理解的主要因素；

(2) 将驱动力分为两类，即可能趋势和不确定性。驱动力的分类也基于行业内专家判断，系统的不确定性在后续情景推断中起着重要的作用；

(3) 根据不确定的结果拟订设想。情景分析最后一步是建立情景贝叶斯网络，并根据专家访谈收集的信息对其进行改进。

此方法首先应用于军事战略规划，并已成功应用于许多领域，如环境影响评价和市场经济行为预估。

2 基于贝叶斯网络的大庆油田典型管道失效情景建模

近年，情景分析已被用于评估灾害风险与应急策略，2022年“7·20”河南郑州特大暴雨灾害引发的5号地铁线亡人事件、2023年“2·22”内蒙古阿拉善特别重大露天煤矿坍塌事故、2023年“7·23”齐齐哈尔体育馆坍塌事故令人痛心，为各行各业安全生产敲响警钟的同时，也提醒从业者关注“危险环境因素”、“突发事件”、“应急响应活动”、“造成后果”之间存在着明暗因果链条，在特殊突发事件的催动下，纵使灾害无法全部避免，也可以依靠有效的应急响应活动减轻灾害损失和人员伤亡，约束不良结果的发生。

将失效情景分析应用在大庆油田管道失效情景中，更能通过案例作用实现结果泛化，由于单井管道数量庞杂，运输液体介质属性复杂，失效累计发生概率极大，管理人员往往直观性的关注到腐蚀、施工等原因，易于忽略其它十几项隐藏共同影响因素。且由于维修过程零散化，整个油田面临的管道修复与更换成本，对环境污染，对整体效率影响造成的经济破坏，其积累量远远超过一般灾害的后果，且后续衍生灾害得不到及时有效控制的情况下，将会酝酿更大的环境灾害与亡人事故。为此，对大庆油田典型管道失效情景开展分析并做失效情景推演，选取夏季停掺单井掺水管道作为典型失效案例开展情景建模研究。

2.1 大庆油田典型管道失效情景构建

“大庆油田典型管道失效”情景贝叶斯网络构建分为三个步骤，描述如下：

(1) 明确贝叶斯网络节点：根据案例研究和专家判断，确定贝叶斯网络节点变量及其状态分类。借鉴情景分析思想，确定了19个关键情景要素(贝叶斯网络变量)：“暴雨”、“低洼地蓄水”、“管道外部充分接触水分”、“外腐蚀加剧”、“掺水停输”、“管道失效不易发觉”、“pH值变化”、“垢下腐蚀”、“细菌联合腐蚀”、“内腐蚀加剧”、“管道基础防腐措施”、“周围环境”、“加强管道检查巡视”、“排水措施”、“发布失效预警”、“修复管道”、“更换管道”、“环境污染”、“经济损失”。

（2）明确贝叶斯网络节点之间的关系：结合先前过程已经得到了具体的节点变量，进一步对各个节点变量之间的关联性进行确定，利用专家打分法结合 D-S 证据理论确定具有因果关系的情景要素对，完成贝叶斯网络结构的确定。

（3）确定所有节点的条件概率：利用专家评分法确定叶斯网络节点的条件概率。

完成以上步骤使用贝叶斯网络进行预测推理分析。“大庆油田典型管道失效”情景贝叶斯网络构建及过程推理分析步骤如图 2.1 所示。

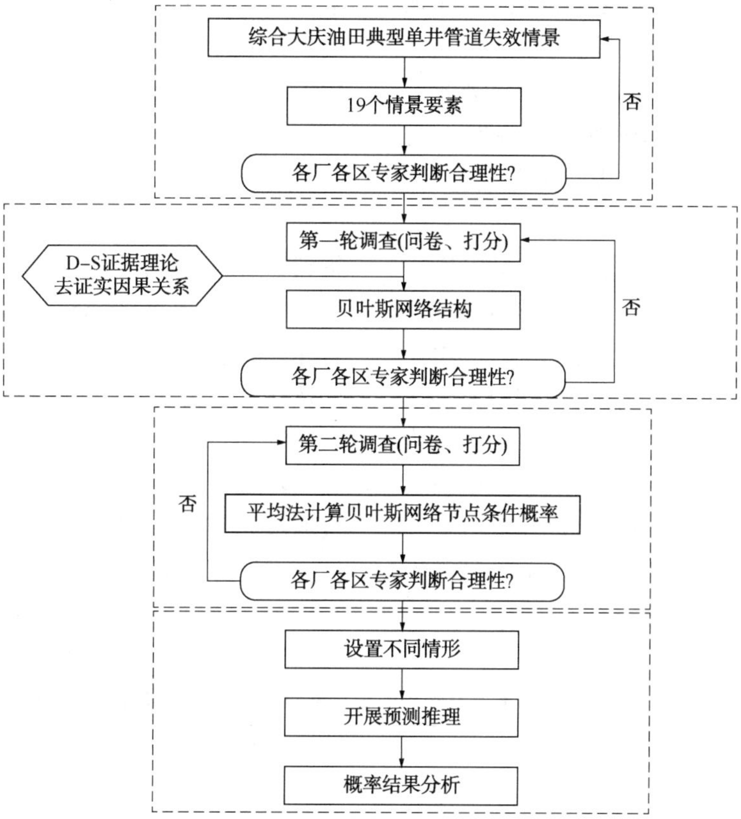

图 2.1 概率评估与推演步骤

通过对大庆油田各采油厂典型管道失效事件的案例研究和综合分析，结合现场施工、维护经验，对比调查报告，针对单井掺水管道的夏季停掺与雨季低洼地蓄水两类突发影响情况，从中提取了 19 个情景要素作为“大庆油田典型管道失效”情景贝叶斯网络的节点变量。将这 19 个情景要素分为 4 类，分别对应“危险因素”要素、“突发事件”要素、“应急响应”要素、“失效后果”要素。各情景要素的分类如下所示：

（1）“危险因素”要素，包括承载体和孕灾环境两部分，作为承载体的管道带压运行，本身存在危险性，孕灾环境客观会让事件更加恶化。包括①“管道基础防腐措施”：分为优、良、中、差，根据管道年限、防腐标准、施工质量综合评定。②“周围环境”：低风险、中风险、高风险，根据周围有无易影响管道，或是被管道失效泄露影响巨大的构筑物。

（2）“突发事件”要素，考虑到内腐蚀与外腐蚀两组腐蚀的协同作用，考虑雨水蓄积后对管道外环境的巨大影响，外腐蚀部分的致因链由暴雨开始，③“暴雨”，暴雨节点设置暴雨、大暴雨、特大暴雨 3 级状态。按国家气象局颁布的降水强度等级划分标准，按照满足 24h 累计降雨量条件确定，3 级状态的阈值范围分别为［50，100）mm、［100，250）mm、［250，∞）mm。④“低洼地蓄水”，设置低风险、中风险、高风险 3 个等级状态。参照行业内标准，结合油田实际生产情况，按最大积水深度，3 级状态的阈值范围分别为［15，27）cm、［27，50）cm、［50，∞）cm。⑤“管道外部充分接触水分”，分为轻度、中度、重度。⑥“外腐蚀加剧”，分为轻度、中度、重度。

考虑掺水停掺后的致因链，首先是⑦“掺水停输，”本模型中设置有、无双状态。⑧“管道失效不易发觉”，依据地势情况区分为，无影响、较小影响、较大影响、严重影响四级。⑨“pH值变化”，分为，酸性、中性、碱性。“⑩垢下腐蚀”，分为轻度、中度、重度。⑪“细菌联合腐蚀”，分为轻度、中度、重度。⑫“内腐蚀加剧”，分为轻度、中度、重度。

(3)“应急响应”要素，包括⑬“排水措施”，分为开展、未开展。⑭“加强管道检查巡视”，分为开展、未开展。⑮“发布失效预警”，分为开展、未开展。

(4)“失效后果”要素，包括⑯“修复管道”，分为轻度、中度、重度，轻度代表沙眼等小漏点失效，中度代表需要对腐蚀坑深进行处理，电焊等措施仍可以有效补救，重度代表大于1m小于5m范围内更换局部管段。⑰“更换管道”，分为有、无，如果是有达标管道已经无法正常运行，必需停止功能，等待整体更换。⑱“环境污染”，分为轻度、中度、重度，涉及后续处理与罚款等影响。⑲“经济损失”分为较小、较大、严重、特别严重。

2.2 大庆油田典型管道失效情景贝叶斯网络结构构建

为建立合理的贝叶斯网络，通过问卷调查收集了大庆油田各采油厂专家与工作人员的专业判断和意见。在Delphi的类似专家评估方法中，如果有10~20个情景元素，建议寻求3~5位专家的建议或判断。为此进行了两轮问卷调查，每轮收集来自5位专家的专业判断。第一轮是判断4类19个情景元素之间的关联性，要求5位专家给出概率评估发放问卷中4类13个要素中每两个情景要素之间的因果关系。为降低专家意见的主观性，采用Dempster-Shafer证据理论对收集到的数据进行分析。如果因果关系值大于阈值(通常定义为0.8~0.85)，则确认这两个要素之间存在因果关系，因果关系过程中专家的打分数据及其最终加权结果综合评判。

以Dempster-Shafer法分析“暴雨”节点与“低洼地蓄水”节点的因果关系以及“管道外部充分接触水分”与“外腐蚀加剧”节点的因果关系为例。五位专家分别给出了判断概率数据，如表2.1所示。

表2.1 表征情景元素因果关系的多专家判断数据及其最终加权结果

因果关系要素		一厂专家 $m_1(1,\ 2)$	二厂专家 $m_2(1,\ 2)$	二厂专家 $m_3(1,\ 2)$	二厂专家 $m_4(1,\ 2)$	三厂专家 $m_5(1,\ 2)$	计算结果 M(T)
暴雨	低洼地蓄水	(0.7, 0.3)	(0.8, 0.2)	(0.6, 0.4)	(0.8, 0.2)	(0.9, 0.1)	0.998
管道外部充分接触水分	外腐蚀加剧	(0.6, 0.4)	(0.6, 0.4)	(0.6, 0.4)	(0.8, 0.2)	(0.8, 0.2)	0.982

$m_1(1,\ 2)$，…，$m_5(1,\ 2)$分别代表五位专家给出的概率分布。$m_1(1,\ 2)$的值为(0.7，0.3)，表示第一个专家认为“暴雨”节点对“低洼地蓄水”节点有很大影响，因此他给出“暴雨”节点与“低洼地蓄水”节点之间的因果关系概率为0.7，不存在因果关系的概率为0.3。基于方程式(1.3)、(1.4)，表征“暴雨”节点与“低洼地蓄水”节点因果关系的多专家判断数据加权结果计算如下：

$$K=m_1(A_1)m_2(A_1)m_3(A_1)m_4(A_1)m_5(A_1)+m_1(A_2)m_2(A_2)m_3(A_2)m_4(A_2)m_5(A_2)=0.024$$

$$m(A_1)=\frac{1}{K}m_1(A_1)m_2(A_1)m_3(A_1)m_4(A_1)m_5(A_1)=0.998$$

由于“暴雨”节点与“低洼地蓄水”节点的因果关系值计算结果为0.998，大于阈值(0.85)，因此“暴雨”节点与“低洼地蓄水”节点之间存在因果关系。同理，“管道外部充分接触水分”节点与“外腐蚀加剧”节点之间因果关系值计算结果为0.982，大于阈值(0.85)，因此，“管道外部充分接触水分”节点与“外腐蚀加剧”节点之间也存在因果关系。在对专家的所有判断数据收集并进行计算后，确定13个情景要素每两个情景要素之间的因果关系值，取因果关系值大于阈值(0.85)的情节要素，构建因果关系网络，即“大庆油田典型管道失效”情景贝叶斯网络，如图

2.2 所示，其中，矩形代表“危险因素”要素，圆形代表“突发事件”要素，六边形代表“应急响应”要素，菱形代表“失效后果”要素。

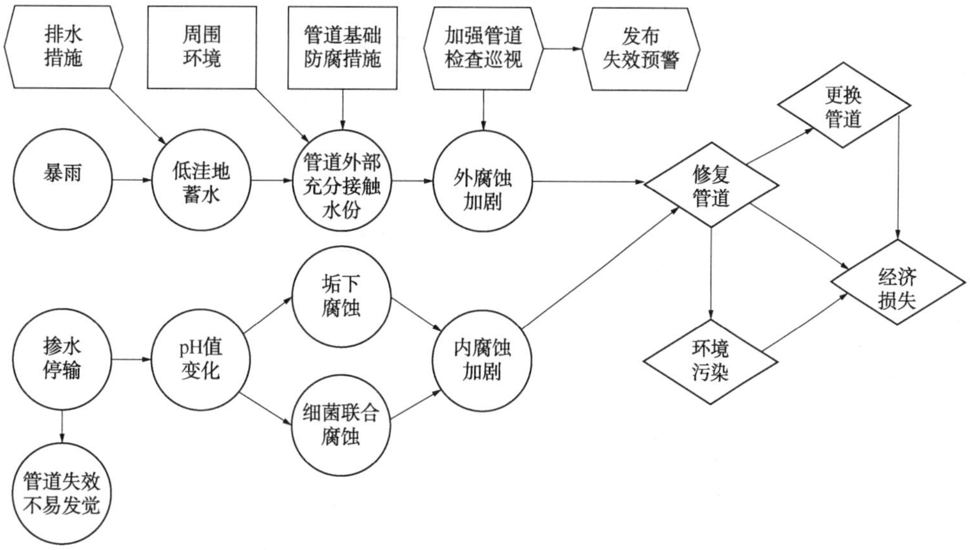

图 2.2　“大庆油田典型管道失效”贝叶斯网络结构

为了进行情景推演，需要进行第二轮问卷调查以确定贝叶斯网络节点的条件概率。图 2.2 中有三种类型的节点。第一类是如“暴雨”和“掺水停输”节点，没有父节点，需要专家根据专业经验给出先验概率。第二类节点是如“经济损失”节点，没有子节点。第三类是如“修复管道”节点既有父节点又有子节点。在第二轮问卷中，收集专家对贝叶斯网络各节点的条件概率的判断，然后采用平均法对结果进行处理，对节点概率问卷结果和最终条件概率进行综合计算。

3　基于贝叶斯网络的大庆油田典型管道失效仿真推演

3.1　大庆油田典型管道失效情景复盘

在构建了“大庆油田典型管道失效”贝叶斯网络结构和确定了节点的条件概率之后，基于对贝叶斯网络的概述，贝叶斯网络的两个组成部分已经确定，下一步就是构建完整的“大庆油田典型管道失效”情景贝叶斯网络，选用 Netica 软件来进行贝叶斯网络的推理运算，Netica 软件不仅可以体现贝叶斯网络结构，也可以体现概率的推理计算过程，比较适用于本文研究内容。如图 3.1 所示，这是 Netica 软件界面截图，是将图 2.2 的网络结构和节点条件概率结合起来的产物，数字代表节点状态概率。19 个节点代表 19 个情景要素，每个节点为一个小方块，方块之间用带箭头的直线连接，代表了节点之间的因果关系，构建起了整体的贝叶斯网络结构。

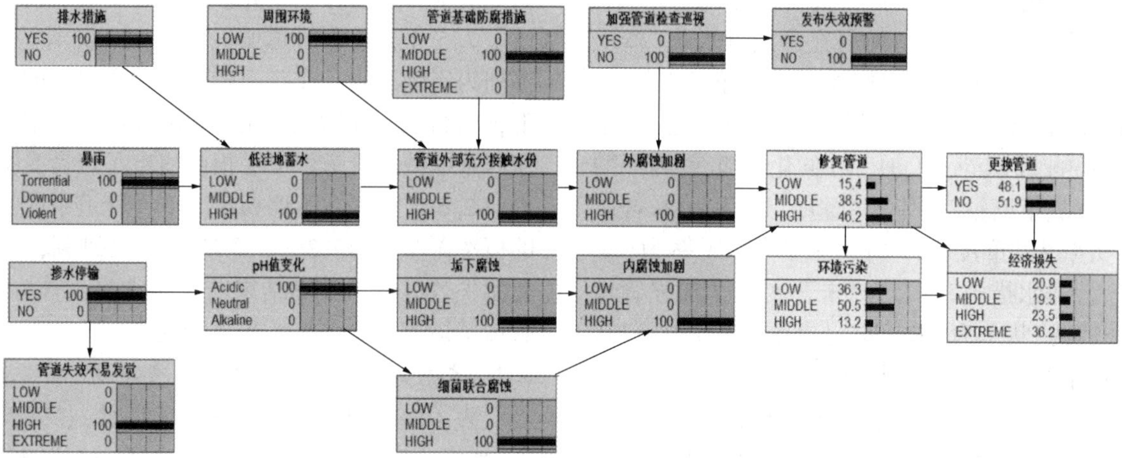

图 3.1　“大庆油田典型管道失效”状态概率结果图

“大庆油田典型管道失效”贝叶斯网络节点先验概率由专家根据事件本身情况直接给定。将确定的上述节点先验概率输入到对应小方块中，可借助Netica软件自动推理计算得出各节点变量的状态概率。

表3.1 “大庆油田典型管道失效事件”贝叶斯网络节点先验概率表

要素 （贝叶斯网络节点变量）	要素状态	先验概率/%	释义（选定理由）
1. 管道基础防腐措施	①较差 ②一般 ③较好 ④完好	（0，100，0，0）	防腐措施一般
2. 周围环境	①低风险 ②中风险 ③高风险	（100，0，0）	低风险较多
3. 暴雨	①暴雨 ②大暴雨 ③特大暴雨	（100，0，0）	暴雨情况较多
4. 低洼地蓄水	①低风险 ②中风险 ③高风险	（0，0，100）	蓄水严重
5. 管道外部充分接触水分	①轻度 ②中度 ③重度	（0，0，100）	充分接触
6. 外腐蚀加剧	①轻度 ②中度 ③重度	（0，0，100）	影响加剧
7. 掺水停输	①是 ②否	（100，0）	停掺
8. 管道失效不易发觉	①无 ②较小 ③较大 ④严重	（0，0，100，0）	较难发现
9. pH值变化	①酸性 ②中性 ③碱性	（100，0，0）	二氧化碳影响
10. 垢下腐蚀	①轻度 ②中度 ③重度	（0，0，100）	腐蚀管段切割后发现严重垢下腐蚀与细菌腐蚀
11. 细菌联合腐蚀	①轻度 ②中度 ③重度	（0，0，100）	
12. 内腐蚀加剧	①轻度 ②中度 ③重度	（0，0，100）	影响加剧
13. 排水措施	①开展 ②未开展	（0，100）	未开展
14. 加强管道检查巡视	①开展 ②未开展	（0，100）	未开展
15. 发布失效预警	①开展 ②未开展	（0，100）	未开展
16. 修复管道	①轻度 ②中度 ③重度	如图3.3所示，重度占比46.2%	
17. 更换管道	①是 ②否	需要更换的达到48.1%，失效严重	
18. 环境污染	①轻度 ②中度 ③重度	对环境造成中度污染占比50.5%	
19. 经济损失	①较小 ②中等 ③较大 ④严重	严重与较大经济损失36.2%与23.5%	

表3.1综合了大庆油田采油一厂、二厂、三厂共计26个作业区2018—2023年典型单井掺水管道的失效情况，结合专家两轮评分研判，加权平均后选定先验概率模型在“管道基础防腐措施”等级为“一般”、“周围环境”等级为“低风险”、“暴雨”等级为“暴雨”、“低洼地蓄水”概率为“低风险”、“管道外部充分接触水分”概率为“重度”、“外腐蚀加剧”概率为“重度”、“掺水停输”状态为“是”、“管道失效不易发觉”概率为“影响较大”、“pH值变化”概率为“酸性”、“垢下腐蚀”概率为“重度”、“细菌联合腐蚀”概率为“重度”、“内腐蚀加剧”概率为“重度”、“排水措施”状态为“未开展”、“加强管道检查巡视”状态为“未开展”、“发布失效预警”状态为“未开展”，依据以上情况，“失效后果”概率分布情况为，需要轻度修复管道15.4%，中度38.5%，重度46.2%，导致管道需要更换概率为需要更换48.1%，对环境造成轻度污染占比36.3%，中度污染50.5%，重度污染概率较低，为13.2%，造成经济损失中，严重与较大经济损失36.2%与23.5%，近半管道需要更换，环境污染处理费用与更换管道的费用造成了严重的经济损失。事件中单井掺水管道平均运行年限设定为5年，正常管道服役寿命15-25年左右，不列为影响因素。在降雨较强，掺水停输的情况下，内腐蚀、外腐蚀作用均影响加剧，管道的寿命严重缩减，管道中度受损的概率是轻度受损概率的2.5倍，而在不停掺情况下，管道中度受损的概率降低至15.3%，经各厂专家研判，对照典型失效案例，推算结果与真实结果大体一致，验证了该模型的可靠性和可行性。

3.2 大庆油田典型管道失效情景推演

为了详细分析“危险因素”要素、“突发事件”要素、“应急响应”要素对“失效后果”的演化发展影响，设定集中典型情景，仍然使用 Netica 软件，控制突发事件要素和应急响应要素，推演比较管道的受损程度与最终经济损失的概率差异，开展“大庆油田典型管道失效”情景推演。

（1）管道外部充分接触水分的影响

如图 3.2 所示，概率模型在“管道基础防腐措施”等级为“较好”、“周围环境”等级为“低风险”、“掺水停输”状态为“否”、“管道失效不易发觉”概率为“无影响”、“内腐蚀加剧”概率为“轻度”，依据以上情况设定，“失效后果”概率分布情况为，需要轻度修复管道 42.1%，中度 35.1%，重度 22.8%，导致管道需要更换概率为需要更换 32.1%，造成四种经济损失概率相近，造成较小和中等经济损失的概率为 56.2%。

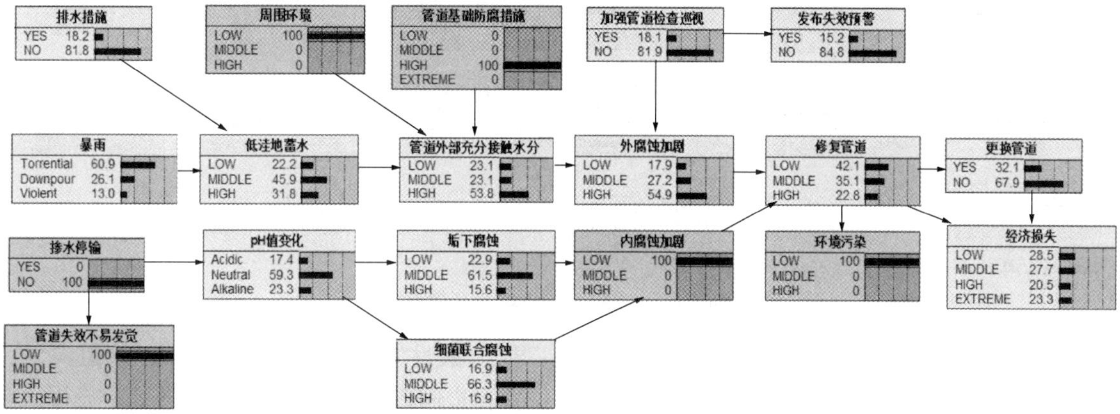

图 3.2 暴雨与管道外部充分接触水分的影响

通过单独控制暴雨的影响，暴雨、大暴雨、特大暴雨分别控制概率达到最大时，即使设定在管道基础防腐措施较好的情况下，受低洼地的吸水与蓄水能力影响，年降水不多的情况下，低洼地内也会蓄积大量水分，管道外部常年充分接触水分，埋地金属管道深度一般不超过 1m，所处的环境较为恶劣，外腐蚀程度持续在 50%以上，在客观忽略停掺的内腐蚀影响下，总体腐蚀程度能够控制在轻度 42.1%，中度 35.1%，需要更换管道数量为 24.7%(图 3.3)。

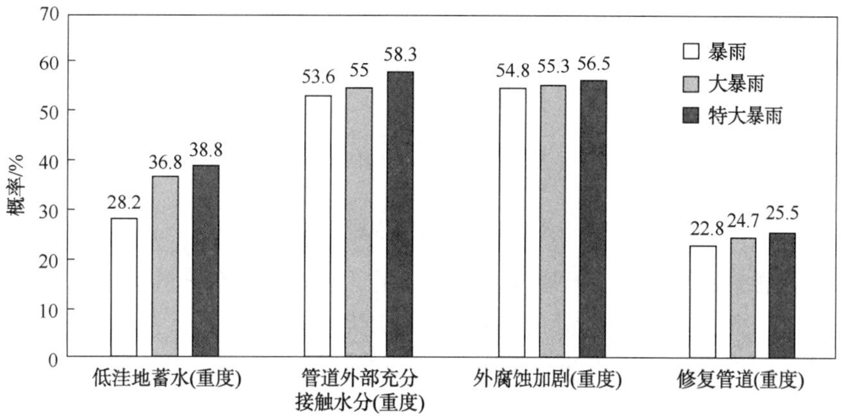

图 3.3 不同暴雨级别下各要素的响应概率

在开展有效排水措施与加强管道检查巡视的情况下，外腐蚀加剧情况能够得到有效降低，更换管道概率骤降，经济损失由中重度为主转移至轻度中度为主。

（2）掺水停输对整体失效的影响

如图 3.4 所示，概率模型在“掺水停输”状态为“是”、“暴雨”状态为“暴雨”，为了控制外腐蚀的影响，将“低洼地蓄水”与“管道外部充分接触水分”状态为“轻度”，“外腐蚀加剧”同样控制为“轻度”，“加强管道检查巡视”与“排水措施”状态为“开展”，依据以上情况设定，“pH 值”概率、“垢下腐蚀”概率、“内腐蚀加剧”分布情况都发生极大的变化。管道需要重度修复概率达到 33.4%，需要更换管道概率为 39.2%，重度经济损失的概率为31.6%，与图3.2综合比对，可知在管道停掺情况下内腐蚀的影响重于外腐蚀，而且“管道失效不易发觉”概率分布中，“较大”与“严重”占比分别达到28.6%和21.4%，发生内腐蚀失效后，外腐蚀作用会让失效部分管道结构改变，金属性能严重降低，严重削减管道寿命的同时，管道更换概率的相对提高也会造成更大的经济损失。

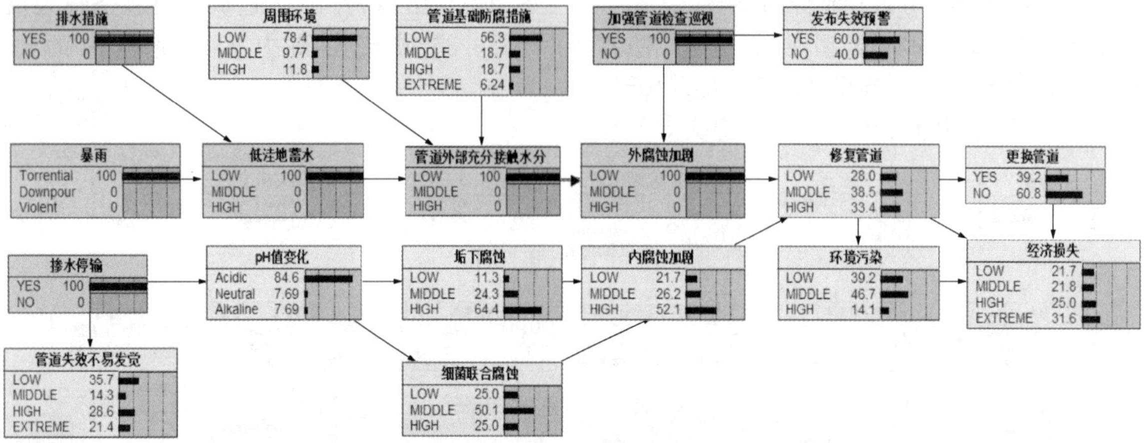

图3.4　掺水停输对失效概率的综合影响

如图3.5所示，分析停掺后管道的内腐蚀加剧行为，受二氧化碳不断水解，管道内水分蒸发减少的影响，碳酸的酸性逐步成为环境主导，“酸性”发生概率为84.6%，管道停输，残存介质不流动，蚀坑内细菌能够稳定发展，内腐蚀加剧“重度”概率达到52.1%。

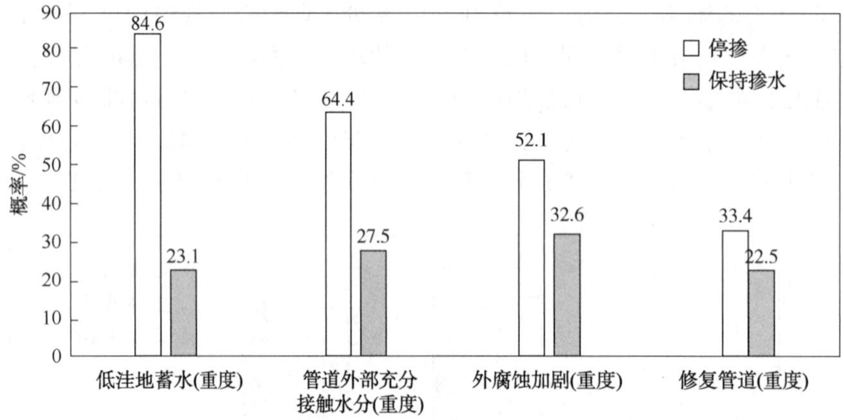

图3.5　掺水停输对各要素概率的综合影响

对比外腐蚀的腐蚀现象可发现，外腐蚀往往更集中于点蚀、焊缝、撞击处等薄弱处的腐蚀，后续修复管体工作较易实现，对管体的寿命影响较小，如图3.6所示，内腐蚀作用不止发生于一处，蚀坑遍布在管道内壁各处，内腐蚀将严重影响管道的后续稳定运行，概率分布结果与现场实际情况对应性较高，掺水停输对于内腐蚀的加剧作用不容忽视。

图3.6　停掺管道的内腐蚀坑分布情况

4　结论与展望

本文针对大庆油田主力采油厂典型管道失效现象，整合失效信息，结合特定场景、管道环境，考虑失效载体(孕灾环境)与突发因素之间的相互关系，通过情景分析和贝叶斯网络建立了“大庆油田典型管道失效事件”情景推演模型，对管道失效事件进行了复盘分析，确定了模型的有效性，并在控制不同“突发事件”与“应急响应”要素的状态下，对“失效后果”进行了评估与推演，得到以下结论：

（1）提出了代表“大庆油田典型管道失效事件”演化的 4 类 19 个情景要素，对应“危险因素”、“突发事件”、“应急响应”、“失效后果”，通过专家打分和 DS 证据理论，判断出具有因果关系的情景要素，进行了贝叶斯网络连接，经过两轮的各厂专家评分与加权平均，给定了各情景节点的条件概率，构建了完整的“大庆油田典型管道失效事件”情景贝叶斯网络。

（2）综合大庆油田主力采油厂近 6 年管道失效信息，结合专家意见，选取单井掺水管道作为典型管道失效案例，确定贝叶斯网络节点的先验概率，使用 Netica 软件进行情景推演，对比推演结果与实际结果，经专家研判，确定了模型的可靠性。

（3）控制“突发事件”要素，对引起单井掺水管道失效的内腐蚀、外腐蚀综合作用进行了评估与推演，单井掺水管道长期处于水分较高的土壤中，随着“暴雨”和“低洼地蓄水”等要素共同作用下，外腐蚀程度加剧，敷设管道时适当避开低洼地区，采取排水措施，都能够有效缓解外腐蚀造成的失效。夏季掺水停输，在影响管道内 pH 值的基础上，使得垢下腐蚀和细菌联合腐蚀作用加强，蚀坑遍布管道内壁，严重缩减管道服役寿命，掺水停输对于内腐蚀的加剧不容忽视，应从抑制细菌稳态生殖环境，扫线手段去除管内液体等措施入手降低内腐蚀危害。

本文针对“大庆油田典型管道失效事件”的情景表达模型所采集数据来源于不同生产单位，信息的综合选用与处理过程中，为避免特殊信息影响，并未将单井掺水管道的运行年限、运行压力、输送介质等常规影响要素划入分析模型，其中的差异性如果同时进行拟合运算，部分高回压井的压力，介质中的砂砾、垢质性质也将对失效概率分布产生新的影响，模型的准确性和通用性无法保证，对专家的判断也是一种新的挑战，涉及管道内外的整体多物理场作用下生化腐蚀作用，需要更为准确的失效模型，将诸多影响因素同时解释并引入研究模型。大庆油田典型管道失效还包括高压注水、注剂，非金属管道等多方面主导的失效模型，基于贝叶斯网络的情景分析研究方法同样可以助力管道完整性风险评价工作。

参　考　文　献

[1] Abdolhamidzadeh B, Anatomy of a domino accident: Roots, triggers and lessons learnt[J]. Process Safety & Environment Protection, 2012, 90 (05): 424-429.

[2] 翁帮华，银小兵，向启贵. SAFETI 定量风险分析软件在石油天然气开发风险评估中的应用[J]. 石油与天然气化工，2007，36(06)：524-527+440.

[3] 王帅. 成品油管线高后果区风险评价与对策研究[D]. 四川：西南石油大学，2016.

[4] 姚安林，刘艳华，李又绿等. 国内外油气管道完整性管理技术对比研究[J]. 石油工业技术监督，2008，24(03)：5-12.

[5] 闫凤霞. 风险评估及其在油气管道方面的应用[J]. 石油工业技术监督，2003，19(02)：1-6.

[6] 张华兵. 基于失效库的在役天然气长输管道定量风险评价技术研究[D]. 湖北：中国地质大学，2013.

[7] 孟光磊，丛泽林，宋彬等. 贝叶斯网络结构学习综述[J]. 北京航空航天大学学报，2023，09：1-23.

[8] 任永存，张韧，张永生等. 基于贝叶斯网络的“郑州暴雨地铁灾害事件”情景分析与仿真推演[J]. 大气科学学报，2022，09(03)：1-16.

[9] 张影. 基于情景分析的压力管道个体风险量化模型及方法研究[D]. 湖北：中国地质大学，2016.

[10] 任洪佳. 贝叶斯网络结构学习与应用研究[D]. 吉林：吉林大学，2022.

酸气集输管道清管+缓蚀剂防腐技术研究与应用

高秋英[1,2]　孙海礁[1,2]　刘　强[1,2]　张　浩[1,2]　马　骏[1,2]　陈　苗[1,2]

（1. 中国石油化工股份有限公司西北油田分公司；
2. 中国石油化工集团公司碳酸盐岩缝洞型油藏提高采收率重点实验室）

摘　要　利用自制模拟装置模拟现场清管工艺，通过腐蚀模拟和腐蚀电化学方法分析了清管及缓蚀剂加注对20#钢在管线积液模拟液中腐蚀的影响。实验结果表明：利用过盈量3%皮碗清管器清管后，20#钢试样表面的积液和固体沉积物量均减少，腐蚀速率明显降低。当往模拟液中加注缓蚀剂或者对试样进行缓蚀剂预膜后，缓蚀剂分子会在碳钢表面作用形成一层缓蚀膜，有效阻碍了试样与腐蚀介质的直接接触。清管配合缓蚀剂预膜使用后，此时腐蚀速率降低为0.029mm/a，对碳钢的保护效果较好。

关键词　20#钢；皮碗清管球；缓蚀剂；预膜；腐蚀速率

石油和天然气行业中，约20%的腐蚀问题可能归因于有固相颗粒沉积而引发的垢下腐蚀。通过各种化学和物理方法减轻管道的内腐蚀。缓蚀剂等化学品通常连续注入管道，以保护金属基础设施免受酸性气体腐蚀（即CO_2和H_2S引起的腐蚀）。缓蚀剂化学成分变化很大，可能通过中和电解质溶液或在金属上形成保护膜发挥作用。成膜缓蚀剂是一种具有极性头部基团和疏水性尾部的表面活性化合物。减缓腐蚀的一种常见物理方法是定期清洗管道，即清管。清管可清除管道中的积水、水垢和其他固体物质。由于清管是对管道内部表面进行机械清洁，因此，清管对清除管道壁上的生物膜也非常有效，尤其是在使用配有钢刷的清管器时。

积液和沉积物普遍存在于管道内部，这些管道通常同时受到连续缓蚀剂注入和定期清管的影响。虽然已经有一些研究探讨了缓蚀剂对垢下腐蚀的潜在影响，但还没有研究缓蚀剂和清管配合使用对碳钢腐蚀的影响。本文在实验室条件下研究了固相颗粒沉积工况下缓蚀剂注入和模拟清管对碳钢腐蚀行为的影响。

1　实验材料及方法

1.1　实验材料

实验材料选用现场20#管线钢。实验溶液采用气田管线积液模拟溶液，其成分如表1所示。腐蚀模拟实验试样为弧形试样，尺寸如下图1所示，其中电化学试样背面用铜导线焊接。用水磨砂纸将试样测试表面逐级打磨至800#，然后用去离子水冲洗，酒精脱水，冷风吹干后放入干燥器中备用。实验采购市面上与现场收集到的管道匹配的皮碗清管器，进行模拟清管作业，实验装置图如图1所示。固相沉积物为碳酸钙盐垢。缓蚀剂为现场气田使用得缓蚀剂，加注浓度为100mg/L。

表1　油田采出水溶液成分表

溶液组分	Cl^-	Na^+	Mg^{2+}	Ca^{2+}	HCO_3^-	SO_4^{2-}
质量浓度/($mg \cdot L^{-1}$)	128993.69	68921.55	651.85	11934.12	125.79	300

1.2　实验方法

腐蚀模拟实验，试样均在采出水模拟液中浸泡72h。对于清管工况，使用清管球刮擦一次；对于100ppm缓蚀剂-清管工况，首先在采出水模拟液中加注100ppm现场缓蚀剂，浸泡72h后进行清管工艺；对于清管-缓蚀剂预膜实验，首先从药剂加注口加注缓蚀剂溶液；待缓蚀剂加满后，推拉清管球进行清管+预膜工艺。每组放置三个平行试样。实验之前先往溶液中通入纯CO_2气体约2h，使溶液达到饱和CO_2的状态，并保持CO_2的通入状态直至实验结束。实验温度30±1℃。

电化学测试采用Gamry Interface 600电化学测试系统，采用三电极体系，工作电极为20#钢，辅助电极为铂电极，参比电极为饱和甘汞电极。实验前试样表面用水磨砂纸逐级打磨至800#，然后去离子水冲洗，丙酮除油，酒精脱水，冷风吹干后放入干燥器中备用。测试时先测试30min开路电位，待开路电位稳定后再进行电化学阻抗谱和线性极化电阻测试。电化学阻抗谱（EIS）测试频率范围为0.01~100kHz，激励信号为10mV。线性极化电阻测试电位范围：±10mV

(相对开路电位)，扫描速度 0.125mV/s。为了保证实验结果准确行，每组实验重复测试三次。

实验结束后取出试样，利用扫描电子显微镜(SEM，S4800，日本)观察了试样表面形貌。

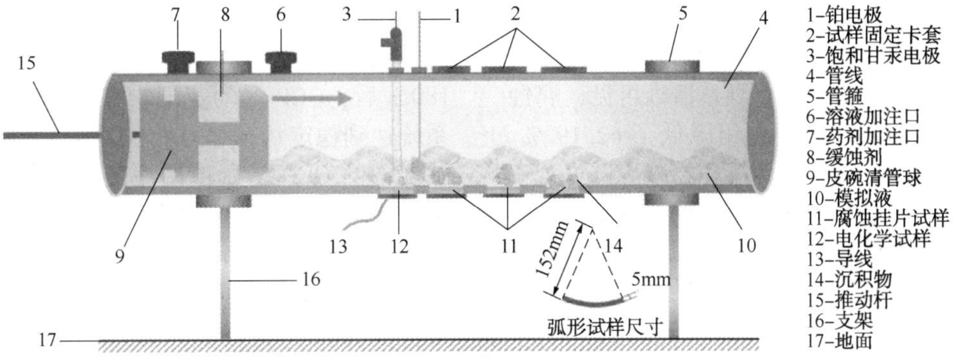

图1　实验装置示意图

2　结果与讨论

2.1　腐蚀失重结果

20#钢浸泡在管线积液模拟液中的腐蚀形貌及腐蚀速率结果见图2。

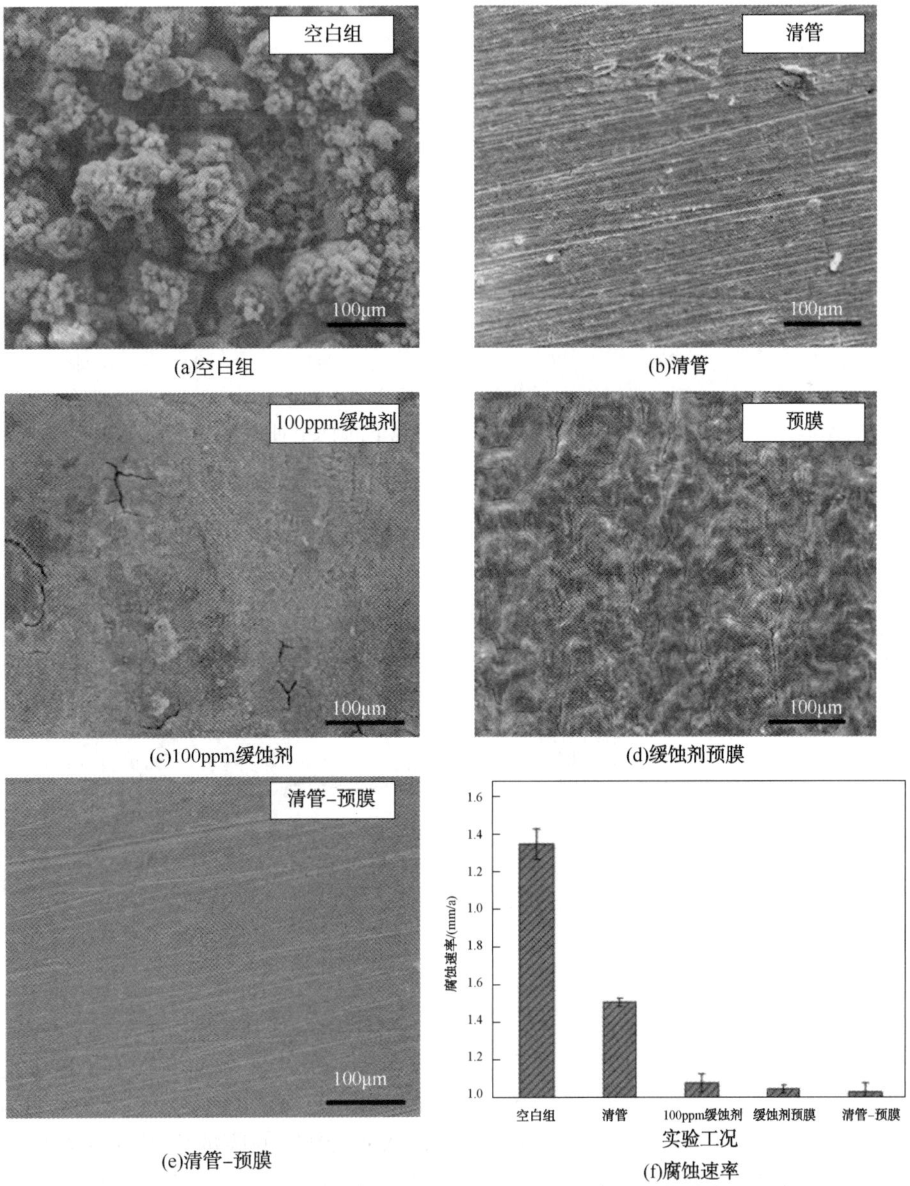

(a)空白组　(b)清管

(c)100ppm缓蚀剂　(d)缓蚀剂预膜

(e)清管-预膜　(f)腐蚀速率

图2　20#钢在管线积液模拟液中浸泡72h后的腐蚀形貌及腐蚀速率

图 2(a)为 20#钢浸泡在管线积液模拟液中未清管的腐蚀形貌，从图中可以看出，20# 钢表面附着大量的颗粒状固体，该工况下腐蚀速率为 1.362mm/a[图 2 (f)]。采用 3%皮碗清管球清管后，样品表面较为平整、划痕清晰可见，腐蚀速率为 0.515mm/a，较空白组降低了 62.19 %。在加入缓蚀剂后，试样表面沉积物减少，可观察到表面覆盖了一层膜，这说明缓蚀剂分子在金属表面吸附；而清管和预膜配合使用，试样表面较清管后的更加平整，划痕清晰可见，腐蚀速率降低为 0.029mm/a。

2.2 开路电位

图 3 所示为 30℃ 时，20#钢在积液模拟液中的开路电位(OCP)曲线，从图 3 可以看出，浸泡 1800s 后，OCP 浮动范围均在 10mV 以内，说明系统达到稳定状态。另外，清管或者加注缓蚀剂工况下的 OCP 初始值始终高于空白组，这可能由于使用皮碗清管球清管后，试样表面积液量减少，腐蚀风险降低；而缓蚀剂存在时，缓蚀剂分子会在碳钢试样表面吸附。

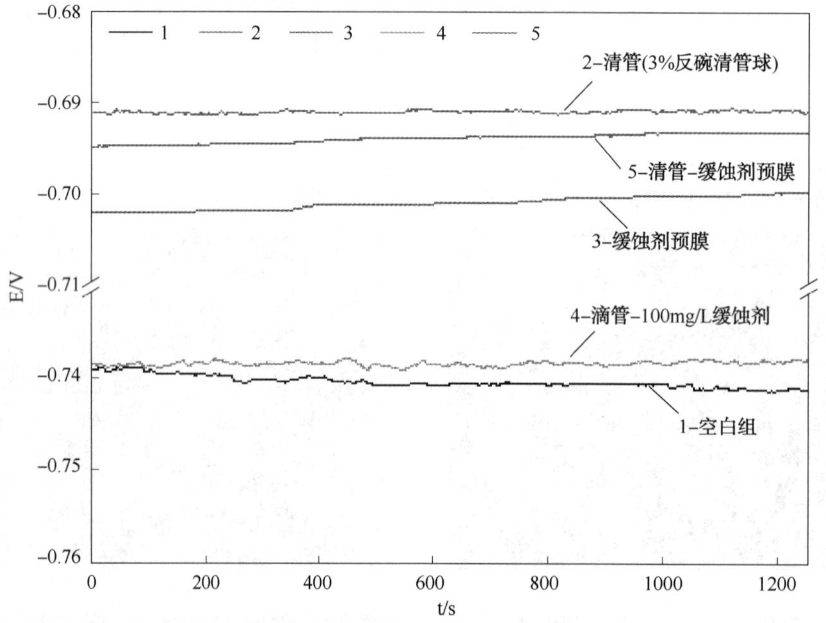

图 3　20#钢在不同腐蚀环境下的 OCP 曲线

2.3 电化学阻抗谱

20#管线钢在不同工况下的 EIS 测试结果见图 4。

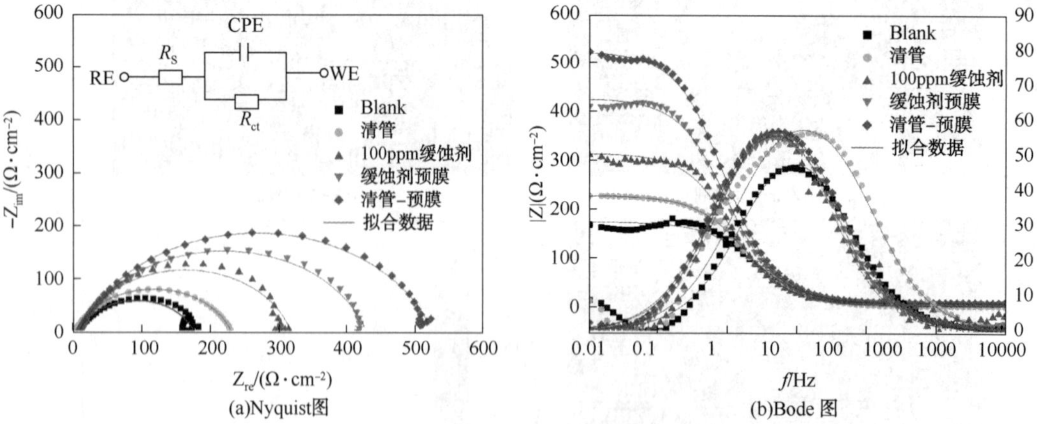

图 4　20#钢在不同工况下的 EIS 结果

从图 4(a)可以看出，在 6 组实验工况下，Nyquist 图中曲线均只表现出了单容抗弧特性，表明该体系的动力学过程是由电荷转移控制的。在 Nyquist 图中容抗弧形状没有发生明显的变化，其弧圆心位于实际轴线以下，这可能是与电极表面的粗糙和不均匀性有关，且说明清管和缓蚀剂加入对 20#钢的腐蚀机理没有影响。通过对比发现，皮碗清管球清管与缓蚀剂预膜组合使用时，容抗弧半径相对较大，这表明清管配合缓蚀剂的防腐效果优于单独清管、缓蚀剂连续加注及缓蚀剂预膜。

根据图4(b)可以看出，20#钢在未清管工况下的$|Z|_{0.01Hz}$约为169Ω·cm^{-2}，对试样表面模拟清管或者加注缓蚀剂后，$|Z|_{0.01Hz}$呈上升的趋势。采用3%皮碗清管球清管-预膜时，$|Z|_{0.01Hz}$增加到523.5Ω·cm^{-2}。

采用图4(a)等效电路模型拟合EIS数据，拟合参数见表2。R_s为溶液电阻，R_{ct}为电荷转移电阻，CPE为恒相角元件，代表双电层的电容特性。C_{dl}值可由式(1)计算得到：

$$C_{dl}=(Y_0R_{ct}^{1-n})^{\frac{1}{n}} \quad (1)$$

式中，Y_0为等效相位角元件参数，S^n Ω^{-1} cm；n为弥散因子，0<n<1。

表2　三种不同工况EIS拟合参数

工况	R_s	Y_0	n	R_{ct}	C_{dl}
	/Ω·cm^2	/S^n Ω^{-1}cm^{-2}		/Ω·cm^2	/F·cm^{-2}
空白组	8.747	0.000774	0.774	166.3	0.000425
清管球	9.54	0.000474	0.7785	226.3	0.000251
100ppm缓蚀剂	9.148	0.000323	0.8222	307.1	0.000196
缓蚀剂预膜	10.61	0.000231	0.798	418.4	0.000128
清管-预膜	10.33	0.000182	0.7952	514.8	9.86E-05

如表2所示，在5种不同实验工况下，溶液电阻的R_s值变化不大。清管后R_{ct}增大的趋势，而C_{dl}的变化趋势与R_{ct}值的变化趋势相反。当分别加入100ppm缓蚀剂和缓蚀剂预膜后，R_{ct}分别为307.1Ω·cm^{-2}和418Ω·cm^{-2}，且预膜的高于连续加注工况，这可能是与缓蚀剂分子在试样表面吸附有关，形成了一层吸附膜。当对试样表面进行清管后预膜处理，此时的容抗弧半径最大，R_{ct}为514.8Ω·cm^{-2}，这说明清管与缓蚀剂配合使用，不仅减少了试样表面的沉积物和积液，同时缓蚀剂分子作用在表面会形成一层吸附膜，阻碍了试样与腐蚀介质的直接接触，进一步降低了碳钢的腐蚀。

2.4　线性极化电阻

如图5所示为20#钢在不同工况下的线性极化电阻结果。

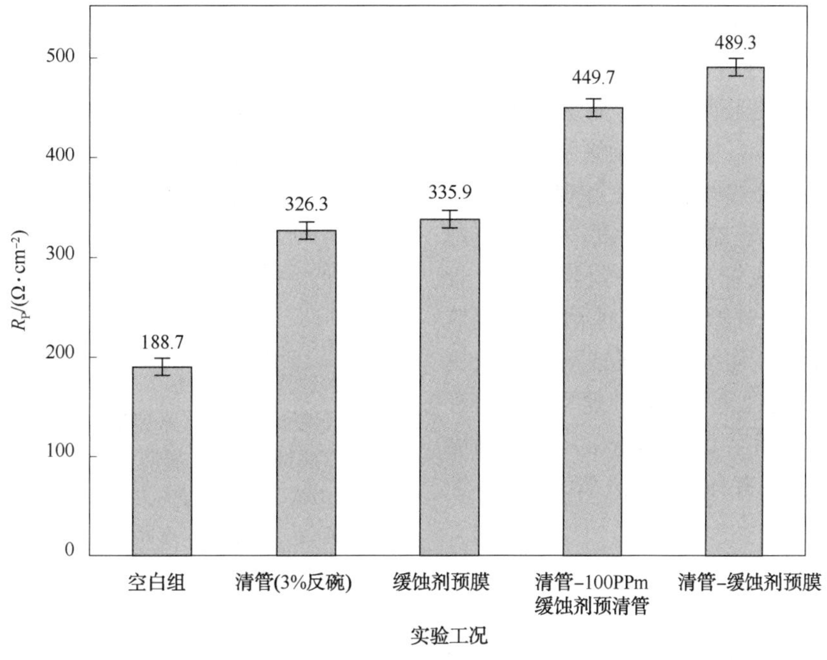

图5　20#钢在不同实验工况下的R_p值

从图5可以看出，当试样表面附着沉积物未进行清管时，线性极化电阻 R_p 的值为188.7Ω·cm^{-2}，说明腐蚀反应发生的阻力较小，试样表面被固体沉积物覆盖会存在垢下腐蚀风险。采用过盈量3%的皮碗清管器模拟清管后，R_p 的值较空白组增大，这可能与清管导致管线内部积液和沉积物减少有关，在一定程度上阻碍了界面处电荷的转移，阴、阳极腐蚀反应速率降低。在模拟液中加注100ppm缓蚀剂后，此时 R_p 的值增大为335.9Ω·cm^{-2}，与清管后的 R_p 值基本接近。对试样表面进行预膜后，R_p 值高于缓蚀剂连续加注工况，增加到449.7Ω·cm^{-2}，增加幅度约为25.31%。而利用清管球对试样先模拟清管后预膜处理后，此时 R_p 值增加到了489.3Ω·cm^{-2}，说明清管配合缓蚀剂预膜使用时的防腐能力要优于单一清管或者预膜。

3　现场应用

2020年3月在西北油田某高含 H_2S 伴生气主管线现场试验应用该项清管技术，该管道规格为Φ273×7.1mm，全长23.91km，材质为L245NS抗硫材质无缝钢管，管道设计压力1.6MPa，实际运行压力0.35MPa，设计运行温度≤80℃，实际运行温度45~55℃，输送伴生气内含 H_2S 为38257mg/m^3，CO_2 含量7.2%。

该管道清管作业的组合先用过盈量3%的泡沫清管器清管一次,，再用过盈量3%的皮碗清管器清管一次，积液小于25kg后，采用缓蚀剂储存仓60m满仓法装入管道内所需缓蚀剂，在伴生气作为推动动力源，清管器预涂膜运行速度为2~3m/s，满足《天然气管道运行规范(SY/T 5922—2003)》要求清管器运行速度一般宜控制在3.5~5.0m/s，完成管道清管+预膜作业。管道连续运行180内，对管道内腐蚀清理进行监测，结果表明：清管+连续加注缓蚀剂能有效控制该伴生气主干线腐蚀速率，腐蚀速率由不清管时的1.268mm/a下降至0.152mm/a，下降幅度达到88.36%，能够有效控制该管道点腐蚀速率。

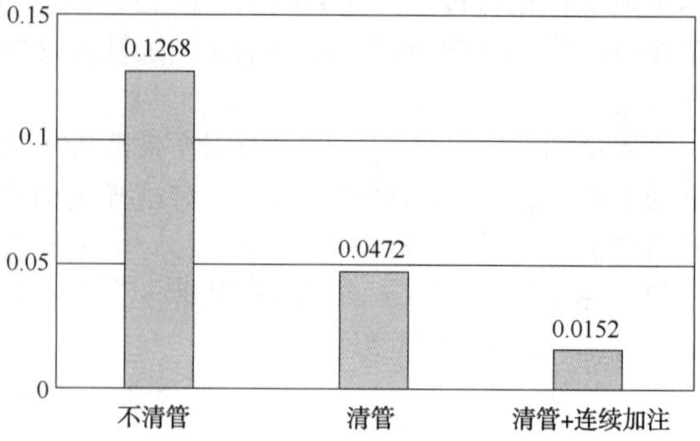

图6　现场管道内腐蚀监测数据

4　结论

(1) 利用自制实验装置模拟清管作业，与空白组进行对比，当使用过盈量为3%的皮碗清管球清管后，20#钢试样表面的积液和固体沉积物量均减少，腐蚀速率明显降低。

(2) 缓蚀剂加入腐蚀介质后，缓蚀剂分子作用于碳钢表面，形成一层保护膜，阻碍了20#管线钢与腐蚀介质的接触。同时缓蚀膜的形成使得金属/溶液界面处的电荷转移电阻增加，腐蚀反应的发生需要克服较大的阻力，进而抑制了阴阳极腐蚀反应的进行。通过对比，清管配合缓蚀剂预膜使用后，此时腐蚀速率降低为0.029mm/a，对碳钢的保护效果较好。

(3) 现场应用该技术后，管道点腐蚀速率下降88%幅度，说明该技术能够有效控制西北油田高含 H_2S 环境伴生气管道腐蚀。

参　考　文　献

[1] 顾锡奎，何鹏，陈思锭．高含硫长距离集输管道腐蚀监测技术研究[J]．石油与天然气，2019，48(1)：68-73.

[2] 马能平．影响石油长输管道二氧化碳腐蚀的因素分析与控制措施[J]．化学工程与装备．2010(02)

[3] 李彪．二氧化碳对油气田设备的腐蚀与防护研究[J]．科技经济导刊，2017(27)：113.

[4] 张学元，邸超，陈卓元，LN209井油管沉积物下方腐蚀行为[J]．腐蚀科学与防护术，1999，11(5)：280-283.

[5] 王颖，黄启玉，邓心茹，徐永峰．阿尔油田集输系统结垢机理与防治措施研究[J]．石油天然气工业，2017，2：54-59.

[6] 顾锡奎，杨辉，张楠革．川中含硫区块回注井油套管腐蚀及缓蚀剂防护[J]，石油与天然气化工，2020，49(4)：69-72.

[7] 何俊，赵宗泽，李跃华，等．物理方法除垢阻垢技术的研究现状及进展[J]．工业水处理，2010，30(9)：5-9.

[8] 徐云泽，黄一，盈亮，等．管线钢在沉积物下的腐蚀行为及有机膦缓蚀剂的作用效果[J]．金属学报，2016，52(3)：320-330.

[9] 李海燕，焦英芹，高洁．油田生产中缓蚀剂防腐技术研究及应用[J]．石油化工应用，2009，28(6)：53-56.

[10] 康俊鹏，张振涛．输气管道清管工艺及周期的确定[J]．工业加热，2020，49(06)：41-43.

[11] YILMAZ N，FITOZ A，ERGUN Ü，et al. A combined electrochemical and theoretical study into the effect of 2-((thiazole-2-ylimino)methyl)phenol as a corrosion inhibitor for mild steel in a highly acidic environment [J]，Corrosion Science，2016，111：110-120

[12] WANG Y，HU J，ZHANG L，et al. Electrochemical and thermodynamic properties of 1-phenyl-3-(phenylamino)propan-1-one with Na_2WO_4 on N80 Steel，Royal Society Open Science，2020，7：191692.

[13] ZHANG C，ASL V Z，LU Y，et al. Investigation of the corrosion inhibition performances of various inhibitors for carbon steel in CO_2 and CO_2/H_2S environments. 2020，55(7)：531-538.

[14] ZHU J Y，XU L N，LU M X. Electrochemical impedance spectroscopy study of the corrosion of 3Cr pipeline steel in simulated CO_2 saturated oilfield formation waters[J]. Corrosion，2015，71(7)：854-864.

[15] 吕艳丽，王艳秋，周丽，汪琦，金辉，李晓，邻菲罗啉及其衍生物在1mol/L盐酸中的缓蚀性能研究[J]，表面技术，2018，47(10)：51-58.

[16] SIHAM E A，KARROUCHI K，BERISHA A，et al. New pyrazole derivatives as effective corrosion inhibitors on steel-electrolyte interface in 1 M HCl：Electrochemical，surface morphological (SEM) and computational analysis. 2020，604. [17] PAUL P K，YADAV M，Investigation on corrosion inhibition and adsorption mechanism of triazine-thiourea derivatives at mild steel/HCl solution interface：Electrochemical，XPS，DFT and Monte Carlo simulation approach，J. Electroanal. Chem.，877 (2020) 114599.

[18] AYAGOU M D D，TRAN T M，TRIBOLLET B，et al. Electrochemical impedance spectroscopy of iron corrosion in H_2S solutions，Electrochem. Acta. 282 (2018) 775-783.

[19] EMORI W，ZHANG R H，OKAFOR P C，et al. Adsorption and corrosion inhibition performance of multi-phytoconstituents from Dioscorea septemloba on carbon steel in acidic media：Characterization，experimental and theoretical studies，Colloid. Surfaces A 590 (2020) 124534.

[20] MUSA A Y，KADHUM A A H，MOHAMAD A B，et al. Adsorption isotherm mechanism of amino organic compounds as mild steel corrosion inhibitors by electrochemical measurement method，J. Cent. South Univ. Technol. 17 (2010) 34-39.

[21] YE Y，ZHANG D，LI J，et al. One-step synthesis of superhydrophobic polyhedral oligomeric silsesquioxane-graphene oxide and its application in anti-corrosion and anti-wear fields，Corros. Sci. 147 (2019) 9-21.

西北油田腐蚀穿孔统计分析及防治对策研究

李　芳　曾文广　张江江　刘青山　郭玉洁

（中石化西北油田分公司石油工程技术研究院）

摘　要　塔河油田介质腐蚀性强，地面集输系统腐蚀风险高，近年来通过技术创新、工艺创新、方案优化等途径，合理选用多种腐蚀防治措施，腐蚀穿孔数持续下降，为油田现场安全生产与环保工作做出了积极贡献。本论文对塔河油田地面集输系统近5年的腐蚀穿孔数进行了统计分析，总结金属管道腐蚀规律特征，调查内腐蚀主要原因，并提出加注缓蚀剂、除氧剂、PE内穿插修复、风送挤涂修复等针对性防治技术对策。

关键词　腐蚀穿孔；H_2S腐蚀；氧腐蚀；缓蚀剂；修复工艺

1　前言

塔河油田产出液具有高含H_2S(0.013%~7.8%)、高含CO_2(3%~6%)、高含Cl^-(12%~17×10^4mg/L)、高含水(60%~85%)、低pH值的特点，介质腐蚀性强、腐蚀风险高。金属管道腐蚀穿孔不仅给油气正常的安全生产造成影响，还会造成巨大的经济损失。从近几年对塔河油田地面集输系统腐蚀穿孔跟踪与统计分析来看，85%以上的穿孔为管道底部5点~7点部位的局部点腐蚀，均匀腐蚀并不明显。塔河油田原油粘度高，存在局部沉积现象，含水高时易发生油水分离，存在油、气、水段塞流及局部积水现象，因此造成管道内腐蚀环境不均，形成点腐蚀；另外塔河油田产出介质复杂，形成局部垢下腐蚀及闭塞电池腐蚀环境，促进点腐蚀快速发生。点腐蚀问题已成为了制约塔河油田集输系统安全运行的主要问题。

2　腐蚀穿孔调查统计

2.1　现状调查

塔河油田地面集输系统近5年腐蚀穿孔数持续下降，由2012年的1481次下降到2016年的672次，降幅54.6%。日均腐蚀穿孔数由2012年的4.1次/日，降低到2016年的1.8次/日，降低了56.1%。此外，2017年上半年腐蚀穿孔较2016年同期下降23.9%(见表1和图1)。

表2-1　近5年塔河油田地面集输系统腐蚀穿孔统计

项目内容	2015年	2016年	2017年	2018年	2019年	2020年上半年
腐蚀穿孔/次	1481	1302	1031	866	672	280
腐蚀穿孔降幅/%	-22.9	12.1	20.8	16.0	22.4	23.9
日均腐蚀穿孔/(次/日)	4.1	3.6	2.8	2.4	1.8	1.5

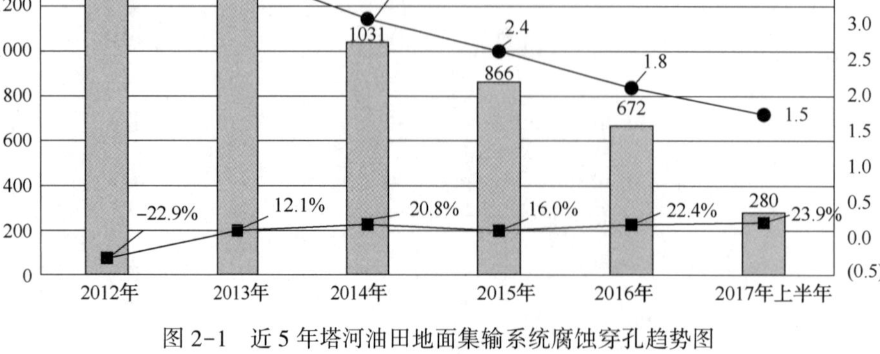

图2-1　近5年塔河油田地面集输系统腐蚀穿孔趋势图

近5年单井管道、集输管道、站内管道和污水管道均呈现不同程度的下降趋势，其中单井管道2012年445次，2016年270次，降幅39.3%；集输管道2012年343次，2016年62次，降幅81.9%；油气站内管道2012年296次，2016年207次，降幅30.1%；污水/注水管道2012年397次，2016年133次，降幅66.5%(图2和表2)。

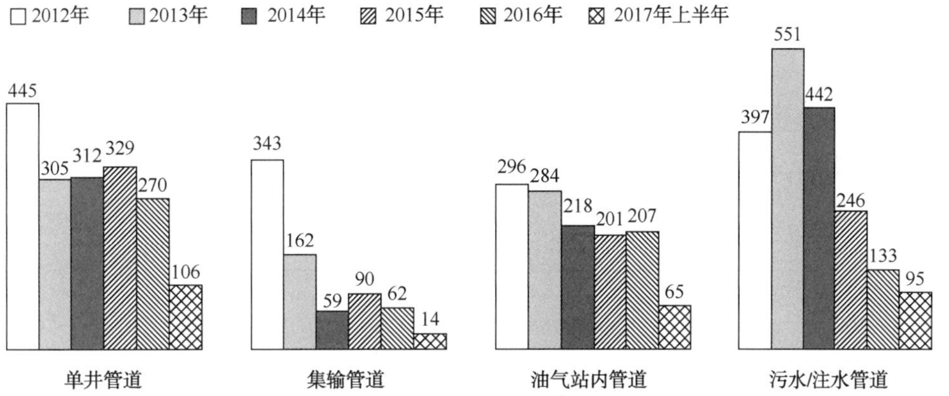

图2 近5年塔河油田各类管道腐蚀穿孔统计图

表2-2 近5年塔河油田各类管道腐蚀穿孔统计

系统＼年份	2015年	2016年	2017年	2018年	2019年	2020年上半年	合计
单井管道/次	445	305	312	329	270	106	1767
集输管道/次	343	162	59	90	62	14	730
油气站内管道/次	296	284	218	201	207	65	1271
污水/注水管道/次	397	551	442	246	133	95	1864
合计/次	1481	1302	1031	866	672	280	5632

统计发现，虽然集输管道、站内管道和污水管道在历年的腐蚀穿孔占比中均呈下降趋势，但是单井管道穿孔所占比例却在逐年上升，2013年占比23.4%，2017年已经占比41.6%，所以单井管道腐蚀形势不容乐观(表3和图3)。

表2-3 近5年塔河油田各类管道腐蚀穿孔占比统计

系统	2015年	2016年	2017年	2018年	2019年	2020年上半年
单井管道/%	30.0	23.4	30.3	38.0	40.2	41.6
集输管道/%	23.2	12.4	5.7	10.4	9.2	5.5
油气站内管道/%	20.0	21.8	21.1	23.2	30.8	25.5
污水/注水管道/%	26.8	42.3	42.9	28.4	19.8	37.3

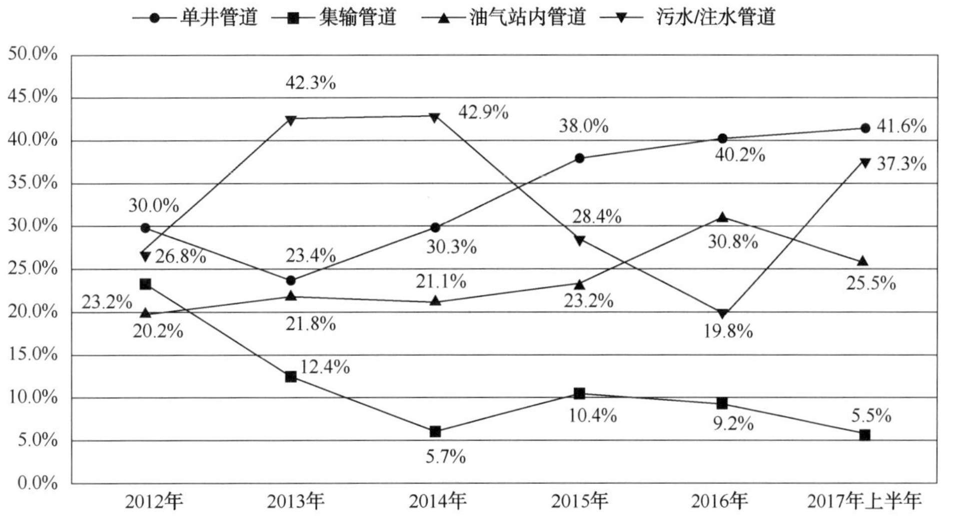

图3 近5年塔河油田各类管道腐蚀穿孔占比统计图

2.2 规律特征

在塔河油田 $H_2S-CO_2-H_2O-Cl^--O_2$ 复杂腐蚀环境体系下，金属管道腐蚀形貌以点孔洞为主，主要集中于高含水、服役时间久、运行负荷偏低的管道、多发于管道底部、焊缝、高程差变化等部位。

（1）腐蚀穿孔多发于管道内壁底部

对穿孔管道开挖后壁厚检测结果显示，管段底部的减薄率为 73%，管道减薄部位由于局部力学性能和承压能力降低，在油气生产运输过程中最终成为腐蚀穿孔点，表现出穿孔多发于管道内壁底部(表 4)。

表 2-4　金属管道开挖壁厚检测结果

部位	管段底部	管段左侧	管段顶部	管段右侧	顺时针测壁厚
编号	(1)	(2)	(3)	(4)	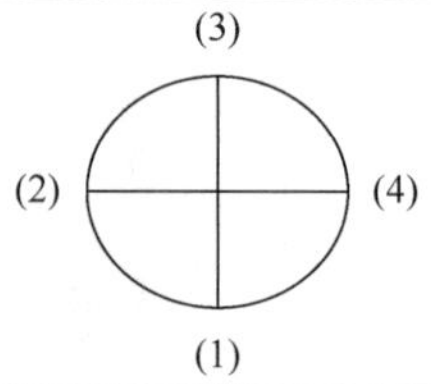
壁厚/mm	1.9	6.9	7.0	7.0	

从断开的失效管段看，均匀腐蚀减薄并不严重，管壁内局部点腐蚀是造成管道腐蚀穿孔的主要原因，从穿孔的形状看，呈现圆形或椭圆形，外小内大、呈外八字形，说明腐蚀是从内向外开始的，且主要集中于管道中下部，以底部最多，如图 4 所示。

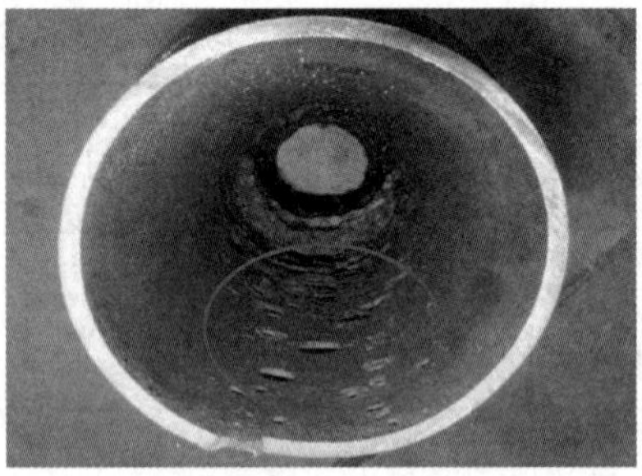

图 4　金属管道局部点腐蚀穿孔照片

（2）腐蚀穿孔多发于高含水且服役时间长的管道

含水高且服役时间长的老区集输管道占腐蚀穿孔集输管道腐蚀总数 60.7%，表现出多发于高含水且服役时间长的管道规律特征(表 5)。

（3）腐蚀穿孔多发于流态流速变化大的管道

随着开发历程的延深，油井产能下降，管道负荷低于设计输送能力，管道内流体在较低流速，油水密度差大，管道输送距离长，促进了油水分离分层，加剧了腐蚀。10 区、11 区和 S72 区都属于流速低引起的腐蚀穿孔，流速低于 0.8m/s 管道腐蚀穿孔占总数的 93.5%(表 6)。

表 5　输送不同含水介质管道的腐蚀穿孔统计

含水率/%	2015 年/次	2016 年/次	2017 年/次	2018 年/次	2019 年/次	总计/次	百分比/%
<30%	1293	1011	929	799	643	4675	100.0
30%~60%	134	185	56	45	23	443	9.5
>60%	54	106	46	22	6	234	5.0
总计	1481	1302	1031	866	672	5352	/

表 6　不同流速下腐蚀穿孔情况统计表

流速/(m/s)	2015 年/次	2016 年/次	2017 年/次	2018 年/次	2019 年/次	合计/次	占总穿孔比/%
<0.8	123	120	129	90	43	505	10.2
0.8~2	233	335	258	360	223	1409	28.4
>2	1125	847	644	416	406	3438	69.2
总计(次)	1481	1302	1031	866	672	5352	/

(4) 腐蚀穿孔多发于高程变化管段

通过对腐蚀穿孔次数严重的 11-1 站原油外输管道、S72 站原油外输管道、9-2 站原油外输管道的高程差现场检测，发现管道在高程差变化低洼处及爬坡处腐蚀集中多发，统计数据表明占腐蚀总数的 81.3%(图 5)。

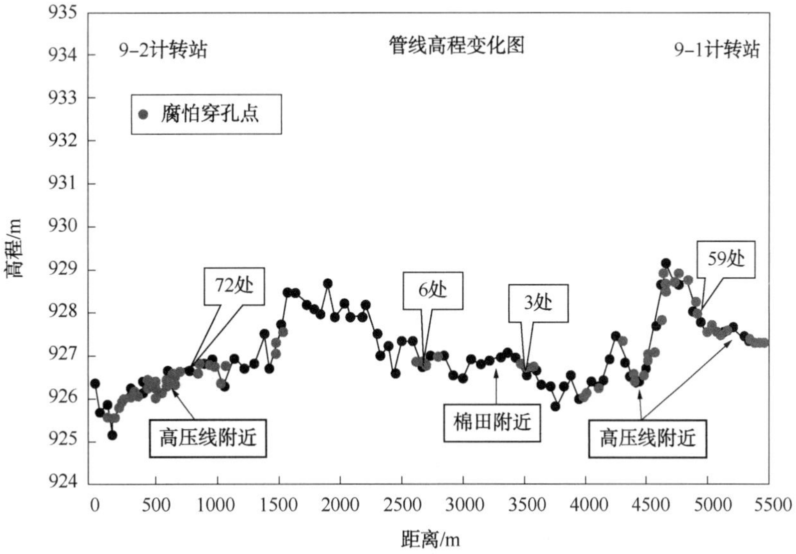

图 5 9-2 站原油外输腐蚀穿孔随高程变化分布情况

(5) 腐蚀穿孔多发于管网中下游的不同区块介质汇合段

管道树状连接或串联连接是地面集输最为经济的建设方式，但是在插入点介质流速的影响，导致发生“湍流腐蚀”、“空泡腐蚀”使管材的腐蚀破坏增加。西达里亚集输干线管网共腐蚀 223 处，处于该管网中下游的原油外输管道腐蚀 138 处，占整个管网腐蚀的 62%。

3 腐蚀穿孔原因分析

(1) 含水率

随着开采历程的深入，采出液含水率不断上升，部分区块进入高含水期，当采出液含水率超过乳状液转向点后，采出液由原来的油包水(W/O)型乳状液逐渐变为水包油(O/W)型乳状液。在含水率低于转向点时，油与水能形成稳定的油包水型乳状液，即使伴生气中含有的 CO_2、H_2S，因为管道接触的是油相、腐蚀很轻微，当含水率高于转向点时，出现游离水，当含水继续升高时，游离水的量可形成水垫，即管道底部为水，中部为油包水，上部为伴生气，管道的底部直接接触水，油相对金属的保护作用减弱，水润湿钢铁表面，对管壁造成腐蚀。

(2) CO_2和 H_2S 共存

CO_2/H_2S 的分压比决定 CO_2和 H_2S 共存条件下的腐蚀状态，研究认为 CO_2/H_2S 的分压比可分为三个区，$P_{CO_2}/P_{H_2S}<20$，H_2S 控制腐蚀过程，腐蚀产物主要为 FeS；$20<P_{CO_2}/P_{H_2S}<500$，CO_2/H_2S 混合交替控制，腐蚀产物包括 FeS 和 $FeCO_3$；$P_{CO_2}/P_{H_2S}>500$，CO_2控制腐蚀过程，腐蚀产物主要是 $FeCO_3$。由于腐蚀介质含量差异，运行工况压力、温度不同，塔河油田各区块腐蚀类型主控因素也不同。

(3) 氯离子

由于 Cl^-半径较小，极性强，易穿透保护膜，在腐蚀产物膜未覆盖的区域，Cl^-催化机制使得阳极活化溶解，即有：

$$Fe+Cl^-+H_2O \longrightarrow [FeCl(OH)]^-_{ads}+e+H^+$$

$$[FeCl(OH)]^-_{ads} \longrightarrow FeClOH+e$$

$$FeClOH+H^+ \longrightarrow Fe^{2+}+Cl^-+H_2O$$

塔河油气田采出水 Cl^-含量高，在 12×10^4～17×10^4 mg/L 之间，使得催化作用增大，阳极活化溶解缩率也增大，一方面在于对腐蚀产物膜的破坏，增大了活性区域面积；另一方面则会加速区域阳极溶解，降低腐蚀过程中钝化的可能性。即在大范围腐蚀产物膜未破坏区域和小范围活性区域之间形成大阴极、小阳极的“钝化-活化腐蚀电池”，使腐蚀向基体纵深发展而形成蚀孔。

(4) pH 值

塔河油田采出水水质 pH 变化不大，基本稳定在5.2~6.0之间。在低pH值条件下，CO_2溶解于水生成的HCO_{3^-}作为阴极去极化剂促进电化学腐蚀发生。

（5）流速

塔河油田地面集输系统腐蚀穿孔92.8%的腐蚀发生在介质流速低于0.8m/s的条件下，特别是塔河老区的集输管道含水率超过60%，油水密度差大，管道输送距离长、输送流速<0.8m/s；在低流速下，高程变化水平和稍微倾斜的管流中，由于重力作用，相态趋于分层，水层在底部或低洼处积聚，形成$H_2O-CO_2-H_2S-Cl^-$腐蚀环境，引起管道底部、管道下游端、管道低洼处、管道爬坡处腐蚀非常严重。

（6）溶解氧

油田开发中后期产量递减，针对单井控制的定容体，在衰竭时开采到一定阶段能量不足后，需要通过注水替油补充能量进行油水置换，达到恢复产能的目的。由于地面工艺流程不完善，采用开式流程注水替油、间歇注采、盐水扫线的生产方式，导致O_2介入，O_2是腐蚀剂，加快了腐蚀进程。

4　腐蚀穿孔防治对策

4.1　腐蚀穿孔预防

（1）耐蚀管材

通过选用耐蚀性优、经济性好的耐蚀钢种管材，以及耐蚀性好的非金属管材降低腐蚀速率，从源头提高集输管道抗腐蚀能力。改善苛刻环境下集输管道腐蚀穿孔问题，控制集输管道腐蚀速率，减缓腐蚀。

（2）防腐内涂层

为避免金属管道腐蚀穿孔，塔河油田先后应用了无溶剂环氧涂层、环氧黑陶瓷涂层、环氧白陶瓷涂层等内涂层管道共计521.7km，有效的降低了金属管道的腐蚀穿孔速率。

（3）加注缓蚀剂

缓蚀剂在无氧环境下具有一定的腐蚀抑制作用，利用静态挂片法评价现用缓蚀剂使用效果，实验结果表明：缓蚀剂可以抑制由CO_2和H_2S引起的均匀腐蚀，缓蚀率可达79.9%。此外，缓蚀剂的使用效果受到介质流速、管道敷设地势、缓蚀剂雾化程度的影响，所以对被保护管段进行缓蚀剂预膜处理，可以达到充分保护管道的目的。

（4）加注“除氧剂+缓蚀剂”

单井注水、盐水扫线等作业过程中存在溶解氧腐蚀，“缓蚀剂+除氧剂”可有效抑制氧腐蚀。利用静态挂片法评价缓蚀剂与除氧剂组合对腐蚀控制的效果，实验结果表明：缓蚀剂与除氧剂共同加注，腐蚀速率降低大幅降低，缓蚀率可达73.4%。

4.2　腐蚀穿孔治理

（1）内穿插修复

内穿插技术利用了非金属材料良好的化学稳定性和耐腐蚀性能，将高密度聚乙烯管内穿插在原在线金属管道中，形成非金属内衬和原金属管道包裹的一种“管中管”的复合结构。具有修复速度快，一次性修复距离长、全线焊接，无法兰、整体性能好、质量可靠、成本低、寿命长等优点，可在穿孔孔径≤4×4cm钢骨架存在且修复后承压级别不变的腐蚀管道上应用，是目前管道内腐蚀修复的成熟技术之一。塔河油田应用内穿插技术修复管道共计523km，目前应用效果良好。

（2）涂层风送挤涂修复

涂层风送挤涂技术通过挤涂球和封堵球携带涂料，在空压机的推动下，在管道内壁形成聚合物水泥砂浆加强层+无溶剂环氧涂料过渡层+溶剂环氧涂料防腐层的三层连续均匀的涂层复合结构，三者复合后整体厚度达到3~4mm，形成具有防腐性能优良、力学性能加强的复合衬(层)里结构，能够对管道内部坑蚀、穿孔点进行修复，阻止输送介质中的腐蚀性物质对钢管的侵蚀。可在穿孔孔径≤1×1cm钢骨架存在且修复后承压级别降低的腐蚀管道上应用。塔河油田应用涂层风送挤涂技术修复管道共计227km，目前应用效果良好。

5　结论与认识

（1）塔河油田地面集输管道近5年腐蚀穿孔数持续下降，但是单井管道穿孔所占比例却在逐年上升，腐蚀形势依然严峻。

（2）在塔河油田$H_2S-CO_2-H_2O-Cl^--O_2$复杂腐蚀环境体系下，金属管道腐蚀形貌以点孔洞为主，主要集中于高含水、服役时间久、运行负荷偏低的管道、多发于管道底部、焊缝、高程差变化等部位。

（3）通过选用耐蚀管材、防腐涂层提高金属管道抗腐蚀能力，通过加注缓蚀剂、除氧剂控制金属管道腐蚀穿孔速率，通过内穿插和涂层风送挤涂修复技术治理高风险管道腐蚀问题，为塔河油田安全生产与优质高效发展做出了积极贡献。

参 考 文 献

[1] 张江江，刘冀宁，高秋英，等．湿相 CO_2 环境管道内沉积物及对腐蚀影响的定量化研究[J]．科技导报，2014，32(32)：67-71.

[2] 张江江．塔河油田注气井管道腐蚀特征及规律[J]．科技导报，2014，32(31)：65-70.

[3] 高秋英，等．20#碳钢管道内沉积物对腐蚀行为的影响[J]．科技导报，2014，32(24)：35-39.

[4] 肖雯雯，孙海礁，张志宏．塔河油田稠油区单井管线点腐蚀影响因素分析与控制技术研究[J]．全面腐蚀控制，2013，27(6)：55-58.

[5] 朱原原，等．复杂腐蚀环境下 HT-PO 管道修复技术的应用[J]．油气储运，2013，32(12)：1355-1357.

[6] 羊东明，等．内穿插修复技术在塔河油田的应用[J]．腐蚀与防护，2014，35(4)：383-385.

海底油气管道完整性管理技术研究

张传隆　魏玉庆　颜芳蕤　白根华　王保民

（中国石油冀东油田公司）

摘　要　完整性管理技术是油气管道管理的重要内容，随着近几年不断的探索和完善，油气管道完整性管理的科学理论体系愈加成熟。海底油气管道作为油气管道中的一个分类，由于其独特的地理位置、施工工艺以及可能造成巨大的生态环境污染等安全隐患，更加引起人们的重视。本文是结合油气管道完整性管理理念，提出了海底油气管道完整性管理体系建设内容，从腐蚀监测技术、风险评价技术、检测技术以及维抢修技术四个关键技术进行了详细的概述，不断完善完整性管理方法，最大程度上保障海底油气管道安全平稳运行。

关键词　海底油气管道；完整性；腐蚀监测；风险评价；维修维护

近年来，随着我国油气管道建设的不断发展，已经逐步形成了一套完整的完整性管理体系。海底油气管道作为油气管道中的一个分类，通常埋设于海床面以下或者平铺在海床面上，由于其独特的地理环境、施工工艺以及可能造成巨大的生态环境污染等安全隐患，海底油气管道完整性管理技术显得尤为重要，更加引起人们的重视。

1　海底油气管道完整性管理

海底油气管道完整性管理是通过对海底油气管道进行数据采集，通过风险识别和评价后，采取风险减缓措施将风险控制在可接受的范围内，预防和减少泄漏事故的发生。贯穿于建设期、运行期以及停用期技术方案的优化和决策过程中，完整性管理关键技术主要包括腐蚀监测技术、风险评价技术、检测技术以及维护维修技术。

2　腐蚀监测技术

海底油气管道的失效事故中腐蚀损伤占了相当大的比重，若不及时整改，将会逐步扩大，加剧腐蚀，直至发生泄漏，造成海底油气管道失效，因此腐蚀监测与控制显得尤为重要。

2.1　腐蚀监测

目前腐蚀监测技术主要分为两类，一种是介质腐蚀监测技术，通常采用挂片或者探针监测；一种是管材剩余壁厚监测技术，搭载超声波在线测量进行管道壁厚监测。

腐蚀挂片监测技术原理是在管道内部安置一块与管道本体相同材质的挂片，通过一定时间剩余挂片质量与原挂片的质量差来计算腐蚀速率，掌握介质平均腐蚀性能变化情况。腐蚀挂片监测技术适用性较强，有效性和准确性较高，对环境因素要求较低，平常取、放操作简单，方便快捷（图1）。

图1　腐蚀挂片监测

在线超声测厚腐蚀监测技术原理是在海底油气管道陆岸端最易腐蚀点处搭载超声波测厚系统来实现在线监测，通过数据远传定期获得剩余壁厚数据报告。可以不受介质、压力、材质、温度的影响，能够对高危部位测厚，直接卡箍式安装，运行稳定，准确监测设备及管道的剩余壁厚，真实反映监测部位的腐蚀变化趋势(图2)。

图2　实时壁厚监测系统

2.2　腐蚀分析

以内腐蚀介质及服役工况典型的管线、管件为切入点，通过现场调研及资料调研，同时对典型部位进现场取样，开展室内检测分析，包括腐蚀电化学测试、金相组织测试、硬度测试等，明确腐蚀原因及影响因素，提出对应预防措施，达到腐蚀管控目的。

开展介质分析，对海底油气管道内的油样、天然气组分、水性进行化验，分析组合成分对运行管道的腐蚀情况。原油中含有的为硫离子、氯离子以及细菌微生物能够对海底油气管道造成腐蚀作用，同时会产生如 H_2S 等腐蚀物质，造成管线穿孔，引发环境污染，因此要定期对介质进行化验分析，从而对下一步缓解腐蚀提供应对措施，降低管道失效风险。

3　风险评价技术

海底油气管道风险评价主要是对管道泄漏事故频率、泄漏后果进行分析评价。通过对海底油气管道事故发生后对人员伤亡、环境污染、停产损失、维修成本、声誉影响和清污成本的风险进行计算并整合计算结果，得出该管道的整体风险结果，分析关键风险因素，使分析人员更容易发现管道状态条件变化后可能带来的风险变化。

3.1　海管分段

对于长距离的海底油气管道，根据水深值、起始端、登陆端等因素可将海底油气管道划分为多段，一般情况下，海底油气管道可以划分为5段，如图3所示，也可根据管道长度或其他特殊的因素，适当减少或增加中间段。对每个管段进行单独的风险评价，可以细化每段管道风险，更加准确评价海底油气管道整体风险水平。

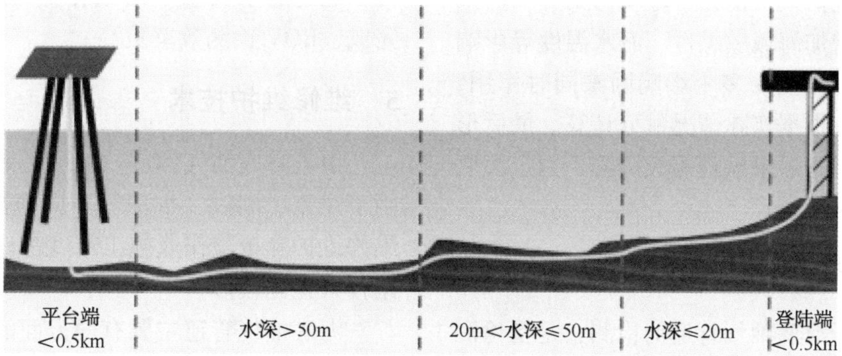

图3　海底油气管道分段示意图

3.2 风险评价

根据划分管段的基本信息和现况，对海底油气管道所可能引发的潜在泄漏原因进行识别，大致可以分成6类：1)腐蚀、侵蚀；2)设计、制造和安装；3)第三方破坏；4)运行与操作；5)自然灾害；6)结构与强度。对每一类泄漏原因细化分解，确定各自所属的泄漏影响因素的权重值和判断项系数，通过综合海底油气管道实际运行各项参数信息，计算泄漏频率，在海底管道风险评价中增加海底管道独有的个性考虑，增加海域、抛锚区、航道影响等影响因素，见表1。

表1　泄漏影响因素各项取值–第三方破坏(部分)

影响因素	判断项
海域	滩海
	人工岛
	渤海
	其他海域
工程作业活动	<10年一次
	1-10年一次
	≥1年一次
采砂区	否
	是
渔区	不在渔区附近
	渔区及附近，按设计要求埋深
	渔区及附近，埋深不够
	渔区及附近，没有埋深
抛锚区	不在锚区附近
	锚区及附近，按设计要求埋深
	锚区及附近，埋深不够
	锚区及附近，没有埋深

管道事故发生后，根据不同的事故后果划分为后果维度，包括人员伤亡、环境污染等，后果指数影响因素增加海域敏感性、海水温度等影响因素。每个后果维度受多个影响因素同时作用，建立计算模型，根据实际情况赋分计算。最后形成泄漏频率和泄漏后果风险等级矩阵，判定海底油气管道平均风险。

4　检测评价技术

目前，对于海底油气管道的检测，是指检测海底油气管道的缺陷、腐蚀、外防护系统状态、埋深等，根据检测环境可分为海底油气管道内检测和海底油气管道外检测。

4.1 内检测技术

海底油气管道内检测技术主要检测管道腐蚀大小、几何变形等，目前主要通过收发球筒发送漏磁检测器、超声波检测器、电磁超声检测器来实现管道内检测。

漏磁内检测技术通常是周向均匀布置永磁铁，对管道管壁进行饱和磁化，当管壁没有缺陷时，磁力线被约束在管壁之内；当管壁存在缺陷时，管壁磁力线穿出管壁产生漏磁。利用传感器采集漏磁信号，达到检测目的。该方法检测速度快，检测技术最为成熟，检测结果可靠，检测经济性高，目前应用广泛。

超声内检测与漏磁内检测一样，管道内壁均布超声检测探头，有超声探头发射一定角度或垂直的超声波，超声波遇到缺陷和裂纹返回至探头。超声波检测对管道内壁的清洁度要求很高，且需要耦合，适用于液体管道，对气线管道的耦合需要形成一段耦合柱，检测成本较高。

几何变形内检测采用机械臂接触管道内壁，管道内壁发生变化，使机械臂发生角度和位移变化，再利用电磁技术转换为电信号，记录和保存该信号，通过数据分析和量化，可检测直管段、弯头、斜接及焊缝等处的变形程度及其位置。

4.2 外检测技术

海底油气管道外检测一般分为两类，一类是空间位置探测，主要是利用单波束、多波束测深技术测量周围水深地形情况，侧扫声呐技术可以获得海底油气管道附近的地形地貌特征，海底管线仪可以探测海底油气管道的走向和埋深情况。另一类是海底油气管道本体状况检测，如外防护层状态、管道腐蚀、损伤状况等，包括水下目视检测、非接触式磁应力检测、电位检测等技术，可以通过潜水员水下潜水作业检测或搭载ROV完成，ROV检测效率更高。

5　维修维护技术

由于海底油气管道一般位于海床面以下，受困于洋流、潮汐、水深等不同海况的多重影响，维修维护和抢险作业施工难度都比较大，工程费用投入也比较多。

海底油气管道主要有两方面的安全隐患，裸露悬空隐患和本体腐蚀隐患，这两种隐患目前是海底油气管道的主要风险因素。对于裸露、悬空的海底油气管道不仅受到自身应力的问题，更会加大第三方破坏带来的后果和概率，王海涛对海管悬空治理提出了水下桩的治理方案，施工精度要求相对不高，容易实施。詹燕红提出了超标水泥灌装袋技术悬空治理法；李俊提出了局部抛石治理海管悬空的方法，适合短距离、集中的悬空裸露段；王法永、熊海荣提出了人工仿生草固沙促淤的治理方法，对水深地形有一定要求，无法立即达到治理效果，需要经过一段时间的泥沙回淤作用；刘秉德提出了二次挖沟治理技术，适合长距离的悬空管道治理段；以上施工治理技术可以根据投资费用、地形地貌、水深等因素选择最佳的治理手段。对于管道本体腐蚀和变形的隐患，项卫东根据不同的类型给出了不同的维修手段，针对穿孔渗漏问题，详细介绍了空气潜水永久性外卡维修法；针对凹坑、变形问题，提出了空气潜水不停输机械式三通维修法；针对裂纹泄漏、撕断问题，介绍了空气潜水机械连接器维修法。

通过加强海底油气管道日常维护，也能够提高海底油气管道的使用寿命，减缓腐蚀速率。定期清管、选择合适的缓蚀剂、调整集输压力、温度和流速都能够减缓垢腐蚀影响，提升海底油气管道运行能力。

6 结束语

随着国内管道完整性技术的不断更新和完善，海底油气管道的完整性管理愈加趋向成熟，从数据监测、风险评价、检测评价以及维修维护方面选择最佳技术方法，全方面覆盖海底油气管道全生命周期管理，通过完整性管理进一步保障海底油气管道平稳运行，最大程度上保障海上石油的安全生产。

参 考 文 献

[1] 汤林，付勇．油气田管道完整性管理研究与实践[J]．油气田地面工程，2018，37(12)：1-5.

[2] 王丹丹，张西迎，崔矿庆等．基于腐蚀挂片数据的海底管道剩余寿命估算[J]．广东化工，2015，42(06)：68-69.

[3] 原文娟．基于屏障的在役海底管道量化风险评价技术研究[D]．中国地质大学(北京)，博士论文，2014.

[4] 孙长保．海底油气管道检测最新技术及发展方向[J]．中国石油和化工标准与质量，2018，38(14)：43-44.

[5] 王若影，李禄祥．油气管道高精度无损内检测技术[J]．中国安全生产，2016，11(10)：52-53.

[6] 王丹丹，崔矿庆，詹燕红．PL19-3 海底油气管道漏磁内检测数据评估[J]．船海工程，2016，45(05)：11-15.

[7] 王智晓．内检测技术在油田海底油气管道完整性管理上的应用[J]．安全、健康和环境，2018，18(01)：18-20.

[8] 陆唯一．海底管道检测超声探头及探头阵列的设计[D]，上海交通大学，硕士论文，2007.

[9] DOUBOV A A. Express method of quality control of a spotresistance welding with usage of metal magnetic memory[J]. Welding in che World，2002，46(6)：17-320.

[10] 秦磊，余勇，俞金林等．ROV 在海底油气管道铺设施工中的应用[J]．化工管理，2015(08)：108-109+111.

[11] 孙长保，邹定杰．基于 ROV 的深水管道外检测技术[J]．石油工程建设，2019，45(02)：1-5.

[12] 张晓，龚元龙，林晓等．ROV 在水下液飞线安装中的应用[J]．中国水运(下半月)，2018，18(10)：225-226.

[13] 王海涛，王继忠，熊炜．埕岛油田海底输油管线悬空治理技术措施[J]．安全、健康和环境，2004，(08)：7-10.

[14] 詹燕红，王玉．基于灌装袋技术在海底悬空治理中研究与应用[J]．化学工程与装备，2018，(11)：100-101.

[15] 李俊，叶永彪，周健伟等．局部抛石法治理海管悬空试验与实践[J]．油气储运，2020，39(11)：1316-1320.

[16] 王法永，张旭，邢彩娟等．仿生草在南堡油田海底油气管道防护中的应用及效果[J]．石油工程建设，2017，43(01)：28-30.

[17] 熊海荣，雷震名，苑健康等．适用于海管防冲刷治理的人工草固沙促淤实验研究[J]．石化技术，2018，25(01)：200.

[18] 刘秉德．海底悬空管道二次挖沟治理研究[D]．中国石油大学(华东)，硕士论文，2015.

[19] 项卫东，肖扬，潘涵等．浅海区域海底输气管道应急抢修技术研究．中国燃气运营与安全研讨会(第十届)暨中国土木工程学会燃气分会 2019 年学术年会，2019. 8.

ECDA（外腐蚀直接评价）技术适用性研究

张　正　邓丽媛　罗小武　邵克拉

（新疆油田油气储运分公司）

摘　要　外腐蚀直接评价（ECDA）是对管道外腐蚀状况进行科学检测和评价的主要方法。本文介绍了北方 ECDA 主要检测技术的应用情况，指出在北方特殊地理环境条件下应用存在的问题以及在数据判读中注意的要点。

关键词　ECDA 技术；存在问题；检测与评价要点

外腐蚀直接评价（简称 ECDA）是评价外腐蚀对管道完整性影响的一种方法。ECDA 按照一个规范化程序，通过外检测手段获取管道外腐蚀及防腐系统的现状信息，并结合开挖检查结果和管道相关资料的收集和分析，对管道外防腐系统提供一个系统而全面的评价。

长输管道外检测主要针对管道外防腐层、阴极保护系统、干扰防护、管体相关附属设施、管道周边环境等，主要技术手段有：交流电流衰减法（ACAS）、直流电位梯度法（DCVG）、交流电位梯度法（ACVG）、密间隔电位法（CIPS），以及人体电容法，用以检测管道外腐蚀行为和查找外防腐层的缺陷位置。通过系统地分析检测数据，得出高风险区域开挖修复的准确信息。

1　防腐层整体质量检测与数据判读

1.1　检测原理与判别准则

防腐层管道电流测量（PCM）是向管道施加一个混合的低频率电流，便携式接收机通过测量该电流在管道中产生的电磁场，探测到经管道传送的电流，跟踪和采集该电流在管道上各处的强度。电流强度随着距离的增加而衰减，管道防腐层的绝缘性越好，施加在管道上的电流损失越少，如果防腐层损坏、老化、脱离，绝缘性就差，管道上电流损失就越严重，衰减就越大。通过电磁场强度的测量可以确定管道的位置及埋深。

PCM 检测系统主要由：信号激励装置、接收机构成，其检测技术的基本工作原理是通过信号激励装置向被检管道传输多种频率的电流信号，电流随着管道轴向逐渐传播，并随距离的增加不断衰减。手持 PCM 接收机沿着管道行走，获取激励电流沿线的数值，然后根据规范 GBT 19285《埋地钢质管道腐蚀防护工程检验》中埋地钢质管道外防腐层的分级评价指标。分别为防腐层电阻率（Rg 值）、电流衰减率（Y 值）、破损点密度（P 值），确定防腐层等级，评价指标见下表 1、表 2、表 3。

表 1　外防腐层电阻率 Rg 值（$k\Omega \cdot m^2$）分级评价

防腐类型	级别			
	1	2	3	4
3LPE	$R_g \geq 100$	$20 \leq R_g < 100$	$5 \leq R_g < 20$	$R_g < 5$
硬质聚氨酯泡沫防腐保温层和沥青防腐层	$R_g \geq 10$	$5 \leq R_g < 10$	$2 \leq R_g < 5$	$R_g < 2$

表 2　防腐层电流衰减率 Y 值(dB/m)分级评价

外防腐层类型	管径/mm	级别			
		1	2	3	4
3LPE	323	$Y<0.013$	$0.013<Y\leq0.06$	$0.06<Y\leq0.129$	$Y>0.129$
	660	$Y<0.02$	$0.02<Y\leq0.072$	$0.072<Y\leq0.158$	$Y>0.158$
	813	$Y<0.021$	$0.021<Y\leq0.078$	$0.078<Y\leq0.2$	$Y>0.2$
硬质聚氨酯泡沫防腐保温层和沥青防腐层	219	$Y<0.08$	$0.08<Y\leq0.11$	$0.11<Y\leq0.2$	$Y>0.2$
	323	$Y<0.093$	$0.093<Y\leq0.129$	$0.129<Y\leq0.216$	$Y>0.216$
	529	$Y<0.11$	$0.11<Y\leq0.15$	$0.15<Y\leq0.23$	$Y>0.23$
	660	$Y<0.112$	$0.112<Y\leq0.158$	$0.158<Y\leq0.24$	$Y>0.24$
	813	$Y<0.114$	$0.114<Y\leq0.2$	$0.2<Y\leq0.28$	$Y>0.28$
	914	$Y<0.15$	$0.15<Y\leq0.24$	$0.24<Y\leq0.3$	$Y>0.3$

表 3　防腐层破损点密度 P 值(处/100m)分级评价

外防腐层类型	级别			
	1	2	3	4
3LPE	$P\leq0.1$	$0.1<P\leq0.5$	$0.5<P\leq1$	$P\leq1$
硬质聚氨酯泡沫防腐保温层和沥青防腐层	$P\leq0.2$	$0.2<P\leq1$	$1<P\leq2$	$P\leq2$

注：相邻最小距离不超过 2 倍管道中心埋深的两个破损点可当作一处。

1.2　不同的判别准则对结果的影响

在 1#天然气管道与 2#天然气管道采集数据计算多次对比，Y 值判别的结果较 R_g 值判别的结果要轻；另外根据两个检测公司的 1#油线及 2#的检测结果与开挖对比，Y 值判别的结果更接近实际状况。综上所述：电流衰减率 Y 是规范化的通用的计算与判别依据，而 R_g 值虽然规范有明确的计算与判别依据，但实际检测中 R_g 由内置的软件完成，而不同的厂商对 R_g 值的计算方法也不尽相同。如下表 4、表 5

表 4 1　#天然气管道防腐层 R_g 值和 Y 值判别结果对比

X_1/m	X_2/m	管段长/m	Y 值/(mB/M)	R_g 值/(kΩ * m²)	防腐层等级 R_g 值	防腐层等级 Y 值
0	27.5	27.5	0.001	≥300.0	1	1
27.5	67.9	40.4	0.002	44.2	2	1
67.9	118	50.1	0.003	226.2	1	1
118	181.9	64	0.003	≥300.0	1	1
181.9	239.9	58	0.001	≥300.0	1	1
239.9	313.7	73.8	0.002	62.6	2	1
313.7	352.8	39.1	0.001	≥300.0	1	1
352.8	431.8	79	0.004	36.5	2	1
431.8	494.3	62.5	0.005	65	2	1
494.3	579.4	85.1	0.003	≥300.0	1	1
579.4	630.8	51.4	0.001	≥300.0	1	1

续表

X_1/m	X_2/m	管段长/m	Y 值/(mB/M)	R_g 值/(kΩ * m²)	防腐层等级 R_g 值	防腐层等级 Y 值
630.8	706	75.2	0.002	152.4	1	1
706	799.8	93.8	0.000	≥300.0	1	1
799.8	815.4	15.7	0.034	2.7	4	2
815.4	854.8	39.3	0.000	≥300.0	1	1

表 5　2#天然气管道防腐层 R_g 值、Y 值和 P 值判别结果对比

X_1/m	X_2/m	管段长/m	Y 值/(dB/M)	R_g 值/(kΩ * m²)	防腐层等级 R_g 值	防腐层等级 Y 值	防腐层等级 P 值
0	131.4	131.4	0.02788	≤0.1	4	2	1
131.4	381.2	249.8	2.4318	≤0.1	4	4	1
381.2	540.4	159.2	0.007	7.3	2	1	1
540.4	642.5	102.1	0.0034	≥10.0	1	1	1
642.5	738.8	96.2	0.007	8.9	2	1	1
738.8	838.5	99.8	0.065	≤0.1	4	2	1

2　防腐层破损点检测技术对比

2.1　主要检测技术

目前主流的管道防腐层破损点检测原理和方法主要有：人体阻容检测技术、电流梯度检测技术(ACVG)、直流电位梯度技术(DCVG)。

人体阻容检测技术　在管道与垂直于管道20m远处的接地棒之间通一交流信号，然后利用前后相隔一定距离的两个人体电容，把防腐层破损点处漏失电流形成的电位信号感应送到接收机进行滤波放大、处理，再通过音响器件声音报警提示或指针表直接指示出地下管道外防腐层的漏点位置。这种方法的优点是操作简单，准确率和检测工作效率高，能够精确、快速定位防腐层缺陷处位置，适合野外操作，但需沿全线步行检测，易受人为和外界环境影响。这种方法一般可测深度5m以内、10m² 以上的管道防腐层破损面积，定位精度在±0.5m范围以内。

电流梯度检测技术(ACVG)　ACVG基本原理是向管道施加某一特定频率的交流电流信号，如果防腐层破损，信号电流就会从破损处流出，并以破损处为中心形成一个球形电位场，在地面上通过对这个电位场地面投影的电位梯度检测，确定出电位场的中心，从而确定破损处的位置。ACVG检测方法具有检测速度快、定位精确高等优点。

直流电位梯度法(DCVG)　DCVG基本原理是在施加直流电源或有阴极保护的埋地管道上，电流经过土壤介质流入管道防腐层破损而裸露的钢管处时，会在管道防腐层破损处周围形成一个电位梯度场。在接近破损点的部位，由于电流密度增大，因而电位梯度也增大。DCVG检测就是通过检测地面的电位梯度从而判断防腐层缺陷。DCVG检测方法简便、准确、可靠，还可判断管道防腐层破损处是否有腐蚀发生。

2.2　现场应用与判别差别

应用人体阻容检测技术、电流梯度检测技术(ACVG)、直流电位梯度技术(DCVG)，对2#天然气管道进行漏点检测，确定的防腐层漏点并通过开挖验证，对比结果如下表6所示。

表6　2#天然气管道漏点识别结果对比

序号	距离	经度	纬度	高程	ACVG	人体电容法	DCVG
1	38.13	85.09978	45.48059	309.789	1#漏点	1#漏点	1#漏点
2	64.89	85.09953	45.48075	311.656			
3	80.29	85.09942	45.48087	309.091			
4	102.89	85.09921	45.48101	307.934	2#漏点	2#漏点	2#漏点
5	131.43	85.09895	45.48119	309.833			
6	181.94	85.09848	45.4815	308.335	3#漏点	3#漏点	3#漏点
7	193.33	85.09837	45.48157	308.579			
8	204.83	85.09827	45.48165	306.843			
9	271.94	85.09765	45.48207	306.651	4#漏点	无效	4#漏点
10	287.86	85.0975	45.48217	307.087			
11	316.38	85.09723	45.48234	307.172	5#漏点	无效	无效
12	326.06	85.09715	45.4824	307.079			
13	338.53	85.09703	45.48248	306.578			
14	352.47	85.09691	45.48257	306.42			
15	373.03	85.09671	45.4827	307.359			
16	763.55	85.09301	45.48525	308.204	6#漏点	无效	无效
17	777.63	85.09288	45.48534	307.277			
18	785.71	85.09281	45.48539	305.274			

由上表可知：①采用人体电容法检测破损点，速度快，便捷，但机器灵敏度需要不断调整，灵敏度过高时，外界的干扰造成的极小的电位变化都会响应；灵敏度设置过低时，又会造成破损点漏检。在实际检测中，潮湿地段效果良好，沙漠地段因干燥，导电性的变差，效果不好。② DCVG 检测速度较慢，在潮湿地段，DCVG 可以精确定位防腐层破损点，对防腐层破损形状进行判定，在沙漠土壤电阻率高的地段，需给探杖持续浇水，方能精确定位防腐层破损点。③PCM 结合 ACVG 进行沿线电流检测是比较便捷的检测(检漏)手段，根据沿线 PCM 电流的衰减情况，先确定电流突变的点，然后再用 ACVG 判断是否有破损点或搭接的存在，再采用人体电容法或 DCVG 进行校验。

3　结论

多频管中电流法检测即 PCM 是管道腐蚀直接评价(ECDA)中最直接，适用性最好的检测手段，检测与判别的准确与否很大程度上取决于工程技术人员的素质和熟练程序；检测者要对数据有敏锐的判断能力，才能及时发现异常点，再配合 A 字架进行破损点或搭接确认；数据处理者最好是现场检测者；才能对出现的数据异常点与现场因素进行比对分析，剔除不需要的异常数据。

北方地区大部分管道环境为沙漠隔壁土质，密间隔电位 CIPS、DCVG 难以获得理想的检测结果；相对而言，A 字架配合 PCM 检测在北方具有良好的适用性；

GB/T 19285—2014 埋地钢质管道腐蚀防护工程检验是目前防腐层检测与评价的主要规范，其中对 Rg 值有规范的获取方法，但实际操作难以实施，检测厂商一般用设备配套的计算软件以经验计算获得，计算方法与结果也会有差异；电流衰减率 Y 是具有规范性的计算与判别依据；也比较容易计算获得；P 值法判别失真最大，不建议采用。

维修方案编制人员要认真分析检测的第一手原始数据，结合管道历年来的维抢修记录、阴极保护沿线电位数据、恒电位仪输出数据等综合分析，找出管道防护薄弱环节，结合管道本体检测数据，编制维修方案。

参考文献

[1] 王永峰．管道防腐层的检查及分析技术探讨[J]．全面腐蚀控制；2019 年 05 期．

[2] 杜立涛，耿岩，冯季．天然气管道防腐层检测的方法[A]．2016 中国燃气运营与安全研讨会论文集[C]．2016 年．

[3] 李光照，戚灿．长输管道外腐蚀评价标准及技术应用现状[J]．全面腐蚀控制，2019 年 07 期．

[4] 陶雪荣，何仁洋，沈功田．在用埋地管道检测技术现状与发展[A]．第十二届全国压力容器学术会议压力容器先进技术精选集[C]．2020 年．

[5] 董绍华，王联伟，费凡，周永涛，谭春波．油气管道完整性管理体系[J]．油气储运，2010 年 09 期．

[6] 史兴治．中石油西部管道公司站场完整性管理模式研究[D]．兰州大学，2013 年．

[7] 张鹏，闫振宇．研究院完成西气东输管道防腐层检测[N]．石油管道报，2011 年．

管道完整性管理技术发展的研究

吴佳惠　马　骁　丛海龙　张晓帆

(中国石油化工股份有限公司胜利油田分公司东胜精攻石油开发集团股份有限公司)

摘　要　管道运输对我国国民经济起着非常重要的作用，油气管道属于有高度危险性的构筑物，一旦发生事故，将引发严重后果，油气管道的安全问题已经是社会公众、政府和企业关注的焦点。由于管道上的缺陷不可避免，且随着时间的增长，逐步恶化，人为因素、人类活动和自然环境等均对管道产生影响，因此开展管道完整性管理的核心六步，收集和整合数据和信息、进行高后果区识别、开展管道系统风险评价、开展完整性评价、制定管道维抢修措施并实施、进行系统效能评价，保障管道的安全性，延长管道的使用寿命。管道完整性管理是对所有影响管道完整性的因素进行综合的、一体化的管理，并且是一个循环的过程。

关键词　管道完整性；数据库；完整性评价

1　背景及国内外现状

1.1　管道完整性管理背景

管道运输对我国国民经济起着非常重要的作用，被誉为国民经济的动脉。随着国民经济的发展，管道对经济、环境和社会稳定的敏感度越来越高，油气管道属于有高度危险性的构筑物，一旦发生事故，将引发严重后果，油气管道的安全问题已经是社会公众、政府和企业关注的焦点。

历史上的管道事故，推进了管道完整性管理进程。美、欧率先实施管道完整性管理，经过了几十年的实践，已在管理体系、技术基础和法规标准等方面逐步完善，取得丰硕成果，成为保障油气管道安全性的重要举措。

1.2　管道完整性管理国内外现状

1952 年美国天然气管道行业发起成立管道研究会，目的是解决行业问题，并逐步发展成为国际管道研究协会(PRCI)，聚焦于管道完整性和安全性。欧美油气管道安全评价与完整性管理始于 20 世纪 70 年代的美国，至 90 年代初期，美国的许多油气管道都已应用了完整性评价与完整性管理技术来指导管道的维护工作。

美国历史上多次发生的严重油气管道事故，促使政府部门和司法机构不断加强和完善油气管道安全管理的各项措施，一定程度上反映了油气管道安全管理理念的变化及其发展趋势。

自美国于 1968 年颁布了第一个管道安全法律《1968 天然气管道安全法案》以来，为了保证油气管道安全，减轻公众对于油气管道安全的担心，对管道安全法律进行过 10 余次修改完善。

2000 年 8 月 19 日美国新墨西哥州 Carlsbad 天然气管道爆炸事故和 1999 年 6 月 10 日 Olympic 公司成品油管线破裂火灾事故，共同促成美国联邦政府于 2002 年颁布了《管道安全改进法案》。法案要求气体管道运营商在法案颁布之日起 24 个月内，制定并实施完整性管理计划，在 5 年内对风险最高的 50%管道里程进行完整性评估，10 年内完成剩余管道评估，再评估的时间间隔不超过 7 年。基于该法案，美国运输部制定《在高后果区实施管道完整性管理的建议规则》和《在天然气管道后果严重地区进行完整性管理的建议规则》，推进管道高风险区域的完整性评价，促进管道公司建立和完善完整性管理系统，促进政府发挥审核管道完整性管理计划方面的作用，增强公众对管道安全的信心。

我国于 2000 年前后引入完整性管理概念，并在近 10 年来快速发展。中国石化管道储运公司相继完成中洛线、日仪线数字化管道的建设工作，初步实现了基于二三维 GIS 的生产运行管理功能。天然气分公司历时 5 年，开展管线标准化、数字化、信息化、智能化建设，建成了川气东送管道基于 GIS 的管道完整性管理系统。胜利油田综合地理信息管理系统涵盖胜利油田东部探区油气水管线，矿区四供一排(供水、供气、供暖、供电、雨污排)数据，为油田各下属单位提供了统一的 GIS 服务平台。

2 管道完整性管理的关键技术

2.1 管道完整性管理概述

管道完整性管理(Pipeline Integrity Management)是指以管道安全、设施完整为目标，管道企业面对不断变化的因素，对油气管道运行中面临的风险因素进行识别和评价，通过监测、检测、检验等各种方式，获取与专业管理相结合的管道完整性的信息，制定相应的风险控制对策，不断改善识别到的不利影响因素，从而将管道运行的风险水平控制在合理的、可接受的范围内，最终达到持续改进、减少和预防管道事故发生、经济合理地保证管道安全运行的目的。其内容涉及管道的勘查、设计、施工、运行、监控、维护的全过程，并贯穿管道整个生命周期。

油气管道主要失效模式分为：断裂、过量变形、表面损伤、第三方打孔盗油、挖掘损伤等破坏。断裂分为脆性断裂(低温脆断、应力腐蚀、氢致开裂)、韧性断裂、疲劳断裂(应力疲劳、应变疲劳、腐蚀疲劳等)。过量变形为过载引起的鼓胀、屈曲、伸长，外力引起的压扁、弯曲等。表面损伤分为机械损伤(表面划伤、凹坑等)、腐蚀(输送介质引起的内腐蚀、外部环境引起的外腐蚀)。

由于管道上的缺陷不可避免，且随着时间的增长，逐步恶化；人为因素、人类活动和自然环境等均对管道产生影响；因此必须采用合适的技术手段和完善的管理措施，保障管道的安全性，延长管道的使用寿命。与传统管道安全管理相比，管道完整性管理是主动的系统预防机制，可保证管道风险一直处于可控状态，从而有效降低泄漏风险，减少环境污染。

2.2 管道完整性管理的核心六步

管道完整性管理的核心内容分为六步：(1)收集和整合数据和信息。(2)进行高后果区识别。(3)开展管道系统风险评价。(4)开展完整性评价。(5)制定管道维抢修措施并实施。(6)进行系统效能评价。管道完整性管理是对所有影响管道完整性的因素进行综合的、一体化的管理，并且是一个循环的过程。

管道完整性管理中数据收集是基础，收集获取基础数据、土壤/环境、腐蚀、检测、日常操作等数据；高后果区识别是重点，识别归纳管线周边环境数据，并进行分类管理；风险评价是决策依据，识别对管道安全运行有不利影响的危害因素，风险值是事故发生的可能性与其后果的乘积；完整性评价是状态诊断，通过完整性评价明确管道的状况，制定相应计划，降低管道风险。应对措施是风险减缓，按照完整性评价的指导意见，对维修维护过程进行管理，保障维修维护行为能够有效的消除安全风险；效能评价是改进提高，对整个管理过程进行总结，评估管道完整性管理实施的有效性和实效性，并更新数据，指导后续管理。

2.3 技术应用研究

2.3.1 建立完整性数据中心

建立完整性数据库，普查、采集与整合管道数据，分类对比核实，数据一体化处理，进行数据关联及数据整合；建立统一的管道标准与数据结构，统一坐标、一维标识、关键点、相对位置，格式一致；开发管道数据库，建立数据模型、编码原则、数据结构、数据接口，进行数据库开发；进行数据管理与维护，数据比对与分析。

管道运行数据主要来源于管道管理，如阴极保护数据、巡线数据、维修维护数据等。管道数据中心为各个应用系统提供统一格式的、标准的、规范的数据应用服务。数据应按照数据库建设要求统一录入数据库，日常管理数据应实现当日更新，及时准确地录入数据库。

建设配套的完整性管理系统，整合与管道设计、施工、维护等相关的各类基础信息，实现各类信息的综合管理与展现，为后续开展管道的高后果区识别、风险评估、完整性评价等工作提供及时准确的数据支持和工作平台，从而实现控制管道运营风险，最终达到持续循环、预防和减少事故发生，保证管道长周期安全运行。

2.3.2 检测与监测

进行内检测：清管、几何变形、腐蚀、裂纹、中线坐标；外检测：防腐层有效性、阴保有效性、外部干扰；压力实验：在役管道承载能力；无损检测：外部磁应力、超声、探伤等；在线监测：泄漏、振动、打孔、地质、安防。

2.3.3 评价方法

进行高后果区识别，将管道按照经由的地理环境、分布特点进行分段，分成 c1、c2、……cn 等若干段，列表说明 c1、c2、……cn 对应的管段起止点、长度、深度、人口分布、地形地貌、重要特征等。实现高后果区的自动分析，分析结果以列表形式显示，并可定位到GIS平台中管道的相关位置。分析结果可导出Excel表格，也可导出高后果分析评价报告。按照分值的大小进行排序，发出风险警戒信息，自动生成评价报告。

进行风险评价：第三方破坏、腐蚀、设计施工、运行、泄漏后果；结构完整性评价：结构受损适用性、防腐层、附属设施；检测评价：检测周期、结果比对、检测方案；地质灾害评价：沉陷、洪水、地震、滑坡、冻土等；效能评价分析：实施效果、目标实现度、管理成本。

应对所评价管道的潜在危害因素进行识别，管道的潜在危害因素包括：制管缺陷、现场施工缺陷、内外电化学腐蚀、应力腐蚀、第三方破坏和地质灾害等。完成危害因素识别后，结合管道失效案例、管道属性数据(运行参数、材料参数等)、环境数据等进行综合分析并在此基础上开展管道的风险评价。

风险评价实施动态管理，定期提示用户进行风险评价；当管道或周边环境发生较大变化时，提示用户进行风险再评价。识别出对管道系统完整性影响最大的风险因素，为我们针对这种风险进行排序、制定有效的预防、检测和减缓方案提供依据。

完整性评价的目的是通过完整性评价明确管道的状况，制定响应计划，采取措施，降低管道风险。维修后的管道应进行再次评价，根据风险值重新排序。

完整性评价管理主要以管理完整性评价报告为主要内容，在线填报完整性评价报告及相应的管道可靠性分析报告，系统提供下载功能。

2.3.4　管理审核

进行业务管理、执行力、改进度、内部审查、外部审核、管理计划等相关审核。

3　结论

管道完整性管理最重要的两点：一是通过技术和管理手段对管道风险大小，即管道事故发生的几率进行计算分析和评估，通过必要措施予以预防，使管道事故风险始终处于可接受的范围内。二是完整性管理贯穿管道整个生命周期，并通过评估对管道的使用寿命给予预判。

总体来说，管道完整性管理是管理、信息化和技术的融合，努力做到“事故可预防，风险可控制”，以实现三个目标：一是建立以预防为主的管道管理方式，确保管道安全，延长管道寿命；二是实现对高后果区识别，指导巡线，减轻巡线工人工作量，提高巡线的针对性和时效性；三是指导管道检测与维修，规范作业程序，改变一些落后粗放的作业方式，延长管道寿命，减少泄漏发生。

参考文献

[1] 中国国家标准化管理委员会．油气管道完整性管理规范：GB 32167—2015[S]．北京：中国标准出版社，2015：6-12.

[2] 国家发展和改革委员会．危险液体管道的完整性管理：SY/T 6648[S]．北京：石油工业出版社，2006：30-35.

[3] 杨祖佩，郑洪龙，冯庆善，等．管道完整性管理技术[M]．北京：石油工业出版社，2012：122-137.

[4] 董绍华著．管道完整性管理体系与实践[M]．北京：石油工业出版社，2009：199.

[5] 郭生武，袁鹏斌，张十金．输送管线完整性检测，评价及修复技术[M]．北京：石油工业出版社，2005：51-67.

[6] 苗金明编著．管道风险评价技术[M]．北京：机械工业出版社，2013：237.

[7] 贺焕婷．埋地钢质管道腐蚀防护系统模糊评价[J]．油气田地面工程，2017，36(3)：1-5.

[8] 汤林，付勇．油气田管道完整性管理研究与实践[J]．油气田地面工程，2018，37(12)：1-5.

[9] 范玲玲．油气田管道的完整性管理研究[J]．石油石化物资采购，2019，0(4)：8-8.

不停输管道修复技术简介及现场应用

怀 文 柳 莹

(中国石油化工集团胜利油田分公司)

摘 要 胜利油田开采至今已经历了40余年的历程，现已进入特高含水期，特别是"十一五"末，老油田各种开发矛盾逐步加剧，主要表现为井网老化、井筒老化和地面设备老化的"三老"现象。由于地面管网采出液具有高含水、高矿化度、高出砂"三高"特点，使得钢制管线腐蚀穿孔问题越来越严重，管线穿孔频繁，跑、冒、滴、漏时有发生，造成资源浪费和环境污染。在国内油气田地面建设施工中，对于管线的抢维修、改造等，特别是外输管线，由停产、放空所造成的经济损失十分巨大。管道不停输带压开孔封堵技术是一项输油气管线维修、改造新技术，通过管道封堵将输送介质密封在管道中，实现介质与外界环境的隔离。其实用效果良好、适用管径范围广、施工受场所限制小、施工周期短、不动火切割、安全风险小、成本低、有着良好的发展前景。

关键词 不停输；封堵；管线

胜利油田开采至今已经历了40余年的历程，现已进入特高含水期，特别是"十一五"末，老油田各种开发矛盾逐步加剧，主要表现为井网老化、井筒老化和地面设备老化的"三老"现象。"十二五"以来，胜利油田围绕"打造整装水驱示范油田"，持续开展老油田治理，井网老化、井筒老化得到有效治理，开发经营形势持续向好。但由于地面设备老化，特别是地面管网腐蚀问题尚无有效的治理措施，管线穿孔频率居高不下，严重影响了地面系统的稳定运行。由于地面管网采出液具有高含水、高矿化度、高出砂"三高"特点，使得钢制管线腐蚀穿孔问题越来越严重，管线穿孔频繁，跑、冒、滴、漏时有发生，造成资源浪费和环境污染。

在国内油气田地面建设施工中，对于管线的抢维修、改造等，传统的施工方法都要将所涉及连接的管线流程截断，对管线进行泄压、排(放)空、吹扫置换等作业，再用火焊、锯、钻等开孔方法实施工程作业。该施工方法虽然比较成熟，但是不能满足油气生产不间断的要求，要求停输并且清空管道，或者只能采取一些临时性的补救措施，给油气管道的运行带来极大的安全隐患，特别是外输管线，由停产、放空所造成的经济损失十分巨大。

管道不停输带压开孔封堵技术是一项输油气管线维修、改造新技术，通过管道封堵将输送介质密封在管道中，实现介质与外界环境的隔离。其实用效果良好、适用管径范围广、施工受场所限制小、施工周期短、不动火切割、安全风险小、成本低、有着良好的发展前景。

1 管道不停输带压开孔封堵技术简介及施工工艺

管道不停输技术自1840年诞生，到现在已经有100多年历史。这一技术只对待维抢修的局部管道区域进行开孔和封堵，再进行油气管道的局部维修，从而为整个油气管道施工作业提供有力的安全保证，这使得此技术得到了广泛的应用。

该工艺不需要管道进行停产降压和管道置换，只需要对管道的待维修段进行开孔，并对局部区域进行有效封堵，然后进行局部维修，不但避免了不必要的经济损失和对环境的污染，又为管道的施工作业提供了更安全的保证。该技术采用管线不停输封堵技术与设备，先在需要改线的旧管道两端开口分别与已经铺设好的新管线接通，以新管线输送介质，然后封堵旧的主管线，封堵完成后可进行排气、断管，然后对旧管线进行拆除，以实现管道更换和改线的一种管道施工的技术。它可以实现管道内介质正常工作不影响生产的情况下实现管道替换，在不影响生产情况下实现各种介质管道改线、更换等方面有着广泛的应用。

所谓油气管道不停输带压开孔封堵技术指的

是在保证油气管道正常运行的条件下，对待维修油气管道实施开孔封堵作业，并建立旁通的油气管道，从而将原油气输送管路系统和维修段管路分离开来，以使得在进行维抢修时不影响油气的输送(图1)。

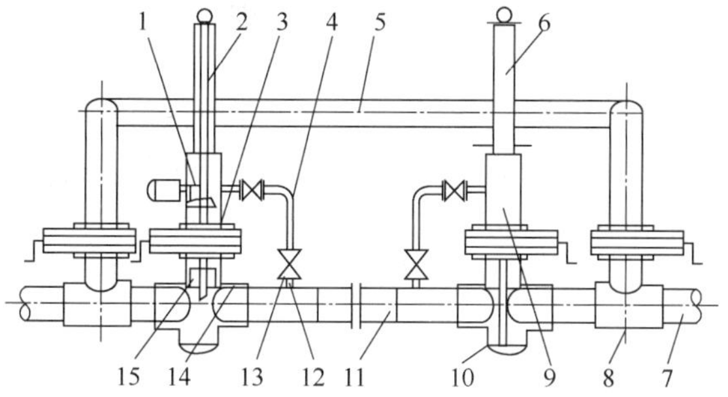

1-伞形齿轮；2-开孔机；3-夹板阀；4-平衡管；5-旁通管路；6-封堵缸；7-作业管道；8-旁通管路三通；9-封堵接合器；10-封堵筒；11-抢维修改造管道；12-平衡接头；13-平衡阀；14-封堵四项三通；15-开孔筒刀

图1　管线不停输带压封堵工艺装置示意图

不停输带压开孔封堵施工可分三个步骤：首先是准备工作，主要指施工现场的选择和预制管道附件；其次是开孔封堵作业，包括焊接三通、平衡接头、试压、开孔、封堵、维修、更换、增加支管等；最后是竣工防腐，投人运行。

1.1　准备工作

（1）调查管道现状。了解管道的走向、埋深、材质，以及管道输送介质的压力、温度、流量等，以便正确编制施工作业计划。

（2）选择作业点。作业点应有足够的施工空间，作业管段尽量选在水平区域。

（3）预制对开三通，以便对扣焊在开孔处。

（4）开挖作业坑，对地下水作必要处理。

（5）对要施工的管线进行防腐层拆除。

（6）安装开孔封堵设备。

1.2　开孔封堵作业

（1）测量壁厚、确定封堵位置。

（2）预制旁通管路，焊接封堵三通、旁路三通和平衡接头，并试压合格。

（3）安装平衡阀及夹板阀。

（4）按顺序使用开孔机开平衡孔、旁通道孔、封堵孔，开孔完毕随即关闭平衡阀或夹板阀，并拆除开孔机。

（5）连接旁通管路，打开旁通夹板阀，开通旁通管路，保持生产运行。

（6）使用封堵机下封堵头，对被封堵的管段进行抢修、改造或更换，并试压合格。

（7）使用封堵机提出封堵头，开通主管路，关闭夹板阀，拆除封堵机。

（8）关闭旁通夹板阀，拆除旁通管道。

（9）使用封堵设备，分别在平衡孔接头内、旁通及封堵三通内下入塞堵，堵严后拆去平衡阀或夹板阀，装上盲板法兰。

1.3　竣工防腐

（1）对所有施工管段防腐，加保护层。

（2）旁通管线内原油清理(油管线专用)。

（3）场地竣工清理。

2　管道不停输带压开孔封堵技术在乐安采油管理区的应用及改进

2#接转站至10#站输油管线(草20外输线)：2005年投产，管线规格为Φ325＊7mm，全长3.9km，采用20#钢，沥青外防腐，玻璃鳞片内防，埋地敷设，深度0.8m，管理单位为现河采油厂乐安采油管理区草20注采站和草古1注采站，施工单位胜利油建，2017年7月子槽河北岸至小清河南岸穿越改造，施工单位建为兴达建安，穿越长度900米，管线规格为Φ325＊7mm，穿越段护管规格为Φ425＊7mm，穿越河下深度20米，河边深度1米，有牺牲阳极阴极保护，管线设计压力4MPa，目前运行压力1.4MPa，设计外输能力6000t/d，目前输量为5600t/d，起点压力1.4MPa、温度60℃，末端温度压力0.6MPa、53℃。

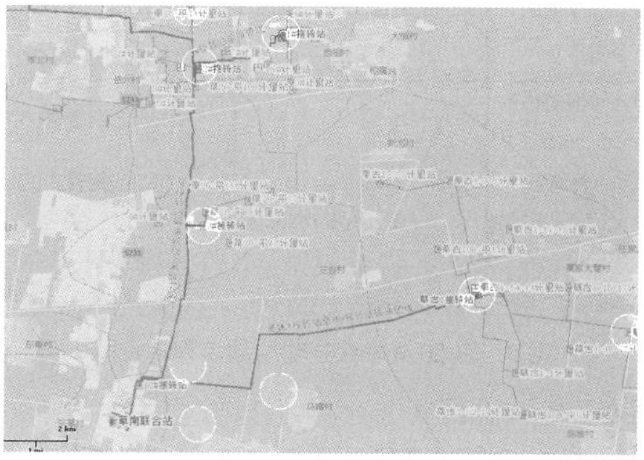

图2　草20外输管线地面流程图

2022—2023年该管线进行2项施工：

（1）因广饶石大路段2022年进行改造扩宽，该路段涉及到草20外输管线占压，根据地方建设需要进行局部改造，消除安全隐患。

（2）草20外输管线在广饶齐成化工变压房下穿孔，因房屋无法拆除，采油厂制定管线迁建方案，消除生产隐患。

2.1 施工过程

首先在运行管线上焊接(或机械连接)四个对开三通(其中两侧的为旁路三通，中间两个为封堵三通)，三通上加装夹板阀(专用阀)，夹板阀上安装开孔机，这样开孔机、夹板阀、三通形成一个密闭腔体，然后利用动力源(液压或气动)进行全密闭开孔，随机带出切割下的鞍型板，从而完成带压开孔过程。关闭夹板阀后，拆除开孔机。然后在旁通三通夹板阀上连接旁通线，并导通输送介质，从而实现干线旁通线同时输送介质，此时安装封堵器到封堵三通夹板阀上，并以机械手段按规程下封堵头，从而实现被改造抢修段管道输送介质停止流动，全部介质走旁通线，然后达到安全改造抢修的目的(停输封堵不用接旁通管)。

但是考虑到施工周期、成本以及管线被道路及厂房占压，原管线维修难度大，项目组经多轮讨论研究，决定以上 2 项工程在施工过程中，把旁通管线作为后期生产的主管线，原有管线封堵停用。大大缩短了施工工期，节约了施工维护成本(图 3)。

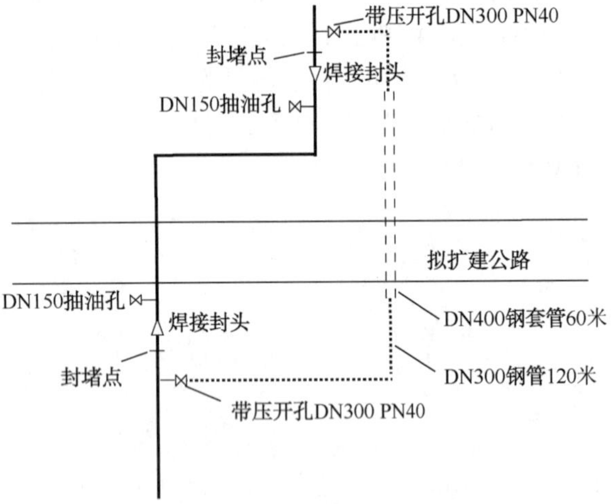

图 3　草 20 外输线迁建封堵工程示意图

2.2 施工特点

(1) 保证正常输油的连续性。

(2) 用于导流的旁通管和阀门可重复利用。

(3) 时间短、速度快、施工方便。

(4) 安全可靠，不停输带压操作对环境无污染。

(5) 适用于穿越铁路（涵洞）、公路和跨越水渠等工程中的管道修复。

目前大多数油田已经处于中后期稳产阶段，对长输管线和站间管线输送油的连续性、可靠性的要求越来越严格。由于油田前期地面建设速度太快，有许多穿跨越铁路、公路、水渠管线的防腐质量差，经过长期运行，管材腐蚀严重，介质跑、冒、滴、漏时有发生，对公路、铁路的运输带来不安全因素，不能保证油田中后期生产的正常运行，因此对穿越公路、铁路以及跨越水渠的管线在不停输情况下．快速更换管线的要求较多，解决此技术问题具有很重要的现实意义，带压封堵施工是此类工程施工中的一种新型、实用的施工方法。

3　结束语

随着石油化工行业的发展，石油化工行业管道抢维修、改造等工程的安全、环保需求也越来越严格，因此，新的开孔、封堵工艺和关键设备的进一步开发、研制仍将是该项技术能否更广范围推广应用的关键和该项技术可靠性、安全性进一步提高的根本保证。

参考文献

[1] 方绍燕．油田注水系统腐蚀因素的分析[J]．油田化学，2015(2).

[2] 宋勇．胜利油区整装油藏特高含水期水平井提高采收率技术[J]．油气地质与采收率，2015(3).

[3] 郑文，高胜，熊德进，等．注水管网水量匹配智能优化计算方法与对比分析[J]．油气田地面工程，2021，40(4).

[4] 牛健壮．输气管道不停带压封堵技术的应用[J]．油气储运，2009，28(7)：63-66.

[5] 黄麟淞．浅述管道不停输开孔封堵技术[J]．广东化学，2010，37(8)：175-177.

[6] 刘华东，刘晖．管道带压不停输开孔技术及其施工难点分析[J]．内江科技，2007(01)：105.

[7] 薛福连．流体管道不停输带压开孔封堵新技术．焊管，2006，25(3)：72.

[8] 周卫军，郭瑞，张勇，等．不停输带压开孔封堵技术的应用[J]．管道技术与设备，2009，6：35-38.

胜利采油厂管道完整性管理模式建设及推进

王　建　张　韬　薛云利　王锦程

（中国石化胜利油田分公司）

摘　要　管道完整性管理作为一种先进的针对管道管理的一种体系和方法，在管道的可研、设计、施工、运行各个阶段，不断识别和评估面临的各种风险因素，采取相应的措施削减风险，并在管道运行过程中通过不断评估高后果区、风险隐患，不断整改再提升，周而复始，对管道全方位、全过程、全生命周期进行的管理。胜利采油厂具有密集的集输、注采管网，共计1300千米左右，面临体量大、隐患高穿孔多等突出矛盾，迫切需要引入先进的管理理念。借鉴这一先进的管理模式，胜利采油厂对管道管理加大了研究、跟踪、分析和治理的力度，借鉴经典“六步法”，并针对管道完整性管理涉及的资料庞大等问题，依托数字化系统，实现了数据的有效收集，进而实现完整性管理所需的维护修复、效能评价、风险评价等内容。

关键词　集输管道；注采管网；完整性管理；信息化手段

管道完整性管理是一个管理体系与方法，指对所有影响管道完整性的因素进行综合的、一体化的管理，即在管道的可研、设计、施工、运行各个阶段，不断识别和评估面临的各种风险因素，采取相应的措施削减风险，并在管道运行过程中通过不断评估高后果区、风险隐患、不断整改，周而复始，对管道全方位、全过程、全生命周期进行的管理。胜利采油厂现有集输管道6条，共计25.28km，其中站际管道5条，厂际管道1条。另外采油厂内注采管网密集，共计1300km左右，面临体量大、隐患高穿孔多等突出矛盾，迫切需要引入先进的管理理念，借鉴管道完整性管理

经验，做好集输和注采管网的管理。本文以胜利采油厂依托数字化系统收集整理有关管道完整性管理的基础资料的实践做法，探讨下一步在集输和注采管网管理上实现完整性管理的可行性。

1　采油厂数字化系统建设目标

先期目标是初步实现数据标准采集、生产数据动态集成、管道风险自动识别等功能。

构建管网标准数据库。持续完善各类管网业务数据的采集入库，并按照标准规范定义数据结构，建立统一的业务标准、数据标准，实现管网数据的科学存储。

实现穿孔信息的移动端采集。搭建胜利采油厂移动GIS平台，建立穿孔上报、穿孔处理、穿孔统计业务与GIS系统互联互动，保证管网穿孔数据采集的及时性和有效性。

集成管网动态运行数据。综合PCS系统的动态数据接口，实时记录和分析管网运行数据，实现管网运行状态的动态安全监管。

完成管网风险等级评价。依托收集的高后果区数据以及管网的穿孔数据，管道平均失效周期，形成管道泄露风险等级评价和泄露后果风险等级评价，为领导层决策提供依据。

2　采油厂数字化系统数据采集情况

采油厂地面数字化系统已初步建成并试运行，通过系统，将管道数据收集、应用、管理与GIS相结合，实现管道完整性管理的具体实施基础。

2.1　数据的收集与整理

需要收集的数据包括管道基础资料、穿孔泄露资料、维护资料、高后果区资料以及检测资料等。

（1）管道基础资料

在管道管理上，基础资料的收集需要全周期、全覆盖的过程，包括管道的长度、规格、内外防腐、投产年限等；还需要收集PCS数据、停用、废弃管道的资料、以及单井上新建井口、管道、阀组等设备资料的采集。

（2）穿孔泄露资料

标准化录入资料和选项，依托手机APP，可实现现场穿孔照片的上传。简化管理流程的同

时，提高了资料准确性、及时性。为穿孔分析、管道失效风险评估提供基础资料支持。

(3) 维护资料

实现录入管道维修、维护、更新(含部分更新)资料，实现管道穿孔和维护治理的闭环管理。

(4) 高后果区资料

根据高后果区评价标准，通过现场落实，在数字化平台的GIS上识别管道敷设区域周边的高后果区，实现高后果区识别。

(5) 检测资料

实时录入管道检测资料，掌握管道外防腐实际状况，为管道完整性评价提供数据基础。

3　高后果区识别、风险评价和完整性评价

(1) 严格按照标准开展高后果区识别

按照GB 32167相关标准，分三个级别，识别GIS图中管道途径的后果区，并分别以红、黄、绿三个颜色加以区分(图1)。

图1　高后果区识别结果

(2) 依托完善的数据系统开展风险识别

结合采油厂目前穿孔现状，频繁穿孔管道未治理存量较大。目前主要的矛盾和治理方向是减少老化、多次失效的频繁穿孔管道。与长输管道不同，厂区内风险评价选择穿孔作为评比指标(图2)。

图2　系统风险评价结果

(3) 检测数据技术录入

2021年开始，按照分公司要求开展了管道大范围检测工作。通过检测数据录入系统，实现完整性评价中的外防腐层及外腐蚀缺陷检测和确认。同时，针对高后果区的管道，系统可实现无损检测数据的录入和管道内腐蚀风险和缺陷的检

测和确认。

(4) 维修维护和效能评价

例如规范穿孔失效资料的录入归属于原管道、打套袖、碳纤维加强等维修、维护资料录入归属于原管道，部分更新的录入建立新管段。

通过资料录入归属管道的设定，实现两项功能：

一是更新管道后，形成系统问题录入-风险自动识别-穿孔治理-风险提示自动消除的闭环管理；

二是通过数据统计，对维修维护效能实现后期的效能评价，选出最适合现场条件的维护办法。

通过系统内穿孔泄露大数据的分析，及时发现管道管理过程中存在的问题，让效能评价更快更准。

4　结论认识和下步方向

通过采取以上措施，借鉴管道完整性管理的先进经验和典型做法，胜利采油厂在集输和注采管网上依托数字化手段，实现了管道资料的全过程、全覆盖的收集和归类、维修维护和动态资料的及时录入等基础信息的动态化收集和管理，并依托这些数据初步实现了高后果区识别、风险识别等功能。在运行过程中，发现仍有一些很重要的因素需要补充和完善：

4.1　进一步完善管道完整性管理体系

从人员完整性、程序完整性、设备完整性、系统完整性四方面着手，查找完整性管理体系建设的短板，以问题为导向，明确职责，落实工作。

4.2　进一步丰富和规范数据的采集

日常数据的收集采集仍需加强：管线材质、介质、输送工艺等参数、管道周边地质状况的变化、恶劣天气的影响、人员巡线过程中发现的其它有可能影响的因素等，大到管线的整体走向和穿跨越等，小到施工过程中的每一处弯头的处理、每一道焊缝的情况，都应该准确、及时的采集。

4.3　进一步丰富管道修复的方式方法

目前管道治理，以更新和补焊、打套袖为主。下一步，加大新工艺、新技术的引进和推广力度，逐步规范碳纤维加强、外防腐层修复的维护措施。2023 年采油厂外检测各类管线 1586 条，985km。检出外防腐层破损等各类问题共计 3786 项。根据管道外检结果，通过碳纤维加强和外防腐层修复，提前介入管道外腐蚀控制，延长管道寿命。

借鉴管道完整性管理先进经验，依托数字化手段，可以实现数据的全过程、全覆盖的收集和整理，做到了高后果区识别和风险识别，并为下一步实现高质量的管控和治理打下了坚实的基础，为夯实采油厂稳产上产基础、降低安全环保风险做出了一定的贡献。

参 考 文 献

[1] 赵媛．输气管道完整性管理实践与思考[J]．石化技术，2023，30(08)：77-79.

[2] 帅健，王晓霖，牛双会．基于 C/S 网络模式的管道完整性管理系统[J]．石油学报，2010，31(02)：327-332.

[3] 陈朋超，冯文兴，燕冰川．油气管道全生命周期完整性管理体系的构建[J]．油气储运，2020，39(01)：40-47.

[4] 程志雄，陈琛，陈华伟等．基于 GIS 的油田管网管理信息系统设计[J]．安全，2009，30(09)：10-13.

[5] 李磊．油田管网三维信息管理系统的建设研究[J]．化工管理，2016(35)：79.

[6] 何箭．石油用管壁厚全覆盖监测方法的研究[J]．石油化工应用，2016，35(03)：26-28+32.

油田高压注水复合管线疲劳寿命分析

王锦程　张　韬　薛云利　王　建

（中国石化胜利油田分公司）

摘　要　针对油田高压注水复合管线的水击现象，本文以大口径 168mm 和 245mm 复合管线为研究对象，利用中间计算点插值拟合的方法，结合脉动频率与假设函数形态，得到了停机水锤下内衬最大应力的变化规律。基于 Walker 疲劳寿命模型、疲劳累计损伤理论以及应力疲劳试验数据建立了疲劳寿命预测模型，对脉冲（开关机）下两种方案复合管线的疲劳寿命进行预测。结果表明，在持续性交变应力作用下，注水管道容易发生疲劳失效，致使管道破裂和损坏；且内衬不采用翻边技术时疲劳寿命更长。

关键词　油田高压注水；复合管线；法兰连接；疲劳寿命

1　引言

在有压管道中，由于阀门启闭、换向阀变换工位、水泵机组突然停车或管道中有气室等原因，水流速度会突然发生变化，同时引起管道中水流压力急剧上升或下降，这种现象称为水击（或水锤）。压力管道系统的水击现象是一种典型的有压管道非恒定流问题。水锤引起的压强升高可达管道正常工作压强的几十倍至数百倍，还会使管内出现负压。压强大幅波动，可导致管道系统强烈振动、产生噪声，造成阀门破坏、管件接头破裂、断开，甚至管道炸裂等重大事故。因此，对注水管线进行疲劳寿命分析对于确保管道的安全运行具有重要意义。

2　几何模型建立及管道连接方式简介

由于实际管道较长，为了简化分析，截取总体管道长度的 2m，在 ANSYS Workbench 中进行模拟。通过调节入口压力值的变化来模拟管道中产生的水锤波，分析管道在水锤存在的情况下所产生的应力、形变的变化。

接头设计由钢法兰、内衬法兰搭接头、紧固件、聚四氟乙烯法兰盘组成。方案 1 采用具有高强度且耐高压的带颈对焊凹法兰，内衬采用翻边技术，将其压制到钢法兰凹槽内，翻边厚度较凹槽深度多 2~5mm，保证聚四氟乙烯和内衬压紧，防止漏液，将聚四氟乙烯做成同法兰直径相同的聚四氟乙烯盘，承受压紧力并保证其密封性，如图 2-1、图 2-2 所示。

图 2-1　法兰连接含内衬复合管线

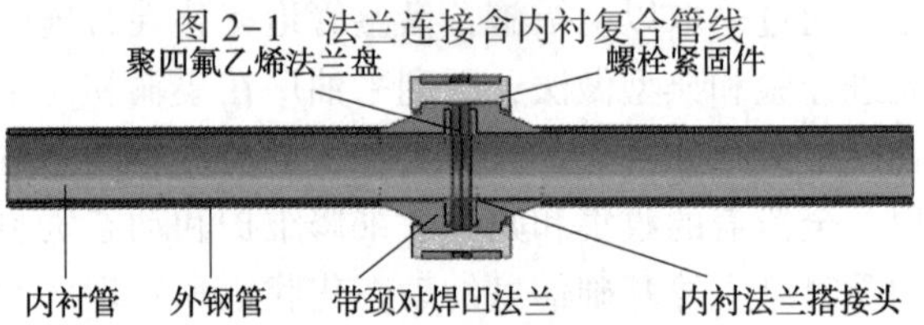

图 2-2　连接处设计

方案 2 采用具有高强度且耐高压的带颈对焊平法兰，内衬不采用翻边技术，在连接处内衬预留 2~5mm，将其同聚四氟乙烯通过螺栓预紧力进行压紧，防止漏液，将聚四氟乙烯做成同法兰直径相同的聚四氟乙烯盘，承受压紧力并保证其密封性，如图 2-3、图 2-4 所示。

图 2-3　法兰连接含内衬复合管线

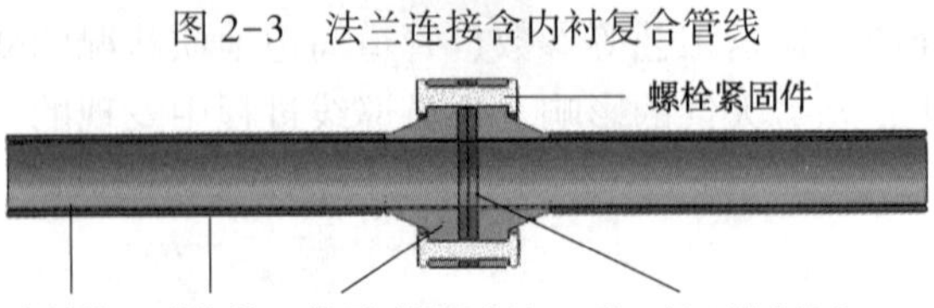

图 2-4　连接处设计

3　管道振动疲劳应力分析

基于管道的单向流固耦合分析，研究脉冲（开关机）下连接处内衬最大应力随时间变化规律，由不同入口压力得到的连接处内衬应力，通过压力脉动频率拟合出应力随时间变化曲线。管道入口即为压力入口，设入口压力为正弦变化压力，表达式为：

$$P = a + b\sin(4\pi t - \pi/2) \tag{1}$$

其中，a，b 取为 6.75MPa，研究注水管道入口压力变化幅度为 0～13.5MPa，关机水锤周期为 0.5s，入口压力变化图见图 3-1。基于文献调研可知，注水泵开关机时间较短，短时间内容易形成水锤，水锤造成的压力大幅度变化时间约为 1s。由于关阀瞬间造成的水锤波较大，对管线整体影响较大，所以我们仅考虑关阀瞬间水锤波动较大时对整体管线的影响。

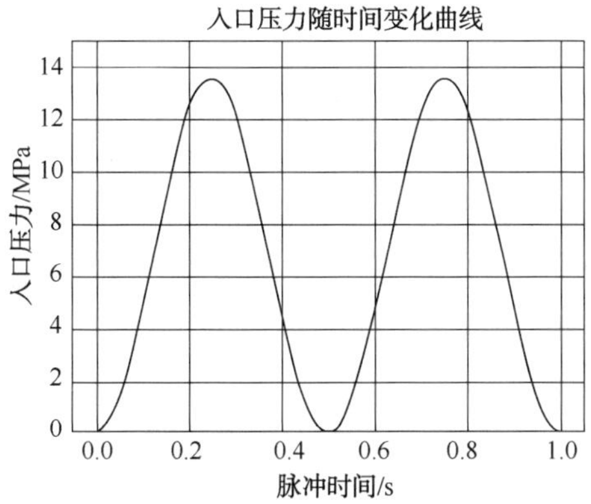

图 3-1　入口压力变化图

3.1　168mm 复合管线不同注水压力下内衬连接处振动应力分析

连接件处内衬为最关键材料破坏考察点，因为在连接件处的内衬破坏，会导致注水直接与连接件接触，加速连接件破坏，连接件相比于管线部分，应力更大，零部件多，更加容易腐蚀破坏和疲劳破坏。本节以 400m³/d 流量为例。

对 168mm 管径在 13.5MPa 压力下的计算结果表明，管线内部内衬上应力分布不均匀，这是由于外部连接件几何构型分布不均匀导致约束条件不同所致。当流量为 400m³/d 时，168mm 复合管线方案五计算得到的最大应力为 20.64MPa，位置在翻遍法兰边缘处，最大应变为 0.026494；168mm 复合管线方案六计算得到的最大应力为 13.78MPa，位置在管线固支端，最大应变为 0.017258，如图 3-2 所示。

当脉动压力在 0～13.5MPa 间脉动变化时，可以根据中间计算点，插值拟合得到最大应力的变化情况，再结合脉动频率与假设函数形态，即可得到最大应力随时间的历程曲线，如图 3-3 所示。入口压力对复合管线连接处应力影响较大。

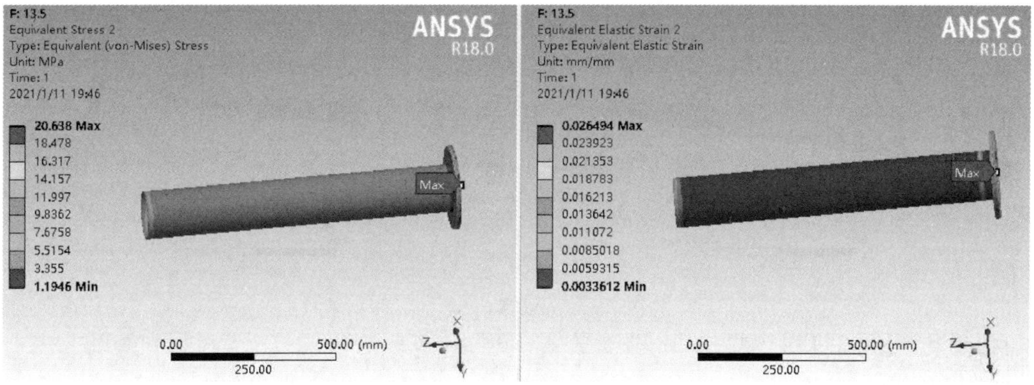

(a)方案1

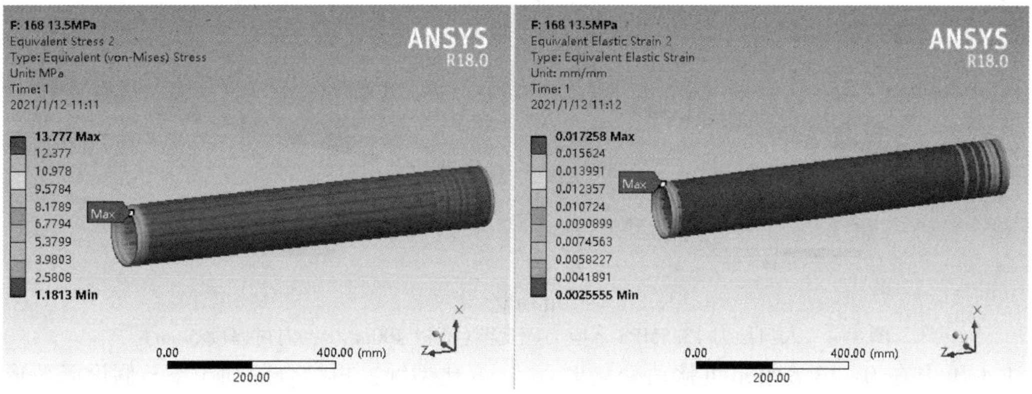

(a)方案2

图 3-2　入口压力 13.5MPa 下应力应变图(流量 400m³/d，内衬厚度 4mm)

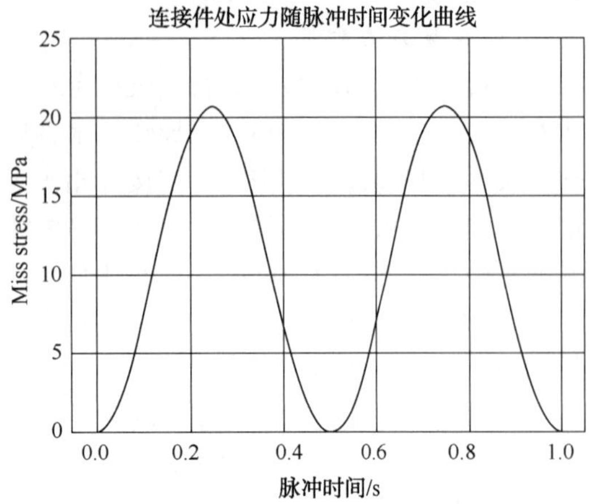

(a)方案1

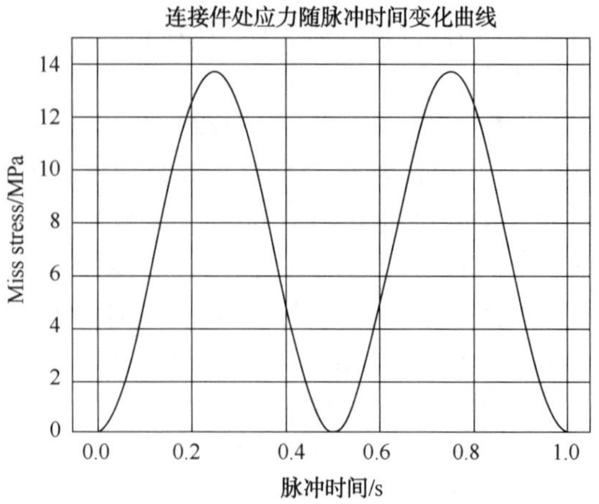

(b)方案2

图 3-3　连接处最大应力随时间变化曲线图(流量 400m³/d，内衬厚度 4mm)

2.2　245mm 复合管线不同注水压力下内衬连接处振动应力分析

对 245mm 管径在 13.5MPa 压力下的计算结果表明，管线内部内衬上应力分布不均匀，这是由于外部连接件几何构型分布不均匀导致约束条件不同所致。当流量为 400m³/d 时，245mm 复合管线方案五计算得到的最大应力为 23.12MPa，位置在翻遍法兰边缘处，最大应变为 0.033741；245mm 复合管线方案六计算得到的最大应力为 13.52MPa，位置在管线固支端，最大应变为 0.017498，如图 3-4 所示。

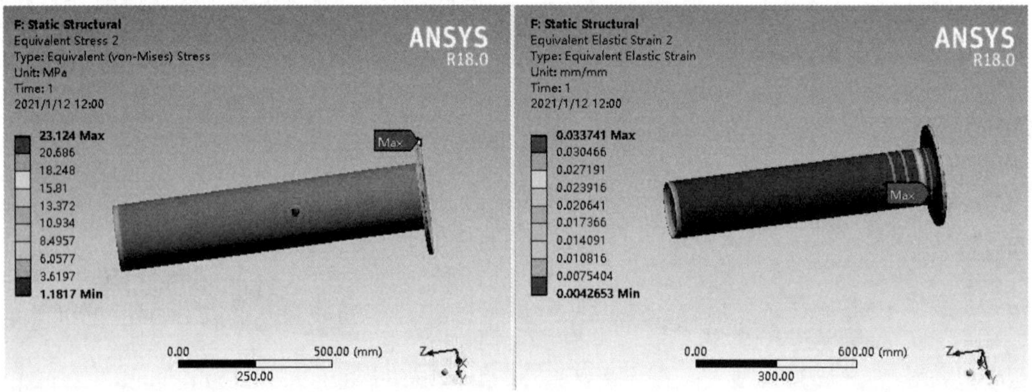

(a)方案1

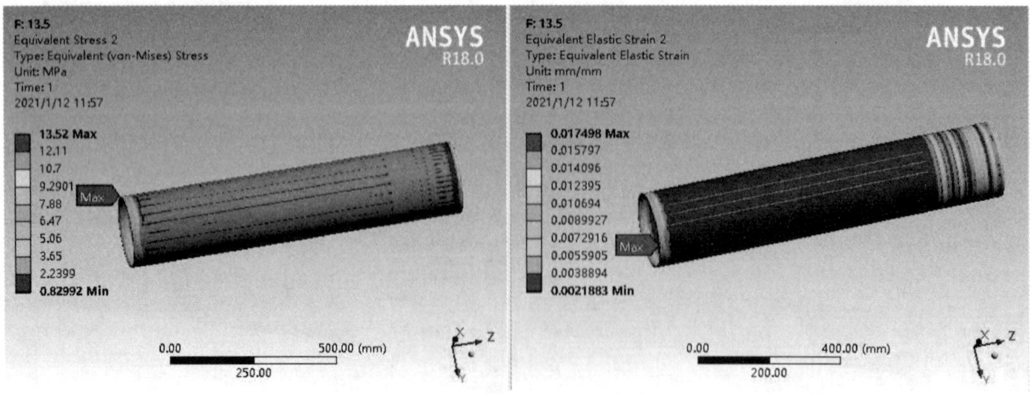

(b)方案2

图 3-4　入口压力 13.5MPa 下应力应变图(流量 400m³/d，内衬厚度 5mm)

当注水压力在 0～13.5MPa 间脉动变化时，可以根据中间计算点，插值拟合得到最大应力的变化情况，再结合脉动频率与假设函数形态，即可得到最大应力随时间的历程曲线，如图 3-5

所示。入口压力对复合管线连接处应力影响较大。

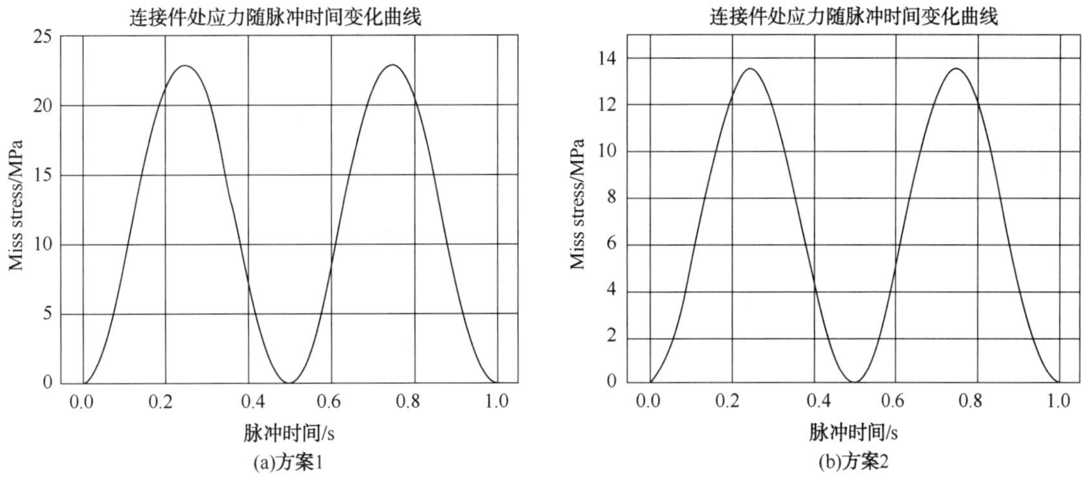

图 3-5　连接处最大应力随时间变化曲线图(流量 400m^3/d，内衬厚度 5mm)

由上述脉动压力下管道振动应力随时间变化可知，在持续性交变应力作用下，注水管道容易发生疲劳失效，致使管道破裂和损坏，造成液体泄漏。

4　注水管道疲劳寿命预测

基于疲劳断裂累积损伤理论，对第三章非对称循环变载荷下的管道进行疲劳寿命分析，并对不同压力波动下的内衬管道进行疲劳寿命预估。

4.1　理论模型

当 PE 材料承受中等应力作用，材料经历微裂纹形核萌生、慢速主裂纹扩展(SCG)，最终而发生准脆性失效。这是注水管线的实际服役情况，应按此机理进行分析计算。该模型提出任意复杂应力作用下 PE 材料的疲劳寿命计算方程：

$$N_f = \frac{1}{2.3497 \times 10^{-21} \sigma_{ar}\ 13.3156} \tag{2}$$

$$\sigma_{ar} = \sigma_a \left(\frac{2}{1 - R_\sigma} \right)^\gamma \tag{3}$$

$$R_\sigma = (\sigma_{min} / \sigma_{max}) \tag{4}$$

$$\sigma_a = (\sigma_{max} - \sigma_{min})/2 \tag{5}$$

其中，N_f为累计损伤疲劳理论下的破坏循环次数；σ_{ar}为 Walker 理论下的等效应力幅，恒为正值；R_σ 为应力比；σ_a 为应力幅；σ_{max}为最大应力，σ_{min}为最小应力；γ为 Walker 理论公式中材料参数，取 0.5488。

式(2)是以室温实验条件得到的数据进行推导建立的，对于油田注水管线，其工作温度随季节变化范围为 0~75℃。PE 材料的力学性能会受温度影响，因此拟提出一个温度折减系数 α_T，用于等效估算温度达到 75℃时，PE 材料的循环次数 N_{f75}，即：

$$N_{f75} = \alpha_T N_f \tag{6}$$

温度折减系数 α_T 取 0.02587。

最终得到复杂应力作用下 UHMWPE 的疲劳寿命计算方程：

$$N_{f75} = \frac{\alpha_T}{2.3497 \times 10^{-21} \sigma_{ar}\ 13.3156} \tag{7}$$

4.2　管线疲劳寿命计算

已知柱塞泵脉冲(开关机)频率 10d/次，产生脉冲时间为 1s，脉冲周期为 0.5s，第三章计算了脉冲压力下内衬连接处应力大小。脉冲(开关机)下管线的疲劳寿命具体如表 1 所示。

表 1　不同注水压力下连接处应力及脉冲(开关机)下管线的疲劳寿命

	注水压力 13.5MPa 连接处应力/MPa	疲劳寿命/d	疲劳寿命/开关机次数
168mm 方案 1	20.64	22091	2209
168mm 方案 2	13.78	4792752	479275
245mm 方案 1	23.12	4875	488
245mm 方案 2	13.52	6176445	617645

5 结论

本文考虑关机水锤效应，基于 Walker 方法及疲劳损伤理论，获得了两种方案停机水锤下内衬最大应力随时间的变化规律。在持续性交变应力作用下，注水管道容易发生疲劳失效，致使管道破裂和损坏。对于管径 168 和 245mm 的管线，法兰连接方案 2 的疲劳寿命更高。对于水锤冲击来说，可以通过在柱塞泵出口位置增加泄压阀门的方式，让水锤冲击产生的压力值释放一部分，从而达到保护管道的目的。

参 考 文 献

[1] QI Z P, HU N, LI Z, et al. A stress-based model for fatigue Life prediction of high density polyethylene under complicated loading conditions [J]. International Journal of Fatigue, 2019, 119: 281-289.

[2] AMJADI M, FATEMI A. Multiaxial fatigue behavior of high-density polyethylene (HDPE) including notch effect: experiments and modeling [C]//12th International Conference on Multiaxial Fatigue and Fracture. Bordeaux, France: EDP Sciences, 2019: 05001.

[3] AMJADI M, FATEMI A. Creep and fatigue behaviors of High-Density Polyethylene (HDPE): effects of temperature, mean stress, frequency, and processing technique [J]. International Journal of Fatigue, 2020, 141: 105871.

[4] AMJADI M, FATEMI A. Multiaxial fatigue behavior of thermoplastics including mean stress and notch effects: Experiments and modeling [J]. International Journal of Fatigue, 2020, 136: 105571.

阴极保护脉冲电源探索过程中的几点思考

王　霏　陈俊宏　吴　波　席睿思　曾雨泉

（中国石油西南油气田公司输气管理处）

摘　要　阴极保护作为一种有效的金属材料防腐蚀措施，在石油工程中备受重视。脉冲电源技术是一种应用广泛的电源技术，其特点是频率可调。本文对阴极保护脉冲电源在石油工程中的应用进行了探索。首先介绍了阴极保护的基本原理及其在石油工程中的应用，然后介绍了脉冲电源技术的特点及其在阴极保护领域的应用，最后通过实验分析了脉冲电源频率、占空比对阴极保护的影响，得出了相应的拟合值。

关键词　阴极保护；脉冲电源；频率；拟合值；占空比

1　引言

石油工程中的金属设备长期处于恶劣的环境中，容易受到腐蚀破坏，给生产和安全带来极大隐患，为此需要采取有效的防腐蚀措施。阴极保护是一种常用的金属防腐蚀措施，利用外加电源，在金属表面形成一层稳定的保护电位，从而避免了金属在电化学反应中的溶解。脉冲电源技术是一种在电子电路中广泛应用的电源技术，其特点是频率、占空比可调，能够实现不同需求的电压和电流输出。本文将综合利用阴极保护和脉冲电源技术，探究脉冲电源在阴极保护中的应用。

2　阴极保护脉冲电源的基本原理

阴极保护脉冲电源是在传统的恒定电位阴极保护中应用的。在恒定电位阴极保护中，通常采用恒定电流进行保护。但是，由于金属结构存在不均匀的电极反应分布，这种方法未必能够较好地保护金属结构。而脉冲电源阴极保护技术是近年来发展起来的一种新型的阴极保护技术，其基本原理是通过对直流电源进行半波整流或全波整流后，得到一个平均值。然后通过改变频率或占空比，控制输出电流。脉冲电源的输出电流稳定，能耗低，因此使用这种阴极保护技术能够有效地降低防腐成本。

3　阴极保护脉冲电源在应用探索中的关键问题

（1）阴极保护脉冲电源的优化探索。为了实现更好的防腐效果，需要对阴极保护脉冲电源进行优化探索，找到最佳的工作参数。

（2）阴极保护脉冲电源与其他技术手段的结合。阴极保护脉冲电源可以与其他防腐技术相结合，实现更好的防腐效果。

（3）阴极保护脉冲电源在不同金属结构中的应用。不同金属结构的防腐需求是不同的，因此需要进一步探索阴极保护脉冲电源在不同金属结构中的应用。

（4）在应用脉冲电源进行阴极保护的过程中，频率和占空比的选择非常重要。频率的选择决定了输出电流波形的周期，因此对防腐效果有较大的影响；

（5）占空比的选择则决定了脉冲宽度的大小和输出电流的大小，在实际应用中，需要通过拟合值来确定输出电流的大小，

以上因素的选择是影响脉冲电源阴极保护技术防腐效果的关键。

4　脉冲电源在阴极保护应用中的优势

目前，采用外加电流的阴极保护法是抑制长输管道外壁腐蚀的最主要方法，但是传统的直流电流的阴极保护法普遍存在电流分布不均、保护长度不足、耗能大等问题。脉冲电流阴极保护属于间歇式阴极保护的一种，它的基本原理是采用非直流电源将材料阴极极化而达到保护。间歇式阴极保护提供的电流主要有：方波脉冲、三角波、锯齿波脉冲。大量研究表明对于长距离管道的防腐蚀，脉冲电流阴极保护具有更强的穿透力，能够提供更大的输出电流，保护长度明显长于直流阴极保护，可以在较大范围内进行调节，能够对管道起到更有效的保护且更加节能。

脉冲电源技术是一种电子电路中广泛应用的电源技术，采用高频脉冲控制技术，使输出电压和电流具有高的精度和稳定性，在阴极保护领域得到了广泛的应用。脉冲电源在阴极保护中的应用主要有以下几个优势：

（1）脉冲电源在阴极保护中可以实现精确的电位调节，能够根据具体的工作环境和要求进行调节，并且相对于其他阴极保护电源，其对环境和人体更加安全。

（2）脉冲电源在阴极保护中频率可调，能够实现不同频率的电位调节，适应各种施工环境的需要。

脉冲电源在阴极保护中可以很好地控制占空比，从而调节输出电流，保证阴极保护电位的精度和稳定性。

5 实验分析

为了进一步验证脉冲电源在阴极保护中的应用效果，我们设计了相应的实验。实验中，我们分别以不同频率和不同占空比的脉冲电源对阴极保护进行实验研究，记录下相应的数据和结果，并对其进行拟合分析。

利用波形发生器在一定幅值、频率、占空比等条件下调试出只有上半部分方波的脉冲电流并测试输气管道在不同位置的阴极保护电位参数采集后，进行绘表、制图还有存储，旨在为脉冲电源阴极保护技术的实现提供理论支撑。

5.1 要因确认

要因一：占空比对阴极保护效果的影响

为了解占空比对阴极保护效果的影响，以某管线为实验对象，分别以25%、50%的占空比，将通电点电位调整至－1.35v，对管道现场按20km划段进行极化电位测试统计，每隔30min用数字示波器记录一次阴极的电位响应波形，并用万用表和参比电极测量沿途点位极化电位值。如表1和图1所示。

表1 占空比对阴极保护效果的影响实验

序号	区域	测试点数/个	直流电源平均极化电位值	脉冲电源平均极化电位值	效果百分比/%
01	A	10	-1.01v	-1.04v	103.0
02	B	10	-0.94v	-1.02v	108.5
03	C	10	-0.91v	-1.00v	110.0
04	D	10	-0.89v	-0.98v	110.1
05	E	10	-0.85v	-0.94v	110.6
06	F	10	-0.84v	-0.90v	107.1
07	G	10	-0.82v	-0.86v	104.9
合计		70	-0.89v	-0.96v	107.9

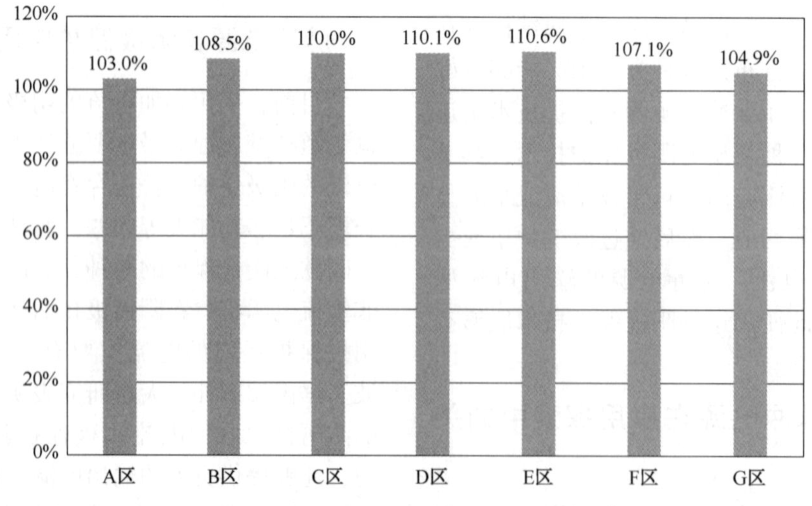

图1 占空比对阴极保护效果的影响

要因二：频率对阴极保护效果的影响

为了解目前频率对阴极保护效果的影响，小组以某管线为例，将通电点电位调整至-1.35v，分别使用1000Hz和3000Hz对管道现场按20km划段进行极化电位测试统计，每隔30min用数字示波器记录一次阴极的电位响应波形，并用万用表和参比电极测量沿途点位极化电位值。如下表2和图2所示：

表2　频率对阴极保护效果影响实验

序号	区域	抽查点数/个	直流电源平均极化电位值	脉冲电源平均极化电位值	效果百分比/%
01	A	10	-1.01v	-1.06v	105.0
02	B	10	-0.94v	-1.03v	109.6
03	C	10	-0.91v	-1.00v	110.0
04	D	10	-0.87v	-0.97v	111.5
05	E	10	-0.85v	-0.95v	111.8
06	F	10	-0.82v	-0.91v	111.0
07	G	10	-0.81v	-0.86v	106.2
合计		70	-0.89v	-0.97v	109.0

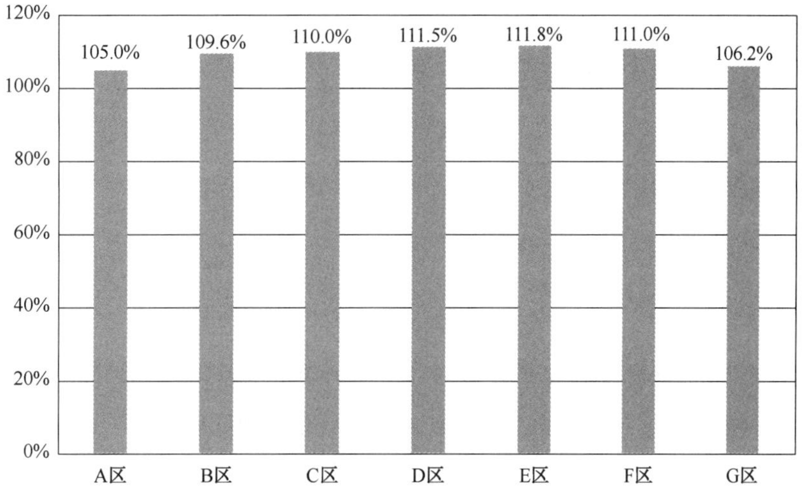

图2　频率对阴极保护效果的影响

通过实验分析，确定影响的主要因素：

单独改变频率和占空比均可以改善保护效果，而且频率的影响（109.0%）大于占空比（107.9%）。

综上，根据得到的2个末端因素，制定了效果对比方案，并进行实验确认。

5.2　效果对比方案

由自制的专用脉冲电流阴极保护电源在输出功率一定的情况下，提供一定频率、占空比和幅值的方波脉冲电流。分别在频率为（100Hz、1000Hz、2000Hz、3000Hz、4000Hz、5000Hz）和占空比为（10%、50%）的情况下进行正交试验。用数字示波器测量研究电极（阴极）的电位响应波形，并测量电位响应波形的最下沿电位作为极化电位。每隔30min用数字示波器记录一次阴极的电位响应波形，并用电压表和参比电极测量沿途点位极化电位值。

5.3　模拟实验结果与讨论

由图3、图4中数据可以看出，直流阴极保护电位随着保护距离的增大有一个衰减的过程，这主要是由直流电流密度传输距离造成的。1号参比电极为阳极布位位置的阴极保护电位测量值，6号参比电极距离阳极位置最远，可以明显的看出保护电位随保护距离的延伸衰减趋势厉害。通电点处已经过保护，而尾端参比电极处还处于欠保护状态。

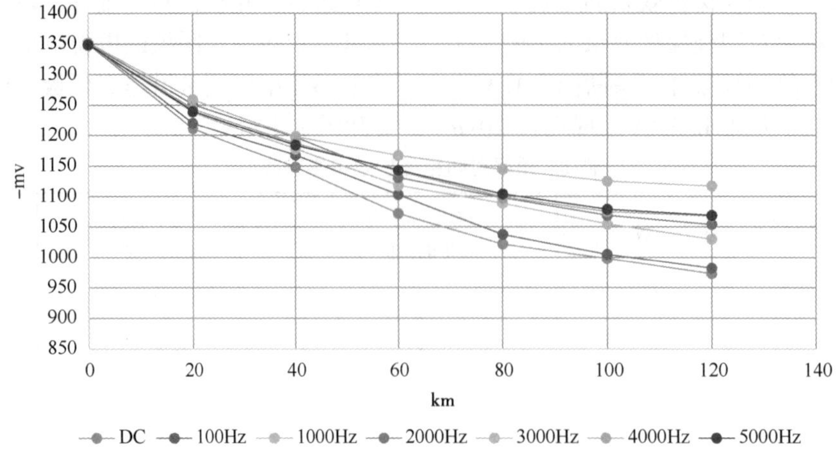

图 3　占空比 10%下不同频率电位保护图

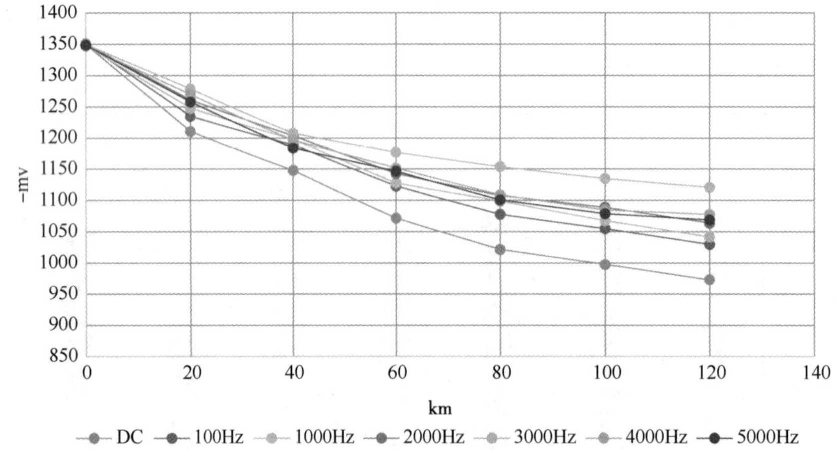

图 4　占空比 50%下不同频率电位保护图

脉冲电流阴极保护初始阶段工作和直流电流阴极保护一样。当电源输出功率一定时，脉冲电流频率为 100Hz 和占空比为 10%时一号测量点保护电位已经完全达到有效保护，而 5、6 号测量点的保护电位处于严重欠保护状态，当占空比增加到 50%时，各测量点的保护电位均有所增加，但是增加范围不大，说明调节占空比对保护电位的影响效果不明显。再由脉冲电流占空比为 50%和电源输出功率一定时，比较 100Hz、3000Hz 和 5000Hz 的各个测量点的保护电位，得出频率为 3000Hz 时各测量点的保护电位比 100Hz 的各点保护电位均有明显的改善，尤其是在 5、6 号的保护电位增加范围明显加大，说明频率的改变对保护电位的影响程度明显，再观察 5000Hz 时各点的保护电位，相比于 3000Hz 时保护电位又出现下降和分散的趋势。

占空比一定时，不同频率下随着保护距离的增加保护电位都有明显的衰减趋势，当频率增加时各点的保护电位都趋向于最佳保护电位内且当频率增加到 3000Hz 时各点的保护电位最理想，3000Hz 以后再加大频率保护电位又趋向于衰减和分散。由此表明当其它参数一定时，改变频率可以改善阴极保护系统的保护效果。当脉冲电流的频率目电源输出功率一定时，单独改变占空比（逐渐增大），各点的保护电位也有增大的趋势。说明单独改变频率和占空比均可以改善保护效果，而且频率的影响大于占空比，同时调节频率与占空比方为最佳调节策略。

当占空比为 10%且输出频率一定时，不同频率下的保护电位变化范围都要比直流阴极保护时的保护电位变化范围更加接近有效保护电位范围，直流阴极保护距离阳极最近点已经过保护而最远点的保护电位相比于脉冲电流阴极保护最远点的保护电位更小，处于欠保护状态。这表明脉冲电流阴极保护电流密度分布均匀，传输距离远。可以有效解决长输管道过长，而无法通过增加通电点电位来达到全线保护的状态。

同时在频率为3000Hz时，保护电位范围最为集中，说明当占空比和电源输出功率一定时，频率为3000Hz为最佳优选方案。由图3的电位变化趋势可以反映出，当频率为3000Hz时脉冲电流阴极保护的保护电位更接近有效保护电位范围。说明50%的占空比配合3000Hz的频率对阴极保护最优。从平均电流消耗和保护效果两方面考虑，应尽可能选择中间范围的占空比、较高的频率。

6 结论

本文综合利用阴极保护和脉冲电源技术，探究脉冲电源在阴极保护中的应用。在实验中搭建了阴极保护脉冲电源实验平台，选择了不同占空比和频率的参数组合进行实验。通过测量实验管段的极化电位，分析不同参数组合下的阴极保护效果。同时，还对实验数据进行统计分析，并经过多次重复实验以提高研究结果的可信度。

而实验结果表明，不同占空比和频率的脉冲电源对阴极保护效果有着显著影响。在一定范围内，随着占空比的增加，阴极保护效果逐渐增强，但当占空比过大时，效果反而会下降。频率对阴极保护效果的影响类似，当频率较低时，阴极保护效果较差；而当频率过高时，效果则有些损失。通过分析实验数据，选择出了最优的占空比和频率组合，以达到最佳的防腐效果。

本论文为阴极保护脉冲电源的应用提供了重要的参考。实验结果表明，适当选择占空比和频率可以有效提升阴极保护效果，并降低能源消耗。然而，需要注意的是，最优参数的选择可能因不同的环境和金属材料而有所不同。因此，在实际应用中，需要根据具体情况进行调整，以实现最佳的防腐效果。

参考文献

[1] 姜君霞．高占空比阴极保护脉冲电源的设计及应用[J]．电工材料与应用，2018，37(4)：68-72.
[2] 李鑫，葛斌．高效低噪音阴极保护脉冲电源的研究[J]．新型电源系统，2018，36(1)：76-81.
[3] 王炜，马永良，晏欣林．高频脉冲阴极保护电源的设计[J]．脉冲功率技术，2017，41(2)：123-128.
[4] 王明，隋洪锋．基于DSP的阴极保护脉冲电源控制系统设计[J]．武汉理工大学学报，2016，38(3)：85-89.
[5] 刘鸿权，邓强，赵晓东．高压高占空比阴极保护脉冲电源的研究[J]．电力电容器，2015(3)：84-88.

长输管道高后果区风险管控要求差异性分析

张　强[1]　杨玉锋[1]　薛吉明[2]　张希祥[1]　孙　晁[3]　韩小明[1]　刘　硕[1]

(1. 国家管网集团科学技术研究总院分公司；2. 国家石油天然气管网集团有限公司生产部；
3. 国家管网集团北方管道有限责任公司)

摘　要　管道高后果区是完整性管理的重要前端环节，同时也是油气管道企业重点监管的区域。国内目前针对管道高后果区尚无统一的管理标准，各项规章制度也要求不一。为此，系统梳理了部门规章、地方性法规、地方性规章、规范性文件和政府工作文件等关于管道高后果区的规范性要求，围绕高后果区识别、高后果区评价、高后果区管理及数字化智能化等分析了差异性。从转变管理理念、严控高后果区存量与增量、管道高后果区数字化提升三方面提出高后果区管理的优化建议与意见，指导管道高后果区管理提升改进工作，对长输管道高后果区风险减缓措施制定和提高安全管理水平具有重要意义。

关键词　管道高后果区；风险管控；差异分析；措施建议

高后果区是指管道泄漏后可能对公众和环境造成较大不良影响的区域，是油气管道企业重点监管的区域，同时也是完整性管理的重要前端环节。根据2018年应急管理部对中央企业所辖管道高后果区的统计，全国共有人员密集型高后果区7400余处。与国外相比，国内高后果区数量多、环境复杂，高后果区管道一旦泄漏，极易发生悲剧性安全事故。近年国外内也相继发生了多起位于高后果区的管道事故，如美国每年有将近45%的事故发生在高后果区，采取有效的措施管控风险是管道行业关注的焦点。2020年国务院安委办组织开展了油气储存和长输管道企业安全风险隐患专项排查治理督导，对30家单位专项督导发现的安全隐患和问题涉及高后果区的问题占比8%，暴露出企业在高后果区管控上仍存在薄弱环节。

国内目前针对管道高后果区没有统一的管理标准，各项规章制度也要求不一，为全面了解我国当前管道高后果区管理相关要求，分析管道高后果区管理存在的问题，指导管道高后果区管理提升改进工作。围绕高后果区识别、高后果区评价、高后果区管理及数字化智能化等内容进行了梳理分析，分析其差异性和先进性，并提出了高后果区管理优化建议。

1　法律法规对高后果区风险管控要求分析

1.1　中央法律法规

我国的法律体系包括法律、行政法规、地方性法规、部门性规章和地方性规章。目前，我国油气管道安全主要受到《石油天然气管道保护法》的约束，除此之外，还有一系列的行政法规、部门规章及地方性法规等规范性文件的规定。油气管道安全监管的法律监管框架目前呈现出由一部纲领性法律统领，由一定数量的国务院及其各部委颁布的行政法规、部门规章、政府文件等规范性法律文件主导监管，由各地方政府颁布的规定、文件作为主力监管，由司法解释及其他规定作为补充监管的格局。通过检索发现涉及高后果区内容的共计660余项，涉及年份为2015~2022年，主要集中在规划期、建设期和运行期(图1)。

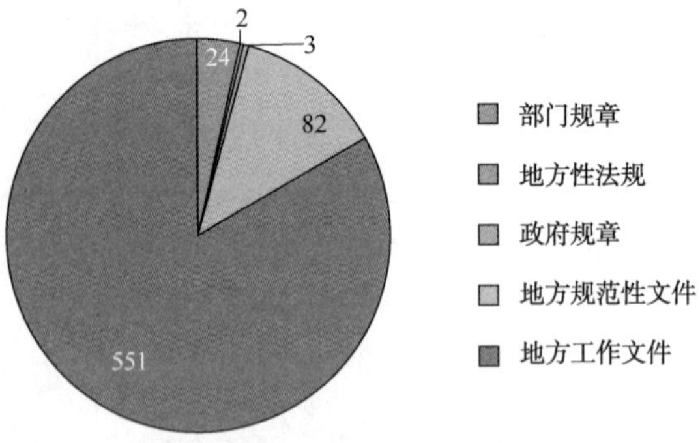

图1　管道高后果区的管理要求相关文件分类占比

2015~2022年间，中央部委或国家层面多次下发文件对管道高后果区管理进行了规范要求，总体要求方面主要有《国家安全监管总局等八部门关于加强油气输送管道途经人员密集场所高后果区安全管理工作的通知(安监总管三[2017]138号)》，从准确掌握高后果区管理状况、有关企业和有关部门的主体和监管责任、提升应急处置能力等方面进行了规范。此外，在汛期、岁末年终、重大节假日期间会针对性的下发对高后果区的风险的管控要求。在具体措施方面，提出了包括完善安全管理理念模式，完善责任体系(落实安全生产责任制)，加快完善油气输送管道地理信息系统，完善油气输送管道、储运设施安全风险监测预警系统，加快构建灾害事故监测预警体系和应急通信体系，依法落实管道法定检验度提升油气管道法定检验覆盖率和管道内检测覆盖率，开展油气管道高后果区实时视频监控等方式方法，及针对结构完整、地质灾害、第三方施工作了要求。

1.2 地方性法规

贵州、浙江、天津、山东四省(市)通过地方立法，发布了有关油气管道保护的地方性法规，强化了管道保护，明确了管道保护工作体制机制、管道规划建设、管道运行安全、管道保护的监督管理及法律责任等内容，是对《石油天然气管道保护法》的增强与补充，其中有的文件设置了高后果区管理专章或者相关条款涉及高后果区或人口密集区的管理要求，如表1所示。

表1 地方性法规列表

序号	地方性法律法规名称	颁布日期	实施日期	发布单位	相关条款
1	贵州省石油天然气管道建设和保护条例	2022-03-30	2022-06-01	贵州省第十三届人民代表大会常务委员会	第30~34条、第37条
2	天津市石油天然气管道保护条例(2021年修订)	2021-09-27	2021-11-01	天津市第十七届人民代表大会常务委员会	第14条
3	浙江省石油天然气管道建设和保护条例(2021年3月修订)	2021-03-26	2021-03-26	浙江省第十三届人民代表大会常务委员会	第10条、13条、
4	山东省石油天然气管道保护条例	2018-11-30	2019-03-01	山东省第十三届人大常务委员会	第12条、14条

《贵州省石油天然气管道建设和保护条例》设置了管道高后果区管理专章，强化对高后果区的监督管理，体现了贵州省的工作重点。通过设置专章的方式，明确了高后果区的巡护、应急演练、安全宣传制度，突出建立高后果区现场处置方案、强化高后果区技防要求，同时规定县级人民政府应当建立健全与管道企业的高后果区风险防控联动机制，督促管道保护工作，协调解决高后果区的重要事项，形成联防联控；同时，在《中华人民共和国石油天然气管道保护法》设置的法律责任的基础上，增加了管道企业未按照规定制定高后果区现场处置方案的法律责任，以此突出对高后果区风险管控的重视。

浙江省、天津市、山东省主要规定了管道保护工作体制机制、管道规划建设、保障管道运行安全、管道保护的监督管理及法律责任等内容，并未就管道高后果区提出具体要求。

1.3 政府规章

(地方)政府规章是省、自治区、直辖市等的人民政府根据法律、行政法规和本省、自治区、直辖市的地方性法规，制定的规章。上海、山西、江西、甘肃、河南、广州等六省、市先后发布了关于管道保护的地方政府规章，对石油天然气管道的规划与建设、运行中的保护、管道建设工程与其他建设工程相遇的处理及应急救援等多方面做了明确规范，明确了政府、能源主管部门、其他相关部门(安监、公安、规划等)、管道企业、有关单位和个人的责任和义务，其中有的文件设置了高后果区管理专章或者相关条款涉及高后果区或人口密集区的管理要求。如表2所示。

表2 政府规章

序号	地方政府规章	颁布日期	实施日期	颁布单位	与相关条款
1	上海市石油天然气管道保护办法	2022-1-17	2022-04-01	沪府令64号	第19~22条、第27条
2	江西省石油天然气管道建设和保护办法(2019年修订)	2019-09-29	2016-03-01	江西省人民政府令第241号	第16条
3	河南省实施〈中华人民共和国石油天然气管道保护法〉办法	2017-06-14	2017-08-01	省政府令第181号	第14条

续表

序号	地方政府规章	颁布日期	实施日期	颁布单位	与相关条款
4	山西省石油天然气管道建设和保护办法	2015-01-05	2015-03-15	山西省人民政府令(第 242 号)	第 13 条、第 19 条
5	甘肃省石油天然气管道设施保护法(试行)	2004-08-30	2004-10-01	甘肃省人民政府令第 20 号	第 7 条
6	广州市石油天然气管道保护规定(2019 修订)	2018-01-17	2018-04-01	广州市人民政府令第 159 号	第 8 条、9 条、13 条、14 条

《上海市石油天然气管道保护办法》设置了管道高后果区管理专章，从地方立法层面明确了管理要求：一是规范高后果区的识别，要求管道企业应当对管道高后果区开展周期性识别(最长不超过 18 个月)并编制识别报告；客观环境发生变化并且可能对管道安全运行造成影响的，还应当及时重新开展识别。二是明确具体管控措施。管道企业应当根据识别报告制定管控措施，并针对人员密集型高后果区制定专门方案，加强对高后果区的管控。三是针对管道企业未开展周期性高后果区识别、风险评价并编制识别报告、未及时报送高后果区识别报告的情形，明确了相关法律责任。

山西、江西、甘肃、河南、广州等对石油天然气管道的规划与建设、运行中的保护、管道建设工程与其他建设工程相遇的处理及应急救援等多方面做了明确规范，明确了政府、能源主管部门、其他相关部门(安监、公安、规划等)、管道企业、有关单位和个人的责任和义务，未设置高后果区专章，在个别条款中说明了高后果区或人口密集区的管理要求，例如警示牌设置、制定防护方案、安全距离等。

1.4 规范性文件和政府工作性文件

规范性文件和政府工作文件构成了油气管道安全监管的主体部分，涉及到油气管道的规划、建设、运行及应急管理等各个方面，油气管道部分规章及文件涉及的发文机关横跨各个领域，目前暂未有统一的标准或单独的文件对油气管道高后果区的管理进行规定，不同的要求散落在不同的标准与规范中，如表 3 所示。

表 3　规范性文件和政府工作性文件

序号	地方政府规章	颁布日期
1	北京市城市管理委员会关于印发进一步加强我市石油天然气管道保护工作意见京管函〔2018〕269 号	2018 年 9 月
2	广州市发展改革委关于印发广州市油气输送管道安全风险分级管控实施细则(试行)的通知穗发改规字〔2021〕1 号	2021 年 2 月
3	江苏省发展改革委关于进一步推进全省油气长输管道保护智能化建设的意见苏发改能源发〔2022〕553 号	2022 年 5 月
4	山西省能源局关于印发《油气长输管道巡护管理办法(试行)》	2021 年 10 月
5	黔西南州石油天然气输送管道安全保护管理细则的通知	2017 年 8 月
6	山东省油区和管道保护工作领导小组办公室关于转发《青岛西海岸新区(黄岛区)石油天然气长输管道保护和安全监督管理办法》的通知	2018 年
7	关于切实加强油气长输管道巡护管理工作的通知-贵州	2019 年 6 月
8	石油天然气长输管道保护监督检查暂行规定-天津	2021 年 9 月
9	石油天然气长输管道保护许可和服务事项事中事后监管实施细则(试行)-天津	2021 年 9 月
10	关于印发 2021 年上海市石油天然气管道保护工作要点的通知	2021 年 5 月

2 差异性分析与优化建议

2.1 差异性分析

(1) 部分省市通过地方立法/政府规章强化管道保护，明确了管道保护工作体制机制、管道规划建设、管道运行安全、管道保护的监督管理及法律责任等内容，其中《贵州省石油天然气管道建设和保护条例》《上海市石油天然气管道保护办法》有单独章节论述高后果区的监管。

(2) 高后果区识别准则、识别周期、风险评价和报送要求等方面，各地主要依据 GB 32167《油气输送管道完整性管理规范》和安监总管三【2017】138 号《关于加强油气管道途径人员密集场所高后果区安全管理工作的通知》开展工作。其中河南省《长输管道线路安全巡查规范》(DB 41/T 2351—2022)中提到了“事故后果严重区”的概念。

(3) 高后果管段巡查巡护、标识标牌、安全宣传、应急演练等管道管理方面，暂未有统一的标准和单独的文件进行规定，散落在不同的标准与规范中(表4)。

(4) 针对高后果区智能化与数字化方面，部分省市提出了提高管道的智能化与数字化水平，如山东省2020年出台了全国首个油气管道智能化发展意见，江苏省2022年下发了《关于进一步推进全省油气长输管道保护智能化建设的意见》，提出了3个100%的要求(表5)。

表4　高后果区巡查巡护标准对比

序号	内　容	依　据
1	各级油气管道保护主管部门应当组织管道企业针对性的安全宣传不少于2次/年； 管道企业每个月对高后果区进行1次专项安全检查；高后果区的日常巡查频率不少于1次/天，特殊敏感时期不少于2次/天； 管道保护主管部门每年应当组织管道企业和高后果区人员进行不少于1次的应急演练	《关于加强油气输送管道高后果区安全管理的通知》(黔能源监管〔2017〕147号)、《贵州省石油天然气管道建设和保护条例》
2	在管道通过的下列区域应当设置警示牌(桩)，且间距不大于100米；管道巡护人员每天巡线不少于1次	河南省实施〈中华人民共和国石油天然气管道保护法〉办法
3	高后果区、管道穿跨越处、第三方施工活动频繁区段、自然与地质灾害等高风险管段每日至少巡检1次；管道巡护方案应每年复审1次，两次复审时间不应超过15个月	山西省能源局《油气长输管道巡护管理办法(试行)》
4	管道企业每月应抽查巡护落实情况至少1次；日常巡护全覆盖每天至少1次，日常监测和特殊巡护周期根据实际情况确定；管道企业应根据高后果区级别，制定高后果区巡护频次	DB 3201/T 1048—2021 长输(油气)管道巡护管理规范(南京)
5	巡查应每天至少进行一次	DB 41/T 2351—2022 长输管道线路安全巡查规范(河南)

表5　高后果区巡查巡护标准对比

序号	内　容	依　据
1	到2025年，初步形成全省统一的数字化和智能化标准体系。新建管道全面实施数字化交付，在役管道逐步实现数字化恢复	关于加快石油天然气管道智能化发展的意见(山东)-2020年8月
2	2022年底视频监控全覆盖(人口密集型高后果区)	关于加快推进全省高后果区油气管道保护视频监控建设的通知(山东)-2020年5月
2	2022年底，实现全省油气管道三级高后果区智能视频监控覆盖率达到100%，2024年底，实现全省油气管道高后果区智能视频监控覆盖率达到100%。2022年底，实现全省管道企业智能巡检系统配备率达到100%。2022年底，实现全省油气管道三级高后果区智能阴保测试桩监测覆盖率达到60%以上，2023年底，实现全省油气管道三级高后果区智能阴保测试桩监测覆盖率达到100%。逐步建立数字孪生管网系统	关于进一步推进全省油气长输管道保护智能化建设的意见(江苏)-2022年5月
3	运用视频监控等技术，提升高后果区管道保护信息化、智能化水平	贵州省石油天然气管道建设和保护条例

2.2 优化建议

通过资料搜集、现状梳理、对比分析提出高后果区管理的优化建议与意见。

(1) 转变管理理念：强化主动预防、动态管理的理念，针对短期或临时聚集形成的高后果区，动态识别、动态更新、动态管理。全生命周期的高后果区控制与防护理念，从源头控制、运行中保护、事故应急、科学退役等环节，加强管道高后果区的安全防控。

(2) 推进完整性管理纳入立法修订范畴，明确各方的责任，从路由许可、建设施工、运行维护、应急处置等环节落实对高后果区风险管控，强化本质安全管理。完善《石油天然气管道保护法》第十三条、第三十一条规定，明确的保护距离的标准和确定方法。修建人口密集、易燃易爆场所要经过安全评估和许可程序，避免新增高后果区。

（3）严格对高后果区存量和增量的管理要求。对于人口密集型高后果区，管道企业可申请获取土地使用权，采取物理硬隔离方式将管道与建筑物隔开。对可能形成高后果区的建设项目，经审批和评审后方可建设。建议解决好管道“临时用地、长期占用”的形式，明确管道用地权利和补偿方式。

（4）推动管道保护法的全面宣贯。建议法律明确规定政府部门和管道企业负有共同开展管道保护宣传的职责，纳入地方普法宣传。

（5）数字化提升，包括高后果区风险管理可视化、管道风险动态评价与隐患远程识别、长距离复杂环境下的管道安全监测预警、内检测缺陷大数据分析、腐蚀失效大数据管理和腐蚀增长智能预测、管道地质灾害多源数据智能分析预警、智能化视频监控和阴保测试桩、初步建立管道本体三维仿真模型，逐步推进构建数字孪生管网系统。

3　结论

（1）管道高后果区是完整性管理的重要前端环节，也是管理的重点。随着中国城乡建设的发展，人员密集型高后果区数量与安全风险逐年增加、管控压力逐年增大。同时，国家对油气管道重视程度日益提升、监管更趋严格。

（2）国内目前针对管道高后果区没有统一的管理标准，各项规章制度也要求不一。系统梳理了部门规章、地方性法规、地方性规章、规范性文件和政府工作文件等关于管道高后果区的规范性要求，围绕高后果区识别、高后果区评价、高后果区管理及数字化智能化等分析了差异性。

（3）从转变管理理念、严控高后果区存量与增量、管道高后果区数字化提升三方面提出高后果区管理的优化建议与意见，指导管道高后果区管理提升改进工作。

参　考　文　献

[1] 张圣柱，冯晓东，王旭，等. 中国油气管道高后果区现状与全过程管理体系[J]. 油气储运，2021，40(05)：521-526+544.

[2] 施昊彤. 长输管道高后果区法规标准及管理现状探讨[J]. 石油和化工设备，2023，26(07)：9-11.

[3] 段云跃，谭涛. 输油管道人员密集型高后果区风险消减措施的优化[J]. 天然气与石油，2022，40(04)：152-158.

[4] 孙晁，项小强，冯文兴，等. 在役管道高后果区设计符合性排查研究[J]. 石油管材与仪器，2023，9(03)：65-70.

[5] 吕高峰，王晓霖，齐先志，等. 油气管道高后果区监管措施[J]. 化工管理，2023(18)：88-91.

[6] 杨承霖. H省长输天然气管网安全监管研究[D]. 华中师范大学，2021.

[7] 霍登财. 石油天然气长输管道安全监管研究[D]. 西安科技大学，2017.

[8] 刘霞. 我国油气管道安全监管法律问题研究[D]. 西南石油大学，2018.

[9] 刘贵. 山西油气管道政府管理保护研究[D]. 山西大学，2018.

[10] 杨涛，高乐乐. 浅谈压力管道法律体系及分类定级应用实例[J]. 广州化工，2022，50(05)：144-146.

柔性海底管道风险评估技术研究与应用

张丽媛[1]　蒋晓斌[1]　朱丹宏[2]

[1. 中海油(天津)管道工程技术有限公司; 2. 海洋石油工程股份有限公司]

摘　要　目前国内柔性海底管道风险评估方法大多为钢制管道风险评估方法的移植，尚无专门针对海洋静态柔性输送管的风险评估方法。为了保证海洋油气输送软管风险评估技术的科学性与准确性，迫切需求开发一种海洋静态柔性输送管风险评估方法。管道公司通过对国内外柔性海底管道风险评估技术的研究结合多年的风险评估项目经验，开发出一种针对在役柔性海底管道的风险评估方法和浅水静态柔性输送管风险评估系统。本文主要从柔性海底管道泄露原因分析、泄露频率计算、泄露后果计算和风险计算等方面介绍该风险评估方法。浅水静态柔性输送管风险评估系统在中海油某混输海管风险评估项目中的应用结果表明该方法解决了传统风险评估方法中风险因素分数分配不合理以及泄露后果计算过于笼统等问题，评估结果更加准确、客观、合理。

关键词　柔性海底管道；半定量；风险评估；泄露频率；泄露后果

与钢制管道相比，复合柔性管具有防腐性能好、对海底地形适应性好、易铺设可回收等优点，在油田开发中采用柔性管道可降低成本缩短工期，因而柔性海底管道的应用对我国海洋油气资源的开发具有重大意义。近年来，随着国内油气领域开发进程的推进和国产管道技术的不断发展，复合柔性管已经在国内部分油田逐步投入使用。截至2023年9月底中海油系统海底管道中共有近40条静态柔性输送管，总长度超过300km。

从国内发展来看，目前针对柔性海底管道的管理和维护力量相对较薄弱，特别是在以风险分析为基础的软管完整性管理方面尚处于起步阶段。目前国内海洋静态柔性输送管风险评估方法大多为钢制管道风险评估方法的移植，尚无专门针对海洋静态柔性输送管的风险评估方法。为了保证海洋油气输送软管风险评估的科学性与准确性，迫切需求开发一种海洋静态柔性输送管风险评估方法，从而使风险评估的结果更加准确、客观、合理。

根据柔性管多层结构和多影响因素的特点，管道公司以海洋柔性管失效统计数据库为基准，结合国内外先进的风险评估方法，制定出一种专门针对海洋柔性管的风险评估方法，形成一套拥有具有自主知识产权的“浅水静态柔性输送管风险评估系统”。该系统可导入、存储柔性管结构化信息，形成模型库，并自动出具机构化评估报告。浅水静态柔性输送管风险评估方法解决了传统风险评估方法中风险因素分数分配不合理以及泄露后果计算过于笼统等问题，与管道公司已开展的管道监测、检测技术相结合，全面形成柔性管监检测及评估一体化技术服务体系，提升了管道公司的综合服务能力。

1　风险评估方法及流程

按照风险评估结果的量化程度，管道风险评价技术分为定性评估、半定量评估和定量风险评估技术。定性的风险评估是指用分级的方法对管道失效可能性与后果进行估计。半定量风险评估是指采用一个相对数值来表示管道失效的可能性与后果大小的风险评估方法。定量风险评估是在统计数据的基础上对事故的可能性和后果进行量化分析的风险评估方法，所需数据较多、计算较复杂。典型的油气输送管道风险评估流程见图1。

随着风险评估技术的发展与不断完善，管道风险评估技术已经由定性风险分析逐渐向半定量和定量的方向发展。从评估结果的准确性来看，定量法最好，半定量法其次，定性法的准确性最差；从评估成本而言，定量法评估费用最高，半定量法其次，定性法评估费用最低。目前油气输送管道风险评价应用最为广泛的是半定量风险评估技术。

以下简要介绍中海油系统内已有的几种管道风险评估方法。

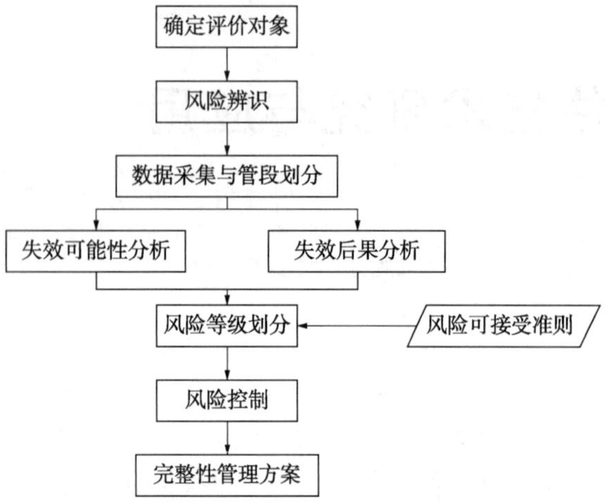

图 1　油气输送管道风险评估流程

1.1　定性风险评估

用风险矩阵法对软管进行风险评估时，按照公式(1)计算：

$$R=P\times C \tag{1}$$

式中，R 为风险值；P 为失效概率；C 为失效后果。

该法首先要对软管风险后果严重性和风险概率划分等级，然后用后果严重性和失效概率等级构成矩阵的行和列，最后计算风险值并根据风险值划分风险等级。

中海油某分公司在役海底输送软管完整性管理解决方案定性风险评估法中按照以下规则划分管道的风险等级：

高风险：[15-25]分；

中等风险：[8-12]分；

低风险：[1-6]分。

该法针对给出的 8 大项 35 小项内容能确定其发生频率、风险后果等级与风险值，但是该方法存在不能确定海管整体风险值和风险等级的问题。

1.2　肯特法半定量风险评估

中海油某分公司制定的半定量风险评估方法中将海底管道失效可能性评价指标体系分为第三方破坏、设计与工程建设、腐蚀、运行及管理、结构以及自然与地质灾害等 6 大类风险因素，共计 76 项指标。结合肯特风险评估方法，确定以上 6 大类风险因素的评分依次为 180 分、180 分、100 分、50 分、90 分、45 分，总分 645 分。

其中风险分值按照式(2)计算：

风险分值＝∑风险因素评分总和×
输送介质扩散系数÷输送介质危害性指标(2)

输送介质扩散系数按照式(3)计算：

输送介质扩散系数＝10 分钟管输介质泄漏量÷
海域重要程度指标　　(3)

最后按照以下方法划分管道的风险：

高风险：≥260 分；

较高风险：[195-260)分；

中等风险：[130-195)分；

较低风险：[65-130)分；

低风险：<65 分。

该评估方法的优点是结合了软管实际运行中的危害因素对评价指标进行细化，其不足之处在于对管道泄露后果计算过于笼统，没有评估海底管道泄漏事故发生后对人员伤亡、环境危害、生产损失或商业的冲击。

1.3　钢制海底管道风险评估模型

钢制海底管道风险评估模型是由 DNV 开发的基于 Excel 运算的一整套方法，专门用来对海底管道泄漏频率、泄漏后果指数进行分析评价。该法对海管泄露后对人员、环境、停产、维修、声誉及清污等风险进行计算并整合计算结果，得出该海底管道的整体风险情况。同时可对不同工况下的风险进行快速评价，从而理解关键风险致因因素，使得分析人员更容易发现海底管道运行条件变化后可能带来的风险变化。

但是该评估方法的风险评价指标及其指标权重分配仅适用于在役钢制海底管道，对于软管不适用。

2　柔性海底管道半定量风险评估方法

通过对国内外柔性海底管道风险评估技术研究结合多年的风险评估项目经验，管道公司开发出一种专门针对在役柔性海底管道的风险评估方法。以下从泄漏原因分析、泄露频率计算、泄露后果计算以及风险计算等关键步骤简要介绍该风险评估方法。

2.1　泄露原因分析

管道泄露原因分析的目的是为了系统、全面的辨识出影响管道安全的因素，并针对这些风险进行重点分析和管控。

海洋静态柔性输送管泄漏原因分为设计制造和安装、第三方破坏、结构与强度、腐蚀与侵蚀、自然灾害和运行与操作 6 大类，按照影响系数类型又将其划分为基础频率、危害系数和预防系数 3 大类。

结合柔性管材质与结构的特点对识别出的海底管道的泄漏原因及影响因素又进行了详细的分解，得到总计59项影响因素。

2.2 海底管道泄漏频率计算

结合中海油以往经验和事故案例，参考国际上的静态软管失效数据库，管道公司初步建立了海洋石油静态软管的失效统计数据库。可针对海底管道泄漏的每一种原因，计算泄漏频率。

首先根据划分管段所在位置和属性，确定该管段的基础泄漏频率。参考 DNV GL Technical Note-TN7 和 OGP Risk Assessment Data 的数据库统计，根据建立的海洋石油静态软管失效统计数据库确定评估管段的基础泄漏频率。

其次明确6大类泄漏原因权重值。泄漏原因权重=每类泄漏原因发生的次数/总泄漏次数。表1列出了两种可参考的海洋柔性软管泄漏原因权重值，其中 PARLOC 权重是对 PARLOC 数据库中静态软管事故原因分类后计算的权重值，海洋石油故障率权重统计是基于中海油系统中已发生的静态软管事故计算的权重值。

表1 海洋柔性软管泄漏原因权重值

泄漏原因	PARLOC 权重	海洋石油故障率统计权重
腐蚀/侵蚀	0.00%	0.00%
设计、制造安装	44.44%	42.86%
第三方破坏	33.33%	28.57%
运行与操作	11.11%	14.29%
自然灾害	0.00%	0.00%
结构与强度	11.11%	14.29%

根据泄露原因分析中详细分解得到的59项海底管道泄漏影响因素的内容，对相关系数对比修正，并与海底管道专家逐一讨论，确定识别出的海底管道泄漏影响因素权重和判断项目系数值。

结合《AQT 3046—2013 化工企业定量风险评估导则》及 DNV GL Technical Note TN7 海底管道泄漏后泄漏孔径分类，确定本风险评估所用的代表性孔径及相应的大小范围，具体见表2。

表2 泄漏孔径分类

分类	范围/mm	代表性尺寸/mm	占比
小孔径泄漏	0~20	10	74%
中孔径泄漏	20~80	50	16%
大孔径泄露	>80	100	2%
破裂	断裂	400	8%

海底管道泄漏频率按以下公式计算：

管段泄漏频率=∑基础频率×危害系数×预防系数

基础频率=统计泄漏频率×管段长度×泄漏原因权重×海域系数

危害系数=∑泄漏因素权重×判断项系数

预防系数=∑泄漏因素权重×判断项系数

2.3 海底管道泄漏后果计算

根据中海油完整性管理规定确定海洋柔性软管的6个泄露后果维度，即人员伤亡、停产损失、环境污染、声誉影响、修复成本和清污成本。

对海底管道不同管段按照4种泄漏孔径、6个后果维度、采用后果指数法逐一评估海底管道泄漏对人员伤亡、环境危害、停产损失、修复成本、清污成本和公司声誉的影响等级。

其中6个后果指数计算公式如下：

人员伤亡后果指数=(燃烧性参数+毒性参数)×人口密集度×泄漏压力参数×泄漏孔径参数；

环境污染后果指数=油品粘度参数×海域敏感性×海水温度参数×泄漏压力参数×泄漏孔径参数；

清污成本后果指数=(毒性参数+油品粘度参数×2)×泄漏压力参数×泄漏孔径参数；

声誉影响后果指数=(人员伤亡后果+环境污染后果+停产损失后果)×声誉影响参数/3；

其中停产损失和维修成本不做指数计算，直接按照下表，判断后果等级。

表3 停产损失和维修成本后果指数表

指数值	后果等级
≤50	1
(50-250]	2
(250-500]	3
(500-1000]	4
>1000	5

2.4 海底管道风险计算

柔性海底管道泄漏频率和泄漏后果依据中海油企业划分标准确定，最终依据风险可接受标准确定该海管在每个后果对应的风险等级(图2)。

为便于对比，需分别求出每种维度下的泄露频率及泄露后果，最终确定整条海管的平均风险。

后果		频率				
		1	2	3	4	5
等级	后果（损失万元）	小于千年一次	300-1000年一次	100-300年一次	30-100年一次	超过30年一次
		<0.001	0.001	0.003	0.010	0.033
1	1000	L	L	L	L	L
2	5000	L	L	L	M	M
3	10000	L	L	M	M	H
4	20000	L	M	M	H	H
5	>20000	L	M	H	H	H

图 2　中海油油气输送管道风险矩阵表

3　浅水静态柔性输送管风险评估系统的应用

中海油某混输管道全长 5km，结构形式为软管，设计温度 65℃，设计压力 3.25MPa，设计寿命 20 年。根据《海底管道完整性管理解决方案》要求，该海底管道应在 2023 年完成一次风险识别与评估工作。以下简要介绍使用“浅水静态柔性输送管风险评估系统”对该条海管开展风险评估的应用情况。

3.1　管段划分

根据该混输海管属性和管道周边环境，将其划分为 3 个管段开展风险评估工作，管段划分结果见表 4。

表 4　混输海管风险评估管段划分结果

管段编号	KP 范围	分段依据
Ⅰ	KP0~0.5km	近平台 0.5km 段
Ⅱ	KP0.5~4.5km	20-50m 水深段
Ⅲ	KP4.5~5km	近平台 0.5km 段

3.2　泄露频率计算

根据计算结果，管段 1、管段 2 和管段 3 的总泄漏频率分别为 3.36E－4、2.64E－3 和 3.36E-4，其中管段 1 和管段 3 泄漏频率等级为 1 级，管段 2 泄漏频率等级为 2 级。各管段泄漏频率计算结果见图 3。

3.3　泄露后果计算

管段的泄漏后果与泄漏孔径相关，泄漏孔径越大，泄漏后果越严重，泄漏后果等级也越高，管段最大潜在泄漏后果出现在断裂泄漏模式。根据泄漏后果评估结果，各管段最大潜在泄漏后果如图 4 所示。

3.4　风险计算

根据风险评估结果，管段 1、管段 2、管段 3 的六维度风险(人员伤亡、环境污染、停产损失、维修成本、声誉影响、清污成本)均为低风险等级(“L”)。3 个管段的六维度平均风险也均为低风险等级(“L”)。该海管各管段的六维度风险评估结果如图 5 所示。

3.5　海管整体风险评估

根据混输海管各管段泄漏频率、泄漏后果和风险的计算评估结果，得到该海管的六维度风险评估结果，如表 5 所示。

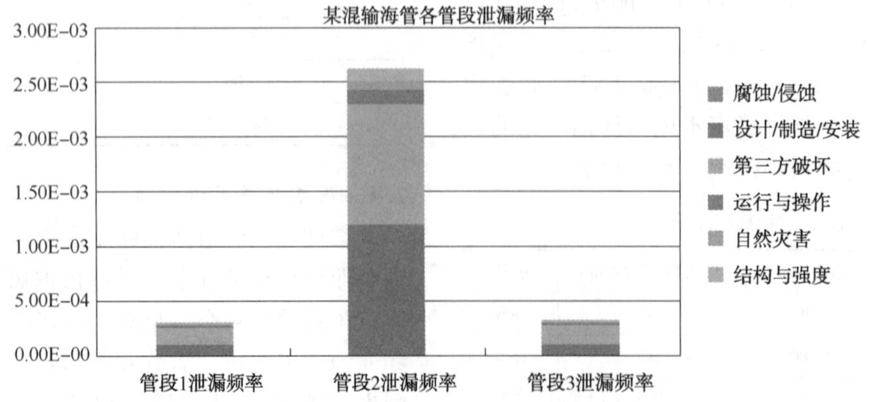

图 3　混输海管各管段泄漏频率

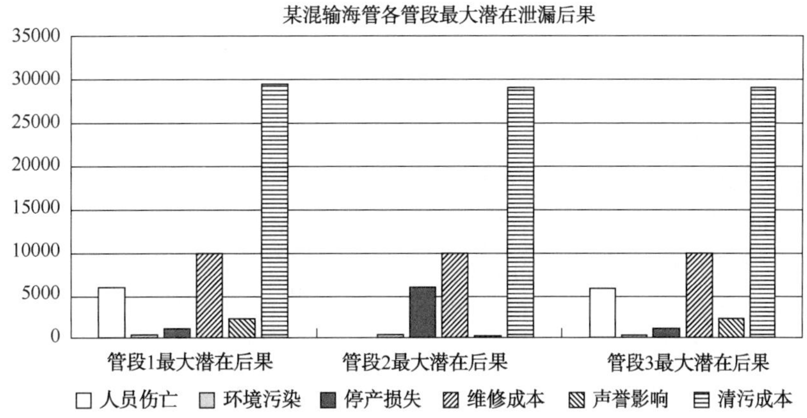

图 4　混输海管各管段最大潜在后果(等价损失)

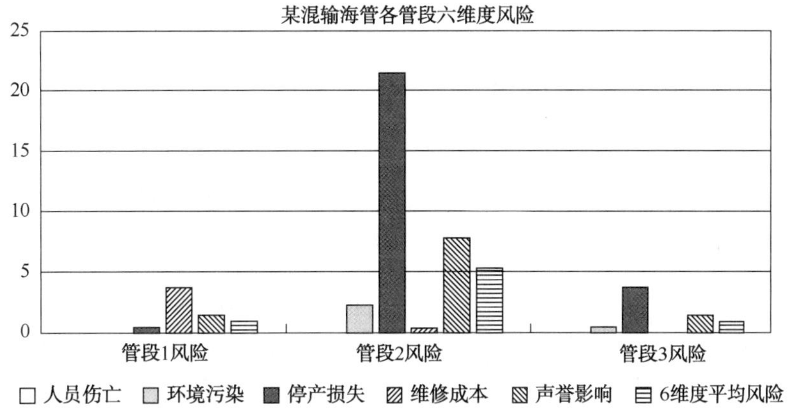

图 5　混输海管各管段六维度风险

表 5　混输海管整体六维度风险与等级

风险维度	人员伤亡	环境污染	停产损失	维修成本	声誉影响	清污成本	6 维度平均
量化风险值	1. 15E-07	5. 14E-02	2. 89	28. 88	2. 89E-01	10. 40	7. 09
量化频率	1. 57E-05	2. 89E-03	2. 89E-03	2. 89E-03	2. 89E-03	2. 89E-03	2. 41E-03
后果(等价损失)	0. 0073	17. 78	50	500	99. 89	3601. 26	2453. 16
频率等级	1	2	2	2	2	2	2
后果等级	1	1	1	3	1	2	2
风险等级	L	L	L	L	L	L	L

根据该海管整体风险评估结果，该海管的六维度风险(人员伤亡、环境污染、停产损失、维修成本、声誉影响和清污成本)均为低风险等级，该海管的六维度平均风险也为低风险等级，该海管整体风险为低风险等级。按照作业公司海管运营维护作业规程，对低风险管道应保持正常操作程序和日常管理工作执行到位。

通过该海管失效原因占比图可见，该海管失效原因占比中，第三方破坏占比最大为 41. 6%，其次是设计/制造/安装为 38. 2%。针对影响该海管失效的第三方破坏因素，建议在海管日常运行中进行关注，必要时可采取针对性的风险控制/安全措施。

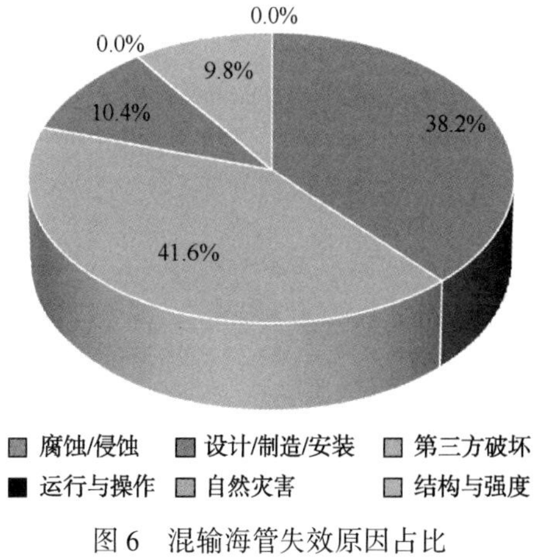

图 6　混输海管失效原因占比

4 结语

“浅水静态柔性输送管风险评估系统”系统的开发及使用填补了中国海油在海洋静态柔性管风险评估领域的技术空白，其风险评估过程快速准确，可有效降低海底柔性管道失效事故发生，为海底油气管道失效风险预警提供技术保障。

浅水静态柔性输送管风险评估方法与其他的评估方法相比具有以下几个优点：

（1）管道失效后果计算中考虑了人员伤亡、停产损失、环境污染、声誉影响、修复成本和清污成本六个泄露后果维度，使管道失效后果计算更为全面。

（2）通过对海管六维度风险值与六维度平均风险的计算，量化海管风险值，克服了肯特法计算中加和导致风险遮蔽、不能凸显风险的问题。

（3）评估方法对柔性海底管道泄漏影响因素和判断项指标进行了细化，其可操作性较强，评估结果更加准确、客观、合理。

该评估方法在后期应用过程中将不断研究新情况，以增强评估方法的适用性。管道公司也将根据中海油历史事故数据不断修正与调整故障基础数据，建立并完善适用于海洋石油静态软管的失效统计数据库。

参 考 文 献

[1] 陈海. 国产海底软管在海上油气田的应用[J]. 石油机械，2016，5(1)：61-65.

[2] 王宏君等. 输气管道半定量风险评估标准的比较和应用[J]. 中国特种设备安全，2016(8)：47-51.

[3] 易云兵等. 油气管道风险评价技术概述[J]. 天然气与石油，2005，23(3)：16-19.

[4] 罗金恒等. 油气管道风险评估与完整性评价技术研究及应用[J]. 中国安全生产，2014，5(1)：48-49.

[5] 王珂等. 油气管道风险评价技术研究[J]. 辽宁化工，2010(1)：35-38.

[6] 刘颖等. 油气管线的风险评价技术[J]. 天然气与石油，2008，26(3)：15-18.

[7] 陈亮. 中海油PB公司海管综合治理项目风险管理研究[D]. 长春，吉林大学，2021.

[8] 原文娟. 基于屏障的在役海底管道量化风险评价技术研究[D]. 北京，中国地质大学，2014.

[9] 严大凡. 油气长输管道风险评价与完整性管理[M]. 北京：化学工业出版社，2005.

[10] 董绍华. 管道完整性管理技术与实践. 中国石化出版社，2020.

绕阳河湿地保护区管道完整性管理探研

孙宝功

（中国石油辽河油田新能源分公司）

摘　要　绕阳河湿地生产区内现有各类管线2631条，1048.5km。区域内井站设施、管线运行年限20年以上占80%，管线常年在湿地内浸泡腐蚀严重，其中腐蚀严重管道占比总管道长度41.7%。2021～2022年全厂管线失效次中绕阳河杜84、杜813、杜212区块发生频次占比64%。从泄漏原因机理分析为出发点，采集的八个土壤样品、三个掺水管线水样进行土壤酸碱度、土壤总含盐量等理化性质分析；对8个土壤、3个水样品共11种环境中的腐蚀速率进行检测；对两处输油管线外壁腐蚀产物进行成分分析，有针对性地选择腐蚀防治技术。从管道外检测评价及维护、阴极保护设置及测试数据两个方面开展先导工作，并取得了在湿地保护区内高盐、高电导率的土壤环境中，油田集油管道和掺水管道的外腐蚀较为严重，采取牺牲阳极的阴极保护法的方法来防治腐蚀。苇塘地带积水液面升降导致的干湿交替腐蚀现象，采取提前检测提前局部加强、更换，有效延缓管段腐蚀、降低隐患段泄漏等管道完整性综合管理方面技术指导性意见。

关键词　经绕阳河；湿地；腐蚀机理；腐蚀速率

绕阳河湿地生产区内地势低洼，多为芦苇所覆盖，管网穿越苇田、上水线等多类型环境，夏季气温（20～35℃），冬季气温（－15～－30℃），天气寒冷有冰冻，降雨期易发生洪涝灾害，该区块主要开发方式有火驱、蒸汽驱、蒸汽吞吐等，区域管道具有输送温度高、油品物性差等特点，且管道投产年限长，腐蚀较为严重，全区块为高后果区。

绕阳河生产区内现有各类管线2631条，1048.5km。区域内井站设施、管线运行年限20年以上占80%，管线常年在湿地内浸泡腐蚀严重，其中腐蚀严重管道占比总管道长度41.7%。2021～2022年全厂管线失效次中绕阳河杜84、杜813、杜212区块发生频次占比64%。每年7、8月进入汛期，对油田生产造成较大影响。为防止绕阳河右岸常态化水淹区管线环境污染，保证管线的安全运行和油田的正常生产，杜绝油气泄漏风险，提升绕阳河右岸管道完整性可行性管理迫在眉睫。

1　泄漏原因机理分析

2022年失效270次，失效原因主要为外腐蚀（占比82%），运行20～30年管道失效率最高，主要为苇田处泄漏（53%），其次是井场附近管道（43%）。失效管道主要分布于直管段，直管入地段占比52%，直管平地段占比31%，其次为弯头处，占比14%。分析其原因为管道普遍投产年限较长，防腐层老化严重，防腐性能差。大部分管道被水浸泡或半浸泡状态，形成腐蚀原电池，同时受碱性环境及季节性干湿交替影响，腐蚀速率较大。尤其是保温管道，一旦外防腐层破损，水在保温层中沿管道向两侧渗入，在高温、密闭环境下，管道外壁腐蚀明显加速。部分管道位于土壤与空气交界处，氧含量浓度分布不均匀，形成了氧浓差电池，一旦该处防腐层破损，缝隙内金属腐蚀将加快进行，造成该部分管道腐蚀速率较大。

1.1　化验分析及结论

为了更好地了解绕阳河湿地区域内管道腐蚀环境，有针对性地选择腐蚀防治技术，采集的八个土壤样品、三个掺水管线水样进行理化性质分析；对8个土壤、3个水样品共11种环境中的腐蚀速率进行检测；对两处输油管线外壁腐蚀产物进行成分分析（表1）。

表1　土壤采样点

样品类别	采样地点	样品编号	取样特点
土壤	29#站掺水管线	S-1	旱地
土壤	31#站掺水管线	S-2	高后果区，重点关注管道
土壤	35#站外输与掺水管线	S-3	公路旁，重点关注管道
土壤	52#站外输管线	S-4	穿越河流管道旁

续表

样品类别	采样地点	样品编号	取样特点
土壤	16#-36#站外输管线	S-5	河流凹案侵蚀区
土壤	39#站外输管线	S-6	—
土壤	37#站外油井旁	S-7	油井
土壤	55#站外油井旁	S-8	油井
腐蚀产物	37#站单井输油管线外部	C-1	—
腐蚀产物	57#站单井输油管线外部	C-2	—

1.1.1　土壤酸碱度

土壤 pH 测量结果见图 1，八个取样点的 pH 均大于 7.0，最高值可达到 8.26，但相差不大，表明该地区为碱性土壤。

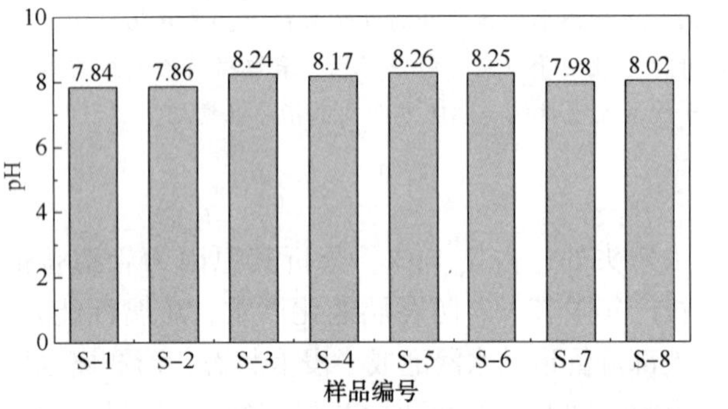

图 1　土壤 pH 测量结果

1.1.2　土壤总含盐量

当土壤含盐量达到干土重的 0.3%～1%时，即相当于弱盐渍土或中等盐渍土。本测试结果最小含盐量为 1.23%，而最大值则达到 7.09%，表明该地区土壤含盐量较高，属于典型的盐渍土(图 2)。

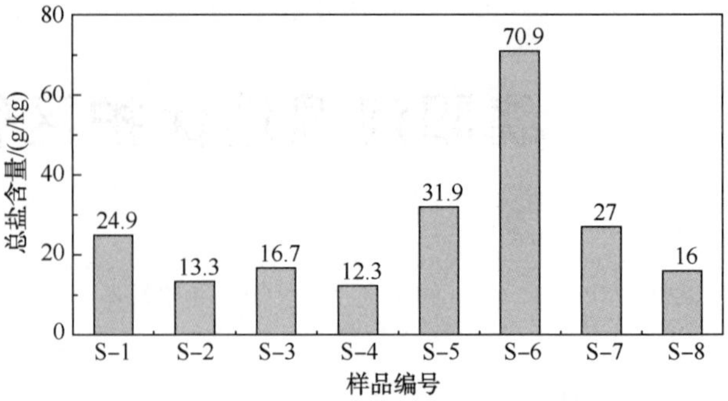

图 2

化验结果显示，绕河地区、土壤特点为高盐、高含水、碱性，这直接导致土壤氧化还原电位和电阻率偏低。这些特点为管线钢外腐蚀提供了良好的环境条件。根据 SY/T 0087.1—2018 标准的划分，绕阳河地区土壤属于强腐蚀性土壤。

1.1.3　土壤环境中的腐蚀速率

由测得的金属-土壤浸出液体系极化曲线经 Tafel 拟合得到腐蚀电流密度和腐蚀速率见表 2。结合辽河油田集输管道腐蚀实际情况，将腐蚀速率划分为高、中、低三个等级，其中大于 0.2mm/a 属于高腐蚀速率、介于 0.1mm/a 和 0.2mm/a 之间属于中腐蚀速率，低于 0.1mm/a 属于低腐蚀速率。高腐蚀速率的取样点有 S-1、S-2 和 S-5 三处；中腐蚀速率有 S-3、S-6 和 S-8；S-4 和 S-7 的腐蚀速率小于 0.1mm/a，属于低腐蚀速率。可以发现中高腐蚀速率的土壤区域有 6 处，说明这几处土壤区域的腐蚀程度较严重，说明土壤中的管道发生了较严重的腐蚀行为(表 2)。

表 2　土壤环境中的腐蚀速率测量结果

样品编号	S-1	S-2	S-3	S-4	S-5	S-6	S-7	S-8
腐蚀电流密度/($\times10^{-5}$A/cm^2)	2.4573	1.7579	1.2478	0.7873	1.8345	1.2514	0.5546	0.8919
腐蚀速率/(mm/a)	0.2875	0.2056	0.1460	0.0921	0.2146	0.1464	0.0649	0.1043
腐蚀等级	高	高	中	低	高	中	低	中

20#管线钢在土壤环境中的腐蚀速率主要介于 0.1mm/a 至 0.3mm/a 之间。其中，29#站、31#站和 16#站外输管线三处的腐蚀速率超过 0.2mm/a，属于高腐蚀速率；35#外输管线、39#站外输管线和 55#站的腐蚀速率介于 0.1～0.2mm/a 之间，属于中腐蚀速率；52#站外输管线和 37#站的腐蚀速率小于 0.1mm/a，属于低腐蚀速率。高含水率与高含盐量形成了电化学腐蚀所需的电解质条件，电解质溶液在防腐层破损处渗透到管线钢表面，引发钢管腐蚀。

管道外壁腐蚀产物主要由 Fe_3O_4、Fe_2O_3、FeS 和 SiO_2 组成，其中 Fe 的氧化物是主要的腐蚀产物成分。样品中的 SiO_2 可能来自于环境中的土壤。

1.2　输管道腐蚀机理分析

集输管道大体上分为两大类，即集油管线和掺水管线，集油管线主要包括地上管段、出入土管段和埋地管段，其中埋地管段又主要分为井场沙土区域管段和苇塘区域管段。不同管段的腐蚀机理也存在一定的差别，而掺水管线由于管道内部的水环境，因此管道的内腐蚀对管道失效也造成了影响。

1.2.1 埋地井场沙土区域管段

在所取的土壤样品所属区域为井场的沙土区域，从前面对土壤理化性质的检测结果可以看出，土壤中的阴离子含量浓度对管道外表面的腐蚀起到比较重要的作用，而阴离子中又以 Cl^- 和 SO_4^{2-} 对腐蚀的影响更为显著。

两处外腐蚀产物中的铁的硫化物以及硫元素来自于土壤环境中的硫酸盐还原菌，硫酸盐还原菌不仅通过阴极去极化加速了管道的腐蚀，而且其代谢活动产生的 H_2S 与管道基体发生腐蚀反应生成了铁的硫化物。但是根据前面的检测结果，腐蚀产物成分还是以铁的氧化物为主。

1.2.2 出入土管段

八个土壤区域中的管道存在出入土管段，土壤中的氧含量低于空气中的氧气含量，极易出现氧浓差腐蚀，从而引发事故。氧浓度高的区域成为阴极区，即暴露在空气中的管道为阴极，而紧靠土壤的管道的下方部位—由于氧的浓度相对低而成为阳极区，最终导致埋于土壤下方的管道周壁处发生严重的腐蚀。在氧浓差腐蚀中，阴极主要为吸氧反应，阳极表现为铁的活性溶解，其中阴极反应为速控步骤。又由于阴极暴露在空气中，阳极为靠近土壤的管道外表面，因此，又造成了“大阴极小阳极”的局面，进一步加速了阳极溶解，因此在管道的出入土部位腐蚀情况最为严重。由于氧气的存在，氧浓差腐蚀的腐蚀产物主要为铁的氧化物和羟基氧化铁（FeO（OH）），这与前面腐蚀产物的 XRD 检测结果也很吻合，因此可以推断取样腐蚀产物的管道可能发生了氧浓差腐蚀，对管道的完整性造成了破坏。

1.2.3 苇塘区域管段

苇塘区域由于自身的水环境以及盐含量相比于土壤中更多，因此离子传输速度更快，腐蚀相对来说更严重一些，例如 S-4 样品所在地处于河流两岸的侵蚀地带，腐蚀速率达到了 0.2146mm/a，属于高腐蚀速率。另外，由于季节变换以及降雨自然条件的影响，河水会出现上升下降的情况，这就导致管道处于干湿交替的环境中，从而加速了管道的腐蚀。

一方面，金属表面长期处于干湿交替的状态，在从湿到干的过渡过程中，金属表面的液体薄膜逐渐蒸发，变得更薄，薄的液层影响溶解氧的扩散速率，传质扩散层越薄，氧就越容易到达钢基体，并且液层越薄，液态膜中的 Cl 的浓度增加越快，从而加速了金属的电化学腐蚀。另外在干湿交替环境中，液膜的 pH 值受到二氧化碳和腐蚀产物等的影响。此外，电解液的局部酸性通过铁离子水解形成的 H^+ 的积累降低了局部 pH，pH 的变化直接影响钢的腐蚀行为。在低 pH 的干湿交替条件下，阴极极化过程中析氢反应起主要作用，而在高 pH 条件下阴极主要发生氧化反应。

另一方面，随着薄液层中水分的蒸发，盐度增加，从而提高了液膜的导电性。这加快了电化学反应所需物质的转移速度，促进了电化学反应过程，加速了钢的腐蚀。钢材在干燥阶段的腐蚀速率远高于湿阶段。因此干湿比对腐蚀过程起到了重要作用。图 3 详细说明了不同干湿比情况下钢表面的腐蚀过程。随着干湿比的增加，钢表面的 Cl^- 浓度以及 O_2 含量逐渐增多，二者更容易到达钢基体，从而加速腐蚀行为的发生，导致更为严重的腐蚀。

2 管道完整性提升初步方案

（1）在高盐、高电导率的土壤环境中，集油管道和掺水管道的外腐蚀较为严重，集油管线的腐蚀穿孔主要由外腐蚀导致，故在绕阳河部分重点站间输油管线采取管道牺牲阳极、阴极保护法相结合的方法来防治腐蚀。

（2）针对苇塘地带积水液面升降导致的干湿交替腐蚀现象，采取提前检测提前局部加强局部更换。

3 管道完整性先导实施

3.1 管道外检测评价及维护

3.1.1 管道外检测评价

采取管道外检测及评价方法对区域内管线进行隐患筛查。2022 年 59km 管道外检测及评价工作，识别防腐层破损点 151 处，对选点进行超声波测厚，选点的原则是选取弯头、变径、三通处 100%进行检测。共测厚检测 430 个点，其中管径为 DN80 的管线平均减薄量为 17%，管径为 DN60 的管线平均减薄量为 13.7%。

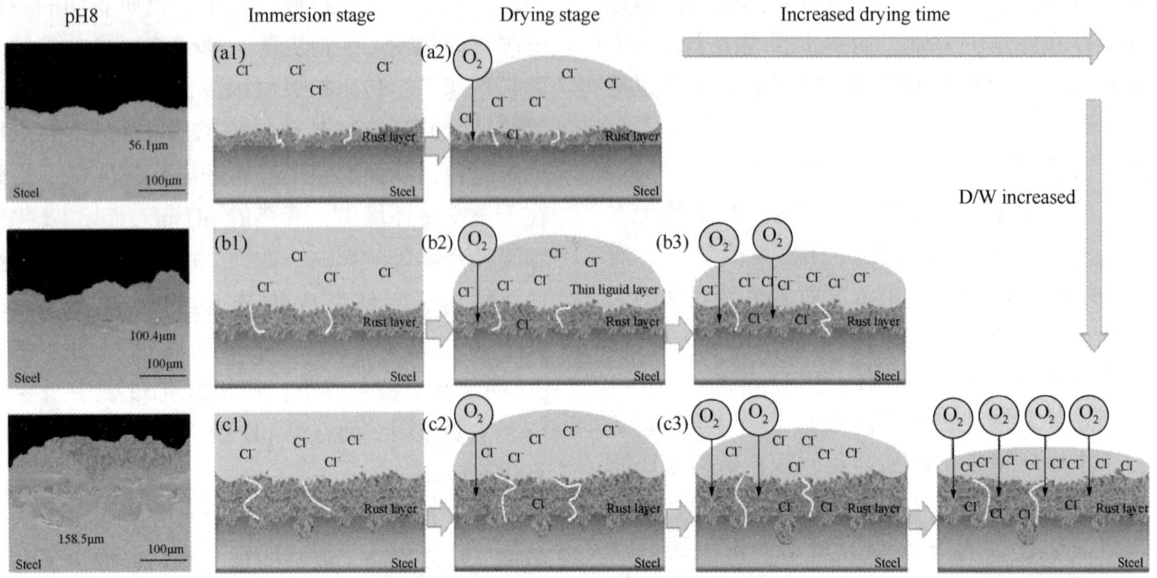

图 3　不同干湿比下钢的腐蚀过程示意图

3.1.2　维修维护

依据检测报告结论，对缺陷腐蚀没达到 20%(管段更换界限)部位进行碳纤维补强，这是最能体现“主动式预防>被动式补救”管道完整性管理理念的方式，目前已在作业区实施，效果反馈良好。(避免盲目打卡子)

优点：成本低于管段更换，施工方便快捷，可以带压施工，安全无污染；避开环保压力，降低征地难度，不挑施工窗口期，工期灵活。

缺陷腐蚀超过 20%无法补强的，统一工艺优化合走后更换局部管段。

通过核算井口回压、温度、粘度等数据，进行季节性停输管线。

具体管线维修维护工作量见表 3。

表 3　管线维修维护工作量统计表

入地处补强		局部管段更换		合走、降温停输	
施工数/米	修复缺陷数/处	施工数/米	修复缺陷数/处	施工数/条	修复缺陷数/处
143	58	1150	51	6	21

3.2　阴极保护设置及测试数据

3.2.1　阴极保护实施情况

试验区块地势低洼多为芦苇和稻田所覆盖，区块内分布各类集输管线 400 余 km，管网密集，现场作业空间有限，大部分管线投产年限较长，处于欠保护状态，结合上述区块特点，明确以牺牲阳极阴极保护为内容，探索牺牲阳极阴极保护在油田集输钢质管道外腐蚀区域保护的适用性。

依据腐蚀影响因素分布热力图对重点腐蚀管段的初筛结果，对筛选的管道安装镁合金牺牲阳极，管道两端采取电绝缘，并设置可断开式阴保测试桩及可更换式极化腐蚀一体化测试装置(表 4)。

表 4　表牺牲阳极安装情况

序号	管道名称	牺牲阳极数量
1	曙 1-40-k50 掺水管线	2 组
2	曙 1-40-k50 回油管线	2 组
3	曙 1-40-038 掺水管线	2 组
4	曙 1-40-038 回油管线	2 组
5	曙 1-46-028 掺水管线	2 组
6	曙 1-46-028 回油管线	2 组

3.2.2　阴极保护测试数据

按照测试周期，采用极化探头法对 6 条安装牺牲阳极的管道进行阴极保护效果测试，经测试管道的极化电位均在-0.88V 到-1.2V 之间，起到阴极保护作用(表 5)。

表 5　牺牲阳极阴极保护现场测试结果

序号	管线名称	测试位置	开路电位/V	通电电位/V	极化电位/V
1	曙 1-46-028 回油管线	37#站	-0.66	-1.36	-1.16
2	曙 1-46-028 掺水管线	37#站	-0.61	-1.22	-1.08

续表

序号	管线名称	测试位置	开路电位/V	通电电位/V	极化电位/V
3	曙 1-46-028 回油管线	曙 1-45-新 28 井	-0.54	-1.17	-0.98
4	曙 1-46-028 掺水管线	曙 1-45-新 28 井	-0.63	-1.23	-1.01
5	曙 1-40-k50 回油管线	55 号站 3 号计量间	-0.37	-1.15	-0.9
6	曙 1-40-k50 掺水管线	55 号站 3 号计量间	-0.38	-1.19	-1.05
7	曙 1-40-k50 回油管线	曙 1-40-k50 井口	-0.38	-1.05	-0.88
8	曙 1-40-k50 掺水管线	曙 1-40-k50 井口	-0.38	-1.07	-0.95
9	曙 1-40-038 回油管线	53 号站 2 号计量间	-0.38	-1.32	-1.11

4　先导管道完整性提升实施效果评价

2021 年开展管道完整性管理试点工程，对该绕阳河区块的管道实施了一系列腐蚀防治措施，采油厂管道完整性管理工作取得了较大的进展，管道的整体失效情况得到了极大的改善。

2020~2022 年三年的管道失效情况如图 4 和图 5 所示，2020 年管道总失效次数 241 次，管道失效率 447 次/(年·千公里)，2022 年为 130 次，失效率 262 次/(年·千公里)。

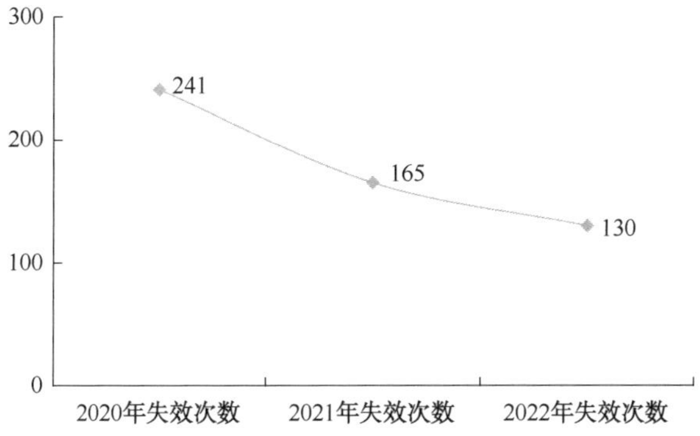

图 4　区块治理 3 年失效次数折线图

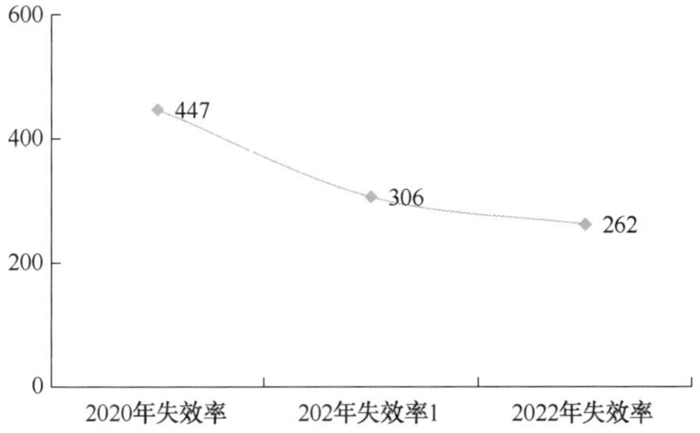

图 5　区块治理 3 年失效率折线图

经过一年、多腐蚀防治技术的综合实施，区块的总失效次数三年下降约 111 次/年，下降约 46%，失效率由 447 次/(年·千公里)降至 262 次/(年·千公里)，下降约 41%。区块的整理腐蚀治理效果显著，达到了项目当初设定的“腐蚀控制方案实施后的示范应用区块管道失效率下降幅度大于 30%”的目标。

5　结论

（1）在湿地保护区内高盐、高电导率的土壤环境中，油田集油管道和掺水管道的外腐蚀较为严重，建议采牺牲阳极的阴极保护法的方法来防治腐蚀。

（2）对于已经发生腐蚀破坏的管道，在更换管线时应考虑适合土壤环境和输送介质特点的管材，对于出入土段和苇塘区域等重点腐蚀地段，建议筛选多种管材的耐腐蚀性进行详细比对筛查。

（3）针对辽河油田苇塘地带积水液面升降导致的干湿交替腐蚀现象，建议开展室内腐蚀规律和机理研究，建立不同环境条件下的氧浓差腐蚀速率预测模型，指导现场开展腐蚀综合防治。同时分区域开展提前检测提前局部加强、更换，达到延缓管段腐蚀、降低隐患段泄漏治理目的。

参　考　文　献

[1] GB/T 27512—2011 埋地钢质管道风险评估方法
[2] GB/T 21448—2017 埋地钢质管道阴极保护技术规范
[3] GB/T 21447—2018 钢质管道外腐蚀控制规范
[4] 管道完整性技术与管理 董绍华 著
[5] 管道完整性评估理论与应用

第四篇　燃气管网完整性管理篇

燃气管网完整性管理是在油气长输管道完整性管理成功实施的基础上提出的，是确保燃气管网生命线时刻处于安全可靠服役状态的重要举措，是继城市燃气管网安全管理、风险管理之后更高级别的安全管理新模式。然而，目前由于我国燃气管网布局复杂、管材多样、压力等级差异大、受载荷和干扰因素多，燃气管网数据资源使用存在壁垒，数字化、智能化落后，导致我国燃气管网在完整性管理过程中面临着“泄漏定位难”、“完整性评价难”、“风险管控难”等诸多挑战和难题。因此，本篇《燃气管网完整性管理》将围绕我国燃气管网完整性管理过程中的新理论、新技术(燃气管网监测技术、风险评价技术、高风险点修复技术)和新方式(数字化、智慧化)等进行全面系统总结梳理，为我国城市燃气管网完整性管理工作的经济、高效、安全运行提供理论和实践指导。

基于集气管的燃气管道泄漏直接监测系统研究

王树立[1,2]　吴丽萍[1]　姚　景[1]　郝成名[1]

（1. 泉州职业技术大学能源学院；2. 福建省清洁能源应用技术协同创新中心）

摘　要　天然气管道泄漏监测技术对于及时发现管道泄漏，减少事故造成的各种损失具有重要作用。本文基于直接检测泄漏介质理念，研发出伴随管道铺设的泄漏检测管、设计了泵阀联动真空抽气模块、建立了管道泄漏点定位数学模型并编制了定位计算程序、开发 PLC 泄漏自动化监控报警及 GPRS 数据远传系统。实现了基于基于检测管的管道泄漏在线监测、漏点定位及数据远传报警等功能，为燃气管道泄漏监测提供了技术支撑。

关键词　燃气管道；泄漏监测；检测管；漏点定位

油气管道是能源输送的主要形式，然而由于油气具有易燃、易爆性，管道一旦发生泄漏，可能引发事故造成巨大的经济损失。管道泄漏的原因可以分为材料因素和人为因素两类。我国大部分油气管道服役超过了 20 年，材料失效造成的管道泄漏逐渐增多。及时发现管道泄漏并排除事故是安全生产的重要环节，因此研究开发高精度管道泄漏在线监测系统，对管道实施在线监测具有重要意义。

早期的泄漏检测技术多采用物理手段检测油气外泄，例如：泄漏检测车，将各类传感器铺设在油气管道上用来检测管道是否发生泄漏并准确定位。近年来，随着智能化技术的飞速进步，泄漏检测向非开挖实时在线的方向发展。这种方法主要通过对油气管道实时数据采集、数据处理，并与数学模型进行对比分析进行泄漏与漏点判定。根据测量手段、测量媒介、检测装置所处的位置和检测对象的不同，可分为两类。一类是通过检测管道运行工艺参数来判断泄漏的发生及其位置，另一类是检测泄漏发生时产生的声波来实现测漏。从应用效果看，目前被认为较成熟的是前者，即“压力波+输差分析”实时监测报警的办法。声波检测方法误差较大，如一种所谓“次声波(音波)测漏系统”，试验及后期应用证明，它只适合检测较大(瞬时泄漏量大于管道瞬时输5%)的突发性泄漏，定位误差较大。由工艺参数来判断泄漏及定位的方法实际上是一种“软”测量，它是通过监测管道运行的压力、温度、流量等工艺参数来推断泄漏的发生，毕竟不是直接测到漏油，数据采集的误差不可避免，微小泄漏信号无法识别。表 1 给出了国内外常用检测方法性能综合比较。

表 1　常用检测方法性能比较

检测方法	定位精度	响应时间	可靠性能	误报警率	费用
人工巡查	较高	不确定	较强	低	高
探测球法	高	不确定	强	低	高
声波法	一般	快	强	较高	低
压力梯度法	一般	较快	强	高	低
负压波法	一般	快	较强	较高	低
质量平衡法	较低	慢	一般	低	较低
统计法	低	较慢	一般	低	较低

通过对比分析得出目前采用的泄漏监测技术均存在一定的不足。为此，王树立开发了一套基于直接检测泄漏介质原理的油气管道泄漏检测系统，系统由检测管、泵阀联动机构、烃检测仪、泄漏监测软件和控制系统等组成，根据烃检测仪检测出的烃气体浓度并结合定位模型实现泄漏点的定位。是目前国内用于实现燃气直接检测和定位的新方法，具有智能化实时在线，历史数据存储，数据远传，声光报警等优点。

1　系统简介

基于检测管的燃气泄漏监测系统如图 1 所示，主要由检测管、烃气检测器、质量流量计、控制阀门、PLC 控制器、真空泵、真空罐、GPRS、计算控制中心等组成。检测管是薄膜管，特点是对烃气具有很高的选择性渗透能力，伴随油气管道上方铺设。用真空泵维持检测管内部有一定负压力。如果检测管周围存在泄漏的可燃气体，在压差作用下燃气会溶解扩散进入检测管，并依次流经燃气检测器、质量流量计最后进入真空罐。根据监测器检测出泄漏燃气的燃气浓度并结合控制单元(PLC)中定位数学模型就可以实现泄漏点的定位。利用 GPRS 远传模块能够把采集获得泄漏信号及泄漏点准确位置发送到计算控制中心，最终实现燃气管道的实时、在线、连续监测的目的。

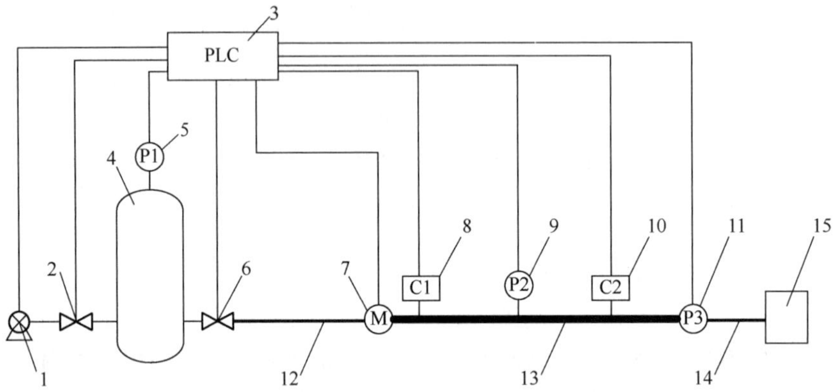

图 1　监测系统图

1—真空泵；2—电动控制阀门；3—PLC 控制中心；4—真空罐；5—压力变送器；
6—电动控制阀门；7—烃检测器；8—质量流量计；9—压力变送器；10—质量流量计；
11—压力变送器；12—泄漏检测管缓冲段；13—泄漏检测管泄漏检测段；14—泄漏检测管缓冲段；15—远程数据模块

泄漏检测系统的自动控制系统由硬件系统和软件系统两部分构成。硬件系统主要包括工控机、PLC、数据检控仪；软件系统由 PLC 编程软件和 MCGS 中控组态软件组成。自动检控系统具有采集天然气泄漏信号、分析泄漏数据、判断泄漏情况和确定泄漏点具体位置等功能。控制系统采集泄漏天然气的浓度、流动速度及压力值等数据，PLC 依据采集的数据和运行程序判断泄漏情况及泄漏点的位置。控制系统通过控制电动阀门和真空罐的压力值的切换实现整体检测系统内部管路气体通畅。控制系统采用 PLC 编程软件和 MCGS 中控组态软件。通过两者对整套泄漏检测系统检控运行，检测系统需要实现的具体功能利用工控机内的 PLC 编程软件实现。同时，利用工控机内的 MCGS 中控组态软件把控制系统的组态图绘制完毕并设置好通道。编写完成的程序下载到西门子 PLC 中，启动工控机内的 MCGS 组态软件和 PLC，即可对检测系统进行测试。

本系统以天然气扩散原理为基础，如图 1 所示，核心部件是一根特制的检测管，检测管并行铺设在燃气管道上方。主要由检测管、可燃气体分析仪、质量流量计、压力变送器、电控阀门、上位机、PLC 控制中心、真空罐、真空泵、GPRS 数据远程模块。

检测管是一种特制薄膜管，这种膜材料的特点是对烃类气体具有选择渗透性。在真空泵抽气的作用下，检测管内部有稳定负压存在。如果检测管周围存在泄漏的天然气，在膜材料选择扩散和压差作用下天然气会渗透扩散进入检测管。检测管一端连接真空泵，持续从管内抽气，气体依次流经烃气体分析仪、质量流量计最后流入真空罐。若检测器检测到泄漏信号，则说明有泄漏情况发生。根据烃分析仪检测出泄漏甲烷的时间并结合 PLC 控制中心内定位模型可以实现泄漏点的定位。上位机接收到 PLC 控制中心的泄漏数据后上传给数据远传模块，远传模块利用 GPRS 网络把采集获取泄漏信号及泄漏点准确距离数值发送到检控中心，最终实现燃气管道的实时、在线、连续检测的目的。

2　检测管泄漏监测技术原理

泄漏监测管的半渗透膜是气体分离膜的一种，它的基本原理是根据膜材料对不同气体有选择性渗透能力，在压力推动下透过膜另一侧达到分离的目的。具有半渗透功能的膜在气体分离中应用较多，烃类气体透过膜时，常认为是溶解—扩散机理。其过程是气体分子在膜高压侧的表面溶解，借助浓度梯度在膜中扩散，在膜低压侧解吸，半渗透膜透过烃类气体分子过程如图2所示。

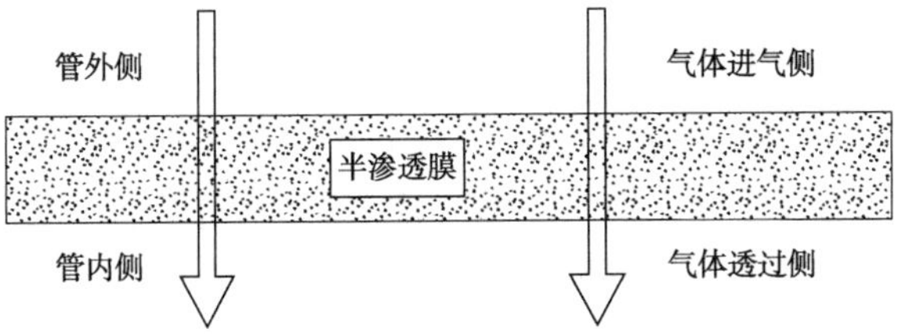

图2　半渗透膜透过气体分子过程示意图

烃类气体分子在半渗透功能分离膜中的溶解——扩散传递过程由下列3步完成，如图3所示。第一步：烃类气体组分在半渗透膜进气侧表面吸附溶解，具体如图3(a-b)过程；第二步：吸附溶解在半渗透膜进气侧表面的烃类气体组分在浓度差的推动下扩散透过膜，具体如：图3(b-c)过程；第三步：扩散到半渗透膜出气侧表面的气体被解吸，具体如图3(c-d)过程。

一般情况，气体分子在膜表面的吸附溶解和解吸过程能较快达到平衡状态，气体在膜内渗透扩散过程中，气体组分决定气体透过膜的速率。气体分子通过分子链段间的空隙透过膜，气体分子的扩散性与分子大小、膜结构中空隙大小、生成的难易程度等因素有关。因此，气体分子尺寸越小，运动摩擦阻力越小，在半渗透膜中扩散速度越大。

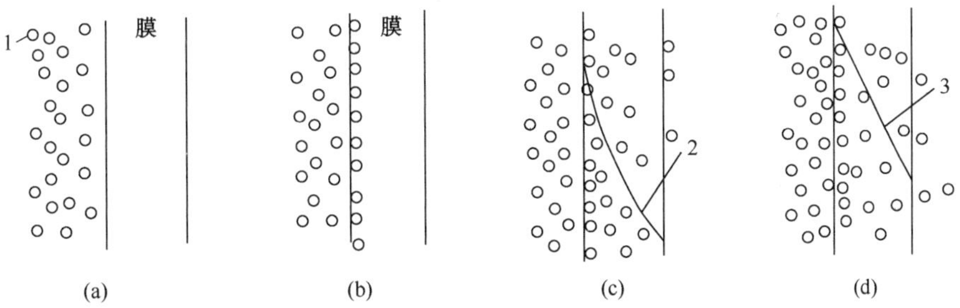

图3　气体透过半渗透膜渗透机理示意图

1—烃类气体分子；2—浓度梯度(非稳定状态)；3—浓度梯度(稳定状态)

3　泵阀联动系统

泵阀联动系统设计包括机柜(设有时间继电器)、阀门控制器1、阀门控制器2以及压力传感器，如图4所示。时间继电器和阀门控制器1、2之间接通过导线连接；时间继电器、阀门控制器1、2以及压力传感器均通过导线与PLC连接；时间继电器通过导线与外边的泵相连；阀门控制器1、2均通过导线分别与阀门1、2连接；压力传感器与真空罐连接；机柜外部面板设有若干与继电器，阀门1和2、控制器和压力传感器电连接的指示灯和控制钮如图5所示，所述机柜外部面板上的指示灯和按钮分为压力组控制，阀门组控制区和泵组控制区，其中压力组控制包括压力运行指示灯，压力故障指示灯，压力给定表，停止按钮；阀门组控制区包括阀门1、2上电指示灯，阀门1、2故障指示灯，阀门1、2开到位指示灯，阀门1、2关到位指示灯，手动/联动阀1，手动/联动阀门2；联动关按钮泵组控制区包括时间继电器运行指示灯，时间继电器故障指示灯，手动/联动启动和停止按钮以及急停按钮。

手动设定开阀取气时间，取气若干时间后关闭进气阀。按设定罐内压力自动抽气，待满足真空罐内真空度工艺设定要求后，出气阀自动关闭，气泵同时停止。通过PLC实现气泵以及进出口电动阀门的自动开闭。通过罐内压力变送器反馈信号与给定压力信号进行PID调节，实现实现恒压间歇式取气功能。

4　泄漏点定位

4.1　泄漏判断

天然气管道泄漏监测系统检测天然气管道泄漏的直接器件是甲烷分析仪。该系统检测核心部件是与输气管道同步平行铺设的非开挖检测管；同时，监测系统利用真空泵的抽吸空气作用使检测管内部产生负压力状态；若安装该监测系统的天然气管道发生泄漏情况，管道泄漏气体迅速向四周扩散，气体将扩散到泄漏管段的检测管四周，在检测管内外压力差作用下，泄漏的天然气将渗透到检测管内部，在真空泵和真空罐的协调作用下，泄漏气体流经甲烷检测仪，此刻、监测系统内部的监测中心检测到泄漏气体，将天然气浓度检测系统测得的气体浓度与系统内设定的浓度阈值进行比较，若检测的浓度大于设定的阈值进行比较，给出管道泄漏发生泄漏判断，同时发出泄漏报警信号。该监测系统应用到天然气管道泄漏监测实现泄漏情况判断，并能实现实时、在线、连续对管道进行监测。

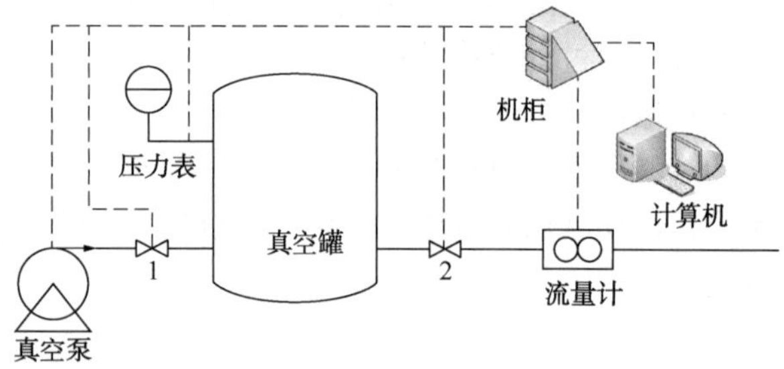

图 4　泵阀联动系统示意图

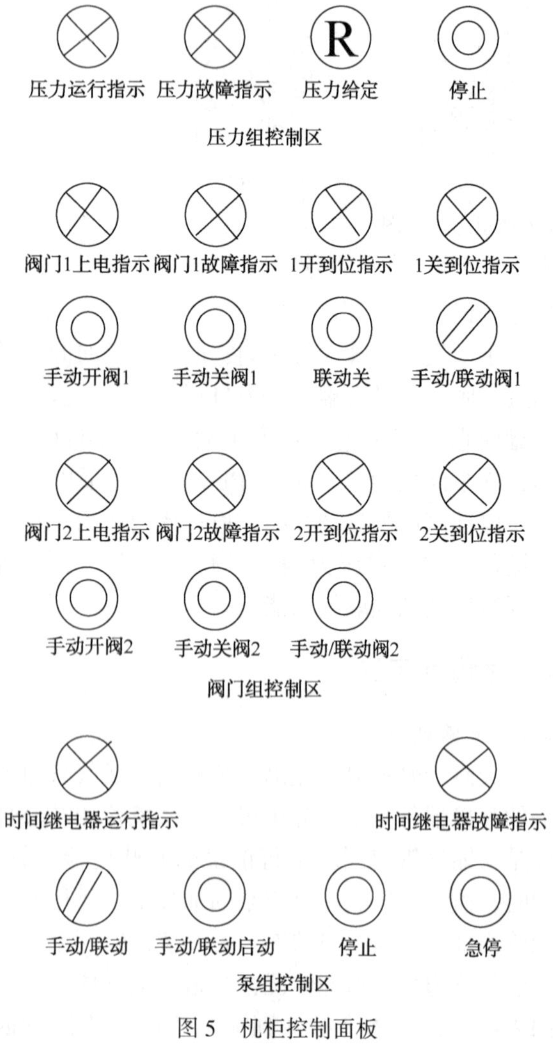

图 5　机柜控制面板

4.2　定位数学模型

泄漏情况判定后监测系统自动启动泄漏点定位程序，监测系统内部的 PLC 控制单元运行定位程序，此刻作为计时起点 t_1。检测管中泄漏天然气检测浓度未处理前曲线如图 6 所示，处理后的浓度曲线如图 7 所示，泄漏气体浓度峰值点作为计时终点 t_2。泄漏气体计时起点与终点的差记为 ΔT，ΔT 即为泄漏混合气体在管路内流动的时间。质量流量计采集的泄漏气体浓度数据转化为泄漏气体在检测管中流动的速度 v，依据公式 $s=v\times\Delta T$ 得出泄漏气体在管路中流动的距离 S，S 即是天然气检测管管段泄漏点的位置。根据不同时刻气体浓度曲线及相关数学模型，给出泄漏点位置。

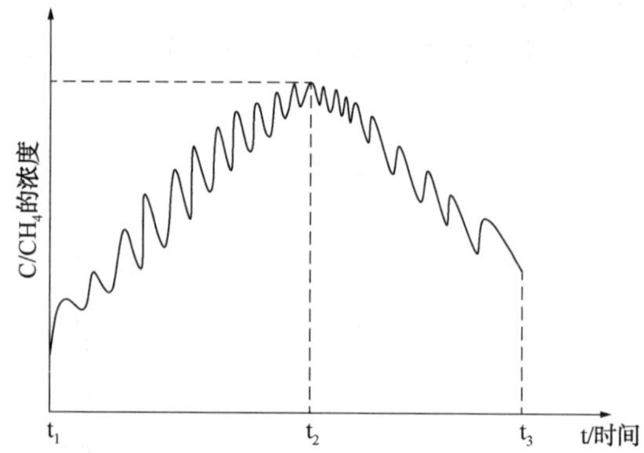

图 6　数据未处理天然气浓度曲线

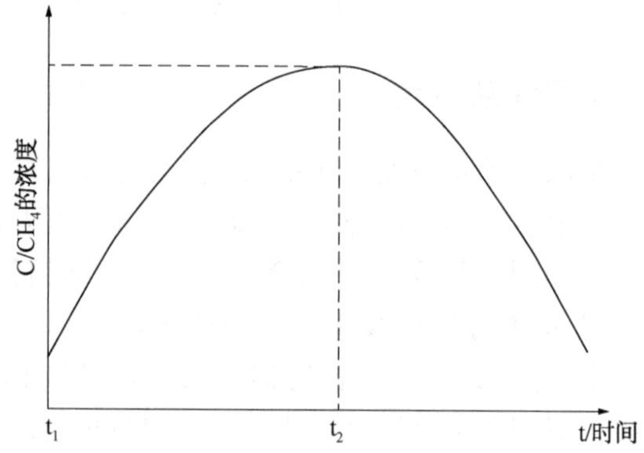

图 7　数据处理后天然气浓度曲线

泄漏天然气浓度最大峰值点确定方法如下：把出现峰值点区域化为一个单独的区域，逐次比较峰值的区域面积的大小，在比较过程中发现峰值区域面积在逐渐增加时说明比较峰值区域不是泄漏点所在区块，继续比较，直到发现峰值面积大小减少且逐渐持续减小，说明最大峰值点在改区域，此区域的最大值点为泄漏点。

把$[t_1, t_3]$时间段作为分析区域，把该区域划分若干个小区域，通过给出每个小区域的数值解来到整个区间上的积分数值解，设 $t_i=t_1+(i-1)h$，$h=(t_i-t_1)/(n-1)$，其中 n 为小区块数，i 为自然数，$f(x)$为曲线经过变换后的近似函数式

(2-27)所示。

$$\int_{t_{i-1}}^{t_i} f(x)\,dx = \sum_{i=1}^{i} \int_{xi-1}^{xi} f(x)\,dx \tag{1}$$

为简化计算采用式(1)所示。

$$\int_{t_{i-1}}^{t_i} f(x)\,dx \approx \sum_{i=1}^{i} \frac{h}{6} \left[f(xi-1) + 4f(x_{i-1/2}) + f(xi)\right] \tag{2}$$

5 控制系统

5.1 泄漏检测系统控制要求

5.1.1 无泄漏时的正常工作状态

(1) 泵的运行：泵在此条件下，应根据负压罐内的压力变化以及泄漏检测管内的负压变化间歇开关。只要保证负压罐和泄漏检测管内的负压在设定值之间即可，不用一直保持运行状态。

(2) 压力传感器的运行：压力传感器在此条件下，应保持数据的准确性以及数据的实时更新，并对数据进行实时保存，并加以比较，保证能在第一时间发现压力的突变，同时杜绝误报警。

(3) 流量计的运行：流量计在此条件下，向PLC传递的数据不需要进行保存，只需保证流量计正常运行即可。

(4) 甲烷检测仪的运行：甲烷检测仪在此条件下，应实时对泄漏检测管内的气体的甲烷含量进行实时更新，同时和甲烷报警阀值进行比较，保证能在第一时间发现甲烷含量的变化，但是甲烷浓度的数据不需要保存。

5.1.2 有泄漏时的报警工作状态

(1) 泵的运行：泵在此条件下，要一直保持运行，不能间断。不再以负压罐内的压力变化以及泄漏检测管内的负压变化为泵的运行依据，而是以流量计的示数稳定为依据进行调节，保证流量计的示数不发生大的变化，以此保证泄漏检测管内气体流动状态的稳定。

(2) 压力传感器的运行：压力传感器在此条件下，不需要再对数据进行实时更新、保存以及比较处理，而是保证压力传感器正常运行即可。

(3) 流量计的运行：流量计在此条件下，应保持数据的准确性以及数据的实时更新，并对数据进行实时保存，以保证能取得足够参数，求取时间段内的平均速度。同时对系统是否正常工作进行效验。

(4) 甲烷检测仪的运行：甲烷检测仪在此条件下，向PLC传递的数据不需要进行保存，只需保证流量计正常运行即可。

5.2 泄漏检测系统PLC设计

5.2.1 PLC控制原理

自动控制系统主要功能包括下面泄漏信号采集、泄漏信号处理和泄漏点的数据发送，如图8所示。

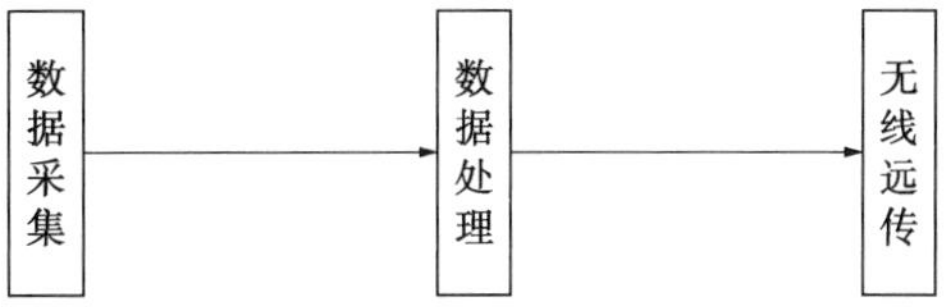

图8 自动检控系统原理图

泄漏检测控制系统主要由真空泵、真空罐、检测管、甲烷检测仪、PLC、上位机、质量流量计、电控阀门、数据检控仪等器件组成。主要功能是利用PLC实现：压力表显示真空罐的压力、甲烷检测仪采集甲烷浓度值、真空泵的启停和检测管阀门开闭是自动控制，同时将采集到压力值与甲烷浓度值显示到控制面板组态界面上，方便在线实时检测，且系统还要实现当有甲烷泄漏时的声光报警及对泄漏点位置点的判断，同时实现MCGS对这一过程检控。检测系统具有实时数据采集、显示、分析和存储功能；天然气浓度分布曲线以数字和曲线的形式实时显示，天然气报警阈值可调；该系统具有当管网发生泄漏后能够自动进行泄漏点的定位，并发出声、光报警信号、数据远程等功能。控制系统的框架图，通过PLC控制中心控制真空罐、电动阀门、质量流量计、甲烷检测仪，发现泄漏情况检测中心发出泄漏报警信号，此时开始定位把泄漏点位置发送到控制中心。最终控制中心利用GPRS网络把数据发生到控制终端。PLC控制真空罐的内部压力控制原理流程图如图9所示。

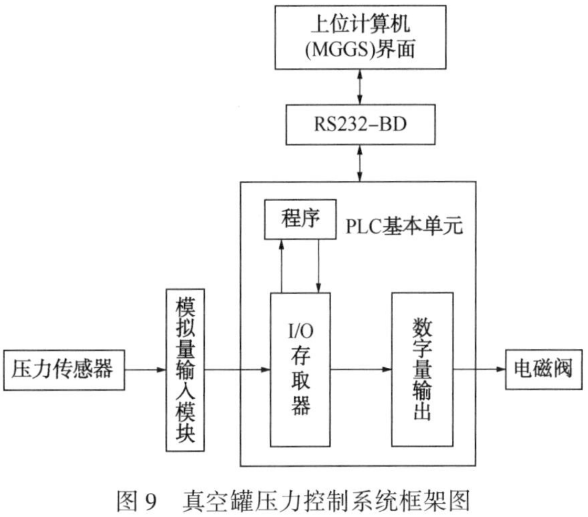

图9 真空罐压力控制系统框架图

5.2.2　泄漏检测系统 PLC 程序流程图

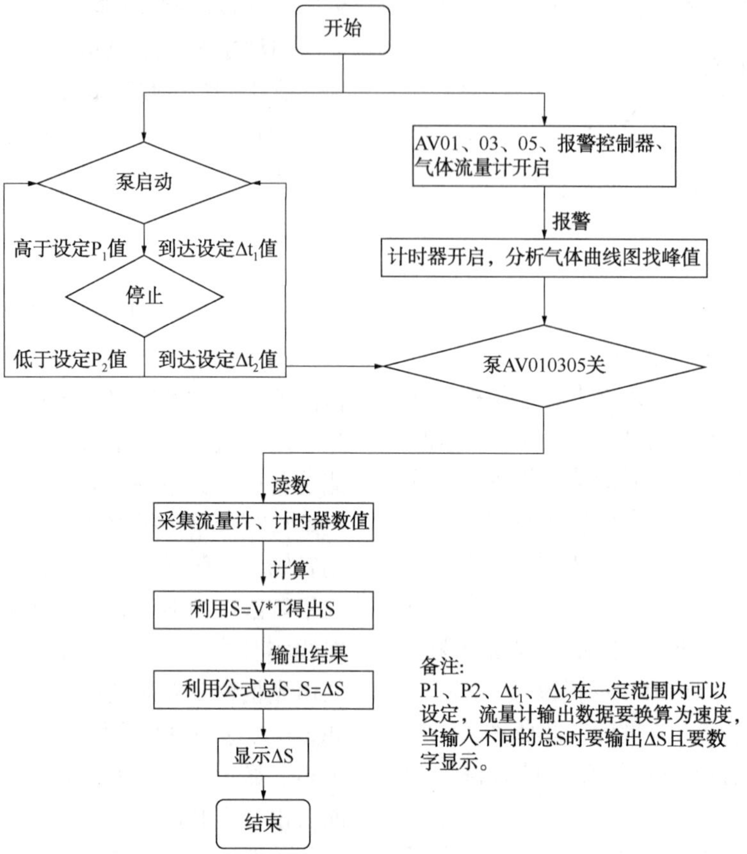

图 10　PLC 控制程序流程图

6　结论

基于检测管的天然气管道泄漏监测系统以天然气扩散原理为基础，根据甲烷检测仪检测出的气体浓度分布并结合定位模型就可以实现泄漏点的定位。相关研究结论如下：

(1) 开发基于检测管的天然气管道泄漏监测实验系统一套。该系统通过泵抽真空系统为气体在检测管内部提供推动力，通过比较 CH4 气体浓度实测值和系统阈值判断管线是否泄漏，根据 CH4 气体浓度随时间的分布规律及气体实时流量数据确定泄漏点位置；利用 GPRS 系统，将泄漏报警信息和泄漏点位置实时发送到调度人员手机中。

(2) 控制系统采用 PLC 编程软件和 MCGS 中控组态软件。通过两者对整套泄漏检测系统检控运行，检测系统需要实现的具体功能利用工控机内的 PLC 编程软件实现。同时，利用工控机内的 MCGS 中控组态软件把控制系统的组态图绘制完毕并设置好通道。编写完成的程序下载到西门子 PLC 中，启动工控机内的 MCGS 组态软件和 PLC，即可对检测系统进行测试。

(3) 泄漏检测系统解决了天然气管道微小泄漏难以发现等问题。该系统性能优异，运行可靠，灵敏度高，其开发成功将对保障天然气管道(网)的安全可靠运行、环境保护及节约能源提供有效技术手段。

致谢：感谢泉州市科技计划项目(2022NS005，2022N045)的支持。

参 考 文 献

[1] 黄维和，郑洪龙，李明菲．中国油气储运行业发展历程及展望[J]．油气储运，2019，38(1)：1-11.

[2] 董绍华．中国油气管道完整性管理 20 年回顾与发展建议[J]．油气储运，2020，39(3)：0241-0261.

[3] 王树立，赵会军．输气管道设计与管理[M]．北京：化学工业出版社，2007.

[4] 周勇，张洁，何燕皓，等．输油管道泄漏检测技术研究[J]．内蒙古石油化工，2011，37(3)：102-104.

[5] H. Chen，J. P. Cadre，P. Perez. Sequential monte carlo

methods for multitarget tracking and data fusion [J]. IEEE on Signal Processing, 2012, 50 (2): 309-325.

[6] V. S. Petrovic, C. S. Xydeas. Gradient-based multire solution image fusion[J]. IEEE Transaction on Image Processing, 2014, 13(2): 228-237.

[7] 张艳珊. 基于模型法的气体管道泄漏检测及定位技术研究[D]. 北京: 北京化工大学, 2009.

[8] Rajtar. J. M. Pipeline leak detection system for oil and gas flow lines[J]. Journal of Manufacturing Science and Engineering, 1997, 119(1): 105-109.

[9] L. M. Rae, L. J. H. yun. Acoustic emission technique for pipeline leak detection[J]. Key Engineering Materials, 2019, (183): 887-892.

[10] 李建新, 邓雄. 基于负压波和流量平衡的管道检测系统研究[J]. 石油和化工设备, 2009, 24(1): 30-34.

[11] Miller, Ronnie. K. Development of acoustic emission for leak detection and location in liquid-filled buried pipelines[J]. ASTM Special Technical Publication, 1999, 1(1): 67-78.

[12] Jim. C. P. Leak detection by mass balance effective for Norman wells line [J]. Oil & Gas Journal, 1996, (3): 69-74.

[13] M. Kan, Y. Ran, W. H. fen, et al. Analysis of Purity and Uncertainty for 1, 2, 3, 4-Tetrachlorobenzene with the Mass Balance Method[J]. Rock and Mineral Analysis, 2013, 32(2): 334-339.

[14] 别沁, 郑云萍, 付敏, 等. 国内外油气输送管道泄漏检测技术及发展趋势[J]. 石油工程建设, 2007, 30(3): 19-23.

[15] 王树立, 冯建国, 周诗岽, 等. 燃气管道泄漏检测和定位的方法及系统[P]. ZL. 201310159881. 7.

[16] 王树立, 廉明明, 周诗岽, 等. 一种用于可燃气体泄漏检测的装置及方法[P]. ZL. 201110447412.

地震作用下配气站管道应力及抗震措施分析

王敬坤　伍　颖

（西南石油大学土木工程与测绘学院）

摘　要　地震是造成配气站内管道破坏的重要因素之一，目前对配气站的灾害研究多集中于风险评价及灾后处置，针对配气站内管道应力分析及抗震措施设计的研究较缺乏。以某市天然气配气站为基础，建立配气站输气管道的数值分析模型，通过输入地震动荷载，探究站内管道受力情况，寻找最危险节点所在位置，并进行抗震措施研究。结果表明：管汇连接处应力值为该点 0.5m 范围内各点应力均值的 2.94 倍，出现应力陡增现象，存在明显的应力集中，应进行重点监测；悬空管道缺乏约束与流型变化叠加会在管汇连接处形成应力突变，需重点考虑二者叠加影响；基于对危险点的位移分析提出支架抗震措施，改进后各危险点应力降幅显著，管道遭遇中震和大震时的应力最大值点降幅分别为 53.44%和 52.32%，平均下降幅度分别为 57.36%、54.27%，应力降幅超过 50%的危险点占总数的 83.3%，应力降幅明显，可为工程实际提供一定的指导。

关键词　配气站；地震；应力分析；抗震措施；CAESAR Ⅱ

生命线工程通常被认为包括供水系统、电力系统、交通系统、通信系统和供热、供燃气系统等。天然气配气站作为城市燃气供应系统中不可或缺的部分，承担着调度、调压、储存、分配等重要作用。

地震灾害的发生会对生命线工程造成严重的威胁。1994 年美国洛杉矶发生里氏 6.6 级地震，对燃气管网造成严重破坏，据统计共造成 1.5×10^5 处泄漏，并引发大量火灾和爆炸事故；1995 年日本阪神地区发生里氏 7.3 级地震，造成煤气管道破裂，引发煤气泄漏，共导致约 459 处起火，造成大量的财产损失与人员伤亡；2008 年汶川发生里氏 8.0 级特大地震，根据现场统计显示，都江堰地区燃气输配系统受灾严重，共计发生 10 余处下管道破裂，造成气量损失近 $10m^3$，该市燃气输配系统累计造成的经济损失高达约 6700 万元。图 1 展示了某加气站受地震作用下的破坏情况。综上所述，燃气输配系统在地震作用下极易造成损坏，进而引发燃气泄漏事故，严重影响居民的正常生活以及生命财产安全。

目前震害风险研究主要针对埋地输气管道、供水管道、城镇给排水系统，研究方法主要包括静力分析、频谱分析(反应谱)及时程分析，频谱分析是属于振型叠加法的一种，可以确定各危险点在整个地震历程中的最大应力和最大位移，将复杂的结构地震作用计算变得简单、容易，将动力问题静力化。管道应力分析研究多采用 Abaqus、ANSYS 及 CAESAR Ⅱ软件进行数值模拟，其中 CAESAR Ⅱ软件是基于有限单元法的梁单元而建立的管系模型，对于复杂结构能够在保证精度的前提下极大地提高计算效率。此外，国内外对配气站的研究多集中于风险评价及灾后处置，动态应力分析研究薄弱。

图 1　某加气站管道设备被地震破坏

因此，本文以地震频发区某配气站为研究对象，首先利用 CAESAR Ⅱ软件建立配气站数值分析模型，然后将地震反应谱输入到 CAESAR Ⅱ软件，得到系统位移、载荷和应力报告，并运用频谱分析探究配气站内管道应力及位移分布规律，进而分析出可能发生应力集中的位置类型；针对最有可能发生应力集中的位置类型，在最不利工况下，进一步分析其应力情况，筛选出危险点；最后基于对危险点的位移分析提出抗震措施方法，降低危险点受地震影响程度，以期为地震频发区天然气配气站的设计、运营安全、工程管理提供理论参考。

1　配气站计算模型建立

1.1　配气站概况

某市配气站地处西南山区，位于龙门山地震带与长江中游地震带交界，为“5.12”汶川大地震的极重灾区，抗震设防烈度为7级。

本研究重点关注配气站地上工艺区管道，不考虑排污管和放空管以及其他埋地管道。站内管道参数如表1所示。经过区域地震危险性分析可知，该配气站位于断裂带附近，全新世活动断裂，潜在地震能力等级为6.0级。

表1　配气站基础参数

管材	管径/mm	壁厚/mm	安装温度/℃	运行温度/℃	进站压力/MPa	出站压力/MPa
20号钢	108/89/57/45	6/4	20	40	1.5	0.32

配气站站内结构复杂，除直管段外共计4类62个可能发生应力集中的位置，分别是弯头、三通、变径管及管汇连接处，各部件定义见表2，各部件的数量占比如图2所示。其中，弯头数量32处，占总数的51.61%；变径管数量为12处，占总数的19.35%；管汇连接处数量为10处，占总数的16.13%；三通数量为8处，占总数的12.9%。

表2　配气站部分部件说明

类型	含　义
弯头	管道连接部位的关键部件，用以改变管道的方向
变径管	管汇配置中的管道连接件，起改变管线走向、调节流速等作用
三通	改变管道方向与管径大小，实现管道分支和特殊连接功能
管汇连接处	管道与汇管连接的特殊部位，实现管道与汇管的连接

1.2　材料本构关系

材料的本构关系是管道应力分析的重要依据，文献[32]对20号钢进行了力学模拟试验，得到该材料的应力-应变曲线。其中，试验得到的是工程应力-应变曲线，但实际上，试样的横截面积是不断变化的，试样的真实应力-应变应按照式(1)和式(2)对进行转化，材料的应力-应变曲线如图3所示。

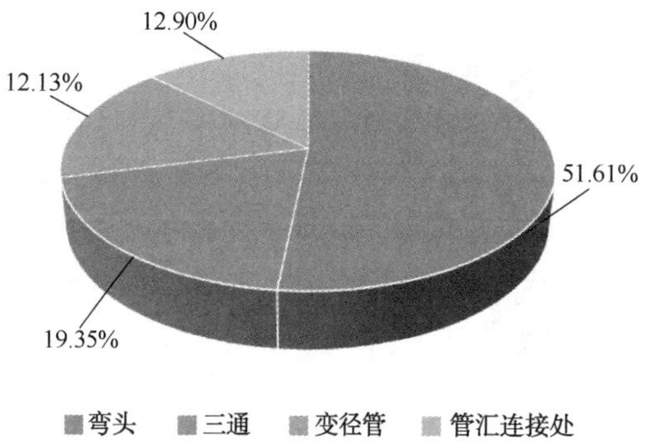

图2　关键位置分布情况

$$\sigma_T=\frac{F}{A}=\frac{F}{A_0}(1+\varepsilon)=\sigma(1+\varepsilon) \tag{1}$$

$$\varepsilon_T=\int_{l_0}^{l}\frac{1}{l}\mathrm{d}L=\ln\frac{l_0+\Delta l}{l_0}=\ln(1+\varepsilon) \tag{2}$$

式中，F为试样承受的拉力；A为试样瞬时的横截面积；A_0为试样原始的横截面积；l为试样的瞬时长度；l_0为试样的原始长度；Δl为试样的长度变形量。

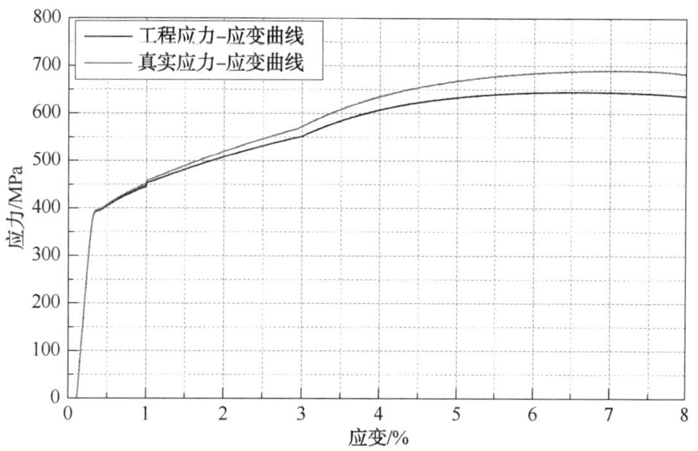

图3　材料应力应变曲线

1.3 条件假设

(1) 管道物质结构均匀性与各向同性；

(2) 不考虑地震荷载对站内支架设备的影响，即固定支架和设备绝对刚性；

(3) 不考虑外力作用对内部流体的影响，即流体的流动为定常流动；

(4) 设备、阀门等设施假设为单独的刚性元件，内部构造不进行研究。

1.4 约束条件

本文以西南某市配气站真实管道为基础建立管道约束条件，其工艺管道的约束包括管架和抱箍，如图4所示。各类约束的作用主要用于承载管道的重量，并限制管道除轴向以外多个方向的位移。

图4 管架真实约束形式

根据实地调研情况，将管道的进口和出口两端均设置为固定约束，管道支架设置为固定±Y和±Z方向约束，建立相应的约束形式图，如图5所示。

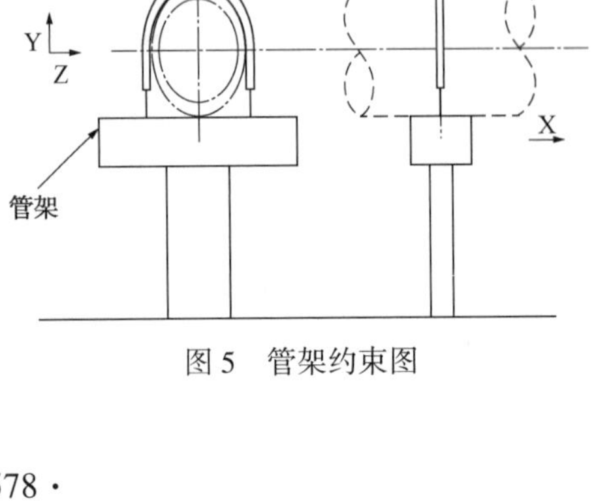

图5 管架约束图

根据约束条件建立管道与管架间的摩擦力数学表达式，如式(3)所示。

$$\begin{cases} d_y = d_z = 0 \\ d_x \geqslant 0 \\ f = \mu_1(\pi\rho_p t + 0.25\rho_f D) + \mu_2 W_2 \end{cases} \tag{3}$$

式中，d_i 为管道在 i 方向的位移，m；f 为单位长度管道上的摩擦力，N；μ_1、μ_2 为是管道与管架之间的摩擦系数；ρ_p 为钢管密度，kg/m^3；ρ_f 为管内流体的密度，kg/m^3；W_2 为由热胀冷缩引起的载荷，N。

1.5 数值模型

以上述中配气站相关参数、条件假设及条件约束等为基础，建立配气站数值计算模型，如图6所示。

其中，灰色立体箭头表示约束，为±Y和±Z方向约束。为更好展现关键位置分布情况，对关键位置划分标识：黄色表示弯头分布区域、蓝色表示变径管、绿色表示三通、红色表示管汇连接处。

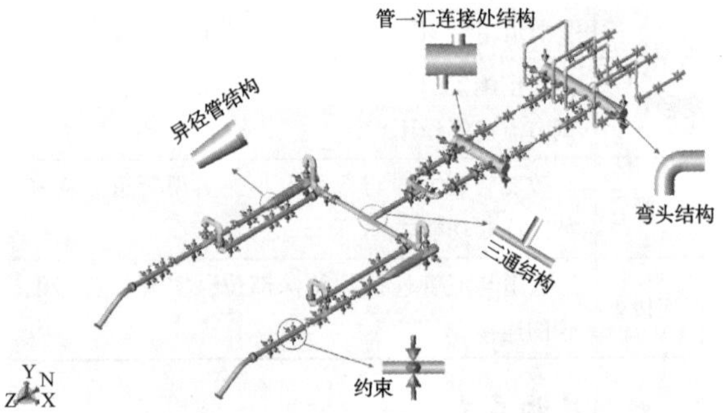

图6 配气站数值计算模型

2 地震荷载加载及应力分析

2.1 应力分布规律及分析

采用CAESAR Ⅱ软件建立配气站数值分析模型，并通过对地震反应谱的输入生成系统位移、载荷和应力报告。

结合区域性的监测数据得到配气站实测地震动数据，如图7所示，共计6条，分别代表50、100年超越概率为63%、10%与2%的工程场地基岩水平加速度反应谱，记为工况1~6。

考虑到配气站内各类部件数量繁多，但工作环境类似，故首先对其平均应力进行比较。将上述6组实测数据进行输入，经过计算得到配气站各部件应力分布均值，如图8所示。

由图8可知，输入实测地震动数据后，上述

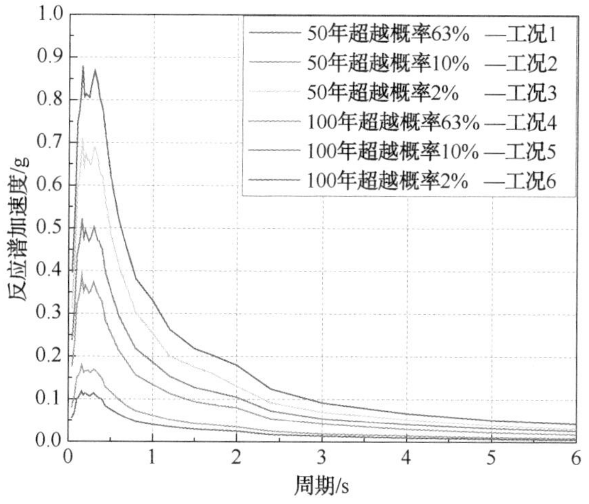

图 7　实测工程场地基岩水平加速度反应谱

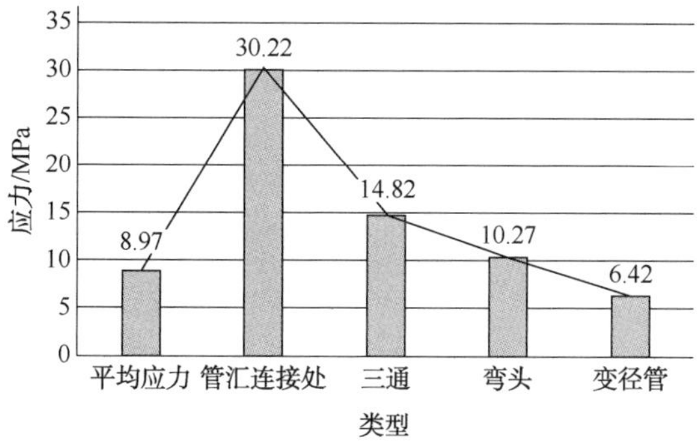

图 8　配气站应力分布均值

6 组工况下站内节点均值应力为 8.97MPa，4 类可能发生应力集中的位置及应力均值的排序为：管汇连接处>三通>弯头>平均应力>变径管。其中，管汇连接处应力均值为 30.22MPa，是平均应力的 3.37 倍，存在明显的应力集中；三通应力均值为 14.82MPa，为平均应力的 1.64 倍，也存在一定的应力集中；弯头的应力均值为 10.27MPa，变径管的应力均值为 6.42MPa，与平均应力 8.97MPa 相差较小，故认为弯头和变径管处没有明显的应力集中。

分析该发生该现象可能的原因：管汇连接处多根管线来气汇入汇管，内部介质流向发生改变，对管道产生较大冲击，故管汇连接处的平均应力大于整体平均应力，发生应力集中现象；三通多用于改变管道走向以及分流，在三通处流体可能会对管道产生较大冲击，故三通处的平均应力大于整体平均应力，也会发生应力集中现象；在流体经过弯头和变径管时，没有发生较大流向改变，并未对管道产生巨大冲击，故没有产生明显的应力集中现象。

为进一步探究配气站内管道的应力分布，寻找最危险节点潜在位置，故进行管汇连接处和三通处 0.5 米范围内区域应力对比分析。

2.2　0.5 米范围内区域应力对比

为进一步探究管汇连接处、三通处的应力分布情况，在获取二者 0.5m 范围站内管道各节点应力值后，通过对比 0.5m 范围内和起点的平均应力大小，进一步判断配气站内管道危险点所在位置，对比结果如图 9 所示。

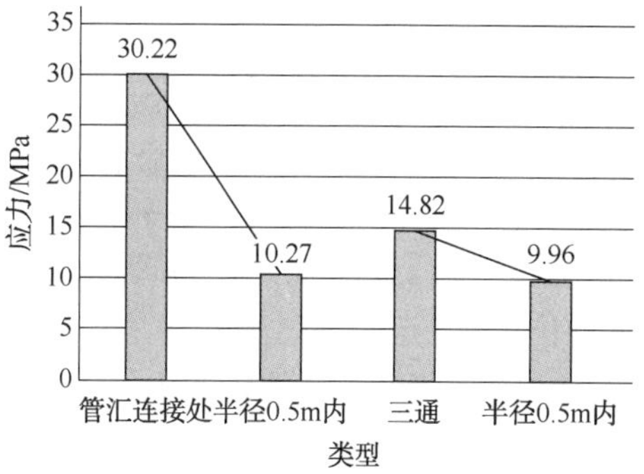

图 9　节点应力与 0.5m 范围应力均值对比

由图 9 可知，管汇连接处应力值为 0.5m 范围内各点应力均值的 2.94 倍，三通则为其 0.5m 范围内各点应力均值的 1.48 倍。管汇连接处出现了明显的应力陡增，当管道出现一定程度的老化或遭受其他外力荷载时，极易造成管道泄漏、断裂事故，故应重点关注地震作用下管汇连接处受灾情况，并加强监测力度。

由图 6 可知，管汇连接处的节点存在两种形式，为探究何种形式的节点应力更大、节点更危险，故进行危险点应力分析。

2.3　危险点应力分析

由上述分析可知，管汇连接处是配气站内管道最有可能发生应力集中的位置，即最危险的位置。由图 4 可知该配气站有 8 个管汇连接点，由图 7 可知 6 种工况下最危险的工况为工况 6。进而，选取工况 6，对管汇连接处的 8 个节点进行重点分析。该工况下站内管道各节点应力均值及标准差分布情况见表 4，其中 σ 表示标准差。均值应力为 8.966MPa，标准差接近 5MPa，根据中心极限定理，一般认为样本容量大于 30，属于大样本，故结果表明除少数点外，配气站整体应力分布较为均匀，可以认为该组数据近似服从正态分布。3σ 准则是指以给定置信度准则 99.7% 作为判别依据，按三倍标准偏差划分区间，超过此区间的误差属于异常数据应予以筛选。运用概率论的相关知识对应力情况进行分析，筛选出的危险点共 5 个，如表 5 所示。

表 4　配气站节点应力整理

工况	均值/MPa	σ/MPa	3σ/MPa
6	8.966	5.007	15.022

表 5　危险点分布情况

节点	应力值/MPa	位置
1230	55.423	管汇连接处
1180	46.629	管汇连接处
1210	31.602	管汇连接处
1260	27.973	管汇连接处
1150	27.744	管汇连接处

由表 5 可知，该配气站的危险点共计有 5 个，且均位于管汇连接处。其中，应力值由大到小排序前 4 的节点位于同一汇管上，占比 80%，各个危险点的位置分布如图 10 所示，应力最大节点为 1230 节点，其分布管段结构形式如图 11 所示。

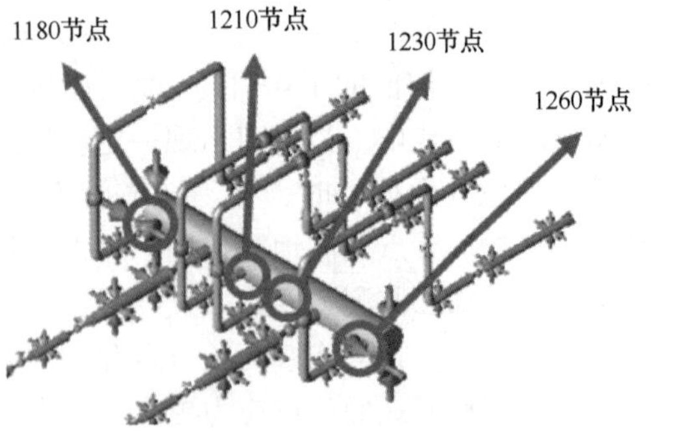

图 10　危险点位置分布

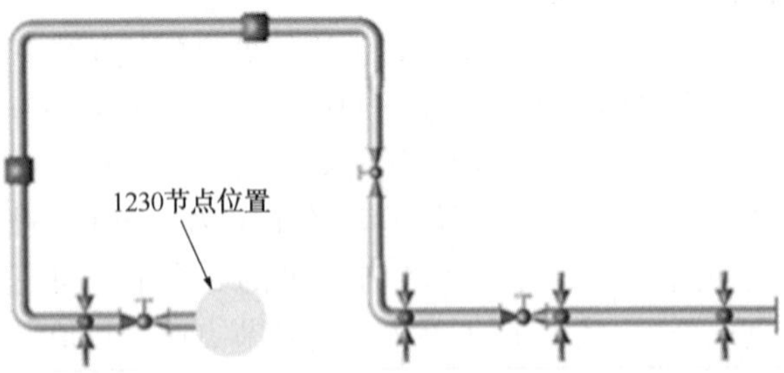

图 11　管道局部走向

以 1230 节点为例，分析 6 组工况下该节点的应力变化情况。从该节点起点到 5.5m 范围内的管段应力变化情况如图 12 所示，最大应力值如表 6 所示，在管汇连接处存在明显的应力集中，后续管段应力均匀分布；0.5m 与 4m 处存在小范围的应力增长情况，0.5m 处应力有明显上升，后逐渐趋于平缓，在 4m 处应力存在小范围的波动。

由 2.1 节分析可知管汇连接处的应力较大原因是由于管道流向变化较大，对管道产生较大冲击，现已确定 1230 节点是最危险节点，从管道结构角度进一步分析该点应力较大的原因。该节点的管线结构如图 11 所示，管段局部走向较为复杂，共计出现 4 个 90°弯管和 1 个变径管，内部介质流向变化较大；同时由于管道向上延伸后管段处于悬空状态，缺乏管架等约束，在地震荷载作用下极易造成破坏，造成该节点的应力值较高；在分析中应着重考虑流型变化及悬空段管道对站内结构应力分布的影响，设计阶段应尽量减少此类管段的分布。

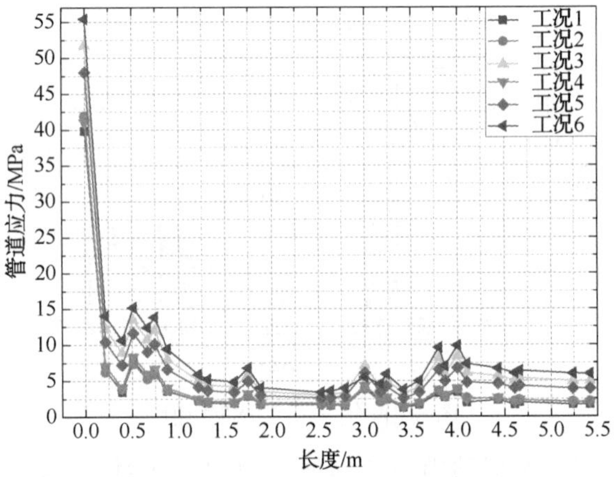

图 12　1230 节点管段应力分布

表 6　实测加速度反应谱计算最大值

工况	应力值/MPa	工况	应力值/MPa
1	37.9	4	41.03
2	39.8	5	48
3	51.7	6	55.4

综上所示，管汇连接处的 1230 节点是该配气站中的最危险节点，其次是 1180 节点和 1210 节点等，其共同点是均为管汇连接处的节点，均位于同一支汇管上。故认为该配气站内的危险点分布较为集中，形式较为统一，有必要进行抗震研究以减轻震害风险，以达到降低危险点受地震影响程度、保证配气站的安全稳定供气的目的。

3　抗震措施分析

由管线结构分析可知，危险点集中管段包含多个弯管，仅有一组管架约束且距离危险点较远，当地震发生时极易遭到破坏，可通过增加约束条件进行震害风险缓解。为进行抗震措施的选取，需要分析危险点位移情况。危险点管段位移分布情况见表 7，其中 *Dx* 表示横向位移、*Dy* 代表纵向位移、*Dz* 代表轴向位移。

表 7　危险点位移分布情况　mm

节点名	*Dx*	*Dy*	*Dz*
1230	0.0575	0.3767	0.1477
1180	0.0403	0.3362	0.2229
1210	0.0421	0.2764	0.1678
1260	0.0373	0.1779	0.1794

由表 7 可知，地震荷载作用下纵向位移对危险点影响最大，且纵向位移明显高于横向位移与轴向位移，在地震荷载作用下，应重点对站内管道的纵向位移进行限制。本文提出以下支架抗震措施：

（1）考虑到危险点管道以纵向位移为主：通过增设支架以缓解纵向位移对站内管道的影响。

（2）原约束措施与管汇连接处距离较远，地震发生时远端管道易产生较大的位移：通过移动原约束措施位置以减少远端管道位移。

采用上述措施改进后的约束形式如图 13 所示。不改变站内管道走向及管道分布，仅为增设支架及移动原有支架，不影响配气站正常运行，具有良好的经济效益。

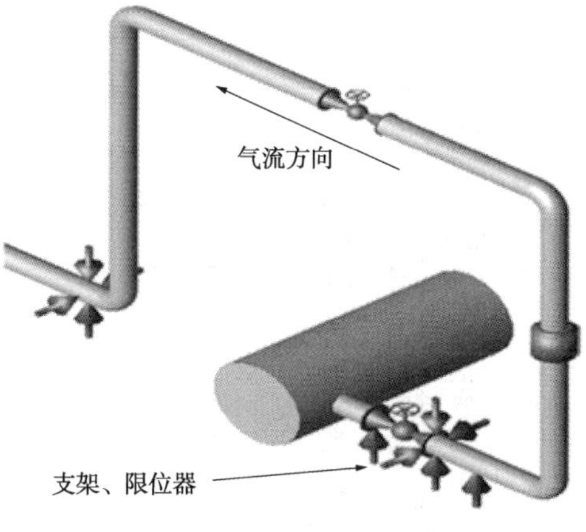

图 13　危险点抗震措施

依据规范的要求进行抗震验算，频谱参数选取见表 8，其中中震指该地区 50 年内超越概率约为 10%的地震烈度，大震指该地区 50 年内超越概率约为 2%的地震烈度。中震和大震下危险点计算结果如图 14 所示。

表 8　抗震验算地震动参数

地震类型	烈度	设计地震分组	场地条件
中震、大震	7~9	第二组	I I 类

由图 14(a)可知，措施前后应力峰值集中分布于 1230 节点，为 85.79MPa。增加抗震措施后应力峰值降低为 39.94MPa，降幅达到 53.44%。此外，各危险点应力降幅如图 15(a)所示，平均下降幅度为 57.36%，最大降幅位于 1180 节点，达到 68.78%。三组工况下应力降幅超过 50%共计 10 处，占总数 83.3%，应力降幅为 50%以下共计 2 处，占总数 16.7%。大震下各危险点应力及降幅见图 14(b)、图 15(b)，最大值点降幅与平均降幅为 66.29%、54.27%，分布规律与中震基本一致。针对危险点位置，以位移分析为基础提出抗震措施，能够克服原支架约束形式的弊端，降低地震发生时危险点的受影响程度。

综上，本文提出的抗震措施能够大幅度减轻各危险点的应力集中，实现站内各点应力均匀分布。从而降低地震灾害对于配气站的影响，为配气站地震作用下的安全稳定运行提供保障。

4　总结

（1）基于某配气站建立数值分析模型，探究配气站在地震荷载作用下各节点的应力分布。实测地震动数据计算结果显示：管汇连接处与三通存在应力集中，分别为平均应力的 3.37 倍与 1.64 倍，此外管汇连接处在 0.5m 范围内存在明显的应力陡增，需加强监测力度，防止管道失效事故的发生。

（2）站内应力最大值及危险点均位于管汇连接处点，均分布于多次流型变化管段，同时该管段悬空部分缺乏管架约束，造成管汇连接处应力较大，需重点考虑二者叠加的影响。

（3）与横向位移及轴向位移相比，各危险点主要受纵向位移影响。基于此提出支架抗震措施，结果显示中震和大震的应力最大值点降幅分别为 53.44%与 52.32%，平均下降幅度分别为 57.36%、54.27%，应力降幅显著。为配气站抗震安全设计提供理论基础，并对复杂结构的响应分析及风险缓解措施研究有一定的借鉴意义。

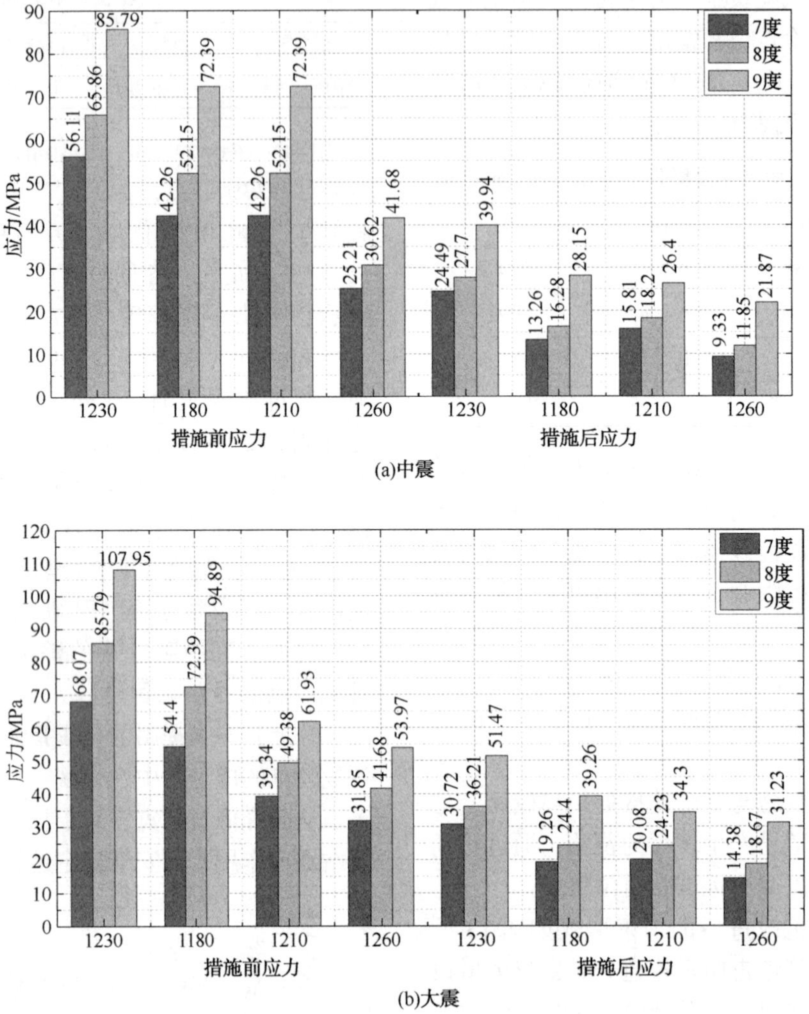

图 14　危险点应力变化

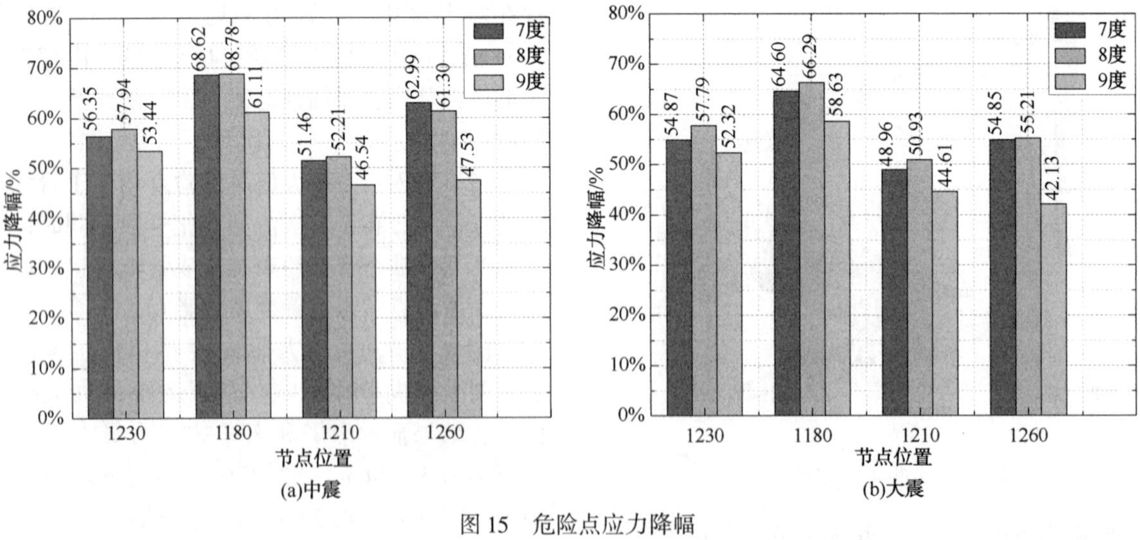

图 15　危险点应力降幅

参　考　文　献

[1] Wang D Q, Liang P, Yu H Y, et al. An integrated methodology for assessing accident probability of natural gas distribution station with data uncertainty[J]. Journal of Loss Prevention in the Process Industries, 2019 (62): 103941.

[2] 张伟伟．天然气站场 HAZOP 定量分析方法研究[D]. 北京：中国石油大学(北京)，2017.

[3] 孟博杰, 伍颖, 陈良若. 基于改进风险矩阵法的配气站地震事件序列分析[J]. 中国安全生产科学技术, 2021, 17(3): 110-116.
[4] 毕熙荣. 生命线管网系统抗震韧性定量评估及提升策略[D]. 中国地震局工程力学研究所, 2022.
[5] 侯向秦, 张鹏, 段永红, 等. 城市燃气管网抗震可靠性分析[J]. 四川大学学报(工程科学版), 2010, 42(S2): 40-43.
[6] 孙绍平. 阪神地震中给水管道震害及其分析[J]. 特种结构, 1997(02): 51-55.
[7] 李昕. 燃气管网地震紧急处置系统规划设计研究[D]. 中国地震局工程力学研究所, 2015.
[8] 吴彬, 高军彦, 班全, 等. 地震灾害下的电气耦合系统韧性评估[J]. 电力系统及其自动化学报, 2022, 34(05): 59-69.
[9] 李伟. 城市埋地燃气管道地震易损性分析方法研究[D]. 成都: 西南石油大学, 2009.
[10] 姜志达, 王岳, 吴玉国. 地震灾害下埋地管道的有限元分析[J]. 辽宁石油化工大学学报, 2022, 42(02): 61-66.
[11] 孙思男, 郭恩栋, 吴厚礼, 等. 城市地下管网地震灾害情景可视化方法研究[J]. 自然灾害学报, 2021, 30(04): 102-109.
[12] 缪惠全, 韦杰, 钟紫蓝, 等. 生命线工程的可靠性研究进展分析(Ⅰ)——国内供水管网的抗震可靠性研究[J]. 北京工业大学学报, 2022, 48(11): 1189-1207.
[13] 林晓星. 论城市建筑给排水系统抗震防灾策略[J]. 工程抗震与加固改造, 2020, 42(04): 167.
[14] 孙靖云, 陈利琼, 夏燕, 等. 地震载荷工况下隧道内油气管道应力分析研究[J]. 应用力学学报, 2017, 4: 795-801, 824.
[15] 赵珂, 蒋楠, 周传波, 等. 爆破地震荷载作用下埋地燃气管道动力响应尺寸效应研究[J]. 振动与冲击, 2022, 41(2): 64-73.
[16] Liu Wei, Miao Huiquan, Wang Chuang, et al. Test on a buried pipe network subjected to an artificial earthquake produced by multi - millisecond blasting [J]. Earthquake Engineering and Engineering Vibration. 2020, 19(3): 791-810.
[17] 赵泽霖, 焦光伟. 油库架空输油管道地震响应有限元分析[J]. 化工设备与管道, 2016, 53(04): 85-90.
[18] 刘庆林. 传统反应谱 CQC 法研究与改进[D]. 杭州: 浙江大学, 2007.
[19] 卢喜丰, 熊夫睿, 刘文进, 等. "华龙一号"蒸汽发生器传热管失水事故应力响应分析[J]. 压力容器, 2021, 38(12): 70-76.
[20] 宋超, 赵福英. 夹套管在高温气体管道设计中的应用[J]. 化工设备与管道, 2019, 56(03): 64-67.
[21] 李家栋, 徐锦煌. 应力分析在极端管口载荷调整及优化过程的作用[J]. 化工设备与管道, 2019, 56(02): 65-69.
[22] Huang Delong, Tang Aiping, Liu Qiang, et al. Response analysis of the nodes of pipe networks under seismic load [J]. Plos One, 2021, 16(3): e0247677.
[23] 彭善碧, 廖文, 徐明军, 等. 滑坡对埋地天然气管道的作用机理分析[J]. 中国地质灾害与防治学报, 2019, 30(6): 59-67.
[24] 刘锐, 王明毓, 刘时贤, 等. 核安全级管道地震分析的模态组合方法[J]. 压力容器, 2021, 38(03): 49-53.
[25] 冯涛. 综合管廊内燃气管道抗震计算分析[J]. 煤气与热力, 2023, 43(03): 23-25.
[26] 颜孙挺, 唐萍, 陈永贵. 基于节点-连接关系图的3D管系有限元快速仿真系统的开发[J]. 压力容器, 2022, 39(06): 49-57.
[27] 韩佳林. 天然气配气站易发安全事故辨识与分析[J]. 化工管理, 2020, No.555(12): 85-86.
[28] Esposito Simona, Iervolino Iunio, d'Onofrio Anna, et al. Simulation-Based Seismic Risk Assessment of Gas Distribution Networks[J]. Computer-Aided Civil and Infrastructure Engineering, 2015, 30(7): 508-523.
[29] G. P. Cimellaro, O. Villa, M. Bruneau. Resilience - Based Design of Natural Gas Distribution Networks [J]. Journal of Infrastructure Systems, 2015, 21(1): 05014005.
[30] 莫丽, 王玖, 郭振兴, 等. 椭圆截面异型管道弯头冲蚀机理研究[J]. 石油机械, 2021, 49(10): 129-136.
[31] 吕志鹏, 李方淼, 李美求, 等. 含砂介质对异径管的冲蚀磨损分析[J]. 石油机械, 2020, 48(4): 106-111.
[32] 孟博杰. 天然气配气站工艺区地震事件序列与地震易损性研究[D]. 成都. 西南石油大学, 2021.
[33] 邓志华, 曾磊, 林聪煜, 等. 层状地基中桥梁柱墩基础地震响应振动台试验研究[J]. 桥梁建设, 2022, 52(06): 50-57.
[34] 韩晓瑜. 穿越地震带岩鹰山隧道输气管道应力分析研究[D]. 成都: 西南石油大学, 2016.
[35] GB 50032—2003. 室外给水排水和燃气热力工程抗震设计规范[S]. 2003.
[36] GB 50011—2010 建筑抗震设计规范[S]. 北京: 中国建筑工业出版社, 2016.

中小型城燃企业管道完整性管理体系建设研究

杨 坤 张安磊 陈 潇

（武汉城市天然气高压管网有限公司）

摘 要 随着数字化技术的发展和人力成本的不断增加，能源行业以管道完整性管理为契机，以实现降本增效提升本质安全为目标，大力推进智慧管网建设。而中小型城燃企业仍处于起步阶段，管道安全管理存在诸多问题。本文即提出一种完善中小型城燃企业管道完整性管理，建立智慧管网体系的方法。

关键词 中小型城燃企业；智慧管网；体系建设

1 引言

管道是天然气资源输送的主要工具，随着天然气资源需求逐年增长，天然气管道总里程呈迅猛增加趋势，如何保障管道安全，成为各燃气企业关注的重要问题。管道完整性管理即以此应运而生，其对管道不断变化的因素及风险进行识别评估，通过风险降低措施使管道始终处于可控状态，从而预防事故发生，保障管道本质安全。

管道完整性管理流程包括数据采集、高后果区识别、风险评价、完整性评价、维护维修、效能评价六个阶段。其中，数据采集是基础、高后果区识别是重点、风险评价是决策依据、完整性评价是本体状态诊断手段、维护维修是风险降低措施。近年来随着数字化技术的发展和人力成本的不断增加，为实现运营成本降低、劳动生产率提高、管道完整性管理水平提升等目标，燃气企业逐渐推进智慧管网建设，部分已取得较大的进展。

2 中小型城燃企业管道完整性管理现状分析

管道作为燃气企业的生命线，安全性持续受到多方关注。对于长输管线，其管道完整性管理标准已十分成熟。但城镇燃气输配管道完整性管理规范目前仍处于公开征求意见阶段，大型城燃企业结合自身企业标准，从管道建设期形成了较为完备的全生命周期管理体系，而中小型城燃企业仍处于探索阶段，在管理方面存在诸多的不足。

（1）基础数据方面，燃气管网在长期运营过程中积累了大量的数据资产，但大多以图纸、电子表格数据存放，有的公司已建立地理信息系统，但仅录入了管道主体数据，其附属结构、阴保设施录入缺失或不全，不能满足各专业的数据检索和应用。同时存在系统不兼容、跨平台开发等多种问题，没有形成各类专题数据，对数据的分析挖掘还处在初步阶段。

（2）高后果区管理方面，对高后果区、高风险段等重点部位采用人工巡护。一方面人工巡护受地形地貌、地理位置等因素影响，日常巡检难度较大，且无法实现全方位连续智能监控。另一方面人工巡护易发生漏巡错巡，且常年完成一件事易形成疲劳降低巡护质量。

（3）风险评价方面。大部分公司管线建设时间较长，无法掌握建设期与运营期管道周边环境和社会发展变化趋势对比。对于建设期遗留的隐患排查，现场复核和完整性评价的工作量较大，且缺乏检测和完整性评价技术方面的有效手段。

（4）完整性评价方面。城燃管道由于路由复杂，阀门、弯头较多，难以使用智能清管器，无法开展管道内检测作业。此外，城燃管道靠近城市核心，管道改迁、杂散电流干扰、第三方施工等事件发生概率大，给中小型城燃企业管道完整性管理带来一定的风险挑战。

（5）维护维修方面。普遍采用人工进行巡检。在腐蚀防护方面，未使用管道智能测试桩，且缺乏标准规范的支持；在地质灾害防治方面，未识别、评价管道沿线地质灾害频发区域，未在管道横坡敷设、滑坡、断裂带、大型跨越、高填方等地质灾害易发区，对管道应力的在线监测、分析和预警；管道泄漏监测方面，处于人工泄露检测阶段，无法形成全天候在线监测，未建立报警信号分析数据库，同时需进一步增加对天然气管道大型穿跨越区域、阀井等密闭空间的泄漏监测技术手段；管道安全预警方面，未建立管道安全预警系统，缺乏预警事件分析数据库，需要进一步强化发展、改进。

综上所述，中小型城燃企业管道完整性管理目前尚处于起步阶段，管线主要依靠于人工进行现场管理，数据介于纸质与数字化存储之间，管道完整性管理体系虽已建立，但缺少信息化手段辅助现场监视，管理分析预警，供高层决策参考信息较少。

3　中小型城燃企业管道完整性管理体系建设

智慧管网建设为中小型城燃企业管道完整性管理提供了新的思路，可通过数字化管理方式，利用物联网、大数据等信息化技术建立智慧化管道完整性管理平台，从而代替人工进行数据汇集分析，同时为企业提供管道风险预警及辅助决策服务。

但中小型企业在运营规模、体量和管理水平不及大型企业，在有限的资源下盲目跟随其建设脚步既无助于当前管理，也不利于未来发展。应在管理与技术水平提升上实现同步，使技术能真正服务于企业管理需要。

3.1　起步阶段，完善基础数据采集

（1）基础数据采集。完善管网图形、地形背景图形、管网周边环境、管网设备设施属性、天然气业务属性、管道内外检测等数据；对管道沿线存在的密闭空间设置激光甲烷传感器及水位检测设备，实现对密闭空间状态进行实时监控，并将数据远传至监控系统中；将管道沿线阴极测试桩更换为智能阴极测试桩，自动检测阴极保护电位、自然电位等相关阴极保护数据，并将数据远传至监控系统中，同时在受杂散电流影响管道部署干扰防护系统；利用振动地钉、分布式光纤、管网哨兵等技术，对管道进行地表形变的监测，结合“形变量、威胁对象、地形地貌”等重要因子，对形变数据进行提取、筛查等分析工作。在沉降和应力应变风险较高处管线上部署监测点，实现对可疑沉降和应力应变监测点的实时监测；在杂散电流较严重及监测使用管线等重点区域设置音波检测装置，实时处理和识别采集的音波及压力流量信号，实现准确、可靠、稳定的泄漏监测功能；根据管道沿线建筑密度、道路网络、土地利用类型、建筑类别识别管道高后果及高风险区并建立实时视频监控平台。由于本阶段现场涉及技术较多，可选择合适技术优先在部分管线上试点部署，同时通过实际运营梳理完善各岗位职责及必备技能，并制定配套制度与标准。

（2）管道巡护管理。利用信息化技术实现对城燃管道、阀室、阴保桩及周边密闭空间等设施进行日常巡检和专项检测人员工作情况有效、实时、透明化的监管。尽可能的保障巡检工作的质量，减少天然气事故的发生，提高公司的安全生产运营水平。对于高山密林湖泊等巡护人员难以正常在管道上方巡检的管道，可采取无人机辅助巡护。

（3）第三方施工管理。实现第三方施工基本资料、前期对接、施工中检查以及竣工验收等信息管理功能。其中，基本资料包括位置、工程描述、计划等因素；前期对接包括施工方案、安全评估报告、安全协议、安全交底等资料；施工中检查是针对施工过程中现场管理过程，检查相关资料包括时间、地点、人员、现场照片、相关资料等，必要时应在现场设置智能AI视频监视系统，进行实时监控与预警；竣工验收包括竣工报告。系统能够对第三方施工的状态，流程运转进行实时监测。

（4）人员管理及思路转变。首先巡线员除完成现有巡护工作外，还需增加对阴保测试、密闭空间监测等现场实时数据传感器的日常巡检，同时培养其故障判断处置能力。其次片区管理人员应转变思路，由现场管理向远程与现场管理过渡，加强对平台数据的监视，结合管理经验准确识别现场数据异常产生的原因及后果。再次为提高现场设备故障处置及时性，维修中心应学习新增管线设备的工作原理与维护方法，积累设备维修经验。最后调度员应熟悉管线现场情况，并加强相关专业知识的学习，为统一管理做准备。

（5）管道保护。与当地主管部门、管线周边燃气企业合作建立信息共享机制，及时交流管道监测、施工及周边环境改变等信息；共同制定应急预案，积极利用外部资源提高紧急事件处置效率。

3.2　全面建设阶段，搭建天然气管道完整性管理平台

（1）持续完善基础数据采集。本阶段应形成

智慧管网建设标准，并在企业内部进行全面推广。需要注意是采集数据传输接口应统一标准，避免出现无法接入平台的情况。

（2）实现数据集中展示，搭建完整性管理平台。将密闭空间、阴极保护电位测试、应力应变监测、现场视频、智能音波检测、SCADA、阀室 PLC/RTU 状态等数据进行汇总、存储。以天然气管线 GIS 系统为纽带，对管道本体、管道周边环境、阴极保护测试、管道泄露监测、密闭空间氧含量等数据进行实时展示。

（3）PLC/RTU 远程检测。对阀室内 PLC/RTU、温度压力变送器等设备，根据 SCADA 实时、历史数据库实现远程诊断、趋势分析、报警提示等功能。

（4）建立数字化管网运行管理模式。在各管理区域设立中心站，部署管道完整性管理平台客户端，实现在线数据集中监控。通过制度、规范、操作指引等规范各工种员工职责、操作及管理流程，实现一体化运营协作。

（5）与主管部门、上下游企业合作建立数据共享。汇集公司上下游管线实时温度、压力，周边地理、水文、环境、人口等数据信息，为后续建立智能分析、评价系统提供数据基础。

3.3 不断完善阶段，实现天然气管网智慧化

（1）高后果区智能识别分析。根据周围环境变化等外部因素实现城燃管线高后果区智能识别功能，并可根据实际需要实现实时分级统计、趋势统计、等级变化率统计等功能。

（2）管网风险评价管理。实现管道风险评价数字化管理功能。通过该功能为企业提供精准、可量化的管道风险隐患现状数据和评价报告，为管道保护工作提供高效实用的管道风险隐患分析、管理工具。

（3）管道完整性评价。对各类检测或检验包括计划、现场作业、报告、设备巡检、维修维护等全生命周期进行跟踪记录管理，并进行可视化的展示与分析。同时将管道检测数据对齐，实现多轮检测数据比对与智能分析。

（4）管线应急处置与抢险。利用管道地理信息数据、备件综合信息、外部资源信息、其他业务相关数据及以往事故资料、历史数据和维抢修情况等基础资料以及 SCADA 数据等，减少应急反应的时间、增加判断事故原因的准确度、提升应急反应的协作效率、提高维抢修人员的业务素质，能帮助提高生产运行过程中紧急事故的防范与处理水平。同时根据相关施工方案、材料以及机械清单自动输出方案供管理人员参考决策。

（5）建立全面的管道保护体系。从规范制定、信息共享、应急演练等方面与政府主管部门进行全方位合作，减少潜在风险事件发生，提高管道的安全性和可靠性。

（6）智慧管网管理体系搭建。在管道完整性管理平台接入上述智慧化功能。在巡线、管理、维修、调度等各岗位进行深入应用，成熟后对职能进行完善调整。同步编制相应的制度、规范以及标准，最终实现运检维一体化管理。

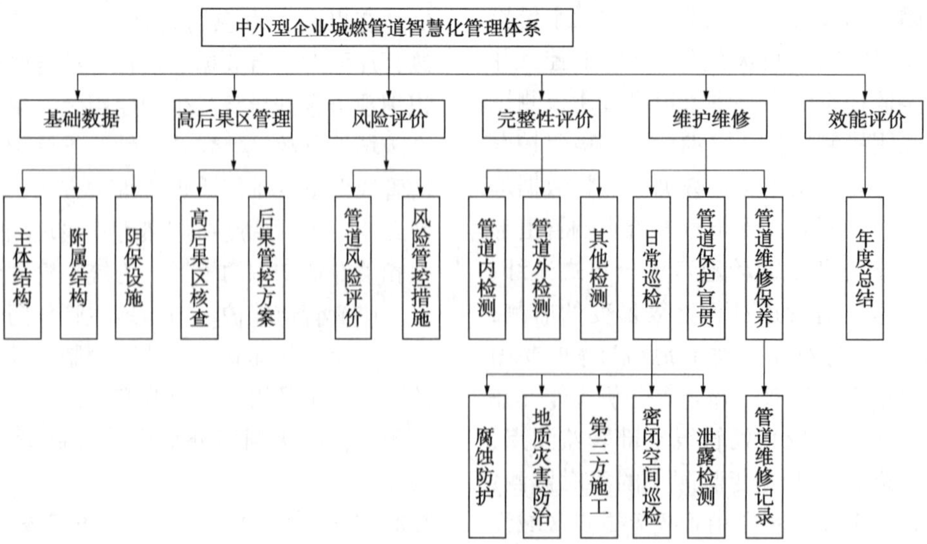

图 1

4 总结

当今是数字化时代，智慧管网作为管道完整性管理数字化的具体体现，可以促进企业提高管理效率，提升本质安全，推动安全发展。但智慧管网建设不是一蹴而就的，需要长期发展实践。中小型城燃企业应积极把握数字技术所带来的新契机，推动智慧管网建设。同时，通过外部协作与内部管控，解决在数字化转型中的外在约束与内在桎梏，并探寻与之发展相契合的数字化转型路径，加快进入以数字化、信息化为主导的智慧燃气发展新阶段。

参考文献

[1] 王金榜．浅析天然气管道完整性管理[J]．中国石油和化工标准与质量．2021(03).

[2] 乔元立．天然气管道风险评价与完整性管理探究[J]．中国高新科技．2019(02).

[3] 薛鲁宁，李莉．智慧管网技术标准体系架构探索[J]．中国标准化．2023(06).

基于仿真模拟的城燃管网泄漏识别技术研究

朱玉奎　李成志　高　飞　柳建军　陈玉霞　王思远　邵　培　杜　选

（昆仑数智科技有限责任公司）

摘　要　本文讨论城镇燃气管网微小泄漏识别问题，提出了一种基于管道仿真软件、机器学习技术和统计学方法的燃气管网微小泄漏识别模型。具体的，利用管道仿真软件建立燃气管网工艺仿真模型；针对不同泄漏位置，不同泄漏量等边界条件，模拟泄漏工况工艺参数；设计正交试验减少数据量；最后利用机器学习模型训练识别泄漏。

关键词　泄漏识别；机器学习；仿真软件；正交试验

1　引言

城镇天然气管网仿真分析广泛应用于系统运行监视、管网设计前期规划、风险预警等领域，是天然气管网运营管理的一项基础性支撑技术。例如管网调度的运行方式安排需要经过大量的仿真计算，模拟各种用气负荷工况下的管道超欠压情况并校验相应的应对措施，来确定安全的运行方式；管网规划方案的可靠性、经济性、灵活性和安全水平的评估，也需要大量的仿真分析，并根据仿真结果选择最优的规划方案；在天然气管网泄漏分析方面，也需要借助仿真内核研究泄漏点对管网运行的影响，同时验证相应的应急处置措施。

尽管天然气仿真内核可以实现对泄漏工况的模拟，却无法直接通过现场数据反推泄漏是否发生以及对应的泄漏位置和泄漏量，这需要在仿真模拟的基础上借助其他的一些技术实现。近年来，人工智能开启了以高性能计算、大数据、深度学习为特征的新一轮技术革命，可基于海量数据自动学习，挖掘出相关经验知识或一般性规律。新一代人工智能在视觉、语言、医疗、交通等诸多领域取得了突破性进展，可有效降低人力投入、弱化专家依赖、减少决策错误，从而提高分析精度。若将人工智能中的先进思路和技术引入到传统的仿真数据分析工作中，代替人工分析，有望实现泄漏工况识别的自动化和智能化。

基于仿真数据进行天然气管网泄漏状态判别，主要通过对管网实际运行中可能的典型正常运行工况和泄漏工况集进行非稳态仿真计算，然后基于仿真数据判断系统是否发生泄漏，从而使得系统在实际运行时可应对这些故障。然而，在管网运行过程中，泄漏工况的表征和用气负荷的波动经常交织耦合在一起：用气负荷波动会引起气源用气量及沿线压力的变化，而泄漏工况也会引起类似的变化，二者在表象上有时候较为相似，没有明确的规则进行区分，主要依赖人工经验进行判别。另一方面，面对大规模管网的海量仿真数据，人工进行泄漏状态识别需消耗大量的人力资源，且容易出现错漏现象。

为此，本项目将深度学习应用于仿真数据分析中的泄漏状态判别，绕开复杂物理机理，挖掘从仿真数据到泄漏状态（是否发生泄漏）的映射关系，为控制措施制定提供指导。本项目采用挤压激励卷积神经网络（squeeze and excitation-convolutional neural network，SE-CNN）模型实现这一智能方法，通过在常规 CNN 中插入挤压激励网络（squeeze and excitation network，SENet）模块，显式建模 CNN 通道间相关关系，自适应调整特征通道的权重，放大有用的通道同时抑制对当前任务用处不大的特征，进一步提升 CNN 的效果。

本文的主要研究内容如下：

（1）基于城镇天然气管网仿真引擎，设计正常工况和泄漏工况的仿真数据集构建方法，对生成的仿真数据进行归一化和标准化处理，并进行标注，从而形成海量深度学习训练样本。

（2）基于深度学习方法，构建挤压激励卷积神经网络，在仿真数据集的基础上进行训练和测试，生成可以准确识别泄漏状态的预测模型，最后在实际管网数据上进行测试验证。

2 样本生成与数据处理

2.1 样本的组成维度和生成方案

基于SE-CNN的管网泄漏状态识别方法需要样本数据的支撑。可通过仿真计算，模拟仿真分析中的真实情况，生成一系列样本。例如，可分别设置不同的用气负荷工况、泄漏位置、泄漏孔径进行多组非稳态仿真，从仿真结果中提取泄漏前后的气源以及负荷的压力和流量数据形成训练样本集。

表1 训练样本生成方案

参　数	设置方式
负荷用气量及气源压力	选取实际管线覆盖全年若干个典型日内不同用气工况的压力流量数据
泄漏位置	分别选取不同管段的不同位置设置泄漏点，每个样本泄漏点间隔为5km
泄漏孔径	从5mm~50mm范围内进行选取，按照5mm大小为间隔

针对上述各样本点进行仿真的周期为2小时，泄漏发生的时间统一设置在1小时，然后按照10min为观测窗口，每推进1min生成一个样本并标注好当前的泄漏状态。

接下来以实际管线沧淄线为例，介绍样本生成的具体方案。沧淄线全长218公里，沿线分布包括沧州站、庆云站、惠民站、淄博站、无棣站，滨州站和诸多分输点，下表给出了某典型日内各场站在不同时刻的压力流量瞬时数据，这些不同时刻的数据即代表了不同的用气工况，可以看出每个典型日下用气工况的种类为6种。

对泄漏位置的取样可以按照5km为间隔进行，那么在沧淄线上取样点的数量一共为43处，而泄漏孔径的取样点数量则为10处，对于每次取样在仿真周期2小时内可以生成110个样本，假设针对沧淄线全年运行工况进行泄漏位置和泄漏孔径的取样，则生成的总样本数量达到365 * 6 * 43 * 10 * 110 = 103587000个，这个样本数量过于庞大，需要设计合理的试验方法减少样本的规模，但保证样本信息覆盖的全面性。

表2 沧淄线某典型日现场数据

场站	00：00		04：00		08：00		12：00		16：00		20：00	
	压力/MPa	流量/(m^3/h)	压力/MPa	流量/(m^3/h)	压力/MPa	流量/(m^3/h)	压力/MPa	流量/(m^3/h)	压力/MPa	流量/(m^3/h)	压力/MPa	流量/(m^3/h)
沧淄首站	2.73	54605	2.76	56010	2.78	57103	2.46	40333	2.56	50600	2.61	49458
旧州站	2.57	0	2.6	0	2.6	0	2.32	2741	2.41	3052	2.47	3438
孟村站	2.54	1202	2.58	1539	2.58	1443	2.3	2099	2.38	2113	2.44	1179
盐山站	2.51	565	2.56	446	2.56	2842	2.29	2173	2.36	2692	2.42	1080
庆云站	2.46	0	2.49	0	2.5	0	2.26	1925	2.34	876	2.39	0
无棣站	2.5	0	2.5	0	2.51	0	1.84	7935	2.31	8377	2.44	0
阳信站	2.4	4018	2.4	2961	2.43	3230	2.22	3428	2.3	3215	2.3	5107
惠民站	2.41	8772	2.43	4060	2.41	7623	2.24	14878	2.32	13486	2.37	9879
滨州站	2.37	7270	2.36	9230	2.25	18412	2.22	8219	2.29	11199	2.32	9641
高青西站	2.39	3491	2.39	5080	2.39	0	2.25	21898	2.32	115320	2.36	5317
高青站	2.38	10603	2.39	7096	2.39	10487	2.24	11190	2.32	11529	2.35	10854
桓台站	2.38	26907	2.38	28224	2.39	14477	2.27	33934	2.34	19277	2.36	21935
淄博站	2.38	18999	2.38	19652	2.38	40463	2.37	23420	2.38	23583	2.38	23152

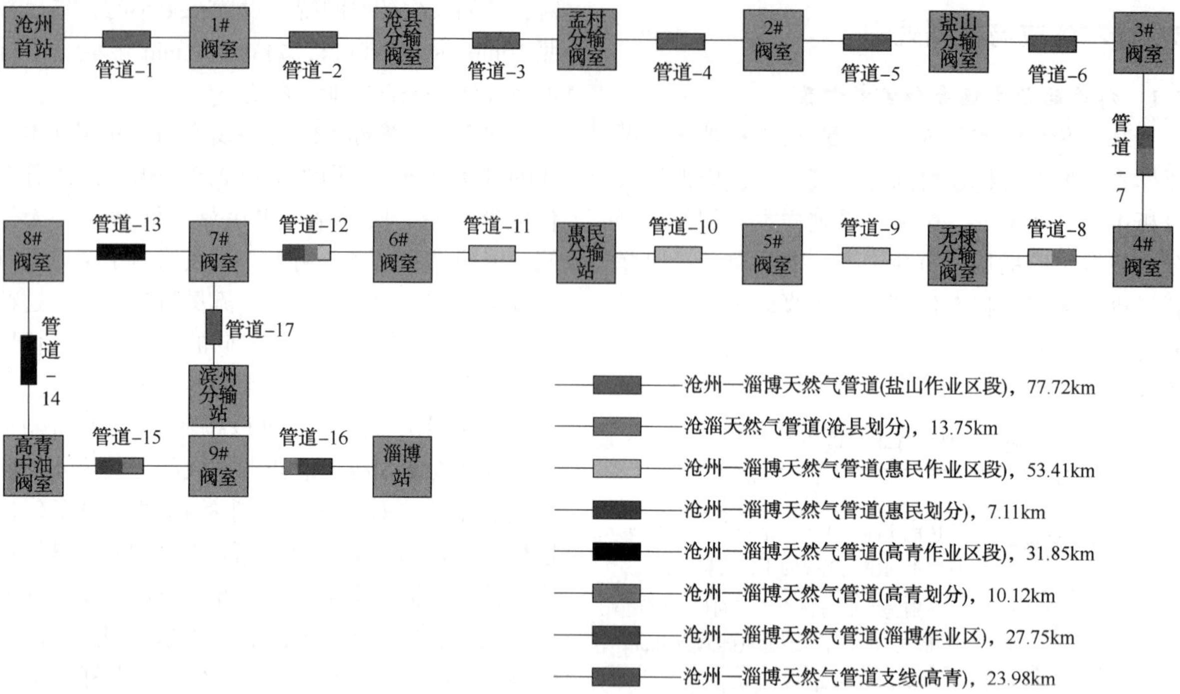

图1　沧淄线管网结构图

2.2　用气典型日生成

正常情况下实际管线采集的历史数据可以覆盖过去几年的用气工况，但是由于数据量过于庞大，直接基于这些数据进行仿真样本的生成代价较大效率很低。因此可以利用聚类算法生成若干用气典型日，然后在此基础上再进行后续的仿真样本生成。在本项目中采用的是GMM聚类算法来实现典型日的生成。

2.2.1　高斯混合模型GMM

高斯混合模型(Gaussian mixture model, GMM)以其刻画随机变量的高精度而著称。GMM用于描述一个随机向量X的联合概率分布，它被定义为多个高斯分布函数的凸组合。记符号$\Omega=\{\omega_m, \mu_m, \sigma_m; m=1, \cdots, M\}$为GMM的可调参数集。GMM的数学表达式如下：

$$f_X(x)=\sum_{m=1}^{M}\omega_m N_m(x; \mu_m, \sigma_m) \quad (1)$$

$$\sum_{m=1}^{M}\omega_m=1, \ \omega_m>0 \quad (2)$$

$$N_m(x; \mu_m, \sigma_m)=\frac{e^{-\frac{1}{2}(x-\mu_m)^T\sigma_m^{-1}(x-\mu_m)}}{(2\pi)^{W/2}\det(\sigma_m)^{1/2}} \quad (3)$$

式中，$f_x(x)$表示X的联合概率密度函数；ω_m是权重系数；W表示X的维度；N_m(8)表示多维正态分布，它被称为GMM的第m个高斯分量；det(81)表示矩阵行列式；M表示高斯分量的总数；μ_m和σ_m分别表示第m个高斯分量的均值向量与协方差矩阵。

图2给出了含4个高斯分量的GMM的示意图。在该图中，GMM的概率密度函数(图中黑线)是四个高斯分布概率密度函数(图中红、蓝、绿、紫线)的凸组合。通过调节参数集Ω，GMM可以刻画任何维度的随机变量的概率密度函数。

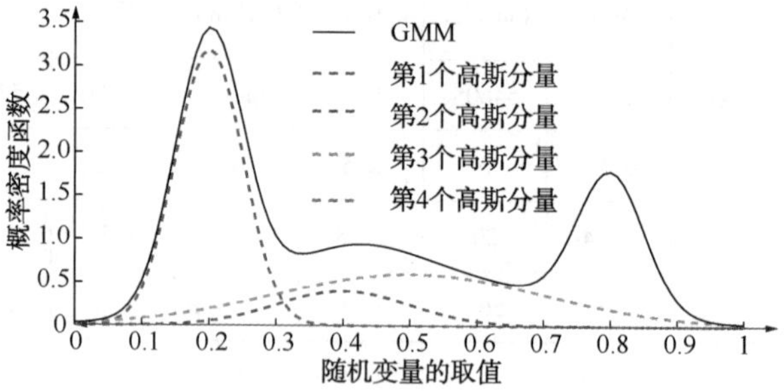

图2　GMM示意图

在上图中，M=4，权重系数ω_m依次为0.4、0.1、0.3、0.2。

确定GMM的参数集Ω是一个典型的参数估计问题。基于X的历史数据，可以采用极大似然估计技术获得GMM的参数集。典型的算法包括“期望最大化算法(Expectation Maximization, EM)”。许多商业软件都已经集成了GMM的参数估计算法，例如MATLAB中提供的gmdistribution.fit函数等。

2.2.2　GMM聚类

GMM聚类算法主要思想是假设数据由若干

个高斯分布生成，这些高斯分布的中心就代表了每个簇的中心。

每一个高斯分布被称为一个组件(component)，可以看作是产生一类数据的概率生成模型，这些高斯分布的权重之和等于 1。这样，我们的目标就变成了找到最优的参数使得这个混合模型最好地拟合数据。

在 GMM 聚类过程中，其实就是在寻找这些高斯分布的参数，有三个主要参数需要估计，即：均值向量 μ、协方差矩阵 Σ 以及混合系数 π。通常采用上述期望最大化方法进行参数估计和簇划分。

通过对所有数据点的后验概率进行计算，每个数据点都被赋予了一个"软"标签，反映它可能属于每个簇的概率，而不是像 K-means 那样，每个数据点只能被划分到固定的某个簇中。因此，GMM 被认为是软聚类方法。

2.2.3　基于 GMM 聚类的用气典型日生成

基于 GMM 的用气典型日生成过程大致可分为以下几步：

1）获取历史用气数据；

2）对历史数据进行预处理(如归一化)；

3）使用 GMM 进行聚类，得到每一类的高斯分布参数；

4）将同一类中的数据进行平均，生成典型日的用气模型。

在实际操作中，我们使用 E-M 方法来估计 GMM 的参数。E-M 算法主要包括以下两步：

1）E 步：计算后验概率

$$\gamma_{ji} = P(z_i = j \mid x_i;\ \varphi) = \frac{\pi_j N(x_i \mid \mu_j,\ \Sigma_j)}{\sum_{l=1}^{k} \pi_l N(x_i \mid \mu_l,\ \Sigma_l)} \tag{4}$$

2）M 步：根据后验概率更新参数

$$\mu_j' = \frac{\sum_{i=1}^{n} \gamma_{ji} x_i}{\sum_{i=1}^{n} \gamma_{ji}} \tag{5}$$

$$\Sigma_j' = \frac{\sum_{i=1}^{n} \gamma_{ji}(x_i - \mu')\ (x_i - \mu')^T}{\sum_{i=1}^{n} \gamma_{ji}} \tag{6}$$

$$\pi_j' = \frac{1}{n} \sum_{i=1}^{n} \gamma_{ji} \tag{7}$$

2.3　混合水平正交试验设计

尽管通过用气典型日生成一定程度上减少了生成仿真样本的规模，不过由于原始样本规模实在太大，还需要采用混合水平正交试验的方法以进一步减少总样本的数量。

2.3.1　正交试验介绍

正交试验设计(Orthogonal Experiment Design)是一种统计试验设计方法，它源于数学家 R. A. Fisher 在试验设计的研究中引入正交多项式，其主旨在于通过很少的试验次数获取尽可能多的信息。

正交试验基于因素水平组合以获取最优结果。在正交试验设计中，每个因素都按照不同的水平进行变化，并且这些变化是相互独立的。进行试验后，通过分析各因素对结果的影响程度，便可找出最佳的因素水平组合。

（1）正交表

在实际应用中，对于多因素多水平的试验，安排全面试验是不现实的。我们选择其中一部分组合，利用正交表安排试验，试验次数不多，也能得到比较满意的效果。

正交表是一系列规格化的表格，每个表都有一个记号，如 L8(27)，L9(34)等，(见表 1-1 和表 1-2)。以 L9(34)为例，L 表示正交表，9 是正交表的行数，表示需要做的试验次数。4 是正交表的列数，表示最多可以安排的因素的个数。3 是因素水平数，表示此表可以安排三水平的试验。

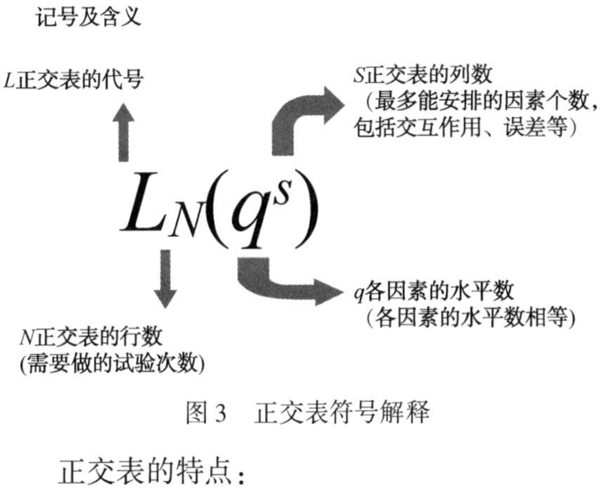

图 3　正交表符号解释

正交表的特点：

(a) 每列中数字出现的次数相同(纵向分布均匀分散性)，如 $L_9(3^4)$表每列中数字 1，2，3 均出现三次；如 L8(27)表每列中数字 1，2 均出现四次；

(b) 任取两列数字的搭配是均衡的(横向比

肩搭配均匀性)，如 $L_9(3^4)$ 表里每两列中(1，1)，(1，2)，…，(3，3)，九种组合各出现一次；如 L8(27) 表里每两列中(1，1)，(1，2)，(2，1)和(2，2)各出现两次。

这种均衡性是一般正交表构造的特点，它使得根据正交表安排的试验，其试验结果具有很好的可比性，易于进行统计分析。常用的正交表有二水平的，如 $L_4(2^3)$，$L_8(2^7)$，$L_{12}(2^{11})$，$L_{16}(2^{15})$；有三水平的，如 $L_9(3^4)$，$L_{27}(3^{13})$；有四水平五水平的，如 $L_{16}(4^5)$、$L_{25}(5^8)$等。

用正交表安排试验时，根据因素和水平个数的多少以及试验工作量的大小来考虑选用哪张正交表。每一张正交表后都附有相应的交互作用表，它是专门用来安排交互作用试验。

(2) 因素间的交互作用

如果因素 A 的数值和水平发生变化时，试验指标随因素 B 变化的规律也生变化。或反之，若因素 B 的数值或水平发生变化时，试验指标随因素 A 变化的规律也发生变化。则称因素 A、B 间有交互作用，记为 A×B。在本项目中，各因素之间明显没有交互作用，因此不需要安排交互作用的二元试验。

2.3.2　混合水平正交试验介绍

正交试验最重要的特点就是各因素的水平数相同，然而在本项目中，用气工况、泄漏位置和泄漏孔径三个因素的水平数各不相同，在这种情况，就需要进行混合水平正交试验设计。这种方法是在各试验因素的水平数不完全相等的情况下，采用现有的混合水平正交表，或者通过拟水平法使用各试验水平数相等的正交表来实现的。

混合水平正交试验的核心思想是通过正交表的设计，将不同水平的试验因素进行合理搭配，以实现各因素之间的正交。具体来说，混合水平正交表是一种特制的表格，其中每行代表一个试验组合，每列代表一个试验因素，每个单元格则代表一个试验结果。与普通正交表不同的是，混合水平正交表的列并不都是等水平的，而是包含了不同水平的因素。如 $L_8(4^1 \times 2^4)$ 表示要做 8 次试验，最多可安排 5 个因素，其中 1 个是 4 水平的，4 个是 2 水平的。

在混合水平正交试验中，首先需要根据实际问题的需求，确定试验的因素和每个因素的水平数。然后，选择适合的混合水平正交表，并根据表中所示的试验组合进行试验。在试验结束后，对试验结果进行分析，找出各因素对试验结果的影响，并找出最优的试验条件。

混合水平正交试验的优点是能够处理各因素水平数不完全相等的情况，提高了试验设计的灵活性和适用性。同时，混合水平正交试验也具有高效、科学、简单和经济的特性，能够提高试验效率，基于统计理论和方法保证试验结果的可靠性和准确性，易于操作和理解，同时可以减少试验成本和时间，提高企业效益。

需要注意的是，在混合水平正交试验中，由于各因素的水平数可能不同，因此需要根据实际情况选择适合的混合水平正交表。此外，在试验结束后，需要对试验结果进行统计分析和解释，找出各因素对试验结果的影响，并找出最优的试验条件。

2.4　数据归一化处理

在进行机器学习时，数据归一化是很重要的预处理步骤。归一化的主要目的有以下几点：

(1) 改善计算效率

当数据量非常大或特征值范围相差很大时，归一化可以加快梯度下降寻找最优解的速度。

例如，考虑一个两维空间，其中一个特征在 0 到 1 之间，另一个特征在 0 到 10000 之间。如果我们将其可视化，数据在图形中将显示为窄长型。这会导致梯度下降需要更多时间才能找到全局最小值。

(2) 避免数值不稳定性和梯度消失

有些机器学习算法(例如逻辑回归，SVM，神经网络等)涉及到求解参数的梯度。如果特征值的求解范围过大或过小，可能会导致数值计算问题，甚至使得梯度消失。

(3) 统一不同单位、尺度的特征

如果样本数据包含的特征具有不同的单位或者测量比例，归一化能够将所有特征放置在相同的尺度上，从而使得模型的训练更加公平。

例如，假设我们正在建立一个模型来预测房价，我们的特征包括卧室数量(范围：1-8)和总面积(范围：500-20000)。在未经过归一化处理的情况下，总面积特征将对模型预测结果产生更大影响。

数据归一化通常采用 MinMax 标准化或 Z-Score 标准化方法。前者通过线性变换将原始数据变换到[0，1]区间，后者则是将数据按照正态分布标准化到均值为 0 方差为 1。在本项目中，主要需要将仿真获得压力、流量时序数据进行归一化，下面基于这两种方法分别对其原理进行介绍。

2.4.1　MinMax 标准化

MinMax 标准化也叫做最小-最大缩放，是一种将特征值缩放到指定范围(例如，[0，1])内的简单方法。这种缩放不会改变原始数据的分布形状。换句话说，如果原始数据是正态分布，则缩放后的数据仍然会保持正态分布。同时，这种方法对于有明确边界的情况非常有效。例如，像图像的像素强度值就能够通过缩放被转换为0-1 之间。

对每个特征，MinMax 标准化首先找到该特征的最大和最小值，然后将每个特征值以减去最小值并除以范围(最大值减去最小值)的方式进行缩放。这样，所有特征值都将在 0 到 1 的区间内。

$$X_{std}=\frac{(X-X_{\min})}{(X_{\max}-X_{\min})} \tag{8}$$

这里，X 表示原始特征向量，$X_{\min}$ 是特征列中的最小值，$X_{\max}$ 是特征列中的最大值，X_{std} 是将原始特征向量缩放到 0 和 1 之间。

2.4.2　Z-Score 标准化

Z-score 标准化，也叫标准分数或 Z 值，是一种常见的特征缩放方法。这个方法基于原始数据的均值和标准差进行缩放，可以处理不同范围的特征值并保持足够的复杂性。

对每个特征值，Z-score 标准化首先计算出该特征值与平均值的差，然后除以标准差。这样处理后的数据符合标准正态分布，即平均值为 0，标准差为 1。如果数据原先接近正态分布，那么标准化后的结果会更加接近标准正态分布。

$$z=\frac{x-\mu}{\sigma}$$

这里，x 表示原始特征向量，μ 是所有样本数据的平均值，σ 是所有样本数据的标准差，z 是执行 Z-score 标准化之后的值。

2.4.3　两种方法的比选

Min-Max 标准化和 Z-Score 标准化是数据预处理中最常用的两种标准化方法。这两种方法的优缺点对比如下：

表 3　两种标准化方法的优缺点对比

方法	优　点	缺　点
Min-Max	1. 由于最小-最大标准化将值缩放到 0-1 之间，所以在需要数字处于固定范围的情况下有很好的效果，例如：神经网络中激活函数的输入。 2. Min-Max 非常容易理解和实现	Min-Max 对异常值非常敏感，即如果有单个的极端数值(例如一个非常大的数值或者一个非常小的负数值)，将会扭曲整个数据分布，所有的数值都会被挤压到一起
Z-Score	1. Z-Score 对数据的原始分布不作任何假设，因此适用于更广泛的场景。 2. Z-Score 标准化对于存在离群点时依然能有效工作，因为其在计算过程中已经考虑了数据的离散程度	1. Z-Score 缩放后的结果可能会很难解释，尤其是那些没有统计背景的人，因为 Z-Score 会产生负值，并且没有上下限。 2. 如果数据并非呈正态分布，则 Z-Score 标准化后的结果可能会让人难以理解

在本项目中，压力参数的分布通常比较均匀，各个节点的数值差异不大，但是流量的分布可能差异较大，采用 min-max 方法可能会导致标准化后的数据分布不均，因此本项目中采用 Z-Score 方法进行数据标准化。

3　泄漏状态模式识别

3.1　SE-CNN 模型

3.1.1　模型简介

SE-CNN 通过在 CNN 的卷积层后插入 SENet 模块显式建模 CNN 的各特征通道间相关关系。除具有常规 CNN 的局部连接、权值共享等特性外，SENet 模块还能学习 CNN 的通道间信息，得到各通道权值，放大有用的特征通道、抑制对最终任务作用较小的通道，有助于提高 CNN 的性能，可用于从仿真数据中挖掘泄漏状态识别相关的特征。

SENet 模块结构包含四部分，如图 4 所示：

1) 变换(transformation)。通常为卷积变换，形成未加权的特征图 $U\in\mathbb{R}^{H\times W\times C}$，如图 2.3 左侧常规卷积运算所示，其中 R 表示实数集，H、W、C 分别为特征图的高、宽和特征通道数。

2) 挤压(squeeze)。将同一通道内的信息沿空间维度聚合，形成一个消除了空间分布信息干扰而仅含通道间相关关系的多维统计量。Squeeze 一般用全局平均池化(global average pooling，GAP)实现，例如将未加权特征图 U 沿其空间维度 $H \times W$ 压缩，得到多维统计向量 $z \in \mathbb{R}^{C}$，其中第 c 个元素为：

$$z_c = F_{\mathrm{squeeze}}(u_c) = \frac{1}{H \times W}\sum_{i=1}^{H}\sum_{j=1}^{W} u_c(i, j) \quad (9)$$

式中，$u_c(i, j)$ 为输入数据中第 i 行第 j 列的元素；$F_{squeeze}(\cdot)$ 为挤压变换。

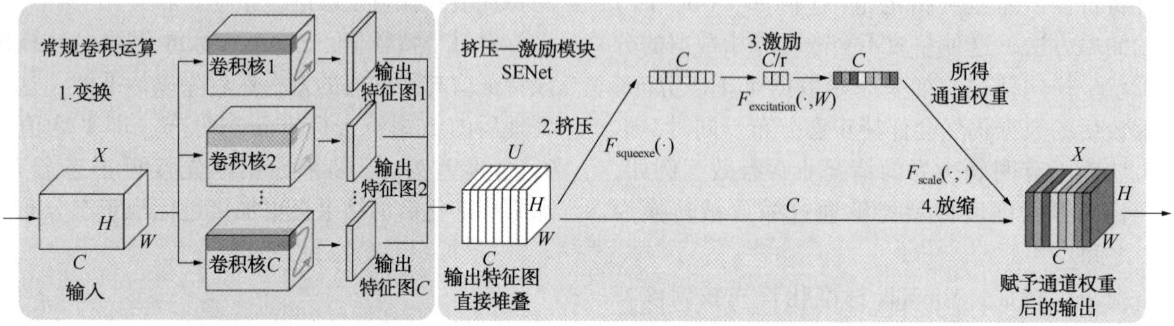

图 4　含 SENet 模块的卷积神经网络示意图

3）激励(excitation)。通过两个全连接层实现，第一个全连接层将输入的 C 维统计量 z 压缩成 C/r 维度后(后跟 ReLU 激活函数)，第二个全连接层将其恢复成 C 维(后跟 sigmoid 激活函数)，即：

$$s = F_{excitation}(z, W) = \sigma[g(z, W)] = \sigma[W_2\delta(W_1 z)] \quad (10)$$

式中，$\sigma(\cdot)$ 和 $\delta(\cdot)$ 分别为 sigmoid 和 ReLU 激活函数；$W_1 \in \mathbb{R}^{C\times(C/r)}$ 和 $W_2 \in \mathbb{R}^{C\times(C/r)}$ 分别为两个全连接层的参数；r 为平衡模型性能和计算复杂度的比例参数；生成的 s 即为刻画 U 中各个通道重要程度的权重。

4）放缩(scale)。将得到的权重 s 与未加权输出 U 按通道相乘，形成最终输出 $\widetilde{X}$：

$$\widetilde{x}_c = F_{scale}(u_c, s_c) = s_c u_c \quad (11)$$

$$\widetilde{X} = [\widetilde{x}_1, \cdots, \widetilde{x}_c, \cdots, \widetilde{x}_C] \quad (12)$$

SENet 模块对神经网络通道间相关关系进行显式建模，通过 GAP、全连接层等自适应学习神经网络各通道的权重，放大对目标任务有用的特征通道并抑制作用较小的通道，有助于提高模型性能。而对于常规 CNN，通道间相关关系隐藏在卷积核中，与通道内空间信息耦合在一起，无法准确刻画通道间信息。另外由于其局部感受野特性，常规 CNN 还不能兼顾到整个通道，势必影响其性能。

SENet 使用方便，无需重新设计网络架构和调整超参数，可直接插入现有网络架构中形成 SECNN。并且，试验表明 SENet 并不显著增加模型复杂性和计算负担。

3.1.2　模型框架与网络框架

仿真数据本质上是多元时间序列，可排列成矩阵(网格)形状，适合于使用具有强大学习能力的 CNN 处理，并且上文所述，SENet 的使用可进一步提升 CNN 的性能，但并不显著增加模型复杂性和计算负担，因而本文采用 SE-CNN 模型实现主导失稳模式的智能识别。

模型整体框架为通过 SE-CNN 建立起从泄漏前后以及对应正常工况观测窗口内的非稳态仿真时序数据到系统泄漏状态的映射关系。由于泄漏状态与压力和流量变量强相关，因此模型将二者都作为输入。具体地，从原始仿真数据中提取其对应的观测窗口内的压力和流量，排列成类似图片的两个矩阵的形式，以便于 CNN 的处理：

$$\begin{cases} P = \begin{bmatrix} P_{1,1} & P_{1,2} & \cdots & P_{1,N} \\ P_{2,1} & P_{2,2} & \cdots & P_{2,N} \\ \vdots & \vdots & \ddots & \vdots \\ P_{T,1} & P_{T,2} & \cdots & P_{T,N} \end{bmatrix} \\ q = \begin{bmatrix} q_{1,1} & q_{1,2} & \cdots & q_{1,N} \\ q_{2,1} & q_{2,2} & \cdots & q_{2,N} \\ \vdots & \vdots & \ddots & \vdots \\ q_{T,1} & q_{T,2} & \cdots & q_{T,N} \end{bmatrix} \end{cases} \quad (13)$$

式中，$P_{i,j}$ 和 $q_{i,j}$ ($i = 1, 2, \cdots, T$，$j = 1, 2, \cdots, N$)分别为第 i 个采样时刻第 j 个气源/负荷的压力和流量数值；T 为观测窗口长度对应的采样点数；N 为系统内气源/负荷数量。

模型采用如下图所示的双输入结构，分别对

应压力和流量。两支路基本对称，各自经过卷积层、SENet 模块、全连接层处理后再拼接形成低维稠密向量表征，从而将样本从原始高维空间压缩到低维空间，得到了融合压力信息和流量信息的低维表征，有助于提高后续分类任务的效果。

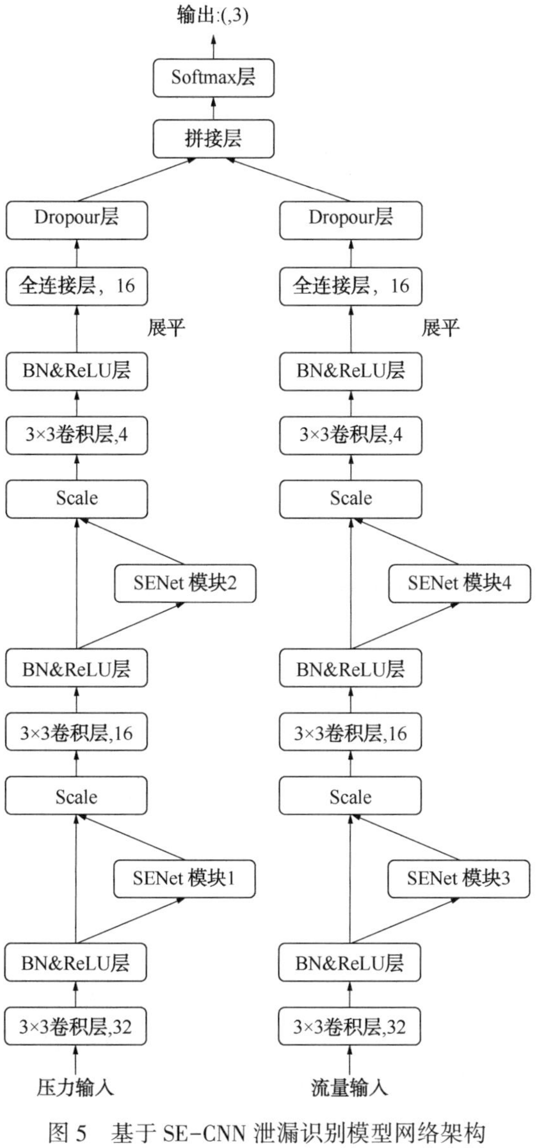

图 5　基于 SE-CNN 泄漏识别模型网络架构

3.1.3　模型训练

模型训练的流程图如下所示：

在训练时，采用 Adam 优化算法，并以交叉熵损失作为目标函数，进行监督学习。在训练过程中，若 50 个 epoch 内验证集损失没有下降，则将学习率减小(除以$\sqrt{2}$)。

模型训练完成后即可用于仿真分析中的泄漏状态识别，将仿真后观测窗口内对应的气源/负荷压力和流量数据输入，即可得到对应发生泄漏和没有泄漏 2 种类别的概率，取概率最高者作为其判定类别，判断结果将为后续制定控制措施提供指导。

3.2　支持向量机

3.2.1　基本原理

支持向量机是基于统计学习理论的机器学习方法，它是为了解决二分类识别问题而提出的。该方法通过寻找一个最优的超平面，不仅能将训练样本正确分开，而且能使两类样本的分类间隔最大。

给定仅有两个类别的训练数据集 $Train=\{(x_1, y_1), (x_2, y_2), \cdots, (x_n, y_n)\}(y_i\in\{-1, 1\})$，为了得到超平面 $w\cdot x+b=0$，可以通过求$\frac{\|w\|^2}{2}$的极小值获得两类数据之间间隔最大的最优超平面，其约束条件如下：

$$y_i[(w\cdot x_i)+b]\geqslant 1\quad i=1, 2, \Lambda, l \tag{14}$$

可以将构造最优超平面的问题转化成求公式：

$$\min\Phi(w)=\frac{\|x\|^1}{2}=\frac{(w\cdot w)}{2} \tag{15}$$

其中 $\lambda\geqslant 0$ 为拉格朗日乘子，通过对 w 和 b 求偏导，设置偏导为 0，即可求解最优权值向量 w^* 和最优偏置 b^*，分别如公式和公式所示：

$$w^*=\sum_{j=1}^{l}\lambda_j y_j x_j \tag{16}$$

$$b^*=y_i-\sum y_j\lambda_j(x_j\cdot x_i) \tag{17}$$

由此可以获得最优的决策函数如公式：

$$\begin{aligned}f(x)&=\operatorname{sgn}\{(w^*\cdot x)+b^*\}\\&=\operatorname{sgn}\Big\{\Big(\sum_{j-1}^{l}a_j^*y_j(x_j\cdot x_i)\Big)+b^*\Big\},\ x\in R^n\end{aligned} \tag{18}$$

对于实际上难以线性分类的问题，可以将待分类数据射到某个高维的特征空间，并在该特征空间中构造最优分类面，从而转化成线性可分类问题。以高维空间的样本 $\Phi(x)$ 代替原样本数据 x，则可以得到最优分类函数如公式所示：

$$f(x)=\operatorname{sgn}\Big\{\sum_{j=1}^{l}a_j y_j\Phi(x_j)\cdot\Phi(x_i)+b\Big\} \tag{19}$$

在高维特征空间构造最优超平面时，仅使用特征空间中的内积实现。可以通过一个核函数 $K(X, X^p)$，如公式所示：

$$K(X, X^p)=\Phi^T(X)\Phi(X^p)=\sum_{j=1}^{M}\varphi_j(X)\varphi_j(X^p) \tag{20}$$

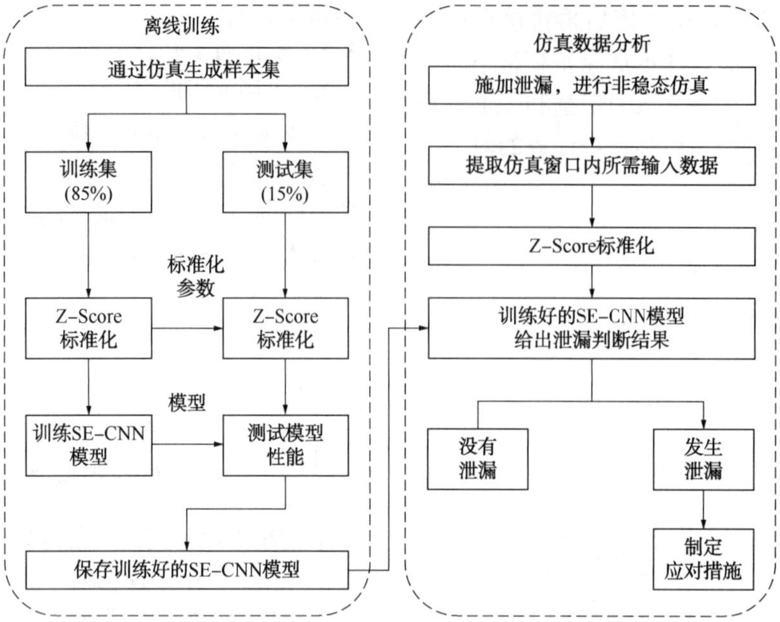

图 6　模型训练示意图

则在特高维征空间建立超平面时无需考虑变换 Φ 的形式，简化映射空间中的内积运算。SVM 的常用核函数有：Linear（线性）核函数、Polynomial（多项式）核函数、RBF（径向基）核函数和 Sigmoid 型核函数。

3.2.2　时序数据映射

SVM 引入核函数的目的是将高维特征空间中大量的内积计算转换成低维空间简单的运算实现模型构建。不同的核函数蕴藏的几何度量特征各异，选择不同的核函数导致 SVM 泛化能力存在差。针对时间序列数据的分类，需要符合其特征的核函数对数据进行空间转换。

线性核函数作为 SVM 中的最简单的核函数，它并未对原始的数据元素进行空间转换。数据 $X=(x_1, x_2, \cdots, x_m)$ 在线性核函数的公式中计算如公式所示：

$$K(X, X)=X\cdot X=\begin{pmatrix} x_1\cdot x_1 & \cdots & x_1\cdot x_m \\ M & \ddots & M \\ x_m\cdot x_1 & \cdots & x_m\cdot x_m \end{pmatrix} \tag{21}$$

由于线性核函数中的几何度量特征不能有效的衡量时间序列数据的关系。为此，引入时间序列互相关距离，将时间序列数据映射到新的特征空间中，消除原始特征空间中数据的时间序列特性。时间序列互相关距离主要用于衡量两个时间序列数据在形态上的一致性，时间序列 x 与序列 y 的互相关距离如公式所示：

$$dist(x, y)=1-\max_{w}\left(\frac{C(x, y, w)}{\sqrt{C(x, x, 0)\cdot C(y, y, 0)}}\right) \tag{22}$$

通过空间基数据 $T=(t_1, t_2, \cdots, t_m)$，对原始时间序列数据进行转换，得到新的特征空间数据，如公式所示：

$$Dist(X, T)=\begin{pmatrix} dist(x_1\cdot t_1) & \cdots & dist(x_1\cdot t_m) \\ M & \ddots & M \\ dist(x_m\cdot t_1) & \cdots & dist(x_m\cdot t_m) \end{pmatrix} \tag{23}$$

新的特征空间的数据不再具有原始时间序列特性，因此可使用线性核函数获得较好的 SVM 分类效果。将线性核函数与新的特征空间转换结合，改进的线性核函数如公式：

$$k(X, X)=Dist(X, T)\cdot Dist(X, T) \tag{24}$$

3.2.3　模型训练和预测

本方法首先选用训练数据集作为空间基数据对训练数据进行空间转换，将空间转换映射后的结果进行构建相应的分类模型。其次将待分类的时间序列数据进行相应的空间转换，将空间转换后的结果输入到分类模型进行分类获得最终结果。具体步骤如下：

步骤 1：将仿真获得的各气源/负荷的压力流量时间序列数据集分为训练数据集 $D_{tr}(m\times v)$、训练标签集 $L_{tr}(m\times 1)$、测试数据集 $D_{te}(n\times v)$、

测试标签集 $L_{te}(n×1)$，其中 m 为训练集样本个数，n 为测试集样本个数，v 为数据的维数；

步骤 2：将训练集 D_{tr} 中的样本与空间基数据 D_{tr} 两两计算样本之间的时间序列互相关距离，构建 $m×m$ 的新特征空间中的训练样本数据；

步骤 3：将待分类数据集 D_{te} 中的样本与空间基数据 D_{tr} 两两计算样本之间的时间序列互相关距离，构建 $n×m$ 的新特征空间中的待分类样本数据；

步骤 4：使用线性核函数 $K(X, X)$ 与训练标签集 L_{tr} 构建 SVM 分类模型 Model。

步骤 5：构建 $n×m$ 的新空间中的待分类样本数据输入到 Model 中进行分类，最终获得数据分类结果。

参 考 文 献

[1] 郭炜伦，方钰敏，等．基于 SE-CNN-LSTM 的心电识别算法[J]．电脑知识与技术，2022，18(21)：73-75.

[2] 杨志勇，王俊杰．基于 SE-CNN 的人体摔倒检测方法[J]．计算机工程，2022，48(06)：270-277.

[3] 缪昭明，袁宪锋，等．基于 SE-CNN 的服务机器人运动系统云端故障诊断方法[J]．2021，43(03)：321-330.

[4] 辛鹏，杨剀勋，等．基于改进 SE-CNN 的风电机组故障诊断方法研究[J]．吉林化工学院学报，2023，40(01)：34-40.

[5] 石重托，姚伟，等．基于 SE-CNN 和仿真数据的电力系统主导失稳模式智能识别[J]．中国电机工程学报，2022，42(21)：7719-7731.

[6] 张勇，元文智，等．基于深度卷积神经网络与高斯混合模型的水电机组异常声音检测[J]．水电能源科学，2023，41(08)：188-191.

[7] 朱炜杰，肖涵，等．基于高斯混合模型的滚动轴承故障预警[J]．组合机床与自动化加工技术，2023(08)：118-121.

[8] 张俊妍．基于高斯混合模型的汽车车架纵梁故障监测方法研究[J]．机械设计与制造工程，2023，52(08)：82-86.

[9] 贾大卫，吴子燕．基于高斯混合模型和极限状态阈值随机性的概率地震需求分析[J]．振动与冲击，2022，41(20)：225-234.

[10] 张亮，蔡佳骏，等．基于正交试验的高压蒸汽室铸钢件铸造工艺模拟优化研究[J]．金属加工(热加工)，2023(09)：109-114.

[11] 董永谦，马海亮，等．基于正交试验的 SiC 板热变形仿真分析[J]．电子工艺技术，2022，43(06)：330-333.

[12] 黎俊德．基于正交试验的膨胀型钢结构防火涂料配比分析[J]．广东建材，2022，38(11)：18-20.

[13] 杨丹，杨莉荣，等．利用正交试验分析微量组分及煅烧温度对熟料矿物组成的影响[J]．中国水泥，2022(11)：81-83.

[14] 汤荣志，段会川等．SVM 训练数据归一化研究[J]．山东师范大学学报(自然科学版)，2016，31(04)：60-65.

[15] 王剑．关于网络数据归一化处理探讨[J]．信息系统工程，2015(12)：60.

生成式人工智能与完整性管理结合初探初探

卢新鹏

（港华燃气投资有限公司）

摘　要　生成式人工智能(GAI)是目前科技领域中最具活力和影响力的领域之一。GAI 通过模拟数据生成过程，而不是仅仅从数据中学习模式，以实现更高层次的理解和创造力，从而能够生成新的数据或内容。自 2022 年 11 月 GPT-3.5 发布后，GAI 领域取得了许多重要的技术进展和突破，涉及自然语言生成、计算机视觉生成、多模态生成、音频视频生成等多个子领域。

2023 年 9 月 25 日 OpenAI 发布 GPT-4V，被赋予了处理多模态输入(如带有文本的图像)的能力，这种多模态模型为 ChatGPT 提供了新的声音和图像交互功能。通过将图像分析集成到大型语言模型(LLMs)中，使得用户可以指导模型分析图像，从而在人工智能领域取得了显著的进展8 1。3 6 A 4 3 7

GAI 是一种具有革命性的技术，它可以为传统能源行业带来巨大的价值和机遇。在数据分析和预测、提供实用的洞察和信息，设备监测和维护、提高系统性能和安全性，内容创作和交流、提高用户满意度和忠诚度等方面均展现出巨大的潜力。

本文通过建立一个中文完整性管理专业 GAI-LLM 测试基准，尝试在基于 GPT-4V 架构的 chatGPT 使用多个维度能力进行测试。通过客观问题考察模型的认知能力，通过主观、开放性问题考察模型的生成和创新能力，综合评定现有模型的在完整性管理专业展现出的技术水平。基于对该模型完整性管理专业应用的尝试，对 GAI 在本领域应用的前景进行了展望。

关键词　生成式人工智能；GPT-4V；LLM 测试基准；完整性管理

完整性管理是确保系统、过程和产品保持其预期完整性和性能的一种关键活动，特别是在管道等基础设施领域，它对于确保安全和避免可能的灾难性失败至关重要。随着数字化和智能化技术的发展，完整性管理领域正在经历一场革命，其中生成式人工智能(GAI)展现出巨大的潜力。

生成式人工智能(GAI)是一种能够生成新数据或内容的人工智能技术。近年来，随着深度学习和神经网络技术的快速进步，生成式人工智能取得了显著的发展。特别是，基于 GPT-4V 架构的 ChatGPT 作为 OpenAI 的最新成果，不仅能处理文本输入，还能通过图像识别技术对图像进行分析，进而提供丰富多维的数据处理和生成能力。

1　研究目的

本研究旨在建立一个针对中文完整性管理专业的生成式人工智能语言模型(GAI-LLM)测试基准，并尝试在基于 GPT-4V 架构的 ChatGPT 中使用多维度能力进行测试。我们期望通过客观问题来考察模型的认知能力，通过主观、开放性问题来考察模型的生成和创新能力，以综合评价现有模型在完整性管理专业中展现出的技术水平。

通过这项研究，希望能够了解生成式人工智能在完整性管理专业中的应用潜力，并为将来 GAI 在完整性管理领域的研究和应用提供基础。此外，也期望通过基于 GPT-4V 架构的 ChatGPT 的测试，为完整性管理专业提供一个有效、实用的多维度能力测试工具，以推动完整性管理领域的数字化和智能化进程。

本研究不仅对于完整性管理专业具有重要的理论意义，同时，通过评估和分析生成式人工智能在实际应用中的效果和价值，为完整性管理专业的实践提供了有益的参考和指导，有助于推动该领域的创新和发展。

2　进展

2.1　现有管道完整性管理技术

管道完整性管理作为一个成熟领域，其技术和方法已相对完善。传统的管道完整性管理主要依赖于物理检测技术，如超声检测、磁粉检测和射线检测等，以及定期的人工巡检。这些方法能够在一定程度上保证管道的安全运行，但也存在效率低、成本高和检测结果受限于人工判断等问题。

近年来，随着传感器技术和数据分析技术的发展，数字化和智能化的管道完整性管理解决方案开始得到应用。例如，通过实时监控系统收集管道运行数据，利用数据分析技术实现对管道健康状况的实时监控和预测。然而，这些方法仍然面临数据质量不高、实时性不足和预测准确率不高等问题。

2.2 生成式人工智能的相关研究

生成式人工智能(GAI)的发展为多个领域提供了新的可能性。生成对抗网络(GANs)和变分自编码器(VAEs)等技术已在图像、音频和文本等数据生成方面展现出强大的能力。特别是在图像领域，生成式人工智能已能生成高质量、几乎无法区分真伪的图像。

基于GPT-4V架构的ChatGPT是生成式人工智能的最新进展之一，它不仅能够处理文本，还能处理图像，为多模态数据处理提供了新的解决方案。其在自然语言处理和图像识别方面的表现，为完整性管理领域提供了新的思路。通过GPT-4V，可以实现对管道图像和运行数据的综合分析，以提高管道完整性管理的准确性和效率。

生成式人工智能在完整性管理领域的应用还处于初步探索阶段。一些研究已经尝试利用生成式人工智能技术进行数据增强和故障预测，但还没有形成系统的方法和标准。同时，生成式人工智能在完整性管理领域的应用还面临数据质量、模型通用性和实际应用价值等问题。

2.3 文献综述小结

现有的管道完整性管理技术在一定程度上能够保证管道的安全和稳定运行，但随着数字化和智能化技术的发展，其局限性也日益明显。生成式人工智能为完整性管理领域提供了新的可能，但在实际应用中仍面临一系列挑战。本研究旨在通过GAI-LLM测试基准和基于GPT-4V架构的ChatGPT的测试，探索生成式人工智能在完整性管理领域的应用潜力和价值。

3 实验设计

3.1 GAI-LLM测试基准的建立

为了评价生成式人工智能在完整性管理领域的应用能力，本研究设计了一个针对中文完整性管理专业的生成式人工智能语言模型(GAI-LLM)测试基准。该测试基准包括两个主要维度：认知能力和生成/创新能力。

认知能力测试：目的是评价模型的理解和分析能力。我们设计了一系列客观问题，包括基于已有数据的计算、分析和推理等，以测试模型的基本认知能力。

生成/创新能力测试：目的是评价模型的生成和创新能力。我们设计了一系列主观和开放性问题，以测试模型在面对新问题和未知情境时的创新解决方案生成能力。

测试基准的设计参考了现有的人工智能评测标准和方法，同时也吸取了完整性管理领域的专业知识，以确保测试的有效性和实用性。

3.2 基于GPT-4V架构的ChatGPT的实验设计

为了实现对基于GPT-4V架构的ChatGPT的测试，我们按照以下步骤设计了实验：

模型训练与调优：首先，我们收集了大量的完整性管理相关的文本和图像数据，包括公开的技术报告、学术论文、管道检测图像和运行数据等。我们利用这些数据对ChatGPT进行了初步的训练和调优，以适应完整性管理领域的特定需求。

多维度能力测试的设计与实施：在模型训练和调优的基础上，我们设计了一系列测试任务，包括：

客观问题测试：设计一系列基于现有数据和知识的客观问题，以评估模型的基本认知能力。例如，通过提供管道检测图像，测试模型能否准确识别和分析管道的完整性问题。

主观/开放性问题测试：设计一系列主观和开放性问题，以评估模型的生成和创新能力。例如，提出一些假设性的管道完整性问题，测试模型能否生成创新的解决方案。

测试实施与数据收集：我们按照设计的测试任务，对ChatGPT进行了测试，并收集了大量的测试数据。数据收集包括模型的输出结果、运行时间和错误率等。

3.3 数据处理与分析

在收集到测试数据后，我们进行了详细的数据处理和分析。数据处理主要包括数据清洗、标准化和分类，以便进行准确的分析。数据分析包括：

结果准确率分析：评估模型在不同测试任务中的准确率，包括对错误结果的分析，以理解模型的局限性和可能的改进方向。

运行时间和效率分析：评估模型的运行效率，包括运行时间和资源消耗等，以理解模型的实际应用价值。

生成结果的创新性分析：评估模型生成结果的创新性，包括对生成结果的质量和实用性的评估，以理解模型的生成和创新能力。

通过对测试数据的详细处理和分析，我们期望能够准确评估基于 GPT-4V 架构的 ChatGPT 在完整性管理领域的应用能力，为后续研究和应用提供参考。

4 实验与结果

4.1 实验执行

本研究的实验分为两个主要阶段：GAI-LLM 测试基准的建立和基于 GPT-4V 架构的 ChatGPT 的测试。以下是实验的详细执行过程：

4.1.1 GAI-LLM 测试基准的建立

在本阶段，首先收集了大量的中文完整性管理专业相关的文本和图像数据。这些数据包括技术报告、学术论文、管道检测图像和运行数据等，以确保测试基准的覆盖面和代表性。

接下来，设计了一系列测试任务，分为认知能力测试和生成/创新能力测试。认知能力测试包括客观问题，如根据已有数据进行计算和推理。生成/创新能力测试包括主观和开放性问题，要求模型生成新的解决方案。

测试任务的设计参考了完整性管理领域的专业知识和实际应用需求，以确保测试基准的有效性和实用性。

4.1.2 基于 GPT-4V 架构的 ChatGPT 的测试

在 GAI-LLM 测试基准建立后，开始对基于 GPT-4V 架构的 ChatGPT 进行测试。测试包括了认知能力和生成/创新能力两个维度的任务，与测试基准的设计一致。

具体的测试过程如下：

认知能力测试：向 ChatGPT 提出一系列客观问题，要求模型根据已有数据和知识进行计算、分析和推理。这些问题涵盖了管道完整性管理的各个方面，包括故障检测、风险评估和维护建议等。记录了模型的回答和准确率，并进行了分析。

生成/创新能力测试：向 ChatGPT 提出了一系列主观和开放性问题，要求模型生成新的解决方案或回答复杂的问题。这些问题旨在测试模型在面对未知情境时的生成和创新能力。对模型生成的结果进行了质量和创新性的评估，并记录了模型的回答。

4.2 实验结果分析

在实验阶段收集到的数据经过详细的处理和分析，以下是实验结果的分析：

4.2.1 认知能力测试结果

认知能力测试包括客观问题，用于评估模型的理解和分析能力。测试结果显示，ChatGPT 在认知能力方面表现出色，能够准确回答大多数问题。具体分析如下：

准确率高：ChatGPT 的准确率在认知能力测试中达到了 90%以上。模型能够根据已有数据和知识进行复杂的计算和分析，例如，识别管道的故障类型和风险等级。

错误分析：模型在一些问题上出现了错误，主要集中在需要推理的问题上。例如，对于一些需要多步推理的问题，模型的表现不如专业人士。这表明模型在推理和逻辑思维方面仍有改进空间。

4.2.2 生成/创新能力测试结果

生成/创新能力测试包括主观和开放性问题，用于评估模型的生成和创新能力。测试结果显示，ChatGPT 在这方面也表现出色，但存在一些挑战。具体分析如下：

生成质量高：ChatGPT 生成的答案质量较高，能够提供有关完整性管理的详细解释和建议。模型的回答通常是流畅的，符合专业标准。

创新性评估：模型在生成创新性解决方案方面表现出挑战。虽然模型能够提供有关完整性管理的常见建议，但对于一些需要创新性思考的问题，模型的回答较为保守。这表明在创新性生成方面，模型有改进的空间。

4.3 实验结果小结

通过对 GAI-LLM 测试基准的建立和基于 GPT-4V 架构的 ChatGPT 的测试，我们得出了以下结论：

ChatGPT 在认知能力方面表现出色，能够准确回答大多数问题，但在复杂推理方面仍有改进空间。在生成/创新能力方面表现良好，能够提供高质量的答案，但在创新性生成方面有一定挑战。

5 讨论

5.1 实验结果的意义与启示

本研究旨在初步探索生成式人工智能在完整性管理领域的应用潜力，通过 GAI-LLM 测试基准和基于 GPT-4V 架构的 ChatGPT 的测试，我们获得了一系列有关模型认知和生成能力的实验结果。这些结果具有以下重要意义和启示：

5.1.1 模型认知能力的优势

实验结果表明，ChatGPT 在认知能力方面表现出色，能够准确回答大多数问题。这意味着在完整性管理领域，模型可以作为一个强大的信息检索和分析工具，帮助工程师和专业人员更快速地获取必要的信息和数据，从而提高工作效率。

模型的认知能力还可以用于自动化数据分析和风险评估。通过模型的帮助，可以更快速地识别管道的问题和潜在风险，有助于提前采取必要的维护和修复措施，从而降低了事故的发生概率。

5.1.2 模型生成能力的局限性

尽管模型在生成/创新能力测试中表现出高质量的答案，但在创新性生成方面存在一定挑战。模型倾向于提供常见的建议和解决方案，而在面对需要创新性思考的问题时，表现较为保守。

这一发现提示我们，在将生成式人工智能应用于完整性管理领域时，需要谨慎处理模型的输出结果。尤其是在面对复杂和不确定的情况下，应该将模型的建议与专业人员的判断相结合，以确保维护和管理决策的准确性和可靠性。

5.1.3 未来研究方向与应用前景

基于本研究的实验结果，我们可以探讨未来研究方向和应用前景：

改进模型生成能力：未来的研究可以集中精力改进生成式人工智能模型的生成和创新能力。这可以通过更多的数据训练、多模态数据处理和创新性任务的设计来实现。

智能决策支持系统：将生成式人工智能模型与其他智能决策支持系统集成，以实现更全面的管道完整性管理。模型可以为决策者提供信息和建议，辅助他们做出更明智的决策。

实时监控与预测：生成式人工智能可以用于实时监控管道运行数据，并预测潜在的问题和风险。这有助于提前采取行动，确保管道的稳定和安全运行。

6 结论

本研究通过建立 GAI-LLM 测试基准和测试基于 GPT-4V 架构的 ChatGPT，初步探索了生成式人工智能在完整性管理领域的应用潜力。实验结果表明，模型在认知能力方面表现出色，但在生成/创新能力方面存在一定局限性。

生成式人工智能在完整性管理领域具有广阔的应用前景，可以用于信息检索、数据分析、风险评估和决策支持等多个方面。然而，在应用时需要注意模型的局限性，特别是在面对复杂和创新性任务时。

未来的研究可以集中精力改进模型的生成能力，并将生成式人工智能与其他智能决策支持系统集成，以实现更全面的管道完整性管理。同时，模型可以用于实时监控和预测，提前发现潜在问题和风险，确保管道的安全和稳定运行。生成式人工智能为完整性管理领域带来了新的机遇和挑战，有望推动该领域的数字化和智能化进程，提高管道安全性和效率。

参 考 文 献

[1] 董绍华．中国油气管道完整性管理 20 年回顾与发展建议[J]．油气储运，2020，39(03)：241-261.

[2] 王振声．油气储运资产完整性管理一体化标准体系建设与思考[J]．油气储运，2022，41(04)：372-380.

[3] 帅健，王伟，梅苑，等．基于知识图谱的管道完整性管理研究特征与热点演化[J]．油气储运，2021，40(12)：1349-1357.

[4] 温庆，张文娟，张大双，等．管道完整性管理智能分析辅助决策模型及应用[J]．天然气勘探与开发，2022，45(02)：63-70.

[5] Zhengyuan Yang，Linjie Li，Kevin Lin，Jianfeng Wang，Chung-Ching Lin，Zicheng Liu，Lijuan Wang：The Dawn of LMMs：Preliminary Explorations with GPT-4V(ision)[J/OL]. arXiv preprint arXiv：2309.17421，2023.

第五篇　油气管道数字化与智能化篇

大数据、物联网、云计算、人工智能为代表的新技术正加速与油气管道传统技术融合，推动管道行业的数字化转型和智能化发展。油气管道的数字化和智能化建设是涉及数据感知、传输、标准化、自动控制、应用与决策的庞大闭环系统，工程建设、线路管理、站场管理、运行调控等核心业务均面临诸多难题有待突破。本篇《油气管道数字化与智能化》总结和梳理了数字化和智能化技术在提高管道运营效率、提升安全水平、降低运行风险、促进可持续发展方面的最新成果和实践，对于推动我国油气管道智能化实践和发展具有指导作用。

天然气管网离线仿真软件自主可控之路

张对红[1]　杨　毅[2]

（1. 国家管网集团科学技术研究总院分公司；2. 国家管网集团油气调控中心）

摘　要　仿真技术是天然气管网系统全生命周期运行管理的核心支持技术之一，仿真软件可为天然气管网系统的安全高效输送、灵活可靠调配提供有益参考。当前，中国天然气管网系统仿真主要依靠国外商业软件，开发自主可控的天然气管网仿真软件是实现管网系统安全、高效和智慧化运行的迫切需求。国家管网集团以中国管网业务需求为导向，面向超大规模复杂天然气管网，积极组建攻关团队、开展技术选型，采用先进、灵活的软件管理模式，走天然气管网离线仿真软件自主可控的攻关之路。自主可控的天然气管网离线仿真软件已研发成功，可实现可视化建模、仿真模拟及模拟结果展示；基于水力热力模拟计算，可实现对天然气管网的稳态模拟、瞬态模拟。为尽快将自研的离线仿真软件应用于管网运行方案编制并获得软件全面性能数据，开展了管网软件与商业软件的平行交叉对比试验，结果表明：自主研发的软件适用性强、计算结果精度较高，已达到国外商业软件水平。后续将持续优化离线仿真软件功能和性能，并开发在线仿真软件产品，满足国家管网集团当前及未来的需求。

关键词　天然气管网；离线仿真软件；自主可控；攻关；软件功能；平行交叉试验

随着中国天然气需求量增加和能源供应的多样化，截至2022年底中国长输油气管道总里程超过15×10^4km公里，管网系统更加庞大与复杂。利用可靠、高效工具来模拟、优化、分析及管理庞大复杂的油气管道网络是实现管网资源精准调配和管网安全、高效乃至智慧运行的必然要求。天然气管网仿真技术是天然气管网调控运行乃至全生命周期运行管理的核心技术之一，各类天然气管网仿真软件应需求而逐步迭代完善，如SPS、Pipeline Studio/Pipeline Manager、NextGen、PSIganesi、SIMONE、Synergi Gas等。这些商业软件广泛应用于全球油气管网，为油气管网输送业务的发展与管理水平的提高发挥了至关重要作用。其中，中石油干线管网及苏州天然气管网采用SPS开展管道仿真模拟；北京燃气公司、沈阳燃气公司、深圳燃气公司等使用Synergi Gas作为燃气管网的仿真工具；加拿大ATCO管道公司、美国佛罗里达燃气管网、巴西Transpetro公司使用PipelineStudio为天然气管网提供仿真服务；科威特石油公司与卢克石油公司采用PSIganesi提供管网仿真服务；奥地利天然气管道、伊朗燃气管网及中海油管道采用SIMONE等软件。

国家石油天然气管网集团有限公司（简称国家管网集团）于2019年12月正式成立，全国油气干线及基础设施将实行统一调配运行管理，形成“全国一张网”模式。随着中国天然气管网规模不断扩大、结构日益复杂，未来可能达到30×10^4km级的超大规模多介质灵活输送管网，管网系统仿真模型规模及复杂性呈几何级数增大，核心模型建模及求解难度显著增加，管网仿真软件高效运行面临重大理论和技术难题。这就要求仿真软件要有先进的计算核心、良好的适应性以解决超大规模复杂工业问题；要有强大的持续拓展性，以适应不断变化的仿真需求；以及具有强大的兼容性，以满足不同介质的融合输送和操作平台需求。长期以来，我国自研管网仿真软件缺乏良好的应用生态和成熟商业化发展模式，发展步伐较慢，国外仿真软件自然在市场上占据主导地位，而国外仿真软件产品价格相对较贵，部分软件对国内需求适应性不强，维护及时性尚有提升空间；同时也面临一定的管网信息安全等问题。特别是，中国管网在线仿真计算需求及管网智慧运行需求将使得计算节点可能超过100万计算节点，原有的自20世纪70、80年代发展的仿真求解器将难以满足未来接近30×10^4km级多介质融合输送管网的仿真需求。未见国外仿真软件产品应用于于中国当前全国管网规模全要素天然气管网仿真，对于超大规模全要素管网模型的一致性和趋势预测的连贯性尚缺，也客观上导致难以全面支持管网的未来运行需求。

党的二十大报告提出，以国家战略需求为导向，集聚力量进行原创性引领性科技攻关，坚决打赢关键核心技术攻坚战，自主可控的管网仿真软件迎来了发展契机。管道行业急需突破大规模天然气系统仿真核心技术，开发具有自主知识产权的国产化仿真软件系统，用于指导编制生产运行方案，为未来 30 万千米级多介质灵活输送管网运行模拟做好技术储备；并进一步开发大型复杂管网在线仿真系统，预测短期运行工况，辅助调控运行；并在此基础上开发优化或智能调控功能，进一步提高大型天然气管网调控运行的智能化水平。

国家管网集团服务国家战略，以中国管网业务需求为导向，面向大型复杂天然气管网，积极组建攻关团队、开展技术选型，采用先进、灵活的软件管理模式，走天然气管网离线仿真软件高质量自主可控的攻关之路，解决管网仿真工业软件攻关难题，从而实现管网系统的经济高效输送、灵活可靠调配。与国外仿真软件相比，国产化天然气管网仿真软件具有以下优势：①可以提高信息安全和数据保护，确保国内能源输送的安全性；②填补了国内工业级管网仿真软件的空白，实现了仿真软件的完全自主可控，并根据国内市场需求进行定制化服务，提高软件的适应性和兼容性；③响应管网集团的数字化战略和管道行业的智能化转型，可以提高行业的自主可控能力，增强市场应对能力，并促进行业的标准化和规范化，提高运行效率和安全性。

1　攻关之路

1.1　团队管理

随着科技发展、竞争加剧，新的重大科学研究靠单兵作战和简单合作已难以实现，团队协同一体化攻关已成为重大项目的内在要求，这是现代科技发展需要，也是科研实体创新发展、实现可持续发展的需要。管网仿真团队是一支以科研创新为手段、工程实践为目的的专业技术互补的创新群体，有着明确的科研方向和工程目标，团队成员之间的能力具有互补性，团队不断实现中短期里程碑目标–完成工业级仿真产品开发，持续保持向长远目标推进的动力。

1.1.1　国家管网仿真团队

2022 年 1 月，为进一步推进天然气管网仿真技术研发和软件产品国产化工业化，实现核心技术自主可控，国家管网集团成立天然气管网仿真技术研究项目团队，按项目制管理，采取集中办公方式，负责天然气管网离线(在线)仿真软件开发以及升级维护等研究工作。

2022 年 6 月，国家管网集团科学研究与技术开发项目“油气管网在线仿真平台研发及应用(一期)”正式立项，该项目分为 3 个课题，分别由国家管网集团油气调控中心、研究总院、数字化部承担，并由这 3 个单位组成国家管网集团仿真内部团队，负责需求分析、顶层设计、工业化成果试用应用及关键核心任务攻关，重构并完善各方研究成果，保障网络安全、工程部署。研究总院及油气调控中心一体化协同攻关、聚焦于技术实现，研发可以稳定商用的产品。

管网仿真软件作为一款极其专业的工业软件，对使用者提出了较高的要求。仿真工程师需要掌握油气储运、数学、物理、计算机科学等方面的知识，熟练使用仿真软件，能够准确进行建模和仿真，以便在虚拟的环境进行管道设计、调度运行方案编制、管网系统分析。管网仿真内部团队拥有国内一流的仿真软件应用人才，具备国外商业软件深度应用能力、储运工艺能力，对管网仿真真实工况有着深刻的认识和理解，不仅可建立可靠的管网模型，准确调整各种现场工况，还可建立管网模型培训考核体系，为调度员提供仿真培训。在开发过程中，仿真应用工程师全程深度参与需求、设计、开发、测试、应用过程，在不断地尝试和实践中寻找最优解，帮助开发团队第一时间发现问题、研究问题、解决问题，大幅提高了研发效率。

1.1.2　“1+N”联合攻关团队

管网仿真是一个多学科交叉融合的研究方向、涉及油气储运工程、计算数学、软件开发、大数据等多个方向，技术门槛相对较高。在研发的道路上，要兼顾安全与效率，与国内高校如中国石油大学(北京)、西南石油大学等，研究机构、先进企业如十沣科技等开展合作，推动各方力量形成“国家队”，打造共同成长的油气管网仿真生态圈，有助于国内油气仿真行业实现良性发展。管网仿真项目在负责人的组织下，集中国内相关行业最优力量，建立了强强联合、优势互补的“1+N”仿真联合攻关团队，国内油气管道仿真领域最有影响力的团队及一线权威专家均参与了该项目的攻关。

该项目采用全新的技术路线（换道超车），在项目负责人带领下，探索建设“分可独立作战，聚可合力攻关”的组织体系，设置专家顾问团队进行技术及方案把关，吸收石油高校在细分专业方向的优势技术和攻关经验，在部分算法求解领域基于航天领域先进算法思想结合油气管网仿真行业实际需求进行迭代完善，发挥各成员优势，全面增强自主创新能力，着力提升科技创新供给，共同探索前沿性技术，使研发的仿真产品可代表国内油气储运界最高技术水平。

1.2　攻关方向选取

一款软件能否高效率地解决问题，其关键不在编程技巧而在于解决问题的思路与方法，即算法。算法是软件的灵魂。管网仿真引擎的算法，直接决定了仿真引擎的成熟度及性能水平上限，对仿真软件开发成功与否意义重大。特别是天然气管网系统是统一的水力系统，其规模庞大、结构复杂、设备组件多样，工况及参数变化具有显著的慢瞬变、大时滞、非线性特征，超大规模管网系统高效仿真建模及求解算法是世界性难题。在项目前期，管网仿真项目组完成了所有常规主流算法探索，分析了整体求解算法、分层算法两类算法的技术特点，完成了编码及模型测试。整体算法采用全局直接求解思路，性能水平上限相对有限；分层算法采用自整体向局部迭代的思路，稳定性和计算速度有一定提升，但仍存在部分工况易发散、无法求解的问题。

国家管网仿真团队创新性地提出了一种满足工业级应用的离线仿真引擎核心算法。新算法自局部至整体迭代，天然具备了较高的稳定性和容错性。为验证新算法的性能，仿真团队设计了三级评估体系，包括采用新疆管网模型测试验证新型算法对环状、双向、多进多出的复杂拓扑结构的适应性；采用全要素涩宁兰管网模型，对新型算法适应性、精度及计算效率进行验证，验证在全要素管网模型上其与商业软件的对比结果；采用全要素南部天然气管网，对新型算法对于大规模全要素模型的稳定性、容错率进行验证评估。离线仿真引擎总体性能与国外商业软件相当，具有较好的适应性、准确性和计算效率，为大规模复杂油气管网仿真平台奠定了技术基础。

在攻克仿真引擎算法核心技术之后，持续开展设备动态仿真、压气站自动启停机、不同特性曲线压缩机负荷自动分配、压缩机运行限制等关键核心工业知识攻关，经历分析、设计、开发、测试应用、完善等过程循环迭代升级，累计已完成 6 轮迭代，最终完成了适应管网集团业务需求，具备先进性、健壮性、开放性的管网离线仿真软件。

1.3　软件开发管理

在软件开发领域，随着技术迅速发展和项目规模日益扩大，软件开发管理显得尤为重要。有效的软件开发管理能够确保项目按时交付，提高软件质量，并降低开发成本。天然气管网离线仿真软件从需求和目标上有着双重特性：①作为一个对标国际商业软件的工业产品，该项目有着明确的目标、指标及周期安排；②作为一个以重大科技难题攻关为核心的软件项目，该项目在攻关工程中有其技术上的创新性和极其强烈的不确定性。因而，在软件开发的管理过程中，仿真团队采用了瀑布开发和敏捷开发相结合的开发模式。该模式的核心是合理划分开发任务的颗粒度，充分发挥两种开发模式各自的优点。首先，针对项目最终目标将软件设计与实现分离，在前期专注软件核心功能需求的提取和重点里程碑的规划，后期则按照软件总体开发周期对开发活动进行自上而下的管理，依据各阶段检查点把控进度和质量。同时对于各阶段探索性的开发任务和易变性的用户需求，在与业务专家频繁紧密的沟通之下，允许对功能做出灵活调整，对软件版本快速迭代，从而使用户需求及反馈能尽快落实到产品上。

基于该开发模式的软件管理方法既帮助仿真团队合理地把控了软件的开发周期和质量，又加强了项目管理的效率和需求实现的准确性。更重要的是，通过高效交流和结果反馈，进一步提高了团队沟通能力和协作水平，为强化团队建设提供了有效途径。

2　软件功能

经过持续攻关开发，天然气管网离线仿真软件已攻关完成，具有天然气管网稳态、瞬态水力热力模拟计算功能，建模、仿真模拟、结果展示等基本功能符合常用天然气管道仿真软件使用惯例。该软件能够准确地模拟管网的各种参数和状态，并具备较快的仿真计算速度和求解稳定性，能够满足管道规划设计、投产模拟、管存计算、输气能力计算、管网系统分析、运行方案制定等各类离线仿真应用需求。

2.1 人机交互界面

2.1.1 可视化建模

使用所见即所得的图形化方式建立管道模型，风格简约。软件支持的元器件有气源(注入站)、分输(分输站)、管道、调节阀、截断阀、压气站、辅助元件(如文字、标签等)共7类，能够在软件人机界面中通过拖拽各种元件图标建立管网拓扑，可单独也可以批量输入各类元件的物理参数、属性特性参数，如高程、里程、管径、气质组分、压缩机/阀门性能曲线等，以及仿真模拟的边界条件。

2.1.2 仿真模拟

具备完全的水力热力计算功能，能对大型复杂天然气管网进行稳态模拟和瞬态模拟。稳态模拟能反映管网在某些指定条件下的稳定输送能力；瞬态模拟则反映管网在时变条件下(如调峰、事故、管道作业等)的水力变化、安全输送能力、管道生存时间等。软件在模拟结束时会告知用户本次模拟成功与否。除了计算模型中每个节点参数外，还能按距离步长计算管段中相应位置的参数，使得仿真计算能根据需要算得更细。模拟计算时能考虑管道沿线的高程变化、环境温度变化，由用户选择或设定相关参数。

2.1.3 结果展示

离线仿真软件结果展示主界面与建模界面为同一个界面(窗口)，模拟结果查看方便，能够以图、表、标签等方式展示模拟计算结果；能够输出距离曲线，如管网沿线压力、流量、温度等参数随空间距离的变化曲线；对于瞬态模拟，还能够输出时间曲线，如管道上任一点的压力等参数随时间变化的曲线。其中距离曲线的管道路径可手动选择。

2.2 仿真核心功能

离线仿真软件的主要功能是基于水力热力模拟计算，实现对天然气管网的稳态模拟、瞬态模拟，其中稳态和瞬态模拟均应具有气体组分跟踪、气源跟踪、压缩机工况分析和辅助分析计算等基本功能，能够用于管道规划设计、编制运行方案、管网系统分析、管道水力动态分析、计算管存管容等场景，从而满足离线仿真软件多方的应用需要。

2.2.1 稳态模拟

稳态模拟不考虑时间变化，仅根据管网模型、进出平衡气量和启停机、压力流量设定等边界条件参数快速计算得出管网内部任一位置的压力、温度、流量等最终状态参数，而并不计算动态变化过程。稳态模拟具有如下主要功能：①准确模拟天然气的组分($C1 \sim C5$、C_{6+}、N_2、CO_2、H_2S等)和天然气管网内各气源的混气，实现组分跟踪和气源跟踪；②准确模拟管道的物理参数(管径、里程、高程、粗糙度等)、管道埋深处的地温、管道与周围介质的传热；③准确模拟主要设备和阀门的特性；④计算压缩机组综合效率和理论耗气；⑤根据压缩机厂家提供的机组测试数据以及燃机/电机工作参数对压缩机和驱动机进行详细建模，绘制压缩机的性能曲线和燃气发生器的性能曲线，计算并展示压缩机的工作参数和工作点；⑥压缩机模型具有自动启停模式，稳态模拟中能够根据运行工况自动启停该机组。

2.2.2 瞬态模拟

瞬态模拟能够模拟管网运行参数随时间的动态变化，可以针对特定的运行方案，例如调峰、管道放空、异常突发事件等，进行瞬态计算。瞬态模拟可生动形象地展示管道运行水力变化，可实现如下主要功能：①能够对仿真时步进行设置，比如最大时步、最小时步等；②准确模拟管道的物理参数(管径、里程、高程、粗糙度等)、管道埋深处的地温、管道与周围介质的传热；③具有积分计算能力，能够模拟计算累积流量、累积耗电量等参数；④能够加载或调用“快照”作为瞬态模拟的初始状态，此处“快照”可以是稳态模拟的结果状态，也可以是瞬态模拟的某一时刻的状态；⑤瞬态模拟的输入参数能够考虑时间变化；⑥能根据压缩机厂家提供的机组测试数据以及燃机/电机工作参数对压缩机和驱动机进行详细建模，绘制压缩机的性能曲线和燃气发生器的性能曲线，计算并展示压缩机的工作参数和工作点。

3 平行交叉试验

为尽快将管网自研的天然气管网离线仿真软件应用于管网运行方案编制并获得软件全面性能数据，油气调控中心牵头，协同研究总院开展管网软件与商业软件的平行交叉对比试验。2023年8月16日，双方共同完成了平行交叉对比试验方案设计，并于2023年9月1日完成了针对5个区域天然气管网系统15个运行工况对标对比测试，全面验证国产化天然气管网离线仿真软件的准确性及适用性。

3.1 测试标准

该平行交叉试验为标准数值试验。针对同一管道，将商业软件与管网软件参数设置完全一致，设计不同工况进行测试，检验软件是否能成功求解、各个控制点是否控得住。模拟完成后对比管道进出站压力、流量、温度、密度、流速，压气站(压缩机)启机台数、功率、效率、压比，整条管道的管存量，部分站场的气质组分，以此来验证管网软件的准确性、适用性。

平行交叉试验重点关注核心变量，其中压力偏差超过0.1MPa(相对偏差约1%)，温度相对偏差超过2%均识别为异常值。压气站启机台数会对压气站功率、效率等产生影响，因此将其也作为核心指标，有偏差即识别为异常值。

3.2 试验结果

5条区域管道系统总计模拟了15个工况，产生2157组仿真数据，按照测试标准，识别出异常值15个，与商业软件计算结果相比，管网软件计算值落在测试标准范围内的个数与所有对比数据组数的比值，即符合率为99.3%(表1)。试验结果表明，管网自研的天然气管网离线仿真软件计算结果具有较高的准确性，达到商业软件水平。

表1　管网软件对比试验数据统计表

管道编号	管道长度/km	模拟工况数量	偏差总数	符合率
1	2979.83	4	3	99.57%
2	6878.14	3	6	99.12%
3	1859.22	2	2	98.45%
4	1178.93	3	1	98.59%
5	5077.27	3	3	99.48%

以第5条管道系统的2个工况为例，展示平行交叉试验模拟结果。管网软件中该管道系统模型全长5077.27km，由18个注入、92个分输、273个管道、274个截断阀、10个调节阀、17个压气站组成。

3.2.1 工况1结果

采用商业软件和管网软件计算出工况1条件下管道的管存量偏差$273\times10^4m^3$，相对偏差0.8%；各站进出站压力偏差均小于0.1MPa；各压气站功率、启机台数、转速、压比、效率基本吻合；各站对应的出入口温度相对偏差均小于2%；不同分输气质组分相对偏差小于1%，计算结果准确(表2、表3)。

3.2.2 工况2结果

采用商业软件和管网软件计算出工况2条件下管道的管存量偏差$131\times10^4m^3$，相对偏差0.4%；各站进出站压力偏差均小于0.1MPa，温度相对偏差小于2%；各压气站功率、启机台数、转速、压比、效率基本吻合(表4)。

4 结论

天然气管网离线仿真软件是典型的工业软件，是行业理论、技术和工程应用水平融合的结晶，代表行业最高技术水平。它利用数字技术，建立与实际管道相一致的虚拟数字管网，实现对管网系统的压力、流量、温度及设备状态的仿真模拟。为满足国家管网集团大规模复杂管网仿真应用需求，国家管网集团集中力量开展天然气管网离线仿真软件攻关。在团队管理上，油气调控中心、研究总院、数字化部组成国家管网仿真团队，负责天然气管网离线仿真软件的需求分析、顶层设计、工业化成果试用、关键任务攻关、工程部署及网络安全；集中国内相关行业最优力量，建立了“强强联合、优势互补”的“1+N”仿真联合攻关团队，结合国内油气管道仿真领域最有影响力的团队及一线权威专家，攻克了大型管网系统仿真高效建模与求解等核心理论及技术难题。在软件开发管理上，结合天然气管网离线仿真软件在需求和目标上的双重特性，采用了瀑布开发和敏捷开发相结合的开发模式，前期专注软件核心功能的开发，后期按照软件总体开发周期对开发活动进行自上而下的管理，依据各阶段检查点把控进度和质量。经过持续攻关开发，软件已实现天然气管网稳态、瞬态水力热力模拟计算功能，建模、仿真模拟、结果展示等基本功能符合常用天然气管道仿真软件使用惯例。基于5条管道的15个工况，开展管网软件与商业软件的平行交叉对比试验，结果表明：天然气管网离线仿真软件计算结果准确性较高，达到商业软件水平。随着攻关的持续推进，后期将不断完善软件功能和性能，以期为管网的安全输送、高效运行以及价值服务等需求提供全时段、全空间的专业的流体模拟服务支持。

表 2　在工况 1 条件下管道部分站场管网软件与商业软件计算的模拟结果对比表

站场	进站压力/MPa		出站压力/MPa		效率		功率/kW		台数		转速/rpm		入口密度/(kg·m^{-3})	
	商业软件	管网软件	商业软件	管网软件	商业软件	管网软件	商业软件	管网软件	商业软件	管网软件	商业软件	管网软件	商业软件	管网软件
A	—	—	4.51	4.51	—	—	—	—	—	—	—	—	—	—
B	4	4	8.5	8.5	0.81	0.82	43676	44057	3	3	9066	9225	32.06	31.2
C	6.29	6.32	8.4	8.4	0.87	0.87	14075	13854	2	2	6996	6995	50.08	50.05
D	6.19	6.2	8.5	8.5	0.83	0.82	16434	16573	1	1	4447	4279	49.75	49.58
E	6.02	6.03	8.7	8.7	0.81	0.84	38940	37338	3	3	8078	8153	48.07	47.79
F	6.24	6.26	8.9	8.9	0.86	0.86	18249	18245	2	2	7255	7302	49.95	49.65
G	6.24	6.26	7.5	7.5	0.75	0.74	7285	7200	1	1	6898	6905	49.95	49.88
H	7.8	7.74	9.8	9.8	0.82	0.84	9087	9208	1	1	3327	3425	71.73	70.12
I	8.98	8.97	—	—	—	—	—	—	—	—	—	—	83.6	83.19
J	7.63	7.57	6.5	6.5	—	—	—	—	—	—	—	—	69.26	67.56
站场	出口密度/(kg·m^{-3})		入口流速/(m·s^{-1})		出口流速/(m·s^{-1})		压比		入口温度/K		出口温度/K			
	商业软件	管网软件	商业软件	管网软件	商业软件	管网软件	商业软件	管网软件	商业软件	管网软件	商业软件	管网软件		
A	35.2	34.39	—	—	4.55	4.67	—	—	—	—	293.15	293.15		
B	60.86	60.09	5.04	5.18	6.83	6.94	2.1	2.13	288.05	288.05	323.15	323.15		
C	61.31	60.45	8.41	8.43	6.86	6.97	1.33	1.33	296.95	294.55	319.05	319.05		
D	61.81	61.08	8.67	8.73	6.94	7.05	1.37	1.37	294.65	292.35	320.05	320.05		
E	62.43	61.66	8.93	8.82	6.59	6.95	1.44	1.44	295.45	293.35	323.15	323.15		
F	63.95	63.18	8.07	8.12	6.83	6.93	1.42	1.42	295.75	294.15	323.15	323.15		
G	56.24	55.43	8.21	8.27	5.49	5.44	1.2	1.2	295.75	293.25	311.85	311.85		
H	82.93	81.98	3.6	3.7	3.11	3.17	1.25	1.27	283.05	282.85	300.65	300.65		
I	—	—	3.09	3.12	—	—	—	—	284.35	283.25				
J	58.97	57.78	3.39	3.48	0.43	0.44	—	—	284.45	284.65	280.85	281.25		

表 3　在工况 1 条件下管道不同分输气质组分对比表

站场	CH_4		C_2H_6		C_3H_8		$i\_C_4H_{10}$		$n\_C_4H_{10}$		$i\_C_5H_{12}$		$n\_C_5H_{12}$		C_7H_{16}		N_2		CO_2		H_2S	
	商业软件	管网软件	商业软件	管网软件	商业软件	管网软件	商业软件	管网软件	商业软件	管网软件	商业软件	管网软件	商业软件	管网软件	商业软件	管网软件	商业软件	管网软件	商业软件	管网软件	商业软件	管网软件
H	96.17%	96.13%	1.56%	1.59%	0.38%	0.38%	0.05%	0.05%	0.05%	0.05%	0.06%	0.06%	0.01%	0.01%	0.02%	0.02%	0.80%	0.80%	0.90%	0.92%	0%	0%
I	94.98%	95%	2.35%	2.35%	0.42%	0.42%	0.04%	0.04%	0.04%	0.04%	0.06%	0.06%	0.00%	0.00%	0.05%	0.05%	0.54%	0.55%	1.50%	1.48%	0%	0%
J	93.91%	93.91%	3.08%	3.08%	0.44%	0.44%	0.05%	0.05%	0.04%	0.04%	0.08%	0.08%	0%	0%	0.06%	0.06%	0.42%	0.43%	1.92%	1.92%	0%	0%

表 4　在工况 2 条件下管道各站管网软件与商业软件计算的模拟结果对比表

站场	进站压力/MPa		出站压力/MPa		效率		功率/kW		台数		转速/rpm		入口密度/(kg·m^{-3})	
	商业软件	管网软件	商业软件	管网软件	商业软件	管网软件	商业软件	管网软件	商业软件	管网软件	商业软件	管网软件	商业软件	管网软件
A	—	—	4.51	4.51	—	—	—	—	—	—	—	—	—	—
B	4	4	8.5	8.5	0.75	0.75	77219	82986	4	4	9965	10249	32.08	31.21
C	6.14	6.17	8.4	8.4	0.87	0.87	15786	15527	2	2	7321	7320	48.8	48.79
D	6.03	6.04	8.5	8.5	0.83	0.82	18326	18444	1	1	4651	4481	48.48	48.22
E	5.84	5.85	8.7	8.7	0.81	0.84	43775	41927	3	3	8500	8584	46.42	46.13
F	6.03	6.05	8.9	8.9	0.86	0.86	20137	20157	2	2	7599	7657	48.17	47.83
G	6.03	6.05	8	8	0.77	0.79	11941	11476	1	1	8055	8090	48.17	48.05
H	8.45	8.45	10.2	10.2	0.76	0.87	9573	6346	1	1	3280	2954	77.74	76.69
I	9.51	9.51	—	—	—	—	—	—	—	—	—	—	89.02	88.54
J	8.93	8.89	6.47	6.46	—	—	—	—	—	—	—	—	82.43	80.65

站场	出口密度/(kg·m^{-3})		入口流速/(m·s^{-1})		出口流速/(m·s^{-1})		压比		入口温度/K		出口温度/K			
	商业软件	管网软件	商业软件	管网软件	商业软件	管网软件	商业软件	管网软件	商业软件	管网软件	商业软件	管网软件		
A	35.19	34.38	—	—	4.55	4.67	—	—	288.05	287.95	293.15	293.15		
B	60.9	60.14	5.04	5.18	7.02	7.13	2.1	2.13	296.65	294.45	323.15	323.15		
C	60.83	60.05	8.87	8.89	7.11	7.21	1.36	1.36	294.45	292.25	320.75	320.75		
D	61.27	60.5	9.13	9.2	7.18	7.29	1.4	1.41	295.75	293.75	321.95	321.95		
E	62.43	61.67	9.31	9.39	7.03	7.13	1.48	1.49	295.45	293.85	323.15	323.15		
F	63.95	63.19	8.61	8.68	6.83	6.93	1.47	1.47	295.45	292.95	323.15	323.15		
G	58.03	57.26	8.75	8.81	5.58	5.66	1.32	1.32	283.95	283.95	319.75	319.75		
H	86.7	85.75	2.63	2.66	2.69	2.73	1.21	1.21	284.05	283.05	299.75	299.65		
I	—	—	2.62	2.65	—	—	—	—	284.85	285.25				
J	57.59	58.12	2.55	2.61	1.03	1.05	—	—	288.05	287.95	282.95	278.45		

参考文献

[1] 高振宇，张慧宇，高鹏．2022年中国油气管道建设新进展[J]．国际石油经济，2023，31(3)：16-23.

[2] 丁建林，西昕，张对红．能源安全战略下中国管道输送技术发展与展望[J]．油气储运，2022，41(6)：632-639. DOI：10.6047/j.issn.1000-8241.2022.06.005.

[3] 张对红，杨毅．大型复杂天然气管网离线仿真软件国产化研发及应用[J]．油气储运，2023，42(9)：1064-1072，1080.

[4] 李长俊，张员瑞，贾文龙等．大型天然气管网系统在线仿真方法及软件开发[J]．油气储运，2022，41(06)：723-731.

[5] 王寿喜，邓传忠，陈传胜等．天然气管网在线仿真理论与实践[J]．油气储运，2022，41(3)：241-255.

[6] 王亮，焦中良，朱锋，武斌．油气"全国一张网"构建所存在问题及方法论探讨[J]．油气储运，2022，41(11)：1260-1268. DOI：10.6047/j.issn.1000-8241.2022.11.003.

[7] 王亮，蔡林，焦中良等．基于"全国一张网"的天然气基础设施经营模式创新探索——中国天然气管网运营机制研究之三[J]．国际石油经济，2022，30(01)：67-76.

[8] 曹北斗，徐佳奇．管网在线模拟仿真技术在燃气生产运营管理中的应用[C]//中国城市燃气协会标准工作委员会．2023年中国城市燃气协会标准工作委员会年会暨燃气安全运营和智慧建设研讨会论文集，2023：6. DOI：10.26914/c.cnkihy.2023.027375.

[9] 雷燃．输气管网模拟计算及运行工况分析研究[D]．西安石油大学，2013.

[10] 陈国群，郑建国，柳建军，彭世垚，张明．油气管网仿真技术现状与展望[J]．油气储运，2014，33(12)：1278-1281.

[11] 陈宇学．强化现代化建设人才支撑[J]．理论视野，2022(11)：66-72. DOI：10.19632/j.cnki.11-3953/a.2022.11.009.

[12] 宫敬，史博会，李晓平，等．油气管网仿真技术在智能管网建设中的应用及展望[J/OL]．油气储运：1-14[2023-09-22]．http://kns.cnki.net/kcms/detail/13.1093.TE.20230717.1931.002.html.

[13] 周守军，刘臣，张雅玲等．复杂热网水力工况仿真模型与可信度检验[J]．煤气与热力，2023，43(07)：6-13. DOI：10.13608/j.cnki.1000-4416.2023.07.016.

[14] 邓家胜，何旺达，余波等．混输管网冬季常温集输工艺仿真与应用研究[J]．系统仿真技术，2023，19(02)：162-169. DOI：10.16812/j.cnki.cn31-1945.2023.02.007.

[15] 郭乔，谢文昊，聂子豪等．基于断裂降维算法的天然气管网瞬态仿真新方法[J]．天然气工业，2023，43(05)：78-87.

[16] 尹立平．复杂注水管网系统仿真优化研究[J]．石油石化节能，2023，13(05)：34-38.

[17] 蒋明炜．构建工业软件生态系统，加速工业软件国产化进程[J]．新型工业化，2023，13(09)：5-8.

[18] 刘文仲．中国钢铁行业工业软件现状及思考[J]．中国冶金，2023，33(08)：1-5. DOI：10.13228/j.boyuan.issn1006-9356.20230216.

[19] 周雄伟，肖咏龙，杨鑫浩．工业软件国产化替代创新突破路径与激励机制[J]．科技导报，2023，41(06)：34-46.

[20] 宋慧勇．科研素养与创新能力培养的若干问题分析[J]．现代商贸工业，2023，44(17)：99-100. DOI：10.19311/j.cnki.1672-3198.2023.17.033.

[21] 吕亦珍．以管网模拟仿真的应用为例探索智慧燃气发展路径[J]．城市燃气，2022(07)：45-47.

[22] 王鹏，童睿康，蒋若兰等．天然气管道瞬态仿真研究综述[J]．科学技术与工程，2021，21(17)：6959-6970.

[23] 李晓赟．燃气管网仿真系统发展现状及其应用研究[J]．石化技术，2019，26(3)：299-300.

[24] 张意．注水管网水力仿真软件的开发[J]．长江大学学报(自科版)，2016，13(34)：27-32，4. DOI：10.16772/j.cnki.1673-1409.2016.34.006.

[25] 陶华胜，芦翔宇，王文祥．关于嵌入式软件开发管理与软件项目管理的研究[J]．汽车电器，2023(04)：50-51+54. DOI：10.13273/j.cnki.qcdq.2023.04.019.

[26] 邢晨光，钱嘉怡．敏捷软件项目风险管理探析[J]．电脑与电信，2022(10)：90-93+109. DOI：10.15966/j.cnki.dnydx.2022.10.018.

[27] 陈建．探析敏捷开发在软件项目进度管理中的应用[J]．计算机产品与流通，2020(3)：11，171.

[28] 张静，于琪．瀑布开发与敏捷开发中测试与开发的配合[J]．电子测试，2016(11)：60-62，148. DOI：10.16520/j.cnki.1000-8519.2016.11.026.

工业领域智能化现状及智慧管网发展趋势

李　莉　杨玉锋　刘　硕　吴张中　马云宾　薛鲁宁

（国家管网集团科学技术研究总院分公司）

摘　要　本文分别选取智能核电、智能电网和智慧城市三个不同领域的智慧化总体设计与应用加以讨论，分析了其智能化建设现状和实践经验，结合智慧管网总体目标和技术发展路径，分析了智慧管网与上述三个行业的差异。针对智慧管网物理资产、管输介质和用户三个主要管理对象方面，提出了智慧管网主要特征是为管网系统安全、可靠、高效提供智能化解决方案。阐述了智慧管网关键技术、构成要素和发展阶段，提出了智慧管网远景展望。

关键词　智慧管网；管网资产；管输介质；用户；管道数字孪生体；智能感知与控制；管道知识库与智能决策；智慧核电；智慧电网；智慧城市

人工智能、大数据的到来，让“数据驱动”智能应用成为新的全球大趋势，特别是挖掘大数据隐含的战略价值已引起发达国家的高度重视，许多国家相继出台国家战略，推动人工智能和大数据在互联网、工业制造、军事装备以及专业工程等领域的应用发展。2017 年 7 月 20 日，国务院正式印发《新一代人工智能战略规划》，为我国的人工智能技术和产业发展设立了目标和蓝图，人工智能的发展已经上升到国家战略层面。工业和信息化部印发《促进新一代人工智能产业发展三年行动计划》，提出加快人工智能产业发展，推动人工智能和实体经济深度融合。

智能技术会在各个方面和层面上对社会经济和产业进行冲击和改变，作为国家九大基础设施之一的油气管网行业也不例外。本文要探讨的内容，即是结合国内智能工业中核电、电网和城市三个不同领域的智慧化总体设计与应用情况，提出了智慧管网的总体设想与发展展望。

1　我国相关行业智能化发展现状

1.1　智慧电网

智能电网是将信息技术与电力基础设施高度结合，包括信息通信技术、计算机技术、控制技术及其他先进技术，实现对发电、电网运行、终端用电和电力市场中各利益方的需求和功能的协调，在尽可能提高系统各部分的高效率运行、降低成本和环境影响的同时，尽可能提高系统的可靠，实现对电网运行的控制、维护与优化。

2019 年国家电网提出了建设“三型两网、世界一流”战略目标，提出建设运营好坚强智能电网、泛在电力物联网。贯通智能电网发电、输电、变电、配电、用户、调度六个环节，实现生产与控制、企业经营管理领域的业务与信息化的融合，促进智能电网信息化、自动化、互动化水平。国家电网研究形成《泛在电力物联网建设大纲》，充分应用“大云物移智链”等现代信息技术、先进通信技术，实现电力系统各个环节万物互联、人机交互，大力提升数据自动采集、自动获取、灵活应用能力，对内实现“数据一个源、电网一张图、业务一条线”，“一网通办、全程透明”，对外广泛连接内外部、上下游资源和需求，打造能源互联网生态圈，适应社会形态、打造行业生态、培育新兴业态，支撑“三型两网”世界一流能源互联网企业建设。提出了紧紧抓住 2019 年到 2021 年这一战略突破期，通过三年攻坚，到 2021 年初步建成泛在电力物联网；通过三年提升，到 2024 年建成泛在电力物联网。

智能电网涉及的关键技术领域覆盖发电、输电、变电、配电、用电、调度 6 个环节和信息通信平台，包括新能源和分布式能源并网技术、先进的输电技术（特高压、直流输电、FACTS 技术）、输变电设备状态监控技术、智能变电站技术、智能调度技术、配电自动化、电动汽车充放电、互动服务、用户用电信息采集系统、智能家居/楼宇/园区、信息与通信技术等二十多个技术领域。2019 年国家电网规划了 57 项重点任务，25 项综合示范任务，同时选取省级、城市级、县级、园区级不同层级组织开展综合示范。

1.2 智能核电

中广核工程有限公司宣布我国首个“智能核电”工程项目总体技术方案通过评审，按照该技术方案，核能智能电站项目按照“统一业务流程”、“协同设计”、“智能建造”、“项目管理”、“仿真推演”、“知识工程”、“信息构架及数据中心”七大专项协同推进。

中国科学院自动化研究所王飞跃等详细阐述了核能5.0，包括智联网、知识自动化、发展性人工智能、大规模协同演进技术、工业区块链等及在核电工控系统安全评估与核电站数字化仪控系统中的应用场景，为中国核能产业未来的自主发展描绘了前景、道路与期望。平行核电系统涵盖核电行业中运行、应急、设计、培训等各个方面。平行核电系统的研究，充分发挥计算机强大的数据处理和推理能力，以及人的创造力和在紧急事故情况下的事件的处理能力，有助于及时发现核电复杂系统中存在的安全隐患，保障人民群众的生命财产安全，实现核电设计改进、事故规程优化、运行推演、并发事故情景模拟、学习培训、人员应急疏散演练、应急方案优化与验证等功能，提高核电工业安全可靠性，对整个核电系统具有重要意义。

基于平行系统理念，结合核电生产的实际特点，平行核电系统包括基础构建层、数据和知识层、计算实验层和平行执行层等如所示。平行核电系统的研究，可应用在核电系统设计改进、事故规程优化、运行推演、并发事故情景模拟、学习培训、人员应急疏散演练、应急方案优化与验证等多个方向。

1.3 智慧城市

智慧城市是运用信息通信技术，有效整合各类城市管理系统。实现城市各系统间信息资源共享和业务协同，推动城市管理和服务智慧化。提升城市运行管理和公共服务水平，提高城市居民幸福感和满意度，实现可持续发展的一种创新型城市。

在国家标准委统筹下，国家成立智慧城市标准总体组，自成立以来已取得丰富的研究成果。持续深入参与ISO、IEC、ITU智慧城市国际标准化工作，成果显著；初步搭建形成我国智慧城市标准体系和标准明细表；开展国家标准的立项规划、研究工作；开展评价指标体系总体框架及分项制订要求研究与编制工作；编制并发布《中国智慧城市标准化白皮书》等。

表1　智慧城市相关国家标准

序号	标　准　号	标准名称
1	GB/T 36333—2018	智慧城市　顶层设计指南
2	GB/T 37043—2018	智慧城市　术语
3	GB/T 36620—2018	面向智慧城市的物联网技术应用指南
4	GB/T 36621—2018	智慧城市　信息技术运营指南
5	GB/T 36622.1—2018	智慧城市　公共信息与服务支撑平台　第1部分：总体要求
6	GB/T 36622.2—2018	智慧城市　公共信息与服务支撑平台　第2部分：目录管理与服务要求
7	GB/T 36625.1—2018	智慧城市　数据融合　第1部分：概念模型
8	GB/T 36625.2—2018	智慧城市　数据融合　第2部分：数据编码规范
9	GB/T 34680.4—2018	智慧城市评价模型及基础评价指标体系　第4部分：建设管理
10	GB/T 36332—2018	智慧城市　领域知识模型　核心概念模型
11	GB/T 36622.3—2018	智慧城市　公共信息与服务支撑平台　第3部分：测试要求
12	GB/T 36334—2018	智慧城市　软件服务预算管理规范
13	GB/T 36445—2018	智慧城市　SOA标准应用指南
14	GB/T 35775—2017	智慧城市时空基础设施　评价指标体系
15	GB/T 35776—2017	智慧城市时空基础设施　基本规定
16	GB/T 34678—2017	智慧城市　技术参考模型
17	GB/T 34680.1—2017	智慧城市评价模型及基础评价指标体系　第1部分：总体框架及分项评价指标制定的要求
18	GB/T 34680.3—2017	智慧城市评价模型及基础评价指标体系　第3部分：信息资源
19	GB/T 33356—2016	新型智慧城市评价指标

当前我国已经成为智慧城市概念演绎和实践推进的重点国家，我国已有154个城市提出建设智慧城市。欧盟已发布智慧城市计划，将在25座欧洲领先城市大量试验新的绿色能源技术及通过智能电网、智慧城市交通、智能医疗的试点运营搭建智慧城市；在亚洲智慧城市主要集中在新加坡、中国、日本、韩国等国家地区。

2 智慧管网发展现状及对比分析

“智能管道、智慧管网”的概念于2017年左右提出，中俄东线作为中国首条智慧管道设计试点工程，在工程设计过程中以全数字化移交、全生命周期管理、全智能化运营为目标，其信息化、自动化、智能化程度均优于已建管道。

通过对国内智能工业中核电、电网和城市三个不同领域的智慧化总体设计与应用的讨论，其在总体设计、科技研究、工程应用和信息架构几个方面的成功实践，结合智慧管网总体设计实践和技术发展路径，形成智能工业实践与发展趋势，如表2所示。

表2 智慧管网发展现状及对比分析

类别	智慧电网	智慧核电	智慧城市	智慧管网
总体理念	坚强智能电网理论	核能5.0，平行核电系统	运用信息通信技术，有效整合各类城市管理系统	智慧互联大管网
功能与应用场景	贯通智能电网发电、输电、变电、配电、用户、调度六个环节，实现生产与控制、企业经营管理领域的业务与信息化的融合，促进智能电网信息化、自动化、互动化水平	1. 核电设计改进 2. 核电已知情景的综合模拟 3. 智能应急管理 4. 操作运行在线推演与智能决策 核能5.0应用场景示例： 1. 核电工控系统安全评估 2. 智能平行核电站数字化仪控系统	城市运行管理和公共服务	1. 全方位感知 2. 综合性预判 3. 一体化管控 4. 自适应优化
技术研究内容	以物联网云平台和大数据分析技术为代表的多项关键技术	1. 智联网 2. 知识自动化方法体系 3. 发展性人工智能代理系统 4. 大型平行协同演化技术 5. 大规模混合增强智能计算验证平台 6. 核能产业区块链	发挥标准化在智慧城市建设中的技术支撑作用，编制并发布《中国智慧城市标准化白皮书（2014年）》等	1. 智慧管网基础理论研究：管网综合安全理论、系统可靠性理论和需求响应理论 2. 智能感知与控制技术 3. 管道数字孪生体 4. 管道知识库与智能决策
运行管理平台	电力泛在物联网	1. 中广核DCS数据中心平台 2. 基于平行智能理论方法及其技术路线，采用大运维理念，致力实现DCS全寿命周期的智能化	发展多个平台的信息共享服务模式，整合和利用智慧城市信息资源，使智慧城市的各个系统协同运作	1. 数据中心 2. 管道综合决策分析平台
标准体系	当前未见公开标准体系	当前未见公开标准体系	形成《智慧城市 顶层设计指南》、《智慧城市 术语》和《新型智慧城市评价指标》等系列国家标准19项	制定了智慧管网标准体系规划，设立重大科技专项开展智慧管网标准系统编制工作
发展趋势	实现电力系统各个环节万物互联、人机交互，大力提升数据自动采集、自动获取、灵活应用能力，打造能源互联网生态圈，适应社会形态、打造行业生态、培育新兴业态，支撑“三型两网”世界一流能源互联网企业建设	1. 围绕核电研发、设计、建造、运维等各阶段核心工作，对业务、数据、资源实施高度集成，推进实现核电全生命周期的数字化、网络化、智能化 2. 以平行核电为核心理念的虚实一体的核电工业新形态与系统架构	实现城市各系统间信息资源共享和业务协同，推动城市管理和服务智慧化。提升城市运行管理和公共服务水平，提高城市居民幸福感和满意度，实现可持续发展的一种创新型城市	油气管网基础设施在物理和虚拟世界的数字信息协同、感知控制协同以及知识智能协同

智慧管网建设的技术路径与其他工业领域的智能化进程一致，应从系统分析各业务领域智能化发展需求出发，坚持信息化与工业化深度融合，充分利用云计算、大数据、移动互联、人工智能等新一代信息技术，打造集数字化、网络化、自动化、智能化于一体的智能管道、智慧管网，促进“源-网-荷-储”集成发展，实现智慧管网、智能 LNG 接收站、智能储气库联合运行，考虑与其他能源形成多能互补模式，加快发展能源互联网。

3　智慧管网总体设想与发展展望

3.1　智慧管网发展思路和目标

以管网系统安全、可靠、高效为目标，基于数字孪生管网及工业互联网平台建设，采用物联网、大数据、云计算、人工智能等新兴技术，实现油气管网“全数字化移交、全智能化运营、全业务覆盖、全生命周期管理”，构建全方位感知、综合性预判、一体化管控、自适应优化的智慧互联大管网。在管道数字孪生体、智能感知与控制、管道知识库与智能决策三个核心技术方向达到世界先进水平，实现国家管网基础设施在物理和虚拟世界的数字信息协同、感知控制协同以及知识智能协同。

具体来讲，在建立智慧互联大管网的总体目标下，重点从科技和工程两个角度推进，通过三个阶段的努力，实现智慧管网的四个全面，构建五大体系，满足六方面内涵需要，实现七个关键业务领域智能化。

3.2　智慧管网主要特征

智慧管网的管理对象可分为物理资产、管输介质和用户三个方面，智慧管网建设以管网系统安全、可靠、高效为预期目标。通过智能化技术的实施和大数据分析，深入挖掘技术问题，形成全业务覆盖的知识库，通过人机交互混合决策，为管道物理资产安全运行，管网系统供气可靠和用户满意，管网输送资源高效配置三个方面提供智能化解决方案。

（1）管道物理资产安全运行

综合用视频监控、智能巡检、设备运行参数监测等感知技术，实现对管网安全状态的全方位感知；集成大数据、人工智能技术，对感知数据融合分析，实现管网运行安全管控；以风险管控为核心建立健全完整性管理体系，以监测控制智能化、信息化技术为支撑，实现核心设备的智能诊断和安全风险的智能预警与管控。

基于数字孪生体平台，针对设计阶段，可以开展管网设计的改进，包括工艺参数、事故规程的优化设计，提升设计质量，可对不同的设计方案进行计算实验，对实验效果进行动态评估，并在指定的最优目标函数边界下，自动计算最优设计方案。可以开展管网设施已知情景的综合模拟，如各类缺陷引发事故模拟技术研究、自然灾害或第三方致灾综合模拟、设备意外失效情景模拟等，有助于查找安全隐患，提高管网安全水平。可以开展智能应急管理技术研究，最大程度模拟真实应急场景，保证应急最优方案的制订，指导应急情况下各项工作的顺利开展。

（2）管网系统供气可靠和用户满意

围绕管网安全可靠性和缺陷智能管控关键技术等科学和技术难题，研究管道和关键设备缺陷、载荷、失效演化规律和机理，建立管网系统及单元可靠性计算模型和方法。建立基于管网在线仿真为基础的可靠性评价技术，开展操作运行在线推演与智能决策技术研究，准确、实时地评估出管网安全状态，并与运行人员实现智能人机交互与智能决策，降低管网、LNG 接收站和储气库联合运行存在的不确定性风险，提升管网系统的可靠性和用户满意度。

（3）管网输送资源高效配置

挖掘管网运行大数据，促进“一张网”模式下全局资源优化配置；在线路、站场智能化和远控逻辑优化基础上，以经济性和可靠性为目标，建立人机结合的管网自适应优化机制，智能评估管网运行优化水平、预测管网运行状态，提高驾驭大范围优化配置资源的能力和大管网全业务链运行智能调度能力，促进油气输送资源的高效配置。例如通过“管输负荷智能预测”，实现海量数据的实时应用和业务过程的智能化处理，通过对气象多维指标（气温、湿度、风速）以及各地区历史用气数据、人口迁移等大量数据进行综合分析，可计算出特定区域、特定时间区段内的用气负荷，辅助调度人员智能化决策。

（4）智能化

通过管网系统海量智能传感器的部署，成为管网系统敏感的“神经末梢”，时刻感知运营状态和内外部环境；通过泛在感知储、运、建、管、维等阶段巨量的能量流、资金流、物流、业务流形成海量的数据湖和知识；构建基于数据和知识的分析计算模型，形成管网系统“智慧大概”，进而统筹全局快速作出决策和执行决策，将管网输送资源的配置效率将跃升到前所未有的水平。

3.3 智慧管网关键要素分层描述

基于新一代信息技术理论，智慧管网可以分为不同层次，其中最为关键的包括基础设施层、数据融合共享层、应用层等三个层次，实现管网系统的智能与智慧需要重点从三个方面开展工作。通过三个层次的发展实现数据、信息、知识、智慧的跃迁。

（1）基础设施层

基础设施层是智慧管网系统运行和发展的基础，通过基础设施赋予管网系统各个条线和功能要素以数字化、智能化、智慧化的特点。

a）物联感知基础设施：包括地下、地面等全空间的泛在感知设备；

b）网络通信层础设施：包括基础网络、专用网络等网络；

c）计算与存储基础设施：包括计算、存储服务中心等；

d）数据与服务融合基础设施：包括数据资源、应用支撑服务、系统接口等方面的基础设施。

（2）数据融合与共享层

数据融合与共享层是智慧管网建设发展的核心，通过打通数据采集、数据共享、数据存储、数据分析、服务支撑、数据开发各个环节，架构信息化供应链全环节的协调融合应用体系。数据与系统融合的实现，是智慧管网建设的阶段性里程碑。

a）数据资源框架：对来自不同应用领域、不同形态的数据进行整理、分类和分层；

b）数据服务：包括数据采集、预处理、存储、管理、共享交换、建模、分析挖掘、可视化等服务；

c）数据治理：包括数据治理的战略、相关组织架构、数据治理域和数据治理过程等。

（3）业务应用层

业务应用层是智慧管网建设成效的体现，基于基础设施和数据融合的支撑，围绕工程建设、生产运行、管道管理等主题需求，以数字孪生体为核心，以“知识驱动”为理念，开展应用系统的建设。具体来讲：基于“知识驱动”的智能决策、基于数字孪生体的平行控制系统，是智慧管网建成的标志。基于“知识驱动”的智慧管网业务应用构架包括：

a）以知识自动化为核心系统，以知识计算为核心技术，

b）以获取知识、表达知识、交换知识、关联知识为关键任务，

c）从原始经验数据的主动采集、获取知识、交换知识、关联知识，到知识功能，如推理、决策、规划、管控等的全自动化过程，一种全新的、直接面向智能的复杂、协同知识自动化系统。

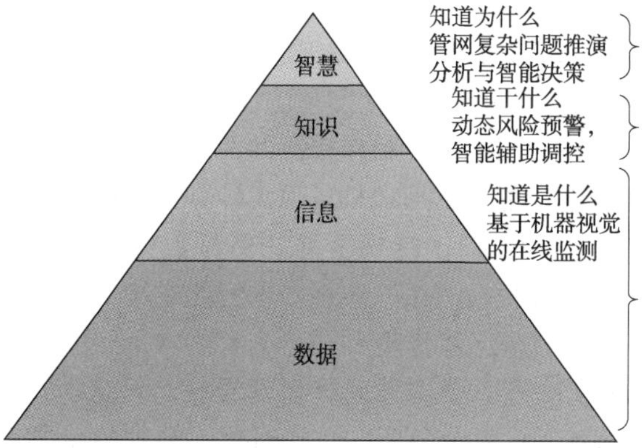

图1　智慧管网演进示意图

3.4 智慧管网关键技术

智慧管网关键技术主要围绕“数字孪生体构建”、“感知和控制智能”和“认知智能”能力提升三个方面。

“数字孪生体构建”主要集中在新建管道和在役管道数字化建设方面，通过数字化交付、感知及生产数据融合等，实现孪生体构建。管道数字孪生体技术研究是在管道建设运行数据融合和业务管理信息化全覆盖基础上，形成涵盖数据及机理模型的数字孪生体，通过数字孪生体构建及应用精确呈现实体管道建设过程、运行状态并通过仿真实现趋势预测，支持全生命周期管理和管网运行优化。

“感知和控制智能”能力提升主要集中在新建管道和在役管道智能化工程部署方面，通过将大量的智能传感器部署到管网设备上成为敏感的“神经末梢”。智能感知与控制技术研究包括管道线路智能化、站场智能化和智能调控技术研究。管道线路智能化是实现管道线路信息的全方位感知；集成应用大数据、人工智能等技术，融

合分析管道线路多源数据，实现管道线路重要风险的智能监控与预警；站场智能化是综合用视频智能巡检、设备运行参数监测等感知技术，实现对站场安全状态的全方位感知；集成大数据、人工智能技术，对站场环境感知数据融合分析，实现站场环境的安全管控；以风险管控为核心建立健全设备完整性管理体系，以监测控制智能化、信息化技术为支撑，实现核心设备的智能诊断；智能调控研究是通过建立全面的生产运行状态监测系统，准确掌握管网的运行参数状态，进而构建具备“自学习、自适应、自决策”能力的一体化智能调控体系，实现调控过程中状态信息数字化、调度运行最优化、操作控制自动化、预警应急及时化。

“认知智能”能力提升，主要集中在智慧管网科技攻关和信息化部署方面，建立大数据分析、知识图谱等计算模型，并在数字孪生体等信息化平台部署，形成具备强大计算能力的管网系统“最强大脑”，统筹全局和海量数据，快速作出决策和执行决策，实现辅助智能决策，将能源资源的配置效率跃升到前所未有的水平。管道知识库与智能决策技术是指搭建涵盖工程建设、资产完整性、生产运营、安全环保、科技信息等全业务的智慧管网知识库体系框架，形成基于业务管理经验、标准规范、科研成果等相关业务知识库，并在管道综合性预判和一体化管控等典型场景开展应用，通过获取实时、系统且全面的知识实现智能辅助决策，解决特定的问题。

3.5 智慧管网发展阶段

结合新一代信息技术发展进展和相关行业智能化实践经验，智慧管网的建设需要建立科技、信息和工程应用协同工作的智慧管网技术创新模式，建立智慧管网标准体系，明确新建管道的智能化设计、施工和运行要求，统一在役管道全生命周期的智能化提升规范；采用理论与实践并行推进的实施策略和实际周期，结合业务领域智能化发展实际需求，建立智慧管网评价指标体系，从感知、数据、决策等方面评价管道智能化水平，在此基础上，利用十年左右时间分三个方面分别实现国家管网基础设施在物理和虚拟世界的数字信息协同、感知控制协同以及知识智能协同。

数字信息协同方面：做好数据治理、专业场景大数据应用分析和建立专业数据模型等大数据时代必备的基础工作。

感知控制协同方面：实现管道线路智能化、站场智能化和管网智能调控。

知识智能协同方面：建立全业务的智慧管网知识库体系框架，实现智能辅助决策。

3.6 构建与智慧管网相适应管理体系

在管理特征上，智慧管网与传统管网层级管理模式不同，利用海量数据和智慧化数字平台，可提供端到端的数据服务和业务服务，通过数据驱动业务流程和决策，形成端到端、点对点的扁平化管理模式。因此，应在智慧管网技术变革的同时，应大力推动管理模式的跃迁。智慧管网的建成，可以将储、运、建、管、维等阶段产生巨量的能量流、资金流、物流、业务流形成海量的数据富矿，与能源产业链上下游、工业互联网、数字政府对接沟通，具备支撑公司实现治理现代化、战略转型的能力，为提升能源行业治理、社会治理创造新空间。

4 智慧管网发展远景展望

智慧管网以管网系统安全、可靠、高效为目标，以管网数字孪生体台为基础，打造与物理管网对应的虚拟管网系统；形成管网全业务生产要素状态智能感知与预警能力，通过对信息流、资金流、物流、业务流等海量数据的挖掘分析，构建自学习、自优化的用户服务和生产协同联动模型，搭建管网“智慧大脑”系统，实现管网运行风险智能预判和油气资源配置效率的跃升。以智能管道和智慧管网建设为抓手，推动管理变革和提升，支撑打造世界一流能源企业的目标。通过与能源产业链上下游、工业互联网、数字政府对接沟通，为打造全国能源互联网奠定基础，为提升能源行业治理创造新空间。

参考文献

[1] 赵海江，唐华，肖波，等．人工智能和大数据在核电领域的应用研究[J]．核电发展，2019，12(3)：247-251.

[2] 刘丙午，周鸿．基于物联网技术的智能电网系统分析[J]．中国流通经济，2013，27(02)：67-73.

[3] 杜志婕，蔡明珺，潘益伟．国家电网公司“三型两网”的战略内涵及实施问题[J]．科技与创新，2019(21)：78-79.

[4] 黄卫平，梁斌．泛在电力物联网感知层总体架构研究[J]．能源与环境，2020(03)：7-8+20.

[5] 孙祥栋．泛在电力物联网理论和实践需迭代推进[N]．中国能源报，2019-07-29(022)．

[6] 帅泉．中山建成南方电网首个智能技术应用示范区[J]．农村电工，2018，26(12)：4．

[7] 杨强，王燃，刘帝勇．核电企业转型互联网架构的研究[J]．计算机应用与软件，2017，34(12)：326-329．

[8] 王飞跃，孙奇，江国进，等．核能5.0：智能时代的核电工业新形态与体系构架[J]．自动化学报，2018，44(5)：922-934．

[9] 宁滨，王飞跃，董海荣，文丁．高速铁路平行控制与管理系统研究框架．复杂系统与复杂性科学，2010，7(4)：11-21．

[10] Wang F Y, Wang X, Li L X, Li L. Steps toward parallel intelligence. *IEEE/CAA Journal of Automatica Sinica*, 2016, 3(4): 345-348.

[11] 李力，林懿伦，曹东璞，郑南宁，王飞跃．平行学习|机器学习的一个新型理论框架．自动化学报，2017，43(1)：1-8．

[12] 王飞跃．社会能源与平行能源系统：迈向能源5.0的时代．见：分布式能源专业委员会筹备会及IEEE ITSS北京分会．北京：北方工业大学，2015．

[13] 王飞跃，赵杰，伦淑娴．人工电力系统与复杂大电网的运营和管理．南方电网技术，2008，2(3)：1-6．

[14] 荆春宁，赵科，张力友，李辉，王诚诚，钱怡洁，等．\\华龙一号"的设计理念与总体技术特征．中国核电，2017，10(4)：463-467．

[15] 李鹏程，张力，戴立操，邹衍华，青涛，胡鸿等．核电厂数字化主控室操纵员的情景意识可靠性模型．系统工程理论与实践，2016，36(1)：243-252．

[16] 苏罡．中国核能科技\\三步走"发展战略的思考．科技导报，2016，34(15)：33-41．

[17] 郭骅，屈芳，战培志．智慧城市信息共享服务模式及其应用研究[J]．情报杂志，2017，36(04)：118-124．

[18] 房毓菲，单志广．智慧城市顶层设计方法研究及启示[J]．电子政务，2017(02)：75-85．

[19] 郭晓平．关于智慧城市内涵与智慧城市建设的研究[J]．城市建设理论研究(电子版)，2018(33)：189-190．

[20] 韩景宽，余海涛，刘晨等．基于工业互联网理念的智慧油气管网信息化总体架构研究[C]．廊坊：第十届中国国际管道大会，2018：365-368．

[21] 税碧垣，张栋，李莉，等．智慧管网主要特征与建设构想[J]．油气储运，2020，39(5)：500-505．

[22] 蔡永军，蒋红艳，王继方，等．智慧管道总体架构设计及关键技术[J]．油气储运，2019，38(2)：121-129．

[23] 蒲明，李育天，孙骥姝．中俄东线天然气管道工程前期工作关键点及创新成果[J]．油气储运，2020，39(4)：371-378．

[24] 姜昌亮．中俄东线天然气管道工程管理与技术创新[J]．油气储运，2020，39(2)：121-129．

[25] 宫敬，徐波，张微波．中俄东线智能化工艺运行基础与实现的思考[J]．油气储运，2020，39(2)：130-139．

[26] 吴长春，左丽丽．关于中国智慧管道发展的认识与思考[J]．油气储运，2020，39(4)：361-370．

油气长输管道风险评价技术及数字化软件研究应用

杨玉锋[1,2]　薛吉明[3]　张希祥[1]　张　强[1]　高海康[1]

（1. 国家管网集团科学技术研究总院分公司；2. 北京科技大学土木与资源学院；
3. 国家石油天然气管网集团有限公司）

摘　要　油气管道是国民经济重要基础设施，其安全运行直接关系着国家能源安全和管道沿线人员公共安全。为了加强对油气管道风险识别、评估与分级，结合国内外管道风险评估软件先进经验，研发了油气管道风险评估模型及评估软件 RiskSocreTP，重点解决两个方面问题：(1)风险评估软件包含第三方损坏、外腐蚀、内腐蚀、制造与施工缺陷、地质灾害、误操作以及泄漏后果影响等七个方面的指标，可全面评估管道面临的主要风险因素；(2)针对管道线性工程的特点，风险评估软件 RiskSocreTP 包含指标数据管理、动态自动分段、风险计算、风险折线分析、风险矩阵自动分级、风险结果 GIS 可视化、风险管理等核心功能，涵盖从数据采集到输出评估结果全流程。以某管道 A 为例阐述了采用 RiskSocreTP 开展风险评估过程和风险评估结果，以某管道企业为例介绍了软件的规模应用情况。可为油气管道企业风险评估工作提供参考。

关键词　管道风险评估模型；风险评估软件；风险折线；风险分级；风险结果可视化

油气管道是国民经济重要基础设施，我国现有 70%的石油和 99%的天然气通过管道进行输送，一旦管道中断供应，将直接威胁国家能源安全，影响人民群众正常生产生活秩序。截至 2020 年底，我国油气长输管道总里程已达 14 万公里，已基本建成连通海外、覆盖全国的油气主干管网，全国一张网初步形成，油气管道已成为我国国民经济和社会发展的能源安全生命线，保障油气管道安全可靠输送是建设国家能源安全体系的重要组成部分。

油气管道输送高压、易燃易爆介质，一旦发生泄漏，容易演化为火灾、爆炸、环境污染等事故，将会对周边人员和环境产生较大的危害。以青岛“11·22”管道泄漏爆炸特别重大事故为例，输油管线破裂，部分原油沿着雨水管线进入胶州湾，处置过程中，岛区沿海河路和斋堂岛路交汇处发生爆燃，同时在入海口被油污染海面上发生爆燃，共造成 62 人死亡、136 人受伤，对区域公共安全带来重大影响。随着管道建设和城市建设的推进，管道周边出现越来越多的人口密集型高后果区，势必会增大公共安全风险，需要管道企业对风险不断识别和评价，采取各种风险消减措施，将风险控制在合理、可接受范围内。

风险评估是识别油气管道系统各类风险和隐患的重要手段，国家监管部门和管道运营企业都将风险评估作为管控油气管道风险的重要手段。2017 年原国家安全生产监督管理总局等八部门联合发布《关于加强油气管道途经人员密集场所高后果区安全管理工作的通知》要求开展管道沿线人口密集型高后果区识别与风险评估，编制管道沿线人口密集型高后果区风险评估报告。国家标准 GB32167《油气输送管道完整性管理规范》也明确要求针对管道定期开展风险评估。

1　管道风险评估技术及软件进展

1.1　管道风险评估技术进展

管道风险评估技术按照量化程度可分为定性法、半定量法和定量法，当前管道定性风险评价方法应用较少，半定量风险评价方法和定量风险评价方法是管道行业研究热点，在管道企业中应用也较广泛。管道半定量风险评价技术一般针对管道全线开展，侧重于识别危害因素、评价失效概率，发现管道主导风险因素。管道定量风险评价技术一般针对高后果区等关键区域，侧重于评价管道失效后果，一般用于分析泄漏后产生火灾、爆炸影响范围和安全距离。

管道半定量风险评价技术是国际上应用最广泛的评价方法，以 Kent 打分法为典型代表代表。自 1992 年著名管道风险管理专家 W. Kent. Muhlbauer 编写《管道风险管理手册》以来，半定量风险评价技术在欧洲、美国等管道运行企业广泛应用，并不断的发展进步，2015 年《管道风险管理手册》发布第 4 版，该版本突破前三个版本的局限性，将管道风险因素进行了分类，Exposure 、Mitigation Effects、Resistance to Failure 三个类型，通过建立指标之间的逻辑关系，极大的提高了风险评估的准确性，引领了国际上半定量风险评价技术发展方向。

我国长输油气管道风险评估技术研究起步于上个世纪九十年代，1995 年著名油气储运专家潘家华教授在《油气储运》杂志上介绍管道风险评估技术后，很快引起管道企业管理和科技研究人员的关注。21 世纪前十年管道半定量风险评价技术快速发展，中国石油、中国石化，西南石油大学、中国安全科学研究院等一些科研机构和院校，在管道线路风险评价领域做了大量研究工作。如严大凡、翁永基等出版了《油气长输管道风险评估与完整性管理》，姚安林等提出了我国管道风险评估技术的发展战略，构建了管道第三方损坏事故树等。

1.2　国内外主要管道风险评估软件

在管道风险评估技术发展及应用过程中，国内外管道企业和技术服务机构开发形成了多种类型的风险评价软件，极大的推动了风险评价的实施和工业化应用，其中影响力较大的软件如表 1 所示。

表 1　国内外管道风险评估软件

序号	软 件 名 称	研 发 公 司
1	Piramid	加拿大 C-Fer 公司
2	Spatial Risk Analyst	美国 New Century Software
3	Synergi-Pipeline	挪威船级社 DNV
4	Threat and Mitigation Expert	英国 Associated Technology Pipeline Ltd(ATP)
5	RiskSocreTP	国家管网集团科学技术研究总院

（1）PIRAMID 软件是由加拿大 C-FER Technologies 公司开发的管道风险评估软件。该软件风险评估模型的开发始于 1994 年，用于解决管道风险分析和基于风险的维护规划。该软件可以分别对陆上管道和海底管道开展风险评估，采用的主要技术模型包括基于历史失效数据评估方法和基于可靠性的故障概率评估方法。软件功能界面如下图所示。

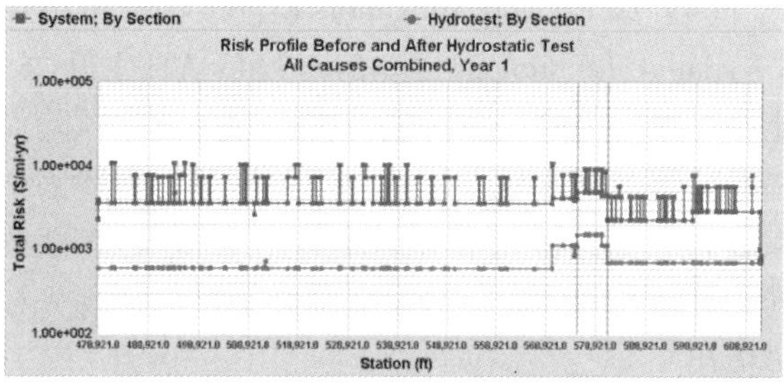

图 1　PIRAMID 风险评估结果

（2）Spatial Risk Analyst 风险评估软件由美国 New Century Software 软件公司研发，其主要特点是利用利用空间风险分析方法快速、客观地评估管道沿线的风险。该软件借助 GIS 空间分析技术，满足数据集成和风险分析的要求。管道运营商可以根据风险管控需要定制风险算法(模型)进而针对性的开展管道风险评估。

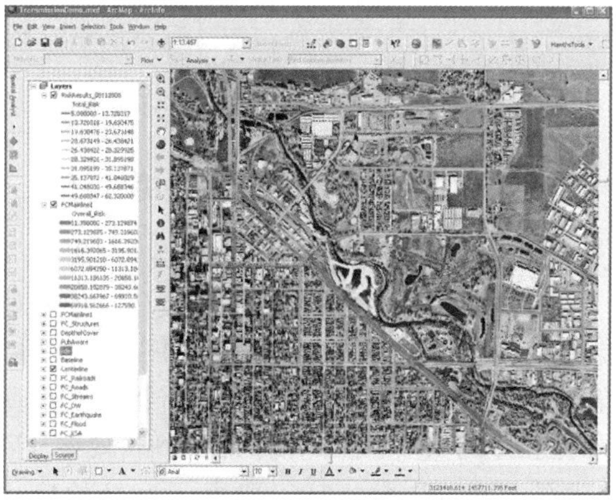

图 2　Spatial Risk Analyst 软件界面

（3）Synergi Pipeline 是由挪威船级社(DNV)开发的油气管网完整性和风险管理软件。Synergi Pipeline 可实现管道风险记录、监管合规性跟踪等功能，评估和展示管道系统的即时风险概况，用于海上和陆上管道的主动完整性和风险管理。

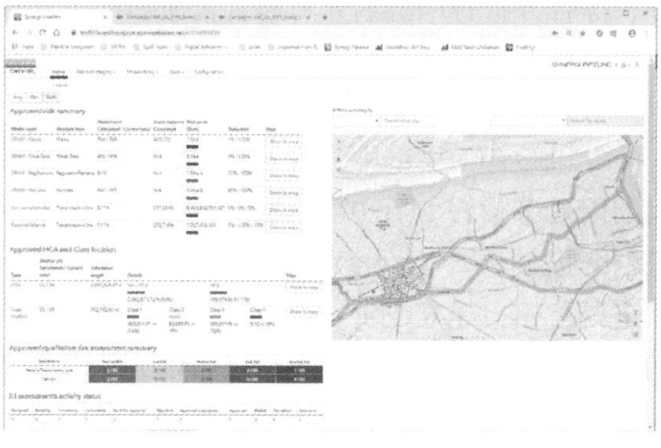

图 3　Synergi Pipeline 软件界面

(4) Threat and Mitigation Expert 软件由英国 Associated Technology Pipeline Ltd (ATP) 开发，能够对管道风险因素开展分析，并为消除风险而制定减缓措施。软件包括创建数据源、描述因素和威胁、描述减缓措施与行动、创建完整性模型、计算相对风险、分配风险减缓措施与优先权等模块。

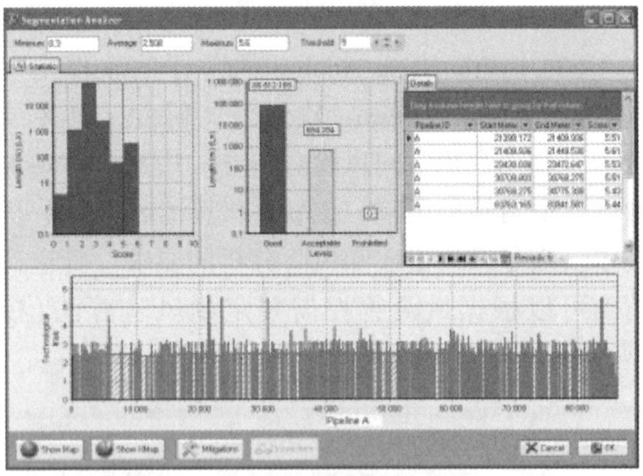

图 4 Threat and Mitigation Exper 软件界面

2 管道风险评估技术及软件研究

2.1 风险评估模型

2010 年前后中国石油管道科技研究中心研发了第一代管道风险评估软件 RiskSocre，并随着生产应用逐步升级，2018 年结合国家重点研发计划研发了基于威胁与防护风险评价模型及风险评估软件 RiskSocreTP，取得了良好的应用效果。

基于威胁与防护风险评价模型将影响管道安全运行的风险因素分为第三方损坏、外腐蚀、内腐蚀、制造与施工缺陷、地质灾害、误操作以及泄漏后果影响等七个方面的指标，系统分析各个指标之间的逻辑关系，对每个指标进行赋值评分，综合分析各风险因素引起管道泄漏的可能性及泄漏后的事故严重程度，建立指标体系。管道风险评价模型构架如图 5 所示。

在风险评估模型中，将 6 大类失效可能性的风险因素分值设定在 0~1 之间，将 4 类失效后果的分值设定为 1~5 级，利用故障树对评价因素进行梳理，建立逻辑计算模型，采用风险矩阵的直观形象特点，进行风险分级。该方法综合考虑了导致管道失效的各种因素，梳理了各因素之间的逻辑关系，通过应用内外检测数据，使得评价结果更加符合实际情况。

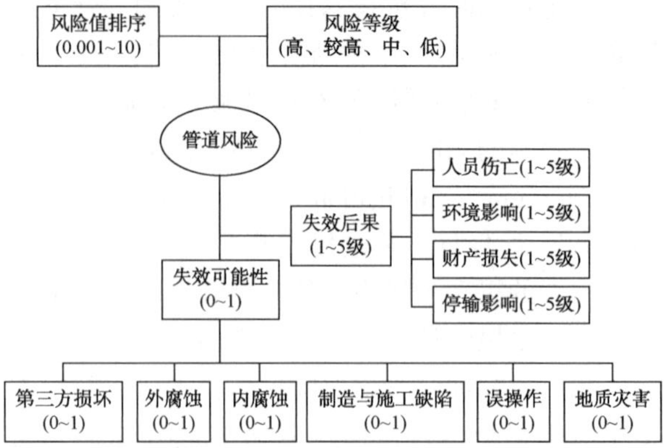

图 5 管道风险评估模型架构

结合管道失效案例数据，根据不同风险因素特点和导致管道失效机理设置指标构架，评价结果更加准确。第三方损坏和地质灾害风险因素评价指标从发生威胁可能性、导致管道泄漏可能性、防护措施有效性三个层次建立指标间的计算关系；外腐蚀和内腐蚀从腐蚀速率、检测结果、剩余寿命与失效概率函数关系方面设置评价指标计算关系；制造与施工缺陷、误操作指标从威胁因素发生可能性、诱发因素、防护措施三个层次建立指标之间计算关系。采用管道全线指标和风险点指标相结合的方式，设置全线指标 41 个，风险点指标 26 个，覆盖了管道主要失效场景。

2.2 风险计算方法

(1) 管段风险计算方法

油气管道为线性工程，在风险评估过程中需要根据管道属性对管道分段，以管段为单元开展风险评估，根据各个管段的失效可能性计算结果与失效后果计算结果，得到各个管段的风险值，管道风险计算公式如下：

$$R = \sum_{k=1}^{5} (L_k C)$$

式中，R 为风险值；L 为失效可能性值；C 为失效后果值；k 为失效原因编号(从 1~6 分别代表第三方损坏、外腐蚀、内腐蚀、制造与施工缺陷、误操作、地质灾害)。

失效可能性分值在 0~1 之间，分值越大表示越可能发生。失效后果分为 5 级，等级越高表示后果越严重。风险值为两者的乘积，值越大表示风险越大，最后将风险分为四级。

(2) 管道总风险计算方法

管道总体风险情况从两个角度进行说明，根据木桶理论，管道整体风险由风险最大的管段决定，取管道全线风险最大管段风险值为风险极值，反映管道整体风险情况。同时计算管道全线风险均值，采用里程加权平均的方式计算管道风险均值，计算公式如下：

$$R=\frac{\sum_{j=1}^{J}(R_j\times l_j)}{L}$$

式中，R 为风险均值；j 为管段编号，$j=1$，2，……，J；R_j 为管段 j 的风险值；l_j 为管段 j 的长度。

（3）风险分级方法

风险分级准则的研究以 4 万公里管道风险数据为基础，对管道风险值分布情况进行统计分析，测试评价模型计算的准确性，并研究了风险分级准则；制定了风险分级阈值，实现了风险评价结果的自动分级。

2.3 油气管道风险评估软件 RiskSocreTP 功能模块

在基于威胁与防护逻辑的评价模型基础上，研发了管道风险评估软件 RiskScoreTP 和管道风险数据采集 APP 两款软件。能够帮助管道管理人员系统全面的识别管道风险因素，量化管道风险，评价风险可接受性，指导管道的日常维护与维修投资立项，优化资源配置，提高管道的安全运行水平。

管道风险评估软件 RiskScoreTP 采用 C/S 构架远程安装，可实现移动端采集数据、云端储存、评价结果 GIS 展示等功能。包括数据管理、风险计算、结果查询、风险管理、风险地图和帮助 6 个功能区，每个功能区包括多项子功能，实现新建评价项目、数据录入、风险计算、结果查询等功能。软件采用分类线性数据管理技术，基于动态分段技术，全面细致反应管道沿线风险。评价结果直观，表现形式多种多样，多种工具分析导致风险的根本原因，便于提出可操作性强的管理建议。采用量化风险矩阵，自动确定管道风险等级。利用风险致因分析，提出风险管控建议措施。积累了连续多年年的风险评价数据与结果，基于海量风险数据积累，汇成管道风险数据库，自动学习，优化模型，打造智慧系统。该软件广泛应用于国家管网集团公司管道风险评估工作中，每年采用该软件评价的管道超过 4 万公里。

3 应用算例

以某管道 A 为例阐述采用 RiskSocreTP 开展风险评估过程和风险评估结果，以某管道企业为例介绍了软件的规模应用情况。

3.1 某管道风险评估应用案例

某输油管道 A 线路全长约 758km，设计输量为 700×10^4t/a，设计压力 6.3MPa。管道规格为 Φ508×7.1，管材一般段采用 L415 螺旋缝埋弧焊钢管，穿越段采用 L415 直缝埋弧焊钢管。以该管道为例分析管道风险评估软件 RiskScoreTP 的主要功能和计算结果。

（1）数据采集与分段

油气管道风险评估第一个步骤是根据软件指标的需要采集数据，并根据所采集的数据开展管道分段，RiskScoreTP 软件能够根据录入的数据实现自动分段，按照一个属性值变化即划分一个新管段的原则，将管道划分为多段，动态自动分段在软件中自动完成，分段的原理示意图见下图 6。

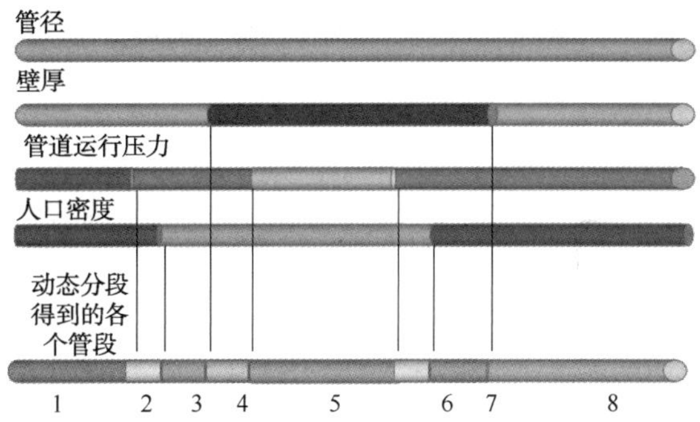

图 6　管道动态分段示意图

以管段为评价单元开展评价工作，每个管段都会计算得到一个风险值，并根据风险值对各个管道风险进行排序。根据分段方法，软件将 A 管道全线划分为 946 段，并逐段进行了风险计算。

（2）风险折线图

针对油气管道线性工程的特点，软件以风险折线图的形式展示管道全线风险变化情况，风险折线图中的横坐标代表管道里程，纵坐标代表管道风险值，通过折线图可直观分析管道风险随着管道里程变化情况，进而识别出风险部位。根据风险评价结果，A 管道全线风险分布情况如图 7 所示。

图 7 显示管道全线风险值位于 0.18~2.2 之间，风险较高位置主要集中在 959 公里~1300 公里之间管段，该地区人类活动较频繁，第三方损坏风险较大；外腐蚀检测结果显示，防腐层缺陷

主要集中在该区域，同时该段属山区，地形复杂，易发生地质灾害，地质灾害风险点占全部线78%。风险值最大管段分别位于859~960公里、972.1~972.5公里、1230~1232公里等管段。

通过软件可进一步对风险评价结果分类展开分析，分析第三方损坏、外腐蚀、内腐蚀、制造与施工缺陷、地质灾害等不同类型的风险因素导致失效可能性。A管道分类失效可能性分布情况如下图8所示。

图8显示，A管道第三方损坏导致失效可能性分值范围在0.0243至0.2966之间，管道外腐蚀失效可能性分值在0.0065至0.0742之间，管道内腐蚀失效可能性分值在0.0097至0.0138之间，管道制造与施工失效可能性分值为0.0225，管道地质灾害失效可能性分值在0至0.112之间。管道主导风险因素为第三方损坏，其次为地质灾害，应当将这两类风险因素作为管道风险管控的重点。

软件可分析管道失效后果分布情况，其中后果值较大的位置是管道泄漏后导致较大的人员伤亡、环境影响、财产损失或停输影响的区域。

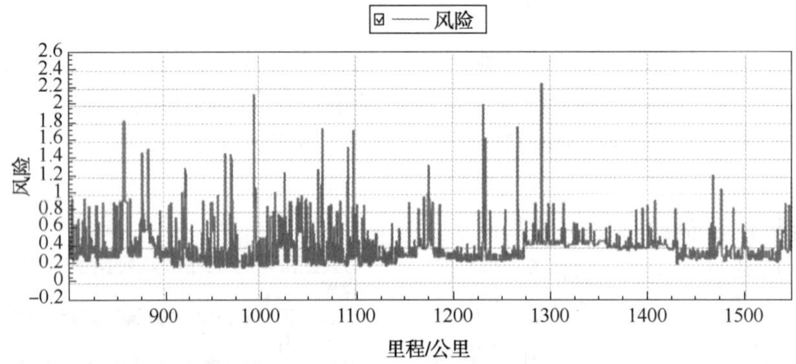

图7 A管道全线风险折线图

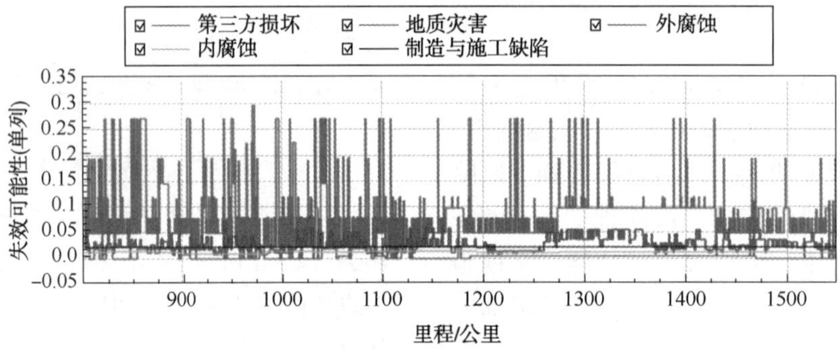

图8 管道失效可能性评价结果

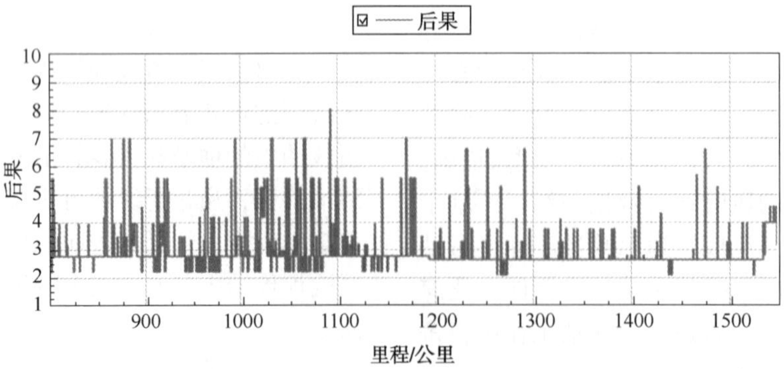

图9 管道失效后果评价结果

从折线图分析，失效后果最大值为8.05，该处为管道穿越某大中型河流，河流下游汇入黄河，距离黄河约23公里，一旦发生泄漏，后果严重。失效后果值在6以上区域，均为人口密集地区，主要为社区、工厂建筑群、学校等区域，该类地区一旦发生管道泄漏、着火、爆炸等事故事件，人口密度大、较难疏散，造成人员伤亡和财产损失较大。

（3）风险分级

软件可以实现对管道全线的风险分级，根据管道动态自动分段结果，并对每个管段进行编号，根据各个管段失效可能性分值和失效后果分值确定管道的风险等级。通过风险矩阵将管段风险分为高、较高、中、低四个级别，图 10 显示 A 管道全线高风险 5 段，较高风险 216 段，中风险 395 段，低风险 330 段。

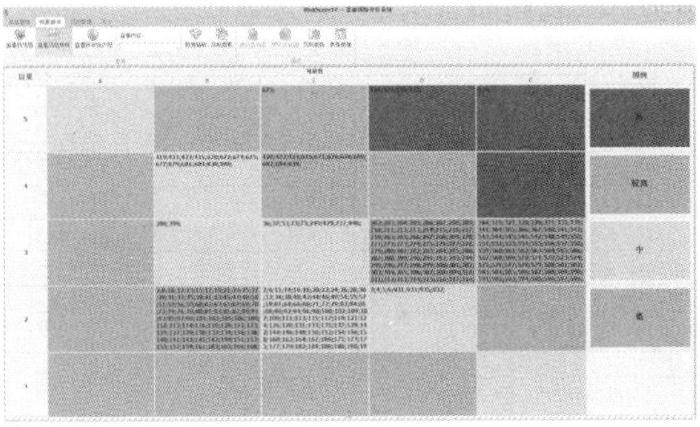

图 10　风险分级

（4）评价结果可视化展示

在油气管道风险评估系统 RiskScoreTP 中，针对每个评价单位都需要采集位置信息的数据，位置信息以管道里程值和管道里程桩的形式记录，通过位置信息可以将管道风险评估结果在地理信息系统进行可视化展示。风险评估软件中设置了风险地图，根据不同管段风险等级的差异，采用不同颜色显示管道全线各个等级风险分别情况，为管道风险管理提供了可视化手段。图 11 中黄色部分展示了 A 管道部分中等级风险的位置分别情况。

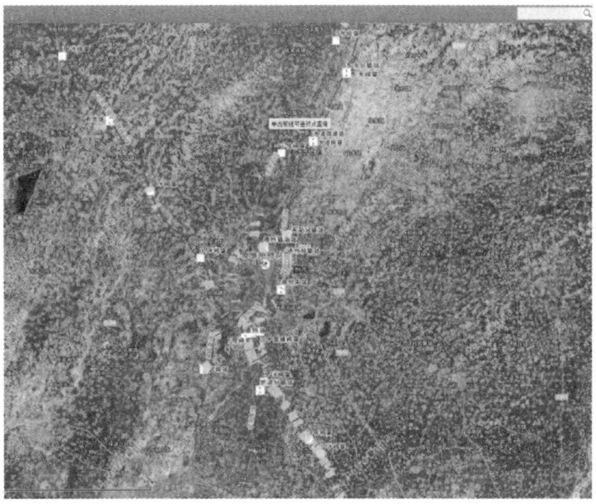

图 11　风险可视化展示

（5）制定风险控制措施

在软件风险管理模块完成管道风险管段筛选和制定风险控制措施。根据风险计算结果，筛选出需要重点管理的风险区域，并进一步制定的风险控制措施建议，制定风险消减计划。针对选定的风险管段需要明确主要风险因素、风险描述、已采取的风险控制措施、风险是否控制到可接受范围、风险控制措施分类、风险控制措施详细描述、风险控制措施费用与实施时间、应急预案与现场处置方案。通过风险管理模块可以直接导出管道风险管段及管控措施一览表，作为管道生产单位开展风险控制措施的依据。管道 A 部分风险管道及控制措施表见表 2。

表 2　风险管段及管控措施汇总表示例

序号	管道名称	起始里程	结束里程	主要风险因素	风险值	风险等级	管段风险描述	评价日期	是否有应急预案	控制措施分类	风险控制措施描述
1	A 管道	0	18	内腐蚀	1.88	较高	内腐蚀严重，存在内腐蚀缺陷，深度大于 10%且集中	2020/5/18	是	内检测加强管理	重点关注，发现微渗漏及时处理；组织针对针孔腐蚀的内检测，识别缺陷。开展内腐蚀根本原因分析
2	A 管道	1	1.1	第三方损坏	1.6079	较高	穿越遇仙河，易发生挖沙、清淤、埋深 1 米	2020/5/18	是	加强管理	严控挖沙、清淤，检测管道埋深，若小于 1.2 米，应及时采取工程措施，汛期密切监控，防止灾害扩大化
3	A 管道	11.6	11.7	地质灾害	0.9896	较高	干打垒，管道垂直敷设，底部有排水沟	2020/5/18	是	加强管理	汛期密切监控，防止因干打垒底部排水沟掏空，防止灾害扩大化

3.2 风险评估软件规模化应用

油气管道风险评估系统 RiskScoreTP 广泛应用于北方管道公司、西部管道、西南管道公司、新疆油田等单位，管道企业采用该软件开展年度风险评价工作，有效识别了管道面临的风险，提高了风险管控的针对性。获得中国石油学会成果转化与推广银质奖。

油气管道风险评估系统 RiskScoreTP 采用 C/S 架构，所有评价数据都存储在服务器的数据库中，实现对评价数据的集中管理。技术人员在数据库中对各个单位所有管道的评价结果进行查询，然后进行分类统计，即可得到相应统计结果。通过统计分析，可以实现对整个管道企业风险评估结果的对比，有利于识别重点管道和管理重点。

以某管道企业 B 为例，该企业采用 RiskScoreTP 软件进行风险评价，完成管道风险评估数据录入和结果计算的项目文件共计 93 个，合计 12720 公里。对公司所辖管道进行了编号，评估主要结果如下。

评价结果显示 B 公司所辖管道失效可能性计算分值在 0.0645~0.595 之间，风险值计算分值在 0.2037~3.866 之间，各管道风险值均值分布情况见图 12，图 12 中显示了公司所辖不同管道的风险差异情况，编号 7、58、67、69 等管道风险整体水平高于其他管道，有利于管理者快速识别风险较高的管线，并作为管理重点。

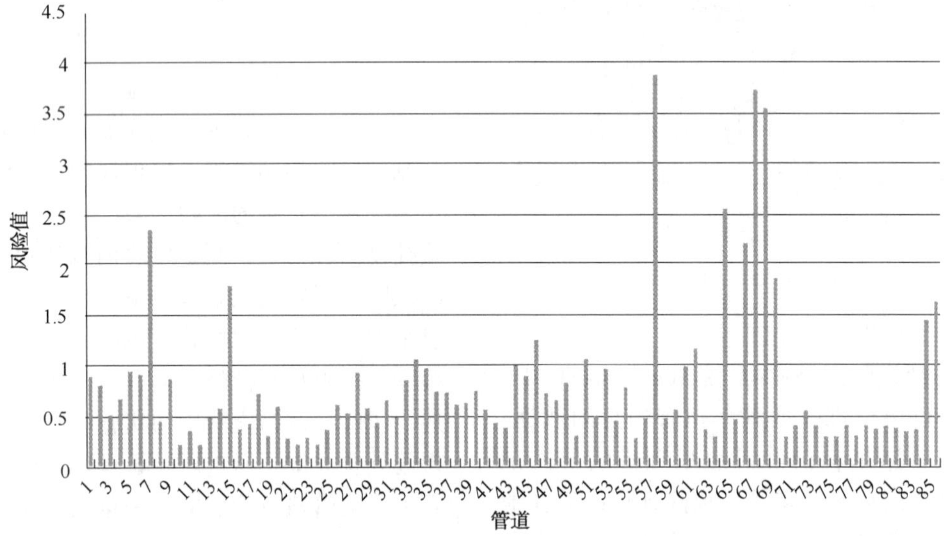

图 12　B 公司管道风险值

管道风险分为高、较高、中、低四个等级。图 13 是对公司整体整体风险统计饼图，按照各等级管道长度进行统计，结果显示：低风险 65%，长度 8257 公里；中风险 22%，长度 2805 公里；较高风险 11%，长度 1460 公里，建议进行治理；高风险 2%，长度 198 公里，应进行治理。

风险致因分为内腐蚀、外腐蚀、第三方损坏、制造与施工缺陷和地质灾害等类型。对高风险段的致因进行统计，见图 14。第三方损坏导致高风险占 54.10%，长度 107 公里；外腐蚀导致高风险占 22%，长度 35 公里；内腐蚀导致高风险占 0.53%，长度 0.53 公里；地质灾害导高致风险占 26.96%，长度 53 公里；制造与施工缺陷导致高风险占 0.68%，长度 1.3 公里。

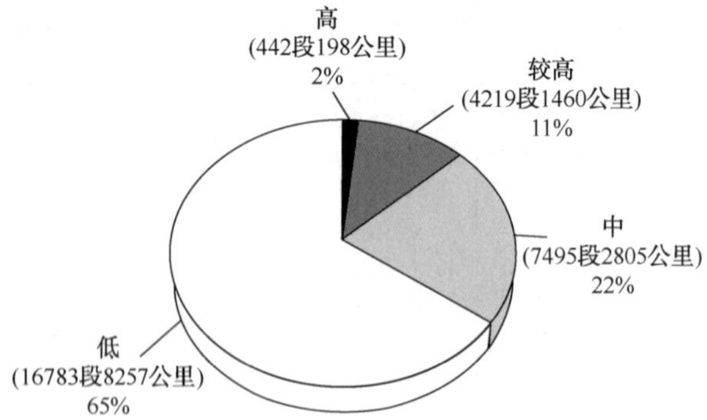

图 13　管道风险等级分布情况

通过风险评估软件的应用提高了风险评估工作效率和数字化水平，有助于管道企业提升风险管控水平，进而遏制管道重特大事故，保障管道沿线群众的生命财产安全。

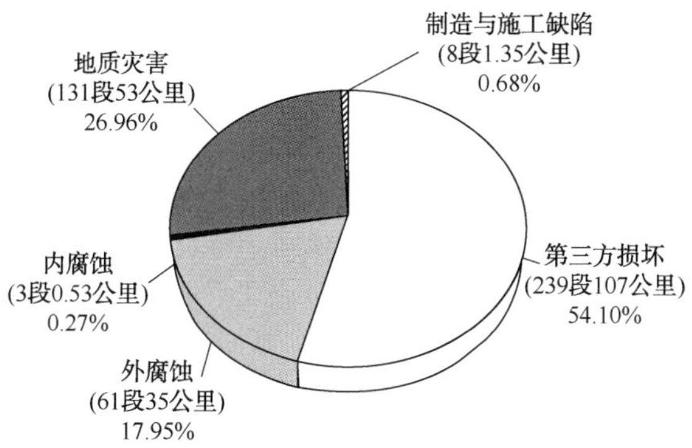

图 14　高风险管段风险致因统计结果

4　结论与展望

管道安全运行关系沿线生命财产安全，是公共安全的重要组成部分，管道风险评估技术是识别、评价和管控管道运行风险的重要技术手段。2000 年以来，国内外管道风险评估技术、标准和软件均取得了快速进步，风险评价基本成熟并广泛应用。油气管道风险评估模型及评估软件 RiskSocreTP 可实现对油气管道风险识别、评估与分级，已经在 4 万余公里管道规模应用，对于保障油气管道安全运行具有重要作用。随着油气管道进入到“智能管道、智慧管网”时代，以数据为核心的动态管道风险评估技术逐步成为研究热点，未来以动态数据为核心的管道风险评估将在管道安全运行中发挥更加重要作用。

参　考　文　献

[1] 黄维和，郑洪龙，李明菲．中国油气储运行业发展历程及展望[J]．油气储运，2019，38(1)：1-11.
[2] 姚安林．论我国管道风险评估技术的发展战略[J]．天然气工业，1999，39(4)：66-69.
[3] 姚安林，周立国，汪龙，等．天然气长输管道地区等级升级管理与风险评价[J]．天然气工业，2017，37(1)：124-130.
[4] 毕傲睿，骆正山，宋莹莹，等．内腐蚀海底管道剩余强度的 FOA-GRNN 模型[J]．中国安全科学学报，2020，30(6)：78-83.
[5] 王新，刘建平，张强，井丽磊，王宁峰，田磊，赵一桦，张博钊．油气管道定量风险评价技术发展现状及对策[J]．油气储运，2020，39(11)：1238-1243.
[6] 赵鹏程，帅健，唐雨，等．轴向应力对腐蚀缺陷管道极限内压的影响[J]．中国安全科学学报，2019，29(3)：70-75.
[7] 冼国栋，刘奎荣，吴森，谭超．基于 GIS 的兰成原油管道地质灾害风险评价[J]．油气储运，2019，38(4)：0379-0384.
[8] 张华兵，王新．基于风险评价的管道安全距离确定方法[J]．油气储运，2018，37(1)：20-23.[doi：10.6047/j.issn.1000-8241.2018.01.004]
[9] 狄彦，帅健，王晓霖，等．油气管道事故原因分析及分类方法研究[J]．中国安全科学学报，2013，23(7)：109-115.
[10] 柴强飞，肖忠东，高竟喆，等．基于尖锥网络分析法的管道风险评价研究[J]．中国安全科学学报，2017，27(7)：88-93.
[11] 帅健，单克．基于失效数据的油气管道定量风险评价方法[J]．天然气工业，2018，38(9)：129-138. DOI：10.3787/j.issn.1000-0976.2018.09.017.
[12] 王天瑜．天然气管道风险分析与安全距离计算方法研究[D]．北京：中国矿业大学，2017：18-21.
[13] 中国石油化工股份有限公司青岛安全工程研究院．石化装置定量风险评估指南[M]．北京：中国石化出版社，2007：56-98.
[14] 杨玉锋，葛新东，郑洪龙，张强，程万洲，马杰．第三方损坏对管道可靠性的影响规律[J]．油气储运，2017，36(8)：903-909.
[15] 雷云，余建星，吴朝晖，等．基于模糊 ANP 的海底管道失效风险综合评价[J]．中国安全科学学报，2019，29(5)：178-184.
[16] 冯庆善．基于大数据条件下的管道风险评估方法思考[J]．油气储运，2014，33(5)：457-461.
[17] 林冬，王毅辉，秦林，高健．当前管道风险评估中存在的问题及对策[J]．油气储运，2014，33(9)：963-966.

面向管道完整性的行业人工智能大模型框架设计研究

贾韶辉

（国家石油天然气管网集团有限公司科学技术研究总院分公司）

摘　要　随着“AI for Science”快速发展与应用，引发了科研方式的大变革。国外人工智能大模型经历了快速的演进和改进，从上世界的卷积神经网络到超大规模大模型ChatGPT-4，已经具备了多模态理解与多类型内容生成能力，并在自然语言处理领域得到了成功应用。国内部分科技公司密集发布自研通用大模型，阿里巴巴发布超大规模语言模型通义千问，百度发布大模型文心一言，科大讯飞发布星火大模型，腾讯推出混元AI大模型，华为发布盘古大模型等，上述大模型已经涵盖了语音、图像、自然语言处理等多个领域。目前，大模型应用已经逐渐从研究领域扩展到工业实践中，旨在提高生产效率、优化决策和提升质量。相较于通用大模型，行业大模型更加注重模型的鲁棒性、可扩展性和实时性。本文结合国内外AI大模型技术发展现状及趋势，设计了面向管道完整性的行业AI大模型（PIM-AI大模型），它在Transformer架构下，融合“管网数据驱动”和“管网知识驱动”，将数据统计概率与管道完整性的逻辑知识推理有机融合，增强PIM-AI大模型的可靠性，提升PIM-AI大模型的可解释性。同时，本文设计了PIM-AI大模型的应用架构以及能力评估框架。随着人工智能技术的快速发展和更新迭代，未来行业大模型将具有广阔的发展前景。

关键词　人工智能；通用大模型；行业大模型；管道完整性

近年来，人工智能（Artificial Intelligence，简称“AI”）技术的发展经历了令人瞩目的进步，特别是“AI for Science”的快速发展与应用，引发了科研方式的大变革，已经在生物制药、气象预报、地震探测、材料研发等方面突显出显著的溢出效应，加快推进了新一轮科技革命，也带动了其他技术的进步。随着企业数字化转型的需求增长，AI技术在企业中的应用也越来越广泛。AI大模型作为实现通用人工智能的重要途径，正在对制造业的产业发展和应用模式产生变革性影响。它作为政府和企业推进人工智能产业发展的重要抓手，在识别、理解、决策、生成等AI任务的泛化性、通用性、迁移性方面，以及在搜索、推荐、智能交互、生成式人工智能（Artificial Intelligence Generated Content，简称“AIGC”）、生产流程变革、产业提效等场景下都表现出显著的优势和巨大潜力。

本文结合国内外AI大模型技术发展现状及趋势，描述了面向油气管网完整性领域的行业大模型框架设计及技术路线，并提出未来技术发展前景与建议，以期为未来油气管网行业大模型的规模化落地应用提供技术参考。

1　国内外AI大模型研究现状

在通用人工智能大模型技术发展方面，在过去几十年里，AI大模型经历了快速的演进和改进。在上世纪80年代至21世纪初，早期以卷积神经网络（Convolutional Neural Network，简称“CNN”）为代表的传统神经网络模型，机器学习方法由基于浅层机器学习的模型变为了基于深度学习的模型，为自然语言生成、计算机视觉等领域的深入研究奠定了基础，对后续深度学习框架的迭代及大模型发展具有开创性的意义。2013年，自然语言处理模型Word2Vec诞生，首次提出将单词转换为向量的“词向量模型”，以便计算机更好地理解和处理文本数据。2014年，被誉为21世界最强大算法模型之一的对抗式生成网络（Generative Adversarial Network，简称“GAN”）诞生，标志着深度学习进入了生成模型研究的新阶段。2017年，Google颠覆性地提出了基于自注意力机制的神经网络结构——Transformer架构奠定了大模型预训练算法架构的基础。2018年，Google和OpenAI分别发布了BERT和GPT-1大模型，意味着预训练大模型成为自然语言处理领域的主流。2023年3月，最新发布的超大规模大模型 ChatGPT-4，具备了多模态理解与多类型内容生成能力。以 Transformer 为代表的全新神经网络架构，奠定了大模型的算法架构基础，参数规模逐步提升至千亿、万亿，同时用于训练的数据量级也显著提升，使得大模型技术的性能得到了显著提升。

在国内，部分科技公司密集发布自研通用大模型。阿里巴巴发布超大规模语言模型通义千问，百度发布大模型文心一言，科大讯飞发布星火大模型，腾讯推出混元 AI 大模型，华为发布盘古大模型等，上述大模型已经涵盖了语音、图像、自然语言处理等多个领域。

随着人工智能的快速发展，大模型应用已经逐渐从研究领域扩展到工业实践中，旨在提高生产效率、优化决策和提升质量。相较于通用大模型，行业大模型更加注重模型的鲁棒性、可扩展性和实时性。

在行业大模型技术发展方面，北京市正式发布了首批 10 个行业大模型典型应用案例，涉及城市治理、医疗健康等领域，均由技术供给方与场景需求方联合研发，展现了大模型技术能力，并深度结合不同行业需求特点，在帮助行业用户“降本提质增效”的同时，开发新功能、形成新产品、拓展新应用，推动了人工智能技术与行业深度融合。盘古矿山大模型涵盖了采煤、掘进、主运、辅运、提升、安监、防冲、洗选、焦化 9 个专业 21 个场景应用，解决了人工智能在矿山领域落地难的问题。南方电网的电力系统多模态大模型，在电力系统多任务场景指示学习、故障缺陷小样本训练、模型精度提升和电力数据自动化标注等方面展示了突出能力，为南方电网节省了时间和人力成本。

2　面向管道完整性的行业 AI 大模型设计

2.1　AI 模型架构设计

通用大模型的本质是一种“概率近似正确”的机器学习，即是在“数据驱动”的范式下，通过统计概率的方式来进行预测与分析；但高概率并不意味着一定正确，而这种偏差在可靠性要求很高的工业行业中往往是不可接受的。

基于上述思想，本文提出面向管道完整性的行业 AI 大模型（以下简称 PIM-AI 大模型）架构（图 1），即在 Transformer 架构下，融合“管网数据驱动”和“管网知识驱动”，将数据统计概率与管道完整性的逻辑知识推理有机融合，增强 PIM-AI 大模型的可靠性，提升 PIM-AI 大模型的可解释性。

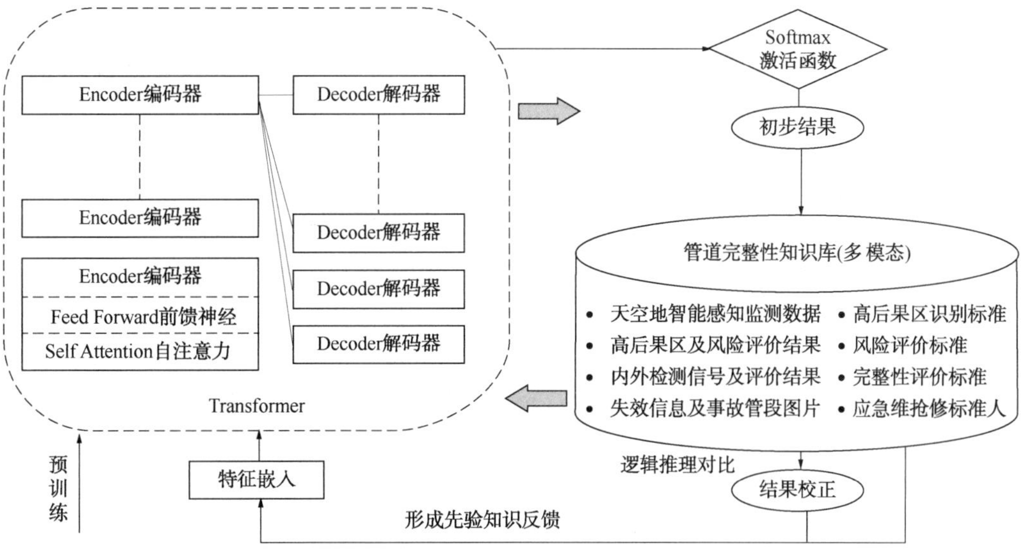

图 1　PIM-AI 大模型架构设计框图

在 PIM-AI 大模型中，先期对 PIM-AI 模型开展预训练。在预训练过程中，对于传统行业普遍面临的数据标记样本量小的问题，可在海量未标注样本上使用自监督学习的方法来有效解决。通过自监督预训练后的 PIM-AI，可以节省大量的时间，大幅提升模型工作效率。

管道多模态数据（结构化数据以及图片、视频、文本数据等），将通过特征嵌入方式进入

Transformer 深度学习网络（包括编码器与解码器），并通过管道完整性知识库中逻辑推理知识对学习结果进行微调学习，并反馈给深度学习网络，形成“管网数据驱动”和“管网知识驱动”的有机融合闭环。

2.2 应用架构设计

面向管道完整性的 AI 大模型(PIM-AI)，底层依托高性能计算集群 HPC，高性能网络链路通信，以及管道数据服务，包括实时的管道智能感知数据、管道本体数据以及周边环境数据、管道业务活动记录等；中间层为算法平台层，主要通过融合了大模型算法以及管道完整性知识库，形成具备多模态能力的行业 AI 大模型；上层为应用赋能层，通过行业 AI 大模型，能够具备管道风险实时智能识别、智能维护与交互、管道故障预警、智能优化调度、能耗智能控制等功能。

图 2　PIM-AI 大模型应用架构设计

2.3 能力评估框架设计

PIM-AI 行业大模型应具备抗干扰能力、多模态理解能力、实时处理能力，以及安全可信四大能力。针对 PIM-AI 行业大模型的评价指标体系也可从上述四个方面出发，形成评估框架。

• 抗干扰能力，即是指模型的稳定性。在 PIM-AI 行业大模型的训练及学习过程中，由于深度学习网络层级数量的增大，微小的输入偏差可能会导致结果的较大偏差。如不同单位下的数据输入（例如数据单位由 cm 换算成 m）等。针对上述情况，应系统性的针对 PIM-AI 大模型进行对抗式测试，保障模型的稳定。

• 多模态理解能力，即指模型的扩展性。由于油气管网行业的数据种类和数据来源较多，有结构化的属性数据，也有非结构化的视频数据、影像数据、检测信号数据等，甚至是音频数据。PIM-AI 行业大模型应能更好地理解和利用多模态数据。

• 实时处理能力，即是指模型的响应性。在油气管网行业，需要及时预警并提前采取防范措施，避免管网失效特别是重特大事故的发生。PIM-AI 行业大模型应具备实时处理能力，为油气管网安全运行提供实时的智能预警和智能决策支持。

• 安全可信能力，即指模型的安全性。PIM-AI 行业大模型应具有较好的数据隐私保护、模型安全防护、模型可解释性等功能。

3 结论与展望

限于篇幅，本文针对 PIM-AI 行业大模型提出了总体设计方案与思路。PIM-AI 行业大模型一旦形成，可能是对现有管道完整性管理模式的一次重大技术变革。在未来，PIM-AI 行业大模型与管道完整性各业务中的一些机理“小”模型需要协同发展，高效率低成本的解决管道安全运行的业务痛点。随着 AI 技术的快速发展和更新迭代，行业大模型具有广阔的发展前景。同时，也应该注意到，数据和算力仍是实现行业大模型落地应用的底层支撑，高质量的数据和高性能的算力仍是必需的。

参 考 文 献

[1] Hanchen Wang, Tianfan Fu, Yuanqi Du, et al. Scientific discovery in the age of artificial intelligence [J]. Nature, 2023, 620: 47-60.

[2] IDC. 2022 中国大模型发展白皮书 .

[3] Mikolov T, Chen K, Corrado G, et al. Efficient estimation of word representations in vector space[J]. arXiv preprint arXiv: 1301.3781, 2013.

[4] Vaswani A, Shazeer N, Parmar N, et al. Attention is all you need[J]. Advances in neural information processing systems, 2017, 30.

[5] Radford A, Narasimhan K, Salimans T, et al. Improving language understanding by generative pre-training [J]. 2018.

[6] Devlin J, Chang M W, Lee K, et al. Bert: Pre-training of deep bidirectional transformers for language understanding [J] . arXiv preprint arXiv: 1810.04805, 2018.

[7] Han, Xu, et al. "Pre-trained models: Past, present and future." AI Open 2(2021): 225-250.

[8] 中国信通院 .2023 行业大模型标准体系及能力架构研究报告 .

基于 Maxwell 的管道漏磁缺陷库建立与仿真研究

陈攀宇[1,2]　李　睿[1]　富　宽[1]　王亚楠[1]　段金尧[1]　黄　杰[1,3]　段庆全[2]　石　彤[3]

［1. 国家石油天然气管网集团有限公司科学技术研究总院分公司；
2. 中国石油大学(北京)安全与海洋工程学院；3. 中国石油大学(北京)机械与储运工程学院］

摘　要　利用 Maxwell 有限元软件模拟分析了在二维、三维条件下不同缺陷不同参数对于漏磁场缺陷的影响，共建立了不同参数下二维管道裂纹缺陷 480 组，三维管道裂纹缺陷 120 组，有效缓解了真实管道漏磁缺陷数据量不足的问题，为识别量化算法提供了模型分析基础。建立了裂纹、针孔在 Maxwell 二维、三维条件下的漏磁场仿真，在二维条件下，改变缺陷深度、缺陷高度，并研究其对于漏磁场的影响；在三维条件下，改变圆孔缺陷半径、针孔高度，并研究其对于漏磁场的影响。根据其模拟仿真结果，与真实试验场进行的牵拉实验结果进行对比，结果表明，利用 Maxwell 进行模型仿真并建立缺陷数据库是可行的，为后续各种识别、量化算法以实现缺陷的精确重构提供了基础。

关键词　Maxwell；有限元分析；缺陷数据库；漏磁场分析

长输油气管道主要采用管道漏磁技术检测其缺陷位置和大小，是目前应用广泛的较为技术成熟的无损检测方法之一。长输管道管线较长，检修成本高，在运行服役过程中会由于各种例如腐蚀、人为盗油打孔、制作缺陷、焊接裂纹等等原因造成管道完整性受损，对管道运输安全产生威胁，甚至可能造成严重的环境污染与经济损失，因此需要对管道进行定期检测以确保其安全性。漏磁检测技术永磁磁化由于磁化时无需另施电流，其磁化深与直流磁化接近，设备简单，是一种应用最普遍的磁化方式。在漏磁检测解析中，磁偶极子模型是漏磁检测的基础，其对于漏磁场中缺陷参数的分析而言是不可缺失的，其由 Zastsepin 和 Shcherbinin 提出，后被广泛应用于管道漏磁。Wilson 等通过测定不同测量环境和无励磁条件下地磁场中铁磁材料表面的切向分量和法向分量，获得了应力和剩余磁信号间的变化关系。Edwards 等推导了裂纹缺陷漏磁场的数学表达式，描述了不同裂纹缺陷参数对磁场强度的影响。Liu 等根据磁偶极子模型，考虑腐蚀缺陷磁荷分布，建立一种埋地集输管道腐蚀缺陷自漏磁场模型。刘芙研对模型适用性条件进行分析通过数值模拟方法研究了腐蚀缺陷磁感应强度波形特征及不同离地高度、腐蚀缺陷尺寸对磁感应强度的影响。吴前驱等发表了两篇有关漏磁场法测量表面裂纹深度的文章，介绍了从理论到实际的裂纹深度检测，详细介绍了实验步骤，认为直接用电流效应检测裂纹宽度、裂纹长度有较好的结果，同时对于测量装置包括感应线圈、磁敏元件进行了测试。Wang 等采用磁偶极子模型分析了局部应力集中区的自漏磁场分布现象。本文建立了裂纹、针孔在 Maxwell 二维、三维条件下的漏磁场仿真，在二维条件下，改变裂纹深度、裂纹高度，并研究其对于漏磁场的影响，在三维条件下，改变针孔半径、针孔高度，并研究其对于漏磁场的影响。根据其模拟仿真结果，与真实试验场进行的牵拉实验结果进行对比，结果表明，利用 Maxwell 进行模型仿真并建立缺陷数据库是可行的，为后续各种识别、量化算法以实现缺陷的精确重构提供了基础。

1　管道漏磁内检测

1.1　管道漏磁内检测原理

漏磁检测技术是目前应用最为普遍的管道无损检测技术，其基本原理是通过对管壁施加一个强磁场检测金属表面磁场的泄露强度的大小，如果在正常情况下，若管道光滑且没有其他残余杂质，根据电磁感应原理，磁通全部通过管体，不会产生磁场泄露；反之，若存在缺陷，造成缺陷处的磁通阻力加大，导致缺陷附近的磁场发生变形，该部分漏磁信号经过滤波器、放大器、数\\ 模转换器记录到存储器中，内检测完成后再利用专业的软件处理和分析数据。

利用漏磁检测技术可以检测管道的各种缺

陷，如管道裂纹、腐蚀造成的减薄等。具有技术简单、操作方便、费用低廉的特点，对于不同的流体介质都能检测，无需耦合剂。

1.2　有限元求解模型原理

有限元模型属于常用正向求解模型，由已知的缺陷轮廓对缺陷周围的漏磁场进行求解，其通过变分的方法，将一个整体模型分为很多较小单元，将其离散化后，算出无限趋近无限数量的解，使得误差函数达到最小稳定解，进而求得偏微分方程边界问题近似解。有限元法对于求解任意复杂缺陷的漏磁场具有较高的求解精度。

有限元方法在漏磁场的运用是建立在麦克斯韦方程理论基础上的，在不对牵引速度做要求时，一般选用麦克斯韦静态磁场模型进行求解，其方程为：

$$\nabla\times\vec{H}=\vec{J} \tag{1}$$

$$\nabla\times\vec{B}=0 \tag{2}$$

$$\vec{B}=\mu\vec{H} \tag{3}$$

式中，H 为磁场强度，A/m；J 为电流密度，A/m^2；B 为磁感应密度，T。

在求解过程中，引入矢量 $\vec{A}$(Wb/m)可以大大减少计算过程中的计算量，得到矢量磁位 A 与磁感应强度 B 之间的关系：

$$\nabla\times\vec{A}=\vec{B} \tag{4}$$

$$\nabla\times\vec{A}=0 \tag{5}$$

与(1)(2)(3)式相联合可得：

$$\nabla\times\left(\frac{1}{\mu}\nabla\times\vec{A}\right)=\vec{J} \tag{6}$$

由于在三维模型情况下，矢量磁位 A 只在 z 轴与电流密度 J 有分量，因此通过联立以上(1)-(6)方程可得到：

$$\begin{cases}\nabla\times\left(\dfrac{1}{\mu}\nabla\times\vec{A}\right)=\vec{J}\\ \vec{J}=\vec{J}_Z\vec{e}_z\\ \vec{A}=\vec{A}_Z\vec{e}_z\\ \dfrac{\partial}{\partial x}\left(\dfrac{\partial\vec{A}_Z}{\mu\partial x}\right)+\dfrac{\partial}{\partial y}\left(\dfrac{\partial\vec{A}_Z}{\mu\partial y}\right)=-\vec{J}_Z\end{cases} \tag{7}$$

式中，$\vec{J}_Z$ 为电流密度在 z 轴的分量；$\vec{e}_z$ 为单位向量。

最终计算得到漏磁信号在轴向和径向上的解为下式所示：

$$\begin{aligned}\vec{B}_x&=\frac{\partial\vec{A}_Z}{\partial y}\\ \vec{B}_y&=-\frac{\partial\vec{A}_Z}{\partial x}\end{aligned} \tag{8}$$

式中，$\vec{B}_x$ 为磁感应强度 B 在轴向上的分量；$\vec{B}_y$ 为磁感应强度 B 在径向上的分量。

1.3　漏磁场模型建立

对于裂纹缺陷的三维模型，通常的管道检测装置由于其高度对称性，建立完整管道三维模型所需的时间成本过高，所以在进行裂纹缺陷建模时可以采用简单的二维模型进行计算，建立如下图 1 中(a)所示二维有限元模型正面视图，为便于分析，采用 1600mm×18.4mm 的平板代替管壁进行有限元建模与计算分析，其他物件的几何设计及材料参数如下表 1 所示，其中，设立采样点位置为距离管道内壁中心位置高度 3mm 处。

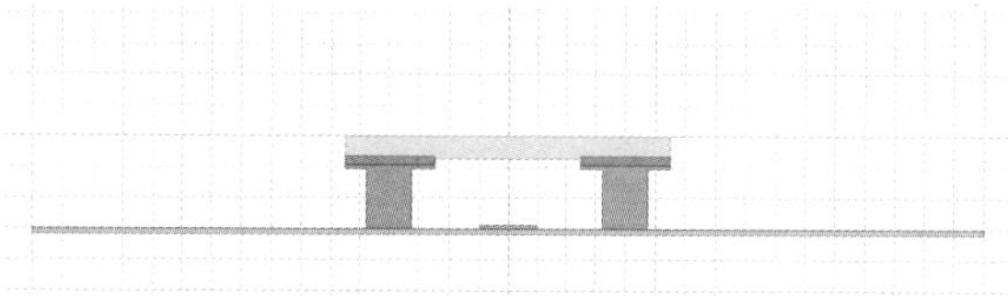

图 1　二维有限元模型

表 1　模型物件几何、材料参数设计表

序号	名称	尺寸	材料
1	轭铁	14	Dt4
2	永磁体	15	N45
3	钢刷	16	20#
4	钢刷底座	17	20#
5	管道	18	X52
6	求解域	19	Air

设计好各项物件尺寸大小后，为了使检测器检测效果达到最佳效果，传统漏磁检测技术需要将管道等铁磁性材料磁化至饱和或近饱和，因此，需要对永磁体、钢刷、管道、轭铁进行单独的 BH 特性设置，其中，各项材料导入的 BH 曲线如下图 2 所示。

模型物件设置完成后，需对模型整体进行网格划分，计算过程中，网格精度对于实验的结果会产生较大误差，为了使模拟的结果更加精确，手动划分轭铁、永磁体、钢刷、以及管道网格大

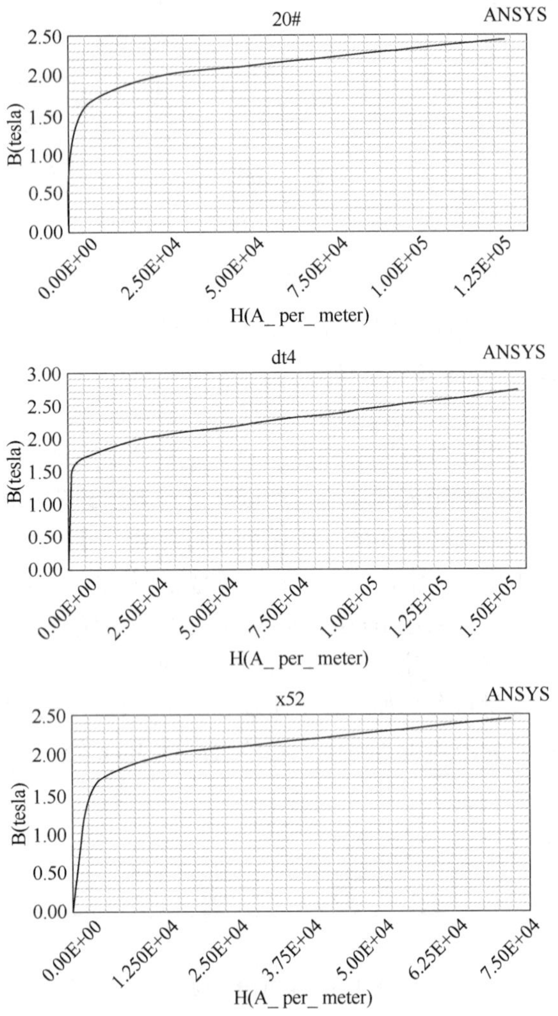

图 2　不同材料 B-H 曲线

小，分别设置网格尺寸为最大 50mm、20mm、20mm、5mm。对于空气域而言，其网格精度对于整个模拟结果无太大影响，因此利用 Maxwell 的自适应网格划分功能来减少其计算量，网格划分结果如下图 3 所示。

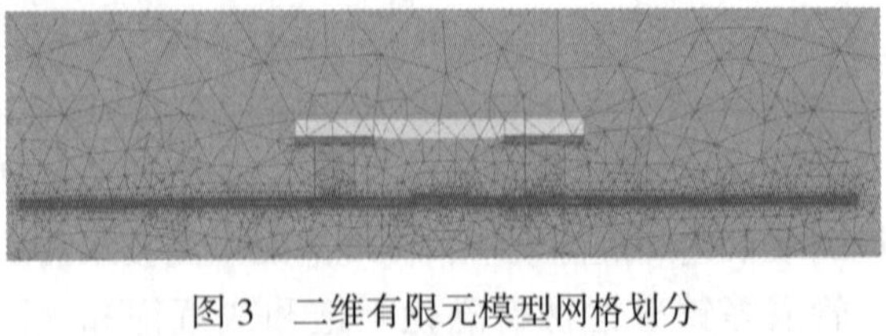

图 3　二维有限元模型网格划分

对于缺陷宽度和深度影响的分析采用静态磁场求解器，对于牵引速度影响的分析采用瞬态磁场求解器。最后设置有关求解参数如迭代次数、计算误差等等。

通过计算以上模型得到磁密度云图结果为下图 4(a)所示，可以看出管道段位于检测器之间管壁磁场强度已接近饱和磁化数值，缺陷处强度云图如图 4(b)所示，根据云图结果，可以进行下一步缺陷参数分析。

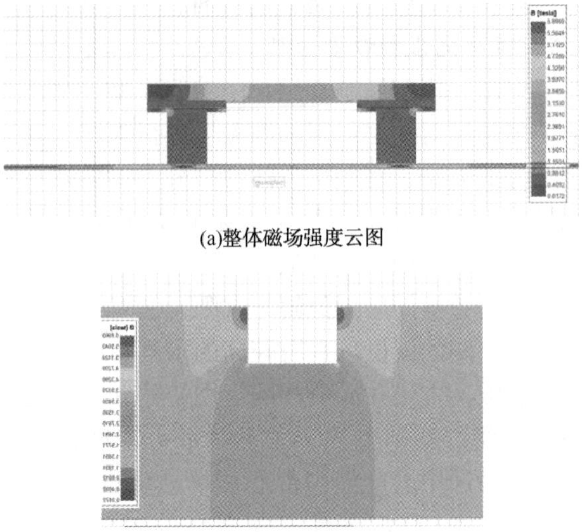

(a)整体磁场强度云图

(b)缺陷处磁场强度云图

图 4　漏磁场磁场强度云图

2　缺陷参数化分析

2.1　二维模型裂纹缺陷影响

探究二维稳态条件下裂纹缺陷的影响，其中，长条形矩形裂纹是最常见裂纹之一，分别从裂纹的深度和宽度两个维度来对裂纹缺陷的漏磁场进行分析。

2.1.1　缺陷深度影响分析

为了研究缺陷深度对漏磁场的影响，设立缺陷深度变量，对变量进行参数化设置，参数设置如下表所示。在提离高度、裂纹宽度保持恒定的情况下，对裂纹深度进行设置，探究裂纹深度为 10%、20%、30%、40%、50%、60%、70%、80%(即 1.84mm、3.68mm、5.52mm、7.36mm、9.2mm、11.04mm、12.88mm、14.72mm)的情况下，模型漏磁场轴向曲线和径向曲线的分布情况，其得到的结果如下图所示。图 5(a)为裂纹宽度均为 20mm 不同缺陷深度的漏磁场轴向曲线，图 5(b)为裂纹宽度均为 20mm 不同缺陷深度的漏磁场径向曲线。从图中结果可以看出，缺陷的深度由 10%~80%逐渐加深的过程中，漏磁场中的轴向和径向分量同时也在不断增大。相较于 10%深度的裂纹缺陷，深度增加的越多，其曲线的波峰与波谷的差值也越大，从图像的变化中也能看出缺陷深度的相对大小情况，缺陷的深度越深，被检测时就越容易识别，缺陷的深度在 10%~20%时，磁通量的变化较小，轴向和径向的曲线变化量较小，对于后续的人工识别缺陷或图像分析缺陷有着一定的影响，较难检测出缺陷的存在。

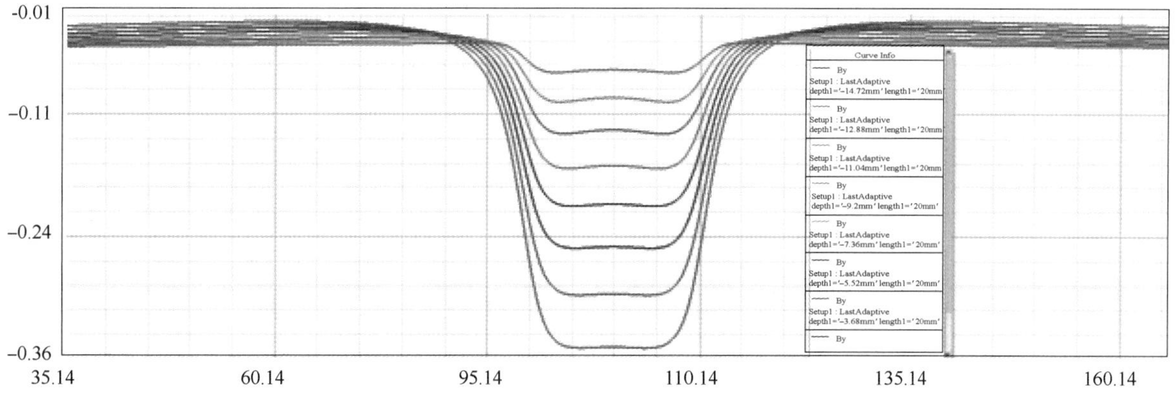

(a)裂纹宽度20mm，深度10-80%轴向曲线

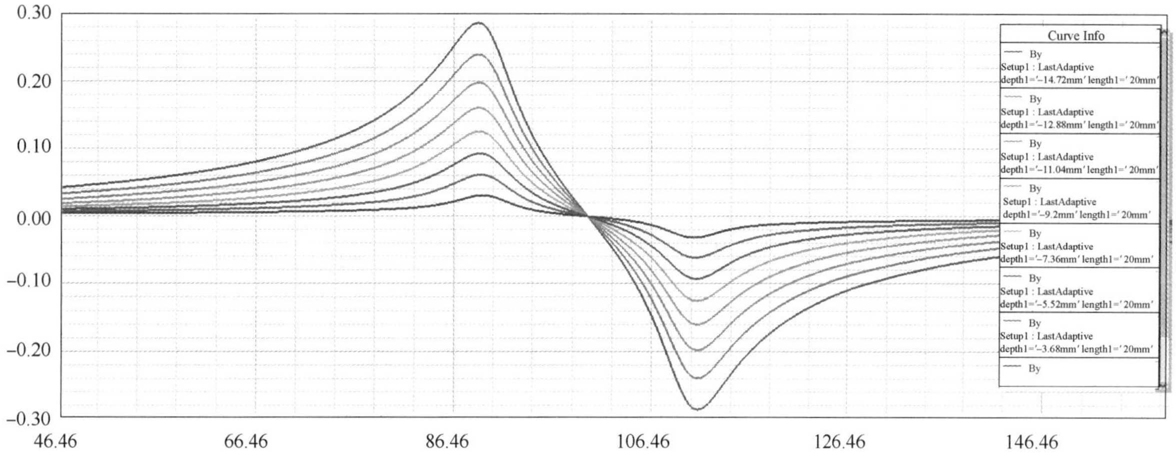

(b)缺陷宽度20mm，深度10-80%径向曲线

图 5　裂纹深度影响分析

2.1.2　裂纹宽度影响分析

裂纹宽度也是最常见的最能影响漏磁场曲线的因素之一，前面进行了裂纹深度对漏磁场的影响分析，与裂纹深度影响分析的控制变量类似，在提离高度、裂纹深度保持恒定的情况下，对裂纹宽度进行设置，探究裂纹宽度为 5～100mm，步进为 5mm（即 5mm、10mm、15mm、20mm、25mm、30mm、35mm、40mm、45mm、50mm、55mm、60mm、65mm、70mm、75mm、80mm、85mm、90mm、95mm、100mm）的情况下，模型漏磁场轴向曲线和径向曲线的分布情况，其得到的结果如下图 6 所示。图 6(a)为裂纹深度均为 40%不同裂纹宽度下的漏磁场轴向曲线，在轴向曲线上，波峰与波谷的距离随着缺陷宽度的不断增加而增大，同时峰值之间和峰谷之间的横向距离也不断增大，随后上峰逐渐走势平缓。图 6(b)为裂纹深度均为 40%不同裂纹宽度下的漏磁场径向曲线，可以看出在径向方向上，径向曲线峰值虽有起伏，但整体趋势增大。可以看出缺陷的轴向和径向曲线都能体现出缺陷的实际宽度变化情况。

2.1.3　牵引速度影响分析

为了探究牵引速度对于漏磁场的影响，需要使用瞬态磁场求解器进行求解，在管道处设立滑轨，为方便运算，使管道移动来模拟探测器在管道内部的相对移动，达到模拟仿真的目的。真实情况下，管道直线前进时，动生涡流会对周向裂纹检测信号产生影响，钢管内部强度由涡流产生的磁场和线圈产生的磁场两部分叠加，为了模拟真实牵引速度影响，在管道上施加涡流效应，分别分析管道 0.5m/s、0.75m/s、1m/s、1.25m/s、1.5m/s、1.75m/s、2m/s、2.25m/s、2.5m/s、2.75m/s、3m/s 的速度下，相同宽度和深度的裂纹上方漏磁场强度变化情况，测试结果如下图 7

所示，图 7(a) 为相同裂纹深度、宽度下不同牵引速度的漏磁轴向曲线，图 7(b) 为相同裂纹深度、宽度下不同牵引速度的漏磁径向曲线。从图中仿真结果可以看出，牵引速度由 0.5～2.5m/s 变化过程中，轴向和径向曲线峰值大小基本不变，在 2.5m/s 和 3m/s 时，曲线峰值略微减少，符合直线运动钢管在强磁环境下裂纹信号变小的特征，且速度越快，峰值相对而言变化越大。

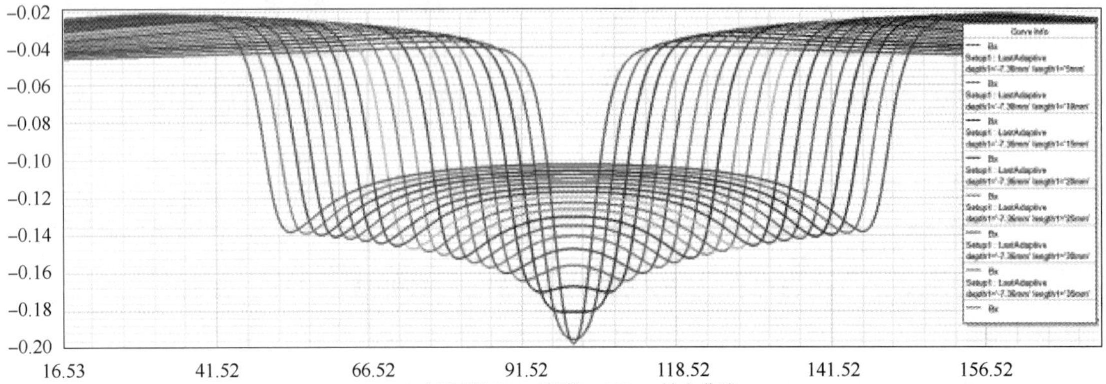

(a) 深度40%，宽度5-100mm轴向曲线

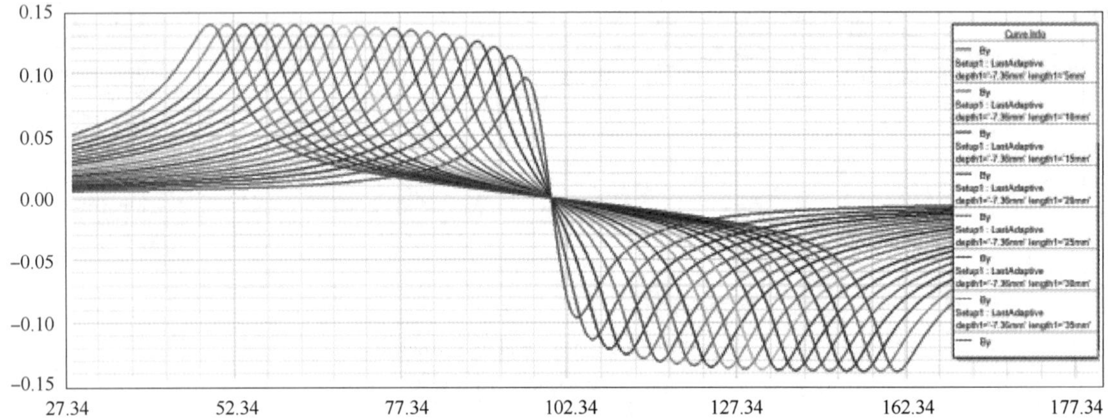

(b) 深度40%，宽度5-100mm径向曲线

图 6　裂纹宽度影响分析

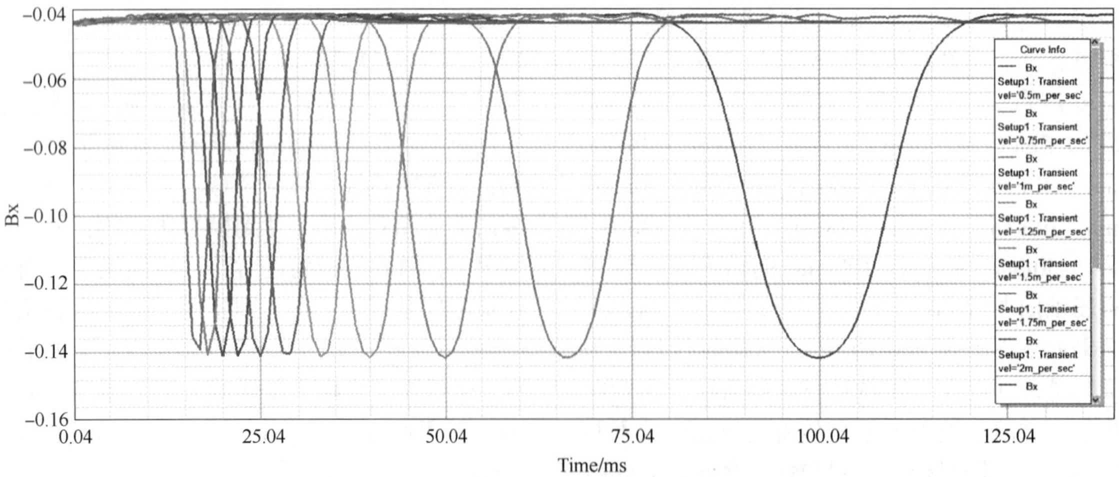

(a) 不同牵引速度的漏磁轴向曲线

图 7　裂纹牵引速度影响分析

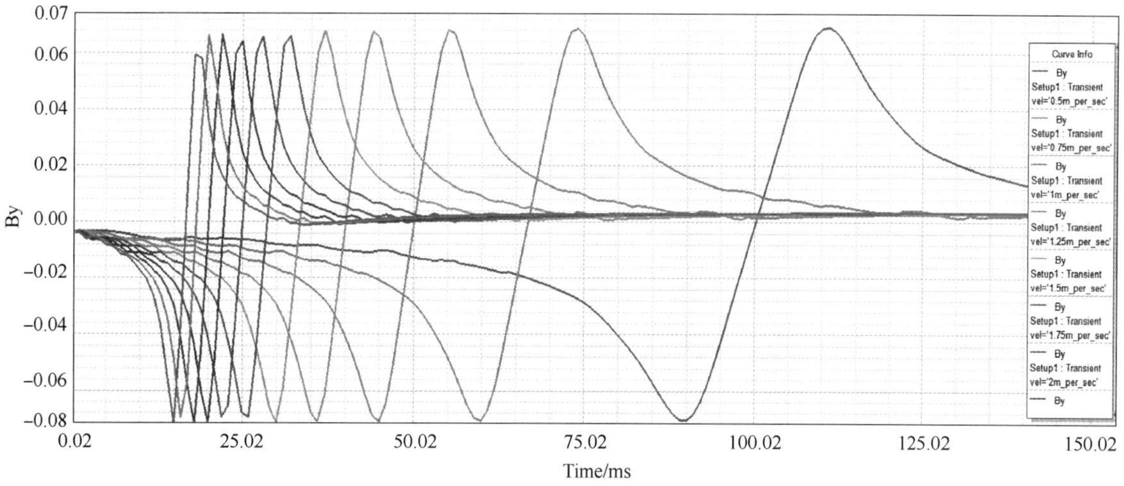

(b)不同牵引速度的漏磁径向曲线

图 7　裂纹牵引速度影响分析(续)

2.2　三维模型针孔缺陷影响

对于针孔缺陷的三维模型，在建立二维模型的基础上，将二维整体模型通过旋转、布尔操作建立带针孔缺陷的三维模型。其模型与网格划分如下图所示，图 8(a)为整体建模，图 8(b)为针孔缺陷建模。

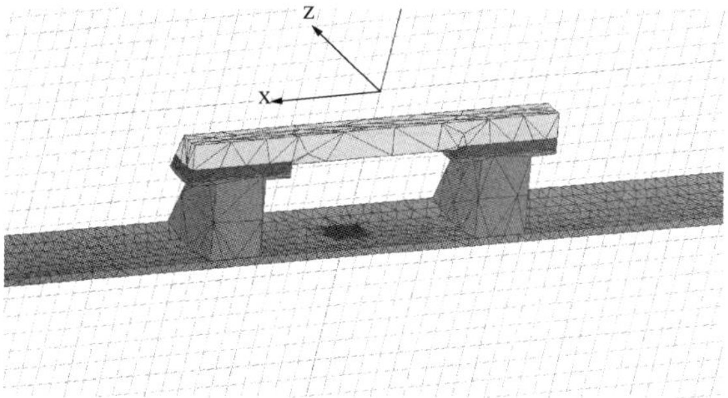

(a)整体模型建立及网格划分

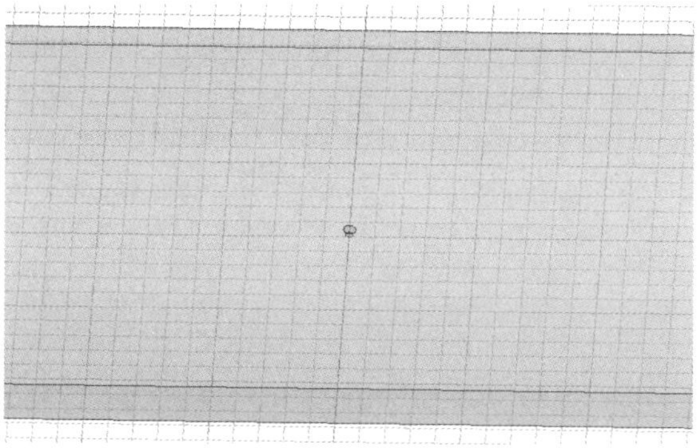

(b)针孔缺陷建立

图 8　三维模型建立及网格划分

2.2.1　圆孔缺陷孔半径影响分析

管道缺陷中的针孔凹坑是较为常见的缺陷，建立下表面半径 1.5mm，上表面半径逐渐增大的针孔缺陷，实际针孔表现为缺少了顶部圆锥的锥状体，取针孔深度为 10%~20%，分析不同针孔半径时，缺陷上方漏磁场强度变化情况，其测试结果如下图 9 所示，其中图 9(a)是漏磁轴向曲线，图 9(b)是漏磁径向曲线，从图中曲线可以看出，针孔轴向曲线在缺陷处呈现不规则形，在轴向曲线上，波峰与波谷的距离随着缺陷宽度的不断增加而增大，同时峰值之间和峰谷之间的横向距离也不断增大，而在针孔中心处磁密度反而有一定的减小。在径向曲线上，可以看出在径向方向上，径向曲线峰值虽有起伏，但整体趋势增大。

2.2.2　针孔深度影响分析

取深度分别为 10% ~ 40%，底面半径为 1.5mm 和上表面半径 2.5mm 相同的针孔缺陷进行分析，图 10 为不同针孔深度对于漏磁场影响的曲线图，图 10(a)为漏磁变化轴向曲线，图 10(b)为漏磁场变化径向曲线。如图所示，针孔的深度从 10%~80%时，轴向曲线的顶峰值大小不断增大，可见深度越大，针孔缺陷漏磁场曲线与针孔中心的波谷值差异也越大。同时，径向曲线与轴向曲线变化趋势一致，且近似于等比增大。

3　仿真结果与真实牵拉实验数据对比

以三维针孔模型为例，选取相同针孔缺陷(缺陷深度 3.68mm，缺陷半径 2.5mm)与真实牵拉实验数据进行对比。

通过将三维针孔缺陷上方多个通道的漏磁曲

线进行处理后，可以得到模拟检测器实际检测的效果图如下图 11 所示，可以看出，其模拟仿真结果与真实牵拉试验数据差异不大，利用 Maxwell 进行模型仿真建立数据库是可行的。

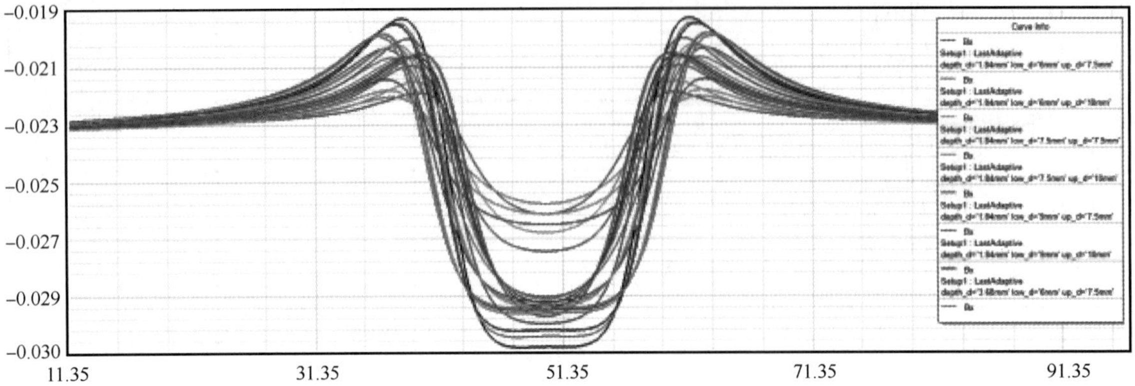

(a)针孔半径10-20%，轴向曲线

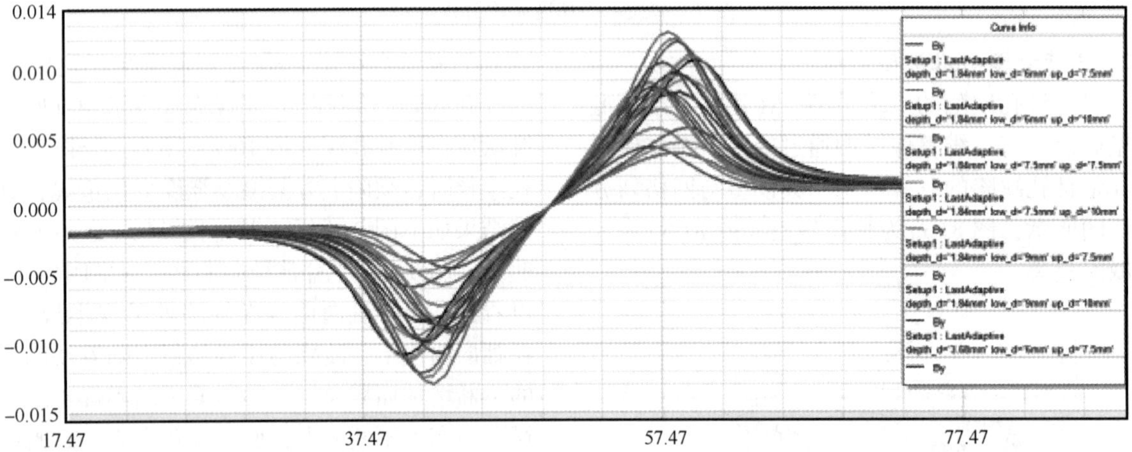

(b)针孔半径10-20%，径向曲线

图 9　针孔半径影响分析

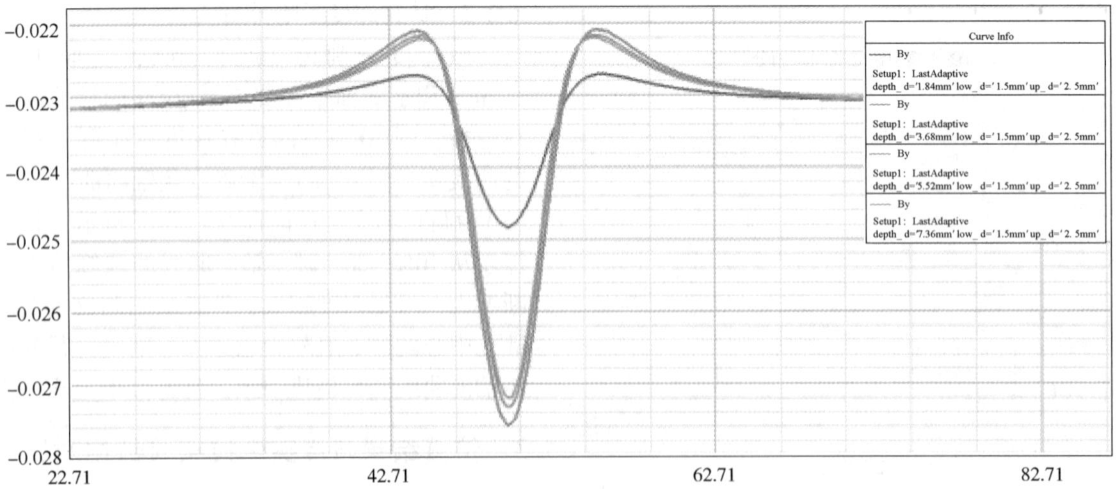

(a)半径相同，深度10-40%轴向曲线

图 10　针孔深度对于漏磁场影响分析

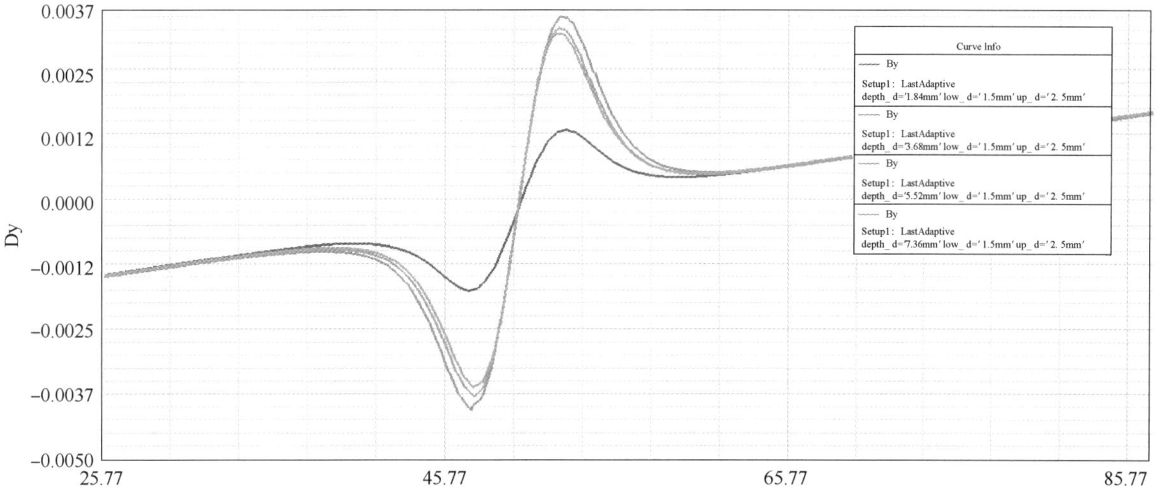

(b)半径相同，深度10-40%径向曲线

图 10　针孔深度对于漏磁场影响分析(续)

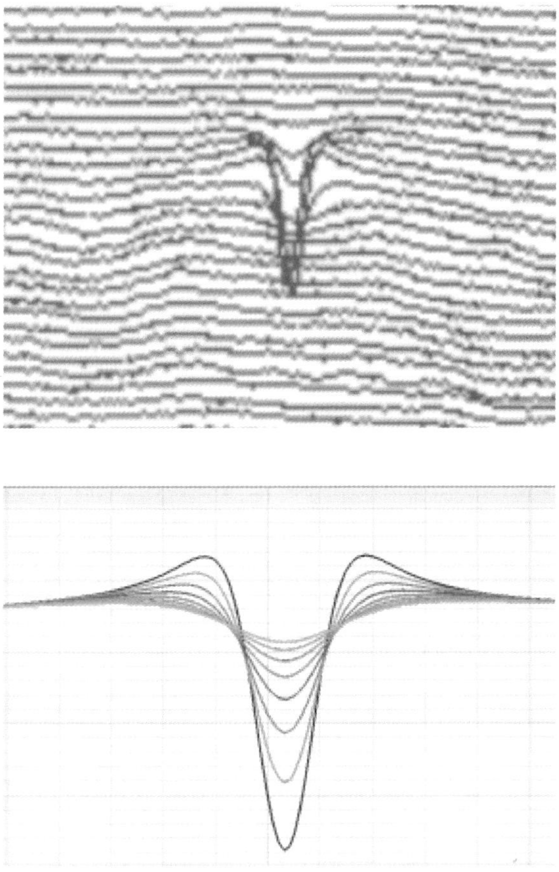

图 11　仿真与真实数据对比图

4　结论

（1）利用 Maxwell 有限元软件模拟分析了在二维、三维条件下不同缺陷不同参数对于漏磁场缺陷的影响，共建立了不同参数下二维管道裂纹缺陷 480 组，三维管道裂纹缺陷 120 组，有效缓解了真实管道漏磁缺陷数据量不足的问题，为识别量化算法提供了模型分析基础。

（2）建立了裂纹、针孔在 Maxwell 二维、三维条件下的漏磁场仿真，在二维条件下，改变裂纹深度、裂纹高度，并研究其对于漏磁场的影响，在三维条件下，改变针孔半径、针孔高度，并研究其对于漏磁场的影响。

（3）根据其模拟仿真结果，与真实试验场进行的牵拉实验结果进行对比，结果表明，利用 Maxwell 进行模型仿真并建立缺陷数据库是可行的，为后续各种识别、量化算法以实现缺陷的精确重构提供了基础。

参　考　文　献

[1] Shcherbinin V E, Zatsepin N N. Calculation of the magnetostatic field of surface defects. I. Field to pography of defect modes[J]. Defectoscopy, 1996(5): 385-393.

[2] WILSONJW, GUIYT, BARRANSS. Residualmagnetic fied sensing for stress measurement[J]. Sensors & Actuators APhysical, 2007, 135(2): 381-387.

[3] Edwards C, Palmer S B. The magnetic leakage field of surface-breaking cracks[J]. Journal of Physics D: Applied Physics, 1986, 19(4): 657-673.

[4] 刘贵江，林新洲等．基于磁偶极子模型的集输管道腐蚀非开挖检测[J]．材料保护，2023，56(03)：174-180. DOI：10.16577/j.issn.1001-1560.2023.0074.

[5] 刘芙妍，颜冰．磁偶极子阵列模型的适用性研究与优化分析[J]．物理学报，2022，71(12)：36-48.

[6] 吴前驱．漏磁场法测量表面裂纹深度[J]热力发电，1979(10)：27-32. DOI：10.19666/j.rlfd.1979.10.004.

[7] 吴前驱，余锡荣．漏磁场检测在无损检验中的应用[J]．热力发电，1979(10)：47－54.DOI：10.19666/j.rlfd.1979.10.006.
[8] WANGZD，YAOK，DENGB，etal.Theoretical studies of metal magnetic memory technique flux leakeage signals[J].NDT&EInternational，2010，43(4)：354-359.
[9] 王学彬．在役油气管道三维漏磁检测传感器系统的设计[D]．中北大学，2021.DOI：10.27470/d.cnki.ghbgc.2021.000113.
[10] 于永亮．管道漏磁检测缺陷与部件漏磁场识别技术研究[D]．大庆石油学院，2010.
[11] 苏林，成文峰，许志军等．油气管道缺陷漏磁检测有限元模拟[J]．焊管，2020，43(04)：8-13+22.DOI：10.19291/j.cnki.1001-3938.2020.04.002.
[12] 杜文飞，李春光．管道漏磁检测的智能方法综述[J].西南师范大学学报(自然科学版)，2022，47(06)：1-7.DOI：10.13718/j.cnki.xsxb.2022.06.001.
[13] 李路明，张家骏等．用有限元方法优化漏磁检测[J]．无损检测，1997(06)：154-158.
[14] 庞家栋．基于漏磁检测的管道损伤缺陷　仿真与分类识别研究[D]．中国石油大学(北京)，2019.DOI：10.27643/d.cnki.gsybu.2019.000519.
[15] 冯搏．钢管漏磁检测中的动生涡流影响机理及其应用[D]．华中科技大学，2016.

国家管网资产完整性管理系统建设实践与探讨

戴联双[1] 郭 磊[2] 王 婷[3]

（1. 国家石油天然气管网集团有限公司；2. 国家管网北方管道有限公司；3. 北京智网数科技术有限公司）

摘 要 资产完整性管理系统是国家管网实现资产完整性管理数字化转型的重要载体，聚焦建立一套统一的、覆盖国家管网集团所属管道资产，满足其未来资产完整性管理业务发展需求的信息化平台，进一步规范各企业的资产管理模式，提高资产“管、监、控”的管理水平，推进企业资产完整性管理的数字化、智能化转型，助力提升企业开放、共享服务能力。资产完整性管理系统(一期)已实现管道风险管理、管道腐蚀防护、防汛与地灾管理、管道保护、设备检测评价、设备预防性维护、设备故障管理、监测预警、应急维抢修等业务信息化和智能化，有效支撑集团公司各层级资产完整性管理决策，实现管道资产全生命周期管理的数字化。未来资产完整性管理系统建设将实现三个“一”管理的目标，即“管网资产一清二楚、故障隐患分析一目了然、应急处置一键响应”。

关键词 油气储运；资产完整性管理；IT 系统；数字化转型

1 前言

国家石油天然气管网集团有限公司(以下简称“国家管网”)于 2019 年 12 月 9 日成立，所管辖的实物资产已发展成为保障国家能源安全的重要基础设施，其本质安全和高效可靠运行是十分重要的。资产完整性管理作为国家管网“建、运、维、研”四大业务体系的主力军，既是衔接建设、运营的中枢和纽带，也是实现生产和扩大再生产所依赖的重要基石，在集团公司业务体系中担负着基础性、保障性的作用。

在“工业互联网+”时代背景下，数字化、网络化、智能化转型为国家管网资产完整性管理提升提供了新的契机，在集团公司四大体系融合与数字化转型的战略部署和通盘考虑下，资产完整性管理也要建设新型系统生态圈，持续迭代、精益升级，保障管网资产安全高效运行和高质量、低风险发展，为推动公司治理模式变革，构建具有管网特色的现代企业治理体系做好基础示范性工作。

为了更好支持资产完整性管理工作的顺利开展，根据国家管网集团 2020 年“十四五”规划及科技信息工作要点，围绕构建数字化体系、推动集团公司智能化升级的目标要求，2020 年 7 月 6 日启动资产完整性管理系统(以下简称“IMS 系统”)建设项目(一期)可行性研究工作，提出了建设涵盖线路、站场、LNG 接收站、储气库的一体化资产完整性管理信息系统(IMS)。根据 IMS 系统项目建设(一期)计划，历时 800 余天先后完成了项目启动、需求调研分析、详细设计、系统开发实施等各项工作，解决资产完整性管理业务流程、数据、标准和 IT 系统的有无，确保业务运转正常，初步实现数字化转型。

2 IMS 系统建设目标与规划

国家管网资产完整性管理涵盖管道线路管理、油气站场设备设施管理、LNG 接收站管理、储气库管理、海底管道管理和特种设备管理 6 大类业务领域，涉及应急与维抢修、腐蚀与防护、判废与废弃处置、失效管理、作业安全管理和数据与信息平台 6 类通用专业。资产完整性管理系统建设总体目标是围绕集团公司“建成中国特色世界一流能源基础设施运营商”的企业愿景，“打造智慧互联大管网、构建公平开发大平台，培育创新成长新生态”的战略目标，实现“市场化、平台化、科技数字化和管理创新”的发展战略，建立一套统一的、覆盖国家管网集团所属管道资产，满足其未来资产完整性管理业务发展需求的信息化平台，进一步规范各企业的资产管理模式，提高资产“管、监、控”的管理水平，推进企业资产完整性管理的数字化、智能化转型，助力提升企业开放、共享服务能力(如图 1 所示)。

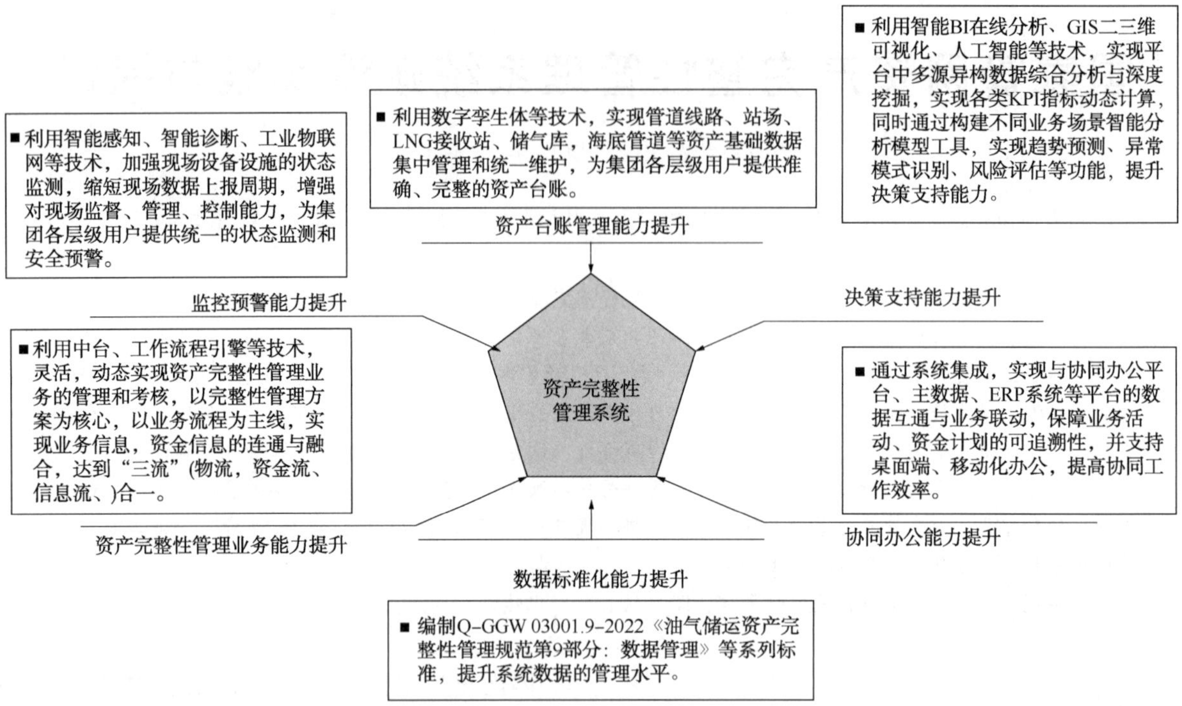

图 1　IMS 系统项目建设目标

国家管网资产完整性管理系统建设是国家管网资产完整性管理数字化转型的重要载体，也是实现资产完整性数字化转型愿景关键平台，其聚焦的核心价值目标包括三个方面：

一是风险可控，提升本质安全：建设 5 种新型安全能力（快速感知、实时监测、超前预警、联动处置、系统评估），加强全生命周期、全时域、全方位感知和风险预测，提升资产本质安全水平，实现风险可控，减灾增效。

二是降本增效，变革管控模式：改造提升传统管控模式，培育发展数字化管控新模式，增强高效运营新动能，着力提高远程操作、智能运维水平，实现重点场景 24 小时无间隙监管，强化全周期运营的管控能力、抗风险能力，变革管理运维模式，管理增效。

三是极致体验，实现数字价值：增强资产完整性运维数字使能、数字赋能，提高员工、政府、社会等各相关方的数据互联共享，降低员工领导强度，提升工作数字化体验、用户满意度和社会效益，为全国油气管道提供基础性服务平台，贡献国家管网智慧，促进数字生态的协同创新和价值提升。

资产完整性管理系统建设将实现管道风险管理、管道腐蚀防护、防汛与地灾管理、管道保护、设备检测评价、设备预防性维护、设备故障管理、监测预警、应急维抢修等业务的“管、监、控”一体化，有效支撑集团公司各层级资产完整性管理决策，实现管道资产全生命周期管理的数字化，支持集团公司资产完整性管理工作。资产完整性管理系统分为三期规划建设，目前已经完成一期的建设和上线推广应用。具体规划包括：

第一期：急用先行、夯实基础、实现关键业务信息化

本着平稳过渡、集中管控、急用先行的原则，一期以实现业务信息化功能为主，实现线路完整性管理、站场完整性管理的关键业务信息化，同时根据集团公司信息化建设进展，实现与部分统建系统的互联互通，推动所属企业自建线路与站场设备设施状态监测类系统的数据接入。

第二期：集成共享、管控一体，实现风险管控关键业务智能化

在一期建设实施成果基础之上，第二期进一步扩大管理对象覆盖范围和数据采集范围，完善线路、站场、LNG 接收站、储气库资产数据模型，实现数据管理功能优化完善，实现与国家管网集团其他相关系统的互联互通，基于工业互联网、大数据及人工智能等新技术，实现维检修定额、线路和设备可靠性等关键业务的智能化决策

与管控，为建设智慧互联大管网奠定更坚实的基础。

第三期：打造资产维护的开放共享平台，积极开拓创新业务

面向资产维护的产业互联协同，围绕国家管网集团的战略目标，以资产类别为主线，构建制造方、使用方、维修维护方全产业链互联；以管道安全为目标，建立国家管网集团与政府、企业、社会公共资源等共享互联，全面实现国家管网集团在管道、站场、LNG 码头等覆盖区域与政企在能源安全管控方面的跨界合作与融合联结，打造资产维护互联互通的平台，全面助力国家管网赋能社会，在充分利用管网资源优势基础上，积极拓展新业务，开拓新业态。

3 IMS 系统(一期)建设实践

IMS 系统项目建设(一期)涵盖线路完整性管理、设备设施完整性管理、应急管理、安全预警、地理信息平台(GIS)建设等内容，是资产完整性管理业务与信息化深度融合的主要手段，支撑了国家管网集团资产完整性管理业务流程、管理体系、业务规范、执行标准和数据标准落地执行。IMS 系统(一期)共开发 7 套业务子系统，包含一级功能 73 项，二级功能 322 项，三级功能 898 项。IMS 系统(一期)从总体架构、功能架构、技术架构、应用架构和安全防护等多方面统一规划、统一部署和实施。其中：

3.1 总体架构

依托国家管网数字平台能力，IMS 利用国家管网徐州、北京云平台 IaaS、PaaS 资源，基于微服务架构设计路线，构建数据采集、基础设施、平台、业务应用和展示五个层级的应用功能，通过系统构架层次化，实现不同层级应用“解耦”，更好的支撑 IMS 多业务应用、多流程交互、多系统集成、多数据汇聚的需求，满足未来业务服务的变化、发展需要。

3.2 功能架构

按照“云平台+基础服务+业务应用+智能终端”设计路线，IMS 功能架构共涵盖 7 套子系统(设备设施完整性管理、线路完整性管理、应急管理、安全预警、通用管理与决策支持、公共地理信息系统及数据安全防护等建设)、3 类通用基础功能模块(统一集成门户、统一权限、系统管理)、5 类移动端 APP。

3.3 技术架构

基于 Docker+K8S 技术路线，IMS 采用微服务、开发运维框架(DevOps)等技术，利用集团数字平台服务组件，构建容器、微服务、软件开发流水线、企业服务目录等主要功能，形成“模块化、迭代式”敏捷开发模式，统一支持业务应用的开发、集成、服务。

3.4 应用架构

按照“急用先行，关键业务信息化”的总体规划部署，结合资产完整性管理业务架构，建立了管道线路、油气站场、LNG 接收站、储气库、海底管道、应急管理、安全预警等业务应用模块架构图，并按照 IMS 系统三期规划，确立了 IMS 系统(一期)的应用架构。

在应用架构方面，

3.5 其他

对系统安全加固方面，IMS 系统(一期)采用国密 SM2/3/4/9 加解密技术，构建了数据安全防护系统，通过密码设备、加密 SDK 实现移动端存储加密、数据库敏感数据加密，实现了“数据的诞生→数据本地存储→数据传输→数据库服务端存储”的安全加固。

同时，按国家管网数字化转型统一部署要求，完成与 8 类系统(统一身份认证、主数据管理、协同办公、SCADA 中间数据库、管体应力应变、地质灾害、智能阴保、光纤监测)集成工作。为打通了集团统建系统和各业务数据之间的通道奠定了良好的基础，有利于后续数据交互和价值挖掘。

4 IMS 系统(一期)建设成果

IMS 系统(一期)紧贴业务需求，分步骤实施推进，建成了线路完整性管理子系统、设备完整性管理子系统、应急管理子系统、安全预警子系统、公共地理信息子系统、通用管理与决策支持子系统和数据安防子系统，已经初步探索了“资产管理一清二楚、故障风险一目了然、应急处置一键响应”的三个一建设目标，形成了比较成熟的实践，夯实了全面推进资产完整性管理数字化转型的基础。实现的具有特色的业务功能主要包括：

图2　IMS系统(一期)总体架构图

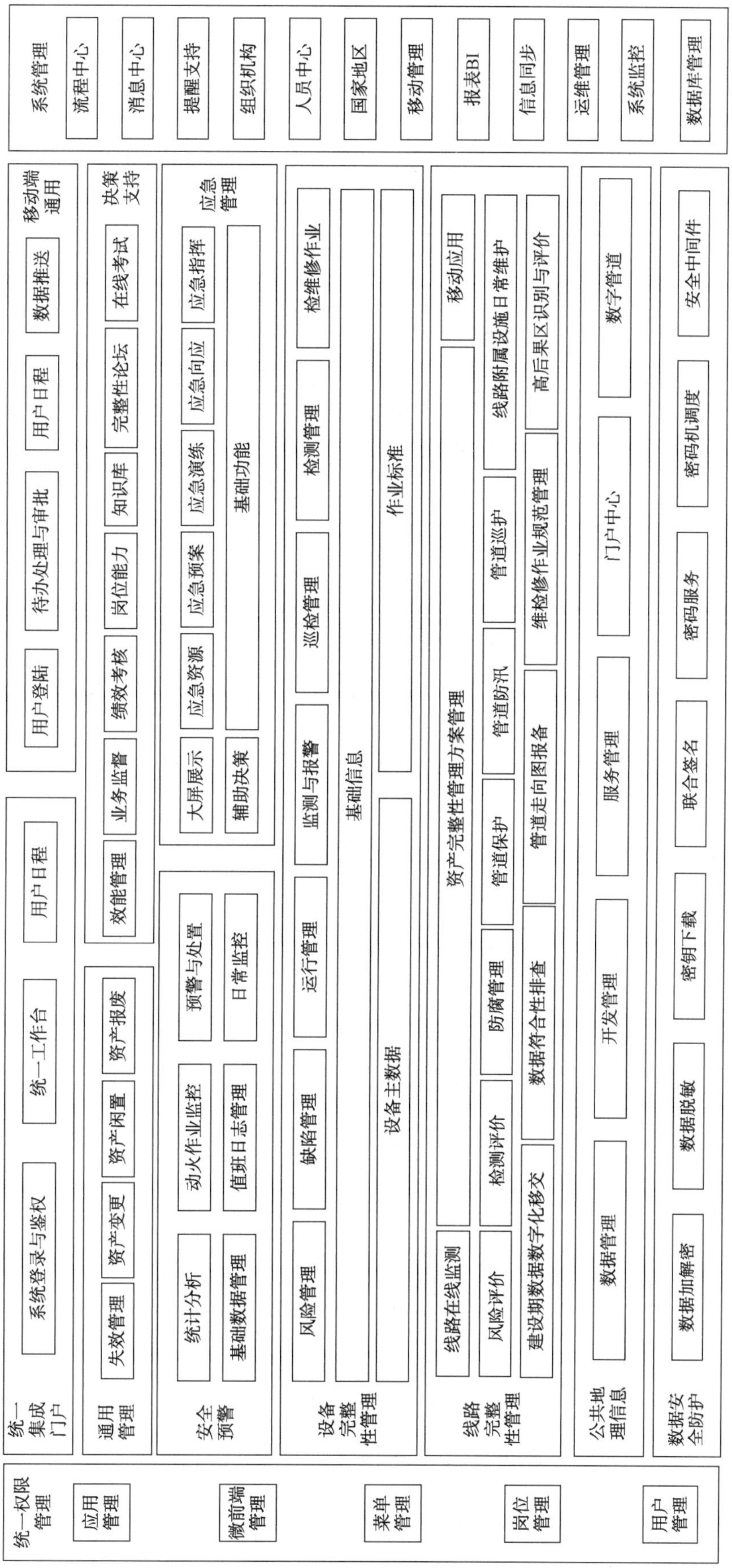

图3　IMS系统(一期)功能架构图

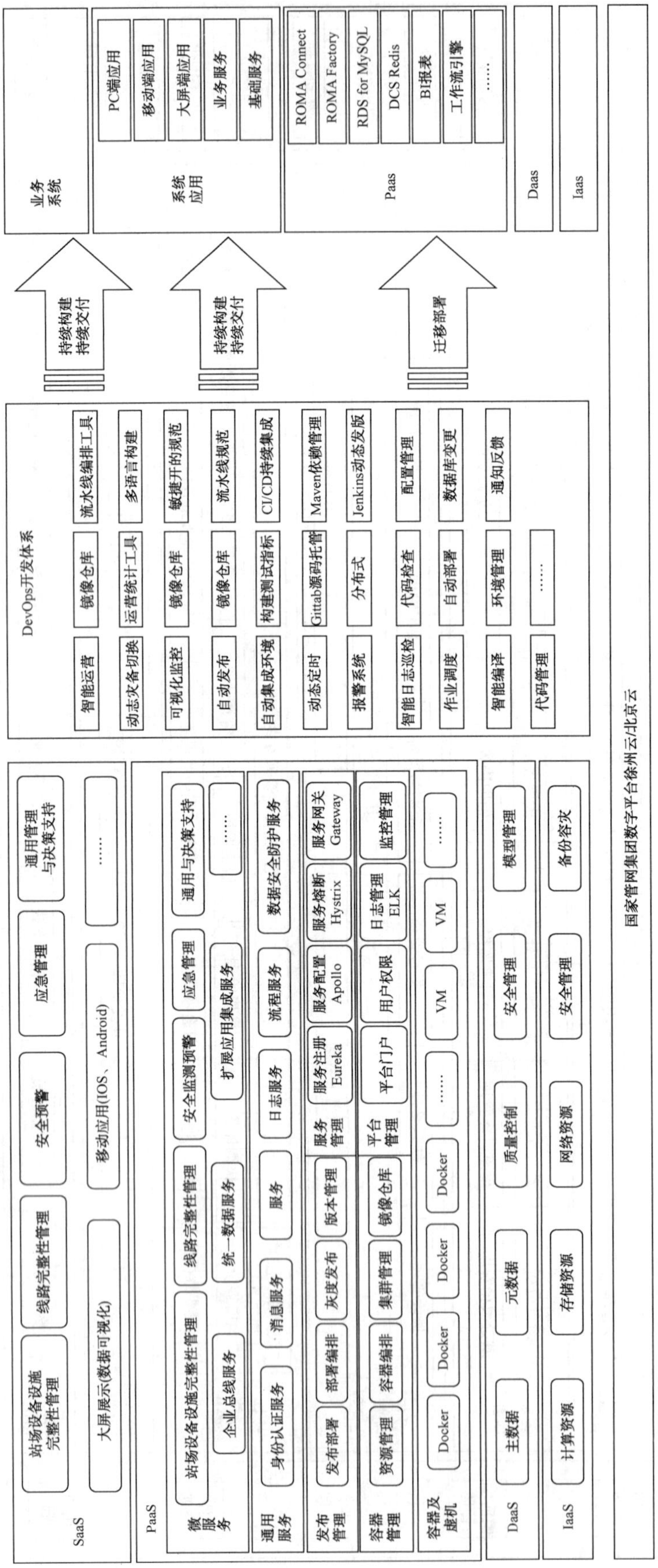

图4　IMS系统(一期)技术架构图

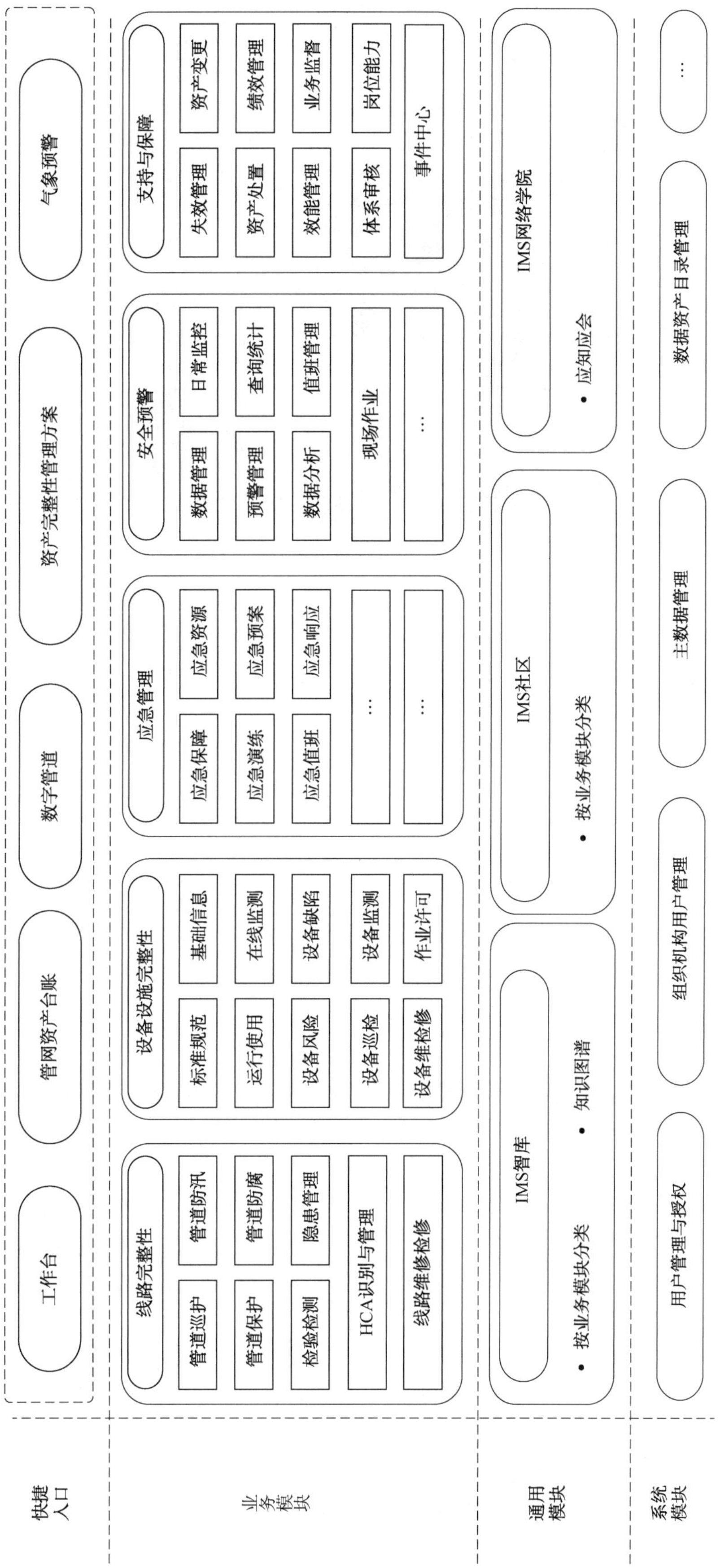

图5　IMS系统(一期)应用架构图

图6　系统建设成果

4.1　实物资产基础设施一本账

（1）管道线路基本信息一本账。在管网资产对管道线路基本信息进行维护，多维度统计管道情况，让管理者对于所管辖管道整体情况一目了然。

（2）站库设备设施信息一本账。在设施完整性管理子系统中对站库基本信息进行维护，多维度统计设备设施情况，让管理者对于所管辖的站库设备设施整体情况一目了然。

（3）高后果区管理信息一本账。在高后果区识别与管理模块中对高后果区相关信息进行维护，从作业区、输油气分公司、地区公司和集团的高后果区信息记录“数出一门”。

（4）应急处置一键响应。面向国家管网所属单位，提供大屏、PC及APP端应用功能，通过应急资源管理、应急响应、三维基础功能、辅助决策、应急指挥、大屏展示、移动应用等几大功能模块，实现各级部门对应急日常监督管理、应急事件快速响应的需求，达成应急事件垂直集中直通总部的管理要求。

4.2　关键业务信息化

（1）管道线路完整性管理子系统，包含管道保护管理、管道巡检管理、自然与地质灾害管理、腐蚀防护管理、高后果区识别与管理、风险评价管理、检验检测管理、线路维检修管理等模块。

（2）设备设施完整性管理子系统，包含标准管理(操作标准、巡检标准、维检修标准)、站库基本信息管理、设备设施台账管理、运行使用、检测评价管理、缺陷管理、设备设施维检修管理等模块。

（3）应急管理子系统，包括维抢修队伍、维抢修资源、应急响应管理、应急演练管理、应急值班管理等模块。

4.3　重点管理穿透

（1）管道线路巡护，从集团管理者视角，可以直接穿透监管地区公司、输油气分公司、作业区，直到每一个巡护人员的巡检工作完成质量。

（2）基层作业看板，从作业计划、作业实施、作业监管、项目结算、统计分析等全过程数据穿透，从集团管理者视角，可以直接穿透监管地区公司、输油气分公司、作业区，直到每一次作业活动。

（3）一张图建设基本完成，包括了管网资产一张图、管道保护一张图、设备管理一张图、监测预警一张图、应急管理一张图、应急指挥一张图。

管网资产一张图：整合国家管网集团下辖管道资产，利用3Dgis技术将所有管网线路、场站阀室等数据进行呈现。

管道保护一张图：按照国家管网集团管道保护管理重点，将管道完整性管理相关的风险要素，包括高后果区、地质灾害监测点、重大缺陷、第三方施工等数据汇总呈现，为突发事件下的应急指挥提供基础的数据支撑。

监测预警一张图：将管网九大类子系统的预警信息和预警设备运行情况进行统一展示，便于管网查看监测预警信息，及时处理预警情况。

应急管理一张图：将国家管网集团下辖单位应急机构、应急救援队伍、应急抢修物资及设备在一张图集中呈现，满足企业对应急资源的统筹化管理，为应急指挥调度提供数据快速查询，提高应急效率。

应急指挥一张图：在应急状态下，系统通过事故点目标定位、综合查询、路径规划、信息上传下达、灾害推演分析等功能，使指挥中心可快速掌握可调配的应急资源以及事故现场及周边情况，将应急指挥各个环节的处置环节要素信息进行统一管控为应急指挥人员提供决策支撑。

4.4 数据信息交互

（1）资产完整性管理方案，资产完整性管理方案实现资产运维项目管理，汇聚识别、检测、评价和缺陷管理的成果，作为成本预算、战略投资的对接出口。

（2）维检修管理，从资产完整性管理方案列支的项目中，分解各个维检修计划，形成维检修工单，工单对应业财平台的预算中心，确定成本预算和投资项目费用；工单与 ERP-C 接口，日常维检修工作确定物料出入库；工单与合同系统接口，外部委托专业工作确定对应的维检修对象费用。

（3）安全预警管理，从应力应变监测、光纤预警、视频监控等监测系统中获取报警信息，进入事件中心，并与管道线路巡护、站库巡检、检测评价等模块数据交互，通过事件下发分发给特定的人员进行预警响应。

5 总结与展望

IMS 系统（一期）涵盖线路完整性管理、设备完整性管理、应急管理、安全预警、地理信息平台（GIS）建设等内容，是资产完整性管理业务与信息化深度融合的主要手段，支撑了国家管网集团资产完整性管理业务流程、管理体系、业务规范、执行标准和数据标准落地执行。IMS 系统将全面承载资产完整性管理业务活动和数据信息，已经部署规划了三期建设。其中，IMS 系统（一期）已经完成项目建设，并上线正式推广应用，实现关键业务信息化，让业务运转起来，沉淀数据标准和专业流程经验成果；IMS 系统（二期）将实现数字化业务，支持数据分析和决策管理，数据标准和专业流程引导系统开发；IMS 系统（三期）聚焦实现重点应用场景用户可自主维护的数字孪生，数据标准和专业流程落地，数据治理显成效。

国家管网资产完整性管理数字化转型今后还需要在以下几个方面开展更加深入的工作：

一是加强数据治理工作。打通信息“孤岛”，统一基础数据标准和业务流程，开展信息和资料的数字化，实现业务数据互联互通，促进以数字化为支撑的管理变革；加强生产现场、服务过程等数据动态自动采集，建立覆盖全业务链条的数据采集、传输和汇聚体系，提升数据应用能力。

二是建设基础数字技术平台。运用 5G、自组网、云计算、区块链、北斗通信等新一代信息技术，基于资产完整性管理系统探索构建适应企业业务特点和发展需求的数字平台，建设敏捷高效可复用的数字技术基础设施，加快形成数字技术赋能平台。

三是推进泛在感知能力建设。通过提升面向本质安全的管道实时泛在感知能力，两化深度融合，探索管道天、空、地一体化管理模式，提高工作效率、降低经营成本、提升管控能力；通过多源数据融合、挖掘和分析形成的计量系统融合诊断与智能化管理、智能安防、可视化交互系统、防腐层实时评价、动态风险智能评价等应用技术成果已得到初步应用，指导生产实践。

四是加快新型基础设施建设。积极开展工业物联网、油气储运设施感知交互系统等新型基础设施建设，开展基于 SCADA 系统数据融合和机器学习等技术的管道泄漏监测技术、管道光纤安全预警技术、视频图像目标智能识别技术等课题攻关，完成管道安全监测预警平台开发建设，提升管道状态监测、分析和预警能力。

参 考 文 献

［1］张伟．发挥油气管网作用保障国家能源安全［J］．求是，2022（20）：5.

［2］何淑静．中国打造油气管道"全国一张网"［J］．上海煤气，2019（6）：1.

［3］姜昌亮．石油天然气管网资产完整性管理思考与对策［J］．油气储运，2021，40（5）：11.

［4］王振声．油气储运资产完整性管理一体化标准体系建设与思考［J］．油气储运，2022，41（4）：9.

[5] Steve，Irving. 管道整体系统完整性管理综述[J]. 油气储运，2005，24(B12)：4.
[6] 刘羊旸，王希，安娜. 深化油气体制改革的关键一步—解读国家管网公司四大看点[J]. 金融世界，2020(1)：2.
[7] 陈蕊，孙文宇，吴珉颉. 国家管网公司成立对中国天然气市场竞争格局的影响[J]. 天然气工业，2020，40(3)：9.
[8] 郭长娥. 对《油气管网设施公平开放监管办法》简析与思考[J]. 办公室业务，2020(2)：1.
[9] 胡晶. 工业互联网、工业 4.0 和"两化"深度融合的比较研究[J]. 学术交流，2015(1)：8.
[10] 何江. 工业互联网架构实例分析——以 GE 公司 Predix 为例[J]. 信息通信，2017(11)：3.
[11] 王晨. 我国工业互联网平台发展影响因素及驱动政策研究[D]. 北京建筑大学，2020.
[12] 赵昭，熊鸿斌. 采用能值分析方法分析合肥经开区装备制造业生态产业链构建的有效性[J]. 绿色视野，2015(7)：4.
[13] 梁昌文. 制造业产业链供应链标准体系的构建与应用[J]. 中国标准化，2023(4)：5.
[14] 凌永辉，查婷俊. 我国地方创新集群形成与演化研究——基于产业链整合视角[J]. 经济学家，2022，5(5)：69-77.
[15] 李方园. 宁波制造业企业应用工业互联网的对策研究[J]. 商业经济，2023(2)：5.

BP 神经网络在姬塬油田智能算法赋分管道完整性风险评估中的研究与应用

孙超超　刘　洋　李晓虎

（中国石油长庆油田公司）

摘　要　大数据和人工神经网络以其较强的学习能力对求解传统方法无法建模的多因素关联问题具有很强的适应性，且对于管道完整性评价技术提供了新的发展思路。本文基于大数据运行模式下采油工艺生产决策与风险管控系统中的“一线一策”管道完整性评价问题研究，采用智能算法对某采油作业区所辖的部分出油管道进行了运行方面的风险性评估，定量的计算出管道在完整性管理方面所处的风险值，为管道的后期运行做出了客观的评价。通过该智能算法分析计算的 65 条高风险管道在后期的清水试压作业中试漏 42 条，试漏率 64.6%，初步实现了从大规模全覆盖式的管道清水试压运行模式向大数据分析下的精准试压模式的转变。同时基于 BP 神经网络提出了一种计算管道风险值的完整性研究方法，重点对 15 个影响因素共同作用下的管道风险值进行了学习预测及比对，为管道完整性管理工作提供一定的借鉴和参考价值。

关键词　管道完整性；大数据；智能算法；风险评估；神经网络

管道完整性管理（Pipeline Integrity Management）定义为：管道公司面对不断变化的因素，对油气管道运行中面临的风险因素进行识别和评价，通过监测、检测、检验等各种方式，获取与专业管理相结合的管道完整性的信息，制定相应的风险控制对策，不断改善识别到的不利影响因素，从而将管道运行的风险水平控制在合理的、可接受的范围内，最终达到持续改进、减少和预防管道事故发生，经济合理地保证管道安全运行的目的。

管道完整性管理主要目的是通过管道完整性管理技术手段量化管道的安全性，发现管道的安全隐患，并对隐患进行评价。结合以上目的，国内专家学者研究确定了管道完整性管理的内容，其目的在于将事故由事后处置变为事前预防。主要包括：制定管道完整性管理的制度、流程以及工作计划；定期进行完整性检测发现管道缺陷等安全隐患；结合安全隐患进行风险评估，掌握隐患可能导致事故的可能性和后果；针对事故发生的可能性和后果采取修复或防止事故发生的预防性措施；分析导致管道安全隐患发生的原因，剖析原因找出内在因素，并从根源提出整改措施。

在研究管道完整性的同时，高后果区识别和风险评价是完整性管理的两个重要环节，是实施管道完整性管理的基础性工作。高后果区是指管道发生泄漏后可能对公众和环境造成重大影响的区段，是完整性管理要求重点关注的管段。

风险评价是对影响管道安全性的不利事件的潜在危险、后果及发生可能性的定性或定量分析。根据已有的经验，运用系统的、科学的方法，对管道发生危险的可能性以及后果的严重程度进行系统的整理分析，综合度量风险对实现管道安全运行既定目标的影响程度、以及管道对风险的承受能力。在完整性管理当中，风险评价是必不可少的，它的目标是对各类管道完整性评估和风险减缓活动进行优先级排序，评价风险减缓措施的效果，确定最有效的减缓措施。

油气管道的风险评价是一项十分艰巨的任务。首先，油气管道系统的运行及环境条件在时间和空间上都是高度可变的；其次油气管道大多数埋在地下，可用的数据相当有限；管道泄漏到发生事故中间可能存在时间差，致使事故过程不清楚，事故调查也非常困难。所以，管道的风险评价需要考虑到各个方面的问题，并要求有深入的研究。风险评价包括定性评价、半定量评价和定量评价三类方法。定性评价法主要依靠评价人员的经验判断，基于相关的法规标准，对管道事故的发生或不发生做出主观判断；定量风险评价方法是根据大量的数据统计资料，得到事故发生的概率，并建立相关数学模型，对管道系统进行定量计算；半定量评价法介于定性和定量方法之间，它往往是通过构建管道危害发生可能性及后果严重程度的指标体系，针对所评价的管道的具体情况，对各个指标进行考核并分级，最后形成一个量化指标。

本文应用定量风险评价方法，综合考虑了在管道运行中可能存在的 15 种影响因素，通过加权平均及大数据运行模式下的智能算法对分布在姬塬油田上的出油管道、集油管道及输油管道计算出其运行中的风险值。同时基于 BP 神经网络对管道的风险值进行了学习并做出预测，定量的计算及预测出管道在完整性管理方面所处的风险值，为管道的后期运行做出了客观的评价。

1　某采油厂管道完整性管理现状

该厂所辖各类油气管道共 1224 条，其长度共计约 2773km。其中输油管道 4 条，长度约 73km；集油管道 104 条，长度约 490km；出油管道 1034 条，长度约 1970km；集气管道 82 条，长度约 240km；所有集输管道运行 10 年以上占比已达 21.5%，出油管道运行 10 年以上管道 258 条，占比 24.9%，管道失效率 0.018 次/年/km；所辖注水管道 1976 条，长度约 1242km；清水管道 1567 条，长度约 956km；采出水管道 409 条，长度约 287km；钢制管道共约 928km，占比 74.7%，非金属管道共约 314km，占比 25.3%；管道腐蚀破损等问题凸显，存在各种安全隐患。

经过多年来的高负荷运行，管道已开始逐渐老化，随时可能发生危险。部分管道由于施工条件和所处地区自然状况的影响，导致管道性能下降严重，腐蚀、泄漏等事故频繁。管道运行安全的问题日渐突出，特别是黄岛输油管道 11.22 事故发生以来，管道安全运营问题备受关注。因此，为降低管道运行安全事故发生概率，保障管道的安全平稳运行，提出基于管道完整性管理理念进行原油输送管道完整性管理及安全生产评价技术研究，以期探索一套适应油田集输管道运行的管理模式。

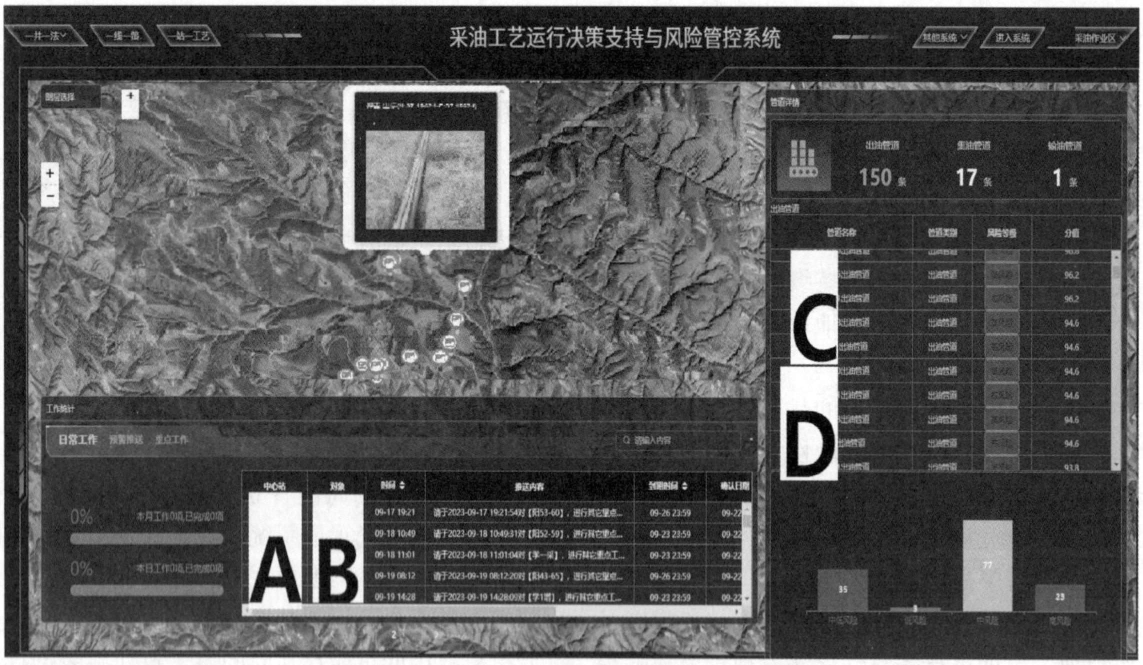

图 1　某采油厂采油工艺运行决策支持与风险管控系统

虽然国内外已经提出了管道完整性管理的相关标准规范，但大多只是给出了基本工作的大概描述，对于其出现的问题尚没有形成统一的技术标准，而该类问题又是涉及计算力学及安全评价方法的一类较为复杂问题，需要针对所研究管道的自身结构特点，以材料力学、断裂力学等专业理论为基础，结合有限元分析方法进行研究攻关，进而建立符合油田管道特点的完整性评价技术方法。

因此，基于其所辖集油管道的实际状况，在充分借鉴国内外相关研究成果的基础上，提出建立集油管道完整性管理系统，研究建立包含高后果区识别、完整性评价、采油工艺运行决策支持与风险管控系统应用等，将该系统应用于管道的日常生产管理中，从根本上对管道日常管理模式进行改变，将原有的粗放式管理向规范化管理靠拢，保证其管道的安全平稳运行。从而实现了发生事故到开始解决变成了未雨绸缪，防患于未然。通过对采油工艺运行决策支持与风险管控系统的使用，达到大大降低事故的发生概率、较少人员伤亡和财产的损失，同时加强对企业管理的目的，力争由“事后被动维修”向“基于风险主动预先控制的完整性管理”的转变。

根据中国石油天然气股份有限公司《油气田管道和站场完整性管理规定》，管道运行期完整性管理工作流程包括数据采集、高后果区识别和风险评价、检测评价、维修维护、效能评价 5 个环节。本文结合采油工艺运行决策支持与风险管控系统，建立出油管道、集油管道及输油管道的风险失效分析模型，为管道的安全管理提供高效的决策支撑。

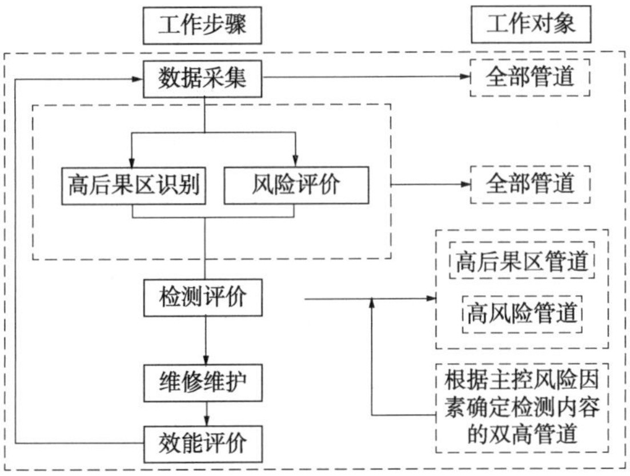

图 2　油气田管道完整性管理工作流程

数据收集与整合贯穿于整个完整性管理体系的全过程。每一个环节都要生成大量的数据信息，在对其进行有效的筛选之后，录入到信息管理系统或者数据库。采油工艺生产决策与风险管控系统的应用全都是建立在数据收集与整合之上的，前期所辖所有管道的风险评估得分都是所有相关数据在进行整合处理得到的大数据后台分析之后的结果。本文以某采油作业区所辖管道的算法为模型，对作业区下属管道的风险进行计算，为管道的完整性进行赋分，最后对作业区所辖管道完整性管理进行风险评估。

2　某采油作业区出油管道完整性算法模型

用于输送直接从井口产出的原油(气)管道称为出油管道。本次计算模型涉及 A 转油站、B 转油站所辖出油管道共计 59 条管道(不包括井场插输管道及吹扫停用管道)，58 个井组，217 口油井。通过前期的资料搜集，分别计算井组含盐总量、平均综合含水、综合矿化度、管道体积流量、介质流速等数据，同时对管道服役年限、井组是否有加热设备、管道长度、有无破损、有无内防腐、运行压力等参数进行赋分，最终进行加权平均算出每条管道的权重得分，得分最高即为运行危险性最大的管道，使得管道运行能够进行量化，运行危险情况一目了然。

2.1　平均综合含水

无论从采油日报还是 A11 系统的数据都只反映每口油井单井的含水，但对于整个井组汇管内出油管线的综合含水则需要具体计算，如式 1：

$$\text{平均综合含水}=\frac{\text{单井日含水总和}}{\text{井组日产液量}} \tag{1}$$

2.2　综合矿化度

管道内液体的含盐浓度称综合矿化度，而 A11 系统报表里面的单井含水含盐只代表该油井中的含盐浓度，对于整个井组汇管内出油管线中的含盐浓度计算方法如式 2：

$$\text{综合矿化度}=\frac{\sum \text{单井日含水量}\times\text{对应油井含盐}}{\text{井组日产液量}} \tag{2}$$

2.3　介质流速

出油管道内液体的流速等于管道内液体的体积流量除以管道横截面积，具体如式 3 所示：

$$\text{介质流速}=\frac{\text{井组日产液量}}{\text{出油管道横截面积}} \tag{3}$$

2.4　全部参数的权重赋分

管道运行危险性的因素有很多，除去外界各种非人为及偶然因素外，主要包括以下几个方面的管道腐蚀因素：

(1) 服役年限、有无破损情况及有无内防腐。管道自身的结构情况、运行情况直接关系到管道外部的土壤腐蚀的大小，其服役年限、有无破损及有无内防腐都直接影响管体腐蚀速率的大小。

(2) 含水引起的腐蚀。管道输送介质中的含水对内腐蚀的影响相当重要。通常情况下，含水量越大，金属被腐蚀的越厉害。水溶液的存在是产生硫化氢、二氧化碳腐蚀的必要条件及因素。

管道内的多相流介质是含杂质的水、气、油混合物，其管道内的二氧化碳、硫化氢腐蚀严重程度和速率都要受到含水率的影响。依据管输油品的含油含水率的不同，一般可分为两种类型。当含水量小于30%、含油量比较高时，水被含在油中，形成油包水类型，由于水被含在里层，导致水对管道的浸湿作用受到抑制，腐蚀较小，腐蚀大小会跟着含油量的降低而升高。含油量在60%-80%，油膜牢固厚实时，可基本防止水的腐蚀，含油量超过80%，几乎不产生腐蚀。而当含水量增加，大于45%左右时，油会包含在水中，形成水包油类型，这种情况下水能更有效的浸润管道内壁，再加上如果流速较低，水可能会从油中分离形成独立相，并沉积在管道底部，致使管道局部的二氧化碳、硫化氢等腐蚀幅度增大。一般30%的含水量作为油气输送介质造成二氧化碳、硫化氢等腐蚀条件下的临界值和辨别腐蚀能否产生的依据。

（3）盐类溶和腐蚀。油气输送介质中含有的盐类溶和物质主要包括重碳酸盐、硫酸盐和氯化物等。不同的溶和盐类对管道的腐蚀速率有不同的影响。重碳酸盐离子有一定抑制腐蚀的倾向。氯离子腐蚀性比硫酸盐离子小，这是由于重碳酸盐离子溶液为弱碱，腐蚀反应后生成金属的氢氧化物，具有保护作用，不溶解，但会随着碱的浓度或温度的增加而使氢氧化物溶解，腐蚀速度变大。硫酸盐离子溶水后产生硫酸，导致氢去极化，腐蚀速率随硫酸浓度的增大而增加，但当硫酸浓度大于50%以后，腐蚀产物产生氧化膜而钝化，腐蚀速率下降。浓度在70%及以上时，腐蚀速率很低或不腐蚀。在氯化物离子的水溶液中，氯离子对腐蚀的影响较复杂，溶液中不含硫化氢时，由于氯离子的存在使得二氧化碳的溶解度减小，腐蚀速率降低。但当溶液中含有硫化氢时，腐蚀却急剧增加。高温高压下，大量的氯离子会破坏金属的钝化膜，产生氧去极化反应。氯离子通常与局部腐蚀联系紧密，氯离子浓度高出临界浓度一般会导致点蚀。

（4）管道运行参数影响，其中包括：温度，流速，压力。

① 温度。对于管道腐蚀而言，在电化学反应中，温度与界面反应的扩散系数和速度常数有着指数关系，温度的增加，使得各种物化、电化学速率加快，腐蚀反应易进行，导致管道腐蚀速度的加快。特别是对于大多数化学反应来说，温度升高，使得分子运动速度变快，在单位时间内分子碰撞的几率变大，平均动能变大，增快反应速度。

② 流速。它对腐蚀大小的作用比较复杂，是管道内腐蚀的影响因素，与腐蚀过程、腐蚀生成物状态等其他因素相关。这是因为腐蚀过程是一个混合控制或扩散控制体系，其与腐蚀产物向溶液本体和反应物向管道表面传输的过程相关，并且随着时间的增长，流态本身反过来也会受到流动腐蚀形态的影响。特别是在管道的凸台、凹槽，或突然扩充及收缩处等流态突然发生变化的部位，恶性循环更易造成部件腐蚀增快而过早的失效。管道输送通常存在高低临界流速值，当流速低于低临界值时，由于流速慢造成输送能力弱，易导致污物、腐蚀产物和水的下淀，发生点蚀或局部腐蚀；当流速高于高临界值时，易冲刷管道不利于形成腐蚀产物膜，而且也会有削弱缓蚀剂的作用效果，尤其是当管道存在多相流或内壁粗糙度大时，流速较大的地方容易产生比较严重的湍流现象，造成腐蚀产物膜被冲刷脱落，构成冲刷腐蚀，腐蚀速率增大。只有当流速控制在低临界流速和高临界流速之间时腐蚀才较低。

③ 压力。当它作用管道内部时，是应力腐蚀开裂的主要因素，影响内部腐蚀。由于管道传输过程中对介质施予的内压力作用，导致在管道内部腐蚀面受到应力效用，并与化学腐蚀共同作用下，使局部腐蚀产生应力集中增大，从而加速腐蚀，造成应力腐蚀开裂，导致管道失效。因此，在一定的化学腐蚀条件下，管道的内压力越大，腐蚀速率相对越快。

考虑以上所有生产工况中的因素，分别将服役年限、有无破损情况、综合矿化度、平均综合含水、有无内防腐、井组加热设备情况、运行压力、介质流速共8项参数按照影响管道完整性的重要程度进行赋分并加权（评分标准及权重如表1所示），计算最终权重得分进而量化该管道的运行危险性。

表 1　出油管道评分标准及权重

管道综合评分	服役年限	>10 年	10≤年限<7 年	7<年限<5 年	5≤年限<3 年	≤3	—	30%	权重
		10 分	8 分	5 分	3 分	1 分	—		
	有无破损	有	无	—	—	—	—	22%	
		10 分	3 分	—	—	—	—		
	综合矿化度 K_h	<20000	20000≤K_h<35000	35000≤K_h<50000	50000≤K_h	—	—	16%	
		4 分	8 分	10 分	10 分	—	—		
	平均综合含水	0~30%	30%~50%	50%~70%	70 以上	—	—	12%	
		2 分	6 分	8 分	10 分	—	—		
	有无内防腐	有	无	—	—	—	—	10%	
		4 分	10 分	—	—	—	—		
	井组加热设备	有	无	—	—	—	—	5%	
		10 分	4 分	—	—	—	—		
	运行压力	0~1	1~2	2~2.5	2.5 以上	—	—	4%	
		2 分	6 分	8 分	10 分	—	—		
	介质流速	0~0.035	0.035~0.065	0.065~0.095	0.095~0.125	0.125~0.155	>0.155	3%	
		6 分	10 分	8 分	4 分	2 分	2 分		

表 2　井组内单井基本数据(采油日报)

井组	井号	日产液量/m^3	含水		单量		投产日期	井组日产量	
			含水/%	取样日期	液量/m^3(kg)	单量日期		液量/m^3	油量/t
A	A1	2.53	100.0	10/05	2.53	10/05	2007/05/07	26.15	5.81
	A2	4.00	100.0	10/05	4.00	08/28	2007/05/07		
	A3	6.00	52.5	11/08	6.00	08/28	2007/05/07		
	A4	6.09	45.4	10/05	6.09	08/28	2015/04/30		
	A5	7.53	90.2	10/05	7.53	08/28	2015/04/30		

2.5　计算模型一：管道基本参数录入及计算

通过前期单井资料的录取，计算求得整个井组的平均综合含水、井组含盐总量以及综合矿化度，其中因为季节的变化，每年 3~10 月与 11~2 月管线的运行压力有明显的不同，故出油管道的日均运行压力也需要通过加权平均进行计算，而管线前期有无破损的情况则需要大数据统计进行汇总，将整个参数计算并汇总如表 3 所示。

表 3　各井组汇管出油管道参数计算

站点	井组	日产液单井含量/m^3	单井含盐总量	综合矿化度	平均综合含水/m	内径	管道横截面积/m^2	介质流速/(m/s)	管道服役年限	井组是否有加热设备	管线长度	有无破损	有无内防腐	运行压力
A 转油站	A	26.15	108098	16925	0.73	0.05	0.0022	0.137	15	否	2.8	无	有	0.56
	B	25.57	166452	10642	0.40	0.05	0.0022	0.134	2	否	0.4	无	有	0.53
	C	2	35023	21504	0.61	0.05	0.0022	0.010	2	否	1.9	2	有	0.53
	D	21.31	113584	4999	0.16	0.05	0.0022	0.111	15	否	0.4	无	有	0.41
	E	10.01	135313	5750	0.19	0.05	0.0022	0.052	9	否	1.8	无	有	1.26
	F	13.87	266033	29269	0.58	0.05	0.0022	0.072	13	否	0.4	1	有	0.84
	G	3.94	84357	41250	0.48	0.05	0.0022	0.020	15	否	1.4	1	有	1.06
	H	8.04	219504	28514	0.40	0.05	0.0022	0.042	13	有 1 台	2.9	1	有	1.94
	I	10.32	145697	22533	0.57	0.05	0.0022	0.054	4	否	2.9	1	有	1.37

根据出油管道各个参数对管道完整性重要程度的不同评分标准，参照前文表1所示对应的不同分值，将所有井组的运行参数进行量化归类，对具体参数的计算结果(如表3)进行最终赋分，汇总如表4所示。

按照表1的评分标准以及表4的汇总得分可以看到：服役年限>10年以上，管道运行情况为高风险；服役年限∈(7年，10年)，管道运行情况为中高风险；服役年限∈(5年，7年)，管道运行情况为中风险；服役年限∈(3年，5年]，管道运行情况为中低风险；服役年限<3年，管道运行情况为低风险。综合矿化度≥50000以上，管道运行情况为高风险；综合矿化度∈[35000，50000]，管道运行情况为中高风险；综合矿化度∈[20000，35000]，管道运行情况为中风险；综合矿化度<20000，管道运行情况为低风险；平均综合含水≥70%以上，管道运行情况为高风险；平均综合含水∈[50%，70%]，管道运行情况为中高风险；平均综合含水∈(30%，50%)，管道运行情况为中风险；平均综合含水<30%，管道运行情况为低风险；井组运行压力≥2.5MPa以上，管道运行情况为高风险；井组运行压力∈(2MPa，2.5MPa)，管道运行情况为中高风险；井组运行压力∈(1MPa，2MPa)，管道运行情况为中风险；井组运行压力<1MPa，管道运行情况为低风险；同理可得其他运行参数所对应的管道运行风险区，进而对管道运行情况进行划分。

表4　各井组汇管出油管道参数赋分

站点	井组	服役年限	有无破损	综合矿化度	平均综合含水	有无内防腐	井组加热设备	运行压力	介质流速
A转油站	A	10	3	4	10	3	4	2	2
	B	1	3	4	6	3	4	2	2
	C	1	10	8	8	3	4	2	6
	D	10	3	4	2	3	4	2	4
	E	8	3	4	2	3	4	6	10
	F	10	10	8	8	3	4	2	10
	G	10	10	10	6	3	4	6	6
	H	10	10	8	6	3	10	6	10
	I	3	3	8	8	3	4	6	10

最后通过加权平均得到每条出油管道的运行危险性评分，从表5中可以明显的看到，F、G、H、N2、AR井组出油管道危险性评分已达到80分以上，其中AR出油管道危险性评分最高，达到86.8分。说明此时该管道需要生产方面的重视，需要单位提前组织管道清水试压作业，以及加强管道日常巡护工作，以防管道原油渗漏。通过对该模型分析计算的65条高风险管道在后期的清水试压作业中共试漏42条，试漏率64.6%，初步实现从大规模全覆盖式的管道清水试压运行模式向大数据分析下的精准试压模式的转变，同时真正做到由“事后被动维修”向“基于风险主动预先控制的完整性管理”的转变。

2.5　计算模型二：管道基本参数录入及计算

前文计算模型一是完全按照作业区的采油日报进行数据的整理、计算和分析的，考虑到单井液量、含水及资料录入等一些其他因素，计算模型二对于单井液量、含水、含盐的数据则是通过A11系统里单量的数据进行整理和计算的，进而我们对两种计算模型的管道运行危险性得分进行比对。

计算模型二中只计算了7条管道的危险性得分，我们通过比对表6和表7管道的最终权重得分可以看出：在计算模型二中除了B井组较模型一中的得分高0.6分以外，其余分值不同的D、F、J都比模型一中的得分低0.6、1.8和6.4分，尤其是J井组分值之差超过了5分之多，而该管线危险性得分差异明显的原因是两种模型计算的综合矿化度差两倍之多，综合来看主要是A11系统里和采油日报表上单井含水和日产液量的不同造成危险性得分的差异。这也说明了管道完整性管理在前期基础资料数据录入准确的重要性。

表 5　各井组汇管出油管道运行危险性得分

站点	井组	服役年限	有无破损	综合矿化度	平均综合水平	有无内防腐	井组加热设备	运行压力	介质流速	权重得分
A 转油站	A	30.00	6.6	6.4	12	3	2	0.8	0.6	61.4
	B	3.00	6.6	6.4	7.2	3	2	0.8	0.6	29.6
	C	3.00	22	12.8	9.6	3	2	0.8	1.8	55
	D	30.00	6.6	6.4	2.4	3	2	0.8	1.2	52.4
	E	24.00	6.6	6.4	2.4	3	2	2.4	3.0	49.8
	F	30.00	22	12.8	9.6	3	2	0.8	3	83.2
	G	30.00	22	16	7.2	3	2	2.4	1.8	84.4
	H	30.00	22	12.8	7.2	3	5	2.4	3	85.4
	I	9.00	6.6	12.8	9.6	3	2	2.4	3	48.4
	J	3.00	22	12.8	9.6	3	5	2.4	1.2	59
	K	3.00	22	6.4	12	3	2	0.8	0.6	49.8
	L	24.00	6.6	12.8	12	3	2	0.8	1.8	63
	M	15.00	6.6	6.4	9.6	3	2	0.8	3	46.4
	N1	3.00	22	12.8	9.6	3	2	0.8	3	56.2
	N2	30.00	22	12.8	9.6	3	2	0.8	3	83.2
	O	3.00	6.6	6.4	2.4	3	2	2.4	1.8	27.6
	P	24.00	6.6	6.4	7.2	3	2	2.4	1.8	53.4
B 转油站	Q	15.00	6.6	6.4	9.6	3	2	0.8	1.8	45.2
	R	15.00	6.6	6.4	7.2	3	2	0.8	1.8	42.8
	S	15.00	6.6	6.4	9.6	3	2	0.8	1.2	44.6
	T	15.00	6.6	6.4	9.6	3	2	0.8	3	46.4
	U	15.00	6.6	6.4	7.2	3	2	0.8	3	44
	V	3.00	6.6	6.4	9.6	3	2	0.8	3	34.4
	W	24.00	6.6	6.4	7.2	3	2	0.8	1.8	51.8
	X	30.00	6.6	12.8	12	3	2	2.4	1.8	70.6
	Y	9.00	6.6	16	12	3	2	0.8	1.8	51.2
	Z	15.00	6.6	6.4	12	3	5	0.8	3	51.8
	AA	3.00	6.6	12.8	12	3	2	0.8	3	43.2
	AB	30.00	6.6	6.4	9.6	3	2	2.4	1.2	61.2
	AC	3.00	6.6	12.8	12	3	2	0.8	3	43.2
	AD	3.00	6.6	12.8	9.6	3	5	0.8	1.2	42
	AE	15.00	6.6	12.8	7.2	3	2	0.8	1.8	49.2
	AF	9.00	6.6	16	12	3	2	2.4	1.8	52.8
	AG	9.00	6.6	16	12	3	2	2.4	3	54
	AH	3.00	6.6	6.4	2.4	3	2	0.8	1.8	26
	AI	9.00	6.6	6.4	9.6	3	2	3.2	0.6	40.4
	AJ	9.00	6.6	16	12	3	2	2.4	1.2	52.2
	AK	9.00	6.6	16	12	3	2	2.4	1.8	52.8

续表

站点	井组	服役年限	有无破损	综合矿化度	平均综合水平	有无内防腐	井组加热设备	运行压力	介质流速	权重得分
A 转油站	AL	3.00	6.6	6.4	2.4	3	2	0.8	1.8	26
	AM	3.00	6.6	6.4	2.4	3	2	2.4	3	28.8
	AN	9.00	6.6	16	12	3	2	0.8	1.8	51.2
	AO	9.00	6.6	16	9.6	3	2	0.8	1.8	48.8
	AP	9.00	22	12.8	7.2	3	5	0.8	1.8	61.6
	AQ	9.00	6.6	12.8	7.2	3	2	2.4	3	46
	AR	30.00	22	16	9.6	3	2	2.4	1.8	86.8
	AS	3.00	6.6	6.4	12	3	2	0.8	1.8	35.6
	AT	3.00	6.6	16	9.6	3	2	2.4	1.8	44.4
	AU	3.00	6.6	12.8	7.2	3	2	0.8	1.8	37.2
	AV	3.00	6.6	12.8	2.4	3	2	2.4	1.8	34
B 转油站	AW	3.00	6.6	16	12	3	2	0.8	1.8	45.2
	AX	3.00	6.6	16	12	3	2	4	1.8	48.4
A 转油站	AY	3.00	6.6	16	9.6	3	2	2.4	1.8	44.4
	AZ	3.00	6.6	16	12	3	2	0.8	1.8	45.2
	BA	3.00	6.6	16	12	3	2	2.4	1.8	46.8
	BB	3.00	6.6	12.8	9.6	3	2	0.8	1.8	39.6
	BC	3.00	6.6	12.8	12	3	2	2.4	1.8	43.6
	BD	3.00	6.6	6.4	9.6	3	2	0.8	3	34.4
	BE	3.00	22	16	12	3	2	2.4	1.8	62.2
	BF	3.00	6.6	6.4	7.2	3	5	0.8	1.8	33.8

表 6　计算模型一：各井组汇管出油管道运行危险性得分

站点	井组	服役年限	有无破损	综合矿化度	平均综合水平	有无内防腐	井组加热设备	运行压力	介质流速	权重得分
A 转油站	A	30.00	6.60	6.40	12.00	3.00	2.00	0.80	0.60	61.40
	B	3.00	6.60	6.40	7.20	3.00	2.00	0.80	0.60	29.60
	C	3.00	22.00	12.80	9.60	3.00	2.00	0.80	1.80	55.00
	D	30.00	6.60	6.40	2.40	3.00	2.00	0.80	1.20	52.40
	F	30.0	22.00	12.80	9.60	3.00	2.00	0.80	3.00	83.20
	H	30.00	22.00	12.80	7.20	3.00	5.00	2.40	3.00	85.40
	J	3.00	22.00	12.80	9.60	3.00	5.00	2.40	1.20	59.00

表 7　计算模型二：各井组汇管出油管道运行危险性得分

站点	井组	服役年限	有无破损	综合矿化度	平均综合水平	有无内防腐	井组加热设备	运行压力	介质流速	权重得分
A 转油站	A	30	6.6	6.4	12	3	2	0.8	0.6	61.4
	B	3	6.6	6.4	7.2	3	2	0.8	1.2	30.2
	C	3	22	12.8	9.6	3	2	0.8	1.8	55
	D	30	6.6	6.4	2.4	3	2	0.8	0.6	51.8
	F	30	22	12.8	9.6	3	2	0.8	1.2	81.4
	H	30	22	12.8	7.2	3	5	2.4	3	85.4
	J	3	22	6.4	9.6	3	5	2.4	1.2	52.6

3 基于大数据分析运行中神经网络智能算法的初步预测

管道数据采集是管道大数据研究的基础，不论是安全评价还是寿命预测，均涉及到各个方面的数据。随着大数据时期的到来以及机器学习算法的广泛应用，人们对工业计算有了进一步的理解和要求，且传统工业大数据的计算方式也随着机器学习的应用而得到了重新定义。机器学习算法演进至今，包含一系列核心算法以及相伴的衍生算法，应用于消费、医疗、工业等各个领域。本节针对前文计算的出油管道危险性评分，运用人工神经网络机器学习算法对数据进行学习并训练成可用于计算管道危险性评分的规则对剩余出油管道危险性进行评分。

人工神经网络(Artificial Neural Network，简称 ANN)是受大脑神经处理方式启发的一种学习框架，由输入层、隐藏层、输出层并通过权重、偏置和激活函数构成。理论上，ANN 具备拟合任意内在关联的能力，中间隐藏层数、各层的结点数以及网络中各个结点的初始权重和偏置等参数可根据具体情况进行设置，具备很强的灵活性。

权重的更新和偏置的计算通常被称作神经网络的训练过程，通过反向传播算法完成。反向传播算法(Back Propagation，简称 BP)是人工神经网络中的一种监督式的学习算法，两者的结合称之为 BP 神经网络，其由 Rumelhart 和 McClelland 等科学家在 1986 年提出，是一种按照工作信号正向传播和误差信号反向传播算法训练的多层前馈网络，同时也是目前使用最广泛的神经网络模型且已成为神经网络训练的标配之一。

BP 神经网络的学习分为工作信号正向传播和误差信号反向传播两个过程。工作信号正向传播，其工作的方式与多层前馈网络工作相同。输入训练样本，通过设置初始迭代的权值和阈值，从前往后逐层计算神经元的输出；误差反向传播是根据误差的大小对权值和阈值进行改进，从最后一层开始逐层向前进行迭代修改。经过以上两个过程反复交替，直到网络收敛为止。通过 MATLAB 中的人工神经网络算法工具，进行管道完整性运行预测模型的建立，首先将数据库中已获得基础数据进行归一化处理，进而进行神经网络的算法训练，检查训练结果，若没有达到预期，则修改参数继续训练，直至算法训练完毕，管道完整性运行预测模型成功建立。

本节采用的数据就是前文所计算的 59 条出油管道的危险性评分作为样本，其计算过程中涉及：日产液量(m^3)、单井含盐总量、综合矿化度、平均综合含水、内径、内半径、管道横截面积、体积流量、介质流速、管道服役年限、井组是否有加热设备、管道长度、有无破损、有无内防腐、运行压力共 15 个影响因素。在进行神经网络危险性评分预测时，15 种影响因素都要进行考虑。

3.1 构建 BP 神经网络

BP 神经网络在构建的过程中，隐含层及神经元节点数目，将对预测的结果及精度产生较大的影响。结合之前的分析，出油管道危险性评分预测采用 1 个隐含层，15 个输入节点数，1 个输出节点。隐含层的设置采用经验公式进行计算，选取 10 个神经元节点。1x、2x、3x、4x、5x、6x、7x、8x、9x、10x、11x、12x、13x、14x、15x 分别为 15 个影响因素，分别为：日产液量(m^3)、单井含盐总量、综合矿化度、平均综合含水、内径、内半径、管道横截面积、体积流量、介质流速、管道服役年限、井组是否有加热设备、管线长度、有无破损、有无内防腐、运行压力，y 为危险性评分，拓扑图如图 3 所示。

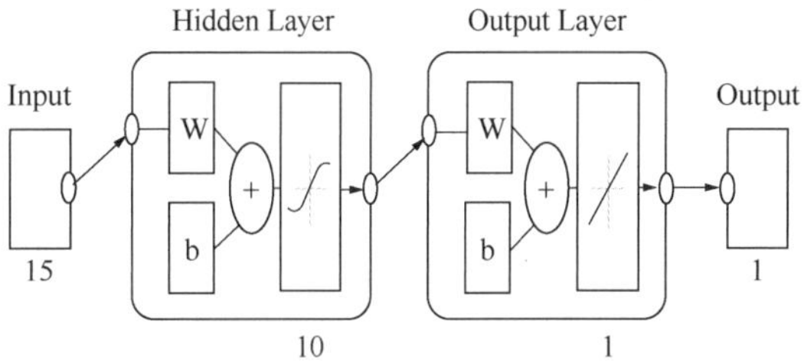

图 3 拓扑结构图

使用 MATLAB 建立 BP 神经网络模型，采用贝叶斯正则化方法，训练数据、验证数据、测试数据分别占总体数据的：70%、15%、15%，最大训练次数为 1000 次，数据的分配为随机分配。

3.2 出油管道危险性评分预测

BP 神经网络在训练的过程中，训练效果如图 4 所示。由图可知，神经网络在训练 172 次后，训练集、验证集误差基本平稳不变，说明训练可以结束，此时整个训练集的均方误差水平为 1.9498，基本处在较小的范围内。此外，经过对训练数据、验证数据、测试数据以及整体数据的误差回归分析可知：误差均控制在较小的范围内，其误差分布的柱状图如图 6 所示，误差回归分析如图 7 所示。通过对训练数据和预测数据的误差分析，可以判定模型基本准确，尝试进行剩余出油管道的危险性评分预测。

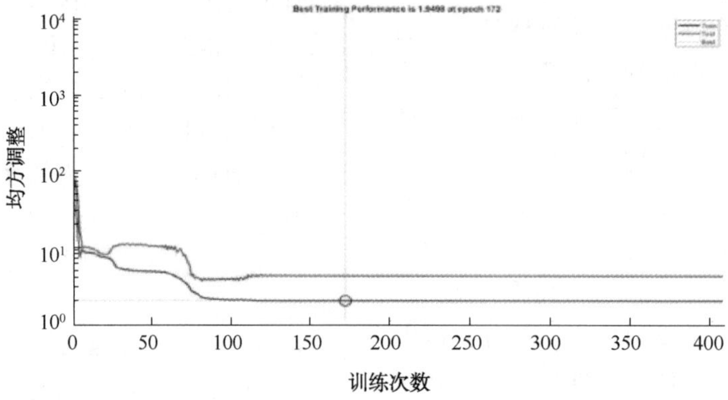

图 4　神经网络训练结果

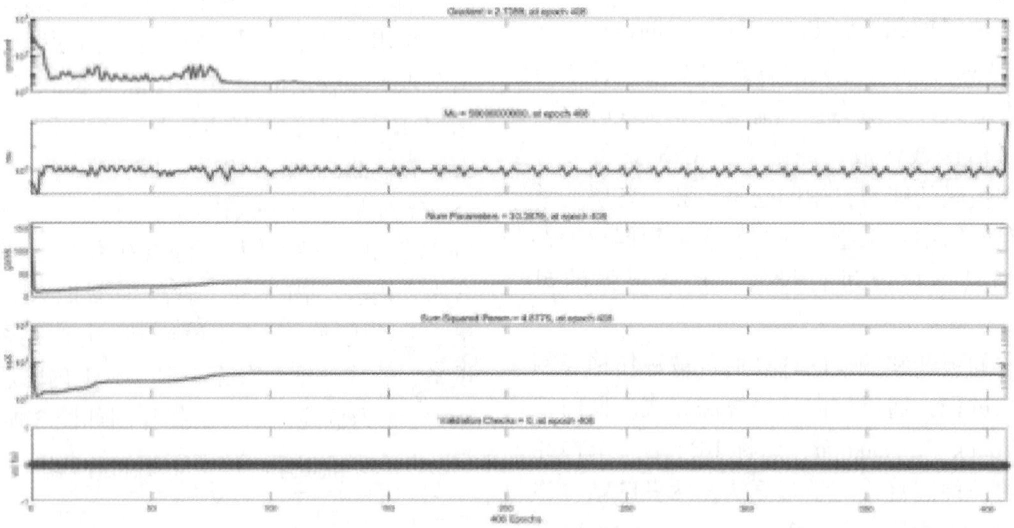

图 5　神经网络各训练阶段图

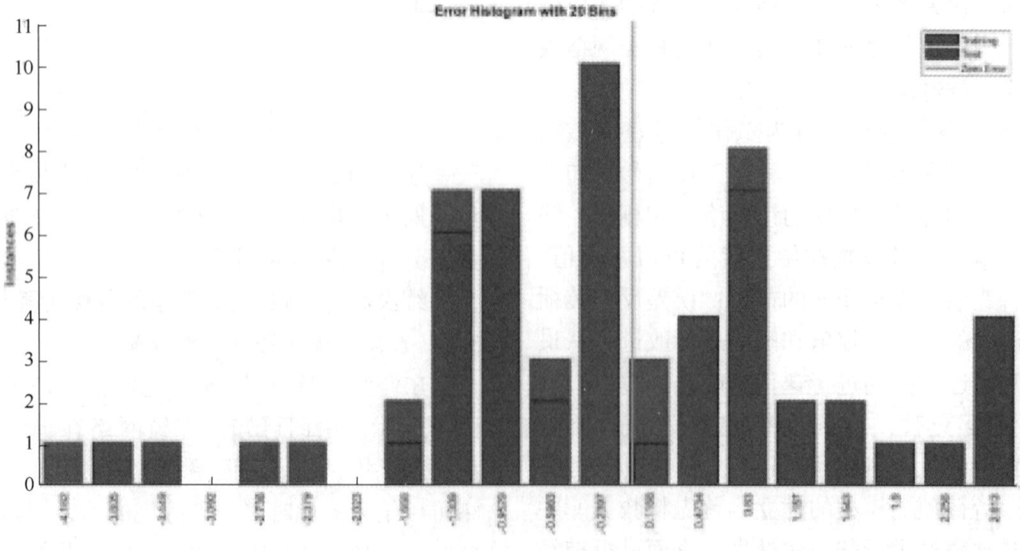

图 6　神经网络训练误差直方图

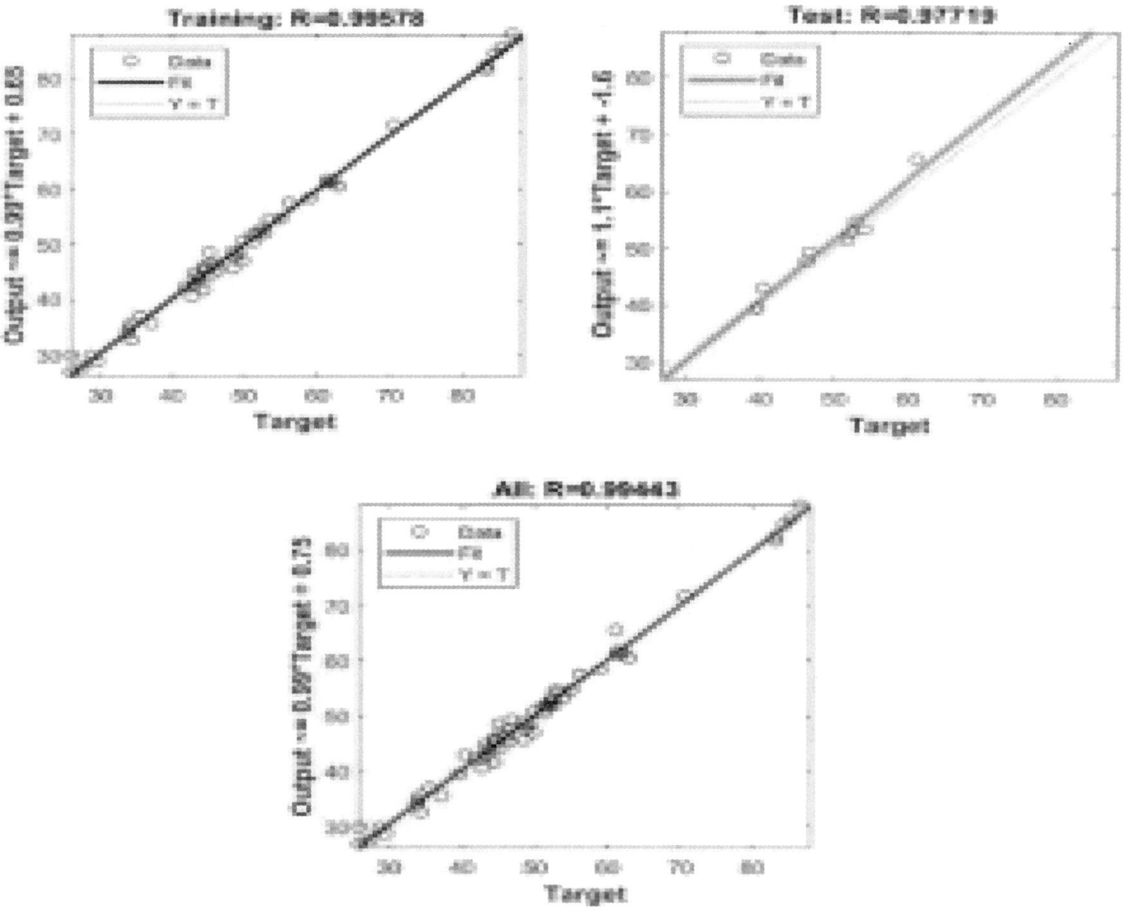

图 7　神经网络误差回归分析

将以上训练规则进行数据预测，编写命令流代码如图 8 所示：

在运用训练好的人工神经网络规则对 39 条出油管道的危险性评分进行预测，从图 9 可以看到：预测的危险性评分与计算的管道危险性评分趋势大致吻合，但是评分数据却有所差距，造成这一现象的原因主要是人工神经网络训练的样本数据太少(训练数据只有 59 条样本)，但影响每一条样本的因素却很多(每条样本的影响因素有 15 个)，同时就本文人工神经网络的算法而言，训练的次数较少且还不够成熟，但是如果在数据样本足够多的情况下，应用人工神经网络算法对管道危险性评分进行预测的话会起到事半功倍的效果。

```
命令行窗口
  144.0352

>>  % 写一个循环，预测接下来的39个样本的风险值
% 注意要将指标变为列向量，然后再用sim函数预测
predict_y = zeros(39,1); % 初始化predict_y
for i = 1: 39
result = sim(net5, YC_X(i,:)');
predict_y(i) = result;
end
disp('预测值为：')
disp(predict_y)
预测值为：
   61.3597
```

图 8　神经网络预测命令流

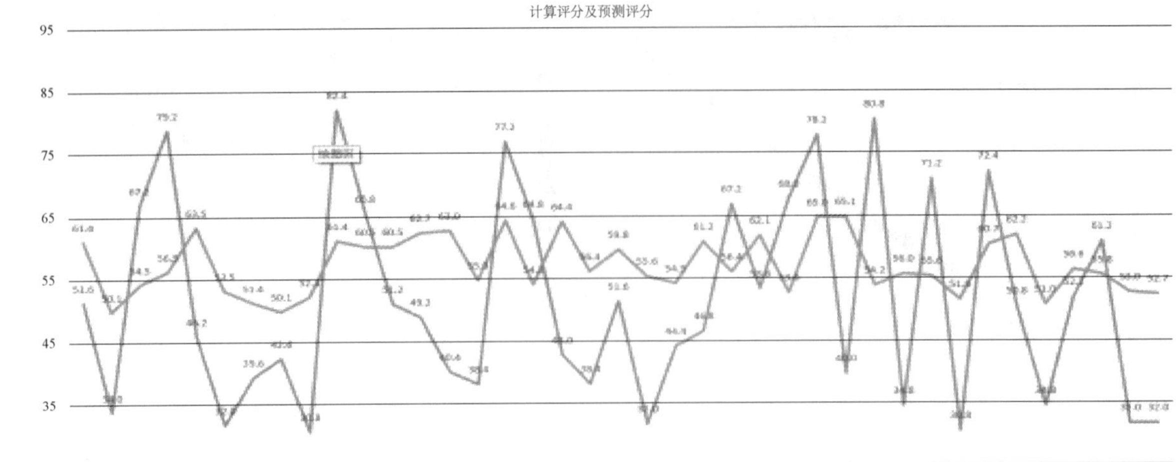

	1	2	3	4	5	6	7	8	9	10	11	12	13	14	15	16	17	18	19	20
系列1	51.6	34.0	67.2	79.2	46.2	32.0	39.6	42.6	30.8	82.4	65.8	51.2	49.2	40.4	38.4	77.2	64.8	43.0	38.4	51.6
系列2	61.4	50.1	54.5	56.5	63.5	53.5	51.4	50.1	52.4	61.4	60.5	60.5	62.7	63.0	55.0	64.6	54.3	64.4	56.4	59.8

	21	22	23	24	25	26	27	28	29	30	31	32	33	34	35	36	37	38	39
系列1	32.0	44.4	46.8	67.2	53.9	68.0	78.2	40.0	80.8	34.8	71.2	30.8	72.4	50.8	34.8	52.2	61.2	32.0	32.0
系列2	55.6	54.5	61.3	56.4	62.1	53.0	65.0	65.1	54.2	56.0	55.6	51.8	60.7	62.2	51.0	56.6	55.8	53.0	52.7

图 9　管道的危险性评分预测

4　总结

本文应用管道完整性理论，秉承从“点”到“体”的研究思路，基于大数据运行下采油工艺生产决策与风险管控系统中的“一线一策”管道完整性评价问题进行研究，结合某采油作业区下属 A 转油站、B 转油站所辖出油管道共计 59 条管道，58 个井组，217 口油井的管道运行风险进行完整性评分，同时运用 BP 人工神经网络算法对剩余 39 条出油管道危险性评分进行预测，形成了专门针对某采油作业区的管道完整性管理体系并得出如下结论：

（1）F、G、H、N2、AR 井组出油管道危险性评分已经达到 80 分以上，其中 AR 出油管道危险性评分最高，已经达到 86.8 分。说明此时该管道需要生产方面的重视，提前组织管道清水试压工作，以及加强管道日常巡护工作，以防管道原油渗漏。

（2）在计算模型二中除了 B 井组较模型一中的得分高 0.6 分以外，其余分值不同的 D、F、J 都比模型一中的得分低 0.6、1.8 和 6.4 分，尤其 J 井组分值之差超过了 5 分之多，而该管道危险性得分差异明显的原因是两种模型计算的综合矿化度差两倍之多，综合来看主要是 A11 系统里和采油日报表上单井含水和日产液量的不同造成危险性得分的差异。这也说明了管道完整性管理在前期基础资料数据录入准确的重要性。

（3）通过计算管道的危险性评分，对危险等级较高的管道提前进行清水试压，而对评分低的则不实施或暂缓实施清水试压作业以减少不必要的管道损伤及人力物力的浪费，同时应用本文模型分析计算的 65 条高风险管道在后期的清水试压作业中试漏 42 条，试漏率 64.6%，初步实现从大规模全覆盖式的管道清水试压运行模式向大数据分析下的精准试压模式的转变，真正做到由“事后被动维修”向“基于风险主动预先控制的完整性管理”的转变。

（4）在建立人工神经网络算法对出油管道进行危险性评分预测时，一定要建立在数据样本足够多的情况下，且在算法训练之初要合理设置输入节点数、神经元节点以及算法类型，这样才能保证神经网络算法预测数据和真实的数据误差在允许范围之内。

（5）清水试压对管道的损伤大，有目的性的清水试压才能更好的为管道运行服务；单井含水含盐以及液量数据的准确性对于出油管道的运行状况影响很大，采油工艺生产决策与风险管控系统中前期数据的采集录入直接影响管道完整性管理风险评分。

（6）采油工艺生产决策与风险管控系统中的“一线一策”只涉及出油、集油和输油管道模型，所以建立注水和集气管线完整性数据库、管道剩余寿命预测、以及优化智能算法模型对于采油工艺生产决策与风险管控系统的后期运行很有必要也十分重要。

参　考　文　献

［1］ASME B31. 8S—2001 输气管道完整性管理［S］，美国机械工程学会. 2002.

[2] 乔红东. 海底管道的完整性管理[D]. 哈尔滨工程大学, 2008.

[3] 黄维和, 郑洪龙, 吴忠良. 管道完整性管理在中国应用 10 年回顾与展望. 天然气工业, 2013(12): 1-5.

[4] Amaldos J, Casal J, Montiel Het al. Design of a Computer Tool for The Evaluation of the Consequences of Accidental Natural Gas Releases in DistributionPipes. Journal of Loss Prevention in the Process Industries, 1998, 11(2): 135-148.

[5] Cagno E, Caron F, Mancini M et al. Using AHP in Determining the Prior Distributions on Gas Pipeline Failures in a Robust Bayesian Approach. Reliability Engineering & System afety, 2000, 67(3): 275-284.

[6] 姚成玉, 陈东宁. 王斌. 基于 T-S 故障树和贝叶斯网络的模糊可靠性评估方法. 机械工程学报, 2011.

[7] Shahriar A, Sadiq R, Tesfamariam S. Risk Analysis for Oil & Gas Pipelines: A Sustainability Assessment Approach Using. Joumnal of Loss Prevention in the Process Industries, 2012, 25: 505-523.

[8] Koomneef J, Spruijt M, Molag M, et al. Quantitative Risk Assessmen t of CO_2 Transport by Pipelines—A Review of Uncertainties and Ttheir Impacts. Joumnal of Hazard ous Materials, 2010, 177: 12-27.

[9] Uijt de Haag PAM, Ale B J M. Guidelines for Quantita tive Risk Assessment (Purple Book). ReP: CPR18E, Netherland: Committee f or the Prevention of Disasters. 1999. 128-153.

[10] 潘家华. 油气管道的风险分析. 油气储运, 1995.

[11] Mirakyan A, Guio R D. Modelling and Uncertainties in Integra ted Energy Planning. Renewable and Sustainable Energy Reviews, 2015, 46: 62-69.

[12] Koomneef K, Spruijt M, Molag M, et al. Uncertain tiesin Risk Assessment of CO_2 pipelines. Energy Procedia, 2009, 1: 1587-1594.

[13] Muhlbaue W. K, Pipeline Risk Management Manual. USA: Gulf Professional Publishing. 2004.

[14] 帅健. 党文义. 狄彦. 输油管道的风险评价. 油气储运, 2009.

[15] 徐鑫桐. 庆哈管道完整性管理系统应用[D]. 东北石油大学.

[16] 蔡柏松, 王建康. 3DGIS 技术在管道完整性管理中的应用[J]. 天然气工业, 2013, 33(12): 144-150.

[17] Hitchcock C, Nishenko S, Lee C H. GIS-Based Seismic Ha zard Mappingfor Pipeline Integrity Management [J]. Internatio nal Pipeline Conference, 2006, 78 (15): 475-479.

[18] Fehr D. Potential Benefits of Date Integration for Pipeline Integ rity Management Programs[J]. Journal of Canadian Petroleum Technology, 2010, 49 (4): 17-20.

[19] 师剑鹏. 潜油电泵腐蚀性研究[J]. 内蒙古石油化工, 2013, 11: 33-35.

[20] 赵志峰. 长输管道腐蚀防护系统安全性动态评价方法研究[D]. 西安科技大学, 2017.

[21] SY 6186—2007. 石油天然气管道安全规程[S]. 北京: 石油工业出版社, 2007.

[22] 章博. 高含硫天然气集输管道腐蚀与泄漏定量风险研究[D]. 北京: 中国石油大学, 2010.

[23] 李清波, 李永明, 王海, 等. 精准试压模式的探索与应用[C]//第十五届宁夏青年科学家论坛石化专题论坛. 0[2023-09-25].

[24] 张航远. 基于大数据的油气田地面管线寿命分析与研究[D]. 中国石油大学(北京), 2019.

[25] McCulloch, Warren, Walter Pitts. A Logical Calculus of Ideas Immanent in Nervous Activ-ity[J]. Bulletin of Mathematical Biophysics. 1943: 5(4): 115-133.

[26] 艾娜, 吴作伟, 任江华. 支持向量机与人工神经网络[J]. 山东理工大学学报, 2005, 19(5): 45-49.

[27] 孙浩. 基于大数据的油气管道腐蚀诊断与预测[D]. 中国石油大学(北京), 2018.

工业实时数据库的发展及应用

杨　鹏[1]　颜　辉[1]　程　楠[2]　董文龙[2]　辛若家[2]

（1. 国家石油天然气管网集团有限公司油气调控中心；2. 昆仑数智科技有限责任公司）

摘　要　本文详细介绍了工业实时数据库的发展状况，阐述了工业实时数据库在石油、化工、冶金等行业的应用。分析了工业实时数据库与传统数据库的区别，对目前主流工业实时数据库分别进行了具体的描述和介绍，分析了工业实时数据库系统的架构设计，对系统的可拓展性、可移植性等主要特征进行了对比分析。最后以具体工程应用案例介绍了工业实时数据库的工程应用，分析了工业实时数据库的发展前景。

关键词　工业实时数据库；数据采集；数据存储；系统架构；MES 应用

1　前言

工业实时数据库目前主要应用在国家的重点企业中，如石油化工、冶金、环保、电力企业等行业。传统的数据库系统主要实现数据的存储以及检查数据的正确性，然而对于当下实时性要求越来越高的趋势，传统数据库已经不适用，如果利用传统的数据库来处理工业生产中的大数据，从数据的采集到存储、从数据的存储到查询都会产生较大的延迟，这无法满足现代企业的实时性要求。相对于传统的数据库系统，工业实时数据库可以实现生产过程的实时数据采集、存储和监视，实现生产过程优化，提高企业生产的效率，加强生产过程的安全性。

对于传统的数据库系统，外部应用程序将数据写入到数据中之后，针对这些数据将不再和数据库再有交互发生，然而在工业实时数据库系统当中，数据具有一定的时效性，也就是说数据的数值不再是固定不变的，而是会伴随着外部应用程序发生变化而进行改变的，数据库系统中的事务只能使用这些有效的数据，所以在工业实时数据库系统中，不仅要保持数据库内部数据的一致性，还必须考虑外部应用程序和数据库的一致性；同时要保持数据可应用程序的时间一致性。

从实现技术上来讲，数据的存储管理技术是工业实时数据库系统数据管理的一个关键技术，这是因为在传统的数据库中，数据库的性能主要是由读写瓶颈来决定的，它阻止了数据库系统性能的提高。但伴随着近几年数据技术的不断提高以及大量的动态存储器的使用，使得数据库从传统的外盘移入到内存中进行存储成为了可能。本文将具体介绍当前主流的工业实时数据库系统，并进行分析对比，最后总结工业实时数据的发展历程与发展趋势。

2　工业实时数据库系统发展概况

工业实时数据库是“两化融合”整体解决方案的核心，产品分布式的结构设计保证了发挥系统最大的运行效率，完全满足企业生产信息化、综合自动化系统、SCADA 生产调度系统、DCS/PLC 系统、能源管理系统、自动化监控系统等“两化融合”应用的需要。

现代化的智能工厂是利用工艺技术、自动化技术、信息技术、现代管理技术和智能技术将生产制造与业务信息系统进行综合集成，企业决策者通过管理驾驶舱就可以灵活快速的实现企业商业决策。运营管理人员可以通过管控一体化平台技术构建的生产实时运营管理系统来完成企业节能降耗、安全环保等生产运营目标。

工业企业在两化融合的大背景下，企业生产调度系统大规模集成整合与可视化进程速度加快，生产调度系统作为 MES 系统的核心，选用一体化数据平台进行深入数据挖掘已经成为必然。生产调度管理系统是以经济指标为目标，以生产过程优化运行、优化控制与优化管理为核心技术建立的企业模型，其中的企业级工业实时数据库和关系数据库一起构成了企业生产调度系统的数据支撑平台，对企业生产优化，提高运营水平起着极其重要的作用。

工业实时数据库可用于工厂过程的自动采集、存储和监视，可在线存储每个工艺过程点的多年数据，它提供了清晰、精确的操作画面，可以提供工厂模型、生产运营管理、设备运行管理、历史追忆、生产报表等多种调度管理模块，可以说，工业实时历史数据库对于流程工厂来说就如同飞机上的“黑匣子”，是智能工厂的关键。

工业实时数据库是一个高性能、高吞吐能力、可靠性强、跨平台的实时/历史数据库系统，可以用于采集、压缩、存储、加工、分析任何带有时间特性的生产信息，可以提供全系列的工业通讯接口及 ERP 业务接口，实现生产监控到调度管理的完美整合，极大地提高企业智能化及决策的精度和速度。

工业实时数据库的发展非常迅速，数据库厂商投入了大量人力物力进行深度开发与工程应用，以下介绍典型工业实时数据库的发展历程与特点。

2.1 YMatrix 时序数据库

YMatrix 时序数据库是北京四维纵横数据技术有限公司基于 Greenplum 与 PostgreSQL 研发的超融合数据库，基于多核数据库技术，实现一款数据库支持几乎所有数据类型的所有操作。主要应用在时序场景，同时支持在线事务处理(OLTP)、在线分析处理(OLAP)等经典场景。YMatrix 数据库架构如图 1 所示。

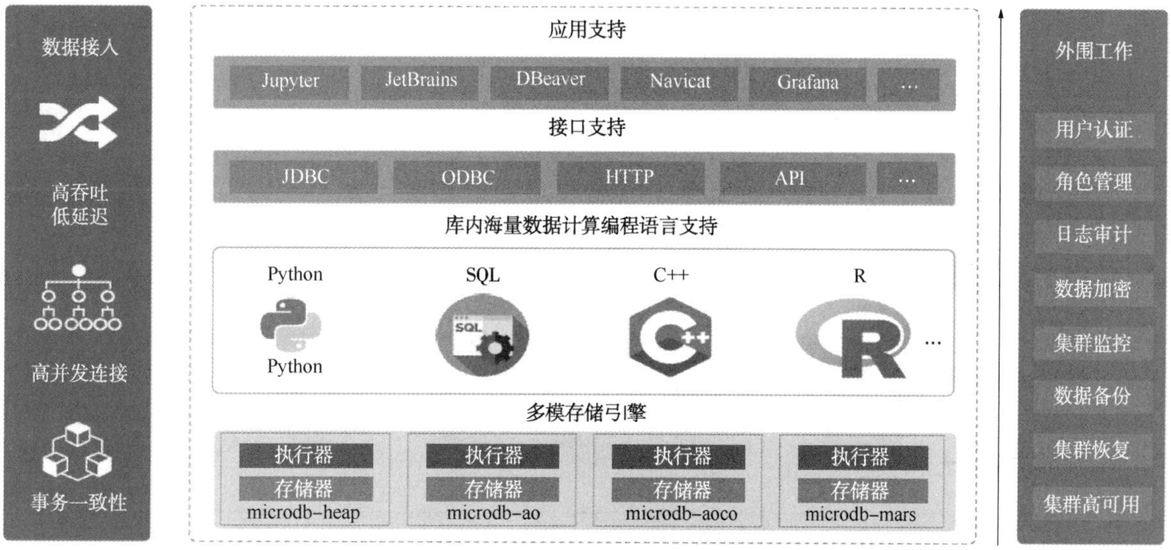

图 1　YMatrix 数据库架构图

2.2 Golden 实时数据库

庚顿工业级实时数据库管理系统(Golden Industrial Time Series Database Management System，简称 Golden 实时数据库)是北京庚顿数据科技有限公司推出的具有自主知识产权的工业基础软件产品，具有高可靠、高可用、高安全、跨平台、可伸缩的特性。庚顿实时数据库是立足于“以解决问题为核心”充分研究实时处理技术和数据管理技术融合领先的实时操作系统、自动化系统、安全防护系统、关系型数据库、NoSQL 数据库、计算引擎的相关技术，自主研发的产品。其系统架构如图 2 所示。

2.3 pSpace 实时数据库

pSpace 实时数据库是力控公司自主研发的企业级实时数据库，提供高速、海量的时序数据及资产模型服务，兼容跨平台操作系统，内置数千种工业通信协议，可有效地集成工业场景下的异构控制系统，具备强大的数据吞吐能力、存储速度、压缩比、并发访问量等高性能指标，可提供同级替换国外同类产品服务，保护用户数据资产，最终为企业构建云边协同、MES、工业大数据平台，提供数据支撑。pSpace 产品架构如图 3 所示。

2.4 ESP-iSYS 实时数据库

ESP-iSYS 实时数据库是浙江中控技术公司自主开发的企业生产管控软件，为流程企业提供统一的完整的数据采集、数据存储、实时监控和统计分析等功能，记录生产过程及控制状况，是企业生产管理的实时信息中枢。强大的数据管理功能适用于企业生产数据实时监控、信息化集成、SaaS 化应用等不同层级的生产场景，是企业建立数据中心的核心平台。ESP-iSYS 产品体系架构如图 4 所示。

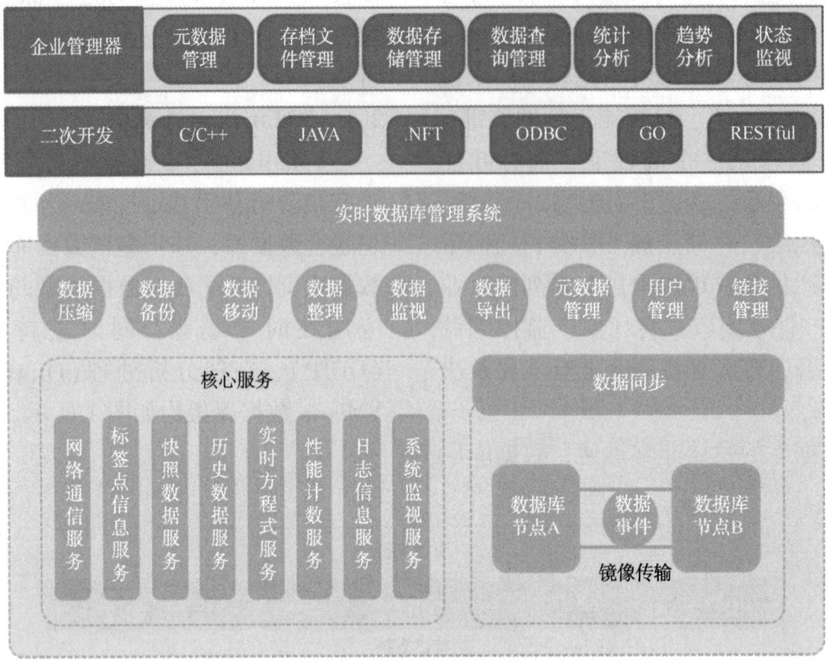

图 2　Golden 实时数据库架构图

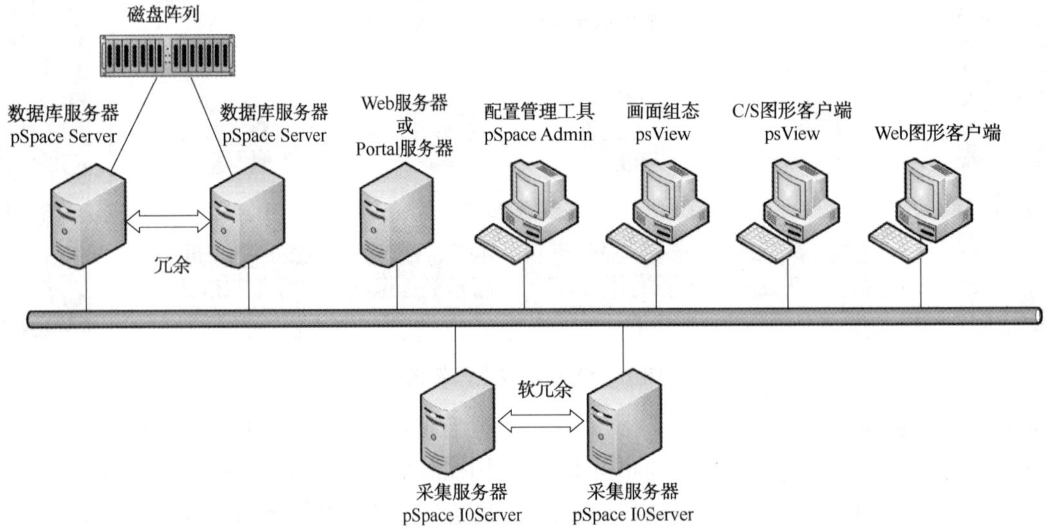

图 3　pSpace 实时数据库产品架构图

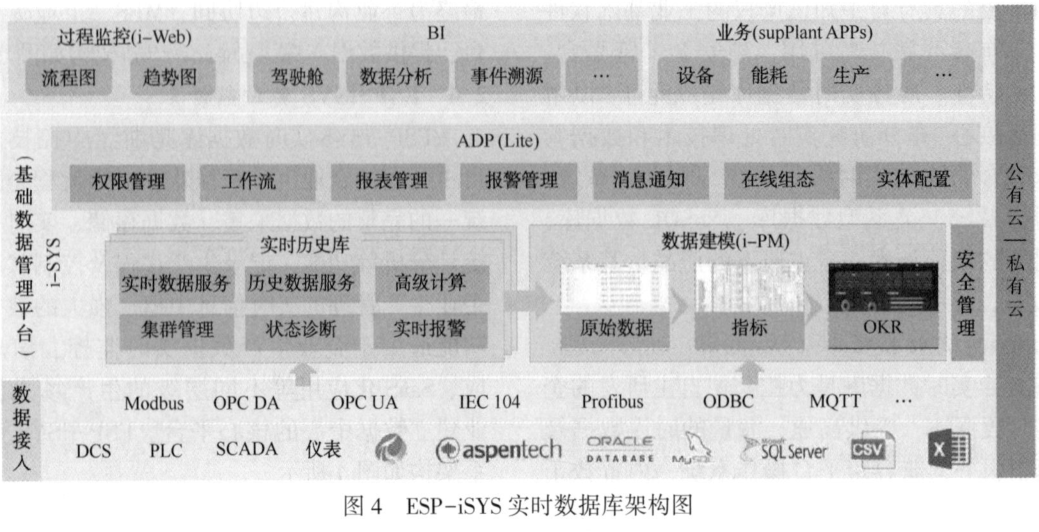

图 4　ESP-iSYS 实时数据库架构图

3　工业实时数据库应用

3.1　工业实时数据库在工业互联网领域的应用

在工业企业中，生产线处于高速运行状态，工业设备产生、采集和处理的数据量远远大于企业计算机和人工生成的数据，其中大部分是数据类型中的非结构化数据，生产线的高速运行也需要更高的实时数据，因此，工业大数据所面临的问题和挑战并不比互联网行业的大数据少，在某些情况下甚至更加复杂。

3.1.1　工业互联网生产线的大数据应用

现代化工业制造生产线安装有数以千计的小型传感器，来探测温度、压力、热能、振动和噪声。因为每隔几秒就收集一次数据，利用这些数据可以实现很多形式的分析，包括设备诊断、用电量分析、能耗分析、质量事故分析(包括违反生产规定、零部件故障)等。首先，在生产工艺改进方面，在生产过程中使用这些大数据，就能分析整个生产流程，了解每个环节是如何执行的。一旦有某个流程偏离了标准工艺，就会产生一个报警信号，能更快速地发现错误或者瓶颈所在，也就能更容易解决问题。

利用大数据技术，还可以对工业产品的生产过程建立虚拟模型，仿真并优化生产流程，当所有流程和绩效数据都能在系统中重建时，这种透明度将有助于制造商改进其生产流程。再如，在能耗分析方面，在设备生产过程中利用传感器集中监控所有的生产流程，能够发现能耗的异常或峰值情形，由此便可在生产过程中优化能源的消耗，对所有流程进行分析将会大大降低能耗。

3.1.2　生产计划与排程

制造业面对多品种小批量的生产模式，数据的精细化自动及时方便的采集(MES/DCS)及多变性导致数据量剧烈增大，再加上十几年的信息化的历史数据，对于需要快速响应的APS来说，是一个巨大的挑战。大数据可以给予我们更详细的数据信息，发现历史预测与实际的偏差概率，考虑产能约束、人员技能约束、物料可用约束、工装模具约束，通过智能的优化算法，制定预计划排产，并监控计划与现场实际的偏差，动态的调整计划排产。帮我们规避“画像”的缺陷，直接将群体特征直接强加给个体(工作中心数据直接改变为具体一个设备、人员、模具等数据)。通过数据的关联分析并监控它，企业就能计划未来。

3.1.3　可视化应用

企业管理驾驶舱能够将企业核心业务系统的各项关键数据通过大屏幕进行综合可视化展现，支持企业从安全生产、运营目标、节能降耗、管理KPI等多个维度进行日常运行监测与管理，并针对突发事件进行应急指挥调度管理，提供一个集运行监测、辅助决策、指挥调度、信息发布等多功能为一体的智能运营管理集成平台。系统提供基于web方式的三维可视化实时监控，支持地理信息系统、视频、移动智能的综合可视化集成。

3.2　工业实时数据库在高炉系统中的应用

工业实时数据库采用高效的事务调度策略实现多线程并发技术，利用工业数据的时序特点进行数据压缩保证实时性；针对内存、磁盘IO和网络吞吐的特点，进行多层级数据缓冲，实现了极高的数据IO异步并发存储性能；采用了独特的数据安全保护机制，在高速存储的情况下能够保证数据安全；实现了工控数据的采集、存储、检索、展示和分析功能。系统采用典型的C/S模式，功能架构如图5所示。

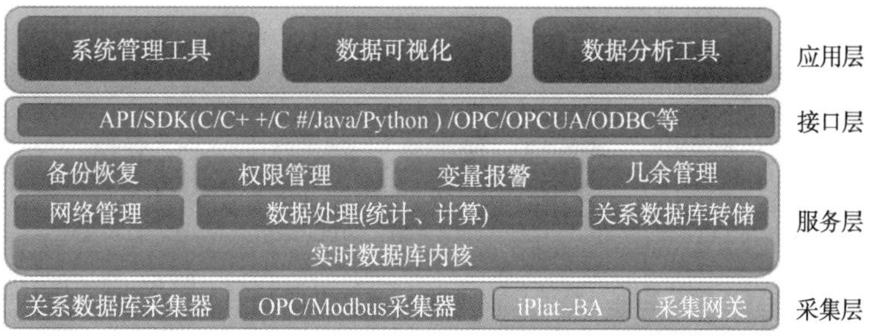

图5　高炉系统工业实时数据库架构图

3.2.1　数据采集子系统

采集层完成外部系统的数据采集工作，实现外部系统向本系统的数据转储；服务层提供最为核心的数据管理、数据源管理、网络管理等服务，在整个系统中发挥承上启下的作用；接口层实现对服务层的完整封装，以友好的接口形式供应用层或二次开发人员使用；应用层以表格、图形、动画等多种形式展示系统配置及系统数据。通过实时数据库完成对高炉本体及其附属系统的PLC及仪表数据采集与存储，并与关系数据库通过数据融合建立统一公共的数据平台。

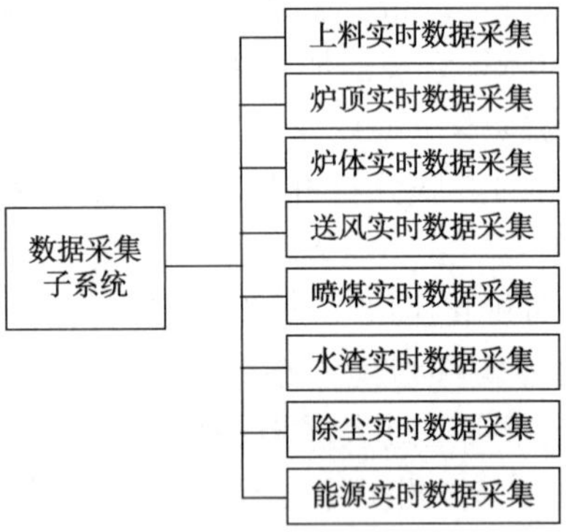

图6　高炉系统数据采集架构图

3.2.2　MES应用系统

钢铁企业面临着日趋激烈的竞争。降低成本，提高生产效率，快速响应市场，是钢铁企业不断追求的目标。要实现上述目标，必须把企业经营生产中的各个环节，包括市场分析、经营决策、计划调度、过程监控、销售服务、资源管理、财务管理等全部生产经营活动综合为一个有机的整体，实现综合信息集成，使企业在经营过程中保持柔性。MES（Manufacturing Execution System）是以工业实时数据库为核心，以经济运行和提高钢铁企业整体效益为目的，采用先进的计算机控制技术和适用的专业计算方法，实现整个钢铁厂范围内的信息集成与共享。

MES是连接钢铁厂管理信息系统MIS（Management Information System）或者ERP（Enterprise Resource Planning）系统和各种分散控制系统DCS（Distribution Control System）的桥梁，对于整个钢铁厂的安全稳定运行具有十分重要的意义。

高炉系统一般有高炉本体、热风炉、除尘、TRT、喷煤等多个子系统，每个子系统承担不同的生产分工，具有不同的生产过程，每个过程都有一些相关的过程控制系统。工业实时数据库的作用就是实时采集这些过程控制系统中的环境数据，进行统一的存储与管理，并提供开放的二次开发接口支持其他系统利用这些数据帮助钢铁企业改进生产管理，提高生产效率；同时，部分数据的分析与统计结果能够存储在实时数据库或者发布到关系数据库，提供给MIS或者ERP系统所用，帮助企业管理层进行准确及时的决策。

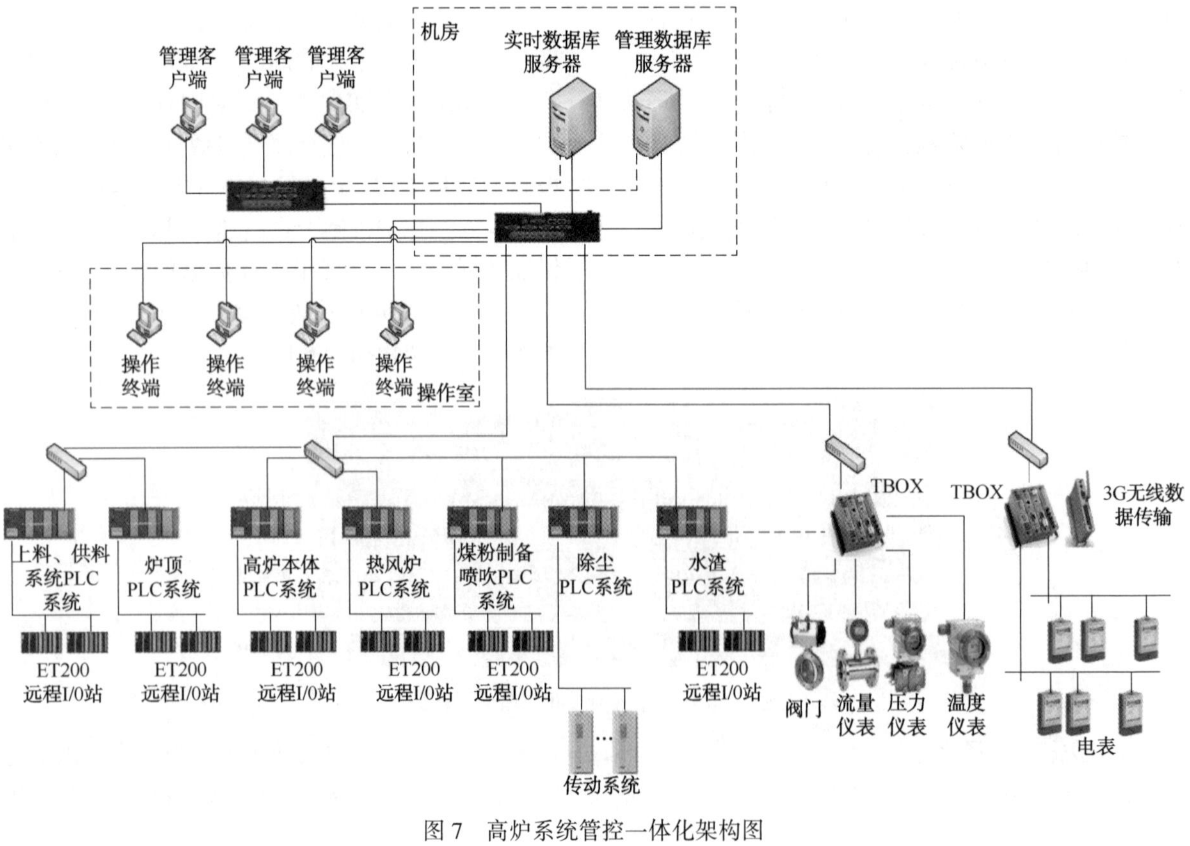

图7　高炉系统管控一体化架构图

3.3 工业实时数据库在化工流程中的应用

对于工业实时数据库在工业大数据平台的应用，工业实时数据库有效地集成了工业场景下的异构控制系统，具备强大的数据吞吐能力、存储速度、压缩比、并发访问量等高性能指标，可提供同级替换国外同类产品服务，保护用户数据资产，最终为企业构建云边协同、MES、工业大数据平台，提供数据支撑。化工流程工业实时数据库应用的架构如图 8 所示。依据该平台，实现了化工流程智能化管控应用。

图 8　化工流程工业实时数据库架构图

3.3.1 构建工业实时数据库系统硬件网络

• 采用先进的并行计算技术和分布式系统架构，采用容错服务器作为安全二区实时数据库服务器及办公区镜像服务器的硬件平台。部件级冗余的工业标准容错服务器，可靠性设计达到 99%以上；CPU、内存、I/O 设备、主板和电源等组件均采用冗余设计。

• 采用 DELL 小型机架式服务器作为采集机及接口机的硬件平台。采集机用于与 DCS 控制系统通讯，并将数据发送至物理隔离器的入口侧；接口机用于物理隔离器的出口侧接收数据，并将数据写入实时数据库。

• 采用物理隔离器划分为 4 个安全工作区：实时控制区、非控制生产区、生产管理区、管理信息区。安全区 Ⅰ 为实时监控系统或具有实时监控功能的系统。

• 建设实时数据库与现场各 DCS 控制系统网络光缆通讯，使现场 DCS 信号接入实时数据库内网服务器，以便传送实时生产数据。

3.3.2 设备运行信号监测自动系统

建立设备智能监测诊断平台，采用模块化设计，定制开发设备组态模块、采集模块、显示模块、报警模块、分析模块、故障模型建立、移动端 APP、报告模块等功能模块；在服务器布署智能算法和管理软件；软件系统具备标准协议和接口，能够读取外部数据。以离心机为例，根据现场环境，数据采集、传输、存储等需求，在离心机上安装轴振动加速度传感器、磁吸式温度传感器及网络传输等硬件设备，实现了离心机轴温及前后轴振动的实时监测。设备运行信号监测系统运行后，将采集到的振动、温度等模拟信号在现场完成模数转换、数据边缘计算，然后将数字信号传送到集散控制系统中，再通过服务器传入调度系统数据库，形成大数据用于进行设备运行趋势及频谱分析。

3.3.3 实现企业监控的智能化、预警化和多元化

企业高效、清晰的监控是保证企业安全生产的重要基础和保证，通过网格化的管理模式依托企业智能化管理平台，通过移动端、PC 端和微信公众号实现对企业生产装置和现场的实时在线监管，实现全方位、各路段和全厂区的监控，实现对现场的精准化的在线关注、实现及时发现、及时处理，从而提高安全事故的处理效率和精准化管理。

4 工业实时数据库系统发展趋势

由于信息化的发展，对于工业实时数据库的需求正稳步上升，出于安全稳定运行的角度考虑，工业实时数据库正在逐步取代传统的数据库，对企业生产流程进行统筹，提升企业的信息化水平。在数据库中，最重要的核心工作就是处理各种事务，这些事务具有内部和外部的不同的关系，作为系统来说，就是在保证事务在完成的时候，保证内部事务能够持续的进行，其核心的工作的主要任务是在事务进行调度的时候，对多个并发执行的事务之间的数据，内存资源进行调度，通过这些调度，来进行数据库的合理使用，但是从另一个方面可以看出，数据库调度的好坏，对数据库功能和性能具有一定的影响，这些影响在工业实时数据库的调度中必须要进行考虑。总体而言，工业实时数据库系统的发展趋势主要包括：

4.1 分布式数据库技术

面对日益增长的工业大数据和实时控制的需求，单一数据库系统的性能和扩展性受到限制，分布式数据库技术引入了一种新的思维方式，通过将数据存储在不同的服务器节点上实现性能提升和高可用性。新一代分布式实时数据库技术，在保持高可用性和一致性的同时，实现了对工业大数据的快速处理能力。这些技术支持横向扩展、数据冗余和故障恢复等特性，为大工业大数据时代的数据综合提供了强大支持。

4.2 实时处理技术

在大数据时代，对数据的实时处理已经成为工业企业的关键需求。传统的数据库技术无法满足这一需求，实时处理技术的应用助力工业实时数据库在处理海量数据的同时实现低延迟的查询和分析。流处理技术如 Apache Kafka 和 Apache Flink 作为实时处理技术的代表，支持将实时流式数据处理与离线批处理相结合，帮助企业实时获取海量数据背后的价值。

4.3 工业大数据云端存储

云计算和云服务的普及使得云数据库逐渐成为实时数据库技术的主流方向。云数据库提供了高度弹性、易于管理和按需付费等优势，极大地降低了企业的运维成本和技术门槛。公有云和混合云上的云数据库产品如阿里云 rds，腾讯云，华为云 rds，为用户提供了丰富的选择空间。随着数据安全和隐私保护法规的日益完善，云数据库也将在全球范围内得到广泛应用。

4.4 实时数据库技术与人工智能的融合

人工智能技术的应用已经深入到工业领域的各个方面。如何利用人工智能技术，如机器学习、自然语言处理等，实现智能化的实时数据库性能优化和管理成为业界关注的焦点。现代工业实时数据库系统已经开始通过自动化调优、智能索引以及智能压缩等手段，提升系统的性能和响应速度。这种新兴趋势将会继续推动数据库技术的创新发展。

4.5 边缘计算与实时数据库技术

随着物联网和移动互联网的迅猛发展，数据产生的速度和数量呈现出爆发式增长。边缘计算应运而生，将计算和存储任务从数据中心转移到网络边缘。边缘数据库技术在此基础上兴起，目标是实现数据的近源处理，降低时延并减少带宽消耗。将来，边缘数据库技术将与云数据库和传统数据库技术形成互补，共同构建大数据时代的数据库生态。

4.6 日趋激烈的国际竞争

工业生产系统的安全性给工业实时数据库系统带来了冲击与挑战，数据库系统一旦被攻击，其最大的优势实时性将会引发极大的危险性。因此，提高工业实时数据库系统的安全性与抗冲击性，是另一急需发展的方向。如何立足于工业应用领域，充分考虑工业应用系统运行的特点，实施过程中紧密联系行业应用现状，合理地运用这些先进的计算机理论和技术，规避相应的风险，具有重要的意义。

5 总结

本文介绍了目前主流的工业实时库数据系统，系统地描述了不同工业实时数据库的架构、

接口、模块功能等，分别分析了工业实时数据库系统的优势与不足。阐述了工业实时数据库系统的可拓展性、安全性等主要特征，最后分析了工业实时数据库系统的潜在发展前景与巨大的发展空间。当前工业领域面临巨大的挑战，加快产业转型升级，推进“智能制造”及“工业互联网”建设，推动设备、系统与平台等之间数据互联互通，实现对生产制造过程的实时监控、分析与科学决策，提升生产效率，提高产品质量、资源能源利用率及生产安全水平，实现智能化生产已经是工业大数据应用的发展方向。

参 考 文 献

[1] 王子宗，王基铭，高立兵．石化工业软件分类及自主工业软件成熟度分析[J]．化工进展，2021，40(4)：1827-1836.

[2] 张志强，徐泉，刘文庆，等．分布式实时数据采集与传输系统的研究[J]．控制工程，2020.

[3] 董小玲．实时数据库在炼化企业中的管理与维护[J]．信息系统工程，2013(4)：55-56.

[4] 唐军沛，唐斌．配用电云平台分布式实时数据处理技术研究[J]．机械与电子，2020，38(11)：14-16.

[5] 张涛．基于实时数据库的炼铁生产调度系统[J]．数字技术与应用，2011(3)：100-101.

[6] 罗俊，于水，杨维，等．实时大数据挖掘系统的设计与实现[J]．计算机应用与软件，2020，37(3)：57-60.

[7] 崔春莉．实时数据库系统研究综述[J]．山西煤炭管理干部学院学报，2012，25(4)：154-155.

基于工程数据的天然气管道焊口质量智能诊断方法

王　琳[1]　毛志豪[1]　梁守才[2]　马廷霞[1]　轩　恒[3]　胡　成[1]

（1. 西南石油大学机电工程学院；2. 中国石油辽河油田分公司油气集输公司；
3. 国家管网集团西南管道有限责任公司）

摘　要　天然气管道焊口质量的排查是通过逐一开挖来实现的，这导致了管道运营成本过高和排查效率过低。利用高效的焊口质量诊断方法对确保焊接管段的服役安全具有重要的工程意义。为此，提出了一种利用人工智能快速诊断天然气管道焊口质量的方法。为了提高模型的计算效率，使用了方差选择法和相关系数图从中选取了15个焊口特征，包括管节长度、机组、对口形式、站间段等。基于随机森林建立了天然气管道焊口质量智能诊断模型，并使用贝叶斯优化器进行参数优化。采用未训练的工程数据对模型进行验证，并与支持向量机、决策树和K近邻算法进行性能对比。结果表明：利用随机森林对焊口工程数据进行质量诊断具有较高的准确率，能够为在役天然气管道焊口的排查工作提供可靠的依据。

关键词　焊口质量；工程数据；随机森林；贝叶斯优化；质量诊断

天然气输送管道建设在我国能源工程中占有极为重要的战略地位，被称为国家的能源动脉。随着天然气管道工程建设的扩大以及在役管道的服役时间不断增加，这导致了管道泄漏和爆炸等事故的发生几率增加。管道焊缝作为长输管道系统中的薄弱环节，其质量直接关系到管道运输的安全可靠性，对在役天然气管道焊口的质量进行诊断具有实际的工程意义。目前天然气管道焊口质量的检测诊断主要通过两种途径，一方面是通过内检测方法，内检测是通过管输介质驱动检测器在管道中运行该方法能检测管道的损伤情况，但存在信息丢失的风险，因此其准确性往往不够，只能为诊断提供一定参考；另一方面是通过外检测方法，外检测需通过开挖工程进行验证，虽然外检测准确性较高，但存在低效率和高消耗的问题。此外，诊断过程需要考虑的因素较多，对技术人员要求苛刻且难以保证效率。因此，需要通过一种简单且高效的方法对天然气管道焊口质量进行诊断。

目前，以机器学习和深度学习的信号检测和质量检测成为了机械工业领域的热门研究方向，如滚动轴承故障诊断、航空发动机故障检测等。该方向也被引入到焊接领域，Chen 等人通过一种焊接过程特征数据处理的机器学习算法，预测了焊接接头质量方面的有效性和可用性。Günther 等人通过把深度学习、一般价值函数预测和强化学习结合，解决了激光焊接过程中难以掌握的问题。Nan 针对焊接缺陷和焊接质量的分类提出了混合数据挖掘的方法，并且可以为焊接缺陷提供预测的功能。Akbar 等人利用机械学习中决策树算法，构建了分类的框架，对质量缺陷进行了自动分类。Ratnayake 通过统计算法与焊接工艺规范相结合，找出了影响焊接质量的因素，以此提高了焊缝的质量。Wu 通过把视觉传感系统和极限学习方法结合，设计出一种控制模型，可以高精度评估焊缝的深度。Mongan 等人通过混合机器学习模型对超声波焊接接头的搭接剪切强度进行了预测，并通过预测模型找出工艺参数与剪切强度的关系，为焊接领域开发了一种稳定的方法。Zhao 等人创建一种 GA-ANN 模型，用来预测超声波焊接接头的强度，强调了多种输入的重要性，这些输入共同影响着强度。赵丽等人通过 C5.0 改进的决策树算法分析压力容器焊接工艺工程各参数对焊接的影响，挖掘出了能够提高焊接质量的工艺参数，降低了焊接缺陷产生的概率。刘羽佳通过融合 SVM、RF、二维 CNN 网络构建了多模型融合故障诊断模型（MMF），并且通过 MMF 模型对焊接工艺进行了故障诊断及故障溯源，为回流焊的工艺提升提供了宝贵研究经验。

虽然上述研究在焊接故障预测和诊断领域已有应用，但是并没有通过多源异构的工程数据来进行焊口质量的智能诊断，并且这些异构特征之间的相互影响和关联关系，在已有的研究中仅针对某一维度进行了讨论，如焊接工艺，并没有从多维度进行研究。针对这一系列问题，本文提出一种基于工程数据的天然气管道焊口质量智能诊断方法。首先对焊口建设初期的多维度工程数据进行清洗和提取，再利用贝叶斯优化的随机森林模型(RFC)进行诊断，与支持向量机(SVM)、决策树、K近邻算法(KNN)模型进行性能对比，并通过测试集和袋外数据对模型进行验证，最后分析各特征的重要性。

1　理论方法

1.1　随机森林

随机森林算法可解决回归问题和分类问题，解决分类问题时，随机森林通常称为 RFC (Random Forest Classification)。随机森林算法是由 Breiman 在 2001 年正式提出，本质是由一种袋装法与分类回归树共同构建的机器学习算法。随机森林算法可以估计遗失的资料，并且，如果有很大一部分的资料遗失，仍可以维持准确度。且随机森林中因 Bootstrap 抽样的特性，会有 36.8%的样本未进入采样集中，称为袋外数据(oob)，这部分样本可作为模型的验证集。随机森林模型的构建过程如下：

(1) Bootstrap 采样方法：将数据按照比例分为训练集和测试集，将训练数据集记作 D，采用 Bootstrap 方法从训练集中抽取 N 次(N=1，2，3，…，n)，形成 N 个独立分布的训练集 D_N。

因每个 D_N 都只能取有限个离散随机变量，则概率分布为：

$$P(D_N)=P_j,\ j=1,\ 2,\ 3,\ \cdots,\ n \tag{1}$$

D_N 的信息熵则为：

$$H(D_N)=-\sum_{j=1}^{n} p_j \log_2 p_j \tag{2}$$

假设 D_N 中选择含有 M 个取值的特征因子 A，就可以根据这个取值划分 D_N 并且算出各自的信息熵，记作 $Gain(D_N,\ A)$：

$$Gain(D_N,\ A)=H(D_N)-\sum_{M=1}^{M}\frac{|D_N^M|}{D_N}H(D_N^M) \tag{3}$$

D_N 在特征因子 A 对应的信息增益率记为 $GainRatio(D_N,\ A)$：

$$GainRatio(D_N,\ A)=\frac{|D_N^M|}{D_N}H(D_N^M) \tag{4}$$

$$H_A(D_N)=-\sum_{|D_N|}^{|D_N^M|}\log_2\frac{|D_N^M|}{|D_N|} \tag{5}$$

(2) 通过 N 个数据集分别建立无处理的最大限度的决策树，随后根据式(3)算出随机选出的特征因子所含有的信息增益熵。

(3) 计算出各信息增益熵后，对其中最大信息增益熵的候选特征因子进行分裂，再根据式(3)计算信息增益熵。

将基于原始数据建立的诸多用来特征识别的决策树组建起来形成 RFC 模型。然后利用该模型对焊口数据进行特征识别分类，森林中的决策树通过投票的方式，选择最优的分类预测，结构如图 1 所示。

1.2　贝叶斯优化器

贝叶斯优化是一种全面优化的算法，目标是找到全局的最优解。主要包含概率代理模型和采集模型，概率代理模型主要使用高斯过程模型来生成，而采集函数则是利用置信边界策略来构造。贝叶斯定理表达式如下：

$$p(f|\ D_{1:t})=\frac{p(D_{1:t}\ |\ f)p(f)}{p(D_{1:t})} \tag{6}$$

式中，f 为目标函数；$D_{1:t}$ 为已观测结合；$p(D_{1:t}\ |\ f)$ 为 y 的似然分布；$p(f)$ 为 f 的的先验概率分布；$p(f|\ D_{1:t})$ 为 f 的后验概率分布。

1.3　特征重要性评估

特征重要性评分又称为变量重要性评估(Variable Importance Measures)，对于数据驱动模型，诊断变量的数量对于模型的稳定性起着至关重要的作用。在随机森林模型下进行特征重要性评分的思想主要是计算出每个特征在随机森林中每颗树上所做贡献的多少，然后计算出平均值，最后比较特征之间平均值的大小。这个贡献由基尼指数(Gini)作为衡量指标，计算方法如下：

设有 k 个类别，p_k 表示第 k 个类别的权重，则：

$$Gini(p)=\sum_{k=1}^{k}p_k\cdot(1-p_k)=1-\sum_{k=1}^{k}p_k^2 \tag{7}$$

对于特征 j，在节点 m 上的计算：

$$VIM_{jm}=GI_m-GI_l-GI_r \tag{8}$$

其中 VIM_{jm} 表示特征 j 在 m 上的基尼指数变

化值，GI_m 表示分枝前的基尼指数，GI_l、GI_r 表示节点 m 后的新基尼指数。

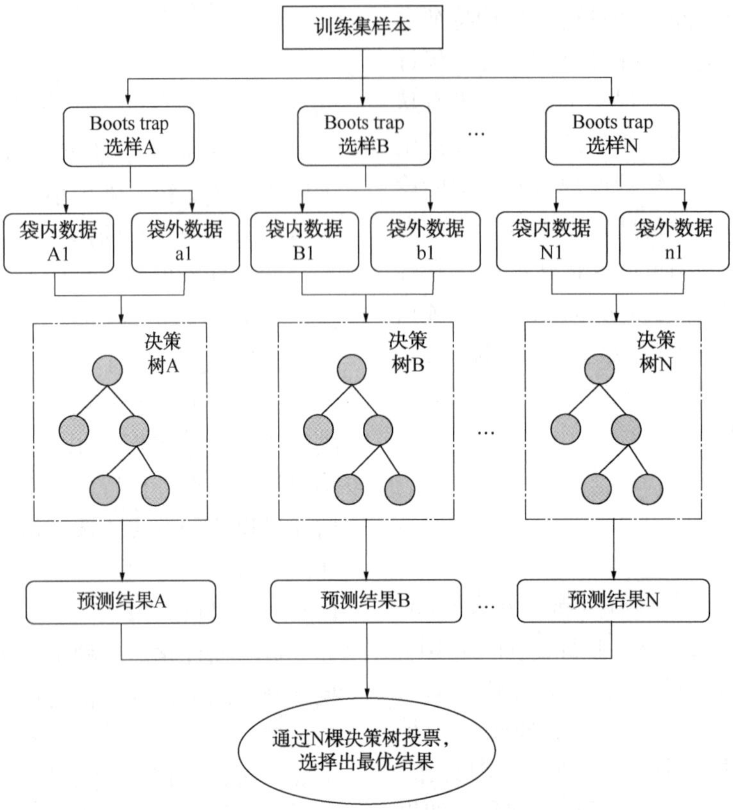

图 1　随机森林结构图

然后计算特征 j 在第 i 棵决策树的基尼指数变化：

$$VIM_{ij} = \sum_{m \in M} VIM_{jm} \tag{9}$$

其中 M 是特征 j 在第 i 棵决策树中出现的节点集合。

那么若有 n 棵决策树，则特征 j 的总基尼指数变化量为：

$$VIM_j = \sum_{i=1}^{n} VIM_{ij} \tag{10}$$

特征 j 的贡献量归一化后的值即为特征 j 的重要性评分，计算方法如下：

$$VIM'_j = \frac{VIM_j}{\sum_{i=1}^{c} VIM_i} \tag{11}$$

1.4　模型性能评估

选择五种性能指标评估模型性能，包括：准确率(Accuracy)、查全率(Recall)、精确率(Precision)F-score 以及接收特征曲线-曲线下面积(ROC-AUC)，并且通过袋外数据作为验证集，对诊断方法进行验证。计算公式如下：

$$Accuracy = \frac{TP+TN}{TP+FP+TN+FN} \tag{12}$$

$$Recall = \frac{TP}{TP+FN} \tag{13}$$

$$Precision = \frac{TP}{TP+FP} \tag{14}$$

$$F\text{-}score = \frac{(\alpha^2+1)(Recall * Precison)}{\alpha^2(Recall+Precison)} \tag{15}$$

其中 TP 表示预测为真，实际为真的数量；TN 表示预测为假，实际为假的数量；FP 表示预测为真，实际为假的数量；FP 表示预测为真，实际为假的数量。其中 α 是控制判定倾向的，通常取值为 1。ROC 是一个概率曲线，AUC 表示一个可分度或测度。

2　管道焊口质量诊断流程

工程记录数据通常来自多个数据源，将导致数据质量低，并且在数据的记录中，通常存在不完整、不一致、受到噪音的侵扰等问题，所以数据预处理是利用工程数据前不可缺少的一步。首先，通过数据预处理，将工程文本类数据进行清洗，主要将文本类数据进行特征重建、时间类数据进行量化处理、异常值及空缺值进行剔除。随后对清洗后的数据进行降维处理，主要通过低方差滤波及相关性热力图进行降维处理。其中低方差滤波方法是将低方差的特征进行剔除，通常低方差所携带的信息量较少；相关性热力图是通过计算变量间的相关性大小，高相关度的特征的剔除可以防止模型过拟合，通过公式(16)计算得到。

$$\rho_{x1x2}=\frac{Cov(X_1,\ X_2)}{\sqrt{DX_1,\ DX_2}}=\frac{EX_1X_2-EX_1*EX_2}{\sqrt{DX_1,\ DX_2}} \tag{16}$$

式中，ρ 为相关系数；Cov 为协方差；E 为数学期望。

将预处理后的数据划分为训练集和测试集输入到基于贝叶斯优化器优化的随机森林模型中，训练集用于模型的训练以及可靠性的验证，测试集用于模型性能的验证。通过五种性能指标，对方法性能进行评估。最后对特征重要性进行分析验证，完成天然气管道焊口质量的智能诊断，流程如图 2 所示。

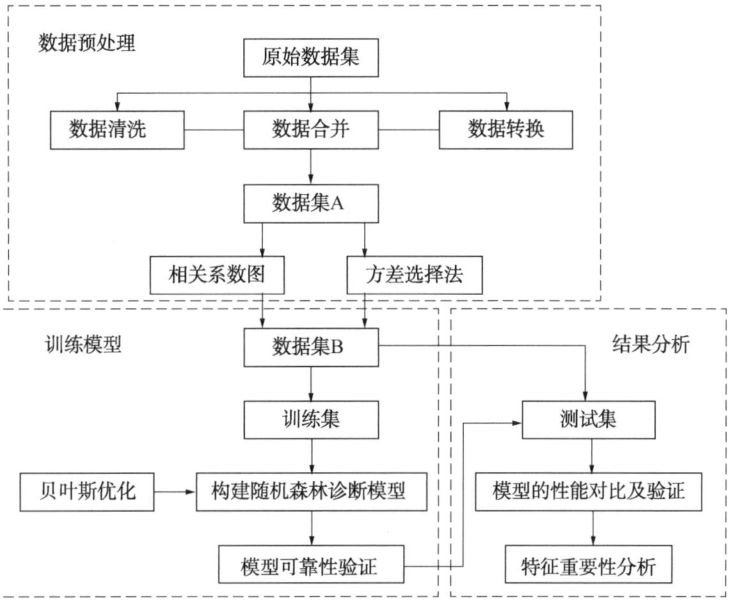

图 2　焊口质量诊断流程

3　实例实例

本文研究是通过对某公司近几年来天然气管道环焊缝排查工作成果开展的，对排查的原始数据进行调研，从建设初期数据、射线底片排查数据、内检测情况、地形情况以及地灾情况 5 个数据维度中的得到了 64 个字段信息，表 1 中展示了部分字段信息。

表 1　原始样本数据集

字段信息	类别(维度)	变量名称
64 个字段信息(影响焊口质量的因素)	建设初期数据	管节长度
		机组
		站间段
		返修口
		对口形式
		……

续表

字段信息	类别(维度)	变量名称
64 个字段信息(影响焊口质量的因素)	射线底片排查数据	原评缺陷
		无损检测单位
		监理单位
		原评等级
		……
	内检测情况	严重程度
		环向长度
		时钟方位
		几何变形情况
		……
		高风险地区
	地形情况	地区等级
		是否上坡
		……
	地灾情况	防护措施
		地灾
		是否修复
		……

3.1 数据处理

对64个字段的原始数据先进行数据预处理，对其中的空缺值、重复值等进行剔除，将原始数据信息转化为模型能够识别的编码，且在这64个特征中存在冗余信息，需要对数据进行降维处理。首先利用方差选择法对数据进行特征提取，在64个特征中先提取19个特征出来，将方差选择法提取的特征，通过相关系数计算出各个特征之间的相关度，结果如图3所示：

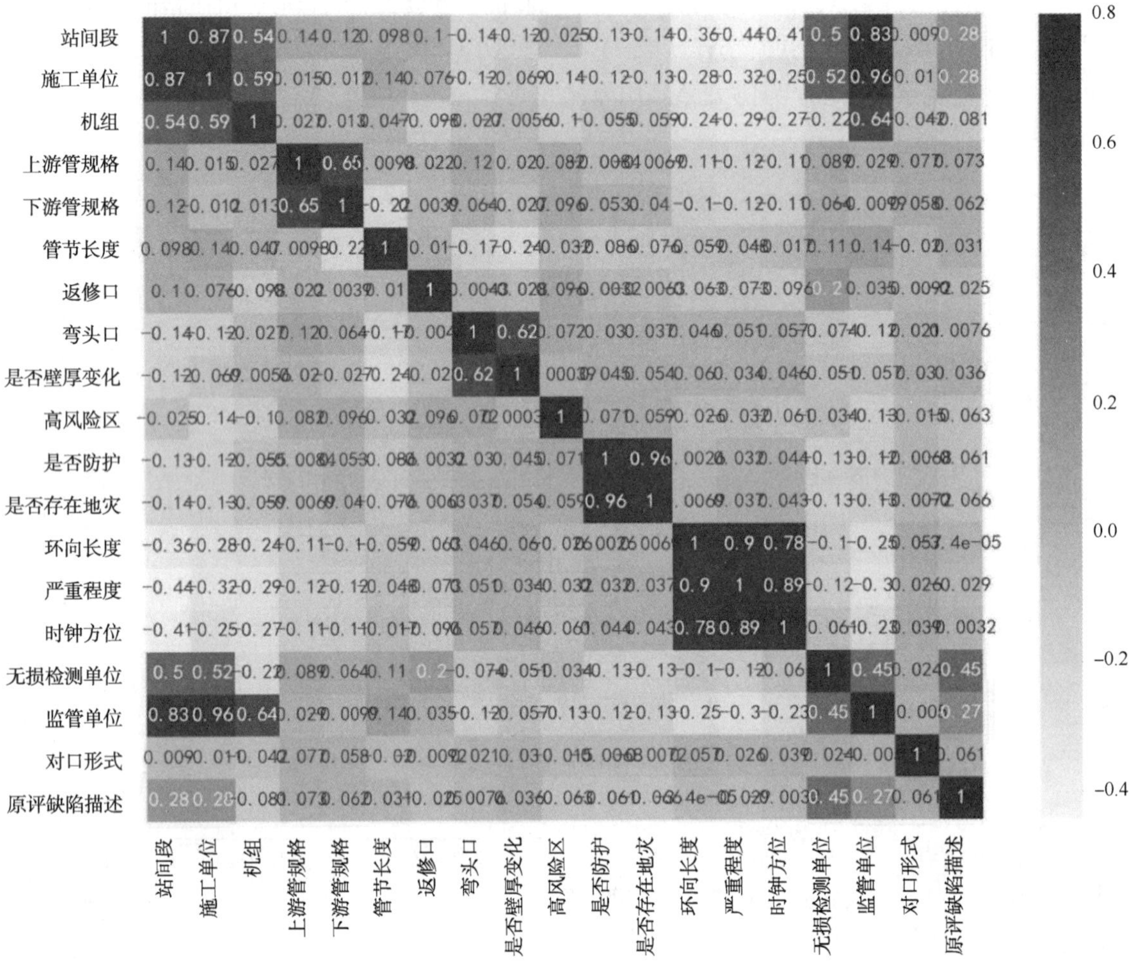

图3　特征之间的关联度

由图3可知，方差选择法提取的19个特征之间任存在着较强的相关性，为了避免相关性较强的特征对模型的诊断产生严重影响，通过热力图对19个数据进行再次降维。通过图3可以看出监理单位、站间段和施工单位相互间都有着较强的相关性，结合工程专家意见，保留监理单位和站间段，去除施工单位；环向长度、时钟方位和严重程度同属于内检测数据，只保留其中严重程度这一特征即可；防护和是否存在地灾的关联度达到了0.96，保留是否存在地灾的特征，以防止模型发生过拟合现象。

3.2 模型参数设定

随机森林模型参数众多，但最主要的参数包含：决策树个数(n_estimators)、分裂内部结点所需要的最小样本量(min_samples_split)、单个决策树使用特征的最大数量(max_features)、树的最大深度(max_depth)。利用贝叶斯优化器对4个参数进行的迭代分析，迭代次数设置为50次，通过迭代，得到了最佳的参数设置，n_estimators = 210、max_depth = 15、min_samples_split = 2、max_features = auto。

3.3 模型诊断结果及验证分析

设定好参数后，将降维后的数据输入到模型中，在此过程中，正常或故障数据集共有2646个，训练集和测试集样本个数分别为2116、530，训练集用于随机森林的构建与学习，测试集用于评估所使用模型的性能。

为了保证模型在训练的过程中未发生过拟合现象，通过 10 折交叉验证的结果来进行验证。确保模型的可靠性，如图 4 所示。从图中 10 次交叉验证的结果可以看出，模型的准确率保持在 90%左右，说明模型未发生过拟合现象，具有较高的可靠性。

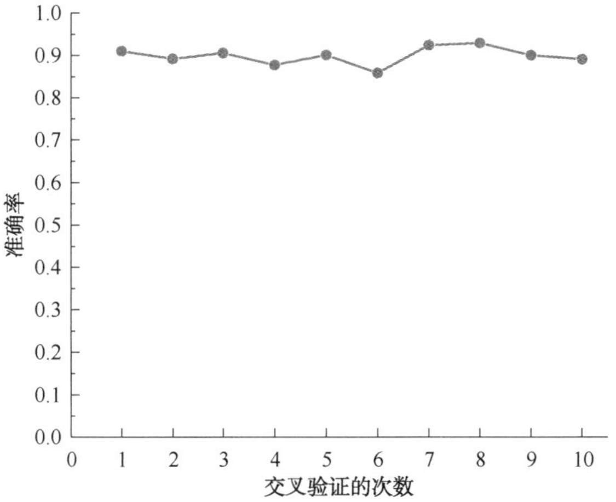

图 4　RFC 模型 10 次交叉验证的结果

为了更好地验证所选模型的性能，通过与决策树模型、SVM 及 KNN 模型进行对比，模型评估得分对比结果如表 2 所示。表 2 的四种性能是测试集的结果输出，测试集数据未参与到模型的学习中，以待诊断的形式存在，可以作为方法可行性的验证途径之一。结果表明，随机森林模型对于该数据有较高的诊断结果，相较于其他三个模型，随机森林模型诊断性能最佳。

表 2　模型性能得分对比

模型\评估方式	Accuracy	Precision	Recall	F1-score
SVM	0.48	0.45	0.49	0.34
决策树	0.86	0.84	0.88	0.86
KNN	0.81	0.83	0.80	0.80
RFC	0.91	0.90	0.91	0.90

此外，为了进一步验证随机森林模型的性能，我们使用 ROC-AUC 进行评估，如图 5 所示。可以观察到，随机森林模型在焊口质量诊断中的曲线下面积(AUC)为 0.94，并且曲线接近于(0，1)点。与 KNN、决策树以及 SVM 的 ROC-AUC 结果相比，随机森林模型表现更优。这些结果证明了随机森林方法在焊口质量诊断领域具有较好的性能。

在对模型的性能验证后，则可以通过模型中

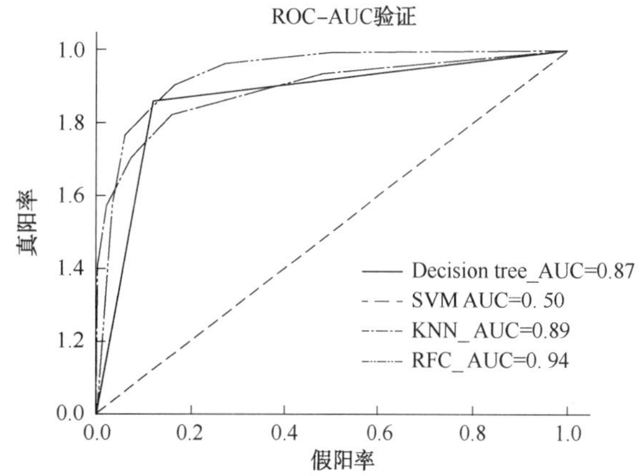

图 5　RFC 诊断焊口状态的 ROC 曲线

GINI 指数计算出各特征重要性，计算结果如图 6 所示，纵轴是特征类别，横轴是特征重要性值。从图 6 中可以看出建设期相关数据的影响较大。其中原评缺陷描述特征对于焊口质量的诊断影响最大，原评缺陷特征是管道焊口形成初期，射线检测排查出存在的缺陷，一定为最直接影响焊口质量的特征，不同缺陷及同种缺陷的严重程度都会造成不同的影响。机组特征和管节长度特征的特征重要性值也都超过了 0.1，其中机组指是施工单位人为现场划分，包含具体施工人员和相关器械，不同机组，所焊的焊口质量各有优缺，直接影响焊接工艺，所以天然气管道修建初期机组是决定焊口质量的重要因素；而管节长度体现的是管节的类型，较短的管节通常为弯头或弯管，弯头或弯管处更容易发生应力集中。

随后的高后果区特征、站间段特征、监理单位特征、无损检测单位特征、对口形式特征、及上下游的钢管规格特征的特征重要性值都超过了 0.05，其中高后果区通常为人口密集区，所处地势较好，对于焊接的施工更为方便，其质量相对更好；站间段指工艺站之间的距离，起工间段施工组的熟练程度相较于后间段较生疏，焊接的质量相对较差；监理单位特征和无损检测单位特征中，不同单位的人员和施工标准有所不同，对焊接质量的把控不同；对口形式特征中，对口处多处于特殊地段，如公路等，施工难度增加；钢管规格主要影响为壁厚，上下游钢管壁厚不同，焊接工艺不同，焊接质量不易把控。

特征重要性相对较小的严重程度特征、壁厚变化特征、弯头口特征、返修口，地灾特征在焊口的诊断中也属于较为重要的依据。其中焊缝的对齐、严重程度，会直接影响到焊口的质量；变壁厚口的焊接难度更大，要求更高，易产生缺陷；弯头口通常有地形而产生的附加外力；返修后的焊口与完整焊口仍存在一定质量差距；地灾通常对焊口产生外力作用，但地灾频发处的防护较多，故影响较小。

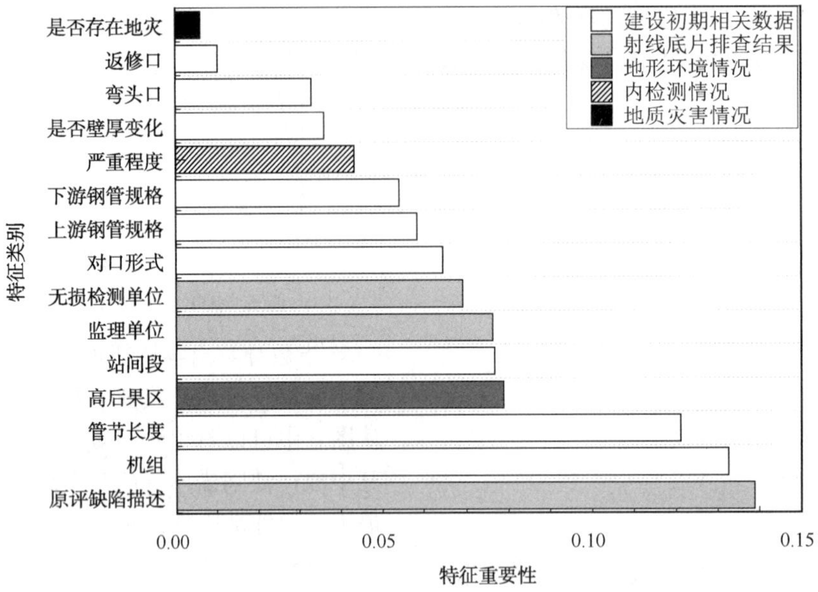

图 6　特征重要性评估

在计算出各特征的重要性后，为了保证特征重要性结果的可靠性，创建一个新的的随机森林模型，在新的随机森林模型中，首先将原评缺陷作为单一特征进行诊断，并对模型进行评估，记录评估得分，再依次加入 14 个特征进行重新诊断，并记录相应评估分数。模型评估结果如图 7 所示：

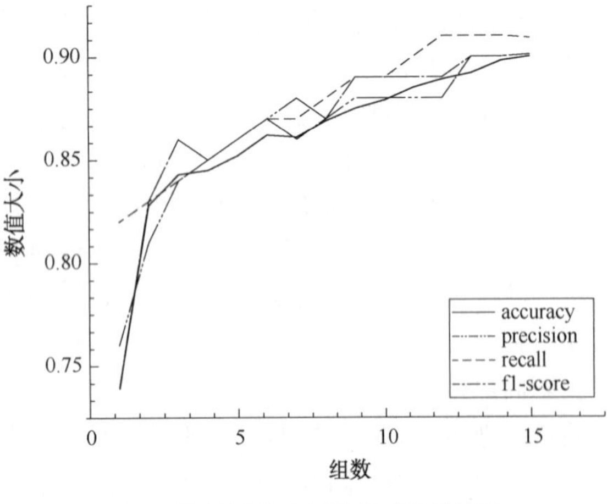

图 7　特征最优选择的模型性能评估

通过图 7 可以看出，随着特征的不断加入，对数据的诊断准确率不断升高，并且从折线图中可以看出，数据呈现上升趋势且趋于平稳，后续特征变量对模型的影响逐渐下降。而折线图中呈现下降趋势的部分，主要受到其中一些特征的类别判定的微小过拟合现象的影响，但总体的准确率曲线呈现上升趋势，由此可得图 6 的特征重要性的结果是可靠的。

经过模型对数据诊断的 5 个性能评估、特征重要性机理分析，说明本文所提方法是天然气管道焊口质量诊断的有效方法之一。

4　结束语

为了提高缺陷焊口排查的准确率，本文提出了一种基于多维度工程数据的天然气管道焊口质量智能诊断方法，以实际工程数据集提高焊口质量诊断水平。首先对工程数据进行清洗及质量提升，然后采用经贝叶斯优化后的随机森林模型对预处理后的焊口数据进行诊断，通过 Accuracy、Precision、Recall、F-score 及 ROC-AUC 曲线验证了该方法对天然气管道焊口质量诊断的有效性，最后对特征重要性进行了分析。本文的研究不仅可以从根源去降低油气管道的隐患风险水平，还能提高焊口排查准确性，降低排查工程的损耗。

天然气管道焊口质量诊断在很大程度上依赖于高质量的数据。在未来的研究工作种，可以对未开挖的数据进行预测，并利用新开挖结果进行验证；此外，结合更多的管道焊口数据维度进行数据挖掘，能得到更加准确的结果和更多的信息。

参考文献

[1] 李国兴，柳岩．长输天然气管道的安全问题及其对策[J]．油气储运，2006(07)：52-56+63+15-16.

[2] 汪凤，隋永莉，冯大勇，等．L360 钢级天然气管道环焊缝裂纹成因分析及预防[J]．热加工工艺：1-5.

[3] Wu Qiang, Qin Xun-pen, Dong Kang, et al. A learning-based crack defect detection and 3D localization framework for automated fluorescent magnetic particle inspection [J]. Expert Systems With Applications, 2023, 214.

[4] Zhang Ce-ming, Peng Shi-ni. Analysis of the Market Position of Natural Gas in China Based on Energy Production and Consumption Elasticity[J]. Advanced Materials Research, 2011, 343-344(343-344).

[5] Wan Lan-jun, Li Yuan-yuan, Chen Ke-yu, et al. A novel deep convolution multi-adversarial domain adaptation model for rolling bearing fault diagnosis[J]. Measurement, 2022, 191.

[6] Wu Yao-chun, Zhao Rong-zhen, Ma Hong-ru, et al. Adversarial domain adaptation convolutional neural network for intelligent recognition of bearing faults [J]. Measurement, 2022, 195.

[7] Hu Jie, Deng Sier. Rolling bearing fault diagnosis based on wireless sensor network data fusion [J]. Computer Communications, 2022, 181.

[8] Chen Meng-qi, Qu Rong, Fang Wei-guo, Case-based reasoning system for fault diagnosis of aero-engines[J]. Expert Syst. Appl. 202(2022)117350.

[9] Zhao Yong-ping, Xie Yun-long, Ye Zhi-Feng, A new dynamic radius SVDD for fault detection of aircraft engine[J]. Engineering Applications of Artificial Intelligence, 2021, 100.

[10] Chen Geng, Sheng Bu-yun, Luo Rui-pin, et al. A parallel strategy for predicting the quality of welded joints in automotive bodies based on machine learning [J]. Journal of Manufacturing Systems, 2022, 62.

[11] Johannes Günther, Patrick M. Pilarski, Gerhard Helfrich, Hao Shen, et al. Intelligent laser welding through representation, prediction, and control learning: An architecture with deep neural networks and reinforcement learning[J]. Mechatronics, 2016, 34.

[12] T sung-Nan Tsai. Development of a soldering quality classifier system using a hybrid data mining approach [J]. Expert Syst. Appl, 2012, 39(5).

[13] Akbar Habibullah, Suryana Nanna, Akbar Fikri. Surface Defect Detection and Classification Based on Statistical Filter and Decision Tree [J]. International Journal of Computer Theory and Engineering, 2013.

[14] Ratnayake, R M Chandima. An algorithm to prioritize welding quality deterioration factors [J]. The International Journal of Quality & Reliability Management, 2013, 30(6).

[15] Wu Di, Chen Hua-bin, Huang Yi-ming, et al. Online Monitoring and Model-Free Adaptive Control of Weld Penetration in VPPAW Based on Extreme Learning Machine[J]. IEEE Trans. Industrial Informatics, 2019, 15(5).

[16] Mongan Patrick G, Hinchy Eoin P, O'Dowd Noel P, et al. Quality prediction of ultrasonically welded joints using a hybrid machine learning model[J]. Journal of Manufacturing Processes, 2021, 71.

[17] Zhao De-wang, Ren Da-xin, Zhao Kun-min, et al. Effect of Welding Parameters on Tensile Strength of Ultrasonic Spot Welded Joints of Aluminum to Steel-By Experimentation and Artificial Neural Network [J]. Journal of Manufacturing Processes, 2017, 30.

[18] 赵丽，程铁信，莫莹，李奇，等．基于 C5.0 改进算法的焊接工艺参数选择决策树数据挖掘模型及其应用[J]．中国管理科学，2016，24(S1)：177-182.

[19] 刘羽佳．基于多模型融合的 BGA 焊点故障诊断及溯源方法研究[D]．桂林电子科技大学，2021.

[20] L. Breiman, Random forests, Mach. Learn. 45(2001). https://doi.org/10.1023/A:1010933404324.

[21] 崔佳旭，杨博．贝叶斯优化方法和应用综述[J]．软件学报，2018，29(10)：3068-3090.

[22] Jia Han-xi, Lin Jun-qi, and Liu Jin-long. An earthquake fatalities assessment method based on feature importance with deep learning and random forest models [J]. Sustainability 2019, 11(10).

管道漏磁内检测机器人探头减振机构设计与运动分析

逄　通[1,2]　李　睿[3]　富　宽[3]　马江涛[3]　唐步云[1,2]　张　行[1,2]

[1. 中国石油大学(北京)机械与储运工程学院；
2. 中国石油大学(北京)高端油气装备智能设计与制造研究中心；
3. 国家石油天然气管网集团有限公司科学技术研究总院分公司]

摘　要　以管道内检测机器人(Pipeline inspection gauge，PIG)为主要装备的管道内检测技术是保障和维护油气管道安全运行的最有效手段，漏磁内检测技术是油气管道内检测领域最常用的检测技术。针对漏磁内检测机器人在管道内运行时，检测探头在碰撞管道变形缺陷时发生振动，使传感器提离值波动而降低检测精度的问题，分析了常见的检测探头机构，设计了一种适用于管径1219mm的漏磁内检测探头减振机构；建立了管内所设计减振机构与现有某型漏磁内检测探头机构的动力学模型并进行运动仿真，分析了探头机构以不同速度通过不同尺寸变形缺陷的运动过程，比较了两型探头机构的提离值变化。结果显示，所设计减振机构通过变形缺陷时提离值波动幅度明显降低，回弹后振动现象减弱，验证了减振机构设计的有效性。

关键词　管道机器人；探头；减振；运动分析；漏磁内检测

油气管道是一个国家生命线的重要组成部分，在服役期间，会因管材老化、介质腐蚀、地质运动、第三方破坏、不合格施工等原因出现变形、裂纹、腐蚀等缺陷和失效隐患，一旦发生失效，会导致油气泄漏，造成供应中断和环境污染，甚至引发重大安全事故。在运行管理过程中，对管道进行定期检验是保障其安全运行的重要举措，其中国内外公认的最有效手段是管道内检测技术。管道内检测技术是指在不影响管道正常安全运行前提下，通过管道内检测机器人(Pipeline Inspecting Gauge，PIG，图1)，对管道腐蚀、变形、裂纹等缺陷或异常进行在线检测的技术。

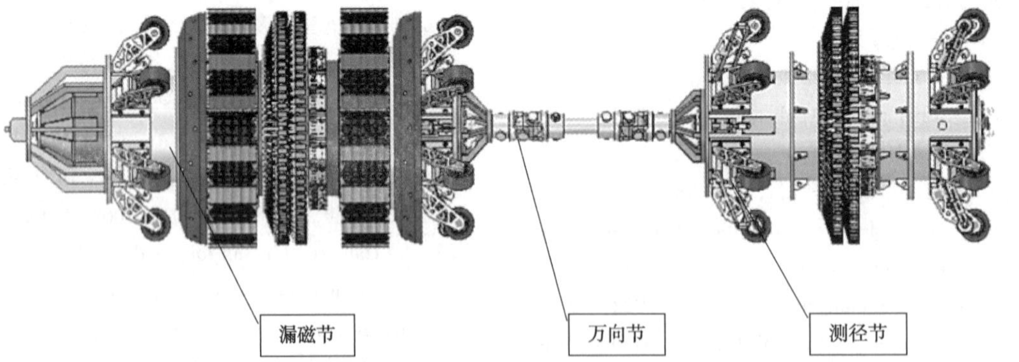

图1　管道内检测机器人结构示意图

主流的漏磁内检测技术对传感器和管壁之间的提离值要求较高，当提离值增大时，漏磁场信号强度将呈负指数式迅速衰减，降低传感器信噪比；提离值的波动将使采集的信号强度不稳定，降低检测数据的可靠性。因此，管道内检测作业有效性与PIG运行稳定性密切相关，尤其与紧贴管壁的检测探头稳定性密切相关。然而，管道内部存在大量变形缺陷、环焊缝等不平顺特征，检测探头会在经过时发生碰撞和振动，使探头内的传感器提离值波动，导致数据抖动，甚至损坏传感器以至数据失效(图2)，降低内检测作业有效性。管道内部环境复杂、不平顺特征繁多，有必要对探头设计一种减振机构，降低传感器提离值波动程度，从而保证内检测数据的精度和有效性。

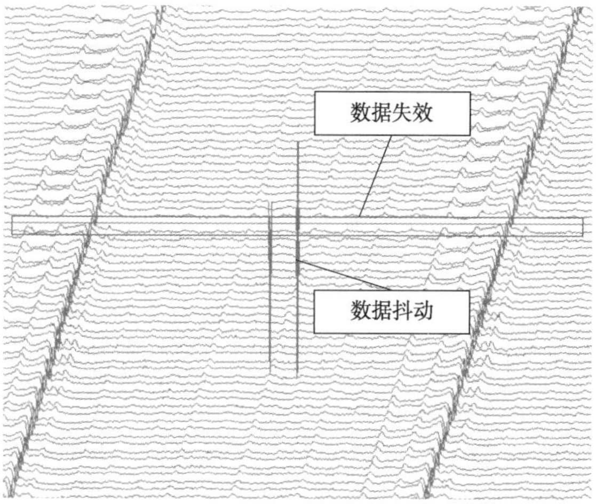

图 2　传感器检测数据抖动和失效信号示意图

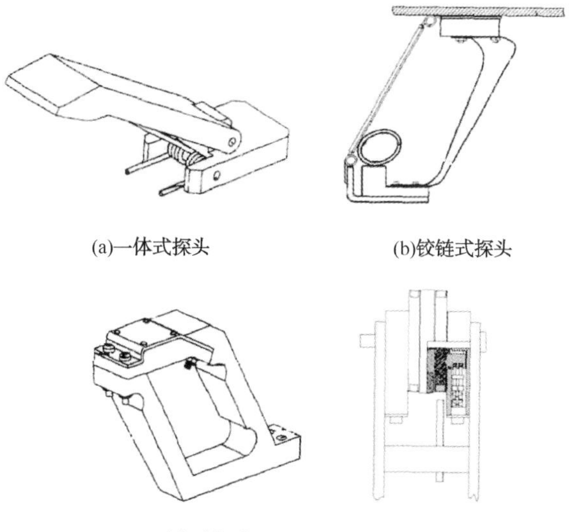

图 3　检测探头结构示意图

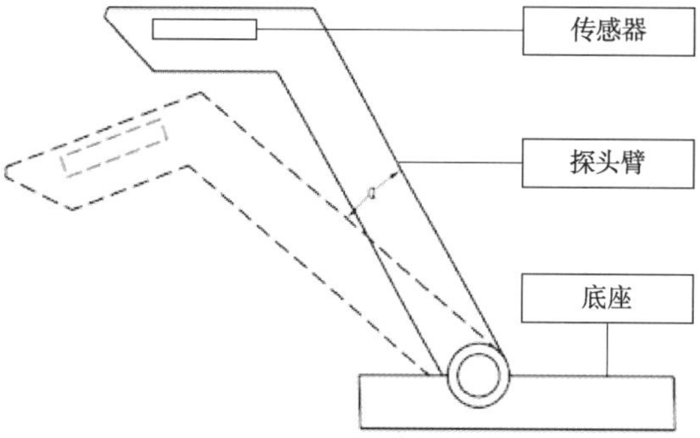

图 4　探头座姿态翻转示意图

1　管道内检测机器人检测探头分类

现有的管道内检测机器人检测探头大致可分为四类：一体式探头，如图 3(a)所示，此类探头将传感器座与探头臂制成一体，结构简单，便于加工和组装；采用扭簧或拉簧支撑，具有一定的复位性能；装有耐磨片，可减少探头磨损。但管道内部摩擦频繁，耐磨片需经常更换；探头经过变形或环焊缝时，传感器姿态会随探头臂翻转而倾斜(图 4)，导致检测数据出现偏差；铰链式探头，如图 3(b)所示，此类探头用铰链连接探头臂，使传感器可与探头臂相对转动，保持姿态稳定，与管壁贴合性好；可增加用于减振和复位的阻尼环。但需要经常更换耐磨片；聚氨酯探头，如图 3(c)所示，此类探头由聚氨酯材料整体成型，可利用其良好的弹性对探头进行减振；可铠装耐磨片以提高耐磨性。但材料刚度低，探头易抖动，稳定性较差；受成型工艺和耐磨片厚度影响，提离值通常较大，对传感器灵敏度要求较高；轮式探头，如图 3(d)所示，此类探头通过滚轮将探头座与管壁的滑动摩擦变为滚动摩擦，降低了磨损；滚轮本体可作为超声检测的耦合剂。但此类机构尺寸较大，周向探头数目较少，检测精度较低，主要用于管壁超声测厚。

总体而言，现有检测探头存在稳定性和耐用性较差、复杂结构探头检测精度低等问题。本文基于漏磁内检测原理和铰链式探头，提出了一种探头减振机构，使传感器提离值保持在一定范围内，提高检测数据稳定性，为提高管道内检测技术可靠性提供支持。

2　检测探头减振机构设计

以减振机构能在管道内以一定范围速度通过一定高度管壁凹陷时，使探头与管壁之间提离值波动幅度在一定范围内，且传感器姿态保持与管道轴向平行为目标，设计了适用于管径 1219mm 的漏磁内检测机器人检测探头减振机构，如图 5 所示，其正常状态和经过管壁凹陷时的状态简图如图 6 所示。当探头座与凹陷接触时，中连杆两侧的弹簧分别拉伸和压缩，产生支反力阻碍中连杆移动；转轴上的扭转弹簧压缩，产生反扭矩阻碍连杆转动，从而减小探头座与凹陷接触时的径向振动。采用平行四边形式的连杆结构，使探头座在接触管壁凹陷时保持与管壁轴向平行，保证了漏磁场信号检测的准确性。

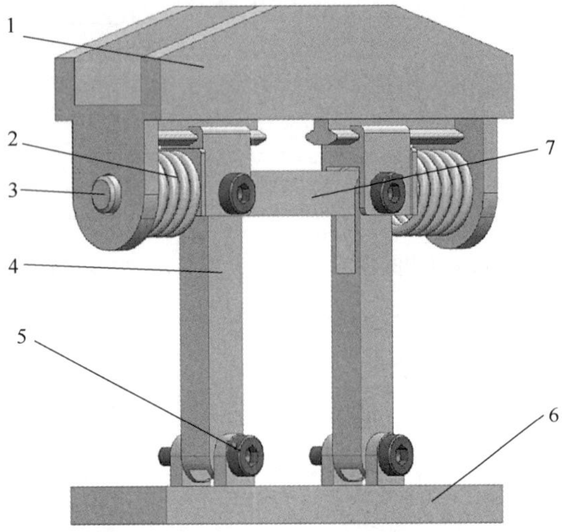

图 5　检测探头减振机构三维示意图

1—探头座；2—弹簧；3—弹簧内轴；4—连杆；
5—转轴和扭转弹簧；6—底座；7—中连杆

3　减振机构运动仿真与分析

为了研究探头经过管道变形缺陷时的运动状态，验证所设计减振机构减小提离值波动程度的性能，在 Adams 动力学分析软件中建立了如图 7（a）、（b）所示的减振机构和现有某型管径 1219mm 漏磁内检测机器人检测探头机构的动力学模型，模拟探头机构以不同速度通过相同变形缺陷、以相同速度通过不同管道变形缺陷时的运动状态，以探头座质心径向位移变化为指标，对比分析所设计的探头减振机构的有效性。为表述方便，将减振机构称为实验组，现有某型探头机构称为对照组。建立了管道仿真模型，外径 1219mm，壁厚 18.6mm，轴向长度 10000mm。对探头机构底座设置沿管道轴向匀速直线运动，分析探头机构的运动过程。

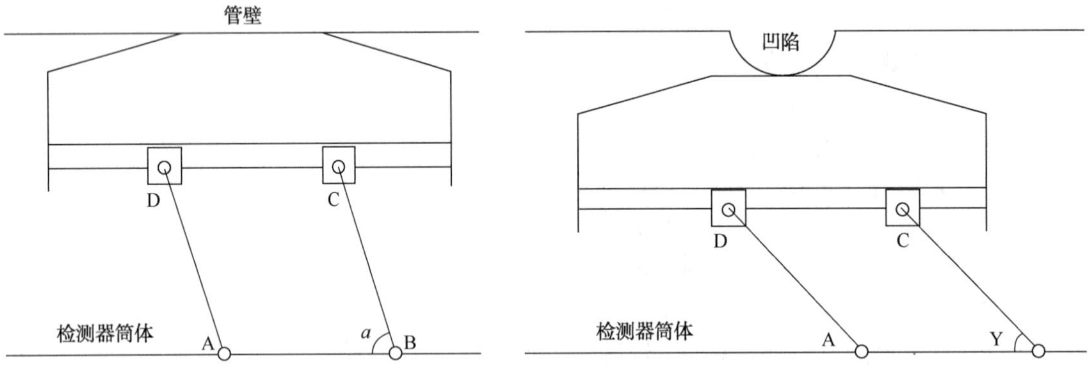

(a)管壁正常时探头状态　　(b)存在变形缺陷时探头状态

图 6　探头机构不同状态示意图

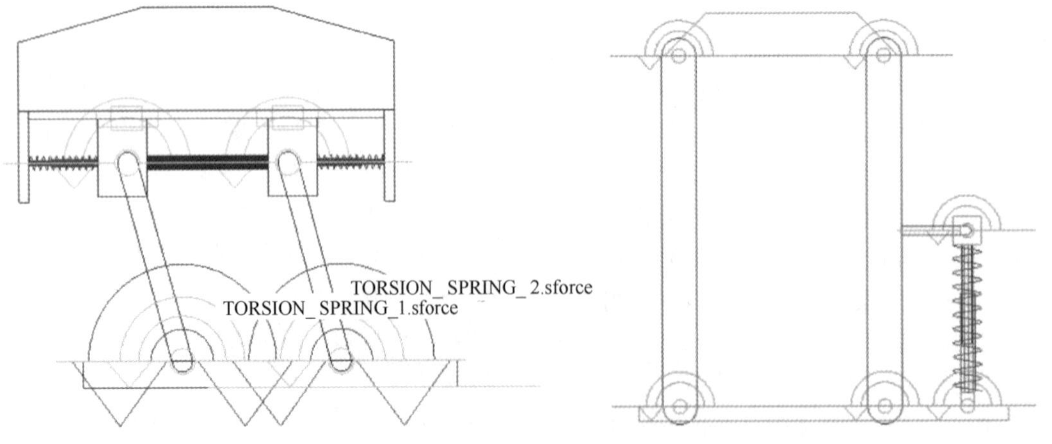

(a)实验组　　(b)对照组

图 7　探头动力学模型图

3.1　不同速度通过相同管道凹陷的运动过程分析

设置变形缺陷为在管道内壁顶部中心位置的半径 5mm 半球形凹陷，设置探头机构沿管道轴向运动速度分别为 0.5、1.0、1.5、2.0、3.0m/s。使探头机构在管内以上述速度通过变形缺陷，分别得到了实验组与对照组探头座质心沿管道径向位移变化曲线，如图 8 和图 9 所示；为研究方便，位移变化曲线未包括探头机构在 0 时刻附近，进入管道阶段的径向位移量。

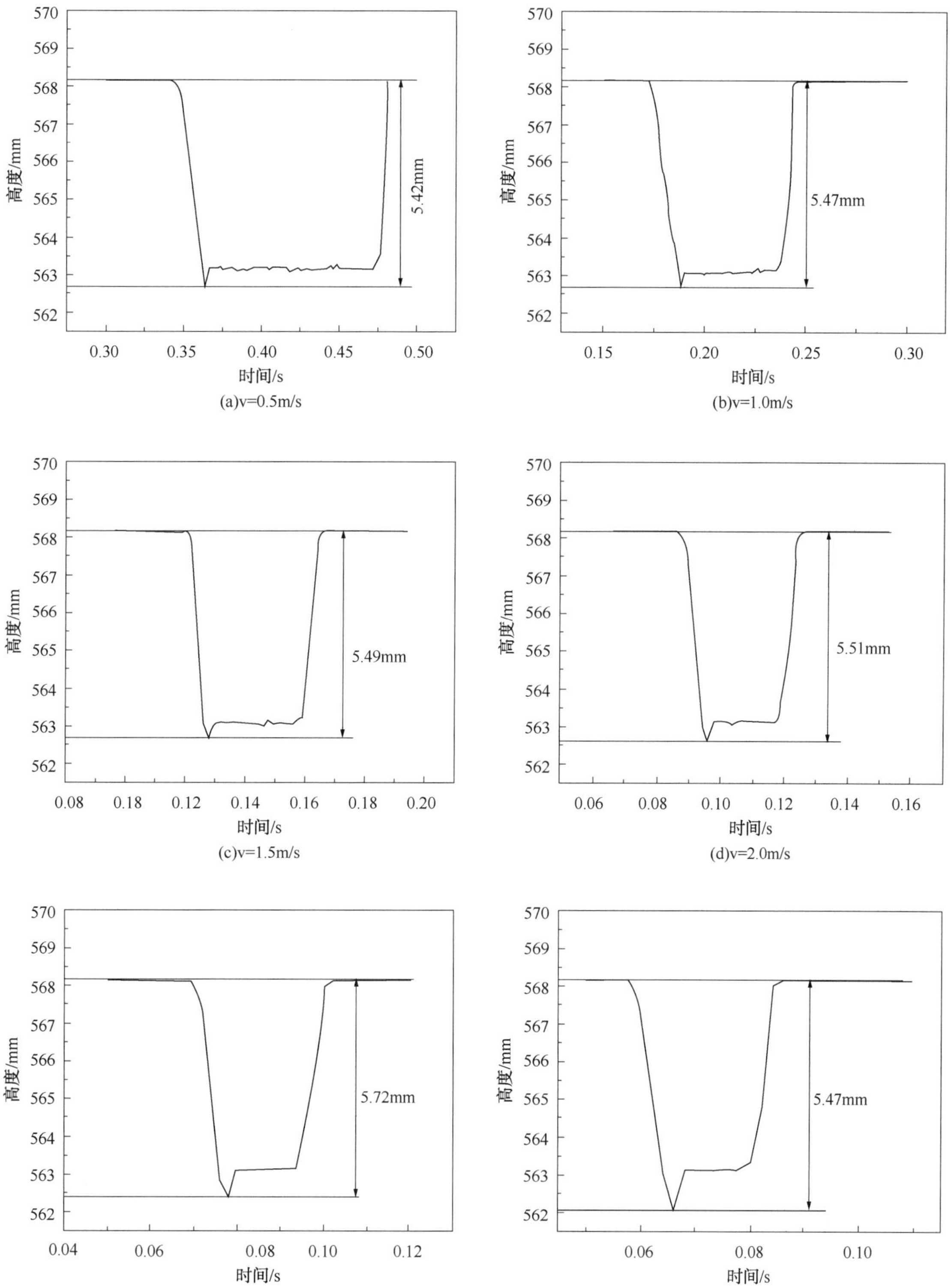

图 8　不同速度下实验组探头座质心径向位移变化曲线

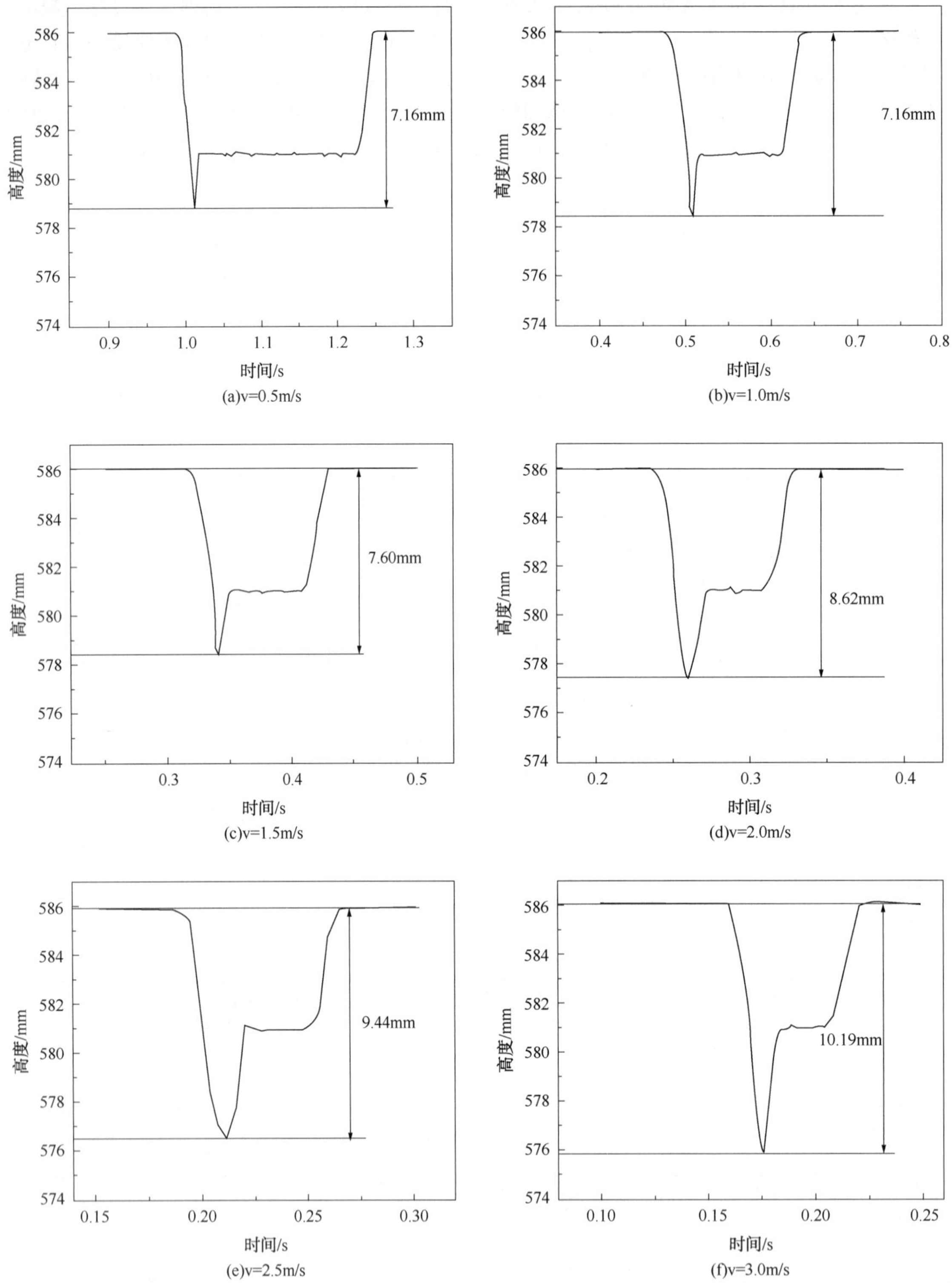

图9　不同速度下对照组探头座质心径向位移变化曲线

检测探头接触凹陷的过程大致可分为径向压缩、在凹陷尺寸附近波动、回弹至无缺陷位置三个阶段。当实验组速度小于等于1.5m/s时，探头座与凹陷接触后未发生大幅度径向压缩；当运行速度增加至3.0m/s时，探头座仍未产生剧烈径向位移波动。当对照组速度较低时，探头座与凹陷接触后，探头座未发生剧烈径向位移，与管壁凹陷之间提离值较小，运动状态较稳定；当运行速度增大时，探头座与管壁凹陷接触后径向位移增大，使提离值达到了大于管壁凹陷实际高度的程度，这将使此处漏磁场信号强度锐减，严重影响缺陷检测的精度和数据可靠性。

根据两组探头机构运动过程，得到了两组探头机构探头座质心径向位移极大值随机构运行速度的变化曲线，如图 10 所示。当探头运动速度增大时，探头座径向位移随之增大，这将导致安装在探头座上的传感器提离值增大、信号强度降低，并随运行速度变化而发生较大波动。在管道内部不平顺特征繁多、运行速度不稳定的工况下，这将显著影响漏磁检测的精度和数据可靠性。在设定的速度范围内，当速度大于等于 2. 0m/s 时，对照组的提离值达到了管壁凹陷高度的 72. 4% ~ 103. 8%，而实验组的提离值仅为管壁凹陷高度的 10. 2% ~ 21. 2%。相较于对照组，实验组由接触管壁凹陷所致的提离值变化幅度仅为前者的 14. 1% ~ 20. 4%。在以 0. 5 ~ 3. 0m/s 的速度下通过 5mm 高度的管道内壁半球状凹陷的工况下，实验组减振效果优于对照组减振效果。

3. 2　相同速度通过不同高度管道凹陷的运动过程分析

在管道内壁顶部中心位置分别设置高度为 5mm，10mm，15mm，20mm 的半球形凹陷。根据 3. 1 节分析结果，实验组与对照组在速度达到 2. 0m/s 以上时，与凹陷间的提离值明显增大，故设置探头沿管道轴向运行速度为 2. 0m/s。得到了如图 11 和图 12 所示的实验组和对照组通过不同高度凹陷时探头座质心径向位移变化曲线，两组探头机构运动状态阶段与 3. 1 节工况基本一致。

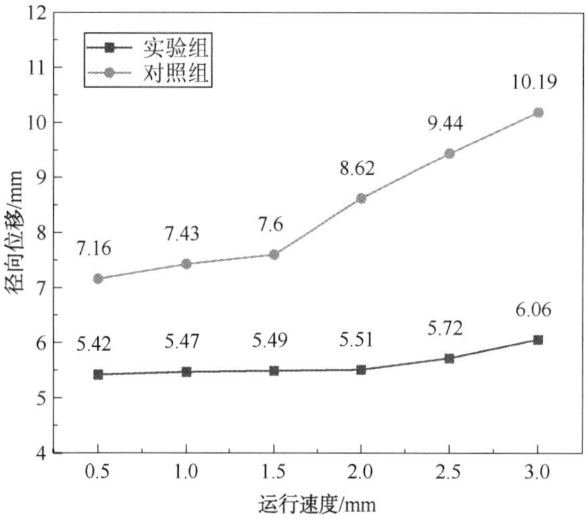

图 10　不同速度下实验组和对照组探头座质心径向位移极大值变化曲线

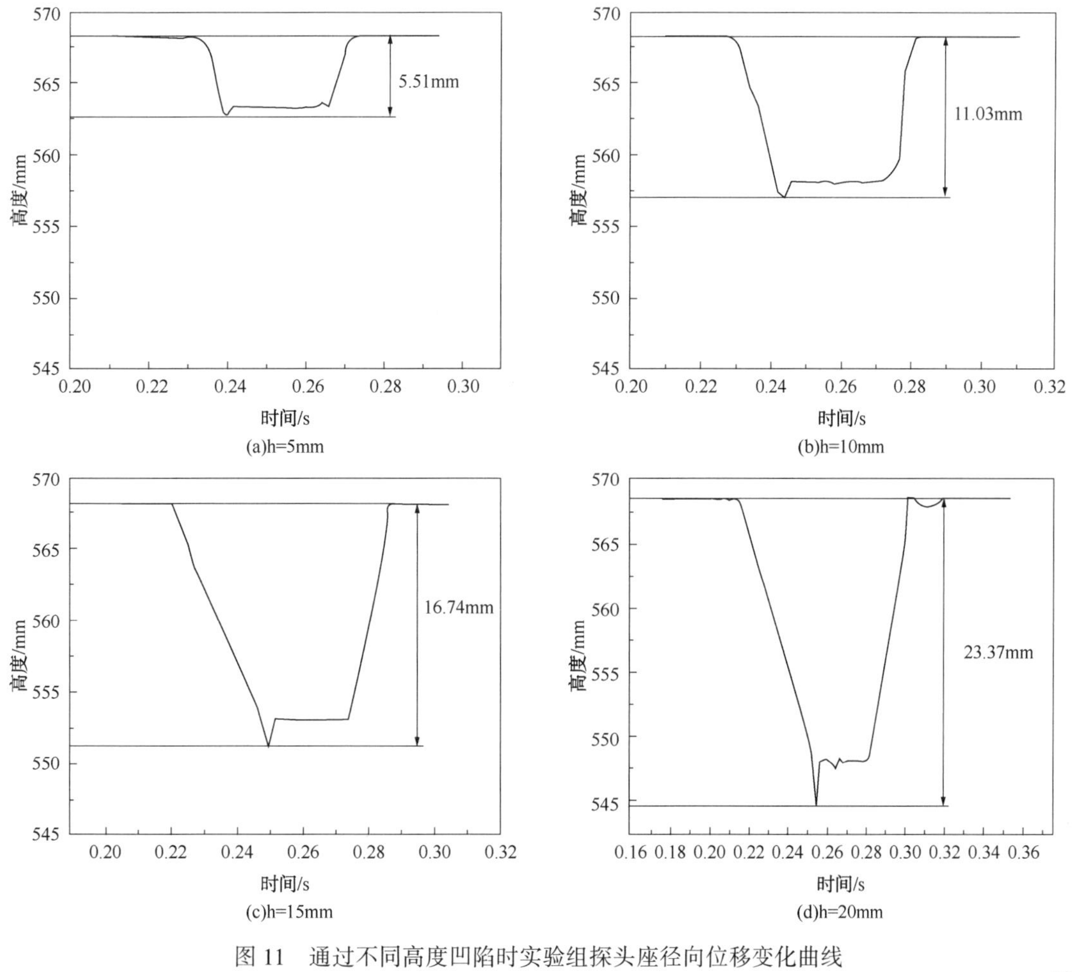

图 11　通过不同高度凹陷时实验组探头座径向位移变化曲线

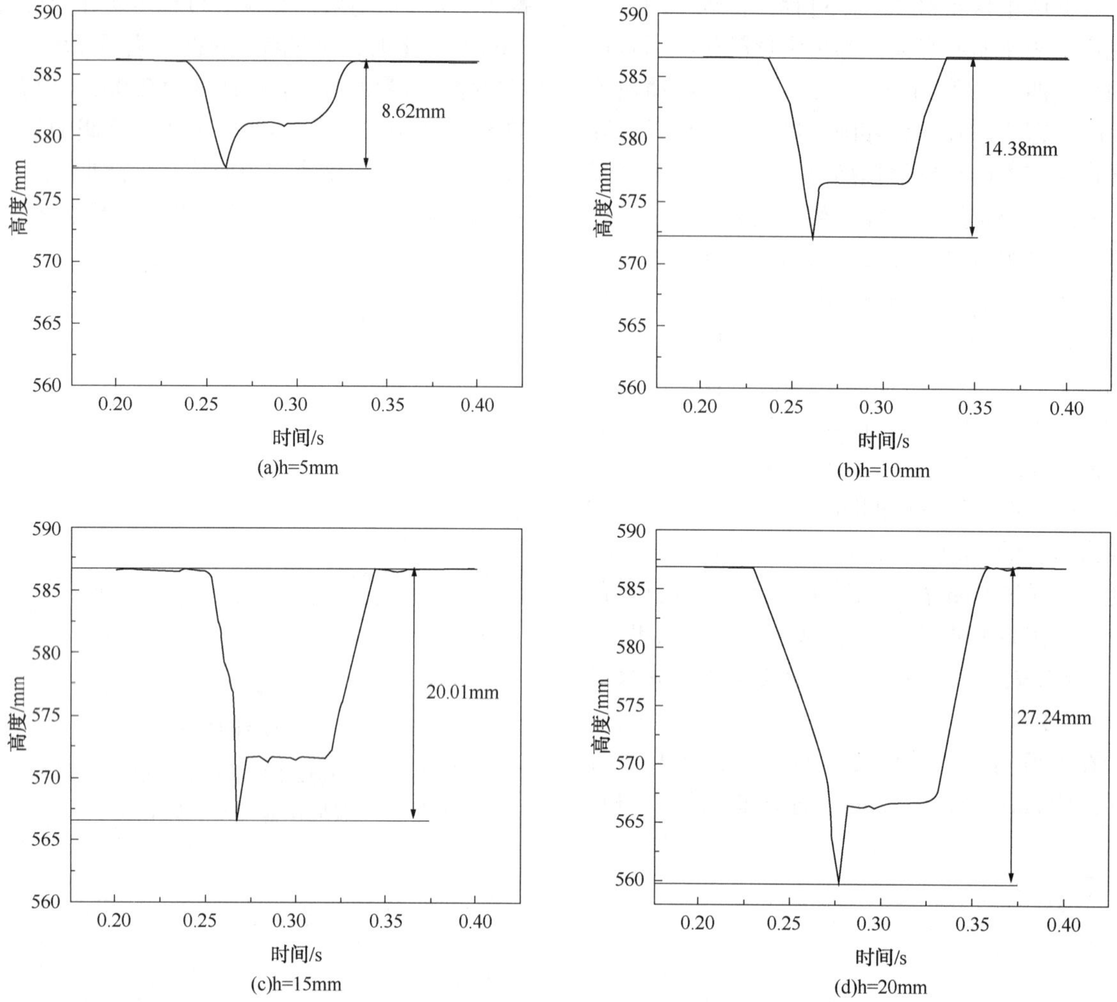

图 12　通过不同高度凹陷时对照组探头座径向位移变化曲线

当凹陷高度小于 20mm 时，实验组能使探头座提离值保持在凹陷高度的 10.2%~11.6%之间并在跨越凹陷后无明显波动；当凹陷高度达到 20mm 时，实验组探头通过凹陷后，提离幅度增大，幅值达到了凹陷高度的 16.9%。当凹陷高度为 5mm 时，对照组的探头座发生了较大的提离，幅值达到了凹陷高度的 72.4%；当凹陷高度增大时，对照组探头座提离值增大，但与凹陷的相对大小保持在了凹陷高度的 33.4%~43.8%之间。

当凹陷高度达到 20mm 时，实验组探头座在回弹阶段出现位移波动；当凹陷高度大于 10mm 时，对照组探头座在回弹阶段出现位移波动，这可能是由于当凹陷高度增大至一定程度时，弹簧较大的压缩和拉伸量产生了较大的回弹力，使探头座在回弹阶段以较大的径向速度对管壁产生了冲击，形成了振动。实验组出现回弹振动现象的凹陷高度高于对照组，说明所设计减振机构对回弹振动具有抑制作用。

两组探头机构径向位移极大值对比如图 13 所示，在运动仿真设置的凹陷高度范围内，随着凹陷高度的增加，实验组与对照组探头座质心径向位移极大值均呈近似线性增大，但实验组始终小于对照组。相较于对照组，实验组由碰撞管壁凹陷所致的提离值变化幅度降低了 3.27~3.87mm。在以 2m/s 的速度下通过 5mm、10mm、15mm、20mm 高度的管道内壁凹陷的工况下，实验组减振效果优于对照组减振效果。

综上所述，在运行速度为 0.5m/s~3.0m/s，跨越管壁凹陷高度小于等于 20mm 的工况下，本文所设计的探头减振机构能有效降低探头提离值的变化幅度、改善提离值波动问题，改善了减振效果，提高了探头上漏磁传感器的检测精度和数据可靠性。

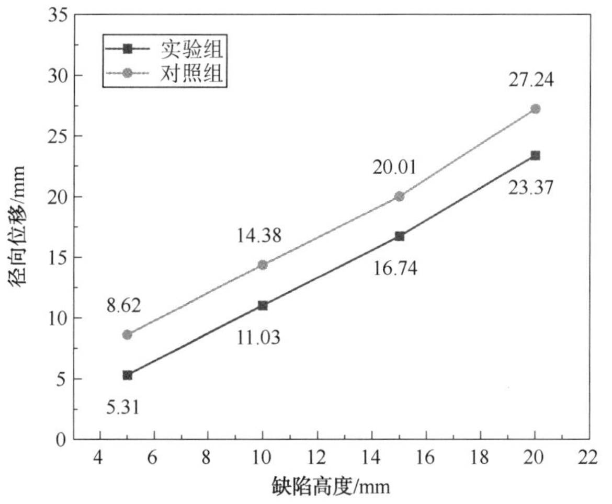

图 13　不同高度变形缺陷下实验组和对照组探头座质心径向位移极大值变化曲线

4 结论

针对漏磁检测探头在接触管道变形缺陷时发生振动，使传感器提离值不稳定，从而降低检测精度和检测数据可靠性的问题，本文提出了一种检测探头减振机构，研究了在不同工况下通过管道变形缺陷时的运动状态，分析了减振机构的减振性能。

探头与变形缺陷接触时会发生幅值大于缺陷高度的径向位移，在接触过程中保持小幅位移波动，退出接触后回弹至无缺陷位置，恢复与管壁的正常接触。当变形缺陷尺寸较大、运动速度较高时，探头退出接触时存在小幅回弹振动。

与现有探头机构的对比分析显示，所设计检测探头减振机构在以不同速度通过缺陷时的提离值降低至现有探头机构的 14.1%~20.4%；在以相同速度通过不同高度缺陷时的提离值降低了 3.27~3.87mm；发生回弹振动的缺陷高度阈值提高了 5mm，所设计检测探头减振机构具有良好的减振效果，增强了传感器在管内运行时的信号强度稳定性，提高了漏磁检测精度和可靠性，对漏磁内检测机器人检测探头设计具有一定参考价值。

参 考 文 献

[1] 郑洪龙，黄维和．油气管道及储运设施安全保障技术发展现状及展望[J]．油气储运，2017，36(1)：1-7.

[2] 杨理践，耿浩，高松巍．长输管道漏磁内检测技术[J]．仪器仪表学报，2016，36(8)：1736-1746.

[3] EGE Y，CORAMIK M. Anew measurement system using magnetic flux leakage method in pipeline inspection [J]. Measurement，2018，123：163-174.

[4] 闵希华，杨理践，王国庆，等．长输油气管道弱磁应力内检测技术[J]．机械工程学报，2017，53(12)：19-27.

[5] MINGJIANG X，ZHIGANG T. A review on pipeline integrity management utilizing in-line inspection data [J]. Engineering Failure Analysis，2018，92：222-239.

[6] 吴志平，玄文博，戴联双，等．管道内检测技术与管理的发展现状及提升策略[J]．油气储运，2020，39(11)：1219-1227.

[7] 耿浩．高速漏磁检测技术中若干关键问题研究[D]．沈阳工业大学，2020.

[8] 张行，崔灿，廖宁生，等．考虑流固耦合的管道机器人冲击环焊缝过程动力学建模与分析[J]．机械工程学报，2020，56(23)：129-140.

[9] 沈佳园，熊治坤，张响，等．小口径漏磁内检测磁化装置的设计与运动分析[J]．无损检测，2022，44(03)：27-31.

[10] 唐健，王荣彪，康宜华．大提离漏磁无损检测方法[J]．无损检测，2022，44(04)：67-72.

[11] LI X，ZHANG S，LIU S，et al. An experimental evaluation of the probe dynamics as a probe pig inspects internal convex defects in oil and gas pipelines [J]. Measurement，2015，63：49-60.

[12] SHI Y，ZHANG C，LI R，et al. Theory and application of magnetic flux leakage pipeline detection[J]. Sensors，2015，15(12)：31036-31055.

[13] ZHAO G，LIANG Z，ZHAO H，et al. Failure analysis of high-drop pipeline in the process of dewatering [J]. Engineering Failure Analysis，2013，33：139-150.

[14] 唐建华，姜琳，李志鹏，等．管道漏磁内检测失效数据处理方法[J]．油气储运，2020，39(10)：1122-1128.

[15] 臧延旭，赵宣，臧红蒲，等．管道检测设备探头机构研究进展[J]．化工设备与管道，2015，52(3)：80-83.

数字化管道泄漏检测预警技术应用的探讨

陈庆卫

（中国石化胜利油田分公司）

摘　要　在石油石化生产中，管输以其经济、便捷、安全等优点被广泛应用于油气生产运输中，但随着输油管线使用年限的增长、自然腐蚀或人为因素的破坏等，管线泄漏事故频发。传统模式下，管线巡检只能依靠人工方式，占用了大量的人力资源；虽然人工巡检可以准确的辨识管线穿孔事故，但无法及时的判断管线泄漏故障。基于数字化多参数分析的输油管线泄漏检测预警应用，确保了科学、规范的管道异常情况报警，大幅度的提高异常情况处置效率，减少应急处置时间的同时，降低了大面积环境污染，极大地提高了输油管线安全管理水平。本文就数字化管道输油管线泄漏检测预警在油田生产中的应用、意义及发展趋势进行了探讨。

关键词　数字化管道；检测预警；管线泄漏；发展趋势

管输以其经济、便捷、安全等优点被广泛应用于油气生产运输中，但随着输油管线使用年限的增长、自然腐蚀或人为因素的破坏等，管线泄漏事故频发。特别是油田的采油管理区多位于城乡结合处，附近水库、鱼塘、农田、房屋、工厂密集，管线泄漏如未及时发现，一方面存在火灾、爆炸的安全风险，另一方面极易造成大面积环境污染，提高了应急处置难度。

传统模式下，管线巡检只能依靠人工方式，采油现场70%的人员为管井工、巡井工，巡检占用了大量的人力资源；虽然人工巡检可以准确的辨识管线穿孔事故，但这种间隔式巡检方式存在偶然性，本次巡井过程未发现，只能等到下次巡井时才能发现，中间间隔时间以小时为单位，无法及时的判断管线泄漏故障。

近几十年以来，随着我国能源产业快速发展，在科技进步的带动下，新工艺、新技术、新设备不断的被采用，数字化管道技术开发迎来前所未有的发展机遇。现在的管道管理者只需在办公室轻点鼠标，就能洞察整个管道的细微变化。科技的更新，大大改变了传统工作方式，提高了效率，减轻了工作强度。

1　数字化管道技术

数字化管道，实际上就是信息化的管道，也即是建立在互联网上的虚拟管道。数字化管道是一个庞大的计算机技术系统和软件应用系统的集合，数字化管道将有关管道的全部信息，包括管道本身的静态信息和运行的动态信息，是将众多相对独立的数字化技术的应用集成化，整合成以一个庞大的数据库为基础、数据共享和相互联系的数字化体系。这样，生产管理人员就可以快速、完整地掌握管道上任何一点的全方位的信息，从而实现信息的控制处理。它与一般的地理信息系统和专业的管理信息系统相比，具有共享海量数据库、可视化、良好的兼容性、共享性和开放性等显著特点。

以胜利油田为例，“四化”建设后，利用物联网、大数据等信息技术，对输油管线生产异常情况分析变化趋势，挖掘变化规律，建立生产预警管理模式，强化生产指挥中心的业务纵向管控和横向协调处置，推动生产组织方式转变。

2　基于数字化多参数分析的输油管线泄漏检测预警方案

通过总结前人理论研究成果（负压波法、温度梯度法等），结合信息化提升后大数据资源库，提出了一种基于多参数分析的输油管线泄漏检测预警方案，对异常情况（如腐蚀、外力破坏等）引起的管线泄漏进行了研究和分析，取得了比较好的效果。

2.1　前端：井口温压智能预警、实时自检及时处理

以高液量单井管线（首端加热）大孔径穿孔数据变化为例，将现场发现泄漏情况与泄漏前后管线特征量的变化进行对比分析，可以建立温

度，压力持续下降的单井管线泄露预警模型。

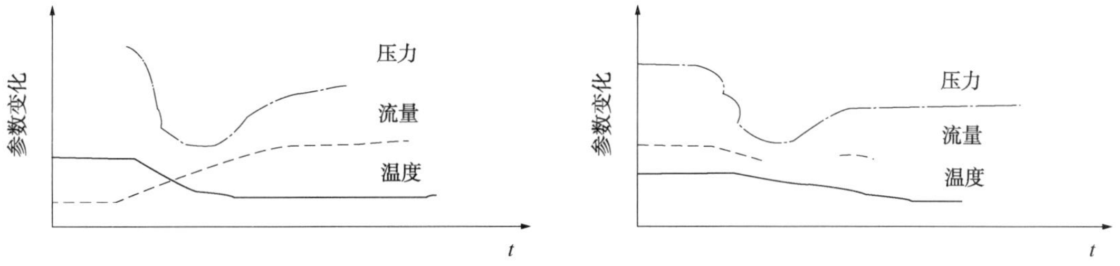

(a)泄漏点上游各参数变化　　(b)泄漏点下游各参数变化

图 1

抽油机井预警参数设置

请录入预警井号*: XHH104-C22　　请录入预警名称*: 单井管线泄漏　　是否有效: ☑

组合关系编辑: 1且2且3且4　　保存　返回

序号	判定指标		判定类型	判定逻辑	算法设置		
1	井口回压	1分钟	趋势	持续下降	时间跨度 5	分钟	
2	井口回压	1分钟	阈值	差值上限	时间跨度 5	分钟	阈值 0.1
3	井口温度	1分钟	趋势	持续下降	时间跨度 5	分钟	
4	井口温度	1分钟	阈值	差值上限	时间跨度 5	分钟	阈值 5

图 2

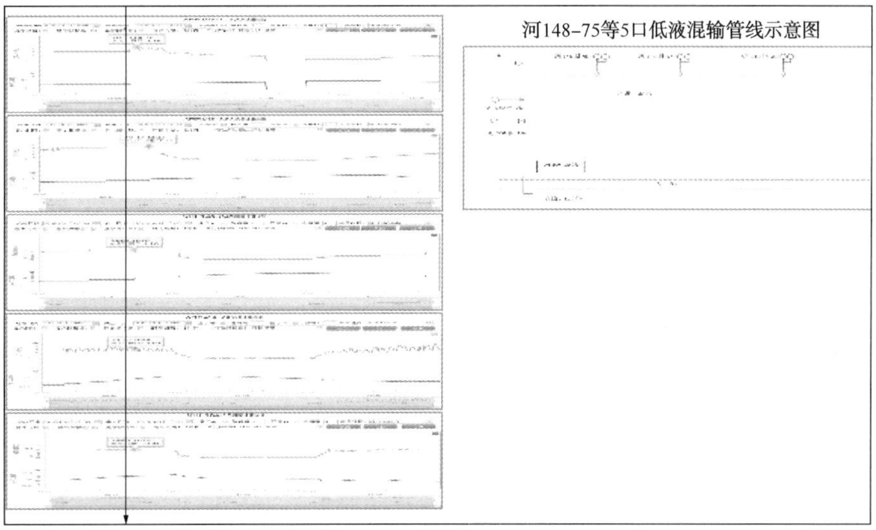

图 3

低液量多井混输管线泄露，其井口温度变化趋势与单井泄露不同，存在逆向上升趋势的变化；其井口压力下降的变化过程与距离穿孔点的位置远近，有先后下降的变化趋势，在建立模型时我们主要以压力为特征量预警参数，根据压力变化的先后可以判断出穿孔的相对位置。

2.2 后端：利用分线计量系统、层层穿透定位故障

在电泵井，螺杆泵井流程未全部信息化改造完成的情况下，其管线泄漏预警，可以结合分线计量系统，通过气量，油量，液量的实时变化，对照计量站的流程网络拓扑图，层层穿透判断管线泄漏区域位置；对于接转站外输干线可重点分析油、气、水量对应变化规律，可以辅助分析判断集油干线是否有异常情况。

2.3 避免异常情况憋压，及时预警远程管控

为了预防人为关闭闸门及管线流程堵塞造成的异常高压导致管线泄漏情况，在集油管线预警设置中，对于不同压力阶段建立了“跟踪变化，重点排查，紧急处理”三级预警管理模式。

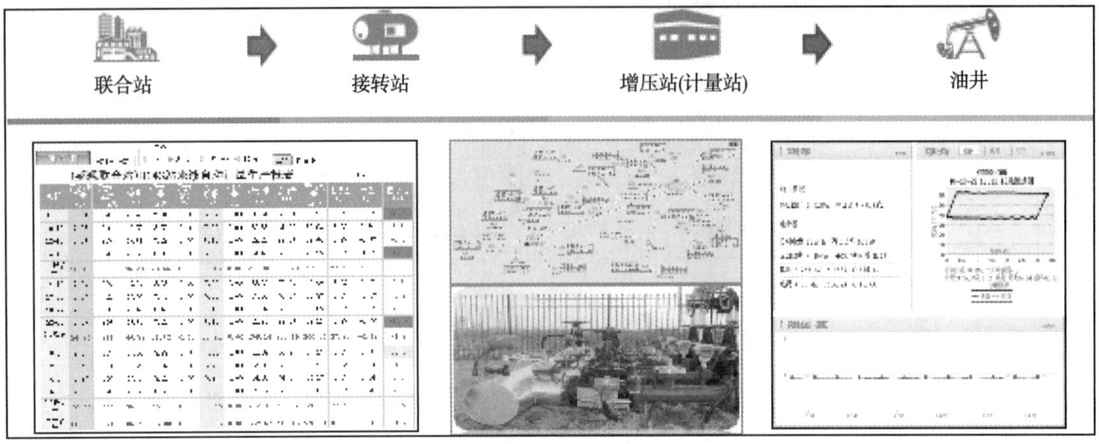

图 4

集油管线预警设置查询

预警名称：　　预警点(井号)：请选择预警对象　　站号：请选择站号　　查询　新增

序号	预警名称	设置内容	有效	操作	详情
1	落实河135-19站药剂泵运行及加热炉情况	H135-29JLZ:1分钟的加热炉出口温度 超下限 时间跨度为10分钟 阈值为35 符合率为50; H135-29JLZ:1分钟的汇管压力 超上限 时间跨度为20分钟 阈值为0.55 符合率为50;	是	编辑 复制 删除 推演	详情
2	压力超0.5MPa跟踪变化	H104-23JLZ:1分钟的汇管压力 上升趋势 时间跨度为10分钟 ; H104-23JLZ:1分钟的汇管压力 超上限 时间跨度为10分钟 阈值为0.5 符合率为10;	是	编辑 复制 删除 推演	详情
3	压力超1.5MPa紧急处置	H104-23JLZ:1分钟的汇管压力 上升趋势 时间跨度为10分钟 ; H104-23JLZ:1分钟的汇管压力 超上限 时间跨度为10分钟 阈值为1.5 符合率为10;	是	编辑 复制 删除 推演	详情
4	压力高注意巡查	H135-29JLZ:10秒的汇管压力 超上限 时间跨度为1分钟 阈值为0.9;	是	编辑 复制 删除 推演	详情
5	加热炉温度下降	H135-29JLZ:1分钟的加热炉出口温度 超下限 时间跨度为5分钟 阈值为50; H135-29JLZ:1分钟的加热炉出口温度 下降趋势 时间跨度为10分钟 ;	是	编辑 复制 删除 推演	详情
6	压力超1.5MPa紧急处置	H14JLZ:1分钟的汇管压力 上升趋势 时间跨度为10分钟 ; H14JLZ:1分钟的汇管压力 超上限 时间跨度为10分钟 阈值为1.5 符合率为10;	是	编辑 复制 删除 推演	详情
7	压力超1MPa重点排查	H14JLZ:1分钟的汇管压力 上升趋势 时间跨度为10分钟 ; H14JLZ:1分钟的汇管压力 超上限 时间跨度为10分钟 阈值为1 符合率为10;	是	编辑 复制 删除 推演	详情
8	压力超1MPa重点排查	H104-23JLZ:1分钟的汇管压力 上升趋势 时间跨度为10分钟 ; H104-23JLZ:1分钟的汇管压力 超上限 时间跨度为10分钟 阈值为1 符合率为10;	是	编辑 复制 删除 推演	详情
9	河31-88合走管线穿孔	XHH31-CX106:1分钟的井口回压 超下限 时间跨度为30分钟 阈值为0.5 符合率为50; XHH31-X88:1分钟的井口回压 超下限 时间跨度为30分钟 阈值为0.56 符合率为50;	是	编辑 复制 删除 推演	详情
10	回压升高、河135-21加破乳剂治理	XHH135-X51:1分钟的井口回压 超上限 时间跨度为10分钟 阈值为0.8 符合率为10; XHH135-X52:1分钟的井口回压 超上限 时间跨度为10分钟 阈值为0.8 符合率为10; XHH91-C15:1分钟的井口回压 超上限 时间跨度为10分钟 阈值为	是	编辑 复制 删除 推演	详情

图 5

3　基于数字化多参数分析的输油管线泄漏检测预警的应用

3.1　多井混输干线智能预警，及时处置快捷高效

以胜利油田现河采油厂某井为例，河 135-斜 51 混输线 10：43 系统弹出报警信息，根据报警顺序准确定位为河 135-斜 28 和河 143-斜 83 管线区间泄露，指挥中心迅速通知相关人员进行处置，40 分钟整改好开井。如果按照以往职工巡线规律，14：20 左右正好错过该井巡护时间，下次巡护到此区间相隔 3 小时，极易造成大面积泄露污染。

3.2　单井管网压力智能预警，超前防范穿孔风险

胜利油田现河采油厂河 148-X50 井从 14：20 压力预警，生产指挥中心根据预警提示安排专业站加破乳剂，19：30 压力恢复正常 0.24MPa，避免了管线压力上升造成泄漏事故的发生。

4　基于数字化多参数分析的输油管线泄漏检测预警的效益评价

2022 年，通过智能预警，郝现采油管理区及时发现单井及混输线穿孔 115 井次，管线异常憋压 7 井次，计量站阀门被关断 1 井次，系统及时、有效、准确判断处置“异常症状”，保证了输油管网的正常运行，比传统方式节约了人力、处理时间，在油田四化改造后的管理区有推广价值。

5　基于数字化多参数分析的输油管线泄漏检测预警意义

数字化管道的概念将深远的影响管道设计、管道施工建设和管道运营管理的每一个环节，它

彻底地改变了传统工作模式。基于数字化多参数分析的输油管线泄漏检测预警技术是确保管道建设安全、优质、高效的管道工程的手段，是通过可视技术实现科学、规范的管道管理的手段，从而提高管道安全生产水平，将极大地提高管道设计水平，实现科学、规范的项目施工管理体系和运行管理体系的建设。从 QHSE 体系上，通过数字化管道技术的运用，将有助于减少管道建设以及运营管理中对环境的破坏、人身伤害及事故安全隐患。

图 6

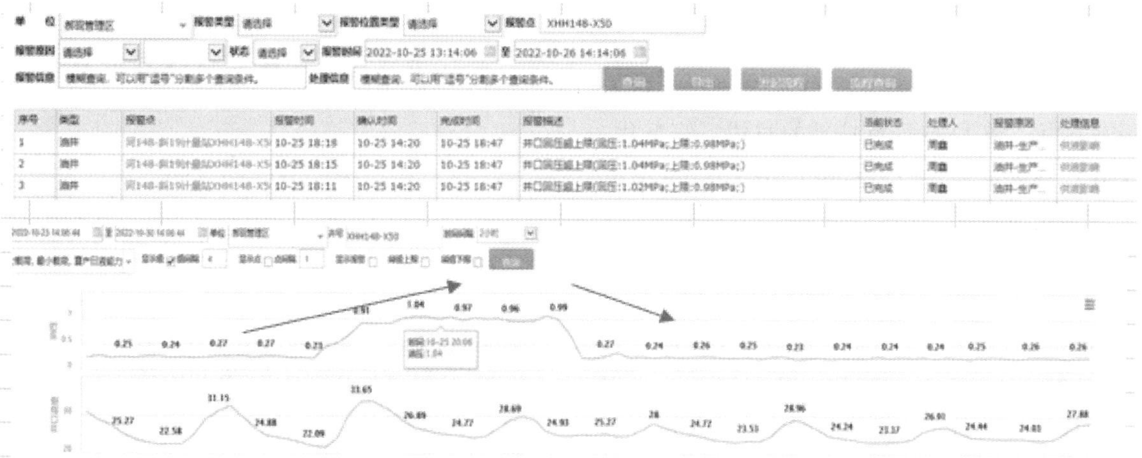

图 7

图 8

胜利油田在管输自动化方面基本上处于起步阶段，在软件应用方面的有效手段也不多。虽然输油管道检漏系统得到了大规模的研究和推广应用，但是各系统参差不齐，还大有升级改进的必要。

对于石油、天然气工程领域来说，随着石油市场的逐步扩大，传统的管道设计和施工管理方法已经不能满足管道建设和运营的需要，基于数字化多参数分析的输油管线泄漏检测预警技术的推广更具迫切性和必要性，建立一套完整的数字化管道是具有十分重要的意义。

6　基于数字化多参数分析的输油管线泄漏检测预警的发展前景

从发展前景上看，管道运输行业在世界上已经有 130 多年的历史，欧洲和北美的一些国家，在长输管道建设勘查选线、中期建设实施和后期运营管理中已经广泛采用数字化技术。相比之下，虽然我国是世界上最早利用管道运输的国家，但是数字技术的应用范围和发展速度却远不及欧美国家。在科技日新月异的时代，信息化、数字化正逐渐成为人们工作和生活的一个显著特点，管道建设也不例外。

目前，国内现有管道和待建管道数量巨大，管道的使用管理部门和运行维护人员迫切希望尽快实现管道的数字化、智能化，以便最大限度地保证管道安全、平稳、低耗、高效的运行。但是，目前我国的数字化管道建设由于尚处起步阶段，其存在多种问题，如自主知识产权保护意识不强，现代化管理水平需要提升，计算机网络管理有待规范，相关软、硬件设施需进一步完善等，最重要的是某些系统目前还处于各自为政、无法互通、信息不能共享的阶段。由此可见，基于数字化多参数分析的输油管线泄漏检测预警技术应用推广任重道远，这就要求管道管理者不断采取措施，随着相关科学技术的发展，进一步跟踪和完善数字化技术，要有技术研发、技术创新和自主知识产权保护的意识。同时，要提升管理水平，还要有超前的思维，加强培训力度，培养高素质的人才队伍，适应发展的要求，进行资源共享。

基于数字化多参数分析的输油管线泄漏检测预警技术在管道管理中的广泛应用，实现了管道运营管理的标准化、科学化和信息化，降低了劳动强度和管理成本，提高了应急处置效率，减少了对环境的破坏、人员健康的危害及事故安全隐患，其经济效益、环保效益和社会效益不可估量。

参　考　文　献

[1] 李鹤林．油气输送钢管的发展动向与展望．2004. 27(6).

[2] 冯耀荣．李鹤林．管道钢及管道钢管的研究进展与发展方向．石油规划设计．2006. 17(1).

[3] 彭国庆．浅谈石油储运工作中的环境问题和对策．石油化工环境保护．1998.(1)：51~56.

基于深度学习的改进 FairMOT 算法天然气管线挖掘机动态跟踪

洪炳沅[1]　何　伟[2]　易　欣[3]　钱济人[3]　季寿宏[4]　郭　健[1]　李翠翠[1]　竺柏康[1]

（1. 国家和地方联合工程研究中心/港口油气储运技术浙江省重点实验室/浙江海洋大学石油化工与环境学院；
2. 浙江海洋大学船舶与海运学院；3. 国家管网集团浙江省天然气管网有限公司；
4. 浙能天然气运行有限公司）

摘　要　中国天然气需求的快速增长带动了天然气管道的发展，但天然气运输过程中容易受到复杂地形和第三方施工的破坏。由于挖掘机施工现场的不可预测性，长管线区域缺乏有效的实时监控手段，存在一定的安全隐患。本文针对天然气管道沿线区域挖掘机的动态跟踪，提出了一种基于深度学习的目标跟踪 FairMOT 算法。该算法结合了卷积块注意力模块（CBAM），以提高 FairMOT 的目标跟踪性能。此外，还采用了模糊控制策略来动态调整云台 PTZ 摄像机参数，确保目标挖掘机始终处于摄像机的视场中心范围内。FairMOT 算法采用 YOLOv5 目标检测模型，与改进后的 Yolov5m 识别模型相比，四项指标的精度、准确率、召回率和 F1 得分分别达到 85.3%、86.9%、88.6%和 82.2%。最后，设计了目标跟踪视觉伺服云台控制系统，有效地将计算机视觉与机械控制结合在一起。本文所提出的方法实现了对天然气管道施工区域的实时监控，为天然气管道在实际工程应用中的安全高效运行提供了有价值的启发。

关键词　深度学习；目标跟踪；视觉伺服；PTZ 摄像机；天然气管道

1　引言

作为一种低碳、高效、绿色的清洁能源，天然气是世界上最重要的能源之一，在能源产业中有着不可忽视的地位，因此天然气的长距离运输也成为了能源建设、统筹规划中的重要一环。然而在天然气长距离管道运输过程中，通常会涉及到各种复杂地形以及第三方施工。挖掘机施工是第三方破坏中的高频率因素，因其施工具有一定的随机性导致难以现场实时监控，因此在天然气长输管线区域内的施工容易造成极大安全隐患。

随着视频监控和大数据技术的快速发展，图像识别技术为第三方挖掘机施工破坏预警提供了一种新的方法，可以有效地对现场环境进行实时监控。机器视觉伺服技术作为一种潜在的、低故障、低风险的非接触式识别技术，具有广泛的应用前景。使用视觉伺服控制可以充分发挥机器视觉的优势，与传统相机相比，视觉伺服控制系统具有更高的灵活性和智能性。FairMOT 是一种多目标跟踪算法，旨在通过深度学习来跟踪视频中的行人、车辆等多个目标，从而实现目标检测和跟踪。该算法可用于视频监控、自动驾驶和机器人等领域。

本文提出了一种基于深度学习的天然气管道挖掘机动态跟踪方法，并构建了一个 PTZ 云台控制系统框架。该方法使用 FairMOT 算法进行检测、识别和跟踪，并结合 CBAM 模块来增强目标挖掘机的特征提取能力。具体而言，在算法检测模型中加入了 CBAM 注意力机制模块，以提高模型对目标采矿机区域的关注度。然后，利用基于深度学习的视觉伺服云台相机控制算法方法，实现了对目标采矿机的精确定位和跟踪。该系统可通过视觉反馈自适应地调整云台的方向和角度，从而实现更精确的跟踪和定位。通过对云台摄像机的伺服联动控制，可以提高模型在复杂环境下对目标挖掘机的动态识别和跟踪能力，从而提高检测、识别和跟踪的准确性，有效促进燃气管道的安全保护。

2　问题描述

本文采用基于算法驱动的三自由旋转云台摄像机的视觉伺服控制方法，实现对挖掘机的实时跟踪控制，如图 1 所示。根据云台摄像机的旋转特性和天然气管道施工区域复杂的现场条件，将目标跟踪算法与云台摄像机相连，实现伺服控制。它可以有效地对复杂的现场环境进行实时监控区域调整，从而对天然气管道施工区域进行实时监控。

图 1　天然气管线区域监控第三方挖掘机施工

由于天然气管道施工区域的施工现场情况复杂多变，云台摄像机对所在施工区域的监控会受到天气、设备、地理等因素的干扰，对云台摄像机获取的数据样本产生影响。例如，在阴雨天气和夜间，云台摄像机采集到的数据样本也会变得模糊甚至昏暗，因此算法模型无法完全学习样本特征。具体来说，挖掘机的跟踪目标通常是固定的，如被挖掘的土壤或挖掘机本身。挖掘机通常由特定的部件组成，如铲斗、履带、驾驶室等，这些部件的形状和颜色通常相对固定，因此挖掘机的外观特征相对简单。与其他需要较高跟踪精度的目标相比，挖掘机的跟踪精度要求相对较低，因为挖掘机的操作并不需要极其精细和精确的动作。挖掘机跟踪的难点在于背景干扰、光照变化和遮挡。具体来说，虽然挖掘机的跟踪场景相对简单，但仍存在一些背景干扰，如建筑物、树木、电线杆等。这些干扰可能会破坏算法对目标的跟踪，从而降低跟踪精度。在不同的时间和天气条件下，挖掘机跟踪场景的光照条件可能会发生变化。光照的变化可能会影响图像的对比度和亮度，从而影响算法对目标的跟踪性能。在挖掘机的跟踪过程中，可能会出现遮挡，例如其他机械或建筑物的遮挡。这可能会导致算法错误地识别目标的位置和轮廓，从而影响跟踪性能。在 FairMOT 算法模型网络结构中加入 CBAM 可以有效增强样本特征的提取，促进模型学习挖掘机样本特征，进而提高识别和跟踪效果。难点在于如何去除目标样本挖掘机的背景并提取目标特征，如何进行目标特征增强是需要考虑的问题。

云台摄像机的运动元件通过目标识别坐标、先前目标跟踪算法得出的目标挖掘机结果坐标进行调整，并将坐标输入云台伺服控制系统。将目标挖掘机坐标与摄像机视场目标坐标进行比较，如果目标坐标在视场范围内，则无需调整云台摄像机的位置方位。反之，则需要根据控制指令调整位置方位，使目标挖掘机处于先验取景区域内。目标跟踪算法在系统计算中识别跟踪信息的结果，然后云台摄像机根据发送的指令旋转和调整焦距，直到目标挖掘机位于视野中心。

3　目标跟踪视觉伺服 PTZ 控制系统

本文提出基于改进的云台视觉伺服控制系统框架对天然气管道施工区域挖掘机运动进行实时跟踪，可以实时在线跟踪目标挖掘机，达到预警效果。

为了扩大监控范围，许多监控系统中都使用了 PTZ 摄像机，摄像机会自动转向，使目标保持在摄像机视场的中心。目标识别跟踪完成后，将前一阶段的目标跟踪算法与 PTZ 摄像机的运动目标跟踪控制系统相连接，该系统基于视觉伺服设计，用于主动跟踪。由于天然气管道施工区域的特殊地理环境，管道沿线不具备安装大型设备的条件，因此现场环境要求系统设计采用轻量级视觉伺服标准。该系统基于图像视觉伺服的方法，将目标图像跟踪挖掘机的图像坐标结果反馈给跟踪系统，通过目标挖掘机的运动位置和云台摄像机的视场中心坐标来计算云台摄像机主动跟踪目标挖掘机的速度和方向。

本文选择的算法是与视觉伺服控制算法相连的 FairMOT 跟踪算法。该算法以目标跟踪算法为基础，并进行了优化。对于卷积神经网络生成的特征图，CBAM 从通道和空间两个维度计算特征图的注意力图，然后将注意力图与输入特征图相乘，进行特征的自适应学习。系统利用提取的二维图像信息跟踪天然气管道施工区域内的活动状态目标，然后将跟踪到的挖掘机图像像素坐标输入云台摄像机的控制系统，根据视觉伺服控制思想进行实时活动跟踪。目标的位置信息也可在图像空间中获得。目标跟踪算法用于获取每帧目标对应的目标帧，然后利用基于图像的视觉伺服思想控制云台摄像机的速度和方向。目标跟踪 FairMOT 算法通过算法优化，实现了跟踪速度与性能的平衡。本文利用该算法完成了整个过程的视觉伺服控制方法。本文中的目标跟踪算法是视频采集和运动分析的基础。通过连续跟踪的视频信息，相关工作人员可以了解天然气管道周围是否存在挖掘机运动的危险目标，对天然气管道起到一定的保护作用。简单地说，视觉伺服控制系统只是利用计算机视觉获得的数据来驱动机器人运动，其控制理论主要分为基于位置的视觉伺服控制和基于图像的视觉伺服控制。基于位置的视觉伺服控制利用目标图像来提取控制特征，包括空间位置和姿态。而基于图像的视觉伺服控制则利用图像中目标的特征来计算控制参数，从而控制机器人的运动指令或云台摄像机的运动。

利用图像跟踪算法输出的图像坐标信息结果输入目标跟踪控制系统，跟踪控制系统根据当前图像信息坐标结果计算云台摄像机主动跟踪运动目标的速度以及方向，如图 2 所示。主动目标跟踪视觉伺服云台控制系统主要有以下三个模块：(1) 基于 FairMOT 算法的改进注意机制模块；(2) 基于速度模式的 PTZ 摄像机参数；(3) 基于变倍控制的视野调整。

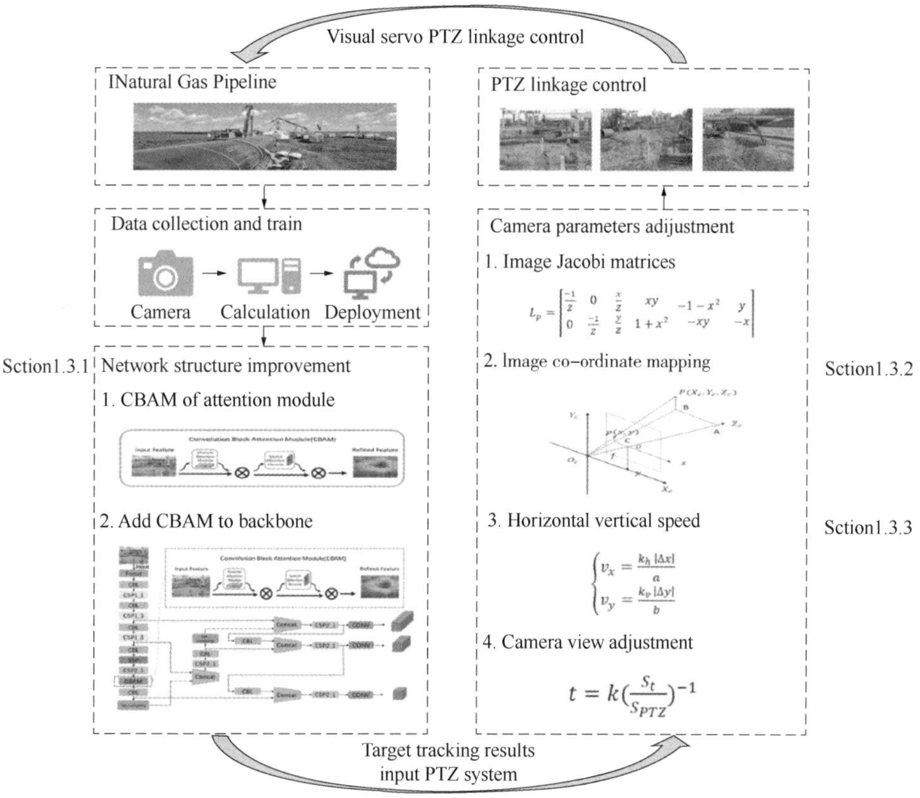

图 2 PTZ 控制系统框架总图

基于 FairMOT 网络结构的改进是在算法主干结构的卷积层中增加了 CBAM 注意机制模块，

从而提高了目标识别的准确性。提出模糊控制的思想，将控制的重点放在跟踪算法上，并利用云台摄像机的速度模式进行伺服控制。基于速度模式的云台摄像机参数是控制摄像机水平和垂直方向的两个参数，系统发送调整指令，以先前设定的速度向某个方向移动。基于变焦控制的视场调节是指调节焦距以自动适应目标区域的大小，变焦控制由目标区域与云台摄像机监控区域画面的比例驱动。云台摄像机伺服跟踪控制是该系统的核心部分，其主要任务是利用图像处理方法，将静态摄像机拍摄的动态画面转化为挖掘机等空间坐标位置。云台摄像机坐标中的水平轴和垂直轴参考角度位置是通过坐标变化得到的，当控制器检测到参考角度位置与当前转台角度位置不一致时，转台控制器就会产生相应的控制量，驱动电机将云台摄像机画面中心转到指定位置。此时，PTZ 摄像机的视场中心与目标位置的中心对齐，因此待检测目标的位置始终位于 PTZ 摄像机屏幕的中心。

3.1　基于 FairMOT 的注意力模块改进

通过对图像数据集进行预处理，利用改进后的 FairMOT 算法实现模型训练和测试。在 MOT17 数据集上进行评估，根据实际应用和指标参数确定优化方向。在算法结构识别部分的主干中加入了 CBAM。即添加到识别算法 YOLOv5 系列中，如图 3 所示。网络的表征能力通过关注机制得到提高，该机制关注样本的重要特征，抑制不重要的样本特征。CBAM 和 YOLOv5m 是计算机视觉领域的研究成果，分别是一种网络模块和一种目标检测算法。CBAM 是基于通道注意机制的网络模块，可应用于各种卷积神经网络。它主要计算通道维度的注意力权重，实现不同通道特征图的加权组合。它可以嵌入深度神经网络，提高模型的表示和泛化能力，从而增强性能。CBAM 的主要特点是不同特征图的自适应加权组合，能够更准确地捕捉图像特征信息，提高模型的性能和准确性。YOLOv5m 是一种可实现实时目标检测和跟踪的目标检测算法。它基于深度学习技术，通过对图像进行卷积和池化运算实现目标检测和识别。YOLOv5m 的主要特点是速度快、精度高，能在实际场景中快速检测目标，且精度高。此外，它重量轻、易于部署，适合嵌入式设备和其他应用场景。对于卷积神经网络生成的特征图，CBAM 从通道和空间两个维度计算特征图的注意力图，然后将注意力图与输入特征图相乘，对特征进行自适应学习。

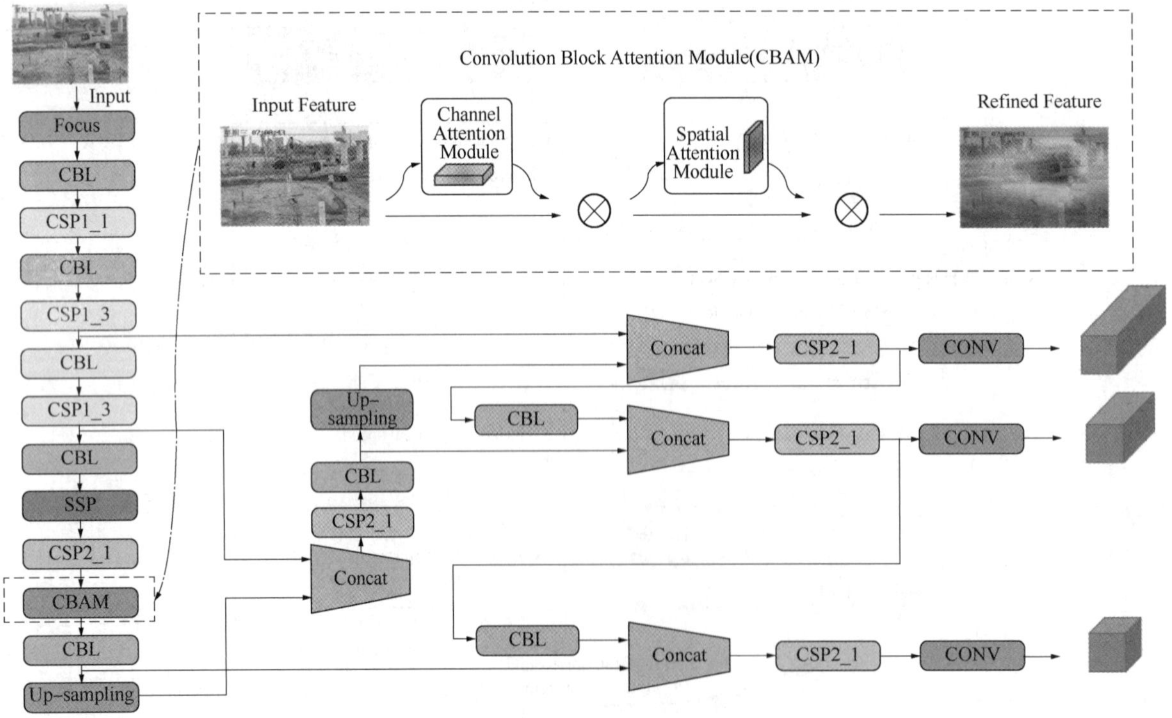

图 3　改进的 FairMOT 算法网络结构

CBAM 是一个轻量级的通用模块，可集成到各种卷积神经网络中进行端到端训练。它还能让网络更加关注目标对象，从而提高识别率，解决复杂环境中的误识别和漏检测问题。注意力机制可以看作是对图像输入的重要信息进行动态选择的过程，通过对特征的自适应加权来实现。卷积运算通过混合跨信道信息和空间信息来提取信息特征，因此提出了 CBAM 来强调信道和空间两大维度的重要特征，并依次应用信道注意模块和空间注意模块。其中一个信道关注模块利用特征之间的信道关系生成信道关注图，因为特征图的每个信道都被视为一个特征检测器。为了有效计算通道注意力，输入特征图的空间维度被压缩，同时使用平均池化和最大池化方法将特征图生成双层神经网络。输出特征图与输入特征图相乘，生成空间注意力模块所需的输入特征。空间注意力模块使用通道注意力模块输出的特征图作为该模块的输入特征图。总之，CBAM 是一种网络模块，其主要特点是基于通道注意机制，能够自适应地加权组合不同的特征图，从而提高模型的性能和准确性。另一方面，YOLOv5m 是一种目标检测算法，其主要特点是速度快、精度高，可在实际场景中快速检测目标，且轻量级、易于部署。

在 YOLOv5m 模型中添加 CBAM 模块可以从两个方面提高模型性能。首先，CBAM 可以自适应地调整通道注意力权重，增强有意义的特征通道，同时抑制无意义或冗余的特征通道，帮助模型更好地学习目标特征，提高检测精度。其次，CBAM 利用空间注意力机制捕捉全局上下文信息，增强对目标区域的表示，进一步提高模型的性能和准确性。通过添加 CBAM 模块，YOLOv5m 模型可以更准确地捕捉图像特征信息，从而提高其性能和检测精度。首先，根据通道的最大池化和平均池化得到两个平面特征图，然后根据通道将两个特征图拼接在一起。然后，经过 7×7 卷积运算降级到一个通道，使用 Sigmoid 激活函数生成空间注意特征，最后将该特征图与模块的输入特征图相乘，得到最终生成的特征。给定一个特征图，CBAM 可以在通道和空间维度上连续生成注意特征图信息，然后将这两个特征图与之前的原始输入特征图相乘，进行自适应特征校正，生成最终特征图。这种操作方式不仅可以节省参数和计算能力，还能确保将其作为即插即用模块集成到现有的网络架构中。

3.2 基于速度模式的 PTZ 摄像机参数

基于图像的视觉伺服控制技术，该方法通过计算图像的雅各布矩阵获得摄像机的控制参数。基于图像的视觉伺服控制可以利用图像的雅各布矩阵，让目标的特征点在摄像机坐标系的三维空间中表示为(X, Y, Z)，其在图像坐标系中的坐标表示为(x, y, 1)。其中，X, Y, Z 表示摄像机坐标系中某点的空间点坐标，x, y 表示图像坐标系中的平面坐标。则图像雅各布矩阵公式(1)可得

$$L_p=\begin{bmatrix}\frac{-1}{Z} & 0 & \frac{x}{Z} & xy & -1-x^2 & y \\ 0 & \frac{-1}{Z} & \frac{y}{Z} & 1+x^2 & -xy & -x\end{bmatrix} \tag{1}$$

特征点通常由具有某些特殊属性的图像点组成，如局部极值点、边缘点等，通常表现出一定的局部不变性。这些点可用于图像处理中的许多任务，如特征匹配、目标跟踪、运动估计等。局部不变特征检测算法可用于提取这些特征点并计算其特征描述符。在本文中，FairMOT 算法使用卡尔曼滤波器来跟踪目标挖掘机。在 FairMOT 算法中，卡尔曼滤波器用于预测和更新目标的运动轨迹，从而实现对目标的精确跟踪。此外，FairMOT 算法还采用了一些优化策略，如数据关联和运动模型更新，以进一步提高跟踪的准确性和鲁棒性。其基本思想是将对目标的预测与实际观测结果相融合，以提高目标状态估计的准确性和鲁棒性。

然后选择 n 个特征点，当 n 大于或等于 4 时，设其图像雅各布矩阵为 L_{pn}，则控制参数公式(2)可得如下：

$$\begin{bmatrix} v \\ w \end{bmatrix}=-\lambda L_{pn}^{+}e \tag{2}$$

式中，v 是摄像机的线速度；w 是摄像机的角速度；λ 是系数，其值大于 0；L_{pn}^{+} 是 L_{pn} 矩阵的伪逆矩阵。

让摄像机位于坐标原点，让目标在该坐标系中的三维坐标为(X_c, X_y, X_z)。，可见图 4 中存在相似三角形，计算过程如下：

1) 找出两个相似三角形，$\Delta ABO_c \sim \Delta oCO_c$，$\Delta PBO_c \sim \Delta pCO_c$。

2) 列出相似三角形对应的边长比，其中 f 为焦距，公式(3)：

$$\frac{AB}{oC}=\frac{AO_c}{oO_c}=\frac{PB}{PC}=\frac{X_c}{x}=\frac{Y_c}{y}=\frac{Z_c}{f} \tag{3}$$

3）映射关系由公式(4)中的比率得出：

$$x=f\frac{X_c}{Z_c},\ y=f\frac{Y_c}{Z_c} \tag{4}$$

4）转换为矩阵公式(5)：

$$Z_c\begin{bmatrix}x\\y\\1\end{bmatrix}=\begin{bmatrix}f & 00 & 0\\0 & f0 & 0\\0 & 01 & 0\end{bmatrix}\begin{pmatrix}X_c\\Y_c\\Z_c\\1\end{pmatrix} \tag{5}$$

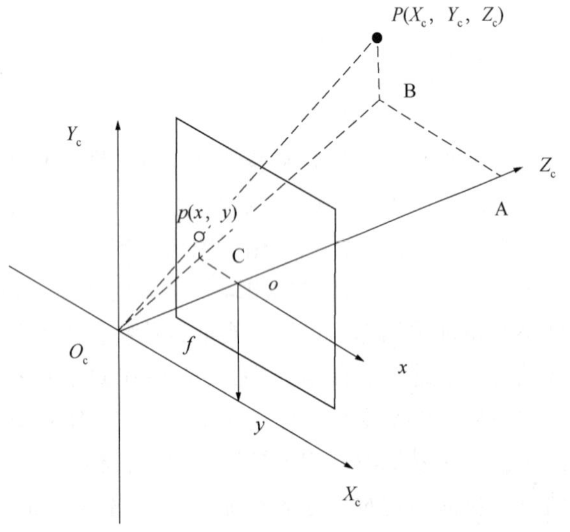

图4　图像坐标系与云台摄像机坐标系映射图

基于雅可比矩阵的图像伺服需要提供目标在三维笛卡尔空间中的真实深度。用于跟踪的摄像机在跟踪过程中很难准确估计深度，导致无法直接给出摄像机所需的云台参数。本文提出了模糊控制的思想，将控制的重点放在跟踪算法上，并利用云台摄像机的速度模式进行视觉伺服控制。云台控制系统中使用的模糊控制算法主要采用模糊逻辑来描述系统的控制规则，而不是使用传统的数学公式或逻辑表达式。在传统的控制算法中，需要用精确的数学公式或逻辑表达式来描述系统的控制规则。然而，对于某些非线性系统来说，这些规则难以准确表述。模糊控制算法使用模糊逻辑来描述系统的控制规则，可以更好地处理这些复杂的非线性系统，尤其是当系统的动态特性不确定或难以量化时。模糊控制算法通常使用模糊逻辑来描述控制系统中的模糊变量，这些变量通常是模糊集。模糊允许在控制系统中使用模糊、不精确的变量，例如本文中用于转弯的方向(上、下、左、右、右上、右下等)，而无需计算实际的转弯角度。这些变量可以通过模糊逻辑运算进行处理和控制。这种模糊表示方法能更好地适应实际环境的变化和不确定性，从而提高万向节控制系统的稳定性和鲁棒性。

目标中心点由检测跟踪器给出，目标中心点与图像中心点之间的距离与预设值进行比较。经过一系列超过预设值的判断后，目标会以一定的方向和速度被拉回图像中的预设区域，云台摄像机对目标的主动跟踪也随之完成。动态目标中心点的当前坐标与云台摄像机视场中心坐标之间的偏差被用作控制器的驱动力，坐标偏差与设定的阈值进行比较，结果被用作云台摄像机方向和速度的控制输入。云台摄像机每旋转一圈，就会重新计算目标质心坐标与云台摄像机坐标的偏差。云台摄像机不停地间歇旋转，从而确保目标长时间位于云台摄像机视场中心附近，达到视觉伺服主动跟踪的效果。综上所述，下图5显示了实现对目标挖掘机主动跟踪的视觉伺服控制过程。

3.3　基于变倍控制的视野调整

基于PTZ摄像机控制的目标跟踪也称为主动目标跟踪。PTZ摄像机控制分为三个部分：水平方向的平移、垂直方向的倾斜和缩放。在使用视觉伺服的主动跟踪任务中，目标运动速度和方向的不确定性会导致目标在云台摄像机的视野中消失。因此，云台相机无法及时主动跟踪目标图像。本文采用图像像素坐标比例控制的方法来控制云台摄像机的速度变化，从而进一步缓解了视觉伺服控制中目标在云台摄像机视野之外的问题。

4　实验分析

4.1　实验细节

使用平均精度(AP)来评估检测结果。根据Wang等人的研究使用误接受率为0.1的真阳性率(TPR)来评估再识别(Re-ID)特征。具体来说，提取与地面实况框相对应的再识别特征，并使用每个特征检索N个最相似的候选特征。误接受率下的真阳性率为0.1时(TPR@FAR=0.1)。请注意，TPR不受检测结果的影响，并能忠实反映再识别(Re-ID)特征的质量。使用CLEAR指标(即MOTA、IDs)和IDF1来评估整体跟踪准确性。用yolov5-5.0算法对天然气站场数据集训练模型，以60轮的开头学习率为10^{-4}。在20轮时学习率衰减至10^{-5}，Batchsize

大小为 64。将训练生成的权重文件作为 FaiMOT 算法的初训练权重进行训练 MOT 数据集。使用标准数据增强技术，包括旋转，缩放和颜色抖动等对数据进行处理。输入图像大小为 1280×720，特征图分辨率为 1920 × 1080。部署在 ubuntu18.04 服务器上进行训练基于天然气管线的挖掘机跟踪算法模型，服务器基础配置为四个 RTX3060GPU 显卡，本模型训练时长大约需要 10 小时。

4.2 实验结果分析

4.2.1 改进 FairMOT 网络结构

本文使用 Yolov5s 和 Yolov5m 模型分别训练 MOT17 数据集和自制挖掘机数据集，并在算法结构的识别骨干中添加了 SE、CA 和 CBAM 注意力机制模块。Yolov5m、Yolov5m _ SE、Yolov5m _CA 和 Yolov5m _ CBAM 模型的识别结果比 Yolov5s 的精度、准确率、召回率和 F1 得分都有所提高，如表 1 所示。

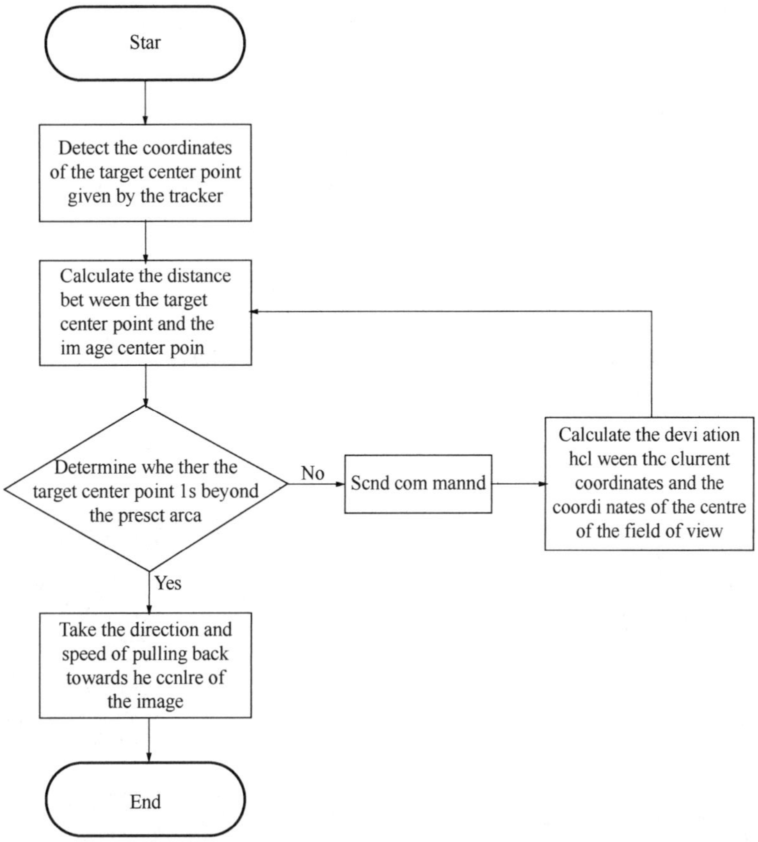

图 5　云台摄像机伺服控制系统流程图

表 1　单张图像训练对数据集验证集的影响

（训练结果中的 Yolov5s、Yolov5m、Yolov5m_SE、Yolov5m_CA 和 Yolov5m_CBAM 跟踪）

Training Data	MOTA ↑	MOTP ↑	Rcll ↑	IDF1 ↑
Yolov5s	79.0%	82.9%	83.1%	76.7%
Yolov5m	82.5%	83.6%	85.8%	78.8%
Yolov5m_SE	84.6%	84.8%	87.8%	80.4%
Yolov5m_CA	84.9%	85.3%	88.3%	81.0%
Yolov5m_CBAM(This paper)	85.3%	86.9%	88.6%	82.2%

MOTA：多目标跟踪精度；MOTP：多目标跟踪精确度；F1：IDF1 分数；Rcll：正确识别率与 GT 盒总数之比。有关 MOTA 和其他参数的定义和计算公式，请参阅附录。

（1）Yolov5m 模型的识别结果在精确度、准确度、召回率和 F1 方面的得分分别为 82.5%、

83.6%、85.8%和78.8%。

（2）Yolov5m_SE模型的识别结果在精确度、准确度、召回率和F1方面的得分分别为84.6%、84.8%、87.8%和80.4%。改进算法Yolov5m_SE识别模型比改进前的Yolov5m识别模型分别提高了2.1%、1.2%、2.0%和1.6%。

（3）Yolov5m_CA模型的识别结果在精确度、准确度、召回率和F1方面分别达到了84.9%、85.3%、88.3%和81.0%。与改进前的Yolov5m识别模型相比，改进算法Yolov5m_CA识别模型的识别率分别提高了2.4%、1.7%、2.5%和2.2%。

（4）在识别骨干网的算法结构中加入CBAM后，Yolov5m_CBAM模型的识别结果在精确度、准确度、召回率和F1上的得分率分别为85.3%、86.9%、88.6%和82.2%。与改进前的Yolov5m识别模型相比，从表3中可以得出结论：改进后的网络识别模型比加入卷积注意力机制模块前的效果有了更明显的提高，改进算法Yolov5m_CBAM识别模型在精确度、准确度、召回率和F1分数上分别提高了2.8%、3.3%、3.4%和2.8%。

通过在算法识别结构骨干中加入不同的注意机制模块，可以得出加入注意机制模块可以有效提高算法识别跟踪框架的准确性以及精确性。因此，对比上述注意机制模块的识别结果，本文选择了CBAM，它可以有效地证明算法识别框架具有很强的鲁棒性以及通用性。

加入CBAM注意机制模块后，观察算法模型在每个样本数据中提取的特征重心，观察样本中权重最大的特征区域。通过调整模型的最优训练参数，网络模型可以学习到正样本的特征信息，需要使用热图谱来直观地显示其特征信息，如下图6所示。在原始图像、Yolov5m和Yolov5m+CBAM的结果对比中，发现Yolov5m模型对原始图像的特征信息提取可视化程度较浅，信息提取不足。加入CBAM模型后，可以看出特征提取更加充分，可视化效果也更加突出。该算法对样本信息的特征提取属于深度提取，可以学习到样本的特征信息。从图6的对比结果分析也可以看出，在卷积层之后加入CBAM对本文算法确实有一定程度的影响。

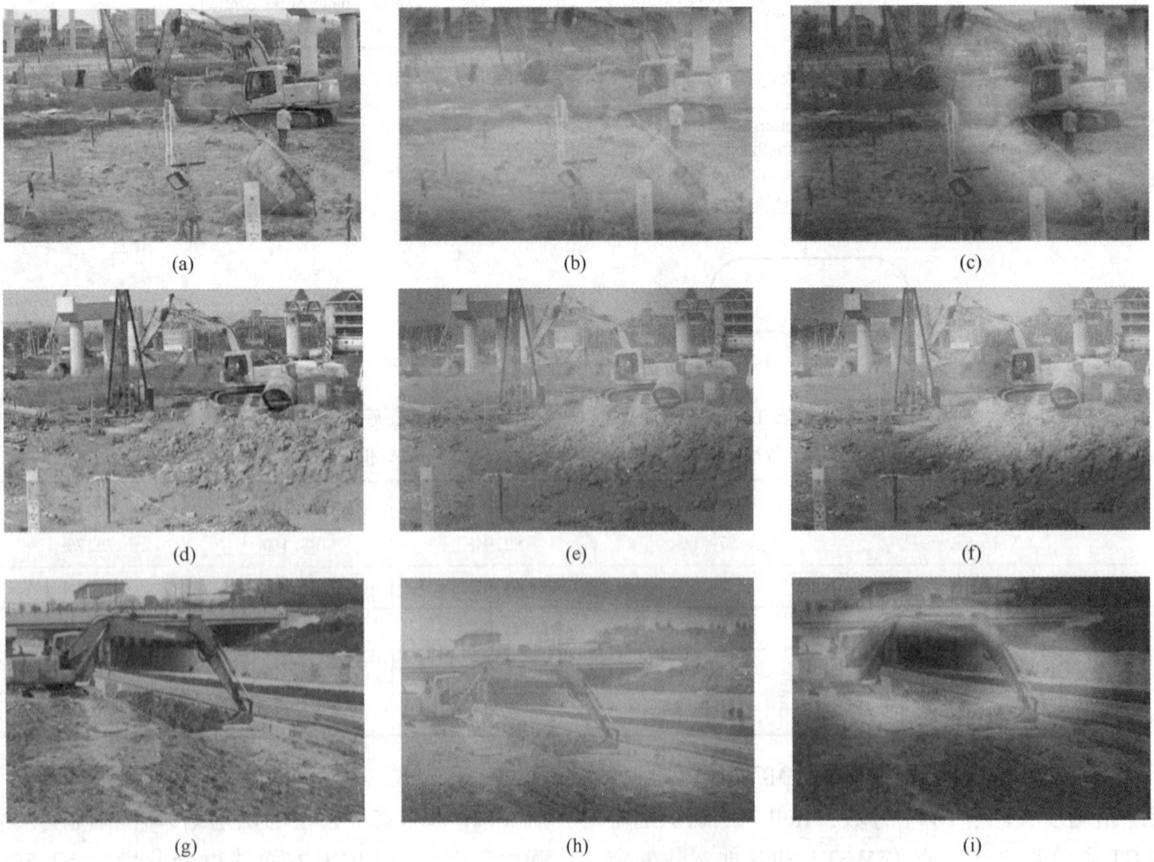

图6　原图、Yolov5m、Yolov5m+CBAM热力图对比结果

第一阶段目标检测跟踪算法的识别跟踪效果如下图 7 所示。在不同运动状态的野外环境中，检测视场中的障碍物，将测试视频以视频帧的格式保存，以便观察分析。下图显示了其对不同视频帧段的目标挖掘机识别跟踪输出结果。在图 7 所示的复杂环境中，跟踪器捕捉目标挖掘机的外观和颜色特征进行识别。挖掘机具有独特的外观和颜色特征，YOLOv5m 目标检测模型可以捕捉这些特征用于目标识别。具体来说，挖掘机通常具有明显的轮廓和形状，如长臂挖掘机、斗式挖掘机等，而颜色特征通常是特定的颜色，如黄色、橙色等。这些颜色在施工场景中相对突出，很容易被模型识别。因此，利用这些特征可以有效地识别和跟踪挖掘机。

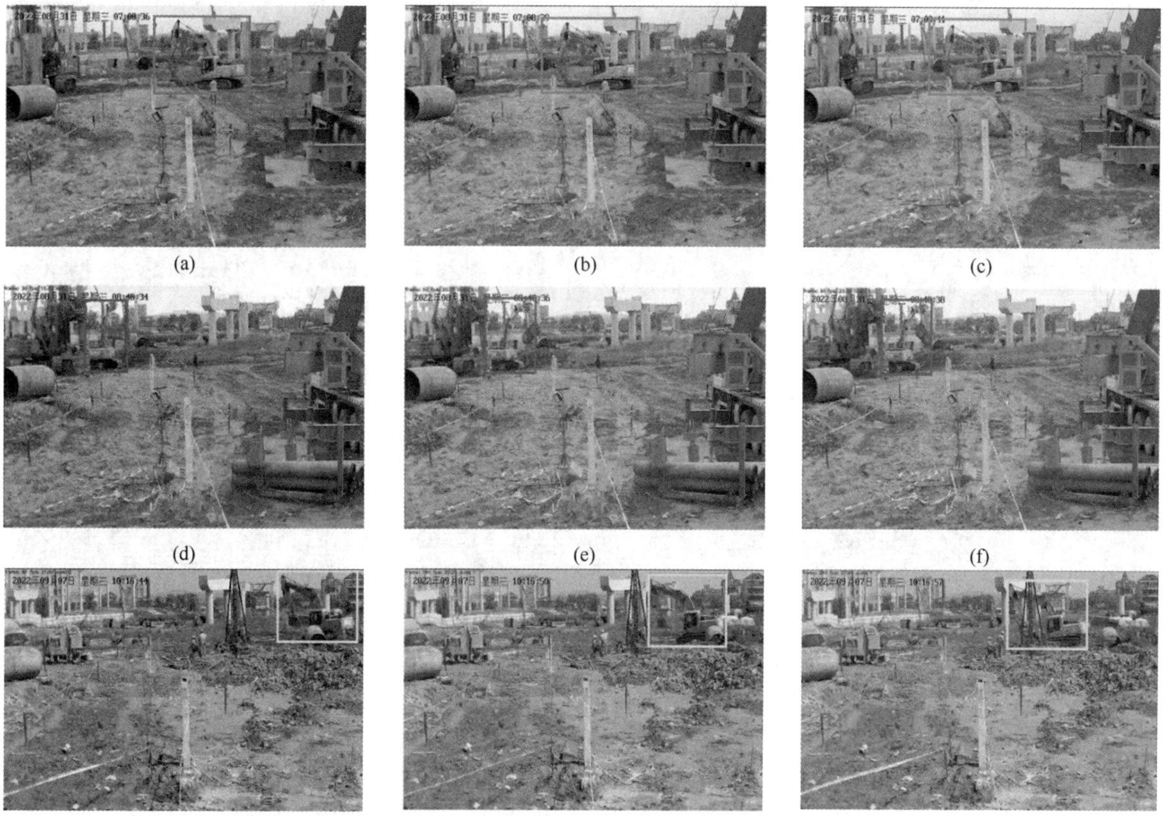

(a)　(b)　(c)　(d)　(e)　(f)　(g)　(h)　(i)

图 7　挖掘机目标跟踪检测不同视频帧结果

(1) 其中图 7-a、图 7-b 和图 7-c 可以在其实时环境中观察到挖掘机的运动，提取并学习挖掘机的样本特征信息，进而在视频段中实时检测到挖掘机样本。由于挖掘机样本处于运动状态，容易丢失目标，因此本文通过添加 CBAM 来增强挖掘机样本特征的提取，从而学习到更多的样本信息。基于 FairMOT 跟踪算法，可以实时跟踪目标挖掘机，并在实时检测目标样本信息的同时改变目标位置。

(2) 在图 7-d、图 7-e 和图 7-f 中可以观察到目标挖掘机在固定点位置的移动。通过改变挖掘机拾取负载的大小和位置，视频帧中目标框的大小和位置也会发生变化，目标框就会随着视频帧中目标挖掘机的移动而实时变化。

(3) 最后，在图 7-d、图 7-e、图 7-f 中，可以观察到图中存在障碍物对摄像机视场中的监测进行干扰，视频帧记录了未到达障碍物的位置状态、刚到达障碍物的位置状态、障碍物中的位置状态。在障碍物干扰的前提下，通过视频帧中目标挖掘机的位置状态可以得出结论，本文方法可以有效降低障碍物造成的干扰，从而提高该方法的跟踪效果。

下图显示了不同视频帧中挖掘机目标检测和跟踪的输出结果。图 8、图 8-a、图 8-b 和图 8-c 所示场景显示了同一地点不同铲斗动作下挖掘机目标的识别和跟踪结果。检测框在视频帧中的大小和位置也随之变化，表明目标框在视频帧中随着挖掘机的运动而实时变化。图 8-d、图 8-e

和图 8-f 显示了目标挖掘机在同一路线上不同距离的识别和跟踪结果。挖掘机距离较近时体积较大，距离较远时体积较小，但算法仍能实时识别和跟踪目标挖掘机。图 8-g、图 8-h 和图 8-i 显示了在不同光照条件下对目标挖掘机的识别和跟踪结果。算法仍能提取和学习挖掘机的样本特征，并能实时检测视频片段中的挖掘机样本。基于这些结果，可以得出结论：FairMOT 跟踪算法可以实时跟踪挖掘机目标，并能随着目标位置的变化实时检测目标样本信息。

图 8　不同光照下不同视频帧的挖掘机目标跟踪识别结果

4.2.2　动态调控 PTZ 摄像机参数

第二阶段视觉伺服控制系统的云台摄像机动态参数调整效果如下图 9 所示，通过冷漠运动状态和云台摄像机视场焦距的不同，将测试视频按照视频帧格式保存，以备观察分析。下图为云台摄像机跟踪目标挖掘机时，不同视频帧段平移-倾斜-变焦动态参数调整的输出结果。

（1）其中，图 9-a、图 9-b 和图 9-c 可以观察到挖掘机现场环境的运动状态不一致。视觉伺服控制系统首先识别目标跟踪标记，然后将其调整到云台摄像机水平方向视野的中间区域。

（2）与图 9-a、图 9-b 和图 9-c 的视频帧检测结果相比，图 9-d、图 9-e 和图 9-f 可以得出，目标挖掘机通过系统调整云台摄像机的焦距。同时，目标挖掘机的标签框大小也发生了变化。云台摄像机焦距变小，目标挖掘机的图像变大，因此标注框也变大。从图 9-d 可以看出，目标挖掘机首先出现在云台摄像机视野的右侧，调整水平移动的速度以及时间，目标挖掘机可以被调整到摄像机视野的中心，如图 9-e 所示。此外，还可以调整云台摄像机的焦距，识别检测和跟踪结果如图 9-f 所示。

（3）对于视觉目标挖掘机的识别跟踪，云台摄像机视觉伺服控制系统也能实时有效地进行识别跟踪，如下图 9-g、图 9-h、图 9-i 所示。多目标挖掘机识别与跟踪识别时，挖掘机的运动状态在过程中会发生变化，系统可以实时识别和检测挖掘机，并标注框的大小，如图 9-g 和图 9-h 所示。在多目标挖掘机运动状态下的识别与跟踪，对于某些识别过程中标注箱序列号多次发生变化的情况。控制系统自动通过调整云台摄像机的焦距参数，使摄像机对挖掘机标注箱的视野变大，从而使算法提高了识别跟踪的精度，如图 9-h、图 9-i。

云台摄像机视觉伺服控制系统对焦点大小的调整可以提高挖掘机目标识别跟踪精度，使该控制系统能够有效应对目标在不同运动状态下的识别跟踪。

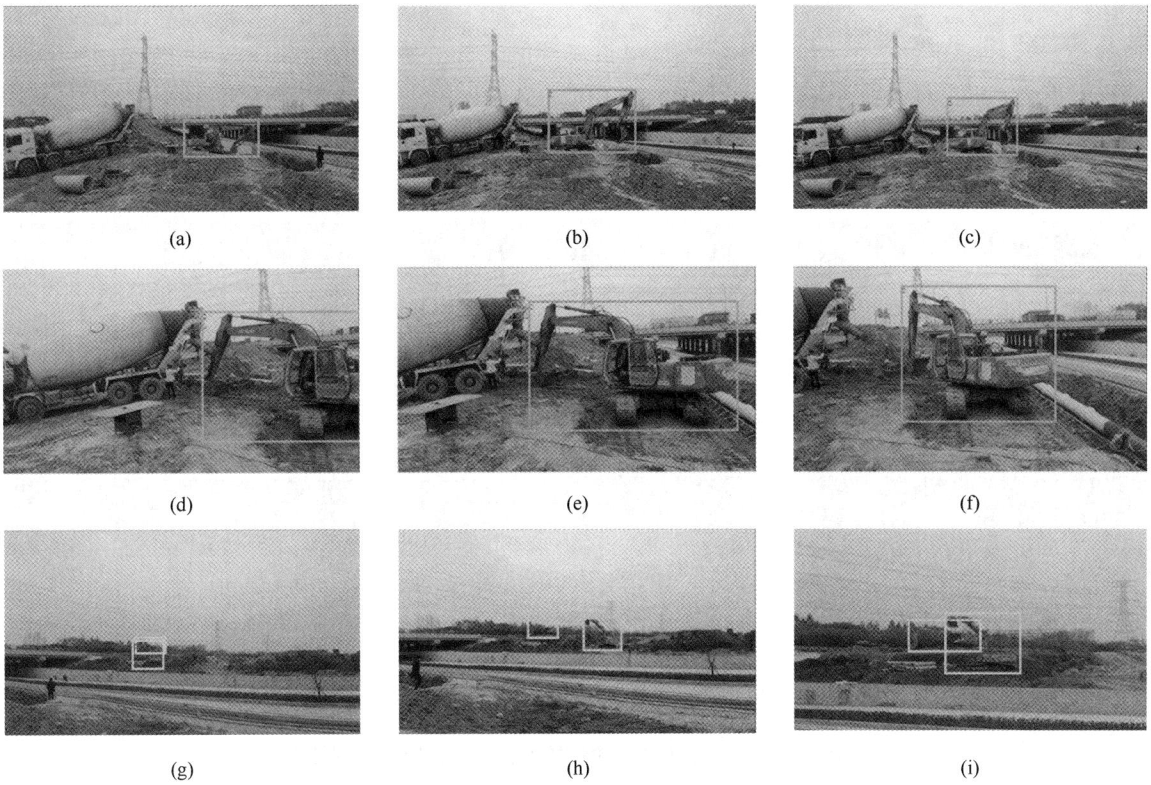

图 9　不同视频帧的挖掘机目标跟踪识别结果

下图显示了云台摄像机跟踪挖掘机目标的输出结果，云台摄像机的平移-倾斜-变焦的动态参数调整不同，随着不同的运动状态和不同的焦距而变化。图 10、图 10-a、图 10-b 和图 10-c 所示场景显示了同一地点不同施工动作下挖掘机目标的识别和跟踪结果。图 10-d、图 10-e 和图 10-f 显示了目标挖掘机在相同条件下向前移动时的识别和跟踪结果。图 10-g、图 10-h 和图 10-i 显示了目标挖掘机在不同焦距下的识别和跟踪结果。通过调整焦距，可以将目标挖掘机保持在视场中心，从而更准确地识别和跟踪挖掘机。基于这些结果，云台摄像机视觉伺服控制系统也可实现对远处挖掘机目标的实时有效识别和跟踪。

在图 11 所示的挖掘机施工场景中，图 11-a 至图 11-f 显示了目标挖掘机靠近摄像机时的识别和跟踪结果。当挖掘机靠近摄像机时，无法将其作为一个整体完全检测出来，只能检测到其一部分。该算法根据之前的训练学习挖掘机的特征图，可以只检测目标挖掘机图像的一部分。在图 11-d 至图 11-f 中，可以观察到挖掘机从远处驶来，工作一段时间后需要转向开始施工。本文的算法可以实时跟踪挖掘机。该算法还可以识别和跟踪远处的小目标，如图 11-d～图 11-i 中的挖掘机。在该场景中，复杂元素较少，挖掘机的外观也不同于其他室外场景中的树木，因此无需调整焦距即可识别和跟踪目标挖掘机。基于上述情况，可以证明本文的算法可以实时跟踪目标挖掘机，即使在只能看到目标图像的一部分或目标在远处较小的情况下也是如此。

5　结论

天然气管道作为城市供暖和发电的输送通道，对保障人们的正常生活具有重要意义。本文提出了一种改进的混合深度学习框架，用于天然气管道沿线区域挖掘机的动态跟踪，以保证天然气管道施工区域的正常运行。本文提出的深度学习框架基于对 FairMOT 算法中注意力机制模块的改进，可以通过模型加强对目标样本的深层和浅层特征学习。可以实时识别和跟踪现场环境视频中的目标样本，并将结果作为云台摄像机伺服控制系统的输入数据。在此输入信息中，通过控制策略控制云台摄像机的三个方向角度参数，从而使目标样本处于视场中心，达到实时跟踪的效果。

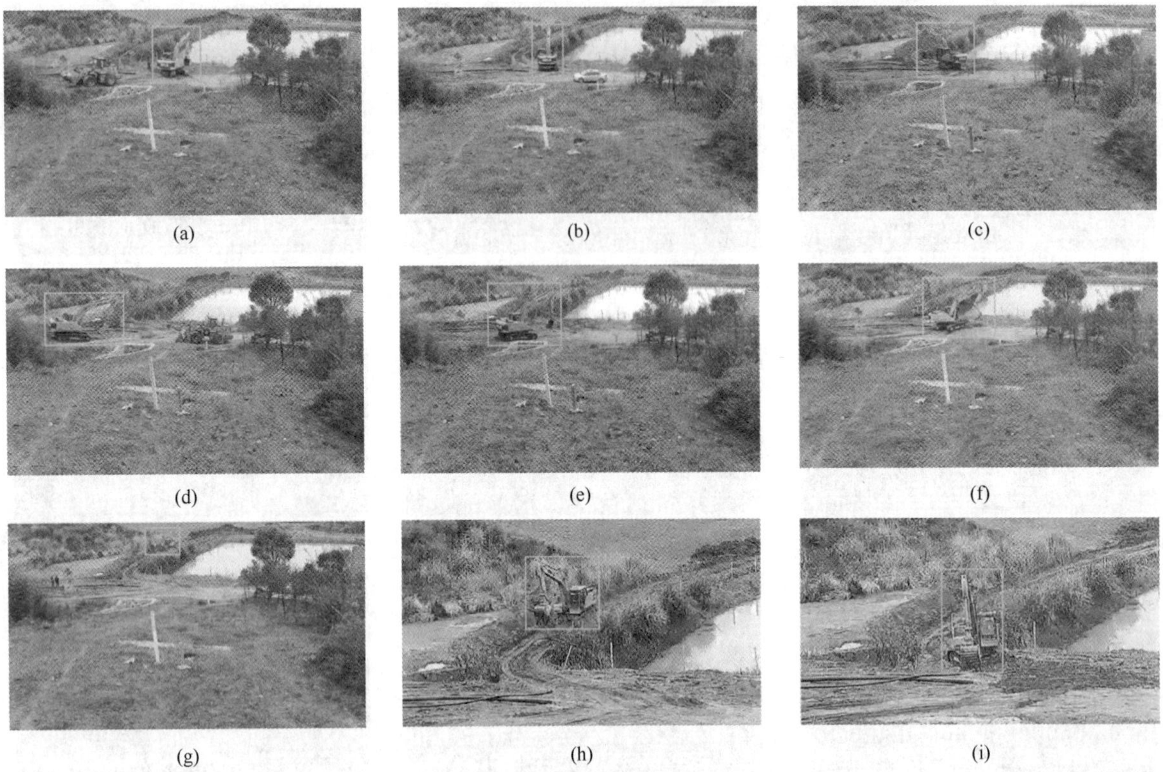

图 10　复杂场景中不同视频帧的挖掘机目标跟踪识别结果

图 11　单一场景中不同视频帧的挖掘机目标跟踪识别结果

算法实例在不同的现场环境中进行了多种状态的实验。在算法结构的识别骨干中加入了 CBAM，Yolov5m_CBAM 模型的识别结果在精确度、准确度、召回率和 F1 方面的得分分别达到了 85.3%、86.9%、88.6%和 82.2%。与改进前的 Yolov5m 识别模型相比，改进后的算法

Yolov5m_CBAM 识别模型在精确度、准确度、召回率和 F1 分数上分别提高了 2.8%、3.3%、3.4%和 2.8%。对于不同的算法结构和目标运动状态，可以证明目标跟踪视觉伺服控制框架识别模块能够实时识别和跟踪，因此该方法具有一定的鲁棒性。

与普通算法应用相比，所提出的天然气管道沿线区域监控方法有了显著改进。针对云台控制策略缺乏硬件支持的问题，将采用硬件层面的方法，通过提高处理器性能、增加传感器数量和灵敏度来提高云台的控制精度和响应速度。同时，还将采用更高效的通信模块来提高控制精度和响应速度。天然气管道网络由于其复杂而特殊的拓扑路径，对天然气管道的视频监控具有一定的影响。因此，今后的工作重点是改进算法，确定跟踪方法，并对天然气管道网络拓扑路径上的节点进行实时视图切换监控。

参 考 文 献

[1] Wen K. Multi-period optimal infrastructure planning of natural gas pipeline network system integrating flowrate allocation 2022: 16.

[2] Hong B, Li X, Song S, Chen S, Zhao C, Gong J. Optimal planning and modular infrastructure dynamic allocation for shale gas production. Applied Energy 2020; 261: 114439. https: //doi. org/10. 1016/j. apenergy. 2019. 114439.

[3] Hong B, Li X, Cui X, Gao J, Li Y, Gong J, et al. General Optimization Model of Modular Equipment Selection and Serialization for Shale Gas Field. Frontiers in Energy Research 2021; 9. https: //doi. org/10. 3389/fenrg. 2021. 711974.

[4] Huang W, Li Y, Yu W, Yu H, Shan X, Wang H, et al. An evaluation index system of the user satisfaction for the natural gas pipeline network. Journal of Pipeline Science and Engineering 2021; 1: 452-8. https: //doi. org/10. 1016/j. jpse. 2021. 11. 001.

[5] Peng X, Yao D, Liang G, Yu J, He S. Overall reliability analysis on oil/gas pipeline under typical third-party actions based on fragility theory. Journal of Natural Gas Science and Engineering 2016; 34: 993-1003. https: //doi. org/10. 1016/j. jngse. 2016. 07. 060.

[6] Witek M, Uilhoorn FE. Influence of gas transmission network failure on security of supply. Journal of Natural Gas Science and Engineering 2021; 90: 103877. https: //doi. org/10. 1016/j. jngse. 2021. 103877.

[7] Chen L, Cai J, Gu S. Trajectory tracking method of natural gas, district heating and power systems. Energy Conversion and Management 2022; 259: 115447. https: //doi. org/10. 1016/j. enconman. 2022. 115447.

[8] Chao-Yang Lee, Shou-Jen Lin, Chen-Wei Lee, Chu-Sing Yang. An efficient continuous tracking system in real-time surveillance application. Journal of Network and Computer Applications 2012; 35: 1067-73. https: //doi. org/10. 1016/j. jnca. 2011. 12. 007.

[9] Francois Chaumette, Seth Hutchinson. Visual servo control. I. Basic approaches. IEEE Robotics & Automation Magazine 2006; 13: 82-90. https: //doi. org/10. 1109/MRA. 2006. 250573.

[10] Sanghyun Woo, Jongchan Park, Joon-Young Lee, In So Kweon. CBAM: Convolutional Block Attention Module 2018. https: //doi. org/10. 48550/arXiv. 1807. 06521.

[11] Jocher G, Stoken A, Borovec J, Chaurasia A, Changyu L, Laughing A, et al. ultralytics/yolov5: v5. 0-YOLOv5-P6 1280 models AWS Supervise. ly and YouTube integrations. Zenodo 2021; 11.

[12] D. I. Kosmopoulos. Robust Jacobian matrix estimation for image-based visual servoing. Robotics and Computer-Integrated Manufacturing 2011; 27: 82-7. https: //doi. org/10. 1016/j. rcim. 2010. 06. 013.

[13] Fasheng Wang, Fuming Sun, Junxing Zhang, Baowei Lin, Xucheng Li. Unscented Particle Filter for Online Total Image Jacobian Matrix Estimation in Robot Visual Servoing. IEEE Access 2019; 7: 92020-9. https: //doi. org/10. 1109/ACCESS. 2019. 2927413.

[14] Anh-Tu Nguyen, Tadanari Taniguchi, Luka Eciolaza, Victor Campos, Reinaldo Palhares, Michio Sugeno. Fuzzy Control Systems: Past, Present and Future. IEEE Computational Intelligence Magazine 2019; 14: 56-68. https: //doi. org/10. 1109/MCI. 2018. 2881644.

[15] Radu-Emil Precup, Stefan Preitl, Emil Petriu, Claudia-Adina Bojan-Dragos, Alexandra-Iulia Szedlak-Stinean, Raul-Cristian Roman, et al. Model-Based Fuzzy Control Results for Networked Control Systems. Reports in Mechanical Engineering 2020; 1: 10-25. https: //doi. org/10. 31181/rme200101010p.

[16] Wang Z, Zheng L, Liu Y, Li Y, Wang S. Towards Real-Time Multi-Object Tracking. In: Vedaldi A, Bischof H, Brox T, Frahm J-M, editors. Computer Vision-ECCV 2020, Cham: Springer International Publishing; 2020, p. 107-22. https: //doi. org/10. 1007/978-3-030-58621-8_7.

[17] Bernardin K, Stiefelhagen R. Evaluating Multiple Object

Tracking Performance: The CLEAR MOT Metrics. EURASIP Journal on Image and Video Processing 2008; 2008: 1-10. https://doi. org/10. 1155/2008/246309.

[18] Ristani E, Solera F, Zou R, Cucchiara R, Tomasi C. Performance Measures and a Data Set for Multi-target, Multi-camera Tracking. In: Hua G, Jégou H, editors. Computer Vision - ECCV 2016 Workshops, vol. 9914, Cham: Springer International Publishing; 2016, p. 17-35. https://doi. org/10. 1007/978-3-319-48881-3_2.

[19] Milan A, Leal-Taixe L, Reid I, Roth S, Schindler K. MOT16: A Benchmark for Multi-Object Tracking 2016. https://doi. org/10. 48550/arXiv. 1603. 00831.

天然气管道数据分析方法及应用

舒　洁　罗倩云　唐　霏

（中国石油西南油气田公司安全环保与技术监督研究院）

摘　要　管道大数据的时代已经到来，通过大数据分析，使其更好地服务于管道安全管理是管道行业发展的重要趋势之一。本文在阐述管道大数据的管理构架基础上，梳理了常用的几种大数据分析方法，并将灰关联分析方法应用于管道的内检测数据管理分析中。通过对国内某天然气管道各腐蚀因素进行灰关联度排序，得到了影响内腐蚀的主要因素，为管道腐蚀控制和进一步的预测分析提供了科学依据。

关键词　大数据；管道；腐蚀；灰关联分析；内检测；数据库

信息技术的飞速发展，使得数据正以前所未有的速度增长和累积，大数据时代已经到来。中国目前长输管道总里程已经达到 12.5×10^4km，管道数据，尤其是完整性管理积累的海量数据基本达到了大数据的特征要求。管道完整性管理要求对管道实施全寿命周期的完整性管理，包括策划、设计、施工、运行、报废的各个阶段。通过大数据分析，使其更好地服务于管道安全管理是管道行业发展的重要趋势之一。

天然气集输管道完整性的研究工作已开展多年，酸性介质和水共同作用于钢质管道会造成严重后果已得到共识，据统计结果显示金属腐蚀是造成管道失效的主要原因，占管道失效事件的50%以上。本文尝试将灰关联分析方法应用于管道大数据的腐蚀因素分析中，从而得到影响腐蚀的主要因素，为管道腐蚀控制提供科学依据。

1　管道大数据基本定义及管理架构

Viktor Mayer-Schonberger 和 Kenneth Cukier 的《大数据》出版以后，引发了管道行业内对大数据问题的思考。冯庆善将管道大数据定义为：以管道内检测数据为基线，实现将内检测信息、外检测数据、设计施工资料数据、历史运维数据、管道环境数据和日常管理数据等的校准并对其整合，使各类数据均可对应各环焊缝信息，形成统一的数据库或数据表。由此可见，管道内检测数据管理是管道大数据管理中极其重要的一环，因此，有必要对管道大数据管理，尤其是内检测数据的管理和深度挖掘应用进行深入思考。

基于大数据的管道架构模型是将管道基础信息、管道地理信息、管道运行维护信息、管道建设数据、资产数据等进行组合分析。IBM 的 Stephen Watt 给出了一个大数据生态系统的模型，将大数据技术划分为 7 个部分，包括数据产生、数据存储、数据处理、数据分享、数据检索、数据分析、数据可视化。王维斌提出了油气管道大数据管理架构，分为 5 层，仅限于对管道完整性管理的有关环节进行分析；董绍华等人在文献的基础上，进一步完善了管道大数据系统的管理架构内容。

2　管道大数据分析方法

目前，大数据分析在管道系统的应用案例较少，文献中详细归纳了用于大数据分析的几种模型：

2.1　相似度模型

在数据分析和数据挖掘的过程中，需要挖掘个体间的差异，进而评价个体的相似性和类别。最常见的是数据分析中的相似度模型分析，由原型和一个相似度函数构成。相似度度量，即计算个体间的相似程度，与距离度量相反，相似度度量的值越小，说明个体间相似度越小，差异越大。因此，新数据通过计算其相似度函数，就可以计算出相似度得分。在已知某处埋地管道发生腐蚀的情况下，在大数据范畴假设管道系统沿线的相关数据在运行期已收集完毕，利用相似度模型即可分析出管道其他位置与该位置的相似度得分，进而确定管道发生腐蚀的可能性，无需进行其他繁琐的检测。

2.2　灰色关联分析模型

作为因素分析的一种方法，灰色关联分析的基本思想是：根据序列曲线几何形状的相似程度来判断其联系是否紧密，即曲线越接近，相应序列之间的关联度越大，反之就越小。几何曲线的形状越接近，说明二者之间的关系越密切，该因素的影响程度就越大，反之就越小。关联度是用于描述系统因素间关系密切程度的量，关联度越大，二者之间的相似程度越大。灰色系统理论提出了对各子系统进行灰色关联度分析的概念，意图透过一定的方法，去寻求系统中各子系统(或因素)之间的数值关系。因此，灰色关联度分析对于一个系统发展变化态势提供了量化的度量，非常适合动态历程分析。

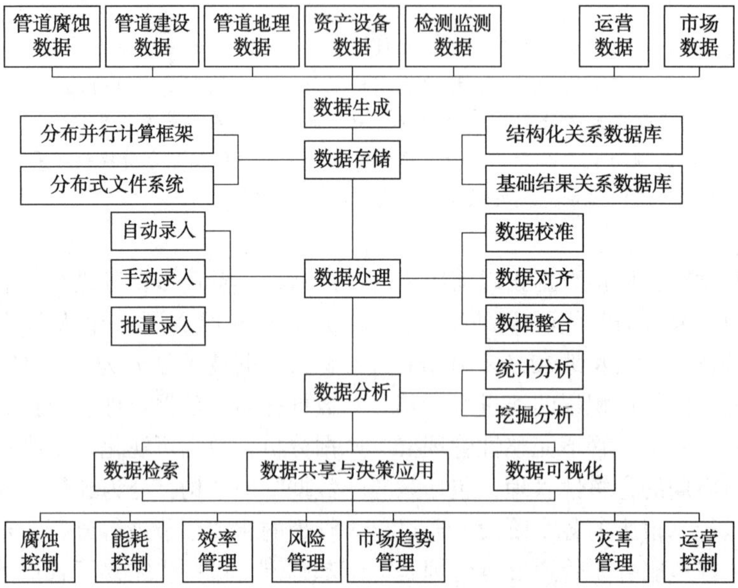

图 1　管道大数据系统的管理架构图

2.3　人工神经网络和小波变换

以数学模型模拟神经元活动，是基于模仿大脑神经网络结构和功能而建立的一种信息处理系统。1981 年，法国地质学家 Morlet 在寻求地质数据时，通过对 Fourier 变换和加窗 Fourier 变换的异同、特点及函数构造进行创造性的研究，首次提出了“小波分析”的概念。小波神经网络将小波变换良好的时频局域化特性和神经网络的自学习功能相结合，具有较强的逼近能力和容错能力，可将小波函数作为基函数构造神经网络形成小波网络，实现信噪分离，并提取出对加工误差影响最大的状态特性，作为神经网络的输入，其一般应用于工业压缩机、发动机、燃气轮机信号类的大数据分析处理。

2.4　朴素贝叶斯模型

对于待评分的观测值，如果缺失某些输入值，可以简单地将缺失的因素从模型中去除；此外也包含不是所有都可用的输入值，但若变量函数已知，则这些输入值就会发挥作用，给定不同输入的概率。通过输入最大释然公式，得到拟合参数，比较其属于哪个类的概率更大。在很多情况中，可将连续的特征分布离散化，然后在朴素贝叶斯假设下，简单计算离散值的概率，进而将复杂的分布特征转化为简单的朴素贝叶斯模型。

2.5　回归模型

回归模型是一种预测建模技术，研究因变量对一个或多个自变量的依赖关系，首先根据样本观察值对模型参数进行估算，求得回归方程，然后对回归方程、参数估算值进行显著性检验，最后利用回归方程进行分析、评价及预测。回归模型中输入的变量和目标变量必须都是数值变量，回归方程描述了两者之间的一种算术关系。线性回归有相关关系并不一定有因果关系，体现了大数据时代数据由因果关系向相关关系转变的理念。“最佳的”关系是指最大限度地减少了从数据点到拟合曲线的垂直距离的平方和。

当一个回归模型有多个输入时，则称其为多元回归，曲线变为平面再变为超平面。对多线性回归分析的数学模型包括回归系数的最小二乘估计、回归方程及回归系数的显著性检验、逐步回归分析、多对多线性回归、双重筛选逐步回归、非线性回归。

2.6 逻辑回归分析

逻辑回归与多重线性回归有很多相同之处，最大的区别在于它们的因变量不同，其他基本无异。正因如此，这两种回归可以归于同一家族，即广义线性模型，其作用归结为寻找危险因素、预测、判别，即首先寻找某一风险的危险因素等，然后根据模型预测在不同的自变量情况下发生某事故或某种情况的概率，再判断属于某种失效或某种情况的概率，对于管道地质灾害、管道风险因素大数据分析等均采用此回归方法。

2.7 支持向量机(SRM)

其理论基础为统计学理论、优化理论、泛函分析等，通过求解凸二次规划的计算技术，在分类识别、回归估计、密度函数估计等方面进行运用，包括线性支持向量机模型和非线性支持向量机模型。线性支持向量机模型是在线性函数集合中估计回归函数，将回归估计问题定义为对不敏感损失函数进行风险最小化的问题，使用 SRM 原则进行风险最小化，产生了对回归后支持向量的估计。非线性支持向量机模型的决策边界分为线性决策边界与非线性决策边界，一般用于管道、设施泄漏监测、安全预警等低频非连续类信号的大数据处理。

2.8 大数据分析其他算法

树形算法家族，包括决策树、聚类和回归树以及较为复杂的随机森林模型，序列分析也是最近比较热门的算法。算法很多，自然就存在选择的问题，或者也可以同时使用多个算法，然后投票决定结果，这种思路最近很流行，称为综合模型算法。

3 灰色关联分析模型

采用灰色关联分析法对天然气管道的内腐蚀进行评价，分析影响管道内腐蚀速度的因素序列，对制定管线的防腐方案及经济、有效地维护天然气管线的安全运行具有非常重要的理论与实际意义。

作为因素分析的一种方法，灰关联分析的基本原理：根据各影响因素几何曲线变化趋势的相似程度来判断该因素与腐蚀之间的关系是否密切，即影响程度的大小。几何曲线的形状越接近，说明二者之间的关系越密切，该因素的影响程度就越大，反之就越小。关联度是用于描述系统因素间关系密切程度的量，关联度越大，二者之间的相似程度越大。

3.1 数据系列的确定

对一个实际系统进行分析之前，要确定该系统行为特征的数据系列。设影响因变量 Y 的自变量共有 n 个，通过实验测得下列 l 组数据：

$$x_{11},\ x_{21},\ x_{31},\ \cdots,\ x_{n1},\ y_1$$
$$x_{12},\ x_{22},\ x_{32},\ \cdots,\ x_{n2},\ y_2$$
$$x_{13},\ x_{23},\ x_{33},\ \cdots,\ x_{n3},\ y_3$$
$$\cdots\cdots$$
$$x_{1l},\ x_{2l},\ x_{3l},\ \cdots,\ x_{nl},\ y_l$$

其中 x_i 代表为子因素，y_i 代表为母因素。

3.2 数据的无量纲化处理

在进行灰关联计算之前，应将数据作无量纲化处理，常用的处理方法有 3 种：均值化、极值和初值化。采用均值化法对数据进行无量纲化处理，即用原始数据各时刻值除以原始数据列的平均值，得到一组新的数据系列。

对因变量 y 进行均值化得到一个母序列为

$$\frac{y_1}{\frac{1}{l}\sum_{k=1}^{l}y_k},\ \frac{y_2}{\frac{1}{l}\sum_{k=1}^{l}y_k},\ \frac{y_3}{\frac{1}{l}\sum_{k=1}^{l}y_k},\ \cdots\cdots,\ \frac{y_l}{\frac{1}{l}\sum_{k=1}^{l}y_k}$$

即：

$$y=\{y_0^{(0)}(1),\ y_0^{(0)}(2),\ y_0^{(0)}(3),\ \cdots,\ y_0^{(0)}(l)\}$$

3.3 关联系数计算

关联系数是指第 i 个比较序列与参考序列在 k 时刻的关联程度。

令

$N=\{1,\ 2,\ \cdots,\ n\}$，$L=\{1,\ 2,\ \cdots,\ l\}$

则

$$\xi_{0,i}(k)=\frac{\min_{i\in N}\min_{k\in L}|y_0^{(0)}(k)-x_i^{(0)}(k)|+\rho\max_{i\in N}\max_{k\in L}|y_0^{(0)}(k)-x_i^{(0)}(k)|}{|y_0^{(0)}(k)-x_i^{(0)}(k)|+\rho\max_{i\in N}\max_{k\in L}|y_0^{(0)}(k)-x_i^{(0)}(k)|} \tag{1}$$

$k=1,\ 2,\ \cdots.,\ L$

在上式中，$\xi_{0,i}(k)$ 称为 X_i 对 y_0 在 K 时刻的关联系数，它反映了第 k 个时刻子因素 X_i 与母因素 y_0 的相对差值，即 X_i 对 y_0 的影响程度。ρ 为分辨系数，取值范围在 0～1 之间，作用是提高关联度的差异显著性，通常取0.5。

3.4 灰关联度r_i计算

由于直接引用关联系数，数据较多，信息过于分散，不便于比较，因此可将各个时刻关联系数集中为一个值。通常有2种方法：作关联系数$\xi_{0,i}(k)$的折线，将折线与横坐标轴之间的面积（关联面积）作为关联度；直接用$\xi_{0,i}(k)$的算术平均值作为关联度。以下采用第2种方法。

灰关联度的计算公式为：

$$r_i = \frac{1}{l}\sum_{k=1}^{l}\xi_{0,\ i}(k),\ i = 1,\ 2,\ 3,\ \cdots n \qquad (2)$$

r_i值介于0~1之间，其构成的序列描述了各影响因素对结果的影响程度。通常当$r_i>0.6$时，即认为该子因素对母因素具有一定影响。根据关联度的大小排列可以得出子因素对母因素的影响程度。

4 基于管道大数据的腐蚀因素灰关联分析应用

根据上述灰关联分析模型，编制了腐蚀影响因素分析软件。

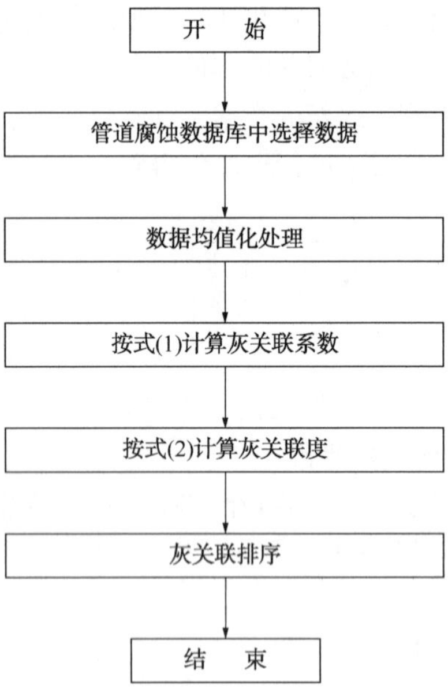

图2　腐蚀因素灰关联分析软件流程图

国内某天然气集输管道于2010年进行了内检测，获得了大量的内腐蚀数据，因此运用灰关联分析内检测数据，可以找出在诸多影响该管线内腐蚀的因素中哪些是主要因素，哪些是次要因素，即影响腐蚀的各因素影响程度的大小顺序。

管线全长59.63km，管材X52钢，管线规格Φ559×8.7mm，投产时间为1997年12月，设计压力6.6MPa，设计输量81万方/天，输送含硫干气原料气，其中H_2S含量3.01g/m^3，CO_2含量46.3g/m^3。

4.1 数据预处理

首先，对2010年管道内检测数据进行筛选整理，将内检测数据表中备注为“Int Metal Loss”以及“＊Int Metal Loss”（即内腐蚀）的数据筛选出来，如图3所示：

另一方面，采用多相流计算软件对该管线C段进行多相流模拟分析，输入管道计算参数，可以得到管道各段压力、温度、气相流速等内腐蚀因素的变化情况。计算结果如图4所示：

对以上数据再次进行处理计算，得到管道沿线各个管段倾角、气相流速、压力、温度、H_2S分压、CO_2分压。结果如图5所示：

将管道内检测数据表和腐蚀因素输入数据表进行数据对比，得到共计509条有效数据。（对比原则：将内数据表中100m为一个里程单元，并选取“Peak Depth”最大值的点作为该管段的特征点，在腐蚀因素输入数据表中获取与之对应的管段倾角、压力、温度、流速等数据。）

4.2 灰关联分析

在此基础上，对管道腐蚀因素进行灰关联分析，选择各管段腐蚀速率CR为母因素，即参考序列；管道各管段倾角、气相流速、压力、温度、H_2S分压、CO_2分压为子因素，即比较序列。由于灰关联分析具有对样本量的大小和样本的规律性没有严格要求的优点，因此在管道腐蚀数据库中抽取212组腐蚀数据作为样本。

采用本文中灰关联分析模型对腐蚀数据进行灰关联度的计算和排序，分析结果如下表所示：

表1　腐蚀影响因素关联度排序

影响因素	关联度	关联度排序
压力/MPa	0.8898	1
H_2S分压/MPa	0.8898	1
CO_2分压/MPa	0.8898	1
温度/K	0.8862	2
气相流速/(m/s)	0.8811	3
管段倾角/°	0.7842	4

从上表可以看出，管道内检测数据反映出各腐蚀因素对管道腐蚀速率的影响程度大小顺序为：压力（H_2S分压、CO_2分压）>温度>气相流速>管段倾角。其中，H_2S分压、CO_2分压与压

力之间成线性关系，故这两个因素不属于独立因素，从灰关联度的计算结果也证实了这一点。一般说来，关联度 $r_i>0.6$，即认为该因素具有一定影响。因此，以上四个因素均为该管道的主要腐蚀影响因素。

环焊缝编号	相对距离(米)	绝对距离(米)	备注	峰值深度	长度(mm)		ERF	时钟方位(时:分)
	0.9	11.6	*INT ML	15%	141		0.958	06:15
	0.3	450.2	*INT ML	21%	9		0.910	06:00
	0.6	819.7	*INT ML	11%	43		0.918	06:30
	0.8	819.9	*INT ML	11%	8		0.910	06:15
8	10.1	959.2	*INT ML	24%	11		0.911	06:15
9	10.4	959.5	*INT ML	25%	17		0.913	06:15
7	0.8	4089.1	*INT ML	20%	16		0.912	06:30
3	6.7	4756.5	*INT ML	39%	11		0.912	06:15
5	6.8	4756.6	*INT ML	31%	6		0.910	06:15
1	7.4	4757.2	*INT ML	27%	11		0.911	06:30
2	7.4	4757.3	*INT ML	29%	8		0.910	06:00
7	7.7	4757.5	*INT ML-已修复	30%	17			06:30
1	7.9	4757.7	*INT ML	21%	19		0.913	05:45
4	8.0	4757.8	*INT ML	28%	16		0.913	06:45
9	8.3	4758.1	*INT ML	23%	34		0.923	06:45
0	8.4	4758.2	*INT ML	29%	14		0.913	06:00
9	9.2	4968.4	*INT ML-已修复	31%	10			06:00
0	0.7	5073.2	*INT ML	23%	9		0.910	05:30
2	1.3	5073.9	*INT ML	24%	9		0.910	05:45
4	0.5	5152.1	*INT ML	17%	5		0.909	05:45
2	0.2	5230.5	*INT ML	14%	162		0.962	06:15
9	0.1	8611.6	*INT ML	11%	413		1.022	07:30
1	0.2	9512.5	*INT ML	20%	17		0.912	06:30
5	5.1	9611.9	*INT ML	12%	15		0.910	01:30
7	4.4	11201.4	*INT ML	20%	5		0.909	06:45
5	5.0	11337.5	*INT ML	21%	11		0.911	06:30
9	3.3	14434.1	*INT ML	21%	13		0.911	06:00
2	3.5	14434.3	*INT ML	21%	8		0.910	06:00
1	1.6	14697.8	*INT ML	14%	54		0.926	05:30
2	2.9	14810.0	*INT ML	20%	8		0.910	06:30
9	11.9	15993.1	*INT ML	14%	118		0.951	04:00
2	3.5	20506.4	*INT ML	22%	10		0.910	06:00
3	3.6	20506.5	*INT ML	28%	10		0.911	06:00
6	8.7	21595.4	*INT ML	11%	423		1.022	03:00
8	9.5	21596.2	*INT ML	11%	8		0.910	01:00
0	9.9	21596.6	*INT ML	10%	11		0.910	04:30
9	10.2	21596.9	*INT ML	13%	33		0.916	05:00
8	11.6	45353.2	*INT ML	22%	21		0.915	04:45

Pipeline Listing

图 3　某天然气管道 2010 年内检测数据

序号	起点(m)	终点(m)	起点管心高程（m）	管段平均管心高程（m）	压力(KPa)	温度(K)	持液率	液相流速(m/s)	气相流速(m/s)	流型
1	0	22.4	453.68	451.745	5,420.03	293.90	0.002	0.007	4.837	STRT STRT
2	22.4	30.6	449.81	449.26	5,421.85	293.90	0.002	0.008	4.835	STRT STRT
3	30.6	99.5	448.71	448.985	5,422.34	293.90	0.002	0.008	4.835	SLUG ANNU
4	99.5	229.5	449.26	449.535	5,420.93	293.90	0.002	0.008	4.836	SLUG STRT
5	229.5	254	449.81	449.935	5,418.57	293.89	0.002	0.007	4.839	SLUG ANNU
6	254	307.9	450.06	450.71	5,418.03	293.89	0.002	0.007	4.839	SLUG INTR
7	307.9	310.9	451.36	451.365	5,416.40	293.89	0.002	0.007	4.841	SLUG STRT
8	310.9	385.2	451.37	451.425	5,416.35	293.89	0.002	0.007	4.841	SLUG STRT
9	385.2	487.8	451.48	452.485	5,415.12	293.89	0.002	0.007	4.842	SLUG INTR
10	487.8	530.6	453.49	453.23	5,412.31	293.89	0.002	0.007	4.845	STRT STRT
11	530.6	578.3	452.97	453.58	5,411.98	293.88	0.002	0.007	4.845	SLUG INTR
12	578.3	584	454.19	454.395	5,410.50	293.88	0.002	0.007	4.847	SLUG INTR
13	584	599.4	454.6	454.49	5,410.16	293.88	0.002	0.007	4.847	STRT STRT
14	599.4	653.4	454.38	454.955	5,410.06	293.88	0.002	0.007	4.847	SLUG INTR
15	653.4	680.6	455.53	456.15	5,408.52	293.88	0.002	0.007	4.849	SLUG INTR
16	680.6	745.7	456.77	458.27	5,407.34	293.88	0.002	0.007	4.851	SLUG INTR
17	745.7	760.1	459.77	460.185	5,404.51	293.88	0.002	0.007	4.853	SLUG INTR
18	760.1	801.4	460.6	458.685	5,403.78	293.88	0.002	0.007	4.854	STRT STRT
19	801.4	837.4	456.77	455.47	5,405.30	293.88	0.002	0.007	4.852	STRT STRT
20	837.4	928.2	454.17	452.935	5,406.21	293.87	0.002	0.007	4.851	STRT STRT
21	928.2	953.9	451.7	452.315	5,406.27	293.87	0.002	0.007	4.851	SLUG INTR
22	953.9	957.1	452.93	453.015	5,405.12	293.87	0.002	0.007	4.852	SLUG INTR
23	957.1	960.1	453.1	453.54	5,404.97	293.87	0.002	0.007	4.853	SLUG ANNU
24	960.1	993.9	453.98	453.68	5,404.38	293.87	0.002	0.007	4.853	STRT STRT
25	993.9	1059.9	453.38	453.385	5,404.22	293.87	0.002	0.007	4.853	SLUG STRT
26	1059.9	1140.7	453.39	453.11	5,403.18	293.87	0.002	0.007	4.854	STRT STRT
27	1140.7	1234.1	452.83	452.935	5,402.33	293.87	0.002	0.007	4.855	SLUG STRT
28	1234.1	1249.3	453.04	453.03	5,400.74	293.86	0.002	0.007	4.857	STRT STRT
29	1249.3	1298.4	453.02	453.145	5,400.53	293.86	0.002	0.007	4.857	SLUG STRT
30	1298.4	1350.8	453.27	453.695	5,399.61	293.86	0.002	0.007	4.858	SLUG INTR
31	1350.8	1394.3	454.12	453.885	5,398.28	293.86	0.002	0.007	4.859	STRT STRT
32	1394.3	1452.3	453.65	453.8	5,397.91	293.86	0.002	0.007	4.860	SLUG STRT
33	1452.3	1463.6	453.95	453.985	5,396.82	293.86	0.002	0.007	4.861	SLUG ANNU
34	1463.6	1490.3	454.02	453.96	5,396.60	293.86	0.002	0.007	4.861	STRT STRT
35	1490.3	1568.4	453.9	453.825	5,396.28	293.85	0.002	0.007	4.861	STRT STRT
36	1568.4	1671.8	453.75	453.595	5,395.24	293.85	0.002	0.007	4.863	STRT STRT
37	1671.8	1678.3	453.44	453.425	5,393.92	293.85	0.002	0.007	4.864	STRT STRT
38	1678.3	1773.9	453.41	453.155	5,393.85	293.85	0.002	0.007	4.864	STRT STRT
39	1773.9	1807.3	452.9	452.805	5,392.75	293.85	0.002	0.007	4.865	STRT STRT
40	1807.3	1812.3	452.71	452.605	5,392.37	293.84	0.002	0.007	4.865	STRT STRT
41	1812.3	1888.2	452.5	452.345	5,392.41	293.84	0.002	0.007	4.865	STRT STRT
42	1888.2	1893	452.19	452.04	5,391.49	293.84	0.002	0.007	4.866	STRT STRT

Sheet1　Sheet2　Sheet3

图 4　某天然气管道多相流模拟计算结果

点号	里程(m)	管心高程（m）	管段倾角	气相流速(m/s)	压力(MPa)	温度(K)	H2S分压（MPa）	C02分压（MPa）
1	0	453.68		4.837	5.42003	293.90	0.011382	0.135501
2	22.4	449.81	-9.9	4.835	5.42185	293.90	0.011386	0.135546
3	30.6	448.71	-7.7	4.835	5.42234	293.90	0.011387	0.135558
4	99.5	449.26	0.5	4.836	5.42093	293.90	0.011384	0.135523
5	229.5	449.81	0.2	4.839	5.41857	293.89	0.011379	0.135464
6	254	450.06	0.6	4.839	5.41803	293.89	0.011378	0.135451
7	307.9	451.36	1.4	4.841	5.41640	293.89	0.011374	0.135410
8	310.9	451.37	0.2	4.841	5.41635	293.89	0.011374	0.135409
9	385.2	451.48	0.1	4.842	5.41512	293.89	0.011372	0.135378
10	487.8	453.49	1.1	4.845	5.41231	293.89	0.011366	0.135308
11	530.6	452.97	-0.7	4.845	5.41198	293.88	0.011365	0.135299
12	578.3	454.19	1.5	4.847	5.41050	293.88	0.011362	0.135262
13	584	454.6	4.1	4.847	5.41016	293.88	0.011361	0.135254
14	599.4	454.38	-0.8	4.847	5.41006	293.88	0.011361	0.135251
15	653.4	455.53	1.2	4.849	5.40852	293.88	0.011358	0.135213
16	680.6	456.77	2.6	4.851	5.40734	293.88	0.011355	0.135184
17	745.7	459.77	2.6	4.853	5.40451	293.88	0.011349	0.135113
18	760.1	460.6	3.3	4.854	5.40378	293.88	0.011348	0.135095
19	801.4	456.77	-5.3	4.852	5.40530	293.88	0.011351	0.135132
20	837.4	454.17	-4.1	4.851	5.40621	293.87	0.011353	0.135155
21	928.2	451.7	-1.6	4.851	5.40627	293.87	0.011353	0.135157
22	953.9	452.93	2.7	4.852	5.40512	293.87	0.011351	0.135128
23	957.1	453.1	3.0	4.853	5.40497	293.87	0.011350	0.135124
24	960.1	453.98	17.1	4.853	5.40438	293.87	0.011349	0.135109
25	993.9	453.38	-1.0	4.853	5.40422	293.87	0.011349	0.135106
26	1059.9	453.39	0.0	4.854	5.40318	293.87	0.011347	0.135080
27	1140.7	452.83	-0.4	4.855	5.40233	293.87	0.011345	0.135058
28	1234.1	453.04	0.1	4.857	5.40074	293.86	0.011342	0.135018
29	1249.3	453.02	-0.1	4.857	5.40053	293.86	0.011341	0.135013
30	1298.4	453.27	0.3	4.858	5.39961	293.86	0.011339	0.134990
31	1350.8	454.12	0.9	4.859	5.39828	293.86	0.011336	0.134957
32	1394.3	453.65	-0.6	4.860	5.39791	293.86	0.011336	0.134948
33	1452.3	453.95	0.3	4.861	5.39682	293.86	0.011333	0.134921
34	1463.6	454.02	0.4	4.861	5.39660	293.86	0.011333	0.134915
35	1490.3	453.9	-0.3	4.861	5.39628	293.85	0.011332	0.134907
36	1568.4	453.75	-0.1	4.863	5.39524	293.85	0.011330	0.134881
37	1671.8	453.44	0.2	4.864	5.39392	293.85	0.011327	0.134848

图 5　某天然气管道腐蚀因素输入数据表

5　结语

随着管道行业和国民经济的发展，管道事故造成的财产损失、环境污染和人员伤亡等严重后果使得管道安全成为政府和管道管理者关注的焦点。为此，管道大数据系统与灰关联分析方法相结合，准确分析管道腐蚀影响因素，为管道腐蚀控制和进一步的预测分析提供了科学依据，以期今后在管道腐蚀方面能够开展更加广泛深入的研究。

参 考 文 献

[1] 孟小峰，慈祥．大数据管理：概念、技术与挑战[J]．计算机研究与发展，2013，50(1)：146-169.

[2] 鲍峰，唐江华，刘宇斌，等．基于全寿命期理念的油气管道标准体系[J]．油气储运，2014，33(7)：696-700.

[3] 于英姿：输气管道的硫化物应力腐蚀分析[J]，油气储运，2000，19(8)37~40.

[4] VIKTOR Mayer Schonberger，KENNETH Cukier. Big Data：arevolution that will transform how we live，work and think [M]. Boston：Houghton Miffl in Harcourt Publishing Company，2013.

[5] 冯庆善．基于大数据条件下的管道风险评估方法思考[J]．油气储运，2014，33(5)：457-460.

[6] 王维斌．长输管道大数据管理架构与应用[J]．油气储运，2015，34(3)：229-232.

[7] 董绍华，安宇．基于大数据的管道系统数据分析模型及应用[J]．油气储运，2015，34(10)：1027-1032.

[8] LIU Sifeng(刘思峰)，DANG Yaoguo(党耀国)，FANG Zhigeng(方志耕)，et al. Gray system theory and its application(灰色系统理论及其应用)[M]. 3rd ed. Beijing：Science Press，2004.

[9] 王学萌，张继忠．灰色系统分析程序及实用计算程序[M]．武汉：华中科技大学出版社，2001.

[10] 林现喜，李银喜，周信，等．大数据环境下管道内检测数据管理[J]．油气储运，2015，34(4)：349-353.

无人机巡检与油田管道渗漏预警方法

邵立新　张　磊　潘长见

（中国石油天然气股份有限公司吉林油田分公司）

摘　要　吉林油田在油田管道泄漏预警方面，已经成功应用负压波和次声波技术对净化油气管道开展泄漏监控，但对于小口径的集输管网，暂时还没有实现泄漏监控。2022年吉林油田开展“人力资源优化+生产经营模式改革+完整性”与一体的无泄漏技术研究及示范区建设，开展无人机在管道泄漏感知及预警技术，完善油田数字化管道泄漏监控技术体系。本文针对无人机在油田集输地面生产管网巡检应用，微渗漏的检测方法进行论述，借助示范区建设契机通过人工巡检、物联网泄漏预警及无人机，共同实现油田管道全面泄漏预警监测。

关键词　无人机；油田管道；微渗漏

吉林油田管道具有运行总里程长、建设年代跨度大、管道压力等级多样的特点，并且管道总里程呈高速增长趋势，加强管道的安全巡护管理，形势更加严峻。而依赖常规巡检显然无法满足要求，需要采用更科学的管理办法和技术手段。采用无人机巡检技术，已经成为国内外石油行业的应用趋势。

油气输配管网长期埋设在地下，会受到管线自身长期或超期服役而导致本体强度等力学性能下降、管道自身的内外壁腐蚀、自然和地质灾害损毁、打孔盗油、第三方人为破坏等各种不确定性因素的影响，对系统安全运行带来潜在的巨大危害。一旦发生泄露或者爆炸事故，将严重威胁人民群众的生命和财产安全。常规巡检已经无法满足要求，需要采用更科学的管理办法和技术手段。无人机应用于石油行业成为趋势

目前管道巡护工作主要采用人工巡护、物联网泄漏感知、无人机巡护三种方式。

1　人工巡护及其局限性

人工巡护，作为最基本的巡护方式，通常由管道管理单位实行专人专岗，把管道分成不同的段区由不同的巡线人员巡护，而其又分为普通巡护和特殊巡护。一般依靠巡护人员徒步观察和检查线路情况并作记录，地形空阔平坦的区域尚可驾驶交通工具实行巡检，大部分时候，管路都在地形复杂崎岖的地域，由此，不可避免的对人工巡检产生限制。在高寒、高海拔、高温、雨雪、大雾、沙尘暴等恶劣景象条件下；在山地、河流、沼泽、峡谷、湖泊、森林、沙漠、冰川雪原等极端地理环境中，以及洪水、滑坡、地震、泥石流、冰雪灾害等特殊突发情况下容易酿成的管线损毁和故障，通常的人工巡检就体现出极大的局限性和缺乏，受以上三大身分影响，人工巡检不仅工作量大，条件艰苦而导致人力成本高、效力较低，而且很多情况下不能及时、平安的履行巡检任务，也不可能完成常态化、全天候全天时的巡检。

2　物联网模式下泄漏预警感知技术未初具规模

在油田管道泄漏预警方面，已经成功应用负压波和次声波技术对净化油气管道开展泄漏监控，但对于小口径的集输管网，暂时还没有实现泄漏监控。随着吉林油田物联网建设的不断开展和深度应用，开展物联网模式下泄漏预警感知技术的归纳和总结成为可能。在目前物联网建设的基础上，开展物联网模式下泄漏预警感知技术研究和探索。通过温度、压力曲线变化及综合分析，建立泄漏预警的判断依据，形成规范的管理流程和方法。已经逐步摸索物联网技术条件下管道泄漏感知及预警技术，初步形成并完善油田数字化管道泄漏监控技术体系。

3　无人机自动巡检的应用和上风

3.1　勘察选线

传统的管道线路选择采取人工实地勘察测算、手工地图标绘的方式，这种方式不仅人力物

力成本高，且数据单一、时效性差、处理工作量大，不能适应当前管道建设的需要。

利用无人机全面、快速地了解目标地形地貌、水文气象等信息，可以为管道选线提供依据。搭载高分辨率航拍相机和测绘吊舱对任务区域进行测绘拍摄，并进行数据处理及时提供区域的地理、空间数据信息，为油气管道可行性研究阶段的线路选择提供指导。

3.2 管道施工

首先利用无人机了解施工现场的地形、交通、周围环境，便于施工人员及设备快速进入现场开展施工，同时，利用无人机随时查看施工现场的进度、安全生产的问题、设备布置、管道走向、及对周围环境的影响等，及时调整方案，保证按设计要求顺利施工。

3.3 管道巡检

无人机可以高效地完成大范围的常规巡检。搭载可见光和红外双光吊舱，具有昼夜监控能力，可进行全天候、全天时的监控，并可在指定目标上空悬停详查，利用任务吊舱获取管路周围土壤环境、天气、管路温度等信息，发现情况即可定位报警，可以锁定和跟踪地面目标探查细节，配合远程喊话器，及时发现、威慑、制止破坏管线和盗油行为，并做现场取证。对于气田管网存在管线长、巡检点多、巡检难度大等诸多难点，尤其是桁架、悬索跨等巡护危险性较高的巡护段，无人机巡检的优势非常明显。利用无人机对石油管道进行巡查，不仅可以通过规划航线自动巡查，也可以切换到手动操控进行特殊情况的巡查，提高了巡护作业的自动化程度，不仅效率高效果好，而且保证了巡护人员的人身安全，降低巡查成本和风险。

主要是对埋藏石油(气)管线区域的发生渗漏点位进行告知，便于开展相关野外测量实验。野外实验场地选择如下：

表 1

	临时覆盖物			人工覆盖物			自然覆盖物		
	冰雪			建筑物(场站)		柏油马路	土壤区		岩石区
测量时间	白天			白天			白天		
渗漏强度	重度	中度	轻度	重度	中度	轻度	重度	中度	轻度
测量次数	1 次	1~2 次	3~5 次	1 次	1~2 次	3~5 次	1 次	1~2 次	3~5 次

*注：当前为冬季，暂不具备水稻田与水面两种类型的覆盖物野外测量。

油气渗漏的强度，分为三个等级：轻度微渗漏、中度微渗漏以及重度渗漏。泄漏强度的差别取决于管线的埋深、离开泄漏点的距离和覆盖物的类型。

(1) 通过石油管线监测发现某段管线存在渗漏，在附近地表或水域目视可见已出现大量渗漏出的油渍区域，则定性认为渗漏强度重度；

(2) 通过石油管线监测发现某段管线存在渗漏，附近地表或水域目视没有看出与正常情况下差异，但遥感光谱上有可能的特征差异，则定性认为渗漏强度中等；

(3) 通过石油管线监测发现某段管线存在渗漏，附近地表或水域目视没有看出与正常情况下差异，而且遥感光谱上也没有特征差异，但待野外实验采集样品后，实验室发现样品存在光谱、成分等异常，则定性认为渗漏强度轻度。

3.4 应急监测

在遭遇洪水、泥石流、地震、山体滑坡等突发自然灾害中，无人机可以全天候全天时拍摄遥感影像，并进入受灾现场勘查管道受损位置、受损情况及周边次生灾害情况，还可挂载相应设备进行扫描测绘，生成现场三维图像，利用数据链将信息传回检查站和指挥中心，为制定维护抢修方案提供情报支撑，同时定位引导后续救援维护，最大程度降低灾害。

4 无人机巡检预警方案

4.1 无人机巡检方案介绍

无人机巡检方案是指利用无人机执行巡检任务的一套完整的计划和执行策略。无人机巡检方案的目的是提高巡检效率和准确性，同时降低巡检成本和风险。通过优化无人机的飞行路径和设定巡检任务等细节，使得无人机能够高效地获取巡检对象的信息，并能够及时发现和记录异常情况。无人机巡检方案的引入使得传统巡检方式得到了革新，大大提高了巡检工作效率和准确性。

4.2 无人机巡检前的准备工作

以下是无人机巡检前的一些典型准备工作，具体的准备工作内容会根据巡检任务的特点和要求有所差异。

4.2.1 任务规划

确定巡检的区域范围、目标和要求，包括何种设备或结构需要巡检、巡检频率、巡检路线等。

4.2.2 资源调配

确定所需的无人机设备、相关工具和人员，包括无人机机身、相机、传感器等硬件设备，以及操作人员、飞行控制人员和数据分析人员等。

4.2.3 场地布置

对巡检区域进行勘察和评估，确定无人机起飞和降落场地，部署无人机自动机场/机巢/机库，检查并确保场地的安全性和适航性。

4.2.4 飞行计划

制定详细的飞行计划，包括飞行路线、高度、速度、飞行时间、航点等信息。

4.2.5 权限申请

根据当地法规和规定，申请相关的飞行许可证和巡检任务的批准文件。

4.2.6 设备检查

检查无人机、无人机机库、摄像机、传感器等设备的完好性和性能状态，确保其能够安全并可靠地执行巡检任务。

4.2.7 通信测试

测试和验证无人机与地面控制站之间的通信连接，确保飞行过程中可以及时传输数据和接收指令。

4.2.8 安全措施

制定和执行必要的安全措施，包括场地标识、人员安全培训、应急预案等，以应对可能出现的不可预见的情况。

4.3 无人机巡检计划的制定

以下是无人机巡检计划制定的一般步骤，具体的制定过程会根据巡检任务的特点和要求有所变化。重要的是根据任务需求，制定出细致、合理的巡检计划，确保任务的顺利进行。

4.3.1 了解巡检需求

与巡检任务相关的部门或客户沟通，了解巡检的目的、区域、目标和要求。包括需要巡检的设备或结构、巡检频率、巡检项目等。

4.3.2 巡检区域评估

对巡检区域进行评估和勘察，了解地形、地貌、风速、气候等情况，确定是否存在飞行障碍物或飞行限制，评估巡检的风险和可行性。

4.3.3 飞行路线规划

根据巡检区域的特点和目标，制定合理的飞行路线。考虑巡检目标的分布情况、飞行安全、任务效率等因素，确定合适的航线和航点。

4.3.4 设备选择和配置

根据巡检任务的要求，选择合适的无人机设备和配备的相机、传感器等附属设备。确保设备具备足够的航时、稳定性、负载能力等。

4.3.5 飞行计划制定

根据飞行路线，制定具体的飞行计划。包括起飞点、航线、航点、高度、速度、飞行时间等详细信息。考虑到无人机电池寿命、飞行时间等限制，合理安排飞行任务和换电电池的时间。

4.3.6 飞行许可申请

根据当地的法规和规定，申请所需的飞行许可证和巡检任务的批准文件。填写相应的申请表格，提交必要的文件和信息，并按要求等待审核和批准。

4.3.7 安全措施和风险评估

制定和执行必要的安全措施，包括场地标识、人员安全培训、应急预案等。进行风险评估，识别和评估各种风险，以确保飞行过程的安全性和可行性。

4.4 无人机巡检程序

无人机巡检程序一般由以下几个主要步骤组成，需要注意的是，无人机巡检程序的具体细节可能根据巡检目标和系统的要求而有所不同，可以根据具体的巡检任务和要求进行调整和优化。

4.4.1 规划航线

借助复亚智能无人机管控平台，结合巡检任务的要求和目标区域的特点，进行航线规划。根据需要检测的区域范围，确定巡检路径、航点和高度。

4.4.2 预飞准备

在正式实施巡检任务之前，需要对无人机进行预飞准备工作。包括检查无人机的状态，如电量、传感器、摄像头等设备是否正常工作。同时进行无人机系统的自检和校准，确保飞行能力和稳定性。

4.4.3　起飞与巡航

在无人机起飞前，根据预先规划的航线，设置起点、终点和航点，启动无人机自动飞行模式。无人机会按照设定的航线和高度进行自主飞行，同时根据设定的巡检任务完成巡航拍照、录像等工作。

4.4.4　数据采集和处理

无人机在自主巡检期间通过摄像头和其他传感器进行数据采集，包括图像、视频、温度、湿度等。采集到的数据可以实时传输至无人机管控平台上。

4.4.5　数据分析与报告

采集到的数据可以通过复亚智能无人机管控平台进行分析和处理，生成巡检报告。根据巡检任务的要求，可以针对异常情况和问题进行标记和记录，并生成相应的分析报告。

4.4.6　自主着陆与返航

复亚智能无人机在完成巡检任务后，根据预设的自动返航路径，自动返回起点或指定地点。在返航过程中，无人机会自动进行高度调整、精准降落等操作，实现自主着陆。

4.5　无人机巡检结果报告及反馈

无人机巡检结果报告及反馈是无人机巡检方案中的重要环节，在无人机完成巡检任务后，复亚智能无人机管控平台会通过对采集到的数据进行分析和处理自动生成巡检报告，向相关人员提供详细的巡检信息和问题反馈。

4.5.1　报告概述

对巡检任务的目标和范围进行简要介绍，说明报告的目的和重要性。

4.5.2　巡检数据介绍

对采集到的数据进行说明，包括数据类型、数据量、数据质量等。

4.5.3　异常情况反馈

巡检报告会列出巡检过程中检测到的所有异常情况，如损伤、缺陷、障碍物等，详细描述每个异常的位置、类型和严重程度。

4.5.4　问题分类与分析

将异常情况进行分类和分析，例如按照位置、类型、严重程度等进行划分，并分析异常的原因和可能影响，为安全生产提供参考。

4.5.5　修复建议

针对检测到的问题，提出相应的修复建议，包括需要采取的措施、需要维修的部位等，以便及时解决问题并确保安全。

4.5.6　预防措施

工作人员可结合巡检报告提出预防措施，以减少类似问题的发生，提高巡检目标的可靠性和安全性。

4.6　无人机巡检在方案石油化工的应用情景

石油化工巡检：无人机可以在石油炼厂、化工厂等危险环境中进行巡检，通过红外热成像、气体检测等技术对石油管道、油气管道等的运行状态和安全隐患进行监测，避免人员进入高危区域。

总而言之，无人机巡检方案适用于各种需要对设施、资源或特定区域进行巡视、监测和维护的场景，通过高效、安全、准确的数据获取和分析，能够提高巡检工作效率和决策准确性，降低人力成本和安全风险。

5　结语

目前，工业级无人机技术已经日趋成熟，行业应用也越来越普及，采用消费级多旋翼航飞行器做巡检将越来越边缘化。无人机小型化智能化的发展，使无人机的使用将更加便捷，操控也越来越简单。随着任务载荷越来越多样化，工业级无人机和遥感技术、全球定位技术、地理信息系统、地面感应检测系统、互联网络高度结合成为必然趋势，形成数字化、信息化的油田管道管理系统，助益工业生产活动和社会生活。无人机在石油天然气行业的管道巡检将使人工巡护智能化，提高隐患监控质量和巡护效率，根本上解决人工巡检花费周期长、人力成本高、巡护有盲区的问题。无人机在山区管道巡护、高原和沙漠油管巡护、桁架和峡谷油管巡护、人员聚居区管路周边活动和占压调查、近海油气管道监控、灾后次生灾害评价、泄露和盗油定位巡查、环境污染的监测和预测事故的应用上都有巨大应用价值。

与 SCADA 系统融合的实时模型法输油管道泄漏监测技术研究

吴 同 朱淑芳 王 惠 刘翠伟 李玉星

[中国石油大学(华东)储运与建筑工程学院·山东省油气储运安全重点实验室]

摘 要 国内输油管网里程长、覆盖地域广、沿程高后果区密集，及时准确的输油管道泄漏监测技术是保障管网稳定运行和人民生命财产安全的必要手段。SCADA 系统可以实时准确地获取管流参数和管道部件的运行状态，有着较高的实时性和稳定性，实时模型法异常工况识别能力强，可实现泄漏实时监测。本文详细推导了液体管道瞬变流模型，并介绍了采用线性隐式差分格式的通用特征线解法，模拟了阀门闭合对于管道两端压力流量的影响。通过对SCADA 系统和实时模型法的原理分析，提出了一种将两者优势融合的思路，为后续我国高精度输油管道泄漏监测系统的设计和应用提供借鉴。

关键词 输油管道；泄漏监测；SCADA；实时模型法；MOC；阀门闭合

1 引言

石油仍是我国最重要的能源，管道是石油运输最安全高效的方式。目前我国油气管道总长度达 20.7 万公里，预计 2025 年达到 23 万公里。随着管道服役年限的增加，管道失效概率逐年提升，同时由于管道腐蚀、误操作、自然灾害等，管道泄漏事故愈发频繁。

管道泄漏会造成严重的事故后果，威胁人民的生命财产安全，及时可靠的泄漏监测方法是降低事故后果的必要手段。目前国外原油、成品油长输管道配置的泄漏监测系统，大都与 SCADA 系统相互独立，且研发集中于更灵敏的观测参数，虽然取得了一定的成效，但是其封装性强，开放性差，造价昂贵。国内泄漏监测系统厂家众多，没有统一的标准规范，检测误报率较高(15～20次/年)，泄漏定位不准，且难以区分分输、甩泵、泄漏等管道异常工况，应用效果亟待改进。

基于实时模型的泄漏监测方法有着很长的研究历史，但是并没有得到广泛的应用。究其原因，模型法的计算精度受限于仪器仪表的精度和运算与数据传输速度。近十年来，随着我国管网数字化、智能化水平的不断提升，以及我国仪器仪表行业的不断发展，SCADA 系统在我国得到了更加广泛的应用，为实时模型法的应用打好了基础。SCADA 系统具有独特的技术优势，其数据采集的频率可调节，能够实时、精准、高频的采集管网系统的压力、流量、温度等一系列参数信息。实时模型法可实时调节模型参数和判断阈值，保证其计算和预测结果的准确度，有着误报率低，应急响应时间短的优势，同时其对传感器和数据采集频率要求低，可弥补目前普遍采用的负压波法依赖高采样率传感器的问题。本文介绍了 SCADA 系统的组成，详细推导了管道瞬变流模型与求解公式，模拟了阀门开关这一最普遍的管道异常工况，为后续泄漏识别打下基础。最终基于对 SCADA 系统和实时模型法的分析和总结，提出了一种将两者进行深度融合的泄漏监测思路。

2 技术原理

2.1 SCADA 系统

SCADA(Supervisory Control And Data Acquisition) 系统，即数据采集与监视控制系统。SCADA 系统是以计算机为基础的 DCS 与电力自动化监控系统，可以对现场的运行设备进行监视和控制。广泛应用于电力、冶金、石油、化工、燃气、铁路等领域的数据采集与监视控制以及过程控制等诸多领域。

SCADA 系统按照数据传输和系统结构，可以分为几个部分：调控中心、站控中心、远程终端单元(RTU)、可编程逻辑控制器(PLC)、通信基础设施、人机界面(HMI)等，具体的组成如图 1所示：

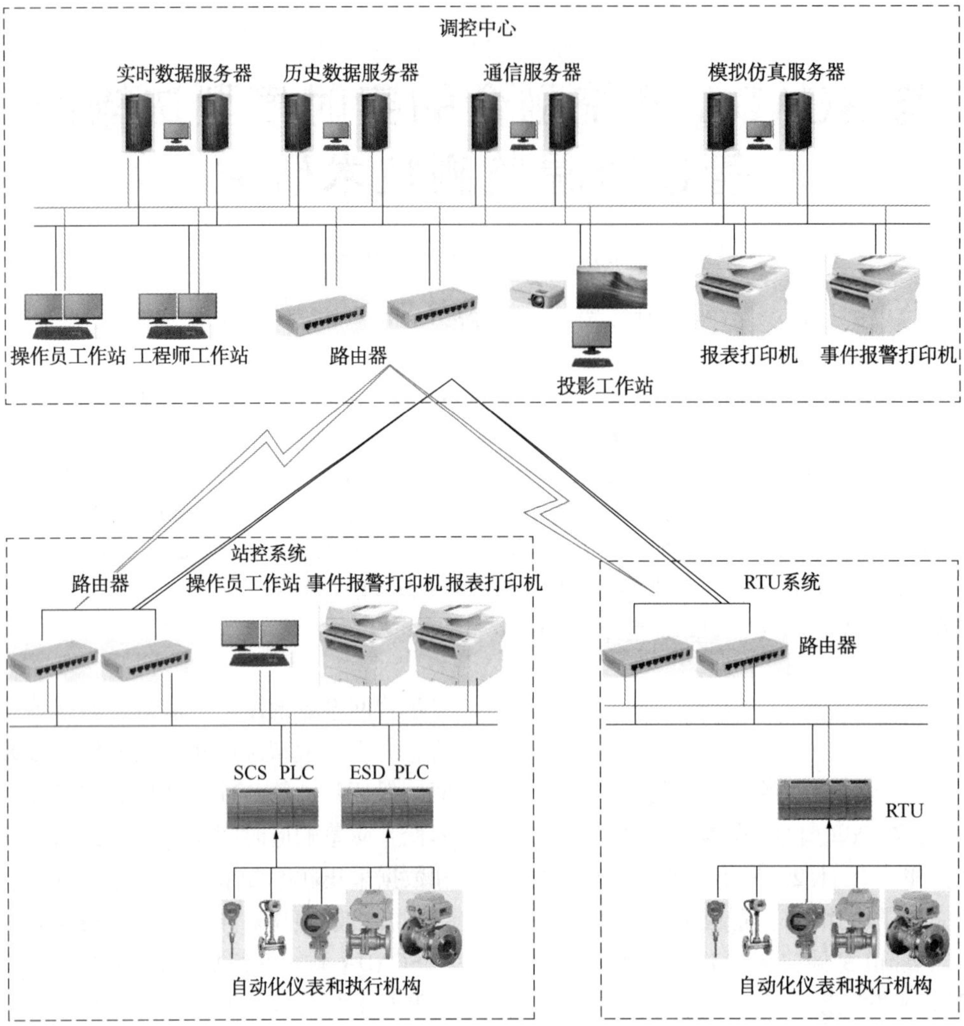

图 1　SCADA 系统结构图

2.2　实时模型法

基于实时模型的泄漏监测方法，是通过将上下游压力流量四个变量中的两个变量作为实时模型的边界条件进行数值计算，将计算得到的另外两个值与实测值进行比较，当实测值与计算值的偏差超过设置阈值后则判断发生泄漏。

管道泄漏属于液体瞬态变化现象的一种，可以通过建立和求解管道瞬态模型来对于整条管道的压力流量沿时步进行数值计算，再基于实时模型法进行泄漏判断。具体的瞬变模型的建立和求解过程如下所示。

2.2.1　液体管道瞬态模型建立

2.2.1.1　动量方程

在瞬变流动的液体管道中取一控制体，对控制体进行受力分析，从而建立管道瞬变流动的动量方程，如图 2 所示。

基于管道流体是均质一维流动和各截面流体物理参数均匀分布的假设，利用牛顿第二定律沿

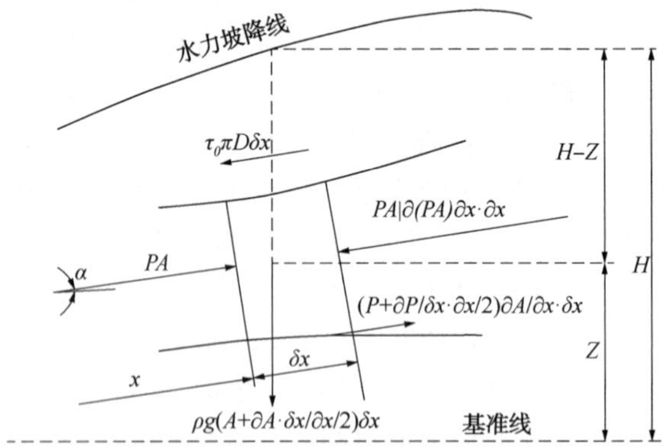

图 2　控制体动量方程受力分析图

x 方向对于控制体进行受力分析，可得动量方程如式 1：

$$-\frac{\partial(PA)}{\partial x}\delta x+P\frac{\partial A}{\partial x}\delta x-\rho gA\delta x\sin\alpha-\tau_0\pi D\delta x=\rho A\delta x\frac{dV}{dt}\tag{1}$$

式中，P 为管道中心流体的压强，MPa；A 为管道的横断面积，m^2；V 为管道中心流体的平

均流速，m/s；g 为重力加速度，m^2/s；D 为管道直径，m；ρ 为流体密度，kg/m^3；α 为管道与水平轴之间的夹角为 α；δx 为两横断面间距，m。

引入拟稳态假设，对上式化简可得：

$$\frac{dV}{dt}+\frac{1}{\rho}\frac{\partial P}{\partial x}+g\sin\alpha+\frac{fV\mid V\mid}{2D}=0 \tag{2}$$

2.2.1.2　连续性方程

所选取的控制体满足质量守恒定律，在一段时间内流入和流出控制体的净质量等于控制体内质量随时间的变化率，如图 3 所示。

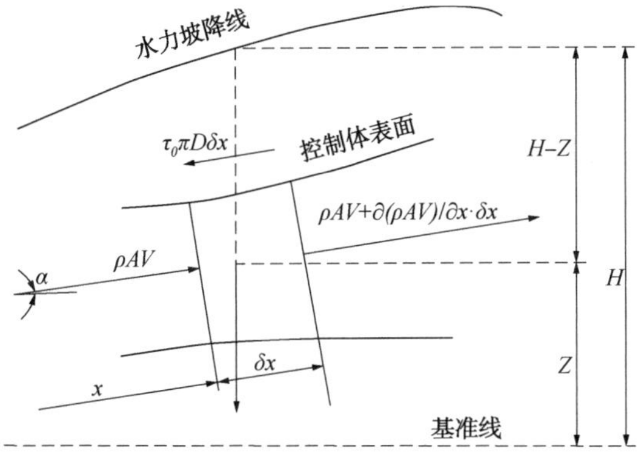

图 3　控制体连续性方程受力分析图

在液体管道中，控制体的质量变化率为 0，其总是满足质量守恒定律，因此可得公式如下：

$$-\frac{\partial(\rho AV)}{\partial x}\delta x=\frac{\partial}{\partial t}(\rho A\delta x) \tag{3}$$

基于等截面和不可压缩流体的假设，对于式 3 进行化简，得到连续性方程化简公式如下：

$$V\frac{\partial H}{\partial x}+\frac{\partial H}{\partial t}+\frac{a^2}{g}\frac{\partial V}{\partial x}=0 \tag{4}$$

2.2.1.3　波动方程组

综合上述的动量方程和连续性方程，可得到在等截面管内的不可压缩液体的管道瞬变流计算的基本方程组，即波动方程组(不考虑油品温度变化的影响)。

$$\begin{cases}\dfrac{\partial V}{\partial t}+V\dfrac{\partial V}{\partial x}+g\dfrac{\partial H}{\partial x}+f\dfrac{V\mid V\mid}{2D}=0\\[2ex]\dfrac{\partial H}{\partial t}+V\dfrac{\partial H}{\partial x}+\dfrac{a^2}{g}\dfrac{\partial V}{\partial x}=0\end{cases} \tag{5}$$

2.2.2　液体管道瞬态模型求解

液体管道进行瞬态求解即对于波动方程组进行数值求解。波动方程组是一组非线性偏微分方程，其通解不存在，常用的数值求解方法包括特征线法(MOC 法)、有限差分法、有限体积法。

由于液体可压缩性小，对于长距离输油管道数值计算而言，MOC 法具有计算准确(液体)、边界条件处理简单，计算效率高的特点，目前已成为应用最广泛的数值求解方法(美国的 ATMOS 公司、德国 KROHNE 公司等)。有限体积法虽然计算精度更高，但是其需要迭代计算，对于长输管道而言其运算速度过慢，不适合长距离液体管道瞬态求解。

在利用 MOC 法进行数值求解过程中，其误差的主要来源是由数值计算模型与摩阻项的近似计算产生的。处理波动方程组中的摩阻项需要对其进行近似处理，计算方法如图 4 所示：

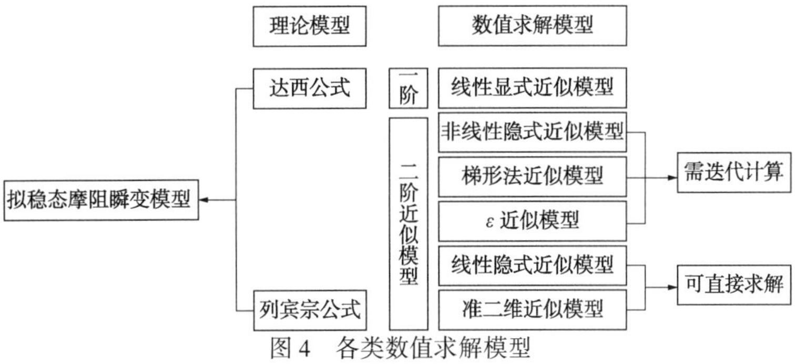

图 4　各类数值求解模型

其具体的计算公式如下：

显式近似：$\int_{x_A}^{x_P} Q\mid Q\mid dx = Q_A\left|Q_A\right|(x_P - x_A)$

线性隐式近似：$\int_{x_A}^{x_P} Q\mid Q\mid dx = Q_P\left|Q_A\right|(x_P - x_A)$

ε 近似：$\int_{x_A}^{x_P} Q\mid Q\mid dx = \left|Q_A\right|(Q_A + \varepsilon(Q_P - Q_A))(x_P - x_A)$　　(6)

非线性隐式近似：$\int_{x_A}^{x_P} Q\mid Q\mid dx = \dfrac{Q_A + Q_P}{2}\left|\dfrac{Q_A + Q_P}{2}\right|(x_P - x_A)$

波动方程中的摩阻项需要对其进行近似处理，各类方法的计算精度可分为一阶和二阶。达西公式的误差为列宾宗公式误差的三倍，但是列宾宗公式的非指数项会让计算复杂。在摩阻较大的管道或者长输管道的摩阻计算时为了保证结果的准确度要采用二阶精度，线性隐式近似模型可直接求解计算，无需迭代，稳定性好，且编程易于实现，因此最终选择线性隐式近似模型进行 MOC 数值求解。

2.2.2.1 通用 MOC 法公式推导

MOC 方法是借助特征线关系式将瞬变流的偏微分方程转化为常微分方程，再对其进行积分得到便于在计算机上编程求解的有限差分方程，然后在相同空间步长和时间步长下对差分方程进行离散，将其转化为代数方程并进行逐步迭代计算。具体的计算流程如下。

在方程组(5)中令：

$$L_1=\frac{\partial V}{\partial t}+V\frac{\partial V}{\partial x}+g\frac{\partial H}{\partial x}+f\frac{V|V|}{2D}=0 \tag{7}$$

$$L_2=\frac{\partial H}{\partial t}+V\frac{\partial H}{\partial x}+\frac{a^2}{g}\frac{\partial V}{\partial x}=0 \tag{8}$$

引入变量 λ，使得 $L_1+\lambda L_2=0$,，从而将偏微分方程常微分化，得到式(9)：

$$L_1+\lambda L_2=\frac{\partial V}{\partial t}+V\frac{\partial V}{\partial x}+g\frac{\partial H}{\partial x}+f\frac{V|V|}{2D}+\lambda\left(\frac{\partial H}{\partial t}+V\frac{\partial H}{\partial x}+\frac{a^2}{g}\frac{\partial V}{\partial x}\right) \tag{9}$$

进行特征值求解：

$$\frac{\partial V}{\partial t}+\left(V+\lambda\frac{a^2}{g}\right)\frac{\partial V}{\partial x}+\lambda\left[\frac{\partial H}{\partial t}+\left(\frac{g}{\lambda}+V\right)\frac{\partial H}{\partial x}\right]+f\frac{V|V|}{2D}=0 \tag{10}$$

令 $\frac{\mathrm{d}x}{\mathrm{d}t}=\frac{g}{\lambda}+V$，可将式(10)变为：

$$\frac{\partial V}{\partial t}+\frac{\mathrm{d}x}{\mathrm{d}t}\frac{\partial V}{\partial x}+\lambda\left[\frac{\partial H}{\partial t}+\frac{dx}{dt}\frac{\partial H}{\partial x}\right]+f\frac{V|V|}{2D}=0 \tag{11}$$

$$\frac{dV}{\mathrm{d}t}+\lambda\frac{\mathrm{d}H}{\mathrm{d}t}+f\frac{V|V|}{2D}=0 \tag{12}$$

整理可得：

$$V+\lambda\frac{a^2}{g}=\frac{g}{\lambda}+V=\frac{\mathrm{d}x}{\mathrm{d}t} \tag{13}$$

最终可计算得到变量 λ 的值：

$$\lambda=\pm\frac{g}{a} \tag{14}$$

将式(12)代入方程(10)可建立特征方程组：

顺特征线方程组：

$$C^+:\begin{cases}\frac{\mathrm{d}V}{\mathrm{d}t}+\frac{g}{a}\frac{\mathrm{d}H}{\mathrm{d}t}+f\frac{V|V|}{2D}=0\\ \frac{\mathrm{d}x}{\mathrm{d}t}=V+a\end{cases} \tag{15}$$

逆特征线方程组：

$$C^-:\begin{cases}\frac{\mathrm{d}V}{\mathrm{d}t}-\frac{g}{a}\frac{\mathrm{d}H}{\mathrm{d}t}+f\frac{V|V|}{2D}=0\\ \frac{\mathrm{d}x}{\mathrm{d}t}=V-a\end{cases} \tag{16}$$

2.2.2.2 通用 MOC 法数值求解

采用线性隐式近似模型进行 MOC 数值求解，在进行数值计算时需要设置两端的边界条件，并对 t_0 时刻各空间点的压力流量赋初值，为了保障运算沿时步持续运算，考虑最一般的情况，即计算的空间点位置不全恰好落在初始划分的空间节点上，如图 6 所示。此时 R 和 S 点的压力和流量由 A、C 两点的数据采用线性插值的方法确定。

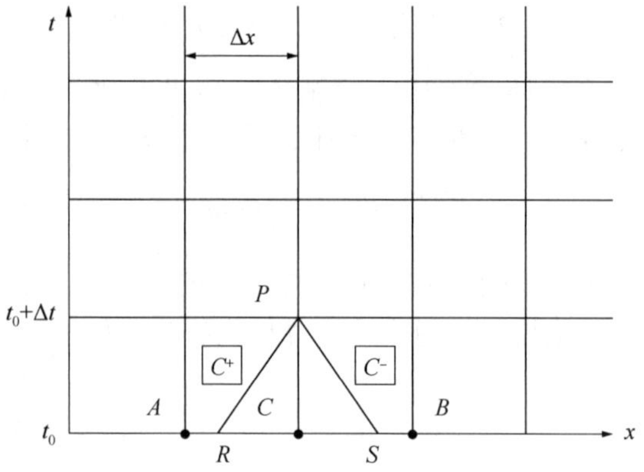

图 5　通用 MOC 法节点计算图

A 点、B 点、C 点 t0 时刻的压力和流量已知，基于此可计算出 t_0 时刻 R 点和 S 点的压力和流量。然后根据上一节推导出的顺逆特征线方程计算出下一时刻 P 点的压力流量值，由于两端的边界条件是自行设置的，可以保障计算沿时步持续运行下去，得到最终准确的结果，其具体的计算公式如下：

顺特征线方程：

$$C^+\begin{cases}Q_R=\frac{(V+a)\Delta t}{\Delta x}(Q_A-Q_C)+Q_C\\ H_R=\frac{(V+a)\Delta t}{\Delta x}(H_A-H_C)+H_C\\ \frac{Q_P-Q_R}{A_R\Delta t}+\frac{g}{a}\frac{H_P-H_R}{\Delta t}+f\frac{Q_R|Q_R|}{2DA_R{}^2}=0\end{cases} \tag{17}$$

逆特征线方程：

$$C^-\begin{cases} Q_S=\dfrac{(V-a)\Delta t}{\Delta x}(Q_B-Q_C)+Q_C \\ H_S=\dfrac{(V-a)\Delta t}{\Delta x}(H_B-H_C)+H_C \\ \dfrac{Q_P-Q_S}{A_S\Delta t}-\dfrac{g}{a}\dfrac{H_P-H_S}{\Delta t}+f\dfrac{Q_R|Q_R|}{2DA_S^{\ 2}}=0 \end{cases} \tag{18}$$

整理可得数值求解公式为：

$$\begin{cases} C^+: H_P=H_R-B^+(Q_P-Q_R)-R^+Q_R|Q_R| \\ C^-: H_P=H_S+B^-(Q_P-Q_R)+R^-Q_S|Q_S| \end{cases} \tag{19}$$

式中：

$$B^+=\frac{a}{gA_R},\ R^+=\frac{fa_R\Delta t}{2gD_RA_R^{\ 2}},\ B^-=\frac{a}{gA_S},\ R^-=\frac{fa_S\Delta t}{2gD_SA_s^{\ 2}}$$

3 末端阀门闭合瞬态工况模拟

为了降低泄漏监测方法的误报率，需要区分管道泄漏与其他异常工况的区别，阀门关闭是导致管道瞬变的最常见现象，阀门关闭会产生水击压力，产生的压力波动会使得现有泄漏监测方法产生误报，因此为了模拟提高模型法的准确率，研究阀门闭合对于管道两端压力流量的影响十分必要。本文基于上述的液体管道瞬态模型与通用 MOC 数值求解方法，针对于阀门闭合情况进行模拟，模拟了不同工况和条件下阀门关闭对于两端压力流量信号的影响。

采取经典的油罐-管道-油罐模型，如图 6 所示。

将管道设置成五段，每段长度分别为：1500m，2000m，3000m，3000m，1000m，总长度为 10.5 公里，管道外径为 0.55m，壁厚为 7mm，每段管道的压力波速单独计算，具体计算公式为：

$$c=\sqrt{\frac{K/\rho}{1+\dfrac{KD}{Ee}}} \tag{20}$$

式中，K 是液体体积弹性系数；E 是管材弹性模量；D 是管道管径；e 为管道壁厚，管道始端压力水头为 500m，初始流量为 $4m^3/s$，末端边界条件依据阀门的是否线性闭合确定。线性关闭阀门，其从全开至全关时间为 4.5s，变径管道参数：变径管道五段管段的外径 D 的值为：[0.55m，0.55m，0.65m，0.55m，0.50m]，管段壁厚为 e =［0.007m，0.007m，0.0075m，0.007m，0.0065m］。

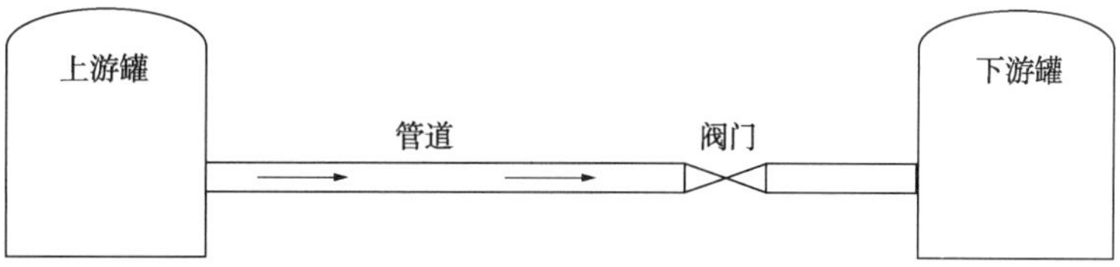

图 6 下游关阀模型

依据上述定义的初始参数，采用通用 MOC 法数值计算出的管道中点和阀门处的压力变化，以及始端和末端的流量变化情况，并绘制变化图，如图 7-图 10 所示。

4 结论与展望

（1）随着我国输油管道里程数目的持续增加、国家和企业对于安全运行和完整性管理需求的不断提高，企业对于高精度、高灵敏度的输油管道泄漏监测系统的需求愈发迫切。

（2）国产仪器仪表精度不断提高、管网智能化数字化水平持续提升、SCADA 系统普遍应用，这些都为实时模型法的广泛应用提供了坚实的基础和保障，是我国后续管道泄漏监测行业的重点研究方向。

（3）传统的实时模型法直接将计算结果与实测值进行比较，这样得到的结果受到单一物理量的影响较大，尤其是当管道两端的流量计读数不准的情况下，会较大概率的导致误报和漏报现象的发生。因此为了改进实时模型法的局限性，可以将实时模型法与 SCADA 系统进行融合，首先利用模型仿真获得管道的压力分布，然后利用压力分布计算管道的填充量，从而到达对于流量参数的修正，最后综合流量平衡法和压力梯度法来进行泄漏检测和定位，该种方法可以有效避免流量计误差过大对于模型判断产生的不利影响，通过压力和流量两个参数的互修正，提高泄漏监测和定位的准确性。

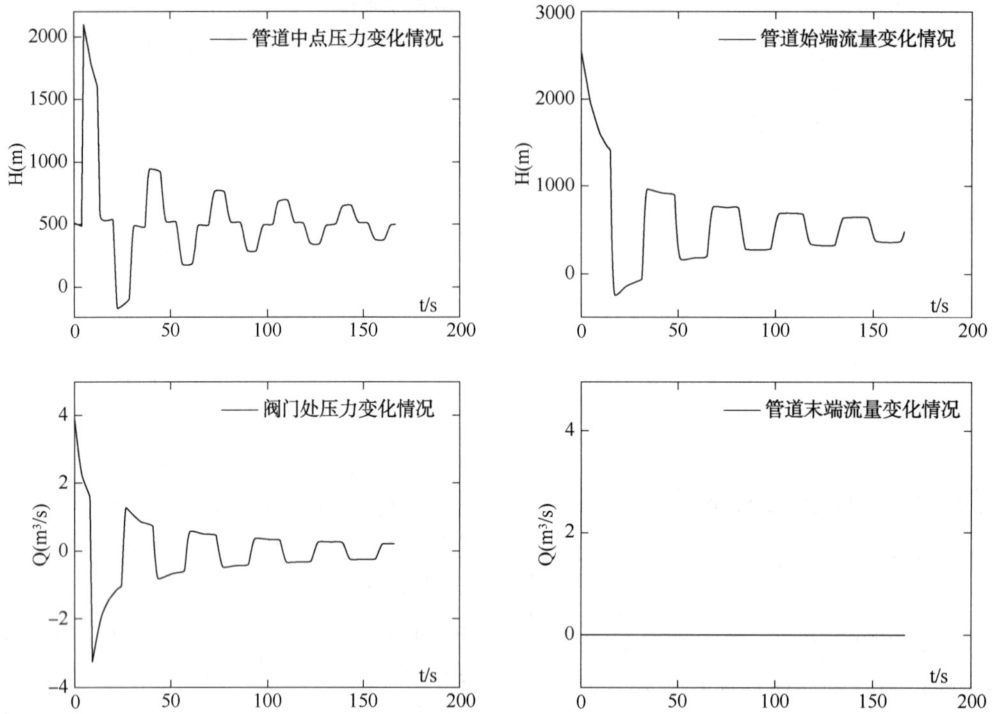

图 7　等径管道阀门瞬间闭合管道的压力流量变化情况图

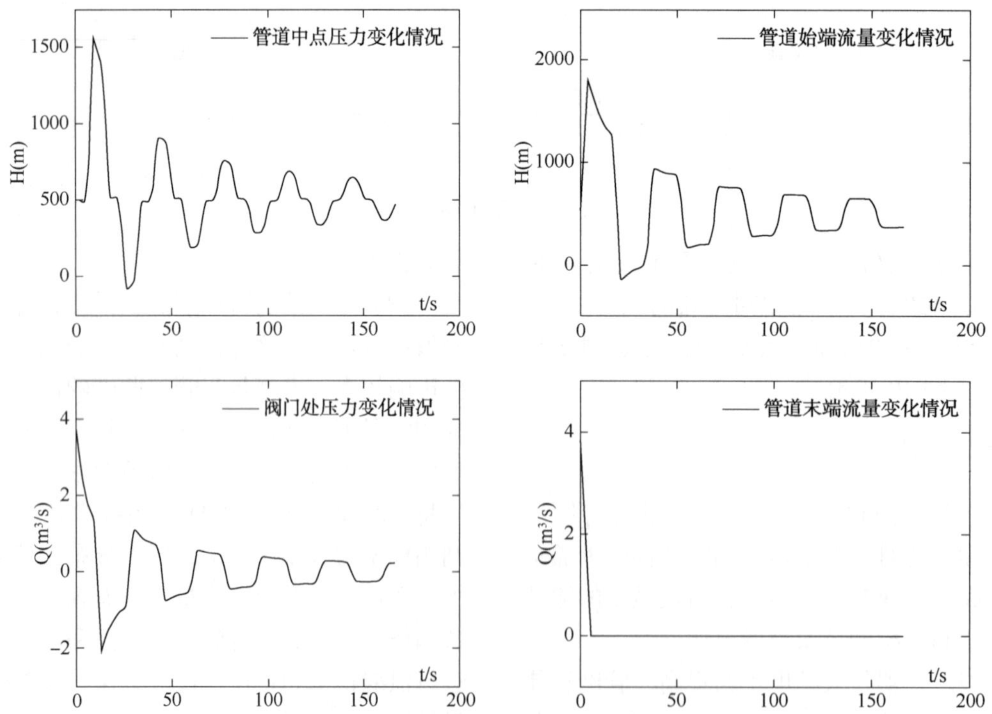

图 8　等径管道阀门线性闭合管道的压力流量变化情况图

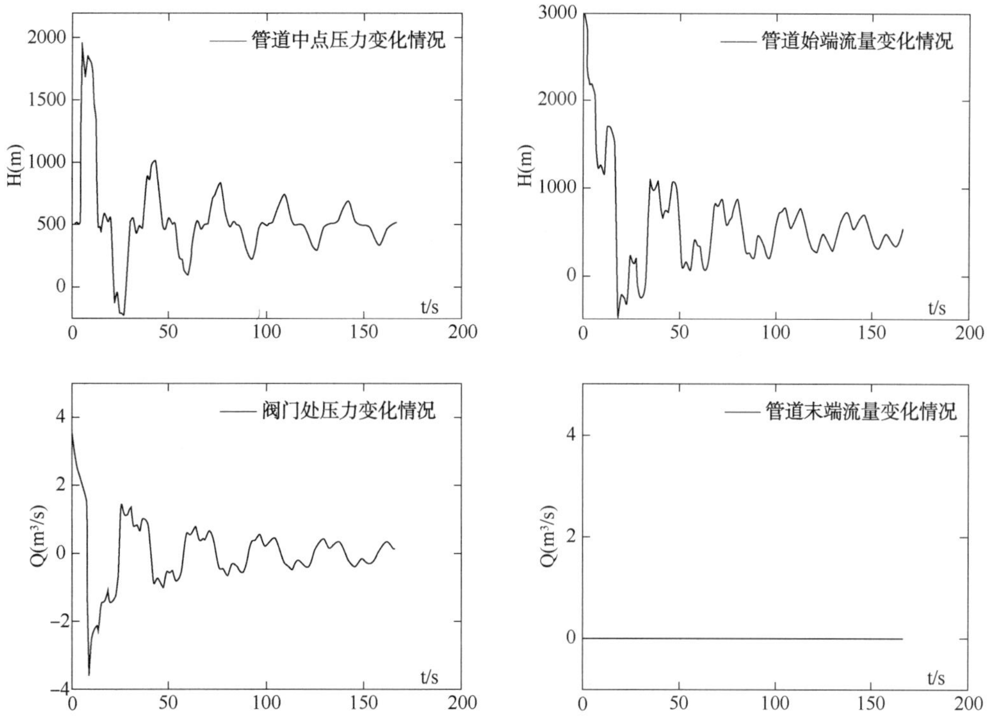

图 9　变径管道阀门瞬间闭合管道的压力流量变化情况图

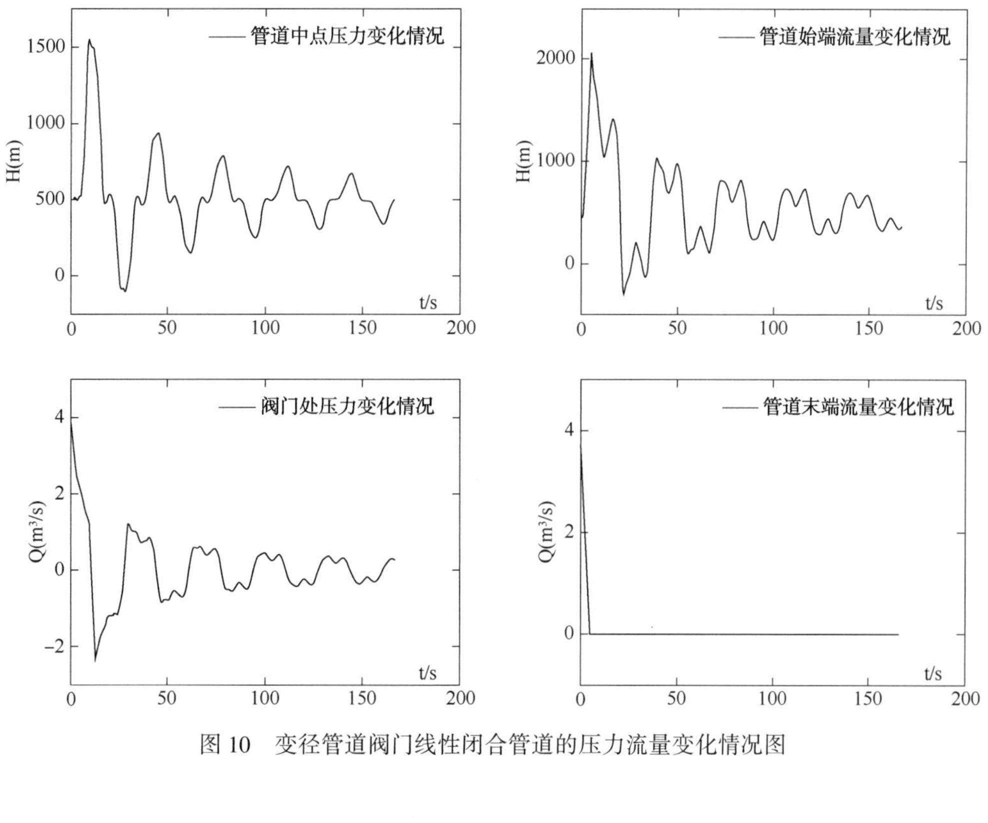

图 10　变径管道阀门线性闭合管道的压力流量变化情况图

参 考 文 献

[1] 吴同，邓忠华，沈亮等. 长距离输油管道泄漏监测技术研究进展[J]. 油气储运，2023，42(03)：259-275.

[2] Abdulshaheed A，Mustapha F，Ghavamian A. A pressure-based method for monitoring leaks in a pipe distribution system：A Review[J]. Renewable & Sustainable Energy Reviews，2017，69(MAR.)：902-911. DOI：10. 1016/j. rser. 2016. 08. 024.

[3] LIU C W，LI Y X，MENG L Y，WANG W C，ZHANG F. Study on leak-acoustics generation mechanism for natural gas pipelines[J]. Journal of loss prevention in the process industries，2014，32(06)：174-181.

[4] 李玉星，刘翠伟. 基于声波的输气管道泄漏监测技术研究进展[J]. 科学通报，2017，62(07)：650-658.

[5] 刘恩斌，彭善碧，李长俊等. 基于瞬态模型的油气管道泄漏检测[J]. 天然气工业，2005(06)：102-104+179.

[6] Rachman A，Zhang T，Ratnayake R M C. Applications of machine learning in pipeline integrity management：A state-of-the-art review[J]. International Journal of Pressure Vessels and Piping，2021(3)：104471. DOI：10. 1016/j. ijpvp. 2021. 104471.

[7] Lu H，Iseley T，Behbahani S，et al. Leakage detection techniques for oil and gas pipelines：State-of-the-art[J]. Tunnelling and Underground Space Technology，2020，98：103249-. DOI：10. 1016/j. tust. 2019. 103249.

[8] 余勇，林为民. 工业控制 SCADA 系统的信息安全防护体系研究[J]. 信息网络安全，2012(05)：74-77.

[9] 吴爱国，何信. 油气长输管道 SCADA 系统技术综述[J]. 油气储运，2000(03)：43-46+58-7.

[10] Duan H F，Lee P J. Transient-Based Frequency Domain Method for Dead-End Side Branch Detection in Reservoir Pipeline-Valve Systems[J]. Journal of Hydraulic Engineering，2015，142(2). DOI：10. 1061/(ASCE)HY. 1943-7900. 0001070.

[11] Lopezlena R，Sadovnychiy S. Pipeline Leak Detection and Location Using Boundary Feedback Estimation：Case Study[J]. Journal of Pipeline Systems Engineering and Practice，2019，10(3)：04019017. 1-04019017. 12. DOI：10. 1061/(ASCE)PS. 1949-1204. 0000382.

[12] 岑康，李长俊，李强，等. 液体管道水力瞬变分析模型的适应性研究[J]. 油气储运，2010，29(5)：5. DOI：CNKI：SUN：YQCY. 0. 2010-05-006.

[13] 岑康，李长俊，廖柯熹，等. 液体管道瞬变流摩阻的计算方法[J]. 油气储运，2005(3). DOI：10. 3863/j. issn. 1000-2634. 2008. 03. 024.

[14] 黄源. 供水管网瞬态水力模型建立和高效分析方法研究与应用[D]. 哈尔滨工业大学[2023-09-26]. DOI：CNKI：CDMD：1. 1018. 898062.

[15] 孙强. 压力管道中瞬变流准二维模型数值计算及应用研究[D]. 哈尔滨工业大学，2017. DOI：10. 7666/d. D01332152.